DUNDEE CITY COUNCIL

CENTRAL LIBRARY

REFERENCE SERVICES

THE

ASTRONOMICAL

ALMANAC

FOR THE YEAR

2011

and its companion

The Astronomical Almanac Online

Data for Astronomy, Space Sciences, Geodesy,
Surveying, Navigation and other applications

WASHINGTON

Issued by the
Nautical Almanac Office
United States
Naval Observatory
by direction of the
Secretary of the Navy
and under the
authority of Congress

TAUNTON

Issued
by
Her Majesty's
Nautical Almanac Office
on behalf
of
The United Kingdom
Hydrographic Office

WASHINGTON: U.S. GOVERNMENT PRINTING OFFICE
TAUNTON: THE U.K. HYDROGRAPHIC OFFICE

ISBN 978-0-7077-41031

ISSN 0737-6421

UNITED STATES

For sale by the
U.S. Government Printing Office
Superintendent of Documents
P.O. Box 797050
St. Louis, MO 63197-9000

http://www.gpoaccess.gov/

UNITED KINGDOM

Published by the United Kingdom Hydrographic Office

http://www.ukho.gov.uk/

Telephone: +44 (0)1823 723366
Fax: +44 (0)1823 251816

E-mail: helpdesk@ukho.gov.uk

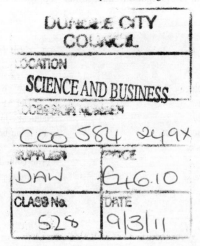

NOTE
Every care is taken to prevent errors in the production of this publication. As a final precaution it is recommended that the sequence of pages in this copy be examined on receipt. If faulty it should be returned for replacement.

Printed in the United States of America
by the U.S. Government Printing Office

Beginning with the edition for 1981, the title *The Astronomical Almanac* replaced both the title *The American Ephemeris and Nautical Almanac* and the title *The Astronomical Ephemeris*. The changes in title symbolise the unification of the two series, which until 1980 were published separately in the United States of America since 1855 and in the United Kingdom since 1767. *The Astronomical Almanac* is prepared jointly by the Nautical Almanac Office, United States Naval Observatory, and H.M. Nautical Almanac Office, United Kingdom Hydrographic Office, and is published jointly by the United States Government Printing Office and The Stationery Office; it is printed only in the United States of America using reproducible material from both offices.

By international agreement the tasks of computation and publication of astronomical ephemerides are shared among the ephemeris offices of several countries. The contributors of the basic data for this Almanac are listed on page vii. This volume was designed in consultation with other astronomers of many countries, and is intended to provide current, accurate astronomical data for use in the making and reduction of observations and for general purposes. (The other publications listed on pages viii-ix give astronomical data for particular applications, such as navigation and surveying.)

Beginning with the 1984 edition, most of the data tabulated in *The Astronomical Almanac* have been based on the fundamental ephemerides of the planets and the Moon prepared at the Jet Propulsion Laboratory. In particular, since the 2003 edition, the JPL Planetary and Lunar Ephemerides DE405/LE405 have been the basis of the tabulations. For the 2006 to 2008 editions all the relevant International Astronomical Union (IAU) resolutions up to and including those of the 2003 General Assembly were implemented throughout. The 2009 edition fully implemented the resolutions passed at the 2006 IAU General Assembly. This includes the adoption of the report by the IAU Working Group on Precession and the Ecliptic which affects a significant fraction of the tabulated data (see Section L for more details). *U.S. Naval Observatory Circular No. 179* (see page ix) gives a detailed explanation of all relevant IAU resolutions and includes the precession model that was adopted by the IAU General Assembly in 2006 for use from 2009.

The Astronomical Almanac Online is a companion to this volume. It is designed to broaden the scope of this publication. In addition to ancillary information, the data provided will appeal to specialist groups as well as those needing more precise information. Much of the material may also be downloaded.

Suggestions for further improvement of this Almanac would be welcomed; they should be sent to the Chief, Nautical Almanac Office, United States Naval Observatory or to the Head, H.M. Nautical Almanac Office, United Kingdom Hydrographic Office.

R. SCOTT STEADLEY   MICHAEL S. ROBINSON
Captain, U.S. Navy,   *Chief Executive*
Superintendent, U.S. Naval Observatory,   *UK Hydrographic Office*
3450 Massachusetts Avenue NW,   *Admiralty Way, Taunton*
Washington, D.C. 20392–5420   *Somerset, TA1 2DN*
U.S.A.   *United Kingdom*

October 2009

Corrections to The Astronomical Almanac, 2010

Page E3: The column containing North Pole Right Ascension, Declination, values are incorrect. The correct values can be found on *The Astronomical Almanac Online* (see below).

Page K7 constant No. 21, Mass of the Earth: *replace* $5 \cdot 972\ 1986 \times 10^{25}$
                                                            by $5 \cdot 972\ 1986 \times 10^{24}$

Changes introduced for 2011

Section **D**: Lunar librations are now derived from the JPL DE403/LE403 lunar rotation ephemeris (see Section L for details).

Section **E**: Physical ephemeris calculations updated to account for aberration of Sun as seen from the planet.

Section **H**: Updated data for open clusters, pulsars, and ICRF radio sources to ICRF2.

Section **H**: Updated the data for radio flux standards and expanded the list to include radio polarization calibration data.

Section **H**: Included a table on exoplanets and host stars.

Section **K**: Constants updated to IAU 2009 adopted values.

Section **L**: A list of references is included at the end of the section, rather than the detailed reference being given within the text.

WWW   Up-to-date listings of all errata may also be found on *The Astronomical Almanac Online* at **http://asa.usno.navy.mil** and **http://asa.hmnao.com**

Section A   PHENOMENA

Seasons: Moon's phases; principal occultations; planetary phenomena; elongations and magnitudes of planets; visibility of planets; diary of phenomena; times of sunrise, sunset, twilight, moonrise and moonset; eclipses, transits, use of Besselian elements.

Section B   TIME-SCALES AND COORDINATE SYSTEMS

Calendar; chronological cycles and eras; religious calendars; relationships between time scales; universal and sidereal times, Earth rotation angle; reduction of celestial coordinates; proper motion, annual parallax, aberration, light-deflection, precession and nutation; coordinates of the CIP & CIO, matrix elements for both frame bias, precession-nutation, and GCRS to the Celestial Intermediate Reference System, rigorous formulae for apparent and intermediate place reduction, approximate formulae for intermediate place reduction; position and velocity of the Earth; polar motion; diurnal parallax and aberration; altitude, azimuth; refraction; pole star formulae and table.

Section C   SUN

Mean orbital elements, elements of rotation; low-precision formulae for coordinates of the Sun and the equation of time; ecliptic and equatorial coordinates; heliographic coordinates, horizontal parallax, semi-diameter and time of transit; geocentric rectangular coordinates.

Section D   MOON

Phases; perigee and apogee; mean elements of orbit and rotation; lengths of mean months; geocentric, topocentric and selenographic coordinates; formulae for libration; ecliptic and equatorial coordinates, distance, horizontal parallax, semi-diameter and time of transit; physical ephemeris; low-precision formulae for geocentric and topocentric coordinates.

Section E   PLANETS AND PLUTO

Rotation elements for Mercury, Venus, Mars, Jupiter, Saturn, Uranus, Neptune and Pluto; physical ephemerides; osculating orbital elements (including the Earth-Moon barycentre); heliocentric ecliptic coordinates; geocentric equatorial coordinates; times of transit.

Section F   SATELLITES OF THE PLANETS AND PLUTO

Ephemerides and phenomena of the satellites of Mars, Jupiter, Saturn (including the rings), Uranus, Neptune and Pluto.

Section G   MINOR PLANETS AND COMETS

Osculating elements; opposition dates; geocentric equatorial coordinates, visual magnitudes, time of transit of those at opposition. Osculating elements for periodic comets.

Section H   STARS AND STELLAR SYSTEMS

Lists of bright stars, double stars, *UBVRI* standards, *uvby* & Hβ standards, spectrophotometric standards, radial velocity standards, variable stars, exoplanet/host stars, bright galaxies, open clusters, globular clusters, ICRF radio source positions, radio telescope flux & polarization calibrators, X-ray sources, quasars, pulsars, and gamma ray sources.

Section J   OBSERVATORIES

Index of observatory name and place; lists of optical and radio observatories.

Section K   TABLES AND DATA

Julian dates of Gregorian calendar dates; selected astronomical constants; reduction of time scales; reduction of terrestrial coordinates; interpolation methods; vectors and matrices.

Section L   NOTES AND REFERENCES   Section M GLOSSARY   Section N INDEX

THE ASTRONOMICAL ALMANAC ONLINE

ᵂᵂ𝗪 — **http://asa.usno.navy.mil** & **http://asa.hmnao.com**

Eclipse Portal; occultation maps; lunar polynomial coefficients; planetary heliocentric osculating elements of date; satellite offsets, apparent distances, position angles, orbital, physical, and photometric data; minor planet diameters; bright stars, *UBVRI* standard stars, selected X-ray and gamma ray sources, double star orbital data; Observatory search; astronomical constants; errata; glossary.

The pagination within each section is given in full on the first page of each section.

U.S. NAVAL OBSERVATORY

Captain R. Scott Steadley, *U.S.N., Superintendent*
Commander Scott A. Key, *U.S.N., Deputy Superintendent*
Kenneth J. Johnston, *Scientific Director*

ASTRONOMICAL APPLICATIONS DEPARTMENT

John A. Bangert, *Head*
Sean E. Urban *Chief, Nautical Almanac Office*
Alice K.B. Monet, *Chief, Software Products Division*
John A. Bangert, *Acting Chief, Science Support Division*

George H. Kaplan	James L. Hilton
William T. Harris	Susan G. Stewart
Wendy K. Puatua	Mark T. Stollberg
Michael Efroimsky	Eric G. Barron
Amy C. Fredericks	Jennifer L. Bartlett
Yvette Hines	QMC (SW/AW) Robert Jerge, U.S.N.

THE UNITED KINGDOM HYDROGRAPHIC OFFICE

Michael S. Robinson, *Chief Executive*
Edward Hosken, *Head, Operations Data Management*

HER MAJESTY'S NAUTICAL ALMANAC OFFICE

Steven A. Bell, *Head*

Catherine Y. Hohenkerk   Donald B. Taylor

The data in this volume have been prepared as follows:

By H.M. Nautical Almanac Office, United Kingdom Hydrographic Office:

Section A—phenomena, rising, setting of Sun and Moon, lunar eclipses; B—ephemerides and tables relating to time-scales and coordinate reference frames; D—physical ephemerides and geocentric coordinates of the Moon; F—ephemerides for sixteen of the major planetary satellites; G—opposition dates, geocentric coordinates, transit times, and osculating orbital elements, of selected minor planets; K—tables and data.

By the Nautical Almanac Office, United States Naval Observatory:

Section A—eclipses of the Sun; C—physical ephemerides, geocentric and rectangular coordinates of the Sun; E—physical ephemerides, geocentric coordinates and transit times of the major planets; F—phenomena and ephemerides of satellites, except Jupiter I–IV; G—ephemerides of the largest and/or brightest 93 minor planets; H—data for lists of bright stars, lists of photometric standard stars, radial velocity standard stars, exoplanets and host stars, bright galaxies, open clusters, globular clusters, radio source positions, radio flux calibrators, X-ray sources, quasars, pulsars, variable stars, double stars and gamma ray sources; J—information on observatories; L—notes and references; M—glossary; N—index.

By the Jet Propulsion Laboratory, California Institute of Technology:

The planetary and lunar ephemerides DE405/LE405, and for the lunar librations DE403/LE403.

By the IAU Standards Of Fundamental Astronomy (SOFA) initiative

Software implementation of fundamental quantities used in sections A, B, D and G.

By the Institut de Mécanique Céleste et de Calcul des Éphémérides, Paris Observatory:

Section F—ephemerides and phenomena of satellites I–IV of Jupiter.

By the Minor Planet Center, Cambridge, Massachusetts:

Section G—orbital elements of periodic comets.

Section H—Stars and stellar Systems: many individuals have provided expertise in compiling the tables; they are listed in Section L and on *The Astronomical Almanac Online*.

In general the Office responsible for the preparation of the data has drafted the related explanatory notes and auxiliary material, but both have contributed to the final form of the material. The preliminaries, Section A, except the solar eclipses, and Sections B, D, G and K have been composed in the United Kingdom, while the rest of the material has been composed in the United States. The work of proofreading has been shared, but no attempt has been made to eliminate the differences in spelling and style between the contributions of the two Offices.

Joint publications of HM Nautical Almanac Office (UKHO) and the United States Naval Observatory

These publications are published by and available from, UKHO Distributors, and the Superintendent of Documents, U.S. Government Printing Office (USGPO) except where noted.

Astronomical Phenomena contains extracts from *The Astronomical Almanac* and is published annually in advance of the main volume. Included are dates and times of planetary and lunar phenomena and other astronomical data of general interest.

The Nautical Almanac contains ephemerides at an interval of one hour and auxiliary astronomical data for marine navigation.

The Air Almanac contains ephemerides at an interval of ten minutes and auxiliary astronomical data for air navigation. This publication is now distributed solely on CD-ROM and is only available from USGPO.

Other publications of HM Nautical Almanac Office (UKHO)

The Star Almanac for Land Surveyors (NP 321) contains the Greenwich hour angle of Aries and the position of the Sun, tabulated for every six hours, and represented by monthly polynomial coefficients. Positions of all stars brighter than magnitude 4·0 are tabulated monthly to a precision of $0^s\!\cdot\!1$ in right ascension and $1''$ in declination. A CD-ROM is included which contains the electronic edition plus coefficients, in ASCII format, representing the data.

NavPac and Compact Data for 2011–2015 (DP 330) contains software, algorithms and data, which are mainly in the form of polynomial coefficients, for calculating the positions of the Sun, Moon, navigational planets and bright stars. It enables navigators to compute their position at sea from sextant observations using an IBM PC or compatible for the period 1986–2015. The tabular data are also supplied as ASCII files on the CD-ROM. The website http://www.hmnao.com/nao/navpac provides a home for issues related to NavPac.

Planetary and Lunar Coordinates, 2001–2020 provides low-precision astronomical data and phenomena for use well in advance of the annual ephemerides. It contains heliocentric, geocentric, spherical and rectangular coordinates of the Sun, Moon and planets, eclipse maps and auxiliary data. All the tabular ephemerides are supplied solely on CD-ROM as ASCII and Adobe's portable document format files. The full printed edition is published in the United States by Willmann-Bell Inc, PO Box 35025, Richmond VA 23235, USA.

Rapid Sight Reduction Tables for Navigation (AP 3270/NP 303), 3 volumes, formerly entitled *Sight Reduction Tables for Air Navigation*. Volume 1, selected stars for epoch 2010·0, containing the altitude to $1'$ and true azimuth to $1°$ for the seven stars most suitable for navigation, for all latitudes and hour angles of Aries. Volumes 2 and 3 contain altitudes to $1'$ and azimuths to $1°$ for integral degrees of declination from N 29° to S 29°, for relevant latitudes and all hour angles at which the zenith distance is less than 95° providing for sights of the Sun, Moon and planets.

Sight Reduction Tables for Marine Navigation (NP 401), 6 volumes. This series is designed to effect all solutions of the navigational triangle and is intended for use with *The Nautical Almanac*.

The UK Air Almanac contains data useful in the planning of activities where the level of illumination is important, particularly aircraft movements, and is produced to the general requirements of the Royal Air Force.

NAO Technical Notes are issued irregularly to disseminate astronomical data concerning ephemerides or astronomical phenomena.

Other publications of the United States Naval Observatory

Astronomical Papers of the American Ephemeris[†] are issued irregularly and contain reports of research in celestial mechanics with particular relevance to ephemerides.

U.S. Naval Observatory Circulars[†] are issued irregularly to disseminate astronomical data concerning ephemerides or astronomical phenomena.

U.S. Naval Observatory Circular No. 179, The IAU Resolutions on Astronomical Reference Systems, Time Scales, and Earth Rotation Models explains resolutions and their effects on the data (see Web Links on the next page).

Explanatory Supplement to The Astronomical Almanac edited by P. Kenneth Seidelmann of the U.S. Naval Observatory. This book is an authoritative source on the basis and derivation of information contained in *The Astronomical Almanac*, and it contains material that is relevant to positional and dynamical astronomy and to chronology. It includes details of the FK5 J2000·0 reference system and transformations. The publication is a collaborative work with authors from the U.S. Naval Observatory, H.M. Nautical Almanac Office, the Jet Propulsion Laboratory and the Bureau des Longitudes. It is published by, and available from, University Science Books, 55D Gate Five Road, Sausalito, CA 94965, whose UK distributor is Macmillan Distribution.

MICA is an interactive astronomical almanac for professional applications. Software for both PC systems with Intel processors and Apple Macintosh computers is provided on a single CD-ROM. *MICA* allows a user to compute, to full precision, much of the tabular data contained in *The Astronomical Almanac*, as well as data for specific times and locations. All calculations are made in real time and data are not interpolated from tables. MICA is a product of the U.S. Naval Observatory; it is published by and available from Willmann-Bell Inc. The latest version covers the interval 1800-2050.

† Many of these publications are available from the Nautical Almanac Office, U.S. Naval Observatory, Washington, DC 20392-5420, see Web Links on the next page for availability.

Publications of other countries

Apparent Places of Fundamental Stars is prepared by the Astronomisches Rechen-Institut, Heidelberg (www.ari.uni-heidelberg.de). The printed version of APFS gives the data for a few fundamental stars only, together with the explanation and examples. The apparent places of stars using the FK6 or Hipparcos catalogues are provided by the on-line database ARIAPFS (www.ari.uni-heidelberg.de/ariapfs). The printed booklet also contains the so-called '10-Day-Stars' and the 'Circumpolar Stars' and is available from Verlag G. Braun, Karl-Friedrich-Strasse, 14–18, Karlsruhe, Germany.

Ephemerides of Minor Planets is prepared annually by the Institute of Applied Astronomy (www.ipa.nw.ru), and published by the Russian Academy of Sciences. Included in this volume are elements, opposition dates and opposition ephemerides of all numbered minor planets. This volume is available from the Institute of Theoretical Astronomy, Naberezhnaya Kutuzova 10, St. Petersburg, 191187 Russia.

Electronic Publications

The Astronomical Almanac Online: The companion publication of *The Astronomical Almanac*, providing data best presented in machine-readable form. It typically does not duplicate the data from the book. It does, in some cases, provide additional information or greater precision than the printed data. Examples of data found on *The Astronomical Almanac Online* are searchable databases, eclipse and occultation maps, errata found in the printed publication, and a searchable glossary. It is available at

http://asa.usno.navy.mil — W𝒲W — **http://asa.hmnao.com**

Please refer to the relevant World Wide Web address for further details about the publications and services provided by the following organisations.

U.S. Naval Observatory

- U.S. Naval Observatory portal at http://www.usno.navy.mil/USNO
- Astronomical Applications at .../astronomical-applications
- *USNO Circular 179* at .../astronomical-applications/publications/circ-179
- USNO Julian/Calendar date conversion at .../astronomical-applications/data-services/jul-date
- *The Astronomical Almanac Online*—WWW— at http://asa.usno.navy.mil

H.M. Nautical Almanac Office

- General information at http://www.hmnao.com
- *The Astronomical Almanac Online*—WWW— at http://asa.hmnao.com
- Eclipses Online at http://www.eclipse.org.uk
- Online data services at http://websurf.hmnao.com
- MoonWatch at http://www.crescentmoonwatch.org

International Astronomical Organizations

- IAU: International Astronomical Union at http://www.iau.org
- IERS: International Earth Rotation and Reference Systems Service at http://www.iers.org
- SOFA: IAU Standards of Fundamental Astronomy at http://iau-sofa.hmnao.com
- NSFA: IAU Working Group on Numerical Standards at http://maia.usno.navy.mil/NSFA.html
- CDS: Centre de Données astronomiques de Strasbourg at http://cdsweb.u-strasbg.fr

Products provided by International Astronomical Organizations

- IERS Earth Orientation data at http://www.iers.org/MainDisp.csl?pid=36-9
- IERS Bulletins A, B, C and D descriptions at http://www.iers.org/MainDisp.csl?pid=44-14
- IERS Technical Notes at http://www.iers.org/MainDisp.csl?pid=46-25772
- IERS Conventions Update at http://tai.bipm.org/iers/convupdt/convupdt.html
    Chapter 5, Transformation between the ITRS and the GCRS, and the
    IAU 2000A nutation series at http://tai.bipm.org/iers/convupdt/convupdt_c5.html
- IAU 2006 series for CIP & CIO at http://cdsweb.u-strasbg.fr/cgi-bin/qcat?J/A+A/459/981

Publishers and Suppliers

- The UK Hydrographic Office (UKHO) at http://www.ukho.gov.uk
- U.S. Government Printing Office (USGPO) at http://bookstore.gpo.gov
- University Science Books at http://www.uscibooks.com
- Willmann-Bell at http://www.willbell.com
- Macmillan Distribution at http://www.palgrave.com

CONTENTS OF SECTION A

> 𝖶𝖶𝖶   This symbol indicates that these data or auxiliary material may also be found on *The Astronomical Almanac Online* at **http://asa.usno.navy.mil** and **http://asa.hmnao.com**

NOTE: All the times in this section are expressed in Universal Time (UT).

THE SUN

		d h				d h m			d h m
Perigee	... Jan.	3 19		Equinoxes	... Mar.	20 23 21	...	... Sept.	23 09 05
Apogee	... July	4 15		Solstices	... June	21 17 16	...	... Dec.	22 05 30

PHASES OF THE MOON

Lunation	New Moon			First Quarter			Full Moon			Last Quarter		
		d	h m		d	h m		d	h m		d	h m
1089	Jan.	4	09 03	Jan.	12	11 31	Jan.	19	21 21	Jan.	26	12 57
1090	Feb.	3	02 31	Feb.	11	07 18	Feb.	18	08 36	Feb.	24	23 26
1091	Mar.	4	20 46	Mar.	12	23 45	Mar.	19	18 10	Mar.	26	12 07
1092	Apr.	3	14 32	Apr.	11	12 05	Apr.	18	02 44	Apr.	25	02 47
1093	May	3	06 51	May	10	20 33	May	17	11 09	May	24	18 52
1094	June	1	21 03	June	9	02 11	June	15	20 14	June	23	11 48
1095	July	1	08 54	July	8	06 29	July	15	06 40	July	23	05 02
1096	July	30	18 40	Aug.	6	11 08	Aug.	13	18 57	Aug.	21	21 54
1097	Aug.	29	03 04	Sept.	4	17 39	Sept.	12	09 27	Sept.	20	13 39
1098	Sept.	27	11 09	Oct.	4	03 15	Oct.	12	02 06	Oct.	20	03 30
1099	Oct.	26	19 56	Nov.	2	16 38	Nov.	10	20 16	Nov.	18	15 09
1100	Nov.	25	06 10	Dec.	2	09 52	Dec.	10	14 36	Dec.	18	00 48
1101	Dec.	24	18 06									

ECLIPSES

A partial eclipse of the Sun	Jan. 4	Most of Europe, the N. half of Africa, western Asia, north-west China.
A partial eclipse of the Sun	June 1	Eastern Asia, northern N. America, the N. tip of Scandinavia, Greenland & Iceland.
A total eclipse of the Moon	June 15	Australasia, most of Asia, Africa, Europe & S. America except the N.W. part.
A partial eclipse of the Sun	July 1	Southern Ocean south of Africa.
A partial eclipse of the Sun	Nov. 25	S. tip of S. Africa, Antarctica, Tasmania.
A total eclipse of the Moon	Dec. 10	N. America except the E. part, the Hawaiian Is., Oceania, Australasia, Asia, eastern Africa, and eastern Europe.

MOON AT PERIGEE

	d	h		d	h		d	h
Jan.	22	00	June	12	02	Oct.	26	12
Feb.	19	07	July	7	14	Nov.	23	23
Mar.	19	19	Aug.	2	21	Dec.	22	03
Apr.	17	06	Aug.	30	18			
May	15	11	Sept.	28	01			

MOON AT APOGEE

	d	h		d	h		d	h
Jan.	10	06	May	27	10	Oct.	12	12
Feb.	6	23	June	24	04	Nov.	8	13
Mar.	6	08	July	21	23	Dec.	6	01
Apr.	2	09	Aug.	18	16			
Apr.	29	18	Sept.	15	06			

OCCULTATIONS OF PLANETS AND BRIGHT STARS BY THE MOON

Date		Body	Areas of Visibility
	d h		
Feb 28	00	Vesta	Antarctica, S. Pacific Ocean
Mar 28	07	Vesta	Iceland
July 27	17	Mars	Samoa, Republic of Kiribati, French Polynesia, southern half of South America except southernmost tip
Oct 28	02	Mercury	Malaysia, Indonesia, S.E. Papua New Guinea, Australia, New Zealand, New Caledonia, French Polynesia

Maps showing the areas of visibility may be found on AsA-Online.

OCCULTATIONS OF X-RAY SOURCES BY THE MOON

Occultations occur at intervals of a lunar month between the dates given below:

Source	Dates	Source	Dates
GX 1 + 4	Jan. 02–Feb. 25	4U 0617 + 23	Jan. 18–Dec. 11
MX 1803 − 24	Jan. 03–Jan. 30	Crab Pulsar	Jul. 27–Dec. 11
H 0253 + 193	Jan. 14–Dec. 08		

AVAILABILITY OF PREDICTIONS OF LUNAR OCCULTATIONS

IOTA, the International Occultation Timing Association is responsible for the predictions and reductions of timings of occultations of stars by the Moon. Their web address is http://lunar-occultations.com/iota.

GEOCENTRIC PHENOMENA

MERCURY

	d h	d h	d h	d h
Greatest elongation West	Jan. 9 15 (23°)	May 7 19 (27°)	Sept. 3 06 (18°)	Dec. 23 03 (22°)
Superior conjunction ...	Feb. 25 09	June 13 00	Sept. 28 20	—
Greatest elongation East	Mar. 23 01 (19°)	July 20 05 (27°)	Nov. 14 09 (23°)	—
Stationary	Mar. 30 17	Aug. 2 07	Nov. 24 10	—
Inferior conjunction ...	Apr. 9 20	Aug. 17 01	Dec. 4 09	—
Stationary	Apr. 22 05	Aug. 26 04	Dec. 14 02	—

VENUS

	d h			d h
Greatest elongation West	Jan. 8 16 (47°)		Superior conjunction ...	Aug. 16 12

SUPERIOR PLANETS & PLUTO

	Conjunction	Stationary	Opposition	Stationary
	d h	d h	d h	d h
Mars	Feb. 4 17	—	—	—
Jupiter	Apr. 6 15	Aug. 30 17	Oct. 29 02	Dec. 26 11
Saturn	Oct. 13 21	| Jan. 27 08	Apr. 4 00	June 14 05
Uranus	Mar. 21 12	July 10 08	Sept. 26 00	Dec. 10 15
Neptune	Feb. 17 10	June 3 15	Aug. 22 23	Nov. 9 21
Pluto	Dec. 29 08	| Apr. 9 07	June 28 05	Sept. 16 12

The vertical bars indicate where the dates for the planet are not in chronological order.

OCCULTATIONS BY PLANETS AND SATELLITES

Details of predictions of occultations of stars by planets, minor planets and satellites are given in *The Handbook of the British Astronomical Association*.

HELIOCENTRIC PHENOMENA

	Aphelion	Perihelion	Descending Node	Greatest Lat. South	Ascending Node	Greatest Lat. North
Mercury	Jan. 31	Mar. 16	Jan. 21	Feb. 20	Mar. 11	Mar. 26
	Apr. 29	June 12	Apr. 18	May 19	June 7	June 22
	July 26	Sept. 8	July 15	Aug. 15	Sept. 3	Sept. 18
	Oct. 22	Dec. 5	Oct. 11	Nov. 11	Nov. 30	Dec. 15
Venus	Apr. 18	Aug. 9	Mar. 15	May 11	July 6	Jan. 18
	Nov. 29	—	Oct. 26	Dec. 21	—	Aug. 30
Mars	—	Mar. 9	—	Feb. 11	July 8	—
Jupiter	—	Mar. 17	—	Feb. 1	—	—

Saturn, Uranus, Neptune, Pluto: None in 2011

PHENOMENA, 2011

ELONGATIONS AND MAGNITUDES OF PLANETS AT 0^h UT

Date	Mercury Elong.	Mag.	Venus Elong.	Mag.	Date	Mercury Elong.	Mag.	Venus Elong.	Mag.
Jan. −1	W. 19	+0·4	W. 47	−4·7	July 3	E. 21	−0·4	W. 12	−3·9
4	W. 22	−0·2	W. 47	−4·6	8	E. 24	−0·1	W. 11	−3·9
9	W. 23	−0·3	W. 47	−4·6	13	E. 26	+0·1	W. 9	−3·9
14	W. 23	−0·3	W. 47	−4·5	18	E. 27	+0·3	W. 8	−3·9
19	W. 22	−0·3	W. 47	−4·5	23	E. 27	+0·5	W. 7	−3·9
24	W. 20	−0·3	W. 46	−4·4	28	E. 25	+0·8	W. 5	−3·9
29	W. 18	−0·3	W. 46	−4·4	Aug. 2	E. 22	+1·3	W. 4	−3·9
Feb. 3	W. 15	−0·4	W. 45	−4·3	7	E. 17	+2·2	W. 3	−4·0
8	W. 13	−0·5	W. 45	−4·3	12	E. 10	+3·8	W. 2	·
13	W. 10	−0·8	W. 44	−4·2	17	E. 5	+5·3	E. 1	·
18	W. 6	−1·1	W. 43	−4·2	22	W. 9	+3·6	E. 2	·
23	W. 3	−1·6	W. 42	−4·2	27	W. 15	+1·5	E. 3	−4·0
28	E. 3	−1·7	W. 42	−4·1	Sept. 1	W. 18	+0·1	E. 4	−3·9
Mar. 5	E. 7	−1·5	W. 41	−4·1	6	W. 18	−0·7	E. 6	−3·9
10	E. 11	−1·3	W. 40	−4·1	11	W. 15	−1·0	E. 7	−3·9
15	E. 15	−1·1	W. 39	−4·0	16	W. 11	−1·2	E. 8	−3·9
20	E. 18	−0·7	W. 38	−4·0	21	W. 7	−1·4	E. 10	−3·9
25	E. 18	+0·1	W. 37	−4·0	26	W. 3	−1·7	E. 11	−3·9
30	E. 16	+1·4	W. 36	−4·0	Oct. 1	E. 2	−1·6	E. 12	−3·9
Apr. 4	E. 10	+3·4	W. 35	−3·9	6	E. 5	−1·1	E. 14	−3·9
9	E. 3	·	W. 34	−3·9	11	E. 9	−0·8	E. 15	−3·9
14	W. 7	+4·6	W. 32	−3·9	16	E. 12	−0·5	E. 16	−3·8
19	W. 15	+2·7	W. 31	−3·9	21	E. 14	−0·4	E. 17	−3·8
24	W. 21	+1·6	W. 30	−3·9	26	E. 17	−0·3	E. 19	−3·8
29	W. 24	+1·0	W. 29	−3·9	31	E. 19	−0·3	E. 20	−3·8
May 4	W. 26	+0·6	W. 28	−3·8	Nov. 5	E. 21	−0·3	E. 21	−3·8
9	W. 27	+0·3	W. 27	−3·8	10	E. 22	−0·3	E. 22	−3·8
14	W. 26	+0·1	W. 25	−3·8	15	E. 23	−0·3	E. 23	−3·8
19	W. 24	−0·1	W. 24	−3·8	20	E. 22	−0·2	E. 25	−3·9
24	W. 21	−0·4	W. 23	−3·8	25	E. 18	+0·5	E. 26	−3·9
29	W. 17	−0·7	W. 21	−3·8	30	E. 10	+2·6	E. 27	−3·9
June 3	W. 12	−1·1	W. 20	−3·8	Dec. 5	W. 2	·	E. 28	−3·9
8	W. 6	−1·7	W. 19	−3·8	10	W. 12	+1·7	E. 29	−3·9
13	E. 1	−2·4	W. 18	−3·8	15	W. 19	+0·1	E. 30	−3·9
18	E. 6	−1·7	W. 16	−3·8	20	W. 21	−0·4	E. 31	−3·9
23	E. 12	−1·1	W. 15	−3·8	25	W. 22	−0·4	E. 32	−3·9
28	E. 17	−0·7	W. 14	−3·8	30	W. 21	−0·4	E. 33	−3·9
July 3	E. 21	−0·4	W. 12	−3·9	35	W. 19	−0·4	E. 35	−4·0

MINOR PLANETS

		Stationary	Opposition	Stationary	Conjunction
Ceres	... ...	Aug. 1	Sept. 16	Nov. 12	Jan. 31
Pallas	... ...	May 25	July 29	Sept. 16	—
Juno	... ...	Jan. 22	Mar. 12	Apr. 29	Oct. 23
Vesta	... ...	June 24	Aug. 5	Sept. 18	—

ELONGATIONS AND MAGNITUDES OF PLANETS AND PLUTO AT 0^h UT

Date		Mars Elong.	Mag.	Jupiter Elong.	Mag.	Saturn Elong.	Mag.	Uranus Elong.	Neptune Elong.	Pluto Elong.
Jan.	−1	E. 9	+1·2	E. 78	−2·4	W. 82	+0·8	E. 79	E. 49	W. 5
	9	E. 6	+1·2	E. 69	−2·3	W. 91	+0·8	E. 69	E. 39	W. 14
	19	E. 4	+1·1	E. 61	−2·2	W. 101	+0·7	E. 59	E. 29	W. 23
	29	E. 2	+1·1	E. 52	−2·2	W. 111	+0·7	E. 49	E. 19	W. 33
Feb.	8	W. 1	+1·1	E. 44	−2·1	W. 122	+0·6	E. 39	E. 9	W. 42
	18	W. 3	+1·1	E. 36	−2·1	W. 132	+0·6	E. 30	W. 1	W. 52
	28	W. 5	+1·1	E. 29	−2·1	W. 143	+0·5	E. 20	W. 10	W. 62
Mar.	10	W. 7	+1·1	E. 21	−2·1	W. 153	+0·5	E. 11	W. 20	W. 72
	20	W. 9	+1·2	E. 13	−2·1	W. 164	+0·4	E. 2	W. 30	W. 82
	30	W. 11	+1·2	E. 6	−2·1	W. 174	+0·4	W. 8	W. 39	W. 91
Apr.	9	W. 14	+1·2	W. 2	−2·1	E. 174	+0·4	W. 17	W. 49	W. 101
	19	W. 16	+1·2	W. 9	−2·1	E. 164	+0·4	W. 26	W. 58	W. 111
	29	W. 18	+1·2	W. 17	−2·1	E. 154	+0·5	W. 36	W. 68	W. 121
May	9	W. 20	+1·3	W. 24	−2·1	E. 143	+0·6	W. 45	W. 77	W. 131
	19	W. 22	+1·3	W. 31	−2·1	E. 133	+0·7	W. 54	W. 87	W. 140
	29	W. 24	+1·3	W. 39	−2·1	E. 123	+0·7	W. 63	W. 96	W. 150
June	8	W. 26	+1·3	W. 46	−2·1	E. 114	+0·8	W. 73	W. 106	W. 160
	18	W. 29	+1·4	W. 54	−2·2	E. 104	+0·8	W. 82	W. 116	W. 169
	28	W. 31	+1·4	W. 62	−2·2	E. 95	+0·9	W. 91	W. 125	W. 176
July	8	W. 34	+1·4	W. 70	−2·3	E. 85	+0·9	W. 101	W. 135	E. 169
	18	W. 36	+1·4	W. 78	−2·3	E. 76	+0·9	W. 111	W. 145	E. 160
	28	W. 39	+1·4	W. 86	−2·4	E. 67	+0·9	W. 120	W. 154	E. 151
Aug.	7	W. 42	+1·4	W. 95	−2·5	E. 59	+0·9	W. 130	W. 164	E. 141
	17	W. 45	+1·4	W. 104	−2·5	E. 50	+0·9	W. 140	W. 174	E. 131
	27	W. 48	+1·4	W. 113	−2·6	E. 41	+0·9	W. 150	E. 176	E. 121
Sept.	6	W. 51	+1·4	W. 123	−2·7	E. 33	+0·9	W. 160	E. 166	E. 112
	16	W. 55	+1·4	W. 133	−2·8	E. 24	+0·8	W. 170	E. 156	E. 102
	26	W. 58	+1·3	W. 143	−2·8	E. 16	+0·8	W. 179	E. 146	E. 92
Oct.	6	W. 62	+1·3	W. 154	−2·9	E. 7	+0·8	E. 170	E. 136	E. 83
	16	W. 66	+1·2	W. 165	−2·9	W. 3	+0·7	E. 160	E. 126	E. 73
	26	W. 71	+1·1	W. 176	−2·9	W. 11	+0·7	E. 149	E. 116	E. 63
Nov.	5	W. 75	+1·1	E. 172	−2·9	W. 19	+0·7	E. 139	E. 106	E. 53
	15	W. 80	+1·0	E. 161	−2·9	W. 28	+0·8	E. 129	E. 96	E. 44
	25	W. 86	+0·8	E. 150	−2·8	W. 37	+0·8	E. 118	E. 86	E. 34
Dec.	5	W. 91	+0·7	E. 139	−2·8	W. 46	+0·7	E. 108	E. 76	E. 24
	15	W. 98	+0·5	E. 128	−2·7	W. 56	+0·7	E. 98	E. 66	E. 15
	25	W. 105	+0·3	E. 118	−2·6	W. 65	+0·7	E. 88	E. 56	E. 6
	35	W. 112	+0·1	E. 107	−2·6	W. 75	+0·7	E. 78	E. 46	W. 7

Magnitudes at opposition: Uranus 5·7   Neptune 7·8   Pluto 14·0

VISUAL MAGNITUDES OF MINOR PLANETS

	Jan. 9	Feb. 18	Mar. 30	May 9	June 18	July 28	Sept. 6	Oct. 16	Nov. 25	Dec. 35
Ceres	9·1	9·1	9·3	9·3	9·0	8·4	7·7	8·1	8·7	9·1
Pallas	10·4	10·5	10·5	10·2	9·9	9·5	9·8	10·2	10·5	10·5
Juno	9·9	9·3	9·4	10·2	10·9	11·2	11·3	11·2	11·4	11·5
Vesta	7·8	7·8	7·6	7·2	6·5	5·7	6·4	7·2	7·8	8·1

VISIBILITY OF PLANETS

The planet diagram on page A7 shows, in graphical form for any date during the year, the local mean times of meridian passage of the Sun, of the five planets, Mercury, Venus, Mars, Jupiter and Saturn, and of every 2^h of right ascension. Intermediate lines, corresponding to particular stars, may be drawn in by the user if desired. The diagram is intended to provide a general picture of the availability of planets and stars for observation during the year.

On each side of the line marking the time of meridian passage of the Sun, a band 45^m wide is shaded to indicate that planets and most stars crossing the meridian within 45^m of the Sun are generally too close to the Sun for observation.

For any date the diagram provides immediately the local mean time of meridian passage of the Sun, planets and stars, and thus the following information:
   a) whether a planet or star is too close to the Sun for observation;
   b) visibility of a planet or star in the morning or evening;
   c) location of a planet or star during twilight;
   d) proximity of planets to stars or other planets.

When the meridian passage of a body occurs at midnight, it is close to opposition to the Sun and is visible all night, and may be observed in both morning and evening twilights. As the time of meridian passage decreases, the body ceases to be observable in the morning, but its altitude above the eastern horizon during evening twilight gradually increases until it is on the meridian at evening twilight. From then onwards the body is observable above the western horizon, its altitude at evening twilight gradually decreasing, until it becomes too close to the Sun for observation. When it again becomes visible, it is seen in the morning twilight, low in the east. Its altitude at morning twilight gradually increases until meridian passage occurs at the time of morning twilight, then as the time of meridian passage decreases to 0^h, the body is observable in the west in the morning twilight with a gradually decreasing altitude, until it once again reaches opposition.

Notes on the visibility of the planets are given on page A8. Further information on the visibility of planets may be obtained from the diagram below which shows, in graphical form for any date during the year, the declinations of the bodies plotted on the planet diagram on page A7.

DECLINATION OF SUN AND PLANETS, 2011

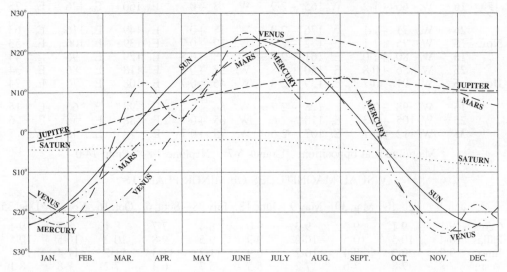

LOCAL MEAN TIME OF MERIDIAN PASSAGE

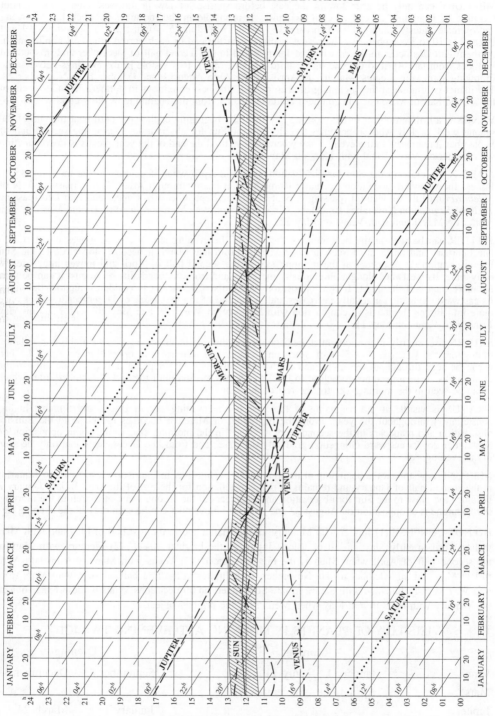

VISIBILITY OF PLANETS

MERCURY can only be seen low in the east before sunrise, or low in the west after sunset (about the time of beginning or end of civil twilight). It is visible in the mornings between the following approximate dates: January 1 to February 13, April 18 to June 5, August 25 to September 19 and December 10 to December 31. The planet is brighter at the end of each period, (the best conditions in northern latitudes occur in the first half of January and in the second half of December and in southern latitudes from late April to the end of the third week of May). It is visible in the evenings between the following approximate dates: March 7 to April 2, June 20 to August 9 and October 12 to November 28. The planet is brighter at the beginning of each period, (the best conditions in northern latitudes occur in the second half of March and in southern latitudes in July from the beginning of the second week).

VENUS is a brilliant object in the morning sky from the beginning of the year until near the end of the second week of July when it becomes too close to the Sun for observation. During the second half of September it reappears in the evening sky where it stays until the end of the year. Venus is in conjunction with Jupiter on May 11 and with Mars on May 22.

MARS is too close to the Sun for observation until mid-April when it appears in the morning sky in Pisces. Its westward elongation gradually increases as it passes through Aries, Taurus (passing $5°$ N of *Aldebaran* on July 6), Gemini (passing $6°$ S of *Pollux* on September 10), Cancer and into Leo (passing $1°.4$ N of *Regulus* on November 10). Mars is in conjunction with Mercury on April 19 and May 20, with Jupiter on May 1 and with Venus on May 22.

JUPITER can be seen at the beginning of the year in the evening sky in Pisces, moves into Cetus in late February and back into Pisces in early March. From late March it becomes too close to the Sun for observation. It reappears in the morning sky in the second half of April and moves into Aries in early June. Its westward elongation gradually increases and from the beginning of August it can be seen for more than half the night. It is at opposition on October 29 when it is visible throughout the night. Its eastward elongation gradually decreases and at the end of the first week of December it passes once more into Pisces. Jupiter is in conjunction with Mercury on March 16 and May 10, with Mars on May 1 and with Venus on May 11.

SATURN rises shortly after midnight at the beginning of the year in Virgo and remains in this constellation throughout the year (passing $5°$ N of *Spica* on October 31). Saturn is at opposition on April 4 when it can be seen throughout the night, and from early July until late September it is visible only in the evening sky. It then becomes too close to the Sun for observation until the end of October, after which it can be seen in the morning sky for the rest of the year.

URANUS is visible at the beginning of the year in the evening sky in Pisces and remains in this constellation throughout the year. From the beginning of March it becomes too close to the Sun for observation and reappears in the second week of April in the morning sky. Uranus is at opposition on September 26. Its eastward elongation gradually decreases and from late December it can only be seen in the evening sky.

NEPTUNE is visible at the beginning of the year in the evening sky in Capricornus, moves into Aquarius in the second half of January and remains in this constellation for the rest of the year. In late January it becomes too close to the Sun for observation and reappears in the second week of March in the morning sky. Neptune is at opposition on August 22 and from late November can be seen only in the evening sky.

DO NOT CONFUSE (1) Jupiter with Mercury in mid-March and in the first half of May and with Mars in late April to early May; on all occasions Jupiter is the brighter object. (2) Mercury with Mars in the second half of April when Mars is the brighter object. (3) Venus with Mercury from late April to late May and mid-October to late November, with Jupiter in the first half of May, with Mars from mid-May to early June and with Saturn in late September; on all occasions Venus is the brighter object. (4) Mercury with Mars in mid-May when Mercury is the brighter object.

VISIBILITY OF PLANETS IN MORNING AND EVENING TWILIGHT

	Morning		Evening	
Venus	January 1	– July 11	September 23 – December 31	
Mars	April 17	– December 31		
Jupiter			January 1	– March 24
	April 21	– October 29	October 29	– December 31
Saturn	January 1	– April 4	April 4	– September 26
	October 31	– December 31		

CONFIGURATIONS OF SUN, MOON AND PLANETS

d h			d h		
Jan.	2 14	Jupiter 0°.6 S. of Uranus	Mar. 23 01	Mercury greatest elong. E. (19°)	
	2 15	Mercury 4° N. of Moon	26 12	LAST QUARTER	
	3 19	Earth at perihelion			
	4 09	NEW MOON Eclipse	27 01	Venus 0°.2 S. of Neptune	
			28 07	Vesta 1°.2 S. of Moon Occn.	
	8 00	Neptune 5° S. of Moon	30 17	Mercury stationary	
	8 16	Venus greatest elong. W. (47°)	31 02	Neptune 5° S. of Moon	
	9 15	Mercury greatest elong. W. (23°)	31 13	Venus 6° S. of Moon	
	10 06	Moon at apogee	Apr. 2 09	Moon at apogee	
	10 15	Uranus 7° S. of Moon			
	10 17	Jupiter 7° S. of Moon	3 15	NEW MOON	
	12 12	FIRST QUARTER	4 00	Saturn at opposition	
			6 15	Jupiter in conjunction with Sun	
	15 22	Venus 8° N. of *Antares*	9 07	Pluto stationary	
			9 20	Mercury in inferior conjunction	
	19 21	FULL MOON			
			11 12	FIRST QUARTER	
	22 00	Moon at perigee			
	22 23	Juno stationary	17 06	Moon at perigee	
	25 10	Saturn 8° N. of Moon	17 08	Saturn 8° N. of Moon	
	26 13	LAST QUARTER	18 03	FULL MOON	
	27 08	Saturn stationary	19 08	Mercury 0°.8 N. of Mars	
	30 04	Venus 3° N. of Moon	22 05	Mercury stationary	
	31 01	Ceres in conjunction with Sun	22 19	Venus 0°.9 S. of Uranus	
Feb.	1 18	Mercury 4° S. of Moon	25 03	LAST QUARTER	
	3 03	NEW MOON	27 10	Neptune 6° S. of Moon	
			29 16	Juno stationary	
	4 17	Mars in conjunction with Sun	29 18	Moon at apogee	
	6 23	Moon at apogee	30 04	Uranus 6° S. of Moon	
	7 00	Uranus 6° S. of Moon	30 23	Venus 7° S. of Moon	
	7 10	Jupiter 7° S. of Moon	May 1 07	Mercury 8° S. of Moon	
	11 07	FIRST QUARTER	1 11	Mars 0°.4 N. of Jupiter	
			1 19	Jupiter 6° S. of Moon	
	17 10	Neptune in conjunction with Sun	1 20	Mars 6° S. of Moon	
	18 09	FULL MOON	3 07	NEW MOON	
	19 07	Moon at perigee	7 19	Mercury greatest elong. W. (27°)	
	21 17	Saturn 8° N. of Moon			
	24 23	LAST QUARTER	10 21	FIRST QUARTER	
			10 23	Mercury 2° S. of Jupiter	
	25 09	Mercury in superior conjunction	11 09	Venus 0°.6 S. of Jupiter	
	28 00	Vesta 0°.9 N. of Moon Occn.	14 15	Saturn 8° N. of Moon	
Mar.	1 04	Venus 1°.6 S. of Moon	15 11	Moon at perigee	
	4 21	NEW MOON	17 11	FULL MOON	
	6 08	Moon at apogee	20 01	Mercury 2° S. of Mars	
	7 05	Jupiter 7° S. of Moon	22 15	Venus 1°.1 S. of Mars	
	12 10	Juno at opposition	24 18	Neptune 6° S. of Moon	
	13 00	FIRST QUARTER	24 19	LAST QUARTER	
	16 17	Mercury 2° N. of Jupiter	25 15	Pallas stationary	
			27 10	Moon at apogee	
	19 18	FULL MOON	27 13	Uranus 6° S. of Moon	
	19 19	Moon at perigee	29 15	Jupiter 6° S. of Moon	
	20 23	Equinox	30 20	Mars 4° S. of Moon	
	21 00	Saturn 8° N. of Moon	31 04	Venus 4° S. of Moon	
	21 12	Uranus in conjunction with Sun	June 1 21	NEW MOON Eclipse	

CONFIGURATIONS OF SUN, MOON AND PLANETS

	d h	
June	3 15	Neptune stationary
	9 02	FIRST QUARTER
	10 21	Saturn 8° N. of Moon
	12 02	Moon at perigee
	13 00	Mercury in superior conjunction
	14 05	Saturn stationary
	15 20	FULL MOON Eclipse
	18 08	Venus 5° N. of *Aldebaran*
	21 02	Neptune 6° S. of Moon
	21 17	Solstice
	23 12	LAST QUARTER
	23 23	Uranus 6° S. of Moon
	24 04	Moon at apogee
	24 19	Vesta stationary
	26 09	Jupiter 5° S. of Moon
	28 05	Pluto at opposition
	28 19	Mars 1°.7 S. of Moon
	28 22	Mercury 5° S. of *Pollux*
July	1 09	NEW MOON Eclipse
	3 02	Mercury 5° N. of Moon
	4 15	Earth at aphelion
	6 07	Mars 5° N. of *Aldebaran*
	7 14	Moon at perigee
	8 04	Saturn 8° N. of Moon
	8 06	FIRST QUARTER
	10 08	Uranus stationary
	15 07	FULL MOON
	18 10	Neptune 6° S. of Moon
	20 05	Mercury greatest elong. E. (27°)
	21 07	Uranus 6° S. of Moon
	21 23	Moon at apogee
	23 05	LAST QUARTER
	24 01	Jupiter 5° S. of Moon
	27 17	Mars 0°.5 N. of Moon Occn.
	29 14	Pallas at opposition
	30 19	NEW MOON
Aug.	1 00	Ceres stationary
	1 11	Mercury 1°.5 N. of Moon
	2 07	Mercury stationary
	2 21	Moon at perigee
	4 12	Saturn 8° N. of Moon
	5 10	Vesta at opposition
	6 11	FIRST QUARTER
	13 19	FULL MOON
	14 16	Neptune 6° S. of Moon
	16 12	Venus in superior conjunction
	17 01	Mercury in inferior conjunction
	17 13	Uranus 6° S. of Moon

	d h	
Aug.	18 16	Moon at apogee
	20 12	Jupiter 5° S. of Moon
	21 22	LAST QUARTER
	22 23	Neptune at opposition
	25 14	Mars 3° N. of Moon
	26 04	Mercury stationary
	28 01	Mercury 3° N. of Moon
	29 03	NEW MOON
	30 17	Jupiter stationary
	30 18	Moon at perigee
	31 23	Saturn 7° N. of Moon
Sept.	3 06	Mercury greatest elong. W. (18°)
	4 18	FIRST QUARTER
	9 02	Mercury 0°.7 N. of *Regulus*
	10 02	Mars 6° S. of *Pollux*
	10 21	Neptune 6° S. of Moon
	12 09	FULL MOON
	13 18	Uranus 6° S. of Moon
	15 06	Moon at apogee
	16 12	Pluto stationary
	16 17	Ceres at opposition
	16 18	Jupiter 5° S. of Moon
	16 22	Pallas stationary
	18 02	Vesta stationary
	20 14	LAST QUARTER
	23 08	Mars 5° N. of Moon
	23 09	Equinox
	26 00	Uranus at opposition
	27 11	NEW MOON
	28 01	Moon at perigee
	28 20	Mercury in superior conjunction
Oct.	3 12	Venus 3° N. of *Spica*
	4 03	FIRST QUARTER
	8 02	Neptune 6° S. of Moon
	10 22	Uranus 6° S. of Moon
	12 02	FULL MOON
	12 12	Moon at apogee
	13 20	Jupiter 5° S. of Moon
	13 21	Saturn in conjunction with Sun
	20 04	LAST QUARTER
	22 00	Mars 6° N. of Moon
	23 01	Juno in conjunction with Sun
	26 12	Moon at perigee
	26 20	NEW MOON
	28 02	Mercury 0°.2 N. of Moon Occn.
	28 05	Venus 1°.8 N. of Moon
	29 02	Jupiter at opposition
	31 05	Saturn 5° N. of *Spica*

CONFIGURATIONS OF SUN, MOON AND PLANETS

d h	
Nov. 2 17	FIRST QUARTER
4 08	Neptune 6° S. of Moon
7 02	Uranus 6° S. of Moon
8 13	Moon at apogee
9 19	Jupiter 5° S. of Moon
9 21	Neptune stationary
9 21	Venus 4° N. of *Antares*
10 05	Mars 1°.4 N. of *Regulus*
10 05	Mercury 1°.9 N. of *Antares*
10 20	FULL MOON
12 06	Ceres stationary
14 09	Mercury greatest elong. E. (23°)
18 15	LAST QUARTER
19 10	Mars 8° N. of Moon
22 22	Saturn 7° N. of Moon
23 23	Moon at perigee
24 10	Mercury stationary
25 06	NEW MOON Eclipse
26 10	Mercury 1°.7 S. of Moon
27 04	Venus 3° S. of Moon
Dec. 1 15	Neptune 6° S. of Moon

d h	
Dec. 2 10	FIRST QUARTER
4 08	Uranus 6° S. of Moon
4 09	Mercury in inferior conjunction
6 01	Moon at apogee
6 20	Jupiter 5° S. of Moon
10 15	FULL MOON Eclipse
10 15	Uranus stationary
14 02	Mercury stationary
17 13	Mars 8° N. of Moon
18 01	LAST QUARTER
20 10	Saturn 7° N. of Moon
22 03	Moon at perigee
22 06	Solstice
22 20	Mercury 7° N. of *Antares*
23 03	Mercury greatest elong. W. (22°)
23 04	Mercury 3° N. of Moon
24 18	NEW MOON
26 11	Jupiter stationary
27 11	Venus 6° S. of Moon
29 01	Neptune 6° S. of Moon
29 08	Pluto in conjunction with Sun
31 16	Uranus 6° S. of Moon

Arrangement and basis of the tabulations

The tabulations of risings, settings and twilights on pages A14–A77 refer to the instants when the true geocentric zenith distance of the central point of the disk of the Sun or Moon takes the value indicated in the following table. The tabular times are in universal time (UT) for selected latitudes on the meridian of Greenwich; the times for other latitudes and longitudes may be obtained by interpolation as described below and as exemplified on page A13.

	Phenomena	*Zenith distance*	*Pages*
SUN (interval 4 days):	sunrise and sunset	90° 50′	A14–A21
	civil twilight	96°	A22–A29
	nautical twilight	102°	A30–A37
	astronomical twilight	108°	A38–A45
MOON (interval 1 day):	moonrise and moonset	90° 34′ + s − π	A46–A77

(s = semidiameter, π =horizontal parallax)

The zenith distance at the times for rising and setting is such that under normal conditions the upper limb of the Sun and Moon appears to be on the horizon of an observer at sea-level. The parallax of the Sun is ignored. The observed time may differ from the tabular time because of a variation of the atmospheric refraction from the adopted value (34′) and because of a difference in height of the observer and the actual horizon.

Use of tabulations

The following procedure may be used to obtain times of the phenomena for a non-tabular place and date.

Step 1:   Interpolate linearly for latitude. The differences between adjacent values are usually small and so the required interpolates can often be obtained by inspection.

Step 2:   Interpolate linearly for date and longitude in order to obtain the local mean times of the phenomena at the longitude concerned. For the Sun the variations with longitude of the local mean times of the phenomena are small, but to obtain better precision the interpolation factor for date should be increased by

west longitude in degrees /1440

since the interval of tabulation is 4 days. For the Moon, the interpolating factor to be used is simply

west longitude in degrees /360

since the interval of tabulation is 1 day; backward interpolation should be carried out for east longitudes.

Step 3:   Convert the times so obtained (which are on the scale of local mean time for the local meridian) to universal time (UT) or to the appropriate clock time, which may differ from the time of the nearest standard meridian according to the customs of the country concerned. The UT of the phenomenon is obtained from the local mean time by applying the longitude expressed in time measure (1 hour for each 15° of longitude), adding for west longitudes and subtracting for east longitudes. The times so obtained may require adjustment by 24^h; if so, the corresponding date must be changed accordingly.

Approximate formulae for direct calculation

The approximate UT of rising or setting of a body with right ascension α and declination δ at latitude ϕ and *east* longitude λ may be calculated from

$$UT = 0{\cdot}997\ 27\ \{\alpha - \lambda \pm \cos^{-1}(-\tan\phi\tan\delta) - (GMST\ at\ 0^h\ UT)\}$$

where each term is expressed in time measure and the GMST at 0^h UT is given in the tabulations on pages B13–B20. The negative sign corresponds to rising and the positive sign to setting. The formula ignores refraction, semi-diameter and any changes in α and δ during the day. If $\tan\phi\tan\delta$ is numerically greater than 1, there is no phenomenon.

Examples

The following examples of the calculations of the times of rising and setting phenomena use the procedure described on page A12.

1. To find the times of sunrise and sunset for Paris on 2011 July 20. Paris is at latitude N 48° 52′ (= +48°.87), longitude E 2° 20′ (= E 2°.33 = E 0^h 09^m), and in the summer the clocks are kept two hours in advance of UT. The relevant portions of the tabulation on page A19 and the results of the interpolation for latitude are as follows, where the interpolation factor is (48·87 − 48)/2 = 0·43:

	Sunrise			Sunset		
	+48°	+50°	+48°.87	+48°	+50°	+48°.87
	h m	h m	h m	h m	h m	h m
July 17	04 18	04 09	04 14	19 54	20 02	19 57
July 21	04 22	04 14	04 19	19 50	19 58	19 53

The interpolation factor for date and longitude is (20 − 17)/4 − 2·33/1440 = 0·75

	Sunrise	Sunset
	d h m	d h m
Interpolate to obtain local mean time:	20 04 18	20 19 54
Subtract 0^h 09^m to obtain universal time:	20 04 09	20 19 45
Add 2^h to obtain clock time:	20 06 09	20 21 45

2. To find the times of beginning and end of astronomical twilight for Canberra, Australia on 2011 November 15. Canberra is at latitude S 35° 18′ (= −35°.30), longitude E 149° 08′(= E 149°.13 = E 9^h 57^m), and in the summer the clocks are kept eleven hours in advance of UT. The relevant portions of the tabulation on page A44 and the results of the interpolation for latitude are as follows, where the interpolation factor is (−35·30 − (−40))/5 = 0·94:

Astronomical Twilight

	beginning			end		
	−40°	−35°	−35°.30	−40°	−35°	−35°.30
	h m	h m	h m	h m	h m	h m
Nov. 14	02 47	03 09	03 08	20 43	20 20	20 21
Nov. 18	02 42	03 05	03 04	20 50	20 26	20 27

The interpolation factor for date and longitude is (15 − 14)/4 − 149·13/1440 = 0·15

	Astronomical Twilight	
	beginning	end
	d h m	d h m
Interpolation to obtain local mean time:	15 03 07	15 20 22
Subtract 9^h 57^m to obtain universal time:	14 17 10	15 10 25
Add 11^h to obtain clock time:	15 04 10	15 21 25

3. To find the times of moonrise and moonset for Washington, D.C. on 2011 January 17. Washington is at latitude N 38° 55′ (= +38°.92), longitude W 77° 00′ (= W 77°.00 = W 5^h 08^m), and in the winter the clocks are kept five hours behind UT. The relevant portions of the tabulation on page A46 and the results of the interpolation for latitude are as follows, where the interpolation factor is (38·92 − 35)/5 = 0·78:

	Moonrise			Moonset		
	+35°	+40°	+38°.92	+35°	+40°	+38°.92
	h m	h m	h m	h m	h m	h m
Jan. 17	14 50	14 35	14 38	04 51	05 07	05 03
Jan. 18	15 55	15 41	15 44	05 45	06 00	05 57

The interpolation factor for longitude is 77·0/360 = 0·21

	Moonrise	Moonset
	d h m	d h m
Interpolate to obtain local mean time:	17 14 52	17 05 14
Add 5^h 08^m to obtain universal time:	17 20 00	17 10 22
Subtract 5^h to obtain clock time:	17 15 00	17 05 22

SUNRISE AND SUNSET, 2011

UNIVERSAL TIME FOR MERIDIAN OF GREENWICH

SUNRISE

Lat.	−55°	−50°	−45°	−40°	−35°	−30°	−20°	−10°	0°	+10°	+20°	+30°	+35°	+40°
	h m	h m	h m	h m	h m	h m	h m	h m	h m	h m	h m	h m	h m	h m
Jan. −2	3 22	3 52	4 14	4 32	4 47	5 00	5 22	5 41	5 58	6 16	6 34	6 55	7 07	7 21
2	3 27	3 56	4 18	4 35	4 50	5 03	5 24	5 43	6 00	6 17	6 35	6 56	7 08	7 22
6	3 32	4 00	4 22	4 39	4 53	5 06	5 27	5 45	6 02	6 19	6 36	6 57	7 09	7 22
10	3 38	4 06	4 26	4 43	4 57	5 09	5 30	5 47	6 04	6 20	6 37	6 57	7 08	7 22
14	3 45	4 11	4 31	4 47	5 01	5 12	5 32	5 49	6 05	6 21	6 38	6 57	7 08	7 21
18	3 53	4 17	4 36	4 52	5 05	5 16	5 35	5 51	6 07	6 22	6 38	6 56	7 07	7 19
22	4 01	4 24	4 42	4 56	5 09	5 19	5 38	5 53	6 08	6 22	6 38	6 55	7 05	7 17
26	4 09	4 31	4 47	5 01	5 13	5 23	5 40	5 55	6 09	6 23	6 37	6 54	7 03	7 14
30	4 17	4 37	4 53	5 06	5 17	5 26	5 43	5 57	6 10	6 23	6 36	6 52	7 01	7 11
Feb. 3	4 26	4 45	4 59	5 11	5 21	5 30	5 45	5 58	6 10	6 22	6 35	6 49	6 58	7 07
7	4 35	4 52	5 05	5 16	5 25	5 33	5 47	5 59	6 11	6 22	6 33	6 47	6 54	7 03
11	4 43	4 59	5 11	5 21	5 29	5 37	5 50	6 01	6 11	6 21	6 32	6 44	6 51	6 58
15	4 52	5 06	5 17	5 26	5 33	5 40	5 52	6 01	6 11	6 20	6 29	6 40	6 46	6 53
19	5 01	5 13	5 22	5 30	5 37	5 43	5 53	6 02	6 10	6 19	6 27	6 37	6 42	6 48
23	5 09	5 20	5 28	5 35	5 41	5 46	5 55	6 03	6 10	6 17	6 24	6 33	6 37	6 43
27	5 18	5 27	5 34	5 40	5 45	5 49	5 57	6 03	6 09	6 15	6 22	6 29	6 33	6 37
Mar. 3	5 26	5 33	5 39	5 44	5 48	5 52	5 58	6 04	6 09	6 14	6 19	6 24	6 27	6 31
7	5 34	5 40	5 45	5 49	5 52	5 55	6 00	6 04	6 08	6 12	6 15	6 20	6 22	6 25
11	5 42	5 47	5 50	5 53	5 55	5 57	6 01	6 04	6 07	6 09	6 12	6 15	6 17	6 19
15	5 50	5 53	5 55	5 57	5 59	6 00	6 02	6 04	6 06	6 07	6 09	6 10	6 11	6 12
19	5 58	6 00	6 01	6 01	6 02	6 03	6 03	6 04	6 05	6 05	6 05	6 06	6 06	6 06
23	6 06	6 06	6 06	6 05	6 05	6 05	6 05	6 04	6 03	6 03	6 02	6 01	6 00	5 59
27	6 14	6 12	6 11	6 09	6 08	6 07	6 06	6 04	6 02	6 00	5 58	5 56	5 55	5 53
31	6 22	6 18	6 16	6 14	6 12	6 10	6 07	6 04	6 01	5 58	5 55	5 51	5 49	5 46
Apr. 4	6 29	6 25	6 21	6 18	6 15	6 12	6 08	6 04	6 00	5 56	5 51	5 46	5 43	5 40

SUNSET

Lat.	−55°	−50°	−45°	−40°	−35°	−30°	−20°	−10°	0°	+10°	+20°	+30°	+35°	+40°
	h m	h m	h m	h m	h m	h m	h m	h m	h m	h m	h m	h m	h m	h m
Jan. −2	20 41	20 12	19 49	19 32	19 17	19 04	18 42	18 23	18 06	17 48	17 30	17 09	16 57	16 43
2	20 40	20 11	19 50	19 32	19 17	19 05	18 43	18 25	18 08	17 51	17 33	17 12	17 00	16 46
6	20 38	20 10	19 49	19 32	19 18	19 05	18 44	18 26	18 09	17 53	17 35	17 15	17 03	16 50
10	20 36	20 09	19 48	19 31	19 18	19 06	18 45	18 27	18 11	17 55	17 38	17 18	17 07	16 53
14	20 32	20 06	19 46	19 30	19 17	19 05	18 45	18 28	18 13	17 57	17 40	17 21	17 10	16 58
18	20 27	20 02	19 44	19 28	19 16	19 04	18 46	18 29	18 14	17 59	17 43	17 25	17 14	17 02
22	20 21	19 58	19 40	19 26	19 14	19 03	18 45	18 30	18 15	18 01	17 46	17 28	17 18	17 07
26	20 15	19 53	19 37	19 23	19 12	19 02	18 45	18 30	18 16	18 02	17 48	17 32	17 22	17 11
30	20 08	19 48	19 32	19 20	19 09	19 00	18 44	18 30	18 17	18 04	17 50	17 35	17 26	17 16
Feb. 3	20 00	19 42	19 28	19 16	19 06	18 57	18 42	18 29	18 17	18 05	17 53	17 39	17 30	17 21
7	19 52	19 36	19 22	19 12	19 02	18 54	18 41	18 29	18 18	18 07	17 55	17 42	17 34	17 26
11	19 44	19 29	19 17	19 07	18 59	18 51	18 39	18 28	18 18	18 08	17 57	17 45	17 38	17 31
15	19 35	19 21	19 11	19 02	18 54	18 48	18 36	18 27	18 18	18 09	17 59	17 48	17 42	17 35
19	19 26	19 14	19 04	18 57	18 50	18 44	18 34	18 25	18 17	18 09	18 01	17 51	17 46	17 40
23	19 16	19 06	18 58	18 51	18 45	18 40	18 31	18 24	18 17	18 10	18 03	17 54	17 50	17 45
27	19 07	18 58	18 51	18 45	18 40	18 36	18 28	18 22	18 16	18 10	18 04	17 57	17 53	17 49
Mar. 3	18 57	18 50	18 44	18 39	18 35	18 31	18 25	18 20	18 15	18 11	18 06	18 00	17 57	17 54
7	18 47	18 41	18 37	18 33	18 30	18 27	18 22	18 18	18 14	18 11	18 07	18 03	18 01	17 58
11	18 37	18 33	18 29	18 27	18 24	18 22	18 19	18 16	18 13	18 11	18 08	18 05	18 04	18 02
15	18 27	18 24	18 22	18 20	18 19	18 18	18 15	18 14	18 12	18 11	18 09	18 08	18 07	18 06
19	18 16	18 15	18 14	18 14	18 13	18 13	18 12	18 12	18 11	18 11	18 11	18 11	18 11	18 11
23	18 06	18 07	18 07	18 07	18 08	18 08	18 09	18 09	18 10	18 11	18 12	18 13	18 14	18 15
27	17 56	17 58	17 59	18 01	18 02	18 03	18 05	18 07	18 09	18 11	18 13	18 15	18 17	18 19
31	17 46	17 49	17 52	17 54	17 56	17 58	18 02	18 05	18 08	18 11	18 14	18 18	18 20	18 23
Apr. 4	17 36	17 41	17 45	17 48	17 51	17 54	17 58	18 02	18 06	18 10	18 15	18 20	18 23	18 27

UNIVERSAL TIME FOR MERIDIAN OF GREENWICH

SUNRISE

Lat.	+40°	+42°	+44°	+46°	+48°	+50°	+52°	+54°	+56°	+58°	+60°	+62°	+64°	+66°
	h m	h m	h m	h m	h m	h m	h m	h m	h m	h m	h m	h m	h m	h m
Jan. −2	7 21	7 28	7 34	7 42	7 50	7 58	8 08	8 19	8 32	8 46	9 03	9 25	9 52	10 32
2	7 22	7 28	7 35	7 42	7 50	7 58	8 08	8 19	8 31	8 45	9 02	9 22	9 49	10 27
6	7 22	7 28	7 35	7 42	7 49	7 58	8 07	8 17	8 29	8 43	8 59	9 19	9 44	10 18
10	7 22	7 27	7 34	7 41	7 48	7 56	8 05	8 15	8 26	8 40	8 55	9 13	9 37	10 08
14	7 21	7 26	7 32	7 39	7 46	7 54	8 02	8 12	8 23	8 35	8 50	9 07	9 29	9 57
18	7 19	7 24	7 30	7 36	7 43	7 50	7 59	8 08	8 18	8 30	8 43	8 59	9 19	9 45
22	7 17	7 22	7 27	7 33	7 40	7 47	7 54	8 03	8 12	8 23	8 36	8 51	9 09	9 32
26	7 14	7 19	7 24	7 29	7 35	7 42	7 49	7 57	8 06	8 16	8 28	8 42	8 58	9 18
30	7 11	7 15	7 20	7 25	7 31	7 37	7 44	7 51	7 59	8 09	8 19	8 32	8 46	9 04
Feb. 3	7 07	7 11	7 16	7 20	7 26	7 31	7 37	7 44	7 52	8 00	8 10	8 21	8 34	8 50
7	7 03	7 07	7 11	7 15	7 20	7 25	7 31	7 37	7 44	7 51	8 00	8 10	8 22	8 36
11	6 58	7 02	7 06	7 09	7 14	7 18	7 23	7 29	7 35	7 42	7 50	7 59	8 09	8 21
15	6 53	6 57	7 00	7 03	7 07	7 11	7 16	7 21	7 26	7 32	7 39	7 47	7 56	8 07
19	6 48	6 51	6 54	6 57	7 00	7 04	7 08	7 12	7 17	7 22	7 28	7 35	7 43	7 52
23	6 43	6 45	6 48	6 50	6 53	6 56	7 00	7 03	7 07	7 12	7 17	7 23	7 29	7 37
27	6 37	6 39	6 41	6 43	6 46	6 48	6 51	6 54	6 58	7 01	7 05	7 10	7 16	7 22
Mar. 3	6 31	6 33	6 34	6 36	6 38	6 40	6 42	6 45	6 47	6 50	6 54	6 58	7 02	7 07
7	6 25	6 26	6 27	6 29	6 30	6 32	6 33	6 35	6 37	6 40	6 42	6 45	6 48	6 52
11	6 19	6 19	6 20	6 21	6 22	6 23	6 24	6 26	6 27	6 28	6 30	6 32	6 34	6 36
15	6 12	6 13	6 13	6 14	6 14	6 15	6 15	6 16	6 17	6 17	6 18	6 19	6 20	6 21
19	6 06	6 06	6 06	6 06	6 06	6 06	6 06	6 06	6 06	6 06	6 06	6 06	6 06	6 06
23	5 59	5 59	5 59	5 58	5 58	5 57	5 57	5 56	5 55	5 55	5 54	5 53	5 52	5 50
27	5 53	5 52	5 51	5 50	5 50	5 49	5 47	5 46	5 45	5 43	5 42	5 40	5 38	5 35
31	5 46	5 45	5 44	5 43	5 41	5 40	5 38	5 36	5 34	5 32	5 30	5 27	5 23	5 20
Apr. 4	5 40	5 38	5 37	5 35	5 33	5 31	5 29	5 27	5 24	5 21	5 18	5 14	5 09	5 04

SUNSET

Lat.	+40°	+42°	+44°	+46°	+48°	+50°	+52°	+54°	+56°	+58°	+60°	+62°	+64°	+66°
	h m	h m	h m	h m	h m	h m	h m	h m	h m	h m	h m	h m	h m	h m
Jan. −2	16 43	16 37	16 30	16 22	16 14	16 06	15 56	15 45	15 32	15 18	15 01	14 40	14 12	13 32
2	16 46	16 40	16 33	16 26	16 18	16 10	16 00	15 49	15 37	15 23	15 06	14 46	14 19	13 42
6	16 50	16 44	16 37	16 30	16 22	16 14	16 05	15 54	15 42	15 29	15 13	14 53	14 28	13 54
10	16 53	16 48	16 41	16 35	16 27	16 19	16 10	16 00	15 49	15 36	15 20	15 02	14 39	14 07
14	16 58	16 52	16 46	16 39	16 32	16 25	16 16	16 06	15 56	15 43	15 29	15 11	14 50	14 22
18	17 02	16 57	16 51	16 45	16 38	16 31	16 22	16 13	16 03	15 51	15 38	15 22	15 02	14 37
22	17 07	17 02	16 56	16 50	16 44	16 37	16 29	16 21	16 11	16 00	15 48	15 33	15 15	14 52
26	17 11	17 07	17 01	16 56	16 50	16 43	16 36	16 28	16 19	16 09	15 58	15 44	15 28	15 08
30	17 16	17 12	17 07	17 02	16 56	16 50	16 43	16 36	16 28	16 19	16 08	15 56	15 41	15 23
Feb. 3	17 21	17 17	17 12	17 08	17 03	16 57	16 51	16 44	16 37	16 28	16 18	16 07	15 54	15 38
7	17 26	17 22	17 18	17 14	17 09	17 04	16 58	16 52	16 45	16 38	16 29	16 19	16 07	15 53
11	17 31	17 27	17 24	17 20	17 15	17 11	17 06	17 00	16 54	16 47	16 40	16 31	16 20	16 08
15	17 35	17 32	17 29	17 26	17 22	17 18	17 13	17 08	17 03	16 57	16 50	16 42	16 33	16 23
19	17 40	17 37	17 34	17 31	17 28	17 25	17 21	17 16	17 12	17 06	17 01	16 54	16 46	16 37
23	17 45	17 42	17 40	17 37	17 34	17 31	17 28	17 24	17 20	17 16	17 11	17 05	16 59	16 51
27	17 49	17 47	17 45	17 43	17 41	17 38	17 35	17 32	17 29	17 25	17 21	17 17	17 11	17 05
Mar. 3	17 54	17 52	17 50	17 49	17 47	17 45	17 43	17 40	17 38	17 35	17 31	17 28	17 24	17 19
7	17 58	17 57	17 56	17 54	17 53	17 51	17 50	17 48	17 46	17 44	17 41	17 39	17 36	17 32
11	18 02	18 01	18 01	18 00	17 59	17 58	17 57	17 56	17 54	17 53	17 51	17 50	17 48	17 45
15	18 06	18 06	18 06	18 05	18 05	18 04	18 04	18 03	18 03	18 02	18 01	18 01	18 00	17 59
19	18 11	18 11	18 11	18 11	18 11	18 11	18 11	18 11	18 11	18 11	18 11	18 11	18 11	18 12
23	18 15	18 15	18 15	18 16	18 16	18 17	18 18	18 18	18 19	18 20	18 21	18 22	18 23	18 25
27	18 19	18 20	18 20	18 21	18 22	18 23	18 25	18 26	18 27	18 29	18 31	18 33	18 35	18 38
31	18 23	18 24	18 25	18 27	18 28	18 30	18 31	18 33	18 35	18 38	18 40	18 43	18 47	18 51
Apr. 4	18 27	18 28	18 30	18 32	18 34	18 36	18 38	18 41	18 44	18 47	18 50	18 54	18 59	19 04

SUNRISE AND SUNSET, 2011
UNIVERSAL TIME FOR MERIDIAN OF GREENWICH
SUNRISE

Lat.	−55°	−50°	−45°	−40°	−35°	−30°	−20°	−10°	0°	+10°	+20°	+30°	+35°	+40°
	h m	h m	h m	h m	h m	h m	h m	h m	h m	h m	h m	h m	h m	h m
Mar. 31	6 22	6 18	6 16	6 14	6 12	6 10	6 07	6 04	6 01	5 58	5 55	5 51	5 49	5 46
Apr. 4	6 29	6 25	6 21	6 18	6 15	6 12	6 08	6 04	6 00	5 56	5 51	5 46	5 43	5 40
8	6 37	6 31	6 26	6 22	6 18	6 15	6 09	6 04	5 59	5 54	5 48	5 42	5 38	5 34
12	6 45	6 37	6 31	6 26	6 21	6 17	6 10	6 04	5 58	5 51	5 45	5 37	5 33	5 27
16	6 52	6 43	6 36	6 30	6 24	6 19	6 11	6 04	5 57	5 49	5 42	5 33	5 27	5 21
20	7 00	6 49	6 41	6 34	6 27	6 22	6 12	6 04	5 56	5 47	5 39	5 28	5 22	5 16
24	7 08	6 55	6 46	6 38	6 31	6 24	6 14	6 04	5 55	5 46	5 36	5 24	5 18	5 10
28	7 15	7 01	6 51	6 42	6 34	6 27	6 15	6 04	5 54	5 44	5 33	5 20	5 13	5 05
May 2	7 23	7 07	6 55	6 45	6 37	6 29	6 16	6 05	5 54	5 42	5 31	5 17	5 09	4 59
6	7 30	7 13	7 00	6 49	6 40	6 32	6 18	6 05	5 53	5 41	5 28	5 13	5 05	4 55
10	7 37	7 19	7 05	6 53	6 43	6 34	6 19	6 06	5 53	5 40	5 26	5 10	5 01	4 50
14	7 44	7 25	7 10	6 57	6 46	6 37	6 21	6 06	5 53	5 39	5 25	5 08	4 58	4 46
18	7 51	7 30	7 14	7 01	6 49	6 39	6 22	6 07	5 53	5 39	5 23	5 05	4 55	4 43
22	7 57	7 35	7 18	7 04	6 52	6 42	6 24	6 08	5 53	5 38	5 22	5 03	4 52	4 39
26	8 03	7 40	7 22	7 08	6 55	6 44	6 25	6 09	5 53	5 38	5 21	5 01	4 50	4 37
30	8 09	7 45	7 26	7 11	6 58	6 46	6 27	6 10	5 54	5 38	5 20	5 00	4 48	4 34
June 3	8 14	7 49	7 29	7 14	7 00	6 49	6 28	6 11	5 54	5 38	5 20	4 59	4 47	4 33
7	8 18	7 52	7 32	7 16	7 02	6 50	6 30	6 12	5 55	5 38	5 20	4 59	4 46	4 31
11	8 22	7 55	7 35	7 18	7 04	6 52	6 31	6 13	5 56	5 39	5 20	4 58	4 46	4 31
15	8 24	7 57	7 37	7 20	7 06	6 54	6 33	6 14	5 57	5 39	5 20	4 58	4 46	4 31
19	8 26	7 59	7 38	7 21	7 07	6 55	6 34	6 15	5 58	5 40	5 21	4 59	4 46	4 31
23	8 27	8 00	7 39	7 22	7 08	6 56	6 34	6 16	5 58	5 41	5 22	5 00	4 47	4 32
27	8 27	8 00	7 40	7 23	7 09	6 56	6 35	6 17	5 59	5 42	5 23	5 01	4 48	4 33
July 1	8 26	8 00	7 39	7 23	7 09	6 57	6 36	6 17	6 00	5 43	5 24	5 02	4 49	4 35
5	8 24	7 58	7 38	7 22	7 08	6 56	6 36	6 18	6 01	5 44	5 25	5 04	4 51	4 37

SUNSET

Lat.	−55°	−50°	−45°	−40°	−35°	−30°	−20°	−10°	0°	+10°	+20°	+30°	+35°	+40°
	h m	h m	h m	h m	h m	h m	h m	h m	h m	h m	h m	h m	h m	h m
Mar. 31	17 46	17 49	17 52	17 54	17 56	17 58	18 02	18 05	18 08	18 11	18 14	18 18	18 20	18 23
Apr. 4	17 36	17 41	17 45	17 48	17 51	17 54	17 58	18 02	18 06	18 10	18 15	18 20	18 23	18 27
8	17 26	17 32	17 37	17 42	17 46	17 49	17 55	18 00	18 05	18 10	18 16	18 23	18 27	18 31
12	17 16	17 24	17 30	17 36	17 40	17 44	17 52	17 58	18 04	18 10	18 17	18 25	18 30	18 35
16	17 07	17 16	17 23	17 30	17 35	17 40	17 48	17 56	18 03	18 11	18 18	18 28	18 33	18 39
20	16 57	17 08	17 17	17 24	17 30	17 36	17 45	17 54	18 02	18 11	18 20	18 30	18 36	18 43
24	16 48	17 00	17 10	17 18	17 25	17 32	17 43	17 52	18 02	18 11	18 21	18 33	18 39	18 47
28	16 39	16 53	17 04	17 13	17 21	17 28	17 40	17 51	18 01	18 11	18 22	18 35	18 43	18 51
May 2	16 31	16 46	16 58	17 08	17 17	17 24	17 38	17 49	18 00	18 12	18 24	18 38	18 46	18 55
6	16 23	16 39	16 53	17 03	17 13	17 21	17 35	17 48	18 00	18 12	18 25	18 40	18 49	18 59
10	16 15	16 33	16 47	16 59	17 09	17 18	17 34	17 47	18 00	18 13	18 27	18 43	18 52	19 03
14	16 08	16 27	16 43	16 55	17 06	17 15	17 32	17 46	18 00	18 14	18 28	18 46	18 56	19 07
18	16 01	16 22	16 38	16 52	17 03	17 13	17 30	17 46	18 00	18 14	18 30	18 48	18 59	19 11
22	15 56	16 18	16 35	16 49	17 01	17 11	17 29	17 45	18 00	18 15	18 32	18 51	19 02	19 14
26	15 50	16 13	16 31	16 46	16 59	17 10	17 28	17 45	18 01	18 16	18 33	18 53	19 05	19 18
30	15 46	16 10	16 29	16 44	16 57	17 08	17 28	17 45	18 01	18 17	18 35	18 55	19 07	19 21
June 3	15 42	16 07	16 27	16 43	16 56	17 08	17 28	17 45	18 02	18 18	18 36	18 57	19 10	19 24
7	15 39	16 05	16 25	16 41	16 55	17 07	17 28	17 46	18 02	18 20	18 38	18 59	19 12	19 26
11	15 37	16 04	16 24	16 41	16 55	17 07	17 28	17 46	18 03	18 21	18 39	19 01	19 14	19 29
15	15 36	16 03	16 24	16 41	16 55	17 07	17 28	17 47	18 04	18 22	18 41	19 02	19 15	19 30
19	15 36	16 04	16 24	16 41	16 55	17 08	17 29	17 48	18 05	18 23	18 42	19 04	19 17	19 32
23	15 37	16 04	16 25	16 42	16 56	17 09	17 30	17 48	18 06	18 23	18 42	19 04	19 18	19 33
27	15 39	16 06	16 27	16 43	16 57	17 10	17 31	17 49	18 07	18 24	18 43	19 05	19 18	19 33
July 1	15 42	16 08	16 29	16 45	16 59	17 11	17 32	17 50	18 07	18 25	18 43	19 05	19 18	19 33
5	15 45	16 11	16 31	16 47	17 01	17 13	17 33	17 51	18 08	18 25	18 44	19 05	19 18	19 32

UNIVERSAL TIME FOR MERIDIAN OF GREENWICH

SUNRISE

Lat.	+40°	+42°	+44°	+46°	+48°	+50°	+52°	+54°	+56°	+58°	+60°	+62°	+64°	+66°
	h m	h m	h m	h m	h m	h m	h m	h m	h m	h m	h m	h m	h m	h m
Mar. 31	5 46	5 45	5 44	5 43	5 41	5 40	5 38	5 36	5 34	5 32	5 30	5 27	5 23	5 20
Apr. 4	5 40	5 38	5 37	5 35	5 33	5 31	5 29	5 27	5 24	5 21	5 18	5 14	5 09	5 04
8	5 34	5 32	5 30	5 28	5 25	5 23	5 20	5 17	5 13	5 10	5 05	5 01	4 55	4 49
12	5 27	5 25	5 23	5 20	5 17	5 14	5 11	5 07	5 03	4 59	4 54	4 48	4 41	4 33
16	5 21	5 19	5 16	5 13	5 10	5 06	5 02	4 58	4 53	4 48	4 42	4 35	4 27	4 18
20	5 16	5 13	5 09	5 06	5 02	4 58	4 54	4 49	4 43	4 37	4 30	4 22	4 13	4 02
24	5 10	5 07	5 03	4 59	4 55	4 50	4 45	4 40	4 33	4 26	4 19	4 10	3 59	3 46
28	5 05	5 01	4 57	4 52	4 48	4 43	4 37	4 31	4 24	4 16	4 07	3 57	3 45	3 31
May 2	4 59	4 55	4 51	4 46	4 41	4 35	4 29	4 22	4 15	4 06	3 56	3 45	3 31	3 15
6	4 55	4 50	4 45	4 40	4 35	4 29	4 22	4 14	4 06	3 57	3 46	3 33	3 18	2 59
10	4 50	4 45	4 40	4 35	4 29	4 22	4 15	4 07	3 58	3 47	3 35	3 21	3 05	2 44
14	4 46	4 41	4 36	4 30	4 23	4 16	4 08	4 00	3 50	3 39	3 26	3 10	2 52	2 28
18	4 43	4 37	4 31	4 25	4 18	4 11	4 02	3 53	3 43	3 31	3 16	3 00	2 39	2 12
22	4 39	4 34	4 28	4 21	4 14	4 06	3 57	3 47	3 36	3 23	3 08	2 50	2 27	1 56
26	4 37	4 31	4 24	4 17	4 10	4 01	3 52	3 42	3 30	3 16	3 00	2 40	2 15	1 39
30	4 34	4 28	4 22	4 14	4 06	3 58	3 48	3 37	3 25	3 10	2 53	2 32	2 04	1 22
June 3	4 33	4 26	4 19	4 12	4 04	3 55	3 45	3 33	3 20	3 05	2 47	2 24	1 54	1 05
7	4 31	4 25	4 18	4 10	4 02	3 53	3 42	3 30	3 17	3 01	2 42	2 18	1 45	0 47
11	4 31	4 24	4 17	4 09	4 01	3 51	3 40	3 28	3 15	2 58	2 39	2 14	1 38	0 24
15	4 31	4 24	4 17	4 09	4 00	3 50	3 39	3 27	3 13	2 57	2 36	2 10	1 34	□
19	4 31	4 24	4 17	4 09	4 00	3 50	3 39	3 27	3 13	2 56	2 36	2 09	1 31	□
23	4 32	4 25	4 18	4 10	4 01	3 51	3 40	3 28	3 14	2 57	2 36	2 10	1 32	□
27	4 33	4 26	4 19	4 11	4 02	3 53	3 42	3 29	3 15	2 59	2 38	2 12	1 35	□
July 1	4 35	4 28	4 21	4 13	4 04	3 55	3 44	3 32	3 18	3 02	2 42	2 16	1 40	0 15
5	4 37	4 30	4 23	4 15	4 07	3 58	3 47	3 35	3 22	3 06	2 46	2 22	1 48	0 45

SUNSET

Lat.	+40°	+42°	+44°	+46°	+48°	+50°	+52°	+54°	+56°	+58°	+60°	+62°	+64°	+66°
	h m	h m	h m	h m	h m	h m	h m	h m	h m	h m	h m	h m	h m	h m
Mar. 31	18 23	18 24	18 25	18 27	18 28	18 30	18 31	18 33	18 35	18 38	18 40	18 43	18 47	18 51
Apr. 4	18 27	18 28	18 30	18 32	18 34	18 36	18 38	18 41	18 44	18 47	18 50	18 54	18 59	19 04
8	18 31	18 33	18 35	18 37	18 40	18 42	18 45	18 48	18 52	18 56	19 00	19 05	19 11	19 17
12	18 35	18 37	18 40	18 42	18 45	18 49	18 52	18 56	19 00	19 05	19 10	19 16	19 23	19 31
16	18 39	18 42	18 45	18 48	18 51	18 55	18 59	19 03	19 08	19 14	19 20	19 27	19 35	19 44
20	18 43	18 46	18 49	18 53	18 57	19 01	19 06	19 11	19 16	19 22	19 30	19 38	19 47	19 58
24	18 47	18 51	18 54	18 58	19 03	19 07	19 12	19 18	19 24	19 31	19 40	19 49	20 00	20 13
28	18 51	18 55	18 59	19 04	19 08	19 13	19 19	19 25	19 33	19 40	19 49	20 00	20 12	20 27
May 2	18 55	18 59	19 04	19 09	19 14	19 20	19 26	19 33	19 41	19 49	19 59	20 11	20 25	20 42
6	18 59	19 04	19 09	19 14	19 20	19 26	19 33	19 40	19 49	19 58	20 09	20 22	20 38	20 57
10	19 03	19 08	19 13	19 19	19 25	19 32	19 39	19 47	19 56	20 07	20 19	20 33	20 51	21 12
14	19 07	19 12	19 18	19 24	19 30	19 37	19 45	19 54	20 04	20 15	20 29	20 44	21 04	21 28
18	19 11	19 16	19 22	19 29	19 35	19 43	19 51	20 01	20 12	20 24	20 38	20 55	21 16	21 45
22	19 14	19 20	19 26	19 33	19 40	19 48	19 57	20 07	20 19	20 32	20 47	21 06	21 29	22 01
26	19 18	19 24	19 30	19 37	19 45	19 53	20 03	20 13	20 25	20 39	20 55	21 16	21 42	22 19
30	19 21	19 27	19 34	19 41	19 49	19 58	20 08	20 19	20 31	20 46	21 03	21 25	21 53	22 36
June 3	19 24	19 30	19 37	19 45	19 53	20 02	20 12	20 24	20 37	20 52	21 10	21 33	22 04	22 55
7	19 26	19 33	19 40	19 48	19 56	20 06	20 16	20 28	20 41	20 57	21 16	21 41	22 14	23 16
11	19 29	19 35	19 43	19 50	19 59	20 08	20 19	20 31	20 45	21 01	21 21	21 47	22 22	23 43
15	19 30	19 37	19 44	19 52	20 01	20 11	20 22	20 34	20 48	21 05	21 25	21 51	22 28	□
19	19 32	19 39	19 46	19 54	20 03	20 12	20 23	20 36	20 50	21 07	21 27	21 54	22 32	□
23	19 33	19 39	19 47	19 55	20 03	20 13	20 24	20 36	20 51	21 07	21 28	21 54	22 32	□
27	19 33	19 40	19 47	19 55	20 04	20 13	20 24	20 36	20 50	21 07	21 27	21 53	22 30	□
July 1	19 33	19 39	19 47	19 55	20 03	20 13	20 23	20 35	20 49	21 05	21 25	21 50	22 26	23 43
5	19 32	19 39	19 46	19 53	20 02	20 11	20 22	20 33	20 47	21 03	21 22	21 46	22 19	23 19

□ indicates Sun continuously above horizon.

SUNRISE AND SUNSET, 2011

UNIVERSAL TIME FOR MERIDIAN OF GREENWICH

SUNRISE

Lat.	−55°	−50°	−45°	−40°	−35°	−30°	−20°	−10°	0°	+10°	+20°	+30°	+35°	+40°
	h m	h m	h m	h m	h m	h m	h m	h m	h m	h m	h m	h m	h m	h m
July 1	8 26	8 00	7 39	7 23	7 09	6 57	6 36	6 17	6 00	5 43	5 24	5 02	4 49	4 35
5	8 24	7 58	7 38	7 22	7 08	6 56	6 36	6 18	6 01	5 44	5 25	5 04	4 51	4 37
9	8 22	7 56	7 37	7 21	7 08	6 56	6 36	6 18	6 02	5 45	5 27	5 06	4 53	4 39
13	8 18	7 54	7 35	7 19	7 06	6 55	6 35	6 18	6 02	5 46	5 28	5 08	4 56	4 42
17	8 14	7 50	7 32	7 17	7 05	6 54	6 35	6 18	6 03	5 47	5 30	5 10	4 58	4 45
21	8 08	7 46	7 29	7 15	7 03	6 52	6 34	6 18	6 03	5 48	5 31	5 12	5 01	4 48
25	8 02	7 42	7 25	7 12	7 00	6 50	6 33	6 17	6 03	5 48	5 33	5 15	5 04	4 52
29	7 56	7 36	7 21	7 08	6 57	6 48	6 31	6 17	6 03	5 49	5 34	5 17	5 07	4 55
Aug. 2	7 49	7 31	7 16	7 04	6 54	6 45	6 29	6 16	6 03	5 50	5 36	5 19	5 10	4 59
6	7 41	7 24	7 11	7 00	6 50	6 42	6 27	6 15	6 02	5 50	5 37	5 22	5 13	5 03
10	7 33	7 18	7 05	6 55	6 46	6 39	6 25	6 13	6 02	5 51	5 38	5 24	5 16	5 06
14	7 25	7 11	6 59	6 50	6 42	6 35	6 23	6 12	6 01	5 51	5 40	5 27	5 19	5 10
18	7 16	7 03	6 53	6 45	6 38	6 31	6 20	6 10	6 01	5 51	5 41	5 29	5 22	5 14
22	7 07	6 56	6 47	6 39	6 33	6 27	6 17	6 08	6 00	5 51	5 42	5 31	5 25	5 18
26	6 57	6 48	6 40	6 33	6 28	6 23	6 14	6 06	5 59	5 51	5 43	5 33	5 28	5 22
30	6 48	6 39	6 33	6 27	6 22	6 18	6 11	6 04	5 57	5 51	5 44	5 36	5 31	5 25
Sept. 3	6 38	6 31	6 26	6 21	6 17	6 13	6 07	6 02	5 56	5 51	5 45	5 38	5 34	5 29
7	6 28	6 23	6 18	6 15	6 12	6 09	6 04	5 59	5 55	5 50	5 46	5 40	5 37	5 33
11	6 18	6 14	6 11	6 08	6 06	6 04	6 00	5 57	5 53	5 50	5 46	5 42	5 40	5 37
15	6 08	6 05	6 03	6 02	6 00	5 59	5 56	5 54	5 52	5 50	5 47	5 44	5 42	5 40
19	5 57	5 56	5 56	5 55	5 54	5 54	5 53	5 52	5 51	5 49	5 48	5 46	5 45	5 44
23	5 47	5 48	5 48	5 48	5 49	5 49	5 49	5 49	5 49	5 49	5 49	5 49	5 48	5 48
27	5 37	5 39	5 40	5 42	5 43	5 44	5 45	5 47	5 48	5 49	5 50	5 51	5 51	5 52
Oct. 1	5 27	5 30	5 33	5 35	5 37	5 39	5 42	5 44	5 47	5 49	5 51	5 53	5 54	5 56
5	5 16	5 21	5 25	5 29	5 32	5 34	5 38	5 42	5 45	5 48	5 52	5 55	5 57	6 00

SUNSET

Lat.	−55°	−50°	−45°	−40°	−35°	−30°	−20°	−10°	0°	+10°	+20°	+30°	+35°	+40°
	h m	h m	h m	h m	h m	h m	h m	h m	h m	h m	h m	h m	h m	h m
July 1	15 42	16 08	16 29	16 45	16 59	17 11	17 32	17 50	18 07	18 25	18 43	19 05	19 18	19 33
5	15 45	16 11	16 31	16 47	17 01	17 13	17 33	17 51	18 08	18 25	18 44	19 05	19 18	19 32
9	15 49	16 14	16 34	16 50	17 03	17 15	17 35	17 52	18 09	18 26	18 44	19 04	19 17	19 31
13	15 54	16 18	16 37	16 52	17 05	17 17	17 36	17 53	18 09	18 26	18 43	19 03	19 15	19 29
17	15 59	16 22	16 40	16 55	17 08	17 19	17 38	17 54	18 10	18 25	18 42	19 02	19 14	19 27
21	16 05	16 27	16 44	16 58	17 10	17 21	17 39	17 55	18 10	18 25	18 41	19 00	19 11	19 24
25	16 11	16 32	16 48	17 02	17 13	17 23	17 41	17 56	18 10	18 25	18 40	18 58	19 09	19 21
29	16 18	16 37	16 53	17 05	17 16	17 26	17 42	17 56	18 10	18 24	18 39	18 56	19 06	19 17
Aug. 2	16 24	16 43	16 57	17 09	17 19	17 28	17 43	17 57	18 10	18 23	18 37	18 53	19 02	19 13
6	16 31	16 48	17 01	17 12	17 22	17 30	17 45	17 57	18 09	18 22	18 35	18 50	18 59	19 09
10	16 38	16 54	17 06	17 16	17 25	17 33	17 46	17 58	18 09	18 20	18 32	18 46	18 54	19 04
14	16 46	16 59	17 11	17 20	17 28	17 35	17 47	17 58	18 08	18 18	18 30	18 43	18 50	18 59
18	16 53	17 05	17 15	17 24	17 31	17 37	17 48	17 58	18 07	18 17	18 27	18 39	18 45	18 53
22	17 00	17 11	17 20	17 27	17 34	17 39	17 49	17 58	18 06	18 15	18 24	18 34	18 40	18 47
26	17 07	17 17	17 25	17 31	17 37	17 42	17 50	17 58	18 05	18 13	18 21	18 30	18 35	18 42
30	17 15	17 23	17 29	17 35	17 40	17 44	17 51	17 58	18 04	18 10	18 17	18 25	18 30	18 35
Sept. 3	17 22	17 29	17 34	17 38	17 42	17 46	17 52	17 57	18 03	18 08	18 14	18 21	18 25	18 29
7	17 29	17 35	17 39	17 42	17 45	17 48	17 53	17 57	18 01	18 06	18 10	18 16	18 19	18 23
11	17 37	17 40	17 43	17 46	17 48	17 50	17 54	17 57	18 00	18 03	18 07	18 11	18 13	18 16
15	17 44	17 46	17 48	17 50	17 51	17 52	17 54	17 57	17 59	18 01	18 03	18 06	18 08	18 10
19	17 52	17 52	17 53	17 53	17 54	17 54	17 55	17 56	17 57	17 58	17 59	18 01	18 02	18 03
23	17 59	17 58	17 58	17 58	17 57	17 57	17 57	17 56	17 56	17 56	17 56	17 56	17 56	17 56
27	18 07	18 04	18 03	18 01	18 00	17 59	17 57	17 56	17 54	17 53	17 52	17 51	17 50	17 50
Oct. 1	18 14	18 10	18 07	18 05	18 03	18 01	17 58	17 55	17 53	17 51	17 48	17 46	17 45	17 43
5	18 22	18 17	18 12	18 09	18 06	18 03	17 59	17 55	17 52	17 48	17 45	17 41	17 39	17 37

UNIVERSAL TIME FOR MERIDIAN OF GREENWICH
SUNRISE

Lat.	+40°	+42°	+44°	+46°	+48°	+50°	+52°	+54°	+56°	+58°	+60°	+62°	+64°	+66°
	h m	h m	h m	h m	h m	h m	h m	h m	h m	h m	h m	h m	h m	h m
July 1	4 35	4 28	4 21	4 13	4 04	3 55	3 44	3 32	3 18	3 02	2 42	2 16	1 40	0 15
5	4 37	4 30	4 23	4 15	4 07	3 58	3 47	3 35	3 22	3 06	2 46	2 22	1 48	0 45
9	4 39	4 33	4 26	4 18	4 10	4 01	3 51	3 39	3 26	3 11	2 52	2 29	1 58	1 06
13	4 42	4 36	4 29	4 22	4 14	4 05	3 55	3 44	3 31	3 17	2 59	2 37	2 09	1 25
17	4 45	4 39	4 32	4 25	4 18	4 09	4 00	3 49	3 37	3 23	3 07	2 46	2 20	1 42
21	4 48	4 42	4 36	4 29	4 22	4 14	4 05	3 55	3 44	3 30	3 15	2 56	2 32	2 00
25	4 52	4 46	4 40	4 34	4 27	4 19	4 11	4 01	3 50	3 38	3 24	3 06	2 45	2 16
29	4 55	4 50	4 44	4 38	4 32	4 25	4 17	4 08	3 58	3 46	3 33	3 17	2 57	2 32
Aug. 2	4 59	4 54	4 49	4 43	4 37	4 30	4 23	4 14	4 05	3 54	3 42	3 28	3 10	2 48
6	5 03	4 58	4 53	4 48	4 42	4 36	4 29	4 21	4 13	4 03	3 52	3 38	3 23	3 03
10	5 06	5 02	4 58	4 53	4 47	4 42	4 35	4 28	4 20	4 11	4 01	3 49	3 35	3 18
14	5 10	5 06	5 02	4 58	4 53	4 47	4 42	4 35	4 28	4 20	4 11	4 00	3 48	3 32
18	5 14	5 10	5 07	5 03	4 58	4 53	4 48	4 42	4 36	4 29	4 20	4 11	4 00	3 46
22	5 18	5 15	5 11	5 08	5 04	4 59	4 55	4 50	4 44	4 37	4 30	4 22	4 12	4 00
26	5 22	5 19	5 16	5 13	5 09	5 05	5 01	4 57	4 52	4 46	4 40	4 32	4 24	4 14
30	5 25	5 23	5 20	5 18	5 15	5 11	5 08	5 04	4 59	4 55	4 49	4 43	4 36	4 27
Sept. 3	5 29	5 27	5 25	5 23	5 20	5 17	5 14	5 11	5 07	5 03	4 59	4 53	4 47	4 40
7	5 33	5 31	5 29	5 28	5 25	5 23	5 21	5 18	5 15	5 12	5 08	5 04	4 59	4 53
11	5 37	5 35	5 34	5 33	5 31	5 29	5 27	5 25	5 23	5 20	5 17	5 14	5 10	5 06
15	5 40	5 40	5 39	5 38	5 36	5 35	5 34	5 32	5 31	5 29	5 27	5 24	5 22	5 19
19	5 44	5 44	5 43	5 43	5 42	5 41	5 40	5 39	5 38	5 37	5 36	5 35	5 33	5 31
23	5 48	5 48	5 48	5 48	5 47	5 47	5 47	5 47	5 46	5 46	5 46	5 45	5 45	5 44
27	5 52	5 52	5 52	5 53	5 53	5 53	5 53	5 54	5 54	5 55	5 55	5 55	5 56	5 57
Oct. 1	5 56	5 56	5 57	5 58	5 58	5 59	6 00	6 01	6 02	6 03	6 04	6 06	6 07	6 09
5	6 00	6 01	6 02	6 03	6 04	6 05	6 07	6 08	6 10	6 12	6 14	6 16	6 19	6 22

SUNSET

Lat.	+40°	+42°	+44°	+46°	+48°	+50°	+52°	+54°	+56°	+58°	+60°	+62°	+64°	+66°
	h m	h m	h m	h m	h m	h m	h m	h m	h m	h m	h m	h m	h m	h m
July 1	19 33	19 39	19 47	19 55	20 03	20 13	20 23	20 35	20 49	21 05	21 25	21 50	22 26	23 43
5	19 32	19 39	19 46	19 53	20 02	20 11	20 22	20 33	20 47	21 03	21 22	21 46	22 19	23 19
9	19 31	19 37	19 44	19 52	20 00	20 09	20 19	20 30	20 43	20 59	21 17	21 40	22 10	23 00
13	19 29	19 35	19 42	19 49	19 57	20 06	20 16	20 27	20 39	20 54	21 11	21 33	22 01	22 43
17	19 27	19 33	19 39	19 46	19 54	20 02	20 12	20 22	20 34	20 48	21 04	21 24	21 50	22 26
21	19 24	19 30	19 36	19 43	19 50	19 58	20 07	20 17	20 28	20 41	20 56	21 15	21 38	22 10
25	19 21	19 26	19 32	19 39	19 45	19 53	20 01	20 11	20 21	20 34	20 48	21 05	21 26	21 54
29	19 17	19 22	19 28	19 34	19 40	19 48	19 55	20 04	20 14	20 25	20 39	20 54	21 13	21 38
Aug. 2	19 13	19 18	19 23	19 29	19 35	19 42	19 49	19 57	20 06	20 17	20 29	20 43	21 00	21 22
6	19 09	19 13	19 18	19 23	19 29	19 35	19 42	19 49	19 58	20 08	20 19	20 32	20 47	21 06
10	19 04	19 08	19 12	19 17	19 23	19 28	19 34	19 41	19 49	19 58	20 08	20 20	20 33	20 50
14	18 59	19 02	19 07	19 11	19 16	19 21	19 27	19 33	19 40	19 48	19 57	20 07	20 20	20 34
18	18 53	18 57	19 00	19 04	19 09	19 13	19 19	19 24	19 31	19 38	19 46	19 55	20 06	20 19
22	18 47	18 51	18 54	18 57	19 01	19 06	19 10	19 15	19 21	19 27	19 34	19 42	19 52	20 03
26	18 42	18 44	18 47	18 50	18 54	18 57	19 01	19 06	19 11	19 16	19 23	19 30	19 38	19 48
30	18 35	18 38	18 40	18 43	18 46	18 49	18 53	18 56	19 01	19 05	19 11	19 17	19 24	19 32
Sept. 3	18 29	18 31	18 33	18 35	18 38	18 41	18 44	18 47	18 50	18 54	18 59	19 04	19 10	19 16
7	18 23	18 24	18 26	18 28	18 30	18 32	18 34	18 37	18 40	18 43	18 47	18 51	18 56	19 01
11	18 16	18 17	18 19	18 20	18 22	18 23	18 25	18 27	18 29	18 32	18 35	18 38	18 41	18 46
15	18 10	18 10	18 11	18 12	18 13	18 15	18 16	18 17	18 19	18 20	18 22	18 25	18 27	18 30
19	18 03	18 03	18 04	18 04	18 05	18 06	18 06	18 07	18 08	18 09	18 10	18 11	18 13	18 15
23	17 56	17 56	17 56	17 57	17 57	17 57	17 57	17 57	17 57	17 58	17 58	17 58	17 59	17 59
27	17 50	17 49	17 49	17 49	17 48	17 48	17 48	17 47	17 47	17 46	17 46	17 45	17 45	17 44
Oct. 1	17 43	17 42	17 42	17 41	17 40	17 39	17 38	17 37	17 36	17 35	17 34	17 32	17 31	17 29
5	17 37	17 36	17 35	17 33	17 32	17 31	17 29	17 28	17 26	17 24	17 22	17 19	17 17	17 13

SUNRISE AND SUNSET, 2011

UNIVERSAL TIME FOR MERIDIAN OF GREENWICH

SUNRISE

Lat.	−55°	−50°	−45°	−40°	−35°	−30°	−20°	−10°	0°	+10°	+20°	+30°	+35°	+40°
	h m	h m	h m	h m	h m	h m	h m	h m	h m	h m	h m	h m	h m	h m
Oct. 1	5 27	5 30	5 33	5 35	5 37	5 39	5 42	5 44	5 47	5 49	5 51	5 53	5 54	5 56
5	5 16	5 21	5 25	5 29	5 32	5 34	5 38	5 42	5 45	5 48	5 52	5 55	5 57	6 00
9	5 06	5 13	5 18	5 22	5 26	5 29	5 35	5 40	5 44	5 48	5 53	5 58	6 01	6 04
13	4 56	5 04	5 11	5 16	5 21	5 25	5 32	5 38	5 43	5 48	5 54	6 00	6 04	6 08
17	4 46	4 56	5 04	5 10	5 15	5 20	5 28	5 36	5 42	5 49	5 55	6 03	6 07	6 12
21	4 37	4 48	4 57	5 04	5 11	5 16	5 26	5 34	5 41	5 49	5 57	6 06	6 11	6 16
25	4 27	4 40	4 50	4 59	5 06	5 12	5 23	5 32	5 41	5 49	5 58	6 08	6 14	6 21
29	4 18	4 33	4 44	4 53	5 01	5 08	5 20	5 31	5 40	5 50	6 00	6 11	6 18	6 25
Nov. 2	4 10	4 25	4 38	4 48	4 57	5 05	5 18	5 30	5 40	5 51	6 02	6 14	6 21	6 30
6	4 01	4 19	4 32	4 44	4 53	5 02	5 16	5 29	5 40	5 52	6 04	6 17	6 25	6 34
10	3 53	4 12	4 27	4 40	4 50	4 59	5 15	5 28	5 40	5 53	6 06	6 21	6 29	6 39
14	3 46	4 07	4 23	4 36	4 47	4 57	5 13	5 28	5 41	5 54	6 08	6 24	6 33	6 43
18	3 39	4 01	4 19	4 33	4 44	4 55	5 12	5 27	5 42	5 55	6 10	6 27	6 37	6 48
22	3 33	3 57	4 15	4 30	4 42	4 53	5 12	5 28	5 42	5 57	6 13	6 30	6 41	6 53
26	3 28	3 53	4 12	4 28	4 41	4 52	5 11	5 28	5 44	5 59	6 15	6 34	6 45	6 57
30	3 23	3 50	4 10	4 26	4 40	4 51	5 11	5 29	5 45	6 01	6 18	6 37	6 48	7 01
Dec. 4	3 20	3 47	4 08	4 25	4 39	4 51	5 12	5 30	5 46	6 03	6 20	6 40	6 52	7 05
8	3 17	3 46	4 07	4 24	4 39	4 51	5 13	5 31	5 48	6 05	6 23	6 43	6 55	7 09
12	3 16	3 45	4 07	4 25	4 39	4 52	5 14	5 33	5 50	6 07	6 25	6 46	6 58	7 12
16	3 15	3 45	4 08	4 25	4 40	4 53	5 15	5 34	5 52	6 09	6 27	6 49	7 01	7 15
20	3 16	3 46	4 09	4 27	4 42	4 55	5 17	5 36	5 54	6 11	6 30	6 51	7 03	7 17
24	3 18	3 48	4 11	4 29	4 44	4 57	5 19	5 38	5 56	6 13	6 32	6 53	7 05	7 19
28	3 21	3 51	4 13	4 31	4 46	4 59	5 21	5 40	5 58	6 15	6 33	6 55	7 07	7 21
32	3 25	3 55	4 17	4 34	4 49	5 02	5 24	5 42	6 00	6 17	6 35	6 56	7 08	7 22
36	3 30	3 59	4 21	4 38	4 52	5 05	5 26	5 44	6 01	6 18	6 36	6 57	7 08	7 22

SUNSET

Lat.	−55°	−50°	−45°	−40°	−35°	−30°	−20°	−10°	0°	+10°	+20°	+30°	+35°	+40°
	h m	h m	h m	h m	h m	h m	h m	h m	h m	h m	h m	h m	h m	h m
Oct. 1	18 14	18 10	18 07	18 05	18 03	18 01	17 58	17 55	17 53	17 51	17 48	17 46	17 45	17 43
5	18 22	18 17	18 12	18 09	18 06	18 03	17 59	17 55	17 52	17 48	17 45	17 41	17 39	17 37
9	18 30	18 23	18 18	18 13	18 09	18 06	18 00	17 55	17 51	17 46	17 42	17 36	17 34	17 30
13	18 38	18 29	18 23	18 17	18 13	18 08	18 01	17 55	17 50	17 44	17 38	17 32	17 28	17 24
17	18 46	18 36	18 28	18 21	18 16	18 11	18 03	17 55	17 49	17 42	17 35	17 28	17 23	17 18
21	18 54	18 42	18 33	18 26	18 19	18 14	18 04	17 56	17 48	17 40	17 32	17 23	17 18	17 12
25	19 02	18 49	18 39	18 30	18 23	18 17	18 06	17 56	17 47	17 39	17 30	17 19	17 14	17 07
29	19 10	18 56	18 44	18 35	18 27	18 20	18 07	17 57	17 47	17 38	17 27	17 16	17 09	17 02
Nov. 2	19 19	19 03	18 50	18 39	18 31	18 23	18 09	17 58	17 47	17 36	17 25	17 13	17 05	16 57
6	19 27	19 10	18 56	18 44	18 34	18 26	18 11	17 59	17 47	17 36	17 23	17 10	17 02	16 53
10	19 36	19 16	19 01	18 49	18 38	18 29	18 14	18 00	17 47	17 35	17 22	17 07	16 58	16 48
14	19 44	19 23	19 07	18 54	18 42	18 33	18 16	18 01	17 48	17 35	17 21	17 05	16 55	16 45
18	19 52	19 30	19 12	18 58	18 46	18 36	18 18	18 03	17 49	17 35	17 20	17 03	16 53	16 42
22	20 00	19 36	19 18	19 03	18 50	18 39	18 21	18 05	17 50	17 35	17 19	17 01	16 51	16 39
26	20 08	19 42	19 23	19 07	18 54	18 43	18 23	18 06	17 51	17 35	17 19	17 00	16 50	16 37
30	20 15	19 48	19 28	19 12	18 58	18 46	18 26	18 08	17 52	17 36	17 19	17 00	16 49	16 36
Dec. 4	20 21	19 54	19 32	19 16	19 01	18 49	18 28	18 10	17 54	17 37	17 20	17 00	16 48	16 35
8	20 27	19 58	19 37	19 19	19 05	18 52	18 31	18 12	17 55	17 39	17 21	17 00	16 48	16 35
12	20 32	20 02	19 40	19 23	19 08	18 55	18 33	18 15	17 57	17 40	17 22	17 01	16 49	16 35
16	20 36	20 06	19 43	19 26	19 11	18 58	18 36	18 17	17 59	17 42	17 23	17 02	16 50	16 36
20	20 39	20 09	19 46	19 28	19 13	19 00	18 38	18 19	18 01	17 44	17 25	17 04	16 51	16 37
24	20 41	20 10	19 48	19 30	19 15	19 02	18 40	18 21	18 03	17 46	17 27	17 06	16 54	16 39
28	20 41	20 11	19 49	19 31	19 16	19 03	18 41	18 23	18 05	17 48	17 29	17 08	16 56	16 42
32	20 41	20 12	19 50	19 32	19 17	19 05	18 43	18 24	18 07	17 50	17 32	17 11	16 59	16 45
36	20 39	20 11	19 49	19 32	19 18	19 05	18 44	18 26	18 09	17 52	17 34	17 14	17 02	16 48

UNIVERSAL TIME FOR MERIDIAN OF GREENWICH

SUNRISE

Lat.	+40°	+42°	+44°	+46°	+48°	+50°	+52°	+54°	+56°	+58°	+60°	+62°	+64°	+66°
	h m	h m	h m	h m	h m	h m	h m	h m	h m	h m	h m	h m	h m	h m
Oct. 1	5 56	5 56	5 57	5 58	5 58	5 59	6 00	6 01	6 02	6 03	6 04	6 06	6 07	6 09
5	6 00	6 01	6 02	6 03	6 04	6 05	6 07	6 08	6 10	6 12	6 14	6 16	6 19	6 22
9	6 04	6 05	6 07	6 08	6 10	6 12	6 14	6 16	6 18	6 21	6 24	6 27	6 31	6 35
13	6 08	6 10	6 11	6 13	6 16	6 18	6 20	6 23	6 26	6 30	6 33	6 38	6 42	6 48
17	6 12	6 14	6 16	6 19	6 22	6 24	6 27	6 31	6 34	6 39	6 43	6 48	6 54	7 01
21	6 16	6 19	6 22	6 24	6 27	6 31	6 34	6 38	6 43	6 48	6 53	6 59	7 07	7 15
25	6 21	6 24	6 27	6 30	6 33	6 37	6 42	6 46	6 51	6 57	7 03	7 11	7 19	7 29
29	6 25	6 28	6 32	6 36	6 40	6 44	6 49	6 54	7 00	7 06	7 13	7 22	7 31	7 43
Nov. 2	6 30	6 33	6 37	6 41	6 46	6 51	6 56	7 02	7 08	7 15	7 24	7 33	7 44	7 57
6	6 34	6 38	6 42	6 47	6 52	6 57	7 03	7 10	7 17	7 25	7 34	7 45	7 57	8 12
10	6 39	6 43	6 48	6 53	6 58	7 04	7 10	7 17	7 25	7 34	7 44	7 56	8 10	8 27
14	6 43	6 48	6 53	6 58	7 04	7 10	7 17	7 25	7 34	7 43	7 54	8 07	8 23	8 42
18	6 48	6 53	6 58	7 04	7 10	7 17	7 24	7 33	7 42	7 52	8 04	8 19	8 36	8 57
22	6 53	6 58	7 03	7 09	7 16	7 23	7 31	7 40	7 50	8 01	8 14	8 30	8 48	9 12
26	6 57	7 02	7 08	7 15	7 22	7 29	7 37	7 47	7 57	8 09	8 23	8 40	9 01	9 27
30	7 01	7 07	7 13	7 20	7 27	7 35	7 44	7 53	8 04	8 17	8 32	8 50	9 12	9 42
Dec. 4	7 05	7 11	7 17	7 24	7 32	7 40	7 49	7 59	8 11	8 24	8 40	8 59	9 23	9 56
8	7 09	7 15	7 21	7 29	7 36	7 45	7 54	8 05	8 17	8 31	8 47	9 07	9 33	10 09
12	7 12	7 18	7 25	7 32	7 40	7 49	7 59	8 09	8 22	8 36	8 53	9 14	9 41	10 20
16	7 15	7 21	7 28	7 35	7 44	7 52	8 02	8 13	8 26	8 40	8 58	9 19	9 47	10 28
20	7 17	7 24	7 31	7 38	7 46	7 55	8 05	8 16	8 29	8 44	9 01	9 23	9 51	10 34
24	7 19	7 26	7 33	7 40	7 48	7 57	8 07	8 18	8 31	8 46	9 03	9 25	9 53	10 36
28	7 21	7 27	7 34	7 41	7 49	7 58	8 08	8 19	8 32	8 46	9 04	9 25	9 53	10 34
32	7 22	7 28	7 35	7 42	7 50	7 59	8 08	8 19	8 31	8 46	9 03	9 23	9 50	10 29
36	7 22	7 28	7 35	7 42	7 50	7 58	8 07	8 18	8 30	8 44	9 00	9 20	9 45	10 21

SUNSET

Lat.	+40°	+42°	+44°	+46°	+48°	+50°	+52°	+54°	+56°	+58°	+60°	+62°	+64°	+66°
	h m	h m	h m	h m	h m	h m	h m	h m	h m	h m	h m	h m	h m	h m
Oct. 1	17 43	17 42	17 42	17 41	17 40	17 39	17 38	17 37	17 36	17 35	17 34	17 32	17 31	17 29
5	17 37	17 36	17 35	17 33	17 32	17 31	17 29	17 28	17 26	17 24	17 22	17 19	17 17	17 13
9	17 30	17 29	17 27	17 26	17 24	17 22	17 20	17 18	17 16	17 13	17 10	17 07	17 03	16 58
13	17 24	17 22	17 20	17 18	17 16	17 14	17 11	17 08	17 05	17 02	16 58	16 54	16 49	16 43
17	17 18	17 16	17 14	17 11	17 09	17 06	17 03	16 59	16 55	16 51	16 46	16 41	16 35	16 28
21	17 12	17 10	17 07	17 04	17 01	16 58	16 54	16 50	16 46	16 41	16 35	16 29	16 21	16 13
25	17 07	17 04	17 01	16 58	16 54	16 50	16 46	16 41	16 36	16 30	16 24	16 17	16 08	15 58
29	17 02	16 59	16 55	16 51	16 47	16 43	16 38	16 33	16 27	16 20	16 13	16 05	15 55	15 43
Nov. 2	16 57	16 53	16 49	16 45	16 41	16 36	16 31	16 25	16 18	16 11	16 03	15 53	15 42	15 29
6	16 53	16 49	16 44	16 40	16 35	16 29	16 23	16 17	16 10	16 02	15 52	15 42	15 29	15 14
10	16 48	16 44	16 40	16 35	16 29	16 23	16 17	16 10	16 02	15 53	15 43	15 31	15 17	15 00
14	16 45	16 40	16 35	16 30	16 24	16 18	16 11	16 03	15 54	15 45	15 34	15 21	15 05	14 46
18	16 42	16 37	16 31	16 26	16 20	16 13	16 05	15 57	15 48	15 37	15 25	15 11	14 54	14 32
22	16 39	16 34	16 28	16 22	16 16	16 08	16 01	15 52	15 42	15 30	15 17	15 02	14 43	14 19
26	16 37	16 32	16 26	16 19	16 12	16 05	15 56	15 47	15 37	15 25	15 10	14 54	14 33	14 06
30	16 36	16 30	16 24	16 17	16 10	16 02	15 53	15 43	15 32	15 19	15 05	14 47	14 24	13 55
Dec. 4	16 35	16 29	16 22	16 16	16 08	16 00	15 51	15 40	15 29	15 15	15 00	14 41	14 17	13 44
8	16 35	16 28	16 22	16 15	16 07	15 58	15 49	15 38	15 26	15 13	14 56	14 36	14 11	13 34
12	16 35	16 29	16 22	16 15	16 07	15 58	15 48	15 38	15 25	15 11	14 54	14 33	14 06	13 27
16	16 36	16 29	16 23	16 15	16 07	15 58	15 49	15 38	15 25	15 10	14 53	14 32	14 04	13 22
20	16 37	16 31	16 24	16 17	16 09	16 00	15 50	15 39	15 26	15 11	14 54	14 32	14 04	13 21
24	16 39	16 33	16 26	16 19	16 11	16 02	15 52	15 41	15 28	15 13	14 56	14 34	14 06	13 23
28	16 42	16 36	16 29	16 21	16 13	16 05	15 55	15 44	15 31	15 17	14 59	14 38	14 10	13 29
32	16 45	16 39	16 32	16 25	16 17	16 08	15 59	15 48	15 35	15 21	15 04	14 44	14 17	13 38
36	16 48	16 42	16 36	16 29	16 21	16 13	16 03	15 53	15 41	15 27	15 11	14 51	14 25	13 50

CIVIL TWILIGHT, 2011

UNIVERSAL TIME FOR MERIDIAN OF GREENWICH
BEGINNING OF MORNING CIVIL TWILIGHT

Lat.	−55°	−50°	−45°	−40°	−35°	−30°	−20°	−10°	0°	+10°	+20°	+30°	+35°	+40°
	h m	h m	h m	h m	h m	h m	h m	h m	h m	h m	h m	h m	h m	h m
Jan. −2	2 25	3 08	3 37	3 59	4 18	4 33	4 57	5 18	5 36	5 53	6 10	6 29	6 39	6 51
2	2 30	3 12	3 41	4 03	4 21	4 36	5 00	5 20	5 38	5 54	6 11	6 30	6 40	6 52
6	2 37	3 17	3 45	4 07	4 24	4 39	5 03	5 22	5 40	5 56	6 13	6 31	6 41	6 52
10	2 44	3 23	3 50	4 11	4 28	4 42	5 05	5 24	5 41	5 57	6 14	6 31	6 41	6 52
14	2 53	3 29	3 55	4 15	4 32	4 46	5 08	5 27	5 43	5 59	6 14	6 31	6 40	6 51
18	3 02	3 36	4 01	4 20	4 36	4 49	5 11	5 29	5 45	5 59	6 14	6 30	6 39	6 49
22	3 11	3 44	4 07	4 25	4 40	4 53	5 14	5 31	5 46	6 00	6 14	6 30	6 38	6 47
26	3 21	3 51	4 13	4 31	4 45	4 57	5 17	5 33	5 47	6 00	6 14	6 28	6 36	6 45
30	3 31	3 59	4 20	4 36	4 49	5 01	5 19	5 35	5 48	6 01	6 13	6 26	6 34	6 42
Feb. 3	3 41	4 07	4 26	4 41	4 54	5 04	5 22	5 36	5 49	6 00	6 12	6 24	6 31	6 39
7	3 51	4 15	4 32	4 46	4 58	5 08	5 24	5 38	5 49	6 00	6 11	6 22	6 28	6 35
11	4 01	4 23	4 39	4 52	5 02	5 12	5 27	5 39	5 49	5 59	6 09	6 19	6 24	6 30
15	4 11	4 30	4 45	4 57	5 07	5 15	5 29	5 40	5 50	5 58	6 07	6 16	6 21	6 26
19	4 21	4 38	4 51	5 02	5 11	5 18	5 31	5 41	5 49	5 57	6 05	6 12	6 16	6 21
23	4 30	4 45	4 57	5 07	5 15	5 22	5 33	5 42	5 49	5 56	6 02	6 09	6 12	6 15
27	4 39	4 53	5 03	5 12	5 19	5 25	5 34	5 42	5 49	5 54	5 59	6 05	6 07	6 10
Mar. 3	4 48	5 00	5 09	5 17	5 23	5 28	5 36	5 43	5 48	5 52	5 57	6 00	6 02	6 04
7	4 57	5 07	5 15	5 21	5 26	5 31	5 38	5 43	5 47	5 51	5 53	5 56	5 57	5 58
11	5 05	5 14	5 20	5 26	5 30	5 33	5 39	5 43	5 46	5 48	5 50	5 51	5 52	5 52
15	5 14	5 21	5 26	5 30	5 33	5 36	5 40	5 43	5 45	5 46	5 47	5 47	5 46	5 45
19	5 22	5 27	5 31	5 34	5 37	5 39	5 41	5 43	5 44	5 44	5 43	5 42	5 41	5 39
23	5 30	5 34	5 36	5 38	5 40	5 41	5 43	5 43	5 43	5 42	5 40	5 37	5 35	5 32
27	5 38	5 40	5 41	5 42	5 43	5 44	5 44	5 43	5 42	5 39	5 36	5 32	5 29	5 26
31	5 45	5 46	5 46	5 47	5 46	5 46	5 45	5 43	5 40	5 37	5 33	5 27	5 24	5 19
Apr. 4	5 53	5 52	5 51	5 50	5 49	5 48	5 46	5 43	5 39	5 35	5 29	5 22	5 18	5 13

END OF EVENING CIVIL TWILIGHT

Lat.	−55°	−50°	−45°	−40°	−35°	−30°	−20°	−10°	0°	+10°	+20°	+30°	+35°	+40°
	h m	h m	h m	h m	h m	h m	h m	h m	h m	h m	h m	h m	h m	h m
Jan. −2	21 39	20 56	20 27	20 04	19 46	19 31	19 06	18 46	18 28	18 11	17 54	17 35	17 25	17 13
2	21 37	20 55	20 27	20 05	19 47	19 32	19 08	18 48	18 30	18 13	17 56	17 38	17 28	17 16
6	21 34	20 54	20 26	20 04	19 47	19 33	19 09	18 49	18 32	18 15	17 59	17 41	17 31	17 20
10	21 29	20 51	20 24	20 03	19 47	19 33	19 09	18 50	18 33	18 17	18 01	17 44	17 34	17 24
14	21 24	20 48	20 22	20 02	19 46	19 32	19 10	18 51	18 35	18 19	18 04	17 47	17 38	17 27
18	21 17	20 43	20 19	20 00	19 44	19 31	19 09	18 52	18 36	18 21	18 06	17 50	17 42	17 32
22	21 10	20 38	20 15	19 57	19 42	19 30	19 09	18 52	18 37	18 23	18 09	17 54	17 45	17 36
26	21 02	20 33	20 11	19 54	19 40	19 28	19 08	18 52	18 38	18 25	18 11	17 57	17 49	17 40
30	20 53	20 26	20 06	19 50	19 37	19 25	19 07	18 52	18 38	18 26	18 14	18 00	17 53	17 45
Feb. 3	20 45	20 19	20 01	19 46	19 33	19 23	19 05	18 51	18 39	18 27	18 16	18 04	17 57	17 50
7	20 35	20 12	19 55	19 41	19 29	19 20	19 04	18 50	18 39	18 28	18 18	18 07	18 01	17 54
11	20 25	20 05	19 49	19 36	19 25	19 16	19 02	18 49	18 39	18 29	18 20	18 10	18 04	17 59
15	20 16	19 57	19 42	19 31	19 21	19 13	18 59	18 48	18 39	18 30	18 22	18 13	18 08	18 03
19	20 05	19 48	19 35	19 25	19 16	19 09	18 57	18 47	18 38	18 31	18 23	18 16	18 12	18 08
23	19 55	19 40	19 28	19 19	19 11	19 05	18 54	18 45	18 38	18 31	18 25	18 19	18 15	18 12
27	19 45	19 31	19 21	19 13	19 06	19 00	18 51	18 43	18 37	18 31	18 26	18 21	18 19	18 16
Mar. 3	19 34	19 23	19 14	19 07	19 01	18 56	18 48	18 41	18 36	18 32	18 28	18 24	18 22	18 21
7	19 24	19 14	19 06	19 00	18 55	18 51	18 44	18 39	18 35	18 32	18 29	18 27	18 26	18 25
11	19 13	19 05	18 59	18 54	18 50	18 46	18 41	18 37	18 34	18 32	18 30	18 29	18 29	18 29
15	19 03	18 56	18 51	18 47	18 44	18 41	18 38	18 35	18 33	18 32	18 31	18 32	18 32	18 33
19	18 53	18 47	18 44	18 41	18 38	18 37	18 34	18 32	18 32	18 32	18 33	18 34	18 36	18 38
23	18 42	18 39	18 36	18 34	18 33	18 32	18 31	18 30	18 31	18 32	18 34	18 37	18 39	18 42
27	18 32	18 30	18 29	18 28	18 27	18 27	18 27	18 28	18 29	18 32	18 35	18 39	18 42	18 46
31	18 22	18 21	18 21	18 21	18 22	18 22	18 24	18 26	18 28	18 32	18 36	18 42	18 46	18 50
Apr. 4	18 12	18 13	18 14	18 15	18 16	18 17	18 20	18 23	18 27	18 32	18 37	18 44	18 49	18 54

UNIVERSAL TIME FOR MERIDIAN OF GREENWICH
BEGINNING OF MORNING CIVIL TWILIGHT

Lat.	+40°	+42°	+44°	+46°	+48°	+50°	+52°	+54°	+56°	+58°	+60°	+62°	+64°	+66°
	h m	h m	h m	h m	h m	h m	h m	h m	h m	h m	h m	h m	h m	h m
Jan. −2	6 51	6 56	7 01	7 07	7 13	7 20	7 27	7 35	7 44	7 55	8 06	8 19	8 35	8 55
2	6 52	6 57	7 02	7 08	7 14	7 20	7 28	7 35	7 44	7 54	8 05	8 18	8 34	8 52
6	6 52	6 57	7 02	7 07	7 13	7 20	7 27	7 35	7 43	7 53	8 03	8 16	8 31	8 49
10	6 52	6 56	7 01	7 07	7 12	7 19	7 25	7 33	7 41	7 50	8 01	8 12	8 27	8 43
14	6 51	6 55	7 00	7 05	7 11	7 17	7 23	7 30	7 38	7 47	7 56	8 08	8 21	8 37
18	6 49	6 54	6 58	7 03	7 08	7 14	7 20	7 27	7 34	7 42	7 51	8 02	8 14	8 29
22	6 47	6 51	6 56	7 00	7 05	7 10	7 16	7 22	7 29	7 37	7 46	7 55	8 07	8 20
26	6 45	6 49	6 53	6 57	7 02	7 06	7 12	7 17	7 24	7 31	7 39	7 48	7 58	8 10
30	6 42	6 45	6 49	6 53	6 57	7 02	7 07	7 12	7 18	7 24	7 31	7 39	7 49	8 00
Feb. 3	6 39	6 42	6 45	6 49	6 52	6 57	7 01	7 06	7 11	7 17	7 23	7 30	7 39	7 48
7	6 35	6 38	6 41	6 44	6 47	6 51	6 55	6 59	7 04	7 09	7 14	7 21	7 28	7 36
11	6 30	6 33	6 36	6 38	6 41	6 45	6 48	6 52	6 56	7 00	7 05	7 11	7 17	7 24
15	6 26	6 28	6 30	6 33	6 35	6 38	6 41	6 44	6 47	6 51	6 55	7 00	7 05	7 11
19	6 21	6 23	6 24	6 26	6 29	6 31	6 33	6 36	6 39	6 42	6 45	6 49	6 53	6 58
23	6 15	6 17	6 18	6 20	6 22	6 23	6 25	6 27	6 29	6 32	6 34	6 37	6 40	6 44
27	6 10	6 11	6 12	6 13	6 14	6 16	6 17	6 18	6 20	6 22	6 23	6 25	6 27	6 30
Mar. 3	6 04	6 05	6 05	6 06	6 07	6 08	6 09	6 09	6 10	6 11	6 12	6 13	6 14	6 15
7	5 58	5 58	5 59	5 59	5 59	6 00	6 00	6 00	6 00	6 00	6 01	6 01	6 01	6 01
11	5 52	5 52	5 52	5 52	5 51	5 51	5 51	5 50	5 50	5 49	5 49	5 48	5 47	5 46
15	5 45	5 45	5 44	5 44	5 43	5 43	5 42	5 41	5 40	5 38	5 37	5 35	5 33	5 30
19	5 39	5 38	5 37	5 36	5 35	5 34	5 32	5 31	5 29	5 27	5 25	5 22	5 19	5 15
23	5 32	5 31	5 30	5 28	5 27	5 25	5 23	5 21	5 18	5 15	5 12	5 08	5 04	4 59
27	5 26	5 24	5 22	5 21	5 18	5 16	5 14	5 11	5 07	5 04	5 00	4 55	4 49	4 43
31	5 19	5 17	5 15	5 13	5 10	5 07	5 04	5 01	4 57	4 52	4 47	4 41	4 34	4 26
Apr. 4	5 13	5 10	5 08	5 05	5 02	4 58	4 55	4 50	4 46	4 40	4 34	4 27	4 19	4 09

END OF EVENING CIVIL TWILIGHT

Lat.	+40°	+42°	+44°	+46°	+48°	+50°	+52°	+54°	+56°	+58°	+60°	+62°	+64°	+66°
	h m	h m	h m	h m	h m	h m	h m	h m	h m	h m	h m	h m	h m	h m
Jan. −2	17 13	17 08	17 03	16 57	16 51	16 44	16 37	16 29	16 20	16 10	15 58	15 45	15 29	15 10
2	17 16	17 11	17 06	17 00	16 54	16 48	16 40	16 33	16 24	16 14	16 03	15 50	15 34	15 16
6	17 20	17 15	17 10	17 04	16 58	16 52	16 45	16 37	16 29	16 19	16 08	15 56	15 41	15 23
10	17 24	17 19	17 14	17 08	17 03	16 57	16 50	16 42	16 34	16 25	16 15	16 03	15 49	15 32
14	17 27	17 23	17 18	17 13	17 08	17 02	16 55	16 48	16 40	16 32	16 22	16 11	15 58	15 42
18	17 32	17 27	17 23	17 18	17 13	17 07	17 01	16 55	16 47	16 39	16 30	16 19	16 07	15 52
22	17 36	17 32	17 28	17 23	17 18	17 13	17 07	17 01	16 54	16 47	16 38	16 28	16 17	16 04
26	17 40	17 37	17 33	17 28	17 24	17 19	17 14	17 08	17 02	16 55	16 47	16 38	16 28	16 16
30	17 45	17 41	17 38	17 34	17 30	17 25	17 20	17 15	17 09	17 03	16 56	16 48	16 39	16 28
Feb. 3	17 50	17 46	17 43	17 39	17 36	17 32	17 27	17 23	17 17	17 12	17 05	16 58	16 50	16 40
7	17 54	17 51	17 48	17 45	17 42	17 38	17 34	17 30	17 25	17 20	17 15	17 09	17 01	16 53
11	17 59	17 56	17 53	17 51	17 48	17 45	17 41	17 38	17 34	17 29	17 24	17 19	17 13	17 06
15	18 03	18 01	17 59	17 56	17 54	17 51	17 48	17 45	17 42	17 38	17 34	17 30	17 25	17 19
19	18 08	18 06	18 04	18 02	18 00	17 58	17 55	17 53	17 50	17 47	17 44	17 40	17 36	17 32
23	18 12	18 11	18 09	18 08	18 06	18 04	18 02	18 00	17 58	17 56	17 54	17 51	17 48	17 44
27	18 16	18 15	18 14	18 13	18 12	18 11	18 09	18 08	18 07	18 05	18 03	18 02	18 00	17 57
Mar. 3	18 21	18 20	18 19	18 19	18 18	18 17	18 16	18 16	18 15	18 14	18 13	18 12	18 11	18 10
7	18 25	18 25	18 24	18 24	18 24	18 24	18 23	18 23	18 23	18 23	18 23	18 23	18 23	18 23
11	18 29	18 29	18 29	18 30	18 30	18 30	18 30	18 31	18 31	18 32	18 33	18 34	18 35	18 36
15	18 33	18 34	18 34	18 35	18 36	18 37	18 37	18 38	18 40	18 41	18 43	18 45	18 47	18 50
19	18 38	18 38	18 39	18 40	18 42	18 43	18 44	18 46	18 48	18 50	18 53	18 56	18 59	19 03
23	18 42	18 43	18 44	18 46	18 48	18 49	18 51	18 54	18 56	18 59	19 03	19 07	19 11	19 17
27	18 46	18 48	18 49	18 51	18 53	18 56	18 59	19 02	19 05	19 09	19 13	19 18	19 24	19 30
31	18 50	18 52	18 54	18 57	18 59	19 02	19 06	19 09	19 13	19 18	19 23	19 29	19 36	19 45
Apr. 4	18 54	18 57	18 59	19 02	19 06	19 09	19 13	19 17	19 22	19 28	19 34	19 41	19 49	19 59

CIVIL TWILIGHT, 2011

UNIVERSAL TIME FOR MERIDIAN OF GREENWICH
BEGINNING OF MORNING CIVIL TWILIGHT

Lat.	−55°	−50°	−45°	−40°	−35°	−30°	−20°	−10°	0°	+10°	+20°	+30°	+35°	+40°
	h m	h m	h m	h m	h m	h m	h m	h m	h m	h m	h m	h m	h m	h m
Mar. 31	5 45	5 46	5 46	5 47	5 46	5 46	5 45	5 43	5 40	5 37	5 33	5 27	5 24	5 19
Apr. 4	5 53	5 52	5 51	5 50	5 49	5 48	5 46	5 43	5 39	5 35	5 29	5 22	5 18	5 13
8	6 01	5 58	5 56	5 54	5 52	5 51	5 47	5 43	5 38	5 32	5 26	5 17	5 12	5 06
12	6 08	6 04	6 01	5 58	5 56	5 53	5 48	5 42	5 37	5 30	5 22	5 13	5 07	5 00
16	6 15	6 10	6 06	6 02	5 59	5 55	5 49	5 42	5 36	5 28	5 19	5 08	5 01	4 53
20	6 23	6 16	6 11	6 06	6 02	5 58	5 50	5 42	5 35	5 26	5 16	5 04	4 56	4 47
24	6 30	6 22	6 15	6 10	6 05	6 00	5 51	5 42	5 34	5 24	5 13	4 59	4 51	4 41
28	6 37	6 28	6 20	6 13	6 08	6 02	5 52	5 43	5 33	5 22	5 10	4 55	4 46	4 36
May 2	6 44	6 33	6 25	6 17	6 11	6 05	5 53	5 43	5 32	5 21	5 07	4 51	4 42	4 30
6	6 50	6 39	6 29	6 21	6 14	6 07	5 55	5 43	5 32	5 19	5 05	4 48	4 37	4 25
10	6 57	6 44	6 34	6 25	6 17	6 09	5 56	5 44	5 31	5 18	5 03	4 44	4 33	4 20
14	7 03	6 49	6 38	6 28	6 19	6 12	5 57	5 44	5 31	5 17	5 01	4 41	4 30	4 16
18	7 09	6 54	6 42	6 31	6 22	6 14	5 59	5 45	5 31	5 16	4 59	4 39	4 26	4 12
22	7 15	6 59	6 46	6 35	6 25	6 16	6 00	5 46	5 31	5 16	4 58	4 37	4 24	4 08
26	7 20	7 03	6 49	6 38	6 28	6 18	6 02	5 46	5 31	5 15	4 57	4 35	4 21	4 05
30	7 25	7 07	6 53	6 41	6 30	6 20	6 03	5 47	5 32	5 15	4 56	4 33	4 19	4 02
June 3	7 29	7 11	6 56	6 43	6 32	6 22	6 05	5 48	5 32	5 15	4 56	4 32	4 18	4 00
7	7 33	7 14	6 59	6 46	6 34	6 24	6 06	5 49	5 33	5 15	4 55	4 31	4 17	3 59
11	7 36	7 17	7 01	6 48	6 36	6 26	6 07	5 50	5 33	5 16	4 55	4 31	4 16	3 58
15	7 39	7 19	7 03	6 50	6 38	6 27	6 09	5 51	5 34	5 16	4 56	4 31	4 16	3 58
19	7 41	7 20	7 04	6 51	6 39	6 28	6 10	5 52	5 35	5 17	4 56	4 31	4 16	3 58
23	7 42	7 21	7 05	6 52	6 40	6 29	6 10	5 53	5 36	5 18	4 57	4 32	4 17	3 59
27	7 42	7 22	7 06	6 52	6 40	6 30	6 11	5 54	5 37	5 19	4 58	4 33	4 18	4 00
July 1	7 41	7 21	7 06	6 52	6 41	6 30	6 12	5 55	5 38	5 20	5 00	4 35	4 20	4 02
5	7 40	7 20	7 05	6 52	6 40	6 30	6 12	5 55	5 38	5 21	5 01	4 37	4 22	4 04

END OF EVENING CIVIL TWILIGHT

Lat.	−55°	−50°	−45°	−40°	−35°	−30°	−20°	−10°	0°	+10°	+20°	+30°	+35°	+40°
	h m	h m	h m	h m	h m	h m	h m	h m	h m	h m	h m	h m	h m	h m
Mar. 31	18 22	18 21	18 21	18 21	18 22	18 22	18 24	18 26	18 28	18 32	18 36	18 42	18 46	18 50
Apr. 4	18 12	18 13	18 14	18 15	18 16	18 17	18 20	18 23	18 27	18 32	18 37	18 44	18 49	18 54
8	18 02	18 05	18 07	18 09	18 11	18 13	18 17	18 21	18 26	18 32	18 38	18 47	18 52	18 59
12	17 53	17 56	18 00	18 03	18 06	18 08	18 14	18 19	18 25	18 32	18 40	18 50	18 56	19 03
16	17 43	17 49	17 53	17 57	18 01	18 04	18 11	18 17	18 24	18 32	18 41	18 52	18 59	19 07
20	17 34	17 41	17 47	17 51	17 56	18 00	18 08	18 15	18 23	18 32	18 42	18 55	19 03	19 12
24	17 26	17 34	17 40	17 46	17 51	17 56	18 05	18 14	18 23	18 33	18 44	18 58	19 06	19 16
28	17 18	17 27	17 34	17 41	17 47	17 53	18 03	18 12	18 22	18 33	18 45	19 00	19 10	19 20
May 2	17 10	17 20	17 29	17 36	17 43	17 49	18 00	18 11	18 22	18 34	18 47	19 03	19 13	19 25
6	17 02	17 14	17 24	17 32	17 39	17 46	17 58	18 10	18 22	18 34	18 49	19 06	19 17	19 29
10	16 55	17 08	17 19	17 28	17 36	17 43	17 57	18 09	18 22	18 35	18 50	19 09	19 20	19 33
14	16 49	17 03	17 14	17 24	17 33	17 41	17 55	18 08	18 22	18 36	18 52	19 12	19 24	19 38
18	16 43	16 58	17 11	17 21	17 30	17 39	17 54	18 08	18 22	18 37	18 54	19 14	19 27	19 42
22	16 38	16 54	17 07	17 18	17 28	17 37	17 53	18 08	18 22	18 38	18 56	19 17	19 30	19 46
26	16 33	16 50	17 04	17 16	17 26	17 35	17 52	18 07	18 23	18 39	18 57	19 20	19 33	19 50
30	16 30	16 47	17 02	17 14	17 25	17 34	17 52	18 08	18 23	18 40	18 59	19 22	19 36	19 53
June 3	16 26	16 45	17 00	17 13	17 24	17 34	17 51	18 08	18 24	18 41	19 01	19 24	19 39	19 56
7	16 24	16 43	16 59	17 12	17 23	17 33	17 52	18 08	18 25	18 42	19 02	19 27	19 41	19 59
11	16 23	16 42	16 58	17 11	17 23	17 33	17 52	18 09	18 26	18 44	19 04	19 28	19 43	20 01
15	16 22	16 42	16 58	17 11	17 23	17 34	17 52	18 10	18 27	18 45	19 05	19 30	19 45	20 03
19	16 22	16 42	16 58	17 12	17 24	17 34	17 53	18 10	18 28	18 46	19 06	19 31	19 46	20 05
23	16 23	16 43	16 59	17 13	17 24	17 35	17 54	18 11	18 28	18 47	19 07	19 32	19 47	20 05
27	16 24	16 44	17 00	17 14	17 26	17 36	17 55	18 12	18 29	18 47	19 08	19 32	19 48	20 06
July 1	16 27	16 46	17 02	17 15	17 27	17 37	17 56	18 13	18 30	18 48	19 08	19 33	19 48	20 05
5	16 30	16 49	17 04	17 17	17 29	17 39	17 57	18 14	18 31	18 48	19 08	19 32	19 47	20 05

UNIVERSAL TIME FOR MERIDIAN OF GREENWICH
BEGINNING OF MORNING CIVIL TWILIGHT

Lat.	+40°	+42°	+44°	+46°	+48°	+50°	+52°	+54°	+56°	+58°	+60°	+62°	+64°	+66°
	h m	h m	h m	h m	h m	h m	h m	h m	h m	h m	h m	h m	h m	h m
Mar. 31	5 19	5 17	5 15	5 13	5 10	5 07	5 04	5 01	4 57	4 52	4 47	4 41	4 34	4 26
Apr. 4	5 13	5 10	5 08	5 05	5 02	4 58	4 55	4 50	4 46	4 40	4 34	4 27	4 19	4 09
8	5 06	5 03	5 00	4 57	4 53	4 49	4 45	4 40	4 35	4 28	4 21	4 13	4 04	3 52
12	5 00	4 56	4 53	4 49	4 45	4 41	4 36	4 30	4 24	4 17	4 08	3 59	3 48	3 34
16	4 53	4 50	4 46	4 42	4 37	4 32	4 26	4 20	4 13	4 05	3 55	3 45	3 32	3 16
20	4 47	4 43	4 39	4 34	4 29	4 23	4 17	4 10	4 02	3 53	3 42	3 30	3 15	2 57
24	4 41	4 37	4 32	4 27	4 21	4 15	4 08	4 00	3 51	3 41	3 29	3 15	2 58	2 37
28	4 36	4 31	4 25	4 20	4 14	4 07	3 59	3 50	3 41	3 29	3 16	3 00	2 41	2 15
May 2	4 30	4 25	4 19	4 13	4 06	3 59	3 50	3 41	3 30	3 18	3 03	2 45	2 22	1 51
6	4 25	4 19	4 13	4 07	3 59	3 51	3 42	3 32	3 20	3 06	2 50	2 29	2 03	1 24
10	4 20	4 14	4 08	4 00	3 53	3 44	3 34	3 23	3 10	2 55	2 37	2 14	1 42	0 46
14	4 16	4 09	4 02	3 55	3 46	3 37	3 27	3 15	3 01	2 44	2 24	1 57	1 18	// //
18	4 12	4 05	3 58	3 50	3 41	3 31	3 20	3 07	2 52	2 33	2 11	1 40	0 47	// //
22	4 08	4 01	3 53	3 45	3 36	3 25	3 13	2 59	2 43	2 23	1 58	1 21	// //	// //
26	4 05	3 58	3 50	3 41	3 31	3 20	3 07	2 53	2 35	2 14	1 45	1 01	// //	// //
30	4 02	3 55	3 46	3 37	3 27	3 15	3 02	2 47	2 28	2 05	1 33	0 34	// //	// //
June 3	4 00	3 53	3 44	3 34	3 24	3 12	2 58	2 42	2 22	1 57	1 21	// //	// //	// //
7	3 59	3 51	3 42	3 32	3 21	3 09	2 55	2 38	2 17	1 51	1 11	// //	// //	// //
11	3 58	3 50	3 41	3 31	3 20	3 07	2 52	2 35	2 13	1 45	1 01	// //	// //	// //
15	3 58	3 49	3 40	3 30	3 19	3 06	2 51	2 33	2 11	1 42	0 54	// //	// //	▢
19	3 58	3 50	3 40	3 30	3 19	3 06	2 51	2 33	2 10	1 40	0 50	// //	// //	▢
23	3 59	3 50	3 41	3 31	3 19	3 06	2 51	2 33	2 11	1 41	0 50	// //	// //	▢
27	4 00	3 52	3 43	3 32	3 21	3 08	2 53	2 35	2 13	1 43	0 54	// //	// //	▢
July 1	4 02	3 54	3 45	3 35	3 23	3 10	2 56	2 38	2 17	1 48	1 02	// //	// //	// //
5	4 04	3 56	3 47	3 37	3 26	3 14	2 59	2 42	2 21	1 54	1 13	// //	// //	// //

END OF EVENING CIVIL TWILIGHT

Lat.	+40°	+42°	+44°	+46°	+48°	+50°	+52°	+54°	+56°	+58°	+60°	+62°	+64°	+66°
	h m	h m	h m	h m	h m	h m	h m	h m	h m	h m	h m	h m	h m	h m
Mar. 31	18 50	18 52	18 54	18 57	18 59	19 02	19 06	19 09	19 13	19 18	19 23	19 29	19 36	19 45
Apr. 4	18 54	18 57	18 59	19 02	19 06	19 09	19 13	19 17	19 22	19 28	19 34	19 41	19 49	19 59
8	18 59	19 01	19 05	19 08	19 12	19 16	19 20	19 25	19 31	19 37	19 44	19 53	20 03	20 15
12	19 03	19 06	19 10	19 14	19 18	19 22	19 27	19 33	19 40	19 47	19 55	20 05	20 17	20 30
16	19 07	19 11	19 15	19 19	19 24	19 29	19 35	19 41	19 49	19 57	20 06	20 18	20 31	20 47
20	19 12	19 16	19 20	19 25	19 30	19 36	19 42	19 50	19 58	20 07	20 18	20 30	20 46	21 05
24	19 16	19 20	19 25	19 31	19 36	19 43	19 50	19 58	20 07	20 17	20 29	20 44	21 01	21 24
28	19 20	19 25	19 31	19 36	19 43	19 50	19 57	20 06	20 16	20 28	20 41	20 58	21 18	21 44
May 2	19 25	19 30	19 36	19 42	19 49	19 57	20 05	20 15	20 26	20 38	20 53	21 12	21 35	22 08
6	19 29	19 35	19 41	19 48	19 55	20 03	20 13	20 23	20 35	20 49	21 06	21 27	21 55	22 37
10	19 33	19 40	19 46	19 53	20 01	20 10	20 20	20 31	20 44	21 00	21 19	21 43	22 16	23 21
14	19 38	19 44	19 51	19 59	20 07	20 17	20 27	20 40	20 54	21 11	21 32	21 59	22 41	// //
18	19 42	19 49	19 56	20 04	20 13	20 23	20 35	20 48	21 03	21 21	21 45	22 17	23 16	// //
22	19 46	19 53	20 01	20 09	20 19	20 29	20 41	20 55	21 12	21 32	21 58	22 36	// //	// //
26	19 50	19 57	20 05	20 14	20 24	20 35	20 48	21 03	21 20	21 42	22 11	22 59	// //	// //
30	19 53	20 01	20 09	20 18	20 29	20 40	20 54	21 09	21 28	21 52	22 25	23 31	// //	// //
June 3	19 56	20 04	20 13	20 22	20 33	20 45	20 59	21 15	21 35	22 01	22 37	// //	// //	// //
7	19 59	20 07	20 16	20 26	20 37	20 49	21 04	21 21	21 41	22 08	22 49	// //	// //	// //
11	20 01	20 10	20 19	20 29	20 40	20 53	21 07	21 25	21 46	22 15	23 00	// //	// //	// //
15	20 03	20 12	20 21	20 31	20 42	20 55	21 10	21 28	21 50	22 20	23 09	// //	// //	▢
19	20 05	20 13	20 22	20 32	20 44	20 57	21 12	21 30	21 53	22 23	23 14	// //	// //	▢
23	20 05	20 14	20 23	20 33	20 45	20 58	21 13	21 31	21 53	22 23	23 14	// //	// //	▢
27	20 06	20 14	20 23	20 33	20 45	20 58	21 13	21 31	21 53	22 22	23 10	// //	// //	▢
July 1	20 05	20 14	20 23	20 33	20 44	20 57	21 11	21 29	21 50	22 19	23 03	// //	// //	// //
5	20 05	20 13	20 22	20 31	20 42	20 55	21 09	21 26	21 47	22 14	22 54	// //	// //	// //

▢ indicates Sun continuously above horizon.
// // indicates continuous twilight.

CIVIL TWILIGHT, 2011
UNIVERSAL TIME FOR MERIDIAN OF GREENWICH
BEGINNING OF MORNING CIVIL TWILIGHT

Lat.	−55°	−50°	−45°	−40°	−35°	−30°	−20°	−10°	0°	+10°	+20°	+30°	+35°	+40°
	h m	h m	h m	h m	h m	h m	h m	h m	h m	h m	h m	h m	h m	h m
July 1	7 41	7 21	7 06	6 52	6 41	6 30	6 12	5 55	5 38	5 20	5 00	4 35	4 20	4 02
5	7 40	7 20	7 05	6 52	6 40	6 30	6 12	5 55	5 38	5 21	5 01	4 37	4 22	4 04
9	7 37	7 19	7 04	6 51	6 40	6 30	6 12	5 56	5 39	5 22	5 02	4 39	4 24	4 07
13	7 34	7 16	7 02	6 49	6 39	6 29	6 12	5 56	5 40	5 23	5 04	4 41	4 27	4 10
17	7 30	7 13	6 59	6 48	6 37	6 28	6 11	5 56	5 40	5 24	5 06	4 43	4 29	4 13
21	7 26	7 10	6 56	6 45	6 35	6 26	6 10	5 56	5 41	5 25	5 07	4 46	4 32	4 17
25	7 21	7 05	6 53	6 42	6 33	6 25	6 09	5 55	5 41	5 26	5 09	4 48	4 36	4 21
29	7 15	7 01	6 49	6 39	6 30	6 22	6 08	5 55	5 41	5 27	5 11	4 51	4 39	4 25
Aug. 2	7 08	6 55	6 45	6 35	6 27	6 20	6 06	5 54	5 41	5 28	5 12	4 53	4 42	4 29
6	7 02	6 50	6 40	6 31	6 24	6 17	6 04	5 53	5 41	5 28	5 14	4 56	4 45	4 33
10	6 54	6 43	6 35	6 27	6 20	6 14	6 02	5 52	5 41	5 29	5 15	4 59	4 49	4 37
14	6 46	6 37	6 29	6 22	6 16	6 10	6 00	5 50	5 40	5 29	5 17	5 01	4 52	4 41
18	6 38	6 30	6 23	6 17	6 12	6 07	5 57	5 48	5 39	5 29	5 18	5 04	4 55	4 45
22	6 29	6 22	6 17	6 12	6 07	6 03	5 55	5 47	5 39	5 30	5 19	5 06	4 58	4 49
26	6 20	6 15	6 10	6 06	6 02	5 58	5 52	5 45	5 38	5 30	5 20	5 09	5 02	4 53
30	6 11	6 07	6 03	6 00	5 57	5 54	5 48	5 43	5 36	5 30	5 21	5 11	5 05	4 57
Sept. 3	6 01	5 59	5 56	5 54	5 52	5 49	5 45	5 40	5 35	5 29	5 22	5 14	5 08	5 01
7	5 52	5 50	5 49	5 48	5 46	5 45	5 42	5 38	5 34	5 29	5 23	5 16	5 11	5 05
11	5 42	5 42	5 42	5 41	5 41	5 40	5 38	5 36	5 33	5 29	5 24	5 18	5 14	5 09
15	5 32	5 33	5 34	5 35	5 35	5 35	5 34	5 33	5 31	5 29	5 25	5 20	5 17	5 13
19	5 21	5 24	5 26	5 28	5 29	5 30	5 31	5 31	5 30	5 28	5 26	5 22	5 20	5 17
23	5 11	5 15	5 19	5 21	5 23	5 25	5 27	5 28	5 29	5 28	5 27	5 25	5 23	5 21
27	5 00	5 06	5 11	5 15	5 18	5 20	5 23	5 26	5 27	5 28	5 28	5 27	5 26	5 25
Oct. 1	4 50	4 58	5 03	5 08	5 12	5 15	5 20	5 23	5 26	5 28	5 29	5 29	5 29	5 29
5	4 39	4 49	4 56	5 01	5 06	5 10	5 16	5 21	5 25	5 27	5 30	5 31	5 32	5 33

END OF EVENING CIVIL TWILIGHT

Lat.	−55°	−50°	−45°	−40°	−35°	−30°	−20°	−10°	0°	+10°	+20°	+30°	+35°	+40°
	h m	h m	h m	h m	h m	h m	h m	h m	h m	h m	h m	h m	h m	h m
July 1	16 27	16 46	17 02	17 15	17 27	17 37	17 56	18 13	18 30	18 48	19 08	19 33	19 48	20 05
5	16 30	16 49	17 04	17 17	17 29	17 39	17 57	18 14	18 31	18 48	19 08	19 32	19 47	20 05
9	16 33	16 52	17 07	17 20	17 31	17 41	17 59	18 15	18 31	18 48	19 08	19 32	19 46	20 03
13	16 38	16 56	17 10	17 22	17 33	17 43	18 00	18 16	18 32	18 48	19 07	19 30	19 44	20 01
17	16 42	16 59	17 13	17 25	17 35	17 45	18 01	18 17	18 32	18 48	19 06	19 29	19 42	19 59
21	16 47	17 04	17 17	17 28	17 38	17 47	18 03	18 17	18 32	18 48	19 05	19 27	19 40	19 55
25	16 53	17 08	17 21	17 31	17 40	17 49	18 04	18 18	18 32	18 47	19 04	19 24	19 37	19 52
29	16 59	17 13	17 24	17 34	17 43	17 51	18 05	18 18	18 32	18 46	19 02	19 22	19 34	19 48
Aug. 2	17 05	17 18	17 28	17 38	17 46	17 53	18 06	18 19	18 31	18 45	19 00	19 19	19 30	19 43
6	17 11	17 23	17 33	17 41	17 48	17 55	18 08	18 19	18 31	18 44	18 58	19 15	19 26	19 38
10	17 18	17 28	17 37	17 44	17 51	17 57	18 09	18 19	18 30	18 42	18 55	19 12	19 22	19 33
14	17 24	17 33	17 41	17 48	17 54	18 00	18 10	18 20	18 29	18 40	18 53	19 08	19 17	19 28
18	17 31	17 39	17 46	17 51	17 57	18 02	18 11	18 19	18 28	18 38	18 50	19 04	19 12	19 22
22	17 38	17 44	17 50	17 55	17 59	18 04	18 12	18 19	18 27	18 36	18 46	18 59	19 07	19 16
26	17 44	17 50	17 54	17 59	18 02	18 06	18 13	18 19	18 26	18 34	18 43	18 55	19 01	19 10
30	17 51	17 55	17 59	18 02	18 05	18 08	18 13	18 19	18 25	18 32	18 40	18 50	18 56	19 03
Sept. 3	17 59	18 01	18 03	18 06	18 08	18 10	18 14	18 19	18 24	18 29	18 36	18 45	18 50	18 57
7	18 06	18 07	18 08	18 09	18 11	18 12	18 15	18 18	18 22	18 27	18 33	18 40	18 45	18 50
11	18 13	18 13	18 13	18 13	18 13	18 14	18 16	18 18	18 21	18 24	18 29	18 35	18 39	18 43
15	18 20	18 18	18 17	18 17	18 16	18 16	18 16	18 18	18 19	18 22	18 25	18 30	18 33	18 37
19	18 28	18 24	18 22	18 20	18 19	18 18	18 17	18 17	18 18	18 19	18 21	18 25	18 27	18 30
23	18 35	18 31	18 27	18 24	18 22	18 20	18 18	18 17	18 16	18 17	18 18	18 20	18 21	18 23
27	18 43	18 37	18 32	18 28	18 25	18 23	18 19	18 17	18 15	18 14	18 14	18 15	18 16	18 17
Oct. 1	18 51	18 43	18 37	18 32	18 28	18 25	18 20	18 16	18 14	18 12	18 10	18 10	18 10	18 10
5	18 59	18 50	18 42	18 36	18 32	18 28	18 21	18 16	18 13	18 09	18 07	18 05	18 04	18 04

UNIVERSAL TIME FOR MERIDIAN OF GREENWICH
BEGINNING OF MORNING CIVIL TWILIGHT

Lat.	+40°	+42°	+44°	+46°	+48°	+50°	+52°	+54°	+56°	+58°	+60°	+62°	+64°	+66°
	h m	h m	h m	h m	h m	h m	h m	h m	h m	h m	h m	h m	h m	h m
July 1	4 02	3 54	3 45	3 35	3 23	3 10	2 56	2 38	2 17	1 48	1 02	// //	// //	// //
5	4 04	3 56	3 47	3 37	3 26	3 14	2 59	2 42	2 21	1 54	1 13	// //	// //	// //
9	4 07	3 59	3 50	3 41	3 30	3 18	3 04	2 47	2 27	2 02	1 25	// //	// //	// //
13	4 10	4 02	3 54	3 44	3 34	3 22	3 09	2 53	2 34	2 10	1 37	0 26	// //	// //
17	4 13	4 06	3 58	3 49	3 39	3 27	3 15	3 00	2 42	2 20	1 50	1 01	// //	// //
21	4 17	4 10	4 02	3 53	3 44	3 33	3 21	3 07	2 50	2 30	2 03	1 24	// //	// //
25	4 21	4 14	4 06	3 58	3 49	3 39	3 27	3 14	2 59	2 40	2 16	1 43	0 39	// //
29	4 25	4 18	4 11	4 03	3 55	3 45	3 34	3 22	3 08	2 50	2 29	2 01	1 17	// //
Aug. 2	4 29	4 22	4 16	4 09	4 00	3 52	3 41	3 30	3 17	3 01	2 42	2 18	1 43	0 28
6	4 33	4 27	4 21	4 14	4 06	3 58	3 49	3 38	3 26	3 12	2 54	2 33	2 05	1 20
10	4 37	4 31	4 26	4 19	4 12	4 05	3 56	3 46	3 35	3 22	3 07	2 48	2 24	1 50
14	4 41	4 36	4 31	4 25	4 18	4 11	4 03	3 54	3 44	3 32	3 19	3 02	2 41	2 14
18	4 45	4 41	4 36	4 30	4 24	4 18	4 11	4 02	3 53	3 43	3 30	3 15	2 57	2 34
22	4 49	4 45	4 41	4 36	4 30	4 24	4 18	4 10	4 02	3 53	3 41	3 28	3 13	2 53
26	4 53	4 50	4 46	4 41	4 36	4 31	4 25	4 18	4 11	4 02	3 53	3 41	3 27	3 11
30	4 57	4 54	4 50	4 46	4 42	4 37	4 32	4 26	4 20	4 12	4 03	3 53	3 41	3 27
Sept. 3	5 01	4 58	4 55	4 52	4 48	4 44	4 39	4 34	4 28	4 21	4 14	4 05	3 55	3 43
7	5 05	5 03	5 00	4 57	4 54	4 50	4 46	4 42	4 36	4 31	4 24	4 17	4 08	3 57
11	5 09	5 07	5 05	5 02	4 59	4 56	4 53	4 49	4 45	4 40	4 34	4 28	4 21	4 12
15	5 13	5 11	5 10	5 07	5 05	5 03	5 00	4 57	4 53	4 49	4 44	4 39	4 33	4 26
19	5 17	5 16	5 14	5 13	5 11	5 09	5 06	5 04	5 01	4 58	4 54	4 50	4 45	4 39
23	5 21	5 20	5 19	5 18	5 16	5 15	5 13	5 11	5 09	5 07	5 04	5 01	4 57	4 52
27	5 25	5 24	5 24	5 23	5 22	5 21	5 20	5 19	5 17	5 15	5 13	5 11	5 09	5 05
Oct. 1	5 29	5 29	5 28	5 28	5 28	5 27	5 26	5 26	5 25	5 24	5 23	5 22	5 20	5 18
5	5 33	5 33	5 33	5 33	5 33	5 33	5 33	5 33	5 33	5 33	5 32	5 32	5 32	5 31

END OF EVENING CIVIL TWILIGHT

Lat.	+40°	+42°	+44°	+46°	+48°	+50°	+52°	+54°	+56°	+58°	+60°	+62°	+64°	+66°
	h m	h m	h m	h m	h m	h m	h m	h m	h m	h m	h m	h m	h m	h m
July 1	20 05	20 14	20 23	20 33	20 44	20 57	21 11	21 29	21 50	22 19	23 03	// //	// //	// //
5	20 05	20 13	20 22	20 31	20 42	20 55	21 09	21 26	21 47	22 14	22 54	// //	// //	// //
9	20 03	20 11	20 20	20 29	20 40	20 52	21 06	21 22	21 42	22 07	22 43	// //	// //	// //
13	20 01	20 09	20 17	20 26	20 37	20 48	21 02	21 17	21 36	21 59	22 32	23 34	// //	// //
17	19 59	20 06	20 14	20 23	20 33	20 44	20 57	21 11	21 29	21 51	22 19	23 06	// //	// //
21	19 55	20 03	20 10	20 19	20 28	20 39	20 51	21 05	21 21	21 41	22 07	22 44	// //	// //
25	19 52	19 59	20 06	20 14	20 23	20 33	20 44	20 57	21 13	21 31	21 54	22 26	23 22	// //
29	19 48	19 54	20 01	20 09	20 17	20 27	20 37	20 50	21 04	21 20	21 41	22 08	22 49	// //
Aug. 2	19 43	19 49	19 56	20 03	20 11	20 20	20 30	20 41	20 54	21 10	21 28	21 52	22 25	23 26
6	19 38	19 44	19 50	19 57	20 04	20 13	20 22	20 32	20 44	20 58	21 15	21 36	22 03	22 44
10	19 33	19 39	19 44	19 51	19 57	20 05	20 14	20 23	20 34	20 47	21 02	21 20	21 43	22 16
14	19 28	19 33	19 38	19 44	19 50	19 57	20 05	20 14	20 24	20 35	20 49	21 05	21 25	21 51
18	19 22	19 26	19 31	19 37	19 42	19 49	19 56	20 04	20 13	20 23	20 35	20 50	21 07	21 30
22	19 16	19 20	19 24	19 29	19 35	19 40	19 47	19 54	20 02	20 12	20 22	20 35	20 50	21 09
26	19 10	19 13	19 17	19 22	19 26	19 32	19 38	19 44	19 51	20 00	20 09	20 20	20 34	20 50
30	19 03	19 07	19 10	19 14	19 18	19 23	19 28	19 34	19 40	19 48	19 56	20 06	20 17	20 31
Sept. 3	18 57	19 00	19 03	19 06	19 10	19 14	19 19	19 24	19 29	19 36	19 43	19 52	20 02	20 14
7	18 50	18 53	18 55	18 58	19 01	19 05	19 09	19 13	19 18	19 24	19 30	19 37	19 46	19 56
11	18 43	18 45	18 48	18 50	18 53	18 56	18 59	19 03	19 07	19 12	19 17	19 24	19 31	19 39
15	18 37	18 38	18 40	18 42	18 45	18 47	18 50	18 53	18 56	19 00	19 05	19 10	19 16	19 23
19	18 30	18 31	18 33	18 34	18 36	18 38	18 40	18 43	18 45	18 48	18 52	18 56	19 01	19 06
23	18 23	18 24	18 25	18 26	18 28	18 29	18 31	18 32	18 35	18 37	18 40	18 43	18 46	18 50
27	18 17	18 17	18 18	18 18	18 19	18 20	18 21	18 22	18 24	18 25	18 27	18 29	18 32	18 35
Oct. 1	18 10	18 10	18 10	18 11	18 11	18 11	18 12	18 13	18 13	18 14	18 15	18 16	18 18	18 19
5	18 04	18 03	18 03	18 03	18 03	18 03	18 03	18 03	18 03	18 03	18 03	18 03	18 04	18 04

// // indicates continuous twilight.

CIVIL TWILIGHT, 2011

UNIVERSAL TIME FOR MERIDIAN OF GREENWICH
BEGINNING OF MORNING CIVIL TWILIGHT

Lat.	−55°	−50°	−45°	−40°	−35°	−30°	−20°	−10°	0°	+10°	+20°	+30°	+35°	+40°
	h m	h m	h m	h m	h m	h m	h m	h m	h m	h m	h m	h m	h m	h m
Oct. 1	4 50	4 58	5 03	5 08	5 12	5 15	5 20	5 23	5 26	5 28	5 29	5 29	5 29	5 29
5	4 39	4 49	4 56	5 01	5 06	5 10	5 16	5 21	5 25	5 27	5 30	5 31	5 32	5 33
9	4 29	4 40	4 48	4 55	5 00	5 05	5 13	5 19	5 23	5 27	5 31	5 34	5 35	5 37
13	4 18	4 31	4 41	4 48	4 55	5 00	5 09	5 16	5 22	5 27	5 32	5 36	5 38	5 41
17	4 08	4 22	4 33	4 42	4 50	4 56	5 06	5 14	5 21	5 27	5 33	5 39	5 42	5 45
21	3 57	4 14	4 26	4 36	4 44	4 51	5 03	5 12	5 20	5 27	5 34	5 41	5 45	5 49
25	3 47	4 05	4 19	4 30	4 39	4 47	5 00	5 11	5 20	5 28	5 36	5 44	5 48	5 53
29	3 37	3 57	4 12	4 25	4 35	4 43	4 57	5 09	5 19	5 28	5 37	5 47	5 52	5 57
Nov. 2	3 27	3 49	4 06	4 19	4 30	4 40	4 55	5 08	5 19	5 29	5 39	5 50	5 55	6 02
6	3 18	3 42	4 00	4 14	4 26	4 36	4 53	5 07	5 19	5 30	5 41	5 52	5 59	6 06
10	3 08	3 35	3 54	4 10	4 22	4 33	4 51	5 06	5 19	5 31	5 43	5 56	6 03	6 10
14	3 00	3 28	3 49	4 05	4 19	4 31	4 50	5 05	5 19	5 32	5 45	5 59	6 06	6 15
18	2 51	3 22	3 44	4 02	4 16	4 28	4 49	5 05	5 20	5 33	5 47	6 02	6 10	6 19
22	2 43	3 16	3 40	3 59	4 14	4 27	4 48	5 05	5 20	5 35	5 49	6 05	6 13	6 23
26	2 37	3 11	3 37	3 56	4 12	4 25	4 47	5 05	5 21	5 36	5 52	6 08	6 17	6 27
30	2 30	3 07	3 34	3 54	4 11	4 24	4 47	5 06	5 23	5 38	5 54	6 11	6 21	6 31
Dec. 4	2 25	3 04	3 32	3 53	4 10	4 24	4 48	5 07	5 24	5 40	5 56	6 14	6 24	6 35
8	2 21	3 02	3 30	3 52	4 10	4 24	4 48	5 08	5 26	5 42	5 59	6 17	6 27	6 38
12	2 19	3 01	3 30	3 52	4 10	4 25	4 49	5 10	5 27	5 44	6 01	6 20	6 30	6 42
16	2 18	3 01	3 30	3 53	4 11	4 26	4 51	5 11	5 29	5 46	6 03	6 22	6 33	6 44
20	2 18	3 02	3 31	3 54	4 12	4 28	4 52	5 13	5 31	5 48	6 06	6 25	6 35	6 47
24	2 20	3 04	3 33	3 56	4 14	4 30	4 54	5 15	5 33	5 50	6 08	6 27	6 37	6 49
28	2 23	3 07	3 36	3 59	4 17	4 32	4 57	5 17	5 35	5 52	6 09	6 28	6 39	6 50
32	2 28	3 11	3 40	4 02	4 20	4 35	4 59	5 19	5 37	5 54	6 11	6 29	6 40	6 51
36	2 35	3 15	3 44	4 05	4 23	4 38	5 02	5 22	5 39	5 56	6 12	6 30	6 41	6 52

END OF EVENING CIVIL TWILIGHT

Lat.	−55°	−50°	−45°	−40°	−35°	−30°	−20°	−10°	0°	+10°	+20°	+30°	+35°	+40°
	h m	h m	h m	h m	h m	h m	h m	h m	h m	h m	h m	h m	h m	h m
Oct. 1	18 51	18 43	18 37	18 32	18 28	18 25	18 20	18 16	18 14	18 12	18 10	18 10	18 10	18 10
5	18 59	18 50	18 42	18 36	18 32	18 28	18 21	18 16	18 13	18 09	18 07	18 05	18 04	18 04
9	19 07	18 56	18 48	18 41	18 35	18 30	18 22	18 16	18 11	18 07	18 04	18 00	17 59	17 57
13	19 16	19 03	18 53	18 45	18 38	18 33	18 24	18 16	18 10	18 05	18 01	17 56	17 54	17 51
17	19 25	19 10	18 59	18 49	18 42	18 36	18 25	18 17	18 10	18 03	17 58	17 52	17 49	17 46
21	19 34	19 17	19 04	18 54	18 46	18 38	18 27	18 17	18 09	18 02	17 55	17 48	17 44	17 40
25	19 43	19 24	19 10	18 59	18 49	18 42	18 28	18 18	18 09	18 00	17 52	17 44	17 39	17 35
29	19 52	19 32	19 16	19 04	18 53	18 45	18 30	18 19	18 08	17 59	17 50	17 40	17 35	17 30
Nov. 2	20 02	19 39	19 22	19 09	18 58	18 48	18 32	18 20	18 08	17 58	17 48	17 37	17 31	17 25
6	20 11	19 47	19 28	19 14	19 02	18 51	18 35	18 21	18 09	17 57	17 46	17 34	17 28	17 21
10	20 21	19 54	19 35	19 19	19 06	18 55	18 37	18 22	18 09	17 57	17 45	17 32	17 25	17 17
14	20 31	20 02	19 41	19 24	19 10	18 59	18 39	18 24	18 10	17 57	17 44	17 30	17 22	17 14
18	20 41	20 10	19 47	19 29	19 14	19 02	18 42	18 25	18 11	17 57	17 43	17 28	17 20	17 11
22	20 50	20 17	19 53	19 34	19 19	19 06	18 45	18 27	18 12	17 57	17 43	17 27	17 18	17 09
26	20 59	20 24	19 59	19 39	19 23	19 09	18 47	18 29	18 13	17 58	17 43	17 26	17 17	17 07
30	21 08	20 31	20 04	19 44	19 27	19 13	18 50	18 31	18 14	17 59	17 43	17 26	17 16	17 06
Dec. 4	21 16	20 37	20 09	19 48	19 31	19 16	18 53	18 33	18 16	18 00	17 44	17 26	17 16	17 05
8	21 23	20 42	20 14	19 52	19 34	19 19	18 55	18 35	18 18	18 01	17 45	17 26	17 16	17 05
12	21 29	20 47	20 18	19 55	19 37	19 22	18 58	18 38	18 20	18 03	17 46	17 27	17 17	17 05
16	21 34	20 50	20 21	19 58	19 40	19 25	19 00	18 40	18 22	18 05	17 47	17 29	17 18	17 06
20	21 37	20 53	20 23	20 01	19 43	19 27	19 02	18 42	18 24	18 07	17 49	17 30	17 20	17 08
24	21 39	20 55	20 25	20 03	19 45	19 29	19 04	18 44	18 26	18 09	17 51	17 32	17 22	17 10
28	21 39	20 56	20 26	20 04	19 46	19 31	19 06	18 46	18 28	18 11	17 53	17 35	17 24	17 12
32	21 38	20 56	20 27	20 05	19 47	19 32	19 07	18 47	18 30	18 13	17 56	17 37	17 27	17 15
36	21 35	20 54	20 26	20 05	19 47	19 32	19 08	18 49	18 31	18 15	17 58	17 40	17 30	17 19

UNIVERSAL TIME FOR MERIDIAN OF GREENWICH
BEGINNING OF MORNING CIVIL TWILIGHT

Lat.	+40°	+42°	+44°	+46°	+48°	+50°	+52°	+54°	+56°	+58°	+60°	+62°	+64°	+66°
	h m	h m	h m	h m	h m	h m	h m	h m	h m	h m	h m	h m	h m	h m
Oct. 1	5 29	5 29	5 28	5 28	5 28	5 27	5 26	5 26	5 25	5 24	5 23	5 22	5 20	5 18
5	5 33	5 33	5 33	5 33	5 33	5 33	5 33	5 33	5 33	5 33	5 32	5 32	5 32	5 31
9	5 37	5 37	5 38	5 38	5 39	5 39	5 40	5 40	5 41	5 41	5 42	5 42	5 43	5 44
13	5 41	5 42	5 42	5 43	5 44	5 45	5 47	5 48	5 49	5 50	5 51	5 53	5 54	5 56
17	5 45	5 46	5 47	5 49	5 50	5 52	5 53	5 55	5 57	5 59	6 01	6 03	6 06	6 09
21	5 49	5 50	5 52	5 54	5 56	5 58	6 00	6 02	6 05	6 07	6 10	6 13	6 17	6 21
25	5 53	5 55	5 57	5 59	6 02	6 04	6 07	6 10	6 13	6 16	6 20	6 24	6 28	6 34
29	5 57	6 00	6 02	6 05	6 07	6 10	6 13	6 17	6 21	6 25	6 29	6 34	6 40	6 46
Nov. 2	6 02	6 04	6 07	6 10	6 13	6 17	6 20	6 24	6 28	6 33	6 38	6 44	6 51	6 59
6	6 06	6 09	6 12	6 15	6 19	6 23	6 27	6 31	6 36	6 42	6 48	6 54	7 02	7 11
10	6 10	6 14	6 17	6 21	6 25	6 29	6 34	6 39	6 44	6 50	6 57	7 04	7 13	7 23
14	6 15	6 18	6 22	6 26	6 30	6 35	6 40	6 46	6 52	6 58	7 06	7 14	7 24	7 35
18	6 19	6 23	6 27	6 31	6 36	6 41	6 46	6 52	6 59	7 06	7 14	7 24	7 35	7 47
22	6 23	6 27	6 32	6 36	6 41	6 47	6 53	6 59	7 06	7 14	7 23	7 33	7 45	7 59
26	6 27	6 32	6 36	6 41	6 47	6 52	6 59	7 05	7 13	7 21	7 31	7 42	7 54	8 10
30	6 31	6 36	6 41	6 46	6 51	6 58	7 04	7 11	7 19	7 28	7 38	7 50	8 03	8 20
Dec. 4	6 35	6 40	6 45	6 50	6 56	7 02	7 09	7 17	7 25	7 34	7 45	7 57	8 12	8 29
8	6 38	6 43	6 49	6 54	7 00	7 07	7 14	7 22	7 30	7 40	7 51	8 04	8 19	8 37
12	6 42	6 47	6 52	6 58	7 04	7 11	7 18	7 26	7 35	7 45	7 56	8 09	8 25	8 44
16	6 44	6 50	6 55	7 01	7 07	7 14	7 21	7 29	7 38	7 49	8 00	8 14	8 30	8 49
20	6 47	6 52	6 58	7 03	7 10	7 17	7 24	7 32	7 41	7 52	8 03	8 17	8 33	8 53
24	6 49	6 54	7 00	7 05	7 12	7 19	7 26	7 34	7 43	7 54	8 05	8 19	8 35	8 55
28	6 50	6 56	7 01	7 07	7 13	7 20	7 27	7 35	7 44	7 55	8 06	8 20	8 35	8 55
32	6 51	6 56	7 02	7 08	7 14	7 20	7 28	7 36	7 44	7 54	8 06	8 19	8 34	8 53
36	6 52	6 57	7 02	7 08	7 14	7 20	7 27	7 35	7 44	7 53	8 04	8 17	8 32	8 50

END OF EVENING CIVIL TWILIGHT

Lat.	+40°	+42°	+44°	+46°	+48°	+50°	+52°	+54°	+56°	+58°	+60°	+62°	+64°	+66°
	h m	h m	h m	h m	h m	h m	h m	h m	h m	h m	h m	h m	h m	h m
Oct. 1	18 10	18 10	18 10	18 11	18 11	18 11	18 12	18 13	18 13	18 14	18 15	18 16	18 18	18 19
5	18 04	18 03	18 03	18 03	18 03	18 03	18 03	18 03	18 03	18 03	18 03	18 03	18 04	18 04
9	17 57	17 57	17 56	17 56	17 55	17 54	17 54	17 53	17 53	17 52	17 51	17 51	17 50	17 49
13	17 51	17 50	17 49	17 48	17 47	17 46	17 45	17 44	17 43	17 41	17 40	17 38	17 37	17 35
17	17 46	17 44	17 43	17 41	17 40	17 38	17 37	17 35	17 33	17 31	17 29	17 26	17 24	17 21
21	17 40	17 38	17 37	17 35	17 33	17 31	17 29	17 26	17 24	17 21	17 18	17 15	17 11	17 07
25	17 35	17 33	17 30	17 28	17 26	17 23	17 21	17 18	17 15	17 11	17 08	17 03	16 59	16 53
29	17 30	17 27	17 25	17 22	17 19	17 16	17 13	17 10	17 06	17 02	16 57	16 52	16 47	16 40
Nov. 2	17 25	17 22	17 20	17 17	17 13	17 10	17 06	17 02	16 58	16 53	16 48	16 42	16 35	16 27
6	17 21	17 18	17 15	17 11	17 08	17 04	17 00	16 55	16 50	16 45	16 39	16 32	16 24	16 15
10	17 17	17 14	17 10	17 06	17 02	16 58	16 54	16 49	16 43	16 37	16 30	16 22	16 14	16 03
14	17 14	17 10	17 06	17 02	16 58	16 53	16 48	16 43	16 36	16 30	16 22	16 14	16 04	15 52
18	17 11	17 07	17 03	16 58	16 54	16 49	16 43	16 37	16 31	16 23	16 15	16 06	15 55	15 42
22	17 09	17 04	17 00	16 55	16 50	16 45	16 39	16 32	16 25	16 17	16 09	15 58	15 47	15 33
26	17 07	17 02	16 58	16 53	16 47	16 42	16 35	16 29	16 21	16 13	16 03	15 52	15 39	15 24
30	17 06	17 01	16 56	16 51	16 45	16 39	16 33	16 25	16 17	16 08	15 58	15 47	15 33	15 17
Dec. 4	17 05	17 00	16 55	16 50	16 44	16 37	16 31	16 23	16 15	16 05	15 55	15 42	15 28	15 11
8	17 05	17 00	16 55	16 49	16 43	16 36	16 29	16 22	16 13	16 03	15 52	15 39	15 24	15 06
12	17 05	17 00	16 55	16 49	16 43	16 36	16 29	16 21	16 12	16 02	15 51	15 38	15 22	15 03
16	17 06	17 01	16 56	16 50	16 44	16 37	16 29	16 21	16 12	16 02	15 50	15 37	15 21	15 02
20	17 08	17 03	16 57	16 51	16 45	16 38	16 31	16 23	16 13	16 03	15 51	15 38	15 22	15 02
24	17 10	17 05	16 59	16 53	16 47	16 40	16 33	16 25	16 16	16 05	15 54	15 40	15 24	15 04
28	17 12	17 07	17 02	16 56	16 50	16 43	16 36	16 28	16 19	16 08	15 57	15 43	15 27	15 08
32	17 15	17 10	17 05	16 59	16 53	16 46	16 39	16 31	16 22	16 12	16 01	15 48	15 33	15 14
36	17 19	17 14	17 09	17 03	16 57	16 50	16 43	16 36	16 27	16 17	16 06	15 54	15 39	15 21

NAUTICAL TWILIGHT, 2011

UNIVERSAL TIME FOR MERIDIAN OF GREENWICH
BEGINNING OF MORNING NAUTICAL TWILIGHT

Lat.	−55°	−50°	−45°	−40°	−35°	−30°	−20°	−10°	0°	+10°	+20°	+30°	+35°	+40°
	h m	h m	h m	h m	h m	h m	h m	h m	h m	h m	h m	h m	h m	h m
Jan. −2	// //	2 03	2 48	3 18	3 41	3 59	4 28	4 51	5 10	5 26	5 42	5 59	6 07	6 17
2	0 15	2 08	2 52	3 22	3 44	4 02	4 31	4 53	5 12	5 28	5 44	6 00	6 09	6 18
6	0 44	2 15	2 57	3 26	3 48	4 06	4 34	4 55	5 14	5 30	5 45	6 01	6 09	6 18
10	1 04	2 22	3 03	3 30	3 52	4 09	4 37	4 58	5 15	5 31	5 46	6 01	6 09	6 18
14	1 23	2 31	3 09	3 36	3 56	4 13	4 40	5 00	5 17	5 33	5 47	6 02	6 09	6 17
18	1 39	2 40	3 15	3 41	4 01	4 17	4 43	5 02	5 19	5 34	5 47	6 01	6 08	6 16
22	1 55	2 49	3 23	3 47	4 06	4 21	4 46	5 05	5 20	5 34	5 47	6 00	6 07	6 14
26	2 11	2 59	3 30	3 53	4 11	4 25	4 49	5 07	5 22	5 35	5 47	5 59	6 06	6 12
30	2 25	3 08	3 37	3 59	4 16	4 30	4 51	5 09	5 23	5 35	5 47	5 58	6 03	6 09
Feb. 3	2 39	3 18	3 45	4 05	4 21	4 34	4 54	5 10	5 24	5 35	5 46	5 56	6 01	6 06
7	2 52	3 27	3 52	4 11	4 25	4 38	4 57	5 12	5 24	5 35	5 44	5 53	5 58	6 03
11	3 05	3 37	3 59	4 16	4 30	4 42	5 00	5 13	5 25	5 34	5 43	5 51	5 55	5 58
15	3 17	3 46	4 06	4 22	4 35	4 45	5 02	5 15	5 25	5 33	5 41	5 48	5 51	5 54
19	3 29	3 55	4 13	4 28	4 40	4 49	5 04	5 16	5 25	5 32	5 39	5 44	5 47	5 49
23	3 40	4 03	4 20	4 33	4 44	4 53	5 06	5 17	5 25	5 31	5 36	5 41	5 42	5 44
27	3 51	4 12	4 27	4 39	4 48	4 56	5 08	5 17	5 24	5 30	5 34	5 37	5 38	5 38
Mar. 3	4 01	4 20	4 33	4 44	4 52	4 59	5 10	5 18	5 24	5 28	5 31	5 33	5 33	5 33
7	4 11	4 27	4 39	4 49	4 56	5 02	5 12	5 18	5 23	5 26	5 28	5 28	5 28	5 27
11	4 21	4 35	4 45	4 53	5 00	5 05	5 13	5 19	5 22	5 24	5 25	5 24	5 22	5 20
15	4 30	4 42	4 51	4 58	5 04	5 08	5 15	5 19	5 21	5 22	5 21	5 19	5 17	5 14
19	4 39	4 49	4 57	5 03	5 07	5 11	5 16	5 19	5 20	5 20	5 18	5 14	5 11	5 07
23	4 47	4 56	5 02	5 07	5 10	5 13	5 17	5 19	5 19	5 17	5 14	5 09	5 05	5 01
27	4 55	5 02	5 07	5 11	5 14	5 16	5 18	5 19	5 18	5 15	5 11	5 04	5 00	4 54
31	5 03	5 09	5 12	5 15	5 17	5 18	5 19	5 18	5 16	5 13	5 07	4 59	4 54	4 47
Apr. 4	5 11	5 15	5 17	5 19	5 20	5 21	5 20	5 18	5 15	5 10	5 03	4 54	4 48	4 40

END OF EVENING NAUTICAL TWILIGHT

Lat.	−55°	−50°	−45°	−40°	−35°	−30°	−20°	−10°	0°	+10°	+20°	+30°	+35°	+40°
	h m	h m	h m	h m	h m	h m	h m	h m	h m	h m	h m	h m	h m	h m
Jan. −2	// //	22 01	21 16	20 46	20 23	20 04	19 36	19 13	18 54	18 38	18 22	18 05	17 57	17 47
2	23 44	21 59	21 15	20 46	20 23	20 05	19 37	19 15	18 56	18 40	18 24	18 08	17 59	17 50
6	23 22	21 55	21 14	20 45	20 23	20 05	19 38	19 16	18 58	18 42	18 26	18 11	18 02	17 54
10	23 06	21 51	21 11	20 44	20 22	20 05	19 38	19 17	18 59	18 44	18 29	18 14	18 06	17 57
14	22 52	21 46	21 08	20 42	20 21	20 04	19 38	19 18	19 01	18 45	18 31	18 17	18 09	18 01
18	22 38	21 39	21 04	20 39	20 19	20 03	19 38	19 18	19 02	18 47	18 33	18 20	18 13	18 05
22	22 25	21 32	20 59	20 35	20 17	20 01	19 37	19 18	19 03	18 49	18 36	18 23	18 16	18 09
26	22 11	21 25	20 54	20 31	20 14	19 59	19 36	19 18	19 03	18 50	18 38	18 26	18 20	18 13
30	21 59	21 16	20 48	20 27	20 10	19 56	19 35	19 18	19 04	18 51	18 40	18 29	18 23	18 18
Feb. 3	21 46	21 08	20 42	20 22	20 06	19 53	19 33	19 17	19 04	18 53	18 42	18 32	18 27	18 22
7	21 33	20 59	20 35	20 17	20 02	19 50	19 31	19 16	19 04	18 53	18 44	18 35	18 31	18 26
11	21 21	20 50	20 28	20 11	19 57	19 46	19 28	19 15	19 04	18 54	18 46	18 38	18 34	18 31
15	21 09	20 41	20 21	20 05	19 53	19 42	19 26	19 13	19 03	18 55	18 48	18 41	18 38	18 35
19	20 56	20 31	20 13	19 59	19 47	19 38	19 23	19 12	19 03	18 55	18 49	18 44	18 41	18 39
23	20 44	20 22	20 05	19 52	19 42	19 33	19 20	19 10	19 02	18 56	18 51	18 47	18 45	18 43
27	20 33	20 13	19 58	19 46	19 37	19 29	19 17	19 08	19 01	18 56	18 52	18 49	18 48	18 48
Mar. 3	20 21	20 03	19 50	19 39	19 31	19 24	19 14	19 06	19 00	18 56	18 53	18 52	18 52	18 52
7	20 09	19 54	19 42	19 33	19 25	19 19	19 10	19 04	18 59	18 56	18 55	18 55	18 55	18 56
11	19 58	19 44	19 34	19 26	19 20	19 14	19 07	19 01	18 58	18 56	18 56	18 57	18 59	19 01
15	19 47	19 35	19 26	19 19	19 14	19 09	19 03	18 59	18 57	18 56	18 57	19 00	19 02	19 05
19	19 36	19 26	19 18	19 12	19 08	19 04	19 00	18 57	18 56	18 56	18 58	19 02	19 05	19 09
23	19 25	19 16	19 10	19 06	19 02	19 00	18 56	18 55	18 55	18 56	18 59	19 05	19 09	19 13
27	19 14	19 08	19 03	18 59	18 57	18 55	18 53	18 52	18 53	18 56	19 01	19 07	19 12	19 18
31	19 04	18 59	18 55	18 53	18 51	18 50	18 49	18 50	18 52	18 56	19 02	19 10	19 16	19 22
Apr. 4	18 54	18 50	18 48	18 46	18 45	18 45	18 46	18 48	18 51	18 56	19 03	19 13	19 19	19 27

// // indicates continuous twilight.

UNIVERSAL TIME FOR MERIDIAN OF GREENWICH
BEGINNING OF MORNING NAUTICAL TWILIGHT

Lat.	+40°	+42°	+44°	+46°	+48°	+50°	+52°	+54°	+56°	+58°	+60°	+62°	+64°	+66°
	h m	h m	h m	h m	h m	h m	h m	h m	h m	h m	h m	h m	h m	h m
Jan. −2	6 17	6 21	6 25	6 29	6 34	6 39	6 44	6 49	6 55	7 02	7 10	7 18	7 27	7 38
2	6 18	6 22	6 26	6 30	6 34	6 39	6 44	6 50	6 55	7 02	7 09	7 17	7 26	7 37
6	6 18	6 22	6 26	6 30	6 34	6 39	6 44	6 49	6 55	7 01	7 08	7 16	7 24	7 34
10	6 18	6 22	6 25	6 29	6 33	6 38	6 42	6 48	6 53	6 59	7 06	7 13	7 21	7 31
14	6 17	6 21	6 24	6 28	6 32	6 36	6 41	6 45	6 50	6 56	7 02	7 09	7 17	7 26
18	6 16	6 19	6 23	6 26	6 30	6 34	6 38	6 42	6 47	6 52	6 58	7 04	7 11	7 20
22	6 14	6 17	6 20	6 24	6 27	6 31	6 35	6 39	6 43	6 48	6 53	6 59	7 05	7 12
26	6 12	6 15	6 18	6 21	6 24	6 27	6 30	6 34	6 38	6 42	6 47	6 52	6 58	7 04
30	6 09	6 12	6 14	6 17	6 20	6 23	6 26	6 29	6 32	6 36	6 40	6 45	6 49	6 55
Feb. 3	6 06	6 08	6 11	6 13	6 15	6 18	6 20	6 23	6 26	6 29	6 33	6 36	6 40	6 45
7	6 03	6 04	6 06	6 08	6 10	6 12	6 15	6 17	6 19	6 22	6 25	6 28	6 31	6 34
11	5 58	6 00	6 02	6 03	6 05	6 07	6 08	6 10	6 12	6 14	6 16	6 18	6 20	6 23
15	5 54	5 55	5 56	5 58	5 59	6 00	6 01	6 03	6 04	6 05	6 06	6 08	6 09	6 11
19	5 49	5 50	5 51	5 52	5 52	5 53	5 54	5 55	5 55	5 56	5 57	5 57	5 58	5 58
23	5 44	5 44	5 45	5 45	5 46	5 46	5 46	5 46	5 46	5 46	5 46	5 46	5 45	5 45
27	5 38	5 39	5 39	5 39	5 39	5 38	5 38	5 38	5 37	5 36	5 35	5 34	5 33	5 31
Mar. 3	5 33	5 32	5 32	5 32	5 31	5 30	5 30	5 29	5 27	5 26	5 24	5 22	5 19	5 16
7	5 27	5 26	5 25	5 24	5 23	5 22	5 21	5 19	5 17	5 15	5 12	5 09	5 06	5 01
11	5 20	5 19	5 18	5 17	5 15	5 14	5 12	5 09	5 07	5 04	5 00	4 56	4 51	4 46
15	5 14	5 13	5 11	5 09	5 07	5 05	5 02	4 59	4 56	4 52	4 48	4 43	4 37	4 29
19	5 07	5 06	5 04	5 01	4 59	4 56	4 53	4 49	4 45	4 40	4 35	4 29	4 21	4 12
23	5 01	4 58	4 56	4 53	4 50	4 47	4 43	4 39	4 34	4 28	4 22	4 14	4 05	3 55
27	4 54	4 51	4 48	4 45	4 42	4 38	4 33	4 28	4 22	4 16	4 08	3 59	3 49	3 36
31	4 47	4 44	4 41	4 37	4 33	4 28	4 23	4 17	4 11	4 03	3 54	3 44	3 32	3 16
Apr. 4	4 40	4 37	4 33	4 29	4 24	4 19	4 13	4 06	3 59	3 50	3 40	3 28	3 13	2 55

END OF EVENING NAUTICAL TWILIGHT

Lat.	+40°	+42°	+44°	+46°	+48°	+50°	+52°	+54°	+56°	+58°	+60°	+62°	+64°	+66°
	h m	h m	h m	h m	h m	h m	h m	h m	h m	h m	h m	h m	h m	h m
Jan. −2	17 47	17 43	17 39	17 35	17 30	17 26	17 20	17 15	17 09	17 02	16 55	16 46	16 37	16 26
2	17 50	17 46	17 42	17 38	17 34	17 29	17 24	17 18	17 13	17 06	16 59	16 51	16 42	16 31
6	17 54	17 50	17 46	17 42	17 38	17 33	17 28	17 23	17 17	17 11	17 04	16 56	16 48	16 37
10	17 57	17 54	17 50	17 46	17 42	17 37	17 33	17 28	17 22	17 16	17 10	17 02	16 54	16 45
14	18 01	17 58	17 54	17 50	17 46	17 42	17 38	17 33	17 28	17 22	17 16	17 09	17 02	16 53
18	18 05	18 02	17 58	17 55	17 51	17 47	17 43	17 39	17 34	17 29	17 23	17 17	17 10	17 02
22	18 09	18 06	18 03	18 00	17 56	17 53	17 49	17 45	17 41	17 36	17 31	17 25	17 19	17 12
26	18 13	18 10	18 08	18 05	18 02	17 58	17 55	17 51	17 48	17 43	17 39	17 34	17 28	17 22
30	18 18	18 15	18 13	18 10	18 07	18 04	18 01	17 58	17 55	17 51	17 47	17 43	17 38	17 33
Feb. 3	18 22	18 20	18 17	18 15	18 13	18 10	18 08	18 05	18 02	17 59	17 56	17 52	17 48	17 44
7	18 26	18 24	18 22	18 21	18 19	18 17	18 14	18 12	18 10	18 07	18 05	18 02	17 59	17 55
11	18 31	18 29	18 27	18 26	18 24	18 23	18 21	18 19	18 18	18 16	18 14	18 12	18 09	18 07
15	18 35	18 34	18 33	18 31	18 30	18 29	18 28	18 27	18 25	18 24	18 23	18 22	18 20	18 19
19	18 39	18 38	18 38	18 37	18 36	18 35	18 35	18 34	18 33	18 33	18 32	18 32	18 32	18 31
23	18 43	18 43	18 43	18 42	18 42	18 42	18 42	18 41	18 41	18 42	18 42	18 42	18 43	18 44
27	18 48	18 48	18 48	18 48	18 48	18 48	18 48	18 49	18 50	18 50	18 52	18 53	18 55	18 57
Mar. 3	18 52	18 52	18 53	18 53	18 54	18 55	18 55	18 57	18 58	18 59	19 01	19 04	19 06	19 10
7	18 56	18 57	18 58	18 59	19 00	19 01	19 03	19 04	19 06	19 09	19 11	19 15	19 19	19 23
11	19 01	19 02	19 03	19 04	19 06	19 08	19 10	19 12	19 15	19 18	19 22	19 26	19 31	19 37
15	19 05	19 06	19 08	19 10	19 12	19 14	19 17	19 20	19 23	19 27	19 32	19 37	19 44	19 51
19	19 09	19 11	19 13	19 15	19 18	19 21	19 24	19 28	19 32	19 37	19 43	19 49	19 57	20 06
23	19 13	19 16	19 18	19 21	19 24	19 28	19 32	19 36	19 41	19 47	19 54	20 01	20 11	20 22
27	19 18	19 21	19 24	19 27	19 31	19 35	19 39	19 44	19 50	19 57	20 05	20 14	20 25	20 38
31	19 22	19 25	19 29	19 33	19 37	19 42	19 47	19 53	20 00	20 08	20 17	20 27	20 40	20 56
Apr. 4	19 27	19 30	19 34	19 39	19 44	19 49	19 55	20 02	20 09	20 18	20 29	20 41	20 56	21 15

NAUTICAL TWILIGHT, 2011

UNIVERSAL TIME FOR MERIDIAN OF GREENWICH

BEGINNING OF MORNING NAUTICAL TWILIGHT

Lat.	−55°	−50°	−45°	−40°	−35°	−30°	−20°	−10°	0°	+10°	+20°	+30°	+35°	+40°
	h m	h m	h m	h m	h m	h m	h m	h m	h m	h m	h m	h m	h m	h m
Mar. 31	5 03	5 09	5 12	5 15	5 17	5 18	5 19	5 18	5 16	5 13	5 07	4 59	4 54	4 47
Apr. 4	5 11	5 15	5 17	5 19	5 20	5 21	5 20	5 18	5 15	5 10	5 03	4 54	4 48	4 40
8	5 19	5 21	5 22	5 23	5 23	5 23	5 21	5 18	5 14	5 08	5 00	4 49	4 42	4 33
12	5 26	5 27	5 27	5 27	5 26	5 25	5 22	5 18	5 12	5 05	4 56	4 44	4 36	4 27
16	5 33	5 33	5 32	5 31	5 29	5 27	5 23	5 18	5 11	5 03	4 53	4 39	4 30	4 20
20	5 40	5 38	5 36	5 34	5 32	5 30	5 24	5 18	5 10	5 01	4 49	4 34	4 25	4 13
24	5 47	5 44	5 41	5 38	5 35	5 32	5 25	5 18	5 09	4 59	4 46	4 30	4 19	4 07
28	5 54	5 50	5 45	5 42	5 38	5 34	5 26	5 18	5 08	4 57	4 43	4 25	4 14	4 00
May 2	6 00	5 55	5 50	5 45	5 41	5 36	5 27	5 18	5 07	4 55	4 40	4 21	4 09	3 54
6	6 07	6 00	5 54	5 49	5 43	5 38	5 28	5 18	5 07	4 54	4 38	4 17	4 04	3 49
10	6 13	6 05	5 58	5 52	5 46	5 41	5 30	5 18	5 06	4 52	4 35	4 14	4 00	3 43
14	6 19	6 10	6 02	5 55	5 49	5 43	5 31	5 19	5 06	4 51	4 33	4 10	3 56	3 38
18	6 24	6 14	6 06	5 58	5 51	5 45	5 32	5 19	5 05	4 50	4 31	4 07	3 52	3 33
22	6 29	6 19	6 10	6 02	5 54	5 47	5 33	5 20	5 05	4 49	4 30	4 05	3 49	3 29
26	6 34	6 23	6 13	6 04	5 56	5 49	5 35	5 21	5 05	4 49	4 28	4 02	3 46	3 26
30	6 39	6 27	6 16	6 07	5 59	5 51	5 36	5 21	5 06	4 48	4 27	4 01	3 43	3 22
June 3	6 43	6 30	6 19	6 10	6 01	5 53	5 37	5 22	5 06	4 48	4 27	3 59	3 42	3 20
7	6 46	6 33	6 22	6 12	6 03	5 55	5 39	5 23	5 07	4 48	4 26	3 58	3 40	3 18
11	6 49	6 35	6 24	6 14	6 05	5 56	5 40	5 24	5 07	4 49	4 26	3 58	3 39	3 17
15	6 51	6 37	6 26	6 15	6 06	5 57	5 41	5 25	5 08	4 49	4 27	3 58	3 39	3 16
19	6 53	6 39	6 27	6 17	6 07	5 59	5 42	5 26	5 09	4 50	4 27	3 58	3 39	3 16
23	6 54	6 40	6 28	6 18	6 08	5 59	5 43	5 27	5 10	4 51	4 28	3 59	3 40	3 17
27	6 54	6 40	6 28	6 18	6 09	6 00	5 44	5 28	5 11	4 52	4 29	4 00	3 42	3 18
July 1	6 54	6 40	6 28	6 18	6 09	6 00	5 44	5 28	5 11	4 53	4 30	4 02	3 43	3 20
5	6 52	6 39	6 28	6 18	6 09	6 00	5 45	5 29	5 12	4 54	4 32	4 04	3 45	3 23

END OF EVENING NAUTICAL TWILIGHT

Lat.	−55°	−50°	−45°	−40°	−35°	−30°	−20°	−10°	0°	+10°	+20°	+30°	+35°	+40°
	h m	h m	h m	h m	h m	h m	h m	h m	h m	h m	h m	h m	h m	h m
Mar. 31	19 04	18 59	18 55	18 53	18 51	18 50	18 49	18 50	18 52	18 56	19 02	19 10	19 16	19 22
Apr. 4	18 54	18 50	18 48	18 46	18 45	18 45	18 46	18 48	18 51	18 56	19 03	19 13	19 19	19 27
8	18 44	18 42	18 41	18 40	18 40	18 41	18 43	18 46	18 50	18 56	19 04	19 16	19 23	19 31
12	18 35	18 34	18 34	18 34	18 35	18 36	18 39	18 44	18 49	18 57	19 06	19 18	19 26	19 36
16	18 25	18 26	18 27	18 29	18 30	18 32	18 36	18 42	18 49	18 57	19 07	19 21	19 30	19 41
20	18 17	18 19	18 21	18 23	18 25	18 28	18 34	18 40	18 48	18 57	19 09	19 24	19 34	19 46
24	18 08	18 12	18 15	18 18	18 21	18 24	18 31	18 39	18 47	18 58	19 11	19 27	19 38	19 51
28	18 00	18 05	18 09	18 13	18 17	18 21	18 29	18 37	18 47	18 58	19 12	19 30	19 42	19 56
May 2	17 53	17 58	18 04	18 08	18 13	18 18	18 27	18 36	18 47	18 59	19 14	19 33	19 46	20 01
6	17 46	17 53	17 59	18 04	18 10	18 15	18 25	18 35	18 47	19 00	19 16	19 37	19 50	20 06
10	17 39	17 47	17 54	18 00	18 06	18 12	18 23	18 34	18 47	19 01	19 18	19 40	19 54	20 11
14	17 33	17 42	17 50	17 57	18 04	18 10	18 22	18 34	18 47	19 02	19 20	19 43	19 58	20 15
18	17 28	17 38	17 46	17 54	18 01	18 08	18 21	18 34	18 47	19 03	19 22	19 46	20 01	20 20
22	17 23	17 34	17 43	17 51	17 59	18 06	18 20	18 33	18 48	19 04	19 24	19 49	20 05	20 25
26	17 19	17 31	17 41	17 49	17 57	18 05	18 19	18 33	18 49	19 06	19 26	19 52	20 09	20 29
30	17 16	17 28	17 38	17 48	17 56	18 04	18 19	18 34	18 49	19 07	19 28	19 55	20 12	20 33
June 3	17 13	17 26	17 37	17 46	17 55	18 03	18 19	18 34	18 50	19 08	19 30	19 57	20 15	20 37
7	17 11	17 25	17 36	17 46	17 55	18 03	18 19	18 35	18 51	19 09	19 31	20 00	20 18	20 40
11	17 10	17 24	17 35	17 45	17 54	18 03	18 19	18 35	18 52	19 11	19 33	20 02	20 20	20 43
15	17 09	17 23	17 35	17 45	17 55	18 03	18 20	18 36	18 53	19 12	19 34	20 03	20 22	20 45
19	17 10	17 24	17 35	17 46	17 55	18 04	18 20	18 37	18 54	19 13	19 35	20 04	20 23	20 46
23	17 10	17 24	17 36	17 47	17 56	18 05	18 21	18 38	18 55	19 14	19 36	20 05	20 24	20 47
27	17 12	17 26	17 38	17 48	17 57	18 06	18 22	18 38	18 55	19 14	19 37	20 06	20 24	20 47
July 1	17 14	17 28	17 39	17 49	17 59	18 07	18 23	18 39	18 56	19 15	19 37	20 06	20 24	20 47
5	17 17	17 30	17 41	17 51	18 00	18 09	18 25	18 40	18 57	19 15	19 37	20 05	20 23	20 46

NAUTICAL TWILIGHT, 2011

UNIVERSAL TIME FOR MERIDIAN OF GREENWICH
BEGINNING OF MORNING NAUTICAL TWILIGHT

Lat.	+40°	+42°	+44°	+46°	+48°	+50°	+52°	+54°	+56°	+58°	+60°	+62°	+64°	+66°
	h m	h m	h m	h m	h m	h m	h m	h m	h m	h m	h m	h m	h m	h m
Mar. 31	4 47	4 44	4 41	4 37	4 33	4 28	4 23	4 17	4 11	4 03	3 54	3 44	3 32	3 16
Apr. 4	4 40	4 37	4 33	4 29	4 24	4 19	4 13	4 06	3 59	3 50	3 40	3 28	3 13	2 55
8	4 33	4 29	4 25	4 20	4 15	4 09	4 02	3 55	3 46	3 37	3 25	3 11	2 54	2 33
12	4 27	4 22	4 17	4 12	4 06	3 59	3 52	3 44	3 34	3 23	3 10	2 54	2 34	2 07
16	4 20	4 15	4 10	4 04	3 57	3 50	3 42	3 32	3 21	3 09	2 54	2 35	2 11	1 36
20	4 13	4 08	4 02	3 55	3 48	3 40	3 31	3 21	3 09	2 54	2 37	2 15	1 45	0 54
24	4 07	4 01	3 54	3 47	3 39	3 31	3 21	3 09	2 55	2 39	2 19	1 53	1 13	// //
28	4 00	3 54	3 47	3 39	3 31	3 21	3 10	2 57	2 42	2 24	2 00	1 27	0 08	// //
May 2	3 54	3 48	3 40	3 32	3 22	3 12	3 00	2 46	2 29	2 07	1 39	0 53	// //	// //
6	3 49	3 41	3 33	3 24	3 14	3 03	2 49	2 34	2 15	1 50	1 14	// //	// //	// //
10	3 43	3 35	3 27	3 17	3 06	2 54	2 39	2 22	2 00	1 31	0 41	// //	// //	// //
14	3 38	3 30	3 21	3 10	2 59	2 45	2 30	2 10	1 46	1 10	// //	// //	// //	// //
18	3 33	3 25	3 15	3 04	2 52	2 37	2 20	1 59	1 30	0 42	// //	// //	// //	// //
22	3 29	3 20	3 10	2 58	2 45	2 30	2 11	1 47	1 13	// //	// //	// //	// //	// //
26	3 26	3 16	3 05	2 53	2 39	2 22	2 02	1 36	0 55	// //	// //	// //	// //	// //
30	3 22	3 12	3 01	2 48	2 34	2 16	1 54	1 25	0 30	// //	// //	// //	// //	// //
June 3	3 20	3 10	2 58	2 45	2 29	2 11	1 47	1 14	// //	// //	// //	// //	// //	// //
7	3 18	3 07	2 55	2 42	2 26	2 06	1 41	1 04	// //	// //	// //	// //	// //	// //
11	3 17	3 06	2 54	2 40	2 23	2 03	1 37	0 56	// //	// //	// //	// //	// //	// //
15	3 16	3 05	2 53	2 38	2 21	2 01	1 34	0 49	// //	// //	// //	// //	// //	□
19	3 16	3 05	2 53	2 38	2 21	2 00	1 32	0 45	// //	// //	// //	// //	// //	□
23	3 17	3 06	2 53	2 39	2 22	2 01	1 33	0 46	// //	// //	// //	// //	// //	□
27	3 18	3 07	2 55	2 41	2 24	2 03	1 35	0 50	// //	// //	// //	// //	// //	□
July 1	3 20	3 10	2 57	2 43	2 26	2 06	1 39	0 57	// //	// //	// //	// //	// //	// //
5	3 23	3 12	3 00	2 46	2 30	2 11	1 45	1 07	// //	// //	// //	// //	// //	// //

END OF EVENING NAUTICAL TWILIGHT

Lat.	+40°	+42°	+44°	+46°	+48°	+50°	+52°	+54°	+56°	+58°	+60°	+62°	+64°	+66°
	h m	h m	h m	h m	h m	h m	h m	h m	h m	h m	h m	h m	h m	h m
Mar. 31	19 22	19 25	19 29	19 33	19 37	19 42	19 47	19 53	20 00	20 08	20 17	20 27	20 40	20 56
Apr. 4	19 27	19 30	19 34	19 39	19 44	19 49	19 55	20 02	20 09	20 18	20 29	20 41	20 56	21 15
8	19 31	19 36	19 40	19 45	19 50	19 56	20 03	20 11	20 19	20 30	20 41	20 56	21 13	21 36
12	19 36	19 41	19 46	19 51	19 57	20 04	20 11	20 20	20 30	20 41	20 55	21 11	21 32	22 01
16	19 41	19 46	19 51	19 57	20 04	20 12	20 20	20 29	20 41	20 54	21 09	21 28	21 54	22 31
20	19 46	19 51	19 57	20 04	20 11	20 19	20 29	20 39	20 52	21 06	21 24	21 47	22 19	23 20
24	19 51	19 57	20 03	20 10	20 18	20 27	20 38	20 49	21 03	21 20	21 41	22 09	22 53	// //
28	19 56	20 02	20 09	20 17	20 26	20 36	20 47	21 00	21 15	21 34	21 59	22 35	// //	// //
May 2	20 01	20 08	20 15	20 24	20 33	20 44	20 56	21 11	21 28	21 50	22 20	23 12	// //	// //
6	20 06	20 13	20 21	20 30	20 41	20 52	21 06	21 22	21 41	22 07	22 45	// //	// //	// //
10	20 11	20 18	20 27	20 37	20 48	21 01	21 15	21 33	21 55	22 26	23 24	// //	// //	// //
14	20 15	20 24	20 33	20 44	20 55	21 09	21 25	21 45	22 10	22 49	// //	// //	// //	// //
18	20 20	20 29	20 39	20 50	21 03	21 17	21 35	21 57	22 26	23 20	// //	// //	// //	// //
22	20 25	20 34	20 44	20 56	21 10	21 25	21 44	22 09	22 44	// //	// //	// //	// //	// //
26	20 29	20 39	20 50	21 02	21 16	21 33	21 54	22 21	23 04	// //	// //	// //	// //	// //
30	20 33	20 43	20 55	21 07	21 22	21 40	22 02	22 33	23 33	// //	// //	// //	// //	// //
June 3	20 37	20 47	20 59	21 12	21 28	21 47	22 10	22 44	// //	// //	// //	// //	// //	// //
7	20 40	20 51	21 03	21 17	21 33	21 52	22 18	22 55	// //	// //	// //	// //	// //	// //
11	20 43	20 54	21 06	21 20	21 37	21 57	22 24	23 05	// //	// //	// //	// //	// //	// //
15	20 45	20 56	21 08	21 23	21 40	22 01	22 28	23 13	// //	// //	// //	// //	// //	□
19	20 46	20 57	21 10	21 25	21 42	22 03	22 31	23 18	// //	// //	// //	// //	// //	□
23	20 47	20 58	21 11	21 25	21 42	22 03	22 31	23 18	// //	// //	// //	// //	// //	□
27	20 47	20 58	21 11	21 25	21 42	22 03	22 30	23 15	// //	// //	// //	// //	// //	□
July 1	20 47	20 58	21 10	21 24	21 41	22 01	22 27	23 08	// //	// //	// //	// //	// //	// //
5	20 46	20 56	21 08	21 22	21 38	21 58	22 23	23 00	// //	// //	// //	// //	// //	// //

□ indicates Sun continuously above horizon.
// // indicates continuous twilight.

NAUTICAL TWILIGHT, 2011

UNIVERSAL TIME FOR MERIDIAN OF GREENWICH

BEGINNING OF MORNING NAUTICAL TWILIGHT

Lat.	−55°	−50°	−45°	−40°	−35°	−30°	−20°	−10°	0°	+10°	+20°	+30°	+35°	+40°
	h m	h m	h m	h m	h m	h m	h m	h m	h m	h m	h m	h m	h m	h m
July 1	6 54	6 40	6 28	6 18	6 09	6 00	5 44	5 28	5 11	4 53	4 30	4 02	3 43	3 20
5	6 52	6 39	6 28	6 18	6 09	6 00	5 45	5 29	5 12	4 54	4 32	4 04	3 45	3 23
9	6 50	6 38	6 27	6 17	6 08	6 00	5 45	5 29	5 13	4 55	4 34	4 06	3 48	3 26
13	6 48	6 36	6 25	6 16	6 07	6 00	5 45	5 30	5 14	4 56	4 35	4 08	3 51	3 30
17	6 44	6 33	6 23	6 14	6 06	5 59	5 44	5 30	5 15	4 57	4 37	4 11	3 54	3 33
21	6 40	6 30	6 20	6 12	6 04	5 57	5 43	5 30	5 15	4 59	4 39	4 14	3 57	3 38
25	6 36	6 26	6 17	6 09	6 02	5 55	5 43	5 29	5 15	5 00	4 41	4 16	4 01	3 42
29	6 30	6 21	6 13	6 06	6 00	5 53	5 41	5 29	5 16	5 01	4 43	4 19	4 05	3 47
Aug. 2	6 24	6 16	6 09	6 03	5 57	5 51	5 40	5 28	5 16	5 02	4 44	4 22	4 08	3 51
6	6 18	6 11	6 05	5 59	5 54	5 48	5 38	5 27	5 16	5 02	4 46	4 25	4 12	3 56
10	6 11	6 05	6 00	5 55	5 50	5 45	5 36	5 26	5 16	5 03	4 48	4 28	4 16	4 01
14	6 03	5 59	5 54	5 50	5 46	5 42	5 34	5 25	5 15	5 04	4 50	4 31	4 20	4 06
18	5 55	5 52	5 48	5 45	5 42	5 38	5 31	5 24	5 15	5 04	4 51	4 34	4 23	4 10
22	5 47	5 45	5 42	5 40	5 37	5 35	5 29	5 22	5 14	5 04	4 53	4 37	4 27	4 15
26	5 38	5 37	5 36	5 34	5 33	5 30	5 26	5 20	5 13	5 05	4 54	4 40	4 31	4 20
30	5 29	5 29	5 29	5 29	5 28	5 26	5 23	5 18	5 12	5 05	4 55	4 42	4 34	4 24
Sept. 3	5 20	5 21	5 22	5 23	5 22	5 22	5 19	5 16	5 11	5 05	4 56	4 45	4 37	4 28
7	5 10	5 13	5 15	5 16	5 17	5 17	5 16	5 14	5 10	5 05	4 57	4 47	4 41	4 33
11	5 00	5 04	5 08	5 10	5 11	5 12	5 13	5 11	5 09	5 05	4 58	4 50	4 44	4 37
15	4 49	4 56	5 00	5 03	5 06	5 07	5 09	5 09	5 07	5 04	4 59	4 52	4 47	4 41
19	4 39	4 47	4 52	4 57	5 00	5 02	5 05	5 06	5 06	5 04	5 00	4 55	4 50	4 45
23	4 28	4 37	4 44	4 50	4 54	4 57	5 02	5 04	5 05	5 04	5 01	4 57	4 54	4 49
27	4 17	4 28	4 37	4 43	4 48	4 52	4 58	5 01	5 03	5 03	5 02	4 59	4 57	4 53
Oct. 1	4 06	4 19	4 29	4 36	4 42	4 47	4 54	4 59	5 02	5 03	5 03	5 01	5 00	4 57
5	3 54	4 09	4 20	4 29	4 36	4 42	4 50	4 56	5 00	5 03	5 04	5 04	5 03	5 01

END OF EVENING NAUTICAL TWILIGHT

	−55°	−50°	−45°	−40°	−35°	−30°	−20°	−10°	0°	+10°	+20°	+30°	+35°	+40°
	h m	h m	h m	h m	h m	h m	h m	h m	h m	h m	h m	h m	h m	h m
July 1	17 14	17 28	17 39	17 49	17 59	18 07	18 23	18 39	18 56	19 15	19 37	20 06	20 24	20 47
5	17 17	17 30	17 41	17 51	18 00	18 09	18 25	18 40	18 57	19 15	19 37	20 05	20 23	20 46
9	17 20	17 33	17 44	17 53	18 02	18 10	18 26	18 41	18 57	19 15	19 37	20 04	20 22	20 44
13	17 24	17 36	17 47	17 56	18 04	18 12	18 27	18 42	18 58	19 15	19 36	20 03	20 20	20 41
17	17 28	17 40	17 50	17 58	18 06	18 14	18 28	18 43	18 58	19 15	19 35	20 01	20 18	20 38
21	17 33	17 44	17 53	18 01	18 09	18 16	18 30	18 43	18 58	19 14	19 34	19 59	20 15	20 34
25	17 38	17 48	17 56	18 04	18 11	18 18	18 31	18 44	18 58	19 13	19 32	19 56	20 11	20 30
29	17 43	17 52	18 00	18 07	18 14	18 20	18 32	18 44	18 57	19 12	19 30	19 53	20 08	20 26
Aug. 2	17 49	17 57	18 04	18 10	18 16	18 22	18 33	18 44	18 57	19 11	19 28	19 50	20 04	20 20
6	17 55	18 02	18 08	18 13	18 19	18 24	18 34	18 45	18 56	19 09	19 25	19 46	19 59	20 15
10	18 01	18 07	18 12	18 17	18 21	18 26	18 35	18 45	18 55	19 08	19 23	19 42	19 54	20 09
14	18 07	18 12	18 16	18 20	18 24	18 28	18 36	18 45	18 54	19 06	19 20	19 38	19 49	20 03
18	18 13	18 17	18 20	18 23	18 26	18 30	18 37	18 44	18 53	19 04	19 16	19 33	19 44	19 57
22	18 20	18 22	18 24	18 27	18 29	18 32	18 38	18 44	18 52	19 01	19 13	19 28	19 38	19 50
26	18 27	18 27	18 29	18 30	18 32	18 34	18 38	18 44	18 51	18 59	19 10	19 24	19 33	19 43
30	18 33	18 33	18 33	18 34	18 34	18 36	18 39	18 44	18 49	18 57	19 06	19 19	19 27	19 36
Sept. 3	18 40	18 39	18 37	18 37	18 37	18 38	18 40	18 43	18 48	18 54	19 02	19 13	19 21	19 30
7	18 48	18 44	18 42	18 41	18 40	18 40	18 41	18 43	18 46	18 51	18 58	19 08	19 15	19 23
11	18 55	18 50	18 47	18 44	18 43	18 42	18 41	18 42	18 45	18 49	18 55	19 03	19 09	19 16
15	19 03	18 56	18 51	18 48	18 46	18 44	18 42	18 42	18 43	18 46	18 51	18 58	19 03	19 09
19	19 10	19 02	18 56	18 52	18 49	18 46	18 43	18 42	18 42	18 44	18 47	18 53	18 57	19 02
23	19 18	19 09	19 01	18 56	18 52	18 48	18 44	18 41	18 40	18 41	18 43	18 48	18 51	18 55
27	19 27	19 15	19 07	19 00	18 55	18 51	18 45	18 41	18 39	18 39	18 40	18 43	18 45	18 48
Oct. 1	19 35	19 22	19 12	19 04	18 58	18 53	18 46	18 41	18 38	18 36	18 36	18 38	18 39	18 41
5	19 44	19 29	19 18	19 09	19 02	18 56	18 47	18 41	18 37	18 34	18 33	18 33	18 34	18 35

UNIVERSAL TIME FOR MERIDIAN OF GREENWICH
BEGINNING OF MORNING NAUTICAL TWILIGHT

Lat.	+40°	+42°	+44°	+46°	+48°	+50°	+52°	+54°	+56°	+58°	+60°	+62°	+64°	+66°
	h m	h m	h m	h m	h m	h m	h m	h m	h m	h m	h m	h m	h m	h m
July 1	3 20	3 10	2 57	2 43	2 26	2 06	1 39	0 57	// //	// //	// //	// //	// //	// //
5	3 23	3 12	3 00	2 46	2 30	2 11	1 45	1 07	// //	// //	// //	// //	// //	// //
9	3 26	3 16	3 04	2 51	2 35	2 16	1 52	1 18	// //	// //	// //	// //	// //	// //
13	3 30	3 20	3 08	2 55	2 40	2 22	2 00	1 29	0 24	// //	// //	// //	// //	// //
17	3 33	3 24	3 13	3 00	2 46	2 29	2 09	1 41	0 56	// //	// //	// //	// //	// //
21	3 38	3 28	3 18	3 06	2 53	2 37	2 18	1 53	1 17	// //	// //	// //	// //	// //
25	3 42	3 33	3 23	3 12	2 59	2 45	2 27	2 05	1 34	0 36	// //	// //	// //	// //
29	3 47	3 38	3 29	3 18	3 06	2 53	2 36	2 16	1 50	1 10	// //	// //	// //	// //
Aug. 2	3 51	3 43	3 35	3 25	3 14	3 01	2 46	2 28	2 05	1 33	0 26	// //	// //	// //
6	3 56	3 49	3 40	3 31	3 21	3 09	2 55	2 39	2 19	1 53	1 12	// //	// //	// //
10	4 01	3 54	3 46	3 38	3 28	3 17	3 04	2 50	2 32	2 09	1 38	0 39	// //	// //
14	4 06	3 59	3 52	3 44	3 35	3 25	3 14	3 00	2 44	2 25	1 59	1 22	// //	// //
18	4 10	4 04	3 58	3 50	3 42	3 33	3 22	3 10	2 56	2 39	2 18	1 48	1 00	// //
22	4 15	4 09	4 03	3 57	3 49	3 41	3 31	3 20	3 08	2 52	2 34	2 10	1 36	0 16
26	4 20	4 14	4 09	4 03	3 56	3 48	3 40	3 30	3 18	3 05	2 49	2 29	2 02	1 22
30	4 24	4 19	4 14	4 09	4 03	3 56	3 48	3 39	3 29	3 17	3 03	2 46	2 24	1 54
Sept. 3	4 28	4 24	4 20	4 15	4 09	4 03	3 56	3 48	3 39	3 29	3 16	3 01	2 43	2 19
7	4 33	4 29	4 25	4 20	4 16	4 10	4 04	3 57	3 49	3 40	3 29	3 16	3 00	2 41
11	4 37	4 34	4 30	4 26	4 22	4 17	4 11	4 05	3 58	3 50	3 41	3 30	3 16	3 00
15	4 41	4 38	4 35	4 32	4 28	4 24	4 19	4 13	4 07	4 00	3 52	3 42	3 31	3 17
19	4 45	4 43	4 40	4 37	4 34	4 30	4 26	4 21	4 16	4 10	4 03	3 55	3 45	3 33
23	4 49	4 47	4 45	4 43	4 40	4 37	4 33	4 29	4 25	4 20	4 14	4 07	3 59	3 49
27	4 53	4 52	4 50	4 48	4 46	4 43	4 40	4 37	4 33	4 29	4 24	4 18	4 11	4 03
Oct. 1	4 57	4 56	4 55	4 53	4 51	4 49	4 47	4 45	4 42	4 38	4 34	4 29	4 24	4 17
5	5 01	5 01	5 00	4 58	4 57	4 56	4 54	4 52	4 50	4 47	4 44	4 40	4 36	4 31

END OF EVENING NAUTICAL TWILIGHT

Lat.	+40°	+42°	+44°	+46°	+48°	+50°	+52°	+54°	+56°	+58°	+60°	+62°	+64°	+66°
	h m	h m	h m	h m	h m	h m	h m	h m	h m	h m	h m	h m	h m	h m
July 1	20 47	20 58	21 10	21 24	21 41	22 01	22 27	23 08	// //	// //	// //	// //	// //	// //
5	20 46	20 56	21 08	21 22	21 38	21 58	22 23	23 00	// //	// //	// //	// //	// //	// //
9	20 44	20 54	21 06	21 19	21 35	21 53	22 17	22 50	// //	// //	// //	// //	// //	// //
13	20 41	20 51	21 03	21 15	21 30	21 48	22 10	22 40	23 37	// //	// //	// //	// //	// //
17	20 38	20 48	20 59	21 11	21 25	21 42	22 02	22 29	23 11	// //	// //	// //	// //	// //
21	20 34	20 44	20 54	21 06	21 19	21 35	21 53	22 17	22 52	// //	// //	// //	// //	// //
25	20 30	20 39	20 49	21 00	21 12	21 27	21 44	22 06	22 35	23 27	// //	// //	// //	// //
29	20 26	20 34	20 43	20 53	21 05	21 19	21 35	21 54	22 20	22 57	// //	// //	// //	// //
Aug. 2	20 20	20 28	20 37	20 47	20 58	21 10	21 25	21 43	22 05	22 35	23 30	// //	// //	// //
6	20 15	20 22	20 30	20 40	20 50	21 01	21 15	21 31	21 50	22 16	22 53	// //	// //	// //
10	20 09	20 16	20 24	20 32	20 42	20 52	21 05	21 19	21 36	21 58	22 27	23 18	// //	// //
14	20 03	20 09	20 16	20 24	20 33	20 43	20 54	21 07	21 23	21 42	22 06	22 41	// //	// //
18	19 57	20 03	20 09	20 16	20 24	20 33	20 44	20 55	21 09	21 26	21 47	22 14	22 58	// //
22	19 50	19 56	20 02	20 08	20 16	20 24	20 33	20 44	20 56	21 11	21 29	21 52	22 23	23 23
26	19 43	19 48	19 54	20 00	20 07	20 14	20 23	20 32	20 43	20 56	21 12	21 31	21 56	22 34
30	19 36	19 41	19 46	19 52	19 58	20 04	20 12	20 21	20 30	20 42	20 56	21 12	21 33	22 01
Sept. 3	19 30	19 34	19 38	19 43	19 49	19 55	20 01	20 09	20 18	20 28	20 40	20 55	21 12	21 35
7	19 23	19 26	19 30	19 35	19 40	19 45	19 51	19 58	20 06	20 15	20 25	20 38	20 53	21 12
11	19 16	19 19	19 22	19 26	19 31	19 35	19 41	19 47	19 54	20 01	20 11	20 21	20 34	20 50
15	19 09	19 11	19 14	19 18	19 22	19 26	19 30	19 36	19 42	19 49	19 56	20 06	20 17	20 30
19	19 02	19 04	19 07	19 10	19 13	19 16	19 20	19 25	19 30	19 36	19 43	19 51	20 00	20 11
23	18 55	18 57	18 59	19 01	19 04	19 07	19 10	19 14	19 19	19 24	19 29	19 36	19 44	19 53
27	18 48	18 50	18 51	18 53	18 55	18 58	19 01	19 04	19 07	19 12	19 16	19 22	19 28	19 36
Oct. 1	18 41	18 43	18 44	18 45	18 47	18 49	18 51	18 54	18 57	19 00	19 04	19 08	19 13	19 20
5	18 35	18 36	18 37	18 38	18 39	18 40	18 42	18 44	18 46	18 48	18 51	18 55	18 59	19 04

// // indicates continuous twilight.

NAUTICAL TWILIGHT, 2011

UNIVERSAL TIME FOR MERIDIAN OF GREENWICH

BEGINNING OF MORNING NAUTICAL TWILIGHT

Lat.	−55°	−50°	−45°	−40°	−35°	−30°	−20°	−10°	0°	+10°	+20°	+30°	+35°	+40°
	h m	h m	h m	h m	h m	h m	h m	h m	h m	h m	h m	h m	h m	h m
Oct. 1	4 06	4 19	4 29	4 36	4 42	4 47	4 54	4 59	5 02	5 03	5 03	5 01	5 00	4 57
5	3 54	4 09	4 20	4 29	4 36	4 42	4 50	4 56	5 00	5 03	5 04	5 04	5 03	5 01
9	3 43	4 00	4 12	4 22	4 30	4 37	4 47	4 54	4 59	5 03	5 05	5 06	5 06	5 05
13	3 31	3 50	4 04	4 16	4 24	4 32	4 43	4 52	4 58	5 03	5 06	5 08	5 09	5 09
17	3 19	3 41	3 56	4 09	4 19	4 27	4 40	4 49	4 57	5 03	5 07	5 11	5 12	5 13
21	3 07	3 31	3 49	4 02	4 13	4 22	4 37	4 47	4 56	5 03	5 09	5 13	5 15	5 17
25	2 55	3 22	3 41	3 56	4 08	4 18	4 34	4 45	4 55	5 03	5 10	5 16	5 19	5 21
29	2 43	3 12	3 33	3 50	4 03	4 14	4 31	4 44	4 54	5 03	5 11	5 19	5 22	5 25
Nov. 2	2 30	3 03	3 26	3 44	3 58	4 10	4 28	4 42	4 54	5 04	5 13	5 21	5 25	5 30
6	2 18	2 54	3 19	3 38	3 53	4 06	4 26	4 41	4 54	5 05	5 15	5 24	5 29	5 34
10	2 05	2 45	3 12	3 33	3 49	4 03	4 24	4 40	4 54	5 05	5 16	5 27	5 32	5 38
14	1 52	2 37	3 06	3 28	3 45	4 00	4 22	4 39	4 54	5 06	5 18	5 30	5 36	5 42
18	1 39	2 29	3 01	3 24	3 42	3 57	4 21	4 39	4 54	5 08	5 20	5 33	5 39	5 46
22	1 26	2 21	2 55	3 20	3 39	3 55	4 20	4 39	4 55	5 09	5 22	5 36	5 43	5 50
26	1 12	2 15	2 51	3 17	3 37	3 53	4 19	4 39	4 56	5 11	5 25	5 39	5 46	5 54
30	0 58	2 09	2 47	3 14	3 35	3 52	4 19	4 39	4 57	5 12	5 27	5 42	5 49	5 58
Dec. 4	0 43	2 04	2 44	3 12	3 34	3 51	4 19	4 40	4 58	5 14	5 29	5 45	5 53	6 01
8	0 26	2 00	2 42	3 11	3 33	3 51	4 19	4 41	5 00	5 16	5 31	5 47	5 56	6 05
12	// //	1 57	2 41	3 11	3 33	3 52	4 20	4 43	5 01	5 18	5 34	5 50	5 58	6 08
16	// //	1 56	2 41	3 11	3 34	3 53	4 22	4 44	5 03	5 20	5 36	5 52	6 01	6 10
20	// //	1 56	2 42	3 12	3 35	3 54	4 23	4 46	5 05	5 22	5 38	5 55	6 03	6 13
24	// //	1 58	2 44	3 14	3 37	3 56	4 25	4 48	5 07	5 24	5 40	5 57	6 05	6 15
28	// //	2 01	2 47	3 17	3 40	3 59	4 28	4 50	5 09	5 26	5 42	5 58	6 07	6 16
32	// //	2 06	2 50	3 20	3 43	4 01	4 30	4 52	5 11	5 28	5 44	6 00	6 08	6 17
36	0 37	2 13	2 55	3 24	3 47	4 05	4 33	4 55	5 13	5 29	5 45	6 01	6 09	6 18

END OF EVENING NAUTICAL TWILIGHT

Lat.	−55°	−50°	−45°	−40°	−35°	−30°	−20°	−10°	0°	+10°	+20°	+30°	+35°	+40°
	h m	h m	h m	h m	h m	h m	h m	h m	h m	h m	h m	h m	h m	h m
Oct. 1	19 35	19 22	19 12	19 04	18 58	18 53	18 46	18 41	18 38	18 36	18 36	18 38	18 39	18 41
5	19 44	19 29	19 18	19 09	19 02	18 56	18 47	18 41	18 37	18 34	18 33	18 33	18 34	18 35
9	19 54	19 36	19 23	19 13	19 05	18 58	18 48	18 41	18 36	18 32	18 29	18 28	18 28	18 29
13	20 03	19 44	19 29	19 18	19 09	19 01	18 50	18 41	18 35	18 30	18 26	18 24	18 23	18 23
17	20 14	19 52	19 36	19 23	19 13	19 04	18 51	18 42	18 34	18 28	18 23	18 20	18 18	18 17
21	20 24	20 00	19 42	19 28	19 17	19 08	18 53	18 42	18 33	18 26	18 21	18 16	18 13	18 11
25	20 35	20 08	19 49	19 33	19 21	19 11	18 55	18 43	18 33	18 25	18 18	18 12	18 09	18 06
29	20 47	20 17	19 55	19 39	19 25	19 14	18 57	18 44	18 33	18 24	18 16	18 09	18 05	18 02
Nov. 2	20 59	20 26	20 02	19 44	19 30	19 18	18 59	18 45	18 33	18 23	18 14	18 06	18 01	17 57
6	21 12	20 35	20 09	19 50	19 35	19 22	19 02	18 46	18 34	18 23	18 12	18 03	17 58	17 53
10	21 25	20 44	20 16	19 56	19 39	19 26	19 04	18 48	18 34	18 22	18 11	18 01	17 55	17 50
14	21 39	20 54	20 24	20 02	19 44	19 30	19 07	18 50	18 35	18 22	18 10	17 59	17 53	17 46
18	21 54	21 03	20 31	20 07	19 49	19 34	19 10	18 51	18 36	18 22	18 10	17 57	17 51	17 44
22	22 09	21 12	20 38	20 13	19 54	19 38	19 13	18 53	18 37	18 23	18 10	17 56	17 49	17 42
26	22 25	21 21	20 45	20 18	19 58	19 42	19 16	18 56	18 39	18 24	18 10	17 55	17 48	17 40
30	22 42	21 30	20 51	20 24	20 03	19 45	19 19	18 58	18 40	18 25	18 10	17 55	17 47	17 39
Dec. 4	23 01	21 38	20 57	20 28	20 07	19 49	19 22	19 00	18 42	18 26	18 11	17 55	17 47	17 39
8	23 23	21 45	21 02	20 33	20 11	19 52	19 24	19 02	18 44	18 28	18 12	17 56	17 48	17 39
12	// //	21 51	21 07	20 37	20 14	19 56	19 27	19 05	18 46	18 29	18 13	17 57	17 48	17 39
16	// //	21 56	21 10	20 40	20 17	19 58	19 29	19 07	18 48	18 31	18 15	17 58	17 50	17 40
20	// //	21 59	21 13	20 43	20 19	20 01	19 32	19 09	18 50	18 33	18 17	18 00	17 51	17 42
24	// //	22 01	21 15	20 44	20 21	20 03	19 34	19 11	18 52	18 35	18 19	18 02	17 53	17 44
28	// //	22 01	21 16	20 46	20 23	20 04	19 35	19 13	18 54	18 37	18 21	18 04	17 56	17 46
32	23 56	21 59	21 16	20 46	20 23	20 05	19 36	19 14	18 56	18 39	18 23	18 07	17 58	17 49
36	23 28	21 57	21 14	20 45	20 23	20 05	19 37	19 16	18 57	18 41	18 25	18 10	18 01	17 53

// // indicates continuous twilight.

UNIVERSAL TIME FOR MERIDIAN OF GREENWICH
BEGINNING OF MORNING NAUTICAL TWILIGHT

Lat.	+40°	+42°	+44°	+46°	+48°	+50°	+52°	+54°	+56°	+58°	+60°	+62°	+64°	+66°
	h m	h m	h m	h m	h m	h m	h m	h m	h m	h m	h m	h m	h m	h m
Oct. 1	4 57	4 56	4 55	4 53	4 51	4 49	4 47	4 45	4 42	4 38	4 34	4 29	4 24	4 17
5	5 01	5 01	5 00	4 58	4 57	4 56	4 54	4 52	4 50	4 47	4 44	4 40	4 36	4 31
9	5 05	5 05	5 04	5 04	5 03	5 02	5 01	4 59	4 58	4 56	4 54	4 51	4 48	4 44
13	5 09	5 09	5 09	5 09	5 08	5 08	5 07	5 07	5 06	5 05	5 03	5 01	4 59	4 57
17	5 13	5 14	5 14	5 14	5 14	5 14	5 14	5 14	5 14	5 13	5 13	5 12	5 11	5 09
21	5 17	5 18	5 19	5 19	5 20	5 20	5 21	5 21	5 21	5 22	5 22	5 22	5 22	5 22
25	5 21	5 22	5 23	5 24	5 25	5 26	5 27	5 28	5 29	5 30	5 31	5 32	5 33	5 34
29	5 25	5 27	5 28	5 30	5 31	5 32	5 34	5 35	5 37	5 38	5 40	5 42	5 43	5 45
Nov. 2	5 30	5 31	5 33	5 35	5 36	5 38	5 40	5 42	5 44	5 46	5 49	5 51	5 54	5 57
6	5 34	5 36	5 38	5 40	5 42	5 44	5 47	5 49	5 52	5 54	5 57	6 01	6 04	6 08
10	5 38	5 40	5 42	5 45	5 47	5 50	5 53	5 56	5 59	6 02	6 06	6 10	6 14	6 19
14	5 42	5 44	5 47	5 50	5 53	5 56	5 59	6 02	6 06	6 10	6 14	6 19	6 24	6 30
18	5 46	5 49	5 52	5 55	5 58	6 01	6 05	6 09	6 13	6 17	6 22	6 28	6 34	6 40
22	5 50	5 53	5 56	6 00	6 03	6 07	6 11	6 15	6 19	6 24	6 30	6 36	6 42	6 50
26	5 54	5 57	6 01	6 04	6 08	6 12	6 16	6 21	6 26	6 31	6 37	6 43	6 51	6 59
30	5 58	6 01	6 05	6 09	6 13	6 17	6 21	6 26	6 32	6 37	6 44	6 51	6 59	7 08
Dec. 4	6 01	6 05	6 09	6 13	6 17	6 21	6 26	6 31	6 37	6 43	6 50	6 57	7 06	7 15
8	6 05	6 08	6 12	6 17	6 21	6 26	6 31	6 36	6 42	6 48	6 55	7 03	7 12	7 22
12	6 08	6 12	6 16	6 20	6 24	6 29	6 34	6 40	6 46	6 52	7 00	7 08	7 17	7 28
16	6 10	6 14	6 19	6 23	6 28	6 32	6 38	6 43	6 49	6 56	7 04	7 12	7 21	7 32
20	6 13	6 17	6 21	6 25	6 30	6 35	6 40	6 46	6 52	6 59	7 06	7 15	7 24	7 36
24	6 15	6 19	6 23	6 27	6 32	6 37	6 42	6 48	6 54	7 01	7 08	7 17	7 26	7 38
28	6 16	6 20	6 24	6 29	6 33	6 38	6 44	6 49	6 55	7 02	7 09	7 18	7 27	7 38
32	6 17	6 21	6 25	6 30	6 34	6 39	6 44	6 50	6 56	7 02	7 09	7 18	7 27	7 37
36	6 18	6 22	6 26	6 30	6 34	6 39	6 44	6 49	6 55	7 01	7 08	7 16	7 25	7 35

END OF EVENING NAUTICAL TWILIGHT

Lat.	+40°	+42°	+44°	+46°	+48°	+50°	+52°	+54°	+56°	+58°	+60°	+62°	+64°	+66°
	h m	h m	h m	h m	h m	h m	h m	h m	h m	h m	h m	h m	h m	h m
Oct. 1	18 41	18 43	18 44	18 45	18 47	18 49	18 51	18 54	18 57	19 00	19 04	19 08	19 13	19 20
5	18 35	18 36	18 37	18 38	18 39	18 40	18 42	18 44	18 46	18 48	18 51	18 55	18 59	19 04
9	18 29	18 29	18 30	18 30	18 31	18 32	18 33	18 34	18 36	18 37	18 39	18 42	18 45	18 49
13	18 23	18 23	18 23	18 23	18 23	18 24	18 24	18 25	18 26	18 27	18 28	18 30	18 32	18 34
17	18 17	18 17	18 16	18 16	18 16	18 16	18 16	18 16	18 16	18 16	18 17	18 18	18 19	18 20
21	18 11	18 11	18 10	18 09	18 09	18 08	18 08	18 07	18 07	18 06	18 06	18 06	18 06	18 06
25	18 06	18 05	18 04	18 03	18 02	18 01	18 00	17 59	17 58	17 57	17 56	17 55	17 54	17 53
29	18 02	18 00	17 59	17 57	17 56	17 54	17 53	17 51	17 50	17 48	17 46	17 45	17 43	17 41
Nov. 2	17 57	17 55	17 54	17 52	17 50	17 48	17 46	17 44	17 42	17 40	17 37	17 35	17 32	17 29
6	17 53	17 51	17 49	17 47	17 45	17 42	17 40	17 37	17 35	17 32	17 29	17 25	17 22	17 18
10	17 50	17 47	17 45	17 42	17 40	17 37	17 34	17 31	17 28	17 25	17 21	17 17	17 12	17 07
14	17 46	17 44	17 41	17 38	17 35	17 32	17 29	17 26	17 22	17 18	17 14	17 09	17 04	16 58
18	17 44	17 41	17 38	17 35	17 32	17 28	17 25	17 21	17 17	17 12	17 07	17 02	16 56	16 49
22	17 42	17 39	17 35	17 32	17 28	17 25	17 21	17 17	17 12	17 07	17 02	16 56	16 49	16 41
26	17 40	17 37	17 33	17 30	17 26	17 22	17 18	17 13	17 08	17 03	16 57	16 50	16 43	16 34
30	17 39	17 36	17 32	17 28	17 24	17 20	17 15	17 10	17 05	16 59	16 53	16 46	16 38	16 29
Dec. 4	17 39	17 35	17 31	17 27	17 23	17 18	17 14	17 08	17 03	16 57	16 50	16 42	16 34	16 24
8	17 39	17 35	17 31	17 27	17 22	17 18	17 13	17 07	17 01	16 55	16 48	16 40	16 31	16 21
12	17 39	17 35	17 31	17 27	17 22	17 18	17 13	17 07	17 01	16 54	16 47	16 39	16 30	16 19
16	17 40	17 36	17 32	17 28	17 23	17 18	17 13	17 08	17 01	16 55	16 47	16 39	16 29	16 18
20	17 42	17 38	17 34	17 29	17 25	17 20	17 15	17 09	17 03	16 56	16 48	16 40	16 30	16 19
24	17 44	17 40	17 36	17 31	17 27	17 22	17 17	17 11	17 05	16 58	16 50	16 42	16 32	16 21
28	17 46	17 43	17 38	17 34	17 29	17 25	17 19	17 14	17 08	17 01	16 54	16 45	16 36	16 25
32	17 49	17 45	17 41	17 37	17 33	17 28	17 23	17 17	17 11	17 05	16 57	16 49	16 40	16 29
36	17 53	17 49	17 45	17 41	17 36	17 32	17 27	17 21	17 16	17 09	17 02	16 54	16 46	16 35

ASTRONOMICAL TWILIGHT, 2011

UNIVERSAL TIME FOR MERIDIAN OF GREENWICH
BEGINNING OF MORNING ASTRONOMICAL TWILIGHT

Lat.	−55°	−50°	−45°	−40°	−35°	−30°	−20°	−10°	0°	+10°	+20°	+30°	+35°	+40°
	h m	h m	h m	h m	h m	h m	h m	h m	h m	h m	h m	h m	h m	h m
Jan. −2	// //	// //	1 42	2 30	3 00	3 24	3 58	4 23	4 43	5 00	5 15	5 30	5 37	5 44
2	// //	// //	1 48	2 34	3 04	3 27	4 01	4 26	4 45	5 02	5 17	5 31	5 38	5 45
6	// //	// //	1 55	2 39	3 08	3 31	4 04	4 28	4 47	5 04	5 18	5 32	5 39	5 45
10	// //	// //	2 03	2 44	3 13	3 34	4 07	4 31	4 49	5 05	5 19	5 32	5 39	5 45
14	// //	0 51	2 11	2 50	3 18	3 39	4 10	4 33	4 51	5 07	5 20	5 33	5 39	5 45
18	// //	1 13	2 20	2 57	3 23	3 43	4 13	4 36	4 53	5 08	5 21	5 32	5 38	5 44
22	// //	1 31	2 29	3 04	3 28	3 48	4 17	4 38	4 55	5 09	5 21	5 32	5 37	5 42
26	// //	1 48	2 39	3 11	3 34	3 52	4 20	4 40	4 56	5 09	5 21	5 31	5 36	5 40
30	// //	2 03	2 48	3 18	3 40	3 57	4 23	4 42	4 57	5 10	5 20	5 29	5 34	5 38
Feb. 3	0 46	2 17	2 58	3 25	3 45	4 02	4 26	4 44	4 58	5 10	5 19	5 28	5 31	5 34
7	1 24	2 30	3 07	3 32	3 51	4 06	4 29	4 46	4 59	5 10	5 18	5 25	5 28	5 31
11	1 48	2 43	3 16	3 39	3 56	4 11	4 32	4 48	5 00	5 09	5 17	5 23	5 25	5 27
15	2 09	2 55	3 24	3 45	4 02	4 15	4 35	4 49	5 00	5 09	5 15	5 20	5 21	5 23
19	2 26	3 06	3 32	3 52	4 07	4 19	4 37	4 51	5 00	5 08	5 13	5 17	5 17	5 18
23	2 41	3 16	3 40	3 58	4 12	4 23	4 40	4 52	5 00	5 07	5 11	5 13	5 13	5 13
27	2 56	3 26	3 48	4 04	4 17	4 27	4 42	4 52	5 00	5 05	5 08	5 09	5 08	5 07
Mar. 3	3 09	3 36	3 55	4 10	4 21	4 30	4 44	4 53	4 59	5 04	5 05	5 05	5 04	5 01
7	3 21	3 45	4 02	4 15	4 25	4 34	4 46	4 54	4 59	5 02	5 02	5 00	4 58	4 55
11	3 32	3 53	4 09	4 20	4 29	4 37	4 47	4 54	4 58	5 00	4 59	4 56	4 53	4 49
15	3 43	4 01	4 15	4 25	4 33	4 40	4 49	4 54	4 57	4 58	4 56	4 51	4 47	4 42
19	3 53	4 09	4 21	4 30	4 37	4 43	4 50	4 54	4 56	4 55	4 52	4 46	4 41	4 35
23	4 02	4 17	4 27	4 35	4 41	4 45	4 51	4 54	4 55	4 53	4 49	4 41	4 35	4 28
27	4 11	4 24	4 33	4 39	4 44	4 48	4 52	4 54	4 53	4 51	4 45	4 36	4 29	4 21
31	4 20	4 30	4 38	4 43	4 48	4 50	4 54	4 54	4 52	4 48	4 41	4 31	4 23	4 14
Apr. 4	4 28	4 37	4 43	4 48	4 51	4 53	4 55	4 54	4 51	4 46	4 37	4 25	4 17	4 07

END OF EVENING ASTRONOMICAL TWILIGHT

Lat.	−55°	−50°	−45°	−40°	−35°	−30°	−20°	−10°	0°	+10°	+20°	+30°	+35°	+40°
	h m	h m	h m	h m	h m	h m	h m	h m	h m	h m	h m	h m	h m	h m
Jan. −2	// //	// //	22 21	21 34	21 03	20 40	20 06	19 41	19 21	19 04	18 49	18 34	18 27	18 20
2	// //	// //	22 19	21 34	21 03	20 41	20 07	19 42	19 22	19 06	18 51	18 37	18 30	18 23
6	// //	// //	22 15	21 32	21 03	20 41	20 08	19 43	19 24	19 08	18 53	18 40	18 33	18 26
10	// //	23 50	22 11	21 30	21 02	20 40	20 08	19 44	19 25	19 10	18 56	18 43	18 36	18 30
14	// //	23 22	22 05	21 27	21 00	20 39	20 08	19 45	19 27	19 11	18 58	18 45	18 39	18 33
18	// //	23 04	21 59	21 23	20 57	20 37	20 07	19 45	19 27	19 13	19 00	18 48	18 43	18 37
22	// //	22 48	21 52	21 18	20 54	20 35	20 06	19 45	19 28	19 14	19 02	18 51	18 46	18 41
26	// //	22 34	21 44	21 13	20 50	20 32	20 05	19 45	19 29	19 16	19 04	18 54	18 50	18 45
30	// //	22 20	21 36	21 07	20 46	20 29	20 03	19 44	19 29	19 17	19 06	18 57	18 53	18 49
Feb. 3	23 30	22 08	21 28	21 01	20 41	20 25	20 01	19 43	19 29	19 18	19 08	19 00	18 57	18 54
7	22 58	21 55	21 20	20 55	20 36	20 21	19 58	19 42	19 29	19 18	19 10	19 03	19 00	18 58
11	22 35	21 43	21 11	20 49	20 31	20 17	19 56	19 40	19 28	19 19	19 12	19 06	19 04	19 02
15	22 16	21 31	21 03	20 42	20 26	20 13	19 53	19 39	19 28	19 20	19 13	19 09	19 07	19 06
19	21 58	21 20	20 54	20 35	20 20	20 08	19 50	19 37	19 27	19 20	19 15	19 12	19 11	19 11
23	21 42	21 08	20 45	20 28	20 14	20 03	19 47	19 35	19 26	19 20	19 16	19 14	19 14	19 15
27	21 27	20 57	20 36	20 20	20 08	19 58	19 43	19 33	19 25	19 20	19 18	19 17	19 18	19 19
Mar. 3	21 13	20 46	20 28	20 13	20 02	19 53	19 40	19 31	19 24	19 21	19 19	19 20	19 21	19 23
7	20 59	20 36	20 19	20 06	19 56	19 48	19 36	19 28	19 23	19 21	19 20	19 22	19 25	19 28
11	20 46	20 25	20 10	19 59	19 50	19 43	19 33	19 26	19 22	19 21	19 21	19 25	19 28	19 32
15	20 33	20 15	20 02	19 52	19 44	19 38	19 29	19 24	19 21	19 21	19 23	19 28	19 32	19 37
19	20 21	20 05	19 53	19 45	19 38	19 33	19 25	19 21	19 20	19 21	19 24	19 30	19 35	19 41
23	20 09	19 55	19 45	19 38	19 32	19 27	19 22	19 19	19 19	19 21	19 25	19 33	19 39	19 46
27	19 58	19 46	19 37	19 31	19 26	19 22	19 18	19 17	19 17	19 21	19 26	19 36	19 42	19 51
31	19 47	19 37	19 30	19 24	19 20	19 18	19 15	19 14	19 16	19 21	19 28	19 39	19 46	19 56
Apr. 4	19 36	19 28	19 22	19 18	19 15	19 13	19 11	19 12	19 15	19 21	19 29	19 42	19 50	20 01

// // indicates continuous twilight.

UNIVERSAL TIME FOR MERIDIAN OF GREENWICH
BEGINNING OF MORNING ASTRONOMICAL TWILIGHT

Lat.	+40°	+42°	+44°	+46°	+48°	+50°	+52°	+54°	+56°	+58°	+60°	+62°	+64°	+66°
	h m	h m	h m	h m	h m	h m	h m	h m	h m	h m	h m	h m	h m	h m
Jan. −2	5 44	5 47	5 50	5 53	5 56	5 59	6 03	6 06	6 10	6 14	6 18	6 23	6 28	6 33
2	5 45	5 48	5 51	5 54	5 57	6 00	6 03	6 06	6 10	6 14	6 18	6 22	6 27	6 33
6	5 45	5 48	5 51	5 54	5 57	6 00	6 03	6 06	6 09	6 13	6 17	6 21	6 26	6 31
10	5 45	5 48	5 51	5 53	5 56	5 59	6 02	6 05	6 08	6 11	6 15	6 19	6 23	6 28
14	5 45	5 47	5 50	5 52	5 55	5 57	6 00	6 03	6 06	6 09	6 12	6 15	6 19	6 23
18	5 44	5 46	5 48	5 51	5 53	5 55	5 58	6 00	6 03	6 05	6 08	6 11	6 14	6 18
22	5 42	5 44	5 46	5 48	5 50	5 52	5 54	5 57	5 59	6 01	6 03	6 06	6 08	6 11
26	5 40	5 42	5 44	5 45	5 47	5 49	5 51	5 52	5 54	5 56	5 58	6 00	6 02	6 04
30	5 38	5 39	5 41	5 42	5 43	5 45	5 46	5 48	5 49	5 50	5 51	5 53	5 54	5 55
Feb. 3	5 34	5 36	5 37	5 38	5 39	5 40	5 41	5 42	5 43	5 44	5 44	5 45	5 45	5 46
7	5 31	5 32	5 33	5 34	5 34	5 35	5 35	5 36	5 36	5 36	5 36	5 36	5 36	5 35
11	5 27	5 28	5 28	5 29	5 29	5 29	5 29	5 29	5 29	5 28	5 28	5 27	5 26	5 24
15	5 23	5 23	5 23	5 23	5 23	5 23	5 22	5 22	5 21	5 20	5 18	5 17	5 15	5 12
19	5 18	5 18	5 17	5 17	5 17	5 16	5 15	5 14	5 12	5 11	5 09	5 06	5 03	4 59
23	5 13	5 12	5 12	5 11	5 10	5 09	5 07	5 05	5 03	5 01	4 58	4 54	4 50	4 45
27	5 07	5 06	5 05	5 04	5 03	5 01	4 59	4 57	4 54	4 51	4 47	4 42	4 37	4 30
Mar. 3	5 01	5 00	4 59	4 57	4 55	4 53	4 50	4 47	4 44	4 40	4 35	4 29	4 23	4 14
7	4 55	4 54	4 52	4 50	4 47	4 44	4 41	4 37	4 33	4 28	4 23	4 16	4 08	3 58
11	4 49	4 47	4 44	4 42	4 39	4 36	4 32	4 27	4 22	4 16	4 10	4 01	3 52	3 40
15	4 42	4 40	4 37	4 34	4 30	4 26	4 22	4 17	4 11	4 04	3 56	3 46	3 35	3 21
19	4 35	4 32	4 29	4 26	4 21	4 17	4 12	4 06	3 59	3 51	3 42	3 30	3 17	3 00
23	4 28	4 25	4 21	4 17	4 12	4 07	4 01	3 54	3 46	3 37	3 26	3 13	2 57	2 37
27	4 21	4 17	4 13	4 08	4 03	3 57	3 50	3 42	3 33	3 23	3 10	2 55	2 36	2 11
31	4 14	4 10	4 05	3 59	3 53	3 47	3 39	3 30	3 20	3 08	2 53	2 35	2 12	1 38
Apr. 4	4 07	4 02	3 56	3 50	3 44	3 36	3 28	3 18	3 06	2 52	2 35	2 13	1 44	0 50

END OF EVENING ASTRONOMICAL TWILIGHT

Lat.	+40°	+42°	+44°	+46°	+48°	+50°	+52°	+54°	+56°	+58°	+60°	+62°	+64°	+66°
	h m	h m	h m	h m	h m	h m	h m	h m	h m	h m	h m	h m	h m	h m
Jan. −2	18 20	18 17	18 14	18 11	18 08	18 05	18 02	17 58	17 54	17 50	17 46	17 41	17 36	17 31
2	18 23	18 20	18 17	18 14	18 11	18 08	18 05	18 02	17 58	17 54	17 50	17 46	17 41	17 36
6	18 26	18 24	18 21	18 18	18 15	18 12	18 09	18 06	18 02	17 59	17 55	17 51	17 46	17 41
10	18 30	18 27	18 25	18 22	18 19	18 16	18 13	18 10	18 07	18 04	18 00	17 57	17 52	17 48
14	18 33	18 31	18 29	18 26	18 24	18 21	18 18	18 16	18 13	18 10	18 07	18 03	17 59	17 56
18	18 37	18 35	18 33	18 31	18 28	18 26	18 24	18 21	18 19	18 16	18 13	18 10	18 07	18 04
22	18 41	18 39	18 37	18 35	18 33	18 31	18 29	18 27	18 25	18 23	18 20	18 18	18 15	18 13
26	18 45	18 44	18 42	18 40	18 38	18 37	18 35	18 33	18 31	18 30	18 28	18 26	18 24	18 22
30	18 49	18 48	18 46	18 45	18 44	18 42	18 41	18 40	18 38	18 37	18 36	18 35	18 34	18 33
Feb. 3	18 54	18 52	18 51	18 50	18 49	18 48	18 47	18 46	18 46	18 45	18 44	18 44	18 44	18 43
7	18 58	18 57	18 56	18 55	18 55	18 54	18 54	18 53	18 53	18 53	18 53	18 53	18 54	18 55
11	19 02	19 02	19 01	19 01	19 00	19 00	19 00	19 00	19 01	19 01	19 02	19 03	19 04	19 06
15	19 06	19 06	19 06	19 06	19 06	19 06	19 07	19 08	19 08	19 10	19 11	19 13	19 15	19 18
19	19 11	19 11	19 11	19 11	19 12	19 13	19 14	19 15	19 16	19 18	19 21	19 23	19 27	19 31
23	19 15	19 15	19 16	19 17	19 18	19 19	19 21	19 22	19 25	19 27	19 30	19 34	19 39	19 44
27	19 19	19 20	19 21	19 22	19 24	19 26	19 28	19 30	19 33	19 36	19 40	19 45	19 51	19 58
Mar. 3	19 23	19 25	19 26	19 28	19 30	19 32	19 35	19 38	19 42	19 46	19 51	19 57	20 04	20 12
7	19 28	19 30	19 31	19 34	19 36	19 39	19 42	19 46	19 51	19 56	20 02	20 09	20 17	20 27
11	19 32	19 34	19 37	19 39	19 42	19 46	19 50	19 54	20 00	20 06	20 13	20 21	20 31	20 43
15	19 37	19 39	19 42	19 45	19 49	19 53	19 58	20 03	20 09	20 16	20 24	20 34	20 46	21 01
19	19 41	19 44	19 48	19 51	19 56	20 00	20 06	20 12	20 19	20 27	20 37	20 48	21 02	21 20
23	19 46	19 49	19 53	19 57	20 02	20 08	20 14	20 21	20 29	20 38	20 50	21 03	21 20	21 41
27	19 51	19 55	19 59	20 04	20 09	20 15	20 22	20 30	20 40	20 50	21 03	21 19	21 39	22 06
31	19 56	20 00	20 05	20 10	20 16	20 23	20 31	20 40	20 51	21 03	21 18	21 37	22 02	22 38
Apr. 4	20 01	20 05	20 11	20 17	20 24	20 32	20 41	20 51	21 03	21 17	21 35	21 57	22 30	23 38

ASTRONOMICAL TWILIGHT, 2011

UNIVERSAL TIME FOR MERIDIAN OF GREENWICH
BEGINNING OF MORNING ASTRONOMICAL TWILIGHT

Lat.	−55°	−50°	−45°	−40°	−35°	−30°	−20°	−10°	0°	+10°	+20°	+30°	+35°	+40°
	h m	h m	h m	h m	h m	h m	h m	h m	h m	h m	h m	h m	h m	h m
Mar. 31	4 20	4 30	4 38	4 43	4 48	4 50	4 54	4 54	4 52	4 48	4 41	4 31	4 23	4 14
Apr. 4	4 28	4 37	4 43	4 48	4 51	4 53	4 55	4 54	4 51	4 46	4 37	4 25	4 17	4 07
8	4 36	4 43	4 48	4 52	4 54	4 55	4 56	4 54	4 49	4 43	4 34	4 20	4 11	3 59
12	4 44	4 49	4 53	4 56	4 57	4 57	4 56	4 53	4 48	4 41	4 30	4 15	4 05	3 52
16	4 51	4 55	4 58	4 59	5 00	5 00	4 57	4 53	4 47	4 38	4 26	4 09	3 58	3 45
20	4 58	5 01	5 02	5 03	5 03	5 02	4 58	4 53	4 46	4 36	4 23	4 04	3 52	3 37
24	5 05	5 07	5 07	5 07	5 05	5 04	4 59	4 53	4 44	4 33	4 19	3 59	3 46	3 30
28	5 12	5 12	5 11	5 10	5 08	5 06	5 00	4 53	4 43	4 31	4 16	3 54	3 40	3 23
May 2	5 18	5 17	5 16	5 13	5 11	5 08	5 01	4 53	4 42	4 29	4 13	3 50	3 35	3 16
6	5 24	5 22	5 20	5 17	5 14	5 10	5 02	4 53	4 41	4 28	4 10	3 45	3 29	3 09
10	5 30	5 27	5 24	5 20	5 16	5 12	5 03	4 53	4 41	4 26	4 07	3 41	3 24	3 03
14	5 36	5 32	5 28	5 23	5 19	5 14	5 04	4 53	4 40	4 25	4 05	3 37	3 19	2 57
18	5 41	5 36	5 31	5 26	5 21	5 16	5 06	4 54	4 40	4 23	4 02	3 34	3 15	2 51
22	5 46	5 40	5 35	5 29	5 24	5 18	5 07	4 54	4 40	4 22	4 00	3 31	3 11	2 46
26	5 51	5 44	5 38	5 32	5 26	5 20	5 08	4 55	4 40	4 22	3 59	3 28	3 08	2 41
30	5 55	5 48	5 41	5 35	5 28	5 22	5 09	4 55	4 40	4 21	3 58	3 26	3 05	2 37
June 3	5 59	5 51	5 44	5 37	5 30	5 24	5 10	4 56	4 40	4 21	3 57	3 24	3 02	2 33
7	6 02	5 54	5 46	5 39	5 32	5 25	5 12	4 57	4 40	4 21	3 56	3 23	3 00	2 31
11	6 05	5 56	5 48	5 41	5 34	5 27	5 13	4 58	4 41	4 21	3 56	3 22	2 59	2 29
15	6 07	5 58	5 50	5 42	5 35	5 28	5 14	4 59	4 42	4 22	3 56	3 22	2 59	2 28
19	6 08	5 59	5 51	5 44	5 36	5 29	5 15	5 00	4 43	4 22	3 57	3 22	2 59	2 28
23	6 09	6 00	5 52	5 45	5 37	5 30	5 16	5 00	4 43	4 23	3 58	3 23	3 00	2 28
27	6 10	6 01	5 53	5 45	5 38	5 31	5 17	5 01	4 44	4 24	3 59	3 24	3 01	2 30
July 1	6 09	6 01	5 53	5 45	5 38	5 31	5 17	5 02	4 45	4 25	4 00	3 26	3 03	2 32
5	6 08	6 00	5 52	5 45	5 38	5 31	5 18	5 03	4 46	4 27	4 02	3 28	3 06	2 35

END OF EVENING ASTRONOMICAL TWILIGHT

Lat.	−55°	−50°	−45°	−40°	−35°	−30°	−20°	−10°	0°	+10°	+20°	+30°	+35°	+40°
	h m	h m	h m	h m	h m	h m	h m	h m	h m	h m	h m	h m	h m	h m
Mar. 31	19 47	19 37	19 30	19 24	19 20	19 18	19 15	19 14	19 16	19 21	19 28	19 39	19 46	19 56
Apr. 4	19 36	19 28	19 22	19 18	19 15	19 13	19 11	19 12	19 15	19 21	19 29	19 42	19 50	20 01
8	19 26	19 19	19 15	19 12	19 09	19 08	19 08	19 10	19 14	19 21	19 31	19 45	19 54	20 06
12	19 17	19 11	19 08	19 06	19 04	19 04	19 05	19 08	19 14	19 21	19 32	19 48	19 58	20 11
16	19 07	19 03	19 01	19 00	18 59	19 00	19 02	19 07	19 13	19 22	19 34	19 51	20 02	20 16
20	18 58	18 56	18 55	18 54	18 55	18 56	18 59	19 05	19 12	19 22	19 36	19 54	20 07	20 22
24	18 50	18 49	18 49	18 49	18 50	18 52	18 57	19 04	19 12	19 23	19 38	19 58	20 11	20 28
28	18 42	18 42	18 43	18 44	18 46	18 49	18 55	19 02	19 12	19 24	19 40	20 01	20 16	20 33
May 2	18 35	18 36	18 38	18 40	18 43	18 46	18 53	19 01	19 12	19 25	19 42	20 05	20 20	20 39
6	18 28	18 30	18 33	18 36	18 39	18 43	18 51	19 00	19 12	19 26	19 44	20 09	20 25	20 45
10	18 22	18 25	18 29	18 32	18 36	18 40	18 49	19 00	19 12	19 27	19 46	20 12	20 30	20 51
14	18 16	18 20	18 25	18 29	18 34	18 38	18 48	18 59	19 13	19 28	19 49	20 16	20 34	20 57
18	18 11	18 16	18 21	18 26	18 31	18 36	18 47	18 59	19 13	19 30	19 51	20 20	20 39	21 03
22	18 07	18 13	18 18	18 24	18 29	18 35	18 46	18 59	19 14	19 31	19 53	20 23	20 43	21 09
26	18 03	18 09	18 16	18 22	18 28	18 34	18 46	18 59	19 14	19 33	19 55	20 26	20 47	21 14
30	18 00	18 07	18 14	18 20	18 27	18 33	18 46	19 00	19 15	19 34	19 58	20 29	20 51	21 19
June 3	17 57	18 05	18 12	18 19	18 26	18 32	18 46	19 00	19 16	19 35	20 00	20 32	20 55	21 24
7	17 55	18 04	18 11	18 18	18 25	18 32	18 46	19 01	19 17	19 37	20 01	20 35	20 58	21 28
11	17 54	18 03	18 11	18 18	18 25	18 32	18 46	19 01	19 18	19 38	20 03	20 37	21 00	21 31
15	17 54	18 03	18 11	18 18	18 26	18 33	18 47	19 02	19 19	19 39	20 04	20 39	21 02	21 33
19	17 54	18 03	18 11	18 19	18 26	18 33	18 48	19 03	19 20	19 40	20 06	20 40	21 04	21 35
23	17 55	18 04	18 12	18 20	18 27	18 34	18 49	19 04	19 21	19 41	20 06	20 41	21 05	21 36
27	17 56	18 05	18 13	18 21	18 28	18 35	18 50	19 05	19 22	19 42	20 07	20 41	21 05	21 36
July 1	17 59	18 07	18 15	18 22	18 29	18 36	18 51	19 06	19 22	19 42	20 07	20 41	21 04	21 35
5	18 01	18 09	18 17	18 24	18 31	18 38	18 52	19 06	19 23	19 42	20 07	20 41	21 03	21 33

UNIVERSAL TIME FOR MERIDIAN OF GREENWICH
BEGINNING OF MORNING ASTRONOMICAL TWILIGHT

Lat.	+40°	+42°	+44°	+46°	+48°	+50°	+52°	+54°	+56°	+58°	+60°	+62°	+64°	+66°
	h m	h m	h m	h m	h m	h m	h m	h m	h m	h m	h m	h m	h m	h m
Mar. 31	4 14	4 10	4 05	3 59	3 53	3 47	3 39	3 30	3 20	3 08	2 53	2 35	2 12	1 38
Apr. 4	4 07	4 02	3 56	3 50	3 44	3 36	3 28	3 18	3 06	2 52	2 35	2 13	1 44	0 50
8	3 59	3 54	3 48	3 41	3 34	3 25	3 16	3 04	2 51	2 35	2 15	1 48	1 05	// //
12	3 52	3 46	3 39	3 32	3 24	3 14	3 03	2 51	2 36	2 17	1 53	1 16	// //	// //
16	3 45	3 38	3 31	3 23	3 14	3 03	2 51	2 37	2 19	1 57	1 26	0 17	// //	// //
20	3 37	3 30	3 22	3 13	3 03	2 52	2 38	2 22	2 01	1 34	0 48	// //	// //	// //
24	3 30	3 22	3 14	3 04	2 53	2 40	2 25	2 06	1 41	1 05	// //	// //	// //	// //
28	3 23	3 14	3 05	2 54	2 42	2 28	2 11	1 49	1 18	0 07	// //	// //	// //	// //
May 2	3 16	3 07	2 57	2 45	2 32	2 16	1 56	1 30	0 47	// //	// //	// //	// //	// //
6	3 09	2 59	2 48	2 36	2 21	2 03	1 40	1 07	// //	// //	// //	// //	// //	// //
10	3 03	2 52	2 40	2 27	2 10	1 50	1 23	0 37	// //	// //	// //	// //	// //	// //
14	2 57	2 45	2 33	2 18	2 00	1 37	1 03	// //	// //	// //	// //	// //	// //	// //
18	2 51	2 39	2 25	2 09	1 49	1 22	0 38	// //	// //	// //	// //	// //	// //	// //
22	2 46	2 33	2 18	2 01	1 38	1 07	// //	// //	// //	// //	// //	// //	// //	// //
26	2 41	2 27	2 12	1 53	1 28	0 50	// //	// //	// //	// //	// //	// //	// //	// //
30	2 37	2 23	2 06	1 46	1 18	0 28	// //	// //	// //	// //	// //	// //	// //	// //
June 3	2 33	2 19	2 01	1 39	1 08	// //	// //	// //	// //	// //	// //	// //	// //	// //
7	2 31	2 15	1 57	1 34	0 59	// //	// //	// //	// //	// //	// //	// //	// //	// //
11	2 29	2 13	1 54	1 29	0 52	// //	// //	// //	// //	// //	// //	// //	// //	// //
15	2 28	2 12	1 52	1 27	0 45	// //	// //	// //	// //	// //	// //	// //	// //	□
19	2 28	2 11	1 52	1 25	0 42	// //	// //	// //	// //	// //	// //	// //	// //	□
23	2 28	2 12	1 52	1 26	0 42	// //	// //	// //	// //	// //	// //	// //	// //	□
27	2 30	2 14	1 54	1 28	0 46	// //	// //	// //	// //	// //	// //	// //	// //	□
July 1	2 32	2 16	1 57	1 32	0 53	// //	// //	// //	// //	// //	// //	// //	// //	// //
5	2 35	2 20	2 01	1 38	1 02	// //	// //	// //	// //	// //	// //	// //	// //	// //

END OF EVENING ASTRONOMICAL TWILIGHT

Lat.	+40°	+42°	+44°	+46°	+48°	+50°	+52°	+54°	+56°	+58°	+60°	+62°	+64°	+66°
	h m	h m	h m	h m	h m	h m	h m	h m	h m	h m	h m	h m	h m	h m
Mar. 31	19 56	20 00	20 05	20 10	20 16	20 23	20 31	20 40	20 51	21 03	21 18	21 37	22 02	22 38
Apr. 4	20 01	20 05	20 11	20 17	20 24	20 32	20 41	20 51	21 03	21 17	21 35	21 57	22 30	23 38
8	20 06	20 11	20 17	20 24	20 32	20 40	20 50	21 02	21 15	21 32	21 53	22 22	23 11	// //
12	20 11	20 17	20 24	20 31	20 40	20 49	21 00	21 13	21 29	21 49	22 14	22 54	// //	// //
16	20 16	20 23	20 30	20 39	20 48	20 59	21 11	21 26	21 44	22 07	22 41	// //	// //	// //
20	20 22	20 29	20 37	20 46	20 57	21 08	21 22	21 39	22 01	22 30	23 24	// //	// //	// //
24	20 28	20 35	20 44	20 54	21 06	21 19	21 34	21 54	22 20	23 00	// //	// //	// //	// //
28	20 33	20 42	20 52	21 02	21 15	21 30	21 47	22 10	22 43	// //	// //	// //	// //	// //
May 2	20 39	20 49	20 59	21 11	21 24	21 41	22 01	22 29	23 17	// //	// //	// //	// //	// //
6	20 45	20 55	21 06	21 19	21 34	21 53	22 17	22 52	// //	// //	// //	// //	// //	// //
10	20 51	21 02	21 14	21 28	21 45	22 06	22 34	23 27	// //	// //	// //	// //	// //	// //
14	20 57	21 09	21 22	21 37	21 55	22 19	22 54	// //	// //	// //	// //	// //	// //	// //
18	21 03	21 15	21 29	21 46	22 06	22 34	23 24	// //	// //	// //	// //	// //	// //	// //
22	21 09	21 22	21 36	21 54	22 17	22 50	// //	// //	// //	// //	// //	// //	// //	// //
26	21 14	21 28	21 43	22 03	22 28	23 09	// //	// //	// //	// //	// //	// //	// //	// //
30	21 19	21 33	21 50	22 11	22 39	23 35	// //	// //	// //	// //	// //	// //	// //	// //
June 3	21 24	21 38	21 56	22 18	22 50	// //	// //	// //	// //	// //	// //	// //	// //	// //
7	21 28	21 43	22 01	22 25	23 00	// //	// //	// //	// //	// //	// //	// //	// //	// //
11	21 31	21 47	22 06	22 31	23 09	// //	// //	// //	// //	// //	// //	// //	// //	// //
15	21 33	21 49	22 09	22 35	23 17	// //	// //	// //	// //	// //	// //	// //	// //	□
19	21 35	21 51	22 11	22 37	23 21	// //	// //	// //	// //	// //	// //	// //	// //	□
23	21 36	21 52	22 12	22 38	23 22	// //	// //	// //	// //	// //	// //	// //	// //	□
27	21 36	21 52	22 11	22 37	23 19	// //	// //	// //	// //	// //	// //	// //	// //	□
July 1	21 35	21 51	22 10	22 34	23 13	// //	// //	// //	// //	// //	// //	// //	// //	// //
5	21 33	21 48	22 07	22 30	23 05	// //	// //	// //	// //	// //	// //	// //	// //	// //

□ indicates Sun continuously above horizon.
// // indicates continuous twilight.

ASTRONOMICAL TWILIGHT, 2011

UNIVERSAL TIME FOR MERIDIAN OF GREENWICH

BEGINNING OF MORNING ASTRONOMICAL TWILIGHT

Lat.	−55°	−50°	−45°	−40°	−35°	−30°	−20°	−10°	0°	+10°	+20°	+30°	+35°	+40°
	h m	h m	h m	h m	h m	h m	h m	h m	h m	h m	h m	h m	h m	h m
July 1	6 09	6 01	5 53	5 45	5 38	5 31	5 17	5 02	4 45	4 25	4 00	3 26	3 03	2 32
5	6 08	6 00	5 52	5 45	5 38	5 31	5 18	5 03	4 46	4 27	4 02	3 28	3 06	2 35
9	6 06	5 59	5 51	5 44	5 38	5 31	5 18	5 03	4 47	4 28	4 04	3 31	3 08	2 39
13	6 04	5 57	5 50	5 43	5 37	5 31	5 18	5 04	4 48	4 29	4 06	3 33	3 12	2 44
17	6 01	5 54	5 48	5 42	5 36	5 30	5 17	5 04	4 49	4 30	4 08	3 36	3 16	2 48
21	5 57	5 51	5 45	5 40	5 34	5 28	5 17	5 04	4 49	4 32	4 10	3 40	3 20	2 54
25	5 53	5 47	5 42	5 37	5 32	5 27	5 16	5 04	4 50	4 33	4 12	3 43	3 24	2 59
29	5 48	5 43	5 39	5 34	5 30	5 25	5 15	5 04	4 50	4 34	4 14	3 46	3 28	3 05
Aug. 2	5 42	5 38	5 35	5 31	5 27	5 23	5 14	5 03	4 51	4 35	4 16	3 50	3 32	3 10
6	5 36	5 33	5 30	5 27	5 24	5 20	5 12	5 02	4 51	4 36	4 18	3 53	3 37	3 16
10	5 29	5 27	5 25	5 23	5 20	5 17	5 10	5 01	4 51	4 37	4 20	3 57	3 41	3 22
14	5 21	5 21	5 20	5 19	5 17	5 14	5 08	5 00	4 50	4 38	4 22	4 00	3 46	3 28
18	5 14	5 15	5 14	5 14	5 12	5 11	5 06	4 59	4 50	4 39	4 24	4 03	3 50	3 33
22	5 05	5 07	5 08	5 09	5 08	5 07	5 03	4 57	4 49	4 39	4 26	4 07	3 54	3 39
26	4 56	5 00	5 02	5 03	5 03	5 03	5 00	4 55	4 49	4 40	4 27	4 10	3 58	3 44
30	4 47	4 52	4 55	4 57	4 58	4 58	4 57	4 54	4 48	4 40	4 29	4 13	4 02	3 49
Sept. 3	4 37	4 44	4 48	4 51	4 53	4 54	4 54	4 51	4 47	4 40	4 30	4 16	4 06	3 54
7	4 27	4 35	4 41	4 45	4 48	4 49	4 51	4 49	4 46	4 40	4 31	4 18	4 10	3 59
11	4 17	4 26	4 33	4 38	4 42	4 44	4 47	4 47	4 45	4 40	4 32	4 21	4 13	4 04
15	4 06	4 17	4 26	4 32	4 36	4 39	4 43	4 45	4 43	4 40	4 34	4 24	4 17	4 08
19	3 54	4 08	4 18	4 25	4 30	4 34	4 40	4 42	4 42	4 40	4 35	4 26	4 20	4 13
23	3 43	3 58	4 09	4 18	4 24	4 29	4 36	4 39	4 41	4 39	4 36	4 29	4 24	4 17
27	3 31	3 48	4 01	4 11	4 18	4 24	4 32	4 37	4 39	4 39	4 37	4 31	4 27	4 21
Oct. 1	3 18	3 38	3 52	4 03	4 12	4 19	4 28	4 34	4 38	4 39	4 38	4 34	4 30	4 26
5	3 05	3 28	3 44	3 56	4 06	4 13	4 24	4 32	4 36	4 39	4 39	4 36	4 33	4 30

END OF EVENING ASTRONOMICAL TWILIGHT

Lat.	−55°	−50°	−45°	−40°	−35°	−30°	−20°	−10°	0°	+10°	+20°	+30°	+35°	+40°
	h m	h m	h m	h m	h m	h m	h m	h m	h m	h m	h m	h m	h m	h m
July 1	17 59	18 07	18 15	18 22	18 29	18 36	18 51	19 06	19 22	19 42	20 07	20 41	21 04	21 35
5	18 01	18 09	18 17	18 24	18 31	18 38	18 52	19 06	19 23	19 42	20 07	20 41	21 03	21 33
9	18 04	18 12	18 19	18 26	18 33	18 39	18 53	19 07	19 23	19 42	20 07	20 39	21 01	21 30
13	18 08	18 15	18 22	18 28	18 35	18 41	18 54	19 08	19 24	19 42	20 06	20 38	20 59	21 27
17	18 12	18 19	18 25	18 31	18 37	18 43	18 55	19 08	19 24	19 42	20 04	20 35	20 56	21 23
21	18 16	18 22	18 28	18 34	18 39	18 45	18 56	19 09	19 23	19 41	20 03	20 33	20 53	21 18
25	18 21	18 26	18 31	18 36	18 41	18 46	18 57	19 09	19 23	19 40	20 01	20 30	20 49	21 13
29	18 26	18 30	18 35	18 39	18 44	18 48	18 58	19 10	19 23	19 39	19 59	20 26	20 44	21 07
Aug. 2	18 31	18 35	18 38	18 42	18 46	18 50	18 59	19 10	19 22	19 37	19 56	20 22	20 39	21 01
6	18 37	18 39	18 42	18 45	18 48	18 52	19 00	19 10	19 21	19 35	19 53	20 18	20 34	20 55
10	18 43	18 44	18 46	18 48	18 51	18 54	19 01	19 10	19 20	19 33	19 50	20 13	20 29	20 48
14	18 49	18 49	18 50	18 51	18 53	18 56	19 02	19 09	19 19	19 31	19 47	20 09	20 23	20 41
18	18 55	18 54	18 54	18 55	18 56	18 58	19 03	19 09	19 18	19 29	19 44	20 04	20 17	20 34
22	19 02	18 59	18 58	18 58	18 58	19 00	19 03	19 09	19 16	19 27	19 40	19 59	20 11	20 26
26	19 09	19 05	19 03	19 01	19 01	19 01	19 04	19 08	19 15	19 24	19 36	19 53	20 05	20 19
30	19 16	19 10	19 07	19 05	19 04	19 03	19 05	19 08	19 14	19 21	19 32	19 48	19 58	20 11
Sept. 3	19 23	19 16	19 12	19 08	19 06	19 05	19 05	19 08	19 12	19 19	19 29	19 43	19 52	20 04
7	19 30	19 22	19 16	19 12	19 09	19 07	19 06	19 07	19 10	19 16	19 25	19 37	19 46	19 56
11	19 38	19 28	19 21	19 16	19 12	19 10	19 07	19 07	19 09	19 13	19 21	19 32	19 39	19 49
15	19 46	19 35	19 26	19 20	19 15	19 12	19 08	19 06	19 07	19 11	19 17	19 26	19 33	19 41
19	19 55	19 41	19 31	19 24	19 18	19 14	19 08	19 06	19 06	19 08	19 13	19 21	19 27	19 34
23	20 04	19 48	19 37	19 28	19 22	19 16	19 09	19 06	19 04	19 05	19 09	19 16	19 21	19 27
27	20 13	19 56	19 42	19 33	19 25	19 19	19 10	19 05	19 03	19 03	19 05	19 10	19 14	19 20
Oct. 1	20 23	20 03	19 48	19 37	19 28	19 22	19 12	19 05	19 02	19 01	19 02	19 05	19 09	19 13
5	20 34	20 11	19 55	19 42	19 32	19 24	19 13	19 05	19 01	18 58	18 58	19 01	19 03	19 06

UNIVERSAL TIME FOR MERIDIAN OF GREENWICH
BEGINNING OF MORNING ASTRONOMICAL TWILIGHT

Lat.	+40°	+42°	+44°	+46°	+48°	+50°	+52°	+54°	+56°	+58°	+60°	+62°	+64°	+66°
	h m	h m	h m	h m	h m	h m	h m	h m	h m	h m	h m	h m	h m	h m
July 1	2 32	2 16	1 57	1 32	0 53	// //	// //	// //	// //	// //	// //	// //	// //	// //
5	2 35	2 20	2 01	1 38	1 02	// //	// //	// //	// //	// //	// //	// //	// //	// //
9	2 39	2 24	2 07	1 44	1 12	// //	// //	// //	// //	// //	// //	// //	// //	// //
13	2 44	2 29	2 12	1 51	1 23	0 23	// //	// //	// //	// //	// //	// //	// //	// //
17	2 48	2 35	2 19	1 59	1 34	0 52	// //	// //	// //	// //	// //	// //	// //	// //
21	2 54	2 41	2 26	2 08	1 44	1 11	// //	// //	// //	// //	// //	// //	// //	// //
25	2 59	2 47	2 33	2 16	1 55	1 27	0 33	// //	// //	// //	// //	// //	// //	// //
29	3 05	2 53	2 40	2 25	2 06	1 42	1 05	// //	// //	// //	// //	// //	// //	// //
Aug. 2	3 10	3 00	2 47	2 33	2 16	1 55	1 26	0 24	// //	// //	// //	// //	// //	// //
6	3 16	3 06	2 55	2 42	2 26	2 08	1 43	1 06	// //	// //	// //	// //	// //	// //
10	3 22	3 13	3 02	2 50	2 36	2 19	1 58	1 30	0 36	// //	// //	// //	// //	// //
14	3 28	3 19	3 09	2 58	2 45	2 30	2 12	1 49	1 14	// //	// //	// //	// //	// //
18	3 33	3 25	3 16	3 06	2 55	2 41	2 25	2 05	1 38	0 54	// //	// //	// //	// //
22	3 39	3 31	3 23	3 14	3 03	2 51	2 37	2 19	1 57	1 26	0 15	// //	// //	// //
26	3 44	3 37	3 30	3 21	3 12	3 01	2 48	2 33	2 14	1 49	1 13	// //	// //	// //
30	3 49	3 43	3 36	3 28	3 20	3 10	2 58	2 45	2 29	2 08	1 41	0 56	// //	// //
Sept. 3	3 54	3 48	3 42	3 35	3 27	3 19	3 08	2 56	2 42	2 25	2 03	1 32	0 32	// //
7	3 59	3 54	3 48	3 42	3 35	3 27	3 18	3 07	2 55	2 40	2 21	1 57	1 22	// //
11	4 04	3 59	3 54	3 48	3 42	3 35	3 27	3 17	3 06	2 54	2 38	2 18	1 52	1 10
15	4 08	4 04	4 00	3 55	3 49	3 43	3 35	3 27	3 17	3 06	2 53	2 36	2 15	1 45
19	4 13	4 09	4 05	4 01	3 56	3 50	3 44	3 36	3 28	3 18	3 06	2 52	2 35	2 12
23	4 17	4 14	4 10	4 07	4 02	3 57	3 52	3 45	3 38	3 29	3 19	3 07	2 52	2 33
27	4 21	4 19	4 16	4 12	4 08	4 04	3 59	3 54	3 47	3 40	3 31	3 21	3 08	2 53
Oct. 1	4 26	4 23	4 21	4 18	4 15	4 11	4 07	4 02	3 56	3 50	3 43	3 34	3 23	3 10
5	4 30	4 28	4 26	4 23	4 21	4 18	4 14	4 10	4 05	4 00	3 54	3 46	3 37	3 26

END OF EVENING ASTRONOMICAL TWILIGHT

	+40°	+42°	+44°	+46°	+48°	+50°	+52°	+54°	+56°	+58°	+60°	+62°	+64°	+66°
	h m	h m	h m	h m	h m	h m	h m	h m	h m	h m	h m	h m	h m	h m
July 1	21 35	21 51	22 10	22 34	23 13	// //	// //	// //	// //	// //	// //	// //	// //	// //
5	21 33	21 48	22 07	22 30	23 05	// //	// //	// //	// //	// //	// //	// //	// //	// //
9	21 30	21 45	22 03	22 25	22 56	// //	// //	// //	// //	// //	// //	// //	// //	// //
13	21 27	21 41	21 58	22 19	22 46	23 39	// //	// //	// //	// //	// //	// //	// //	// //
17	21 23	21 36	21 52	22 11	22 36	23 16	// //	// //	// //	// //	// //	// //	// //	// //
21	21 18	21 31	21 46	22 04	22 26	22 58	// //	// //	// //	// //	// //	// //	// //	// //
25	21 13	21 25	21 39	21 55	22 16	22 43	23 30	// //	// //	// //	// //	// //	// //	// //
29	21 07	21 18	21 31	21 47	22 05	22 28	23 03	// //	// //	// //	// //	// //	// //	// //
Aug. 2	21 01	21 12	21 24	21 38	21 54	22 15	22 43	23 33	// //	// //	// //	// //	// //	// //
6	20 55	21 04	21 16	21 28	21 43	22 02	22 25	23 00	// //	// //	// //	// //	// //	// //
10	20 48	20 57	21 07	21 19	21 33	21 49	22 09	22 37	23 23	// //	// //	// //	// //	// //
14	20 41	20 49	20 59	21 10	21 22	21 37	21 54	22 17	22 49	// //	// //	// //	// //	// //
18	20 34	20 41	20 50	21 00	21 11	21 25	21 40	22 00	22 25	23 05	// //	// //	// //	// //
22	20 26	20 33	20 42	20 51	21 01	21 13	21 27	21 44	22 05	22 34	23 27	// //	// //	// //
26	20 19	20 25	20 33	20 41	20 50	21 01	21 14	21 28	21 47	22 10	22 43	// //	// //	// //
30	20 11	20 17	20 24	20 32	20 40	20 50	21 01	21 14	21 30	21 49	22 15	22 55	// //	// //
Sept. 3	20 04	20 09	20 15	20 22	20 30	20 39	20 49	21 00	21 14	21 31	21 52	22 20	23 10	// //
7	19 56	20 01	20 07	20 13	20 20	20 28	20 37	20 47	20 59	21 13	21 31	21 54	22 27	23 38
11	19 49	19 53	19 58	20 04	20 10	20 17	20 25	20 34	20 45	20 57	21 12	21 31	21 56	22 34
15	19 41	19 45	19 50	19 55	20 00	20 07	20 14	20 22	20 31	20 42	20 55	21 11	21 31	21 59
19	19 34	19 38	19 42	19 46	19 51	19 56	20 03	20 10	20 18	20 27	20 39	20 52	21 09	21 31
23	19 27	19 30	19 33	19 37	19 42	19 46	19 52	19 58	20 05	20 14	20 23	20 35	20 49	21 07
27	19 20	19 23	19 25	19 29	19 32	19 37	19 41	19 47	19 53	20 00	20 09	20 19	20 31	20 46
Oct. 1	19 13	19 15	19 18	19 21	19 24	19 27	19 31	19 36	19 41	19 48	19 55	20 03	20 14	20 26
5	19 06	19 08	19 10	19 13	19 15	19 18	19 22	19 26	19 30	19 35	19 42	19 49	19 58	20 08

// // indicates continuous twilight.

ASTRONOMICAL TWILIGHT, 2011

UNIVERSAL TIME FOR MERIDIAN OF GREENWICH
BEGINNING OF MORNING ASTRONOMICAL TWILIGHT

Lat.	−55°	−50°	−45°	−40°	−35°	−30°	−20°	−10°	0°	+10°	+20°	+30°	+35°	+40°
	h m	h m	h m	h m	h m	h m	h m	h m	h m	h m	h m	h m	h m	h m
Oct. 1	3 18	3 38	3 52	4 03	4 12	4 19	4 28	4 34	4 38	4 39	4 38	4 34	4 30	4 26
5	3 05	3 28	3 44	3 56	4 06	4 13	4 24	4 32	4 36	4 39	4 39	4 36	4 33	4 30
9	2 52	3 17	3 35	3 49	3 59	4 08	4 21	4 29	4 35	4 38	4 40	4 38	4 37	4 34
13	2 38	3 06	3 26	3 41	3 53	4 03	4 17	4 27	4 34	4 38	4 41	4 41	4 40	4 38
17	2 23	2 55	3 17	3 34	3 47	3 58	4 13	4 24	4 33	4 38	4 42	4 43	4 43	4 42
21	2 07	2 44	3 08	3 27	3 41	3 52	4 10	4 22	4 31	4 38	4 43	4 46	4 46	4 46
25	1 50	2 32	3 00	3 20	3 35	3 48	4 07	4 20	4 30	4 38	4 44	4 48	4 49	4 50
29	1 32	2 20	2 51	3 13	3 29	3 43	4 03	4 18	4 30	4 39	4 45	4 51	4 53	4 54
Nov. 2	1 11	2 08	2 42	3 06	3 24	3 38	4 00	4 17	4 29	4 39	4 47	4 53	4 56	4 58
6	0 45	1 56	2 33	2 59	3 19	3 34	3 58	4 15	4 29	4 39	4 48	4 56	4 59	5 02
10	// //	1 43	2 25	2 53	3 14	3 30	3 55	4 14	4 28	4 40	4 50	4 59	5 02	5 06
14	// //	1 30	2 17	2 47	3 09	3 27	3 53	4 13	4 28	4 41	4 52	5 01	5 06	5 10
18	// //	1 17	2 09	2 42	3 05	3 24	3 52	4 12	4 29	4 42	4 54	5 04	5 09	5 14
22	// //	1 02	2 02	2 37	3 02	3 21	3 50	4 12	4 29	4 43	4 56	5 07	5 12	5 18
26	// //	0 45	1 55	2 32	2 59	3 19	3 50	4 12	4 30	4 45	4 58	5 10	5 16	5 21
30	// //	0 25	1 49	2 29	2 56	3 18	3 49	4 12	4 31	4 46	5 00	5 13	5 19	5 25
Dec. 4	// //	// //	1 44	2 26	2 55	3 16	3 49	4 13	4 32	4 48	5 02	5 15	5 22	5 29
8	// //	// //	1 40	2 24	2 53	3 16	3 49	4 14	4 33	4 50	5 04	5 18	5 25	5 32
12	// //	// //	1 37	2 23	2 53	3 16	3 50	4 15	4 35	4 52	5 07	5 21	5 28	5 35
16	// //	// //	1 35	2 23	2 54	3 17	3 51	4 17	4 37	4 54	5 09	5 23	5 30	5 37
20	// //	// //	1 36	2 24	2 55	3 18	3 53	4 18	4 39	4 56	5 11	5 25	5 33	5 40
24	// //	// //	1 37	2 25	2 57	3 20	3 55	4 20	4 41	4 58	5 13	5 27	5 35	5 42
28	// //	// //	1 41	2 28	3 00	3 23	3 57	4 23	4 43	5 00	5 15	5 29	5 36	5 43
32	// //	// //	1 46	2 32	3 03	3 26	4 00	4 25	4 45	5 01	5 16	5 30	5 37	5 45
36	// //	// //	1 53	2 37	3 07	3 29	4 03	4 27	4 47	5 03	5 18	5 32	5 38	5 45

END OF EVENING ASTRONOMICAL TWILIGHT

	h m	h m	h m	h m	h m	h m	h m	h m	h m	h m	h m	h m	h m	h m
Oct. 1	20 23	20 03	19 48	19 37	19 28	19 22	19 12	19 05	19 02	19 01	19 02	19 05	19 09	19 13
5	20 34	20 11	19 55	19 42	19 32	19 24	19 13	19 05	19 01	18 58	18 58	19 01	19 03	19 06
9	20 45	20 20	20 01	19 47	19 36	19 27	19 14	19 06	19 00	18 56	18 55	18 56	18 58	19 00
13	20 58	20 28	20 08	19 52	19 40	19 31	19 16	19 06	18 59	18 54	18 52	18 51	18 52	18 54
17	21 11	20 38	20 15	19 58	19 45	19 34	19 18	19 07	18 58	18 53	18 49	18 47	18 47	18 48
21	21 25	20 48	20 22	20 04	19 49	19 38	19 20	19 07	18 58	18 51	18 46	18 43	18 43	18 43
25	21 41	20 58	20 30	20 10	19 54	19 41	19 22	19 08	18 58	18 50	18 44	18 40	18 38	18 38
29	22 00	21 09	20 38	20 16	19 59	19 45	19 25	19 09	18 58	18 49	18 42	18 36	18 34	18 33
Nov. 2	22 21	21 21	20 47	20 23	20 04	19 49	19 27	19 11	18 58	18 48	18 40	18 34	18 31	18 29
6	22 50	21 34	20 56	20 29	20 09	19 54	19 30	19 12	18 59	18 48	18 39	18 31	18 28	18 25
10	// //	21 47	21 04	20 36	20 15	19 58	19 33	19 14	18 59	18 47	18 37	18 29	18 25	18 21
14	// //	22 01	21 14	20 43	20 20	20 02	19 36	19 16	19 00	18 48	18 37	18 27	18 23	18 18
18	// //	22 17	21 23	20 50	20 26	20 07	19 39	19 18	19 02	18 48	18 36	18 26	18 21	18 16
22	// //	22 34	21 32	20 57	20 31	20 11	19 42	19 20	19 03	18 49	18 36	18 25	18 19	18 14
26	// //	22 54	21 41	21 03	20 36	20 16	19 45	19 23	19 05	18 50	18 36	18 24	18 18	18 13
30	// //	23 19	21 50	21 09	20 41	20 20	19 48	19 25	19 06	18 51	18 37	18 24	18 18	18 12
Dec. 4	// //	// //	21 58	21 15	20 46	20 24	19 51	19 27	19 08	18 52	18 38	18 25	18 18	18 11
8	// //	// //	22 05	21 20	20 50	20 28	19 54	19 30	19 10	18 54	18 39	18 25	18 18	18 12
12	// //	// //	22 11	21 25	20 54	20 31	19 57	19 32	19 12	18 55	18 40	18 26	18 19	18 12
16	// //	// //	22 16	21 29	20 57	20 34	20 00	19 34	19 14	18 57	18 42	18 28	18 21	18 13
20	// //	// //	22 19	21 31	21 00	20 36	20 02	19 36	19 16	18 59	18 44	18 29	18 22	18 15
24	// //	// //	22 21	21 33	21 02	20 38	20 04	19 38	19 18	19 01	18 46	18 31	18 24	18 17
28	// //	// //	22 21	21 34	21 03	20 40	20 05	19 40	19 20	19 03	18 48	18 34	18 27	18 19
32	// //	// //	22 20	21 34	21 03	20 40	20 07	19 42	19 22	19 05	18 50	18 36	18 29	18 22
36	// //	// //	22 17	21 33	21 03	20 41	20 07	19 43	19 24	19 07	18 53	18 39	18 32	18 25

// // indicates continuous twilight.

UNIVERSAL TIME FOR MERIDIAN OF GREENWICH
BEGINNING OF MORNING ASTRONOMICAL TWILIGHT

Lat.	+40°	+42°	+44°	+46°	+48°	+50°	+52°	+54°	+56°	+58°	+60°	+62°	+64°	+66°
	h m	h m	h m	h m	h m	h m	h m	h m	h m	h m	h m	h m	h m	h m
Oct. 1	4 26	4 23	4 21	4 18	4 15	4 11	4 07	4 02	3 56	3 50	3 43	3 34	3 23	3 10
5	4 30	4 28	4 26	4 23	4 21	4 18	4 14	4 10	4 05	4 00	3 54	3 46	3 37	3 26
9	4 34	4 32	4 31	4 29	4 27	4 24	4 21	4 18	4 14	4 09	4 04	3 58	3 50	3 41
13	4 38	4 37	4 36	4 34	4 32	4 30	4 28	4 25	4 22	4 19	4 14	4 09	4 03	3 55
17	4 42	4 41	4 40	4 39	4 38	4 37	4 35	4 33	4 30	4 27	4 24	4 20	4 15	4 09
21	4 46	4 46	4 45	4 45	4 44	4 43	4 42	4 40	4 38	4 36	4 33	4 30	4 26	4 22
25	4 50	4 50	4 50	4 50	4 49	4 49	4 48	4 47	4 46	4 45	4 43	4 40	4 38	4 34
29	4 54	4 54	4 55	4 55	4 55	4 55	4 55	4 54	4 54	4 53	4 52	4 50	4 49	4 46
Nov. 2	4 58	4 59	4 59	5 00	5 00	5 01	5 01	5 01	5 01	5 01	5 01	5 00	4 59	4 58
6	5 02	5 03	5 04	5 05	5 06	5 07	5 07	5 08	5 08	5 09	5 09	5 09	5 09	5 09
10	5 06	5 07	5 09	5 10	5 11	5 12	5 13	5 14	5 15	5 16	5 17	5 18	5 19	5 19
14	5 10	5 12	5 13	5 15	5 16	5 18	5 19	5 21	5 22	5 24	5 25	5 27	5 28	5 30
18	5 14	5 16	5 18	5 19	5 21	5 23	5 25	5 27	5 29	5 31	5 33	5 35	5 37	5 39
22	5 18	5 20	5 22	5 24	5 26	5 28	5 31	5 33	5 35	5 38	5 40	5 43	5 46	5 49
26	5 21	5 24	5 26	5 28	5 31	5 33	5 36	5 38	5 41	5 44	5 47	5 50	5 53	5 57
30	5 25	5 28	5 30	5 33	5 35	5 38	5 41	5 44	5 47	5 50	5 53	5 57	6 01	6 05
Dec. 4	5 29	5 31	5 34	5 37	5 39	5 42	5 45	5 48	5 52	5 55	5 59	6 03	6 07	6 12
8	5 32	5 35	5 37	5 40	5 43	5 46	5 50	5 53	5 56	6 00	6 04	6 08	6 13	6 18
12	5 35	5 38	5 41	5 44	5 47	5 50	5 53	5 57	6 00	6 04	6 08	6 13	6 18	6 23
16	5 37	5 40	5 43	5 47	5 50	5 53	5 56	6 00	6 04	6 08	6 12	6 17	6 22	6 28
20	5 40	5 43	5 46	5 49	5 52	5 56	5 59	6 03	6 06	6 11	6 15	6 20	6 25	6 31
24	5 42	5 45	5 48	5 51	5 54	5 58	6 01	6 05	6 08	6 13	6 17	6 22	6 27	6 33
28	5 43	5 46	5 49	5 52	5 56	5 59	6 02	6 06	6 10	6 14	6 18	6 23	6 28	6 33
32	5 45	5 47	5 50	5 53	5 56	6 00	6 03	6 06	6 10	6 14	6 18	6 23	6 28	6 33
36	5 45	5 48	5 51	5 54	5 57	6 00	6 03	6 06	6 10	6 13	6 17	6 22	6 26	6 31

END OF EVENING ASTRONOMICAL TWILIGHT

Lat.	+40°	+42°	+44°	+46°	+48°	+50°	+52°	+54°	+56°	+58°	+60°	+62°	+64°	+66°
	h m	h m	h m	h m	h m	h m	h m	h m	h m	h m	h m	h m	h m	h m
Oct. 1	19 13	19 15	19 18	19 21	19 24	19 27	19 31	19 36	19 41	19 48	19 55	20 03	20 14	20 26
5	19 06	19 08	19 10	19 13	19 15	19 18	19 22	19 26	19 30	19 35	19 42	19 49	19 58	20 08
9	19 00	19 01	19 03	19 05	19 07	19 09	19 12	19 16	19 19	19 24	19 29	19 35	19 42	19 51
13	18 54	18 55	18 56	18 58	18 59	19 01	19 03	19 06	19 09	19 13	19 17	19 22	19 28	19 35
17	18 48	18 49	18 50	18 51	18 52	18 53	18 55	18 57	18 59	19 02	19 05	19 09	19 14	19 20
21	18 43	18 43	18 43	18 44	18 45	18 46	18 47	18 48	18 50	18 52	18 54	18 57	19 01	19 06
25	18 38	18 38	18 38	18 38	18 38	18 38	18 39	18 40	18 41	18 42	18 44	18 46	18 49	18 52
29	18 33	18 33	18 32	18 32	18 32	18 32	18 32	18 32	18 33	18 33	18 34	18 36	18 37	18 40
Nov. 2	18 29	18 28	18 27	18 27	18 26	18 26	18 25	18 25	18 25	18 25	18 25	18 26	18 27	18 28
6	18 25	18 24	18 23	18 22	18 21	18 20	18 19	18 18	18 18	18 17	18 17	18 17	18 17	18 17
10	18 21	18 20	18 19	18 17	18 16	18 15	18 14	18 13	18 11	18 10	18 09	18 09	18 08	18 07
14	18 18	18 17	18 15	18 13	18 12	18 10	18 09	18 07	18 06	18 04	18 03	18 01	17 59	17 58
18	18 16	18 14	18 12	18 10	18 08	18 06	18 05	18 03	18 01	17 59	17 56	17 54	17 52	17 50
22	18 14	18 12	18 10	18 08	18 05	18 03	18 01	17 59	17 56	17 54	17 51	17 49	17 46	17 43
26	18 13	18 10	18 08	18 06	18 03	18 01	17 58	17 55	17 53	17 50	17 47	17 44	17 40	17 36
30	18 12	18 09	18 07	18 04	18 01	17 59	17 56	17 53	17 50	17 47	17 43	17 40	17 36	17 31
Dec. 4	18 11	18 09	18 06	18 03	18 00	17 57	17 54	17 51	17 48	17 44	17 41	17 37	17 32	17 28
8	18 12	18 09	18 06	18 03	18 00	17 57	17 54	17 50	17 47	17 43	17 39	17 35	17 30	17 25
12	18 12	18 09	18 06	18 03	18 00	17 57	17 54	17 50	17 47	17 43	17 38	17 34	17 29	17 23
16	18 13	18 10	18 07	18 04	18 01	17 58	17 54	17 51	17 47	17 43	17 39	17 34	17 29	17 23
20	18 15	18 12	18 09	18 06	18 03	17 59	17 56	17 52	17 48	17 44	17 40	17 35	17 30	17 24
24	18 17	18 14	18 11	18 08	18 05	18 01	17 58	17 54	17 50	17 46	17 42	17 37	17 32	17 26
28	18 19	18 17	18 14	18 10	18 07	18 04	18 01	17 57	17 53	17 49	17 45	17 40	17 35	17 30
32	18 22	18 19	18 16	18 13	18 10	18 07	18 04	18 00	17 57	17 53	17 49	17 44	17 39	17 34
36	18 25	18 23	18 20	18 17	18 14	18 11	18 08	18 04	18 01	17 57	17 53	17 49	17 44	17 39

MOONRISE AND MOONSET, 2011

UNIVERSAL TIME FOR MERIDIAN OF GREENWICH

MOONRISE

Lat.	−55°	−50°	−45°	−40°	−35°	−30°	−20°	−10°	0°	+10°	+20°	+30°	+35°	+40°
	h m	h m	h m	h m	h m	h m	h m	h m	h m	h m	h m	h m	h m	h m
Jan. 0	0 05	0 28	0 46	1 01	1 14	1 25	1 44	2 01	2 16	2 32	2 49	3 08	3 20	3 33
1	0 39	1 07	1 28	1 46	2 00	2 13	2 35	2 54	3 12	3 30	3 49	4 12	4 25	4 40
2	1 24	1 55	2 18	2 37	2 53	3 06	3 29	3 50	4 09	4 27	4 48	5 11	5 25	5 41
3	2 22	2 53	3 16	3 34	3 50	4 03	4 26	4 46	5 05	5 23	5 43	6 06	6 19	6 35
4	3 30	3 58	4 19	4 36	4 50	5 02	5 23	5 41	5 58	6 15	6 33	6 54	7 06	7 20
5	4 45	5 07	5 25	5 39	5 51	6 01	6 19	6 35	6 49	7 04	7 19	7 37	7 47	7 59
6	6 00	6 17	6 30	6 41	6 51	6 59	7 13	7 25	7 37	7 48	8 00	8 14	8 22	8 31
7	7 14	7 26	7 35	7 43	7 49	7 55	8 05	8 13	8 21	8 29	8 38	8 47	8 53	8 59
8	8 27	8 33	8 38	8 42	8 46	8 49	8 54	8 59	9 03	9 08	9 13	9 18	9 21	9 25
9	9 38	9 39	9 40	9 40	9 41	9 42	9 43	9 43	9 44	9 45	9 46	9 47	9 48	9 48
10	10 48	10 44	10 41	10 38	10 36	10 34	10 30	10 27	10 25	10 22	10 19	10 16	10 14	10 12
11	11 58	11 49	11 42	11 36	11 31	11 26	11 19	11 12	11 05	10 59	10 52	10 45	10 41	10 36
12	13 10	12 56	12 45	12 35	12 27	12 20	12 08	11 58	11 48	11 38	11 28	11 16	11 09	11 02
13	14 24	14 04	13 48	13 36	13 25	13 16	13 00	12 46	12 33	12 20	12 06	11 50	11 41	11 31
14	15 38	15 12	14 53	14 37	14 24	14 13	13 53	13 36	13 21	13 05	12 48	12 29	12 18	12 05
15	16 49	16 20	15 57	15 40	15 24	15 11	14 49	14 30	14 12	13 55	13 36	13 14	13 01	12 47
16	17 54	17 23	16 59	16 40	16 24	16 10	15 47	15 26	15 08	14 49	14 29	14 05	13 52	13 36
17	18 48	18 17	17 54	17 36	17 20	17 07	16 44	16 24	16 05	15 47	15 27	15 04	14 50	14 35
18	19 29	19 02	18 42	18 26	18 12	18 00	17 39	17 21	17 04	16 47	16 29	16 08	15 55	15 41
19	19 59	19 38	19 22	19 09	18 58	18 48	18 31	18 16	18 02	17 48	17 33	17 15	17 05	16 53
20	20 22	20 08	19 56	19 47	19 39	19 32	19 19	19 08	18 58	18 48	18 37	18 24	18 16	18 08
21	20 40	20 32	20 26	20 20	20 16	20 11	20 04	19 58	19 52	19 46	19 39	19 32	19 28	19 23
22	20 56	20 54	20 53	20 51	20 50	20 49	20 47	20 46	20 44	20 43	20 41	20 39	20 38	20 37
23	21 12	21 16	21 19	21 21	21 24	21 26	21 29	21 33	21 36	21 39	21 42	21 46	21 48	21 51
24	21 28	21 38	21 46	21 52	21 58	22 03	22 12	22 20	22 27	22 34	22 42	22 52	22 57	23 03

MOONSET

	−55°	−50°	−45°	−40°	−35°	−30°	−20°	−10°	0°	+10°	+20°	+30°	+35°	+40°
	h m	h m	h m	h m	h m	h m	h m	h m	h m	h m	h m	h m	h m	h m
Jan. 0	17 10	16 43	16 22	16 05	15 51	15 39	15 18	15 00	14 43	14 26	14 08	13 47	13 35	13 21
1	18 22	17 51	17 28	17 10	16 54	16 40	16 18	15 58	15 39	15 20	15 01	14 38	14 24	14 09
2	19 20	18 49	18 26	18 07	17 52	17 38	17 15	16 54	16 36	16 17	15 56	15 33	15 19	15 03
3	20 04	19 36	19 14	18 57	18 42	18 30	18 08	17 49	17 31	17 13	16 54	16 31	16 18	16 03
4	20 36	20 12	19 54	19 39	19 26	19 15	18 56	18 39	18 23	18 07	17 50	17 31	17 19	17 06
5	20 59	20 41	20 26	20 14	20 04	19 55	19 39	19 25	19 12	18 59	18 45	18 29	18 20	18 09
6	21 17	21 04	20 53	20 45	20 37	20 30	20 18	20 08	19 58	19 49	19 38	19 26	19 19	19 11
7	21 31	21 23	21 17	21 11	21 06	21 02	20 55	20 48	20 42	20 36	20 29	20 21	20 17	20 11
8	21 44	21 41	21 38	21 36	21 34	21 32	21 29	21 26	21 23	21 21	21 18	21 14	21 13	21 10
9	21 56	21 57	21 58	21 59	22 00	22 00	22 02	22 03	22 04	22 05	22 06	22 07	22 08	22 08
10	22 07	22 14	22 18	22 23	22 26	22 29	22 35	22 40	22 44	22 49	22 54	22 59	23 02	23 06
11	22 20	22 31	22 40	22 47	22 54	22 59	23 09	23 18	23 26	23 34	23 42	23 52	23 58	.. ..
12	22 36	22 52	23 04	23 15	23 24	23 32	23 46	23 58	.. ..	.. ..	.. ..	.. ..	.. ..	0 04
13	22 55	23 16	23 33	23 46	23 58	.. ..	.. ..	.. ..	0 09	0 20	0 33	0 47	0 55	1 04
14	23 21	23 47	.. ..	.. ..	.. ..	0 08	0 26	0 41	0 55	1 10	1 25	1 43	1 53	2 05
15	23 57	.. ..	0 07	0 24	0 37	0 50	1 10	1 28	1 45	2 02	2 20	2 41	2 53	3 07
16	.. ..	0 27	0 50	1 09	1 24	1 37	2 00	2 20	2 38	2 57	3 17	3 40	3 53	4 08
17	0 48	1 20	1 43	2 02	2 18	2 32	2 56	3 16	3 35	3 54	4 14	4 37	4 51	5 07
18	1 54	2 24	2 47	3 05	3 20	3 33	3 56	4 15	4 33	4 51	5 10	5 32	5 45	6 00
19	3 15	3 40	3 59	4 15	4 28	4 39	4 59	5 16	5 32	5 47	6 04	6 23	6 34	6 46
20	4 43	5 02	5 17	5 29	5 39	5 48	6 03	6 16	6 29	6 41	6 54	7 09	7 17	7 27
21	6 14	6 26	6 36	6 44	6 51	6 56	7 07	7 16	7 24	7 32	7 41	7 50	7 56	8 02
22	7 45	7 51	7 55	7 58	8 02	8 04	8 09	8 13	8 17	8 21	8 24	8 29	8 31	8 34
23	9 15	9 14	9 13	9 12	9 12	9 11	9 10	9 09	9 09	9 08	9 07	9 06	9 05	9 05
24	10 43	10 36	10 30	10 25	10 21	10 17	10 11	10 05	10 00	9 55	9 49	9 43	9 39	9 35

.. .. indicates phenomenon will occur the next day.

UNIVERSAL TIME FOR MERIDIAN OF GREENWICH
MOONRISE

Lat.	+40°	+42°	+44°	+46°	+48°	+50°	+52°	+54°	+56°	+58°	+60°	+62°	+64°	+66°
	h m	h m	h m	h m	h m	h m	h m	h m	h m	h m	h m	h m	h m	h m
Jan. 0	3 33	3 39	3 45	3 52	4 00	4 08	4 17	4 28	4 40	4 53	5 09	5 29	5 53	6 27
1	4 40	4 47	4 54	5 02	5 11	5 20	5 31	5 44	5 58	6 14	6 34	6 59	7 34	8 39
2	5 41	5 48	5 56	6 04	6 14	6 24	6 35	6 48	7 03	7 21	7 43	8 11	8 52	■
3	6 35	6 42	6 49	6 57	7 06	7 16	7 27	7 39	7 54	8 10	8 31	8 56	9 31	10 35
4	7 20	7 27	7 33	7 41	7 48	7 57	8 07	8 18	8 30	8 44	9 00	9 21	9 46	10 21
5	7 59	8 04	8 09	8 15	8 22	8 29	8 37	8 46	8 55	9 06	9 19	9 34	9 52	10 14
6	8 31	8 35	8 39	8 44	8 49	8 54	9 00	9 07	9 14	9 22	9 31	9 42	9 54	10 09
7	8 59	9 02	9 05	9 08	9 12	9 15	9 19	9 24	9 29	9 34	9 40	9 47	9 55	10 04
8	9 25	9 26	9 28	9 29	9 31	9 33	9 36	9 38	9 41	9 43	9 47	9 50	9 55	9 59
9	9 48	9 49	9 49	9 49	9 50	9 50	9 50	9 51	9 51	9 52	9 53	9 53	9 54	9 55
10	10 12	10 11	10 10	10 09	10 08	10 06	10 05	10 04	10 02	10 00	9 58	9 56	9 54	9 51
11	10 36	10 34	10 31	10 29	10 26	10 23	10 20	10 17	10 13	10 09	10 04	9 59	9 53	9 46
12	11 02	10 58	10 55	10 51	10 47	10 42	10 37	10 32	10 26	10 19	10 12	10 03	9 54	9 42
13	11 31	11 27	11 22	11 16	11 11	11 05	10 58	10 50	10 42	10 33	10 22	10 10	9 55	9 38
14	12 05	12 00	11 54	11 47	11 40	11 32	11 24	11 14	11 04	10 51	10 37	10 20	10 00	9 33
15	12 47	12 40	12 33	12 25	12 17	12 08	11 58	11 46	11 33	11 18	11 00	10 38	10 10	9 28
16	13 36	13 29	13 21	13 13	13 04	12 54	12 43	12 30	12 16	11 59	11 38	11 12	10 35	9 19
17	14 35	14 28	14 20	14 12	14 03	13 53	13 42	13 29	13 15	12 57	12 37	12 10	11 33	10 10
18	15 41	15 35	15 28	15 21	15 12	15 03	14 53	14 42	14 29	14 15	13 57	13 35	13 07	12 25
19	16 53	16 48	16 43	16 37	16 30	16 23	16 15	16 06	15 56	15 45	15 31	15 15	14 56	14 32
20	18 08	18 04	18 00	17 56	17 51	17 46	17 41	17 35	17 28	17 20	17 11	17 01	16 49	16 34
21	19 23	19 21	19 19	19 16	19 14	19 11	19 08	19 04	19 00	18 56	18 51	18 46	18 39	18 32
22	20 37	20 37	20 36	20 36	20 35	20 34	20 34	20 33	20 32	20 31	20 30	20 29	20 27	20 26
23	21 51	21 52	21 53	21 54	21 56	21 57	21 59	22 01	22 03	22 05	22 07	22 10	22 14	22 17
24	23 03	23 06	23 09	23 12	23 15	23 19	23 23	23 27	23 32	23 38	23 44	23 51	23 59	.. ..

MOONSET

Lat.	+40°	+42°	+44°	+46°	+48°	+50°	+52°	+54°	+56°	+58°	+60°	+62°	+64°	+66°
	h m	h m	h m	h m	h m	h m	h m	h m	h m	h m	h m	h m	h m	h m
Jan. 0	13 21	13 15	13 08	13 01	12 53	12 44	12 35	12 24	12 12	11 58	11 41	11 21	10 56	10 21
1	14 09	14 02	13 54	13 46	13 37	13 27	13 16	13 04	12 49	12 33	12 13	11 47	11 12	10 07
2	15 03	14 56	14 48	14 40	14 31	14 20	14 09	13 56	13 41	13 23	13 01	12 33	11 53	■
3	16 03	15 56	15 49	15 41	15 32	15 22	15 12	14 59	14 45	14 29	14 09	13 44	13 09	12 05
4	17 06	17 00	16 53	16 46	16 39	16 30	16 21	16 11	15 59	15 45	15 29	15 10	14 45	14 10
5	18 09	18 04	17 59	17 53	17 47	17 41	17 33	17 25	17 16	17 05	16 53	16 39	16 22	16 00
6	19 11	19 08	19 04	19 00	18 55	18 50	18 45	18 39	18 33	18 25	18 17	18 07	17 56	17 42
7	20 11	20 09	20 07	20 04	20 01	19 58	19 55	19 51	19 47	19 43	19 38	19 32	19 25	19 17
8	21 10	21 09	21 08	21 07	21 06	21 05	21 03	21 02	21 00	20 58	20 56	20 54	20 51	20 48
9	22 08	22 09	22 09	22 09	22 10	22 10	22 11	22 11	22 12	22 12	22 13	22 14	22 15	22 16
10	23 06	23 08	23 09	23 11	23 13	23 15	23 18	23 20	23 23	23 26	23 30	23 34	23 39	23 44
11	.. ..	.. ..	.. ..	.. ..	.. ..	.. ..	.. ..	.. ..	.. ..	.. ..	.. ..	.. ..	.. ..	.. ..
12	0 04	0 07	0 10	0 14	0 17	0 21	0 25	0 30	0 35	0 41	0 48	0 55	1 04	1 15
13	1 04	1 08	1 13	1 17	1 23	1 28	1 34	1 41	1 49	1 58	2 08	2 19	2 33	2 50
14	2 05	2 11	2 16	2 22	2 29	2 37	2 45	2 54	3 04	3 16	3 29	3 46	4 06	4 31
15	3 07	3 13	3 20	3 28	3 36	3 45	3 54	4 06	4 18	4 33	4 51	5 12	5 40	6 22
16	4 08	4 15	4 23	4 31	4 40	4 50	5 01	5 13	5 28	5 45	6 05	6 31	7 08	8 24
17	5 07	5 14	5 21	5 30	5 39	5 49	6 00	6 13	6 27	6 45	7 05	7 32	8 09	9 32
18	6 00	6 06	6 13	6 21	6 29	6 39	6 49	7 00	7 14	7 29	7 47	8 09	8 38	9 21
19	6 46	6 52	6 58	7 04	7 11	7 19	7 28	7 37	7 47	8 00	8 13	8 30	8 50	9 15
20	7 27	7 31	7 36	7 40	7 46	7 51	7 58	8 05	8 12	8 21	8 31	8 42	8 55	9 11
21	8 02	8 05	8 08	8 11	8 14	8 18	8 22	8 27	8 31	8 37	8 43	8 50	8 57	9 06
22	8 34	8 35	8 37	8 38	8 40	8 41	8 43	8 45	8 47	8 49	8 52	8 55	8 58	9 02
23	9 05	9 04	9 04	9 04	9 03	9 03	9 02	9 02	9 01	9 01	9 00	9 00	8 59	8 58
24	9 35	9 33	9 31	9 29	9 27	9 24	9 22	9 19	9 16	9 12	9 08	9 04	8 59	8 53

■ indicates Moon continuously below horizon.
.. .. indicates phenomenon will occur the next day.

MOONRISE AND MOONSET, 2011
UNIVERSAL TIME FOR MERIDIAN OF GREENWICH
MOONRISE

Lat.	−55°	−50°	−45°	−40°	−35°	−30°	−20°	−10°	0°	+10°	+20°	+30°	+35°	+40°
	h m	h m	h m	h m	h m	h m	h m	h m	h m	h m	h m	h m	h m	h m
Jan. 23	21 12	21 16	21 19	21 21	21 24	21 26	21 29	21 33	21 36	21 39	21 42	21 46	21 48	21 51
24	21 28	21 38	21 46	21 52	21 58	22 03	22 12	22 20	22 27	22 34	22 42	22 52	22 57	23 03
25	21 47	22 02	22 15	22 25	22 34	22 42	22 56	23 08	23 19	23 31	23 43	23 57	.. ..	.. ..
26	22 10	22 32	22 48	23 02	23 14	23 24	23 42	23 58	.. ..	.. ..	.. ..	.. ..	0 05	0 15
27	22 41	23 07	23 28	23 44	23 59	.. ..	.. ..	.. ..	0 13	0 28	0 43	1 02	1 13	1 25
28	23 21	23 52	.. ..	.. ..	.. ..	0 11	0 32	0 50	1 08	1 25	1 44	2 05	2 18	2 32
29	.. ..	.. ..	0 14	0 33	0 48	1 02	1 25	1 45	2 03	2 22	2 42	3 05	3 19	3 35
30	0 14	0 45	1 09	1 27	1 43	1 57	2 20	2 40	2 58	3 17	3 37	4 01	4 14	4 30
31	1 18	1 47	2 09	2 26	2 41	2 54	3 16	3 35	3 52	4 10	4 29	4 50	5 03	5 17
Feb. 1	2 30	2 54	3 13	3 28	3 41	3 52	4 11	4 28	4 43	4 59	5 15	5 34	5 45	5 58
2	3 44	4 03	4 18	4 30	4 41	4 50	5 05	5 19	5 31	5 44	5 58	6 13	6 22	6 32
3	4 58	5 12	5 23	5 32	5 39	5 46	5 57	6 07	6 17	6 26	6 36	6 47	6 54	7 01
4	6 11	6 19	6 26	6 32	6 36	6 40	6 48	6 54	7 00	7 06	7 12	7 19	7 23	7 28
5	7 23	7 26	7 28	7 30	7 32	7 34	7 36	7 39	7 41	7 43	7 46	7 49	7 50	7 52
6	8 33	8 31	8 29	8 28	8 27	8 26	8 24	8 23	8 22	8 20	8 19	8 17	8 17	8 16
7	9 43	9 36	9 31	9 26	9 22	9 18	9 12	9 07	9 02	8 57	8 52	8 46	8 43	8 39
8	10 54	10 42	10 32	10 24	10 17	10 11	10 01	9 52	9 44	9 35	9 27	9 17	9 11	9 04
9	12 06	11 48	11 35	11 23	11 14	11 05	10 51	10 39	10 27	10 15	10 03	9 49	9 41	9 32
10	13 18	12 55	12 38	12 23	12 11	12 01	11 43	11 27	11 13	10 58	10 43	10 25	10 15	10 04
11	14 29	14 02	13 41	13 24	13 10	12 57	12 37	12 18	12 02	11 45	11 27	11 06	10 54	10 41
12	15 36	15 05	14 42	14 23	14 08	13 55	13 32	13 12	12 54	12 35	12 16	11 53	11 40	11 25
13	16 34	16 02	15 39	15 20	15 04	14 51	14 27	14 07	13 49	13 30	13 10	12 47	12 33	12 17
14	17 20	16 51	16 30	16 12	15 57	15 44	15 22	15 03	14 45	14 28	14 08	13 46	13 33	13 18
15	17 55	17 32	17 13	16 58	16 46	16 34	16 15	15 59	15 43	15 27	15 11	14 51	14 40	14 27
16	18 22	18 04	17 51	17 39	17 29	17 20	17 05	16 52	16 40	16 28	16 14	15 59	15 50	15 40

MOONSET

Lat.	−55°	−50°	−45°	−40°	−35°	−30°	−20°	−10°	0°	+10°	+20°	+30°	+35°	+40°
	h m	h m	h m	h m	h m	h m	h m	h m	h m	h m	h m	h m	h m	h m
Jan. 23	9 15	9 14	9 13	9 12	9 12	9 11	9 10	9 09	9 09	9 08	9 07	9 06	9 05	9 05
24	10 43	10 36	10 30	10 25	10 21	10 17	10 11	10 05	10 00	9 55	9 49	9 43	9 39	9 35
25	12 11	11 57	11 46	11 37	11 30	11 23	11 11	11 01	10 52	10 42	10 32	10 21	10 14	10 07
26	13 37	13 17	13 01	12 48	12 38	12 28	12 12	11 58	11 44	11 31	11 17	11 01	10 52	10 41
27	14 59	14 33	14 13	13 58	13 44	13 32	13 12	12 55	12 39	12 23	12 05	11 46	11 34	11 21
28	16 13	15 43	15 21	15 03	14 47	14 34	14 12	13 52	13 34	13 16	12 57	12 34	12 21	12 06
29	17 15	16 44	16 20	16 02	15 46	15 32	15 09	14 49	14 30	14 11	13 51	13 27	13 14	12 58
30	18 03	17 33	17 11	16 53	16 38	16 25	16 02	15 43	15 25	15 06	14 46	14 24	14 10	13 55
31	18 38	18 13	17 53	17 37	17 24	17 12	16 51	16 34	16 17	16 00	15 42	15 22	15 10	14 56
Feb. 1	19 04	18 43	18 27	18 14	18 03	17 53	17 36	17 21	17 07	16 53	16 37	16 20	16 10	15 58
2	19 23	19 08	18 56	18 46	18 37	18 30	18 16	18 05	17 54	17 43	17 31	17 17	17 09	17 00
3	19 39	19 29	19 21	19 14	19 08	19 03	18 53	18 45	18 38	18 30	18 22	18 12	18 07	18 01
4	19 52	19 47	19 43	19 39	19 36	19 33	19 28	19 24	19 20	19 16	19 11	19 06	19 03	19 00
5	20 04	20 04	20 03	20 03	20 03	20 02	20 02	20 01	20 01	20 00	20 00	19 59	19 59	19 58
6	20 16	20 20	20 24	20 26	20 29	20 31	20 35	20 38	20 41	20 44	20 48	20 51	20 54	20 56
7	20 29	20 38	20 45	20 51	20 56	21 00	21 08	21 15	21 22	21 29	21 36	21 44	21 49	21 54
8	20 43	20 57	21 08	21 17	21 25	21 32	21 44	21 54	22 04	22 14	22 25	22 37	22 44	22 53
9	21 00	21 19	21 34	21 46	21 57	22 06	22 22	22 36	22 49	23 02	23 16	23 32	23 41	23 52
10	21 23	21 47	22 05	22 20	22 33	22 44	23 03	23 20	23 36	23 52	.. ..	.. ..	.. ..	.. ..
11	21 53	22 21	22 43	23 00	23 15	23 28	23 50	.. ..	.. ..	.. ..	0 08	0 28	0 39	0 52
12	22 35	23 06	23 30	23 48	.. ..	.. ..	.. ..	0 08	0 26	0 44	1 03	1 25	1 38	1 53
13	23 32	.. ..	.. ..	.. ..	0 04	0 18	0 41	1 01	1 20	1 38	1 58	2 22	2 35	2 51
14	.. ..	0 03	0 27	0 45	1 01	1 14	1 37	1 57	2 16	2 34	2 54	3 17	3 30	3 45
15	0 44	1 12	1 33	1 50	2 04	2 17	2 38	2 56	3 13	3 30	3 48	4 08	4 20	4 34
16	2 08	2 30	2 47	3 01	3 13	3 23	3 41	3 56	4 10	4 24	4 39	4 56	5 06	5 17

.. .. indicates phenomenon will occur the next day.

UNIVERSAL TIME FOR MERIDIAN OF GREENWICH
MOONRISE

Lat.	+40°	+42°	+44°	+46°	+48°	+50°	+52°	+54°	+56°	+58°	+60°	+62°	+64°	+66°
	h m	h m	h m	h m	h m	h m	h m	h m	h m	h m	h m	h m	h m	h m
Jan. 23	21 51	21 52	21 53	21 54	21 56	21 57	21 59	22 01	22 03	22 05	22 07	22 10	22 14	22 17
24	23 03	23 06	23 09	23 12	23 15	23 19	23 23	23 27	23 32	23 38	23 44	23 51	23 59	.. ..
25	.. ..	.. ..	.. ..	.. ..	.. ..	.. ..	.. ..	.. ..	.. ..	.. ..	.. ..	.. ..	.. ..	0 09
26	0 15	0 19	0 24	0 28	0 34	0 39	0 46	0 53	1 01	1 10	1 20	1 32	1 46	2 03
27	1 25	1 31	1 37	1 43	1 50	1 58	2 06	2 16	2 27	2 39	2 54	3 11	3 33	4 02
28	2 32	2 39	2 46	2 54	3 02	3 11	3 22	3 33	3 47	4 02	4 21	4 45	5 16	6 06
29	3 35	3 42	3 49	3 58	4 07	4 17	4 28	4 41	4 56	5 13	5 35	6 02	6 42	■
30	4 30	4 37	4 45	4 53	5 02	5 12	5 23	5 36	5 50	6 08	6 29	6 55	7 33	9 02
31	5 17	5 24	5 31	5 39	5 47	5 56	6 06	6 18	6 31	6 46	7 03	7 25	7 54	8 36
Feb. 1	5 58	6 03	6 09	6 16	6 23	6 31	6 39	6 49	6 59	7 11	7 25	7 42	8 03	8 29
2	6 32	6 36	6 41	6 46	6 52	6 58	7 05	7 12	7 20	7 29	7 40	7 52	8 06	8 23
3	7 01	7 05	7 08	7 12	7 16	7 20	7 25	7 30	7 36	7 42	7 50	7 58	8 08	8 19
4	7 28	7 30	7 32	7 34	7 37	7 39	7 42	7 45	7 49	7 53	7 57	8 02	8 08	8 14
5	7 52	7 53	7 54	7 55	7 56	7 57	7 58	7 59	8 00	8 02	8 03	8 05	8 08	8 10
6	8 16	8 15	8 15	8 14	8 14	8 13	8 12	8 12	8 11	8 10	8 09	8 08	8 07	8 06
7	8 39	8 38	8 36	8 34	8 32	8 30	8 27	8 25	8 22	8 19	8 15	8 11	8 07	8 02
8	9 04	9 02	8 59	8 55	8 52	8 48	8 44	8 39	8 34	8 29	8 22	8 15	8 07	7 58
9	9 32	9 28	9 24	9 19	9 14	9 09	9 03	8 56	8 49	8 41	8 31	8 21	8 08	7 54
10	10 04	9 58	9 53	9 47	9 40	9 33	9 26	9 17	9 08	8 57	8 44	8 29	8 12	7 50
11	10 41	10 35	10 28	10 21	10 13	10 05	9 55	9 45	9 33	9 19	9 03	8 43	8 19	7 46
12	11 25	11 18	11 11	11 03	10 54	10 44	10 34	10 22	10 08	9 52	9 32	9 08	8 36	7 43
13	12 17	12 10	12 03	11 54	11 45	11 35	11 24	11 12	10 57	10 40	10 19	9 53	9 15	7 50
14	13 18	13 12	13 05	12 57	12 48	12 39	12 28	12 16	12 02	11 46	11 27	11 03	10 30	9 35
15	14 27	14 21	14 15	14 08	14 00	13 52	13 43	13 33	13 22	13 09	12 53	12 34	12 11	11 39
16	15 40	15 35	15 31	15 25	15 20	15 13	15 07	14 59	14 50	14 41	14 30	14 17	14 01	13 42

MOONSET

Lat.	+40°	+42°	+44°	+46°	+48°	+50°	+52°	+54°	+56°	+58°	+60°	+62°	+64°	+66°
	h m	h m	h m	h m	h m	h m	h m	h m	h m	h m	h m	h m	h m	h m
Jan. 23	9 05	9 04	9 04	9 04	9 03	9 03	9 02	9 02	9 01	9 01	9 00	9 00	8 59	8 58
24	9 35	9 33	9 31	9 29	9 27	9 24	9 22	9 19	9 16	9 12	9 08	9 04	8 59	8 53
25	10 07	10 03	10 00	9 56	9 52	9 48	9 43	9 38	9 32	9 25	9 18	9 10	9 00	8 49
26	10 41	10 37	10 32	10 26	10 21	10 14	10 07	10 00	9 51	9 41	9 30	9 17	9 02	8 44
27	11 21	11 15	11 09	11 02	10 54	10 46	10 37	10 27	10 16	10 03	9 48	9 30	9 07	8 38
28	12 06	11 59	11 52	11 44	11 36	11 26	11 16	11 04	10 50	10 34	10 15	9 51	9 20	8 29
29	12 58	12 51	12 43	12 35	12 25	12 15	12 04	11 51	11 36	11 18	10 57	10 30	9 50	■
30	13 55	13 48	13 40	13 32	13 23	13 13	13 02	12 50	12 35	12 18	11 57	11 31	10 54	9 24
31	14 56	14 49	14 42	14 35	14 27	14 18	14 08	13 57	13 45	13 30	13 12	12 51	12 23	11 41
Feb. 1	15 58	15 53	15 47	15 41	15 34	15 27	15 19	15 10	15 00	14 48	14 34	14 18	13 58	13 33
2	17 00	16 56	16 51	16 47	16 42	16 36	16 30	16 23	16 16	16 07	15 57	15 46	15 33	15 16
3	18 01	17 58	17 55	17 52	17 48	17 44	17 40	17 36	17 31	17 25	17 19	17 12	17 03	16 53
4	19 00	18 59	18 57	18 55	18 53	18 51	18 49	18 47	18 44	18 41	18 38	18 34	18 30	18 25
5	19 58	19 58	19 58	19 58	19 57	19 57	19 57	19 57	19 56	19 56	19 56	19 55	19 55	19 54
6	20 56	20 57	20 58	21 00	21 01	21 02	21 04	21 06	21 08	21 10	21 12	21 15	21 18	21 22
7	21 54	21 56	21 59	22 02	22 05	22 08	22 11	22 15	22 19	22 24	22 29	22 35	22 42	22 51
8	22 53	22 56	23 00	23 04	23 09	23 14	23 19	23 25	23 32	23 39	23 47	23 57	.. ..	.. ..
9	23 52	23 57	.. ..	.. ..	.. ..	.. ..	.. ..	.. ..	.. ..	.. ..	.. ..	.. ..	0 09	0 23
10	.. ..	.. ..	0 02	0 08	0 14	0 20	0 28	0 36	0 45	0 55	1 07	1 21	1 38	1 59
11	0 52	0 58	1 05	1 11	1 19	1 27	1 36	1 46	1 58	2 11	2 27	2 46	3 10	3 42
12	1 53	1 59	2 06	2 14	2 23	2 32	2 43	2 54	3 08	3 24	3 43	4 07	4 39	5 32
13	2 51	2 58	3 05	3 14	3 23	3 33	3 44	3 56	4 11	4 28	4 49	5 15	5 53	7 18
14	3 45	3 52	3 59	4 07	4 16	4 26	4 37	4 49	5 03	5 19	5 38	6 03	6 36	7 31
15	4 34	4 40	4 47	4 54	5 02	5 10	5 20	5 30	5 42	5 56	6 12	6 31	6 55	7 28
16	5 17	5 22	5 28	5 34	5 40	5 46	5 54	6 02	6 11	6 22	6 34	6 47	7 04	7 24

■ indicates Moon continuously below horizon.
.. .. indicates phenomenon will occur the next day.

MOONRISE AND MOONSET, 2011

UNIVERSAL TIME FOR MERIDIAN OF GREENWICH

MOONRISE

Lat.	−55°	−50°	−45°	−40°	−35°	−30°	−20°	−10°	0°	+10°	+20°	+30°	+35°	+40°
	h m	h m	h m	h m	h m	h m	h m	h m	h m	h m	h m	h m	h m	h m
Feb. 15	17 55	17 32	17 13	16 58	16 46	16 34	16 15	15 59	15 43	15 27	15 11	14 51	14 40	14 27
16	18 22	18 04	17 51	17 39	17 29	17 20	17 05	16 52	16 40	16 28	16 14	15 59	15 50	15 40
17	18 43	18 32	18 23	18 15	18 09	18 03	17 53	17 44	17 36	17 27	17 18	17 08	17 02	16 56
18	19 01	18 56	18 52	18 48	18 45	18 43	18 38	18 34	18 30	18 26	18 22	18 18	18 15	18 12
19	19 17	19 18	19 19	19 20	19 20	19 21	19 22	19 23	19 24	19 24	19 25	19 27	19 27	19 28
20	19 34	19 41	19 47	19 52	19 56	19 59	20 06	20 12	20 17	20 23	20 28	20 35	20 39	20 44
21	19 53	20 06	20 16	20 25	20 33	20 39	20 51	21 01	21 11	21 21	21 31	21 44	21 51	21 59
22	20 15	20 34	20 49	21 02	21 13	21 22	21 38	21 53	22 06	22 20	22 34	22 51	23 01	23 12
23	20 44	21 09	21 28	21 43	21 57	22 08	22 28	22 46	23 02	23 19	23 36	23 57	.. ..	.. ..
24	21 22	21 51	22 13	22 31	22 46	22 59	23 21	23 41	23 59	.. ..	.. ..	.. ..	0 09	0 23
25	22 11	22 42	23 05	23 24	23 39	23 53	.. ..	.. ..	.. ..	0 17	0 37	0 59	1 12	1 28
26	23 12	23 41	.. ..	.. ..	.. ..	.. ..	0 16	0 36	0 55	1 13	1 33	1 56	2 10	2 26
27	.. ..	.. ..	0 04	0 21	0 36	0 49	1 12	1 31	1 49	2 07	2 26	2 48	3 01	3 16
28	0 21	0 46	1 06	1 22	1 35	1 47	2 07	2 24	2 40	2 56	3 14	3 33	3 45	3 58
Mar. 1	1 33	1 54	2 10	2 23	2 34	2 44	3 01	3 15	3 29	3 42	3 57	4 13	4 23	4 34
2	2 47	3 02	3 14	3 24	3 33	3 40	3 53	4 04	4 15	4 25	4 36	4 49	4 56	5 04
3	3 59	4 09	4 17	4 24	4 30	4 35	4 43	4 51	4 58	5 05	5 13	5 21	5 26	5 32
4	5 11	5 15	5 19	5 23	5 26	5 28	5 32	5 36	5 40	5 43	5 47	5 51	5 54	5 56
5	6 21	6 21	6 21	6 21	6 21	6 21	6 20	6 20	6 20	6 20	6 20	6 20	6 20	6 20
6	7 31	7 26	7 22	7 18	7 15	7 13	7 08	7 05	7 01	6 57	6 54	6 49	6 47	6 44
7	8 41	8 31	8 23	8 16	8 11	8 05	7 57	7 49	7 42	7 35	7 28	7 19	7 14	7 09
8	9 52	9 37	9 25	9 15	9 06	8 59	8 46	8 35	8 25	8 14	8 03	7 51	7 44	7 36
9	11 04	10 43	10 27	10 14	10 03	9 53	9 37	9 23	9 09	8 56	8 42	8 26	8 16	8 06
10	12 14	11 49	11 30	11 14	11 00	10 49	10 29	10 12	9 56	9 40	9 24	9 04	8 53	8 40
11	13 21	12 52	12 30	12 12	11 58	11 45	11 23	11 04	10 46	10 28	10 10	9 48	9 35	9 21

MOONSET

	−55°	−50°	−45°	−40°	−35°	−30°	−20°	−10°	0°	+10°	+20°	+30°	+35°	+40°
	h m	h m	h m	h m	h m	h m	h m	h m	h m	h m	h m	h m	h m	h m
Feb. 15	0 44	1 12	1 33	1 50	2 04	2 17	2 38	2 56	3 13	3 30	3 48	4 08	4 20	4 34
16	2 08	2 30	2 47	3 01	3 13	3 23	3 41	3 56	4 10	4 24	4 39	4 56	5 06	5 17
17	3 38	3 53	4 06	4 16	4 24	4 32	4 45	4 56	5 07	5 17	5 28	5 40	5 48	5 56
18	5 10	5 19	5 26	5 32	5 37	5 41	5 49	5 55	6 02	6 08	6 14	6 21	6 25	6 30
19	6 43	6 45	6 47	6 48	6 49	6 50	6 52	6 54	6 55	6 57	6 58	7 00	7 01	7 02
20	8 15	8 10	8 07	8 04	8 01	7 59	7 55	7 52	7 49	7 46	7 42	7 38	7 36	7 34
21	9 46	9 35	9 27	9 19	9 13	9 08	8 58	8 50	8 43	8 35	8 27	8 17	8 12	8 06
22	11 16	10 59	10 45	10 34	10 24	10 16	10 01	9 49	9 37	9 25	9 13	8 59	8 50	8 41
23	12 43	12 19	12 01	11 46	11 34	11 23	11 04	10 48	10 33	10 18	10 02	9 43	9 32	9 20
24	14 02	13 33	13 12	12 54	12 40	12 27	12 05	11 47	11 29	11 12	10 53	10 32	10 19	10 05
25	15 08	14 38	14 15	13 56	13 41	13 27	13 04	12 44	12 26	12 07	11 47	11 24	11 11	10 55
26	16 01	15 31	15 08	14 50	14 35	14 22	13 59	13 39	13 21	13 02	12 43	12 20	12 06	11 51
27	16 40	16 13	15 53	15 36	15 22	15 10	14 49	14 31	14 14	13 57	13 38	13 17	13 04	12 50
28	17 08	16 46	16 29	16 15	16 03	15 53	15 35	15 19	15 04	14 49	14 33	14 15	14 04	13 51
Mar. 1	17 30	17 13	16 59	16 48	16 39	16 31	16 16	16 03	15 51	15 39	15 26	15 11	15 03	14 53
2	17 46	17 35	17 25	17 17	17 10	17 04	16 54	16 45	16 36	16 27	16 18	16 07	16 00	15 53
3	18 01	17 54	17 48	17 43	17 39	17 36	17 29	17 24	17 18	17 13	17 07	17 01	16 57	16 52
4	18 13	18 11	18 09	18 08	18 06	18 05	18 03	18 01	17 59	17 58	17 56	17 53	17 52	17 51
5	18 25	18 28	18 30	18 31	18 33	18 34	18 36	18 38	18 40	18 42	18 44	18 46	18 47	18 49
6	18 38	18 45	18 51	18 55	19 00	19 03	19 10	19 15	19 21	19 26	19 32	19 38	19 42	19 46
7	18 52	19 03	19 13	19 21	19 28	19 34	19 44	19 54	20 02	20 11	20 21	20 31	20 37	20 45
8	19 08	19 25	19 38	19 49	19 59	20 07	20 21	20 34	20 46	20 58	21 11	21 25	21 34	21 43
9	19 29	19 50	20 07	20 21	20 33	20 43	21 01	21 17	21 32	21 46	22 02	22 20	22 31	22 43
10	19 56	20 22	20 42	20 58	21 12	21 24	21 45	22 03	22 20	22 37	22 55	23 16	23 28	23 42
11	20 32	21 02	21 24	21 42	21 58	22 11	22 33	22 53	23 11	23 29	23 49	.. ..	.. ..	.. ..

.. .. indicates phenomenon will occur the next day.

UNIVERSAL TIME FOR MERIDIAN OF GREENWICH

MOONRISE

Lat.	+40°	+42°	+44°	+46°	+48°	+50°	+52°	+54°	+56°	+58°	+60°	+62°	+64°	+66°
	h m	h m	h m	h m	h m	h m	h m	h m	h m	h m	h m	h m	h m	h m
Feb. 15	14 27	14 21	14 15	14 08	14 00	13 52	13 43	13 33	13 22	13 09	12 53	12 34	12 11	11 39
16	15 40	15 35	15 31	15 25	15 20	15 13	15 07	14 59	14 50	14 41	14 30	14 17	14 01	13 42
17	16 56	16 53	16 49	16 46	16 42	16 38	16 34	16 29	16 24	16 17	16 11	16 03	15 53	15 43
18	18 12	18 11	18 09	18 08	18 06	18 04	18 02	18 00	17 58	17 55	17 52	17 49	17 45	17 40
19	19 28	19 28	19 29	19 29	19 30	19 30	19 30	19 31	19 32	19 32	19 33	19 34	19 35	19 36
20	20 44	20 46	20 48	20 50	20 53	20 55	20 58	21 02	21 05	21 09	21 14	21 19	21 25	21 32
21	21 59	22 02	22 06	22 10	22 15	22 20	22 25	22 31	22 38	22 45	22 54	23 04	23 15	23 29
22	23 12	23 17	23 23	23 29	23 35	23 42	23 50	23 58	.. ..	.. ..	.. ..	.. ..	.. ..	.. ..
23	.. ..	.. ..	.. ..	.. ..	.. ..	.. ..	.. ..	.. ..	0 08	0 19	0 32	0 47	1 06	1 29
24	0 23	0 29	0 36	0 43	0 51	0 59	1 09	1 20	1 33	1 47	2 04	2 25	2 52	3 32
25	1 28	1 35	1 42	1 50	1 59	2 09	2 20	2 32	2 47	3 04	3 24	3 50	4 26	5 39
26	2 26	2 33	2 40	2 49	2 58	3 08	3 19	3 32	3 46	4 04	4 25	4 51	5 29	■
27	3 16	3 22	3 30	3 37	3 46	3 55	4 06	4 17	4 31	4 46	5 05	5 28	5 59	6 46
28	3 58	4 04	4 10	4 17	4 24	4 32	4 41	4 51	5 03	5 16	5 31	5 49	6 11	6 41
Mar. 1	4 34	4 38	4 44	4 49	4 55	5 02	5 09	5 17	5 26	5 36	5 47	6 01	6 17	6 36
2	5 04	5 08	5 12	5 16	5 21	5 25	5 31	5 37	5 43	5 51	5 59	6 08	6 19	6 32
3	5 32	5 34	5 37	5 39	5 42	5 46	5 49	5 53	5 57	6 02	6 07	6 13	6 20	6 28
4	5 56	5 58	5 59	6 00	6 02	6 03	6 05	6 07	6 09	6 12	6 14	6 17	6 20	6 24
5	6 20	6 20	6 20	6 20	6 20	6 20	6 20	6 20	6 20	6 20	6 20	6 20	6 20	6 20
6	6 44	6 43	6 42	6 40	6 39	6 37	6 35	6 34	6 32	6 29	6 27	6 24	6 21	6 17
7	7 09	7 06	7 04	7 01	6 58	6 55	6 52	6 48	6 44	6 39	6 34	6 28	6 21	6 13
8	7 36	7 32	7 28	7 24	7 20	7 15	7 10	7 04	6 57	6 50	6 42	6 33	6 22	6 10
9	8 06	8 01	7 56	7 50	7 45	7 38	7 31	7 23	7 15	7 05	6 54	6 41	6 25	6 07
10	8 40	8 35	8 28	8 22	8 15	8 07	7 58	7 48	7 37	7 25	7 10	6 53	6 32	6 04
11	9 21	9 14	9 07	9 00	8 52	8 42	8 32	8 21	8 08	7 53	7 35	7 13	6 45	6 04

MOONSET

Lat.	+40°	+42°	+44°	+46°	+48°	+50°	+52°	+54°	+56°	+58°	+60°	+62°	+64°	+66°
	h m	h m	h m	h m	h m	h m	h m	h m	h m	h m	h m	h m	h m	h m
Feb. 15	4 34	4 40	4 47	4 54	5 02	5 10	5 20	5 30	5 42	5 56	6 12	6 31	6 55	7 28
16	5 17	5 22	5 28	5 34	5 40	5 46	5 54	6 02	6 11	6 22	6 34	6 47	7 04	7 24
17	5 56	5 59	6 03	6 07	6 12	6 16	6 21	6 27	6 33	6 41	6 49	6 58	7 08	7 20
18	6 30	6 32	6 34	6 37	6 39	6 42	6 45	6 48	6 51	6 55	7 00	7 04	7 10	7 17
19	7 02	7 03	7 03	7 04	7 04	7 05	7 06	7 06	7 07	7 08	7 09	7 10	7 11	7 13
20	7 34	7 33	7 31	7 30	7 29	7 27	7 26	7 24	7 22	7 20	7 18	7 15	7 12	7 09
21	8 06	8 03	8 01	7 58	7 54	7 51	7 47	7 43	7 38	7 33	7 27	7 21	7 13	7 05
22	8 41	8 37	8 33	8 28	8 23	8 17	8 11	8 04	7 57	7 49	7 39	7 28	7 16	7 00
23	9 20	9 15	9 09	9 03	8 56	8 48	8 40	8 31	8 21	8 09	7 56	7 40	7 20	6 56
24	10 05	9 58	9 51	9 44	9 36	9 26	9 16	9 05	8 52	8 38	8 20	7 59	7 31	6 51
25	10 55	10 48	10 40	10 32	10 23	10 13	10 02	9 50	9 35	9 18	8 58	8 32	7 55	6 42
26	11 51	11 44	11 36	11 28	11 19	11 09	10 58	10 45	10 30	10 13	9 53	9 26	8 48	■
27	12 50	12 44	12 37	12 29	12 21	12 12	12 01	11 50	11 37	11 21	11 03	10 40	10 10	9 23
28	13 51	13 46	13 40	13 33	13 26	13 18	13 10	13 00	12 49	12 37	12 22	12 05	11 43	11 14
Mar. 1	14 53	14 48	14 43	14 38	14 33	14 27	14 20	14 13	14 04	13 55	13 44	13 31	13 16	12 57
2	15 53	15 50	15 47	15 43	15 39	15 35	15 30	15 25	15 19	15 12	15 05	14 56	14 46	14 34
3	16 52	16 51	16 48	16 46	16 44	16 41	16 38	16 35	16 32	16 28	16 24	16 19	16 13	16 07
4	17 51	17 50	17 49	17 49	17 48	17 47	17 46	17 45	17 44	17 43	17 41	17 40	17 38	17 36
5	18 49	18 49	18 50	18 51	18 51	18 52	18 53	18 54	18 55	18 56	18 58	18 59	19 01	19 03
6	19 46	19 48	19 50	19 52	19 55	19 57	20 00	20 03	20 06	20 10	20 14	20 19	20 25	20 31
7	20 45	20 48	20 51	20 55	20 59	21 03	21 07	21 13	21 18	21 25	21 32	21 40	21 50	22 01
8	21 43	21 48	21 52	21 57	22 03	22 09	22 15	22 23	22 31	22 40	22 50	23 03	23 17	23 35
9	22 43	22 48	22 54	23 00	23 07	23 15	23 23	23 32	23 43	23 55	.. ..	.. ..	.. ..	.. ..
10	23 42	23 48	23 55	.. ..	.. ..	.. ..	.. ..	.. ..	.. ..	.. ..	0 09	0 26	0 47	1 13
11	.. ..	.. ..	.. ..	0 03	0 11	0 19	0 29	0 40	0 53	1 08	1 25	1 47	2 15	2 56

■ indicates Moon continuously below horizon.
.. .. indicates phenomenon will occur the next day.

MOONRISE AND MOONSET, 2011

UNIVERSAL TIME FOR MERIDIAN OF GREENWICH

MOONRISE

Lat.	−55°	−50°	−45°	−40°	−35°	−30°	−20°	−10°	0°	+10°	+20°	+30°	+35°	+40°
	h m	h m	h m	h m	h m	h m	h m	h m	h m	h m	h m	h m	h m	h m
Mar. 9	11 04	10 43	10 27	10 14	10 03	9 53	9 37	9 23	9 09	8 56	8 42	8 26	8 16	8 06
10	12 14	11 49	11 30	11 14	11 00	10 49	10 29	10 12	9 56	9 40	9 24	9 04	8 53	8 40
11	13 21	12 52	12 30	12 12	11 58	11 45	11 23	11 04	10 46	10 28	10 10	9 48	9 35	9 21
12	14 21	13 51	13 27	13 09	12 53	12 40	12 17	11 57	11 38	11 20	11 00	10 37	10 24	10 09
13	15 11	14 41	14 19	14 01	13 46	13 33	13 10	12 51	12 33	12 15	11 55	11 33	11 19	11 04
14	15 50	15 24	15 04	14 48	14 35	14 23	14 02	13 45	13 28	13 11	12 54	12 33	12 21	12 07
15	16 20	15 59	15 43	15 30	15 19	15 09	14 52	14 37	14 23	14 09	13 54	13 37	13 27	13 16
16	16 43	16 29	16 17	16 08	15 59	15 52	15 40	15 29	15 18	15 08	14 57	14 44	14 36	14 28
17	17 03	16 54	16 48	16 42	16 37	16 33	16 25	16 19	16 12	16 06	15 59	15 52	15 47	15 42
18	17 20	17 18	17 16	17 14	17 13	17 12	17 10	17 08	17 06	17 04	17 03	17 01	16 59	16 58
19	17 37	17 41	17 44	17 46	17 49	17 51	17 54	17 57	18 00	18 03	18 06	18 10	18 12	18 15
20	17 56	18 05	18 13	18 20	18 26	18 31	18 40	18 48	18 55	19 03	19 11	19 20	19 26	19 32
21	18 17	18 33	18 46	18 56	19 06	19 14	19 28	19 40	19 52	20 03	20 16	20 31	20 39	20 49
22	18 44	19 06	19 23	19 38	19 50	20 00	20 19	20 35	20 50	21 05	21 21	21 40	21 51	22 04
23	19 20	19 47	20 08	20 24	20 39	20 51	21 12	21 31	21 48	22 06	22 25	22 46	22 59	23 14
24	20 07	20 36	20 59	21 17	21 32	21 46	22 08	22 28	22 47	23 05	23 25	23 48	.. ..	.. ..
25	21 05	21 34	21 57	22 15	22 30	22 43	23 05	23 25	23 43	.. ..	.. ..	.. ..	0 01	0 17
26	22 12	22 39	22 59	23 16	23 29	23 41	.. ..	.. ..	.. ..	0 01	0 20	0 43	0 56	1 11
27	23 24	23 46	.. ..	.. ..	.. ..	.. ..	0 02	0 20	0 36	0 53	1 11	1 31	1 43	1 56
28	.. ..	.. ..	0 03	0 17	0 29	0 39	0 57	1 12	1 26	1 41	1 56	2 13	2 23	2 34
29	0 38	0 54	1 07	1 18	1 28	1 36	1 50	2 02	2 13	2 24	2 36	2 50	2 58	3 07
30	1 50	2 01	2 11	2 18	2 25	2 30	2 40	2 49	2 57	3 05	3 14	3 23	3 29	3 35
31	3 01	3 07	3 13	3 17	3 21	3 24	3 29	3 34	3 39	3 44	3 48	3 54	3 57	4 01
Apr. 1	4 11	4 12	4 14	4 15	4 15	4 16	4 17	4 19	4 20	4 21	4 22	4 23	4 24	4 25
2	5 21	5 17	5 14	5 12	5 10	5 08	5 05	5 03	5 00	4 58	4 55	4 52	4 51	4 49

MOONSET

Lat.	−55°	−50°	−45°	−40°	−35°	−30°	−20°	−10°	0°	+10°	+20°	+30°	+35°	+40°
	h m	h m	h m	h m	h m	h m	h m	h m	h m	h m	h m	h m	h m	h m
Mar. 9	19 29	19 50	20 07	20 21	20 33	20 43	21 01	21 17	21 32	21 46	22 02	22 20	22 31	22 43
10	19 56	20 22	20 42	20 58	21 12	21 24	21 45	22 03	22 20	22 37	22 55	23 16	23 28	23 42
11	20 32	21 02	21 24	21 42	21 58	22 11	22 33	22 53	23 11	23 29	23 49	.. ..	.. ..	.. ..
12	21 22	21 52	22 15	22 34	22 50	23 03	23 26	23 46	.. ..	.. ..	.. ..	0 11	0 24	0 40
13	22 25	22 54	23 16	23 33	23 48	.. ..	.. ..	.. ..	0 04	0 23	0 43	1 05	1 19	1 34
14	23 40	.. ..	.. ..	.. ..	.. ..	0 01	0 23	0 42	0 59	1 17	1 35	1 57	2 09	2 24
15	.. ..	0 05	0 24	0 39	0 52	1 03	1 22	1 39	1 54	2 10	2 26	2 45	2 56	3 08
16	1 04	1 23	1 38	1 50	2 00	2 09	2 24	2 37	2 50	3 02	3 15	3 30	3 38	3 48
17	2 33	2 45	2 55	3 03	3 10	3 16	3 26	3 36	3 44	3 52	4 01	4 11	4 17	4 23
18	4 04	4 10	4 14	4 18	4 22	4 24	4 29	4 34	4 38	4 42	4 46	4 51	4 53	4 56
19	5 36	5 36	5 35	5 34	5 34	5 34	5 33	5 32	5 32	5 31	5 30	5 29	5 29	5 28
20	7 10	7 02	6 56	6 51	6 47	6 43	6 37	6 31	6 26	6 21	6 15	6 09	6 05	6 01
21	8 43	8 29	8 18	8 08	8 01	7 54	7 42	7 31	7 22	7 12	7 02	6 50	6 43	6 36
22	10 14	9 54	9 38	9 25	9 13	9 04	8 47	8 33	8 19	8 06	7 51	7 35	7 25	7 14
23	11 40	11 14	10 54	10 37	10 24	10 12	9 52	9 34	9 18	9 01	8 44	8 23	8 12	7 58
24	12 54	12 25	12 02	11 44	11 29	11 16	10 54	10 34	10 16	9 58	9 39	9 16	9 03	8 48
25	13 54	13 24	13 01	12 43	12 28	12 15	11 52	11 32	11 14	10 55	10 36	10 13	9 59	9 44
26	14 38	14 11	13 50	13 33	13 19	13 06	12 45	12 26	12 09	11 51	11 33	11 11	10 58	10 43
27	15 10	14 48	14 30	14 15	14 02	13 52	13 33	13 16	13 01	12 45	12 29	12 09	11 58	11 45
28	15 34	15 16	15 02	14 50	14 40	14 31	14 16	14 02	13 49	13 36	13 22	13 07	12 57	12 47
29	15 53	15 40	15 29	15 20	15 13	15 06	14 54	14 44	14 34	14 25	14 14	14 02	13 55	13 47
30	16 08	16 00	15 53	15 47	15 42	15 38	15 30	15 24	15 17	15 11	15 04	14 56	14 52	14 47
31	16 21	16 18	16 15	16 12	16 10	16 08	16 05	16 02	15 59	15 56	15 53	15 49	15 47	15 45
Apr. 1	16 34	16 35	16 35	16 36	16 37	16 37	16 38	16 39	16 39	16 40	16 41	16 41	16 42	16 42
2	16 46	16 52	16 56	17 00	17 03	17 06	17 11	17 16	17 20	17 24	17 29	17 34	17 37	17 40

.. .. indicates phenomenon will occur the next day.

UNIVERSAL TIME FOR MERIDIAN OF GREENWICH
MOONRISE

Lat.	+40°	+42°	+44°	+46°	+48°	+50°	+52°	+54°	+56°	+58°	+60°	+62°	+64°	+66°
	h m	h m	h m	h m	h m	h m	h m	h m	h m	h m	h m	h m	h m	h m
Mar. 9	8 06	8 01	7 56	7 50	7 45	7 38	7 31	7 23	7 15	7 05	6 54	6 41	6 25	6 07
10	8 40	8 35	8 28	8 22	8 15	8 07	7 58	7 48	7 37	7 25	7 10	6 53	6 32	6 04
11	9 21	9 14	9 07	9 00	8 52	8 42	8 32	8 21	8 08	7 53	7 35	7 13	6 45	6 04
12	10 09	10 02	9 54	9 46	9 37	9 28	9 17	9 04	8 50	8 34	8 14	7 49	7 14	6 12
13	11 04	10 57	10 50	10 42	10 33	10 24	10 13	10 01	9 47	9 30	9 11	8 46	8 12	7 11
14	12 07	12 01	11 54	11 47	11 39	11 30	11 21	11 10	10 57	10 43	10 26	10 05	9 38	8 59
15	13 16	13 10	13 05	12 59	12 52	12 45	12 37	12 29	12 19	12 07	11 54	11 39	11 20	10 56
16	14 28	14 24	14 20	14 16	14 11	14 06	14 00	13 54	13 47	13 39	13 30	13 20	13 08	12 53
17	15 42	15 40	15 38	15 35	15 33	15 30	15 26	15 23	15 19	15 14	15 09	15 04	14 57	14 49
18	16 58	16 58	16 57	16 56	16 56	16 55	16 54	16 53	16 52	16 51	16 50	16 48	16 47	16 45
19	18 15	18 16	18 17	18 18	18 20	18 21	18 23	18 25	18 27	18 29	18 31	18 34	18 37	18 41
20	19 32	19 35	19 38	19 41	19 44	19 48	19 52	19 57	20 02	20 07	20 14	20 21	20 29	20 40
21	20 49	20 53	20 58	21 03	21 08	21 14	21 21	21 28	21 36	21 45	21 56	22 08	22 23	22 41
22	22 04	22 09	22 15	22 22	22 29	22 37	22 46	22 56	23 07	23 20	23 35	23 53	.. ..	.. ..
23	23 14	23 20	23 27	23 35	23 44	23 53	.. ..	.. ..	.. ..	.. ..	.. ..	.. ..	0 16	0 46
24	.. ..	.. ..	.. ..	.. ..	.. ..	.. ..	0 03	0 15	0 29	0 45	1 03	1 27	1 59	2 50
25	0 17	0 24	0 31	0 39	0 48	0 58	1 09	1 22	1 36	1 53	2 14	2 40	3 16	4 32
26	1 11	1 18	1 25	1 33	1 41	1 51	2 02	2 14	2 27	2 43	3 02	3 26	3 58	4 50
27	1 56	2 02	2 09	2 16	2 24	2 32	2 42	2 52	3 04	3 17	3 33	3 53	4 17	4 49
28	2 34	2 40	2 45	2 51	2 57	3 04	3 12	3 20	3 30	3 41	3 53	4 08	4 25	4 47
29	3 07	3 11	3 15	3 20	3 25	3 30	3 36	3 42	3 49	3 57	4 06	4 17	4 29	4 44
30	3 35	3 38	3 41	3 44	3 47	3 51	3 55	4 00	4 05	4 10	4 16	4 23	4 31	4 40
31	4 01	4 02	4 04	4 06	4 08	4 10	4 12	4 15	4 17	4 20	4 24	4 28	4 32	4 37
Apr. 1	4 25	4 25	4 26	4 26	4 27	4 27	4 28	4 28	4 29	4 30	4 31	4 31	4 32	4 34
2	4 49	4 48	4 47	4 46	4 45	4 44	4 43	4 42	4 40	4 39	4 37	4 35	4 33	4 30

MOONSET

Lat.	+40°	+42°	+44°	+46°	+48°	+50°	+52°	+54°	+56°	+58°	+60°	+62°	+64°	+66°
	h m	h m	h m	h m	h m	h m	h m	h m	h m	h m	h m	h m	h m	h m
Mar. 9	22 43	22 48	22 54	23 00	23 07	23 15	23 23	23 32	23 43	23 55	.. ..	.. ..	.. ..	.. ..
10	23 42	23 48	23 55	.. ..	.. ..	.. ..	.. ..	.. ..	.. ..	.. ..	0 09	0 26	0 47	1 13
11	.. ..	.. ..	.. ..	0 03	0 11	0 19	0 29	0 40	0 53	1 08	1 25	1 47	2 15	2 56
12	0 40	0 47	0 54	1 02	1 11	1 20	1 31	1 43	1 57	2 14	2 34	2 59	3 33	4 35
13	1 34	1 41	1 48	1 56	2 05	2 15	2 26	2 38	2 52	3 09	3 29	3 54	4 28	5 29
14	2 24	2 30	2 37	2 45	2 53	3 02	3 12	3 23	3 36	3 50	4 08	4 29	4 56	5 35
15	3 08	3 14	3 20	3 26	3 33	3 40	3 49	3 58	4 08	4 20	4 34	4 50	5 10	5 35
16	3 48	3 52	3 57	4 01	4 07	4 12	4 19	4 26	4 33	4 42	4 52	5 03	5 16	5 32
17	4 23	4 26	4 29	4 32	4 36	4 40	4 44	4 48	4 53	4 59	5 05	5 12	5 20	5 29
18	4 56	4 58	4 59	5 01	5 02	5 04	5 06	5 08	5 10	5 13	5 15	5 18	5 22	5 26
19	5 28	5 28	5 28	5 28	5 27	5 27	5 27	5 26	5 26	5 25	5 25	5 24	5 23	5 23
20	6 01	5 59	5 57	5 55	5 53	5 50	5 48	5 45	5 42	5 38	5 34	5 30	5 25	5 19
21	6 36	6 32	6 29	6 25	6 21	6 16	6 11	6 06	6 00	5 53	5 46	5 37	5 28	5 16
22	7 14	7 10	7 04	6 59	6 53	6 46	6 39	6 31	6 22	6 12	6 01	5 48	5 32	5 13
23	7 58	7 52	7 46	7 39	7 31	7 23	7 14	7 04	6 52	6 39	6 23	6 04	5 41	5 10
24	8 48	8 41	8 34	8 26	8 18	8 08	7 57	7 45	7 32	7 16	6 57	6 33	6 01	5 09
25	9 44	9 37	9 29	9 21	9 12	9 02	8 51	8 39	8 24	8 07	7 47	7 21	6 44	5 28
26	10 43	10 37	10 30	10 22	10 13	10 04	9 54	9 42	9 28	9 13	8 54	8 30	7 58	7 07
27	11 45	11 39	11 33	11 26	11 19	11 11	11 02	10 52	10 40	10 27	10 11	9 53	9 29	8 57
28	12 47	12 42	12 37	12 31	12 25	12 19	12 12	12 04	11 55	11 44	11 33	11 19	11 02	10 41
29	13 47	13 44	13 40	13 36	13 31	13 27	13 21	13 16	13 09	13 02	12 53	12 44	12 33	12 19
30	14 47	14 44	14 42	14 39	14 36	14 33	14 30	14 26	14 22	14 18	14 12	14 06	14 00	13 52
31	15 45	15 44	15 43	15 42	15 40	15 39	15 37	15 36	15 34	15 32	15 30	15 27	15 24	15 20
Apr. 1	16 42	16 43	16 43	16 43	16 43	16 44	16 44	16 44	16 45	16 45	16 46	16 46	16 47	16 48
2	17 40	17 41	17 43	17 45	17 47	17 49	17 51	17 53	17 56	17 59	18 02	18 06	18 10	18 15

.. .. indicates phenomenon will occur the next day.

MOONRISE AND MOONSET, 2011
UNIVERSAL TIME FOR MERIDIAN OF GREENWICH
MOONRISE

Lat.	−55°	−50°	−45°	−40°	−35°	−30°	−20°	−10°	0°	+10°	+20°	+30°	+35°	+40°
	h m	h m	h m	h m	h m	h m	h m	h m	h m	h m	h m	h m	h m	h m
Apr. 1	4 11	4 12	4 14	4 15	4 15	4 16	4 17	4 19	4 20	4 21	4 22	4 23	4 24	4 25
2	5 21	5 17	5 14	5 12	5 10	5 08	5 05	5 03	5 00	4 58	4 55	4 52	4 51	4 49
3	6 31	6 22	6 15	6 10	6 05	6 01	5 54	5 47	5 41	5 35	5 29	5 22	5 18	5 13
4	7 41	7 28	7 17	7 08	7 01	6 54	6 43	6 33	6 23	6 14	6 04	5 53	5 47	5 40
5	8 53	8 34	8 20	8 08	7 57	7 48	7 33	7 20	7 08	6 55	6 42	6 27	6 19	6 09
6	10 04	9 40	9 22	9 07	8 55	8 44	8 25	8 09	7 54	7 39	7 23	7 05	6 54	6 42
7	11 12	10 44	10 23	10 06	9 52	9 39	9 18	9 00	8 43	8 26	8 08	7 47	7 35	7 21
8	12 13	11 43	11 21	11 02	10 47	10 34	10 12	9 52	9 34	9 16	8 56	8 34	8 21	8 06
9	13 05	12 36	12 13	11 55	11 40	11 27	11 04	10 45	10 27	10 09	9 49	9 27	9 14	8 58
10	13 47	13 20	13 00	12 43	12 29	12 17	11 56	11 37	11 20	11 03	10 45	10 24	10 11	9 57
11	14 19	13 57	13 40	13 25	13 13	13 03	12 45	12 29	12 14	11 59	11 43	11 25	11 14	11 02
12	14 44	14 27	14 14	14 03	13 54	13 46	13 31	13 19	13 07	12 55	12 42	12 28	12 19	12 10
13	15 04	14 54	14 45	14 37	14 31	14 26	14 16	14 07	13 59	13 51	13 43	13 33	13 27	13 20
14	15 22	15 17	15 13	15 10	15 07	15 04	14 59	14 55	14 51	14 47	14 43	14 39	14 36	14 33
15	15 39	15 40	15 41	15 41	15 41	15 42	15 42	15 43	15 44	15 44	15 45	15 46	15 46	15 47
16	15 57	16 03	16 09	16 13	16 17	16 21	16 27	16 32	16 37	16 42	16 48	16 54	16 58	17 02
17	16 17	16 30	16 40	16 48	16 56	17 02	17 13	17 23	17 33	17 42	17 53	18 04	18 11	18 19
18	16 42	17 00	17 15	17 27	17 38	17 47	18 03	18 17	18 31	18 44	18 59	19 15	19 25	19 36
19	17 14	17 38	17 57	18 12	18 26	18 37	18 57	19 14	19 31	19 47	20 04	20 25	20 37	20 50
20	17 56	18 25	18 47	19 04	19 19	19 32	19 54	20 13	20 31	20 49	21 08	21 31	21 44	21 59
21	18 52	19 21	19 44	20 02	20 17	20 30	20 53	21 12	21 30	21 49	22 08	22 31	22 44	22 59
22	19 58	20 26	20 47	21 04	21 18	21 30	21 51	22 10	22 27	22 44	23 02	23 23	23 36	23 50
23	21 11	21 34	21 52	22 07	22 19	22 30	22 49	23 05	23 20	23 35	23 51	.. ..	.. ..	.. ..
24	22 25	22 43	22 58	23 09	23 20	23 28	23 43	23 56	.. ..	.. ..	.. ..	0 09	0 20	0 32
25	23 39	23 52	.. ..	.. ..	.. ..	.. ..	.. ..	.. ..	0 09	0 21	0 34	0 49	0 57	1 07

MOONSET

Lat.	−55°	−50°	−45°	−40°	−35°	−30°	−20°	−10°	0°	+10°	+20°	+30°	+35°	+40°
	h m	h m	h m	h m	h m	h m	h m	h m	h m	h m	h m	h m	h m	h m
Apr. 1	16 34	16 35	16 35	16 36	16 37	16 37	16 38	16 39	16 39	16 40	16 41	16 41	16 42	16 42
2	16 46	16 52	16 56	17 00	17 03	17 06	17 11	17 16	17 20	17 24	17 29	17 34	17 37	17 40
3	17 00	17 10	17 18	17 25	17 31	17 37	17 46	17 54	18 01	18 09	18 17	18 26	18 32	18 38
4	17 16	17 31	17 43	17 53	18 01	18 09	18 22	18 34	18 44	18 55	19 07	19 20	19 28	19 37
5	17 35	17 55	18 11	18 24	18 35	18 45	19 01	19 16	19 30	19 43	19 58	20 15	20 25	20 36
6	18 01	18 25	18 44	19 00	19 13	19 24	19 44	20 01	20 17	20 33	20 51	21 10	21 22	21 35
7	18 34	19 02	19 24	19 41	19 56	20 09	20 31	20 49	21 07	21 25	21 44	22 06	22 18	22 33
8	19 19	19 49	20 12	20 30	20 45	20 59	21 21	21 41	21 59	22 17	22 37	23 00	23 13	23 28
9	20 16	20 45	21 08	21 25	21 40	21 53	22 16	22 35	22 52	23 10	23 29	23 51	.. ..	.. ..
10	21 25	21 51	22 11	22 27	22 41	22 52	23 13	23 30	23 46	.. ..	.. ..	.. ..	0 04	0 18
11	22 43	23 04	23 20	23 34	23 45	23 55	.. ..	.. ..	.. ..	0 02	0 19	0 39	0 50	1 03
12	.. ..	.. ..	.. ..	.. ..	.. ..	.. ..	0 11	0 26	0 39	0 53	1 07	1 23	1 33	1 43
13	0 07	0 22	0 33	0 43	0 51	0 59	1 11	1 22	1 32	1 42	1 52	2 04	2 11	2 19
14	1 33	1 42	1 49	1 55	2 00	2 04	2 11	2 18	2 24	2 30	2 36	2 43	2 47	2 52
15	3 02	3 04	3 06	3 08	3 09	3 10	3 12	3 14	3 16	3 18	3 19	3 21	3 22	3 23
16	4 32	4 28	4 25	4 23	4 20	4 18	4 15	4 12	4 09	4 06	4 03	3 59	3 57	3 55
17	6 04	5 54	5 46	5 39	5 33	5 28	5 19	5 11	5 03	4 56	4 48	4 39	4 34	4 28
18	7 37	7 20	7 07	6 56	6 46	6 38	6 24	6 12	6 00	5 49	5 36	5 22	5 14	5 05
19	9 08	8 44	8 26	8 12	7 59	7 48	7 30	7 14	6 59	6 44	6 28	6 10	5 59	5 47
20	10 30	10 02	9 41	9 24	9 09	8 57	8 35	8 17	7 59	7 42	7 24	7 02	6 50	6 36
21	11 39	11 09	10 47	10 28	10 13	10 00	9 37	9 18	9 00	8 41	8 22	7 59	7 46	7 30
22	12 31	12 03	11 41	11 24	11 09	10 57	10 35	10 16	9 58	9 40	9 21	8 59	8 46	8 31
23	13 09	12 45	12 26	12 10	11 57	11 46	11 26	11 09	10 53	10 37	10 19	9 59	9 47	9 34
24	13 37	13 17	13 02	12 49	12 38	12 28	12 12	11 57	11 44	11 30	11 15	10 58	10 48	10 37
25	13 57	13 43	13 31	13 21	13 13	13 06	12 53	12 42	12 31	12 20	12 09	11 56	11 48	11 39

.. .. indicates phenomenon will occur the next day.

UNIVERSAL TIME FOR MERIDIAN OF GREENWICH
MOONRISE

Lat.	+40°	+42°	+44°	+46°	+48°	+50°	+52°	+54°	+56°	+58°	+60°	+62°	+64°	+66°
	h m	h m	h m	h m	h m	h m	h m	h m	h m	h m	h m	h m	h m	h m
Apr. 1	4 25	4 25	4 26	4 26	4 27	4 27	4 28	4 28	4 29	4 30	4 31	4 31	4 32	4 34
2	4 49	4 48	4 47	4 46	4 45	4 44	4 43	4 42	4 40	4 39	4 37	4 35	4 33	4 30
3	5 13	5 11	5 09	5 07	5 05	5 02	4 59	4 56	4 52	4 49	4 44	4 39	4 34	4 27
4	5 40	5 37	5 33	5 29	5 26	5 21	5 17	5 12	5 06	5 00	4 53	4 45	4 35	4 24
5	6 09	6 05	6 00	5 55	5 50	5 44	5 37	5 30	5 22	5 14	5 04	4 52	4 38	4 22
6	6 42	6 37	6 31	6 25	6 18	6 11	6 03	5 54	5 44	5 32	5 19	5 03	4 44	4 20
7	7 21	7 15	7 08	7 01	6 53	6 44	6 35	6 24	6 12	5 58	5 41	5 21	4 56	4 21
8	8 06	7 59	7 52	7 44	7 36	7 26	7 16	7 04	6 50	6 34	6 15	5 51	5 20	4 29
9	8 58	8 52	8 44	8 36	8 27	8 18	8 07	7 55	7 41	7 25	7 05	6 40	6 07	5 09
10	9 57	9 51	9 44	9 36	9 28	9 19	9 09	8 58	8 45	8 30	8 12	7 51	7 22	6 39
11	11 02	10 56	10 50	10 44	10 37	10 29	10 21	10 11	10 00	9 48	9 34	9 17	8 55	8 28
12	12 10	12 05	12 01	11 56	11 50	11 45	11 38	11 31	11 23	11 14	11 03	10 51	10 37	10 19
13	13 20	13 18	13 14	13 11	13 08	13 04	12 59	12 55	12 49	12 44	12 37	12 29	12 20	12 10
14	14 33	14 31	14 30	14 28	14 27	14 25	14 23	14 21	14 18	14 16	14 13	14 09	14 05	14 01
15	15 47	15 47	15 47	15 48	15 48	15 48	15 49	15 49	15 50	15 50	15 51	15 51	15 52	15 53
16	17 02	17 04	17 06	17 08	17 11	17 13	17 16	17 19	17 23	17 26	17 31	17 35	17 41	17 48
17	18 19	18 23	18 26	18 30	18 35	18 40	18 45	18 51	18 57	19 04	19 13	19 22	19 33	19 47
18	19 36	19 41	19 46	19 52	19 58	20 05	20 13	20 21	20 31	20 42	20 54	21 09	21 27	21 50
19	20 50	20 57	21 03	21 10	21 18	21 27	21 36	21 47	22 00	22 14	22 31	22 51	23 18	23 56
20	21 59	22 06	22 13	22 21	22 30	22 40	22 50	23 03	23 17	23 33	23 53	.. ..	.. ..	.. ..
21	22 59	23 06	23 13	23 21	23 30	23 40	23 51	.. ..	.. ..	.. ..	.. ..	0 18	0 52	1 52
22	23 50	23 56	.. ..	.. ..	.. ..	.. ..	.. ..	0 03	0 17	0 33	0 53	1 18	1 51	2 49
23	.. ..	.. ..	0 03	0 10	0 18	0 27	0 37	0 48	1 00	1 15	1 32	1 53	2 19	2 56
24	0 32	0 37	0 43	0 49	0 56	1 04	1 12	1 21	1 31	1 43	1 56	2 12	2 32	2 56
25	1 07	1 11	1 16	1 21	1 26	1 32	1 39	1 46	1 54	2 02	2 12	2 24	2 38	2 54

MOONSET

Lat.	+40°	+42°	+44°	+46°	+48°	+50°	+52°	+54°	+56°	+58°	+60°	+62°	+64°	+66°
	h m	h m	h m	h m	h m	h m	h m	h m	h m	h m	h m	h m	h m	h m
Apr. 1	16 42	16 43	16 43	16 43	16 43	16 44	16 44	16 44	16 45	16 45	16 46	16 46	16 47	16 48
2	17 40	17 41	17 43	17 45	17 47	17 49	17 51	17 53	17 56	17 59	18 02	18 06	18 10	18 15
3	18 38	18 41	18 44	18 47	18 50	18 54	18 58	19 02	19 07	19 13	19 19	19 26	19 34	19 44
4	19 37	19 41	19 45	19 49	19 54	20 00	20 06	20 12	20 19	20 28	20 37	20 48	21 00	21 16
5	20 36	20 41	20 47	20 52	20 59	21 06	21 14	21 22	21 32	21 43	21 55	22 10	22 29	22 52
6	21 35	21 41	21 48	21 55	22 02	22 11	22 20	22 31	22 42	22 56	23 12	23 32	23 57	.. ..
7	22 33	22 40	22 47	22 55	23 03	23 13	23 23	23 35	23 48	.. ..	.. ..	.. ..	.. ..	0 31
8	23 28	23 35	23 42	23 50	23 59	.. ..	.. ..	.. ..	.. ..	0 04	0 23	0 46	1 18	2 08
9	.. ..	.. ..	.. ..	.. ..	.. ..	0 09	0 19	0 32	0 46	1 02	1 22	1 46	2 20	3 18
10	0 18	0 25	0 32	0 40	0 48	0 57	1 07	1 19	1 32	1 47	2 05	2 27	2 56	3 39
11	1 03	1 09	1 15	1 22	1 29	1 37	1 46	1 56	2 07	2 20	2 35	2 53	3 14	3 43
12	1 43	1 48	1 53	1 58	2 04	2 11	2 18	2 26	2 34	2 44	2 55	3 08	3 24	3 42
13	2 19	2 22	2 26	2 30	2 34	2 39	2 44	2 49	2 55	3 02	3 10	3 18	3 29	3 40
14	2 52	2 54	2 56	2 58	3 01	3 04	3 06	3 10	3 13	3 17	3 21	3 26	3 31	3 38
15	3 23	3 24	3 25	3 25	3 26	3 26	3 27	3 28	3 29	3 30	3 31	3 32	3 34	3 35
16	3 55	3 54	3 53	3 52	3 51	3 49	3 48	3 46	3 45	3 43	3 41	3 38	3 35	3 32
17	4 28	4 26	4 23	4 20	4 17	4 14	4 10	4 06	4 02	3 57	3 51	3 45	3 38	3 30
18	5 05	5 01	4 57	4 52	4 47	4 42	4 36	4 29	4 22	4 14	4 05	3 54	3 42	3 27
19	5 47	5 42	5 36	5 30	5 23	5 16	5 08	4 58	4 48	4 37	4 24	4 08	3 49	3 25
20	6 36	6 29	6 22	6 15	6 07	5 58	5 48	5 37	5 24	5 09	4 52	4 31	4 04	3 26
21	7 30	7 24	7 16	7 08	6 59	6 50	6 39	6 26	6 12	5 56	5 36	5 11	4 37	3 36
22	8 31	8 24	8 17	8 09	8 00	7 50	7 40	7 28	7 14	6 58	6 38	6 14	5 40	4 43
23	9 34	9 27	9 21	9 14	9 06	8 57	8 48	8 37	8 25	8 11	7 54	7 34	7 08	6 32
24	10 37	10 32	10 26	10 20	10 14	10 07	9 59	9 51	9 41	9 30	9 17	9 01	8 43	8 19
25	11 39	11 35	11 31	11 26	11 22	11 16	11 10	11 04	10 57	10 48	10 39	10 28	10 16	10 00

.. .. indicates phenomenon will occur the next day.

MOONRISE AND MOONSET, 2011

UNIVERSAL TIME FOR MERIDIAN OF GREENWICH

MOONRISE

Lat.	−55°	−50°	−45°	−40°	−35°	−30°	−20°	−10°	0°	+10°	+20°	+30°	+35°	+40°
	h m	h m	h m	h m	h m	h m	h m	h m	h m	h m	h m	h m	h m	h m
Apr. 24	22 25	22 43	22 58	23 09	23 20	23 28	23 43	23 56	.. ..	.. ..	.. ..	.. ..	0 09	0 20	0 32
25	23 39	23 52	.. ..	.. ..	.. ..	.. ..	.. ..	.. ..	0 09	0 21	0 34	0 49	0 57	1 07
26	.. ..	.. ..	0 02	0 11	0 18	0 24	0 35	0 45	0 54	1 03	1 13	1 24	1 30	1 37
27	0 50	0 58	1 05	1 10	1 15	1 19	1 25	1 31	1 37	1 43	1 49	1 56	1 59	2 04
28	2 01	2 04	2 06	2 08	2 10	2 11	2 14	2 16	2 18	2 21	2 23	2 25	2 27	2 29
29	3 10	3 08	3 07	3 05	3 04	3 03	3 02	3 00	2 59	2 58	2 56	2 55	2 54	2 53
30	4 20	4 13	4 08	4 03	3 59	3 56	3 50	3 44	3 40	3 35	3 30	3 24	3 21	3 17
May 1	5 30	5 18	5 09	5 01	4 54	4 49	4 38	4 30	4 21	4 13	4 05	3 55	3 49	3 43
2	6 42	6 25	6 11	6 00	5 51	5 43	5 29	5 16	5 05	4 54	4 42	4 28	4 20	4 11
3	7 53	7 31	7 14	7 00	6 48	6 38	6 20	6 05	5 51	5 37	5 22	5 05	4 55	4 44
4	9 02	8 36	8 16	8 00	7 46	7 34	7 14	6 56	6 40	6 23	6 06	5 46	5 34	5 21
5	10 07	9 37	9 15	8 57	8 42	8 29	8 07	7 48	7 31	7 13	6 54	6 32	6 19	6 05
6	11 02	10 32	10 10	9 52	9 36	9 23	9 01	8 41	8 23	8 05	7 46	7 23	7 10	6 55
7	11 46	11 19	10 58	10 41	10 26	10 14	9 53	9 34	9 17	8 59	8 41	8 19	8 07	7 52
8	12 21	11 57	11 39	11 24	11 12	11 01	10 42	10 25	10 10	9 54	9 38	9 19	9 07	8 54
9	12 47	12 29	12 15	12 03	11 53	11 44	11 28	11 15	11 02	10 49	10 36	10 20	10 11	10 00
10	13 09	12 56	12 46	12 37	12 30	12 24	12 12	12 03	11 53	11 44	11 34	11 23	11 16	11 09
11	13 27	13 20	13 14	13 09	13 05	13 01	12 55	12 49	12 44	12 38	12 33	12 26	12 22	12 18
12	13 43	13 42	13 41	13 39	13 39	13 38	13 36	13 35	13 34	13 33	13 32	13 30	13 29	13 29
13	14 00	14 04	14 07	14 10	14 13	14 15	14 18	14 22	14 25	14 28	14 32	14 36	14 38	14 41
14	14 18	14 28	14 36	14 43	14 48	14 54	15 02	15 10	15 18	15 25	15 34	15 43	15 48	15 54
15	14 40	14 56	15 08	15 19	15 28	15 36	15 50	16 02	16 13	16 25	16 37	16 52	17 00	17 10
16	15 08	15 30	15 46	16 00	16 12	16 23	16 41	16 57	17 11	17 26	17 43	18 01	18 12	18 24
17	15 45	16 12	16 32	16 49	17 03	17 15	17 36	17 55	18 12	18 29	18 48	19 09	19 22	19 36
18	16 35	17 04	17 26	17 44	17 59	18 13	18 35	18 54	19 13	19 31	19 50	20 13	20 26	20 42

MOONSET

Lat.	−55°	−50°	−45°	−40°	−35°	−30°	−20°	−10°	0°	+10°	+20°	+30°	+35°	+40°
	h m	h m	h m	h m	h m	h m	h m	h m	h m	h m	h m	h m	h m	h m
Apr. 24	13 37	13 17	13 02	12 49	12 38	12 28	12 12	11 57	11 44	11 30	11 15	10 58	10 48	10 37
25	13 57	13 43	13 31	13 21	13 13	13 06	12 53	12 42	12 31	12 20	12 09	11 56	11 48	11 39
26	14 14	14 04	13 56	13 50	13 44	13 39	13 30	13 22	13 15	13 08	13 00	12 51	12 45	12 39
27	14 28	14 23	14 19	14 15	14 12	14 10	14 05	14 01	13 57	13 53	13 49	13 44	13 41	13 38
28	14 41	14 40	14 40	14 40	14 39	14 39	14 39	14 38	14 38	14 38	14 37	14 37	14 36	14 36
29	14 54	14 58	15 01	15 04	15 06	15 08	15 12	15 15	15 18	15 22	15 25	15 29	15 31	15 33
30	15 07	15 16	15 23	15 29	15 34	15 38	15 46	15 53	16 00	16 06	16 13	16 21	16 26	16 31
May 1	15 22	15 36	15 47	15 56	16 03	16 10	16 22	16 32	16 42	16 52	17 03	17 15	17 22	17 30
2	15 41	15 59	16 14	16 26	16 36	16 45	17 01	17 14	17 27	17 40	17 54	18 09	18 18	18 29
3	16 05	16 28	16 46	17 00	17 13	17 24	17 42	17 59	18 14	18 30	18 46	19 05	19 16	19 29
4	16 36	17 03	17 24	17 41	17 55	18 07	18 28	18 47	19 04	19 21	19 39	20 01	20 13	20 28
5	17 18	17 47	18 10	18 28	18 43	18 56	19 18	19 38	19 56	20 14	20 33	20 56	21 09	21 24
6	18 12	18 41	19 03	19 21	19 36	19 49	20 12	20 31	20 49	21 07	21 26	21 48	22 01	22 15
7	19 17	19 44	20 05	20 21	20 35	20 47	21 08	21 26	21 42	21 59	22 16	22 37	22 48	23 02
8	20 32	20 54	21 11	21 26	21 37	21 48	22 05	22 21	22 35	22 49	23 04	23 21	23 31	23 43
9	21 52	22 09	22 22	22 33	22 42	22 50	23 04	23 16	23 27	23 38	23 49	.. ..	.. ..	.. ..
10	23 15	23 26	23 34	23 42	23 48	23 53	.. ..	.. ..	.. ..	.. ..	.. ..	0 03	0 10	0 19
11	.. ..	.. ..	.. ..	.. ..	.. ..	.. ..	0 02	0 10	0 17	0 25	0 32	0 41	0 46	0 52
12	0 40	0 45	0 48	0 51	0 54	0 57	1 01	1 04	1 07	1 11	1 14	1 18	1 20	1 23
13	2 06	2 05	2 04	2 03	2 02	2 01	2 00	1 59	1 58	1 57	1 56	1 55	1 54	1 53
14	3 34	3 27	3 21	3 16	3 11	3 07	3 01	2 55	2 50	2 44	2 39	2 32	2 28	2 24
15	5 04	4 50	4 39	4 30	4 22	4 15	4 04	3 53	3 44	3 34	3 24	3 13	3 06	2 58
16	6 34	6 14	5 58	5 45	5 34	5 25	5 08	4 54	4 41	4 27	4 13	3 57	3 48	3 37
17	8 00	7 35	7 15	6 59	6 45	6 34	6 14	5 56	5 40	5 24	5 06	4 47	4 35	4 22
18	9 17	8 48	8 26	8 08	7 53	7 40	7 18	6 59	6 41	6 23	6 04	5 42	5 29	5 14

.. .. indicates phenomenon will occur the next day.

UNIVERSAL TIME FOR MERIDIAN OF GREENWICH
MOONRISE

Lat.	+40°	+42°	+44°	+46°	+48°	+50°	+52°	+54°	+56°	+58°	+60°	+62°	+64°	+66°
	h m	h m	h m	h m	h m	h m	h m	h m	h m	h m	h m	h m	h m	h m
Apr. 24	0 32	0 37	0 43	0 49	0 56	1 04	1 12	1 21	1 31	1 43	1 56	2 12	2 32	2 56
25	1 07	1 11	1 16	1 21	1 26	1 32	1 39	1 46	1 54	2 02	2 12	2 24	2 38	2 54
26	1 37	1 40	1 44	1 47	1 51	1 55	2 00	2 05	2 10	2 17	2 24	2 32	2 41	2 51
27	2 04	2 06	2 08	2 10	2 13	2 15	2 18	2 21	2 24	2 28	2 32	2 37	2 42	2 49
28	2 29	2 29	2 30	2 31	2 32	2 33	2 34	2 35	2 37	2 38	2 40	2 41	2 43	2 46
29	2 53	2 52	2 52	2 51	2 51	2 50	2 50	2 49	2 48	2 47	2 46	2 45	2 44	2 43
30	3 17	3 15	3 14	3 12	3 10	3 08	3 05	3 03	3 00	2 57	2 53	2 50	2 45	2 40
May 1	3 43	3 40	3 37	3 34	3 30	3 27	3 23	3 18	3 13	3 08	3 02	2 55	2 47	2 37
2	4 11	4 07	4 03	3 59	3 54	3 48	3 43	3 36	3 29	3 21	3 12	3 02	2 50	2 35
3	4 44	4 39	4 33	4 27	4 21	4 14	4 07	3 58	3 49	3 38	3 26	3 12	2 55	2 34
4	5 21	5 15	5 09	5 02	4 54	4 46	4 37	4 27	4 15	4 02	3 47	3 28	3 05	2 35
5	6 05	5 58	5 51	5 43	5 35	5 26	5 15	5 04	4 51	4 35	4 17	3 55	3 25	2 41
6	6 55	6 48	6 41	6 33	6 24	6 15	6 04	5 52	5 38	5 22	5 03	4 38	4 05	3 10
7	7 52	7 46	7 39	7 31	7 23	7 13	7 03	6 52	6 39	6 23	6 05	5 42	5 13	4 27
8	8 54	8 49	8 42	8 36	8 28	8 20	8 12	8 02	7 50	7 37	7 22	7 04	6 41	6 10
9	10 00	9 56	9 51	9 45	9 39	9 33	9 26	9 18	9 09	8 59	8 48	8 34	8 18	7 58
10	11 09	11 05	11 02	10 58	10 54	10 49	10 44	10 39	10 33	10 26	10 18	10 09	9 59	9 46
11	12 18	12 16	12 14	12 12	12 10	12 07	12 04	12 01	11 58	11 54	11 50	11 45	11 39	11 33
12	13 29	13 28	13 28	13 27	13 27	13 26	13 26	13 25	13 25	13 24	13 23	13 22	13 21	13 20
13	14 41	14 42	14 43	14 44	14 46	14 48	14 49	14 51	14 53	14 56	14 58	15 01	15 05	15 09
14	15 54	15 57	16 00	16 03	16 07	16 10	16 15	16 19	16 24	16 30	16 36	16 43	16 52	17 02
15	17 10	17 14	17 18	17 23	17 29	17 35	17 41	17 48	17 56	18 05	18 16	18 28	18 42	19 00
16	18 24	18 30	18 36	18 43	18 50	18 58	19 06	19 16	19 27	19 39	19 54	20 12	20 34	21 03
17	19 36	19 43	19 50	19 57	20 06	20 15	20 25	20 37	20 50	21 06	21 24	21 47	22 18	23 05
18	20 42	20 48	20 56	21 04	21 13	21 22	21 33	21 46	22 00	22 16	22 36	23 01	23 36	.. ..

MOONSET

Lat.	+40°	+42°	+44°	+46°	+48°	+50°	+52°	+54°	+56°	+58°	+60°	+62°	+64°	+66°
	h m	h m	h m	h m	h m	h m	h m	h m	h m	h m	h m	h m	h m	h m
Apr. 24	10 37	10 32	10 26	10 20	10 14	10 07	9 59	9 51	9 41	9 30	9 17	9 01	8 43	8 19
25	11 39	11 35	11 31	11 26	11 22	11 16	11 10	11 04	10 57	10 48	10 39	10 28	10 16	10 00
26	12 39	12 37	12 34	12 31	12 28	12 24	12 20	12 16	12 11	12 05	11 59	11 52	11 44	11 35
27	13 38	13 37	13 35	13 34	13 32	13 30	13 28	13 26	13 23	13 20	13 17	13 14	13 09	13 05
28	14 36	14 36	14 36	14 35	14 35	14 35	14 35	14 34	14 34	14 34	14 33	14 33	14 33	14 32
29	15 33	15 34	15 35	15 37	15 38	15 39	15 41	15 43	15 45	15 47	15 49	15 52	15 55	15 59
30	16 31	16 33	16 36	16 38	16 41	16 44	16 48	16 52	16 56	17 00	17 06	17 12	17 18	17 27
May 1	17 30	17 33	17 37	17 41	17 45	17 50	17 55	18 01	18 08	18 15	18 23	18 33	18 44	18 57
2	18 29	18 34	18 39	18 44	18 50	18 56	19 04	19 11	19 20	19 30	19 42	19 55	20 12	20 32
3	19 29	19 34	19 41	19 47	19 54	20 02	20 11	20 21	20 32	20 45	21 00	21 18	21 40	22 10
4	20 28	20 34	20 41	20 48	20 57	21 06	21 16	21 27	21 40	21 55	22 13	22 35	23 04	23 48
5	21 24	21 30	21 38	21 46	21 54	22 04	22 15	22 27	22 40	22 57	23 16	23 40	.. ..	.. ..
6	22 15	22 22	22 29	22 37	22 45	22 55	23 05	23 17	23 30	23 46	.. ..	.. ..	0 13	1 09
7	23 02	23 08	23 14	23 21	23 29	23 37	23 46	23 57	.. ..	.. ..	0 04	0 27	0 57	1 43
8	23 43	23 48	23 53	23 59	.. ..	.. ..	.. ..	.. ..	0 08	0 22	0 37	0 56	1 20	1 51
9	.. ..	.. ..	.. ..	.. ..	0 05	0 12	0 20	0 28	0 37	0 48	1 00	1 14	1 31	1 52
10	0 19	0 23	0 27	0 31	0 36	0 41	0 47	0 53	1 00	1 08	1 16	1 26	1 38	1 51
11	0 52	0 54	0 57	1 00	1 03	1 06	1 10	1 14	1 18	1 23	1 28	1 34	1 41	1 49
12	1 23	1 24	1 25	1 26	1 27	1 29	1 30	1 32	1 34	1 36	1 38	1 41	1 44	1 47
13	1 53	1 53	1 52	1 52	1 51	1 51	1 50	1 50	1 49	1 48	1 47	1 47	1 46	1 44
14	2 24	2 22	2 20	2 18	2 16	2 14	2 11	2 08	2 05	2 01	1 57	1 53	1 48	1 42
15	2 58	2 55	2 51	2 48	2 44	2 39	2 34	2 29	2 23	2 16	2 09	2 01	1 51	1 39
16	3 37	3 32	3 27	3 22	3 16	3 09	3 02	2 55	2 46	2 36	2 25	2 12	1 56	1 38
17	4 22	4 16	4 09	4 03	3 55	3 47	3 38	3 28	3 16	3 03	2 48	2 30	2 07	1 37
18	5 14	5 07	5 00	4 52	4 44	4 34	4 24	4 12	3 58	3 43	3 24	3 01	2 30	1 42

.. .. indicates phenomenon will occur the next day.

MOONRISE AND MOONSET, 2011

UNIVERSAL TIME FOR MERIDIAN OF GREENWICH

MOONRISE

Lat.	−55°	−50°	−45°	−40°	−35°	−30°	−20°	−10°	0°	+10°	+20°	+30°	+35°	+40°
	h m	h m	h m	h m	h m	h m	h m	h m	h m	h m	h m	h m	h m	h m
May 17	15 45	16 12	16 32	16 49	17 03	17 15	17 36	17 55	18 12	18 29	18 48	19 09	19 22	19 36
18	16 35	17 04	17 26	17 44	17 59	18 13	18 35	18 54	19 13	19 31	19 50	20 13	20 26	20 42
19	17 38	18 06	18 28	18 46	19 00	19 13	19 35	19 54	20 12	20 30	20 49	21 10	21 23	21 38
20	18 50	19 15	19 34	19 50	20 03	20 15	20 35	20 52	21 08	21 24	21 41	22 01	22 12	22 25
21	20 06	20 26	20 42	20 55	21 06	21 16	21 32	21 46	22 00	22 13	22 28	22 44	22 53	23 04
22	21 22	21 37	21 48	21 58	22 07	22 14	22 27	22 38	22 48	22 58	23 09	23 22	23 29	23 37
23	22 36	22 45	22 53	23 00	23 05	23 10	23 18	23 26	23 33	23 40	23 47	23 55	.. ..	.. ..
24	23 47	23 52	23 56	23 59	.. ..	.. ..	.. ..	.. ..	.. ..	.. ..	.. ..	.. ..	0 00	0 05
25	.. ..	.. ..	.. ..	.. ..	0 01	0 04	0 08	0 12	0 15	0 18	0 22	0 26	0 28	0 31
26	0 57	0 57	0 57	0 57	0 57	0 57	0 56	0 56	0 56	0 56	0 56	0 56	0 56	0 56
27	2 07	2 02	1 58	1 54	1 51	1 49	1 44	1 40	1 37	1 33	1 29	1 25	1 23	1 20
28	3 17	3 07	2 59	2 52	2 46	2 41	2 33	2 25	2 18	2 11	2 04	1 55	1 51	1 45
29	4 28	4 13	4 01	3 51	3 42	3 35	3 22	3 11	3 01	2 51	2 40	2 28	2 21	2 12
30	5 39	5 19	5 03	4 51	4 40	4 30	4 14	3 59	3 46	3 33	3 19	3 03	2 54	2 43
31	6 50	6 25	6 06	5 51	5 37	5 26	5 07	4 50	4 34	4 18	4 02	3 43	3 32	3 19
June 1	7 57	7 29	7 07	6 50	6 35	6 22	6 01	5 42	5 25	5 07	4 49	4 27	4 15	4 01
2	8 56	8 27	8 04	7 46	7 31	7 18	6 55	6 36	6 17	5 59	5 40	5 18	5 05	4 50
3	9 45	9 17	8 55	8 38	8 23	8 10	7 48	7 29	7 12	6 54	6 35	6 13	6 00	5 45
4	10 23	9 58	9 39	9 24	9 10	8 59	8 39	8 22	8 06	7 50	7 32	7 12	7 01	6 47
5	10 52	10 32	10 17	10 04	9 53	9 44	9 27	9 13	8 59	8 45	8 31	8 14	8 04	7 53
6	11 15	11 01	10 49	10 40	10 32	10 24	10 12	10 01	9 51	9 40	9 29	9 17	9 09	9 01
7	11 33	11 25	11 18	11 12	11 07	11 02	10 54	10 47	10 41	10 34	10 27	10 19	10 15	10 10
8	11 50	11 47	11 44	11 42	11 40	11 38	11 35	11 33	11 30	11 28	11 25	11 22	11 21	11 19
9	12 06	12 08	12 10	12 12	12 13	12 14	12 16	12 18	12 20	12 22	12 24	12 26	12 27	12 29
10	12 23	12 31	12 37	12 42	12 47	12 51	12 58	13 05	13 11	13 17	13 23	13 30	13 35	13 40

MOONSET

Lat.	−55°	−50°	−45°	−40°	−35°	−30°	−20°	−10°	0°	+10°	+20°	+30°	+35°	+40°
	h m	h m	h m	h m	h m	h m	h m	h m	h m	h m	h m	h m	h m	h m
May 17	8 00	7 35	7 15	6 59	6 45	6 34	6 14	5 56	5 40	5 24	5 06	4 47	4 35	4 22
18	9 17	8 48	8 26	8 08	7 53	7 40	7 18	6 59	6 41	6 23	6 04	5 42	5 29	5 14
19	10 18	9 49	9 27	9 09	8 54	8 41	8 19	7 59	7 41	7 23	7 04	6 41	6 28	6 13
20	11 03	10 37	10 17	10 01	9 47	9 35	9 14	8 56	8 39	8 22	8 04	7 43	7 30	7 16
21	11 36	11 15	10 58	10 44	10 32	10 22	10 04	9 48	9 33	9 18	9 03	8 44	8 33	8 21
22	12 00	11 44	11 31	11 20	11 10	11 02	10 48	10 35	10 23	10 11	9 59	9 44	9 35	9 26
23	12 19	12 07	11 58	11 50	11 44	11 38	11 27	11 18	11 10	11 01	10 52	10 41	10 35	10 28
24	12 34	12 27	12 22	12 17	12 13	12 10	12 04	11 58	11 53	11 48	11 43	11 36	11 32	11 28
25	12 48	12 46	12 44	12 42	12 41	12 40	12 38	12 36	12 35	12 33	12 31	12 29	12 28	12 27
26	13 00	13 03	13 05	13 07	13 08	13 09	13 12	13 14	13 16	13 18	13 20	13 22	13 23	13 25
27	13 14	13 21	13 26	13 31	13 35	13 39	13 46	13 51	13 57	14 02	14 08	14 14	14 18	14 22
28	13 28	13 40	13 50	13 57	14 04	14 10	14 21	14 30	14 39	14 47	14 57	15 07	15 13	15 20
29	13 46	14 02	14 15	14 26	14 36	14 44	14 58	15 11	15 22	15 34	15 47	16 01	16 10	16 19
30	14 07	14 29	14 46	14 59	15 11	15 21	15 39	15 54	16 09	16 23	16 39	16 57	17 07	17 19
31	14 36	15 02	15 22	15 38	15 51	16 03	16 24	16 41	16 58	17 15	17 33	17 53	18 05	18 19
June 1	15 14	15 43	16 05	16 23	16 38	16 51	17 13	17 32	17 50	18 08	18 27	18 49	19 02	19 17
2	16 05	16 35	16 57	17 15	17 30	17 43	18 06	18 25	18 43	19 01	19 21	19 43	19 56	20 11
3	17 08	17 36	17 57	18 14	18 28	18 41	19 02	19 21	19 38	19 55	20 13	20 34	20 46	21 00
4	18 21	18 45	19 03	19 18	19 31	19 42	20 00	20 16	20 31	20 46	21 02	21 20	21 31	21 43
5	19 41	19 59	20 13	20 25	20 35	20 44	20 59	21 12	21 24	21 36	21 49	22 03	22 11	22 21
6	21 03	21 16	21 25	21 34	21 41	21 47	21 57	22 06	22 15	22 23	22 32	22 42	22 48	22 55
7	22 27	22 33	22 38	22 43	22 46	22 50	22 55	23 00	23 05	23 09	23 14	23 19	23 22	23 26
8	23 51	23 51	23 52	23 52	23 52	23 53	23 53	23 54	23 54	23 54	23 54	23 55	23 55	23 55
9	.. ..	.. ..	.. ..	.. ..	.. ..	.. ..	.. ..	.. ..	.. ..	.. ..	.. ..	.. ..	.. ..	.. ..
10	1 16	1 10	1 06	1 02	0 59	0 57	0 52	0 48	0 44	0 40	0 36	0 31	0 28	0 25

.. .. indicates phenomenon will occur the next day.

UNIVERSAL TIME FOR MERIDIAN OF GREENWICH
MOONRISE

Lat.	+40°	+42°	+44°	+46°	+48°	+50°	+52°	+54°	+56°	+58°	+60°	+62°	+64°	+66°
	h m	h m	h m	h m	h m	h m	h m	h m	h m	h m	h m	h m	h m	h m
May 17	19 36	19 43	19 50	19 57	20 06	20 15	20 25	20 37	20 50	21 06	21 24	21 47	22 18	23 05
18	20 42	20 48	20 56	21 04	21 13	21 22	21 33	21 46	22 00	22 16	22 36	23 01	23 36	.. ..
19	21 38	21 45	21 52	21 59	22 08	22 17	22 27	22 39	22 52	23 08	23 26	23 48	.. ..	0 38
20	22 25	22 31	22 37	22 44	22 51	22 59	23 08	23 18	23 29	23 42	23 57	.. ..	0 18	1 03
21	23 04	23 09	23 14	23 19	23 25	23 32	23 39	23 47	23 56	.. ..	.. ..	0 15	0 37	1 06
22	23 37	23 40	23 44	23 48	23 53	23 58	.. ..	.. ..	.. ..	0 06	0 17	0 30	0 46	1 05
23	.. ..	.. ..	.. ..	.. ..	.. ..	.. ..	0 03	0 09	0 15	0 22	0 30	0 40	0 50	1 03
24	0 05	0 08	0 10	0 13	0 16	0 19	0 22	0 26	0 30	0 35	0 40	0 46	0 53	1 00
25	0 31	0 32	0 34	0 35	0 36	0 38	0 40	0 41	0 43	0 46	0 48	0 51	0 54	0 58
26	0 56	0 56	0 55	0 55	0 55	0 55	0 55	0 55	0 55	0 55	0 55	0 55	0 55	0 55
27	1 20	1 19	1 17	1 16	1 14	1 13	1 11	1 09	1 07	1 05	1 02	0 59	0 56	0 52
28	1 45	1 43	1 40	1 37	1 34	1 31	1 28	1 24	1 20	1 15	1 10	1 04	0 58	0 50
29	2 12	2 09	2 05	2 01	1 57	1 52	1 47	1 41	1 35	1 28	1 20	1 11	1 00	0 48
30	2 43	2 39	2 34	2 28	2 22	2 16	2 09	2 02	1 53	1 43	1 32	1 20	1 04	0 46
31	3 19	3 13	3 07	3 01	2 54	2 46	2 37	2 28	2 17	2 05	1 50	1 33	1 13	0 46
June 1	4 01	3 54	3 47	3 40	3 32	3 23	3 13	3 02	2 49	2 35	2 17	1 56	1 29	0 50
2	4 50	4 43	4 35	4 28	4 19	4 09	3 59	3 47	3 33	3 17	2 58	2 34	2 02	1 09
3	5 45	5 39	5 32	5 24	5 15	5 06	4 56	4 44	4 30	4 15	3 56	3 32	3 01	2 11
4	6 47	6 41	6 35	6 28	6 20	6 12	6 02	5 52	5 40	5 26	5 10	4 50	4 25	3 50
5	7 53	7 48	7 43	7 37	7 30	7 24	7 16	7 07	6 58	6 47	6 34	6 20	6 02	5 39
6	9 01	8 57	8 53	8 49	8 44	8 39	8 34	8 27	8 21	8 13	8 04	7 54	7 42	7 27
7	10 10	10 07	10 05	10 02	9 59	9 56	9 53	9 49	9 45	9 40	9 35	9 29	9 22	9 14
8	11 19	11 18	11 17	11 16	11 15	11 14	11 13	11 11	11 10	11 08	11 06	11 04	11 02	10 59
9	12 29	12 29	12 30	12 31	12 32	12 33	12 34	12 35	12 36	12 37	12 39	12 40	12 42	12 45
10	13 40	13 42	13 44	13 47	13 49	13 52	13 56	13 59	14 03	14 07	14 12	14 18	14 25	14 32

MOONSET

Lat.	+40°	+42°	+44°	+46°	+48°	+50°	+52°	+54°	+56°	+58°	+60°	+62°	+64°	+66°
	h m	h m	h m	h m	h m	h m	h m	h m	h m	h m	h m	h m	h m	h m
May 17	4 22	4 16	4 09	4 03	3 55	3 47	3 38	3 28	3 16	3 03	2 48	2 30	2 07	1 37
18	5 14	5 07	5 00	4 52	4 44	4 34	4 24	4 12	3 58	3 43	3 24	3 01	2 30	1 42
19	6 13	6 06	5 58	5 50	5 41	5 32	5 21	5 09	4 54	4 38	4 18	3 53	3 19	2 17
20	7 16	7 10	7 03	6 55	6 47	6 38	6 28	6 16	6 03	5 48	5 30	5 08	4 39	3 54
21	8 21	8 16	8 10	8 03	7 56	7 48	7 40	7 30	7 20	7 07	6 53	6 36	6 14	5 46
22	9 26	9 21	9 16	9 11	9 06	9 00	8 53	8 46	8 38	8 28	8 18	8 05	7 50	7 32
23	10 28	10 25	10 21	10 18	10 14	10 10	10 05	10 00	9 54	9 48	9 41	9 32	9 23	9 11
24	11 28	11 26	11 24	11 22	11 20	11 17	11 15	11 12	11 08	11 05	11 01	10 56	10 50	10 44
25	12 27	12 26	12 26	12 25	12 24	12 23	12 23	12 22	12 21	12 19	12 18	12 17	12 15	12 13
26	13 25	13 25	13 26	13 27	13 27	13 28	13 29	13 30	13 31	13 33	13 34	13 36	13 38	13 40
27	14 22	14 24	14 26	14 28	14 31	14 33	14 36	14 39	14 42	14 46	14 50	14 55	15 01	15 07
28	15 20	15 23	15 27	15 30	15 34	15 38	15 43	15 48	15 54	16 00	16 07	16 16	16 25	16 37
29	16 19	16 24	16 28	16 33	16 39	16 45	16 51	16 58	17 06	17 15	17 26	17 38	17 52	18 10
30	17 19	17 25	17 30	17 37	17 43	17 51	17 59	18 08	18 19	18 30	18 44	19 01	19 21	19 47
31	18 19	18 25	18 32	18 39	18 47	18 56	19 05	19 16	19 29	19 43	20 00	20 21	20 48	21 26
June 1	19 17	19 24	19 31	19 39	19 47	19 57	20 07	20 19	20 33	20 49	21 08	21 32	22 04	22 56
2	20 11	20 18	20 25	20 33	20 41	20 51	21 01	21 13	21 27	21 43	22 02	22 25	22 57	23 47
3	21 00	21 06	21 13	21 20	21 28	21 37	21 46	21 57	22 09	22 23	22 40	23 00	23 26	.. ..
4	21 43	21 48	21 54	22 00	22 07	22 14	22 22	22 31	22 41	22 53	23 06	23 21	23 40	0 01
5	22 21	22 25	22 30	22 34	22 40	22 45	22 51	22 58	23 06	23 14	23 24	23 35	23 48	0 04
6	22 55	22 57	23 01	23 04	23 07	23 11	23 15	23 20	23 25	23 31	23 37	23 44	23 52	0 03
7	23 26	23 27	23 29	23 30	23 32	23 34	23 36	23 39	23 41	23 44	23 47	23 51	23 55	0 02
8	23 55	23 55	23 55	23 56	23 56	23 56	23 56	23 56	23 56	23 56	23 56	23 57	23 57	{00 00 / 23 57}
9	.. ..	.. ..	.. ..	.. ..	.. ..	.. ..	.. ..	.. ..	.. ..	.. ..	.. ..	.. ..	23 59	23 55
10	0 25	0 24	0 22	0 21	0 19	0 17	0 16	0 13	0 11	0 09	0 06	0 02	.. ..	23 52

.. .. indicates phenomenon will occur the next day.

MOONRISE AND MOONSET, 2011

UNIVERSAL TIME FOR MERIDIAN OF GREENWICH

MOONRISE

Lat.	−55°	−50°	−45°	−40°	−35°	−30°	−20°	−10°	0°	+10°	+20°	+30°	+35°	+40°
	h m	h m	h m	h m	h m	h m	h m	h m	h m	h m	h m	h m	h m	h m
June 8	11 50	11 47	11 44	11 42	11 40	11 38	11 35	11 33	11 30	11 28	11 25	11 22	11 21	11 19
9	12 06	12 08	12 10	12 12	12 13	12 14	12 16	12 18	12 20	12 22	12 24	12 26	12 27	12 29
10	12 23	12 31	12 37	12 42	12 47	12 51	12 58	13 05	13 11	13 17	13 23	13 30	13 35	13 40
11	12 43	12 56	13 07	13 16	13 24	13 31	13 43	13 53	14 03	14 13	14 24	14 36	14 44	14 52
12	13 07	13 26	13 41	13 54	14 05	14 14	14 31	14 45	14 58	15 12	15 27	15 44	15 53	16 05
13	13 39	14 03	14 22	14 38	14 51	15 03	15 23	15 40	15 56	16 13	16 30	16 51	17 03	17 16
14	14 22	14 50	15 12	15 29	15 44	15 57	16 19	16 38	16 56	17 14	17 33	17 56	18 09	18 24
15	15 18	15 47	16 10	16 28	16 43	16 56	17 18	17 38	17 56	18 14	18 33	18 56	19 09	19 24
16	16 26	16 54	17 14	17 31	17 45	17 57	18 18	18 37	18 53	19 10	19 29	19 49	20 02	20 15
17	17 42	18 05	18 22	18 37	18 49	18 59	19 17	19 33	19 48	20 03	20 18	20 36	20 47	20 58
18	18 59	19 17	19 31	19 42	19 51	20 00	20 14	20 27	20 39	20 50	21 03	21 17	21 25	21 34
19	20 16	20 28	20 37	20 45	20 52	20 58	21 08	21 17	21 25	21 34	21 43	21 53	21 59	22 05
20	21 30	21 36	21 42	21 46	21 50	21 54	21 59	22 05	22 09	22 14	22 20	22 25	22 29	22 33
21	22 41	22 43	22 44	22 45	22 46	22 47	22 49	22 50	22 52	22 53	22 54	22 56	22 57	22 58
22	23 52	23 48	23 46	23 44	23 42	23 40	23 37	23 35	23 33	23 30	23 28	23 25	23 24	23 22
23	.. ..	.. ..	.. ..	.. ..	.. ..	.. ..	.. ..	.. ..	.. ..	.. ..	.. ..	23 55	23 51	23 47
24	1 01	0 53	0 47	0 41	0 37	0 33	0 26	0 20	0 14	0 08	0 02	.. ..	.. ..	.. ..
25	2 12	1 59	1 48	1 40	1 32	1 26	1 15	1 05	0 56	0 47	0 37	0 27	0 20	0 13
26	3 23	3 05	2 50	2 39	2 29	2 20	2 05	1 52	1 40	1 28	1 15	1 01	0 52	0 43
27	4 34	4 11	3 53	3 38	3 26	3 15	2 57	2 41	2 26	2 12	1 56	1 38	1 28	1 16
28	5 43	5 16	4 55	4 38	4 24	4 12	3 51	3 33	3 16	2 59	2 41	2 21	2 09	1 55
29	6 46	6 16	5 54	5 36	5 21	5 08	4 45	4 26	4 08	3 50	3 31	3 09	2 56	2 41
30	7 40	7 10	6 48	6 30	6 15	6 02	5 40	5 20	5 02	4 44	4 25	4 03	3 50	3 35
July 1	8 22	7 56	7 36	7 19	7 05	6 53	6 32	6 14	5 57	5 41	5 22	5 01	4 49	4 35
2	8 55	8 33	8 16	8 03	7 51	7 40	7 22	7 07	6 52	6 37	6 22	6 04	5 53	5 41

MOONSET

Lat.	−55°	−50°	−45°	−40°	−35°	−30°	−20°	−10°	0°	+10°	+20°	+30°	+35°	+40°
	h m	h m	h m	h m	h m	h m	h m	h m	h m	h m	h m	h m	h m	h m
June 8	23 51	23 51	23 52	23 52	23 52	23 53	23 53	23 54	23 54	23 54	23 54	23 55	23 55	23 55
9	.. ..	.. ..	.. ..	.. ..	.. ..	.. ..	.. ..	.. ..	.. ..	.. ..	.. ..	.. ..	.. ..	.. ..
10	1 16	1 10	1 06	1 02	0 59	0 57	0 52	0 48	0 44	0 40	0 36	0 31	0 28	0 25
11	2 42	2 31	2 22	2 14	2 07	2 02	1 52	1 43	1 35	1 27	1 19	1 09	1 03	0 57
12	4 10	3 52	3 38	3 27	3 17	3 08	2 54	2 41	2 29	2 17	2 05	1 50	1 42	1 32
13	5 35	5 12	4 54	4 39	4 27	4 16	3 57	3 41	3 26	3 11	2 55	2 36	2 25	2 13
14	6 55	6 27	6 06	5 49	5 34	5 22	5 01	4 42	4 25	4 07	3 49	3 28	3 15	3 01
15	8 03	7 33	7 11	6 53	6 38	6 25	6 02	5 43	5 25	5 06	4 47	4 24	4 11	3 56
16	8 55	8 28	8 06	7 49	7 35	7 22	7 00	6 41	6 24	6 06	5 47	5 25	5 12	4 57
17	9 34	9 10	8 51	8 36	8 23	8 12	7 53	7 36	7 20	7 04	6 47	6 27	6 15	6 02
18	10 02	9 43	9 28	9 16	9 05	8 56	8 40	8 26	8 13	7 59	7 45	7 29	7 19	7 08
19	10 23	10 09	9 58	9 49	9 41	9 34	9 22	9 12	9 01	8 51	8 40	8 28	8 21	8 12
20	10 40	10 31	10 24	10 18	10 13	10 08	10 01	9 54	9 47	9 40	9 33	9 25	9 20	9 15
21	10 54	10 50	10 47	10 44	10 42	10 40	10 36	10 33	10 30	10 27	10 23	10 20	10 17	10 15
22	11 07	11 08	11 09	11 09	11 09	11 10	11 10	11 11	11 11	11 12	11 12	11 13	11 13	11 14
23	11 20	11 26	11 30	11 34	11 37	11 39	11 44	11 48	11 52	11 56	12 01	12 05	12 08	12 11
24	11 34	11 44	11 52	11 59	12 05	12 10	12 19	12 27	12 34	12 41	12 49	12 58	13 03	13 09
25	11 50	12 05	12 17	12 27	12 35	12 42	12 55	13 06	13 17	13 27	13 39	13 52	13 59	14 08
26	12 10	12 30	12 45	12 58	13 08	13 18	13 34	13 49	14 02	14 16	14 30	14 47	14 56	15 07
27	12 36	13 00	13 18	13 34	13 46	13 58	14 17	14 34	14 50	15 06	15 23	15 42	15 54	16 07
28	13 10	13 37	13 59	14 16	14 30	14 43	15 04	15 23	15 41	15 58	16 17	16 39	16 51	17 06
29	13 55	14 25	14 47	15 05	15 21	15 34	15 56	16 16	16 34	16 52	17 12	17 34	17 47	18 02
30	14 54	15 23	15 45	16 03	16 17	16 30	16 52	17 11	17 29	17 46	18 05	18 27	18 39	18 54
July 1	16 05	16 30	16 50	17 06	17 19	17 31	17 51	18 08	18 24	18 40	18 57	19 16	19 27	19 40
2	17 24	17 45	18 01	18 13	18 24	18 34	18 50	19 05	19 18	19 31	19 45	20 01	20 10	20 21

.. .. indicates phenomenon will occur the next day.

UNIVERSAL TIME FOR MERIDIAN OF GREENWICH
MOONRISE

Lat.	+40°	+42°	+44°	+46°	+48°	+50°	+52°	+54°	+56°	+58°	+60°	+62°	+64°	+66°
	h m	h m	h m	h m	h m	h m	h m	h m	h m	h m	h m	h m	h m	h m
June 8	11 19	11 18	11 17	11 16	11 15	11 14	11 13	11 11	11 10	11 08	11 06	11 04	11 02	10 59
9	12 29	12 29	12 30	12 31	12 32	12 33	12 34	12 35	12 36	12 37	12 39	12 40	12 42	12 45
10	13 40	13 42	13 44	13 47	13 49	13 52	13 56	13 59	14 03	14 07	14 12	14 18	14 25	14 32
11	14 52	14 56	15 00	15 04	15 08	15 13	15 19	15 25	15 32	15 40	15 48	15 58	16 10	16 25
12	16 05	16 10	16 15	16 21	16 28	16 35	16 42	16 51	17 01	17 12	17 25	17 40	17 58	18 22
13	17 16	17 23	17 29	17 36	17 44	17 53	18 03	18 13	18 26	18 40	18 57	19 18	19 44	20 22
14	18 24	18 31	18 38	18 46	18 55	19 04	19 15	19 27	19 41	19 57	20 17	20 42	21 15	22 14
15	19 24	19 31	19 38	19 46	19 55	20 04	20 15	20 27	20 41	20 57	21 17	21 41	22 14	23 08
16	20 15	20 22	20 28	20 36	20 44	20 52	21 02	21 13	21 25	21 39	21 56	22 16	22 41	23 17
17	20 58	21 04	21 09	21 16	21 22	21 29	21 37	21 46	21 56	22 07	22 20	22 36	22 54	23 17
18	21 34	21 39	21 43	21 48	21 53	21 58	22 05	22 11	22 19	22 27	22 37	22 48	23 00	23 16
19	22 05	22 08	22 11	22 15	22 18	22 22	22 26	22 31	22 36	22 42	22 48	22 55	23 04	23 13
20	22 33	22 34	22 36	22 38	22 40	22 42	22 45	22 47	22 50	22 53	22 57	23 01	23 05	23 11
21	22 58	22 58	22 59	22 59	23 00	23 00	23 01	23 02	23 02	23 03	23 04	23 05	23 07	23 08
22	23 22	23 21	23 21	23 20	23 19	23 18	23 17	23 16	23 14	23 13	23 11	23 10	23 08	23 05
23	23 47	23 45	23 43	23 41	23 38	23 36	23 33	23 30	23 27	23 23	23 19	23 14	23 09	23 03
24	.. ..	.. ..	.. ..	.. ..	.. ..	23 56	23 51	23 46	23 41	23 35	23 28	23 20	23 11	23 00
25	0 13	0 10	0 07	0 03	0 00	.. ..	.. ..	.. ..	23 57	23 49	23 39	23 28	23 14	22 59
26	0 43	0 38	0 34	0 29	0 24	0 18	0 12	0 05	.. ..	.. ..	23 54	23 39	23 21	22 58
27	1 16	1 11	1 05	0 59	0 52	0 45	0 37	0 28	0 19	0 07	.. ..	23 58	23 33	23 00
28	1 55	1 49	1 42	1 35	1 27	1 19	1 10	0 59	0 47	0 33	0 17	.. ..	23 58	23 10
29	2 41	2 34	2 27	2 19	2 11	2 02	1 51	1 39	1 26	1 10	0 52	0 28	.. ..	23 52
30	3 35	3 28	3 21	3 13	3 04	2 55	2 44	2 32	2 18	2 02	1 43	1 19	0 46	.. ..
July 1	4 35	4 29	4 22	4 15	4 07	3 58	3 48	3 37	3 24	3 09	2 52	2 31	2 03	1 22
2	5 41	5 36	5 30	5 23	5 17	5 09	5 01	4 51	4 41	4 29	4 15	3 58	3 38	3 11

MOONSET

Lat.	+40°	+42°	+44°	+46°	+48°	+50°	+52°	+54°	+56°	+58°	+60°	+62°	+64°	+66°
	h m	h m	h m	h m	h m	h m	h m	h m	h m	h m	h m	h m	h m	h m
June 8	23 55	23 55	23 55	23 56	23 56	23 56	23 56	23 56	23 56	23 56	23 56	23 57	23 57	{00 00 / 23 57}
9	.. ..	.. ..	.. ..	.. ..	.. ..	.. ..	.. ..	.. ..	.. ..	.. ..	.. ..	.. ..	23 59	23 55
10	0 25	0 24	0 22	0 21	0 19	0 17	0 16	0 13	0 11	0 09	0 06	0 02	.. ..	23 52
11	0 57	0 54	0 51	0 48	0 45	0 41	0 37	0 33	0 28	0 22	0 16	0 09	0 01	23 50
12	1 32	1 28	1 24	1 19	1 14	1 08	1 02	0 55	0 48	0 39	0 30	0 19	0 06	23 49
13	2 13	2 08	2 02	1 56	1 49	1 41	1 33	1 24	1 14	1 02	0 48	0 33	0 13	23 50
14	3 01	2 54	2 48	2 40	2 32	2 23	2 13	2 02	1 49	1 35	1 17	0 56	0 29	.. ..
15	3 56	3 49	3 42	3 34	3 25	3 15	3 04	2 52	2 38	2 22	2 02	1 37	1 03	0 05
16	4 57	4 50	4 43	4 35	4 27	4 17	4 07	3 55	3 41	3 25	3 06	2 42	2 09	1 15
17	6 02	5 56	5 50	5 43	5 35	5 27	5 17	5 07	4 55	4 41	4 25	4 05	3 40	3 06
18	7 08	7 03	6 58	6 52	6 46	6 39	6 31	6 23	6 14	6 03	5 51	5 36	5 18	4 56
19	8 12	8 09	8 05	8 01	7 56	7 51	7 45	7 39	7 32	7 25	7 16	7 06	6 54	6 40
20	9 15	9 12	9 10	9 07	9 04	9 01	8 57	8 53	8 49	8 44	8 39	8 33	8 25	8 17
21	10 15	10 14	10 13	10 11	10 10	10 08	10 07	10 05	10 03	10 01	9 58	9 56	9 52	9 49
22	11 14	11 14	11 14	11 14	11 14	11 14	11 15	11 15	11 15	11 16	11 16	11 16	11 17	11 17
23	12 11	12 13	12 14	12 16	12 18	12 20	12 22	12 24	12 26	12 29	12 32	12 36	12 40	12 45
24	13 09	13 12	13 15	13 18	13 21	13 25	13 29	13 33	13 38	13 43	13 49	13 56	14 04	14 13
25	14 08	14 12	14 16	14 20	14 25	14 30	14 36	14 42	14 49	14 57	15 06	15 17	15 29	15 44
26	15 07	15 12	15 18	15 23	15 30	15 36	15 44	15 52	16 02	16 12	16 25	16 39	16 57	17 19
27	16 07	16 13	16 19	16 26	16 34	16 42	16 51	17 01	17 13	17 26	17 42	18 01	18 25	18 58
28	17 06	17 12	17 20	17 27	17 36	17 45	17 55	18 07	18 20	18 35	18 54	19 17	19 47	20 35
29	18 02	18 09	18 16	18 24	18 33	18 42	18 53	19 05	19 19	19 35	19 54	20 18	20 51	21 45
30	18 54	19 00	19 07	19 15	19 23	19 32	19 42	19 54	20 06	20 21	20 39	21 01	21 29	22 10
July 1	19 40	19 46	19 52	19 58	20 06	20 14	20 22	20 32	20 43	20 55	21 10	21 27	21 48	22 16
2	20 21	20 25	20 30	20 35	20 41	20 47	20 54	21 02	21 10	21 20	21 31	21 43	21 58	22 16

.. .. indicates phenomenon will occur the next day.

MOONRISE AND MOONSET, 2011

UNIVERSAL TIME FOR MERIDIAN OF GREENWICH

MOONRISE

Lat.	−55°	−50°	−45°	−40°	−35°	−30°	−20°	−10°	0°	+10°	+20°	+30°	+35°	+40°
	h m	h m	h m	h m	h m	h m	h m	h m	h m	h m	h m	h m	h m	h m
July 1	8 22	7 56	7 36	7 19	7 05	6 53	6 32	6 14	5 57	5 41	5 22	5 01	4 49	4 35
2	8 55	8 33	8 16	8 03	7 51	7 40	7 22	7 07	6 52	6 37	6 22	6 04	5 53	5 41
3	9 20	9 04	8 51	8 41	8 31	8 23	8 09	7 57	7 46	7 34	7 22	7 08	6 59	6 50
4	9 41	9 30	9 22	9 14	9 08	9 03	8 54	8 45	8 37	8 30	8 21	8 12	8 06	8 00
5	9 58	9 53	9 49	9 46	9 43	9 40	9 36	9 32	9 28	9 24	9 20	9 16	9 13	9 10
6	10 14	10 15	10 15	10 16	10 16	10 16	10 17	10 17	10 18	10 18	10 19	10 19	10 20	10 20
7	10 31	10 37	10 42	10 46	10 49	10 53	10 58	11 03	11 08	11 13	11 18	11 24	11 27	11 31
8	10 49	11 01	11 10	11 18	11 25	11 31	11 41	11 50	11 59	12 08	12 17	12 28	12 35	12 42
9	11 11	11 28	11 42	11 54	12 03	12 12	12 27	12 40	12 53	13 05	13 18	13 34	13 43	13 53
10	11 39	12 02	12 20	12 34	12 47	12 58	13 16	13 33	13 48	14 04	14 20	14 40	14 51	15 04
11	12 17	12 44	13 05	13 22	13 36	13 48	14 10	14 28	14 46	15 03	15 22	15 44	15 56	16 11
12	13 06	13 36	13 58	14 16	14 31	14 44	15 07	15 26	15 44	16 02	16 22	16 44	16 58	17 13
13	14 09	14 37	14 59	15 16	15 31	15 44	16 05	16 24	16 42	16 59	17 18	17 40	17 52	18 07
14	15 21	15 46	16 05	16 20	16 33	16 45	17 04	17 21	17 37	17 53	18 10	18 29	18 40	18 53
15	16 37	16 57	17 13	17 25	17 36	17 46	18 02	18 16	18 29	18 42	18 56	19 12	19 21	19 32
16	17 55	18 09	18 20	18 30	18 38	18 45	18 57	19 08	19 18	19 27	19 38	19 50	19 57	20 05
17	19 10	19 19	19 26	19 32	19 37	19 42	19 50	19 57	20 03	20 10	20 16	20 24	20 29	20 34
18	20 23	20 27	20 30	20 33	20 35	20 37	20 40	20 43	20 46	20 49	20 52	20 56	20 58	21 00
19	21 34	21 33	21 32	21 32	21 31	21 31	21 30	21 29	21 28	21 27	21 27	21 26	21 25	21 25
20	22 45	22 39	22 34	22 30	22 26	22 23	22 18	22 14	22 09	22 05	22 01	21 56	21 53	21 49
21	23 55	23 44	23 35	23 28	23 22	23 16	23 07	22 59	22 51	22 43	22 35	22 26	22 21	22 15
22	.. ..	.. ..	.. ..	.. ..	.. ..	.. ..	23 56	23 45	23 34	23 23	23 12	22 59	22 51	22 43
23	1 05	0 49	0 37	0 26	0 17	0 10	.. ..	.. ..	.. ..	.. ..	23 51	23 35	23 25	23 14
24	2 16	1 55	1 39	1 25	1 14	1 04	0 47	0 33	0 19	0 05	.. ..	.. ..	.. ..	23 50
25	3 25	3 00	2 40	2 24	2 11	2 00	1 40	1 23	1 07	0 51	0 34	0 14	0 03	.. ..

MOONSET

	−55°	−50°	−45°	−40°	−35°	−30°	−20°	−10°	0°	+10°	+20°	+30°	+35°	+40°
	h m	h m	h m	h m	h m	h m	h m	h m	h m	h m	h m	h m	h m	h m
July 1	16 05	16 30	16 50	17 06	17 19	17 31	17 51	18 08	18 24	18 40	18 57	19 16	19 27	19 40
2	17 24	17 45	18 01	18 13	18 24	18 34	18 50	19 05	19 18	19 31	19 45	20 01	20 10	20 21
3	18 48	19 02	19 14	19 23	19 31	19 38	19 50	20 01	20 10	20 20	20 30	20 42	20 49	20 56
4	20 13	20 21	20 28	20 33	20 38	20 42	20 49	20 56	21 02	21 07	21 13	21 20	21 24	21 29
5	21 38	21 40	21 42	21 44	21 45	21 46	21 48	21 50	21 52	21 53	21 55	21 57	21 58	21 59
6	23 03	22 59	22 56	22 54	22 52	22 50	22 47	22 44	22 41	22 39	22 36	22 33	22 31	22 29
7	.. ..	.. ..	.. ..	.. ..	23 59	23 54	23 46	23 39	23 32	23 25	23 18	23 10	23 05	23 00
8	0 28	0 19	0 11	0 05	.. ..	.. ..	.. ..	.. ..	.. ..	.. ..	.. ..	23 49	23 42	23 34
9	1 54	1 38	1 26	1 16	1 07	1 00	0 46	0 35	0 24	0 14	0 02	.. ..	.. ..	.. ..
10	3 19	2 57	2 41	2 27	2 15	2 05	1 48	1 33	1 19	1 05	0 50	0 33	0 23	0 11
11	4 39	4 13	3 53	3 36	3 22	3 10	2 50	2 32	2 15	1 59	1 41	1 21	1 09	0 55
12	5 50	5 21	4 59	4 41	4 26	4 13	3 51	3 32	3 14	2 56	2 36	2 14	2 01	1 46
13	6 48	6 19	5 57	5 39	5 24	5 11	4 49	4 30	4 12	3 54	3 34	3 12	2 59	2 44
14	7 31	7 05	6 46	6 29	6 16	6 04	5 43	5 25	5 09	4 52	4 34	4 13	4 00	3 46
15	8 03	7 42	7 25	7 12	7 00	6 50	6 32	6 17	6 02	5 48	5 32	5 14	5 04	4 51
16	8 27	8 11	7 58	7 47	7 38	7 30	7 16	7 04	6 53	6 41	6 29	6 14	6 06	5 56
17	8 45	8 34	8 26	8 18	8 12	8 06	7 57	7 48	7 40	7 32	7 23	7 13	7 07	7 00
18	9 01	8 55	8 50	8 46	8 42	8 39	8 34	8 29	8 24	8 19	8 14	8 09	8 05	8 02
19	9 15	9 13	9 12	9 11	9 11	9 10	9 09	9 08	9 06	9 05	9 04	9 03	9 02	9 01
20	9 28	9 31	9 34	9 36	9 38	9 40	9 43	9 45	9 48	9 50	9 53	9 56	9 58	10 00
21	9 41	9 49	9 56	10 01	10 06	10 10	10 17	10 23	10 29	10 35	10 42	10 49	10 53	10 58
22	9 57	10 09	10 19	10 28	10 35	10 41	10 53	11 02	11 12	11 21	11 31	11 42	11 49	11 56
23	10 14	10 32	10 46	10 57	11 07	11 15	11 30	11 43	11 55	12 08	12 21	12 36	12 45	12 55
24	10 37	10 59	11 16	11 30	11 42	11 53	12 11	12 27	12 42	12 56	13 12	13 31	13 41	13 54
25	11 07	11 33	11 53	12 09	12 23	12 35	12 56	13 14	13 31	13 47	14 05	14 26	14 38	14 52

.. .. indicates phenomenon will occur the next day.

UNIVERSAL TIME FOR MERIDIAN OF GREENWICH
MOONRISE

Lat.	+40°	+42°	+44°	+46°	+48°	+50°	+52°	+54°	+56°	+58°	+60°	+62°	+64°	+66°
	h m	h m	h m	h m	h m	h m	h m	h m	h m	h m	h m	h m	h m	h m
July 1	4 35	4 29	4 22	4 15	4 07	3 58	3 48	3 37	3 24	3 09	2 52	2 31	2 03	1 22
2	5 41	5 36	5 30	5 23	5 17	5 09	5 01	4 51	4 41	4 29	4 15	3 58	3 38	3 11
3	6 50	6 46	6 41	6 36	6 31	6 25	6 19	6 12	6 04	5 55	5 45	5 33	5 20	5 02
4	8 00	7 57	7 54	7 51	7 47	7 44	7 40	7 35	7 30	7 24	7 18	7 11	7 02	6 52
5	9 10	9 09	9 07	9 06	9 04	9 03	9 01	8 59	8 56	8 54	8 51	8 47	8 44	8 39
6	10 20	10 21	10 21	10 21	10 21	10 22	10 22	10 22	10 23	10 23	10 23	10 24	10 25	10 25
7	11 31	11 33	11 34	11 36	11 39	11 41	11 43	11 46	11 49	11 53	11 57	12 01	12 06	12 12
8	12 42	12 45	12 49	12 52	12 56	13 01	13 05	13 11	13 17	13 23	13 31	13 39	13 49	14 01
9	13 53	13 58	14 03	14 08	14 14	14 20	14 27	14 35	14 44	14 54	15 05	15 19	15 35	15 54
10	15 04	15 10	15 16	15 23	15 30	15 38	15 47	15 57	16 09	16 22	16 37	16 56	17 19	17 51
11	16 11	16 18	16 25	16 33	16 41	16 50	17 01	17 13	17 26	17 42	18 01	18 24	18 55	19 45
12	17 13	17 20	17 27	17 35	17 44	17 54	18 05	18 17	18 31	18 47	19 07	19 32	20 06	21 06
13	18 07	18 14	18 21	18 28	18 37	18 46	18 56	19 07	19 20	19 35	19 53	20 16	20 44	21 27
14	18 53	18 59	19 05	19 12	19 19	19 27	19 35	19 45	19 56	20 09	20 23	20 41	21 02	21 30
15	19 32	19 36	19 41	19 47	19 53	19 59	20 06	20 13	20 22	20 32	20 43	20 55	21 11	21 29
16	20 05	20 08	20 12	20 16	20 20	20 25	20 30	20 35	20 41	20 48	20 56	21 05	21 15	21 27
17	20 34	20 36	20 38	20 41	20 43	20 46	20 50	20 53	20 57	21 01	21 06	21 11	21 18	21 25
18	21 00	21 01	21 02	21 03	21 04	21 05	21 07	21 08	21 10	21 12	21 14	21 16	21 19	21 22
19	21 25	21 25	21 24	21 24	21 24	21 23	21 23	21 23	21 22	21 22	21 21	21 21	21 20	21 20
20	21 49	21 48	21 47	21 45	21 43	21 41	21 39	21 37	21 35	21 32	21 29	21 25	21 22	21 17
21	22 15	22 13	22 10	22 07	22 04	22 00	21 56	21 52	21 48	21 43	21 37	21 31	21 23	21 15
22	22 43	22 39	22 35	22 31	22 26	22 21	22 16	22 10	22 03	21 56	21 47	21 37	21 26	21 13
23	23 14	23 09	23 04	22 59	22 53	22 46	22 39	22 31	22 22	22 12	22 00	21 47	21 31	21 12
24	23 50	23 44	23 38	23 32	23 24	23 16	23 08	22 58	22 47	22 34	22 20	22 02	21 40	21 12
25	.. ..	.. ..	.. ..	.. ..	.. ..	23 54	23 44	23 33	23 20	23 06	22 48	22 26	21 59	21 18

MOONSET

Lat.	+40°	+42°	+44°	+46°	+48°	+50°	+52°	+54°	+56°	+58°	+60°	+62°	+64°	+66°
	h m	h m	h m	h m	h m	h m	h m	h m	h m	h m	h m	h m	h m	h m
July 1	19 40	19 46	19 52	19 58	20 06	20 14	20 22	20 32	20 43	20 55	21 10	21 27	21 48	22 16
2	20 21	20 25	20 30	20 35	20 41	20 47	20 54	21 02	21 10	21 20	21 31	21 43	21 58	22 16
3	20 56	21 00	21 03	21 07	21 11	21 16	21 20	21 26	21 32	21 38	21 46	21 54	22 04	22 15
4	21 29	21 31	21 33	21 35	21 37	21 40	21 43	21 46	21 49	21 53	21 57	22 02	22 07	22 13
5	21 59	22 00	22 00	22 01	22 01	22 02	22 03	22 04	22 05	22 06	22 07	22 08	22 09	22 11
6	22 29	22 28	22 27	22 26	22 25	22 24	22 22	22 21	22 20	22 18	22 16	22 14	22 11	22 08
7	23 00	22 58	22 55	22 52	22 50	22 46	22 43	22 39	22 35	22 31	22 26	22 20	22 14	22 06
8	23 34	23 30	23 26	23 22	23 17	23 12	23 06	23 00	22 54	22 46	22 38	22 28	22 17	22 04
9	.. ..	.. ..	.. ..	23 55	23 49	23 42	23 35	23 26	23 17	23 06	22 54	22 40	22 23	22 02
10	0 11	0 06	0 01	.. ..	.. ..	.. ..	.. ..	.. ..	23 48	23 34	23 18	22 59	22 35	22 03
11	0 55	0 49	0 43	0 36	0 28	0 19	0 10	0 00	.. ..	.. ..	23 55	23 31	23 00	22 09
12	1 46	1 39	1 32	1 24	1 16	1 06	0 56	0 44	0 30	0 14	.. ..	.. ..	23 51	22 51
13	2 44	2 37	2 30	2 22	2 13	2 03	1 52	1 40	1 26	1 10	0 50	0 25	.. ..	.. ..
14	3 46	3 40	3 33	3 26	3 18	3 09	2 59	2 48	2 35	2 20	2 02	1 40	1 12	0 30
15	4 51	4 46	4 40	4 34	4 27	4 19	4 11	4 02	3 51	3 39	3 25	3 08	2 47	2 20
16	5 56	5 52	5 48	5 43	5 37	5 32	5 25	5 18	5 10	5 01	4 51	4 39	4 24	4 07
17	7 00	6 57	6 54	6 50	6 47	6 43	6 38	6 33	6 28	6 22	6 15	6 07	5 58	5 47
18	8 02	8 00	7 58	7 56	7 54	7 52	7 49	7 47	7 44	7 40	7 37	7 32	7 27	7 22
19	9 01	9 01	9 00	9 00	9 00	8 59	8 58	8 58	8 57	8 56	8 55	8 54	8 53	8 52
20	10 00	10 01	10 02	10 03	10 04	10 05	10 06	10 08	10 09	10 11	10 13	10 15	10 17	10 20
21	10 58	11 00	11 02	11 05	11 07	11 10	11 13	11 17	11 20	11 25	11 29	11 35	11 41	11 48
22	11 56	11 59	12 03	12 07	12 11	12 15	12 20	12 26	12 32	12 39	12 46	12 55	13 05	13 18
23	12 55	12 59	13 04	13 09	13 15	13 21	13 28	13 35	13 43	13 53	14 04	14 17	14 32	14 50
24	13 54	13 59	14 05	14 12	14 18	14 26	14 35	14 44	14 55	15 07	15 21	15 38	15 59	16 26
25	14 52	14 59	15 05	15 13	15 21	15 30	15 39	15 51	16 03	16 18	16 35	16 56	17 24	18 04

.. .. indicates phenomenon will occur the next day.

MOONRISE AND MOONSET, 2011

UNIVERSAL TIME FOR MERIDIAN OF GREENWICH

MOONRISE

Lat.	−55°	−50°	−45°	−40°	−35°	−30°	−20°	−10°	0°	+10°	+20°	+30°	+35°	+40°
	h m	h m	h m	h m	h m	h m	h m	h m	h m	h m	h m	h m	h m	h m
July 24	2 16	1 55	1 39	1 25	1 14	1 04	0 47	0 33	0 19	0 05	.. ..	.. ..	.. ..	23 50
25	3 25	3 00	2 40	2 24	2 11	2 00	1 40	1 23	1 07	0 51	0 34	0 14	0 03	.. ..
26	4 31	4 02	3 40	3 23	3 08	2 55	2 33	2 15	1 57	1 40	1 21	0 59	0 47	0 33
27	5 28	4 59	4 36	4 18	4 03	3 50	3 28	3 08	2 50	2 32	2 13	1 50	1 37	1 22
28	6 16	5 48	5 27	5 10	4 55	4 43	4 21	4 02	3 45	3 27	3 08	2 47	2 34	2 19
29	6 54	6 30	6 11	5 56	5 43	5 32	5 13	4 56	4 40	4 24	4 07	3 48	3 36	3 23
30	7 22	7 04	6 49	6 37	6 27	6 17	6 02	5 48	5 35	5 22	5 08	4 52	4 43	4 32
31	7 45	7 32	7 22	7 13	7 06	6 59	6 48	6 38	6 29	6 19	6 09	5 57	5 51	5 43
Aug. 1	8 04	7 57	7 51	7 47	7 42	7 39	7 32	7 26	7 21	7 16	7 10	7 03	6 59	6 55
2	8 22	8 20	8 19	8 18	8 17	8 16	8 15	8 14	8 13	8 11	8 10	8 09	8 08	8 07
3	8 39	8 43	8 46	8 49	8 51	8 53	8 57	9 01	9 04	9 07	9 11	9 15	9 17	9 20
4	8 57	9 07	9 14	9 21	9 27	9 32	9 41	9 48	9 56	10 03	10 11	10 21	10 26	10 32
5	9 18	9 33	9 46	9 56	10 05	10 12	10 26	10 38	10 49	11 00	11 13	11 27	11 35	11 44
6	9 44	10 05	10 21	10 35	10 47	10 57	11 14	11 30	11 44	11 59	12 14	12 32	12 43	12 55
7	10 18	10 44	11 04	11 20	11 34	11 46	12 06	12 24	12 41	12 58	13 16	13 37	13 49	14 03
8	11 03	11 32	11 53	12 11	12 26	12 39	13 01	13 20	13 38	13 56	14 15	14 38	14 51	15 06
9	12 00	12 29	12 51	13 08	13 23	13 36	13 58	14 17	14 35	14 53	15 12	15 34	15 47	16 02
10	13 07	13 34	13 54	14 10	14 24	14 36	14 56	15 14	15 30	15 47	16 04	16 24	16 36	16 50
11	14 21	14 43	15 00	15 14	15 25	15 36	15 53	16 08	16 22	16 37	16 52	17 09	17 19	17 30
12	15 37	15 54	16 07	16 18	16 27	16 35	16 48	17 00	17 12	17 23	17 35	17 48	17 56	18 05
13	16 53	17 04	17 13	17 20	17 26	17 32	17 42	17 50	17 58	18 06	18 14	18 24	18 29	18 35
14	18 06	18 12	18 17	18 21	18 25	18 28	18 33	18 38	18 42	18 46	18 51	18 56	18 59	19 02
15	19 18	19 19	19 20	19 21	19 21	19 22	19 23	19 23	19 24	19 25	19 26	19 27	19 27	19 28
16	20 29	20 25	20 22	20 19	20 17	20 15	20 11	20 08	20 06	20 03	20 00	19 57	19 55	19 53
17	21 39	21 30	21 23	21 17	21 12	21 08	21 00	20 53	20 47	20 41	20 35	20 27	20 23	20 18

MOONSET

Lat.	−55°	−50°	−45°	−40°	−35°	−30°	−20°	−10°	0°	+10°	+20°	+30°	+35°	+40°
	h m	h m	h m	h m	h m	h m	h m	h m	h m	h m	h m	h m	h m	h m
July 24	10 37	10 59	11 16	11 30	11 42	11 53	12 11	12 27	12 42	12 56	13 12	13 31	13 41	13 54
25	11 07	11 33	11 53	12 09	12 23	12 35	12 56	13 14	13 31	13 47	14 05	14 26	14 38	14 52
26	11 46	12 15	12 37	12 55	13 10	13 23	13 45	14 04	14 22	14 40	14 59	15 22	15 35	15 49
27	12 38	13 08	13 30	13 48	14 03	14 17	14 39	14 58	15 16	15 34	15 53	16 15	16 28	16 43
28	13 44	14 11	14 32	14 49	15 03	15 15	15 36	15 54	16 11	16 28	16 46	17 06	17 18	17 32
29	15 01	15 24	15 41	15 55	16 08	16 18	16 36	16 52	17 06	17 21	17 36	17 54	18 04	18 15
30	16 24	16 41	16 55	17 06	17 15	17 23	17 37	17 49	18 01	18 12	18 24	18 37	18 45	18 54
31	17 51	18 01	18 10	18 17	18 23	18 29	18 38	18 46	18 54	19 01	19 09	19 18	19 23	19 29
Aug. 1	19 18	19 23	19 26	19 30	19 32	19 35	19 39	19 42	19 46	19 49	19 52	19 56	19 58	20 01
2	20 45	20 44	20 43	20 42	20 41	20 40	20 39	20 38	20 37	20 36	20 35	20 33	20 33	20 32
3	22 13	22 05	21 59	21 54	21 50	21 46	21 39	21 34	21 28	21 23	21 17	21 11	21 07	21 03
4	23 40	23 26	23 15	23 06	22 59	22 52	22 40	22 30	22 21	22 12	22 02	21 50	21 44	21 36
5	.. ..	.. ..	.. ..	.. ..	.. ..	23 58	23 42	23 28	23 15	23 02	22 48	22 33	22 23	22 13
6	1 06	0 46	0 31	0 18	0 07	.. ..	.. ..	.. ..	.. ..	23 55	23 38	23 19	23 08	22 55
7	2 27	2 03	1 43	1 28	1 15	1 03	0 44	0 27	0 11	.. ..	.. ..	.. ..	23 57	23 43
8	3 41	3 13	2 51	2 34	2 19	2 06	1 45	1 26	1 08	0 51	0 32	0 10	.. ..	.. ..
9	4 42	4 13	3 51	3 33	3 18	3 05	2 43	2 24	2 06	1 47	1 28	1 06	0 53	0 37
10	5 29	5 02	4 42	4 25	4 11	3 59	3 37	3 19	3 02	2 44	2 26	2 04	1 52	1 37
11	6 04	5 42	5 24	5 09	4 57	4 46	4 27	4 11	3 56	3 40	3 24	3 04	2 53	2 40
12	6 31	6 13	5 59	5 47	5 37	5 28	5 13	4 59	4 46	4 34	4 20	4 04	3 55	3 44
13	6 51	6 38	6 28	6 19	6 12	6 05	5 54	5 44	5 34	5 25	5 14	5 02	4 56	4 48
14	7 08	7 00	6 53	6 48	6 43	6 39	6 32	6 25	6 19	6 13	6 07	5 59	5 55	5 50
15	7 22	7 19	7 16	7 14	7 12	7 11	7 08	7 05	7 02	7 00	6 57	6 54	6 52	6 50
16	7 36	7 37	7 38	7 39	7 40	7 41	7 42	7 43	7 44	7 45	7 46	7 47	7 48	7 49
17	7 49	7 55	8 00	8 04	8 08	8 11	8 16	8 21	8 26	8 30	8 35	8 40	8 44	8 47

.. .. indicates phenomenon will occur the next day.

UNIVERSAL TIME FOR MERIDIAN OF GREENWICH

MOONRISE

Lat.	+40°	+42°	+44°	+46°	+48°	+50°	+52°	+54°	+56°	+58°	+60°	+62°	+64°	+66°
	h m	h m	h m	h m	h m	h m	h m	h m	h m	h m	h m	h m	h m	h m
July 24	23 50	23 44	23 38	23 32	23 24	23 16	23 08	22 58	22 47	22 34	22 20	22 02	21 40	21 12
25	.. ..	.. ..	.. ..	.. ..	.. ..	23 54	23 44	23 33	23 20	23 06	22 48	22 26	21 59	21 18
26	0 33	0 26	0 19	0 12	0 03	.. ..	.. ..	.. ..	.. ..	23 50	23 31	23 07	22 34	21 42
27	1 22	1 15	1 08	1 00	0 52	0 42	0 32	0 20	0 06	.. ..	.. ..	.. ..	23 38	22 51
28	2 19	2 13	2 06	1 58	1 50	1 41	1 30	1 19	1 05	0 50	0 31	0 09	.. ..	.. ..
29	3 23	3 17	3 11	3 04	2 57	2 49	2 40	2 29	2 18	2 05	1 49	1 30	1 06	0 34
30	4 32	4 27	4 22	4 17	4 11	4 04	3 57	3 49	3 40	3 30	3 18	3 04	2 47	2 26
31	5 43	5 40	5 36	5 32	5 28	5 23	5 18	5 13	5 06	4 59	4 51	4 42	4 32	4 19
Aug. 1	6 55	6 53	6 51	6 49	6 47	6 44	6 41	6 38	6 35	6 31	6 27	6 22	6 16	6 10
2	8 07	8 07	8 07	8 06	8 06	8 05	8 05	8 04	8 04	8 03	8 02	8 01	8 00	7 59
3	9 20	9 21	9 22	9 24	9 25	9 27	9 28	9 30	9 32	9 35	9 37	9 40	9 44	9 48
4	10 32	10 35	10 38	10 41	10 44	10 48	10 52	10 56	11 01	11 07	11 13	11 20	11 28	11 38
5	11 44	11 48	11 53	11 58	12 03	12 09	12 15	12 22	12 30	12 38	12 48	13 00	13 14	13 31
6	12 55	13 01	13 06	13 13	13 20	13 27	13 36	13 45	13 55	14 07	14 22	14 38	14 59	15 26
7	14 03	14 10	14 16	14 24	14 32	14 41	14 51	15 02	15 15	15 30	15 48	16 09	16 38	17 20
8	15 06	15 13	15 20	15 28	15 37	15 46	15 57	16 09	16 23	16 39	16 59	17 24	17 57	18 54
9	16 02	16 08	16 16	16 23	16 32	16 41	16 52	17 03	17 17	17 33	17 51	18 14	18 45	19 33
10	16 50	16 56	17 02	17 09	17 17	17 25	17 34	17 45	17 57	18 10	18 26	18 45	19 09	19 41
11	17 30	17 35	17 41	17 47	17 53	18 00	18 07	18 16	18 25	18 36	18 48	19 03	19 20	19 41
12	18 05	18 09	18 13	18 18	18 22	18 28	18 33	18 40	18 47	18 55	19 04	19 14	19 26	19 40
13	18 35	18 38	18 41	18 44	18 47	18 51	18 55	18 59	19 04	19 09	19 15	19 22	19 30	19 39
14	19 02	19 04	19 05	19 07	19 09	19 11	19 13	19 15	19 18	19 21	19 24	19 28	19 32	19 36
15	19 28	19 28	19 28	19 29	19 29	19 29	19 30	19 30	19 31	19 31	19 32	19 32	19 33	19 34
16	19 53	19 52	19 51	19 50	19 49	19 47	19 46	19 45	19 43	19 41	19 39	19 37	19 35	19 32
17	20 18	20 16	20 14	20 11	20 09	20 06	20 03	20 00	19 56	19 52	19 47	19 42	19 36	19 30

MOONSET

Lat.	+40°	+42°	+44°	+46°	+48°	+50°	+52°	+54°	+56°	+58°	+60°	+62°	+64°	+66°
	h m	h m	h m	h m	h m	h m	h m	h m	h m	h m	h m	h m	h m	h m
July 24	13 54	13 59	14 05	14 12	14 18	14 26	14 35	14 44	14 55	15 07	15 21	15 38	15 59	16 26
25	14 52	14 59	15 05	15 13	15 21	15 30	15 39	15 51	16 03	16 18	16 35	16 56	17 24	18 04
26	15 49	15 56	16 03	16 11	16 20	16 29	16 40	16 52	17 05	17 21	17 41	18 04	18 37	19 29
27	16 43	16 50	16 57	17 05	17 13	17 23	17 33	17 45	17 58	18 14	18 32	18 56	19 26	20 13
28	17 32	17 38	17 45	17 52	17 59	18 08	18 17	18 28	18 40	18 53	19 09	19 29	19 53	20 26
29	18 15	18 21	18 26	18 32	18 38	18 46	18 53	19 02	19 11	19 22	19 35	19 49	20 07	20 28
30	18 54	18 58	19 02	19 07	19 11	19 17	19 22	19 29	19 36	19 43	19 52	20 02	20 14	20 28
31	19 29	19 31	19 34	19 37	19 40	19 43	19 47	19 51	19 55	20 00	20 05	20 12	20 19	20 27
Aug. 1	20 01	20 02	20 03	20 04	20 05	20 07	20 08	20 10	20 12	20 14	20 16	20 19	20 22	20 25
2	20 32	20 31	20 31	20 30	20 30	20 29	20 29	20 28	20 28	20 27	20 26	20 25	20 24	20 23
3	21 03	21 01	20 59	20 57	20 55	20 52	20 50	20 47	20 44	20 40	20 36	20 32	20 27	20 21
4	21 36	21 33	21 29	21 26	21 22	21 17	21 13	21 07	21 02	20 55	20 48	20 40	20 30	20 19
5	22 13	22 08	22 03	21 58	21 52	21 46	21 39	21 32	21 23	21 14	21 03	20 50	20 35	20 17
6	22 55	22 49	22 43	22 36	22 29	22 21	22 12	22 03	21 52	21 39	21 24	21 07	20 45	20 18
7	23 43	23 36	23 29	23 22	23 13	23 04	22 54	22 43	22 30	22 14	21 56	21 34	21 05	20 23
8	.. ..	.. ..	.. ..	.. ..	.. ..	23 57	23 46	23 34	23 20	23 04	22 44	22 19	21 46	20 49
9	0 37	0 31	0 23	0 15	0 06	.. ..	.. ..	.. ..	.. ..	.. ..	23 49	23 26	22 56	22 09
10	1 37	1 31	1 24	1 16	1 08	0 58	0 48	0 36	0 23	0 08	.. ..	.. ..	.. ..	23 54
11	2 40	2 34	2 28	2 22	2 14	2 06	1 57	1 47	1 36	1 23	1 07	0 49	0 26	.. ..
12	3 44	3 40	3 35	3 29	3 23	3 17	3 10	3 02	2 53	2 43	2 31	2 17	2 01	1 40
13	4 48	4 44	4 41	4 37	4 32	4 27	4 22	4 17	4 10	4 03	3 55	3 45	3 34	3 21
14	5 50	5 47	5 45	5 43	5 40	5 37	5 34	5 30	5 26	5 22	5 17	5 11	5 04	4 57
15	6 50	6 49	6 48	6 47	6 46	6 45	6 43	6 42	6 40	6 38	6 36	6 34	6 31	6 28
16	7 49	7 49	7 50	7 50	7 51	7 51	7 51	7 52	7 53	7 53	7 54	7 55	7 56	7 57
17	8 47	8 49	8 51	8 52	8 54	8 56	8 59	9 01	9 04	9 07	9 11	9 15	9 19	9 25

.. .. indicates phenomenon will occur the next day.

MOONRISE AND MOONSET, 2011

UNIVERSAL TIME FOR MERIDIAN OF GREENWICH

MOONRISE

Lat.	−55°	−50°	−45°	−40°	−35°	−30°	−20°	−10°	0°	+10°	+20°	+30°	+35°	+40°
	h m	h m	h m	h m	h m	h m	h m	h m	h m	h m	h m	h m	h m	h m
Aug. 16	20 29	20 25	20 22	20 19	20 17	20 15	20 11	20 08	20 06	20 03	20 00	19 57	19 55	19 53
17	21 39	21 30	21 23	21 17	21 12	21 08	21 00	20 53	20 47	20 41	20 35	20 27	20 23	20 18
18	22 49	22 35	22 24	22 15	22 08	22 01	21 49	21 39	21 30	21 20	21 10	20 59	20 52	20 45
19	23 59	23 40	23 26	23 14	23 03	22 55	22 39	22 26	22 13	22 01	21 48	21 33	21 24	21 15
20	.. ..	.. ..	.. ..	.. ..	.. ..	23 49	23 30	23 14	22 59	22 45	22 29	22 11	22 00	21 48
21	1 08	0 45	0 27	0 12	0 00	.. ..	.. ..	.. ..	23 48	23 31	23 13	22 53	22 41	22 27
22	2 14	1 47	1 27	1 10	0 56	0 44	0 23	0 05	.. ..	.. ..	.. ..	23 40	23 27	23 13
23	3 15	2 45	2 23	2 06	1 51	1 38	1 16	0 57	0 39	0 21	0 02	.. ..	.. ..	.. ..
24	4 06	3 38	3 16	2 58	2 43	2 30	2 08	1 49	1 32	1 14	0 55	0 33	0 20	0 05
25	4 48	4 22	4 02	3 46	3 32	3 21	3 00	2 42	2 26	2 09	1 51	1 31	1 19	1 05
26	5 20	4 59	4 43	4 29	4 18	4 07	3 50	3 35	3 20	3 06	2 51	2 33	2 22	2 11
27	5 46	5 31	5 18	5 08	4 59	4 51	4 38	4 26	4 14	4 03	3 51	3 37	3 29	3 20
28	6 08	5 58	5 50	5 43	5 37	5 32	5 23	5 15	5 08	5 01	4 53	4 44	4 38	4 32
29	6 26	6 22	6 19	6 16	6 13	6 11	6 07	6 04	6 01	5 58	5 54	5 51	5 48	5 46
30	6 44	6 46	6 47	6 48	6 49	6 50	6 51	6 52	6 54	6 55	6 56	6 58	6 59	7 00
31	7 03	7 10	7 16	7 21	7 25	7 29	7 36	7 42	7 47	7 53	7 59	8 06	8 10	8 15
Sept. 1	7 23	7 36	7 47	7 56	8 03	8 10	8 22	8 32	8 42	8 52	9 02	9 14	9 21	9 29
2	7 49	8 07	8 22	8 35	8 45	8 54	9 11	9 25	9 38	9 51	10 06	10 22	10 32	10 43
3	8 21	8 45	9 03	9 19	9 32	9 43	10 02	10 19	10 35	10 52	11 09	11 29	11 40	11 54
4	9 03	9 30	9 51	10 09	10 23	10 36	10 57	11 16	11 33	11 51	12 10	12 32	12 45	12 59
5	9 56	10 25	10 47	11 04	11 19	11 32	11 54	12 13	12 31	12 49	13 08	13 30	13 43	13 58
6	11 00	11 27	11 48	12 04	12 18	12 31	12 51	13 09	13 26	13 43	14 01	14 22	14 34	14 48
7	12 12	12 35	12 52	13 07	13 19	13 30	13 48	14 04	14 19	14 34	14 50	15 08	15 18	15 30
8	13 26	13 44	13 58	14 10	14 20	14 28	14 43	14 56	15 08	15 21	15 33	15 48	15 57	16 06
9	14 40	14 53	15 03	15 12	15 19	15 26	15 37	15 46	15 55	16 04	16 13	16 24	16 30	16 38

MOONSET

Lat.	−55°	−50°	−45°	−40°	−35°	−30°	−20°	−10°	0°	+10°	+20°	+30°	+35°	+40°
	h m	h m	h m	h m	h m	h m	h m	h m	h m	h m	h m	h m	h m	h m
Aug. 16	7 36	7 37	7 38	7 39	7 40	7 41	7 42	7 43	7 44	7 45	7 46	7 47	7 48	7 49
17	7 49	7 55	8 00	8 04	8 08	8 11	8 16	8 21	8 26	8 30	8 35	8 40	8 44	8 47
18	8 04	8 15	8 23	8 30	8 36	8 42	8 51	9 00	9 08	9 15	9 24	9 33	9 39	9 45
19	8 21	8 36	8 48	8 58	9 07	9 15	9 28	9 40	9 51	10 02	10 13	10 27	10 35	10 43
20	8 41	9 01	9 17	9 30	9 41	9 50	10 07	10 22	10 35	10 49	11 04	11 21	11 31	11 42
21	9 07	9 32	9 50	10 06	10 19	10 30	10 50	11 07	11 23	11 38	11 56	12 15	12 27	12 40
22	9 42	10 09	10 31	10 48	11 02	11 15	11 36	11 55	12 12	12 30	12 48	13 10	13 22	13 37
23	10 27	10 57	11 19	11 37	11 52	12 05	12 27	12 46	13 04	13 22	13 41	14 03	14 16	14 31
24	11 26	11 54	12 15	12 33	12 47	13 00	13 21	13 40	13 57	14 15	14 33	14 55	15 07	15 21
25	12 36	13 01	13 20	13 35	13 49	14 00	14 19	14 36	14 52	15 07	15 24	15 43	15 54	16 07
26	13 55	14 15	14 31	14 43	14 54	15 03	15 19	15 33	15 46	15 59	16 13	16 28	16 37	16 47
27	15 20	15 34	15 45	15 54	16 02	16 09	16 20	16 31	16 40	16 49	16 59	17 10	17 17	17 24
28	16 48	16 56	17 02	17 07	17 12	17 15	17 22	17 28	17 33	17 38	17 44	17 50	17 54	17 58
29	18 18	18 19	18 20	18 21	18 22	18 23	18 24	18 25	18 26	18 27	18 28	18 29	18 29	18 30
30	19 47	19 43	19 39	19 36	19 33	19 30	19 26	19 22	19 19	19 15	19 12	19 08	19 05	19 02
31	21 17	21 06	20 58	20 50	20 44	20 38	20 29	20 21	20 13	20 05	19 57	19 48	19 42	19 36
Sept. 1	22 47	22 29	22 16	22 05	21 55	21 47	21 32	21 20	21 08	20 57	20 44	20 30	20 22	20 13
2	.. ..	23 49	23 32	23 17	23 05	22 54	22 36	22 20	22 05	21 50	21 35	21 17	21 06	20 54
3	0 12	.. ..	.. ..	.. ..	.. ..	23 59	23 38	23 20	23 03	22 46	22 28	22 07	21 55	21 41
4	1 30	1 03	0 42	0 26	0 11	.. ..	.. ..	.. ..	.. ..	23 43	23 24	23 02	22 49	22 34
5	2 36	2 07	1 45	1 28	1 13	1 00	0 38	0 19	0 01	.. ..	.. ..	.. ..	23 47	23 32
6	3 27	3 00	2 39	2 22	2 08	1 55	1 34	1 15	0 58	0 40	0 21	0 00	.. ..	.. ..
7	4 06	3 42	3 24	3 08	2 55	2 44	2 25	2 08	1 52	1 36	1 19	0 59	0 47	0 34
8	4 35	4 15	4 00	3 48	3 37	3 27	3 11	2 57	2 43	2 30	2 15	1 58	1 48	1 37
9	4 57	4 42	4 31	4 21	4 13	4 06	3 53	3 42	3 31	3 21	3 09	2 56	2 49	2 40

.. .. indicates phenomenon will occur the next day.

UNIVERSAL TIME FOR MERIDIAN OF GREENWICH
MOONRISE

Lat.	+40°	+42°	+44°	+46°	+48°	+50°	+52°	+54°	+56°	+58°	+60°	+62°	+64°	+66°
	h m	h m	h m	h m	h m	h m	h m	h m	h m	h m	h m	h m	h m	h m
Aug. 16	19 53	19 52	19 51	19 50	19 49	19 47	19 46	19 45	19 43	19 41	19 39	19 37	19 35	19 32
17	20 18	20 16	20 14	20 11	20 09	20 06	20 03	20 00	19 56	19 52	19 47	19 42	19 36	19 30
18	20 45	20 42	20 38	20 35	20 31	20 26	20 21	20 16	20 10	20 04	19 57	19 49	19 39	19 28
19	21 15	21 10	21 06	21 01	20 55	20 49	20 43	20 36	20 28	20 19	20 09	19 57	19 43	19 27
20	21 48	21 43	21 37	21 31	21 24	21 17	21 09	21 00	20 50	20 39	20 25	20 10	19 51	19 27
21	22 27	22 21	22 14	22 07	22 00	21 51	21 42	21 31	21 19	21 05	20 49	20 30	20 05	19 32
22	23 13	23 06	22 59	22 51	22 43	22 33	22 23	22 12	21 58	21 43	21 25	21 02	20 32	19 46
23	.. ..	23 59	23 51	23 44	23 35	23 26	23 15	23 04	22 50	22 34	22 16	21 52	21 21	20 32
24	0 05	.. ..	.. ..	.. ..	.. ..	.. ..	.. ..	.. ..	23 55	23 41	23 24	23 04	22 37	21 59
25	1 05	0 59	0 52	0 45	0 37	0 28	0 19	0 08	.. ..	.. ..	.. ..	.. ..	.. ..	23 46
26	2 11	2 05	2 00	1 53	1 47	1 39	1 31	1 22	1 12	1 00	0 47	0 31	0 11	.. ..
27	3 20	3 16	3 12	3 07	3 02	2 57	2 50	2 44	2 36	2 28	2 18	2 06	1 53	1 37
28	4 32	4 30	4 27	4 24	4 21	4 17	4 13	4 09	4 04	3 59	3 53	3 46	3 38	3 29
29	5 46	5 45	5 44	5 42	5 41	5 40	5 38	5 36	5 34	5 32	5 30	5 27	5 24	5 20
30	7 00	7 01	7 01	7 02	7 02	7 03	7 04	7 04	7 05	7 06	7 07	7 09	7 10	7 12
31	8 15	8 17	8 19	8 21	8 24	8 27	8 30	8 33	8 37	8 41	8 46	8 51	8 57	9 05
Sept. 1	9 29	9 33	9 37	9 41	9 46	9 50	9 56	10 02	10 08	10 16	10 24	10 34	10 46	11 00
2	10 43	10 48	10 53	10 59	11 05	11 12	11 20	11 28	11 38	11 49	12 01	12 16	12 34	12 57
3	11 54	12 00	12 06	12 13	12 21	12 30	12 39	12 50	13 02	13 15	13 32	13 52	14 17	14 52
4	12 59	13 06	13 13	13 21	13 29	13 39	13 49	14 01	14 15	14 30	14 49	15 13	15 44	16 34
5	13 58	14 04	14 11	14 19	14 28	14 37	14 48	15 00	15 13	15 29	15 48	16 11	16 42	17 31
6	14 48	14 54	15 01	15 08	15 16	15 24	15 34	15 45	15 57	16 11	16 27	16 47	17 13	17 48
7	15 30	15 35	15 41	15 47	15 54	16 01	16 10	16 18	16 29	16 40	16 53	17 09	17 28	17 51
8	16 06	16 11	16 15	16 20	16 25	16 31	16 37	16 44	16 52	17 01	17 11	17 22	17 36	17 52
9	16 38	16 41	16 44	16 48	16 51	16 56	17 00	17 05	17 10	17 17	17 23	17 31	17 40	17 51

MOONSET

Lat.	+40°	+42°	+44°	+46°	+48°	+50°	+52°	+54°	+56°	+58°	+60°	+62°	+64°	+66°
	h m	h m	h m	h m	h m	h m	h m	h m	h m	h m	h m	h m	h m	h m
Aug. 16	7 49	7 49	7 50	7 50	7 51	7 51	7 51	7 52	7 53	7 53	7 54	7 55	7 56	7 57
17	8 47	8 49	8 51	8 52	8 54	8 56	8 59	9 01	9 04	9 07	9 11	9 15	9 19	9 25
18	9 45	9 48	9 51	9 54	9 58	10 02	10 06	10 10	10 15	10 21	10 27	10 35	10 43	10 53
19	10 43	10 47	10 52	10 56	11 01	11 07	11 13	11 19	11 27	11 35	11 44	11 55	12 08	12 24
20	11 42	11 47	11 52	11 58	12 04	12 11	12 19	12 28	12 37	12 48	13 01	13 16	13 34	13 57
21	12 40	12 46	12 52	12 59	13 07	13 15	13 24	13 34	13 46	13 59	14 15	14 34	14 59	15 32
22	13 37	13 43	13 50	13 58	14 06	14 15	14 26	14 37	14 50	15 05	15 24	15 46	16 16	17 01
23	14 31	14 38	14 45	14 53	15 01	15 11	15 21	15 33	15 46	16 02	16 21	16 44	17 16	18 05
24	15 21	15 28	15 34	15 42	15 50	15 59	16 09	16 20	16 32	16 47	17 04	17 25	17 52	18 30
25	16 07	16 12	16 18	16 25	16 32	16 40	16 48	16 58	17 08	17 20	17 34	17 51	18 12	18 38
26	16 47	16 52	16 57	17 02	17 08	17 14	17 20	17 28	17 36	17 45	17 56	18 08	18 22	18 39
27	17 24	17 27	17 31	17 34	17 38	17 43	17 47	17 52	17 58	18 04	18 11	18 19	18 28	18 39
28	17 58	18 00	18 02	18 04	18 06	18 08	18 11	18 13	18 16	18 20	18 24	18 28	18 33	18 38
29	18 30	18 30	18 31	18 31	18 31	18 32	18 32	18 33	18 33	18 34	18 34	18 35	18 36	18 37
30	19 02	19 01	19 00	18 59	18 57	18 55	18 54	18 52	18 50	18 47	18 45	18 42	18 39	18 35
31	19 36	19 33	19 31	19 27	19 24	19 21	19 17	19 12	19 08	19 03	18 57	18 50	18 42	18 34
Sept. 1	20 13	20 09	20 04	20 00	19 55	19 49	19 43	19 36	19 29	19 21	19 11	19 00	18 48	18 33
2	20 54	20 49	20 43	20 37	20 30	20 23	20 15	20 06	19 56	19 44	19 31	19 16	18 57	18 34
3	21 41	21 35	21 28	21 21	21 13	21 04	20 54	20 44	20 31	20 17	20 00	19 40	19 14	18 38
4	22 34	22 27	22 20	22 12	22 04	21 54	21 44	21 32	21 18	21 02	20 43	20 20	19 48	18 58
5	23 32	23 26	23 19	23 11	23 02	22 53	22 43	22 31	22 18	22 02	21 43	21 20	20 49	20 00
6	.. ..	.. ..	.. ..	.. ..	.. ..	23 59	23 49	23 39	23 27	23 13	22 57	22 38	22 13	21 38
7	0 34	0 28	0 22	0 15	0 07	.. ..	.. ..	.. ..	.. ..	.. ..	.. ..	.. ..	23 45	23 22
8	1 37	1 32	1 27	1 21	1 15	1 08	1 00	0 51	0 42	0 31	0 18	0 03	.. ..	.. ..
9	2 40	2 36	2 32	2 27	2 23	2 17	2 11	2 05	1 58	1 50	1 41	1 30	1 17	1 02

.. .. indicates phenomenon will occur the next day.

MOONRISE AND MOONSET, 2011
UNIVERSAL TIME FOR MERIDIAN OF GREENWICH
MOONRISE

Lat.	−55°	−50°	−45°	−40°	−35°	−30°	−20°	−10°	0°	+10°	+20°	+30°	+35°	+40°
	h m	h m	h m	h m	h m	h m	h m	h m	h m	h m	h m	h m	h m	h m
Sept. 8	13 26	13 44	13 58	14 10	14 20	14 28	14 43	14 56	15 08	15 21	15 33	15 48	15 57	16 06
9	14 40	14 53	15 03	15 12	15 19	15 26	15 37	15 46	15 55	16 04	16 13	16 24	16 30	16 38
10	15 54	16 01	16 08	16 13	16 17	16 21	16 28	16 34	16 39	16 45	16 51	16 57	17 01	17 06
11	17 05	17 08	17 10	17 12	17 14	17 15	17 18	17 20	17 22	17 24	17 26	17 28	17 30	17 32
12	18 16	18 14	18 12	18 11	18 09	18 08	18 07	18 05	18 03	18 02	18 00	17 59	17 58	17 57
13	19 26	19 19	19 13	19 09	19 05	19 01	18 55	18 50	18 45	18 40	18 35	18 29	18 26	18 22
14	20 36	20 24	20 15	20 07	20 00	19 54	19 44	19 35	19 27	19 19	19 10	19 00	18 55	18 48
15	21 46	21 29	21 16	21 05	20 56	20 47	20 34	20 22	20 10	19 59	19 47	19 34	19 26	19 17
16	22 54	22 33	22 16	22 03	21 51	21 41	21 24	21 09	20 55	20 41	20 27	20 10	20 00	19 49
17	.. ..	23 35	23 16	23 00	22 47	22 35	22 15	21 58	21 42	21 26	21 09	20 50	20 39	20 26
18	0 01	.. ..	.. ..	23 56	23 41	23 29	23 07	22 49	22 31	22 14	21 56	21 35	21 22	21 08
19	1 02	0 34	0 13	.. ..	.. ..	.. ..	23 59	23 40	23 22	23 05	22 46	22 24	22 11	21 57
20	1 56	1 28	1 06	0 48	0 34	0 21	.. ..	.. ..	.. ..	23 57	23 39	23 18	23 06	22 52
21	2 41	2 14	1 54	1 37	1 23	1 11	0 50	0 32	0 15	.. ..	.. ..	.. ..	.. ..	23 53
22	3 17	2 54	2 36	2 21	2 09	1 58	1 39	1 23	1 07	0 52	0 36	0 17	0 06	.. ..
23	3 45	3 27	3 13	3 01	2 51	2 42	2 26	2 13	2 00	1 47	1 34	1 18	1 09	0 59
24	4 08	3 55	3 45	3 37	3 29	3 23	3 12	3 02	2 53	2 44	2 34	2 22	2 16	2 08
25	4 28	4 21	4 15	4 10	4 06	4 03	3 56	3 51	3 45	3 40	3 34	3 28	3 24	3 20
26	4 47	4 45	4 44	4 43	4 42	4 41	4 40	4 39	4 38	4 37	4 36	4 35	4 34	4 33
27	5 05	5 09	5 13	5 16	5 19	5 21	5 25	5 28	5 32	5 35	5 39	5 43	5 46	5 49
28	5 26	5 36	5 44	5 51	5 57	6 02	6 11	6 19	6 27	6 35	6 43	6 53	6 59	7 05
29	5 50	6 06	6 19	6 29	6 38	6 46	7 00	7 13	7 24	7 36	7 49	8 03	8 12	8 22
30	6 20	6 42	6 59	7 13	7 24	7 35	7 53	8 09	8 24	8 38	8 55	9 13	9 24	9 36
Oct. 1	7 00	7 26	7 46	8 02	8 16	8 28	8 49	9 07	9 24	9 41	9 59	10 20	10 32	10 47
2	7 51	8 19	8 40	8 58	9 12	9 25	9 47	10 06	10 23	10 41	11 00	11 22	11 35	11 49

MOONSET

Lat.	−55°	−50°	−45°	−40°	−35°	−30°	−20°	−10°	0°	+10°	+20°	+30°	+35°	+40°
	h m	h m	h m	h m	h m	h m	h m	h m	h m	h m	h m	h m	h m	h m
Sept. 8	4 35	4 15	4 00	3 48	3 37	3 27	3 11	2 57	2 43	2 30	2 15	1 58	1 48	1 37
9	4 57	4 42	4 31	4 21	4 13	4 06	3 53	3 42	3 31	3 21	3 09	2 56	2 49	2 40
10	5 15	5 05	4 57	4 51	4 45	4 40	4 31	4 24	4 17	4 09	4 01	3 52	3 47	3 41
11	5 30	5 25	5 21	5 18	5 15	5 12	5 08	5 04	5 00	4 56	4 52	4 47	4 45	4 41
12	5 44	5 44	5 43	5 43	5 43	5 43	5 42	5 42	5 42	5 42	5 41	5 41	5 41	5 40
13	5 58	6 02	6 05	6 08	6 11	6 13	6 17	6 20	6 23	6 27	6 30	6 34	6 36	6 39
14	6 12	6 21	6 28	6 34	6 39	6 44	6 52	6 59	7 05	7 12	7 19	7 27	7 31	7 37
15	6 28	6 42	6 52	7 01	7 09	7 16	7 28	7 38	7 48	7 57	8 08	8 20	8 27	8 35
16	6 48	7 05	7 20	7 32	7 42	7 50	8 06	8 19	8 32	8 44	8 58	9 13	9 22	9 33
17	7 12	7 34	7 51	8 06	8 18	8 28	8 47	9 03	9 18	9 33	9 49	10 07	10 18	10 31
18	7 42	8 09	8 29	8 45	8 59	9 11	9 31	9 49	10 06	10 22	10 40	11 01	11 13	11 27
19	8 23	8 51	9 13	9 30	9 45	9 58	10 19	10 38	10 56	11 13	11 32	11 54	12 07	12 21
20	9 14	9 43	10 05	10 22	10 37	10 49	11 11	11 30	11 47	12 05	12 23	12 45	12 57	13 12
21	10 18	10 44	11 04	11 20	11 34	11 46	12 06	12 23	12 40	12 56	13 13	13 33	13 45	13 58
22	11 31	11 53	12 10	12 24	12 36	12 46	13 03	13 18	13 33	13 47	14 02	14 19	14 29	14 40
23	12 51	13 08	13 21	13 31	13 41	13 49	14 02	14 14	14 25	14 36	14 48	15 01	15 09	15 18
24	14 16	14 26	14 35	14 42	14 48	14 53	15 02	15 10	15 18	15 25	15 33	15 42	15 47	15 52
25	15 43	15 48	15 52	15 55	15 57	16 00	16 04	16 07	16 10	16 13	16 17	16 20	16 23	16 25
26	17 13	17 11	17 10	17 09	17 08	17 07	17 06	17 05	17 03	17 02	17 01	16 59	16 59	16 58
27	18 44	18 36	18 30	18 25	18 20	18 16	18 09	18 03	17 58	17 52	17 46	17 39	17 36	17 31
28	20 16	20 02	19 51	19 41	19 33	19 26	19 14	19 04	18 54	18 44	18 34	18 22	18 15	18 07
29	21 46	21 26	21 10	20 57	20 46	20 37	20 20	20 06	19 52	19 39	19 25	19 08	18 59	18 48
30	23 11	22 45	22 26	22 10	21 57	21 45	21 25	21 08	20 52	20 36	20 19	19 59	19 48	19 35
Oct. 1	.. ..	23 56	23 34	23 17	23 03	22 50	22 28	22 10	21 52	21 35	21 16	20 54	20 42	20 27
2	0 24	.. ..	.. ..	.. ..	.. ..	23 49	23 27	23 09	22 51	22 34	22 15	21 53	21 40	21 25

.. .. indicates phenomenon will occur the next day.

UNIVERSAL TIME FOR MERIDIAN OF GREENWICH
MOONRISE

Lat.	+40°	+42°	+44°	+46°	+48°	+50°	+52°	+54°	+56°	+58°	+60°	+62°	+64°	+66°
	h m	h m	h m	h m	h m	h m	h m	h m	h m	h m	h m	h m	h m	h m
Sept. 8	16 06	16 11	16 15	16 20	16 25	16 31	16 37	16 44	16 52	17 01	17 11	17 22	17 36	17 52
9	16 38	16 41	16 44	16 48	16 51	16 56	17 00	17 05	17 10	17 17	17 23	17 31	17 40	17 51
10	17 06	17 07	17 09	17 12	17 14	17 17	17 19	17 22	17 26	17 29	17 33	17 38	17 43	17 49
11	17 32	17 32	17 33	17 34	17 35	17 36	17 37	17 38	17 39	17 40	17 42	17 43	17 45	17 48
12	17 57	17 56	17 56	17 55	17 54	17 54	17 53	17 52	17 52	17 51	17 50	17 49	17 47	17 46
13	18 22	18 20	18 18	18 17	18 15	18 12	18 10	18 07	18 05	18 01	17 58	17 54	17 49	17 44
14	18 48	18 46	18 43	18 39	18 36	18 32	18 28	18 24	18 19	18 13	18 07	18 00	17 52	17 43
15	19 17	19 13	19 09	19 04	19 00	18 54	18 49	18 42	18 35	18 27	18 18	18 08	17 56	17 42
16	19 49	19 44	19 39	19 33	19 27	19 20	19 13	19 05	18 56	18 45	18 33	18 20	18 03	17 43
17	20 26	20 20	20 14	20 07	20 00	19 52	19 43	19 33	19 22	19 09	18 54	18 37	18 15	17 47
18	21 08	21 02	20 55	20 47	20 39	20 30	20 20	20 09	19 57	19 42	19 25	19 04	18 37	17 58
19	21 57	21 50	21 43	21 35	21 27	21 18	21 07	20 56	20 42	20 27	20 09	19 46	19 16	18 29
20	22 52	22 45	22 39	22 31	22 23	22 14	22 04	21 53	21 40	21 26	21 08	20 47	20 19	19 38
21	23 53	23 47	23 41	23 35	23 27	23 19	23 11	23 01	22 50	22 37	22 22	22 04	21 42	21 13
22	.. ..	.. ..	.. ..	.. ..	.. ..	.. ..	.. ..	.. ..	.. ..	23 58	23 47	23 34	23 18	22 58
23	0 59	0 54	0 49	0 44	0 38	0 32	0 25	0 17	0 08	.. ..	.. ..	.. ..	.. ..	.. ..
24	2 08	2 05	2 01	1 57	1 53	1 49	1 44	1 38	1 32	1 25	1 18	1 09	0 58	0 46
25	3 20	3 18	3 16	3 14	3 12	3 09	3 06	3 03	3 00	2 56	2 52	2 47	2 42	2 35
26	4 33	4 33	4 33	4 32	4 32	4 32	4 31	4 31	4 30	4 29	4 29	4 28	4 27	4 26
27	5 49	5 50	5 51	5 53	5 54	5 56	5 58	6 00	6 02	6 05	6 07	6 11	6 14	6 19
28	7 05	7 08	7 11	7 14	7 18	7 21	7 26	7 30	7 36	7 41	7 48	7 55	8 04	8 14
29	8 22	8 26	8 30	8 36	8 41	8 47	8 53	9 01	9 09	9 18	9 29	9 41	9 56	10 14
30	9 36	9 42	9 48	9 54	10 01	10 09	10 18	10 27	10 38	10 51	11 05	11 23	11 45	12 13
Oct. 1	10 47	10 53	11 00	11 07	11 15	11 24	11 34	11 46	11 59	12 14	12 31	12 53	13 22	14 04
2	11 49	11 56	12 03	12 11	12 19	12 29	12 39	12 51	13 04	13 20	13 39	14 02	14 33	15 21

MOONSET

Lat.	+40°	+42°	+44°	+46°	+48°	+50°	+52°	+54°	+56°	+58°	+60°	+62°	+64°	+66°
	h m	h m	h m	h m	h m	h m	h m	h m	h m	h m	h m	h m	h m	h m
Sept. 8	1 37	1 32	1 27	1 21	1 15	1 08	1 00	0 51	0 42	0 31	0 18	0 03	.. ..	.. ..
9	2 40	2 36	2 32	2 27	2 23	2 17	2 11	2 05	1 58	1 50	1 41	1 30	1 17	1 02
10	3 41	3 39	3 36	3 33	3 30	3 26	3 22	3 18	3 13	3 08	3 02	2 55	2 47	2 38
11	4 41	4 40	4 39	4 37	4 35	4 34	4 32	4 29	4 27	4 24	4 21	4 18	4 14	4 09
12	5 40	5 40	5 40	5 40	5 40	5 40	5 40	5 39	5 39	5 39	5 39	5 38	5 38	5 38
13	6 39	6 40	6 41	6 42	6 44	6 45	6 47	6 49	6 51	6 53	6 55	6 58	7 01	7 05
14	7 37	7 39	7 42	7 44	7 47	7 50	7 54	7 58	8 02	8 06	8 12	8 18	8 25	8 33
15	8 35	8 38	8 42	8 46	8 50	8 55	9 00	9 06	9 13	9 20	9 28	9 37	9 49	10 02
16	9 33	9 37	9 42	9 48	9 53	10 00	10 07	10 14	10 23	10 33	10 44	10 57	11 13	11 33
17	10 31	10 36	10 42	10 48	10 55	11 03	11 12	11 21	11 32	11 44	11 59	12 16	12 37	13 05
18	11 27	11 33	11 40	11 47	11 55	12 04	12 14	12 25	12 37	12 51	13 08	13 29	13 56	14 35
19	12 21	12 28	12 35	12 43	12 51	13 00	13 10	13 22	13 35	13 51	14 09	14 32	15 02	15 48
20	13 12	13 18	13 25	13 33	13 41	13 50	14 00	14 11	14 24	14 39	14 57	15 19	15 47	16 28
21	13 58	14 04	14 10	14 17	14 25	14 33	14 42	14 52	15 03	15 17	15 32	15 50	16 13	16 43
22	14 40	14 45	14 50	14 56	15 02	15 09	15 16	15 25	15 34	15 44	15 57	16 11	16 27	16 48
23	15 18	15 21	15 25	15 30	15 35	15 40	15 45	15 51	15 58	16 06	16 14	16 24	16 36	16 49
24	15 52	15 55	15 57	16 00	16 03	16 06	16 10	16 14	16 18	16 23	16 28	16 34	16 41	16 49
25	16 25	16 26	16 27	16 28	16 30	16 31	16 33	16 34	16 36	16 38	16 40	16 43	16 45	16 49
26	16 58	16 57	16 57	16 56	16 56	16 55	16 54	16 54	16 53	16 52	16 51	16 50	16 49	16 48
27	17 31	17 29	17 27	17 25	17 23	17 20	17 17	17 14	17 11	17 07	17 03	16 58	16 53	16 47
28	18 07	18 04	18 00	17 57	17 52	17 48	17 43	17 37	17 31	17 25	17 17	17 08	16 58	16 46
29	18 48	18 43	18 38	18 33	18 27	18 20	18 13	18 05	17 57	17 47	17 35	17 22	17 07	16 48
30	19 35	19 29	19 22	19 16	19 08	19 00	18 51	18 41	18 30	18 17	18 02	17 44	17 21	16 52
Oct. 1	20 27	20 21	20 14	20 06	19 58	19 49	19 38	19 27	19 14	18 59	18 41	18 19	17 50	17 07
2	21 25	21 19	21 12	21 04	20 56	20 46	20 36	20 24	20 11	19 55	19 37	19 13	18 43	17 54

.. .. indicates phenomenon will occur the next day.

MOONRISE AND MOONSET, 2011

UNIVERSAL TIME FOR MERIDIAN OF GREENWICH

MOONRISE

Lat.	−55°	−50°	−45°	−40°	−35°	−30°	−20°	−10°	0°	+10°	+20°	+30°	+35°	+40°
	h m	h m	h m	h m	h m	h m	h m	h m	h m	h m	h m	h m	h m	h m
Oct. 1	7 00	7 26	7 46	8 02	8 16	8 28	8 49	9 07	9 24	9 41	9 59	10 20	10 32	10 47
2	7 51	8 19	8 40	8 58	9 12	9 25	9 47	10 06	10 23	10 41	11 00	11 22	11 35	11 49
3	8 53	9 20	9 41	9 58	10 12	10 24	10 45	11 04	11 21	11 38	11 56	12 17	12 29	12 44
4	10 03	10 27	10 46	11 01	11 13	11 24	11 43	12 00	12 15	12 31	12 47	13 06	13 17	13 29
5	11 17	11 36	11 51	12 04	12 14	12 24	12 39	12 53	13 06	13 19	13 32	13 48	13 57	14 07
6	12 31	12 45	12 57	13 06	13 14	13 21	13 33	13 44	13 53	14 03	14 14	14 25	14 32	14 40
7	13 44	13 53	14 01	14 07	14 12	14 17	14 25	14 32	14 38	14 45	14 51	14 59	15 04	15 09
8	14 56	15 00	15 03	15 06	15 09	15 11	15 14	15 18	15 21	15 24	15 27	15 31	15 33	15 35
9	16 06	16 05	16 05	16 04	16 04	16 04	16 03	16 03	16 02	16 02	16 02	16 01	16 01	16 01
10	17 15	17 10	17 06	17 02	16 59	16 56	16 52	16 48	16 44	16 40	16 36	16 31	16 29	16 26
11	18 25	18 15	18 07	18 00	17 54	17 49	17 40	17 33	17 25	17 18	17 11	17 02	16 58	16 52
12	19 35	19 20	19 08	18 58	18 49	18 42	18 30	18 19	18 08	17 58	17 47	17 35	17 28	17 20
13	20 44	20 24	20 09	19 56	19 45	19 36	19 20	19 06	18 53	18 40	18 26	18 11	18 02	17 51
14	21 51	21 27	21 08	20 53	20 41	20 30	20 11	19 55	19 39	19 24	19 08	18 49	18 39	18 26
15	22 54	22 27	22 06	21 49	21 35	21 23	21 02	20 44	20 28	20 11	19 53	19 32	19 20	19 07
16	23 50	23 21	23 00	22 43	22 28	22 15	21 54	21 35	21 18	21 00	20 41	20 20	20 07	19 53
17	.. ..	.. ..	23 49	23 32	23 17	23 05	22 44	22 26	22 08	21 51	21 33	21 12	20 59	20 45
18	0 37	0 09	.. ..	.. ..	.. ..	23 52	23 33	23 16	23 00	22 44	22 27	22 07	21 56	21 43
19	1 14	0 50	0 32	0 16	0 03	.. ..	.. ..	.. ..	23 51	23 37	23 23	23 06	22 56	22 45
20	1 44	1 25	1 09	0 56	0 45	0 36	0 19	0 05	.. ..	.. ..	.. ..	.. ..	23 59	23 50
21	2 09	1 54	1 42	1 32	1 24	1 17	1 04	0 52	0 42	0 31	0 20	0 07	.. ..	.. ..
22	2 29	2 20	2 12	2 06	2 00	1 55	1 47	1 39	1 32	1 25	1 18	1 09	1 04	0 58
23	2 48	2 44	2 41	2 38	2 35	2 33	2 30	2 26	2 23	2 20	2 17	2 13	2 11	2 09
24	3 06	3 08	3 09	3 10	3 11	3 11	3 13	3 14	3 15	3 16	3 18	3 19	3 20	3 21
25	3 26	3 33	3 38	3 43	3 47	3 51	3 58	4 03	4 09	4 14	4 20	4 27	4 31	4 36

MOONSET

Lat.	−55°	−50°	−45°	−40°	−35°	−30°	−20°	−10°	0°	+10°	+20°	+30°	+35°	+40°
	h m	h m	h m	h m	h m	h m	h m	h m	h m	h m	h m	h m	h m	h m
Oct. 1	.. ..	23 56	23 34	23 17	23 03	22 50	22 28	22 10	21 52	21 35	21 16	20 54	20 42	20 27
2	0 24	.. ..	.. ..	.. ..	.. ..	23 49	23 27	23 09	22 51	22 34	22 15	21 53	21 40	21 25
3	1 22	0 54	0 33	0 16	0 01	.. ..	.. ..	.. ..	23 47	23 31	23 13	22 53	22 41	22 27
4	2 05	1 41	1 21	1 06	0 52	0 41	0 21	0 04	.. ..	.. ..	.. ..	23 53	23 43	23 31
5	2 37	2 17	2 01	1 48	1 36	1 26	1 09	0 54	0 40	0 26	0 11	.. ..	.. ..	.. ..
6	3 02	2 46	2 33	2 23	2 14	2 06	1 52	1 40	1 29	1 18	1 05	0 51	0 43	0 34
7	3 21	3 10	3 01	2 54	2 47	2 42	2 32	2 23	2 15	2 07	1 58	1 48	1 42	1 35
8	3 37	3 31	3 26	3 21	3 18	3 14	3 09	3 04	2 59	2 54	2 49	2 43	2 39	2 36
9	3 51	3 50	3 48	3 47	3 46	3 45	3 44	3 42	3 41	3 40	3 38	3 36	3 35	3 34
10	4 05	4 08	4 10	4 12	4 14	4 15	4 18	4 20	4 22	4 24	4 27	4 29	4 31	4 32
11	4 20	4 27	4 33	4 38	4 42	4 46	4 52	4 58	5 04	5 09	5 15	5 22	5 26	5 30
12	4 36	4 47	4 57	5 05	5 12	5 18	5 28	5 37	5 46	5 55	6 04	6 15	6 21	6 28
13	4 54	5 10	5 23	5 34	5 43	5 52	6 06	6 18	6 30	6 41	6 54	7 08	7 16	7 26
14	5 17	5 37	5 54	6 07	6 19	6 29	6 46	7 01	7 15	7 29	7 44	8 02	8 12	8 24
15	5 46	6 10	6 29	6 45	6 58	7 09	7 29	7 46	8 02	8 19	8 36	8 56	9 07	9 21
16	6 23	6 50	7 11	7 28	7 42	7 55	8 16	8 34	8 52	9 09	9 27	9 48	10 01	10 15
17	7 10	7 38	8 00	8 17	8 32	8 44	9 06	9 25	9 42	9 59	10 18	10 39	10 52	11 06
18	8 08	8 35	8 55	9 12	9 26	9 38	9 59	10 16	10 33	10 50	11 07	11 28	11 40	11 53
19	9 16	9 39	9 57	10 12	10 24	10 35	10 53	11 09	11 24	11 39	11 55	12 13	12 23	12 35
20	10 31	10 49	11 04	11 16	11 26	11 35	11 50	12 03	12 15	12 27	12 40	12 55	13 04	13 13
21	11 50	12 04	12 14	12 23	12 30	12 36	12 47	12 57	13 06	13 15	13 24	13 35	13 41	13 48
22	13 13	13 21	13 27	13 32	13 36	13 39	13 46	13 51	13 56	14 02	14 07	14 13	14 16	14 20
23	14 39	14 40	14 42	14 43	14 44	14 44	14 46	14 47	14 48	14 49	14 50	14 51	14 51	14 52
24	16 07	16 03	15 59	15 56	15 53	15 51	15 47	15 44	15 40	15 37	15 33	15 29	15 27	15 24
25	17 38	17 27	17 19	17 12	17 05	17 00	16 51	16 43	16 35	16 28	16 19	16 10	16 05	15 59

.. .. indicates phenomenon will occur the next day.

UNIVERSAL TIME FOR MERIDIAN OF GREENWICH
MOONRISE

Lat.	+40°	+42°	+44°	+46°	+48°	+50°	+52°	+54°	+56°	+58°	+60°	+62°	+64°	+66°
	h m	h m	h m	h m	h m	h m	h m	h m	h m	h m	h m	h m	h m	h m
Oct. 1	10 47	10 53	11 00	11 07	11 15	11 24	11 34	11 46	11 59	12 14	12 31	12 53	13 22	14 04
2	11 49	11 56	12 03	12 11	12 19	12 29	12 39	12 51	13 04	13 20	13 39	14 02	14 33	15 21
3	12 44	12 50	12 57	13 04	13 12	13 21	13 31	13 42	13 54	14 09	14 26	14 46	15 13	15 50
4	13 29	13 35	13 41	13 47	13 54	14 02	14 10	14 20	14 30	14 42	14 56	15 13	15 33	15 59
5	14 07	14 12	14 17	14 22	14 28	14 34	14 41	14 48	14 56	15 06	15 17	15 29	15 44	16 02
6	14 40	14 43	14 47	14 51	14 55	15 00	15 05	15 10	15 16	15 23	15 31	15 40	15 50	16 02
7	15 09	15 11	15 14	15 16	15 19	15 22	15 25	15 29	15 33	15 37	15 42	15 47	15 54	16 01
8	15 35	15 36	15 38	15 39	15 40	15 42	15 43	15 45	15 47	15 49	15 51	15 53	15 56	16 00
9	16 01	16 01	16 01	16 00	16 00	16 00	16 00	16 00	16 00	15 59	15 59	15 59	15 59	15 58
10	16 26	16 25	16 23	16 22	16 20	16 19	16 17	16 15	16 13	16 10	16 07	16 04	16 01	15 57
11	16 52	16 50	16 47	16 44	16 41	16 38	16 35	16 31	16 27	16 22	16 17	16 11	16 04	15 56
12	17 20	17 17	17 13	17 09	17 04	17 00	16 55	16 49	16 43	16 36	16 28	16 19	16 08	15 56
13	17 51	17 47	17 42	17 37	17 31	17 25	17 18	17 10	17 02	16 53	16 42	16 29	16 15	15 57
14	18 26	18 21	18 15	18 09	18 02	17 54	17 46	17 37	17 27	17 15	17 01	16 45	16 25	16 00
15	19 07	19 01	18 54	18 47	18 39	18 31	18 21	18 10	17 58	17 45	17 28	17 09	16 44	16 10
16	19 53	19 46	19 39	19 32	19 24	19 15	19 05	18 53	18 40	18 25	18 07	17 45	17 17	16 34
17	20 45	20 39	20 32	20 24	20 16	20 07	19 57	19 46	19 33	19 18	19 01	18 39	18 11	17 29
18	21 43	21 37	21 31	21 24	21 16	21 08	20 59	20 49	20 37	20 24	20 08	19 49	19 25	18 53
19	22 45	22 40	22 34	22 29	22 22	22 15	22 08	21 59	21 50	21 39	21 26	21 12	20 54	20 31
20	23 50	23 47	23 42	23 38	23 33	23 28	23 22	23 16	23 09	23 01	22 52	22 41	22 29	22 14
21	.. ..	.. ..	.. ..	.. ..	.. ..	.. ..	.. ..	.. ..	.. ..	.. ..	.. ..	.. ..	.. ..	23 58
22	0 58	0 56	0 53	0 50	0 47	0 44	0 40	0 36	0 31	0 26	0 21	0 14	0 07	.. ..
23	2 09	2 08	2 06	2 05	2 04	2 02	2 01	1 59	1 57	1 55	1 53	1 50	1 47	1 43
24	3 21	3 21	3 22	3 22	3 23	3 24	3 24	3 25	3 26	3 27	3 28	3 29	3 30	3 32
25	4 36	4 38	4 40	4 42	4 44	4 47	4 50	4 53	4 57	5 01	5 06	5 11	5 17	5 24

MOONSET

Lat.	+40°	+42°	+44°	+46°	+48°	+50°	+52°	+54°	+56°	+58°	+60°	+62°	+64°	+66°
	h m	h m	h m	h m	h m	h m	h m	h m	h m	h m	h m	h m	h m	h m
Oct. 1	20 27	20 21	20 14	20 06	19 58	19 49	19 38	19 27	19 14	18 59	18 41	18 19	17 50	17 07
2	21 25	21 19	21 12	21 04	20 56	20 46	20 36	20 24	20 11	19 55	19 37	19 13	18 43	17 54
3	22 27	22 21	22 15	22 08	22 00	21 51	21 42	21 31	21 19	21 04	20 48	20 27	20 01	19 24
4	23 31	23 26	23 20	23 14	23 07	23 00	22 52	22 43	22 33	22 21	22 07	21 51	21 32	21 06
5	.. ..	.. ..	.. ..	.. ..	.. ..	.. ..	.. ..	23 56	23 48	23 40	23 30	23 18	23 04	22 47
6	0 34	0 30	0 25	0 20	0 15	0 09	0 03	.. ..	.. ..	.. ..	.. ..	.. ..	.. ..	.. ..
7	1 35	1 32	1 29	1 26	1 22	1 18	1 14	1 09	1 04	0 58	0 51	0 43	0 34	0 23
8	2 36	2 34	2 32	2 30	2 28	2 25	2 23	2 20	2 17	2 14	2 10	2 05	2 00	1 54
9	3 34	3 34	3 33	3 33	3 32	3 31	3 31	3 30	3 29	3 28	3 27	3 26	3 24	3 23
10	4 32	4 33	4 34	4 35	4 35	4 36	4 38	4 39	4 40	4 41	4 43	4 45	4 47	4 49
11	5 30	5 32	5 34	5 36	5 39	5 41	5 44	5 47	5 51	5 54	5 59	6 04	6 09	6 16
12	6 28	6 31	6 34	6 38	6 42	6 46	6 51	6 56	7 01	7 08	7 15	7 23	7 33	7 44
13	7 26	7 30	7 35	7 40	7 45	7 51	7 57	8 04	8 12	8 21	8 31	8 43	8 57	9 14
14	8 24	8 29	8 35	8 41	8 47	8 54	9 02	9 11	9 21	9 33	9 46	10 01	10 21	10 45
15	9 21	9 27	9 33	9 40	9 48	9 56	10 05	10 16	10 27	10 41	10 57	11 16	11 41	12 15
16	10 15	10 22	10 29	10 36	10 44	10 53	11 03	11 15	11 27	11 42	12 00	12 22	12 51	13 33
17	11 06	11 13	11 20	11 27	11 36	11 45	11 55	12 06	12 19	12 34	12 52	13 13	13 42	14 24
18	11 53	11 59	12 06	12 13	12 21	12 29	12 38	12 49	13 01	13 14	13 30	13 49	14 14	14 46
19	12 35	12 41	12 46	12 53	12 59	13 06	13 14	13 23	13 33	13 45	13 58	14 13	14 32	14 55
20	13 13	13 18	13 22	13 27	13 32	13 38	13 44	13 51	13 59	14 08	14 18	14 29	14 42	14 58
21	13 48	13 51	13 54	13 58	14 01	14 06	14 10	14 15	14 20	14 26	14 33	14 40	14 49	14 59
22	14 20	14 22	14 24	14 26	14 28	14 30	14 33	14 35	14 38	14 42	14 45	14 49	14 54	14 59
23	14 52	14 52	14 53	14 53	14 53	14 54	14 54	14 55	14 55	14 56	14 56	14 57	14 58	14 59
24	15 24	15 23	15 22	15 21	15 19	15 18	15 16	15 14	15 12	15 10	15 08	15 05	15 02	14 58
25	15 59	15 56	15 54	15 51	15 47	15 44	15 40	15 36	15 31	15 26	15 21	15 14	15 07	14 58

.. .. indicates phenomenon will occur the next day.

MOONRISE AND MOONSET, 2011

UNIVERSAL TIME FOR MERIDIAN OF GREENWICH

MOONRISE

Lat.	−55°	−50°	−45°	−40°	−35°	−30°	−20°	−10°	0°	+10°	+20°	+30°	+35°	+40°
	h m	h m	h m	h m	h m	h m	h m	h m	h m	h m	h m	h m	h m	h m
Oct. 24	3 06	3 08	3 09	3 10	3 11	3 11	3 13	3 14	3 15	3 16	3 18	3 19	3 20	3 21
25	3 26	3 33	3 38	3 43	3 47	3 51	3 58	4 03	4 09	4 14	4 20	4 27	4 31	4 36
26	3 48	4 01	4 11	4 20	4 27	4 34	4 45	4 55	5 05	5 15	5 25	5 37	5 44	5 52
27	4 15	4 34	4 49	5 01	5 12	5 21	5 37	5 51	6 04	6 17	6 32	6 48	6 58	7 09
28	4 51	5 15	5 34	5 49	6 02	6 13	6 32	6 49	7 05	7 21	7 39	7 59	8 10	8 24
29	5 39	6 06	6 27	6 43	6 58	7 10	7 32	7 50	8 07	8 25	8 44	9 05	9 18	9 32
30	6 38	7 06	7 27	7 44	7 59	8 11	8 32	8 51	9 08	9 26	9 44	10 06	10 18	10 33
31	7 48	8 13	8 33	8 48	9 02	9 13	9 33	9 50	10 06	10 22	10 39	10 59	11 10	11 23
Nov. 1	9 03	9 24	9 40	9 54	10 05	10 15	10 31	10 46	11 00	11 13	11 28	11 45	11 54	12 05
2	10 19	10 35	10 47	10 58	11 06	11 14	11 27	11 39	11 50	12 00	12 12	12 25	12 32	12 41
3	11 34	11 44	11 53	12 00	12 06	12 11	12 20	12 28	12 36	12 43	12 51	13 00	13 05	13 11
4	12 46	12 51	12 56	13 00	13 03	13 06	13 11	13 15	13 19	13 23	13 28	13 33	13 36	13 39
5	13 56	13 57	13 58	13 58	13 59	13 59	14 00	14 01	14 01	14 02	14 03	14 03	14 04	14 04
6	15 06	15 02	14 59	14 56	14 54	14 52	14 48	14 45	14 43	14 40	14 37	14 34	14 32	14 30
7	16 15	16 06	15 59	15 53	15 48	15 44	15 37	15 30	15 24	15 18	15 12	15 04	15 00	14 55
8	17 24	17 11	17 00	16 51	16 44	16 37	16 26	16 16	16 06	15 57	15 48	15 36	15 30	15 23
9	18 33	18 15	18 01	17 49	17 39	17 31	17 16	17 03	16 51	16 38	16 26	16 11	16 03	15 53
10	19 42	19 19	19 01	18 47	18 35	18 25	18 07	17 51	17 37	17 22	17 07	16 49	16 39	16 27
11	20 46	20 20	20 00	19 44	19 30	19 19	18 58	18 41	18 25	18 08	17 51	17 31	17 19	17 06
12	21 45	21 17	20 56	20 38	20 24	20 11	19 50	19 32	19 14	18 57	18 39	18 17	18 05	17 51
13	22 34	22 07	21 46	21 29	21 15	21 02	20 41	20 22	20 05	19 48	19 29	19 08	18 56	18 41
14	23 15	22 50	22 31	22 15	22 01	21 50	21 30	21 13	20 56	20 40	20 23	20 03	19 51	19 37
15	23 47	23 26	23 09	22 56	22 44	22 34	22 17	22 01	21 47	21 33	21 17	21 00	20 49	20 38
16	.. ..	23 56	23 43	23 32	23 23	23 15	23 01	22 49	22 37	22 25	22 13	21 59	21 50	21 41
17	0 12	.. ..	.. ..	.. ..	23 59	23 53	23 43	23 34	23 26	23 18	23 09	22 59	22 53	22 46

MOONSET

Lat.	−55°	−50°	−45°	−40°	−35°	−30°	−20°	−10°	0°	+10°	+20°	+30°	+35°	+40°
	h m	h m	h m	h m	h m	h m	h m	h m	h m	h m	h m	h m	h m	h m
Oct. 24	16 07	16 03	15 59	15 56	15 53	15 51	15 47	15 44	15 40	15 37	15 33	15 29	15 27	15 24
25	17 38	17 27	17 19	17 12	17 05	17 00	16 51	16 43	16 35	16 28	16 19	16 10	16 05	15 59
26	19 10	18 53	18 40	18 28	18 19	18 11	17 57	17 44	17 33	17 21	17 09	16 55	16 47	16 38
27	20 40	20 17	19 59	19 45	19 32	19 22	19 04	18 48	18 33	18 18	18 02	17 44	17 34	17 22
28	22 01	21 34	21 13	20 57	20 43	20 31	20 10	19 52	19 35	19 18	19 00	18 39	18 27	18 13
29	23 08	22 40	22 19	22 02	21 47	21 35	21 13	20 54	20 37	20 19	20 00	19 39	19 26	19 11
30	23 59	23 33	23 13	22 57	22 44	22 32	22 11	21 53	21 36	21 19	21 01	20 40	20 28	20 14
31	.. ..	.. ..	23 58	23 44	23 32	23 21	23 03	22 47	22 32	22 17	22 01	21 43	21 32	21 19
Nov. 1	0 37	0 15	.. ..	.. ..	.. ..	.. ..	23 49	23 36	23 24	23 12	22 59	22 43	22 35	22 24
2	1 04	0 47	0 34	0 22	0 13	0 04	.. ..	.. ..	.. ..	.. ..	23 53	23 42	23 35	23 28
3	1 26	1 13	1 04	0 55	0 48	0 42	0 31	0 21	0 12	0 03	.. ..	.. ..	.. ..	.. ..
4	1 43	1 35	1 29	1 24	1 20	1 16	1 09	1 03	0 57	0 51	0 45	0 38	0 34	0 29
5	1 58	1 55	1 53	1 51	1 49	1 47	1 44	1 42	1 40	1 37	1 35	1 32	1 30	1 28
6	2 12	2 14	2 15	2 16	2 17	2 18	2 19	2 20	2 21	2 22	2 23	2 25	2 25	2 26
7	2 27	2 33	2 37	2 41	2 45	2 48	2 53	2 58	3 02	3 07	3 12	3 17	3 20	3 24
8	2 42	2 53	3 01	3 08	3 14	3 19	3 29	3 37	3 44	3 52	4 00	4 10	4 15	4 21
9	3 00	3 15	3 27	3 37	3 45	3 53	4 05	4 17	4 28	4 38	4 50	5 03	5 10	5 19
10	3 21	3 41	3 56	4 08	4 19	4 29	4 45	4 59	5 12	5 26	5 40	5 57	6 06	6 17
11	3 48	4 12	4 30	4 45	4 57	5 08	5 27	5 44	5 59	6 15	6 32	6 51	7 02	7 15
12	4 23	4 50	5 10	5 26	5 40	5 53	6 13	6 31	6 48	7 05	7 23	7 44	7 56	8 10
13	5 08	5 36	5 57	6 14	6 29	6 41	7 03	7 21	7 39	7 56	8 15	8 36	8 49	9 03
14	6 03	6 30	6 51	7 07	7 22	7 34	7 55	8 13	8 30	8 47	9 05	9 25	9 37	9 51
15	7 07	7 32	7 50	8 06	8 19	8 30	8 49	9 05	9 21	9 36	9 52	10 11	10 22	10 34
16	8 19	8 39	8 55	9 08	9 18	9 28	9 44	9 58	10 11	10 24	10 38	10 54	11 03	11 13
17	9 36	9 50	10 02	10 12	10 20	10 27	10 40	10 51	11 01	11 11	11 21	11 33	11 40	11 48

.. .. indicates phenomenon will occur the next day.

UNIVERSAL TIME FOR MERIDIAN OF GREENWICH
MOONRISE

Lat.	+40°	+42°	+44°	+46°	+48°	+50°	+52°	+54°	+56°	+58°	+60°	+62°	+64°	+66°
	h m	h m	h m	h m	h m	h m	h m	h m	h m	h m	h m	h m	h m	h m
Oct. 24	3 21	3 21	3 22	3 22	3 23	3 24	3 24	3 25	3 26	3 27	3 28	3 29	3 30	3 32
25	4 36	4 38	4 40	4 42	4 44	4 47	4 50	4 53	4 57	5 01	5 06	5 11	5 17	5 24
26	5 52	5 56	5 59	6 03	6 08	6 13	6 18	6 24	6 30	6 38	6 46	6 56	7 07	7 21
27	7 09	7 14	7 19	7 25	7 31	7 38	7 46	7 54	8 03	8 14	8 27	8 41	8 59	9 22
28	8 24	8 30	8 36	8 43	8 51	8 59	9 09	9 19	9 31	9 45	10 01	10 21	10 46	11 20
29	9 32	9 39	9 46	9 54	10 02	10 11	10 22	10 33	10 46	11 02	11 20	11 43	12 13	12 59
30	10 33	10 39	10 46	10 54	11 02	11 11	11 21	11 32	11 45	12 00	12 18	12 39	13 08	13 49
31	11 23	11 29	11 35	11 42	11 50	11 58	12 07	12 16	12 28	12 41	12 56	13 14	13 36	14 05
Nov. 1	12 05	12 10	12 15	12 21	12 27	12 34	12 41	12 49	12 58	13 09	13 20	13 34	13 50	14 10
2	12 41	12 44	12 49	12 53	12 58	13 03	13 08	13 14	13 21	13 29	13 37	13 47	13 58	14 12
3	13 11	13 14	13 17	13 20	13 23	13 26	13 30	13 34	13 39	13 44	13 49	13 56	14 03	14 12
4	13 39	13 40	13 42	13 43	13 45	13 47	13 49	13 51	13 54	13 56	13 59	14 03	14 07	14 11
5	14 04	14 05	14 05	14 05	14 06	14 06	14 06	14 07	14 07	14 07	14 08	14 08	14 09	14 10
6	14 30	14 29	14 28	14 27	14 26	14 24	14 23	14 22	14 20	14 18	14 16	14 14	14 12	14 09
7	14 55	14 53	14 51	14 49	14 46	14 44	14 41	14 37	14 34	14 30	14 25	14 20	14 15	14 08
8	15 23	15 20	15 16	15 13	15 09	15 04	15 00	14 55	14 49	14 43	14 36	14 28	14 19	14 08
9	15 53	15 49	15 44	15 39	15 34	15 28	15 22	15 15	15 08	14 59	14 49	14 38	14 24	14 09
10	16 27	16 22	16 16	16 10	16 04	15 57	15 49	15 40	15 31	15 20	15 07	14 52	14 34	14 12
11	17 06	17 00	16 54	16 47	16 39	16 31	16 22	16 12	16 00	15 47	15 32	15 13	14 50	14 19
12	17 51	17 44	17 38	17 30	17 22	17 13	17 03	16 52	16 39	16 25	16 07	15 46	15 18	14 39
13	18 41	18 35	18 28	18 21	18 12	18 03	17 53	17 42	17 29	17 14	16 56	16 35	16 06	15 24
14	19 37	19 31	19 25	19 18	19 10	19 02	18 52	18 42	18 30	18 16	18 00	17 40	17 15	16 41
15	20 38	20 32	20 27	20 21	20 14	20 07	19 59	19 50	19 39	19 28	19 14	18 59	18 39	18 14
16	21 41	21 37	21 32	21 27	21 22	21 16	21 10	21 03	20 55	20 46	20 36	20 24	20 10	19 53
17	22 46	22 43	22 40	22 37	22 33	22 29	22 25	22 20	22 14	22 08	22 01	21 54	21 44	21 34

MOONSET

Lat.	+40°	+42°	+44°	+46°	+48°	+50°	+52°	+54°	+56°	+58°	+60°	+62°	+64°	+66°
	h m	h m	h m	h m	h m	h m	h m	h m	h m	h m	h m	h m	h m	h m
Oct. 24	15 24	15 23	15 22	15 21	15 19	15 18	15 16	15 14	15 12	15 10	15 08	15 05	15 02	14 58
25	15 59	15 56	15 54	15 51	15 47	15 44	15 40	15 36	15 31	15 26	15 21	15 14	15 07	14 58
26	16 38	16 34	16 29	16 25	16 20	16 14	16 08	16 02	15 54	15 46	15 37	15 26	15 14	14 59
27	17 22	17 17	17 11	17 05	16 58	16 51	16 43	16 34	16 24	16 13	15 59	15 44	15 26	15 02
28	18 13	18 07	18 00	17 53	17 45	17 36	17 27	17 16	17 04	16 50	16 33	16 13	15 48	15 12
29	19 11	19 05	18 57	18 50	18 41	18 32	18 22	18 10	17 57	17 41	17 23	17 00	16 30	15 44
30	20 14	20 08	20 01	19 54	19 46	19 37	19 27	19 16	19 03	18 48	18 31	18 09	17 41	17 00
31	21 19	21 14	21 08	21 01	20 54	20 46	20 38	20 28	20 17	20 05	19 50	19 33	19 11	18 42
Nov. 1	22 24	22 20	22 15	22 10	22 04	21 58	21 51	21 43	21 35	21 25	21 14	21 01	20 46	20 26
2	23 28	23 24	23 21	23 17	23 13	23 08	23 03	22 58	22 52	22 45	22 37	22 28	22 18	22 05
3	.. ..	.. ..	.. ..	.. ..	.. ..	.. ..	.. ..	.. ..	.. ..	.. ..	23 57	23 52	23 46	23 39
4	0 29	0 27	0 24	0 22	0 19	0 17	0 14	0 10	0 06	0 02	.. ..	.. ..	.. ..	.. ..
5	1 28	1 27	1 26	1 25	1 24	1 23	1 22	1 20	1 19	1 17	1 15	1 13	1 11	1 08
6	2 26	2 26	2 27	2 27	2 28	2 28	2 29	2 29	2 30	2 31	2 31	2 32	2 33	2 34
7	3 24	3 25	3 27	3 29	3 31	3 33	3 35	3 38	3 40	3 43	3 47	3 51	3 55	4 01
8	4 21	4 24	4 27	4 30	4 34	4 37	4 41	4 46	4 51	4 56	5 02	5 10	5 18	5 28
9	5 19	5 23	5 27	5 32	5 37	5 42	5 48	5 54	6 01	6 09	6 18	6 29	6 41	6 56
10	6 17	6 22	6 27	6 33	6 39	6 46	6 53	7 02	7 11	7 22	7 34	7 48	8 06	8 27
11	7 15	7 20	7 27	7 33	7 41	7 49	7 57	8 07	8 19	8 31	8 47	9 05	9 27	9 58
12	8 10	8 17	8 24	8 31	8 39	8 48	8 58	9 09	9 21	9 36	9 53	10 14	10 41	11 21
13	9 03	9 09	9 16	9 24	9 32	9 41	9 51	10 03	10 16	10 30	10 48	11 10	11 39	12 21
14	9 51	9 57	10 04	10 11	10 19	10 28	10 37	10 48	11 00	11 14	11 31	11 51	12 16	12 51
15	10 34	10 40	10 46	10 52	10 59	11 07	11 15	11 25	11 35	11 47	12 01	12 18	12 38	13 03
16	11 13	11 18	11 23	11 28	11 34	11 40	11 47	11 54	12 03	12 12	12 23	12 35	12 50	13 08
17	11 48	11 51	11 55	11 59	12 03	12 08	12 13	12 18	12 25	12 31	12 39	12 48	12 58	13 10

.. .. indicates phenomenon will occur the next day.

MOONRISE AND MOONSET, 2011

UNIVERSAL TIME FOR MERIDIAN OF GREENWICH

MOONRISE

Lat.	−55°	−50°	−45°	−40°	−35°	−30°	−20°	−10°	0°	+10°	+20°	+30°	+35°	+40°
	h m	h m	h m	h m	h m	h m	h m	h m	h m	h m	h m	h m	h m	h m
Nov. 16	.. ..	23 56	23 43	23 32	23 23	23 15	23 01	22 49	22 37	22 25	22 13	21 59	21 50	21 41
17	0 12	.. ..	.. ..	.. ..	23 59	23 53	23 43	23 34	23 26	23 18	23 09	22 59	22 53	22 46
18	0 34	0 22	0 13	0 06	.. ..	.. ..	.. ..	.. ..	.. ..	.. ..	.. ..	.. ..	23 57	23 53
19	0 52	0 46	0 41	0 37	0 33	0 30	0 25	0 20	0 15	0 10	0 06	0 00	.. ..	.. ..
20	1 10	1 09	1 08	1 07	1 07	1 06	1 06	1 05	1 04	1 04	1 03	1 02	1 02	1 02
21	1 28	1 32	1 36	1 39	1 41	1 44	1 48	1 52	1 55	1 59	2 02	2 07	2 09	2 12
22	1 48	1 58	2 06	2 12	2 18	2 23	2 32	2 41	2 48	2 56	3 04	3 13	3 19	3 25
23	2 12	2 27	2 40	2 50	2 59	3 07	3 21	3 33	3 44	3 56	4 08	4 22	4 31	4 40
24	2 42	3 03	3 20	3 34	3 46	3 56	4 14	4 29	4 44	4 58	5 14	5 32	5 43	5 55
25	3 23	3 49	4 09	4 25	4 39	4 51	5 11	5 29	5 46	6 02	6 21	6 41	6 54	7 08
26	4 17	4 45	5 06	5 23	5 38	5 51	6 12	6 31	6 48	7 06	7 25	7 46	7 59	8 14
27	5 24	5 51	6 11	6 28	6 42	6 54	7 15	7 32	7 49	8 06	8 24	8 45	8 57	9 10
28	6 40	7 03	7 21	7 35	7 47	7 58	8 16	8 32	8 47	9 02	9 17	9 35	9 46	9 58
29	7 58	8 16	8 30	8 42	8 52	9 00	9 15	9 28	9 40	9 52	10 05	10 19	10 28	10 37
30	9 16	9 28	9 38	9 47	9 54	10 00	10 11	10 20	10 29	10 38	10 47	10 58	11 04	11 11
Dec. 1	10 31	10 38	10 44	10 49	10 53	10 57	11 04	11 09	11 15	11 20	11 26	11 32	11 36	11 40
2	11 43	11 45	11 47	11 49	11 51	11 52	11 54	11 56	11 58	12 00	12 02	12 04	12 06	12 07
3	12 53	12 51	12 49	12 48	12 46	12 45	12 43	12 42	12 40	12 38	12 37	12 35	12 34	12 33
4	14 03	13 56	13 50	13 45	13 41	13 38	13 32	13 26	13 21	13 16	13 11	13 05	13 02	12 58
5	15 12	15 00	14 51	14 43	14 36	14 31	14 20	14 12	14 03	13 55	13 47	13 37	13 31	13 25
6	16 21	16 05	15 52	15 41	15 32	15 24	15 10	14 58	14 47	14 36	14 24	14 11	14 03	13 54
7	17 30	17 09	16 52	16 39	16 28	16 18	16 01	15 46	15 32	15 18	15 04	14 47	14 38	14 27
8	18 36	18 11	17 52	17 37	17 23	17 12	16 52	16 35	16 20	16 04	15 47	15 28	15 17	15 04
9	19 38	19 10	18 49	18 32	18 18	18 06	17 45	17 26	17 09	16 52	16 34	16 13	16 01	15 47
10	20 31	20 03	19 42	19 25	19 10	18 58	18 36	18 18	18 00	17 43	17 24	17 03	16 50	16 36

MOONSET

Lat.	−55°	−50°	−45°	−40°	−35°	−30°	−20°	−10°	0°	+10°	+20°	+30°	+35°	+40°
	h m	h m	h m	h m	h m	h m	h m	h m	h m	h m	h m	h m	h m	h m
Nov. 16	8 19	8 39	8 55	9 08	9 18	9 28	9 44	9 58	10 11	10 24	10 38	10 54	11 03	11 13
17	9 36	9 50	10 02	10 12	10 20	10 27	10 40	10 51	11 01	11 11	11 21	11 33	11 40	11 48
18	10 55	11 04	11 12	11 18	11 23	11 28	11 36	11 43	11 49	11 56	12 03	12 11	12 15	12 20
19	12 16	12 20	12 23	12 26	12 28	12 30	12 33	12 36	12 38	12 41	12 44	12 47	12 49	12 51
20	13 40	13 38	13 36	13 35	13 34	13 33	13 31	13 30	13 28	13 27	13 25	13 23	13 22	13 21
21	15 06	14 58	14 52	14 47	14 42	14 38	14 31	14 25	14 20	14 14	14 08	14 02	13 58	13 53
22	16 35	16 21	16 10	16 01	15 53	15 46	15 34	15 24	15 14	15 05	14 55	14 43	14 36	14 29
23	18 04	17 44	17 29	17 16	17 05	16 56	16 39	16 25	16 12	15 59	15 45	15 29	15 20	15 09
24	19 30	19 05	18 46	18 30	18 17	18 05	17 46	17 29	17 13	16 57	16 40	16 21	16 09	15 56
25	20 45	20 18	19 57	19 40	19 25	19 13	18 51	18 33	18 15	17 58	17 40	17 18	17 06	16 51
26	21 46	21 19	20 58	20 41	20 27	20 15	19 53	19 35	19 18	19 00	18 42	18 20	18 08	17 53
27	22 31	22 07	21 49	21 34	21 21	21 09	20 50	20 33	20 17	20 01	19 44	19 24	19 13	18 59
28	23 04	22 45	22 30	22 17	22 06	21 57	21 41	21 26	21 13	20 59	20 45	20 28	20 18	20 07
29	23 29	23 14	23 03	22 53	22 45	22 38	22 26	22 14	22 04	21 54	21 42	21 29	21 22	21 13
30	23 48	23 39	23 31	23 25	23 19	23 14	23 06	22 58	22 51	22 44	22 37	22 28	22 23	22 17
Dec. 1	.. ..	.. ..	23 56	23 53	23 50	23 48	23 43	23 39	23 36	23 32	23 28	23 24	23 21	23 18
2	0 04	0 00	.. ..	.. ..	.. ..	.. ..	.. ..	.. ..	.. ..	.. ..	.. ..	.. ..	.. ..	.. ..
3	0 19	0 19	0 19	0 19	0 19	0 19	0 19	0 18	0 18	0 18	0 18	0 18	0 18	0 18
4	0 33	0 38	0 41	0 44	0 47	0 49	0 53	0 57	1 00	1 03	1 07	1 11	1 13	1 16
5	0 48	0 57	1 04	1 10	1 16	1 20	1 28	1 35	1 42	1 48	1 55	2 03	2 08	2 13
6	1 05	1 19	1 29	1 38	1 46	1 53	2 04	2 15	2 24	2 34	2 44	2 56	3 03	3 11
7	1 25	1 43	1 57	2 09	2 19	2 28	2 43	2 56	3 08	3 21	3 34	3 50	3 59	4 09
8	1 50	2 12	2 29	2 44	2 56	3 06	3 24	3 40	3 55	4 10	4 26	4 44	4 55	5 07
9	2 22	2 48	3 07	3 23	3 37	3 49	4 09	4 27	4 43	5 00	5 18	5 38	5 50	6 04
10	3 03	3 31	3 52	4 09	4 24	4 36	4 58	5 16	5 34	5 51	6 10	6 31	6 43	6 58

.. .. indicates phenomenon will occur the next day.

UNIVERSAL TIME FOR MERIDIAN OF GREENWICH
MOONRISE

Lat.	+40°	+42°	+44°	+46°	+48°	+50°	+52°	+54°	+56°	+58°	+60°	+62°	+64°	+66°
	h m	h m	h m	h m	h m	h m	h m	h m	h m	h m	h m	h m	h m	h m
Nov. 16	21 41	21 37	21 32	21 27	21 22	21 16	21 10	21 03	20 55	20 46	20 36	20 24	20 10	19 53
17	22 46	22 43	22 40	22 37	22 33	22 29	22 25	22 20	22 14	22 08	22 01	21 54	21 44	21 34
18	23 53	23 51	23 50	23 48	23 46	23 44	23 41	23 39	23 36	23 33	23 29	23 25	23 20	23 15
19	.. ..	.. ..	.. ..	.. ..	.. ..	.. ..	.. ..	.. ..	.. ..	.. ..	.. ..	.. ..	.. ..	.. ..
20	1 02	1 01	1 01	1 01	1 01	1 01	1 00	1 00	1 00	0 59	0 59	0 58	0 58	0 57
21	2 12	2 14	2 15	2 16	2 18	2 20	2 22	2 24	2 26	2 29	2 31	2 35	2 38	2 43
22	3 25	3 28	3 31	3 34	3 38	3 41	3 46	3 50	3 55	4 01	4 07	4 15	4 23	4 33
23	4 40	4 44	4 49	4 54	4 59	5 05	5 11	5 18	5 26	5 35	5 46	5 58	6 12	6 29
24	5 55	6 01	6 07	6 13	6 20	6 28	6 36	6 46	6 56	7 09	7 23	7 40	8 01	8 29
25	7 08	7 14	7 21	7 28	7 36	7 45	7 55	8 06	8 19	8 34	8 51	9 13	9 41	10 21
26	8 14	8 20	8 27	8 35	8 43	8 53	9 03	9 14	9 28	9 43	10 01	10 24	10 54	11 39
27	9 10	9 17	9 23	9 31	9 38	9 47	9 57	10 07	10 19	10 33	10 50	11 10	11 35	12 09
28	9 58	10 03	10 09	10 15	10 22	10 29	10 37	10 46	10 56	11 08	11 21	11 37	11 55	12 19
29	10 37	10 42	10 46	10 51	10 56	11 02	11 08	11 15	11 23	11 32	11 42	11 53	12 06	12 22
30	11 11	11 14	11 17	11 21	11 25	11 29	11 33	11 38	11 43	11 49	11 56	12 04	12 13	12 23
Dec. 1	11 40	11 42	11 44	11 46	11 48	11 51	11 54	11 56	12 00	12 03	12 07	12 12	12 17	12 23
2	12 07	12 08	12 08	12 09	12 10	12 11	12 12	12 13	12 14	12 15	12 16	12 18	12 20	12 22
3	12 33	12 32	12 31	12 31	12 30	12 30	12 29	12 28	12 27	12 26	12 25	12 24	12 22	12 21
4	12 58	12 57	12 55	12 53	12 51	12 49	12 46	12 44	12 41	12 37	12 34	12 30	12 25	12 20
5	13 25	13 22	13 19	13 16	13 13	13 09	13 05	13 00	12 55	12 50	12 44	12 37	12 29	12 20
6	13 54	13 50	13 46	13 42	13 37	13 32	13 26	13 20	13 13	13 05	12 56	12 46	12 34	12 20
7	14 27	14 22	14 17	14 11	14 05	13 58	13 51	13 43	13 34	13 24	13 12	12 58	12 42	12 22
8	15 04	14 58	14 52	14 45	14 38	14 30	14 22	14 12	14 01	13 49	13 34	13 17	12 55	12 28
9	15 47	15 41	15 34	15 27	15 19	15 10	15 00	14 49	14 37	14 23	14 06	13 45	13 19	12 42
10	16 36	16 30	16 23	16 15	16 07	15 58	15 48	15 36	15 23	15 08	14 51	14 29	14 00	13 18

MOONSET

Lat.	+40°	+42°	+44°	+46°	+48°	+50°	+52°	+54°	+56°	+58°	+60°	+62°	+64°	+66°
	h m	h m	h m	h m	h m	h m	h m	h m	h m	h m	h m	h m	h m	h m
Nov. 16	11 13	11 18	11 23	11 28	11 34	11 40	11 47	11 54	12 03	12 12	12 23	12 35	12 50	13 08
17	11 48	11 51	11 55	11 59	12 03	12 08	12 13	12 18	12 25	12 31	12 39	12 48	12 58	13 10
18	12 20	12 22	12 25	12 27	12 30	12 33	12 36	12 39	12 43	12 47	12 52	12 57	13 03	13 10
19	12 51	12 51	12 52	12 53	12 54	12 56	12 57	12 58	13 00	13 01	13 03	13 05	13 07	13 10
20	13 21	13 21	13 20	13 20	13 19	13 18	13 18	13 17	13 16	13 15	13 14	13 13	13 11	13 10
21	13 53	13 51	13 49	13 47	13 45	13 42	13 40	13 37	13 33	13 29	13 25	13 21	13 15	13 09
22	14 29	14 25	14 22	14 18	14 14	14 09	14 05	13 59	13 53	13 47	13 39	13 31	13 21	13 10
23	15 09	15 04	14 59	14 54	14 48	14 42	14 35	14 27	14 19	14 09	13 58	13 45	13 30	13 11
24	15 56	15 51	15 44	15 38	15 30	15 22	15 13	15 04	14 53	14 40	14 25	14 07	13 46	13 17
25	16 51	16 45	16 38	16 30	16 22	16 13	16 03	15 52	15 39	15 24	15 06	14 44	14 16	13 36
26	17 53	17 47	17 40	17 32	17 24	17 14	17 04	16 53	16 40	16 24	16 06	15 43	15 14	14 29
27	18 59	18 53	18 47	18 40	18 32	18 24	18 15	18 04	17 52	17 39	17 23	17 03	16 38	16 04
28	20 07	20 02	19 57	19 51	19 44	19 37	19 30	19 21	19 12	19 01	18 48	18 33	18 15	17 52
29	21 13	21 09	21 05	21 01	20 56	20 51	20 45	20 39	20 32	20 24	20 15	20 04	19 52	19 37
30	22 17	22 14	22 12	22 09	22 06	22 02	21 58	21 54	21 49	21 44	21 38	21 32	21 24	21 15
Dec. 1	23 18	23 17	23 16	23 14	23 12	23 11	23 09	23 07	23 04	23 02	22 59	22 56	22 52	22 47
2	.. ..	.. ..	.. ..	.. ..	.. ..	.. ..	.. ..	.. ..	.. ..	.. ..	.. ..	.. ..	.. ..	.. ..
3	0 18	0 17	0 17	0 17	0 17	0 17	0 17	0 17	0 17	0 17	0 17	0 16	0 16	0 16
4	1 16	1 17	1 18	1 19	1 21	1 22	1 24	1 26	1 28	1 30	1 33	1 35	1 39	1 43
5	2 13	2 16	2 18	2 21	2 24	2 27	2 30	2 34	2 38	2 43	2 48	2 54	3 01	3 09
6	3 11	3 14	3 18	3 22	3 27	3 31	3 36	3 42	3 49	3 56	4 04	4 13	4 24	4 37
7	4 09	4 13	4 18	4 24	4 29	4 36	4 42	4 50	4 59	5 08	5 19	5 33	5 48	6 07
8	5 07	5 12	5 18	5 24	5 31	5 39	5 47	5 57	6 07	6 19	6 34	6 51	7 11	7 38
9	6 04	6 10	6 16	6 23	6 31	6 40	6 49	7 00	7 12	7 26	7 43	8 03	8 29	9 06
10	6 58	7 04	7 11	7 19	7 27	7 36	7 46	7 57	8 10	8 25	8 43	9 05	9 34	10 16

.. .. indicates phenomenon will occur the next day.

MOONRISE AND MOONSET, 2011
UNIVERSAL TIME FOR MERIDIAN OF GREENWICH
MOONRISE

Lat.	−55°	−50°	−45°	−40°	−35°	−30°	−20°	−10°	0°	+10°	+20°	+30°	+35°	+40°
	h m	h m	h m	h m	h m	h m	h m	h m	h m	h m	h m	h m	h m	h m
Dec. 9	19 38	19 10	18 49	18 32	18 18	18 06	17 45	17 26	17 09	16 52	16 34	16 13	16 01	15 47
10	20 31	20 03	19 42	19 25	19 10	18 58	18 36	18 18	18 00	17 43	17 24	17 03	16 50	16 36
11	21 15	20 49	20 29	20 13	19 59	19 47	19 27	19 09	18 52	18 35	18 18	17 57	17 45	17 31
12	21 50	21 28	21 10	20 56	20 44	20 33	20 15	19 59	19 44	19 29	19 13	18 54	18 43	18 31
13	22 18	22 00	21 46	21 34	21 24	21 15	21 00	20 47	20 34	20 22	20 09	19 53	19 44	19 34
14	22 40	22 27	22 17	22 08	22 01	21 55	21 43	21 33	21 24	21 15	21 05	20 53	20 47	20 39
15	22 59	22 51	22 45	22 40	22 35	22 31	22 24	22 18	22 13	22 07	22 01	21 54	21 50	21 45
16	23 16	23 14	23 12	23 10	23 08	23 07	23 05	23 03	23 01	22 59	22 57	22 55	22 53	22 52
17	23 34	23 36	23 38	23 40	23 42	23 43	23 45	23 48	23 50	23 52	23 54	23 57	23 58	.. ..
18	23 52	.. ..	.. ..	.. ..	.. ..	.. ..	.. ..	.. ..	.. ..	.. ..	.. ..	.. ..	.. ..	0 00
19	.. ..	0 00	0 06	0 11	0 16	0 20	0 27	0 34	0 40	0 46	0 52	1 00	1 04	1 09
20	0 13	0 26	0 37	0 46	0 54	1 00	1 12	1 23	1 32	1 42	1 53	2 05	2 12	2 21
21	0 39	0 58	1 13	1 25	1 36	1 45	2 01	2 15	2 28	2 42	2 56	3 12	3 22	3 33
22	1 14	1 37	1 56	2 11	2 24	2 35	2 54	3 11	3 27	3 43	4 00	4 20	4 32	4 45
23	2 00	2 27	2 48	3 05	3 19	3 31	3 52	4 11	4 28	4 46	5 04	5 26	5 38	5 53
24	3 00	3 27	3 49	4 06	4 20	4 32	4 54	5 12	5 30	5 47	6 06	6 27	6 39	6 54
25	4 12	4 37	4 56	5 12	5 25	5 36	5 56	6 13	6 29	6 45	7 02	7 22	7 33	7 46
26	5 30	5 51	6 07	6 20	6 31	6 41	6 57	7 12	7 25	7 39	7 53	8 10	8 19	8 30
27	6 50	7 05	7 17	7 27	7 36	7 43	7 56	8 07	8 18	8 28	8 39	8 52	8 59	9 07
28	8 08	8 18	8 26	8 32	8 38	8 43	8 52	8 59	9 06	9 13	9 20	9 29	9 34	9 39
29	9 23	9 28	9 32	9 35	9 38	9 40	9 44	9 48	9 51	9 55	9 59	10 03	10 05	10 08
30	10 36	10 36	10 36	10 35	10 35	10 35	10 35	10 35	10 35	10 35	10 35	10 34	10 34	10 34
31	11 47	11 42	11 38	11 34	11 31	11 29	11 24	11 21	11 17	11 13	11 10	11 05	11 03	11 00
32	12 57	12 47	12 39	12 32	12 27	12 22	12 13	12 06	11 59	11 52	11 45	11 37	11 32	11 27
33	14 06	13 51	13 40	13 30	13 22	13 15	13 03	12 52	12 42	12 32	12 21	12 09	12 03	11 55

MOONSET

Lat.	−55°	−50°	−45°	−40°	−35°	−30°	−20°	−10°	0°	+10°	+20°	+30°	+35°	+40°
	h m	h m	h m	h m	h m	h m	h m	h m	h m	h m	h m	h m	h m	h m
Dec. 9	2 22	2 48	3 07	3 23	3 37	3 49	4 09	4 27	4 43	5 00	5 18	5 38	5 50	6 04
10	3 03	3 31	3 52	4 09	4 24	4 36	4 58	5 16	5 34	5 51	6 10	6 31	6 43	6 58
11	3 56	4 23	4 44	5 02	5 16	5 28	5 50	6 08	6 25	6 42	7 01	7 22	7 34	7 48
12	4 58	5 24	5 43	5 59	6 12	6 24	6 44	7 01	7 17	7 33	7 50	8 09	8 21	8 34
13	6 09	6 31	6 47	7 01	7 12	7 22	7 39	7 54	8 08	8 22	8 37	8 53	9 03	9 14
14	7 25	7 41	7 54	8 05	8 14	8 22	8 36	8 47	8 58	9 09	9 21	9 34	9 42	9 50
15	8 43	8 54	9 03	9 10	9 17	9 22	9 32	9 40	9 47	9 55	10 03	10 12	10 17	10 23
16	10 03	10 09	10 13	10 17	10 20	10 23	10 28	10 32	10 36	10 39	10 43	10 48	10 51	10 54
17	11 24	11 24	11 24	11 24	11 24	11 24	11 24	11 24	11 24	11 24	11 24	11 24	11 23	11 23
18	12 47	12 41	12 36	12 33	12 29	12 27	12 22	12 17	12 13	12 09	12 05	12 00	11 57	11 54
19	14 11	14 00	13 51	13 43	13 37	13 31	13 21	13 12	13 04	12 56	12 48	12 38	12 33	12 26
20	15 37	15 20	15 06	14 55	14 45	14 37	14 23	14 10	13 59	13 47	13 35	13 20	13 12	13 03
21	17 02	16 39	16 22	16 07	15 55	15 45	15 26	15 11	14 56	14 41	14 26	14 08	13 57	13 45
22	18 21	17 54	17 34	17 18	17 04	16 51	16 31	16 13	15 56	15 39	15 21	15 01	14 49	14 35
23	19 28	19 01	18 40	18 22	18 08	17 55	17 34	17 15	16 58	16 40	16 21	16 00	15 47	15 32
24	20 21	19 55	19 36	19 19	19 06	18 54	18 33	18 15	17 58	17 42	17 23	17 03	16 50	16 36
25	21 00	20 39	20 22	20 08	19 56	19 45	19 27	19 11	18 57	18 42	18 26	18 07	17 56	17 44
26	21 29	21 12	20 59	20 48	20 39	20 30	20 16	20 03	19 51	19 39	19 26	19 11	19 02	18 52
27	21 51	21 40	21 30	21 22	21 16	21 10	20 59	20 50	20 41	20 32	20 23	20 12	20 06	19 59
28	22 10	22 03	21 57	21 53	21 49	21 45	21 39	21 33	21 28	21 23	21 17	21 11	21 07	21 03
29	22 25	22 23	22 22	22 20	22 19	22 18	22 16	22 14	22 12	22 11	22 09	22 07	22 06	22 04
30	22 40	22 43	22 45	22 46	22 48	22 49	22 51	22 53	22 55	22 57	22 59	23 01	23 02	23 04
31	22 55	23 02	23 08	23 12	23 16	23 20	23 26	23 32	23 37	23 42	23 48	23 54	23 58	.. ..
32	23 11	23 22	23 32	23 39	23 46	23 52	.. ..	.. ..	.. ..	.. ..	.. ..	.. ..	.. ..	0 02
33	23 30	23 46	23 58	.. ..	.. ..	.. ..	0 02	0 11	0 20	0 28	0 37	0 47	0 53	1 00

.. .. indicates phenomenon will occur the next day.

MOONRISE AND MOONSET, 2011

UNIVERSAL TIME FOR MERIDIAN OF GREENWICH
MOONRISE

Lat.	+40°	+42°	+44°	+46°	+48°	+50°	+52°	+54°	+56°	+58°	+60°	+62°	+64°	+66°
	h m	h m	h m	h m	h m	h m	h m	h m	h m	h m	h m	h m	h m	h m
Dec. 9	15 47	15 41	15 34	15 27	15 19	15 10	15 00	14 49	14 37	14 23	14 06	13 45	13 19	12 42
10	16 36	16 30	16 23	16 15	16 07	15 58	15 48	15 36	15 23	15 08	14 51	14 29	14 00	13 18
11	17 31	17 25	17 18	17 11	17 03	16 54	16 45	16 34	16 22	16 07	15 50	15 30	15 03	14 26
12	18 31	18 25	18 19	18 13	18 06	17 58	17 50	17 40	17 29	17 17	17 03	16 46	16 24	15 56
13	19 34	19 29	19 25	19 19	19 14	19 07	19 00	18 53	18 44	18 35	18 23	18 10	17 55	17 36
14	20 39	20 36	20 32	20 28	20 24	20 19	20 14	20 09	20 03	19 56	19 48	19 39	19 29	19 16
15	21 45	21 43	21 41	21 38	21 36	21 33	21 30	21 27	21 23	21 19	21 15	21 09	21 03	20 56
16	22 52	22 51	22 50	22 50	22 49	22 48	22 47	22 46	22 45	22 44	22 42	22 41	22 39	22 36
17	.. ..	.. ..	.. ..	.. ..	.. ..	.. ..	.. ..	.. ..	.. ..	.. ..	.. ..	.. ..	.. ..	.. ..
18	0 00	0 01	0 01	0 02	0 03	0 04	0 05	0 07	0 08	0 09	0 11	0 13	0 15	0 18
19	1 09	1 12	1 14	1 16	1 19	1 22	1 25	1 29	1 33	1 37	1 42	1 48	1 55	2 02
20	2 21	2 24	2 28	2 32	2 37	2 42	2 47	2 53	3 00	3 08	3 16	3 26	3 38	3 52
21	3 33	3 38	3 43	3 49	3 55	4 02	4 10	4 18	4 28	4 38	4 51	5 05	5 23	5 46
22	4 45	4 51	4 57	5 04	5 12	5 20	5 30	5 40	5 52	6 05	6 21	6 41	7 06	7 40
23	5 53	5 59	6 06	6 14	6 22	6 32	6 42	6 53	7 06	7 22	7 40	8 03	8 32	9 17
24	6 54	7 00	7 07	7 15	7 23	7 32	7 42	7 53	8 06	8 21	8 39	9 01	9 29	10 10
25	7 46	7 52	7 58	8 05	8 13	8 21	8 29	8 39	8 51	9 04	9 19	9 36	9 59	10 27
26	8 30	8 35	8 40	8 46	8 52	8 59	9 06	9 14	9 23	9 33	9 44	9 58	10 14	10 33
27	9 07	9 11	9 15	9 19	9 24	9 29	9 34	9 40	9 46	9 54	10 02	10 11	10 22	10 35
28	9 39	9 42	9 44	9 47	9 50	9 53	9 57	10 01	10 05	10 09	10 15	10 21	10 27	10 35
29	10 08	10 09	10 10	10 12	10 13	10 15	10 16	10 18	10 20	10 22	10 25	10 28	10 31	10 35
30	10 34	10 34	10 34	10 34	10 34	10 34	10 34	10 34	10 34	10 34	10 34	10 34	10 34	10 34
31	11 00	10 59	10 58	10 56	10 55	10 53	10 52	10 50	10 48	10 45	10 43	10 40	10 37	10 33
32	11 27	11 24	11 22	11 19	11 16	11 13	11 10	11 06	11 02	10 58	10 52	10 47	10 40	10 33
33	11 55	11 51	11 48	11 44	11 39	11 35	11 30	11 24	11 18	11 11	11 04	10 55	10 45	10 33

MOONSET

Lat.	+40°	+42°	+44°	+46°	+48°	+50°	+52°	+54°	+56°	+58°	+60°	+62°	+64°	+66°
	h m	h m	h m	h m	h m	h m	h m	h m	h m	h m	h m	h m	h m	h m
Dec. 9	6 04	6 10	6 16	6 23	6 31	6 40	6 49	7 00	7 12	7 26	7 43	8 03	8 29	9 06
10	6 58	7 04	7 11	7 19	7 27	7 36	7 46	7 57	8 10	8 25	8 43	9 05	9 34	10 16
11	7 48	7 55	8 01	8 09	8 17	8 26	8 35	8 46	8 59	9 13	9 30	9 51	10 18	10 56
12	8 34	8 39	8 46	8 52	9 00	9 08	9 16	9 26	9 37	9 50	10 05	10 22	10 44	11 13
13	9 14	9 19	9 24	9 30	9 36	9 43	9 50	9 58	10 07	10 18	10 29	10 43	10 59	11 19
14	9 50	9 54	9 58	10 03	10 07	10 12	10 18	10 24	10 31	10 38	10 47	10 57	11 08	11 22
15	10 23	10 26	10 28	10 31	10 34	10 38	10 42	10 46	10 50	10 55	11 01	11 07	11 14	11 23
16	10 54	10 55	10 56	10 58	10 59	11 01	11 03	11 05	11 07	11 09	11 12	11 15	11 19	11 23
17	11 23	11 23	11 23	11 23	11 23	11 23	11 23	11 23	11 23	11 23	11 23	11 23	11 22	11 22
18	11 54	11 52	11 51	11 49	11 48	11 46	11 44	11 42	11 39	11 36	11 33	11 30	11 26	11 22
19	12 26	12 24	12 21	12 18	12 14	12 10	12 06	12 02	11 57	11 52	11 46	11 39	11 31	11 22
20	13 03	12 59	12 54	12 50	12 45	12 39	12 33	12 26	12 19	12 11	12 01	11 50	11 38	11 23
21	13 45	13 40	13 34	13 28	13 21	13 14	13 06	12 57	12 47	12 36	12 23	12 08	11 49	11 26
22	14 35	14 29	14 22	14 15	14 07	13 58	13 49	13 38	13 26	13 12	12 56	12 36	12 11	11 36
23	15 32	15 26	15 19	15 11	15 03	14 53	14 43	14 31	14 18	14 03	13 45	13 22	12 52	12 07
24	16 36	16 30	16 23	16 16	16 08	15 59	15 49	15 38	15 25	15 10	14 53	14 31	14 03	13 23
25	17 44	17 38	17 32	17 26	17 19	17 11	17 03	16 53	16 42	16 30	16 15	15 58	15 36	15 08
26	18 52	18 48	18 43	18 38	18 32	18 26	18 19	18 12	18 04	17 54	17 43	17 30	17 15	16 57
27	19 59	19 56	19 52	19 48	19 44	19 40	19 35	19 30	19 24	19 18	19 10	19 02	18 52	18 40
28	21 03	21 01	20 59	20 57	20 54	20 52	20 49	20 46	20 43	20 39	20 35	20 30	20 24	20 18
29	22 04	22 04	22 03	22 02	22 02	22 01	22 00	21 59	21 58	21 57	21 55	21 54	21 52	21 50
30	23 04	23 05	23 05	23 06	23 07	23 08	23 09	23 10	23 11	23 12	23 13	23 15	23 17	23 19
31	.. ..	.. ..	.. ..	.. ..	.. ..	.. ..	.. ..	.. ..	.. ..	.. ..	.. ..	.. ..	.. ..	.. ..
32	0 02	0 04	0 06	0 08	0 11	0 13	0 16	0 19	0 22	0 26	0 30	0 35	0 40	0 46
33	1 00	1 03	1 07	1 10	1 14	1 18	1 22	1 27	1 33	1 39	1 46	1 54	2 03	2 14

.. .. indicates phenomenon will occur the next day.

CONTENTS OF THE ECLIPSE SECTION

SUMMARY OF ECLIPSES AND TRANSITS FOR 2011

There are four eclipses of the Sun and two of the Moon in 2011. All times are expressed in Universal Time using $\Delta T = +67^{s}.0$. There are no transits of Mercury or Venus across the Sun in 2011.

I. *A partial eclipse of the Sun*, January 4. See map on page A85. The eclipse begins at $06^{h}\ 40^{m}$ and ends at $11^{h}\ 01^{m}$. It is visible from most of Europe, the northern half of Africa, the Middle East, western Asia, northwest China, western Mongolia, and the northwest part of India.

II. *A partial eclipse of the Sun*, June 1. See map on page A87. The eclipse begins at $19^{h}\ 25^{m}$ and ends at $23^{h}\ 07^{m}$. It is visible from eastern Asia except southern Japan, northern Alaska, northern Canada, the northern tip of Scandinavia, Greenland, Iceland, and the Arctic Ocean.

III. *A total eclipse of the Moon*, June 15. See map on page A88. The eclipse begins at $17^{h}\ 23^{m}$ and ends at $23^{h}\ 02^{m}$; the total phase begins at $19^{h}\ 22^{m}$ and ends at $21^{h}\ 03^{m}$. It is visible from Australasia, Japan, Asia except the northern part of India, Africa, Europe, South America except the northwest part, Antarctica, and the Atlantic, Indian, and southwestern Pacific Ocean.

IV. *A partial eclipse of the Sun*, July 1. See map on page A90. The eclipse begins at $07^{h}\ 53^{m}$ and ends at $09^{h}\ 23^{m}$. It is visible from the southern Indian Ocean between Antarctica and southern Africa.

V. *A partial eclipse of the Sun*, November 25. See map on page A92. The eclipse begins at $04^{h}\ 23^{m}$ and ends at $08^{h}\ 18^{m}$. It is visible from the southern tip of South Africa, Antarctica, Tasmania, New Zealand, and the extreme southern Atlantic, Indian, and Pacific Oceans.

VI. *A total eclipse of the Moon*, December 10. See map on page A93. The eclipse begins at $11^{h}\ 32^{m}$ and ends at $17^{h}\ 32^{m}$; the total phase begins at $14^{h}\ 06^{m}$ and ends at $14^{h}\ 58^{m}$. It is visible from North America except the eastern part, the northern half of Mexico, the Hawaiian Islands, Oceania, Australia, Asia, eastern Africa, Iceland, Greenland, most of Europe, and the Indian, Pacific, and Arctic Oceans.

Local circumstances and animations for upcoming eclipses can be found on *The Astronomical Almanac Online* at http://asa.hmnao.com or http://asa.usno.navy.mil.

Local circumstances and animations for upcoming eclipses can be found on *The Astronomical Almanac Online* at http://asa.hmnao.com or http://asa.usno.navy.mil.

General Information

The elements and circumstances are computed according to Bessel's method from apparent right ascensions and declinations of the Sun and Moon. Semidiameters of the Sun and Moon used in the calculation of eclipses do not include irradiation. The adopted semidiameter of the Sun at unit distance is $15'\ 59''.64$ from the IAU (1976) Astronomical Constants. The apparent semidiameter of the Moon is equal to arcsin ($k \sin \pi$), where π is the Moon's horizontal parallax and k is an adopted constant. In 1982, the IAU adopted $k = 0.272\ 5076$, corresponding to the mean radius of Watts' datum as determined by observations of occultations and to the adopted radius of the Earth.

Standard corrections of $+0''.5$ and $-0''.25$ have been applied to the longitude and latitude of the Moon, respectively, to help correct for the difference between center of figure and center of mass.

Refraction is neglected in calculating solar and lunar eclipses. Because the circumstances of eclipses are calculated for the surface of the ellipsoid, refraction is not included in Besselian element polynomials. For local predictions, corrections for refraction are unnecessary; they are required only in precise comparisons of theory with observation in which many other refinements are also necessary.

All time arguments are given provisionally in Universal Time, using $\Delta T(A) = +67^s.0$. Once an updated value of ΔT is known, the data on these pages may be expressed in Universal Time as follows:

Define $\delta T = \Delta T - \Delta T(A)$, in units of seconds of time.

Change the times of circumstances given in preliminary Universal Time by subtracting δT.

Correct the tabulated longitudes, $\lambda(A)$, using $\lambda = \lambda(A) + 0.00417807 \times \delta T$ (longitudes are in degrees).

Leave all other quantities unchanged.

The correction of δT is included in the Besselian elements.

Longitude is positive to the east, and negative to the west.

Explanation of Solar Eclipse Diagram

The solar eclipse diagrams in *The Astronomical Almanac* show the region over which different phases of each eclipse may be seen and the times at which these phases occur. Each diagram has a series of dashed curves that show the outline of the Moon's penumbra on the Earth's surface at one-hour intervals. Short dashes show the leading edge and long dashes show the trailing edge. Except for certain extreme cases, the shadow outline moves generally from west to east. The Moon's shadow cone first contacts the Earth's surface where "First Contact" is indicated on the diagram. "Last Contact" is where the Moon's shadow cone last contacts the Earth's surface. The path of the central eclipse, whether for a total, annular, or annular-total eclipse, is marked by two closely spaced curves that cut across all of the dashed curves. These two curves mark the extent of the Moon's umbral shadow on the Earth's surface. Viewers within these boundaries will observe a total, annular, or annular-total eclipse and viewers outside these boundaries will see a partial eclipse.

Solid curves labeled "Northern" and "Southern Limit of Eclipse" represent the furthest extent north or south of the Moon's penumbra on the Earth's surface. Viewers outside of these boundaries will not experience any eclipse. When only one of these two curves appears, only part of the Moon's penumbra touches the Earth; the other part is projected into space north or south of the Earth, and the terminator defines the other limit.

Another set of solid curves appears on some diagrams as two teardrop shapes (or lobes) on either end of the eclipse path, and on other diagrams as a distorted figure eight. These lobes represent in time the intersection of the Moon's penumbra with the Earth's terminator as the eclipse progresses. As time elapses, the Earth's terminator moves east-to-west while the Moon's penumbra moves west-to-east. These lobes connect to form an elongated figure eight on a diagram when part of the Moon's penumbra stays in contact with the Earth's terminator throughout the eclipse. The lobes become two separate teardrop shapes when the Moon's penumbra breaks contact with the Earth's terminator during the beginning of the eclipse and reconnects with it near the end. In the east, the outer portion of the lobe is labeled "Eclipse begins at Sunset" and marks the first contact between the Moon's penumbra and Earth's terminator in the east. Observers on this curve just fail to see the eclipse. The inner part of the lobe is labeled "Eclipse ends at Sunset" and marks the last contact between the Moon's penumbra and the Earth's terminator in the east. Observers on this curve just see the whole eclipse. The curve bisecting this lobe is labeled "Maximum Eclipse at Sunset" and is part of the sunset terminator at maximum eclipse. Viewers in the eastern half of the lobe will see the Sun set before maximum eclipse; *i.e.* see less than half of the eclipse. Viewers in the western half of the lobe will see the Sun set after maximum eclipse; *i.e.* see more than half of the eclipse. A similar description holds for the western lobe except everything occurs at sunrise instead of sunset.

Computing Local Circumstances for Solar Eclipses

The solar eclipse maps show the path of the eclipse, beginning and ending times of the eclipse, and the region of visibility, including restrictions due to rising and setting of the Sun. The short-dash and long-dash lines show, respectively, the progress of the leading and trailing edge of the penumbra; thus, at a given location, times of first and last contact may be interpolated. If further precision is desired, Besselian elements can be utilized.

Besselian elements characterize the geometric position of the shadow of the Moon relative to the Earth. The exterior tangents to the surfaces of the Sun and Moon form the umbral cone; the interior tangents form the penumbral cone. The common axis of these two cones is the axis of the shadow. To form a system of geocentric rectangular coordinates, the geocentric plane perpendicular to the axis of the shadow is taken as the xy-plane. This is called the fundamental plane. The x-axis is the intersection of the fundamental plane with the plane of the equator; it is positive toward the east. The y-axis is positive toward the north. The z-axis is parallel to the axis of the shadow and is positive toward the Moon. The tabular values of x and y are the coordinates, in units of the Earth's equatorial radius, of the intersection of the axis of the shadow with the fundamental plane. The direction of the axis of the shadow is specified by the declination d and hour angle μ of the point on the celestial sphere toward which the axis is directed.

The radius of the umbral cone is regarded as positive for an annular eclipse and negative for a total eclipse. The angles f_1 and f_2 are the angles at which the tangents that form the penumbral and umbral cones, respectively, intersect the axis of the shadow.

To predict accurate local circumstances, calculate the geocentric coordinates $\rho \sin \phi'$ and $\rho \cos \phi'$ from the geodetic latitude ϕ and longitude λ, using the relationships given on pages K11–K12. Inclusion of the height h in this calculation is all that is necessary to obtain the local circumstances at high altitudes.

Obtain approximate times for the beginning, middle and end of the eclipse from the eclipse map. For each of these three times compute from the Besselian element polynomials, the values of x, y, $\sin d$, $\cos d$, μ and l_1 (the radius of the penumbra on the fundamental plane), except that at the approximate time of the middle of the eclipse l_2 (the radius of the umbra on the fundamental plane) is required instead of l_1 if the eclipse is central (i.e., total, annular or annular-total). The hourly variations x', y' of x and y are needed, and may be obtained by evaluating the derivative of the polynomial expressions for x and y. Values of μ', d', $\tan f_1$ and $\tan f_2$ are nearly constant throughout the eclipse and are given immediately following the Besselian polynomials.

For each of the three approximate times, calculate the coordinates ξ, η, ζ for the observer and the hourly variations ξ' and η' from

$$\xi = \rho \cos \phi' \sin \theta,$$
$$\eta = \rho \sin \phi' \cos d - \rho \cos \phi' \sin d \cos \theta,$$
$$\zeta = \rho \sin \phi' \sin d + \rho \cos \phi' \cos d \cos \theta,$$
$$\xi' = \mu' \rho \cos \phi' \cos \theta,$$
$$\eta' = \mu' \xi \sin d - \zeta d',$$

where

$$\theta = \mu + \lambda$$

for longitudes measured positive towards the east.

Next, calculate

$$u = x - \xi, \qquad\qquad u' = x' - \xi',$$
$$v = y - \eta, \qquad\qquad v' = y' - \eta',$$
$$m^2 = u^2 + v^2, \qquad\qquad n^2 = u'^2 + v'^2, \qquad\qquad (m, n > 0)$$
$$L_i = l_i - \zeta \tan f_i,$$
$$D = uu' + vv',$$
$$\Delta = \tfrac{1}{n}(uv' - u'v),$$
$$\sin \psi = \tfrac{\Delta}{L_i},$$

where $i = 1$, 2.

At the approximate times of the beginning and end of the eclipse, L_1 is required. At the approximate time of the middle of the eclipse, L_2 is required if the eclipse is central; L_1 is required if the eclipse is partial.

Neglecting the variation of L, the correction τ to be applied to the approximate time of the middle of the eclipse to obtain the *Universal Time of greatest phase* is

$$\tau = -\frac{D}{n^2},$$

which may be expressed in minutes by multiplying by 60. The correction τ to be applied to the approximate times of the beginning and end of the eclipse to obtain the *Universal Times of the penumbral contacts* is

$$\tau = \frac{L_1}{n} \cos \psi - \frac{D}{n^2},$$

which may be expressed in minutes by multiplying by 60.

If the eclipse is central, use the approximate time for the middle of the eclipse as a first approximation to the times of umbral contact. The correction τ to be applied to obtain the *Universal Times of the umbral contacts* is

$$\tau = \frac{L_2}{n} \cos \psi - \frac{D}{n^2},$$

which may be expressed in minutes by multiplying by 60.

In the last two equations, the ambiguity in the quadrant of ψ is removed by noting that $\cos \psi$ must be *negative* for the beginning of the eclipse, for the beginning of the annular phase, or for the end of the total phase; $\cos \psi$ must be *positive* for the end of the eclipse, the end of the annular phase, or the beginning of the total phase.

For greater accuracy, the times resulting from the calculation outlined above should be used in place of the original approximate times, and the entire procedure repeated at least once. The calculations for each of the contact times and the time of greatest phase should be performed separately.

The *magnitude of greatest partial eclipse*, in units of the solar diameter is

$$M_1 = \frac{L_1 - m}{(2L_1 - 0.5459)},$$

where the value of m at the time of greatest phase is used. If the magnitude is negative at the time of greatest phase, no eclipse is visible from the location.

The *magnitude of the central phase*, in the same units is

$$M_2 = \frac{L_1 - L_2}{(L_1 + L_2)}.$$

The *position angle of a point of contact* measured eastward (counterclockwise) from the north point of the solar limb is given by

$$\tan P = \frac{u}{v},$$

where u and v are evaluated at the times of contacts computed in the final approximation. The quadrant of P is determined by noting that $\sin P$ has the algebraic sign of u, except for the contacts of the total phase, for which $\sin P$ has the opposite sign to u.

The position angle of the point of contact measured eastward from the vertex of the solar limb is given by

$$V = P - C,$$

where C, the parallactic angle, is obtained with sufficient accuracy from

$$\tan C = \frac{\xi}{\eta},$$

with $\sin C$ having the same algebraic sign as ξ, and the results of the final approximation again being used. The vertex point of the solar limb lies on a great circle arc drawn from the zenith to the center of the solar disk.

Lunar Eclipses

A calculator to produce local circumstances of recent and upcoming lunar eclipses is provided at http://www.usno.navy.mil/USNO/astronomical-applications/data-services/lunar-ecl-us.php.

In calculating lunar eclipses the radius of the geocentric shadow of the Earth is increased by one-fiftieth part to allow for the effect of the atmosphere. Refraction is neglected in calculating solar and lunar eclipses. Standard corrections of $+0''.5$ and $-0''.25$ have been applied to the longitude and latitude of the Moon, respectively, to help correct for the difference between center of figure and center of mass.

Explanation of Lunar Eclipse Diagram

Information on lunar eclipses is presented in the form of a diagram consisting of two parts. The upper panel shows the path of the Moon relative to the penumbral and umbral shadows of the Earth. The lower panel shows the visibility of the eclipse from the surface of the Earth. The title of the upper panel includes the type of eclipse, its place in the sequence of eclipses for the year and the Greenwich calendar date of the eclipse. The inner darker circle is the umbral shadow of the Earth and the outer lighter circle is that of the penumbra. The axis of the shadow of the Earth is denoted by (+) with the ecliptic shown for reference purposes. A 30-arcminute scale bar is provided on the right hand side of the diagram and the orientation is given by the cardinal points displayed on the small graphic on the left hand side of the diagram. The position angle (PA) is measured from North point of the lunar disk along the limb of the Moon to the point of contact. It is shown on the graphic by the use of an arc extending anti-clockwise (eastwards) from North terminated with an arrow head.

Moon symbols are plotted at the principal phases of the eclipse to show its position relative to the umbral and penumbral shadows. The UT times of the different phases of the eclipse to the nearest tenth of a minute are printed above or below the Moon symbols as appropriate. P1 and P4 are the first and last external contacts of the penumbra respectively and denote the beginning and end of the penumbral eclipse respectively. U1 and U4 are the first and last external contacts of the umbra denoting the beginning and end of the partial phase of the eclipse respectively. U2 and U3 are the first and last internal contacts of the umbra and denote the beginning and end of the total phase respectively. MID is the middle of the eclipse. The position angle is given for P1 and P4 for penumbral eclipses and U1 and U4 for partial and total eclipses. The UT time of the geocentric opposition in right ascension of the Sun and Moon and the magnitude of the eclipse are given above or below the Moon symbols as appropriate.

The lower panel is a cylindrical equidistant map projection showing the Earth centered on the longitude at which the Moon is in the zenith at the middle of the eclipse. The visibility of the eclipse is displayed by plotting the Moon rise/set terminator for the principal phases of the eclipse for which timing information is provided in the upper panel. The terminator for the middle of the eclipse is not plotted for the sake of clarity.

The unshaded area indicates the region of the Earth from which all the eclipse is visible whereas the darkest shading indicates the area from which the eclipse is invisible. The different shades of gray indicate regions where the Moon is either rising or setting during the principal phases of the eclipse. The Moon is rising on the left hand side of the diagram after the eclipse has started and is setting on the right hand side of the diagram before the eclipse ends. Labels are provided to this effect.

Symbols are plotted showing the locations for which the Moon is in the zenith at the principal phases of the eclipse. The points at which the Moon is in the zenith at P1 and P4 are denoted by (+), at U1 and U4 by (⊙) and at U2 and U3 by (⊕). These symbols are also plotted on the upper panel where appropriate. The value of ΔT used for the calculation of the eclipse circumstances is given below the diagram. Country boundaries are also provided to assist the user in determining the visibility of the eclipse at a particular location.

I. –Partial Eclipse of the Sun, 2011 January 4

CIRCUMSTANCES OF THE ECLIPSE

Universal Time of geocentric conjunction in right ascension, January 4^d 9^h 15^m $12^s.558$

Julian Date = 2455565.8855620130

	UT	Longitude	Latitude
	d h m	° ′	° ′
Eclipse begins	Jan. 4 6 40.2	+ 4 28.6	+28 48.9
Greatest eclipse	4 8 50.6	+ 20 54.4	+64 40.7
Eclipse ends	4 11 00.9	+ 77 28.5	+48 42.7

Magnitude of greatest eclipse: 0.8581

BESSELIAN ELEMENTS

Let $t = (UT-6^h) + \delta T/3600$ in units of hours.

These equations are valid over the range $0^h.625 \leq t \leq 5^h.183$. Do not use t outside the given range, and do not omit any terms in the series.

Intersection of axis of shadow with fundamental plane:

$$x = -1.67989485 + 0.51635192\,t + 0.00001645\,t^2 - 0.00000651\,t^3$$
$$y = +0.74328708 + 0.10446529\,t + 0.00011945\,t^2 - 0.00000146\,t^3$$

Direction of axis of shadow:

$$\sin\ d = -0.38676383 + 0.00006487\,t + 0.00000006\,t^2$$
$$\cos\ d = +0.92217881 + 0.00002718\,t + 0.00000003\,t^2$$
$$\mu = 268°.82046049 + 14.99662458\,t + 0.00000179\,t^2 - 0.00000006\,t^3 - 0.00417807\,\delta T$$

Radius of shadow on fundamental plane:

penumbra (l_1) = $+0.56319134 + 0.00017420\,t - 0.00001084\,t^2 + 0.00000001\,t^3$

Other important quantities:

$$\tan f_1 = +0.004756$$
$$\mu' = +0.261741 \text{ radians per hour}$$
$$d' = +0.000071 \text{ radians per hour}$$

All time arguments are given provisionally in Universal Time, using $\Delta T(A) = 67^s.0$.

PARTIAL SOLAR ECLIPSE OF 2011 JANUARY 4

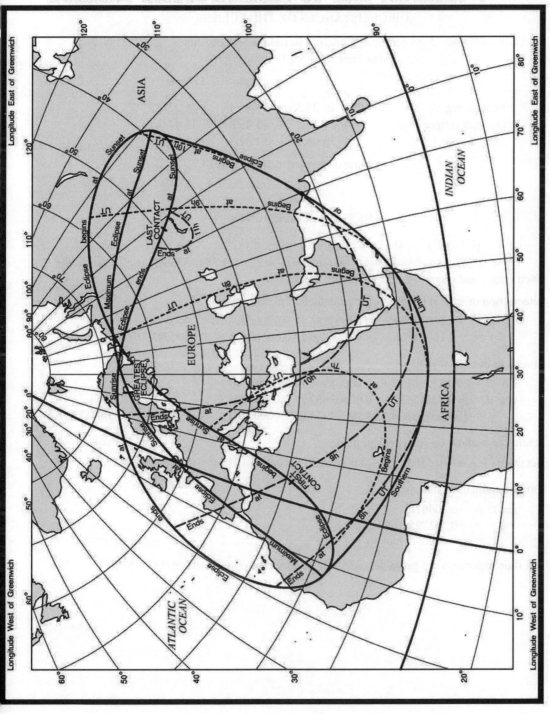

II. – Partial Eclipse of the Sun, 2011 June 1

CIRCUMSTANCES OF THE ECLIPSE

Universal Time of geocentric conjunction in right ascension, June 1^d 21^h 21^m $58^s.212$
Julian Date = 2455714.3902570810

		UT	Longitude	Latitude
		d h m	° ′	° ′
Eclipse begins	June	1 19 25.3	+134 45.4	+44 22.3
Greatest eclipse		1 21 16.2	+ 46 45.0	+67 47.0
Eclipse ends		1 23 06.9	− 50 02.3	+48 24.5

Magnitude of greatest eclipse: 0.6014

BESSELIAN ELEMENTS

Let $t = (UT-19^h) + \delta T/3600$ in units of hours.

These equations are valid over the range $0^h.375 \le t \le 4^h.283$. Do not use t outside the given range, and do not omit any terms in the series.

Intersection of axis of shadow with fundamental plane:

$$x = -1.24509100 + 0.52607886\ t + 0.00006908\ t^2 - 0.00000663\ t^3$$
$$y = +1.16076706 + 0.02295849\ t - 0.00019175\ t^2 - 0.00000023\ t^3$$

Direction of axis of shadow:

$$\sin\ d = +0.37591710 + 0.00008962\ t - 0.00000010\ t^2$$
$$\cos\ d = +0.92665331 - 0.00003639\ t + 0.00000005\ t^2$$
$$\mu = 105°.53738898 + 14.99974974\ t - 0.00000107\ t^2 - 0.00000004\ t^3 - 0.00417807\ \delta T$$

Radius of shadow on fundamental plane:

penumbra $(l_1) = +0.55639913 - 0.00006130\ t - 0.00001035\ t^2 - 0.00000002\ t^3$

Other important quantities:

$$\tan f_1 = +0.004611$$
$$\mu' = +0.261795 \text{ radians per hour}$$
$$d' = +0.000096 \text{ radians per hour}$$

All time arguments are given provisionally in Universal Time, using $\Delta T(A) = 67^s.0$.

PARTIAL SOLAR ECLIPSE OF 2011 JUNE 1

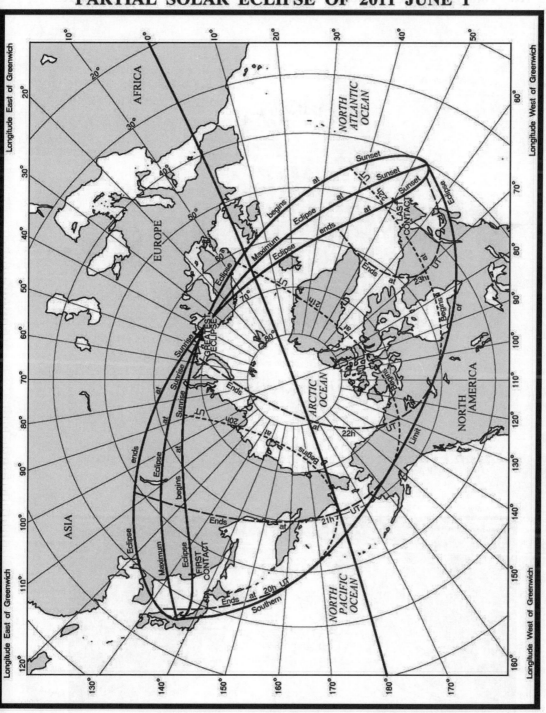

III. - Total Eclipse of the Moon

UT of geocentric opposition in RA: June 15^d 20^h 13^m 8^s.574

2011 June 15

Umbral magnitude of the eclipse: 1.705

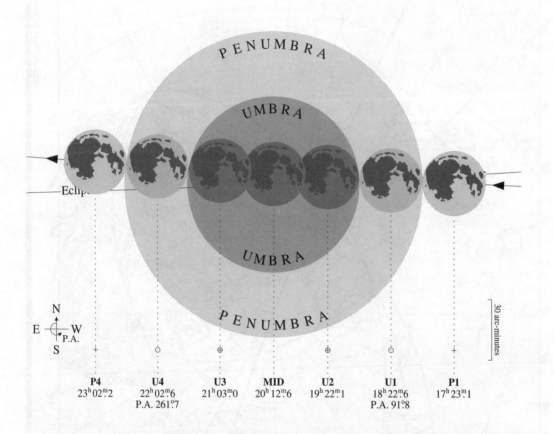

P4	U4	U3	MID	U2	U1	P1
23^{h}02^m.2	22^{h}02^m.6	21^{h}03^m.0	20^{h}12^m.6	19^{h}22^m.1	18^{h}22^m.6	17^{h}23^m.1
	P.A. 261°.7				P.A. 91°.8	

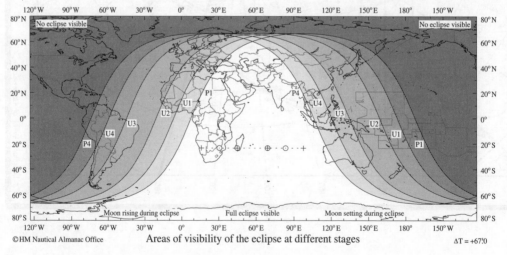

Areas of visibility of the eclipse at different stages

©HM Nautical Almanac Office   ΔT = +67°.0

IV. –Partial Eclipse of the Sun, 2011 July 1

CIRCUMSTANCES OF THE ECLIPSE

Universal Time of geocentric conjunction in right ascension, July 1^d 9^h 5^m $30\overset{s}{.}732$
Julian Date = 2455743.8788279200

		UT	Longitude	Latitude
	d	h m	° ′	° ′
Eclipse begins	July 1	7 53.7	+ 13 26.2	−56 53.7
Greatest eclipse	1	8 38.4	+ 28 44.0	−65 10.6
Eclipse ends	1	9 22.8	+ 54 29.5	−66 13.7

Magnitude of greatest eclipse: 0.0970

BESSELIAN ELEMENTS

Let $t = (UT-8^h) + \delta T/3600$ in units of hours.

These equations are valid over the range $-0\overset{h}{.}208 \leq t \leq 1\overset{h}{.}550$. Do not use t outside the given range, and do not omit any terms in the series.

Intersection of axis of shadow with fundamental plane:

$$x = -0.58470576 + 0.53549800\,t + 0.00001766\,t^2 - 0.00000733\,t^3$$
$$y = -1.41565673 - 0.08801558\,t - 0.00008755\,t^2 + 0.00000151\,t^3$$

Direction of axis of shadow:

$$\sin\,d = +0.39271379 - 0.00004071\,t + 0.00000013\,t^2 - 0.00000011\,t^3$$
$$\cos\,d = +0.91966073 + 0.00001748\,t - 0.00000022\,t^2 + 0.00000013\,t^3$$
$$\mu = 299\overset{\circ}{.}05304236 + 14.99935677\,t + 0.00000239\,t^2 - 0.00000087\,t^3 - 0.00417807\,\delta T$$

Radius of shadow on fundamental plane:

penumbra $(l_1) = +0.54790607 - 0.00010526\,t - 0.00001123\,t^2 - 0.00000001\,t^3$

Other important quantities:

$$\tan f_1 = +0.004599$$
$$\mu' = +0.261788 \text{ radians per hour}$$
$$d' = -0.000044 \text{ radians per hour}$$

All time arguments are given provisionally in Universal Time, using $\Delta T(A) = 67\overset{s}{.}0$.

PARTIAL SOLAR ECLIPSE OF 2011 JULY 1

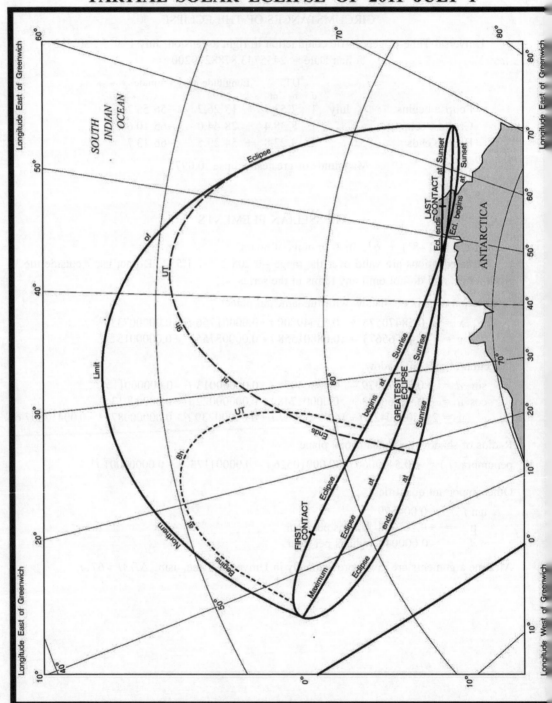

V. –Partial Eclipse of the Sun, 2011 November 25

CIRCUMSTANCES OF THE ECLIPSE

Universal Time of geocentric conjunction in right ascension, November $25^d\ 6^h\ 31^m\ 20^s.492$
Julian Date = 2455890.7717649500

		UT	Longitude	Latitude
		d h m	° ′	° ′
Eclipse begins	Nov.	25 4 23.3	+ 5 42.0	−34 46.7
Greatest eclipse		25 6 20.3	− 82 31.8	−68 34.6
Eclipse ends		25 8 17.3	+164 34.4	−44 59.1

Magnitude of greatest eclipse: 0.09049

BESSELIAN ELEMENTS

Let $t = (UT-4^h) + \delta T/3600$ in units of hours.

These equations are valid over the range $0^h.292 \le t \le 4^h.458$. Do not use t outside the given range, and do not omit any terms in the series.

Intersection of axis of shadow with fundamental plane:

$$x = -1.44492697 + 0.57271471\ t + 0.00007634\ t^2 - 0.00000939\ t^3$$
$$y = -0.91224844 - 0.05870578\ t + 0.00020565\ t^2 + 0.00000082\ t^3$$

Direction of axis of shadow:

$$\sin d = -0.35283367 - 0.00013265\ t + 0.00000011\ t^2$$
$$\cos d = +0.93568600 - 0.00004995\ t$$
$$\mu = 243°.30175657 + 14.99840421\ t - 0.00000066\ t^2 - 0.00000026\ t^3 - 0.00417807\ \delta T$$

Radius of shadow on fundamental plane:

penumbra $(l_1) = +0.54041286 + 0.00013328\ t - 0.00001297\ t^2 + 0.00000002\ t^3$

Other important quantities:

$$\tan f_1 = +0.004736$$
$$\mu' = +0.261771 \text{ radians per hour}$$
$$d' = -0.000141 \text{ radians per hour}$$

All time arguments are given provisionally in Universal Time, using $\Delta T(A) = 67^s.0$.

PARTIAL SOLAR ECLIPSE OF 2011 NOVEMBER 25

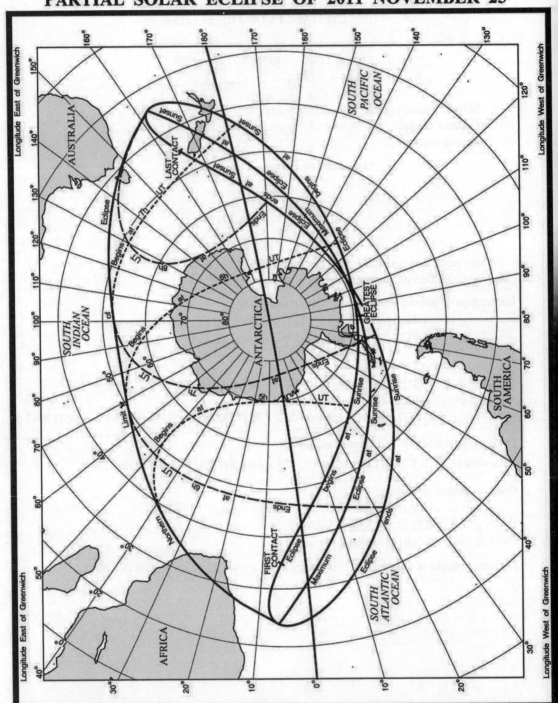

VI. - Total Eclipse of the Moon   2011 December 10

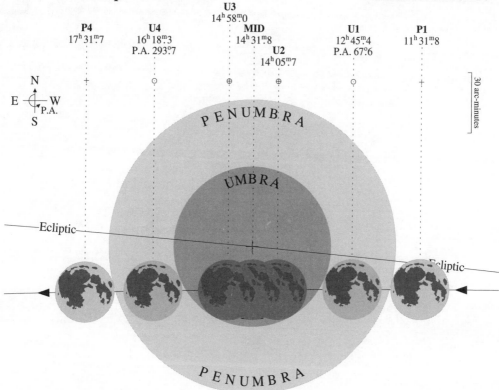

U3
$14^h 58^m0$

P4   **U4**   **MID**   **U1**   **P1**
$17^h 31^m7$ $16^h 18^m3$ $14^h 31^m8$ $12^h 45^m4$ $11^h 31^m8$
                P.A. 293°7   **U2**   P.A. 67°6
                                      $14^h 05^m7$

30 arc-minutes

PENUMBRA

UMBRA

Ecliptic

Ecliptic

PENUMBRA

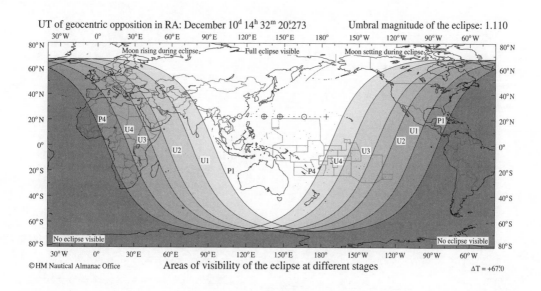

UT of geocentric opposition in RA: December $10^d 14^h 32^m 20^s273$ Umbral magnitude of the eclipse: 1.110

Moon rising during eclipse   Full eclipse visible   Moon setting during eclipse

No eclipse visible   No eclipse visible

© HM Nautical Almanac Office   Areas of visibility of the eclipse at different stages   ΔT = +67°0

CONTENTS OF SECTION B

Introduction

The tables and formulae in this section are produced in accordance with the recommendations of the International Astronomical Union at its General Assemblies up to and including 2006. They are intended for use with relativistic coordinate time-scales, the International Celestial Reference System (ICRS), the Geocentric Celestial Reference System (GCRS) and the standard epoch of J2000·0 TT.

Because of its consistency with previous reference systems, implementation of the ICRS will be transparent to any applications with accuracy requirements of no better than 0.''1 near epoch J2000·0. At this level of accuracy the distinctions between the International Celestial Reference Frame, FK5, and dynamical equator and equinox of J2000·0 are not significant.

Procedures are given to calculate both intermediate and apparent right ascension, declination and hour angle of planetary and stellar objects which are referred to the ICRS, e.g. the JPL DE405/LE405 Planetary and Lunar Ephemerides or the Hipparcos star catalogue. These procedures include the effects of the differences between time-scales, light-time and the relativistic effects of light deflection, parallax and aberration, and the rotations, i.e. frame bias, precession and nutation, to give the "of date" system.

In particular, the rotations from the GCRS to the Terrestrial Intermediate Reference System are illustrated using both equinox-based and CIO-based techniques. Both of these techniques require the position of the Celestial Intermediate Pole and involve the angles for frame bias, precession and nutation, whether applied individually or amalgamated, directly or indirectly. These angles, together with their appropriate rotations and the relationships between them, are given in this section.

The equinox-based and CIO-based techniques only differ in the location of the origin for right ascension, and thus whether Greenwich apparent sidereal time or Earth rotation angle, respectively, is used to calculate hour angle. Equinox-based techniques use the equinox as the origin for right ascension and the system is usually labelled the true equator and equinox of date. CIO-based techniques use the celestial intermediate origin (CIO) and the system is labelled the Celestial Intermediate Reference System. The term "Intermediate" is used to signify that it is the system "between" the GCRS and the International Terrestrial Reference System. It must be emphasized that the equator of date is the celestial intermediate equator, and that hour angle is independent of the origin of right ascension. However, it is essential that hour angle is calculated consistently within the system being used.

In particular, this section includes the long-standing daily tabulations of the nutation angles, $\Delta\psi$ and $\Delta\epsilon$, the true obliquity of the ecliptic, Greenwich mean and apparent sidereal time and the equation of the equinoxes, as well as the new parameters that define the Celestial Intermediate Reference System, $\mathcal{X}$, $\mathcal{Y}$, s, the Earth rotation angle and equation of the origins. Also tabulated daily are the matrices, both equinox and CIO based, for reduction from the GCRS, together with various useful formulae.

The 2006 IAU General Assembly adopted various resolutions, including the recommendations of the Working Group on Precession and the Ecliptic (WGPE), which in this section are designated IAU 2006. The WGPE report includes not only updated precession angles, but also Greenwich mean sidereal time and other related quantities. It should be noted that the IAU 2006 precession parameters are to be used with the IAU 2000A nutation series. However, for the highest precision, adjustments are required to the nutation in longitude and obliquity (see page B55). These adjustments are included in the fourth release of the IAU SOFA code which is used throughout this section.

The IAU SOFA code is available from the IAU Standards Of Fundamental Astronomy (SOFA) web site and contains code for all the fundamental quantities related to various systems (e.g., IAU 2006, IAU 2000). The *IERS Conventions 2003* (Technical Note 32), and their updates, in particular Chapter 5 that describes the ITRS to GCRS conversion is available from the IERS. See page x for the web site addresses.

Introduction (continued)

A detailed explanation and implementation of "The IAU Resolutions on Astronomical Reference Systems, Time Scales, and Earth Rotation Models" is published in *USNO Circular 179* (2005) (see page x). Background information about time-scales and coordinate reference systems recommended by the IAU and adopted in this almanac are given in Section L, *Notes and References* and in Section M, *Glossary*.

The definitions involving the relationship between universal time and sidereal time contain both universal and dynamical time scales, and thus require knowledge of ΔT. However, accurate values of ΔT (see page K9) are only available in retrospect via analysis of observations from the IERS (see page x). Therefore tables in this section adopt the most likely value at the time of production, and the value used, and the errors, are clearly stated in the text.

 This symbol indicates that these data or auxiliary material may also be found on *The Astronomical Almanac Online* at **http://asa.usno.navy.mil** and **http://asa.hmnao.com**

Julian date

A Julian date (JD) may be associated with any time scale (see page B6). A tabulation of Julian date (JD) at 0^h UT1 against calendar date is given with the ephemeris of universal and sidereal times on pages B13–B20. Similarly, pages B21–B24 tabulate the UT1 Julian date together with the Earth rotation angle. The following relationship holds during 2011:

UT1 Julian date = JD_{UT1} = 245 5561·5 + day of year + fraction of day from 0^h UT1

TT Julian date = JD_{TT} = 245 5561·5 + d + fraction of day from 0^h TT

where the day of the year (d) for the current year of the Gregorian calendar is given on pages B4–B5. The following table gives the Julian dates at day 0 of each month of 2011:

0^h	Julian Date	0^h	Julian Date	0^h	Julian Date
Jan. 0	245 5561·5	May 0	245 5681·5	Sept. 0	245 5804·5
Feb. 0	245 5592·5	June 0	245 5712·5	Oct. 0	245 5834·5
Mar. 0	245 5620·5	July 0	245 5742·5	Nov. 0	245 5865·5
Apr. 0	245 5651·5	Aug. 0	245 5773·5	Dec. 0	245 5895·5

Tabulations of Julian date against calendar date for other years are given on pages K2–K4.

A date may also be expressed in years as a Julian epoch, or for some purposes as a Besselian epoch, using:

Julian epoch = $J[2000·0 + (JD_{TT} - 245\ 1545·0)/365·25]$

Besselian epoch = $B[1900·0 + (JD_{TT} - 241\ 5020·313\ 52)/365·242\ 198\ 781]$

the prefixes J and B may be omitted only where the context, or precision, make them superfluous.

400-day date, JD 245 5600·5 = 2011 February 8·0

Standard epoch B1900·0 = 1900 Jan.   0·813 52 = JD 241 5020·313 52 TT
B1950·0 = 1950 Jan.   0·923   = JD 243 3282·423 TT
B2011·0 = 2011 Jan. 0·698 TT = JD 245 5562·198 TT

Standard epoch J2000·0 = 2000 Jan.   1·5 TT   = JD 245 1545·0 TT
J2011·5 = 2011 July 2·875 TT = JD 245 5745·375 TT

For epochs B1900·0 and B1950·0 the TT time scale is used proleptically.

The *modified Julian date* (MJD) is the Julian date minus 240 0000·5 and in 2011 is given by: MJD = 55561·0 + day of year + fraction of day from 0^h in the time scale being used.

CALENDAR, 2011

Day of Month	JANUARY Day of Week	Day of Year	FEBRUARY Day of Week	Day of Year	MARCH Day of Week	Day of Year	APRIL Day of Week	Day of Year	MAY Day of Week	Day of Year	JUNE Day of Week	Day of Year
1	Sat.	1	Tue.	32	Tue.	60	Fri.	91	Sun.	121	Wed.	152
2	Sun.	2	Wed.	33	Wed.	61	Sat.	92	Mon.	122	Thu.	153
3	Mon.	3	Thu.	34	Thu.	62	Sun.	93	Tue.	123	Fri.	154
4	Tue.	4	Fri.	35	Fri.	63	Mon.	94	Wed.	124	Sat.	155
5	Wed.	5	Sat.	36	Sat.	64	Tue.	95	Thu.	125	Sun.	156
6	Thu.	6	Sun.	37	Sun.	65	Wed.	96	Fri.	126	Mon.	157
7	Fri.	7	Mon.	38	Mon.	66	Thu.	97	Sat.	127	Tue.	158
8	Sat.	8	Tue.	39	Tue.	67	Fri.	98	Sun.	128	Wed.	159
9	Sun.	9	Wed.	40	Wed.	68	Sat.	99	Mon.	129	Thu.	160
10	Mon.	10	Thu.	41	Thu.	69	Sun.	100	Tue.	130	Fri.	161
11	Tue.	11	Fri.	42	Fri.	70	Mon.	101	Wed.	131	Sat.	162
12	Wed.	12	Sat.	43	Sat.	71	Tue.	102	Thu.	132	Sun.	163
13	Thu.	13	Sun.	44	Sun.	72	Wed.	103	Fri.	133	Mon.	164
14	Fri.	14	Mon.	45	Mon.	73	Thu.	104	Sat.	134	Tue.	165
15	Sat.	15	Tue.	46	Tue.	74	Fri.	105	Sun.	135	Wed.	166
16	Sun.	16	Wed.	47	Wed.	75	Sat.	106	Mon.	136	Thu.	167
17	Mon.	17	Thu.	48	Thu.	76	Sun.	107	Tue.	137	Fri.	168
18	Tue.	18	Fri.	49	Fri.	77	Mon.	108	Wed.	138	Sat.	169
19	Wed.	19	Sat.	50	Sat.	78	Tue.	109	Thu.	139	Sun.	170
20	Thu.	20	Sun.	51	Sun.	79	Wed.	110	Fri.	140	Mon.	171
21	Fri.	21	Mon.	52	Mon.	80	Thu.	111	Sat.	141	Tue.	172
22	Sat.	22	Tue.	53	Tue.	81	Fri.	112	Sun.	142	Wed.	173
23	Sun.	23	Wed.	54	Wed.	82	Sat.	113	Mon.	143	Thu.	174
24	Mon.	24	Thu.	55	Thu.	83	Sun.	114	Tue.	144	Fri.	175
25	Tue.	25	Fri.	56	Fri.	84	Mon.	115	Wed.	145	Sat.	176
26	Wed.	26	Sat.	57	Sat.	85	Tue.	116	Thu.	146	Sun.	177
27	Thu.	27	Sun.	58	Sun.	86	Wed.	117	Fri.	147	Mon.	178
28	Fri.	28	Mon.	59	Mon.	87	Thu.	118	Sat.	148	Tue.	179
29	Sat.	29			Tue.	88	Fri.	119	Sun.	149	Wed.	180
30	Sun.	30			Wed.	89	Sat.	120	Mon.	150	Thu.	181
31	Mon.	31			Thu.	90			Tue.	151		

CHRONOLOGICAL CYCLES AND ERAS

Dominical Letter	... ...	B	Julian Period (year of)	6724
Epact		25′	Roman Indiction	4
Golden Number (Lunar Cycle)	...	XVII	Solar Cycle	4

All dates are given in terms of the Gregorian calendar in which
2011 January 14 corresponds to 2011 January 1 of the Julian calendar.

ERA	YEAR	BEGINS	ERA	YEAR	BEGINS
Byzantine	7520	Sept. 14	Japanese	2671	Jan. 1
Jewish (A.M.)*	5772	Sept. 28	Grecian (Seleucidæ) ...	2323	Sept. 14
Chinese (xīn măo) ...		Feb. 3			(or Oct. 14)
Roman (A.U.C.)	2764	Jan. 14	Indian (Saka)	1933	Mar. 22
Nabonassar	2760	Apr. 21	Diocletian	1728	Sept. 12
			Islamic (Hegira)* ...	1433	Nov. 26

* Year begins at sunset

	JULY		AUGUST		SEPTEMBER		OCTOBER		NOVEMBER		DECEMBER	
Day of Month	Day of Week	Day of Year	Day of Week	Day of Year	Day of Week	Day of Year	Day of Week	Day of Year	Day of Week	Day of Year	Day of Week	Day of Year
1	Fri.	182	Mon.	213	Thu.	244	Sat.	274	Tue.	305	Thu.	335
2	Sat.	183	Tue.	214	Fri.	245	Sun.	275	Wed.	306	Fri.	336
3	Sun.	184	Wed.	215	Sat.	246	Mon.	276	Thu.	307	Sat.	337
4	Mon.	185	Thu.	216	Sun.	247	Tue.	277	Fri.	308	Sun.	338
5	Tue.	186	Fri.	217	Mon.	248	Wed.	278	Sat.	309	Mon.	339
6	Wed.	187	Sat.	218	Tue.	249	Thu.	279	Sun.	310	Tue.	340
7	Thu.	188	Sun.	219	Wed.	250	Fri.	280	Mon.	311	Wed.	341
8	Fri.	189	Mon.	220	Thu.	251	Sat.	281	Tue.	312	Thu.	342
9	Sat.	190	Tue.	221	Fri.	252	Sun.	282	Wed.	313	Fri.	343
10	Sun.	191	Wed.	222	Sat.	253	Mon.	283	Thu.	314	Sat.	344
11	Mon.	192	Thu.	223	Sun.	254	Tue.	284	Fri.	315	Sun.	345
12	Tue.	193	Fri.	224	Mon.	255	Wed.	285	Sat.	316	Mon.	346
13	Wed.	194	Sat.	225	Tue.	256	Thu.	286	Sun.	317	Tue.	347
14	Thu.	195	Sun.	226	Wed.	257	Fri.	287	Mon.	318	Wed.	348
15	Fri.	196	Mon.	227	Thu.	258	Sat.	288	Tue.	319	Thu.	349
16	Sat.	197	Tue.	228	Fri.	259	Sun.	289	Wed.	320	Fri.	350
17	Sun.	198	Wed.	229	Sat.	260	Mon.	290	Thu.	321	Sat.	351
18	Mon.	199	Thu.	230	Sun.	261	Tue.	291	Fri.	322	Sun.	352
19	Tue.	200	Fri.	231	Mon.	262	Wed.	292	Sat.	323	Mon.	353
20	Wed.	201	Sat.	232	Tue.	263	Thu.	293	Sun.	324	Tue.	354
21	Thu.	202	Sun.	233	Wed.	264	Fri.	294	Mon.	325	Wed.	355
22	Fri.	203	Mon.	234	Thu.	265	Sat.	295	Tue.	326	Thu.	356
23	Sat.	204	Tue.	235	Fri.	266	Sun.	296	Wed.	327	Fri.	357
24	Sun.	205	Wed.	236	Sat.	267	Mon.	297	Thu.	328	Sat.	358
25	Mon.	206	Thu.	237	Sun.	268	Tue.	298	Fri.	329	Sun.	359
26	Tue.	207	Fri.	238	Mon.	269	Wed.	299	Sat.	330	Mon.	360
27	Wed.	208	Sat.	239	Tue.	270	Thu.	300	Sun.	331	Tue.	361
28	Thu.	209	Sun.	240	Wed.	271	Fri.	301	Mon.	332	Wed.	362
29	Fri.	210	Mon.	241	Thu.	272	Sat.	302	Tue.	333	Thu.	363
30	Sat.	211	Tue.	242	Fri.	273	Sun.	303	Wed.	334	Fri.	364
31	Sun.	212	Wed.	243			Mon.	304			Sat.	365

RELIGIOUS CALENDARS

Epiphany	... ...	Jan.	6	Ascension Day	June 2
Ash Wednesday	... ...	Mar.	9	Whit Sunday—Pentecost ...	June 12
Palm Sunday	... ...	Apr.	17	Trinity Sunday	June 19
Good Friday	... ...	Apr.	22	First Sunday in Advent	Nov. 27
Easter Day	... ...	Apr.	24	Christmas Day (Sunday)	Dec. 25

First Day of Passover (Pesach)	Apr. 19	Day of Atonement (Yom Kippur)	Oct. 8
Feast of Weeks (Shavuot) ...	June 8	First day of Tabernacles (Succoth)	Oct. 13
Jewish New Year (tabular) (Rosh Hashanah)	Sept. 29	Festival of Lights (Hanukkah)	Dec. 21

First day of Ramadân (tabular)	Aug. 1	Islamic New Year	Nov. 27

The Jewish and Islamic dates above are tabular dates, which begin at sunset on the previous evening and end at sunset on the date tabulated. In practice, the dates of Islamic fasts and festivals are determined by an actual sighting of the appropriate new moon.

Notation for time-scales and related quantities

A summary of the notation for time-scales and related quantities used in this Almanac is given below. Additional information is given in the *Glossary* (section M and *The Astronomical Almanac Online*) and in the *Notes and References* (section L).

UT1   universal time (also UT); counted from 0^h (midnight); unit is second of mean solar time, affected by irregularities in the Earth's rate of rotation.

UT0   local approximation to universal time; not corrected for polar motion (rarely used).

GMST   Greenwich mean sidereal time; GHA of mean equinox of date.

GAST   Greenwich apparent sidereal time; GHA of true equinox of date.

E_e Equation of the equinoxes: GAST − GMST.

E_o Equation of the origins: ERA − GAST = θ − GAST.

ERA   Earth rotation angle (θ); the angle between the celestial and terrestrial intermediate origins; it is proportional to UT1.

TAI   international atomic time; unit is the SI second on the geoid.

UTC   coordinated universal time; differs from TAI by an integral number of seconds, and is the basis of most radio time signals and national and/or legal time systems.

ΔUT   = UT1−UTC; increment to be applied to UTC to give UT1.

DUT   predicted value of ΔUT, rounded to $0^s\!.1$, given in some radio time signals.

TDB   barycentric dynamical time; used as time-scale of ephemerides, referred to the barycentre of the solar system.

T_{eph} the independent variable of the equations of motion used by the JPL ephemerides, in particular DE405/LE405. T_{eph} and TDB may be considered to be equivalent.

TT   terrestrial time; used as time-scale of ephemerides for observations from the Earth's surface (geoid). TT = TAI + $32^s\!.184$.

ΔT = TT − UT1; increment to be applied to UT1 to give TT.
      = TAI + $32^s\!.184$ − UT1.

ΔAT   = TAI − UTC; increment to be applied to UTC to give TAI; an integral number of seconds.

ΔTT   = TT − UTC = ΔAT+$32^s\!.184$; increment to be applied to UTC to give TT.

JD_{TT} = Julian date and fraction, where the time fraction is expressed in the terrestrial time scale, e.g. 2000 January 1, 12^h TT is JD 245 1545·0 TT.

JD_{UT1} = Julian date and fraction, where the time fraction is expressed in the universal time scale, e.g. 2000 January 1, 12^h UT1 is JD 245 1545·0 UT1.

The following intervals are used in this section.

$$T = (JD_{TT} - 245\,1545\!\cdot\!0)/36\,525 = \text{Julian centuries of } 365\,25 \text{ days from J2000·0}$$
$$D = JD - 245\,1545\!\cdot\!0 = \text{days and fraction from J2000·0}$$
$$D_U = JD_{UT1} - 245\,1545\!\cdot\!0 = \text{days and UT1 fraction from J2000·0}$$
$$d = \text{Day of the year, January 1} = 1, \text{ etc., see B4–B5}$$

Note that the intervals above are based on different time scales. T implies the TT time scale while D_U implies the UT1 time scale. This is an important distinction when calculating Greenwich mean sidereal time. T is the number of Julian centuries from J2000·0 to the required epoch (TT), while D, D_U and d are all in days.

The name Greenwich mean time (GMT) is not used in this Almanac since it is ambiguous. It is now used, although not in astronomy, in the sense of UTC, in addition to the earlier sense of UT; prior to 1925 it was reckoned for astronomical purposes from Greenwich mean noon (12^h UT).

Relationships between time-scales

The unit of UTC is the SI second on the geoid, but step adjustments of 1 second (leap seconds) are occasionally introduced into UTC so that universal time (UT1) may be obtained directly from it with an accuracy of 1 second or better and so that international atomic time (TAI) may be obtained by the addition of an integral number of seconds. The step adjustments, when required, are usually inserted after the 60th second of the last minute of December 31 or June 30. Values of the differences ΔAT for 1972 onwards are given on page K9. Accurate values of the increment ΔUT to be applied to UTC to give UT1 are derived from observations, but predicted values are transmitted in code in some time signals. Wherever UT is used in this volume it always means UT1.

The difference between the terrestrial time scale (TT) and the barycentric dynamical time scale (TDB), or the equivalent T_{eph} of the DE405/LE405 ephemeris, is often ignored, since the two time scales differ by no more than 2 milliseconds.

An expression for the relationship between the barycentric and terrestrial time-scales (due to the variations in gravitational potential around the Earth's orbit) is:

$$\text{TDB} = \text{TT} + 0\overset{s}{.}001\,657 \sin g + 0\overset{s}{.}000\,022 \sin(L - L_J)$$

and

$$g = 357\overset{\circ}{.}53 + 0 \cdot 985\,600\,28(\text{JD} - 245\,1545 \cdot 0)$$

$$L - L_J = 246\overset{\circ}{.}11 + 0 \cdot 902\,517\,92(\text{JD} - 245\,1545 \cdot 0)$$

where g is the mean anomaly of the Earth in its orbit around the Sun, and $L - L_J$ is the difference in the mean ecliptic longitudes of the Sun and Jupiter. The above formula for TDB $-$ TT is accurate to about $\pm 30\mu s$ over the period 1980 to 2050.

For 2011

$$g = 356\overset{\circ}{.}19 + 0\overset{\circ}{.}985\,60\,d \qquad \text{and} \qquad L - L_J = 271\overset{\circ}{.}08 + 0\overset{\circ}{.}902\,52\,d$$

where d is the day of the year and fraction of the day.

The TDB time scale should be used for quantities such as precession angles and the fundamental arguments. However, for these quantities, the difference between TDB and TT is negligible at the microarcsecond (μas) level.

Relationships between universal time, ERA, GMST and GAST

The following equations show the relationships between the Earth rotation angle (ERA=θ), Greenwich mean (GMST) and apparent (GAST) sidereal time, in terms of the equation of the origins (E_o) and the equation of the equinoxes (E_e):

$$\text{GMST}(D_U, T) = \theta(D_U) + \text{polynomial part}(T)$$
$$\text{GAST}(D_U, T) = \theta(D_U) - \text{equation of the origins}(T)$$
$$= \text{GMST}(D_U, T) + \text{equation of the equinoxes}(T)$$

The definition of these quantities follow. Note that ERA is a function of UT1, while GMST and GAST are functions of both UT1 and TT. A diagram showing the relationships between these concepts is given on page B9.

ERA is for use with intermediate right ascensions while GAST must be used with apparent (equinox based) right ascension.

Relationship between universal time and Earth rotation angle

The Earth rotation angle (θ) is measured in the Celestial Intermediate Reference System along its equator (the true equator of date) between the terrestrial and the celestial intermediate origins. It is proportional to UT1, and its time derivative is the Earth's adopted mean angular velocity; it is defined by the following relationship

$$\theta(D_U) = 2\pi\,(0\cdot7790\ 5727\ 32640 + 1\cdot0027\ 3781\ 1911\ 35448\ D_U)\ \text{radians}$$
$$= 360°\,(0\cdot7790\ 5727\ 32640 + 0\cdot0027\ 3781\ 1911\ 35448\ D_U + D_U\ \text{mod}\ 1)$$

where D_U is the interval, in days, elapsed since the epoch 2000 January $1^d\ 12^h$ UT1 (JD 245 1545·0 UT1), and D_U mod 1 is the fraction of the UT1 day remaining after removing all the whole days. The Earth rotation angle (ERA) is tabulated daily at 0^h UT1 on pages B21–B24.

During 2011, on day d, at t^h UT1, the Earth rotation angle, expressed in arc and time, respectively, is given by:

$$\theta = 99°\!\cdot\!172\ 373 + 0°\!\cdot\!985\ 612\ 288\ d + 15°\!\cdot\!041\ 0672\ t$$
$$= 6^h\!\cdot\!611\ 4916 + 0^h\!\cdot\!065\ 707\ 4859\ d + 1^h\!\cdot\!002\ 737\ 81\ t$$

Relationship between universal and sidereal time

Greenwich Mean Sidereal Time

Universal time is defined in terms of Greenwich mean sidereal time (i.e. the hour angle of the mean equinox of date) by:

$$\text{GMST}(D_U, T) = \theta(D_U) + \text{GMST}_P(T)$$
$$\text{GMST}_P(T) = 0''\!\cdot\!014\ 506 + 4612''\!\cdot\!156\ 534\ T + 1''\!\cdot\!391\ 5817\ T^2$$
$$- 0''\!\cdot\!000\ 000\ 44\ T^3 - 0''\!\cdot\!000\ 029\ 956\ T^4 - 3''\!\cdot\!68\times10^{-8}\ T^5$$

where θ is the Earth rotation angle. The polynomial part, $\text{GMST}_P(T)$ is due almost entirely to the effect of precession and is given separately as it also forms part of the equation of the origins (see page B10). The time interval D_U is measured in days elapsed since the epoch 2000 January $1^d\ 12^h$ UT1 (JD 245 1545·0 UT1), whereas T is measured in the TT scale, in Julian centuries of 36 525 days, from JD 245 1545·0 TT.

The Earth rotation angle is expressed in degrees while the terms of the polynomial part (GMST_P) are in arcseconds. GMST is tabulated on pages B13–B20 and the equivalent expression in time units is

$$\text{GMST}(D_U, T) = 86400^s(0\cdot7790\ 5727\ 32640 + 0\cdot0027\ 3781\ 1911\ 35448 D_U + D_U\ \text{mod}\ 1)$$
$$+ 0^s\!\cdot\!000\ 967\ 07 + 307^s\!\cdot\!477\ 102\ 27\ T + 0^s\!\cdot\!092\ 772\ 113\ T^2$$
$$- 0^s\!\cdot\!000\ 000\ 0293\ T^3 - 0^s\!\cdot\!000\ 001\ 997\ 07\ T^4 - 2^s\!\cdot\!453\times10^{-9}\ T^5$$

It is necessary, in this formula, to distinguish TT from UT1 only for the most precise work. The table on pages B13–B20 is calculated assuming $\Delta T = 67^s$. An error of $\pm1^s$ in ΔT introduces differences of $\mp1''\!\cdot\!5\times10^{-6}$ or equivalently $\mp0^s\!\cdot\!10\times10^{-6}$ during 2011.

The following relationship holds during 2011:

on day of year d at t^h UT1, GMST $= 6^h\!\cdot\!620\ 8844 + 0^h\!\cdot\!065\ 709\ 8244\ d + 1^h\!\cdot\!002\ 737\ 91\ t$

where the day of year d is tabulated on pages B4–B5. Add or subtract multiples of 24^h as necessary.

Relationship between universal and sidereal time (continued)

In 2011:
$$1 \text{ mean solar day} = 1.002\ 737\ 909\ 35 \quad \text{mean sidereal days}$$
$$= 24^h\ 03^m\ 56^s\!555\ 37 \text{ of mean sidereal time}$$
$$1 \text{ mean sidereal day} = 0.997\ 269\ 566\ 33 \quad \text{mean solar days}$$
$$= 23^h\ 56^m\ 04^s\!090\ 53 \text{ of mean solar time}$$

Greenwich Apparent Sidereal Time

The hour angle of the true equinox of date (GAST) is given by:

$$\text{GAST}(D_U, T) = \theta(D_U) - \text{equation of the origins} = \theta(D_U) - E_o(T)$$
$$= \text{GMST}(D_U, T) + \text{equation of the equinoxes} = \text{GMST}(D_U, T) + E_e(T)$$

where θ is the Earth rotation angle (ERA) and GMST, the Greenwich mean sidereal time are given above, while the equation of the origins (E_o) and the equation of the equinoxes (E_e) are given on page B10.

Pages B13–B20 tabulate GAST and the equation of the equinoxes daily at 0^h UT1. These quantities have been calculated using the IAU 2000A nutation model together with the tiny (μas level) amendments (see B55); they are expressed in time units and are based on a predicted $\Delta T = 67^s$. An error of $\pm 1^s$ in ΔT introduces a maximum error of $\pm 3''\!4 \times 10^{-6}$ or equivalently $\pm 0^s\!22 \times 10^{-6}$ during 2011.

Interpolation may be used to obtain the equation of the equinoxes for another instant, or if full precision is required.

Relationships between origins

The difference between the CIO and true equinox of date is called the equation of the origins

$$E_o(T) = \theta - \text{GAST}$$

while the difference between the true and mean equinox is called the equation of the equinoxes is given by

$$E_e(T) = \text{GAST} - \text{GMST}$$

The following schematic diagram shows the relationship between the "zero longitude" defined by the terrestrial intermediate origin, the true equinox and the celestial intermediate origin.

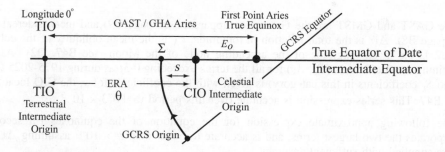

The diagram illustrates that the origin of Greenwich hour angle, the terrestrial intermediate origin (TIO), may be obtained from either Greenwich apparent sidereal time (GAST) or Earth rotation angle (ERA). The quantity s, the CIO locator, positions the GCRS origin (Σ) on the equator (see page B47). Note that the planes of intermediate equator and the true equator of date (the pole of which is the celestial intermediate pole) are identical.

Relationships between origins (continued)

Equation of the origins

The equation of the origins (E_o), the angular difference between the origin of intermediate right ascension (the CIO) and the origin of equinox right ascension (the true equinox) is defined to be

$$E_o(T) = \theta - \text{GAST} = s - \tan^{-1}\frac{\mathbf{M_j} \cdot \mathcal{R}_{\Sigma_i}}{\mathbf{M_i} \cdot \mathcal{R}_{\Sigma_i}}$$

where s is the CIO locator (see page B47). $\mathbf{M_i}$, and $\mathbf{M_j}$ are vectors formed from the top and middle rows of $\mathbf{M}$ (see page B50) which transforms positions from the GCRS to the equator and equinox of date, while the vector $\mathcal{R}_{\Sigma_i}$ which is formed from the top row of $\mathcal{R}_\Sigma$ is given on page B49. The symbol $\cdot$ denotes the scalar or dot product of the two vectors.

Alternatively,

$$E_o(T) = -(\text{GMST}_P(T) + E_e(T))$$

where GMST_P is the polynomial part of the Greenwich mean sidereal time formulae (see page B8), and E_e is the equation of the equinoxes given below. E_o is tabulated with the Earth rotation agnle (θ) on pages B21–B24, and is calculated in the sense

$$E_o = \theta - \text{GAST} = \alpha_i - \alpha_e$$

and therefore
$$\alpha_i = E_o + \alpha_e$$

Thus, given an apparent right ascension (α_e) and the equation of the origins, the intermediate right ascension (α_i) may be calculated so that it can be used with the Earth rotation angle (θ) to form an hour angle.

Equation of the Equinoxes

The equation of the equinoxes (E_e) is the difference between Greenwich apparent and mean sidereal time.

$$E_e(T) = \text{GAST} - \text{GMST}$$

which can be expressed, less precisely, in series form as

$$= \Delta\psi \cos\epsilon_A + \sum_k (C'_k \sin A_k + S'_k \cos A_k) + 0\!''000\,000\,87\,T\,\sin\Omega$$

where GAST and GMST are the Greenwich apparent (see page B9) and mean sidereal time (see page B8). $\Delta\psi$ is the total nutation in longitude, ϵ_A is the mean obliquity of the ecliptic, and Ω is the mean longitude of the ascending node of the Moon (see B47, D2). A table containing the coefficients (C'_k, A_k) for all the terms exceeding 0.5μas during 1975-2025 (there are no S'_k coefficients in this category) is given with the coefficients for s, the CIO locator, on page B47. This series expression is accurate over this period to $\pm0\!''3 \times 10^{-5}$.

The following approximate expression for the equation of the equinoxes (in seconds), incorporates the two largest terms, and is accurate to better than $2^s \times 10^{-6}$ assuming $\Delta\psi$ and ϵ_A are supplied with sufficient accuracy.

$$E_e^s = \tfrac{1}{15}(\Delta\psi \cos\epsilon_A + 0\!''002\,64 \sin\Omega + 0\!''000\,06 \sin 2\Omega)$$

During 2011, $\Omega = 272°\!36 - 0°\!052\,953\,75\,d$, and d is the day of the year and fraction of day (see page D2).

Relationships between local time and hour angle

The local hour angle of an object is the angle between two planes: the plane containing the geocentre, the CIP, and the observer; and the plane containing the geocentre, the CIP, and the object. Hour angle increases with time and is positive when the object is west of the observer as viewed from the geocentre. The plane defining the astronomical zero ("Greenwich") meridian (from which Greenwich hour angles are measured) contains the geocentre, the CIP, and the TIO; there, the observer's longitude λ (not λ_{ITRS}) = 0. This plane is now called the TIO meridian and it is a fundamental plane of the Terrestrial Intermediate Reference System.

The following general relationships are used to relate the right ascensions of celestial objects to locations on the Earth and universal time (UT1):

$$\text{local mean solar time} = \text{universal time} + \text{east longitude}$$
$$\text{local hour angle } (h) = \text{Greenwich hour angle } (H) + \text{east longitude } (\lambda)$$

Equinox-based
$$\text{local mean sidereal time} = \text{Greenwich mean sidereal time} + \text{east longitude}$$
$$\text{local apparent sidereal time} = \text{local mean sidereal time} + \text{equation of equinoxes}$$
$$= \text{Greenwich apparent sidereal time} + \text{east longitude}$$
$$\text{Greenwich hour angle} = \text{Greenwich apparent sidereal time} - \text{apparent right ascension}$$
$$\text{local hour angle} = \text{local apparent sidereal time} - \text{apparent right ascension}$$

CIO-based
$$\text{Greenwich hour angle} = \text{Earth rotation angle} - \text{intermediate right ascension}$$
$$\text{local hour angle} = \text{Earth rotation angle} - \text{intermediate right ascension}$$
$$+ \text{east longitude}$$
$$= \text{Earth rotation angle} - \text{equation of origins}$$
$$- \text{apparent right ascension} + \text{east longitude}$$

Note: ensure that the units of all quantities used are compatible.

Alternatively, use the rotation matrix $\mathbf{R}_3$ (see page K19) to rotate the equator and equinox of date system or the Celestial Intermediate Reference System about the z-axis (CIP) to the terrestrial system, resulting in either the TIO meridian and hour angle, or the local meridian and local hour angle.

Equinox-based	*CIO-based*
$\mathbf{r}_e$ = position with respect to the equator and equinox (mean or true) of date	$\mathbf{r}_i$ = position with respect to the Celestial Intermediate Reference System
$\mathbf{r} = \mathbf{R}_3(\text{GST})\,\mathbf{r}_e$ or $\mathbf{R}_3(\text{GST} + \lambda)\,\mathbf{r}_e$	$\mathbf{r} = \mathbf{R}_3(\theta)\,\mathbf{r}_i$ or $\mathbf{R}_3(\theta + \lambda)\,\mathbf{r}_i$

depending on whether the Greenwich (H) or local (h) hour angle is required, and then

$$H \text{ or } h = \tan^{-1}(-\mathbf{r}_y/\mathbf{r}_x) \qquad \text{positive to the west,}$$

and $\mathbf{r}_x$, $\mathbf{r}_y$ are components of $\mathbf{r}$ (see page K18). GST is the Greenwich mean (GMST) or apparent (GAST) sidereal time, as appropriate, and θ is the Earth rotation angle. Greenwich apparent and mean sidereal times, and the equation of the equinoxes are tabulated on pages B13–B20, while Earth rotation angle and equation of the origins are tabulated on pages B21–B24. Both tables are tabulated daily at 0^h UT1.

The relationships above, which result in a position with respect to the Terrestrial Intermediate Reference System (see page B26), require corrections for polar motion (see page B84) when the reduction of very precise observations are made with respect to a standard geodetic system such as the International Terrestrial Reference System (ITRS). These small corrections are (i) the alignment of the terrestrial intermediate origin (TIO) onto the longitude origin ($\lambda_{ITRS} = 0$) of the ITRS, and (ii) for positioning the pole (CIP) within the ITRS.

Examples of the use of the ephemeris of universal and sidereal times

1. *Conversion of universal time to local sidereal time*

To find the local apparent sidereal time at $09^h 44^m 30^s$ UT on 2011 July 8 in longitude $80° 22' 55''79$ west.

	h	m	s
Greenwich mean sidereal time on July 8 at 0^h UT (page B17)	19	02	24·1482
Add the equivalent mean sidereal time interval from 0^h to $09^h 44^m 30^s$ UT (multiply UT interval by 1·002 737 9094)	9	46	06·0185
Greenwich mean sidereal time at required UT:	4	48	30·1667
Add equation of equinoxes, interpolated using second-order differences to approximate UT $= 0^d\!41$			+1·0766
Greenwich apparent sidereal time:	4	48	31·2433
Subtract west longitude (add east longitude)	5	21	31·7193
Local apparent sidereal time:	23	26	59·5240

The calculation for local mean sidereal time is similar, but omit the step which allows for the equation of the equinoxes.

2. *Conversion of local sidereal time to universal time*

To find the universal time at $23^h 26^m 59^s5240$ local apparent sidereal time on 2011 July 8 in longitude $80° 22' 55''79$ west.

	h	m	s
Local apparent sidereal time:	23	26	59·5240
Add west longitude (subtract east longitude)	5	21	31·7193
Greenwich apparent sidereal time:	4	48	31·2433
Subtract equation of equinoxes, interpolated using second-order differences to approximate UT $= 0^d\!41$			+1·0766
Greenwich mean sidereal time:	4	48	30·1667
Subtract Greenwich mean sidereal time at 0^h UT	19	02	24·1482
Mean sidereal time interval from 0^h UT:	9	46	06·0185
Equivalent UT interval (multiply mean sidereal time interval by 0·997 269 5663)	9	44	30·0000

The conversion of mean sidereal time to universal time is carried out by a similar procedure; omit the step which allows for the equation of the equinoxes.

Date 0ʰ UT1	Julian Date	G. SIDEREAL TIME (GHA of the Equinox) Apparent	Mean	Equation of Equinoxes at 0ʰ UT1	GSD at 0ʰ GMST	UT1 at 0ʰ GMST (Greenwich Transit of the Mean Equinox)
	245	h m s	s	s	246	h m s
Jan. 0	5561·5	6 37 16·2473	15·1837	+1·0636	2286·0	Jan. 0 17 19 53·9872
1	5562·5	6 41 12·8088	11·7391	+1·0698	2287·0	1 17 15 58·0778
2	5563·5	6 45 09·3726	08·2944	+1·0782	2288·0	2 17 12 02·1683
3	5564·5	6 49 05·9374	04·8498	+1·0876	2289·0	3 17 08 06·2588
4	5565·5	6 53 02·5017	01·4052	+1·0966	2290·0	4 17 04 10·3494
5	5566·5	6 56 59·0644	57·9605	+1·1039	2291·0	5 17 00 14·4399
6	5567·5	7 00 55·6246	54·5159	+1·1087	2292·0	6 16 56 18·5304
7	5568·5	7 04 52·1820	51·0713	+1·1107	2293·0	7 16 52 22·6209
8	5569·5	7 08 48·7368	47·6266	+1·1101	2294·0	8 16 48 26·7115
9	5570·5	7 12 45·2896	44·1820	+1·1076	2295·0	9 16 44 30·8020
10	5571·5	7 16 41·8412	40·7374	+1·1038	2296·0	10 16 40 34·8925
11	5572·5	7 20 38·3925	37·2927	+1·0998	2297·0	11 16 36 38·9831
12	5573·5	7 24 34·9445	33·8481	+1·0964	2298·0	12 16 32 43·0736
13	5574·5	7 28 31·4980	30·4035	+1·0945	2299·0	13 16 28 47·1641
14	5575·5	7 32 28·0537	26·9588	+1·0948	2300·0	14 16 24 51·2547
15	5576·5	7 36 24·6121	23·5142	+1·0979	2301·0	15 16 20 55·3452
16	5577·5	7 40 21·1732	20·0696	+1·1036	2302·0	16 16 16 59·4357
17	5578·5	7 44 17·7367	16·6249	+1·1117	2303·0	17 16 13 03·5263
18	5579·5	7 48 14·3013	13·1803	+1·1210	2304·0	18 16 09 07·6168
19	5580·5	7 52 10·8656	09·7357	+1·1299	2305·0	19 16 05 11·7073
20	5581·5	7 56 07·4277	06·2910	+1·1366	2306·0	20 16 01 15·7978
21	5582·5	8 00 03·9862	02·8464	+1·1398	2307·0	21 15 57 19·8884
22	5583·5	8 03 60·5408	59·4018	+1·1391	2308·0	22 15 53 23·9789
23	5584·5	8 07 57·0923	55·9572	+1·1351	2309·0	23 15 49 28·0694
24	5585·5	8 11 53·6423	52·5125	+1·1298	2310·0	24 15 45 32·1600
25	5586·5	8 15 50·1929	49·0679	+1·1250	2311·0	25 15 41 36·2505
26	5587·5	8 19 46·7456	45·6233	+1·1224	2312·0	26 15 37 40·3410
27	5588·5	8 23 43·3015	42·1786	+1·1228	2313·0	27 15 33 44·4316
28	5589·5	8 27 39·8603	38·7340	+1·1263	2314·0	28 15 29 48·5221
29	5590·5	8 31 36·4215	35·2894	+1·1321	2315·0	29 15 25 52·6126
30	5591·5	8 35 32·9838	31·8447	+1·1390	2316·0	30 15 21 56·7032
31	5592·5	8 39 29·5459	28·4001	+1·1458	2317·0	31 15 18 00·7937
Feb. 1	5593·5	8 43 26·1066	24·9555	+1·1512	2318·0	Feb. 1 15 14 04·8842
2	5594·5	8 47 22·6651	21·5108	+1·1543	2319·0	2 15 10 08·9747
3	5595·5	8 51 19·2210	18·0662	+1·1548	2320·0	3 15 06 13·0653
4	5596·5	8 55 15·7741	14·6216	+1·1526	2321·0	4 15 02 17·1558
5	5597·5	8 59 12·3251	11·1769	+1·1481	2322·0	5 14 58 21·2463
6	5598·5	9 03 08·8745	07·7323	+1·1422	2323·0	6 14 54 25·3369
7	5599·5	9 07 05·4233	04·2877	+1·1356	2324·0	7 14 50 29·4274
8	5600·5	9 11 01·9724	00·8430	+1·1294	2325·0	8 14 46 33·5179
9	5601·5	9 14 58·5227	57·3984	+1·1243	2326·0	9 14 42 37·6085
10	5602·5	9 18 55·0749	53·9538	+1·1211	2327·0	10 14 38 41·6990
11	5603·5	9 22 51·6295	50·5091	+1·1204	2328·0	11 14 34 45·7895
12	5604·5	9 26 48·1867	47·0645	+1·1222	2329·0	12 14 30 49·8801
13	5605·5	9 30 44·7462	43·6199	+1·1263	2330·0	13 14 26 53·9706
14	5606·5	9 34 41·3074	40·1752	+1·1321	2331·0	14 14 22 58·0611
15	5607·5	9 38 37·8689	36·7306	+1·1383	2332·0	15 14 19 02·1516

Date 0h UT1	Julian Date	G. SIDEREAL TIME (GHA of the Equinox) Apparent	Mean	Equation of Equinoxes at 0h UT1	GSD at 0h GMST	UT1 at 0h GMST (Greenwich Transit of the Mean Equinox)
	245	h m s	s	s	246	h m s
Feb. 15	5607·5	9 38 37·8689	36·7306	+1·1383	2332·0	Feb. 15 14 19 02·1516
16	5608·5	9 42 34·4293	33·2860	+1·1433	2333·0	16 14 15 06·2422
17	5609·5	9 46 30·9869	29·8414	+1·1455	2334·0	17 14 11 10·3327
18	5610·5	9 50 27·5406	26·3967	+1·1439	2335·0	18 14 07 14·4232
19	5611·5	9 54 24·0906	22·9521	+1·1385	2336·0	19 14 03 18·5138
20	5612·5	9 58 20·6382	19·5075	+1·1308	2337·0	20 13 59 22·6043
21	5613·5	10 02 17·1856	16·0628	+1·1228	2338·0	21 13 55 26·6948
22	5614·5	10 06 13·7349	12·6182	+1·1167	2339·0	22 13 51 30·7854
23	5615·5	10 10 10·2873	09·1736	+1·1137	2340·0	23 13 47 34·8759
24	5616·5	10 14 06·8430	05·7289	+1·1141	2341·0	24 13 43 38·9664
25	5617·5	10 18 03·4013	02·2843	+1·1170	2342·0	25 13 39 43·0570
26	5618·5	10 21 59·9610	58·8397	+1·1213	2343·0	26 13 35 47·1475
27	5619·5	10 25 56·5207	55·3950	+1·1257	2344·0	27 13 31 51·2380
28	5620·5	10 29 53·0793	51·9504	+1·1289	2345·0	28 13 27 55·3285
Mar. 1	5621·5	10 33 49·6357	48·5058	+1·1300	2346·0	Mar. 1 13 23 59·4191
2	5622·5	10 37 46·1897	45·0611	+1·1286	2347·0	2 13 20 03·5096
3	5623·5	10 41 42·7410	41·6165	+1·1245	2348·0	3 13 16 07·6001
4	5624·5	10 45 39·2901	38·1719	+1·1182	2349·0	4 13 12 11·6907
5	5625·5	10 49 35·8375	34·7272	+1·1103	2350·0	5 13 08 15·7812
6	5626·5	10 53 32·3841	31·2826	+1·1015	2351·0	6 13 04 19·8717
7	5627·5	10 57 28·9308	27·8380	+1·0929	2352·0	7 13 00 23·9623
8	5628·5	11 01 25·4786	24·3933	+1·0852	2353·0	8 12 56 28·0528
9	5629·5	11 05 22·0280	20·9487	+1·0793	2354·0	9 12 52 32·1433
10	5630·5	11 09 18·5798	17·5041	+1·0757	2355·0	10 12 48 36·2339
11	5631·5	11 13 15·1340	14·0594	+1·0745	2356·0	11 12 44 40·3244
12	5632·5	11 17 11·6905	10·6148	+1·0757	2357·0	12 12 40 44·4149
13	5633·5	11 21 08·2488	07·1702	+1·0786	2358·0	13 12 36 48·5054
14	5634·5	11 25 04·8079	03·7256	+1·0824	2359·0	14 12 32 52·5960
15	5635·5	11 29 01·3666	00·2809	+1·0857	2360·0	15 12 28 56·6865
16	5636·5	11 32 57·9234	56·8363	+1·0871	2361·0	16 12 25 00·7770
17	5637·5	11 36 54·4770	53·3917	+1·0854	2362·0	17 12 21 04·8676
18	5638·5	11 40 51·0271	49·9470	+1·0801	2363·0	18 12 17 08·9581
19	5639·5	11 44 47·5742	46·5024	+1·0718	2364·0	19 12 13 13·0486
20	5640·5	11 48 44·1200	43·0578	+1·0623	2365·0	20 12 09 17·1392
21	5641·5	11 52 40·6670	39·6131	+1·0539	2366·0	21 12 05 21·2297
22	5642·5	11 56 37·2169	36·1685	+1·0484	2367·0	22 12 01 25·3202
23	5643·5	12 00 33·7706	32·7239	+1·0467	2368·0	23 11 57 29·4108
24	5644·5	12 04 30·3276	29·2792	+1·0483	2369·0	24 11 53 33·5013
25	5645·5	12 08 26·8866	25·8346	+1·0520	2370·0	25 11 49 37·5918
26	5646·5	12 12 23·4460	22·3900	+1·0560	2371·0	26 11 45 41·6823
27	5647·5	12 16 20·0045	18·9453	+1·0591	2372·0	27 11 41 45·7729
28	5648·5	12 20 16·5610	15·5007	+1·0603	2373·0	28 11 37 49·8634
29	5649·5	12 24 13·1150	12·0561	+1·0589	2374·0	29 11 33 53·9539
30	5650·5	12 28 09·6665	08·6114	+1·0550	2375·0	30 11 29 58·0445
31	5651·5	12 32 06·2156	05·1668	+1·0488	2376·0	31 11 26 02·1350
Apr. 1	5652·5	12 36 02·7631	01·7222	+1·0409	2377·0	Apr. 1 11 22 06·2255
2	5653·5	12 39 59·3096	58·2775	+1·0321	2378·0	2 11 18 10·3161

Date 0^h UT1		Julian Date	G. SIDEREAL TIME (GHA of the Equinox) Apparent	Mean	Equation of Equinoxes at 0^h UT1	GSD at 0^h GMST	UT1 at 0^h GMST (Greenwich Transit of the Mean Equinox)			
		245	h m s	s	s	246			h m s	
Apr.	1	5652·5	12 36 02·7631	01·7222	+1·0409	2377·0	Apr.	1	11 22 06·2255	
	2	5653·5	12 39 59·3096	58·2775	+1·0321	2378·0		2	11 18 10·3161	
	3	5654·5	12 43 55·8561	54·8329	+1·0232	2379·0		3	11 14 14·4066	
	4	5655·5	12 47 52·4035	51·3883	+1·0152	2380·0		4	11 10 18·4971	
	5	5656·5	12 51 48·9525	47·9436	+1·0088	2381·0		5	11 06 22·5877	
	6	5657·5	12 55 45·5038	44·4990	+1·0047	2382·0		6	11 02 26·6782	
	7	5658·5	12 59 42·0575	41·0544	+1·0031	2383·0		7	10 58 30·7687	
	8	5659·5	13 03 38·6137	37·6097	+1·0039	2384·0		8	10 54 34·8592	
	9	5660·5	13 07 35·1717	34·1651	+1·0066	2385·0		9	10 50 38·9498	
	10	5661·5	13 11 31·7307	30·7205	+1·0102	2386·0		10	10 46 43·0403	
	11	5662·5	13 15 28·2897	27·2759	+1·0138	2387·0		11	10 42 47·1308	
	12	5663·5	13 19 24·8472	23·8312	+1·0160	2388·0		12	10 38 51·2214	
	13	5664·5	13 23 21·4023	20·3866	+1·0158	2389·0		13	10 34 55·3119	
	14	5665·5	13 27 17·9543	16·9420	+1·0124	2390·0		14	10 30 59·4024	
	15	5666·5	13 31 14·5033	13·4973	+1·0060	2391·0		15	10 27 03·4930	
	16	5667·5	13 35 11·0504	10·0527	+0·9977	2392·0		16	10 23 07·5835	
	17	5668·5	13 39 07·5976	06·6081	+0·9896	2393·0		17	10 19 11·6740	
	18	5669·5	13 43 04·1471	03·1634	+0·9837	2394·0		18	10 15 15·7646	
	19	5670·5	13 46 60·7003	59·7188	+0·9815	2395·0		19	10 11 19·8551	
	20	5671·5	13 50 57·2575	56·2742	+0·9833	2396·0		20	10 07 23·9456	
	21	5672·5	13 54 53·8176	52·8295	+0·9880	2397·0		21	10 03 28·0361	
	22	5673·5	13 58 50·3789	49·3849	+0·9940	2398·0		22	9 59 32·1267	
	23	5674·5	14 02 46·9398	45·9403	+0·9995	2399·0		23	9 55 36·2172	
	24	5675·5	14 06 43·4989	42·4956	+1·0033	2400·0		24	9 51 40·3077	
	25	5676·5	14 10 40·0555	39·0510	+1·0045	2401·0		25	9 47 44·3983	
	26	5677·5	14 14 36·6094	35·6064	+1·0030	2402·0		26	9 43 48·4888	
	27	5678·5	14 18 33·1608	32·1617	+0·9991	2403·0		27	9 39 52·5793	
	28	5679·5	14 22 29·7104	28·7171	+0·9933	2404·0		28	9 35 56·6699	
	29	5680·5	14 26 26·2589	25·2725	+0·9864	2405·0		29	9 32 00·7604	
	30	5681·5	14 30 22·8072	21·8278	+0·9794	2406·0		30	9 28 04·8509	
May	1	5682·5	14 34 19·3562	18·3832	+0·9730	2407·0	May	1	9 24 08·9415	
	2	5683·5	14 38 15·9067	14·9386	+0·9681	2408·0		2	9 20 13·0320	
	3	5684·5	14 42 12·4594	11·4939	+0·9655	2409·0		3	9 16 17·1225	
	4	5685·5	14 46 09·0146	08·0493	+0·9653	2410·0		4	9 12 21·2130	
	5	5686·5	14 50 05·5724	04·6047	+0·9677	2411·0		5	9 08 25·3036	
	6	5687·5	14 54 02·1321	01·1601	+0·9721	2412·0		6	9 04 29·3941	
	7	5688·5	14 57 58·6931	57·7154	+0·9777	2413·0		7	9 00 33·4846	
	8	5689·5	15 01 55·2542	54·2708	+0·9834	2414·0		8	8 56 37·5752	
	9	5690·5	15 05 51·8141	50·8262	+0·9879	2415·0		9	8 52 41·6657	
	10	5691·5	15 09 48·3718	47·3815	+0·9903	2416·0		10	8 48 45·7562	
	11	5692·5	15 13 44·9267	43·9369	+0·9898	2417·0		11	8 44 49·8468	
	12	5693·5	15 17 41·4786	40·4923	+0·9863	2418·0		12	8 40 53·9373	
	13	5694·5	15 21 38·0284	37·0476	+0·9808	2419·0		13	8 36 58·0278	
	14	5695·5	15 25 34·5777	33·6030	+0·9747	2420·0		14	8 33 02·1184	
	15	5696·5	15 29 31·1284	30·1584	+0·9701	2421·0		15	8 29 06·2089	
	16	5697·5	15 33 27·6822	26·7137	+0·9685	2422·0		16	8 25 10·2994	
	17	5698·5	15 37 24·2399	23·2691	+0·9708	2423·0		17	8 21 14·3899	

Date 0ʰ UT1	Julian Date 245	G. SIDEREAL TIME (GHA of the Equinox) Apparent	Mean	Equation of Equinoxes at 0ʰ UT1	GSD at 0ʰ GMST 246	UT1 at 0ʰ GMST (Greenwich Transit of the Mean Equinox)	
		h m s	s	s		h m s	
May 17	5698·5	15 37 24·2399	23·2691	+0·9708	2423·0	May 17	8 21 14·3899
18	5699·5	15 41 20·8012	19·8245	+0·9768	2424·0	18	8 17 18·4805
19	5700·5	15 45 17·3647	16·3798	+0·9849	2425·0	19	8 13 22·5710
20	5701·5	15 49 13·9286	12·9352	+0·9934	2426·0	20	8 09 26·6615
21	5702·5	15 53 10·4912	09·4906	+1·0006	2427·0	21	8 05 30·7521
22	5703·5	15 57 07·0514	06·0459	+1·0054	2428·0	22	8 01 34·8426
23	5704·5	16 01 03·6086	02·6013	+1·0073	2429·0	23	7 57 38·9331
24	5705·5	16 04 60·1632	59·1567	+1·0065	2430·0	24	7 53 43·0237
25	5706·5	16 08 56·7156	55·7120	+1·0035	2431·0	25	7 49 47·1142
26	5707·5	16 12 53·2666	52·2674	+0·9992	2432·0	26	7 45 51·2047
27	5708·5	16 16 49·8171	48·8228	+0·9943	2433·0	27	7 41 55·2953
28	5709·5	16 20 46·3680	45·3781	+0·9898	2434·0	28	7 37 59·3858
29	5710·5	16 24 42·9202	41·9335	+0·9867	2435·0	29	7 34 03·4763
30	5711·5	16 28 39·4744	38·4889	+0·9855	2436·0	30	7 30 07·5668
31	5712·5	16 32 36·0311	35·0443	+0·9868	2437·0	31	7 26 11·6574
June 1	5713·5	16 36 32·5903	31·5996	+0·9907	2438·0	June 1	7 22 15·7479
2	5714·5	16 40 29·1518	28·1550	+0·9969	2439·0	2	7 18 19·8384
3	5715·5	16 44 25·7148	24·7104	+1·0045	2440·0	3	7 14 23·9290
4	5716·5	16 48 22·2782	21·2657	+1·0124	2441·0	4	7 10 28·0195
5	5717·5	16 52 18·8405	17·8211	+1·0194	2442·0	5	7 06 32·1100
6	5718·5	16 56 15·4007	14·3765	+1·0243	2443·0	6	7 02 36·2006
7	5719·5	17 00 11·9581	10·9318	+1·0262	2444·0	7	6 58 40·2911
8	5720·5	17 04 08·5124	07·4872	+1·0252	2445·0	8	6 54 44·3816
9	5721·5	17 08 05·0643	04·0426	+1·0218	2446·0	9	6 50 48·4722
10	5722·5	17 12 01·6154	00·5979	+1·0174	2447·0	10	6 46 52·5627
11	5723·5	17 15 58·1671	57·1533	+1·0138	2448·0	11	6 42 56·6532
12	5724·5	17 19 54·7213	53·7087	+1·0126	2449·0	12	6 39 00·7437
13	5725·5	17 23 51·2790	50·2640	+1·0149	2450·0	13	6 35 04·8343
14	5726·5	17 27 47·8402	46·8194	+1·0208	2451·0	14	6 31 08·9248
15	5727·5	17 31 44·4042	43·3748	+1·0295	2452·0	15	6 27 13·0153
16	5728·5	17 35 40·9694	39·9301	+1·0393	2453·0	16	6 23 17·1059
17	5729·5	17 39 37·5340	36·4855	+1·0485	2454·0	17	6 19 21·1964
18	5730·5	17 43 34·0966	33·0409	+1·0557	2455·0	18	6 15 25·2869
19	5731·5	17 47 30·6563	29·5962	+1·0600	2456·0	19	6 11 29·3775
20	5732·5	17 51 27·2130	26·1516	+1·0614	2457·0	20	6 07 33·4680
21	5733·5	17 55 23·7672	22·7070	+1·0602	2458·0	21	6 03 37·5585
22	5734·5	17 59 20·3195	19·2623	+1·0572	2459·0	22	5 59 41·6491
23	5735·5	18 03 16·8710	15·8177	+1·0533	2460·0	23	5 55 45·7396
24	5736·5	18 07 13·4225	12·3731	+1·0494	2461·0	24	5 51 49·8301
25	5737·5	18 11 09·9750	08·9285	+1·0466	2462·0	25	5 47 53·9206
26	5738·5	18 15 06·5292	05·4838	+1·0454	2463·0	26	5 43 58·0112
27	5739·5	18 19 03·0857	02·0392	+1·0465	2464·0	27	5 40 02·1017
28	5740·5	18 22 59·6447	58·5946	+1·0501	2465·0	28	5 36 06·1922
29	5741·5	18 26 56·2061	55·1499	+1·0561	2466·0	29	5 32 10·2828
30	5742·5	18 30 52·7692	51·7053	+1·0639	2467·0	30	5 28 14·3733
July 1	5743·5	18 34 49·3332	48·2607	+1·0725	2468·0	July 1	5 24 18·4638
2	5744·5	18 38 45·8965	44·8160	+1·0805	2469·0	2	5 20 22·5544

Date 0ʰ UT1		Julian Date	G. SIDEREAL TIME (GHA of the Equinox) Apparent	Mean	Equation of Equinoxes at 0ʰ UT1	GSD at 0ʰ GMST	UT1 at 0ʰ GMST (Greenwich Transit of the Mean Equinox)		
		245	h m s	s	s	**246**		h m s	
July	2	**5744·5**	18 38 45·8965	44·8160	+1·0805	**2469·0**	July	2	5 20 22·5544
	3	**5745·5**	18 42 42·4579	41·3714	+1·0865	**2470·0**		3	5 16 26·6449
	4	**5746·5**	18 46 39·0163	37·9268	+1·0895	**2471·0**		4	5 12 30·7354
	5	**5747·5**	18 50 35·5714	34·4821	+1·0893	**2472·0**		5	5 08 34·8260
	6	**5748·5**	18 54 32·1238	31·0375	+1·0863	**2473·0**		6	5 04 38·9165
	7	**5749·5**	18 58 28·6748	27·5929	+1·0819	**2474·0**		7	5 00 43·0070
	8	**5750·5**	19 02 25·2260	24·1482	+1·0778	**2475·0**		8	4 56 47·0975
	9	**5751·5**	19 06 21·7792	20·7036	+1·0756	**2476·0**		9	4 52 51·1881
	10	**5752·5**	19 10 18·3355	17·2590	+1·0765	**2477·0**		10	4 48 55·2786
	11	**5753·5**	19 14 14·8951	13·8143	+1·0808	**2478·0**		11	4 44 59·3691
	12	**5754·5**	19 18 11·4576	10·3697	+1·0878	**2479·0**		12	4 41 03·4597
	13	**5755·5**	19 22 08·0216	06·9251	+1·0965	**2480·0**		13	4 37 07·5502
	14	**5756·5**	19 26 04·5856	03·4804	+1·1051	**2481·0**		14	4 33 11·6407
	15	**5757·5**	19 30 01·1481	00·0358	+1·1123	**2482·0**		15	4 29 15·7313
	16	**5758·5**	19 33 57·7080	56·5912	+1·1169	**2483·0**		16	4 25 19·8218
	17	**5759·5**	19 37 54·2650	53·1465	+1·1184	**2484·0**		17	4 21 23·9123
	18	**5760·5**	19 41 50·8191	49·7019	+1·1172	**2485·0**		18	4 17 28·0029
	19	**5761·5**	19 45 47·3711	46·2573	+1·1138	**2486·0**		19	4 13 32·0934
	20	**5762·5**	19 49 43·9217	42·8127	+1·1090	**2487·0**		20	4 09 36·1839
	21	**5763·5**	19 53 40·4720	39·3680	+1·1040	**2488·0**		21	4 05 40·2744
	22	**5764·5**	19 57 37·0229	35·9234	+1·0995	**2489·0**		22	4 01 44·3650
	23	**5765·5**	20 01 33·5752	32·4788	+1·0964	**2490·0**		23	3 57 48·4555
	24	**5766·5**	20 05 30·1295	29·0341	+1·0954	**2491·0**		24	3 53 52·5460
	25	**5767·5**	20 09 26·6862	25·5895	+1·0967	**2492·0**		25	3 49 56·6366
	26	**5768·5**	20 13 23·2452	22·1449	+1·1003	**2493·0**		26	3 46 00·7271
	27	**5769·5**	20 17 19·8062	18·7002	+1·1060	**2494·0**		27	3 42 04·8176
	28	**5770·5**	20 21 16·3684	15·2556	+1·1128	**2495·0**		28	3 38 08·9082
	29	**5771·5**	20 25 12·9307	11·8110	+1·1197	**2496·0**		29	3 34 12·9987
	30	**5772·5**	20 29 09·4914	08·3663	+1·1251	**2497·0**		30	3 30 17·0892
	31	**5773·5**	20 33 06·0495	04·9217	+1·1278	**2498·0**		31	3 26 21·1798
Aug.	1	**5774·5**	20 37 02·6041	01·4771	+1·1270	**2499·0**	Aug.	1	3 22 25·2703
	2	**5775·5**	20 40 59·1555	58·0324	+1·1231	**2500·0**		2	3 18 29·3608
	3	**5776·5**	20 44 55·7049	54·5878	+1·1171	**2501·0**		3	3 14 33·4513
	4	**5777·5**	20 48 52·2540	51·1432	+1·1108	**2502·0**		4	3 10 37·5419
	5	**5778·5**	20 52 48·8047	47·6985	+1·1061	**2503·0**		5	3 06 41·6324
	6	**5779·5**	20 56 45·3582	44·2539	+1·1043	**2504·0**		6	3 02 45·7229
	7	**5780·5**	21 00 41·9151	40·8093	+1·1058	**2505·0**		7	2 58 49·8135
	8	**5781·5**	21 04 38·4748	37·3646	+1·1101	**2506·0**		8	2 54 53·9040
	9	**5782·5**	21 08 35·0362	33·9200	+1·1162	**2507·0**		9	2 50 57·9945
	10	**5783·5**	21 12 31·5979	30·4754	+1·1226	**2508·0**		10	2 47 02·0851
	11	**5784·5**	21 16 28·1586	27·0307	+1·1278	**2509·0**		11	2 43 06·1756
	12	**5785·5**	21 20 24·7169	23·5861	+1·1308	**2510·0**		12	2 39 10·2661
	13	**5786·5**	21 24 21·2725	20·1415	+1·1310	**2511·0**		13	2 35 14·3567
	14	**5787·5**	21 28 17·8252	16·6969	+1·1284	**2512·0**		14	2 31 18·4472
	15	**5788·5**	21 32 14·3756	13·2522	+1·1233	**2513·0**		15	2 27 22·5377
	16	**5789·5**	21 36 10·9243	09·8076	+1·1167	**2514·0**		16	2 23 26·6282
	17	**5790·5**	21 40 07·4723	06·3630	+1·1093	**2515·0**		17	2 19 30·7188

Date 0h UT1	Julian Date	G. SIDEREAL TIME (GHA of the Equinox)		Equation of Equinoxes at 0h UT1	GSD at 0h GMST	UT1 at 0h GMST (Greenwich Transit of the Mean Equinox)
		Apparent	Mean			
	245	h m s	s	s	246	h m s
Aug. 17	5790·5	21 40 07·4723	06·3630	+1·1093	2515·0	Aug. 17 2 19 30·7188
18	5791·5	21 44 04·0206	02·9183	+1·1023	2516·0	18 2 15 34·8093
19	5792·5	21 47 60·5701	59·4737	+1·0964	2517·0	19 2 11 38·8998
20	5793·5	21 51 57·1214	56·0291	+1·0923	2518·0	20 2 07 42·9904
21	5794·5	21 55 53·6748	52·5844	+1·0904	2519·0	21 2 03 47·0809
22	5795·5	21 59 50·2306	49·1398	+1·0908	2520·0	22 1 59 51·1714
23	5796·5	22 03 46·7884	45·6952	+1·0932	2521·0	23 1 55 55·2620
24	5797·5	22 07 43·3477	42·2505	+1·0971	2522·0	24 1 51 59·3525
25	5798·5	22 11 39·9074	38·8059	+1·1015	2523·0	25 1 48 03·4430
26	5799·5	22 15 36·4665	35·3613	+1·1052	2524·0	26 1 44 07·5336
27	5800·5	22 19 33·0234	31·9166	+1·1068	2525·0	27 1 40 11·6241
28	5801·5	22 23 29·5773	28·4720	+1·1053	2526·0	28 1 36 15·7146
29	5802·5	22 27 26·1277	25·0274	+1·1003	2527·0	29 1 32 19·8051
30	5803·5	22 31 22·6754	21·5827	+1·0927	2528·0	30 1 28 23·8957
31	5804·5	22 35 19·2222	18·1381	+1·0841	2529·0	31 1 24 27·9862
Sept. 1	5805·5	22 39 15·7700	14·6935	+1·0765	2530·0	Sept. 1 1 20 32·0767
2	5806·5	22 43 12·3205	11·2488	+1·0717	2531·0	2 1 16 36·1673
3	5807·5	22 47 08·8746	07·8042	+1·0704	2532·0	3 1 12 40·2578
4	5808·5	22 51 05·4318	04·3596	+1·0722	2533·0	4 1 08 44·3483
5	5809·5	22 55 01·9910	00·9149	+1·0760	2534·0	5 1 04 48·4389
6	5810·5	22 58 58·5507	57·4703	+1·0804	2535·0	6 1 00 52·5294
7	5811·5	23 02 55·1096	54·0257	+1·0839	2536·0	7 0 56 56·6199
8	5812·5	23 06 51·6665	50·5811	+1·0854	2537·0	8 0 53 00·7105
9	5813·5	23 10 48·2207	47·1364	+1·0843	2538·0	9 0 49 04·8010
10	5814·5	23 14 44·7722	43·6918	+1·0804	2539·0	10 0 45 08·8915
11	5815·5	23 18 41·3212	40·2472	+1·0740	2540·0	11 0 41 12·9820
12	5816·5	23 22 37·8685	36·8025	+1·0660	2541·0	12 0 37 17·0726
13	5817·5	23 26 34·4149	33·3579	+1·0570	2542·0	13 0 33 21·1631
14	5818·5	23 30 30·9614	29·9133	+1·0481	2543·0	14 0 29 25·2536
15	5819·5	23 34 27·5088	26·4686	+1·0402	2544·0	15 0 25 29·3442
16	5820·5	23 38 24·0579	23·0240	+1·0339	2545·0	16 0 21 33·4347
17	5821·5	23 42 20·6091	19·5794	+1·0298	2546·0	17 0 17 37·5252
18	5822·5	23 46 17·1626	16·1347	+1·0278	2547·0	18 0 13 41·6158
19	5823·5	23 50 13·7181	12·6901	+1·0280	2548·0	19 0 09 45·7063
20	5824·5	23 54 10·2753	09·2455	+1·0298	2549·0	20 0 05 49·7968
21	5825·5	23 58 06·8332	05·8008	+1·0324	2550·0	21 0 01 53·8874
					2551·0	21 23 57 57·9779
22	5826·5	0 02 03·3910	02·3562	+1·0348	2552·0	22 23 54 02·0684
23	5827·5	0 05 59·9474	58·9116	+1·0358	2553·0	23 23 50 06·1589
24	5828·5	0 09 56·5013	55·4669	+1·0343	2554·0	24 23 46 10·2495
25	5829·5	0 13 53·0521	52·0223	+1·0298	2555·0	25 23 42 14·3400
26	5830·5	0 17 49·5999	48·5777	+1·0222	2556·0	26 23 38 18·4305
27	5831·5	0 21 46·1460	45·1330	+1·0129	2557·0	27 23 34 22·5211
28	5832·5	0 25 42·6923	41·6884	+1·0039	2558·0	28 23 30 26·6116
29	5833·5	0 29 39·2410	38·2438	+0·9972	2559·0	29 23 26 30·7021
30	5834·5	0 33 35·7933	34·7991	+0·9942	2560·0	30 23 22 34·7927
Oct. 1	5835·5	0 37 32·3494	31·3545	+0·9949	2561·0	Oct. 1 23 18 38·8832

Date 0ʰ UT1	Julian Date	G. SIDEREAL TIME (GHA of the Equinox) Apparent	Mean	Equation of Equinoxes at 0ʰ UT1	GSD at 0ʰ GMST	UT1 at 0ʰ GMST (Greenwich Transit of the Mean Equinox)
	245	h m s	s	s	**246**	h m s
Oct. 1	**5835·5**	0 37 32·3494	31·3545	+0·9949	**2561·0**	Oct. 1 23 18 38·8832
2	**5836·5**	0 41 28·9081	27·9099	+0·9983	**2562·0**	2 23 14 42·9737
3	**5837·5**	0 45 25·4679	24·4653	+1·0027	**2563·0**	3 23 10 47·0643
4	**5838·5**	0 49 22·0272	21·0206	+1·0065	**2564·0**	4 23 06 51·1548
5	**5839·5**	0 53 18·5845	17·5760	+1·0085	**2565·0**	5 23 02 55·2453
6	**5840·5**	0 57 15·1393	14·1314	+1·0079	**2566·0**	6 22 58 59·3358
7	**5841·5**	1 01 11·6913	10·6867	+1·0046	**2567·0**	7 22 55 03·4264
8	**5842·5**	1 05 08·2409	07·2421	+0·9988	**2568·0**	8 22 51 07·5169
9	**5843·5**	1 09 04·7887	03·7975	+0·9912	**2569·0**	9 22 47 11·6074
10	**5844·5**	1 13 01·3354	00·3528	+0·9826	**2570·0**	10 22 43 15·6980
11	**5845·5**	1 16 57·8821	56·9082	+0·9739	**2571·0**	11 22 39 19·7885
12	**5846·5**	1 20 54·4297	53·4636	+0·9661	**2572·0**	12 22 35 23·8790
13	**5847·5**	1 24 50·9787	50·0189	+0·9598	**2573·0**	13 22 31 27·9696
14	**5848·5**	1 28 47·5299	46·5743	+0·9556	**2574·0**	14 22 27 32·0601
15	**5849·5**	1 32 44·0834	43·1297	+0·9537	**2575·0**	15 22 23 36·1506
16	**5850·5**	1 36 40·6390	39·6850	+0·9540	**2576·0**	16 22 19 40·2412
17	**5851·5**	1 40 37·1964	36·2404	+0·9560	**2577·0**	17 22 15 44·3317
18	**5852·5**	1 44 33·7548	32·7958	+0·9590	**2578·0**	18 22 11 48·4222
19	**5853·5**	1 48 30·3132	29·3511	+0·9621	**2579·0**	19 22 07 52·5127
20	**5854·5**	1 52 26·8707	25·9065	+0·9642	**2580·0**	20 22 03 56·6033
21	**5855·5**	1 56 23·4263	22·4619	+0·9644	**2581·0**	21 22 00 00·6938
22	**5856·5**	2 00 19·9792	19·0172	+0·9619	**2582·0**	22 21 56 04·7843
23	**5857·5**	2 04 16·5293	15·5726	+0·9567	**2583·0**	23 21 52 08·8749
24	**5858·5**	2 08 13·0773	12·1280	+0·9493	**2584·0**	24 21 48 12·9654
25	**5859·5**	2 12 09·6247	08·6833	+0·9413	**2585·0**	25 21 44 17·0559
26	**5860·5**	2 16 06·1736	05·2387	+0·9348	**2586·0**	26 21 40 21·1465
27	**5861·5**	2 20 02·7257	01·7941	+0·9317	**2587·0**	27 21 36 25·2370
28	**5862·5**	2 23 59·2821	58·3495	+0·9326	**2588·0**	28 21 32 29·3275
29	**5863·5**	2 27 55·8420	54·9048	+0·9372	**2589·0**	29 21 28 33·4180
30	**5864·5**	2 31 52·4040	51·4602	+0·9438	**2590·0**	30 21 24 37·5086
31	**5865·5**	2 35 48·9660	48·0156	+0·9504	**2591·0**	31 21 20 41·5991
Nov. 1	**5866·5**	2 39 45·5264	44·5709	+0·9555	**2592·0**	Nov. 1 21 16 45·6896
2	**5867·5**	2 43 42·0842	41·1263	+0·9579	**2593·0**	2 21 12 49·7802
3	**5868·5**	2 47 38·6392	37·6817	+0·9575	**2594·0**	3 21 08 53·8707
4	**5869·5**	2 51 35·1915	34·2370	+0·9544	**2595·0**	4 21 04 57·9612
5	**5870·5**	2 55 31·7418	30·7924	+0·9494	**2596·0**	5 21 01 02·0518
6	**5871·5**	2 59 28·2909	27·3478	+0·9431	**2597·0**	6 20 57 06·1423
7	**5872·5**	3 03 24·8398	23·9031	+0·9366	**2598·0**	7 20 53 10·2328
8	**5873·5**	3 07 21·3893	20·4585	+0·9308	**2599·0**	8 20 49 14·3234
9	**5874·5**	3 11 17·9403	17·0139	+0·9265	**2600·0**	9 20 45 18·4139
10	**5875·5**	3 15 14·4934	13·5692	+0·9241	**2601·0**	10 20 41 22·5044
11	**5876·5**	3 19 11·0487	10·1246	+0·9241	**2602·0**	11 20 37 26·5949
12	**5877·5**	3 23 07·6064	06·6800	+0·9264	**2603·0**	12 20 33 30·6855
13	**5878·5**	3 27 04·1659	03·2353	+0·9305	**2604·0**	13 20 29 34·7760
14	**5879·5**	3 30 60·7266	59·7907	+0·9358	**2605·0**	14 20 25 38·8665
15	**5880·5**	3 34 57·2875	56·3461	+0·9414	**2606·0**	15 20 21 42·9571
16	**5881·5**	3 38 53·8476	52·9014	+0·9462	**2607·0**	16 20 17 47·0476

Date 0ʰ UT1	Julian Date	G. SIDEREAL TIME (GHA of the Equinox) Apparent	Mean	Equation of Equinoxes at 0ʰ UT1	GSD at 0ʰ GMST	UT1 at 0ʰ GMST (Greenwich Transit of the Mean Equinox)
	245	h m s	s	s	246	h m s
Nov. 16	5881·5	3 38 53·8476	52·9014	+0·9462	2607·0	Nov. 16 20 17 47·0476
17	5882·5	3 42 50·4061	49·4568	+0·9493	2608·0	17 20 13 51·1381
18	5883·5	3 46 46·9621	46·0122	+0·9499	2609·0	18 20 09 55·2287
19	5884·5	3 50 43·5155	42·5675	+0·9479	2610·0	19 20 05 59·3192
20	5885·5	3 54 40·0667	39·1229	+0·9438	2611·0	20 20 02 03·4097
21	5886·5	3 58 36·6168	35·6783	+0·9385	2612·0	21 19 58 07·5003
22	5887·5	4 02 33·1676	32·2337	+0·9339	2613·0	22 19 54 11·5908
23	5888·5	4 06 29·7207	28·7890	+0·9317	2614·0	23 19 50 15·6813
24	5889·5	4 10 26·2777	25·3444	+0·9333	2615·0	24 19 46 19·7718
25	5890·5	4 14 22·8387	21·8998	+0·9390	2616·0	25 19 42 23·8624
26	5891·5	4 18 19·4028	18·4551	+0·9477	2617·0	26 19 38 27·9529
27	5892·5	4 22 15·9680	15·0105	+0·9575	2618·0	27 19 34 32·0434
28	5893·5	4 26 12·5323	11·5659	+0·9665	2619·0	28 19 30 36·1340
29	5894·5	4 30 09·0943	08·1212	+0·9730	2620·0	29 19 26 40·2245
30	5895·5	4 34 05·6531	04·6766	+0·9765	2621·0	30 19 22 44·3150
Dec. 1	5896·5	4 38 02·2089	01·2320	+0·9770	2622·0	Dec. 1 19 18 48·4056
2	5897·5	4 41 58·7624	57·7873	+0·9750	2623·0	2 19 14 52·4961
3	5898·5	4 45 55·3143	54·3427	+0·9716	2624·0	3 19 10 56·5866
4	5899·5	4 49 51·8656	50·8981	+0·9675	2625·0	4 19 07 00·6772
5	5900·5	4 53 48·4173	47·4534	+0·9639	2626·0	5 19 03 04·7677
6	5901·5	4 57 44·9703	44·0088	+0·9615	2627·0	6 18 59 08·8582
7	5902·5	5 01 41·5251	40·5642	+0·9609	2628·0	7 18 55 12·9487
8	5903·5	5 05 38·0821	37·1195	+0·9626	2629·0	8 18 51 17·0393
9	5904·5	5 09 34·6415	33·6749	+0·9665	2630·0	9 18 47 21·1298
10	5905·5	5 13 31·2028	30·2303	+0·9725	2631·0	10 18 43 25·2203
11	5906·5	5 17 27·7656	26·7856	+0·9799	2632·0	11 18 39 29·3109
12	5907·5	5 21 24·3288	23·3410	+0·9878	2633·0	12 18 35 33·4014
13	5908·5	5 25 20·8913	19·8964	+0·9950	2634·0	13 18 31 37·4919
14	5909·5	5 29 17·4522	16·4517	+1·0005	2635·0	14 18 27 41·5825
15	5910·5	5 33 14·0107	13·0071	+1·0036	2636·0	15 18 23 45·6730
16	5911·5	5 37 10·5665	09·5625	+1·0040	2637·0	16 18 19 49·7635
17	5912·5	5 41 07·1199	06·1179	+1·0020	2638·0	17 18 15 53·8541
18	5913·5	5 45 03·6718	02·6732	+0·9986	2639·0	18 18 11 57·9446
19	5914·5	5 48 60·2238	59·2286	+0·9953	2640·0	19 18 08 02·0351
20	5915·5	5 52 56·7775	55·7840	+0·9936	2641·0	20 18 04 06·1256
21	5916·5	5 56 53·3343	52·3393	+0·9950	2642·0	21 18 00 10·2162
22	5917·5	6 00 49·8948	48·8947	+1·0001	2643·0	22 17 56 14·3067
23	5918·5	6 04 46·4586	45·4501	+1·0086	2644·0	23 17 52 18·3972
24	5919·5	6 08 43·0245	42·0054	+1·0191	2645·0	24 17 48 22·4878
25	5920·5	6 12 39·5905	38·5608	+1·0297	2646·0	25 17 44 26·5783
26	5921·5	6 16 36·1548	35·1162	+1·0386	2647·0	26 17 40 30·6688
27	5922·5	6 20 32·7161	31·6715	+1·0445	2648·0	27 17 36 34·7594
28	5923·5	6 24 29·2741	28·2269	+1·0472	2649·0	28 17 32 38·8499
29	5924·5	6 28 25·8292	24·7823	+1·0469	2650·0	29 17 28 42·9404
30	5925·5	6 32 22·3822	21·3376	+1·0446	2651·0	30 17 24 47·0310
31	5926·5	6 36 18·9342	17·8930	+1·0412	2652·0	31 17 20 51·1215
32	5927·5	6 40 15·4861	14·4484	+1·0378	2653·0	32 17 16 55·2120

Date 0ʰ UT1		Julian Date	Earth Rotation Angle θ	Equation of Origins E_o	Date 0ʰ UT1		Julian Date	Earth Rotation Angle θ	Equation of Origins E_o
			° ′ ″	′ ″				° ′ ″	′ ″
		245					245		
Jan.	0	5561·5	99 10 20·5445	− 8 43·1652	Feb.	15	5607·5	144 30 37·9394	− 8 50·0947
	1	5562·5	100 09 28·7488	− 8 43·3838		16	5608·5	145 29 46·1437	− 8 50·2961
	2	5563·5	101 08 36·9530	− 8 43·6365		17	5609·5	146 28 54·3479	− 8 50·4555
	3	5564·5	102 07 45·1572	− 8 43·9039		18	5610·5	147 28 02·5521	− 8 50·5573
	4	5565·5	103 06 53·3615	− 8 44·1646		19	5611·5	148 27 10·7564	− 8 50·6030
	5	5566·5	104 06 01·5657	− 8 44·4001		20	5612·5	149 26 18·9606	− 8 50·6131
	6	5567·5	105 05 09·7699	− 8 44·5984		21	5613·5	150 25 27·1649	− 8 50·6198
	7	5568·5	106 04 17·9742	− 8 44·7552		22	5614·5	151 24 35·3691	− 8 50·6543
	8	5569·5	107 03 26·1784	− 8 44·8733		23	5615·5	152 23 43·5733	− 8 50·7358
	9	5570·5	108 02 34·3827	− 8 44·9613		24	5616·5	153 22 51·7776	− 8 50·8671
	10	5571·5	109 01 42·5869	− 8 45·0311		25	5617·5	154 21 59·9818	− 8 51·0376
	11	5572·5	110 00 50·7911	− 8 45·0967		26	5618·5	155 21 08·1860	− 8 51·2288
	12	5573·5	110 59 58·9954	− 8 45·1719		27	5619·5	156 20 16·3903	− 8 51·4204
	13	5574·5	111 59 07·1996	− 8 45·2699		28	5620·5	157 19 24·5945	− 8 51·5944
	14	5575·5	112 58 15·4038	− 8 45·4012	Mar.	1	5621·5	158 18 32·7988	− 8 51·7375
	15	5576·5	113 57 23·6081	− 8 45·5729		2	5622·5	159 17 41·0030	− 8 51·8425
	16	5577·5	114 56 31·8123	− 8 45·7859		3	5623·5	160 16 49·2072	− 8 51·9085
	17	5578·5	115 55 40·0166	− 8 46·0334		4	5624·5	161 15 57·4115	− 8 51·9403
	18	5579·5	116 54 48·2208	− 8 46·2990		5	5625·5	162 15 05·6157	− 8 51·9473
	19	5580·5	117 53 56·4250	− 8 46·5588		6	5626·5	163 14 13·8199	− 8 51·9421
	20	5581·5	118 53 04·6293	− 8 46·7861		7	5627·5	164 13 22·0242	− 8 51·9386
	21	5582·5	119 52 12·8335	− 8 46·9601		8	5628·5	165 12 30·2284	− 8 51·9501
	22	5583·5	120 51 21·0377	− 8 47·0750		9	5629·5	166 11 38·4326	− 8 51·9879
	23	5584·5	121 50 29·2420	− 8 47·1425		10	5630·5	167 10 46·6369	− 8 52·0596
	24	5585·5	122 49 37·4462	− 8 47·1884		11	5631·5	168 09 54·8411	− 8 52·1684
	25	5586·5	123 48 45·6505	− 8 47·2428		12	5632·5	169 09 03·0454	− 8 52·3119
	26	5587·5	124 47 53·8547	− 8 47·3300		13	5633·5	170 08 11·2496	− 8 52·4821
	27	5588·5	125 47 02·0589	− 8 47·4630		14	5634·5	171 07 19·4538	− 8 52·6648
	28	5589·5	126 46 10·2632	− 8 47·6414		15	5635·5	172 06 27·6581	− 8 52·8407
	29	5590·5	127 45 18·4674	− 8 47·8544		16	5636·5	173 05 35·8623	− 8 52·9882
	30	5591·5	128 44 26·6716	− 8 48·0846		17	5637·5	174 04 44·0665	− 8 53·0891
	31	5592·5	129 43 34·8759	− 8 48·3123		18	5638·5	175 03 52·2708	− 8 53·1358
Feb.	1	5593·5	130 42 43·0801	− 8 48·5194		19	5639·5	176 03 00·4750	− 8 53·1377
	2	5594·5	131 41 51·2843	− 8 48·6929		20	5640·5	177 02 08·6793	− 8 53·1214
	3	5595·5	132 40 59·4886	− 8 48·8261		21	5641·5	178 01 16·8835	− 8 53·1213
	4	5596·5	133 40 07·6928	− 8 48·9193		22	5642·5	179 00 25·0877	− 8 53·1658
	5	5597·5	134 39 15·8971	− 8 48·9790		23	5643·5	179 59 33·2920	− 8 53·2668
	6	5598·5	135 38 24·1013	− 8 49·0160		24	5644·5	180 58 41·4962	− 8 53·4173
	7	5599·5	136 37 32·3055	− 8 49·0437		25	5645·5	181 57 49·7004	− 8 53·5979
	8	5600·5	137 36 40·5098	− 8 49·0762		26	5646·5	182 56 57·9047	− 8 53·7851
	9	5601·5	138 35 48·7140	− 8 49·1264		27	5647·5	183 56 06·1089	− 8 53·9580
	10	5602·5	139 34 56·9182	− 8 49·2053		28	5648·5	184 55 14·3132	− 8 54·1015
	11	5603·5	140 34 05·1225	− 8 49·3201		29	5649·5	185 54 22·5174	− 8 54·2078
	12	5604·5	141 33 13·3267	− 8 49·4735		30	5650·5	186 53 30·7216	− 8 54·2754
	13	5605·5	142 32 21·5310	− 8 49·6622		31	5651·5	187 52 38·9259	− 8 54·3087
	14	5606·5	143 31 29·7352	− 8 49·8754	Apr.	1	5652·5	188 51 47·1301	− 8 54·3161
	15	5607·5	144 30 37·9394	− 8 50·0947		2	5653·5	189 50 55·3343	− 8 54·3097

$$\text{GHA} = \theta - \alpha_i, \qquad \alpha_i = \alpha_e + E_o$$

α_i, α_e are the right ascensions with respect to the CIO and the true equinox of date, respectively.

Date 0^h UT1	Julian Date	Earth Rotation Angle θ	Equation of Origins E_o	Date 0^h UT1	Julian Date	Earth Rotation Angle θ	Equation of Origins E_o
	245	° ′ ″	′ ″		245	° ′ ″	′ ″
Apr. 1	5652·5	188 51 47·1301	− 8 54·3161	May 17	5698·5	234 12 04·5250	− 8 59·0739
2	5653·5	189 50 55·3343	− 8 54·3097	18	5699·5	235 11 12·7292	− 8 59·2893
3	5654·5	190 50 03·5386	− 8 54·3028	19	5700·5	236 10 20·9335	− 8 59·5377
4	5655·5	191 49 11·7428	− 8 54·3091	20	5701·5	237 09 29·1377	− 8 59·7917
5	5656·5	192 48 19·9471	− 8 54·3404	21	5702·5	238 08 37·3420	− 9 00·0261
6	5657·5	193 47 28·1513	− 8 54·4052	22	5703·5	239 07 45·5462	− 9 00·2241
7	5658·5	194 46 36·3555	− 8 54·5073	23	5704·5	240 06 53·7504	− 9 00·3792
8	5659·5	195 45 44·5598	− 8 54·6451	24	5705·5	241 06 01·9547	− 9 00·4934
9	5660·5	196 44 52·7640	− 8 54·8111	25	5706·5	242 05 10·1589	− 9 00·5749
10	5661·5	197 44 00·9682	− 8 54·9925	26	5707·5	243 04 18·3631	− 9 00·6355
11	5662·5	198 43 09·1725	− 8 55·1723	27	5708·5	244 03 26·5674	− 9 00·6887
12	5663·5	199 42 17·3767	− 8 55·3319	28	5709·5	245 02 34·7716	− 9 00·7483
13	5664·5	200 41 25·5809	− 8 55·4543	29	5710·5	246 01 42·9759	− 9 00·8273
14	5665·5	201 40 33·7852	− 8 55·5296	30	5711·5	247 00 51·1801	− 9 00·9363
15	5666·5	202 39 41·9894	− 8 55·5599	31	5712·5	247 59 59·3843	− 9 01·0822
16	5667·5	203 38 50·1937	− 8 55·5625	June 1	5713·5	248 59 07·5886	− 9 01·2667
17	5668·5	204 37 58·3979	− 8 55·5667	2	5714·5	249 58 15·7928	− 9 01·4849
18	5669·5	205 37 06·6021	− 8 55·6048	3	5715·5	250 57 23·9970	− 9 01·7254
19	5670·5	206 36 14·8064	− 8 55·6987	4	5716·5	251 56 32·2013	− 9 01·9710
20	5671·5	207 35 23·0106	− 8 55·8517	5	5717·5	252 55 40·4055	− 9 02·2022
21	5672·5	208 34 31·2148	− 8 56·0489	6	5718·5	253 54 48·6098	− 9 02·4013
22	5673·5	209 33 39·4191	− 8 56·2648	7	5719·5	254 53 56·8140	− 9 02·5568
23	5674·5	210 32 47·6233	− 8 56·4738	8	5720·5	255 53 05·0182	− 9 02·6673
24	5675·5	211 31 55·8276	− 8 56·6561	9	5721·5	256 52 13·2225	− 9 02·7428
25	5676·5	212 31 04·0318	− 8 56·8006	10	5722·5	257 51 21·4267	− 9 02·8036
26	5677·5	213 30 12·2360	− 8 56·9047	11	5723·5	258 50 29·6309	− 9 02·8758
27	5678·5	214 29 20·4403	− 8 56·9723	12	5724·5	259 49 37·8352	− 9 02·9842
28	5679·5	215 28 28·6445	− 8 57·0118	13	5725·5	260 48 46·0394	− 9 03·1449
29	5680·5	216 27 36·8487	− 8 57·0350	14	5726·5	261 47 54·2436	− 9 03·3598
30	5681·5	217 26 45·0530	− 8 57·0550	15	5727·5	262 47 02·4479	− 9 03·6158
May 1	5682·5	218 25 53·2572	− 8 57·0856	16	5728·5	263 46 10·6521	− 9 03·8892
2	5683·5	219 25 01·4615	− 8 57·1392	17	5729·5	264 45 18·8564	− 9 04·1537
3	5684·5	220 24 09·6657	− 8 57·2255	18	5730·5	265 44 27·0606	− 9 04·3877
4	5685·5	221 23 17·8699	− 8 57·3496	19	5731·5	266 43 35·2648	− 9 04·5792
5	5686·5	222 22 26·0742	− 8 57·5112	20	5732·5	267 42 43·4691	− 9 04·7259
6	5687·5	223 21 34·2784	− 8 57·7035	21	5733·5	268 41 51·6733	− 9 04·8342
7	5688·5	224 20 42·4826	− 8 57·9140	22	5734·5	269 40 59·8775	− 9 04·9153
8	5689·5	225 19 50·6869	− 8 58·1257	23	5735·5	270 40 08·0818	− 9 04·9831
9	5690·5	226 18 58·8911	− 8 58·3205	24	5736·5	271 39 16·2860	− 9 05·0519
10	5691·5	227 18 07·0953	− 8 58·4820	25	5737·5	272 38 24·4903	− 9 05·1351
11	5692·5	228 17 15·2996	− 8 58·6003	26	5738·5	273 37 32·6945	− 9 05·2440
12	5693·5	229 16 23·5038	− 8 58·6752	27	5739·5	274 36 40·8987	− 9 05·3869
13	5694·5	230 15 31·7081	− 8 58·7186	28	5740·5	275 35 49·1030	− 9 05·5675
14	5695·5	231 14 39·9123	− 8 58·7538	29	5741·5	276 34 57·3072	− 9 05·7839
15	5696·5	232 13 48·1165	− 8 58·8098	30	5742·5	277 34 05·5114	− 9 06·0271
16	5697·5	233 12 56·3208	− 8 58·9123	July 1	5743·5	278 33 13·7157	− 9 06·2817
17	5698·5	234 12 04·5250	− 8 59·0739	2	5744·5	279 32 21·9199	− 9 06·5274

$$\text{GHA} = \theta - \alpha_i, \qquad \alpha_i = \alpha_e + E_o$$

α_i, α_e are the right ascensions with respect to the CIO and the true equinox of date, respectively.

Date 0ʰ UT1	Julian Date	Earth Rotation Angle θ	Equation of Origins E₀	Date 0ʰ UT1	Julian Date	Earth Rotation Angle θ	Equation of Origins E₀
		° ′ ″	′ ″			° ′ ″	′ ″
	245				**245**		
July 1	**5743·5**	278 33 13·7157	− 9 06·2817	Aug. 16	**5789·5**	323 53 31·1106	− 9 12·7533
2	**5744·5**	279 32 21·9199	− 9 06·5274	17	**5790·5**	324 52 39·3148	− 9 12·7697
3	**5745·5**	280 31 30·1242	− 9 06·7439	18	**5791·5**	325 51 47·5191	− 9 12·7905
4	**5746·5**	281 30 38·3284	− 9 06·9158	19	**5792·5**	326 50 55·7233	− 9 12·8285
5	**5747·5**	282 29 46·5326	− 9 07·0385	20	**5793·5**	327 50 03·9275	− 9 12·8934
6	**5748·5**	283 28 54·7369	− 9 07·1202	21	**5794·5**	328 49 12·1318	− 9 12·9910
7	**5749·5**	284 28 02·9411	− 9 07·1805	22	**5795·5**	329 48 20·3360	− 9 13·1228
8	**5750·5**	285 27 11·1453	− 9 07·2450	23	**5796·5**	330 47 28·5402	− 9 13·2855
9	**5751·5**	286 26 19·3496	− 9 07·3386	24	**5797·5**	331 46 36·7445	− 9 13·4703
10	**5752·5**	287 25 27·5538	− 9 07·4781	25	**5798·5**	332 45 44·9487	− 9 13·6628
11	**5753·5**	288 24 35·7581	− 9 07·6684	26	**5799·5**	333 44 53·1530	− 9 13·8442
12	**5754·5**	289 23 43·9623	− 9 07·9010	27	**5800·5**	334 44 01·3572	− 9 13·9945
13	**5755·5**	290 22 52·1665	− 9 08·1572	28	**5801·5**	335 43 09·5614	− 9 14·0979
14	**5756·5**	291 22 00·3708	− 9 08·4131	29	**5802·5**	336 42 17·7657	− 9 14·1499
15	**5757·5**	292 21 08·5750	− 9 08·6465	30	**5803·5**	337 41 25·9699	− 9 14·1615
16	**5758·5**	293 20 16·7792	− 9 08·8414	31	**5804·5**	338 40 34·1741	− 9 14·1583
17	**5759·5**	294 19 24·9835	− 9 08·9915	Sept. 1	**5805·5**	339 39 42·3784	− 9 14·1712
18	**5760·5**	295 18 33·1877	− 9 09·0992	2	**5806·5**	340 38 50·5826	− 9 14·2254
19	**5761·5**	296 17 41·3919	− 9 09·1739	3	**5807·5**	341 37 58·7869	− 9 14·3319
20	**5762·5**	297 16 49·5962	− 9 09·2290	4	**5808·5**	342 37 06·9911	− 9 14·4854
21	**5763·5**	298 15 57·8004	− 9 09·2792	5	**5809·5**	343 36 15·1953	− 9 14·6693
22	**5764·5**	299 15 06·0047	− 9 09·3385	6	**5810·5**	344 35 23·3996	− 9 14·8613
23	**5765·5**	300 14 14·2089	− 9 09·4189	7	**5811·5**	345 34 31·6038	− 9 15·0400
24	**5766·5**	301 13 22·4131	− 9 09·5293	8	**5812·5**	346 33 39·8080	− 9 15·1887
25	**5767·5**	302 12 30·6174	− 9 09·6750	9	**5813·5**	347 32 48·0123	− 9 15·2981
26	**5768·5**	303 11 38·8216	− 9 09·8562	10	**5814·5**	348 31 56·2165	− 9 15·3660
27	**5769·5**	304 10 47·0258	− 9 10·0675	11	**5815·5**	349 31 04·4208	− 9 15·3973
28	**5770·5**	305 09 55·2301	− 9 10·2966	12	**5816·5**	350 30 12·6250	− 9 15·4021
29	**5771·5**	306 09 03·4343	− 9 10·5255	13	**5817·5**	351 29 20·8292	− 9 15·3939
30	**5772·5**	307 08 11·6386	− 9 10·7329	14	**5818·5**	352 28 29·0335	− 9 15·3870
31	**5773·5**	308 07 19·8428	− 9 10·8995	15	**5819·5**	353 27 37·2377	− 9 15·3944
Aug. 1	**5774·5**	309 06 28·0470	− 9 11·0145	16	**5820·5**	354 26 45·4419	− 9 15·4268
2	**5775·5**	310 05 36·2513	− 9 11·0813	17	**5821·5**	355 25 53·6462	− 9 15·4906
3	**5776·5**	311 04 44·4555	− 9 11·1174	18	**5822·5**	356 25 01·8504	− 9 15·5882
4	**5777·5**	312 03 52·6597	− 9 11·1499	19	**5823·5**	357 24 10·0546	− 9 15·7171
5	**5778·5**	313 03 00·8640	− 9 11·2060	20	**5824·5**	358 23 18·2589	− 9 15·8701
6	**5779·5**	314 02 09·0682	− 9 11·3051	21	**5825·5**	359 22 26·4631	− 9 16·0354
7	**5780·5**	315 01 17·2725	− 9 11·4536	22	**5826·5**	0 21 34·6674	− 9 16·1977
8	**5781·5**	316 00 25·4767	− 9 11·6449	23	**5827·5**	1 20 42·8716	− 9 16·3391
9	**5782·5**	316 59 33·6809	− 9 11·8622	24	**5828·5**	2 19 51·0758	− 9 16·4435
10	**5783·5**	317 58 41·8852	− 9 12·0839	25	**5829·5**	3 18 59·2801	− 9 16·5010
11	**5784·5**	318 57 50·0894	− 9 12·2889	26	**5830·5**	4 18 07·4843	− 9 16·5143
12	**5785·5**	319 56 58·2936	− 9 12·4605	27	**5831·5**	5 17 15·6885	− 9 16·5012
13	**5786·5**	320 56 06·4979	− 9 12·5899	28	**5832·5**	6 16 23·8928	− 9 16·4919
14	**5787·5**	321 55 14·7021	− 9 12·6766	29	**5833·5**	7 15 32·0970	− 9 16·5177
15	**5788·5**	322 54 22·9063	− 9 12·7271	30	**5834·5**	8 14 40·3013	− 9 16·5984
16	**5789·5**	323 53 31·1106	− 9 12·7533	Oct. 1	**5835·5**	9 13 48·5055	− 9 16·7352

$$\mathrm{GHA} = \theta - \alpha_i, \qquad \alpha_i = \alpha_e + E_o$$

α_i, α_e are the right ascensions with respect to the CIO and the true equinox of date, respectively.

Date 0h UT1	Julian Date	Earth Rotation Angle θ	Equation of Origins E_o	Date 0h UT1	Julian Date	Earth Rotation Angle θ	Equation of Origins E_o
	245	° ′ ″	′ ″		245	° ′ ″	′ ″
Oct. 1	5835.5	9 13 48.5055	− 9 16.7352	Nov. 16	5881.5	54 34 05.9004	− 9 21.8142
2	5836.5	10 12 56.7097	− 9 16.9123	17	5882.5	55 33 14.1046	− 9 21.9864
3	5837.5	11 12 04.9140	− 9 17.1052	18	5883.5	56 32 22.3089	− 9 22.1225
4	5838.5	12 11 13.1182	− 9 17.2891	19	5884.5	57 31 30.5131	− 9 22.2194
5	5839.5	13 10 21.3224	− 9 17.4452	20	5885.5	58 30 38.7173	− 9 22.2832
6	5840.5	14 09 29.5267	− 9 17.5626	21	5886.5	59 29 46.9216	− 9 22.3308
7	5841.5	15 08 37.7309	− 9 17.6390	22	5887.5	60 28 55.1258	− 9 22.3876
8	5842.5	16 07 45.9352	− 9 17.6785	23	5888.5	61 28 03.3301	− 9 22.4810
9	5843.5	17 06 54.1394	− 9 17.6906	24	5889.5	62 27 11.5343	− 9 22.6313
10	5844.5	18 06 02.3436	− 9 17.6878	25	5890.5	63 26 19.7385	− 9 22.8424
11	5845.5	19 05 10.5479	− 9 17.6840	26	5891.5	64 25 27.9428	− 9 23.0990
12	5846.5	20 04 18.7521	− 9 17.6926	27	5892.5	65 24 36.1470	− 9 23.3729
13	5847.5	21 03 26.9563	− 9 17.7249	28	5893.5	66 23 44.3512	− 9 23.6336
14	5848.5	22 02 35.1606	− 9 17.7884	29	5894.5	67 22 52.5555	− 9 23.8584
15	5849.5	23 01 43.3648	− 9 17.8862	30	5895.5	68 22 00.7597	− 9 24.0370
16	5850.5	24 00 51.5691	− 9 18.0166	Dec. 1	5896.5	69 21 08.9640	− 9 24.1702
17	5851.5	24 59 59.7733	− 9 18.1728	2	5897.5	70 20 17.1682	− 9 24.2673
18	5852.5	25 59 07.9775	− 9 18.3442	3	5898.5	71 19 25.3724	− 9 24.3414
19	5853.5	26 58 16.1818	− 9 18.5166	4	5899.5	72 18 33.5767	− 9 24.4072
20	5854.5	27 57 24.3860	− 9 18.6746	5	5900.5	73 17 41.7809	− 9 24.4790
21	5855.5	28 56 32.5902	− 9 18.8036	6	5901.5	74 16 49.9851	− 9 24.5690
22	5856.5	29 55 40.7945	− 9 18.8928	7	5902.5	75 15 58.1894	− 9 24.6868
23	5857.5	30 54 48.9987	− 9 18.9403	8	5903.5	76 15 06.3936	− 9 24.8381
24	5858.5	31 53 57.2029	− 9 18.9561	9	5904.5	77 14 14.5979	− 9 25.0239
25	5859.5	32 53 05.4072	− 9 18.9631	10	5905.5	78 13 22.8021	− 9 25.2402
26	5860.5	33 52 13.6114	− 9 18.9920	11	5906.5	79 12 31.0063	− 9 25.4771
27	5861.5	34 51 21.8157	− 9 19.0705	12	5907.5	80 11 39.2106	− 9 25.7209
28	5862.5	35 50 30.0199	− 9 19.2111	13	5908.5	81 10 47.4148	− 9 25.9553
29	5863.5	36 49 38.2241	− 9 19.4060	14	5909.5	82 09 55.6190	− 9 26.1646
30	5864.5	37 48 46.4284	− 9 19.6310	15	5910.5	83 09 03.8233	− 9 26.3375
31	5865.5	38 47 54.6326	− 9 19.8570	16	5911.5	84 08 12.0275	− 9 26.4697
Nov. 1	5866.5	39 47 02.8368	− 9 20.0590	17	5912.5	85 07 20.2318	− 9 26.5663
2	5867.5	40 46 11.0411	− 9 20.2223	18	5913.5	86 06 28.4360	− 9 26.6416
3	5868.5	41 45 19.2453	− 9 20.3421	19	5914.5	87 05 36.6402	− 9 26.7175
4	5869.5	42 44 27.4496	− 9 20.4223	20	5915.5	88 04 44.8445	− 9 26.8185
5	5870.5	43 43 35.6538	− 9 20.4725	21	5916.5	89 03 53.0487	− 9 26.9655
6	5871.5	44 42 43.8580	− 9 20.5052	22	5917.5	90 03 01.2529	− 9 27.1685
7	5872.5	45 41 52.0623	− 9 20.5344	23	5918.5	91 02 09.4572	− 9 27.4222
8	5873.5	46 41 00.2665	− 9 20.5736	24	5919.5	92 01 17.6614	− 9 27.7062
9	5874.5	47 40 08.4707	− 9 20.6345	25	5920.5	93 00 25.8656	− 9 27.9918
10	5875.5	48 39 16.6750	− 9 20.7257	26	5921.5	93 59 34.0699	− 9 28.2514
11	5876.5	49 38 24.8792	− 9 20.8518	27	5922.5	94 58 42.2741	− 9 28.4671
12	5877.5	50 37 33.0835	− 9 21.0120	28	5923.5	95 57 50.4784	− 9 28.6332
13	5878.5	51 36 41.2877	− 9 21.2004	29	5924.5	96 56 58.6826	− 9 28.7553
14	5879.5	52 35 49.4919	− 9 21.4064	30	5925.5	97 56 06.8868	− 9 28.8462
15	5880.5	53 34 57.6962	− 9 21.6162	31	5926.5	98 55 15.0911	− 9 28.9215
16	5881.5	54 34 05.9004	− 9 21.8142	32	5927.5	99 54 23.2953	− 9 28.9966

$$\text{GHA} = \theta - \alpha_i, \qquad \alpha_i = \alpha_e + E_o$$

α_i, α_e are the right ascensions with respect to the CIO and the true equinox of date, respectively.

Purpose, explanation and arrangement

The formulae, tables and ephemerides in the remainder of this section are mainly intended to provide for the reduction of celestial coordinates (especially of right ascension, declination and hour angle) from one reference system to another; in particular from a position in the International Celestial Reference System (ICRS) to a geocentric apparent or intermediate position, but some of the data may be used for other purposes.

Formulae and numerical values are given for the separate steps in such reductions, i.e. for proper motion, parallax, light-deflection, aberration on pages B27–B29, and for frame bias, precession and nutation on pages B50–B56. Formulae are given for full-precision reductions using vectors and rotation matrices on pages B48–B50. The examples given use **both** the long-standing equator and equinox of date system, as well as the Celestial Intermediate Reference System (equator and CIO of date)(see pages B66–B75). Finally, formulae and numerical values are given for the reduction from geocentric to topocentric place on pages B84–B86. Background information is given in the *Notes and References* and in the *Glossary*, while vector and matrix algebra, including the rotation matrices, is given on pages K18–K19.

Notation and units

The following is a list of some frequently used coordinate systems and their designations and include the practical consequences of adoption of the ICRS, IAU 2000 resolutions B1.6, B1.7 and B1.8, and IAU 2006 resolutions 1 and 2.

1. Barycentric Celestial Reference System (BCRS): a system of barycentric space-time coordinates for the solar system within the framework of General Relativity. For all practical applications, the BCRS is assumed to be oriented according to the ICRS axes, the directions of which are realized by the International Celestial Reference Frame. The ICRS is not identical to the system defined by the dynamical mean equator and equinox of J2000·0, although the difference in orientation is only about $0\rlap{.}''02$.

2. The Geocentric Celestial Reference System (GCRS): is a system of geocentric space-time coordinates within the framework of General Relativity. The directions of the GCRS axes are obtained from those of the BCRS (ICRS) by a relativistic transformation. Positions of stars obtained from ICRS reference data, corrected for proper motion, parallax, light-bending, and aberration (for a geocentric observer) are with respect to the GCRS. The same is true for planetary positions, although the corrections are somewhat different.

3. The J2000·0 dynamical reference system; mean equator and equinox of J2000·0; a geocentric system where the origin of right ascension is the intersection of the mean ecliptic and equator of J2000·0; the system in which the IAU 2000 precession-nutation is defined. For precise applications a small rotation (frame bias, see B50) should be made to GCRS positions before precession and nutation are applied. The J2000·0 system may also be barycentric, for example as the reference system for catalogues.

4. The mean system of date (m); mean equator and equinox of date.

5. The true system of date (t); true equator and equinox of date: a geocentric system of date, the pole of which is the celestial intermediate pole (CIP), with the origin of right ascension at the equinox on the true equator of date (intermediate equator). It is a system "between" the GCRS and the Terrestrial Intermediate Reference System that separates the components labelled precession-nutation and polar motion.

6. The Celestial Intermediate Reference System (i): the IAU recommended geocentric system of date, the pole of which is the celestial intermediate pole (CIP), with the origin of right ascension at the celestial intermediate origin (CIO) which is located on the intermediate equator (true equator of date). It is a system "between" (*intermediate*) the GCRS and the Terrestrial Intermediate Reference System that separates the components labelled precession-nutation and polar motion.

Notation and units (continued)

7. The Terrestrial Intermediate Reference System: a rotating geocentric system of date, the pole of which is the celestial intermediate pole (CIP), with the origin of longitude the terrestrial intermediate origin (TIO), which is located on the intermediate equator (true equator of date). The plane containing the geocentre, the CIP, and TIO is the fundamental plane of this system and is called the TIO meridian and corresponds to the astronomical zero meridian.

8. The International Terrestrial Reference System (ITRS): a geodetic system realized by the International Terrestrial Reference Frame (ITRF2005), see page K11. The CIP and TIO of the Terrestrial Intermediate Reference System differ from the geodetic pole and zero-longitude point on the geodetic equator by the effects of polar motion (page B84).

Summary

No.	System	Equator/Pole	Origin on the Equator	Epoch
1	BCRS (ICRS)	ICRS equator and pole	ICRS (RA)	—
2	GCRS	ICRS (see 2 above)	ICRS (RA)	—
3	J2000·0	mean equator	mean equinox (RA)	J2000·0
4	Mean (*m*)	mean equator	mean equinox (RA)	date
5	True (*t*)	equator/CIP	true equinox (RA)	date
6	Intermediate (*i*)	equator/CIP	CIO (RA)	date
7	Terrestrial	equator/CIP	TIO (GHA)	date
8	ITRS	geodetic equator/pole	longitude (λ_{ITRS})	date

- The true equator of date, the intermediate equator, the instantaneous equator are all terms for the plane orthogonal to the direction of the CIP, which in this volume will be referred to as the "equator of date". Declinations, apparent or intermediate, derived using either equinox-based or CIO-based methods, respectively, are identical.

- The origin of the right ascension system may be one of five different locations (ICRS origin, J2000·0, mean equinox, true equinox, or the CIO). The notation will make it clear which is being referred to when necessary.

- The celestial intermediate origin (CIO) is the chosen origin of the Celestial Intermediate Reference System. It has no instantaneous motion along the equator as the equator's orientation in space changes, and is therefore referred to as a "non-rotating" origin. The CIO makes the relationship between UT1 and Earth rotation a simple linear function (see page B8). Right ascensions measured from this origin are called intermediate right ascensions or CIO right ascensions.

- The only difference between apparent and intermediate right ascensions is the position of the origin on the equator. When using the equator and equinox of date system, right ascension is measured from the equinox and is called apparent right ascension. When using the Celestial Intermediate Reference System, right ascension is measured from the CIO, and is called intermediate right ascension.

- Apparent right ascension is subtracted from Greenwich apparent sidereal time to give hour angle (GHA).

- Intermediate right ascension is subtracted from Earth rotation angle to give hour angle (GHA).

Matrices

$\mathbf{R}_1, \mathbf{R}_2, \mathbf{R}_3$ rotation matrices $\mathbf{R}_n(\phi)$, $n = 1, 2, 3$, where the original system is rotated about its x, y, or z-axis by the angle ϕ, counterclockwise as viewed from the $+x$, $+y$ or $+z$ direction, respectively (see page K19 for information on matrices).

$\mathcal{R}_\Sigma$ Matrix transformation of the GCRS to the equator and GCRS origin of date. An intermediary matrix which locates and relates origins, see pages B9 and B49.

Notation and units (continued)

Matrices for Equinox-Based Techniques

B   Bias matrix: transformation of the GCRS to J2000·0 system, mean equator and equinox of J2000·0, see page B50.

P   Precession matrix: transformation of the J2000·0 system to the mean equator and equinox of date, see page B51.

N   Nutation matrix: transformation of the mean equator and equinox of date to equator and equinox of date, see page B55.

M = NPB   Celestial to equator and equinox of date matrix: transformation of the GCRS to the true equator and equinox of date, see page B50.

R₃(GAST)   Earth rotation matrix: transformation of the true equator and equinox of date to the Terrestrial Intermediate Reference System (origin is the TIO).

Matrices for CIO-Based Techniques

C   Celestial to Intermediate matrix: transformation of the GCRS to the Celestial Intermediate Reference System (equator and CIO of date). **C** includes frame bias and precession-nutation, see page B49.

R₃(θ)   Earth rotation matrix: transformation of the Celestial Intermediate Reference System to the Terrestrial Intermediate Reference System (origin is the TIO).

Other terms

t an epoch expressed in terms of the Julian year; (see page B3); the difference between two epochs represents a time-interval expressed in Julian years; subscripts zero and one are used to indicate the epoch of a catalogue place, usually the standard epoch of J2000·0, and the epoch of the middle of a Julian year (here shortened to "epoch of year"), respectively.

T an interval of time expressed in Julian centuries of 36 525 days; usually measured from J2000·0, i.e. from JD 245 1545·0 TT.

$\mathbf{r}_m, \mathbf{r}_t, \mathbf{r}_i$ column position vectors (see page K18), with respect to mean equinox, true equinox, and celestial intermediate system, respectively.

α, δ, π right ascension, declination and annual parallax; in the formulae for computation, right ascension and related quantities are expressed in time-measure ($1^h = 15°$, etc.), while declination and related quantities, including annual parallax, are expressed in angular measure, unless the contrary is indicated.

α_e, α_i equinox and intermediate right ascensions, respectively; α_e is measured from the equinox, while α_i is measured from the CIO.

μ_α, μ_δ components of proper motion in right ascension and declination. **Check the units** carefully. Modern catalogues usually use mas/year, where the $\cos \delta$ factor has been included in μ_α.

λ, β ecliptic longitude and latitude.

Ω, i, ω orbital elements referred to the ecliptic; longitude of ascending node, inclination, argument of perihelion.

X, Y, Z rectangular coordinates of the Earth with respect to the barycentre of the solar system, referred to the ICRS and expressed in astronomical units (au).

$\dot{X}, \dot{Y}, \dot{Z}$ first derivatives of X, Y, Z with respect to time expressed in TDB days.

Approximate reduction for proper motion

In its simplest form the reduction for the proper motion is given by:

$$\alpha = \alpha_0 + (t - t_0)\mu_\alpha \quad \text{or} \quad \alpha = \alpha_0 + (t - t_0)\mu_\alpha / \cos \delta$$
$$\delta = \delta_0 + (t - t_0)\mu_\delta$$

where the rate of the proper motions are per year. In some cases it is necessary to allow also for second-order terms, radial velocity and orbital motion, but appropriate formulae are usually given in the catalogue (see page B72).

Approximate reduction for annual parallax

The reduction for annual parallax from the catalogue place (α_0, δ_0) to the geocentric place (α, δ) is given by:

$$\alpha = \alpha_0 + (\pi/15 \cos \delta_0)(X \sin \alpha_0 - Y \cos \alpha_0)$$
$$\delta = \delta_0 + \pi(X \cos \alpha_0 \sin \delta_0 + Y \sin \alpha_0 \sin \delta_0 - Z \cos \delta_0)$$

where X, Y, Z are the coordinates of the Earth tabulated on pages B76-B83. Expressions for X, Y, Z may be obtained from page C5, since $X = -x$, $Y = -y$, $Z = -z$.

The times of reception of periodic phenomena, such as pulsar signals, may be reduced to a common origin at the barycentre by adding the light-time corresponding to the component of the Earth's position vector along the direction to the object; that is by adding to the observed times $(X \cos \alpha \cos \delta + Y \sin \alpha \cos \delta + Z \sin \delta)/c$, where the velocity of light, $c = 173 \cdot 14$ au/d, and the light time for 1 au, $1/c = 0^d \cdot 005\ 7755$.

Approximate reduction for light-deflection

The apparent direction of a star or a body in the solar system may be significantly affected by the deflection of light in the gravitational field of the Sun. The elongation (E) from the centre of the Sun is increased by an amount (ΔE) that, for a star, depends on the elongation in the following manner:

$$\Delta E = 0''004\ 07/\tan (E/2)$$

E	$0°25$	$0°5$	$1°$	$2°$	$5°$	$10°$	$20°$	$50°$	$90°$
ΔE	$1''866$	$0''933$	$0''466$	$0''233$	$0''093$	$0''047$	$0''023$	$0''009$	$0''004$

The body disappears behind the Sun when E is less than the limiting grazing value of about $0°25$. The effects in right ascension and declination may be calculated approximately from:

$$\cos E = \sin \delta \sin \delta_0 + \cos \delta \cos \delta_0 \cos (\alpha - \alpha_0)$$
$$\Delta \alpha = 0^s 000\ 271 \cos \delta_0 \sin (\alpha - \alpha_0)/(1 - \cos E) \cos \delta$$
$$\Delta \delta = 0''004\ 07[\sin \delta \cos \delta_0 \cos (\alpha - \alpha_0) - \cos \delta \sin \delta_0]/(1 - \cos E)$$

where α, δ refer to the star, and α_0, δ_0 to the Sun. See also page B67 *Step 3*.

Approximate reduction for annual aberration

The reduction for annual aberration from a geometric geocentric place (α_0, δ_0) to an apparent geocentric place (α, δ) is given by:

$$\alpha = \alpha_0 + (-\dot{X} \sin \alpha_0 + \dot{Y} \cos \alpha_0)/(c \cos \delta_0)$$
$$\delta = \delta_0 + (-\dot{X} \cos \alpha_0 \sin \delta_0 - \dot{Y} \sin \alpha_0 \sin \delta_0 + \dot{Z} \cos \delta_0)/c$$

where $c = 173 \cdot 14$ au/d, and $\dot{X}, \dot{Y}, \dot{Z}$ are the velocity components of the Earth given on pages B76-B83. Alternatively, but to lower precision, it is possible to use the expressions

$$\dot{X} = +0 \cdot 0172 \sin \lambda \qquad \dot{Y} = -0 \cdot 0158 \cos \lambda \qquad \dot{Z} = -0 \cdot 0068 \cos \lambda$$

where the apparent longitude of the Sun, λ, is given by the expression on page C5. The reduction may also be carried out by using the vector-matrix technique (see page B67 *Step 4*) when full precision is required.

Measurements of radial velocity may be reduced to a common origin at the barycentre by adding the component of the Earth's velocity in the direction of the object; that is by adding

$$\dot{X} \cos \alpha_0 \cos \delta_0 + \dot{Y} \sin \alpha_0 \cos \delta_0 + \dot{Z} \sin \delta_0$$

Traditional reduction for planetary aberration

In the case of a body in the solar system, the apparent direction at the instant of observation (t) differs from the geometric direction at that instant because of (a) the motion of the body during the light-time and (b) the motion of the Earth relative to the reference system in which light propagation is computed. The reduction may be carried out in two stages: (i) by combining the barycentric position of the body at time $t - \Delta t$, where Δt is the light-time, with the barycentric position of the Earth at time t, and then (ii) by applying the correction for annual aberration as described above. Alternatively it is possible to interpolate the geometric (geocentric) ephemeris of the body to the time $t - \Delta t$; it is usually sufficient to subtract the product of the light-time and the first derivative of the coordinate. The light-time Δt in days is given by the distance in au between the body and the Earth, multiplied by 0·005 7755; strictly, the light-time corresponds to the distance from the position of the Earth at time t to the position of the body at time $t - \Delta t$ (i.e. some iteration is required), but it is usually sufficient to use the geocentric distance at time t.

Differential aberration

The corrections for differential annual aberration to be added to the observed differences (in the sense moving object minus star) of right ascension and declination to give the true differences are:

$$\text{in right ascension} \qquad a\,\Delta\alpha + b\,\Delta\delta \qquad \text{in units of } 0\overset{s}{\cdot}001$$
$$\text{in declination} \qquad c\,\Delta\alpha + d\,\Delta\delta \qquad \text{in units of } 0\overset{''}{\cdot}01$$

where $\Delta\alpha$, $\Delta\delta$ are the observed differences in units of 1^{m} and $1'$ respectively, and where a, b, c, d are coefficients defined by:

$$a = -5\cdot701 \cos(H + \alpha) \sec\delta \qquad b = -0\cdot380 \sin(H + \alpha) \sec\delta \tan\delta$$
$$c = +8\cdot552 \sin(H + \alpha) \sin\delta \qquad d = -0\cdot570 \cos(H + \alpha) \cos\delta$$
$$H^{h} = 23\cdot4 - (\text{day of year}/15\cdot2)$$

The day of year is tabulated on pages B4–B5.

GCRS positions

For objects with reference data (catalogue coordinates or ephemerides) expressed in the ICRS, the application of corrections for proper motion and parallax (for stars), light-time (for solar system objects), light deflection, and annual aberration results in a position referred to the GCRS, which is sometimes called the *proper place*.

Astrometric positions

An astrometric place is the direction of a solar system body formed by applying the correction for the barycentric motion of this body during the light time to the geometric geocentric position referred to the ICRS. Such a position is then directly comparable with the astrometric position of a star formed by applying the corrections for proper motion and annual parallax to the ICRS (or J2000) catalog direction. The gravitational deflection of light is ignored since it will generally be similar (although not identical) for the solar system body and background stars. For high-accuracy applications, gravitational light deflection effects need to be considered, and the adopted policy declared.

FRAME BIAS, PRECESSION AND NUTATION, 2011

MATRIX ELEMENTS FOR CONVERSION FROM
GCRS TO EQUATOR AND EQUINOX OF DATE
FOR 0^h TERRESTRIAL TIME

Date 0^h TT		$M_{1,1}-1$	$M_{1,2}$	$M_{1,3}$	$M_{2,1}$	$M_{2,2}-1$	$M_{2,3}$	$M_{3,1}$	$M_{3,2}$	$M_{3,3}-1$
Jan.	0	−38238	−2536 3879	−1101 9242	+2536 3886	−32166	− 8225	+1101 9227	− 1 9724	− 6071
	1	−38270	−2537 4473	−1102 3840	+2537 4482	−32193	− 6009	+1102 3820	− 2 1964	− 6076
	2	−38306	−2538 6723	−1102 9157	+2538 6733	−32224	− 4583	+1102 9133	− 2 3416	− 6082
	3	−38346	−2539 9686	−1103 4782	+2539 9697	−32257	− 4197	+1103 4758	− 2 3831	− 6088
	4	−38384	−2541 2326	−1104 0268	+2541 2336	−32289	− 4863	+1104 0245	− 2 3193	− 6094
	5	−38418	−2542 3747	−1104 5225	+2542 3755	−32318	− 6387	+1104 5206	− 2 1694	− 6100
	6	−38447	−2543 3363	−1104 9400	+2543 3369	−32343	− 8434	+1104 9386	− 1 9668	− 6104
	7	−38470	−2544 0964	−1105 2701	+2544 0968	−32362	− 1 0619	+1105 2692	− 1 7500	− 6108
	8	−38488	−2544 6691	−1105 5190	+2544 6693	−32377	− 1 2581	+1105 5186	− 1 5550	− 6111
	9	−38501	−2545 0957	−1105 7045	+2545 0957	−32388	− 1 4038	+1105 7045	− 1 4104	− 6113
	10	−38511	−2545 4346	−1105 8520	+2545 4345	−32396	− 1 4807	+1105 8522	− 1 3341	− 6115
	11	−38520	−2545 7524	−1105 9904	+2545 7523	−32404	− 1 4821	+1105 9906	− 1 3335	− 6116
	12	−38531	−2546 1171	−1106 1491	+2546 1171	−32414	− 1 4114	+1106 1492	− 1 4050	− 6118
	13	−38546	−2546 5918	−1106 3555	+2546 5919	−32426	− 1 2826	+1106 3552	− 1 5348	− 6120
	14	−38565	−2547 2284	−1106 6321	+2547 2288	−32442	− 1 1190	+1106 6314	− 1 6998	− 6123
	15	−38590	−2548 0606	−1106 9935	+2548 0611	−32463	− 9527	+1106 9923	− 1 8680	− 6127
	16	−38622	−2549 0933	−1107 4418	+2549 0940	−32489	− 8218	+1107 4403	− 2 0012	− 6132
	17	−38658	−2550 2928	−1107 9624	+2550 2935	−32520	− 7654	+1107 9607	− 2 0602	− 6138
	18	−38697	−2551 5807	−1108 5213	+2551 5813	−32553	− 8141	+1108 5197	− 2 0144	− 6144
	19	−38735	−2552 8402	−1109 0679	+2552 8407	−32585	− 9781	+1109 0668	− 1 8531	− 6150
	20	−38769	−2553 9421	−1109 5462	+2553 9423	−32613	− 1 2374	+1109 5458	− 1 5963	− 6155
	21	−38794	−2554 7863	−1109 9128	+2554 7862	−32635	− 1 5403	+1109 9131	− 1 2953	− 6160
	22	−38811	−2555 3433	−1110 1549	+2555 3429	−32649	− 1 8167	+1110 1559	− 1 0202	− 6162
	23	−38821	−2555 6708	−1110 2974	+2555 6701	−32657	− 2 0017	+1110 2989	− 8359	− 6164
	24	−38828	−2555 8934	−1110 3945	+2555 8927	−32663	− 2 0588	+1110 3962	− 7793	− 6165
	25	−38836	−2556 1569	−1110 5093	+2556 1562	−32670	− 1 9903	+1110 5108	− 8483	− 6166
	26	−38849	−2556 5797	−1110 6932	+2556 5792	−32681	− 1 8327	+1110 6943	− 1 0069	− 6168
	27	−38868	−2557 2239	−1110 9731	+2557 2237	−32697	− 1 6410	+1110 9737	− 1 2000	− 6171
	28	−38895	−2558 0888	−1111 3487	+2558 0888	−32719	− 1 4724	+1111 3488	− 1 3705	− 6175
	29	−38926	−2559 1217	−1111 7970	+2559 1217	−32746	− 1 3723	+1111 7969	− 1 4729	− 6180
	30	−38960	−2560 2376	−1112 2814	+2560 2377	−32774	− 1 3674	+1112 2813	− 1 4804	− 6186
	31	−38994	−2561 3412	−1112 7604	+2561 3412	−32802	− 1 4628	+1112 7605	− 1 3874	− 6191
Feb.	1	−39024	−2562 3455	−1113 1964	+2562 3452	−32828	− 1 6449	+1113 1970	− 1 2075	− 6196
	2	−39050	−2563 1867	−1113 5617	+2563 1862	−32850	− 1 8857	+1113 5628	− 9686	− 6200
	3	−39069	−2563 8326	−1113 8423	+2563 8318	−32866	− 2 1493	+1113 8441	− 7064	− 6203
	4	−39083	−2564 2848	−1114 0389	+2564 2837	−32878	− 2 3996	+1114 0414	− 4572	− 6205
	5	−39092	−2564 5742	−1114 1650	+2564 5729	−32885	− 2 6051	+1114 1680	− 2522	− 6207
	6	−39098	−2564 7536	−1114 2433	+2564 7521	−32890	− 2 7442	+1114 2467	− 1136	− 6208
	7	−39102	−2564 8880	−1114 3022	+2564 8865	−32893	− 2 8061	+1114 3057	− 519	− 6208
	8	−39106	−2565 0454	−1114 3710	+2565 0439	−32897	− 2 7920	+1114 3745	− 664	− 6209
	9	−39114	−2565 2890	−1114 4772	+2565 2876	−32904	− 2 7134	+1114 4805	− 1455	− 6210
	10	−39126	−2565 6712	−1114 6435	+2565 6699	−32913	− 2 5911	+1114 6465	− 2687	− 6212
	11	−39143	−2566 2276	−1114 8853	+2566 2264	−32928	− 2 4533	+1114 8879	− 4077	− 6215
	12	−39165	−2566 9712	−1115 2083	+2566 9702	−32947	− 2 3334	+1115 2106	− 5294	− 6218
	13	−39193	−2567 8857	−1115 6054	+2567 8848	−32970	− 2 2666	+1115 6075	− 5981	− 6223
	14	−39225	−2568 9193	−1116 0540	+2568 9184	−32997	− 2 2848	+1116 0562	− 5822	− 6228
	15	−39257	−2569 9828	−1116 5157	+2569 9817	−33024	− 2 4077	+1116 5182	− 4618	− 6233

$M = NPB$. Values are in units of 10^{-10}. Matrix used with GAST (B13–B20). CIP is $\mathcal{X} = M_{3,1}$, $\mathcal{Y} = M_{3,2}$.

MATRIX ELEMENTS FOR CONVERSION FROM
GCRS TO EQUATOR & CELESTIAL INTERMEDIATE ORIGIN OF DATE
FOR 0^h TERRESTRIAL TIME

Julian Date	$C_{1,1}-1$	$C_{1,2}$	$C_{1,3}$	$C_{2,1}$	$C_{2,2}-1$	$C_{2,3}$	$C_{3,1}$	$C_{3,2}$	$C_{3,3}-1$
245									
5561·5	− 6071	− 148	− 1101 9227	+170	0	+ 1 9724	+1101 9227	− 1 9724	− 6071
5562·5	− 6076	− 148	− 1102 3820	+172	0	+ 2 1963	+1102 3820	− 2 1964	− 6076
5563·5	− 6082	− 148	− 1102 9133	+174	0	+ 2 3416	+1102 9133	− 2 3416	− 6082
5564·5	− 6088	− 148	− 1103 4758	+174	0	+ 2 3831	+1103 4758	− 2 3831	− 6088
5565·5	− 6094	− 148	− 1104 0245	+173	0	+ 2 3193	+1104 0245	− 2 3193	− 6094
5566·5	− 6100	− 148	− 1104 5206	+172	0	+ 2 1694	+1104 5206	− 2 1694	− 6100
5567·5	− 6104	− 148	− 1104 9386	+169	0	+ 1 9668	+1104 9386	− 1 9668	− 6104
5568·5	− 6108	− 148	− 1105 2692	+167	0	+ 1 7500	+1105 2692	− 1 7500	− 6108
5569·5	− 6111	− 148	− 1105 5186	+165	0	+ 1 5550	+1105 5186	− 1 5550	− 6111
5570·5	− 6113	− 148	− 1105 7045	+163	0	+ 1 4104	+1105 7045	− 1 4104	− 6113
5571·5	− 6115	− 148	− 1105 8522	+162	0	+ 1 3341	+1105 8522	− 1 3341	− 6115
5572·5	− 6116	− 148	− 1105 9906	+162	0	+ 1 3335	+1105 9906	− 1 3335	− 6116
5573·5	− 6118	− 148	− 1106 1492	+163	0	+ 1 4049	+1106 1492	− 1 4050	− 6118
5574·5	− 6120	− 148	− 1106 3552	+165	0	+ 1 5348	+1106 3552	− 1 5348	− 6120
5575·5	− 6123	− 148	− 1106 6314	+167	0	+ 1 6998	+1106 6314	− 1 6998	− 6123
5576·5	− 6127	− 148	− 1106 9923	+168	0	+ 1 8680	+1106 9923	− 1 8680	− 6127
5577·5	− 6132	− 148	− 1107 4403	+170	0	+ 2 0011	+1107 4403	− 2 0012	− 6132
5578·5	− 6138	− 148	− 1107 9607	+171	0	+ 2 0602	+1107 9607	− 2 0602	− 6138
5579·5	− 6144	− 148	− 1108 5197	+170	0	+ 2 0144	+1108 5197	− 2 0144	− 6144
5580·5	− 6150	− 148	− 1109 0668	+168	0	+ 1 8531	+1109 0668	− 1 8531	− 6150
5581·5	− 6155	− 148	− 1109 5458	+165	0	+ 1 5963	+1109 5458	− 1 5963	− 6155
5582·5	− 6160	− 148	− 1109 9131	+162	0	+ 1 2953	+1109 9131	− 1 2953	− 6160
5583·5	− 6162	− 148	− 1110 1559	+159	0	+ 1 0202	+1110 1559	− 1 0202	− 6162
5584·5	− 6164	− 148	− 1110 2989	+157	0	+ 8359	+1110 2989	− 8359	− 6164
5585·5	− 6165	− 148	− 1110 3962	+156	0	+ 7793	+1110 3962	− 7793	− 6165
5586·5	− 6166	− 148	− 1110 5108	+157	0	+ 8483	+1110 5108	− 8483	− 6166
5587·5	− 6168	− 148	− 1110 6943	+159	0	+ 1 0069	+1110 6943	− 1 0069	− 6168
5588·5	− 6171	− 148	− 1110 9737	+161	0	+ 1 2000	+1110 9737	− 1 2000	− 6171
5589·5	− 6175	− 148	− 1111 3488	+163	0	+ 1 3705	+1111 3488	− 1 3705	− 6175
5590·5	− 6180	− 148	− 1111 7969	+164	0	+ 1 4729	+1111 7969	− 1 4729	− 6180
5591·5	− 6186	− 148	− 1112 2813	+164	0	+ 1 4803	+1112 2813	− 1 4804	− 6186
5592·5	− 6191	− 148	− 1112 7605	+163	0	+ 1 3873	+1112 7605	− 1 3874	− 6191
5593·5	− 6196	− 148	− 1113 1970	+161	0	+ 1 2075	+1113 1970	− 1 2075	− 6196
5594·5	− 6200	− 148	− 1113 5628	+158	0	+ 9686	+1113 5628	− 9686	− 6200
5595·5	− 6203	− 148	− 1113 8441	+155	0	+ 7064	+1113 8441	− 7064	− 6203
5596·5	− 6205	− 148	− 1114 0414	+153	0	+ 4572	+1114 0414	− 4572	− 6205
5597·5	− 6207	− 148	− 1114 1680	+150	0	+ 2522	+1114 1680	− 2522	− 6207
5598·5	− 6208	− 148	− 1114 2467	+149	0	+ 1136	+1114 2467	− 1136	− 6208
5599·5	− 6208	− 148	− 1114 3057	+148	0	+ 519	+1114 3057	− 519	− 6208
5600·5	− 6209	− 148	− 1114 3745	+148	0	+ 664	+1114 3745	− 664	− 6209
5601·5	− 6210	− 148	− 1114 4805	+149	0	+ 1455	+1114 4805	− 1455	− 6210
5602·5	− 6212	− 148	− 1114 6465	+151	0	+ 2687	+1114 6465	− 2687	− 6212
5603·5	− 6215	− 148	− 1114 8879	+152	0	+ 4077	+1114 8879	− 4077	− 6215
5604·5	− 6218	− 148	− 1115 2106	+153	0	+ 5293	+1115 2106	− 5294	− 6218
5605·5	− 6223	− 148	− 1115 6075	+154	0	+ 5981	+1115 6075	− 5981	− 6223
5606·5	− 6228	− 148	− 1116 0562	+154	0	+ 5822	+1116 0562	− 5822	− 6228
5607·5	− 6233	− 148	− 1116 5182	+153	0	+ 4618	+1116 5182	− 4618	− 6233

Values are in units of 10^{-10}. Matrix used with ERA (B21–B24). CIP is $\mathcal{X} = C_{3,1}$, $\mathcal{Y} = C_{3,2}$

FRAME BIAS, PRECESSION AND NUTATION, 2011

MATRIX ELEMENTS FOR CONVERSION FROM
GCRS TO EQUATOR AND EQUINOX OF DATE
FOR 0^h TERRESTRIAL TIME

Date 0^h TT	$M_{1,1}-1$	$M_{1,2}$	$M_{1,3}$	$M_{2,1}$	$M_{2,2}-1$	$M_{2,3}$	$M_{3,1}$	$M_{3,2}$	$M_{3,3}-1$
Feb. 15	−39257	−2569 9828	−1116 5157	+2569 9817	−33024	− 2 4077	+1116 5182 −	4618 −	6233
16	−39287	−2570 9595	−1116 9397	+2570 9582	−33049	− 2 6325	+1116 9428 −	2392 −	6238
17	−39311	−2571 7323	−1117 2753	+2571 7306	−33069	− 2 9262	+1117 2791 +	528 −	6242
18	−39326	−2572 2260	−1117 4899	+2572 2240	−33082	− 3 2268	+1117 4945 +	3524 −	6244
19	−39333	−2572 4478	−1117 5867	+2572 4455	−33087	− 3 4602	+1117 5919 +	5852 −	6245
20	−39334	−2572 4967	−1117 6085	+2572 4943	−33089	− 3 5673	+1117 6140 +	6923 −	6245
21	−39335	−2572 5292	−1117 6231	+2572 5268	−33090	− 3 5292	+1117 6285 +	6541 −	6245
22	−39340	−2572 6965	−1117 6963	+2572 6943	−33094	− 3 3729	+1117 7013 +	4974 −	6246
23	−39352	−2573 0913	−1117 8680	+2573 0894	−33104	− 3 1572	+1117 8725 +	2808 −	6248
24	−39372	−2573 7277	−1118 1445	+2573 7261	−33120	− 2 9485	+1118 1484 +	706 −	6251
25	−39397	−2574 5540	−1118 5034	+2574 5525	−33142	− 2 8007	+1118 5069 −	789 −	6255
26	−39425	−2575 4810	−1118 9058	+2575 4795	−33166	− 2 7453	+1118 9092 −	1365 −	6260
27	−39454	−2576 4100	−1119 3091	+2576 4085	−33189	− 2 7894	+1119 3126 −	944 −	6264
28	−39480	−2577 2535	−1119 6754	+2577 2519	−33211	− 2 9209	+1119 6792 +	352 −	6268
Mar. 1	−39501	−2577 9475	−1119 9769	+2577 9456	−33229	− 3 1136	+1119 9812 +	2264 −	6272
2	−39516	−2578 4569	−1120 1983	+2578 4548	−33242	− 3 3343	+1120 2032 +	4459 −	6274
3	−39526	−2578 7770	−1120 3377	+2578 7747	−33251	− 3 5478	+1120 3431 +	6587 −	6276
4	−39531	−2578 9311	−1120 4051	+2578 9285	−33254	− 3 7225	+1120 4109 +	8330 −	6277
5	−39532	−2578 9650	−1120 4204	+2578 9623	−33255	− 3 8342	+1120 4265 +	9447 −	6277
6	−39531	−2578 9398	−1120 4100	+2578 9371	−33255	− 3 8691	+1120 4163 +	9796 −	6277
7	−39531	−2578 9228	−1120 4033	+2578 9201	−33254	− 3 8249	+1120 4094 +	9354 −	6277
8	−39533	−2578 9787	−1120 4281	+2578 9762	−33256	− 3 7106	+1120 4340 +	8210 −	6277
9	−39538	−2579 1619	−1120 5081	+2579 1595	−33260	− 3 5454	+1120 5135 +	6554 −	6278
10	−39549	−2579 5093	−1120 6593	+2579 5072	−33269	− 3 3560	+1120 6643 +	4653 −	6279
11	−39565	−2580 0364	−1120 8884	+2580 0345	−33283	− 3 1737	+1120 8929 +	2818 −	6282
12	−39586	−2580 7322	−1121 1907	+2580 7305	−33301	− 3 0311	+1121 1948 +	1376 −	6285
13	−39612	−2581 5574	−1121 5490	+2581 5557	−33322	− 2 9575	+1121 5529 +	622 −	6289
14	−39639	−2582 4432	−1121 9336	+2582 4415	−33345	− 2 9739	+1121 9375 +	766 −	6294
15	−39665	−2583 2960	−1122 3039	+2583 2941	−33367	− 3 0855	+1122 3081 +	1862 −	6298
16	−39687	−2584 0113	−1122 6146	+2584 0093	−33386	− 3 2749	+1122 6193 +	3741 −	6301
17	−39702	−2584 5005	−1122 8273	+2584 4982	−33398	− 3 4985	+1122 8326 +	5966 −	6304
18	−39709	−2584 7270	−1122 9261	+2584 7245	−33404	− 3 6913	+1122 9319 +	7888 −	6305
19	−39709	−2584 7366	−1122 9308	+2584 7340	−33404	− 3 7848	+1122 9369 +	8824 −	6305
20	−39707	−2584 6575	−1122 8971	+2584 6549	−33402	− 3 7343	+1122 9030 +	8320 −	6305
21	−39707	−2584 6568	−1122 8974	+2584 6544	−33402	− 3 5401	+1122 9028 +	6378 −	6305
22	−39713	−2584 8725	−1122 9915	+2584 8705	−33408	− 3 2494	+1122 9962 +	3466 −	6306
23	−39728	−2585 3617	−1123 2042	+2585 3601	−33421	− 2 9352	+1123 2080 +	313 −	6308
24	−39751	−2586 0912	−1123 5210	+2586 0898	−33439	− 2 6671	+1123 5242 −	2385 −	6312
25	−39778	−2586 9668	−1123 9012	+2586 9656	−33462	− 2 4905	+1123 9039 −	4171 −	6316
26	−39806	−2587 8745	−1124 2953	+2587 8734	−33486	− 2 4204	+1124 2978 −	4892 −	6320
27	−39832	−2588 7126	−1124 6592	+2588 7115	−33507	− 2 4464	+1124 6618 −	4651 −	6324
28	−39853	−2589 4086	−1124 9616	+2589 4074	−33525	− 2 5417	+1124 9644 −	3713 −	6328
29	−39869	−2589 9241	−1125 1856	+2589 9227	−33539	− 2 6719	+1125 1888 −	2423 −	6330
30	−39879	−2590 2521	−1125 3285	+2590 2506	−33547	− 2 8015	+1125 3319 −	1134 −	6332
31	−39884	−2590 4132	−1125 3989	+2590 4116	−33551	− 2 8985	+1125 4026 −	167 −	6333
Apr. 1	−39885	−2590 4495	−1125 4152	+2590 4478	−33552	− 2 9379	+1125 4191 +	226 −	6333
2	−39884	−2590 4182	−1125 4023	+2590 4166	−33551	− 2 9038	+1125 4060 −	115 −	6333

$M = NPB$. Values are in units of 10^{-10}. Matrix used with GAST (B13–B20). CIP is $\mathcal{X} = M_{3,1}$, $\mathcal{Y} = M_{3,2}$.

MATRIX ELEMENTS FOR CONVERSION FROM
GCRS TO EQUATOR & CELESTIAL INTERMEDIATE ORIGIN OF DATE
FOR 0^h TERRESTRIAL TIME

Julian Date	$C_{1,1}-1$	$C_{1,2}$	$C_{1,3}$	$C_{2,1}$	$C_{2,2}-1$	$C_{2,3}$	$C_{3,1}$	$C_{3,2}$	$C_{3,3}-1$
245									
5607·5	− 6233	− 148	− 1116 5182	+ 153	0	+ 4618	+ 1116 5182	− 4618	− 6233
5608·5	− 6238	− 148	− 1116 9428	+ 150	0	+ 2391	+ 1116 9428	− 2392	− 6238
5609·5	− 6242	− 148	− 1117 2791	+ 147	0	− 528	+ 1117 2791	+ 528	− 6242
5610·5	− 6244	− 148	− 1117 4945	+ 144	0	− 3524	+ 1117 4945	+ 3524	− 6244
5611·5	− 6245	− 148	− 1117 5919	+ 141	0	− 5853	+ 1117 5919	+ 5852	− 6245
5612·5	− 6245	− 148	− 1117 6140	+ 140	0	− 6923	+ 1117 6140	+ 6923	− 6245
5613·5	− 6245	− 148	− 1117 6285	+ 140	0	− 6541	+ 1117 6285	+ 6541	− 6245
5614·5	− 6246	− 148	− 1117 7013	+ 142	0	− 4974	+ 1117 7013	+ 4974	− 6246
5615·5	− 6248	− 148	− 1117 8725	+ 144	0	− 2808	+ 1117 8725	+ 2808	− 6248
5616·5	− 6251	− 148	− 1118 1484	+ 147	0	− 707	+ 1118 1484	+ 706	− 6251
5617·5	− 6255	− 148	− 1118 5069	+ 148	0	+ 789	+ 1118 5069	− 789	− 6255
5618·5	− 6260	− 148	− 1118 9092	+ 149	0	+ 1364	+ 1118 9092	− 1365	− 6260
5619·5	− 6264	− 148	− 1119 3126	+ 149	0	+ 944	+ 1119 3126	− 944	− 6264
5620·5	− 6268	− 148	− 1119 6792	+ 147	0	− 352	+ 1119 6792	+ 352	− 6268
5621·5	− 6272	− 148	− 1119 9812	+ 145	0	− 2264	+ 1119 9812	+ 2264	− 6272
5622·5	− 6274	− 148	− 1120 2032	+ 143	0	− 4459	+ 1120 2032	+ 4459	− 6274
5623·5	− 6276	− 148	− 1120 3431	+ 140	0	− 6587	+ 1120 3431	+ 6587	− 6276
5624·5	− 6277	− 148	− 1120 4109	+ 138	0	− 8331	+ 1120 4109	+ 8330	− 6277
5625·5	− 6277	− 148	− 1120 4265	+ 137	0	− 9447	+ 1120 4265	+ 9447	− 6277
5626·5	− 6277	− 148	− 1120 4163	+ 137	0	− 9796	+ 1120 4163	+ 9796	− 6277
5627·5	− 6277	− 148	− 1120 4094	+ 137	0	− 9354	+ 1120 4094	+ 9354	− 6277
5628·5	− 6277	− 148	− 1120 4340	+ 138	0	− 8211	+ 1120 4340	+ 8210	− 6277
5629·5	− 6278	− 148	− 1120 5135	+ 140	0	− 6555	+ 1120 5135	+ 6554	− 6278
5630·5	− 6279	− 148	− 1120 6643	+ 142	0	− 4653	+ 1120 6643	+ 4653	− 6279
5631·5	− 6282	− 148	− 1120 8929	+ 144	0	− 2818	+ 1120 8929	+ 2818	− 6282
5632·5	− 6285	− 148	− 1121 1948	+ 146	0	− 1376	+ 1121 1948	+ 1376	− 6285
5633·5	− 6289	− 148	− 1121 5529	+ 147	0	− 622	+ 1121 5529	+ 622	− 6289
5634·5	− 6294	− 148	− 1121 9375	+ 147	0	− 766	+ 1121 9375	+ 766	− 6294
5635·5	− 6298	− 148	− 1122 3081	+ 146	0	− 1863	+ 1122 3081	+ 1862	− 6298
5636·5	− 6301	− 148	− 1122 6193	+ 143	0	− 3741	+ 1122 6193	+ 3741	− 6301
5637·5	− 6304	− 148	− 1122 8326	+ 141	0	− 5966	+ 1122 8326	+ 5966	− 6304
5638·5	− 6305	− 148	− 1122 9319	+ 139	0	− 7889	+ 1122 9319	+ 7888	− 6305
5639·5	− 6305	− 148	− 1122 9369	+ 138	0	− 8824	+ 1122 9369	+ 8824	− 6305
5640·5	− 6305	− 148	− 1122 9030	+ 138	0	− 8320	+ 1122 9030	+ 8320	− 6305
5641·5	− 6305	− 148	− 1122 9028	+ 140	0	− 6378	+ 1122 9028	+ 6378	− 6305
5642·5	− 6306	− 148	− 1122 9962	+ 144	0	− 3466	+ 1122 9962	+ 3466	− 6306
5643·5	− 6308	− 148	− 1123 2080	+ 147	0	− 313	+ 1123 2080	+ 313	− 6308
5644·5	− 6312	− 148	− 1123 5242	+ 150	0	+ 2384	+ 1123 5242	− 2385	− 6312
5645·5	− 6316	− 148	− 1123 9039	+ 152	0	+ 4170	+ 1123 9039	− 4171	− 6316
5646·5	− 6320	− 148	− 1124 2978	+ 153	0	+ 4892	+ 1124 2978	− 4892	− 6320
5647·5	− 6324	− 148	− 1124 6618	+ 153	0	+ 4650	+ 1124 6618	− 4651	− 6324
5648·5	− 6328	− 148	− 1124 9644	+ 152	0	+ 3713	+ 1124 9644	− 3713	− 6328
5649·5	− 6330	− 148	− 1125 1888	+ 150	0	+ 2422	+ 1125 1888	− 2423	− 6330
5650·5	− 6332	− 148	− 1125 3319	+ 149	0	+ 1134	+ 1125 3319	− 1134	− 6332
5651·5	− 6333	− 148	− 1125 4026	+ 148	0	+ 167	+ 1125 4026	− 167	− 6333
5652·5	− 6333	− 148	− 1125 4191	+ 147	0	− 226	+ 1125 4191	+ 226	− 6333
5653·5	− 6333	− 148	− 1125 4060	+ 148	0	+ 115	+ 1125 4060	− 115	− 6333

Values are in units of 10^{-10}. Matrix used with ERA (B21–B24). CIP is $\mathcal{X} = C_{3,1}$, $\mathcal{Y} = C_{3,2}$

MATRIX ELEMENTS FOR CONVERSION FROM
GCRS TO EQUATOR AND EQUINOX OF DATE
FOR 0ʰ TERRESTRIAL TIME

Date 0ʰ TT	$M_{1,1}-1$	$M_{1,2}$	$M_{1,3}$	$M_{2,1}$	$M_{2,2}-1$	$M_{2,3}$	$M_{3,1}$	$M_{3,2}$	$M_{3,3}-1$
Apr. 1	−39885	−2590 4495	−1125 4152	+2590 4478	−33552	− 2 9379	+1125 4191	+ 226	− 6333
2	−39884	−2590 4182	−1125 4023	+2590 4166	−33551	− 2 9038	+1125 4060	− 115	− 6333
3	−39883	−2590 3849	−1125 3884	+2590 3834	−33551	− 2 7909	+1125 3919	− 1243	− 6333
4	−39884	−2590 4153	−1125 4022	+2590 4140	−33551	− 2 6054	+1125 4052	− 3099	− 6333
5	−39889	−2590 5669	−1125 4685	+2590 5659	−33555	− 2 3641	+1125 4708	− 5515	− 6333
6	−39898	−2590 8809	−1125 6052	+2590 8802	−33563	− 2 0926	+1125 6068	− 8237	− 6335
7	−39914	−2591 3760	−1125 8204	+2591 3756	−33576	− 1 8219	+1125 8214	− 1 0955	− 6337
8	−39934	−2592 0440	−1126 1106	+2592 0439	−33594	− 1 5846	+1126 1110	− 1 3343	− 6341
9	−39959	−2592 8487	−1126 4601	+2592 8488	−33614	− 1 4097	+1126 4600	− 1 5111	− 6345
10	−39986	−2593 7281	−1126 8419	+2593 7282	−33637	− 1 3177	+1126 8415	− 1 6050	− 6349
11	−40013	−2594 5999	−1127 2205	+2594 6001	−33660	− 1 3156	+1127 2201	− 1 6091	− 6353
12	−40037	−2595 3735	−1127 5564	+2595 3736	−33680	− 1 3921	+1127 5562	− 1 5343	− 6357
13	−40055	−2595 9671	−1127 8143	+2595 9670	−33695	− 1 5153	+1127 8145	− 1 4124	− 6360
14	−40066	−2596 3323	−1127 9733	+2596 3321	−33705	− 1 6340	+1127 9737	− 1 2946	− 6362
15	−40071	−2596 4795	−1128 0377	+2596 4792	−33709	− 1 6871	+1128 0383	− 1 2419	− 6362
16	−40071	−2596 4920	−1128 0437	+2596 4918	−33709	− 1 6213	+1128 0441	− 1 3077	− 6362
17	−40072	−2596 5126	−1128 0532	+2596 5127	−33709	− 1 4131	+1128 0531	− 1 5159	− 6363
18	−40078	−2596 6970	−1128 1338	+2596 6975	−33714	− 1 0831	+1128 1328	− 1 8464	− 6363
19	−40092	−2597 1520	−1128 3316	+2597 1529	−33726	− 6917	+1128 3296	− 2 2388	− 6366
20	−40115	−2597 8937	−1128 6537	+2597 8950	−33745	− 3158	+1128 6507	− 2 6163	− 6369
21	−40144	−2598 8493	−1129 0686	+2598 8509	−33770	− 198	+1129 0648	− 2 9145	− 6374
22	−40176	−2599 8964	−1129 5231	+2599 8982	−33797	+ 1637	+1129 5189	− 3 1003	− 6379
23	−40208	−2600 9095	−1129 9629	+2600 9114	−33824	+ 2355	+1129 9585	− 3 1744	− 6384
24	−40235	−2601 7932	−1130 3466	+2601 7951	−33847	+ 2207	+1130 3422	− 3 1617	− 6388
25	−40257	−2602 4941	−1130 6511	+2602 4959	−33865	+ 1567	+1130 6469	− 3 0992	− 6392
26	−40272	−2602 9990	−1130 8706	+2603 0008	−33878	+ 825	+1130 8665	− 3 0261	− 6394
27	−40283	−2603 3266	−1131 0132	+2603 3283	−33887	+ 326	+1131 0093	− 2 9770	− 6396
28	−40289	−2603 5184	−1131 0969	+2603 5201	−33892	+ 339	+1131 0930	− 2 9787	− 6397
29	−40292	−2603 6307	−1131 1462	+2603 6325	−33895	+ 1039	+1131 1421	− 3 0490	− 6397
30	−40295	−2603 7280	−1131 1890	+2603 7299	−33897	+ 2498	+1131 1845	− 3 1952	− 6398
May 1	−40300	−2603 8762	−1131 2539	+2603 8784	−33901	+ 4684	+1131 2488	− 3 4140	− 6399
2	−40308	−2604 1359	−1131 3670	+2604 1384	−33908	+ 7456	+1131 3612	− 3 6918	− 6400
3	−40321	−2604 5539	−1131 5488	+2604 5568	−33919	+ 1 0580	+1131 5422	− 4 0052	− 6402
4	−40339	−2605 1557	−1131 8103	+2605 1589	−33934	+ 1 3750	+1131 8029	− 4 3235	− 6405
5	−40363	−2605 9390	−1132 1505	+2605 9426	−33955	+ 1 6631	+1132 1423	− 4 6134	− 6409
6	−40392	−2606 8713	−1132 5552	+2606 8751	−33979	+ 1 8912	+1132 5465	− 4 8436	− 6413
7	−40424	−2607 8915	−1132 9981	+2607 8954	−34006	+ 2 0365	+1132 9889	− 4 9913	− 6418
8	−40456	−2608 9181	−1133 4438	+2608 9221	−34032	+ 2 0905	+1133 4344	− 5 0475	− 6423
9	−40485	−2609 8623	−1133 8537	+2609 8663	−34057	+ 2 0621	+1133 8445	− 5 0213	− 6428
10	−40509	−2610 6457	−1134 1939	+2610 6496	−34078	+ 1 9794	+1134 1849	− 4 9404	− 6432
11	−40527	−2611 2194	−1134 4432	+2611 2232	−34093	+ 1 8869	+1134 4344	− 4 8492	− 6435
12	−40538	−2611 5826	−1134 6013	+2611 5863	−34102	+ 1 8380	+1134 5926	− 4 8011	− 6437
13	−40545	−2611 7932	−1134 6932	+2611 7970	−34107	+ 1 8826	+1134 6844	− 4 8462	− 6438
14	−40550	−2611 9638	−1134 7677	+2611 9678	−34112	+ 2 0521	+1134 7585	− 5 0161	− 6439
15	−40559	−2612 2351	−1134 8859	+2612 2395	−34119	+ 2 3447	+1134 8759	− 5 3093	− 6440
16	−40574	−2612 7317	−1135 1018	+2612 7365	−34132	+ 2 7212	+1135 0908	− 5 6869	− 6442
17	−40599	−2613 5149	−1135 4419	+2613 5201	−34153	+ 3 1153	+1135 4299	− 6 0828	− 6446

M = NPB. Values are in units of 10^{-10}. Matrix used with GAST (B13–B20). CIP is $\mathcal{X} = M_{3,1}$, $\mathcal{Y} = M_{3,2}$.

MATRIX ELEMENTS FOR CONVERSION FROM
GCRS TO EQUATOR & CELESTIAL INTERMEDIATE ORIGIN OF DATE
FOR 0^h TERRESTRIAL TIME

Julian Date	$C_{1,1}-1$	$C_{1,2}$	$C_{1,3}$	$C_{2,1}$	$C_{2,2}-1$	$C_{2,3}$	$C_{3,1}$	$C_{3,2}$	$C_{3,3}-1$
245									
5652·5	− 6333	− 148	− 1125 4191	+147	0	− 226	+1125 4191	+ 226	− 6333
5653·5	− 6333	− 148	− 1125 4060	+148	0	+ 115	+1125 4060	− 115	− 6333
5654·5	− 6333	− 148	− 1125 3919	+149	0	+ 1243	+1125 3919	− 1243	− 6333
5655·5	− 6333	− 148	− 1125 4052	+151	0	+ 3098	+1125 4052	− 3099	− 6333
5656·5	− 6333	− 148	− 1125 4708	+154	0	+ 5515	+1125 4708	− 5515	− 6333
5657·5	− 6335	− 148	− 1125 6068	+157	0	+ 8237	+1125 6068	− 8237	− 6335
5658·5	− 6337	− 148	− 1125 8214	+160	0	+ 1 0955	+1125 8214	− 1 0955	− 6337
5659·5	− 6341	− 148	− 1126 1110	+163	0	+ 1 3343	+1126 1110	− 1 3343	− 6341
5660·5	− 6345	− 148	− 1126 4600	+165	0	+ 1 5111	+1126 4600	− 1 5111	− 6345
5661·5	− 6349	− 148	− 1126 8415	+166	0	+ 1 6050	+1126 8415	− 1 6050	− 6349
5662·5	− 6353	− 148	− 1127 2201	+166	0	+ 1 6091	+1127 2201	− 1 6091	− 6353
5663·5	− 6357	− 148	− 1127 5562	+165	0	+ 1 5343	+1127 5562	− 1 5343	− 6357
5664·5	− 6360	− 148	− 1127 8145	+163	0	+ 1 4124	+1127 8145	− 1 4124	− 6360
5665·5	− 6362	− 148	− 1127 9737	+162	0	+ 1 2946	+1127 9737	− 1 2946	− 6362
5666·5	− 6362	− 148	− 1128 0383	+162	0	+ 1 2418	+1128 0383	− 1 2419	− 6362
5667·5	− 6362	− 148	− 1128 0441	+162	0	+ 1 3077	+1128 0441	− 1 3077	− 6362
5668·5	− 6363	− 148	− 1128 0531	+165	0	+ 1 5159	+1128 0531	− 1 5159	− 6363
5669·5	− 6363	− 148	− 1128 1328	+168	0	+ 1 8463	+1128 1328	− 1 8464	− 6363
5670·5	− 6366	− 148	− 1128 3296	+173	0	+ 2 2388	+1128 3296	− 2 2388	− 6366
5671·5	− 6369	− 148	− 1128 6507	+177	0	+ 2 6163	+1128 6507	− 2 6163	− 6369
5672·5	− 6374	− 148	− 1129 0648	+180	0	+ 2 9145	+1129 0648	− 2 9145	− 6374
5673·5	− 6379	− 148	− 1129 5189	+183	0	+ 3 1003	+1129 5189	− 3 1003	− 6379
5674·5	− 6384	− 147	− 1129 9585	+183	0	+ 3 1744	+1129 9585	− 3 1744	− 6384
5675·5	− 6388	− 147	− 1130 3422	+183	0	+ 3 1616	+1130 3422	− 3 1617	− 6388
5676·5	− 6392	− 147	− 1130 6469	+183	0	+ 3 0992	+1130 6469	− 3 0992	− 6392
5677·5	− 6394	− 147	− 1130 8665	+182	0	+ 3 0261	+1130 8665	− 3 0261	− 6394
5678·5	− 6396	− 147	− 1131 0093	+181	0	+ 2 9769	+1131 0093	− 2 9770	− 6396
5679·5	− 6397	− 147	− 1131 0930	+181	0	+ 2 9787	+1131 0930	− 2 9787	− 6397
5680·5	− 6397	− 147	− 1131 1421	+182	0	+ 3 0490	+1131 1421	− 3 0490	− 6397
5681·5	− 6398	− 147	− 1131 1845	+184	0	+ 3 1951	+1131 1845	− 3 1952	− 6398
5682·5	− 6399	− 147	− 1131 2488	+186	0	+ 3 4140	+1131 2488	− 3 4140	− 6399
5683·5	− 6400	− 147	− 1131 3612	+189	0	+ 3 6918	+1131 3612	− 3 6918	− 6400
5684·5	− 6402	− 147	− 1131 5422	+193	0	+ 4 0051	+1131 5422	− 4 0052	− 6402
5685·5	− 6405	− 147	− 1131 8029	+196	0	+ 4 3235	+1131 8029	− 4 3235	− 6405
5686·5	− 6409	− 147	− 1132 1423	+200	0	+ 4 6134	+1132 1423	− 4 6134	− 6409
5687·5	− 6413	− 147	− 1132 5465	+202	0	+ 4 8436	+1132 5465	− 4 8436	− 6413
5688·5	− 6418	− 147	− 1132 9889	+204	0	+ 4 9913	+1132 9889	− 4 9913	− 6418
5689·5	− 6423	− 147	− 1133 4344	+205	0	+ 5 0475	+1133 4344	− 5 0475	− 6423
5690·5	− 6428	− 147	− 1133 8445	+204	0	+ 5 0213	+1133 8445	− 5 0213	− 6428
5691·5	− 6432	− 147	− 1134 1849	+203	0	+ 4 9404	+1134 1849	− 4 9404	− 6432
5692·5	− 6435	− 147	− 1134 4344	+202	0	+ 4 8492	+1134 4344	− 4 8492	− 6435
5693·5	− 6437	− 147	− 1134 5926	+202	0	+ 4 8010	+1134 5926	− 4 8011	− 6437
5694·5	− 6438	− 147	− 1134 6844	+202	0	+ 4 8462	+1134 6844	− 4 8462	− 6438
5695·5	− 6438	− 147	− 1134 7585	+204	0	+ 5 0161	+1134 7585	− 5 0161	− 6439
5696·5	− 6440	− 147	− 1134 8759	+208	0	+ 5 3092	+1134 8759	− 5 3093	− 6440
5697·5	− 6442	− 147	− 1135 0908	+212	0	+ 5 6869	+1135 0908	− 5 6869	− 6442
5698·5	− 6446	− 147	− 1135 4299	+216	0	+ 6 0828	+1135 4299	− 6 0828	− 6446

Values are in units of 10^{-10}. Matrix used with ERA (B21–B24). CIP is $\mathcal{X} = C_{3,1}$, $\mathcal{Y} = C_{3,2}$

MATRIX ELEMENTS FOR CONVERSION FROM
GCRS TO EQUATOR AND EQUINOX OF DATE
FOR 0^h TERRESTRIAL TIME

Date 0^h TT	$M_{1,1}-1$	$M_{1,2}$	$M_{1,3}$	$M_{2,1}$	$M_{2,2}-1$	$M_{2,3}$	$M_{3,1}$	$M_{3,2}$	$M_{3,3}-1$
May 17	−40599	−2613 5149	−1135 4419	+2613 5201	−34153	+ 3 1153	+1135 4299	− 6 0828	− 6446
18	−40631	−2614 5589	−1135 8951	+2614 5645	−34180	+ 3 4563	+1135 8822	− 6 4261	− 6451
19	−40668	−2615 7635	−1136 4179	+2615 7694	−34211	+ 3 6932	+1136 4044	− 6 6658	− 6457
20	−40707	−2616 9948	−1136 9523	+2617 0009	−34244	+ 3 8087	+1136 9385	− 6 7841	− 6463
21	−40742	−2618 1311	−1137 4455	+2618 1371	−34273	+ 3 8179	+1137 4316	− 6 7958	− 6469
22	−40772	−2619 0913	−1137 8624	+2619 0973	−34298	+ 3 7564	+1137 8487	− 6 7366	− 6474
23	−40795	−2619 8434	−1138 1891	+2619 8493	−34318	+ 3 6675	+1138 1755	− 6 6494	− 6477
24	−40813	−2620 3973	−1138 4298	+2620 4031	−34333	+ 3 5910	+1138 4165	− 6 5741	− 6480
25	−40825	−2620 7926	−1138 6017	+2620 7983	−34343	+ 3 5580	+1138 5885	− 6 5420	− 6482
26	−40834	−2621 0863	−1138 7297	+2621 0921	−34351	+ 3 5891	+1138 7164	− 6 5738	− 6484
27	−40842	−2621 3443	−1138 8421	+2621 3502	−34358	+ 3 6936	+1138 8285	− 6 6789	− 6485
28	−40851	−2621 6333	−1138 9680	+2621 6395	−34365	+ 3 8703	+1138 9539	− 6 8563	− 6486
29	−40863	−2622 0161	−1139 1345	+2622 0225	−34375	+ 4 1082	+1139 1199	− 7 0950	− 6488
30	−40880	−2622 5443	−1139 3641	+2622 5510	−34389	+ 4 3864	+1139 3487	− 7 3745	− 6491
31	−40902	−2623 2515	−1139 6713	+2623 2585	−34408	+ 4 6767	+1139 6551	− 7 6663	− 6494
June 1	−40929	−2624 1458	−1140 0596	+2624 1531	−34431	+ 4 9453	+1140 0427	− 7 9370	− 6499
2	−40962	−2625 2038	−1140 5188	+2625 2114	−34459	+ 5 1589	+1140 5014	− 8 1529	− 6504
3	−40999	−2626 3695	−1141 0248	+2626 3772	−34489	+ 5 2902	+1141 0069	− 8 2869	− 6510
4	−41036	−2627 5603	−1141 5416	+2627 5681	−34521	+ 5 3256	+1141 5237	− 8 3251	− 6516
5	−41071	−2628 6815	−1142 0283	+2628 6892	−34550	+ 5 2705	+1142 0105	− 8 2725	− 6521
6	−41101	−2629 6469	−1142 4474	+2629 6545	−34576	+ 5 1508	+1142 4299	− 8 1550	− 6526
7	−41125	−2630 4008	−1142 7748	+2630 4082	−34595	+ 5 0100	+1142 7577	− 8 0159	− 6530
8	−41142	−2630 9364	−1143 0076	+2630 9437	−34610	+ 4 9000	+1142 9908	− 7 9072	− 6532
9	−41153	−2631 3025	−1143 1669	+2631 3098	−34619	+ 4 8696	+1143 1502	− 7 8776	− 6534
10	−41162	−2631 5976	−1143 2954	+2631 6049	−34627	+ 4 9508	+1143 2784	− 7 9595	− 6536
11	−41173	−2631 9475	−1143 4478	+2631 9551	−34636	+ 5 1485	+1143 4302	− 8 1580	− 6537
12	−41190	−2632 4728	−1143 6761	+2632 4808	−34650	+ 5 4362	+1143 6578	− 8 4469	− 6540
13	−41214	−2633 2516	−1144 0143	+2633 2599	−34671	+ 5 7612	+1143 9952	− 8 7737	− 6544
14	−41247	−2634 2933	−1144 4665	+2634 3019	−34698	+ 6 0591	+1144 4465	− 9 0740	− 6549
15	−41285	−2635 5342	−1145 0050	+2635 5431	−34731	+ 6 2735	+1144 9845	− 9 2912	− 6555
16	−41327	−2636 8598	−1145 5803	+2636 8689	−34766	+ 6 3723	+1145 5595	− 9 3930	− 6562
17	−41367	−2638 1422	−1146 1369	+2638 1512	−34799	+ 6 3551	+1146 1161	− 9 3787	− 6568
18	−41403	−2639 2770	−1146 6294	+2639 2859	−34829	+ 6 2482	+1146 6089	− 9 2745	− 6574
19	−41432	−2640 2052	−1147 0324	+2640 2139	−34854	+ 6 0934	+1147 0123	− 9 1218	− 6579
20	−41454	−2640 9170	−1147 3416	+2640 9255	−34873	+ 5 9349	+1147 3219	− 8 9650	− 6582
21	−41471	−2641 4420	−1147 5698	+2641 4505	−34887	+ 5 8099	+1147 5504	− 8 8412	− 6585
22	−41483	−2641 8353	−1147 7409	+2641 8437	−34897	+ 5 7441	+1147 7217	− 8 7763	− 6587
23	−41493	−2642 1640	−1147 8840	+2642 1724	−34906	+ 5 7506	+1147 8648	− 8 7835	− 6588
24	−41504	−2642 4975	−1148 0291	+2642 5060	−34914	+ 5 8308	+1148 0097	− 8 8645	− 6590
25	−41517	−2642 9008	−1148 2045	+2642 9094	−34925	+ 5 9757	+1148 1847	− 9 0103	− 6592
26	−41533	−2643 4287	−1148 4340	+2643 4375	−34939	+ 6 1674	+1148 4137	− 9 2032	− 6595
27	−41555	−2644 1213	−1148 7348	+2644 1303	−34957	+ 6 3802	+1148 7140	− 9 4175	− 6598
28	−41582	−2644 9968	−1149 1150	+2645 0061	−34981	+ 6 5826	+1149 0936	− 9 6220	− 6603
29	−41615	−2646 0455	−1149 5702	+2646 0550	−35008	+ 6 7409	+1149 5484	− 9 7827	− 6608
30	−41653	−2647 2246	−1150 0820	+2647 2342	−35040	+ 6 8240	+1150 0599	− 9 8685	− 6614
July 1	−41691	−2648 4588	−1150 6177	+2648 4684	−35072	+ 6 8114	+1150 5956	− 9 8588	− 6620
2	−41729	−2649 6504	−1151 1348	+2649 6599	−35104	+ 6 7005	+1151 1130	− 9 7506	− 6626

$M = NPB$. Values are in units of 10^{-10}. Matrix used with GAST (B13–B20). CIP is $\mathcal{X} = M_{3,1}$, $\mathcal{Y} = M_{3,2}$.

MATRIX ELEMENTS FOR CONVERSION FROM
GCRS TO EQUATOR & CELESTIAL INTERMEDIATE ORIGIN OF DATE
FOR 0^h TERRESTRIAL TIME

Julian Date	$C_{1,1}-1$	$C_{1,2}$	$C_{1,3}$	$C_{2,1}$	$C_{2,2}-1$	$C_{2,3}$	$C_{3,1}$	$C_{3,2}$	$C_{3,3}-1$
245									
5698·5	− 6446	− 147	− 1135 4299	+216	0	+ 6 0828	+1135 4299	− 6 0828	− 6446
5699·5	− 6451	− 147	− 1135 8822	+220	0	+ 6 4261	+1135 8822	− 6 4261	− 6451
5700·5	− 6457	− 147	− 1136 4044	+223	0	+ 6 6657	+1136 4044	− 6 6658	− 6457
5701·5	− 6463	− 147	− 1136 9385	+224	0	+ 6 7841	+1136 9385	− 6 7841	− 6463
5702·5	− 6469	− 147	− 1137 4316	+224	0	+ 6 7958	+1137 4316	− 6 7958	− 6469
5703·5	− 6474	− 147	− 1137 8487	+224	0	+ 6 7366	+1137 8487	− 6 7366	− 6474
5704·5	− 6477	− 147	− 1138 1755	+223	0	+ 6 6494	+1138 1755	− 6 6494	− 6477
5705·5	− 6480	− 147	− 1138 4165	+222	0	+ 6 5741	+1138 4165	− 6 5741	− 6480
5706·5	− 6482	− 147	− 1138 5885	+222	0	+ 6 5420	+1138 5885	− 6 5420	− 6482
5707·5	− 6483	− 147	− 1138 7164	+222	0	+ 6 5737	+1138 7164	− 6 5738	− 6484
5708·5	− 6485	− 147	− 1138 8285	+223	0	+ 6 6788	+1138 8285	− 6 6789	− 6485
5709·5	− 6486	− 147	− 1138 9539	+225	0	+ 6 8563	+1138 9539	− 6 8563	− 6486
5710·5	− 6488	− 147	− 1139 1199	+228	0	+ 7 0950	+1139 1199	− 7 0950	− 6488
5711·5	− 6491	− 147	− 1139 3487	+231	0	+ 7 3744	+1139 3487	− 7 3745	− 6491
5712·5	− 6494	− 147	− 1139 6551	+234	0	+ 7 6663	+1139 6551	− 7 6663	− 6494
5713·5	− 6498	− 147	− 1140 0427	+237	0	+ 7 9370	+1140 0427	− 7 9370	− 6499
5714·5	− 6504	− 147	− 1140 5014	+240	0	+ 8 1529	+1140 5014	− 8 1529	− 6504
5715·5	− 6509	− 147	− 1141 0069	+241	0	+ 8 2869	+1141 0069	− 8 2869	− 6510
5716·5	− 6515	− 147	− 1141 5237	+242	0	+ 8 3250	+1141 5237	− 8 3251	− 6516
5717·5	− 6521	− 147	− 1142 0105	+241	0	+ 8 2725	+1142 0105	− 8 2725	− 6521
5718·5	− 6526	− 147	− 1142 4299	+240	0	+ 8 1550	+1142 4299	− 8 1550	− 6526
5719·5	− 6529	− 147	− 1142 7577	+238	0	+ 8 0159	+1142 7577	− 8 0159	− 6530
5720·5	− 6532	− 147	− 1142 9908	+237	0	+ 7 9072	+1142 9908	− 7 9072	− 6532
5721·5	− 6534	− 147	− 1143 1502	+237	0	+ 7 8776	+1143 1502	− 7 8776	− 6534
5722·5	− 6535	− 147	− 1143 2784	+238	0	+ 7 9595	+1143 2784	− 7 9595	− 6536
5723·5	− 6537	− 147	− 1143 4302	+240	0	+ 8 1580	+1143 4302	− 8 1580	− 6537
5724·5	− 6540	− 147	− 1143 6578	+243	0	+ 8 4469	+1143 6578	− 8 4469	− 6540
5725·5	− 6544	− 147	− 1143 9952	+247	0	+ 8 7736	+1143 9952	− 8 7737	− 6544
5726·5	− 6549	− 147	− 1144 4465	+250	0	+ 9 0739	+1144 4465	− 9 0740	− 6549
5727·5	− 6555	− 147	− 1144 9845	+253	0	+ 9 2911	+1144 9845	− 9 2912	− 6555
5728·5	− 6562	− 146	− 1145 5595	+254	0	+ 9 3930	+1145 5595	− 9 3930	− 6562
5729·5	− 6568	− 146	− 1146 1161	+254	0	+ 9 3787	+1146 1161	− 9 3787	− 6568
5730·5	− 6574	− 146	− 1146 6089	+253	0	+ 9 2744	+1146 6089	− 9 2745	− 6574
5731·5	− 6578	− 146	− 1147 0123	+251	0	+ 9 1218	+1147 0123	− 9 1218	− 6579
5732·5	− 6582	− 146	− 1147 3219	+249	0	+ 8 9649	+1147 3219	− 8 9650	− 6582
5733·5	− 6584	− 146	− 1147 5504	+248	0	+ 8 8411	+1147 5504	− 8 8412	− 6585
5734·5	− 6586	− 146	− 1147 7217	+247	0	+ 8 7762	+1147 7217	− 8 7763	− 6587
5735·5	− 6588	− 146	− 1147 8648	+247	0	+ 8 7835	+1147 8648	− 8 7835	− 6588
5736·5	− 6590	− 146	− 1148 0097	+248	0	+ 8 8644	+1148 0097	− 8 8645	− 6590
5737·5	− 6592	− 146	− 1148 1847	+250	0	+ 9 0103	+1148 1847	− 9 0103	− 6592
5738·5	− 6594	− 146	− 1148 4137	+252	0	+ 9 2031	+1148 4137	− 9 2032	− 6595
5739·5	− 6598	− 146	− 1148 7140	+254	0	+ 9 4175	+1148 7140	− 9 4175	− 6598
5740·5	− 6602	− 146	− 1149 0936	+257	0	+ 9 6220	+1149 0936	− 9 6220	− 6603
5741·5	− 6607	− 146	− 1149 5484	+259	0	+ 9 7827	+1149 5484	− 9 7827	− 6608
5742·5	− 6613	− 146	− 1150 0599	+260	0	+ 9 8685	+1150 0599	− 9 8685	− 6614
5743·5	− 6619	− 146	− 1150 5956	+259	0	+ 9 8588	+1150 5956	− 9 8588	− 6620
5744·5	− 6625	− 146	− 1151 1130	+258	0	+ 9 7505	+1151 1130	− 9 7506	− 6626

Values are in units of 10^{-10}. Matrix used with ERA (B21–B24). CIP is $\mathcal{X} = C_{3,1}$, $\mathcal{Y} = C_{3,2}$

MATRIX ELEMENTS FOR CONVERSION FROM
GCRS TO EQUATOR AND EQUINOX OF DATE
FOR 0ʰ TERRESTRIAL TIME

Date 0ʰ TT	$M_{1,1}-1$	$M_{1,2}$	$M_{1,3}$	$M_{2,1}$	$M_{2,2}-1$	$M_{2,3}$	$M_{3,1}$	$M_{3,2}$	$M_{3,3}-1$
July 1	−41691	−2648 4588	−1150 6177	+2648 4684	−35072	+ 6 8114	+1150 5956	− 9 8588	− 6620
2	−41729	−2649 6504	−1151 1348	+2649 6599	−35104	+ 6 7005	+1151 1130	− 9 7506	− 6626
3	−41762	−2650 6999	−1151 5904	+2650 7092	−35132	+ 6 5113	+1151 5691	− 9 5638	− 6631
4	−41788	−2651 5336	−1151 9524	+2651 5426	−35154	+ 6 2860	+1151 9317	− 9 3404	− 6635
5	−41807	−2652 1285	−1152 2109	+2652 1373	−35169	+ 6 0794	+1152 1907	− 9 1352	− 6638
6	−41819	−2652 5247	−1152 3833	+2652 5333	−35180	+ 5 9449	+1152 3634	− 9 0017	− 6640
7	−41829	−2652 8169	−1152 5106	+2652 8255	−35188	+ 5 9190	+1152 4908	− 8 9764	− 6642
8	−41839	−2653 1299	−1152 6468	+2653 1386	−35196	+ 6 0098	+1152 6268	− 9 0679	− 6643
9	−41853	−2653 5834	−1152 8440	+2653 5923	−35208	+ 6 1953	+1152 8235	− 9 2545	− 6645
10	−41874	−2654 2596	−1153 1378	+2654 2688	−35226	+ 6 4288	+1153 1166	− 9 4896	− 6649
11	−41903	−2655 1819	−1153 5382	+2655 1913	−35250	+ 6 6519	+1153 5165	− 9 7148	− 6653
12	−41939	−2656 3096	−1154 0277	+2656 3192	−35280	+ 6 8100	+1154 0055	− 9 8755	− 6659
13	−41978	−2657 5516	−1154 5667	+2657 5613	−35313	+ 6 8663	+1154 5444	− 9 9346	− 6665
14	−42017	−2658 7925	−1155 1052	+2658 8021	−35346	+ 6 8098	+1155 0830	− 9 8810	− 6672
15	−42053	−2659 9238	−1155 5963	+2659 9333	−35377	+ 6 6559	+1155 5745	− 9 7297	− 6677
16	−42083	−2660 8691	−1156 0067	+2660 8784	−35402	+ 6 4391	+1155 9855	− 9 5150	− 6682
17	−42106	−2661 5968	−1156 3228	+2661 6057	−35421	+ 6 2024	+1156 3021	− 9 2800	− 6686
18	−42123	−2662 1189	−1156 5497	+2662 1276	−35435	+ 5 9869	+1156 5297	− 9 0657	− 6688
19	−42134	−2662 4812	−1156 7073	+2662 4897	−35444	+ 5 8240	+1156 6877	− 8 9037	− 6690
20	−42142	−2662 7484	−1156 8238	+2662 7568	−35452	+ 5 7322	+1156 8044	− 8 8126	− 6691
21	−42150	−2662 9917	−1156 9299	+2663 0001	−35458	+ 5 7169	+1156 9105	− 8 7978	− 6693
22	−42159	−2663 2792	−1157 0551	+2663 2877	−35466	+ 5 7716	+1157 0356	− 8 8532	− 6694
23	−42172	−2663 6688	−1157 2246	+2663 6774	−35476	+ 5 8806	+1157 2048	− 8 9630	− 6696
24	−42189	−2664 2043	−1157 4573	+2664 2130	−35490	+ 6 0205	+1157 4372	− 9 1042	− 6699
25	−42211	−2664 9104	−1157 7640	+2664 9194	−35509	+ 6 1626	+1157 7435	− 9 2480	− 6702
26	−42239	−2665 7889	−1158 1455	+2665 7980	−35533	+ 6 2751	+1158 1246	− 9 3625	− 6707
27	−42271	−2666 8128	−1158 5900	+2666 8219	−35560	+ 6 3266	+1158 5690	− 9 4163	− 6712
28	−42306	−2667 9235	−1159 0720	+2667 9326	−35590	+ 6 2917	+1159 0511	− 9 3840	− 6717
29	−42342	−2669 0334	−1159 5538	+2669 0423	−35619	+ 6 1585	+1159 5332	− 9 2534	− 6723
30	−42374	−2670 0391	−1159 9904	+2670 0478	−35646	+ 5 9363	+1159 9704	− 9 0335	− 6728
31	−42399	−2670 8468	−1160 3412	+2670 8552	−35668	+ 5 6589	+1160 3219	− 8 7580	− 6732
Aug. 1	−42417	−2671 4048	−1160 5837	+2671 4129	−35682	+ 5 3810	+1160 5651	− 8 4814	− 6735
2	−42427	−2671 7286	−1160 7246	+2671 7364	−35691	+ 5 1637	+1160 7067	− 8 2648	− 6737
3	−42433	−2671 9039	−1160 8012	+2671 9116	−35696	+ 5 0547	+1160 7836	− 8 1562	− 6737
4	−42438	−2672 0612	−1160 8700	+2672 0689	−35700	+ 5 0718	+1160 8523	− 8 1737	− 6738
5	−42446	−2672 3330	−1160 9884	+2672 3409	−35707	+ 5 1970	+1160 9704	− 8 2995	− 6740
6	−42462	−2672 8132	−1161 1972	+2672 8213	−35720	+ 5 3839	+1161 1787	− 8 4875	− 6742
7	−42485	−2673 5332	−1161 5099	+2673 5414	−35739	+ 5 5732	+1161 4909	− 8 6785	− 6746
8	−42514	−2674 4604	−1161 9125	+2674 4688	−35764	+ 5 7098	+1161 8930	− 8 8173	− 6750
9	−42547	−2675 5139	−1162 3698	+2675 5224	−35792	+ 5 7553	+1162 3502	− 8 8652	− 6756
10	−42582	−2676 5890	−1162 8365	+2676 5974	−35821	+ 5 6949	+1162 8170	− 8 8073	− 6761
11	−42613	−2677 5825	−1163 2678	+2677 5908	−35848	+ 5 5377	+1163 2488	− 8 6524	− 6766
12	−42640	−2678 4148	−1163 6292	+2678 4228	−35870	+ 5 3114	+1163 6108	− 8 4281	− 6770
13	−42660	−2679 0425	−1163 9019	+2679 0501	−35887	+ 5 0548	+1163 8842	− 8 1729	− 6773
14	−42673	−2679 4626	−1164 0846	+2679 4700	−35898	+ 4 8082	+1164 0675	− 7 9273	− 6776
15	−42681	−2679 7076	−1164 1914	+2679 7148	−35905	+ 4 6063	+1164 1749	− 7 7259	− 6777
16	−42685	−2679 8350	−1164 2473	+2679 8421	−35908	+ 4 4723	+1164 2311	− 7 5923	− 6777

M = NPB. Values are in units of 10^{-10}. Matrix used with GAST (B13–B20). CIP is $\mathcal{X} = M_{3,1}$, $\mathcal{Y} = M_{3,2}$.

MATRIX ELEMENTS FOR CONVERSION FROM
GCRS TO EQUATOR & CELESTIAL INTERMEDIATE ORIGIN OF DATE
FOR 0^h TERRESTRIAL TIME

Julian Date	$C_{1,1}-1$	$C_{1,2}$	$C_{1,3}$	$C_{2,1}$	$C_{2,2}-1$	$C_{2,3}$	$C_{3,1}$	$C_{3,2}$	$C_{3,3}-1$
245									
5743.5	− 6619	− 146	− 1150 5956	+259	0	+ 9 8588	+1150 5956	− 9 8588	− 6620
5744.5	− 6625	− 146	− 1151 1130	+258	0	+ 9 7505	+1151 1130	− 9 7506	− 6626
5745.5	− 6631	− 146	− 1151 5691	+256	0	+ 9 5638	+1151 5691	− 9 5638	− 6631
5746.5	− 6635	− 146	− 1151 9317	+253	0	+ 9 3404	+1151 9317	− 9 3404	− 6635
5747.5	− 6638	− 146	− 1152 1907	+251	0	+ 9 1352	+1152 1907	− 9 1352	− 6638
5748.5	− 6640	− 146	− 1152 3634	+250	0	+ 9 0016	+1152 3634	− 9 0017	− 6640
5749.5	− 6641	− 146	− 1152 4908	+249	0	+ 8 9763	+1152 4908	− 8 9764	− 6642
5750.5	− 6643	− 146	− 1152 6268	+250	0	+ 9 0679	+1152 6268	− 9 0679	− 6643
5751.5	− 6645	− 146	− 1152 8235	+252	0	+ 9 2545	+1152 8235	− 9 2545	− 6645
5752.5	− 6648	− 146	− 1153 1166	+255	0	+ 9 4895	+1153 1166	− 9 4896	− 6649
5753.5	− 6653	− 146	− 1153 5165	+258	0	+ 9 7147	+1153 5165	− 9 7148	− 6653
5754.5	− 6659	− 146	− 1154 0055	+260	0	+ 9 8754	+1154 0055	− 9 8755	− 6659
5755.5	− 6665	− 146	− 1154 5444	+260	0	+ 9 9346	+1154 5444	− 9 9346	− 6665
5756.5	− 6671	− 146	− 1155 0830	+260	0	+ 9 8810	+1155 0830	− 9 8810	− 6672
5757.5	− 6677	− 146	− 1155 5745	+258	0	+ 9 7297	+1155 5745	− 9 7297	− 6677
5758.5	− 6682	− 145	− 1155 9855	+255	0	+ 9 5150	+1155 9855	− 9 5150	− 6682
5759.5	− 6685	− 145	− 1156 3021	+253	0	+ 9 2800	+1156 3021	− 9 2800	− 6686
5760.5	− 6688	− 145	− 1156 5297	+250	0	+ 9 0657	+1156 5297	− 9 0657	− 6688
5761.5	− 6690	− 145	− 1156 6877	+248	0	+ 8 9037	+1156 6877	− 8 9037	− 6690
5762.5	− 6691	− 145	− 1156 8044	+247	0	+ 8 8125	+1156 8044	− 8 8126	− 6691
5763.5	− 6692	− 145	− 1156 9105	+247	0	+ 8 7978	+1156 9105	− 8 7978	− 6693
5764.5	− 6694	− 145	− 1157 0356	+248	0	+ 8 8532	+1157 0356	− 8 8532	− 6694
5765.5	− 6696	− 145	− 1157 2048	+249	0	+ 8 9630	+1157 2048	− 8 9630	− 6696
5766.5	− 6698	− 145	− 1157 4372	+251	0	+ 9 1042	+1157 4372	− 9 1042	− 6699
5767.5	− 6702	− 145	− 1157 7435	+252	0	+ 9 2479	+1157 7435	− 9 2480	− 6702
5768.5	− 6706	− 145	− 1158 1246	+254	0	+ 9 3625	+1158 1246	− 9 3625	− 6707
5769.5	− 6711	− 145	− 1158 5690	+254	0	+ 9 4163	+1158 5690	− 9 4163	− 6712
5770.5	− 6717	− 145	− 1159 0511	+254	0	+ 9 3840	+1159 0511	− 9 3840	− 6717
5771.5	− 6723	− 145	− 1159 5332	+252	0	+ 9 2534	+1159 5332	− 9 2534	− 6723
5772.5	− 6728	− 145	− 1159 9704	+250	0	+ 9 0335	+1159 9704	− 9 0335	− 6728
5773.5	− 6732	− 145	− 1160 3219	+247	0	+ 8 7579	+1160 3219	− 8 7580	− 6732
5774.5	− 6735	− 145	− 1160 5651	+244	0	+ 8 4813	+1160 5651	− 8 4814	− 6735
5775.5	− 6736	− 145	− 1160 7067	+241	0	+ 8 2648	+1160 7067	− 8 2648	− 6737
5776.5	− 6737	− 145	− 1160 7836	+240	0	+ 8 1562	+1160 7836	− 8 1562	− 6737
5777.5	− 6738	− 145	− 1160 8523	+240	0	+ 8 1736	+1160 8523	− 8 1737	− 6738
5778.5	− 6739	− 145	− 1160 9704	+241	0	+ 8 2995	+1160 9704	− 8 2995	− 6740
5779.5	− 6742	− 145	− 1161 1787	+244	0	+ 8 4875	+1161 1787	− 8 4875	− 6742
5780.5	− 6745	− 145	− 1161 4909	+246	0	+ 8 6785	+1161 4909	− 8 6785	− 6746
5781.5	− 6750	− 145	− 1161 8930	+247	0	+ 8 8172	+1161 8930	− 8 8173	− 6750
5782.5	− 6755	− 145	− 1162 3502	+248	0	+ 8 8652	+1162 3502	− 8 8652	− 6756
5783.5	− 6761	− 145	− 1162 8170	+247	0	+ 8 8073	+1162 8170	− 8 8073	− 6761
5784.5	− 6766	− 145	− 1163 2488	+245	0	+ 8 6524	+1163 2488	− 8 6524	− 6766
5785.5	− 6770	− 145	− 1163 6108	+243	0	+ 8 4281	+1163 6108	− 8 4281	− 6770
5786.5	− 6773	− 145	− 1163 8842	+240	0	+ 8 1729	+1163 8842	− 8 1729	− 6773
5787.5	− 6775	− 145	− 1164 0675	+237	0	+ 7 9273	+1164 0675	− 7 9273	− 6776
5788.5	− 6777	− 145	− 1164 1749	+235	0	+ 7 7259	+1164 1749	− 7 7259	− 6777
5789.5	− 6777	− 145	− 1164 2311	+233	0	+ 7 5923	+1164 2311	− 7 5923	− 6777

Values are in units of 10^{-10}. Matrix used with ERA (B21–B24). CIP is $\mathcal{X} = C_{3,1}$, $\mathcal{Y} = C_{3,2}$

MATRIX ELEMENTS FOR CONVERSION FROM
GCRS TO EQUATOR AND EQUINOX OF DATE
FOR 0^h TERRESTRIAL TIME

Date 0^h TT	$M_{1,1}-1$	$M_{1,2}$	$M_{1,3}$	$M_{2,1}$	$M_{2,2}-1$	$M_{2,3}$	$M_{3,1}$	$M_{3,2}$	$M_{3,3}-1$
Aug. 16	−42685	−2679 8350	−1164 2473	+2679 8421	−35908	+ 4 4723	+1164 2311	− 7 5923	− 6777
17	−42688	−2679 9143	−1164 2822	+2679 9212	−35910	+ 4 4165	+1164 2662	− 7 5367	− 6778
18	−42691	−2680 0153	−1164 3266	+2680 0223	−35913	+ 4 4361	+1164 3105	− 7 5565	− 6778
19	−42697	−2680 1994	−1164 4070	+2680 2065	−35918	+ 4 5177	+1164 3907	− 7 6385	− 6779
20	−42707	−2680 5137	−1164 5438	+2680 5209	−35926	+ 4 6396	+1164 5272	− 7 7612	− 6781
21	−42722	−2680 9866	−1164 7495	+2680 9940	−35939	+ 4 7750	+1164 7325	− 7 8977	− 6783
22	−42742	−2681 6257	−1165 0271	+2681 6332	−35956	+ 4 8941	+1165 0098	− 8 0183	− 6787
23	−42767	−2682 4146	−1165 3697	+2682 4222	−35977	+ 4 9673	+1165 3522	− 8 0933	− 6791
24	−42796	−2683 3104	−1165 7587	+2683 3180	−36001	+ 4 9687	+1165 7411	− 8 0968	− 6795
25	−42826	−2684 2437	−1166 1638	+2684 2512	−36026	+ 4 8814	+1166 1465	− 8 0117	− 6800
26	−42854	−2685 1233	−1166 5458	+2685 1306	−36050	+ 4 7042	+1166 5289	− 7 8365	− 6804
27	−42877	−2685 8519	−1166 8622	+2685 8590	−36069	+ 4 4577	+1166 8461	− 7 5917	− 6808
28	−42893	−2686 3534	−1167 0802	+2686 3601	−36083	+ 4 1865	+1167 0648	− 7 3217	− 6810
29	−42901	−2686 6054	−1167 1901	+2686 6119	−36090	+ 3 9520	+1167 1753	− 7 0878	− 6812
30	−42903	−2686 6621	−1167 2153	+2686 6684	−36091	+ 3 8146	+1167 2008	− 6 9505	− 6812
31	−42902	−2686 6465	−1167 2091	+2686 6527	−36091	+ 3 8104	+1167 1946	− 6 9463	− 6812
Sept. 1	−42904	−2686 7090	−1167 2368	+2686 7154	−36092	+ 3 9354	+1167 2220	− 7 0714	− 6812
2	−42913	−2686 9716	−1167 3512	+2686 9783	−36099	+ 4 1466	+1167 3359	− 7 2833	− 6814
3	−42929	−2687 4874	−1167 5754	+2687 4943	−36113	+ 4 3796	+1167 5594	− 7 5174	− 6816
4	−42953	−2688 2318	−1167 8987	+2688 2389	−36133	+ 4 5710	+1167 8822	− 7 7106	− 6820
5	−42981	−2689 1231	−1168 2857	+2689 1304	−36157	+ 4 6765	+1168 2689	− 7 8181	− 6825
6	−43011	−2690 0540	−1168 6899	+2690 0613	−36182	+ 4 6779	+1168 6730	− 7 8217	− 6829
7	−43039	−2690 9203	−1169 0660	+2690 9275	−36206	+ 4 5819	+1169 0495	− 7 7277	− 6834
8	−43062	−2691 6417	−1169 3794	+2691 6487	−36225	+ 4 4138	+1169 3632	− 7 5613	− 6837
9	−43079	−2692 1719	−1169 6098	+2692 1787	−36239	+ 4 2095	+1169 5942	− 7 3583	− 6840
10	−43090	−2692 5012	−1169 7532	+2692 5077	−36248	+ 4 0077	+1169 7381	− 7 1573	− 6842
11	−43094	−2692 6531	−1169 8196	+2692 6594	−36252	+ 3 8431	+1169 8050	− 6 9930	− 6842
12	−43095	−2692 6768	−1169 8305	+2692 6830	−36253	+ 3 7415	+1169 8162	− 6 8915	− 6843
13	−43094	−2692 6370	−1169 8138	+2692 6432	−36252	+ 3 7169	+1169 7996	− 6 8668	− 6842
14	−43093	−2692 6032	−1169 7997	+2692 6094	−36251	+ 3 7706	+1169 7853	− 6 9204	− 6842
15	−43094	−2692 6392	−1169 8160	+2692 6456	−36252	+ 3 8922	+1169 8012	− 7 0421	− 6842
16	−43099	−2692 7959	−1169 8845	+2692 8025	−36256	+ 4 0619	+1169 8693	− 7 2121	− 6843
17	−43109	−2693 1054	−1170 0192	+2693 1122	−36264	+ 4 2538	+1170 0035	− 7 4048	− 6845
18	−43124	−2693 5784	−1170 2249	+2693 5854	−36277	+ 4 4391	+1170 2087	− 7 5912	− 6847
19	−43144	−2694 2031	−1170 4963	+2694 2103	−36294	+ 4 5893	+1170 4797	− 7 7429	− 6850
20	−43168	−2694 9446	−1170 8184	+2694 9520	−36314	+ 4 6795	+1170 8015	− 7 8347	− 6854
21	−43193	−2695 7463	−1171 1665	+2695 7537	−36336	+ 4 6920	+1171 1496	− 7 8491	− 6858
22	−43219	−2696 5329	−1171 5081	+2696 5401	−36357	+ 4 6209	+1171 4914	− 7 7799	− 6862
23	−43241	−2697 2189	−1171 8061	+2697 2260	−36375	+ 4 4769	+1171 7898	− 7 6375	− 6866
24	−43257	−2697 7251	−1172 0262	+2697 7320	−36389	+ 4 2909	+1172 0103	− 7 4527	− 6868
25	−43266	−2698 0042	−1172 1477	+2698 0108	−36396	+ 4 1135	+1172 1324	− 7 2760	− 6870
26	−43268	−2698 0685	−1172 1762	+2698 0750	−36398	+ 4 0056	+1172 1611	− 7 1682	− 6870
27	−43266	−2698 0053	−1172 1494	+2698 0119	−36396	+ 4 0188	+1172 1343	− 7 1813	− 6870
28	−43264	−2697 9602	−1172 1304	+2697 9669	−36395	+ 4 1735	+1172 1149	− 7 3358	− 6870
29	−43268	−2698 0848	−1172 1851	+2698 0919	−36399	+ 4 4445	+1172 1688	− 7 6071	− 6870
30	−43281	−2698 4758	−1172 3552	+2698 4832	−36409	+ 4 7697	+1172 3380	− 7 9332	− 6872
Oct. 1	−43302	−2699 1389	−1172 6432	+2699 1467	−36427	+ 5 0744	+1172 6252	− 8 2395	− 6876

M = NPB. Values are in units of 10^{-10}. Matrix used with GAST (B13–B20). CIP is $\mathcal{X} = M_{3,1}$, $\mathcal{Y} = M_{3,2}$.

MATRIX ELEMENTS FOR CONVERSION FROM
GCRS TO EQUATOR & CELESTIAL INTERMEDIATE ORIGIN OF DATE
FOR 0^h TERRESTRIAL TIME

Julian Date	$C_{1,1}-1$	$C_{1,2}$	$C_{1,3}$	$C_{2,1}$	$C_{2,2}-1$	$C_{2,3}$	$C_{3,1}$	$C_{3,2}$	$C_{3,3}-1$
245									
5789·5	− 6777	− 145	− 1164 2311	+ 233	0	+ 7 5923	+ 1164 2311	− 7 5923	− 6777
5790·5	− 6778	− 145	− 1164 2662	+ 233	0	+ 7 5367	+ 1164 2662	− 7 5367	− 6778
5791·5	− 6778	− 145	− 1164 3105	+ 233	0	+ 7 5565	+ 1164 3105	− 7 5565	− 6778
5792·5	− 6779	− 145	− 1164 3907	+ 234	0	+ 7 6385	+ 1164 3907	− 7 6385	− 6779
5793·5	− 6781	− 145	− 1164 5272	+ 235	0	+ 7 7611	+ 1164 5272	− 7 7612	− 6781
5794·5	− 6783	− 145	− 1164 7325	+ 237	0	+ 7 8976	+ 1164 7325	− 7 8977	− 6783
5795·5	− 6786	− 145	− 1165 0098	+ 238	0	+ 8 0182	+ 1165 0098	− 8 0183	− 6787
5796·5	− 6790	− 145	− 1165 3522	+ 239	0	+ 8 0933	+ 1165 3522	− 8 0933	− 6791
5797·5	− 6795	− 145	− 1165 7411	+ 239	0	+ 8 0968	+ 1165 7411	− 8 0968	− 6795
5798·5	− 6799	− 145	− 1166 1465	+ 238	0	+ 8 0117	+ 1166 1465	− 8 0117	− 6800
5799·5	− 6804	− 145	− 1166 5289	+ 236	0	+ 7 8365	+ 1166 5289	− 7 8365	− 6804
5800·5	− 6808	− 145	− 1166 8461	+ 233	0	+ 7 5917	+ 1166 8461	− 7 5917	− 6808
5801·5	− 6810	− 145	− 1167 0648	+ 230	0	+ 7 3217	+ 1167 0648	− 7 3217	− 6810
5802·5	− 6811	− 145	− 1167 1753	+ 227	0	+ 7 0878	+ 1167 1753	− 7 0878	− 6812
5803·5	− 6812	− 145	− 1167 2008	+ 226	0	+ 6 9505	+ 1167 2008	− 6 9505	− 6812
5804·5	− 6812	− 145	− 1167 1946	+ 226	0	+ 6 9462	+ 1167 1946	− 6 9463	− 6812
5805·5	− 6812	− 145	− 1167 2220	+ 227	0	+ 7 0714	+ 1167 2220	− 7 0714	− 6812
5806·5	− 6813	− 145	− 1167 3359	+ 230	0	+ 7 2833	+ 1167 3359	− 7 2833	− 6814
5807·5	− 6816	− 144	− 1167 5594	+ 232	0	+ 7 5174	+ 1167 5594	− 7 5174	− 6816
5808·5	− 6820	− 144	− 1167 8822	+ 235	0	+ 7 7105	+ 1167 8822	− 7 7106	− 6820
5809·5	− 6824	− 144	− 1168 2689	+ 236	0	+ 7 8181	+ 1168 2689	− 7 8181	− 6825
5810·5	− 6829	− 144	− 1168 6730	+ 236	0	+ 7 8217	+ 1168 6730	− 7 8217	− 6829
5811·5	− 6833	− 144	− 1169 0495	+ 235	0	+ 7 7277	+ 1169 0495	− 7 7277	− 6834
5812·5	− 6837	− 144	− 1169 3632	+ 233	0	+ 7 5613	+ 1169 3632	− 7 5613	− 6837
5813·5	− 6840	− 144	− 1169 5942	+ 230	0	+ 7 3583	+ 1169 5942	− 7 3583	− 6840
5814·5	− 6841	− 144	− 1169 7381	+ 228	0	+ 7 1573	+ 1169 7381	− 7 1573	− 6842
5815·5	− 6842	− 144	− 1169 8050	+ 226	0	+ 6 9930	+ 1169 8050	− 6 9930	− 6842
5816·5	− 6842	− 144	− 1169 8162	+ 225	0	+ 6 8915	+ 1169 8162	− 6 8915	− 6843
5817·5	− 6842	− 144	− 1169 7996	+ 225	0	+ 6 8668	+ 1169 7996	− 6 8668	− 6842
5818·5	− 6842	− 144	− 1169 7853	+ 225	0	+ 6 9204	+ 1169 7853	− 6 9204	− 6842
5819·5	− 6842	− 144	− 1169 8012	+ 227	0	+ 7 0420	+ 1169 8012	− 7 0421	− 6842
5820·5	− 6843	− 144	− 1169 8693	+ 229	0	+ 7 2121	+ 1169 8693	− 7 2121	− 6843
5821·5	− 6845	− 144	− 1170 0035	+ 231	0	+ 7 4047	+ 1170 0035	− 7 4048	− 6845
5822·5	− 6847	− 144	− 1170 2087	+ 233	0	+ 7 5912	+ 1170 2087	− 7 5912	− 6847
5823·5	− 6850	− 144	− 1170 4797	+ 235	0	+ 7 7428	+ 1170 4797	− 7 7429	− 6850
5824·5	− 6854	− 144	− 1170 8015	+ 236	0	+ 7 8347	+ 1170 8015	− 7 8347	− 6854
5825·5	− 6858	− 144	− 1171 1496	+ 236	0	+ 7 8491	+ 1171 1496	− 7 8491	− 6858
5826·5	− 6862	− 144	− 1171 4914	+ 235	0	+ 7 7799	+ 1171 4914	− 7 7799	− 6862
5827·5	− 6865	− 144	− 1171 7898	+ 234	0	+ 7 6375	+ 1171 7898	− 7 6375	− 6866
5828·5	− 6868	− 144	− 1172 0103	+ 232	0	+ 7 4527	+ 1172 0103	− 7 4527	− 6868
5829·5	− 6869	− 144	− 1172 1324	+ 229	0	+ 7 2760	+ 1172 1324	− 7 2760	− 6870
5830·5	− 6870	− 144	− 1172 1611	+ 228	0	+ 7 1681	+ 1172 1611	− 7 1682	− 6870
5831·5	− 6869	− 144	− 1172 1343	+ 228	0	+ 7 1813	+ 1172 1343	− 7 1813	− 6870
5832·5	− 6869	− 144	− 1172 1149	+ 230	0	+ 7 3358	+ 1172 1149	− 7 3358	− 6870
5833·5	− 6870	− 144	− 1172 1688	+ 233	0	+ 7 6071	+ 1172 1688	− 7 6071	− 6870
5834·5	− 6872	− 144	− 1172 3380	+ 237	0	+ 7 9332	+ 1172 3380	− 7 9332	− 6872
5835·5	− 6875	− 144	− 1172 6252	+ 241	0	+ 8 2395	+ 1172 6252	− 8 2395	− 6876

Values are in units of 10^{-10}. Matrix used with ERA (B21–B24). CIP is $\mathcal{X} = C_{3,1}$, $\mathcal{Y} = C_{3,2}$

MATRIX ELEMENTS FOR CONVERSION FROM
GCRS TO EQUATOR AND EQUINOX OF DATE
FOR 0^h TERRESTRIAL TIME

Date 0^h TT	$M_{1,1}-1$	$M_{1,2}$	$M_{1,3}$	$M_{2,1}$	$M_{2,2}-1$	$M_{2,3}$	$M_{3,1}$	$M_{3,2}$	$M_{3,3}-1$
Oct. 1	-43302	$-2699\ 1389$	$-1172\ 6432$	$+2699\ 1467$	-36427	$+\ 5\ 0744$	$+1172\ 6252$	$-\ 8\ 2395$	$-\ 6876$
2	-43330	$-2699\ 9977$	$-1173\ 0161$	$+2700\ 0057$	-36450	$+\ 5\ 2991$	$+1172\ 9975$	$-\ 8\ 4663$	$-\ 6880$
3	-43360	$-2700\ 9328$	$-1173\ 4221$	$+2700\ 9410$	-36476	$+\ 5\ 4152$	$+1173\ 4032$	$-\ 8\ 5845$	$-\ 6885$
4	-43389	$-2701\ 8244$	$-1173\ 8092$	$+2701\ 8327$	-36500	$+\ 5\ 4250$	$+1173\ 7903$	$-\ 8\ 5965$	$-\ 6889$
5	-43413	$-2702\ 5810$	$-1174\ 1378$	$+2702\ 5892$	-36520	$+\ 5\ 3540$	$+1174\ 1191$	$-\ 8\ 5272$	$-\ 6893$
6	-43431	$-2703\ 1507$	$-1174\ 3854$	$+2703\ 1587$	-36536	$+\ 5\ 2390$	$+1174\ 3669$	$-\ 8\ 4135$	$-\ 6896$
7	-43443	$-2703\ 5211$	$-1174\ 5465$	$+2703\ 5289$	-36546	$+\ 5\ 1194$	$+1174\ 5284$	$-\ 8\ 2948$	$-\ 6898$
8	-43449	$-2703\ 7129$	$-1174\ 6303$	$+2703\ 7207$	-36551	$+\ 5\ 0303$	$+1174\ 6124$	$-\ 8\ 2062$	$-\ 6899$
9	-43451	$-2703\ 7715$	$-1174\ 6563$	$+2703\ 7793$	-36552	$+\ 4\ 9986$	$+1174\ 6385$	$-\ 8\ 1746$	$-\ 6899$
10	-43451	$-2703\ 7579$	$-1174\ 6510$	$+2703\ 7657$	-36552	$+\ 5\ 0401$	$+1174\ 6331$	$-\ 8\ 2161$	$-\ 6899$
11	-43450	$-2703\ 7395$	$-1174\ 6436$	$+2703\ 7474$	-36551	$+\ 5\ 1592$	$+1174\ 6254$	$-\ 8\ 3351$	$-\ 6899$
12	-43451	$-2703\ 7813$	$-1174\ 6623$	$+2703\ 7894$	-36553	$+\ 5\ 3485$	$+1174\ 6436$	$-\ 8\ 5245$	$-\ 6899$
13	-43456	$-2703\ 9376$	$-1174\ 7307$	$+2703\ 9460$	-36557	$+\ 5\ 5909$	$+1174\ 7113$	$-\ 8\ 7673$	$-\ 6900$
14	-43466	$-2704\ 2453$	$-1174\ 8647$	$+2704\ 2541$	-36565	$+\ 5\ 8615$	$+1174\ 8445$	$-\ 9\ 0387$	$-\ 6902$
15	-43482	$-2704\ 7195$	$-1175\ 0708$	$+2704\ 7286$	-36578	$+\ 6\ 1317$	$+1175\ 0500$	$-\ 9\ 3100$	$-\ 6904$
16	-43502	$-2705\ 3513$	$-1175\ 3453$	$+2705\ 3607$	-36595	$+\ 6\ 3726$	$+1175\ 3238$	$-\ 9\ 5523$	$-\ 6907$
17	-43526	$-2706\ 1087$	$-1175\ 6743$	$+2706\ 1183$	-36616	$+\ 6\ 5589$	$+1175\ 6522$	$-\ 9\ 7404$	$-\ 6911$
18	-43553	$-2706\ 9393$	$-1176\ 0349$	$+2706\ 9490$	-36638	$+\ 6\ 6728$	$+1176\ 0126$	$-\ 9\ 8563$	$-\ 6916$
19	-43580	$-2707\ 7753$	$-1176\ 3980$	$+2707\ 7851$	-36661	$+\ 6\ 7073$	$+1176\ 3755$	$-\ 9\ 8927$	$-\ 6920$
20	-43605	$-2708\ 5416$	$-1176\ 7308$	$+2708\ 5514$	-36682	$+\ 6\ 6691$	$+1176\ 7084$	$-\ 9\ 8563$	$-\ 6924$
21	-43625	$-2709\ 1668$	$-1177\ 0024$	$+2709\ 1764$	-36698	$+\ 6\ 5810$	$+1176\ 9803$	$-\ 9\ 7697$	$-\ 6927$
22	-43639	$-2709\ 5997$	$-1177\ 1907$	$+2709\ 6092$	-36710	$+\ 6\ 4822$	$+1177\ 1688$	$-\ 9\ 6719$	$-\ 6929$
23	-43646	$-2709\ 8302$	$-1177\ 2912$	$+2709\ 8396$	-36716	$+\ 6\ 4239$	$+1177\ 2694$	$-\ 9\ 6141$	$-\ 6930$
24	-43649	$-2709\ 9067$	$-1177\ 3250$	$+2709\ 9162$	-36719	$+\ 6\ 4587$	$+1177\ 3031$	$-\ 9\ 6491$	$-\ 6931$
25	-43650	$-2709\ 9405$	$-1177\ 3402$	$+2709\ 9502$	-36719	$+\ 6\ 6227$	$+1177\ 3179$	$-\ 9\ 8132$	$-\ 6931$
26	-43654	$-2710\ 0806$	$-1177\ 4015$	$+2710\ 0906$	-36723	$+\ 6\ 9169$	$+1177\ 3785$	$-10\ 1077$	$-\ 6932$
27	-43666	$-2710\ 4610$	$-1177\ 5670$	$+2710\ 4715$	-36734	$+\ 7\ 2995$	$+1177\ 5429$	$-10\ 4912$	$-\ 6934$
28	-43688	$-2711\ 1425$	$-1177\ 8631$	$+2711\ 1534$	-36752	$+\ 7\ 6979$	$+1177\ 8379$	$-10\ 8912$	$-\ 6937$
29	-43719	$-2712\ 0869$	$-1178\ 2731$	$+2712\ 0982$	-36778	$+\ 8\ 0367$	$+1178\ 2470$	$-11\ 2322$	$-\ 6942$
30	-43754	$-2713\ 1780$	$-1178\ 7467$	$+2713\ 1896$	-36807	$+\ 8\ 2661$	$+1178\ 7199$	$-11\ 4643$	$-\ 6948$
31	-43789	$-2714\ 2734$	$-1179\ 2222$	$+2714\ 2852$	-36837	$+\ 8\ 3744$	$+1179\ 1951$	$-11\ 5751$	$-\ 6953$
Nov. 1	-43821	$-2715\ 2532$	$-1179\ 6475$	$+2715\ 2649$	-36864	$+\ 8\ 3823$	$+1179\ 6204$	$-11\ 5853$	$-\ 6958$
2	-43846	$-2716\ 0446$	$-1179\ 9912$	$+2716\ 0564$	-36885	$+\ 8\ 3294$	$+1179\ 9643$	$-11\ 5343$	$-\ 6962$
3	-43865	$-2716\ 6257$	$-1180\ 2437$	$+2716\ 6374$	-36901	$+\ 8\ 2595$	$+1180\ 2169$	$-11\ 4658$	$-\ 6965$
4	-43878	$-2717\ 0150$	$-1180\ 4131$	$+2717\ 0266$	-36912	$+\ 8\ 2117$	$+1180\ 3864$	$-11\ 4189$	$-\ 6967$
5	-43886	$-2717\ 2582$	$-1180\ 5191$	$+2717\ 2698$	-36918	$+\ 8\ 2151$	$+1180\ 4925$	$-11\ 4228$	$-\ 6968$
6	-43891	$-2717\ 4169$	$-1180\ 5885$	$+2717\ 4286$	-36923	$+\ 8\ 2872$	$+1180\ 5616$	$-11\ 4953$	$-\ 6969$
7	-43895	$-2717\ 5583$	$-1180\ 6504$	$+2717\ 5702$	-36926	$+\ 8\ 4341$	$+1180\ 6231$	$-11\ 6426$	$-\ 6970$
8	-43902	$-2717\ 7481$	$-1180\ 7333$	$+2717\ 7602$	-36932	$+\ 8\ 6509$	$+1180\ 7054$	$-11\ 8598$	$-\ 6971$
9	-43911	$-2718\ 0432$	$-1180\ 8618$	$+2718\ 0557$	-36940	$+\ 8\ 9228$	$+1180\ 8332$	$-12\ 1324$	$-\ 6973$
10	-43925	$-2718\ 4856$	$-1181\ 0542$	$+2718\ 4984$	-36952	$+\ 9\ 2269$	$+1181\ 0248$	$-12\ 4375$	$-\ 6975$
11	-43945	$-2719\ 0967$	$-1181\ 3197$	$+2719\ 1098$	-36968	$+\ 9\ 5351$	$+1181\ 2894$	$-12\ 7472$	$-\ 6978$
12	-43970	$-2719\ 8731$	$-1181\ 6569$	$+2719\ 8866$	-36989	$+\ 9\ 8178$	$+1181\ 6258$	$-13\ 0317$	$-\ 6982$
13	-44000	$-2720\ 7865$	$-1182\ 0535$	$+2720\ 8003$	-37014	$+10\ 0477$	$+1182\ 0217$	$-13\ 2638$	$-\ 6987$
14	-44032	$-2721\ 7854$	$-1182\ 4871$	$+2721\ 7994$	-37042	$+10\ 2050$	$+1182\ 4549$	$-13\ 4235$	$-\ 6992$
15	-44065	$-2722\ 8021$	$-1182\ 9285$	$+2722\ 8162$	-37069	$+10\ 2811$	$+1182\ 8961$	$-13\ 5019$	$-\ 6997$
16	-44096	$-2723\ 7624$	$-1183\ 3454$	$+2723\ 7765$	-37095	$+10\ 2809$	$+1183\ 3130$	$-13\ 5040$	$-\ 7002$

$\mathbf{M} = \mathbf{NPB}$. Values are in units of 10^{-10}. Matrix used with GAST (B13–B20). CIP is $\mathcal{X} = \mathbf{M}_{3,1}$, $\mathcal{Y} = \mathbf{M}_{3,2}$.

MATRIX ELEMENTS FOR CONVERSION FROM
GCRS TO EQUATOR & CELESTIAL INTERMEDIATE ORIGIN OF DATE
FOR 0^h TERRESTRIAL TIME

Julian Date	$C_{1,1}-1$	$C_{1,2}$	$C_{1,3}$	$C_{2,1}$	$C_{2,2}-1$	$C_{2,3}$	$C_{3,1}$	$C_{3,2}$	$C_{3,3}-1$
245									
5835·5	− 6875	− 144	− 1172 6252	+ 241	0	+ 8 2395	+ 1172 6252	− 8 2395	− 6876
5836·5	− 6880	− 144	− 1172 9975	+ 243	0	+ 8 4662	+ 1172 9975	− 8 4663	− 6880
5837·5	− 6884	− 144	− 1173 4032	+ 245	0	+ 8 5845	+ 1173 4032	− 8 5845	− 6885
5838·5	− 6889	− 144	− 1173 7903	+ 245	0	+ 8 5964	+ 1173 7903	− 8 5965	− 6889
5839·5	− 6893	− 144	− 1174 1191	+ 244	0	+ 8 5271	+ 1174 1191	− 8 5272	− 6893
5840·5	− 6896	− 144	− 1174 3669	+ 243	0	+ 8 4135	+ 1174 3669	− 8 4135	− 6896
5841·5	− 6898	− 144	− 1174 5284	+ 241	0	+ 8 2948	+ 1174 5284	− 8 2948	− 6898
5842·5	− 6899	− 144	− 1174 6124	+ 240	0	+ 8 2062	+ 1174 6124	− 8 2062	− 6899
5843·5	− 6899	− 144	− 1174 6385	+ 240	0	+ 8 1745	+ 1174 6385	− 8 1746	− 6899
5844·5	− 6899	− 144	− 1174 6331	+ 240	0	+ 8 2160	+ 1174 6331	− 8 2161	− 6899
5845·5	− 6899	− 144	− 1174 6254	+ 242	0	+ 8 3351	+ 1174 6254	− 8 3351	− 6899
5846·5	− 6899	− 144	− 1174 6436	+ 244	0	+ 8 5245	+ 1174 6436	− 8 5245	− 6899
5847·5	− 6900	− 144	− 1174 7113	+ 247	0	+ 8 7673	+ 1174 7113	− 8 7673	− 6900
5848·5	− 6901	− 144	− 1174 8445	+ 250	0	+ 9 0386	+ 1174 8445	− 9 0387	− 6902
5849·5	− 6904	− 144	− 1175 0500	+ 253	0	+ 9 3099	+ 1175 0500	− 9 3100	− 6904
5850·5	− 6907	− 144	− 1175 3238	+ 256	0	+ 9 5523	+ 1175 3238	− 9 5523	− 6907
5851·5	− 6911	− 144	− 1175 6522	+ 258	0	+ 9 7404	+ 1175 6522	− 9 7404	− 6911
5852·5	− 6915	− 144	− 1176 0126	+ 260	0	+ 9 8562	+ 1176 0126	− 9 8563	− 6916
5853·5	− 6919	− 144	− 1176 3755	+ 260	0	+ 9 8927	+ 1176 3755	− 9 8927	− 6920
5854·5	− 6923	− 144	− 1176 7084	+ 260	0	+ 9 8563	+ 1176 7084	− 9 8563	− 6924
5855·5	− 6926	− 144	− 1176 9803	+ 259	0	+ 9 7697	+ 1176 9803	− 9 7697	− 6927
5856·5	− 6929	− 144	− 1177 1688	+ 258	0	+ 9 6718	+ 1177 1688	− 9 6719	− 6929
5857·5	− 6930	− 144	− 1177 2694	+ 257	0	+ 9 6141	+ 1177 2694	− 9 6141	− 6930
5858·5	− 6930	− 144	− 1177 3031	+ 257	0	+ 9 6491	+ 1177 3031	− 9 6491	− 6931
5859·5	− 6930	− 144	− 1177 3179	+ 259	0	+ 9 8132	+ 1177 3179	− 9 8132	− 6931
5860·5	− 6931	− 144	− 1177 3785	+ 263	− 1	+ 10 1077	+ 1177 3785	− 10 1077	− 6932
5861·5	− 6933	− 144	− 1177 5429	+ 267	− 1	+ 10 4912	+ 1177 5429	− 10 4912	− 6934
5862·5	− 6937	− 144	− 1177 8379	+ 272	− 1	+ 10 8912	+ 1177 8379	− 10 8912	− 6937
5863·5	− 6941	− 144	− 1178 2470	+ 276	− 1	+ 11 2322	+ 1178 2470	− 11 2322	− 6942
5864·5	− 6947	− 144	− 1178 7199	+ 279	− 1	+ 11 4642	+ 1178 7199	− 11 4643	− 6948
5865·5	− 6953	− 143	− 1179 1951	+ 280	− 1	+ 11 5751	+ 1179 1951	− 11 5751	− 6953
5866·5	− 6958	− 143	− 1179 6204	+ 280	− 1	+ 11 5853	+ 1179 6204	− 11 5853	− 6958
5867·5	− 6962	− 143	− 1179 9643	+ 279	− 1	+ 11 5342	+ 1179 9643	− 11 5343	− 6962
5868·5	− 6965	− 143	− 1180 2169	+ 279	− 1	+ 11 4658	+ 1180 2169	− 11 4658	− 6965
5869·5	− 6967	− 143	− 1180 3864	+ 278	− 1	+ 11 4189	+ 1180 3864	− 11 4189	− 6967
5870·5	− 6968	− 143	− 1180 4925	+ 278	− 1	+ 11 4228	+ 1180 4925	− 11 4228	− 6968
5871·5	− 6969	− 143	− 1180 5616	+ 279	− 1	+ 11 4953	+ 1180 5616	− 11 4953	− 6969
5872·5	− 6969	− 143	− 1180 6231	+ 281	− 1	+ 11 6426	+ 1180 6231	− 11 6426	− 6970
5873·5	− 6970	− 143	− 1180 7054	+ 283	− 1	+ 11 8598	+ 1180 7054	− 11 8598	− 6971
5874·5	− 6972	− 143	− 1180 8332	+ 287	− 1	+ 12 1324	+ 1180 8332	− 12 1324	− 6973
5875·5	− 6974	− 143	− 1181 0248	+ 290	− 1	+ 12 4375	+ 1181 0248	− 12 4375	− 6975
5876·5	− 6977	− 143	− 1181 2894	+ 294	− 1	+ 12 7472	+ 1181 2894	− 12 7472	− 6978
5877·5	− 6981	− 143	− 1181 6258	+ 297	− 1	+ 13 0317	+ 1181 6258	− 13 0317	− 6982
5878·5	− 6986	− 143	− 1182 0217	+ 300	− 1	+ 13 2637	+ 1182 0217	− 13 2638	− 6987
5879·5	− 6991	− 143	− 1182 4549	+ 302	− 1	+ 13 4235	+ 1182 4549	− 13 4235	− 6992
5880·5	− 6996	− 143	− 1182 8961	+ 303	− 1	+ 13 5019	+ 1182 8961	− 13 5019	− 6997
5881·5	− 7001	− 143	− 1183 3130	+ 303	− 1	+ 13 5040	+ 1183 3130	− 13 5040	− 7002

Values are in units of 10^{-10}. Matrix used with ERA (B21–B24). CIP is $\mathcal{X} = \mathbf{C}_{3,1}$, $\mathcal{Y} = \mathbf{C}_{3,2}$

MATRIX ELEMENTS FOR CONVERSION FROM
GCRS TO EQUATOR AND EQUINOX OF DATE
FOR 0^h TERRESTRIAL TIME

Date 0^h TT	$M_{1,1}-1$	$M_{1,2}$	$M_{1,3}$	$M_{2,1}$	$M_{2,2}-1$	$M_{2,3}$	$M_{3,1}$	$M_{3,2}$	$M_{3,3}-1$
Nov. 16	−44096	−2723 7624	−1183 3454	+2723 7765	−37095	+10 2809	+1183 3130	−13 5040	− 7002
17	−44123	−2724 5973	−1183 7079	+2724 6113	−37118	+10 2247	+1183 6756	−13 4498	− 7006
18	−44144	−2725 2574	−1183 9946	+2725 2713	−37136	+10 1465	+1183 9626	−13 3732	− 7010
19	−44160	−2725 7270	−1184 1988	+2725 7409	−37149	+10 0903	+1184 1669	−13 3181	− 7012
20	−44170	−2726 0366	−1184 3336	+2726 0504	−37157	+10 1027	+1184 3017	−13 3312	− 7014
21	−44177	−2726 2675	−1184 4343	+2726 2815	−37164	+10 2212	+1184 4021	−13 4503	− 7015
22	−44186	−2726 5424	−1184 5541	+2726 5567	−37171	+10 4607	+1184 5212	−13 6904	− 7016
23	−44201	−2726 9952	−1184 7510	+2727 0099	−37184	+10 8022	+1184 7171	−14 0330	− 7019
24	−44224	−2727 7237	−1185 0674	+2727 7388	−37203	+11 1922	+1185 0325	−14 4247	− 7023
25	−44258	−2728 7467	−1185 5115	+2728 7624	−37231	+11 5579	+1185 4756	−14 7928	− 7028
26	−44298	−2729 9909	−1186 0515	+2730 0068	−37265	+11 8330	+1186 0147	−15 0709	− 7034
27	−44341	−2731 3186	−1186 6277	+2731 3348	−37302	+11 9823	+1186 5905	−15 2233	− 7041
28	−44382	−2732 5825	−1187 1762	+2732 5987	−37336	+12 0097	+1187 1389	−15 2537	− 7048
29	−44417	−2733 6727	−1187 6494	+2733 6888	−37366	+11 9499	+1187 6123	−15 1965	− 7053
30	−44446	−2734 5386	−1188 0254	+2734 5546	−37390	+11 8512	+1187 9885	−15 0998	− 7058
Dec. 1	−44467	−2735 1849	−1188 3061	+2735 2008	−37407	+11 7601	+1188 2695	−15 0104	− 7061
2	−44482	−2735 6554	−1188 5107	+2735 6713	−37420	+11 7125	+1188 4742	−14 9638	− 7063
3	−44494	−2736 0147	−1188 6671	+2736 0306	−37430	+11 7299	+1188 6305	−14 9820	− 7065
4	−44504	−2736 3339	−1188 8061	+2736 3499	−37439	+11 8206	+1188 7693	−15 0735	− 7067
5	−44515	−2736 6818	−1188 9575	+2736 6980	−37448	+11 9813	+1188 9202	−15 2351	− 7069
6	−44530	−2737 1182	−1189 1472	+2737 1346	−37460	+12 1991	+1189 1094	−15 4539	− 7071
7	−44548	−2737 6891	−1189 3953	+2737 7058	−37476	+12 4531	+1189 3568	−15 7092	− 7074
8	−44572	−2738 4224	−1189 7138	+2738 4395	−37496	+12 7168	+1189 6746	−15 9747	− 7078
9	−44601	−2739 3234	−1190 1050	+2739 3408	−37521	+12 9606	+1190 0651	−16 2206	− 7083
10	−44635	−2740 3715	−1190 5600	+2740 3891	−37550	+13 1556	+1190 5195	−16 4182	− 7088
11	−44673	−2741 5204	−1191 0587	+2741 5382	−37581	+13 2786	+1191 0178	−16 5439	− 7094
12	−44711	−2742 7023	−1191 5717	+2742 7202	−37614	+13 3167	+1191 5307	−16 5848	− 7100
13	−44748	−2743 8385	−1192 0648	+2743 8563	−37645	+13 2715	+1192 0239	−16 5423	− 7106
14	−44782	−2744 8534	−1192 5054	+2744 8710	−37673	+13 1612	+1192 4648	−16 4344	− 7111
15	−44809	−2745 6916	−1192 8694	+2745 7091	−37696	+13 0188	+1192 8291	−16 2940	− 7116
16	−44830	−2746 3328	−1193 1479	+2746 3501	−37713	+12 8874	+1193 1080	−16 1641	− 7119
17	−44845	−2746 8011	−1193 3515	+2746 8184	−37726	+12 8113	+1193 3118	−16 0892	− 7121
18	−44857	−2747 1664	−1193 5105	+2747 1836	−37736	+12 8269	+1193 4707	−16 1057	− 7123
19	−44869	−2747 5341	−1193 6705	+2747 5515	−37746	+12 9515	+1193 6304	−16 2311	− 7125
20	−44885	−2748 0236	−1193 8833	+2748 0413	−37760	+13 1760	+1193 8426	−16 4568	− 7128
21	−44908	−2748 7362	−1194 1928	+2748 7542	−37779	+13 4629	+1194 1513	−16 7454	− 7131
22	−44940	−2749 7204	−1194 6201	+2749 7388	−37806	+13 7532	+1194 5778	−17 0381	− 7137
23	−44981	−2750 9502	−1195 1538	+2750 9689	−37840	+13 9828	+1195 1108	−17 2706	− 7143
24	−45026	−2752 3269	−1195 7512	+2752 3457	−37878	+14 1031	+1195 7079	−17 3941	− 7150
25	−45071	−2753 7113	−1196 3520	+2753 7302	−37916	+14 0973	+1196 3087	−17 3917	− 7157
26	−45112	−2754 9704	−1196 8984	+2754 9891	−37951	+13 9835	+1196 8554	−17 2809	− 7164
27	−45146	−2756 0161	−1197 3523	+2756 0346	−37980	+13 8046	+1197 3097	−17 1045	− 7169
28	−45173	−2756 8215	−1197 7021	+2756 8398	−38002	+13 6117	+1197 6600	−16 9135	− 7173
29	−45192	−2757 4138	−1197 9595	+2757 4319	−38018	+13 4496	+1197 9178	−16 7528	− 7176
30	−45207	−2757 8545	−1198 1511	+2757 8725	−38030	+13 3483	+1198 1098	−16 6526	− 7179
31	−45219	−2758 2196	−1198 3100	+2758 2375	−38040	+13 3216	+1198 2687	−16 6268	− 7181
32	−45231	−2758 5839	−1198 4685	+2758 6019	−38050	+13 3689	+1198 4271	−16 6750	− 7183

$\mathbf{M} = \mathbf{NPB}$. Values are in units of 10^{-10}. Matrix used with GAST (B13–B20). CIP is $\mathcal{X} = M_{3,1}$, $\mathcal{Y} = M_{3,2}$.

MATRIX ELEMENTS FOR CONVERSION FROM
GCRS TO EQUATOR & CELESTIAL INTERMEDIATE ORIGIN OF DATE
FOR 0^h TERRESTRIAL TIME

Julian Date	$C_{1,1}-1$	$C_{1,2}$	$C_{1,3}$	$C_{2,1}$	$C_{2,2}-1$	$C_{2,3}$	$C_{3,1}$	$C_{3,2}$	$C_{3,3}-1$
245									
5881·5	− 7001	− 143	− 1183 3130	+303	− 1	+13 5040	+1183 3130	− 13 5040	− 7002
5882·5	− 7005	− 143	− 1183 6756	+302	− 1	+13 4498	+1183 6756	− 13 4498	− 7006
5883·5	− 7009	− 143	− 1183 9626	+301	− 1	+13 3731	+1183 9626	− 13 3732	− 7010
5884·5	− 7011	− 143	− 1184 1669	+301	− 1	+13 3180	+1184 1669	− 13 3181	− 7012
5885·5	− 7013	− 143	− 1184 3017	+301	− 1	+13 3311	+1184 3017	− 13 3312	− 7014
5886·5	− 7014	− 143	− 1184 4021	+302	− 1	+13 4502	+1184 4021	− 13 4503	− 7015
5887·5	− 7015	− 143	− 1184 5212	+305	− 1	+13 6904	+1184 5212	− 13 6904	− 7016
5888·5	− 7018	− 143	− 1184 7171	+309	− 1	+14 0330	+1184 7171	− 14 0330	− 7019
5889·5	− 7022	− 143	− 1185 0325	+314	− 1	+14 4247	+1185 0325	− 14 4247	− 7023
5890·5	− 7027	− 143	− 1185 4756	+318	− 1	+14 7928	+1185 4756	− 14 7928	− 7028
5891·5	− 7033	− 143	− 1186 0147	+321	− 1	+15 0709	+1186 0147	− 15 0709	− 7034
5892·5	− 7040	− 142	− 1186 5905	+323	− 1	+15 2233	+1186 5905	− 15 2233	− 7041
5893·5	− 7046	− 142	− 1187 1389	+323	− 1	+15 2537	+1187 1389	− 15 2537	− 7048
5894·5	− 7052	− 142	− 1187 6123	+323	− 1	+15 1965	+1187 6123	− 15 1965	− 7053
5895·5	− 7057	− 142	− 1187 9885	+322	− 1	+15 0998	+1187 9885	− 15 0998	− 7058
5896·5	− 7060	− 142	− 1188 2695	+321	− 1	+15 0103	+1188 2695	− 15 0104	− 7061
5897·5	− 7062	− 142	− 1188 4742	+320	− 1	+14 9638	+1188 4742	− 14 9638	− 7063
5898·5	− 7064	− 142	− 1188 6305	+320	− 1	+14 9820	+1188 6305	− 14 9820	− 7065
5899·5	− 7066	− 142	− 1188 7693	+321	− 1	+15 0735	+1188 7693	− 15 0735	− 7067
5900·5	− 7068	− 142	− 1188 9202	+323	− 1	+15 2351	+1188 9202	− 15 2351	− 7069
5901·5	− 7070	− 142	− 1189 1094	+326	− 1	+15 4539	+1189 1094	− 15 4539	− 7071
5902·5	− 7073	− 142	− 1189 3568	+329	− 1	+15 7092	+1189 3568	− 15 7092	− 7074
5903·5	− 7077	− 142	− 1189 6746	+332	− 1	+15 9746	+1189 6746	− 15 9747	− 7078
5904·5	− 7081	− 142	− 1190 0651	+335	− 1	+16 2206	+1190 0651	− 16 2206	− 7083
5905·5	− 7087	− 142	− 1190 5195	+337	− 1	+16 4181	+1190 5195	− 16 4182	− 7088
5906·5	− 7093	− 142	− 1191 0178	+339	− 1	+16 5439	+1191 0178	− 16 5439	− 7094
5907·5	− 7099	− 142	− 1191 5307	+339	− 1	+16 5848	+1191 5307	− 16 5848	− 7100
5908·5	− 7105	− 142	− 1192 0239	+339	− 1	+16 5423	+1192 0239	− 16 5423	− 7106
5909·5	− 7110	− 142	− 1192 4648	+338	− 1	+16 4344	+1192 4648	− 16 4344	− 7111
5910·5	− 7114	− 141	− 1192 8291	+336	− 1	+16 2940	+1192 8291	− 16 2940	− 7116
5911·5	− 7118	− 141	− 1193 1080	+334	− 1	+16 1641	+1193 1080	− 16 1641	− 7119
5912·5	− 7120	− 141	− 1193 3118	+333	− 1	+16 0892	+1193 3118	− 16 0892	− 7121
5913·5	− 7122	− 141	− 1193 4707	+334	− 1	+16 1056	+1193 4707	− 16 1057	− 7123
5914·5	− 7124	− 141	− 1193 6304	+335	− 1	+16 2311	+1193 6304	− 16 2311	− 7125
5915·5	− 7126	− 141	− 1193 8426	+338	− 1	+16 4568	+1193 8426	− 16 4568	− 7128
5916·5	− 7130	− 141	− 1194 1513	+341	− 1	+16 7454	+1194 1513	− 16 7454	− 7131
5917·5	− 7135	− 141	− 1194 5778	+345	− 1	+17 0380	+1194 5778	− 17 0381	− 7137
5918·5	− 7141	− 141	− 1195 1108	+348	− 1	+17 2705	+1195 1108	− 17 2706	− 7143
5919·5	− 7149	− 141	− 1195 7079	+349	− 2	+17 3941	+1195 7079	− 17 3941	− 7150
5920·5	− 7156	− 141	− 1196 3087	+349	− 2	+17 3916	+1196 3087	− 17 3917	− 7157
5921·5	− 7162	− 141	− 1196 8554	+348	− 1	+17 2809	+1196 8554	− 17 2809	− 7164
5922·5	− 7168	− 141	− 1197 3097	+346	− 1	+17 1045	+1197 3097	− 17 1045	− 7169
5923·5	− 7172	− 141	− 1197 6600	+343	− 1	+16 9135	+1197 6600	− 16 9135	− 7173
5924·5	− 7175	− 141	− 1197 9178	+341	− 1	+16 7528	+1197 9178	− 16 7528	− 7176
5925·5	− 7177	− 141	− 1198 1098	+340	− 1	+16 6525	+1198 1098	− 16 6526	− 7179
5926·5	− 7179	− 141	− 1198 2687	+340	− 1	+16 6267	+1198 2687	− 16 6268	− 7181
5927·5	− 7181	− 141	− 1198 4271	+340	− 1	+16 6750	+1198 4271	− 16 6750	− 7183

Values are in units of 10^{-10}. Matrix used with ERA (B21–B24). CIP is $\mathcal{X} = C_{3,1}$, $\mathcal{Y} = C_{3,2}$

The Celestial Intermediate Reference System

The IAU 2000 and 2006 resolutions very precisely define the Celestial Intermediate Reference System by the direction of its pole (CIP) and the location of its origin of right ascension (CIO) at any date in the Geocentric Celestial Reference System (GCRS). This system is often denoted as the "equator and CIO of date" which has the same pole and equator as the equator and equinox of date, however, they have different origins for right ascension. This section includes the transformations using both origins and the relationships between them.

Pole of the Celestial Intermediate Reference System

The direction of the celestial intermediate pole (CIP), which is the pole of the Celestial Intermediate Reference System (the true celestial pole of date), at any instant is defined by the transformation from the GCRS that involves the rotations for frame bias and precession-nutation.

The unit vector components of the CIP (in radians) are given by elements one and two from the third row of the following rotation matrices, namely

$$\mathcal{X} = \mathbf{C}_{3,1} = \mathbf{M}_{3,1} \quad \text{and} \quad \mathcal{Y} = \mathbf{C}_{3,2} = \mathbf{M}_{3,2}$$

and the equations for calculating $\mathbf{C}$ are given on page B49, while those for $\mathbf{M}$ are given on page B50. Alternatively, $\mathcal{X}$ and $\mathcal{Y}$ may be calculated directly using

$$\mathcal{X} = \sin\epsilon \sin\psi \cos\bar{\gamma} - (\sin\epsilon \cos\psi \cos\bar{\phi} - \cos\epsilon \sin\bar{\phi}) \sin\bar{\gamma}$$
$$\mathcal{Y} = \sin\epsilon \sin\psi \sin\bar{\gamma} + (\sin\epsilon \cos\psi \cos\bar{\phi} - \cos\epsilon \sin\bar{\phi}) \cos\bar{\gamma}$$

where $\bar{\gamma}$, $\bar{\phi}$, ψ and ϵ include the effects of frame bias, precession and nutation (see page B56). $\mathcal{X}$ and $\mathcal{Y}$ are tabulated, in radians, at 0^h TT on even pages B30–B44, on odd pages B31–B45, and in arcseconds on pages B58–B65. The equations above may also be used to calculate the coordinates of the mean pole by ignoring nutation, that is by replacing ψ by $\bar{\psi}$ and ϵ by ϵ_A.

The position $(\mathcal{X}, \mathcal{Y})$ of the CIP, expressed in arcseconds, accurate to $0\!''\!0001$, may also be calculated from the following series expansions,

$$\mathcal{X} = -0\!''\!016\,617 + 2004\!''\!191\,898\,T - 0\!''\!429\,7829\,T^2$$
$$- 0\!''\!198\,618\,34\,T^3 + 7\!''\!578 \times 10^{-6}\,T^4 + 5\!''\!9285 \times 10^{-6}\,T^5$$
$$+ \sum_{j,i} [(a_{s,j})_i\,T^j \sin(\text{ARGUMENT}) + (a_{c,j})_i\,T^j \cos(\text{ARGUMENT})] + \cdots$$

$$\mathcal{Y} = -0\!''\!006\,951 - 0\!''\!025\,896\,T - 22\!''\!407\,2747\,T^2$$
$$+ 0\!''\!001\,900\,59\,T^3 + 0\!''\!001\,112\,526\,T^4 + 0\!''\!1358 \times 10^{-6}\,T^5$$
$$+ \sum_{j,i} [(b_{c,j})_i\,T^j \cos(\text{ARGUMENT}) + (b_{s,j})_i\,T^j \sin(\text{ARGUMENT})] + \cdots$$

where T is measured in TT Julian centuries from J2000·0 and the coefficients and arguments may be downloaded from the CDS (see *The Astronomical Almanac Online* for the web link).

Approximate formulae for the Celestial Intermediate Pole

The following formulae may be used to compute $\mathcal{X}$ and $\mathcal{Y}$ to a precision of $0\!''\!2$ during 2011:

$$\mathcal{X} = 220\!''\!36 + 0\!''\!0549\,d \qquad\qquad \mathcal{Y} = -0\!''\!28$$
$$- 6\!''\!8 \sin\Omega - 0\!''\!5 \sin 2L \qquad\qquad + 9\!''\!2 \cos\Omega + 0\!''\!6 \cos 2L$$

where $\Omega = 272\!°\!4 - 0\cdot053\,d$, $L = 279\!°\!3 + 0\cdot986\,d$ and d is the day of the year and fraction of the day in the TT time scale.

Origin of the Celestial Intermediate Reference System

The CIO locator s, positions the celestial intermediate origin (CIO) on the equator of the Celestial Intermediate Reference System. It is the difference in the right ascension of the node of the equators in the GCRS and the Celestial Intermediate Reference System (see page B9). The CIO locator s is tabulated daily at 0^h TT, in arcseconds, on pages B58–B65.

The location of the CIO may be represented by $s + \mathcal{X}\mathcal{Y}/2$, the series of which is downloadable from the CDS (see *The Astronomical Almanac Online* for the web link). However, the definition and table below include all terms exceeding 0.5μas during the interval 1975–2025.

$$s = -\mathcal{X}\mathcal{Y}/2 + 94'' \times 10^{-6} + \sum_k C_k \sin A_k$$
$$+ (+0\rlap{.}''003\,808\,65 + 1\rlap{.}''73 \times 10^{-6} \sin \Omega + 3\rlap{.}''57 \times 10^{-6}\cos 2\Omega)\, T$$
$$+ (-0\rlap{.}''000\,122\,68 + 743\rlap{.}''52 \times 10^{-6} \sin \Omega - 8\rlap{.}''85 \times 10^{-6}\sin 2\Omega)$$
$$+ 56\rlap{.}''91 \times 10^{-6} \sin 2(F - D + \Omega) + 9\rlap{.}''84 \times 10^{-6} \sin 2(F + \Omega))\, T^2$$
$$- 0\rlap{.}''072\,574\,11\, T^3 + 27\rlap{.}''98 \times 10^{-6}\, T^4 + 15\rlap{.}''62 \times 10^{-6}\, T^5$$

where $\mathcal{X}$, $\mathcal{Y}$ (expressed in radians) is the position of the CIP at the required TT instant, and T is the interval in TT Julian centuries from J2000·0. Also tabulated are the "complementary" terms C_k', part of the equation of the equinoxes, (see page B10) which contribute to Greenwich apparent sidereal time.

Terms for the Series Parts of s and the Equation of the Equinoxes

k	Coefficient C_k for s ''	Argument A_k	Coefficient C_k' for E_e ''	k	Coefficient C_k, C_k' for s, E_e ''	Argument A_k
1	−0·002 640 73	Ω	−0·002 640 96	7	−0·000 001 98	$2F + \Omega$
2	−0·000 063 53	2Ω	−0·000 063 52	8	+0·000 001 72	3Ω
3	−0·000 011 75	$2F - 2D + 3\Omega$	−0·000 011 75	9	+0·000 001 41	$l' + \Omega$
4	−0·000 011 21	$2F - 2D + \Omega$	−0·000 011 21	10	+0·000 001 26	$l' - \Omega$
5	+0·000 004 57	$2F - 2D + 2\Omega$	+0·000 004 55	11	+0·000 000 63	$l + \Omega$
6	−0·000 002 02	$2F + 3\Omega$	−0·000 002 02	12	+0·000 000 63	$l - \Omega$

where the expressions for the fundamental arguments are

$$l = 134\rlap{.}°963\,402\,51 + 1\,717\,915\,923\rlap{.}''2178\,T + 31\rlap{.}''8792\,T^2 + 0\rlap{.}''051\,635\,T^3 - 0\rlap{.}''000\,244\,70\,T^4$$
$$l' = 357\rlap{.}°529\,109\,18 + 129\,596\,581\rlap{.}''0481\,T - 0\rlap{.}''5532\,T^2 + 0\rlap{.}''000\,136\,T^3 - 0\rlap{.}''000\,011\,49\,T^4$$
$$F = 93\rlap{.}°272\,090\,62 + 1\,739\,527\,262\rlap{.}''8478\,T - 12\rlap{.}''7512\,T^2 - 0\rlap{.}''001\,037\,T^3 + 0\rlap{.}''000\,004\,17\,T^4$$
$$D = 297\rlap{.}°850\,195\,47 + 1\,602\,961\,601\rlap{.}''2090\,T - 6\rlap{.}''3706\,T^2 + 0\rlap{.}''006\,593\,T^3 - 0\rlap{.}''000\,031\,69\,T^4$$
$$\Omega = 125\rlap{.}°044\,555\,01 - 6\,962\,890\rlap{.}''5431\,T + 7\rlap{.}''4722\,T^2 + 0\rlap{.}''007\,702\,T^3 - 0\rlap{.}''000\,059\,39\,T^4$$

Approximate position of the Celestial Intermediate Origin

The CIO locator s may be ignored (i.e. set $s = 0$) in the interval 1963 to 2031 if accuracies no better than $0\rlap{.}''01$ are acceptable.

During 2011, $s + \mathcal{X}\mathcal{Y}/2$ may be computed to a precision of 7×10^{-5} arcseconds from

$$s + \mathcal{X}\mathcal{Y}/2 = 0\rlap{.}''000\,41 - 0\rlap{.}''0026 \sin(272\rlap{.}°4 - 0·053\,d) - 0\rlap{.}''0001 \sin(184\rlap{.}°7 - 0·106\,d)$$

where $\mathcal{X}$ and $\mathcal{Y}$ are expressed in radians (page B46 gives an approximation) and d is the day of the year and fraction of the day in the TT time scale.

Reduction from the GCRS

The transformation from the GCRS to the terrestrial reference system applies rotations for frame bias, the effects of precession and nutation, and Earth rotation. It is only the origin of right ascension and whether ERA or GAST is used to obtain a position with respect to the terrestrial system, that differ.

The following shows the matrix transformations to both the Celestial Intermediate Reference System (based on the CIP and CIO) and the traditional equator and equinox of date system (based on the CIP and equinox). This is followed by considering frame bias, precession, nutation, and the angles and rotations that represent these effects.

Summary of the CIP and the relationships between various origins

The CIP is the pole of both the Celestial Intermediate Reference System and the system of the the equator and equinox of date. The transformation from the GCRS to either of these systems and to the Terrestrial Intermediate Reference System may be represented by

$$\mathscr{R}_\beta = \mathbf{R}_3(-\beta)\,\mathscr{R}_\Sigma$$

where the matrix $\mathscr{R}_\Sigma$ transforms position vectors from the GCRS equator and origin (see diagram on page B9) to the "of date" system defined by the CIP and β determines the origin to be used and thus the method (see Capitaine, N., and Wallace, P.T., *Astron. Astrophys.*, **450**, 855-872, 2006). Thus listing the matrix relationships by method (i.e. value of β) gives:

CIO Method	Equinox Method
$\beta = s$	$\beta = s - E_o$
$\mathscr{R}_\beta = \mathbf{R}_3(-s)\,\mathscr{R}_\Sigma$	$\mathscr{R}_\beta = \mathbf{R}_3(-s + E_o)\,\mathscr{R}_\Sigma$
$= \mathbf{C}$	$= \mathbf{M} \equiv \mathbf{NPB}$

where s is the CIO locator (see page B47), E_o is the equation of the origins (see page B10), and the matrices $\mathbf{C}$, $\mathscr{R}_\Sigma$ and $\mathbf{M}$ are defined on pages B49 and B50, respectively.

When β includes the Earth Rotation angle, or Greenwich apparent sidereal time, then coordinates with respect to the terrestrial intermediate origin are the result. Finally, longitude may be included, then the coordinates will be relative to the observers prime meridian.

CIO Method	Equinox Method
$\beta = s - \theta - \lambda$	$\beta = s - E_o - \text{GAST} - \lambda$
$\mathscr{R}_\beta = \mathbf{R}_3(\lambda + \theta - s)\,\mathscr{R}_\Sigma$	$\mathscr{R}_\beta = \mathbf{R}_3(\lambda + \text{GAST} - s + E_o)\,\mathscr{R}_\Sigma$
$= \mathbf{R}_3(\lambda + \theta)\,\mathbf{C}$	$= \mathbf{R}_3(\lambda + \text{GAST})\,\mathbf{M}$
$= \mathbf{Q}$	$= \mathbf{Q}$

where east longitudes are positive. The above ignores the small corrections for polar motion that are required in the reduction of very precise observations; they are (i) alignment of the terrestrial intermediate origin onto the longitude origin ($\lambda_{\text{ITRS}} = 0$) of the International Terrestrial Reference System, and (ii) for the positioning of the CIP within ITRS, (see page B84).

The equation of the origins, the relationship between the two systems may be calculated using

$$\mathbf{M} = \mathbf{R}_3(-s + E_o)\,\mathscr{R}_\Sigma \qquad \text{and thus} \qquad E_o = s - \tan^{-1}\frac{\mathbf{M}_j \cdot \mathscr{R}_{\Sigma_i}}{\mathbf{M}_i \cdot \mathscr{R}_{\Sigma_i}}$$

where $\mathbf{M}_i$ and $\mathbf{M}_j$ are the first two rows of $\mathbf{M}$, $\mathscr{R}_{\Sigma_i}$ is the first row of $\mathscr{R}_\Sigma$ and $\cdot$ denotes the dot or scalar product. See also page B10 for an alternative method.

CIO Method of Reduction from the GCRS — rigorous formulae

Given an equatorial geocentric position vector $\mathbf{r}$ of an object with respect to the GCRS, then $\mathbf{r}_i$, its position with respect to the Celestial Intermediate Reference System, is given by

$$\mathbf{r}_i = \mathbf{C}\,\mathbf{r} \quad \text{and} \quad \mathbf{r} = \mathbf{C}^{-1}\,\mathbf{r}_i = \mathbf{C}'\,\mathbf{r}_i$$

The matrix $\mathbf{C}$ is tabulated daily at 0^h TT on odd numbered pages B31–B45, and is calculated thus

$$\mathbf{C}(\mathcal{X}, \mathcal{Y}, s) = \mathbf{R}_3(-[E+s])\,\mathbf{R}_2(d)\,\mathbf{R}_3(E) = \mathbf{R}_3(-s)\,\mathcal{R}_\Sigma$$

where the quantities $\mathcal{X}$, $\mathcal{Y}$, are the coordinates of the CIP, (expressed in radians), and the relationships between $\mathcal{X}$, $\mathcal{Y}$, $\mathcal{Z}$, E and d are:

$$\mathcal{X} = \sin d \cos E = \mathbf{M}_{3,1} = \mathbf{C}_{3,1} \qquad\qquad E = \tan^{-1}(\mathcal{Y}/\mathcal{X})$$
$$\mathcal{Y} = \sin d \sin E = \mathbf{M}_{3,2} = \mathbf{C}_{3,2}$$
$$\mathcal{Z} = \cos d = \sqrt{(1 - \mathcal{X}^2 - \mathcal{Y}^2)} \qquad\qquad d = \tan^{-1}\left(\frac{\mathcal{X}^2 + \mathcal{Y}^2}{1 - \mathcal{X}^2 - \mathcal{Y}^2}\right)^{\frac{1}{2}}$$

$\mathcal{X}$, $\mathcal{Y}$ and s are given on pages B46-B47 and tabulated, in arcseconds, daily at 0^h TT on pages B58–B65.

The matrix $\mathbf{C}$ transforms positions to the Celestial Intermediate Reference System, with the CIO being located by the rotation $\mathbf{R}_3(-s)$, and $\mathcal{R}_\Sigma$, the transformation from the GCRS equator to the equator of date being given by

$$\mathcal{R}_\Sigma = \begin{pmatrix} 1 - a\mathcal{X}^2 & -a\mathcal{X}\mathcal{Y} & -\mathcal{X} \\ -a\mathcal{X}\mathcal{Y} & 1 - a\mathcal{Y}^2 & -\mathcal{Y} \\ \mathcal{X} & \mathcal{Y} & 1 - a(\mathcal{X}^2 + \mathcal{Y}^2) \end{pmatrix} = \begin{pmatrix} \mathcal{R}_{\Sigma_i} \\ \mathcal{R}_{\Sigma_k} \times \mathcal{R}_{\Sigma_i} \\ \mathcal{R}_{\Sigma_k} \end{pmatrix}$$

where $a = 1/(1 + \mathcal{Z})$. $\mathcal{R}_{\Sigma_i}$ is the unit vector pointing towards Σ (see diagram on page B9) that is obtained from the elements of the first row of $\mathcal{R}_\Sigma$ and similarly $\mathcal{R}_{\Sigma_k}$ is the unit vector pointing towards the CIP. Note that $\mathcal{R}_{\Sigma_k} = \mathbf{M}_k$ (see page B50).

Approximate reduction from GCRS to the Celestial Intermediate Reference System

The matrix $\mathbf{C}$ given below together with the approximate formulae for $\mathcal{X}$ and $\mathcal{Y}$ on page B46 (expressed in radians) may be used when the resulting position is required to no better than $0\rlap{.}''2$ during 2011:

$$\mathbf{C} = \begin{pmatrix} 1 - \mathcal{X}^2/2 & 0 & -\mathcal{X} \\ 0 & 1 & -\mathcal{Y} \\ \mathcal{X} & \mathcal{Y} & 1 - \mathcal{X}^2/2 \end{pmatrix}$$

Thus the position vector $\mathbf{r}_i = (x_i, y_i, z_i)$ with respect to the Celestial Intermediate Reference System (equator and CIO of date) may be calculated from the geocentric position vector $\mathbf{r} = (r_x, r_y, r_z)$ with respect to the GCRS using

$$\mathbf{r}_i = \mathbf{C}\,\mathbf{r}$$

therefore using the approximate matrix

$$x_i = (1 - \mathcal{X}^2/2)\,r_x \qquad\qquad -\mathcal{X}\,r_z$$
$$y_i = \qquad\qquad r_y \qquad -\mathcal{Y}\,r_z$$
$$z_i = \qquad \mathcal{X}\,r_x + \mathcal{Y}\,r_y + (1 - \mathcal{X}^2/2)\,r_z$$

and thus

$$\alpha_i = \tan^{-1}(y_i/x_i) \qquad\qquad \delta = \tan^{-1}\left(z_i/\sqrt{(x_i^2 + y_i^2)}\right)$$

where α_i, δ, are the intermediate right ascension and declination, and the quadrant of α_i is determined by the signs of x_i and y_i.

During 2011, the $\mathcal{X}^2$ term may be dropped without significant loss of accuracy.

Equinox Method of reduction from the GCRS — rigorous formulae

The reduction from a geocentric position $\mathbf{r}$ with respect to the Geocentric Celestial Reference System (GCRS) to a position $\mathbf{r}_t$ with respect to the equator and equinox of date, and vice versa, is given by:

$$\mathbf{r}_t = \mathbf{M}\,\mathbf{r} \quad \text{and} \quad \mathbf{r} = \mathbf{M}^{-1}\,\mathbf{r}_t = \mathbf{M}'\,\mathbf{r}_t$$

Using the 4-rotation Fukishma-Willams (F-W) method, the rotation matrix $\mathbf{M}$ may be written as

$$\mathbf{M} = \mathbf{R}_1(-[\epsilon_A + \Delta\epsilon])\,\mathbf{R}_3(-[\bar\psi + \Delta\psi])\,\mathbf{R}_1(\bar\phi)\,\mathbf{R}_3(\bar\gamma) = \begin{pmatrix} \mathbf{M}_i \\ \mathbf{M}_j \\ \mathbf{M}_k \end{pmatrix} = \mathbf{N}\,\mathbf{P}\,\mathbf{B}$$

where the angles $\bar\gamma$, $\bar\phi$, $\bar\psi$ combine the frame bias with the effects of precession (see page B56). Nutation is applied by adding the nutations in longitude ($\delta\psi$) and obliquity ($\Delta\epsilon$) (see page B55) to $\bar\psi$ and ϵ_A, respectively. Pages B50–B56 give the formulae for calculating the matrices $\mathbf{B}$, $\mathbf{P}$ and $\mathbf{N}$ individually using the traditional angles and rotations.

The elements of the rows of $\mathbf{M}$ represent unit vectors pointing in the directions of the x, y and z axes of the equator and equinox of date system. Thus the elements of the first row are the components of the unit vector in the direction of the true equinox,

$$\mathbf{M}_i = \begin{pmatrix} \mathbf{M}_{1,1} \\ \mathbf{M}_{1,2} \\ \mathbf{M}_{1,3} \end{pmatrix} = \begin{pmatrix} \cos\psi\cos\bar\gamma + \sin\psi\cos\bar\phi\sin\bar\gamma \\ \cos\psi\sin\bar\gamma - \sin\psi\cos\phi\cos\bar\gamma \\ -\sin\psi\sin\bar\phi \end{pmatrix}$$

The second row of elements defines the unit vector in the direction of the y-axis, in the plane $90°$ from the x-z plane, i.e. the plane of the equator of date, and is given by

$$\mathbf{M}_j = \mathbf{M}_k \times \mathbf{M}_i$$

$$= \begin{pmatrix} \mathbf{M}_{2,1} \\ \mathbf{M}_{2,2} \\ \mathbf{M}_{2,3} \end{pmatrix} = \begin{pmatrix} \cos\epsilon\sin\psi\cos\bar\gamma - (\cos\epsilon\cos\psi\cos\bar\phi + \sin\epsilon\sin\bar\phi)\sin\bar\gamma \\ \cos\epsilon\sin\psi\sin\bar\gamma + (\cos\epsilon\cos\psi\cos\phi + \sin\epsilon\sin\phi)\cos\bar\gamma \\ \cos\epsilon\cos\psi\sin\bar\phi - \sin\epsilon\cos\bar\phi \end{pmatrix}$$

Lastly, the elements of the third row are the components of the unit vector pointing in the direction of the celestial intermediate pole, thus

$$\mathbf{M}_k = \begin{pmatrix} \mathbf{M}_{3,1} \\ \mathbf{M}_{3,2} \\ \mathbf{M}_{3,3} \end{pmatrix} = \begin{pmatrix} x \\ y \\ z \end{pmatrix} = \begin{pmatrix} \sin\epsilon\sin\psi\cos\bar\gamma - (\sin\epsilon\cos\psi\cos\bar\phi - \cos\epsilon\sin\bar\phi)\sin\bar\gamma \\ \sin\epsilon\sin\psi\sin\bar\gamma + (\sin\epsilon\cos\psi\cos\phi - \cos\epsilon\sin\phi)\cos\bar\gamma \\ \sin\epsilon\cos\psi\cos\bar\phi + \cos\epsilon\cos\bar\phi \end{pmatrix}$$

Reduction from GCRS to J2000 — frame bias — rigorous formulae

Positions of objects with respect to the GCRS must be rotated to the J2000·0 dynamical system before precession and nutation are applied. Objects whose positions are given with respect to another system, e.g. FK5, may first be transformed to the GCRS before using the methods given here. An GCRS position $\mathbf{r}$ may be transformed to a J2000·0 or FK5 position $\mathbf{r}_0$ and vice versa, as follows,

$$\mathbf{r}_0 = \mathbf{B}\,\mathbf{r} \quad \text{and} \quad \mathbf{r} = \mathbf{B}^{-1}\mathbf{r}_0 = \mathbf{B}'\mathbf{r}_0$$

where $\mathbf{B}$ is the frame bias matrix.

Reduction from GCRS to J2000 — frame bias — rigorous formulae (continued)

There are two sets of parameters that may be used to generate **B**. There are η_0, ξ_0 and $d\alpha_0$ which appeared in the literature first, or those consistent with the Fukishma-Williams precession parameterization, γ_B, ϕ_B and ψ_B.

Offsets of the Pole and Origin at J2000·0

Rotation From	η_0 mas	ξ_0 mas	$d\alpha_0$ mas	F-W IAU 2006 γ_B mas	ϕ_B mas	ψ_B mas
GCRS to J2000·0	− 6·8192	−16·617	−14·6	52·928	6·891	41·775
GCRS to FK5	−19·9	+ 9·1	−22·9			

where η_0, ξ_0 are the offsets from the pole together with the shift in right ascension origin ($d\alpha_0$). The IAU 2006 offsets, γ_B, ϕ_B and ψ_B are extracted from the IAU WGPE report and are consistent with F-W method of rotations:

$$\mathbf{B} = \mathbf{R}_3(-\psi_B)\,\mathbf{R}_1(\phi_B)\,\mathbf{R}_3(\gamma_B)$$

Alternatively

$$\mathbf{B} = \mathbf{R}_1(-\eta_0)\,\mathbf{R}_2(\xi_0)\,\mathbf{R}_3(d\alpha_0) \quad \mathbf{B}^{-1} = \mathbf{R}_3(-d\alpha_0)\,\mathbf{R}_2(-\xi_0)\,\mathbf{R}_1(+\eta_0)$$

where in terms of corrections provided by the IAU 2000 precession-nutation theory, $\delta\epsilon_0 = \eta_0$ and $\xi_0 = -41·775 \sin(23° 26' 21''\!·448) = -16·617$ mas.

Evaluating the matrix for GCRS to J2000·0 gives

$$\mathbf{B} = \begin{pmatrix} +0·9999\ 9999\ 9999\ 9942 & -0·0000\ 0007\ 1 & +0·0000\ 0008\ 056 \\ +0·0000\ 0007\ 1 & +0·9999\ 9999\ 9999\ 9969 & +0·0000\ 0003\ 306 \\ -0·0000\ 0008\ 056 & -0·0000\ 0003\ 306 & +0·9999\ 9999\ 9999\ 9962 \end{pmatrix}$$

where the number of digits is determined by the accuracy of the offsets.

Approximate reduction from GCRS to J2000

Since the rotations to orient the GCRS to J2000·0 system are small the following approximate matrix, accurate to $2'' \times 10^{-9}$ (1×10^{-14} radians), may be used:

$$\mathbf{B} = \begin{pmatrix} 1 & d\alpha_0 & -\xi_0 \\ -d\alpha_0 & 1 & -\eta_0 \\ \xi_0 & \eta_0 & 1 \end{pmatrix}$$

where η_0, ξ_0 and $d\alpha_0$ are the offsets of the pole and the origin (expressed in radians) from J2000·0 given in the table above.

Reduction for precession—rigorous formulae

Rigorous formulae for the reduction of mean equatorial positions from J2000·0 (t_0) to epoch of date t, and vice versa, are as follows:

For equatorial rectangular coordinates (x_0, y_0, z_0), or direction cosines ($\mathbf{r}_0$),

$$\mathbf{r}_m = \mathbf{P}\,\mathbf{r}_0 \qquad \mathbf{r}_0 = \mathbf{P}^{-1}\,\mathbf{r}_m = \mathbf{P}'\,\mathbf{r}_m$$

where

$$\begin{aligned} \mathbf{P} &= \mathbf{R}_1(-\epsilon_A)\,\mathbf{R}_3(-\psi_J)\,\mathbf{R}_1(\phi_J)\,\mathbf{R}_3(\gamma_J) \\ &= \mathbf{R}_3(\chi_A)\,\mathbf{R}_1(-\omega_A)\,\mathbf{R}_3(-\psi_A)\,\mathbf{R}_1(\epsilon_0) \\ &= \mathbf{R}_3(-z_A)\,\mathbf{R}_2(\theta_A)\,\mathbf{R}_3(-\zeta_A) \end{aligned}$$

and $\mathbf{r}_m$ is the position vector precessed from t_0 to the mean equinox at t.

The angles given in this section precess positions from J2000·0 to date and therefore do not include the frame bias, which is only needed when positions are with respect to the GCRS.

Reduction for precession—rigorous formulae (continued)

For all the precession angles given in this section the time argument T is given by

$$T = (t - 2000 \cdot 0)/100 = (JD_{TT} - 245\ 1545 \cdot 0)/36\ 525$$

which is a function of TT. Strictly speaking precession angles should be a function of TDB, but this makes no significant difference.

The 4-rotation Fukushima-Williams (F-W) method using angles γ_J, ϕ_J, ψ_J, and ϵ_A, are

$$\gamma_J = 10\rlap{.}{''}556\ 403\ T + 0\rlap{.}{''}493\ 2044\ T^2 - 0\rlap{.}{''}000\ 312\ 38\ T^3$$
$$- 2\rlap{.}{''}788 \times 10^{-6}\ T^4 + 2\rlap{.}{''}60 \times 10^{-8}\ T^5$$

$$\phi_J = \epsilon_0 - 46\rlap{.}{''}811\ 015\ T + 0\rlap{.}{''}051\ 1269\ T^2 + 0\rlap{.}{''}000\ 532\ 89\ T^3$$
$$- 0\rlap{.}{''}440 \times 10^{-6}\ T^4 - 1\rlap{.}{''}76 \times 10^{-8}\ T^5$$

$$\psi_J = 5038\rlap{.}{''}481\ 507\ T + 1\rlap{.}{''}558\ 4176\ T^2 - 0\rlap{.}{''}000\ 185\ 22\ T^3$$
$$- 26\rlap{.}{''}452 \times 10^{-6}\ T^4 - 1\rlap{.}{''}48 \times 10^{-8}\ T^5$$

$$\epsilon_A = \epsilon_0 - 46\rlap{.}{''}836\ 769\ T - 0\rlap{.}{''}000\ 1831\ T^2 + 0\rlap{.}{''}002\ 003\ 40\ T^3$$
$$- 0\rlap{.}{''}576 \times 10^{-6}\ T^4 - 4\rlap{.}{''}34 \times 10^{-8}\ T^5$$

where $\epsilon_0 = 84\ 381\rlap{.}{''}406 = 23° 26' 21\rlap{.}{''}406$ is the obliquity of the ecliptic with respect to the dynamical equinox at J2000 and ϵ_A is the obliquity of the ecliptic with respect to the mean equator of date; equivalently

$$\epsilon_A = 23°439\ 279\ 4444 - 0°013\ 010\ 213\ 61\ T - 5°0861 \times 10^{-8}\ T^2$$
$$+ 5°565 \times 10^{-7}\ T^3 - 1°6 \times 10^{-10}\ T^4 - 1°2056 \times 10^{-11}\ T^5$$

The precession matrix for the F-W precession angles, which includes how to incorporate the frame bias and nutation, is described on page B56.

The Capitaine *et al.* method, the formulation of which cleanly separates precession of the equator from precession of the ecliptic, is via the precession angles χ_A, ω_A, ψ_A, which are

$$\psi_A = 5038\rlap{.}{''}481\ 507\ T - 1\rlap{.}{''}079\ 0069\ T^2 - 0\rlap{.}{''}001\ 140\ 45\ T^3$$
$$+ 0\rlap{.}{''}000\ 132\ 851\ T^4 - 9\rlap{.}{''}51 \times 10^{-8}\ T^5$$

$$\omega_A = \epsilon_0 - 0\rlap{.}{''}025\ 754\ T + 0\rlap{.}{''}051\ 2623\ T^2 - 0\rlap{.}{''}007\ 725\ 03\ T^3$$
$$- 0\rlap{.}{''}000\ 000\ 467\ T^4 + 33\rlap{.}{''}37 \times 10^{-8}\ T^5$$

$$\chi_A = 10\rlap{.}{''}556\ 403\ T - 2\rlap{.}{''}381\ 4292\ T^2 - 0\rlap{.}{''}001\ 211\ 97\ T^3$$
$$+ 0\rlap{.}{''}000\ 170\ 663\ T^4 - 5\rlap{.}{''}60 \times 10^{-8}\ T^5$$

where the precession matrix using χ_A, ω_A, ψ_A and ϵ_0 is

$$\mathbf{P} = \begin{pmatrix} C_4C_2 - S_2S_4C_3 & C_4S_2C_1 + S_4C_3C_2C_1 - S_1S_4S_3 & C_4S_2S_1 + S_4C_3C_2S_1 + C_1S_4S_3 \\ -S_4C_2 - S_2C_4C_3 & -S_4S_2C_1 + C_4C_3C_2C_1 - S_1C_4S_3 & -S_4S_2S_1 + C_4C_3C_2S_1 + C_1C_4S_3 \\ S_2S_3 & -S_3C_2C_1 - S_1C_3 & -S_3C_2S_1 + C_3C_1 \end{pmatrix}$$

where
$$S_1 = \sin\epsilon_0 \quad S_2 = \sin(-\psi_A) \quad S_3 = \sin(-\omega_A) \quad S_4 = \sin\chi_A$$
$$C_1 = \cos\epsilon_0 \quad C_2 = \cos(-\psi_A) \quad C_3 = \cos(-\omega_A) \quad C_4 = \cos\chi_A$$

The traditional equatorial precession angles ζ_A, z_A, θ_A are

$$\zeta_A = +2\rlap{.}{''}650\ 545 + 2306\rlap{.}{''}083\ 227\ T + 0\rlap{.}{''}298\ 8499\ T^2 + 0\rlap{.}{''}018\ 018\ 28\ T^3$$
$$- 5\rlap{.}{''}971 \times 10^{-6}\ T^4 - 3\rlap{.}{''}173 \times 10^{-7}\ T^5$$

$$z_A = -2\rlap{.}{''}650\ 545 + 2306\rlap{.}{''}077\ 181\ T + 1\rlap{.}{''}092\ 7348\ T^2 + 0\rlap{.}{''}018\ 268\ 37\ T^3$$
$$- 28\rlap{.}{''}596 \times 10^{-6}\ T^4 - 2\rlap{.}{''}904 \times 10^{-7}\ T^5$$

$$\theta_A = 2004\rlap{.}{''}191\ 903\ T - 0\rlap{.}{''}429\ 4934\ T^2 - 0\rlap{.}{''}041\ 822\ 64\ T^3$$
$$- 7\rlap{.}{''}089 \times 10^{-6}\ T^4 - 1\rlap{.}{''}274 \times 10^{-7}\ T^5$$

Reduction for precession—rigorous formulae (continued)

The precession matrix using ζ_A, z_A, θ_A is

$$\mathbf{P} = \begin{pmatrix} \cos\zeta_A\cos\theta_A\cos z_A - \sin\zeta_A\sin z_A & -\sin\zeta_A\cos\theta_A\cos z_A - \cos\zeta_A\sin z_A & -\sin\theta_A\cos z_A \\ \cos\zeta_A\cos\theta_A\sin z_A + \sin\zeta_A\cos z_A & -\sin\zeta_A\cos\theta_A\sin z_A + \cos\zeta_A\cos z_A & -\sin\theta_A\sin z_A \\ \cos\zeta_A\sin\theta_A & -\sin\zeta_A\sin\theta_A & \cos\theta_A \end{pmatrix}$$

For right ascension and declination in terms of ζ_A, z_A, θ_A:

$$\sin(\alpha - z_A)\cos\delta = \sin(\alpha_0 + \zeta_A)\cos\delta_0$$
$$\cos(\alpha - z_A)\cos\delta = \cos(\alpha_0 + \zeta_A)\cos\theta_A\cos\delta_0 - \sin\theta_A\sin\delta_0$$
$$\sin\delta = \cos(\alpha_0 + \zeta_A)\sin\theta_A\cos\delta_0 + \cos\theta_A\sin\delta_0$$

$$\sin(\alpha_0 + \zeta_A)\cos\delta_0 = \sin(\alpha - z_A)\cos\delta$$
$$\cos(\alpha_0 + \zeta_A)\cos\delta_0 = \cos(\alpha - z_A)\cos\theta_A\cos\delta + \sin\theta_A\sin\delta$$
$$\sin\delta_0 = -\cos(\alpha - z_A)\sin\theta_A\cos\delta + \cos\theta_A\sin\delta$$

where ζ_A, z_A, θ_A, given above, are angles that serve to specify the position of the mean equator and equinox of date with respect to the mean equator and equinox of J2000·0.

Values of all the angles and the elements of $\mathbf{P}$ for reduction from J2000·0 to epoch and mean equinox of the middle of the year (J2011·5) are as follows:

F-W Precession Angles γ_J, ϕ_J, ψ_J, and ϵ_A

$$\gamma_J = +1''22 = +0°000\ 339 \qquad \phi_J = +843\ 76''02 = +23°437\ 784$$
$$\psi_J = +579''45 = +0°160\ 957 \qquad \epsilon_A = 23°\ 26'\ 16''02 = 23°437\ 783$$

Precession Angles ζ_A, z_A, θ_A | Precession Angles ψ_A, ω_A, χ_A

$$\zeta_A = +267''85 = +0°074\ 404 \qquad \psi_A = +579''41 = +0°160\ 948$$
$$z_A = +262''56 = +0°072\ 934 \qquad \omega_A = +843\ 81''40 = +23°439\ 279$$
$$\theta_A = +230''48 = +0°064\ 021 \qquad \chi_A = +1''18 = +0°000\ 328$$

The rotation matrix for precession from J2000·0 to J2011·5 is

$$\mathbf{P} = \begin{pmatrix} +0·999\ 996\ 069 & -0·002\ 571\ 530 & -0·001\ 117\ 380 \\ +0·002\ 571\ 530 & +0·999\ 996\ 694 & -0·000\ 001\ 422 \\ +0·001\ 117\ 380 & -0·000\ 001\ 451 & +0·999\ 999\ 376 \end{pmatrix}$$

The precessional motion of the ecliptic is specified by the inclination (π_A) and longitude of the node (Π_A) of the ecliptic of date with respect to the ecliptic and equinox of J2000·0; they are given by:

$$\sin\pi_A\sin\Pi_A = +\ 4''199\ 094\ T + 0''193\ 9873\ T^2 - 0''000\ 224\ 66\ T^3$$
$$- 9''12\times10^{-7}\ T^4 + 1''20\times10^{-8}\ T^5$$
$$\sin\pi_A\cos\Pi_A = -46''811\ 015\ T + 0''051\ 0283\ T^2 + 0''000\ 524\ 13\ T^3$$
$$- 6''46\times10^{-7}\ T^4 - 1''72\times10^{-8}\ T^5$$

π_A is a small angle, and often π_A replaces $\sin\pi_A$.

For epoch J2011·5
$$\pi_A = +5''404 = 0°001\ 5012$$
$$\Pi_A = 174°\ 50'8 = 174°846$$

Reduction for precession—approximate formulae

Approximate formulae for the reduction of coordinates and orbital elements referred to the mean equinox and equator or ecliptic of date (t) are as follows:

For reduction to J2000·0

$$\alpha_0 = \alpha - M - N \sin \alpha_m \tan \delta_m$$
$$\delta_0 = \delta - N \cos \alpha_m$$
$$\lambda_0 = \lambda - a + b \cos (\lambda + c') \tan \beta_0$$
$$\beta_0 = \beta - b \sin (\lambda + c')$$
$$\Omega_0 = \Omega - a + b \sin (\Omega + c') \cot i_0$$
$$i_0 = i - b \cos (\Omega + c')$$
$$\omega_0 = \omega - b \sin (\Omega + c') \operatorname{cosec} i_0$$

For reduction from J2000·0

$$\alpha = \alpha_0 + M + N \sin \alpha_m \tan \delta_m$$
$$\delta = \delta_0 + N \cos \alpha_m$$
$$\lambda = \lambda_0 + a - b \cos (\lambda_0 + c) \tan \beta$$
$$\beta = \beta_0 + b \sin (\lambda_0 + c)$$
$$\Omega = \Omega_0 + a - b \sin (\Omega_0 + c) \cot i$$
$$i = i_0 + b \cos (\Omega_0 + c)$$
$$\omega = \omega_0 + b \sin (\Omega_0 + c) \operatorname{cosec} i$$

where the subscript zero refers to epoch J2000·0 and α_m, δ_m refer to the mean epoch; with sufficient accuracy:

$$\alpha_m = \alpha - \tfrac{1}{2}(M + N \sin \alpha \tan \delta)$$
$$\delta_m = \delta - \tfrac{1}{2}N \cos \alpha_m$$

or

$$\alpha_m = \alpha_0 + \tfrac{1}{2}(M + N \sin \alpha_0 \tan \delta_0)$$
$$\delta_m = \delta_0 + \tfrac{1}{2}N \cos \alpha_m$$

The precessional constants M, N, etc., are given by:

$$M = 1°2811\ 5566\ 89\ T + 0°0003\ 8655\ 131\ T^2 + 0°0000\ 1007\ 9625\ T^3$$
$$- 9°60194 \times 10^{-9}\ T^4 - 1°68806 \times 10^{-10}\ T^5$$

$$N = 0°5567\ 1997\ 31\ T - 0°0001\ 1930\ 372\ T^2 - 0°0000\ 1161\ 7400\ T^3$$
$$- 1°96917 \times 10^{-9}\ T^4 - 3°5389 \times 10^{-11}\ T^5$$

$$a = 1°3968\ 8783\ 19\ T + 0°0003\ 0706\ 522\ T^2 + 2°2122 \times 10^{-8}\ T^3$$
$$- 6°62694 \times 10^{-9}\ T^4 + 1°0639 \times 10^{-11}\ T^5$$

$$b = 0°0130\ 5527\ 03\ T - 0°0000\ 0930\ 350\ T^2 + 3°4886 \times 10^{-8}\ T^3$$
$$+ 3°13889 \times 10^{-11}\ T^4 - 6°11 \times 10^{-13}\ T^5$$

$$c = 5°1258\ 9067 + 0°8189\ 93580\ T + 0°0001\ 0425\ 609\ T^2 - 0°0001\ 0415\ 5607\ T^3$$
$$- 2°480\ 66 \times 10^{-9}\ T^4 + 4°694 \times 10^{-12}\ T^5$$

$$c' = 5°1258\ 9067 - 0°5778\ 94252\ T - 0°0001\ 6450\ 428\ T^2 - 0°0001\ 0417\ 7728\ T^3$$
$$+ 4°146\ 28 \times 10^{-9}\ T^4 - 5°944 \times 10^{-12}\ T^5$$

Formulae for the reduction from the mean equinox and equator or ecliptic of the middle of year (t_1) to date (t) are as follows:

$$\alpha = \alpha_1 + \tau(m + n \sin \alpha_1 \tan \delta_1)$$
$$\lambda = \lambda_1 + \tau(p - \pi \cos (\lambda_1 + 6°) \tan \beta)$$
$$\Omega = \Omega_1 + \tau(p - \pi \sin (\Omega_1 + 6°) \cot i)$$
$$\omega = \omega_1 + \tau\pi \sin (\Omega_1 + 6°) \operatorname{cosec} i$$

$$\delta = \delta_1 + \tau n \cos \alpha_1$$
$$\beta = \beta_1 + \tau\pi \sin (\lambda_1 + 6°)$$
$$i = i_1 + \tau\pi \cos (\Omega_1 + 6°)$$

where $\tau = t - t_1$ and π is the annual rate of rotation of the ecliptic.

Reduction for precession—approximate formulae (continued)

The precessional constants p, m, etc., are as follows:

Annual   Epoch J2011·5   Epoch J2011·5

general precession $p = +0°013\ 9696$ Annual rate of rotation $\pi = +0°000\ 1305$

precession in R.A. $m = +0°012\ 8124$ Longitude of axis $\Pi = +174°8464$

precession in Dec. $n = +0°005\ 5669$ $\gamma = 180° - \Pi = +5°1536$

where Π is the longitude of the instantaneous rotation axis of the ecliptic, measured from the mean equinox of date.

Reduction for nutation — rigorous formulae

Nutations in longitude ($\Delta\psi$) and obliquity ($\Delta\epsilon$) have been calculated using the IAU 2000A series definitions (order of 1μas) with the following adjustments which are required for use at the highest precision with the IAU 2006 precession, viz:

$$\Delta\psi = \Delta\psi_{2000A} + (0·4697 \times 10^{-6} - 2·7774 \times 10^{-6}\ T)\ \Delta\psi_{2000A}$$

$$\Delta\epsilon = \Delta\epsilon_{2000A} - 2·7774 \times 10^{-6}\ T\ \Delta\epsilon_{2000A}$$

where T is measured in Julian centuries from 245 1545·0 TT. $\Delta\psi$ and $\Delta\epsilon$ together with the true obliquity of the ecliptic (ϵ) are tabulated, daily at 0^h TT, on pages B58–B65. Web links are given on page x or on *The Astronomical Almanac Online* for series for evaluating $\Delta\psi_{2000A}$, $\Delta\epsilon_{2000A}$, and $\Delta\psi$, $\Delta\epsilon$.

A mean place ($\mathbf{r}_m$) may be transformed to a true place ($\mathbf{r}_t$), and vice versa, as follows:

$$\mathbf{r}_t = \mathbf{N}\,\mathbf{r}_m \qquad \mathbf{r}_m = \mathbf{N}^{-1}\,\mathbf{r}_t = \mathbf{N}'\,\mathbf{r}_t$$

where $\mathbf{N} = \mathbf{R}_1(-\epsilon)\,\mathbf{R}_3(-\Delta\psi)\,\mathbf{R}_1(+\epsilon_A)$

  $\epsilon = \epsilon_A + \Delta\epsilon$

and ϵ_A is given on page B52. The matrix for nutation is given by

$$\mathbf{N} = \begin{pmatrix} \cos\Delta\psi & -\sin\Delta\psi\cos\epsilon_A & -\sin\Delta\psi\sin\epsilon_A \\ \sin\Delta\psi\cos\epsilon & \cos\Delta\psi\cos\epsilon_A\cos\epsilon+\sin\epsilon_A\sin\epsilon & \cos\Delta\psi\sin\epsilon_A\cos\epsilon-\cos\epsilon_A\sin\epsilon \\ \sin\Delta\psi\sin\epsilon & \cos\Delta\psi\cos\epsilon_A\sin\epsilon-\sin\epsilon_A\cos\epsilon & \cos\Delta\psi\sin\epsilon_A\sin\epsilon+\cos\epsilon_A\cos\epsilon \end{pmatrix}$$

Approximate reduction for nutation

To first order, the contributions of the nutations in longitude ($\Delta\psi$) and in obliquity ($\Delta\epsilon$) to the reduction from mean place to true place are given by:

$$\Delta\alpha = (\cos\epsilon + \sin\epsilon\,\sin\alpha\,\tan\delta)\,\Delta\psi - \cos\alpha\,\tan\delta\,\Delta\epsilon \qquad \Delta\lambda = \Delta\psi$$

$$\Delta\delta = \sin\epsilon\,\cos\alpha\,\Delta\psi + \sin\alpha\,\Delta\epsilon \qquad\qquad\qquad \Delta\beta = 0$$

The following formulae may be used to compute $\Delta\psi$ and $\Delta\epsilon$ to a precision of about $0°0002$ ($1''$) during 2011.

$$\Delta\psi = -\ 0°0048\ \sin(272°4 - 0·053\,d) \qquad \Delta\epsilon = +\ 0°0026\ \cos(272°4 - 0·053\,d)$$

$$-\ 0°0004\ \sin(198°6 + 1·971\,d) \qquad\qquad +\ 0°0002\ \cos(198°6 + 1·971\,d)$$

where $d = \text{JD}_{TT} - 245\ 5561·5$ is the day of the year and fraction; for this precision

$$\epsilon = 23°44 \qquad \cos\epsilon = 0·917 \qquad \sin\epsilon = 0·398$$

Approximate reduction for nutation (continued)

The corrections to be added to the mean rectangular coordinates (x, y, z) to produce the true rectangular coordinates are given by:

$$\Delta x = -(y \cos \epsilon + z \sin \epsilon)\,\Delta\psi \quad \Delta y = +x\,\Delta\psi\,\cos\epsilon - z\,\Delta\epsilon \quad \Delta z = +x\,\Delta\psi\,\sin\epsilon + y\,\Delta\epsilon$$

where $\Delta\psi$ and $\Delta\epsilon$ are expressed in radians. The corresponding rotation matrix is

$$\mathbf{N} = \begin{pmatrix} 1 & -\Delta\psi\,\cos\epsilon & -\Delta\psi\,\sin\epsilon \\ +\Delta\psi\,\cos\epsilon & 1 & -\Delta\epsilon \\ +\Delta\psi\,\sin\epsilon & +\Delta\epsilon & 1 \end{pmatrix}$$

Combined reduction for frame bias, precession and nutation — rigorous formulae

The angles $\bar{\gamma}$, $\bar{\phi}$, $\bar{\psi}$ which combine frame bias with the effects of precession are given by

$$\bar{\gamma} = -0\rlap{.}{''}052\,928 + 10\rlap{.}{''}556\,378\,T + 0\rlap{.}{''}493\,2044\,T^2 - 0\rlap{.}{''}000\,312\,38\,T^3$$
$$- 2\rlap{.}{''}788 \times 10^{-6}\,T^4 + 2\rlap{.}{''}60 \times 10^{-8}\,T^5$$

$$\bar{\phi} = 84381\rlap{.}{''}412\,819 - 46\rlap{.}{''}811\,016\,T + 0\rlap{.}{''}051\,1268\,T^2 + 0\rlap{.}{''}000\,532\,89\,T^3$$
$$- 0\rlap{.}{''}440 \times 10^{-6}\,T^4 - 1\rlap{.}{''}76 \times 10^{-8}\,T^5$$

$$\bar{\psi} = -0\rlap{.}{''}041\,775 + 5038\rlap{.}{''}481\,484\,T + 1\rlap{.}{''}558\,4175\,T^2 - 0\rlap{.}{''}000\,185\,22\,T^3$$
$$- 26\rlap{.}{''}452 \times 10^{-6}\,T^4 - 1\rlap{.}{''}48 \times 10^{-8}\,T^5$$

Nutation (see page B55) is applied by adding the nutations in longitude ($\Delta\psi$) and obliquity ($\Delta\epsilon$) thus

$$\psi = \bar{\psi} + \Delta\psi \quad \text{and} \quad \epsilon = \epsilon_A + \Delta\epsilon$$

Values for $\Delta\psi$ and $\Delta\epsilon$ are tabulated daily on pages B58–B65 with ϵ, the true obliquity of the ecliptic, while ϵ_A is given on page B52.

Thus the reduction from a geocentric position $\mathbf{r}$ with respect to the GCRS to a position $\mathbf{r}_t$ with respect to the (true) equator and equinox of date, and vice versa, is given by:

$$\mathbf{r}_t = \mathbf{M}\,\mathbf{r} = \mathbf{N}\mathbf{P}\mathbf{B}\,\mathbf{r} \qquad \mathbf{r} = \mathbf{B}^{-1}\mathbf{P}^{-1}\mathbf{N}^{-1}\,\mathbf{r}_t = \mathbf{B'}\,\mathbf{P'}\,\mathbf{N'}\,\mathbf{r}_t$$

or where $\qquad \mathbf{M} = \mathbf{R}_1(-\epsilon)\,\mathbf{R}_3(-\psi)\,\mathbf{R}_1(\bar{\phi})\,\mathbf{R}_3(\bar{\gamma})$

and the matrices $\mathbf{B}$, $\mathbf{P}$ and $\mathbf{N}$ are defined in the preceding sections. The combined matrix $\mathbf{M}$ (see page B50) is tabulated daily at 0^h TT on even numbered pages B30–B44. There should be no significant difference between the various methods of calculating $\mathbf{M}$.

Values for the middle of the year, epoch J2011·5 for $\bar{\gamma}$, $\bar{\phi}$, $\bar{\psi}$, ϵ_A, and the combined bias and precession matrices are

F-W Bias and Precession Angles $\bar{\gamma}$, $\bar{\phi}$, $\bar{\psi}$, and ϵ_A

$$\bar{\gamma} = +1\rlap{.}{''}17 = +0\overset{\circ}{\cdot}000\,324 \qquad \bar{\phi} = +843\,76\rlap{.}{''}03 = +23\overset{\circ}{\cdot}437\,786$$
$$\bar{\psi} = +579\rlap{.}{''}40 = +0\overset{\circ}{\cdot}160\,946 \qquad \epsilon_A = 23°\,26'\,16\rlap{.}{''}02 = \quad 23\overset{\circ}{\cdot}437\,783$$

$$\mathbf{PB} = \begin{pmatrix} +0\cdot999\,996\,069 & -0\cdot002\,571\,601 & -0\cdot001\,117\,299 \\ +0\cdot002\,571\,601 & +0\cdot999\,996\,693 & -0\cdot000\,001\,389 \\ +0\cdot001\,117\,299 & -0\cdot000\,001\,484 & +0\cdot999\,999\,376 \end{pmatrix}$$

where the combined frame bias and precession matrix has been calculated by ignoring the terms $\Delta\psi$ and $\Delta\epsilon$

Approximate reduction for precession and nutation

The following formulae and table may be used for the approximate reduction from the equator and equinox of J2000·0 (or from the GCRS if the small frame bias correction is ignored) to the true equator and equinox of date during 2011:

$$\alpha = \alpha_0 + f + g \sin (G + \alpha_0) \tan \delta_0$$
$$\delta = \delta_0 + g \cos (G + \alpha_0)$$

where the units of the correction to α_0 and δ_0 are seconds and arcminutes, respectively.

Date	f	g	g	G	Date	f	g	g	G
	s	s	′	h m		s	s	′	h m
Jan. −1∗	+34·9	15·1	3·79	00 00	July 8	+36·5	15·9	3·96	00 02
9	+35·0	15·2	3·80	00 00	18∗	+36·6	15·9	3·98	00 02
19	+35·1	15·3	3·81	00 00	28	+36·7	15·9	3·98	00 02
29	+35·2	15·3	3·82	00 00	Aug. 7	+36·8	16·0	3·99	00 02
Feb. 8∗†	+35·3	15·3	3·83	00 00	17	+36·8	16·0	4·00	00 01
18	+35·4	15·4	3·84	00 00	27∗	+36·9	16·0	4·01	00 01
28	+35·4	15·4	3·85	00 00	Sept. 6	+37·0	16·1	4·02	00 02
Mar. 10	+35·5	15·4	3·85	00 00	16	+37·0	16·1	4·02	00 01
20∗	+35·5	15·4	3·86	00 00	26	+37·1	16·1	4·03	00 01
30	+35·6	15·5	3·87	00 00	Oct. 6∗	+37·2	16·2	4·04	00 02
Apr. 9	+35·7	15·5	3·87	00 00	16	+37·2	16·2	4·04	00 02
19	+35·7	15·5	3·88	00 00	26	+37·3	16·2	4·05	00 02
29∗	+35·8	15·6	3·89	00 01	Nov. 5	+37·4	16·2	4·06	00 02
May 9	+35·9	15·6	3·90	00 01	15∗	+37·4	16·3	4·07	00 03
19	+36·0	15·6	3·91	00 01	25	+37·5	16·3	4·08	00 03
29	+36·1	15·7	3·92	00 01	Dec. 5	+37·6	16·4	4·09	00 03
June 8∗	+36·2	15·7	3·93	00 02	15	+37·8	16·4	4·10	00 03
18	+36·3	15·8	3·94	00 02	25∗	+37·9	16·5	4·11	00 03
28	+36·4	15·8	3·95	00 02	35	+38·0	16·5	4·12	00 03
July 8	+36·5	15·9	3·96	00 02					

∗ 40-day date   † 400-day date for osculation epoch

Differential precession and nutation

The corrections for differential precession and nutation are given below. These are to be added to the observed differences of the right ascension and declination, $\Delta\alpha$ and $\Delta\delta$, of an object relative to a comparison star to obtain the differences in the mean place for a standard epoch (e.g. J2000·0 or the beginning of the year). The differences $\Delta\alpha$ and $\Delta\delta$ are measured in the sense "object − comparison star", and the corrections are in the same units as $\Delta\alpha$ and $\Delta\delta$.

In the correction to right ascension the same units must be used for $\Delta\alpha$ and $\Delta\delta$.

correction to right ascension $e \tan \delta \, \Delta\alpha - f \sec^2 \delta \, \Delta\delta$

correction to declination $f \, \Delta\alpha$

where $e = -\cos\alpha (nt + \sin\epsilon \, \Delta\psi) - \sin\alpha \, \Delta\epsilon$
$f = +\sin\alpha (nt + \sin\epsilon \, \Delta\psi) - \cos\alpha \, \Delta\epsilon$
$\epsilon = 23°44$, $\sin\epsilon = 0·3978$, and $n = 0·000\ 0972$ radians for epoch J2011·5

t is the time in years *from* the standard epoch *to* the time of observation. $\Delta\psi$, $\Delta\epsilon$ are nutations in longitude and obliquity at the time of observation, *expressed in radians*. ($1'' = 0·000\ 004\ 8481$ rad).

The errors in arc units caused by using these formulae are of order $10^{-8} t^2 \sec^2 \delta$ multiplied by the displacement in arc from the comparison star.

FOR 0ʰ TERRESTRIAL TIME

Date 0ʰ TT	NUTATION in Long. $\Delta\psi$	in Obl. $\Delta\epsilon$	True Obl. of Ecliptic ϵ 23° 26′	Julian Date 0ʰ TT 245	CELESTIAL INTERMEDIATE Pole x	y	Origin s
	″	″	″		″	″	″
Jan. 0	+ 17·3920	− 0·1089	16·1466	5561·5	+ 227·2879	− 0·4068	+ 0·0033
1	+ 17·4925	− 0·1549	16·0994	5562·5	+ 227·3826	− 0·4530	+ 0·0033
2	+ 17·6303	− 0·1846	16·0684	5563·5	+ 227·4922	− 0·4830	+ 0·0033
3	+ 17·7841	− 0·1928	16·0589	5564·5	+ 227·6082	− 0·4916	+ 0·0033
4	+ 17·9306	− 0·1794	16·0710	5565·5	+ 227·7214	− 0·4784	+ 0·0033
5	+ 18·0497	− 0·1482	16·1009	5566·5	+ 227·8237	− 0·4475	+ 0·0033
6	+ 18·1282	− 0·1062	16·1417	5567·5	+ 227·9099	− 0·4057	+ 0·0033
7	+ 18·1615	− 0·0613	16·1853	5568·5	+ 227·9781	− 0·3610	+ 0·0032
8	+ 18·1526	− 0·0210	16·2243	5569·5	+ 228·0296	− 0·3207	+ 0·0032
9	+ 18·1109	+ 0·0090	16·2530	5570·5	+ 228·0679	− 0·2909	+ 0·0032
10	+ 18·0494	+ 0·0248	16·2675	5571·5	+ 228·0984	− 0·2752	+ 0·0032
11	+ 17·9832	+ 0·0250	16·2664	5572·5	+ 228·1269	− 0·2751	+ 0·0032
12	+ 17·9276	+ 0·0103	16·2505	5573·5	+ 228·1596	− 0·2898	+ 0·0032
13	+ 17·8967	− 0·0163	16·2225	5574·5	+ 228·2021	− 0·3166	+ 0·0032
14	+ 17·9021	− 0·0502	16·1874	5575·5	+ 228·2591	− 0·3506	+ 0·0032
15	+ 17·9516	− 0·0847	16·1516	5576·5	+ 228·3336	− 0·3853	+ 0·0033
16	+ 18·0461	− 0·1120	16·1231	5577·5	+ 228·4259	− 0·4128	+ 0·0033
17	+ 18·1781	− 0·1239	16·1099	5578·5	+ 228·5333	− 0·4250	+ 0·0033
18	+ 18·3300	− 0·1141	16·1183	5579·5	+ 228·6486	− 0·4155	+ 0·0033
19	+ 18·4756	− 0·0806	16·1506	5580·5	+ 228·7614	− 0·3822	+ 0·0033
20	+ 18·5857	− 0·0273	16·2026	5581·5	+ 228·8602	− 0·3293	+ 0·0032
21	+ 18·6378	+ 0·0349	16·2636	5582·5	+ 228·9360	− 0·2672	+ 0·0032
22	+ 18·6254	+ 0·0918	16·3192	5583·5	+ 228·9861	− 0·2104	+ 0·0032
23	+ 18·5614	+ 0·1299	16·3560	5584·5	+ 229·0156	− 0·1724	+ 0·0031
24	+ 18·4738	+ 0·1416	16·3664	5585·5	+ 229·0356	− 0·1607	+ 0·0031
25	+ 18·3954	+ 0·1274	16·3509	5586·5	+ 229·0593	− 0·1750	+ 0·0031
26	+ 18·3528	+ 0·0948	16·3171	5587·5	+ 229·0971	− 0·2077	+ 0·0032
27	+ 18·3600	+ 0·0552	16·2761	5588·5	+ 229·1548	− 0·2475	+ 0·0032
28	+ 18·4168	+ 0·0202	16·2398	5589·5	+ 229·2321	− 0·2827	+ 0·0032
29	+ 18·5113	− 0·0007	16·2177	5590·5	+ 229·3246	− 0·3038	+ 0·0032
30	+ 18·6246	− 0·0020	16·2151	5591·5	+ 229·4245	− 0·3053	+ 0·0032
31	+ 18·7350	+ 0·0175	16·2333	5592·5	+ 229·5233	− 0·2862	+ 0·0032
Feb. 1	+ 18·8232	+ 0·0548	16·2693	5593·5	+ 229·6134	− 0·2491	+ 0·0032
2	+ 18·8747	+ 0·1043	16·3175	5594·5	+ 229·6888	− 0·1998	+ 0·0032
3	+ 18·8822	+ 0·1585	16·3705	5595·5	+ 229·7468	− 0·1457	+ 0·0031
4	+ 18·8462	+ 0·2100	16·4207	5596·5	+ 229·7875	− 0·0943	+ 0·0031
5	+ 18·7737	+ 0·2523	16·4617	5597·5	+ 229·8136	− 0·0520	+ 0·0031
6	+ 18·6764	+ 0·2810	16·4891	5598·5	+ 229·8299	− 0·0234	+ 0·0031
7	+ 18·5689	+ 0·2937	16·5006	5599·5	+ 229·8421	− 0·0107	+ 0·0031
8	+ 18·4667	+ 0·2908	16·4963	5600·5	+ 229·8562	− 0·0137	+ 0·0031
9	+ 18·3838	+ 0·2745	16·4788	5601·5	+ 229·8781	− 0·0300	+ 0·0031
10	+ 18·3321	+ 0·2492	16·4522	5602·5	+ 229·9123	− 0·0554	+ 0·0031
11	+ 18·3195	+ 0·2206	16·4223	5603·5	+ 229·9621	− 0·0841	+ 0·0031
12	+ 18·3491	+ 0·1957	16·3962	5604·5	+ 230·0287	− 0·1092	+ 0·0031
13	+ 18·4170	+ 0·1818	16·3809	5605·5	+ 230·1106	− 0·1234	+ 0·0031
14	+ 18·5118	+ 0·1853	16·3831	5606·5	+ 230·2031	− 0·1201	+ 0·0031
15	+ 18·6132	+ 0·2104	16·4069	5607·5	+ 230·2984	− 0·0952	+ 0·0031

FOR 0^h TERRESTRIAL TIME

Date 0^h TT	NUTATION in Long. $\Delta\psi$	in Obl. $\Delta\epsilon$	True Obl. of Ecliptic ϵ 23° 26′	Julian Date 0^h TT 245	CELESTIAL INTERMEDIATE Pole x	y	Origin s
	″	″	″		″	″	″
Feb. 15	+ 18·6132	+ 0·2104	16·4069	5607·5	+ 230·2984	− 0·0952	+ 0·0031
16	+ 18·6952	+ 0·2565	16·4518	5608·5	+ 230·3860	− 0·0493	+ 0·0031
17	+ 18·7312	+ 0·3169	16·5109	5609·5	+ 230·4554	+ 0·0109	+ 0·0030
18	+ 18·7046	+ 0·3788	16·5715	5610·5	+ 230·4998	+ 0·0727	+ 0·0030
19	+ 18·6168	+ 0·4269	16·6183	5611·5	+ 230·5199	+ 0·1207	+ 0·0030
20	+ 18·4902	+ 0·4490	16·6392	5612·5	+ 230·5244	+ 0·1428	+ 0·0030
21	+ 18·3598	+ 0·4411	16·6300	5613·5	+ 230·5274	+ 0·1349	+ 0·0030
22	+ 18·2598	+ 0·4088	16·5964	5614·5	+ 230·5424	+ 0·1026	+ 0·0030
23	+ 18·2109	+ 0·3643	16·5506	5615·5	+ 230·5777	+ 0·0579	+ 0·0030
24	+ 18·2164	+ 0·3211	16·5061	5616·5	+ 230·6347	+ 0·0146	+ 0·0030
25	+ 18·2645	+ 0·2904	16·4742	5617·5	+ 230·7086	− 0·0163	+ 0·0031
26	+ 18·3353	+ 0·2787	16·4612	5618·5	+ 230·7916	− 0·0281	+ 0·0031
27	+ 18·4065	+ 0·2876	16·4688	5619·5	+ 230·8748	− 0·0195	+ 0·0031
28	+ 18·4585	+ 0·3146	16·4945	5620·5	+ 230·9504	+ 0·0073	+ 0·0030
Mar. 1	+ 18·4769	+ 0·3542	16·5328	5621·5	+ 231·0127	+ 0·0467	+ 0·0030
2	+ 18·4537	+ 0·3996	16·5769	5622·5	+ 231·0585	+ 0·0920	+ 0·0030
3	+ 18·3881	+ 0·4435	16·6196	5623·5	+ 231·0874	+ 0·1359	+ 0·0030
4	+ 18·2851	+ 0·4795	16·6543	5624·5	+ 231·1013	+ 0·1718	+ 0·0029
5	+ 18·1550	+ 0·5026	16·6761	5625·5	+ 231·1046	+ 0·1949	+ 0·0029
6	+ 18·0117	+ 0·5098	16·6820	5626·5	+ 231·1024	+ 0·2021	+ 0·0029
7	+ 17·8703	+ 0·5006	16·6716	5627·5	+ 231·1010	+ 0·1929	+ 0·0029
8	+ 17·7452	+ 0·4771	16·6467	5628·5	+ 231·1061	+ 0·1694	+ 0·0029
9	+ 17·6487	+ 0·4430	16·6113	5629·5	+ 231·1225	+ 0·1352	+ 0·0030
10	+ 17·5892	+ 0·4038	16·5709	5630·5	+ 231·1536	+ 0·0960	+ 0·0030
11	+ 17·5701	+ 0·3661	16·5319	5631·5	+ 231·2008	+ 0·0581	+ 0·0030
12	+ 17·5889	+ 0·3365	16·5010	5632·5	+ 231·2630	+ 0·0284	+ 0·0030
13	+ 17·6367	+ 0·3211	16·4844	5633·5	+ 231·3369	+ 0·0128	+ 0·0030
14	+ 17·6982	+ 0·3243	16·4863	5634·5	+ 231·4162	+ 0·0158	+ 0·0030
15	+ 17·7523	+ 0·3471	16·5078	5635·5	+ 231·4927	+ 0·0384	+ 0·0030
16	+ 17·7755	+ 0·3860	16·5454	5636·5	+ 231·5569	+ 0·0772	+ 0·0030
17	+ 17·7479	+ 0·4320	16·5902	5637·5	+ 231·6008	+ 0·1231	+ 0·0030
18	+ 17·6611	+ 0·4718	16·6286	5638·5	+ 231·6213	+ 0·1627	+ 0·0030
19	+ 17·5256	+ 0·4911	16·6466	5639·5	+ 231·6224	+ 0·1820	+ 0·0029
20	+ 17·3702	+ 0·4806	16·6349	5640·5	+ 231·6154	+ 0·1716	+ 0·0029
21	+ 17·2324	+ 0·4406	16·5936	5641·5	+ 231·6153	+ 0·1316	+ 0·0030
22	+ 17·1433	+ 0·3806	16·5323	5642·5	+ 231·6346	+ 0·0715	+ 0·0030
23	+ 17·1156	+ 0·3157	16·4661	5643·5	+ 231·6783	+ 0·0065	+ 0·0030
24	+ 17·1420	+ 0·2602	16·4093	5644·5	+ 231·7435	− 0·0492	+ 0·0031
25	+ 17·2012	+ 0·2236	16·3714	5645·5	+ 231·8218	− 0·0860	+ 0·0031
26	+ 17·2676	+ 0·2089	16·3554	5646·5	+ 231·9031	− 0·1009	+ 0·0031
27	+ 17·3184	+ 0·2141	16·3593	5647·5	+ 231·9782	− 0·0959	+ 0·0031
28	+ 17·3372	+ 0·2336	16·3776	5648·5	+ 232·0406	− 0·0766	+ 0·0031
29	+ 17·3155	+ 0·2603	16·4030	5649·5	+ 232·0868	− 0·0500	+ 0·0031
30	+ 17·2516	+ 0·2869	16·4284	5650·5	+ 232·1164	− 0·0234	+ 0·0031
31	+ 17·1502	+ 0·3069	16·4471	5651·5	+ 232·1310	− 0·0035	+ 0·0030
Apr. 1	+ 17·0207	+ 0·3150	16·4539	5652·5	+ 232·1343	+ 0·0047	+ 0·0030
2	+ 16·8760	+ 0·3080	16·4456	5653·5	+ 232·1317	− 0·0024	+ 0·0030

FOR 0ʰ TERRESTRIAL TIME

Date 0ʰ TT	NUTATION in Long. $\Delta\psi$	in Obl. $\Delta\epsilon$	True Obl. of Ecliptic ϵ 23° 26′	Julian Date 0ʰ TT 245	CELESTIAL INTERMEDIATE Pole x	y	Origin s
	″	″	″		″	″	″
Apr. 1	+ 17·0207	+ 0·3150	16·4539	5652·5	+ 232·1343	+ 0·0047	+ 0·0030
2	+ 16·8760	+ 0·3080	16·4456	5653·5	+ 232·1317	− 0·0024	+ 0·0030
3	+ 16·7309	+ 0·2847	16·4210	5654·5	+ 232·1287	− 0·0256	+ 0·0031
4	+ 16·6001	+ 0·2465	16·3815	5655·5	+ 232·1315	− 0·0639	+ 0·0031
5	+ 16·4965	+ 0·1967	16·3304	5656·5	+ 232·1450	− 0·1138	+ 0·0031
6	+ 16·4295	+ 0·1406	16·2730	5657·5	+ 232·1731	− 0·1699	+ 0·0031
7	+ 16·4031	+ 0·0846	16·2158	5658·5	+ 232·2173	− 0·2260	+ 0·0032
8	+ 16·4157	+ 0·0355	16·1654	5659·5	+ 232·2771	− 0·2752	+ 0·0032
9	+ 16·4590	− 0·0007	16·1279	5660·5	+ 232·3490	− 0·3117	+ 0·0032
10	+ 16·5190	− 0·0199	16·1074	5661·5	+ 232·4278	− 0·3311	+ 0·0032
11	+ 16·5774	− 0·0205	16·1055	5662·5	+ 232·5058	− 0·3319	+ 0·0032
12	+ 16·6136	− 0·0049	16·1198	5663·5	+ 232·5752	− 0·3165	+ 0·0032
13	+ 16·6094	+ 0·0203	16·1438	5664·5	+ 232·6284	− 0·2913	+ 0·0032
14	+ 16·5539	+ 0·0447	16·1669	5665·5	+ 232·6613	− 0·2670	+ 0·0032
15	+ 16·4494	+ 0·0556	16·1766	5666·5	+ 232·6746	− 0·2562	+ 0·0032
16	+ 16·3145	+ 0·0421	16·1617	5667·5	+ 232·6758	− 0·2697	+ 0·0032
17	+ 16·1815	− 0·0009	16·1175	5668·5	+ 232·6777	− 0·3127	+ 0·0032
18	+ 16·0854	− 0·0690	16·0481	5669·5	+ 232·6941	− 0·3808	+ 0·0033
19	+ 16·0500	− 0·1498	15·9660	5670·5	+ 232·7347	− 0·4618	+ 0·0033
20	+ 16·0791	− 0·2275	15·8870	5671·5	+ 232·8009	− 0·5396	+ 0·0033
21	+ 16·1563	− 0·2888	15·8244	5672·5	+ 232·8863	− 0·6012	+ 0·0034
22	+ 16·2541	− 0·3269	15·7850	5673·5	+ 232·9800	− 0·6395	+ 0·0034
23	+ 16·3442	− 0·3419	15·7687	5674·5	+ 233·0707	− 0·6548	+ 0·0034
24	+ 16·4052	− 0·3391	15·7703	5675·5	+ 233·1498	− 0·6521	+ 0·0034
25	+ 16·4251	− 0·3261	15·7820	5676·5	+ 233·2127	− 0·6393	+ 0·0034
26	+ 16·4010	− 0·3109	15·7960	5677·5	+ 233·2580	− 0·6242	+ 0·0034
27	+ 16·3370	− 0·3006	15·8049	5678·5	+ 233·2874	− 0·6140	+ 0·0034
28	+ 16·2425	− 0·3010	15·8033	5679·5	+ 233·3047	− 0·6144	+ 0·0034
29	+ 16·1301	− 0·3154	15·7875	5680·5	+ 233·3148	− 0·6289	+ 0·0034
30	+ 16·0143	− 0·3456	15·7561	5681·5	+ 233·3235	− 0·6590	+ 0·0034
May 1	+ 15·9100	− 0·3907	15·7097	5682·5	+ 233·3368	− 0·7042	+ 0·0034
2	+ 15·8308	− 0·4479	15·6512	5683·5	+ 233·3600	− 0·7615	+ 0·0035
3	+ 15·7871	− 0·5124	15·5854	5684·5	+ 233·3973	− 0·8261	+ 0·0035
4	+ 15·7848	− 0·5780	15·5186	5685·5	+ 233·4511	− 0·8918	+ 0·0035
5	+ 15·8232	− 0·6376	15·4577	5686·5	+ 233·5211	− 0·9516	+ 0·0036
6	+ 15·8952	− 0·6848	15·4092	5687·5	+ 233·6045	− 0·9991	+ 0·0036
7	+ 15·9869	− 0·7151	15·3777	5688·5	+ 233·6957	− 1·0295	+ 0·0036
8	+ 16·0800	− 0·7264	15·3650	5689·5	+ 233·7876	− 1·0411	+ 0·0036
9	+ 16·1547	− 0·7208	15·3694	5690·5	+ 233·8722	− 1·0357	+ 0·0036
10	+ 16·1932	− 0·7039	15·3849	5691·5	+ 233·9424	− 1·0190	+ 0·0036
11	+ 16·1845	− 0·6850	15·4026	5692·5	+ 233·9939	− 1·0002	+ 0·0036
12	+ 16·1285	− 0·6749	15·4113	5693·5	+ 234·0265	− 0·9903	+ 0·0036
13	+ 16·0382	− 0·6842	15·4008	5694·5	+ 234·0455	− 0·9996	+ 0·0036
14	+ 15·9389	− 0·7192	15·3645	5695·5	+ 234·0607	− 1·0346	+ 0·0036
15	+ 15·8623	− 0·7796	15·3028	5696·5	+ 234·0850	− 1·0951	+ 0·0037
16	+ 15·8363	− 0·8574	15·2238	5697·5	+ 234·1293	− 1·1730	+ 0·0037
17	+ 15·8747	− 0·9389	15·1410	5698·5	+ 234·1992	− 1·2547	+ 0·0037

FOR 0ʰ TERRESTRIAL TIME

Date 0ʰ TT	NUTATION in Long. $\Delta\psi$	in Obl. $\Delta\epsilon$	True Obl. of Ecliptic ϵ 23° 26′	Julian Date 0ʰ TT 245	CELESTIAL INTERMEDIATE Pole x	y	Origin s
	"	"	"		"	"	"
May 17	+ 15·8747	− 0·9389	15·1410	**5698·5**	+ 234·1992	− 1·2547	+ 0·0037
18	+ 15·9718	− 1·0094	15·0692	**5699·5**	+ 234·2925	− 1·3255	+ 0·0038
19	+ 16·1050	− 1·0586	15·0187	**5700·5**	+ 234·4002	− 1·3749	+ 0·0038
20	+ 16·2441	− 1·0827	14·9933	**5701·5**	+ 234·5104	− 1·3993	+ 0·0038
21	+ 16·3620	− 1·0849	14·9899	**5702·5**	+ 234·6121	− 1·4017	+ 0·0038
22	+ 16·4402	− 1·0724	15·0011	**5703·5**	+ 234·6981	− 1·3895	+ 0·0038
23	+ 16·4716	− 1·0543	15·0179	**5704·5**	+ 234·7656	− 1·3715	+ 0·0038
24	+ 16·4585	− 1·0386	15·0323	**5705·5**	+ 234·8153	− 1·3560	+ 0·0038
25	+ 16·4097	− 1·0319	15·0377	**5706·5**	+ 234·8507	− 1·3494	+ 0·0038
26	+ 16·3381	− 1·0384	15·0300	**5707·5**	+ 234·8771	− 1·3559	+ 0·0038
27	+ 16·2585	− 1·0600	15·0071	**5708·5**	+ 234·9002	− 1·3776	+ 0·0038
28	+ 16·1858	− 1·0965	14·9693	**5709·5**	+ 234·9261	− 1·4142	+ 0·0038
29	+ 16·1343	− 1·1456	14·9188	**5710·5**	+ 234·9603	− 1·4634	+ 0·0039
30	+ 16·1154	− 1·2032	14·8600	**5711·5**	+ 235·0075	− 1·5211	+ 0·0039
31	+ 16·1367	− 1·2632	14·7987	**5712·5**	+ 235·0707	− 1·5813	+ 0·0039
June 1	+ 16·2001	− 1·3188	14·7418	**5713·5**	+ 235·1507	− 1·6371	+ 0·0040
2	+ 16·3003	− 1·3631	14·6962	**5714·5**	+ 235·2453	− 1·6817	+ 0·0040
3	+ 16·4247	− 1·3905	14·6676	**5715·5**	+ 235·3496	− 1·7093	+ 0·0040
4	+ 16·5548	− 1·3981	14·6587	**5716·5**	+ 235·4562	− 1·7172	+ 0·0040
5	+ 16·6693	− 1·3870	14·6686	**5717·5**	+ 235·5566	− 1·7063	+ 0·0040
6	+ 16·7486	− 1·3625	14·6917	**5718·5**	+ 235·6431	− 1·6821	+ 0·0040
7	+ 16·7805	− 1·3336	14·7193	**5719·5**	+ 235·7107	− 1·6534	+ 0·0040
8	+ 16·7633	− 1·3111	14·7406	**5720·5**	+ 235·7588	− 1·6310	+ 0·0040
9	+ 16·7079	− 1·3049	14·7455	**5721·5**	+ 235·7916	− 1·6249	+ 0·0040
10	+ 16·6366	− 1·3217	14·7274	**5722·5**	+ 235·8181	− 1·6418	+ 0·0040
11	+ 16·5777	− 1·3626	14·6853	**5723·5**	+ 235·8494	− 1·6827	+ 0·0040
12	+ 16·5581	− 1·4220	14·6245	**5724·5**	+ 235·8964	− 1·7423	+ 0·0040
13	+ 16·5956	− 1·4892	14·5560	**5725·5**	+ 235·9659	− 1·8097	+ 0·0041
14	+ 16·6921	− 1·5509	14·4930	**5726·5**	+ 236·0590	− 1·8716	+ 0·0041
15	+ 16·8335	− 1·5955	14·4472	**5727·5**	+ 236·1700	− 1·9164	+ 0·0041
16	+ 16·9938	− 1·6161	14·4253	**5728·5**	+ 236·2886	− 1·9375	+ 0·0041
17	+ 17·1445	− 1·6129	14·4272	**5729·5**	+ 236·4034	− 1·9345	+ 0·0041
18	+ 17·2620	− 1·5911	14·4477	**5730·5**	+ 236·5051	− 1·9130	+ 0·0041
19	+ 17·3330	− 1·5594	14·4781	**5731·5**	+ 236·5883	− 1·8815	+ 0·0041
20	+ 17·3554	− 1·5269	14·5094	**5732·5**	+ 236·6521	− 1·8492	+ 0·0041
21	+ 17·3358	− 1·5012	14·5338	**5733·5**	+ 236·6993	− 1·8236	+ 0·0041
22	+ 17·2866	− 1·4877	14·5460	**5734·5**	+ 236·7346	− 1·8102	+ 0·0041
23	+ 17·2228	− 1·4892	14·5433	**5735·5**	+ 236·7641	− 1·8117	+ 0·0041
24	+ 17·1602	− 1·5058	14·5254	**5736·5**	+ 236·7940	− 1·8284	+ 0·0041
25	+ 17·1132	− 1·5358	14·4941	**5737·5**	+ 236·8301	− 1·8585	+ 0·0041
26	+ 17·0942	− 1·5754	14·4532	**5738·5**	+ 236·8773	− 1·8983	+ 0·0041
27	+ 17·1123	− 1·6195	14·4078	**5739·5**	+ 236·9393	− 1·9425	+ 0·0041
28	+ 17·1715	− 1·6614	14·3646	**5740·5**	+ 237·0176	− 1·9847	+ 0·0042
29	+ 17·2696	− 1·6943	14·3304	**5741·5**	+ 237·1114	− 2·0178	+ 0·0042
30	+ 17·3970	− 1·7118	14·3117	**5742·5**	+ 237·2169	− 2·0355	+ 0·0042
July 1	+ 17·5369	− 1·7095	14·3127	**5743·5**	+ 237·3274	− 2·0335	+ 0·0042
2	+ 17·6671	− 1·6869	14·3340	**5744·5**	+ 237·4341	− 2·0112	+ 0·0042

FOR 0ʰ TERRESTRIAL TIME

Date	NUTATION		True Obl.	Julian	CELESTIAL INTERMEDIATE		
	in Long.	in Obl.	of Ecliptic	Date	Pole		Origin
0^h TT	$\Delta\psi$	$\Delta\epsilon$	ϵ	0^h TT	$\mathcal{X}$	$\mathcal{Y}$	s
			23° 26′	245			
	$''$	$''$	$''$		$''$	$''$	$''$
July 1	+ 17·5369	− 1·7095	14·3127	5743·5	+ 237·3274	− 2·0335	+ 0·0042
2	+ 17·6671	− 1·6869	14·3340	5744·5	+ 237·4341	− 2·0112	+ 0·0042
3	+ 17·7654	− 1·6481	14·3715	5745·5	+ 237·5282	− 1·9727	+ 0·0041
4	+ 17·8152	− 1·6018	14·4165	5746·5	+ 237·6030	− 1·9266	+ 0·0041
5	+ 17·8113	− 1·5593	14·4577	5747·5	+ 237·6564	− 1·8843	+ 0·0041
6	+ 17·7627	− 1·5317	14·4841	5748·5	+ 237·6920	− 1·8567	+ 0·0041
7	+ 17·6908	− 1·5264	14·4881	5749·5	+ 237·7183	− 1·8515	+ 0·0041
8	+ 17·6235	− 1·5452	14·4680	5750·5	+ 237·7463	− 1·8704	+ 0·0041
9	+ 17·5878	− 1·5836	14·4283	5751·5	+ 237·7869	− 1·9089	+ 0·0041
10	+ 17·6022	− 1·6319	14·3787	5752·5	+ 237·8474	− 1·9574	+ 0·0041
11	+ 17·6719	− 1·6781	14·3312	5753·5	+ 237·9298	− 2·0038	+ 0·0042
12	+ 17·7878	− 1·7110	14·2970	5754·5	+ 238·0307	− 2·0370	+ 0·0042
13	+ 17·9294	− 1·7229	14·2839	5755·5	+ 238·1419	− 2·0492	+ 0·0042
14	+ 18·0707	− 1·7116	14·2939	5756·5	+ 238·2530	− 2·0381	+ 0·0042
15	+ 18·1874	− 1·6801	14·3241	5757·5	+ 238·3543	− 2·0069	+ 0·0042
16	+ 18·2623	− 1·6356	14·3673	5758·5	+ 238·4391	− 1·9626	+ 0·0041
17	+ 18·2882	− 1·5870	14·4147	5759·5	+ 238·5044	− 1·9141	+ 0·0041
18	+ 18·2680	− 1·5426	14·4578	5760·5	+ 238·5514	− 1·8699	+ 0·0041
19	+ 18·2118	− 1·5091	14·4900	5761·5	+ 238·5840	− 1·8365	+ 0·0041
20	+ 18·1342	− 1·4902	14·5076	5762·5	+ 238·6080	− 1·8177	+ 0·0041
21	+ 18·0513	− 1·4871	14·5094	5763·5	+ 238·6299	− 1·8147	+ 0·0040
22	+ 17·9783	− 1·4985	14·4968	5764·5	+ 238·6557	− 1·8261	+ 0·0041
23	+ 17·9282	− 1·5211	14·4729	5765·5	+ 238·6906	− 1·8488	+ 0·0041
24	+ 17·9110	− 1·5500	14·4426	5766·5	+ 238·7386	− 1·8779	+ 0·0041
25	+ 17·9321	− 1·5795	14·4119	5767·5	+ 238·8017	− 1·9075	+ 0·0041
26	+ 17·9919	− 1·6029	14·3872	5768·5	+ 238·8804	− 1·9311	+ 0·0041
27	+ 18·0845	− 1·6138	14·3750	5769·5	+ 238·9720	− 1·9423	+ 0·0041
28	+ 18·1965	− 1·6069	14·3807	5770·5	+ 239·0715	− 1·9356	+ 0·0041
29	+ 18·3084	− 1·5797	14·4066	5771·5	+ 239·1709	− 1·9087	+ 0·0041
30	+ 18·3969	− 1·5341	14·4509	5772·5	+ 239·2611	− 1·8633	+ 0·0041
31	+ 18·4408	− 1·4770	14·5067	5773·5	+ 239·3336	− 1·8065	+ 0·0040
Aug. 1	+ 18·4286	− 1·4199	14·5626	5774·5	+ 239·3837	− 1·7494	+ 0·0040
2	+ 18·3638	− 1·3751	14·6060	5775·5	+ 239·4129	− 1·7047	+ 0·0040
3	+ 18·2656	− 1·3527	14·6272	5776·5	+ 239·4288	− 1·6823	+ 0·0040
4	+ 18·1633	− 1·3562	14·6223	5777·5	+ 239·4430	− 1·6859	+ 0·0040
5	+ 18·0868	− 1·3821	14·5952	5778·5	+ 239·4673	− 1·7119	+ 0·0040
6	+ 18·0571	− 1·4208	14·5552	5779·5	+ 239·5103	− 1·7507	+ 0·0040
7	+ 18·0813	− 1·4600	14·5147	5780·5	+ 239·5747	− 1·7901	+ 0·0040
8	+ 18·1521	− 1·4884	14·4850	5781·5	+ 239·6576	− 1·8187	+ 0·0040
9	+ 18·2513	− 1·4980	14·4741	5782·5	+ 239·7519	− 1·8286	+ 0·0041
10	+ 18·3554	− 1·4858	14·4850	5783·5	+ 239·8482	− 1·8166	+ 0·0040
11	+ 18·4411	− 1·4537	14·5159	5784·5	+ 239·9373	− 1·7847	+ 0·0040
12	+ 18·4906	− 1·4072	14·5611	5785·5	+ 240·0119	− 1·7384	+ 0·0040
13	+ 18·4940	− 1·3544	14·6126	5786·5	+ 240·0683	− 1·6858	+ 0·0040
14	+ 18·4508	− 1·3036	14·6621	5787·5	+ 240·1062	− 1·6351	+ 0·0039
15	+ 18·3683	− 1·2620	14·7024	5788·5	+ 240·1283	− 1·5936	+ 0·0039
16	+ 18·2593	− 1·2344	14·7287	5789·5	+ 240·1399	− 1·5660	+ 0·0039

FOR 0^h TERRESTRIAL TIME

Date 0^h TT	NUTATION in Long. $\Delta\psi$	in Obl. $\Delta\epsilon$	True Obl. of Ecliptic ϵ 23° 26′	Julian Date 0^h TT 245	CELESTIAL INTERMEDIATE Pole x	y	Origin s
	"	"	"		"	"	"
Aug. 16	+ 18·2593	− 1·2344	14·7287	5789·5	+ 240·1399	− 1·5660	+ 0·0039
17	+ 18·1395	− 1·2229	14·7390	5790·5	+ 240·1471	− 1·5546	+ 0·0039
18	+ 18·0245	− 1·2270	14·7336	5791·5	+ 240·1563	− 1·5586	+ 0·0039
19	+ 17·9283	− 1·2439	14·7155	5792·5	+ 240·1728	− 1·5756	+ 0·0039
20	+ 17·8613	− 1·2691	14·6890	5793·5	+ 240·2010	− 1·6009	+ 0·0039
21	+ 17·8300	− 1·2971	14·6596	5794·5	+ 240·2433	− 1·6290	+ 0·0039
22	+ 17·8360	− 1·3219	14·6336	5795·5	+ 240·3005	− 1·6539	+ 0·0039
23	+ 17·8757	− 1·3372	14·6171	5796·5	+ 240·3711	− 1·6694	+ 0·0040
24	+ 17·9395	− 1·3377	14·6153	5797·5	+ 240·4514	− 1·6701	+ 0·0040
25	+ 18·0117	− 1·3199	14·6318	5798·5	+ 240·5350	− 1·6525	+ 0·0039
26	+ 18·0718	− 1·2835	14·6668	5799·5	+ 240·6139	− 1·6164	+ 0·0039
27	+ 18·0979	− 1·2329	14·7162	5800·5	+ 240·6793	− 1·5659	+ 0·0039
28	+ 18·0730	− 1·1770	14·7708	5801·5	+ 240·7244	− 1·5102	+ 0·0039
29	+ 17·9921	− 1·1287	14·8178	5802·5	+ 240·7472	− 1·4620	+ 0·0038
30	+ 17·8672	− 1·1004	14·8448	5803·5	+ 240·7524	− 1·4336	+ 0·0038
31	+ 17·7260	− 1·0995	14·8444	5804·5	+ 240·7512	− 1·4328	+ 0·0038
Sept. 1	+ 17·6024	− 1·1253	14·8173	5805·5	+ 240·7568	− 1·4586	+ 0·0038
2	+ 17·5238	− 1·1690	14·7724	5806·5	+ 240·7803	− 1·5023	+ 0·0039
3	+ 17·5021	− 1·2171	14·7230	5807·5	+ 240·8264	− 1·5506	+ 0·0039
4	+ 17·5319	− 1·2568	14·6820	5808·5	+ 240·8930	− 1·5904	+ 0·0039
5	+ 17·5946	− 1·2788	14·6588	5809·5	+ 240·9728	− 1·6126	+ 0·0039
6	+ 17·6662	− 1·2793	14·6570	5810·5	+ 241·0561	− 1·6133	+ 0·0039
7	+ 17·7234	− 1·2597	14·6753	5811·5	+ 241·1338	− 1·5940	+ 0·0039
8	+ 17·7479	− 1·2252	14·7085	5812·5	+ 241·1985	− 1·5596	+ 0·0039
9	+ 17·7295	− 1·1832	14·7492	5813·5	+ 241·2461	− 1·5178	+ 0·0039
10	+ 17·6659	− 1·1416	14·7895	5814·5	+ 241·2758	− 1·4763	+ 0·0038
11	+ 17·5624	− 1·1077	14·8221	5815·5	+ 241·2896	− 1·4424	+ 0·0038
12	+ 17·4300	− 1·0868	14·8418	5816·5	+ 241·2919	− 1·4215	+ 0·0038
13	+ 17·2835	− 1·0817	14·8456	5817·5	+ 241·2885	− 1·4164	+ 0·0038
14	+ 17·1382	− 1·0928	14·8332	5818·5	+ 241·2855	− 1·4274	+ 0·0038
15	+ 17·0087	− 1·1178	14·8069	5819·5	+ 241·2888	− 1·4525	+ 0·0038
16	+ 16·9063	− 1·1529	14·7706	5820·5	+ 241·3029	− 1·4876	+ 0·0038
17	+ 16·8382	− 1·1925	14·7296	5821·5	+ 241·3306	− 1·5273	+ 0·0039
18	+ 16·8069	− 1·2309	14·6900	5822·5	+ 241·3729	− 1·5658	+ 0·0039
19	+ 16·8097	− 1·2620	14·6576	5823·5	+ 241·4288	− 1·5971	+ 0·0039
20	+ 16·8388	− 1·2808	14·6375	5824·5	+ 241·4951	− 1·6160	+ 0·0039
21	+ 16·8814	− 1·2836	14·6335	5825·5	+ 241·5669	− 1·6190	+ 0·0039
22	+ 16·9206	− 1·2691	14·6467	5826·5	+ 241·6374	− 1·6047	+ 0·0039
23	+ 16·9371	− 1·2396	14·6749	5827·5	+ 241·6990	− 1·5754	+ 0·0039
24	+ 16·9133	− 1·2013	14·7119	5828·5	+ 241·7445	− 1·5372	+ 0·0039
25	+ 16·8384	− 1·1648	14·7471	5829·5	+ 241·7697	− 1·5008	+ 0·0039
26	+ 16·7152	− 1·1425	14·7681	5830·5	+ 241·7756	− 1·4785	+ 0·0038
27	+ 16·5634	− 1·1453	14·7641	5831·5	+ 241·7701	− 1·4813	+ 0·0038
28	+ 16·4156	− 1·1771	14·7309	5832·5	+ 241·7661	− 1·5131	+ 0·0039
29	+ 16·3060	− 1·2331	14·6737	5833·5	+ 241·7772	− 1·5691	+ 0·0039
30	+ 16·2562	− 1·3002	14·6053	5834·5	+ 241·8121	− 1·6363	+ 0·0039
Oct. 1	+ 16·2677	− 1·3632	14·5410	5835·5	+ 241·8713	− 1·6995	+ 0·0040

FOR 0ʰ TERRESTRIAL TIME

Date 0ʰ TT	NUTATION in Long. $\Delta\psi$	NUTATION in Obl. $\Delta\epsilon$	True Obl. of Ecliptic ϵ 23° 26′	Julian Date 0ʰ TT 245	CELESTIAL INTERMEDIATE Pole $\mathcal{X}$	CELESTIAL INTERMEDIATE Pole $\mathcal{Y}$	Origin s
	″	″	″		″	″	″
Oct. 1	+ 16·2677	− 1·3632	14·5410	5835·5	+ 241·8713	− 1·6995	+ 0·0040
2	+ 16·3231	− 1·4098	14·4931	5836·5	+ 241·9481	− 1·7463	+ 0·0040
3	+ 16·3957	− 1·4340	14·4677	5837·5	+ 242·0318	− 1·7707	+ 0·0040
4	+ 16·4585	− 1·4362	14·4641	5838·5	+ 242·1116	− 1·7731	+ 0·0040
5	+ 16·4910	− 1·4217	14·4773	5839·5	+ 242·1794	− 1·7589	+ 0·0040
6	+ 16·4814	− 1·3982	14·4996	5840·5	+ 242·2306	− 1·7354	+ 0·0040
7	+ 16·4270	− 1·3736	14·5229	5841·5	+ 242·2639	− 1·7109	+ 0·0040
8	+ 16·3325	− 1·3553	14·5400	5842·5	+ 242·2812	− 1·6926	+ 0·0040
9	+ 16·2080	− 1·3487	14·5452	5843·5	+ 242·2866	− 1·6861	+ 0·0040
10	+ 16·0673	− 1·3573	14·5354	5844·5	+ 242·2855	− 1·6947	+ 0·0040
11	+ 15·9256	− 1·3818	14·5095	5845·5	+ 242·2839	− 1·7192	+ 0·0040
12	+ 15·7973	− 1·4209	14·4692	5846·5	+ 242·2876	− 1·7583	+ 0·0040
13	+ 15·6948	− 1·4709	14·4179	5847·5	+ 242·3016	− 1·8084	+ 0·0040
14	+ 15·6264	− 1·5268	14·3607	5848·5	+ 242·3291	− 1·8644	+ 0·0041
15	+ 15·5953	− 1·5827	14·3036	5849·5	+ 242·3715	− 1·9203	+ 0·0041
16	+ 15·5997	− 1·6325	14·2525	5850·5	+ 242·4279	− 1·9703	+ 0·0041
17	+ 15·6324	− 1·6711	14·2126	5851·5	+ 242·4957	− 2·0091	+ 0·0041
18	+ 15·6814	− 1·6948	14·1876	5852·5	+ 242·5700	− 2·0330	+ 0·0042
19	+ 15·7318	− 1·7021	14·1790	5853·5	+ 242·6449	− 2·0405	+ 0·0042
20	+ 15·7664	− 1·6944	14·1854	5854·5	+ 242·7135	− 2·0330	+ 0·0042
21	+ 15·7693	− 1·6764	14·2021	5855·5	+ 242·7696	− 2·0151	+ 0·0042
22	+ 15·7290	− 1·6561	14·2211	5856·5	+ 242·8085	− 1·9950	+ 0·0041
23	+ 15·6432	− 1·6442	14·2318	5857·5	+ 242·8293	− 1·9831	+ 0·0041
24	+ 15·5227	− 1·6514	14·2233	5858·5	+ 242·8362	− 1·9903	+ 0·0041
25	+ 15·3927	− 1·6852	14·1882	5859·5	+ 242·8393	− 2·0241	+ 0·0042
26	+ 15·2866	− 1·7459	14·1262	5860·5	+ 242·8517	− 2·0849	+ 0·0042
27	+ 15·2344	− 1·8249	14·0459	5861·5	+ 242·8857	− 2·1640	+ 0·0042
28	+ 15·2500	− 1·9073	13·9623	5862·5	+ 242·9465	− 2·2465	+ 0·0043
29	+ 15·3247	− 1·9774	13·8909	5863·5	+ 243·0309	− 2·3168	+ 0·0043
30	+ 15·4323	− 2·0250	13·8420	5864·5	+ 243·1284	− 2·3647	+ 0·0044
31	+ 15·5410	− 2·0476	13·8182	5865·5	+ 243·2265	− 2·3875	+ 0·0044
Nov. 1	+ 15·6236	− 2·0494	13·8150	5866·5	+ 243·3142	− 2·3896	+ 0·0044
2	+ 15·6639	− 2·0387	13·8245	5867·5	+ 243·3851	− 2·3791	+ 0·0044
3	+ 15·6569	− 2·0245	13·8374	5868·5	+ 243·4372	− 2·3650	+ 0·0044
4	+ 15·6067	− 2·0147	13·8459	5869·5	+ 243·4722	− 2·3553	+ 0·0043
5	+ 15·5238	− 2·0154	13·8439	5870·5	+ 243·4940	− 2·3561	+ 0·0043
6	+ 15·4218	− 2·0304	13·8277	5871·5	+ 243·5083	− 2·3711	+ 0·0044
7	+ 15·3160	− 2·0607	13·7961	5872·5	+ 243·5210	− 2·4015	+ 0·0044
8	+ 15·2210	− 2·1055	13·7500	5873·5	+ 243·5380	− 2·4463	+ 0·0044
9	+ 15·1497	− 2·1616	13·6926	5874·5	+ 243·5643	− 2·5025	+ 0·0044
10	+ 15·1115	− 2·2244	13·6285	5875·5	+ 243·6038	− 2·5654	+ 0·0045
11	+ 15·1113	− 2·2882	13·5635	5876·5	+ 243·6584	− 2·6293	+ 0·0045
12	+ 15·1482	− 2·3466	13·5037	5877·5	+ 243·7278	− 2·6880	+ 0·0045
13	+ 15·2159	− 2·3943	13·4548	5878·5	+ 243·8095	− 2·7358	+ 0·0046
14	+ 15·3028	− 2·4270	13·4208	5879·5	+ 243·8988	− 2·7688	+ 0·0046
15	+ 15·3937	− 2·4429	13·4036	5880·5	+ 243·9898	− 2·7850	+ 0·0046
16	+ 15·4720	− 2·4431	13·4021	5881·5	+ 244·0758	− 2·7854	+ 0·0046

FOR 0^h TERRESTRIAL TIME

Date 0^h TT	NUTATION in Long. $\Delta\psi$	in Obl. $\Delta\epsilon$	True Obl. of Ecliptic ϵ 23° 26′	Julian Date 0^h TT 245	CELESTIAL INTERMEDIATE Pole x	y	Origin s
	″	″	″		″	″	″
Nov. 16	+ 15·4720	− 2·4431	13·4021	5881·5	+ 244·0758	− 2·7854	+ 0·0046
17	+ 15·5220	− 2·4317	13·4122	5882·5	+ 244·1506	− 2·7742	+ 0·0046
18	+ 15·5328	− 2·4158	13·4269	5883·5	+ 244·2098	− 2·7584	+ 0·0046
19	+ 15·5007	− 2·4043	13·4371	5884·5	+ 244·2520	− 2·7470	+ 0·0046
20	+ 15·4327	− 2·4069	13·4332	5885·5	+ 244·2798	− 2·7498	+ 0·0046
21	+ 15·3470	− 2·4314	13·4074	5886·5	+ 244·3005	− 2·7743	+ 0·0046
22	+ 15·2711	− 2·4809	13·3566	5887·5	+ 244·3250	− 2·8239	+ 0·0046
23	+ 15·2353	− 2·5514	13·2848	5888·5	+ 244·3654	− 2·8945	+ 0·0047
24	+ 15·2614	− 2·6321	13·2029	5889·5	+ 244·4305	− 2·9753	+ 0·0047
25	+ 15·3538	− 2·7077	13·1260	5890·5	+ 244·5219	− 3·0512	+ 0·0048
26	+ 15·4958	− 2·7648	13·0676	5891·5	+ 244·6331	− 3·1086	+ 0·0048
27	+ 15·6567	− 2·7959	13·0352	5892·5	+ 244·7519	− 3·1400	+ 0·0048
28	+ 15·8032	− 2·8019	13·0280	5893·5	+ 244·8650	− 3·1463	+ 0·0048
29	+ 15·9107	− 2·7898	13·0388	5894·5	+ 244·9626	− 3·1345	+ 0·0048
30	+ 15·9677	− 2·7696	13·0576	5895·5	+ 245·0402	− 3·1146	+ 0·0048
Dec. 1	+ 15·9753	− 2·7510	13·0750	5896·5	+ 245·0982	− 3·0961	+ 0·0048
2	+ 15·9435	− 2·7413	13·0834	5897·5	+ 245·1404	− 3·0865	+ 0·0048
3	+ 15·8866	− 2·7450	13·0784	5898·5	+ 245·1726	− 3·0903	+ 0·0048
4	+ 15·8207	− 2·7638	13·0584	5899·5	+ 245·2013	− 3·1091	+ 0·0048
5	+ 15·7613	− 2·7970	13·0238	5900·5	+ 245·2324	− 3·1425	+ 0·0048
6	+ 15·7218	− 2·8420	12·9775	5901·5	+ 245·2714	− 3·1876	+ 0·0048
7	+ 15·7125	− 2·8946	12·9237	5902·5	+ 245·3224	− 3·2403	+ 0·0049
8	+ 15·7397	− 2·9491	12·8679	5903·5	+ 245·3880	− 3·2950	+ 0·0049
9	+ 15·8046	− 2·9996	12·8161	5904·5	+ 245·4685	− 3·3457	+ 0·0049
10	+ 15·9026	− 3·0401	12·7743	5905·5	+ 245·5623	− 3·3865	+ 0·0049
11	+ 16·0233	− 3·0658	12·7474	5906·5	+ 245·6651	− 3·4124	+ 0·0050
12	+ 16·1513	− 3·0739	12·7380	5907·5	+ 245·7708	− 3·4209	+ 0·0050
13	+ 16·2691	− 3·0649	12·7457	5908·5	+ 245·8726	− 3·4121	+ 0·0050
14	+ 16·3596	− 3·0424	12·7669	5909·5	+ 245·9635	− 3·3898	+ 0·0049
15	+ 16·4105	− 3·0132	12·7948	5910·5	+ 246·0387	− 3·3609	+ 0·0049
16	+ 16·4170	− 2·9863	12·8205	5911·5	+ 246·0962	− 3·3341	+ 0·0049
17	+ 16·3846	− 2·9707	12·8348	5912·5	+ 246·1382	− 3·3186	+ 0·0049
18	+ 16·3291	− 2·9740	12·8302	5913·5	+ 246·1710	− 3·3220	+ 0·0049
19	+ 16·2741	− 2·9998	12·8031	5914·5	+ 246·2039	− 3·3479	+ 0·0049
20	+ 16·2465	− 3·0462	12·7554	5915·5	+ 246·2477	− 3·3945	+ 0·0049
21	+ 16·2691	− 3·1056	12·6948	5916·5	+ 246·3114	− 3·4540	+ 0·0050
22	+ 16·3527	− 3·1657	12·6334	5917·5	+ 246·3993	− 3·5144	+ 0·0050
23	+ 16·4915	− 3·2133	12·5844	5918·5	+ 246·5093	− 3·5623	+ 0·0050
24	+ 16·6634	− 3·2385	12·5580	5919·5	+ 246·6325	− 3·5878	+ 0·0051
25	+ 16·8370	− 3·2376	12·5576	5920·5	+ 246·7564	− 3·5873	+ 0·0051
26	+ 16·9824	− 3·2145	12·5795	5921·5	+ 246·8691	− 3·5644	+ 0·0050
27	+ 17·0799	− 3·1778	12·6148	5922·5	+ 246·9629	− 3·5281	+ 0·0050
28	+ 17·1233	− 3·1382	12·6531	5923·5	+ 247·0351	− 3·4887	+ 0·0050
29	+ 17·1188	− 3·1049	12·6851	5924·5	+ 247·0883	− 3·4555	+ 0·0050
30	+ 17·0803	− 3·0842	12·7046	5925·5	+ 247·1279	− 3·4348	+ 0·0050
31	+ 17·0247	− 3·0787	12·7088	5926·5	+ 247·1607	− 3·4295	+ 0·0050
32	+ 16·9689	− 3·0886	12·6976	5927·5	+ 247·1933	− 3·4395	+ 0·0050

Planetary reduction overview

Data and formulae are provided for the precise computation of the geocentric apparent right ascension, intermediate right ascension, declination, and hour angle, at an instant of time, for an object within the solar system, ignoring polar motion (see page B84), from a barycentric ephemeris in rectangular coordinates and relativistic coordinate time referred to the International Celestial Reference System (ICRS).

1. Given an instant for which the position of the planet is required, obtain the dynamical time (TDB) to use with the ephemeris. If the position is required at a given Universal Time (UT1), or the hour angle is required, then obtain a value for ΔT, which may have to be predicted.

2. Calculate the geocentric rectangular coordinates of the planet from barycentric ephemerides of the planet and the Earth at coordinate time argument TDB, allowing for light time calculated from heliocentric coordinates.

3. Calculate the geocentric direction of the planet by allowing for light deflection due to solar gravitation.

4. Calculate the proper direction of the planet by applying the correction for the Earth's orbital velocity about the barycentre (i.e. annual aberration). The resulting vector (from steps 2-4) is in the Geocentric Celestial Reference System (GCRS), and is sometimes called the proper or virtual place.

Equinox Method	*CIO Method*
5. Apply frame bias, precession and nutation to convert from the GCRS to the system defined by the true equator and equinox of date.	5. Rotate from the GCRS to the intermediate system using $\mathcal{X}, \mathcal{Y}$ and s to apply frame bias and precession-nutation.
6. Convert to spherical coordinates, giving the geocentric apparent right ascension and declination with respect to the true equator and equinox of date.	6. Convert to spherical coordinates, giving the geocentric intermediate right ascension and declination with respect to the CIO and equator of date.
7. Calculate Greenwich apparent sidereal time and form the Greenwich hour angle for the given UT1.	7. Calculate the Earth rotation angle and form the Greenwich hour angle for the given UT1.

Alternatively, if right ascension is not required, combine Steps 5 and 7

*5. Apply frame bias, precession, nutation, and Greenwich apparent sidereal time to convert from the GCRS to the Terrestrial Intermediate Reference System; with origin of longitude at the TIO, and the equator of date.	*5. Rotate, using $\mathcal{X}$, $\mathcal{Y}$, s and θ to apply frame bias, precession-nutation and Earth rotation, from the GCRS to the Terrestrial Intermediate Reference System; with origin of longitude at the TIO, and equator of date.

*6. Convert to spherical coordinates, giving the Greenwich hour angle (H) and declination (δ) with respect Terrestrial Intermediate Reference System (TIO and equator of date).

Note: In *Steps 7* and *Steps *5* the effects of polar motion (see page B84) have been ignored; they are the very small difference between the International Terrestrial Reference Frame (ITRF) zero meridian and the TIO, and the position of the CIP within the ITRS.

Formulae and method for planetary reduction

Step 1.   Depending on the instant at which the planetary position is required, obtain the terrestrial or proper time (TT) and the barycentric dynamical time (TDB). Terrestrial time is related to UT1, whereas TDB is used as the time argument for the barycentric ephemeris. For calculating an apparent place the following approximate formulae are sufficient for converting from UT1 to TT and TDB:

$$TT = UT1 + \Delta T, \qquad TDB = TT + 0\overset{s}{\cdot}001\,657 \sin g + 0 \cdot 000\,022 \sin(L - L_J)$$
$$g = 357\overset{\circ}{\cdot}53 + 0 \cdot 985\,600\,28\,D \quad \text{and} \quad L - L_J = 246\overset{\circ}{\cdot}11 + 0 \cdot 902\,517\,92\,D$$

where $D = JD - 245\,1545 \cdot 0$ and ΔT may be obtained from page K9 and JD is the Julian date to two decimals of a day. The difference between TT and TDB may be ignored.

Step 2.   Obtain the Earth's barycentric position $\mathbf{E}_B(t)$ in au and velocity $\dot{\mathbf{E}}_B(t)$ in au/d, at coordinate time $t = TDB$, referred to the ICRS.

Using an ephemeris, obtain the barycentric ICRS position of the planet $\mathbf{Q}_B$ in au at time $(t - \tau)$ where τ is the light time, so that light emitted by the planet at the event $\mathbf{Q}_B(t - \tau)$ arrives at the Earth at the event $\mathbf{E}_B(t)$.

The light time equation is solved iteratively using the heliocentric position of the Earth (**E**) and the planet (**Q**), starting with the approximation $\tau = 0$, as follows:

Form **P**, the vector from the Earth to the planet from the equation:

$$\mathbf{P} = \mathbf{Q}_B(t - \tau) - \mathbf{E}_B(t)$$

Form **E** and **Q** from the equations: $\mathbf{E} = \mathbf{E}_B(t) - \mathbf{S}_B(t)$

$$\mathbf{Q} = \mathbf{Q}_B(t - \tau) - \mathbf{S}_B(t - \tau)$$

where $\mathbf{S}_B$ is the barycentric position of the Sun.

Calculate τ from: $c\tau = P + (2\mu/c^2)\ln[(E + P + Q)/(E - P + Q)]$

where the light time (τ) includes the effect of gravitational retardation due to the Sun, and

$\mu = GM_0$ $c = $ velocity of light $= 173 \cdot 1446$ au/d
$G = $ the gravitational constant $\mu/c^2 = 9 \cdot 87 \times 10^{-9}$ au
$M_0 = $ mass of Sun $P = |\mathbf{P}|, \ Q = |\mathbf{Q}|, \ E = |\mathbf{E}|$

where | | means calculate the square root of the sum of the squares of the components.

After convergence, form unit vectors **p**, **q**, **e** by dividing **P**, **Q**, **E** by P, Q, E respectively.

Step 3.   Calculate the geocentric direction ($\mathbf{p}_1$) of the planet, corrected for light deflection due to solar gravitation, from:

$$\mathbf{p}_1 = \mathbf{p} + (2\mu/c^2E)((\mathbf{p} \cdot \mathbf{q})\,\mathbf{e} - (\mathbf{e} \cdot \mathbf{p})\,\mathbf{q})/(1 + \mathbf{q} \cdot \mathbf{e})$$

where the dot indicates a scalar product.

The vector $\mathbf{p}_1$ is a unit vector to order μ/c^2.

Step 4.   Calculate the proper direction of the planet ($\mathbf{p}_2$) in the GCRS that is moving with the instantaneous velocity (**V**) of the Earth, from:

$$\mathbf{p}_2 = (\beta^{-1}\mathbf{p}_1 + (1 + (\mathbf{p}_1 \cdot \mathbf{V})/(1 + \beta^{-1}))\,\mathbf{V})/(1 + \mathbf{p}_1 \cdot \mathbf{V})$$

where $\mathbf{V} = \dot{\mathbf{E}}_B/c = 0 \cdot 005\,7755\,\dot{\mathbf{E}}_B$ and $\beta = (1 - V^2)^{-1/2}$; the velocity (**V**) is expressed in units of the velocity of light.

Formulae and method for planetary reduction (continued)

| *Equinox method* | *CIO method* |

Step 5. Apply frame bias, precession and nutation to the proper direction ($\mathbf{p}_2$) by multiplying by the rotation matrix $\mathbf{M} = \mathbf{NPB}$ given on the even pages B30–B44 to obtain the apparent direction $\mathbf{p}_3$ from:

$$\mathbf{p}_3 = \mathbf{M}\,\mathbf{p}_2$$

Step 5. Apply the rotation from the GCRS to the Celestial Intermediate System by multiplying the proper direction ($\mathbf{p}_2$) by the matrix $\mathbf{C}(\mathcal{X}, \mathcal{Y}, s)$ given on the odd pages B31–B45 to obtain the intermediate direction $\mathbf{p}_3$ from:

$$\mathbf{p}_3 = \mathbf{C}\,\mathbf{p}_2$$

Step 6. Convert to spherical coordinates α_e, δ using:

$$\alpha_e = \tan^{-1}(\eta/\xi) \quad \delta = \tan^{-1}(\zeta/\beta)$$

Step 6. Convert to spherical coordinates α_i, δ using:

$$\alpha_i = \tan^{-1}(\eta/\xi) \quad \delta = \tan^{-1}(\zeta/\beta)$$

where $\mathbf{p}_3 = (\xi, \eta, \zeta)$, $\beta = \sqrt{(\xi^2 + \eta^2)}$ and the quadrant of α_e or α_i is determined by the signs of ξ and η.

Step 7. Calculate Greenwich apparent sidereal time (GAST) for the required UT1 (B13–B20), and then form

$$H = \text{GAST} - \alpha_e$$

Note: H is usually given in arc measure, while GAST and right ascension are given in units of time.

Step 7. Calculate the Earth rotation angle (θ) for the required UT1 (B21–B24), and then form

$$H = \theta - \alpha_i$$

Note: H and θ are usually given in arc measure, while right ascension is given in units of time.

Alternatively combining steps 5 and 7 before forming spherical coordinates

Step *5. Apply frame bias, precession, nutation, and sidereal time, to the proper direction ($\mathbf{p}_2$) by multiplying by the rotation matrix $\mathbf{R}_3(\text{GAST})\mathbf{M}$ to obtain the position ($\mathbf{p}_4$) measured relative to the Terrestrial Intermediate Reference System:

$$\mathbf{p}_4 = \mathbf{R}_3(\text{GAST})\mathbf{M}\,\mathbf{p}_2$$

Step *5. Apply the rotation from the GCRS to the terrestrial system by multiplying the proper direction ($\mathbf{p}_2$) by the matrix $\mathbf{R}_3(\theta)\mathbf{C}(\mathcal{X}, \mathcal{Y}, s)$ to obtain the position ($\mathbf{p}_4$) measured with respect to the Terrestrial Intermediate Reference System:

$$\mathbf{p}_4 = \mathbf{R}_3(\theta)\,\mathbf{C}\,\mathbf{p}_2$$

Step *6. Convert to spherical coordinates Greenwich hour angle (H) and declination δ using:

$$H = \tan^{-1}(-\eta/\xi), \quad \delta = \tan^{-1}(\zeta/\beta)$$

where $\mathbf{p}_4 = (\xi, \eta, \zeta)$, $\beta = \sqrt{(\xi^2 + \eta^2)}$, and H is measured from the TIO meridian positive to the west, and the quadrant is determined by the signs of ξ and $-\eta$.

Example of planetary reduction: Equinox Method

Calculate the apparent place, the apparent right ascension (right ascension with respect to the equinox) and declination and the Greenwich hour angle, of Venus on 2011 December 4 at $12^h\ 00^m\ 00^s$ UT1. Assume that $\Delta T = 67^s\!.0$.

Example of planetary reduction: Equinox Method (continued)

Step 1.   From page B20, on 2011 December 4 the tabular JD = 245 5899·5 UT1.
$$\Delta T = \text{TT} - \text{UT1} = 67\overset{s}{\cdot}0 = 7\cdot754\,630 \times 10^{-4} \text{ days.}$$
At $12^{\text{h}}\,00^{\text{m}}\,00^{\text{s}}$ UT1 the requred TT instant is therefore
$$\text{TT} = 245\,590\,0\cdot000\,78 = 245\,5899\cdot5 + 0\cdot500\,00 + 7\cdot754\,630 \times 10^{-4}$$
and the equivalent TDB instant is calcualed from
$$\text{TDB} - \text{TT} = -9\cdot79 \times 10^{-9} \text{ days, and thus}$$
$$\text{TDB} = 245\,5900\cdot000\,775\,453$$
where $g = 329\overset{\circ}{\cdot}82$, and $L - L_J = 216\overset{\circ}{\cdot}58$. Thus the instant required is JD 245 590 0·000 78 TT, and the difference between TDB and TT may be neglected.

Step 2.   Tabular values, taken from the JPL DE405/LE405 barycentric ephemeris, referred to the ICRS at J2000·0, which are required for the calculation, are as follows:

Vector	Julian date (0^{h} TDB)	Rectangular components		
		x	y	z
$\mathbf{Q_B}$	245 5897·5	+0·512 308 513	−0·456 968 511	−0·238 214 416
	245 5898·5	+0·526 244 694	−0·443 463 709	−0·233 019 889
	245 5899·5	+0·539 775 030	−0·429 619 901	−0·227 647 152
	245 5900·5	+0·552 889 131	−0·415 447 680	−0·222 100 313
	245 5901·5	+0·565 576 919	−0·400 957 886	−0·216 383 612
$\mathbf{S_B}$	245 5898·5	−0·003 361 937	−0·001 095 510	−0·000 473 312
	245 5899·5	−0·003 357 926	−0·001 099 944	−0·000 475 319
	245 5900·5	−0·003 353 905	−0·001 104 371	−0·000 477 324

Interpolating to the instant JD 245 5900·000 775 453 TDB gives:
$$\mathbf{S_B} = (-0\cdot003\,355\,914, \quad -0\cdot001\,102\,162, \quad -0\cdot000\,476\,323)$$
$$\mathbf{E_B} = (+0\cdot304\,281\,438, \quad +0\cdot858\,026\,080, \quad +0\cdot371\,967\,967)$$
$$\mathbf{\dot{E}_B} = (-0\cdot016\,620\,401, \quad +0\cdot004\,857\,467, \quad +0\cdot002\,105\,981)$$

where Stirling's central-difference formula has been used up to δ^2 for $\mathbf{S_B}$ and δ^4 for $\mathbf{E_B}$ and $\mathbf{\dot{E}_B}$, the tabular values of which may be found on page B83.
$$\mathbf{E} = (+0\cdot307\,637\,351, \quad +0\cdot859\,128\,242, \quad +0\cdot372\,444\,290) \qquad E = 0\cdot985\,625\,094$$

The first iteration, with $\tau = 0$, gives:
$$\mathbf{P} = (+0\cdot242\,113\,479, \quad -1\cdot280\,589\,260, \quad -0\cdot596\,858\,899) \qquad P = 1\cdot433\,446\,314$$
$$\mathbf{Q} = (+0\cdot549\,750\,830, \quad -0\cdot421\,461\,019, \quad -0\cdot224\,414\,608) \qquad Q = 0\cdot728\,160\,204$$
$$\tau = 0^{\text{d}}008\,278\,8957$$

The second iteration, with $\tau = 0^{\text{d}}008\,278\,8957$ using Stirling's central-difference formula up to δ^4 to interpolate $\mathbf{Q_B}$, and up to δ^2 to interpolate $\mathbf{S_B}$, gives:
$$\mathbf{P} = (+0\cdot242\,004\,894, \quad -1\cdot280\,706\,586, \quad -0\cdot596\,904\,817) \qquad P = 1\cdot433\,551\,913$$
$$\mathbf{Q} = (+0\cdot549\,642\,278, \quad -0\cdot421\,578\,380, \quad -0\cdot224\,460\,543) \qquad Q = 0\cdot728\,160\,353$$
$$\tau = 0^{\text{d}}008\,279\,5056$$

Iterate until P changes by less than 10^{-9}. Hence the unit vectors are:
$$\mathbf{p} = (+0\cdot168\,814\,873, \quad -0\cdot893\,379\,985, \quad -0\cdot416\,381\,724)$$
$$\mathbf{q} = (+0\cdot754\,836\,854, \quad -0\cdot578\,963\,668, \quad -0\cdot308\,257\,028)$$
$$\mathbf{e} = (+0\cdot312\,124\,106, \quad +0\cdot871\,658\,248, \quad +0\cdot377\,876\,226)$$

Example of planetary reduction: Equinox Method (continued)

Step 3.   Calculate the scalar products:

$$\mathbf{p} \cdot \mathbf{q} = +0.773\ 014\ 834 \quad \mathbf{e} \cdot \mathbf{p} = -0.883\ 371\ 595 \quad \mathbf{q} \cdot \mathbf{e} = -0.385\ 538\ 680 \qquad \text{then}$$

$$\frac{(2\mu/c^2 E)}{1 + \mathbf{q} \cdot \mathbf{e}} ((\mathbf{p} \cdot \mathbf{q})\mathbf{e} - (\mathbf{e} \cdot \mathbf{p})\mathbf{q}) = (+0.000\ 000\ 030, +0.000\ 000\ 005, +0.000\ 000\ 001)$$

$$\text{and} \quad \mathbf{p}_1 = (+0.168\ 814\ 903, -0.893\ 379\ 980, -0.416\ 381\ 723)$$

Step 4.   Take $\dot{\mathbf{E}}_B$, interpolated to JD 245 590 0.000 78 TT from *Step* 2 and calculate:

$$\mathbf{V} = 0.005\ 775\ 518\ \dot{\mathbf{E}}_B = (-0.000\ 095\ 991, \quad +0.000\ 028\ 054, \quad +0.000\ 012\ 163)$$

Then $V = 0.000\ 100\ 744$, $\beta = 1.000\ 000\ 005$ and $\beta^{-1} = 0.999\ 999\ 995$

Calculate the scalar product $\mathbf{p}_1 \cdot \mathbf{V} = -0.000\ 046\ 333$

Then $1 + (\mathbf{p}_1 \cdot \mathbf{V})/(1 + \beta^{-1}) = 0.999\ 976\ 834$

Hence $\mathbf{p}_2 = (+0.168\ 726\ 730, \quad -0.893\ 393\ 315, \quad -0.416\ 388\ 851)$

Step 5.   From page B44, the bias, precession and nutation matrix $\mathbf{M}$, interpolated to the required instant JD 245 590 0.000 78 TT, is given by:

$$\mathbf{M} = \mathbf{NPB} = \begin{bmatrix} +0.999\ 995\ 549 & -0.002\ 736\ 501 & -0.001\ 188\ 879 \\ +0.002\ 736\ 517 & +0.999\ 996\ 256 & +0.000\ 011\ 893 \\ +0.001\ 188\ 842 & -0.000\ 015\ 146 & +0.999\ 999\ 293 \end{bmatrix}$$

Hence $\mathbf{p}_3 = \mathbf{M}\mathbf{p}_2 = (+0.171\ 665\ 786, -0.892\ 933\ 199, -0.416\ 174\ 436)$

Step 6.   Converting to spherical coordinates $\alpha_e = 18^h\ 43^m\ 31\overset{s}{.}7522$, $\delta = -24°\ 35'\ 35''.873$.

Step 7.   From page B20, interpolating in the daily values to the required UT1 instant gives

$$\text{GAST} - \text{UT1} = 4^h\ 51^m\ 50\overset{s}{.}1414, \qquad \text{and thus}$$

$$H = (\text{GAST} - \text{UT1}) - \alpha_e + \text{UT1}$$

$$= 4^h\ 51^m\ 50\overset{s}{.}1414 - 18^h\ 43^m\ 31\overset{s}{.}7522 + 12^h\ 00^m\ 00^s$$

$$= 332°\ 04'\ 35''.837$$

where H, the Greenwich hour angle of Venus, is expressed in angular measure.

Example of planetary reduction: CIO Method

Step 1-4.   Repeat Steps 1-4 of the planetary reduction given on page B66, calculating the proper direction of the planet ($\mathbf{p}_2$) in the GCRS, hence

$$\mathbf{p}_2 = (+0.168\ 726\ 730, \quad -0.893\ 393\ 315, \quad -0.416\ 388\ 851)$$

Step 5. From pages B45 extract $\mathbf{C}$, interpolated to the required TT time, that rotates the GCRS to the Celestial Intermediate Reference System, viz:

$$\mathbf{C} = \begin{bmatrix} +0.999\ 999\ 293 & -0.000\ 000\ 014 & -0.001\ 188\ 842 \\ +0.000\ 000\ 032 & +1.000\ 000\ 000 & +0.000\ 015\ 146 \\ +0.001\ 188\ 842 & -0.000\ 015\ 146 & +0.999\ 999\ 293 \end{bmatrix}$$

Hence $\mathbf{p}_3 = \mathbf{C}\mathbf{p}_2 = (+0.169\ 221\ 644, -0.893\ 399\ 616, -0.416\ 174\ 436)$

Example of planetary reduction: CIO Method **(continued)**

Step 6. Converting to spherical coordinates $\alpha_i = 18^h\ 42^m\ 54^s\!.1228$, $\quad \delta = -24°\ 35'\ 35''\!.873$.

Step 7. From page B24, interpolating to the required UT1, gives

$$\theta - \text{UT1} = 72°\ 48'\ 07''\!.679$$

and thus the Greenwich hour angle (H) of Venus is

$$
\begin{aligned}
H &= (\theta - \text{UT1}) - \alpha_i + \text{UT1} \\
&= 72°\ 48'\ 07''\!.679 - (18^h\ 42^m\ 54^s\!.1228 + 12^h\ 00^m\ 00^s) \times 15 \\
&= 332°\ 04'\ 35''\!.837
\end{aligned}
$$

Summary of planetary reduction examples

Thus on 2011 December 4 at $12^h\ 00^m\ 00^s$ UT1, Venus's position is

$H = 332°\ 04'\ 35''\!.837$ is the Greenwich hour angle ignoring polar motion,

$\delta = -24°\ 35'\ 35''\!.873$ is the apparent and intermediate declination,

$\alpha_e = 18^h\ 43^m\ 31^s\!.7522$ is the apparent (equinox) right ascension, and

$\alpha_i = 18^h\ 42^m\ 54^s\!.1228$ is the intermediate right ascension

The geometric distance between the Earth and Venus at time $t = \text{JD}\ 245\ 590\ 0.000\ 78$ TT is the value of $P = 1.433\ 446\ 314$ au in the first iteration in *Step 2*, where $\tau = 0$. The distance between the Earth at time t and Venus at time $(t - \tau)$ is the value of $P = 1.433\ 551\ 921$ au in the final iteration in *Step 2*, where $\tau = 0^d\!.008\ 279\ 5057$.

Solar reduction

The method for solar reduction is identical to the method for planetary reduction, except for the following differences:

In *Step 2* set $\mathbf{Q_B} = \mathbf{S_B}$ and hence $\mathbf{P} = \mathbf{S_B}(t - \tau) - \mathbf{E_B}(t)$. Calculate the light time (τ) by iteration from $\tau = P/c$ and form the unit vector $\mathbf{p}$ only.

In *Step 3* set $\mathbf{p_1} = \mathbf{p}$ since there is no light deflection from the centre of the Sun's disk.

Stellar reduction overview

The method for planetary reduction may be applied with some modification to the calculation of the apparent places of stars.

The barycentric direction of a star at a particular epoch is calculated from its right ascension, declination and space motion at the catalogue epoch with respect to the ICRS. If the position of the star is not on the ICRS, and the accuracy of the data warrants it, convert it to the ICRS. See page B50 for FK5 to ICRS conversion.

The main modifications to the planetary reduction in the stellar case are: in *Step 1*, the distinction between TDB and TT is not significant; in *Step 2*, the space motion of the star is included but light time is ignored; in *Step 3*, the relativity term for light deflection is modified to the asymptotic case where the star is assumed to be at infinity.

Formulae and method for stellar reduction

The steps in the stellar reduction are as follows:

Step 1. Set TDB = TT.

Step 2. Obtain the Earth's barycentric position $\mathbf{E}_B$ in au and velocity $\dot{\mathbf{E}}_B$ in au/d, at coordinate time $t = $ TDB, referred to the ICRS.

The barycentric direction ($\mathbf{q}$) of a star at epoch J2000·0, referred to the ICRS, is given by:

$$\mathbf{q} = (\cos \alpha_0 \cos \delta_0, \ \sin \alpha_0 \cos \delta_0, \ \sin \delta_0)$$

where α_0 and δ_0 are the ICRS right ascension and declination at epoch J2000·0.

The space motion vector $\mathbf{m} = (m_x, m_y, m_z)$ of the star, expressed in radians per century, is given by:

$$
\begin{aligned}
m_x &= -\mu_\alpha \sin \alpha_0 \ - \mu_\delta \sin \delta_0 \cos \alpha_0 \ + v \pi \cos \delta_0 \cos \alpha_0 \\
m_y &= \ \ \mu_\alpha \cos \alpha_0 \ - \mu_\delta \sin \delta_0 \sin \alpha_0 \ + v \pi \cos \delta_0 \sin \alpha_0 \\
m_z &= \qquad\qquad\quad \mu_\delta \cos \delta_0 \qquad\qquad + v \pi \sin \delta_0
\end{aligned}
$$

where (μ_α, μ_δ), the proper motion in right ascension and declination, are in radians/century; μ_α is the measurement on the celestial sphere and **includes** the $15 \cos \delta_0$ factor. Note: catalogues give proper motions in various units, e.g., arcseconds per century (''/cy), milliarcseconds per year (mas/yr). Use the factor 1/10 to convert from mas/yr to ''/cy. The radial velocity (v) is in au/century (1 km/s = 21·095 au/century), measured positively away from the Earth.

Calculate $\mathbf{P}$, the geocentric vector of the star at the required epoch, from:

$$\mathbf{P} = \mathbf{q} + T \mathbf{m} - \pi \mathbf{E}_B$$

where $T = (\text{JD}_{TT} - 245\ 1545 \cdot 0)/36\ 525$, which is the interval in Julian centuries from J2000·0, and JD_{TT} is the Julian date to one decimal of a day.

Form the heliocentric position of the Earth ($\mathbf{E}$) from:

$$\mathbf{E} = \mathbf{E}_B - \mathbf{S}_B$$

where $\mathbf{S}_B$ is the barycentric position of the Sun at time t.

Form the geocentric direction ($\mathbf{p}$) of the star and the unit vector ($\mathbf{e}$) from $\mathbf{p} = \mathbf{P}/|\mathbf{P}|$ and $\mathbf{e} = \mathbf{E}/|\mathbf{E}|$.

Step 3. Calculate the geocentric direction ($\mathbf{p}_1$) of the star, corrected for light deflection, from:

$$\mathbf{p}_1 = \mathbf{p} + (2\mu/c^2 E)(\mathbf{e} - (\mathbf{p} \cdot \mathbf{e})\mathbf{p})/(1 + \mathbf{p} \cdot \mathbf{e})$$

where the dot indicates a scalar product, $\mu/c^2 = 9 \cdot 87 \times 10^{-9}$ au and $E = |\mathbf{E}|$. Note that the expression is derived from the planetary case by substituting $\mathbf{q} = \mathbf{p}$ in the equation for light deflection (*Step* 3) given on page B67.

The vector $\mathbf{p}_1$ is a unit vector to order μ/c^2.

Step 4. Calculate the proper direction ($\mathbf{p}_2$) in the GCRS that is moving with the instantaneous velocity ($\mathbf{V}$) of the Earth, from:

$$\mathbf{p}_2 = (\beta^{-1}\mathbf{p}_1 + (1 + (\mathbf{p}_1 \cdot \mathbf{V})/(1 + \beta^{-1}))\mathbf{V})/(1 + \mathbf{p}_1 \cdot \mathbf{V})$$

where $\mathbf{V} = \dot{\mathbf{E}}_B/c = 0 \cdot 005\ 7755\ \dot{\mathbf{E}}_B$ and $\beta = (1 - V^2)^{-1/2}$; the velocity ($\mathbf{V}$) is expressed in units of velocity of light.

Equinox method	*CIO method*

Step 5. Follow the left-hand *Steps 5–7* or   Step 5. Follow the right-hand *Steps 5–7* or
           Steps *5–*6 on page B68.   *Steps *5–*6* on page B68.

Example of stellar reduction: Equinox Method

Calculate the apparent position of a fictitious star on 2011 January 1 at $0^h\ 00^m\ 00^s$ TT. The ICRS right ascension (α_0), declination (δ_0), proper motions (μ_α, μ_δ), parallax (π) and radial velocity (v) of the star at J2000·0 are given by:

$$\alpha_0 = 14^h\ 39^m\ 36^s\!\cdot\!4958 \qquad \delta_0 = -60°\ 50'\ 02''\!\cdot\!309 \qquad \pi = 0''\!\cdot\!742 = 3\!\cdot\!5973 \times 10^{-6}\ \text{rad}$$

$$\mu_\alpha = -367\ 8\!\cdot\!06\ \text{mas/yr} \qquad \mu_\delta = +482\!\cdot\!87\ \text{mas/yr} \qquad v = -21\!\cdot\!6\ \text{km/s}$$

$$= -0\!\cdot\!001\ 783\ 174\ \text{rad/cy}, \qquad = +0\!\cdot\!000\ 234\ 102\ \text{rad/cy}, \quad v\pi = -0\!\cdot\!001\ 639\ 121\ \text{rad/cy}$$

Note: $\mu_\alpha = -367\ 8\!\cdot\!06$ mas/yr is the arc proper motion in right ascension in milliarcseconds per year that includes the $15 \cos \delta_0$ factor.

Step 1.   TDB = TT = JD 245 5562·5 TT.

Step 2.   Tabular values of $\mathbf{E_B}$, $\dot{\mathbf{E}}_B$ and $\mathbf{S_B}$, taken from the JPL DE405/LE405 barycentric ephemeris, referred to the ICRS, which are required for the calculation, are as follows:

Vector	Julian date (0ʰ TDB)	Rectangular components		
		x	y	z
$\mathbf{E_B}$	245 5562·5	−0·175 769 157	+0·889 023 521	+0·385 430 071
$\dot{\mathbf{E}}_B$	245 5562·5	−0·017 225 431	−0·002 816 315	−0·001 221 486
$\mathbf{S_B}$	245 5562·5	−0·004 173 780	+0·000 644 993	+0·000 297 127

From the positional data, calculate:

$$\mathbf{q} = (-0\!\cdot\!373\ 860\ 494,\ -0\!\cdot\!312\ 618\ 798,\ -0\!\cdot\!873\ 211\ 210)$$

$$\mathbf{m} = (-0\!\cdot\!000\ 687\ 882,\ +0\!\cdot\!001\ 749\ 237,\ +0\!\cdot\!001\ 545\ 387)$$

Form $\mathbf{P} = \mathbf{q} + T\,\mathbf{m} - \pi\,\mathbf{E_B} = (-0\!\cdot\!373\ 935\ 524,\ -0\!\cdot\!312\ 429\ 592,\ -0\!\cdot\!873\ 042\ 615)$

where $T = (245\ 5562\!\cdot\!5 - 245\ 1545\!\cdot\!0)/36\ 525 = +0\!\cdot\!109\ 993\ 155,$

and form $\mathbf{E} = \mathbf{E_B} - \mathbf{S_B} = (-0\!\cdot\!171\ 595\ 377,\ +0\!\cdot\!888\ 378\ 528,\ +0\!\cdot\!385\ 132\ 944),$

$E = 0\!\cdot\!983\ 355\ 871$

Hence the unit vectors are:

$$\mathbf{p} = (-0\!\cdot\!374\ 002\ 209,\ -0\!\cdot\!312\ 485\ 308,\ -0\!\cdot\!873\ 198\ 305)$$

$$\mathbf{e} = (-0\!\cdot\!174\ 499\ 774,\ +0\!\cdot\!903\ 415\ 086,\ +0\!\cdot\!391\ 651\ 645)$$

Step 3.   Calculate the scalar product $\mathbf{p} \cdot \mathbf{e} = -0\!\cdot\!559\ 030\ 193$, then

$$\frac{(2\mu/c^2 E)}{(1 + \mathbf{p} \cdot \mathbf{e})}(\mathbf{e} - (\mathbf{p} \cdot \mathbf{e})\mathbf{p}) = (-0\!\cdot\!000\ 000\ 017,\ +0\!\cdot\!000\ 000\ 033,\ -0\!\cdot\!000\ 000\ 004)$$

and $\mathbf{p}_1 = (-0\!\cdot\!374\ 002\ 226,\ -0\!\cdot\!312\ 485\ 275,\ -0\!\cdot\!873\ 198\ 310)$

Step 4.   Using $\dot{\mathbf{E}}_B$ given in the table in *Step* 2, calculate

$\mathbf{V} = 0\!\cdot\!005\ 775\ 518\ \dot{\mathbf{E}}_B = (-0\!\cdot\!000\ 099\ 486,\ -0\!\cdot\!000\ 016\ 266,\ -0\!\cdot\!000\ 007\ 055)$

Then $V = 0\!\cdot\!000\ 101\ 053$, $\beta = 1\!\cdot\!000\ 000\ 005$ and $\beta^{-1} = 0\!\cdot\!999\ 999\ 995$

Calculate the scalar product $\mathbf{p}_1 \cdot \mathbf{V} = +0\!\cdot\!000\ 048\ 451$

Then $1 + (\mathbf{p}_1 \cdot \mathbf{V})/(1 + \beta^{-1}) = 1\!\cdot\!000\ 024\ 225$

Hence $\mathbf{p}_2 = (-0\!\cdot\!374\ 083\ 588,\ -0\!\cdot\!312\ 486\ 399,\ -0\!\cdot\!873\ 163\ 055)$

Example of stellar reduction: Equinox Method (continued)

Step 5. From page B30, the bias, precession and nutation matrix $\mathbf{M}$ is given by:

$$\mathbf{M} = \mathbf{NPB} = \begin{bmatrix} +0.999\ 996\ 173 & -0.002\ 537\ 447 & -0.001\ 102\ 384 \\ +0.002\ 537\ 448 & +0.999\ 996\ 781 & -0.000\ 000\ 601 \\ +0.001\ 102\ 382 & -0.000\ 002\ 196 & +0.999\ 999\ 392 \end{bmatrix}$$

hence $\mathbf{p}_3 = \mathbf{M}\,\mathbf{p}_2 = (-0.372\ 326\ 677,\ -0.313\ 434\ 086,\ -0.873\ 574\ 221)$

Step 6. Converting to spherical coordinates: $\alpha_e = 14^h\ 40^m\ 21\overset{s}{.}9665,\ \delta = -60°\ 52'\ 36\overset{''}{.}054$

Example of stellar reduction: **CIO Method**

Steps 1-4. Repeat Steps 1-4 above, calculating the proper direction of the star ($\mathbf{p}_2$) in the GCRS. Hence

$$\mathbf{p}_2 = (-0.374\ 083\ 588,\quad -0.312\ 486\ 399,\quad -0.873\ 163\ 055)$$

Step 5. From page B31 extract $\mathbf{C}$ that rotates the GCRS to the CIO and equator of date,

$$\mathbf{C} = \begin{bmatrix} +0.999\ 999\ 392 & -0.000\ 000\ 015 & -0.001\ 102\ 382 \\ +0.000\ 000\ 017 & +1.000\ 000\ 000 & +0.000\ 002\ 196 \\ +0.001\ 102\ 382 & -0.000\ 002\ 196 & +0.999\ 999\ 392 \end{bmatrix}$$

hence $\mathbf{p}_3 = \mathbf{C}\,\mathbf{p}_2 = (-0.373\ 120\ 797,\ -0.312\ 488\ 323,\ -0.873\ 574\ 221)$

Step 6. Converting to spherical coordinates $\alpha_i = 14^h\ 39^m\ 47\overset{s}{.}0743,\ \delta = -60°\ 52'\ 36\overset{''}{.}054.$

Note: the intermediate right ascension (α_i) may also be calculated thus

$$\alpha_i = \alpha_e + E_o = 14^h\ 40^m\ 21\overset{s}{.}9665 - 34\overset{s}{.}8922$$

where α_e is the apparent (equinox) right ascension and E_o is the equation of the origins, which is tabulated daily at 0^h UT1 on pages B21–B24.

Approximate reduction to apparent geocentric altitude and azimuth

The following example illustrates an approximate procedure based on the CIO method for calculating the altitude and azimuth of a star for a specified UT1 instant. The procedure given is accurate to about ±1″. It is valid for 2011 as it uses the relevant annual equations given earlier in this section. Strictly, all the parameters, except the Earth rotation angle (θ), should be evaluated for the equivalent TT (UT1+ΔT) instant.

Example On 2011 January 1 at $8^h\ 20^m\ 47^s$ UT1 calculate the local hour angle (h), declination (δ), and altitude and azimuth of the fictitious star given in the example on page B73, for an observer at W 60°·0, S 30°·0.

Step A The day of the year is 1; the time is $8^h\overset{.}{3}46\ 39$ UT1; the ICRS barycentric direction ($\mathbf{q}$) and space motion ($\mathbf{m}$) of the star at epoch J2000·0 (see page B73) are

$$\mathbf{q} = (-0.373\ 860\ 494,\ -0.312\ 618\ 798,\ -0.873\ 211\ 210),$$

$$\mathbf{m} = (-0.000\ 687\ 882,\ +0.001\ 749\ 237,\ +0.001\ 545\ 387)\cdot$$

Apply space motion and ignore parallax to give the approximate geocentric position of the star at the epoch of date with respect to the GCRS

$$\mathbf{p} = \mathbf{q} + T\mathbf{m} = (-0.373\ 936\ 163,\ -0.312\ 426\ 377,\ -0.873\ 041\ 214)$$

where $T = +0.110\ 002\ 677$ centuries from 245 1545·0 TT and $\mathbf{p} = (p_x, p_y, p_z)$ is a column vector.

Approximate reduction to apparent geocentric altitude and azimuth (continued)

Step B Apply aberration and precession-nutation to form

$$
\begin{aligned}
x_i &= v_x + (1 - \mathcal{X}^2/2)\, p_x & &- & \mathcal{X}\, p_z &= -0.373\ 071 \\
y_i &= v_y + & p_y &- & \mathcal{Y}\, p_z &= -0.312\ 445 \\
z_i &= v_z + & \mathcal{X}\, p_x + \mathcal{Y}\, p_y &+ (1 - \mathcal{X}^2/2)\, p_z &= -0.873\ 459
\end{aligned}
$$

where

$$
\mathbf{v} = \frac{1}{c}(0.0172 \sin L, \ -0.0158 \cos L, \ -0.0068 \cos L)
$$

$$
= \frac{1}{173.14}(-0.016\ 90, \ -0.002\ 91, \ -0.001\ 25)
$$

where **v** in au/day is the approximate barycentric velocity of the Earth, $L = 280°6$ is the ecliptic longitude of the Sun, and the speed of light is given by $c = 173.14$ au/d.

$\mathcal{X}, \mathcal{Y}$ are the approximate coordinates of the CIP, given in radians, and are evaluated using the approximate formulae on page B46, with arguments $\Omega = 272°3$ and $2L = 201°3$, thus giving

$$
\mathcal{X} = +0.001\ 103 \qquad \text{and} \qquad \mathcal{Y} = -0.000\ 002
$$

Therefore (x_i, y_i, z_i) is the position vector of the star with respect to the equator and CIO of date, i.e., the position of the star in the Celestial Intermediate Reference System.

Converting to spherical coordinates gives $\alpha_i = 14^h\ 39^m\ 47\overset{s}{.}0$ and $\delta = -60°\ 52'\ 36''$ (see page B68 *Step 6*).

Step C Transform from the celestial intermediate origin and equator of date to the observer's meridian at longitude $\lambda = -60°0$ (west longitudes are negative)

$$
\begin{aligned}
x_g &= +x_i \cos(\theta + \lambda) + y_i \sin(\theta + \lambda) = +0.284\ 314 \\
y_g &= -x_i \sin(\theta + \lambda) + y_i \cos(\theta + \lambda) = +0.394\ 929 \\
z_g &= +z_i & = -0.873\ 459
\end{aligned}
$$

where the Earth rotation angle (see page B8) is

$$
\theta = 99°172\ 373 + 0°985\ 6123 \times \text{day of year} + 15°041\ 067 \times \text{UT1}
$$

$$
= 225°696\ 580
$$

Thus the local hour angle (h) and declination (δ) are calculated using

$$
h = \tan^{-1}(-y_g/x_g)
$$

$$
= 305°\ 45'\ 02''
$$

$$
\delta = -60°\ 52'\ 36''
$$

h is measured positive to the west of the local meridian and the declination is unchanged (from Step B) by the rotation.

Step D Transform to altitude and azimuth (also see page B86), for the observer at latitude $\phi = -30°0$:

$$
\begin{aligned}
x_t &= -x_g \sin\phi + z_g \cos\phi = -0.614\ 281 \\
y_t &= +y_g & = +0.394\ 929 \\
z_t &= +x_g \cos\phi + z_g \sin\phi = +0.682\ 953
\end{aligned}
$$

Thus

$$
\text{Altitude} = \tan^{-1}\left(\frac{z_t}{\sqrt{x_t^2 + y_t^2}}\right) = +43°\ 04'\ 55''
$$

$$
\text{Azimuth} = \tan^{-1}\left(\frac{y_t}{x_t}\right) = 147°\ 15'\ 45''
$$

where azimuth is measured from north through east in the plane of the horizon.

POSITION AND VELOCITY OF THE EARTH, 2011

ICRS, ORIGIN AT SOLAR SYSTEM BARYCENTRE
FOR 0^h BARYCENTRIC DYNAMICAL TIME

Date 0^h TDB	X	Y	Z	$\dot{X}$	$\dot{Y}$	$\dot{Z}$
Jan. 0	−0·158 518 410	+0·891 700 848	+0·386 591 249	−1727 5112	− 253 8240	− 110 0822
1	−0·175 769 157	+0·889 023 521	+0·385 430 071	−1722 5431	− 281 6315	− 122 1486
2	−0·192 967 367	+0·886 068 446	+0·384 148 388	−1717 0035	− 309 3707	− 134 1818
3	−0·210 107 319	+0·882 836 394	+0·382 746 572	−1710 8917	− 337 0241	− 146 1741
4	−0·227 183 301	+0·879 328 308	+0·381 225 068	−1704 2099	− 364 5744	− 158 1179
5	−0·244 189 633	+0·875 545 305	+0·379 584 399	−1696 9626	− 392 0051	− 170 0062
6	−0·261 120 688	+0·871 488 658	+0·377 825 150	−1689 1558	− 419 3006	− 181 8327
7	−0·277 970 909	+0·867 159 791	+0·375 947 969	−1680 7972	− 446 4468	− 193 5917
8	−0·294 734 821	+0·862 560 263	+0·373 953 557	−1671 8951	− 473 4309	− 205 2783
9	−0·311 407 029	+0·857 691 751	+0·371 842 660	−1662 4582	− 500 2416	− 216 8880
10	−0·327 982 231	+0·852 556 043	+0·369 616 067	−1652 4951	− 526 8684	− 228 4169
11	−0·344 455 208	+0·847 155 028	+0·367 274 604	−1642 0148	− 553 3016	− 239 8613
12	−0·360 820 832	+0·841 490 686	+0·364 819 133	−1631 0260	− 579 5323	− 251 2180
13	−0·377 074 064	+0·835 565 085	+0·362 250 547	−1619 5380	− 605 5519	− 262 4838
14	−0·393 209 959	+0·829 380 377	+0·359 569 770	−1607 5603	− 631 3526	− 273 6558
15	−0·409 223 671	+0·822 938 787	+0·356 777 752	−1595 1032	− 656 9274	− 284 7316
16	−0·425 110 459	+0·816 242 602	+0·353 875 465	−1582 1773	− 682 2705	− 295 7095
17	−0·440 865 691	+0·809 294 162	+0·350 863 893	−1568 7936	− 707 3780	− 306 5883
18	−0·456 484 841	+0·802 095 834	+0·347 744 029	−1554 9627	− 732 2480	− 317 3680
19	−0·471 963 484	+0·794 649 991	+0·344 516 861	−1540 6936	− 756 8813	− 328 0492
20	−0·487 297 273	+0·786 958 988	+0·341 183 368	−1525 9925	− 781 2805	− 338 6334
21	−0·502 481 904	+0·779 025 149	+0·337 744 513	−1510 8620	− 805 4491	− 349 1218
22	−0·517 513 076	+0·770 850 764	+0·334 201 250	−1495 3003	− 829 3901	− 359 5150
23	−0·532 386 456	+0·762 438 104	+0·330 554 533	−1479 3023	− 853 1040	− 369 8123
24	−0·547 097 644	+0·753 789 451	+0·326 805 333	−1462 8609	− 876 5878	− 380 0110
25	−0·561 642 170	+0·744 907 138	+0·322 954 654	−1445 9687	− 899 8346	− 390 1070
26	−0·576 015 495	+0·735 793 583	+0·319 003 553	−1428 6198	− 922 8341	− 400 0946
27	−0·590 213 033	+0·726 451 322	+0·314 953 145	−1410 8108	− 945 5737	− 409 9673
28	−0·604 230 175	+0·716 883 024	+0·310 804 614	−1392 5409	− 968 0389	− 419 7181
29	−0·618 062 321	+0·707 091 507	+0·306 559 212	−1373 8120	− 990 2150	− 429 3402
30	−0·631 704 900	+0·697 079 738	+0·302 218 261	−1354 6284	−1012 0870	− 438 8269
31	−0·645 153 395	+0·686 850 830	+0·297 783 148	−1334 9965	−1033 6401	− 448 1717
Feb. 1	−0·658 403 363	+0·676 408 044	+0·293 255 320	−1314 9247	−1054 8606	− 457 3687
2	−0·671 450 454	+0·665 754 770	+0·288 636 283	−1294 4228	−1075 7354	− 466 4127
3	−0·684 290 422	+0·654 894 528	+0·283 927 592	−1273 5019	−1096 2526	− 475 2989
4	−0·696 919 136	+0·643 830 947	+0·279 130 846	−1252 1742	−1116 4014	− 484 0230
5	−0·709 332 592	+0·632 567 759	+0·274 247 683	−1230 4524	−1136 1725	− 492 5817
6	−0·721 526 914	+0·621 108 783	+0·269 279 774	−1208 3495	−1155 5577	− 500 9718
7	−0·733 498 355	+0·609 457 916	+0·264 228 817	−1185 8786	−1174 5497	− 509 1909
8	−0·745 243 303	+0·597 619 120	+0·259 096 533	−1163 0529	−1193 1425	− 517 2369
9	−0·756 758 275	+0·585 596 414	+0·253 884 662	−1139 8855	−1211 3307	− 525 1079
10	−0·768 039 919	+0·573 393 869	+0·248 594 962	−1116 3897	−1229 1097	− 532 8026
11	−0·779 085 018	+0·561 015 598	+0·243 229 202	−1092 5787	−1246 4754	− 540 3198
12	−0·789 890 487	+0·548 465 748	+0·237 789 161	−1068 4661	−1263 4251	− 547 6587
13	−0·800 453 381	+0·535 748 488	+0·232 276 623	−1044 0659	−1279 9570	− 554 8192
14	−0·810 770 893	+0·522 868 001	+0·226 693 369	−1019 3920	−1296 0710	− 561 8019
15	−0·820 840 352	+0·509 828 455	+0·221 041 173	− 994 4576	−1311 7692	− 568 6081

$\dot{X}, \dot{Y}, \dot{Z}$ are in units of 10^{-9} au / d.

ICRS, ORIGIN AT SOLAR SYSTEM BARYCENTRE
FOR 0^h BARYCENTRIC DYNAMICAL TIME

Date 0^h TDB	X	Y	Z	$\dot{X}$	$\dot{Y}$	$\dot{Z}$
Feb. 15	−0·820 840 352	+0·509 828 455	+0·221 041 173	− 994 4576	−1311 7692	− 568 6081
16	−0·830 659 216	+0·496 633 989	+0·215 321 788	− 969 2747	−1327 0558	− 575 2401
17	−0·840 225 047	+0·483 288 688	+0·209 536 943	− 943 8520	−1341 9375	− 581 7007
18	−0·849 535 475	+0·469 796 564	+0·203 688 336	− 918 1946	−1356 4217	− 587 9929
19	−0·858 588 157	+0·456 161 556	+0·197 777 640	− 892 3026	−1370 5151	− 594 1187
20	−0·867 380 731	+0·442 387 550	+0·191 806 514	− 866 1722	−1384 2217	− 600 0787
21	−0·875 910 786	+0·428 478 412	+0·185 776 623	− 839 7975	−1397 5412	− 605 8713
22	−0·884 175 848	+0·414 438 034	+0·179 689 658	− 813 1730	−1410 4682	− 611 4928
23	−0·892 173 402	+0·400 270 386	+0·173 547 354	− 786 2955	−1422 9938	− 616 9381
24	−0·899 900 915	+0·385 979 535	+0·167 351 503	− 759 1653	−1435 1065	− 622 2013
25	−0·907 355 878	+0·371 569 674	+0·161 103 954	− 731 7864	−1446 7939	− 627 2768
26	−0·914 535 837	+0·357 045 115	+0·154 806 612	− 704 1658	−1458 0441	− 632 1589
27	−0·921 438 419	+0·342 410 288	+0·148 461 436	− 676 3129	−1468 8457	− 636 8430
28	−0·928 061 357	+0·327 669 729	+0·142 070 426	− 648 2387	−1479 1889	− 641 3249
Mar. 1	−0·934 402 497	+0·312 828 067	+0·135 635 624	− 619 9556	−1489 0648	− 645 6010
2	−0·940 459 815	+0·297 890 017	+0·129 159 102	− 591 4765	−1498 4656	− 649 6685
3	−0·946 231 420	+0·282 860 362	+0·122 642 958	− 562 8152	−1507 3847	− 653 5248
4	−0·951 715 560	+0·267 743 947	+0·116 089 315	− 533 9861	−1515 8166	− 657 1682
5	−0·956 910 630	+0·252 545 669	+0·109 500 309	− 505 0036	−1523 7568	− 660 5972
6	−0·961 815 171	+0·237 270 461	+0·102 878 089	− 475 8827	−1531 2020	− 663 8109
7	−0·966 427 873	+0·221 923 287	+0·096 224 810	− 446 6383	−1538 1497	− 666 8089
8	−0·970 747 575	+0·206 509 130	+0·089 542 631	− 417 2853	−1544 5986	− 669 5911
9	−0·974 773 266	+0·191 032 980	+0·082 833 707	− 387 8384	−1550 5483	− 672 1579
10	−0·978 504 080	+0·175 499 827	+0·076 100 188	− 358 3123	−1555 9993	− 674 5101
11	−0·981 939 297	+0·159 914 653	+0·069 344 217	− 328 7215	−1560 9529	− 676 6487
12	−0·985 078 342	+0·144 282 418	+0·062 567 921	− 299 0802	−1565 4117	− 678 5753
13	−0·987 920 780	+0·128 608 057	+0·055 773 411	− 269 4027	−1569 3791	− 680 2920
14	−0·990 466 320	+0·112 896 457	+0·048 962 773	− 239 7026	−1572 8603	− 681 8012
15	−0·992 714 801	+0·097 152 450	+0·042 138 066	− 209 9929	−1575 8619	− 683 1064
16	−0·994 666 184	+0·081 380 788	+0·035 301 312	− 180 2847	−1578 3928	− 684 2114
17	−0·996 320 528	+0·065 586 128	+0·028 454 490	− 150 5863	−1580 4634	− 685 1207
18	−0·997 677 958	+0·049 773 017	+0·021 599 536	− 120 9023	−1582 0849	− 685 8386
19	−0·998 738 623	+0·033 945 893	+0·014 738 345	− 91 2326	−1583 2675	− 686 3686
20	−0·999 502 646	+0·018 109 103	+0·007 872 784	− 61 5733	−1584 0189	− 686 7127
21	−0·999 970 102	+0·002 266 941	+0·001 004 712	− 31 9180	−1584 3419	− 686 8706
22	−1·000 141 001	−0·013 576 301	−0·005 864 000	− 2 2611	−1584 2343	− 686 8400
23	−1·000 015 308	−0·029 416 287	−0·012 731 448	+ 27 4004	−1583 6894	− 686 6169
24	−0·999 592 981	−0·045 248 601	−0·019 595 682	+ 57 0651	−1582 6982	− 686 1967
25	−0·998 874 013	−0·061 068 732	−0·026 454 709	+ 86 7275	−1581 2512	− 685 5748
26	−0·997 858 469	−0·076 872 077	−0·033 306 494	+ 116 3784	−1579 3398	− 684 7477
27	−0·996 546 520	−0·092 653 956	−0·040 148 970	+ 146 0066	−1576 9569	− 683 7126
28	−0·994 938 455	−0·108 409 627	−0·046 980 046	+ 175 5993	−1574 0973	− 682 4676
29	−0·993 034 696	−0·124 134 300	−0·053 797 618	+ 205 1434	−1570 7570	− 681 0114
30	−0·990 835 796	−0·139 823 157	−0·060 599 570	+ 234 6250	−1566 9338	− 679 3437
31	−0·988 342 449	−0·155 471 360	−0·067 383 785	+ 264 0306	−1562 6262	− 677 4642
Apr. 1	−0·985 555 485	−0·171 074 064	−0·074 148 148	+ 293 3462	−1557 8337	− 675 3733
2	−0·982 475 872	−0·186 626 420	−0·080 890 549	+ 322 5579	−1552 5569	− 673 0717

$\dot{X}, \dot{Y}, \dot{Z}$ are in units of 10^{-9} au / d.

ICRS, ORIGIN AT SOLAR SYSTEM BARYCENTRE
FOR 0^h BARYCENTRIC DYNAMICAL TIME

Date 0^h TDB	X	Y	Z	$\dot{X}$	$\dot{Y}$	$\dot{Z}$
Apr. 1	−0·985 555 485	−0·171 074 064	−0·074 148 148	+ 293 3462	−1557 8337	− 675 3733
2	−0·982 475 872	−0·186 626 420	−0·080 890 549	+ 322 5579	−1552 5569	− 673 0717
3	−0·979 104 720	−0·202 123 591	−0·087 608 885	+ 351 6517	−1546 7969	− 670 5607
4	−0·975 443 278	−0·217 560 755	−0·094 301 069	+ 380 6135	−1540 5561	− 667 8416
5	−0·971 492 937	−0·232 933 121	−0·100 965 031	+ 409 4293	−1533 8377	− 664 9166
6	−0·967 255 226	−0·248 235 932	−0·107 598 721	+ 438 0852	−1526 6459	− 661 7878
7	−0·962 731 812	−0·263 464 479	−0·114 200 118	+ 466 5676	−1518 9860	− 658 4582
8	−0·957 924 495	−0·278 614 112	−0·120 767 227	+ 494 8636	−1510 8643	− 654 9310
9	−0·952 835 203	−0·293 680 250	−0·127 298 092	+ 522 9605	−1502 2882	− 651 2098
10	−0·947 465 988	−0·308 658 390	−0·133 790 790	+ 550 8465	−1493 2664	− 647 2986
11	−0·941 819 014	−0·323 544 123	−0·140 243 446	+ 578 5106	−1483 8085	− 643 2020
12	−0·935 896 547	−0·338 333 143	−0·146 654 228	+ 605 9435	−1473 9256	− 638 9248
13	−0·929 700 940	−0·353 021 260	−0·153 021 357	+ 633 1375	−1463 6301	− 634 4722
14	−0·923 234 609	−0·367 604 413	−0·159 343 106	+ 660 0878	−1452 9352	− 629 8498
15	−0·916 500 001	−0·382 078 677	−0·165 617 803	+ 686 7929	−1441 8543	− 625 0626
16	−0·909 499 559	−0·396 440 253	−0·171 843 822	+ 713 2553	−1430 3996	− 620 1148
17	−0·902 235 686	−0·410 685 455	−0·178 019 573	+ 739 4806	−1418 5805	− 615 0092
18	−0·894 710 714	−0·424 810 665	−0·184 143 483	+ 765 4762	−1406 4019	− 609 7465
19	−0·886 926 903	−0·438 812 295	−0·190 213 977	+ 791 2492	−1393 8640	− 604 3255
20	−0·878 886 458	−0·452 686 733	−0·196 229 456	+ 816 8036	−1380 9626	− 598 7433
21	−0·870 591 561	−0·466 430 315	−0·202 188 295	+ 842 1389	−1367 6914	− 592 9966
22	−0·862 044 424	−0·480 039 305	−0·208 088 830	+ 867 2506	−1354 0433	− 587 0822
23	−0·853 247 324	−0·493 509 906	−0·213 929 373	+ 892 1300	−1340 0127	− 580 9980
24	−0·844 202 634	−0·506 838 270	−0·219 708 219	+ 916 7665	−1325 5956	− 574 7427
25	−0·834 912 843	−0·520 020 525	−0·225 423 655	+ 941 1482	−1310 7905	− 568 3161
26	−0·825 380 559	−0·533 052 787	−0·231 073 973	+ 965 2629	−1295 5974	− 561 7190
27	−0·815 608 514	−0·545 931 185	−0·236 657 471	+ 989 0985	−1280 0179	− 554 9525
28	−0·805 599 559	−0·558 651 866	−0·242 172 465	+1012 6431	−1264 0547	− 548 0185
29	−0·795 356 662	−0·571 211 010	−0·247 617 289	+1035 8850	−1247 7111	− 540 9189
30	−0·784 882 908	−0·583 604 834	−0·252 990 300	+1058 8127	−1230 9913	− 533 6562
May 1	−0·774 181 495	−0·595 829 599	−0·258 289 877	+1081 4147	−1213 9002	− 526 2328
2	−0·763 255 738	−0·607 881 618	−0·263 514 431	+1103 6795	−1196 4433	− 518 6519
3	−0·752 109 068	−0·619 757 268	−0·268 662 402	+1125 5956	−1178 6273	− 510 9169
4	−0·740 745 027	−0·631 452 992	−0·273 732 267	+1147 1517	−1160 4597	− 503 0315
5	−0·729 167 271	−0·642 965 318	−0·278 722 545	+1168 3368	−1141 9493	− 495 0001
6	−0·717 379 561	−0·654 290 868	−0·283 631 799	+1189 1409	−1123 1061	− 486 8275
7	−0·705 385 755	−0·665 426 368	−0·288 458 642	+1209 5545	−1103 9413	− 478 5189
8	−0·693 189 798	−0·676 368 663	−0·293 201 741	+1229 5698	−1084 4672	− 470 0797
9	−0·680 795 708	−0·687 114 725	−0·297 859 820	+1249 1803	−1064 6971	− 461 5158
10	−0·668 207 557	−0·697 661 664	−0·302 431 661	+1268 3814	−1044 6449	− 452 8331
11	−0·655 429 452	−0·708 006 731	−0·306 916 105	+1287 1710	−1024 3250	− 444 0375
12	−0·642 465 508	−0·718 147 321	−0·311 312 053	+1305 5494	−1003 7520	− 435 1346
13	−0·629 319 825	−0·728 080 972	−0·315 618 457	+1323 5197	− 982 9394	− 426 1296
14	−0·615 996 455	−0·737 805 350	−0·319 834 317	+1341 0880	− 961 8991	− 417 0264
15	−0·602 499 379	−0·747 318 226	−0·323 958 667	+1358 2623	− 940 6401	− 407 8277
16	−0·588 832 491	−0·756 617 442	−0·327 990 557	+1375 0517	− 919 1677	− 398 5345
17	−0·574 999 600	−0·765 700 871	−0·331 929 040	+1391 4643	− 897 4828	− 389 1460

$\dot{X}$, $\dot{Y}$, $\dot{Z}$ are in units of 10^{-9} au / d.

ICRS, ORIGIN AT SOLAR SYSTEM BARYCENTRE
FOR 0^h BARYCENTRIC DYNAMICAL TIME

Date 0^h TDB	X	Y	Z	$\dot{X}$	$\dot{Y}$	$\dot{Z}$
May 17	−0·574 999 600	−0·765 700 871	−0·331 929 040	+1391 4643	− 897 4828	− 389 1460
18	−0·561 004 443	−0·774 566 380	−0·335 773 153	+1407 5054	− 875 5829	− 379 6603
19	−0·546 850 726	−0·783 211 798	−0·339 521 913	+1423 1762	− 853 4636	− 370 0750
20	−0·532 542 163	−0·791 634 906	−0·343 174 314	+1438 4739	− 831 1201	− 360 3882
21	−0·518 082 512	−0·799 833 440	−0·346 729 334	+1453 3923	− 808 5486	− 350 5986
22	−0·503 475 609	−0·807 805 113	−0·350 185 943	+1467 9227	− 785 7476	− 340 7060
23	−0·488 725 382	−0·815 547 628	−0·353 543 114	+1482 0556	− 762 7174	− 330 7114
24	−0·473 835 856	−0·823 058 705	−0·356 799 836	+1495 7809	− 739 4606	− 320 6165
25	−0·458 811 155	−0·830 336 098	−0·359 955 118	+1509 0891	− 715 9812	− 310 4237
26	−0·443 655 494	−0·837 377 604	−0·363 007 994	+1521 9713	− 692 2842	− 300 1359
27	−0·428 373 179	−0·844 181 076	−0·365 957 528	+1534 4186	− 668 3754	− 289 7560
28	−0·412 968 600	−0·850 744 427	−0·368 802 818	+1546 4227	− 644 2612	− 279 2874
29	−0·397 446 229	−0·857 065 638	−0·371 542 993	+1557 9754	− 619 9485	− 268 7337
30	−0·381 810 624	−0·863 142 760	−0·374 177 221	+1569 0684	− 595 4449	− 258 0987
31	−0·366 066 421	−0·868 973 927	−0·376 704 710	+1579 6935	− 570 7589	− 247 3866
June 1	−0·350 218 342	−0·874 557 362	−0·379 124 712	+1589 8424	− 545 9000	− 236 6021
2	−0·334 271 185	−0·879 891 387	−0·381 436 528	+1599 5077	− 520 8791	− 225 7504
3	−0·318 229 822	−0·884 974 443	−0·383 639 515	+1608 6825	− 495 7083	− 214 8372
4	−0·302 099 188	−0·889 805 099	−0·385 733 087	+1617 3613	− 470 4013	− 203 8685
5	−0·285 884 261	−0·894 382 063	−0·387 716 722	+1625 5406	− 444 9726	− 192 8509
6	−0·269 590 046	−0·898 704 197	−0·389 589 963	+1633 2189	− 419 4377	− 181 7908
7	−0·253 221 549	−0·902 770 516	−0·391 352 418	+1640 3975	− 393 8121	− 170 6946
8	−0·236 783 751	−0·906 580 186	−0·393 003 754	+1647 0799	− 368 1106	− 159 5681
9	−0·220 281 584	−0·910 132 523	−0·394 543 695	+1653 2723	− 342 3474	− 148 4165
10	−0·203 719 910	−0·913 426 969	−0·395 972 014	+1658 9829	− 316 5344	− 137 2441
11	−0·187 103 499	−0·916 463 079	−0·397 288 518	+1664 2215	− 290 6816	− 126 0539
12	−0·170 437 017	−0·919 240 490	−0·398 493 039	+1668 9988	− 264 7957	− 114 8478
13	−0·153 725 027	−0·921 758 895	−0·399 585 423	+1673 3249	− 238 8804	− 103 6263
14	−0·136 971 993	−0·924 018 002	−0·400 565 512	+1677 2088	− 212 9362	− 92 3887
15	−0·120 182 304	−0·926 017 515	−0·401 433 139	+1680 6565	− 186 9611	− 81 1336
16	−0·103 360 307	−0·927 757 111	−0·402 188 120	+1683 6708	− 160 9519	− 69 8593
17	−0·086 510 335	−0·929 236 429	−0·402 830 256	+1686 2509	− 134 9052	− 58 5645
18	−0·069 636 748	−0·930 455 083	−0·403 359 341	+1688 3930	− 108 8188	− 47 2488
19	−0·052 743 954	−0·931 412 671	−0·403 775 164	+1690 0913	− 82 6922	− 35 9126
20	−0·035 836 423	−0·932 108 798	−0·404 077 529	+1691 3392	− 56 5271	− 24 5573
21	−0·018 918 695	−0·932 543 095	−0·404 266 254	+1692 1296	− 30 3269	− 13 1851
22	−0·001 995 378	−0·932 715 235	−0·404 341 184	+1692 4560	− 4 0966	− 1 7990
23	+0·014 928 857	−0·932 624 948	−0·404 302 197	+1692 3123	+ 22 1576	+ 9 5979
24	+0·031 849 283	−0·932 272 027	−0·404 149 202	+1691 6931	+ 48 4289	+ 21 0020
25	+0·048 761 117	−0·931 656 337	−0·403 882 145	+1690 5933	+ 74 7100	+ 32 4095
26	+0·065 659 530	−0·930 777 819	−0·403 501 013	+1689 0079	+ 100 9931	+ 43 8166
27	+0·082 539 641	−0·929 636 495	−0·403 005 828	+1686 9321	+ 127 2699	+ 55 2191
28	+0·099 396 522	−0·928 232 473	−0·402 396 661	+1684 3611	+ 153 5311	+ 66 6125
29	+0·116 225 196	−0·926 565 959	−0·401 673 625	+1681 2901	+ 179 7665	+ 77 9919
30	+0·133 020 642	−0·924 637 268	−0·400 836 889	+1677 7147	+ 205 9645	+ 89 3517
July 1	+0·149 777 798	−0·922 446 837	−0·399 886 677	+1673 6318	+ 232 1120	+ 100 6859
2	+0·166 491 579	−0·919 995 245	−0·398 823 278	+1669 0395	+ 258 1943	+ 111 9880

$\dot{X}, \dot{Y}, \dot{Z}$ are in units of 10^{-9} au / d.

ICRS, ORIGIN AT SOLAR SYSTEM BARYCENTRE
FOR 0ʰ BARYCENTRIC DYNAMICAL TIME

Date 0ʰ TDB		X	Y	Z	$\dot{X}$	$\dot{Y}$	$\dot{Z}$
July	1	+0·149 777 798	−0·922 446 837	−0·399 886 677	+1673 6318	+ 232 1120	+ 100 6859
	2	+0·166 491 579	−0·919 995 245	−0·398 823 278	+1669 0395	+ 258 1943	+ 111 9880
	3	+0·183 156 893	−0·917 283 222	−0·397 647 047	+1663 9388	+ 284 1955	+ 123 2512
	4	+0·199 768 671	−0·914 311 659	−0·396 358 407	+1658 3332	+ 310 0995	+ 134 4688
	5	+0·216 321 896	−0·911 081 608	−0·394 957 844	+1652 2295	+ 335 8905	+ 145 6346
	6	+0·232 811 631	−0·907 594 273	−0·393 445 905	+1645 6372	+ 361 5542	+ 156 7433
	7	+0·249 233 051	−0·903 850 988	−0·391 823 182	+1638 5682	+ 387 0786	+ 167 7908
	8	+0·265 581 450	−0·899 853 196	−0·390 090 303	+1631 0355	+ 412 4544	+ 178 7742
	9	+0·281 852 259	−0·895 602 418	−0·388 247 918	+1623 0522	+ 437 6751	+ 189 6918
	10	+0·298 041 036	−0·891 100 222	−0·386 296 688	+1614 6311	+ 462 7374	+ 200 5431
	11	+0·314 143 460	−0·886 348 201	−0·384 237 275	+1605 7835	+ 487 6403	+ 211 3286
	12	+0·330 155 313	−0·881 347 945	−0·382 070 332	+1596 5183	+ 512 3848	+ 222 0493
	13	+0·346 072 455	−0·876 101 026	−0·379 796 501	+1586 8420	+ 536 9733	+ 232 7064
	14	+0·361 890 796	−0·870 608 989	−0·377 416 411	+1576 7584	+ 561 4088	+ 243 3013
	15	+0·377 606 268	−0·864 873 352	−0·374 930 681	+1566 2683	+ 585 6937	+ 253 8347
	16	+0·393 214 804	−0·858 895 611	−0·372 339 922	+1555 3705	+ 609 8297	+ 264 3067
	17	+0·408 712 311	−0·852 677 256	−0·369 644 752	+1544 0622	+ 633 8164	+ 274 7168
	18	+0·424 094 667	−0·846 219 786	−0·366 845 798	+1532 3397	+ 657 6521	+ 285 0633
	19	+0·439 357 711	−0·839 524 729	−0·363 943 706	+1520 1992	+ 681 3332	+ 295 3440
	20	+0·454 497 246	−0·832 593 654	−0·360 939 148	+1507 6372	+ 704 8548	+ 305 5560
	21	+0·469 509 040	−0·825 428 185	−0·357 832 826	+1494 6508	+ 728 2108	+ 315 6962
	22	+0·484 388 838	−0·818 030 011	−0·354 625 476	+1481 2375	+ 751 3946	+ 325 7610
	23	+0·499 132 362	−0·810 400 891	−0·351 317 869	+1467 3955	+ 774 3989	+ 335 7469
	24	+0·513 735 314	−0·802 542 657	−0·347 910 814	+1453 1231	+ 797 2161	+ 345 6499
	25	+0·528 193 383	−0·794 457 221	−0·344 405 160	+1438 4187	+ 819 8379	+ 355 4661
	26	+0·542 502 243	−0·786 146 580	−0·340 801 796	+1423 2809	+ 842 2555	+ 365 1912
	27	+0·556 657 552	−0·777 612 824	−0·337 101 656	+1407 7083	+ 864 4590	+ 374 8203
	28	+0·570 654 956	−0·768 858 150	−0·333 305 726	+1391 6999	+ 886 4372	+ 384 3483
	29	+0·584 490 098	−0·759 884 874	−0·329 415 047	+1375 2559	+ 908 1771	+ 393 7693
	30	+0·598 158 629	−0·750 695 449	−0·325 430 719	+1358 3783	+ 929 6643	+ 403 0768
	31	+0·611 656 234	−0·741 292 482	−0·321 353 910	+1341 0717	+ 950 8831	+ 412 2643
Aug.	1	+0·624 978 661	−0·731 678 736	−0·317 185 854	+1323 3446	+ 971 8174	+ 421 3254
	2	+0·638 121 762	−0·721 857 132	−0·312 927 842	+1305 2088	+ 992 4525	+ 430 2545
	3	+0·651 081 525	−0·711 830 727	−0·308 581 218	+1286 6795	+1012 7757	+ 439 0474
	4	+0·663 854 098	−0·701 602 687	−0·304 147 359	+1267 7736	+1032 7782	+ 447 7012
	5	+0·676 435 800	−0·691 176 251	−0·299 627 660	+1248 5084	+1052 4544	+ 456 2151
	6	+0·688 823 122	−0·680 554 692	−0·295 023 524	+1228 9000	+1071 8026	+ 464 5890
	7	+0·701 012 704	−0·669 741 290	−0·290 336 342	+1208 9626	+1090 8234	+ 472 8242
	8	+0·713 001 316	−0·658 739 308	−0·285 567 496	+1188 7078	+1109 5192	+ 480 9223
	9	+0·724 785 831	−0·647 551 977	−0·280 718 348	+1168 1445	+1127 8937	+ 488 8850
	10	+0·736 363 201	−0·636 182 494	−0·275 790 243	+1147 2794	+1145 9504	+ 496 7138
	11	+0·747 730 428	−0·624 634 018	−0·270 784 514	+1126 1167	+1163 6927	+ 504 4100
	12	+0·758 884 550	−0·612 909 680	−0·265 702 484	+1104 6587	+1181 1232	+ 511 9742
	13	+0·769 822 620	−0·601 012 588	−0·260 545 469	+1082 9063	+1198 2434	+ 519 4067
	14	+0·780 541 693	−0·588 945 845	−0·255 314 791	+1060 8593	+1215 0535	+ 526 7067
	15	+0·791 038 822	−0·576 712 557	−0·250 011 781	+1038 5171	+1231 5520	+ 533 8730
	16	+0·801 311 050	−0·564 315 852	−0·244 637 783	+1015 8790	+1247 7364	+ 540 9038

$\dot{X}, \dot{Y}, \dot{Z}$ are in units of 10^{-9} au / d.

ICRS, ORIGIN AT SOLAR SYSTEM BARYCENTRE
FOR 0^h BARYCENTRIC DYNAMICAL TIME

Date 0^h TDB	X	Y	Z	$\dot{X}$	$\dot{Y}$	$\dot{Z}$
Aug. 16	+0·801 311 050	−0·564 315 852	−0·244 637 783	+1015 8790	+1247 7364	+ 540 9038
17	+0·811 355 413	−0·551 758 890	−0·239 194 165	+ 992 9443	+1263 6027	+ 547 7967
18	+0·821 168 947	−0·539 044 874	−0·233 682 318	+ 969 7130	+1279 1461	+ 554 5491
19	+0·830 748 687	−0·526 177 062	−0·228 103 662	+ 946 1856	+1294 3611	+ 561 1579
20	+0·840 091 676	−0·513 158 768	−0·222 459 647	+ 922 3631	+1309 2414	+ 567 6202
21	+0·849 194 969	−0·499 993 370	−0·216 751 758	+ 898 2466	+1323 7807	+ 573 9325
22	+0·858 055 634	−0·486 684 315	−0·210 981 508	+ 873 8378	+1337 9718	+ 580 0915
23	+0·866 670 756	−0·473 235 121	−0·205 150 452	+ 849 1384	+1351 8071	+ 586 0933
24	+0·875 037 439	−0·459 649 388	−0·199 260 178	+ 824 1502	+1365 2780	+ 591 9341
25	+0·883 152 806	−0·445 930 807	−0·193 312 323	+ 798 8757	+1378 3749	+ 597 6091
26	+0·891 014 010	−0·432 083 175	−0·187 308 566	+ 773 3183	+1391 0862	+ 603 1133
27	+0·898 618 246	−0·418 110 410	−0·181 250 644	+ 747 4833	+1403 3993	+ 608 4412
28	+0·905 962 777	−0·404 016 565	−0·175 140 349	+ 721 3790	+1415 2998	+ 613 5870
29	+0·913 044 968	−0·389 805 836	−0·168 979 530	+ 695 0176	+1426 7737	+ 618 5452
30	+0·919 862 326	−0·375 482 556	−0·162 770 086	+ 668 4154	+1437 8082	+ 623 3113
31	+0·926 412 539	−0·361 051 169	−0·156 513 954	+ 641 5920	+1448 3937	+ 627 8825
Sept. 1	+0·932 693 500	−0·346 516 196	−0·150 213 089	+ 614 5686	+1458 5250	+ 632 2579
2	+0·938 703 314	−0·331 882 184	−0·143 869 445	+ 587 3659	+1468 2017	+ 636 4386
3	+0·944 440 282	−0·317 153 668	−0·137 484 958	+ 560 0022	+1477 4268	+ 640 4268
4	+0·949 902 871	−0·302 335 134	−0·131 061 539	+ 532 4924	+1486 2062	+ 644 2256
5	+0·955 089 681	−0·287 431 007	−0·124 601 067	+ 504 8480	+1494 5465	+ 647 8381
6	+0·959 999 410	−0·272 445 646	−0·118 105 390	+ 477 0774	+1502 4543	+ 651 2670
7	+0·964 630 830	−0·257 383 343	−0·111 576 331	+ 449 1869	+1509 9355	+ 654 5146
8	+0·968 982 763	−0·242 248 341	−0·105 015 696	+ 421 1808	+1516 9950	+ 657 5826
9	+0·973 054 071	−0·227 044 837	−0·098 425 275	+ 393 0623	+1523 6364	+ 660 4719
10	+0·976 843 643	−0·211 776 999	−0·091 806 851	+ 364 8339	+1529 8622	+ 663 1832
11	+0·980 350 389	−0·196 448 973	−0·085 162 205	+ 336 4976	+1535 6740	+ 665 7162
12	+0·983 573 239	−0·181 064 899	−0·078 493 122	+ 308 0548	+1541 0718	+ 668 0706
13	+0·986 511 137	−0·165 628 918	−0·071 801 393	+ 279 5074	+1546 0550	+ 670 2453
14	+0·989 163 045	−0·150 145 186	−0·065 088 821	+ 250 8572	+1550 6218	+ 672 2389
15	+0·991 527 946	−0·134 617 880	−0·058 357 224	+ 222 1064	+1554 7695	+ 674 0498
16	+0·993 604 846	−0·119 051 205	−0·051 608 440	+ 193 2576	+1558 4948	+ 675 6760
17	+0·995 392 781	−0·103 449 404	−0·044 844 326	+ 164 3139	+1561 7940	+ 677 1155
18	+0·996 890 819	−0·087 816 761	−0·038 066 761	+ 135 2789	+1564 6625	+ 678 3659
19	+0·998 098 067	−0·072 157 605	−0·031 277 648	+ 106 1565	+1567 0956	+ 679 4247
20	+0·999 013 672	−0·056 476 319	−0·024 478 914	+ 76 9510	+1569 0878	+ 680 2894
21	+0·999 636 825	−0·040 777 340	−0·017 672 516	+ 47 6670	+1570 6329	+ 680 9570
22	+0·999 966 767	−0·025 065 175	−0·010 860 441	+ 18 3097	+1571 7238	+ 681 4243
23	+1·000 002 795	−0·009 344 406	−0·004 044 710	− 11 1145	+1572 3520	+ 681 6875
24	+0·999 744 280	+0·006 380 290	+0·002 772 615	− 40 5974	+1572 5077	+ 681 7426
25	+0·999 190 687	+0·022 104 138	+0·009 589 434	− 70 1280	+1572 1803	+ 681 5854
26	+0·998 341 610	+0·037 822 251	+0·016 403 604	− 99 6915	+1571 3591	+ 681 2122
27	+0·997 196 810	+0·053 529 644	+0·023 212 949	− 129 2689	+1570 0351	+ 680 6202
28	+0·995 756 259	+0·069 221 258	+0·030 015 276	− 158 8381	+1568 2028	+ 679 8085
29	+0·994 020 155	+0·084 892 002	+0·036 808 390	− 188 3753	+1565 8616	+ 678 7782
30	+0·991 988 934	+0·100 536 810	+0·043 590 121	− 217 8581	+1563 0165	+ 677 5326
Oct. 1	+0·989 663 240	+0·116 150 681	+0·050 358 339	− 247 2671	+1559 6762	+ 676 0764

$\dot{X}, \dot{Y}, \dot{Z}$ are in units of 10^{-9} au / d.

ICRS, ORIGIN AT SOLAR SYSTEM BARYCENTRE
FOR 0^h BARYCENTRIC DYNAMICAL TIME

Date 0^h TDB	X	Y	Z	$\dot{X}$	$\dot{Y}$	$\dot{Z}$
Oct. 1	+0·989 663 240	+0·116 150 681	+0·050 358 339	− 247 2671	+1559 6762	+ 676 0764
2	+0·987 043 888	+0·131 728 720	+0·057 110 964	− 276 5876	+1555 8518	+ 674 4147
3	+0·984 131 819	+0·147 266 143	+0·063 845 965	− 305 8092	+1551 5551	+ 672 5525
4	+0·980 928 059	+0·162 758 282	+0·070 561 359	− 334 9246	+1546 7965	+ 670 4939
5	+0·977 433 696	+0·178 200 563	+0·077 255 200	− 363 9292	+1541 5850	+ 668 2423
6	+0·973 649 857	+0·193 588 497	+0·083 925 571	− 392 8192	+1535 9281	+ 665 8003
7	+0·969 577 704	+0·208 917 660	+0·090 570 578	− 421 5916	+1529 8316	+ 663 1698
8	+0·965 218 426	+0·224 183 679	+0·097 188 342	− 450 2438	+1523 3002	+ 660 3520
9	+0·960 573 238	+0·239 382 227	+0·103 776 997	− 478 7730	+1516 3377	+ 657 3481
10	+0·955 643 384	+0·254 509 005	+0·110 334 685	− 507 1766	+1508 9468	+ 654 1585
11	+0·950 430 133	+0·269 559 741	+0·116 859 550	− 535 4518	+1501 1296	+ 650 7837
12	+0·944 934 784	+0·284 530 180	+0·123 349 740	− 563 5958	+1492 8875	+ 647 2235
13	+0·939 158 665	+0·299 416 076	+0·129 803 402	− 591 6054	+1484 2210	+ 643 4779
14	+0·933 103 136	+0·314 213 186	+0·136 218 678	− 619 4773	+1475 1301	+ 639 5462
15	+0·926 769 592	+0·328 917 262	+0·142 593 704	− 647 2075	+1465 6141	+ 635 4278
16	+0·920 159 471	+0·343 524 048	+0·148 926 609	− 674 7920	+1455 6717	+ 631 1218
17	+0·913 274 254	+0·358 029 269	+0·155 215 512	− 702 2258	+1445 3011	+ 626 6272
18	+0·906 115 475	+0·372 428 634	+0·161 458 520	− 729 5036	+1434 4997	+ 621 9426
19	+0·898 684 722	+0·386 717 819	+0·167 653 726	− 756 6194	+1423 2648	+ 617 0667
20	+0·890 983 649	+0·400 892 471	+0·173 799 210	− 783 5664	+1411 5923	+ 611 9979
21	+0·883 013 984	+0·414 948 192	+0·179 893 034	− 810 3364	+1399 4779	+ 606 7343
22	+0·874 777 543	+0·428 880 537	+0·185 933 240	− 836 9198	+1386 9160	+ 601 2739
23	+0·866 276 252	+0·442 685 001	+0·191 917 851	− 863 3040	+1373 9009	+ 595 6149
24	+0·857 512 179	+0·456 357 025	+0·197 844 872	− 889 4735	+1360 4270	+ 589 7559
25	+0·848 487 562	+0·469 892 000	+0·203 712 300	− 915 4091	+1346 4908	+ 583 6963
26	+0·839 204 849	+0·483 285 298	+0·209 518 134	− 941 0890	+1332 0920	+ 577 4376
27	+0·829 666 713	+0·496 532 313	+0·215 260 399	− 966 4899	+1317 2354	+ 570 9832
28	+0·819 876 054	+0·509 628 513	+0·220 937 164	− 991 5901	+1301 9309	+ 564 3386
29	+0·809 835 974	+0·522 569 485	+0·226 546 559	−1016 3716	+1286 1927	+ 557 5105
30	+0·799 549 728	+0·535 350 975	+0·232 086 786	−1040 8215	+1270 0372	+ 550 5062
31	+0·789 020 677	+0·547 968 894	+0·237 556 118	−1064 9316	+1253 4811	+ 543 3326
Nov. 1	+0·778 252 243	+0·560 419 311	+0·242 952 893	−1088 6976	+1236 5391	+ 535 9955
2	+0·767 247 878	+0·572 698 432	+0·248 275 499	−1112 1175	+1219 2239	+ 528 4996
3	+0·756 011 050	+0·584 802 581	+0·253 522 369	−1135 1902	+1201 5462	+ 520 8487
4	+0·744 545 234	+0·596 728 176	+0·258 691 967	−1157 9148	+1183 5146	+ 513 0459
5	+0·732 853 917	+0·608 471 719	+0·263 782 789	−1180 2903	+1165 1367	+ 505 0936
6	+0·720 940 597	+0·620 029 777	+0·268 793 349	−1202 3153	+1146 4188	+ 496 9941
7	+0·708 808 784	+0·631 398 981	+0·273 722 187	−1223 9885	+1127 3668	+ 488 7493
8	+0·696 462 005	+0·642 576 018	+0·278 567 857	−1245 3081	+1107 9861	+ 480 3609
9	+0·683 903 806	+0·653 557 623	+0·283 328 932	−1266 2724	+1088 2813	+ 471 8305
10	+0·671 137 748	+0·664 340 577	+0·288 003 999	−1286 8797	+1068 2565	+ 463 1594
11	+0·658 167 410	+0·674 921 699	+0·292 591 655	−1307 1279	+1047 9152	+ 454 3486
12	+0·644 996 393	+0·685 297 835	+0·297 090 508	−1327 0150	+1027 2599	+ 445 3990
13	+0·631 628 323	+0·695 465 858	+0·301 499 173	−1346 5381	+1006 2928	+ 436 3110
14	+0·618 066 856	+0·705 422 655	+0·305 816 268	−1365 6939	+ 985 0149	+ 427 0851
15	+0·604 315 683	+0·715 165 122	+0·310 040 415	−1384 4783	+ 963 4269	+ 417 7214
16	+0·590 378 544	+0·724 690 160	+0·314 170 236	−1402 8861	+ 941 5289	+ 408 2200

$\dot{X}$, $\dot{Y}$, $\dot{Z}$ are in units of 10^{-9} au / d.

ICRS, ORIGIN AT SOLAR SYSTEM BARYCENTRE
FOR 0^h BARYCENTRIC DYNAMICAL TIME

Date 0^h TDB	X	Y	Z	$\dot{X}$	$\dot{Y}$	$\dot{Z}$
Nov. 16	+0·590 378 544	+0·724 690 160	+0·314 170 236	−1402 8861	+ 941 5289	+ 408 2200
17	+0·576 259 236	+0·733 994 665	+0·318 204 356	−1420 9110	+ 919 3204	+ 398 5809
18	+0·561 961 626	+0·743 075 531	+0·322 141 396	−1438 5452	+ 896 8008	+ 388 8043
19	+0·547 489 666	+0·751 929 640	+0·325 979 983	−1455 7792	+ 873 9690	+ 378 8901
20	+0·532 847 415	+0·760 553 868	+0·329 718 743	−1472 6012	+ 850 8244	+ 368 8390
21	+0·518 039 061	+0·768 945 087	+0·333 356 311	−1488 9973	+ 827 3674	+ 358 6521
22	+0·503 068 945	+0·777 100 182	+0·336 891 338	−1504 9507	+ 803 6003	+ 348 3315
23	+0·487 941 584	+0·785 016 076	+0·340 322 507	−1520 4430	+ 779 5285	+ 337 8809
24	+0·472 661 685	+0·792 689 769	+0·343 648 541	−1535 4553	+ 755 1620	+ 327 3058
25	+0·457 234 136	+0·800 118 380	+0·346 868 231	−1549 9702	+ 730 5149	+ 316 6134
26	+0·441 663 984	+0·807 299 192	+0·349 980 445	−1563 9741	+ 705 6053	+ 305 8120
27	+0·425 956 387	+0·814 229 679	+0·352 984 137	−1577 4582	+ 680 4535	+ 294 9103
28	+0·410 116 567	+0·820 907 522	+0·355 878 346	−1590 4186	+ 655 0795	+ 283 9167
29	+0·394 149 761	+0·827 330 589	+0·358 662 188	−1602 8554	+ 629 5014	+ 272 8381
30	+0·378 061 195	+0·833 496 922	+0·361 334 845	−1614 7712	+ 603 7350	+ 261 6806
Dec. 1	+0·361 856 062	+0·839 404 706	+0·363 895 552	−1626 1694	+ 577 7936	+ 250 4489
2	+0·345 539 520	+0·845 052 247	+0·366 343 589	−1637 0535	+ 551 6881	+ 239 1470
3	+0·329 116 696	+0·850 437 954	+0·368 678 270	−1647 4264	+ 525 4282	+ 227 7784
4	+0·312 592 688	+0·855 560 325	+0·370 898 945	−1657 2907	+ 499 0224	+ 216 3461
5	+0·295 972 570	+0·860 417 942	+0·373 004 990	−1666 6487	+ 472 4787	+ 204 8531
6	+0·279 261 396	+0·865 009 464	+0·374 995 814	−1675 5021	+ 445 8046	+ 193 3021
7	+0·262 464 204	+0·869 333 624	+0·376 870 847	−1683 8528	+ 419 0072	+ 181 6957
8	+0·245 586 010	+0·873 389 219	+0·378 629 550	−1691 7027	+ 392 0929	+ 170 0362
9	+0·228 631 812	+0·877 175 112	+0·380 271 402	−1699 0538	+ 365 0675	+ 158 3259
10	+0·211 606 591	+0·880 690 216	+0·381 795 904	−1705 9077	+ 337 9360	+ 146 5664
11	+0·194 515 311	+0·883 933 492	+0·383 202 572	−1712 2657	+ 310 7024	+ 134 7594
12	+0·177 362 928	+0·886 903 933	+0·384 490 937	−1718 1283	+ 283 3695	+ 122 9060
13	+0·160 154 399	+0·889 600 559	+0·385 660 540	−1723 4949	+ 255 9397	+ 111 0071
14	+0·142 894 691	+0·892 022 410	+0·386 710 931	−1728 3635	+ 228 4145	+ 99 0638
15	+0·125 588 802	+0·894 168 537	+0·387 641 670	−1732 7303	+ 200 7954	+ 87 0769
16	+0·108 241 774	+0·896 038 009	+0·388 452 329	−1736 5901	+ 173 0838	+ 75 0478
17	+0·090 858 715	+0·897 629 912	+0·389 142 491	−1739 9353	+ 145 2819	+ 62 9781
18	+0·073 444 812	+0·898 943 356	+0·389 711 764	−1742 7571	+ 117 3929	+ 50 8702
19	+0·056 005 353	+0·899 977 495	+0·390 159 778	−1745 0448	+ 89 4217	+ 38 7272
20	+0·038 545 737	+0·900 731 540	+0·390 486 204	−1746 7864	+ 61 3754	+ 26 5532
21	+0·021 071 486	+0·901 204 787	+0·390 690 757	−1747 9696	+ 33 2642	+ 14 3538
22	+0·003 588 245	+0·901 396 651	+0·390 773 218	−1748 5826	+ 5 1014	+ 2 1358
23	−0·013 898 231	+0·901 306 699	+0·390 733 437	−1748 6153	− 23 0961	− 10 0930
24	−0·031 382 104	+0·900 934 678	+0·390 571 351	−1748 0613	− 51 3089	− 22 3237
25	−0·048 857 494	+0·900 280 540	+0·390 286 986	−1746 9184	− 79 5161	− 34 5475
26	−0·066 318 516	+0·899 344 444	+0·389 880 452	−1745 1886	− 107 6971	− 46 7560
27	−0·083 759 329	+0·898 126 748	+0·389 351 941	−1742 8777	− 135 8331	− 58 9418
28	−0·101 174 159	+0·896 627 986	+0·388 701 712	−1739 9937	− 163 9077	− 71 0988
29	−0·118 557 322	+0·894 848 843	+0·387 930 079	−1736 5456	− 191 9073	− 83 2218
30	−0·135 903 222	+0·892 790 129	+0·387 037 402	−1732 5426	− 219 8203	− 95 3070
31	−0·153 206 353	+0·890 452 759	+0·386 024 078	−1727 9932	− 247 6371	− 107 3507
32	−0·170 461 291	+0·887 837 737	+0·384 890 537	−1722 9052	− 275 3491	− 119 3498

$\dot{X}$, $\dot{Y}$, $\dot{Z}$ are in units of 10^{-9} au / d.

Reduction for polar motion

The rotation of the Earth can be represented by a diurnal rotation about a reference axis whose motion with respect to a space-fixed system is given by the theories of precession and nutation plus very small (< 1 mas) corrections from observations. The pole of the reference axis is the celestial intermediate pole (CIP) and the system within which it moves is the GCRS (see page B25). The equator of date is orthogonal to the axis of the CIP. The axis of the CIP also moves with respect to the standard geodetic coordinate system, the ITRS (see below), which is fixed (in a specifically defined sense) with respect to the crust of the Earth. The motion of the CIP within the ITRS is known as polar motion; the path of the pole is quasi-circular with a maximum radius of about 10 m (0″.3) and principal periods of 365 and 428 days. The longer period component is the Chandler wobble, which corresponds in rigid-body rotational dynamics to the motion of the axis of figure with respect to the axis of rotation. The annual component is driven by seasonal effects. Polar motion as a whole is affected by unpredictable geophysical forces and must be determined continuously from various kinds of observations.

The origin of the International Terrestrial Reference System (ITRS) is the geocentre and the directions of its axes are defined implicitly by the adoption of a set of coordinates of stations (instruments) used to determine UT1 and polar motion from observations. The ITRS is systematically within a few centimetres of WGS 84, the geodetic system provided by GPS. The orientation of the Terrestrial Intermediate Reference System (see page B26) with respect to the ITRS is given by successive rotations through the three small angles y, x, and $-s'$. The celestial reference system is then obtained by a rotation about the z-axis, either by Greenwich apparent sidereal time (GAST) if the celestial coordinates are with respect to the true equator and equinox of date; or by the Earth rotation angle (θ) if the celestial coordinates are with respect to the Celestial Intermediate Reference System.

The small angle s', called the TIO locator, is a measure of the secular drift of the terrestrial intermediate origin (TIO), with respect to geodetic zero longitude, that is, the very slow systematic rotation of the Terrestrial Intermediate Reference System with respect to the ITRS (due to polar motion). The value of s' (see below) is minuscule and may be set to zero unless very precise results are needed.

The quantities x, y correspond to the coordinates of the CIP with respect to the ITRS, measured along the meridians at longitudes $0°$ and $270°$ ($90°$ west). Current values of the coordinates, x, y, of the pole for use in the reduction of observations are published by the Central Bureau of the IERS (see *The Astronomical Almanac Online* for web links). Previous values, from 1970 January 1 onwards, are given on page K10 at 3-monthly intervals. For precise work the values at 5-day intervals from the IERS should be used. The coordinates x and y are usually measured in arcseconds.

The longitude and latitude of a terrestrial observer, λ and ϕ, used in astronomical formulae (e.g., for hour angle or the determination of astronomical time), should be expressed in the Terrestrial Intermediate Reference System, that is, corrected for polar motion:

$$\lambda = \lambda_{ITRS} + \left(x \sin \lambda_{ITRS} + y \cos \lambda_{ITRS} \right) \tan \phi_{ITRS}$$

$$\phi = \phi_{ITRS} + \left(x \cos \lambda_{ITRS} - y \sin \lambda_{ITRS} \right)$$

where λ_{ITRS} and ϕ_{ITRS} are the ITRS (geodetic) longitude and latitude of the observer, and x and y are the ITRS coordinates of the CIP, in the same units as λ and ϕ. These formulae are approximate and should not be used for places at polar latitudes.

Reduction for polar motion (continued)

The rigorous transformation of a vector $\mathbf{p}_3$ with respect to the celestial system to the corresponding vector $\mathbf{p}_4$ with respect to the ITRS is given by the formula:

$$\mathbf{p}_4 = \mathbf{R}_1(-y)\,\mathbf{R}_2(-x)\,\mathbf{R}_3(s')\,\mathbf{R}_3(\beta)\,\mathbf{p}_3$$

and conversely,

$$\mathbf{p}_3 = \mathbf{R}_3(-\beta)\,\mathbf{R}_3(-s')\,\mathbf{R}_2(x)\,\mathbf{R}_1(y)\,\mathbf{p}_4$$

where the TIO locator

$$s' = -0\overset{''}{.}000\ 047\ T$$

and T is measured in Julian centuries of 365 25 days from 245 1545·0 TT. Some previous values of x and y are tabulated on page K10. Note, the standard rotation matrices $\mathbf{R}_1, \mathbf{R}_2, \mathbf{R}_3$ are given on page K19 and correspond to rotations about the x, y and z axes, respectively.

The method to form the vector $\mathbf{p}_3$ for celestial objects is given on page B68. However, the vectors given above could represent, for example, the coordinates of a point on the Earth's surface or of a satellite in orbit around the Earth. The quantity β depends on whether the true equinox or the celestial intermediate origin (CIO) is used, viz:

Equinox method	*CIO method*
where $\beta = $ GAST, Greenwich apparent sidereal time, tabulated daily at 0^{h} UT1 on pages B13–B20. GAST must be used if $\mathbf{p}_3$ is an equinox based position,	or $\beta = \theta$, the Earth rotation angle, tabulated daily at 0^{h} UT1 on pages B21–B24. ERA must be used when $\mathbf{p}_3$ is a CIO based position.

Reduction for diurnal parallax and diurnal aberration

The computation of diurnal parallax and aberration due to the displacement of the observer from the centre of the Earth requires a knowledge of the geocentric coordinates (ρ, geocentric distance in units of the Earth's equatorial radius, and ϕ', geocentric latitude, see the explanation beginning on page K11) of the place of observation, and the local hour angle (h).

For bodies whose equatorial horizontal parallax (π) normally amounts to only a few arcseconds the corrections for diurnal parallax in right ascension and declination (in the sense geocentric place *minus* topocentric place) are given by:

$$\Delta\alpha = \pi(\rho\cos\phi'\sin h\,\sec\delta)$$
$$\Delta\delta = \pi(\rho\sin\phi'\cos\delta - \rho\cos\phi'\cos h\,\sin\delta)$$

and

$$h = \mathrm{GAST} - \alpha_e + \lambda$$
$$= \theta - \alpha_i + \lambda$$

where λ is the longitude. $\mathrm{GAST} - \alpha_e$ is the hour angle calculated from the Greenwich apparent sidereal time and the equinox right ascension, whereas $\theta - \alpha_i$ is the hour angle formed from the Earth rotation angle and the CIO right ascension. π may be calculated from $8\overset{''}{.}794$ divided by the geocentric distance of the body (in au). For the Moon (and other very close bodies) more precise formulae are required (see page D3).

The corrections for diurnal aberration in right ascension and declination (in the sense apparent place *minus* mean place) are given by:

$$\Delta\alpha = 0\overset{s}{.}0213\,\rho\,\cos\phi'\,\cos h\,\sec\delta$$
$$\Delta\delta = 0\overset{''}{.}319\,\rho\,\cos\phi'\,\sin h\,\sin\delta$$

Reduction for diurnal parallax and diurnal aberration (continued)

For a body at transit the local hour angle (h) is zero and so $\Delta\delta$ is zero, but

$$\Delta\alpha = \pm 0\overset{s}{.}0213\,\rho\,\cos\phi'\,\sec\delta$$

where the plus and minus signs are used for the upper and lower transits, respectively; this may be regarded as a correction to the time of transit.

Alternatively, the effects may be computed in rectangular coordinates using the following expressions for the geocentric coordinates and velocity components of the observer with respect to the celestial equatorial reference system:

$$\text{position:}\quad (\ \ a_e\rho\cos\phi'\cos(\beta+\lambda),\ a_e\rho\cos\phi'\sin(\beta+\lambda),\ a_e\rho\sin\phi')$$
$$\text{velocity:}\quad (-a_e\omega\rho\cos\phi'\sin(\beta+\lambda),\ a_e\omega\rho\cos\phi'\cos(\beta+\lambda),\ 0)$$

where β is the Greenwich sidereal time (mean or apparent) or the Earth rotation angle (as appropriate), λ is the longitude of the observer (east longitudes are positive), a_e is the equatorial radius of the Earth and ω the angular velocity of the Earth.

$$a\omega = 0\cdot464\,\text{km/s} = 0\cdot268 \times 10^{-3}\,\text{au/d} \qquad c = 2\cdot998 \times 10^5\,\text{km/s} = 173\cdot14\,\text{au/d}$$

$$a\omega/c = 1\cdot55 \times 10^{-6}\,\text{rad} = 0\overset{''}{.}319 = 0\overset{s}{.}0213$$

These geocentric position and velocity vectors of the observer are added to the barycentric position and velocity of the Earth's centre, respectively, to obtain the corresponding barycentric vectors of the observer. Then, the procedures on pages B66–B75 may be followed using the barycentric position and velocity of the observer rather than $\mathbf{E}_B$ and $\dot{\mathbf{E}}_B$.

Conversion to altitude and azimuth

It is convenient to use the local hour angle (h) as an intermediary in the conversion from the right ascension (α_e or α_i) and declination (δ) to the azimuth (A_z) and altitude (a).

In order to determine the local hour angle (see page B11) corresponding to the UT1 of the observation, first obtain either Greenwich apparent sidereal time (GAST), see pages B13–B20, or the Earth rotation angle (θ) tabulated on pages B21–B24. This choice depends on whether the right ascension is with respect to the equinox or the CIO, respectively. The formulae are:

$$h = \text{GAST} + \lambda - \alpha_e = \theta + \lambda - \alpha_i$$

Then

$$\cos a \sin A_z = -\cos\delta\sin h$$
$$\cos a \cos A_z = \ \ \sin\delta\cos\phi - \cos\delta\cos h\sin\phi$$
$$\sin a = \ \ \sin\delta\sin\phi + \cos\delta\cos h\cos\phi$$

where azimuth (A_z) is measured from the north through east in the plane of the horizon, altitude (a) is measured perpendicular to the horizon, and λ, ϕ are the astronomical values (see page K13) of the east longitude and latitude of the place of observation. The plane of the horizon is defined to be perpendicular to the apparent direction of gravity. Zenith distance is given by $z = 90° - a$.

For most purposes the values of the geodetic longitude and latitude may be used but in some cases the effects of local gravity anomalies and polar motion (see page B84) must be included. For full precision, the values of α, δ must be corrected for diurnal parallax and diurnal aberration. The inverse formulae are:

$$\cos\delta\sin h = -\cos a\sin A_z$$
$$\cos\delta\cos h = \ \ \sin a\cos\phi - \cos a\cos A_z\sin\phi$$
$$\sin\delta = \ \ \sin a\sin\phi + \cos a\cos A_z\cos\phi$$

Correction for refraction

For most astronomical purposes the effect of refraction in the Earth's atmosphere is to decrease the zenith distance (computed by the formulae of the previous section) by an amount R that depends on the zenith distance and on the meteorological conditions at the site. A simple expression for R for zenith distances less than $75°$ (altitudes greater than $15°$) is:

$$R = 0°004\ 52\ P \tan z/(273 + T)$$
$$= 0°004\ 52\ P/((273 + T) \tan a)$$

where T is the temperature (°C) and P is the barometric pressure (millibars). This formula is usually accurate to about $0''.1$ for altitudes above $15°$, but the error increases rapidly at lower altitudes, especially in abnormal meteorological conditions. For observed apparent altitudes below $15°$ use the approximate formula:

$$R = P(0·1594 + 0·0196a + 0·000\ 02a^2)/[(273 + T)(1 + 0·505a + 0·0845a^2)]$$

where the altitude a is in degrees.

DETERMINATION OF LATITUDE AND AZIMUTH

Use of the Polaris Table

The table on pages B88–B91 gives data for obtaining latitude from an observed altitude of Polaris (suitably corrected for instrumental errors and refraction) and the azimuth of this star (measured from north, positive to the east and negative to the west), for all hour angles and northern latitudes. The six tabulated quantities, each given to a precision of $0''.1$, are a_0, a_1, a_2, referring to the correction to altitude, and b_0, b_1, b_2, to the azimuth.

$$\text{latitude} = \text{corrected observed altitude} + a_0 + a_1 + a_2$$
$$\text{azimuth} = (b_0 + b_1 + b_2)/\cos(\text{latitude})$$

The table is to be entered with the local apparent sidereal time of observation (LAST), and gives the values of a_0, b_0 directly; interpolation, with maximum differences of $0''.7$, can be done mentally. To the precision of these tables local mean sidereal time may be used instead of LAST. In the same vertical column, the values of a_1, b_1 are found with the latitude, and those of a_2, b_2 with the date, as argument. Thus all six quantities can, if desired, be extracted together. The errors due to the adoption of a mean value of the local sidereal time for each of the subsidiary tables have been reduced to a minimum, and the total error is not likely to exceed $0''.2$. Interpolation between columns should not be attempted.

The observed altitude must be corrected for refraction before being used to determine the astronomical latitude of the place of observation. Both the latitude and the azimuth so obtained are affected by local gravity anomalies if the altitude is measured with respect to a plane orthogonal to the local gravity vector, e.g., a liquid surface.

LST	0^h		1^h		2^h		3^h		4^h		5^h	
	a_0	b_0	a_0	b_0	a_0	b_0	a_0	b_0	a_0	b_0	a_0	b_0
m	′	′	′	′	′	′	′	′	′	′	′	′
0	−30·6	+27·6	−36·7	+18·6	−40·3	+8·4	−41·0	− 2·5	−39·0	−13·2	−34·2	−22·9
3	−31·0	+27·2	−36·9	+18·1	−40·4	+7·8	−41·0	− 3·0	−38·8	−13·7	−33·9	−23·4
6	−31·3	+26·7	−37·2	+17·6	−40·5	+7·3	−40·9	− 3·6	−38·6	−14·2	−33·6	−23·8
9	−31·7	+26·3	−37·4	+17·1	−40·6	+6·7	−40·9	− 4·1	−38·4	−14·7	−33·3	−24·3
12	−32·0	+25·9	−37·6	+16·6	−40·6	+6·2	−40·8	− 4·7	−38·2	−15·2	−33·0	−24·7
15	−32·4	+25·5	−37·8	+16·1	−40·7	+5·7	−40·8	− 5·2	−38·0	−15·7	−32·6	−25·1
18	−32·7	+25·1	−38·0	+15·6	−40·8	+5·1	−40·7	− 5·8	−37·8	−16·2	−32·3	−25·6
21	−33·0	+24·6	−38·2	+15·1	−40·8	+4·6	−40·6	− 6·3	−37·6	−16·7	−32·0	−26·0
24	−33·3	+24·2	−38·4	+14·6	−40·9	+4·0	−40·5	− 6·8	−37·4	−17·2	−31·6	−26·4
27	−33·6	+23·7	−38·6	+14·1	−41·0	+3·5	−40·4	− 7·4	−37·1	−17·7	−31·3	−26·8
30	−34·0	+23·3	−38·8	+13·6	−41·0	+3·0	−40·3	− 7·9	−36·9	−18·2	−30·9	−27·2
33	−34·3	+22·8	−39·0	+13·1	−41·0	+2·4	−40·2	− 8·4	−36·7	−18·7	−30·6	−27·6
36	−34·6	+22·4	−39·2	+12·6	−41·1	+1·9	−40·1	− 9·0	−36·4	−19·2	−30·2	−28·0
39	−34·8	+21·9	−39·3	+12·1	−41·1	+1·3	−40·0	− 9·5	−36·2	−19·7	−29·8	−28·4
42	−35·1	+21·5	−39·5	+11·5	−41·1	+0·8	−39·9	−10·0	−35·9	−20·1	−29·5	−28·8
45	−35·4	+21·0	−39·6	+11·0	−41·1	+0·2	−39·7	−10·6	−35·6	−20·6	−29·1	−29·2
48	−35·7	+20·5	−39·8	+10·5	−41·1	−0·3	−39·6	−11·1	−35·4	−21·1	−28·7	−29·6
51	−35·9	+20·1	−39·9	+10·0	−41·1	−0·9	−39·4	−11·6	−35·1	−21·5	−28·3	−29·9
54	−36·2	+19·6	−40·0	+ 9·4	−41·1	−1·4	−39·3	−12·1	−34·8	−22·0	−27·9	−30·3
57	−36·5	+19·1	−40·1	+ 8·9	−41·1	−2·0	−39·1	−12·7	−34·5	−22·5	−27·5	−30·7
60	−36·7	+18·6	−40·3	+ 8·4	−41·0	−2·5	−39·0	−13·2	−34·2	−22·9	−27·1	−31·0

Lat.	a_1	b_1	a_1	b_1	a_1	b_1	a_1	b_1	a_1	b_1	a_1	b_1
°												
0	− 0·1	− 0·3	0·0	− 0·2	0·0	0·0	0·0	+ 0·1	− 0·1	+ 0·2	− 0·1	+ 0·3
10	− 0·1	− 0·2	0·0	− 0·2	0·0	0·0	0·0	+ 0·1	0·0	+ 0·2	− 0·1	+ 0·2
20	− 0·1	− 0·2	0·0	− 0·1	0·0	0·0	0·0	+ 0·1	0·0	+ 0·2	− 0·1	+ 0·2
30	0·0	− 0·1	0·0	− 0·1	0·0	0·0	0·0	+ 0·1	0·0	+ 0·1	− 0·1	+ 0·1
40	0·0	− 0·1	0·0	− 0·1	0·0	0·0	0·0	0·0	0·0	+ 0·1	0·0	+ 0·1
45	0·0	0·0	0·0	0·0	0·0	0·0	0·0	0·0	0·0	0·0	0·0	0·0
50	0·0	0·0	0·0	0·0	0·0	0·0	0·0	0·0	0·0	0·0	0·0	0·0
55	0·0	+ 0·1	0·0	0·0	0·0	0·0	0·0	0·0	0·0	0·0	0·0	− 0·1
60	0·0	+ 0·1	0·0	+ 0·1	0·0	0·0	0·0	0·0	0·0	− 0·1	+ 0·1	− 0·1
62	+ 0·1	+ 0·2	0·0	+ 0·1	0·0	0·0	0·0	− 0·1	0·0	− 0·1	+ 0·1	− 0·2
64	+ 0·1	+ 0·2	0·0	+ 0·1	0·0	0·0	0·0	− 0·1	0·0	− 0·2	+ 0·1	− 0·2
66	+ 0·1	+ 0·2	0·0	+ 0·2	0·0	0·0	0·0	− 0·1	0·0	− 0·2	+ 0·1	− 0·3

Month	a_2	b_2	a_2	b_2	a_2	b_2	a_2	b_2	a_2	b_2	a_2	b_2
Jan.	+ 0·1	− 0·1	+ 0·2	− 0·1	+ 0·2	−0·1	+ 0·2	0·0	+ 0·2	0·0	+ 0·2	+ 0·1
Feb.	+ 0·1	− 0·3	+ 0·1	− 0·2	+ 0·2	−0·2	+ 0·2	− 0·1	+ 0·3	− 0·1	+ 0·3	0·0
Mar.	− 0·1	− 0·3	0·0	− 0·3	+ 0·1	−0·3	+ 0·2	− 0·3	+ 0·3	− 0·2	+ 0·3	− 0·1
Apr.	− 0·2	− 0·3	− 0·1	− 0·4	0·0	−0·4	+ 0·1	− 0·4	+ 0·2	− 0·3	+ 0·3	− 0·3
May	− 0·3	− 0·2	− 0·3	− 0·3	− 0·2	−0·4	− 0·1	− 0·4	0·0	− 0·4	+ 0·1	− 0·4
June	− 0·4	− 0·1	− 0·3	− 0·2	− 0·3	−0·2	− 0·2	− 0·3	− 0·1	− 0·4	0·0	− 0·4
July	− 0·3	+ 0·1	− 0·3	0·0	− 0·3	−0·1	− 0·3	− 0·2	− 0·2	− 0·2	− 0·2	− 0·3
Aug.	− 0·2	+ 0·2	− 0·3	+ 0·2	− 0·3	+0·1	− 0·3	0·0	− 0·3	− 0·1	− 0·3	− 0·1
Sept.	0·0	+ 0·3	− 0·1	+ 0·3	− 0·2	+0·2	− 0·2	+ 0·2	− 0·3	+ 0·1	− 0·3	0·0
Oct.	+ 0·2	+ 0·3	+ 0·1	+ 0·3	0·0	+0·3	− 0·1	+ 0·3	− 0·2	+ 0·3	− 0·3	+ 0·2
Nov.	+ 0·3	+ 0·2	+ 0·2	+ 0·3	+ 0·2	+0·4	+ 0·1	+ 0·4	− 0·1	+ 0·4	− 0·2	+ 0·4
Dec.	+ 0·4	+ 0·1	+ 0·4	+ 0·2	+ 0·3	+0·3	+ 0·2	+ 0·4	+ 0·1	+ 0·4	0·0	+ 0·5

Latitude = Corrected observed altitude of *Polaris* + a_0 + a_1 + a_2

Azimuth of *Polaris* = $(b_0 + b_1 + b_2) / \cos(\text{latitude})$

LST	6^h		7^h		8^h		9^h		10^h		11^h	
	a_0	b_0	a_0	b_0	a_0	b_0	a_0	b_0	a_0	b_0	a_0	b_0
m	′	′	′	′	′	′	′	′	′	′	′	′
0	−27·1	−31·0	−18·1	−37·0	−8·0	−40·4	+ 2·8	−41·0	+13·3	−38·8	+22·8	−34·0
3	−26·7	−31·4	−17·7	−37·2	−7·4	−40·5	+ 3·3	−40·9	+13·8	−38·6	+23·3	−33·7
6	−26·3	−31·7	−17·2	−37·5	−6·9	−40·6	+ 3·8	−40·9	+14·3	−38·4	+23·7	−33·4
9	−25·9	−32·1	−16·7	−37·7	−6·4	−40·7	+ 4·4	−40·8	+14·8	−38·3	+24·2	−33·1
12	−25·4	−32·4	−16·2	−37·9	−5·8	−40·7	+ 4·9	−40·8	+15·3	−38·1	+24·6	−32·8
15	−25·0	−32·8	−15·7	−38·1	−5·3	−40·8	+ 5·4	−40·7	+15·8	−37·9	+25·0	−32·5
18	−24·6	−33·1	−15·2	−38·3	−4·8	−40·9	+ 6·0	−40·6	+16·3	−37·6	+25·4	−32·1
21	−24·2	−33·4	−14·7	−38·5	−4·2	−40·9	+ 6·5	−40·5	+16·8	−37·4	+25·9	−31·8
24	−23·7	−33·7	−14·2	−38·7	−3·7	−41·0	+ 7·0	−40·4	+17·2	−37·2	+26·3	−31·5
27	−23·3	−34·0	−13·7	−38·9	−3·2	−41·0	+ 7·6	−40·4	+17·7	−37·0	+26·7	−31·1
30	−22·8	−34·3	−13·2	−39·0	−2·6	−41·0	+ 8·1	−40·2	+18·2	−36·7	+27·1	−30·8
33	−22·4	−34·6	−12·7	−39·2	−2·1	−41·1	+ 8·6	−40·1	+18·7	−36·5	+27·5	−30·4
36	−21·9	−34·9	−12·1	−39·4	−1·5	−41·1	+ 9·1	−40·0	+19·2	−36·2	+27·9	−30·0
39	−21·5	−35·2	−11·6	−39·5	−1·0	−41·1	+ 9·7	−39·9	+19·6	−36·0	+28·3	−29·7
42	−21·0	−35·5	−11·1	−39·7	−0·5	−41·1	+10·2	−39·8	+20·1	−35·7	+28·7	−29·3
45	−20·5	−35·7	−10·6	−39·8	+0·1	−41·1	+10·7	−39·6	+20·6	−35·5	+29·0	−28·9
48	−20·1	−36·0	−10·1	−39·9	+0·6	−41·1	+11·2	−39·5	+21·0	−35·2	+29·4	−28·5
51	−19·6	−36·3	− 9·5	−40·0	+1·1	−41·1	+11·7	−39·3	+21·5	−34·9	+29·8	−28·2
54	−19·1	−36·5	− 9·0	−40·2	+1·7	−41·1	+12·2	−39·2	+22·0	−34·6	+30·2	−27·8
57	−18·6	−36·8	− 8·5	−40·3	+2·2	−41·0	+12·8	−39·0	+22·4	−34·3	+30·5	−27·4
60	−18·1	−37·0	− 8·0	−40·4	+2·8	−41·0	+13·3	−38·8	+22·8	−34·0	+30·9	−27·0

Lat.	a_1	b_1	a_1	b_1	a_1	b_1	a_1	b_1	a_1	b_1	a_1	b_1
°												
0	− 0·2	+ 0·3	− 0·3	+ 0·2	−0·3	0·0	− 0·3	− 0·1	− 0·2	− 0·2	− 0·2	− 0·3
10	− 0·2	+ 0·2	− 0·2	+ 0·2	−0·2	0·0	− 0·2	− 0·1	− 0·2	− 0·2	− 0·1	− 0·2
20	− 0·1	+ 0·2	− 0·2	+ 0·1	−0·2	0·0	− 0·2	− 0·1	− 0·2	− 0·2	− 0·1	− 0·2
30	− 0·1	+ 0·1	− 0·1	+ 0·1	−0·2	0·0	− 0·1	− 0·1	− 0·1	− 0·1	− 0·1	− 0·1
40	− 0·1	+ 0·1	− 0·1	+ 0·1	−0·1	0·0	− 0·1	0·0	− 0·1	− 0·1	0·0	− 0·1
45	0·0	0·0	0·0	0·0	0·0	0·0	0·0	0·0	0·0	0·0	0·0	0·0
50	0·0	0·0	0·0	0·0	0·0	0·0	0·0	0·0	0·0	0·0	0·0	0·0
55	0·0	− 0·1	+ 0·1	0·0	+0·1	0·0	+ 0·1	0·0	0·0	0·0	0·0	+ 0·1
60	+ 0·1	− 0·1	+ 0·1	− 0·1	+0·1	0·0	+ 0·1	0·0	+ 0·1	+ 0·1	+ 0·1	+ 0·1
62	+ 0·1	− 0·2	+ 0·2	− 0·1	+0·2	0·0	+ 0·2	+ 0·1	+ 0·1	+ 0·1	+ 0·1	+ 0·2
64	+ 0·1	− 0·2	+ 0·2	− 0·1	+0·2	0·0	+ 0·2	+ 0·1	+ 0·2	+ 0·2	+ 0·1	+ 0·2
66	+ 0·2	− 0·2	+ 0·2	− 0·2	+0·3	0·0	+ 0·2	+ 0·1	+ 0·2	+ 0·2	+ 0·1	+ 0·3

Month	a_2	b_2	a_2	b_2	a_2	b_2	a_2	b_2	a_2	b_2	a_2	b_2
Jan.	+ 0·1	+ 0·1	+ 0·1	+ 0·2	+0·1	+ 0·2	0·0	+ 0·2	0·0	+ 0·2	− 0·1	+ 0·2
Feb.	+ 0·3	+ 0·1	+ 0·2	+ 0·1	+0·2	+ 0·2	+ 0·1	+ 0·2	+ 0·1	+ 0·3	0·0	+ 0·3
Mar.	+ 0·3	− 0·1	+ 0·3	0·0	+0·3	+ 0·1	+ 0·3	+ 0·2	+ 0·2	+ 0·3	+ 0·1	+ 0·3
Apr.	+ 0·3	− 0·2	+ 0·4	− 0·1	+0·4	0·0	+ 0·4	+ 0·1	+ 0·3	+ 0·2	+ 0·3	+ 0·3
May	+ 0·2	− 0·3	+ 0·3	− 0·3	+0·4	− 0·2	+ 0·4	− 0·1	+ 0·4	0·0	+ 0·4	+ 0·1
June	+ 0·1	− 0·4	+ 0·2	− 0·3	+0·2	− 0·3	+ 0·3	− 0·2	+ 0·4	− 0·1	+ 0·4	0·0
July	− 0·1	− 0·3	0·0	− 0·3	+0·1	− 0·3	+ 0·2	− 0·3	+ 0·2	− 0·2	+ 0·3	− 0·2
Aug.	− 0·2	− 0·2	− 0·2	− 0·3	−0·1	− 0·3	0·0	− 0·3	+ 0·1	− 0·3	+ 0·1	− 0·3
Sept.	− 0·3	0·0	− 0·3	− 0·1	−0·2	− 0·2	− 0·2	− 0·2	− 0·1	− 0·3	0·0	− 0·3
Oct.	− 0·3	+ 0·2	− 0·3	+ 0·1	−0·3	0·0	− 0·3	− 0·1	− 0·3	− 0·2	− 0·2	− 0·3
Nov.	− 0·2	+ 0·3	− 0·3	+ 0·2	−0·4	+ 0·2	− 0·4	+ 0·1	− 0·4	− 0·1	− 0·4	− 0·2
Dec.	− 0·1	+ 0·4	− 0·2	+ 0·4	−0·3	+ 0·3	− 0·4	+ 0·2	− 0·4	+ 0·1	− 0·5	0·0

Latitude = Corrected observed altitude of *Polaris* + a_0 + a_1 + a_2

Azimuth of *Polaris* = (b_0 + b_1 + b_2) / cos (latitude)

POLARIS TABLE, 2011

LST	12^h a_0	b_0	13^h a_0	b_0	14^h a_0	b_0	15^h a_0	b_0	16^h a_0	b_0	17^h a_0	b_0
m	′	′	′	′	′	′	′	′	′	′	′	′
0	+30·9	−27·0	+36·8	−18·1	+40·3	−8·1	+41·0	+ 2·4	+39·0	+12·8	+34·4	+22·4
3	+31·2	−26·6	+37·1	−17·7	+40·4	−7·6	+41·0	+ 3·0	+38·8	+13·3	+34·1	+22·8
6	+31·6	−26·2	+37·3	−17·2	+40·5	−7·1	+40·9	+ 3·5	+38·7	+13·8	+33·8	+23·3
9	+31·9	−25·8	+37·5	−16·7	+40·6	−6·6	+40·9	+ 4·0	+38·5	+14·3	+33·5	+23·7
12	+32·2	−25·3	+37·7	−16·2	+40·6	−6·0	+40·8	+ 4·5	+38·3	+14·8	+33·2	+24·1
15	+32·6	−24·9	+37·9	−15·7	+40·7	−5·5	+40·8	+ 5·1	+38·1	+15·3	+32·9	+24·6
18	+32·9	−24·5	+38·1	−15·2	+40·8	−5·0	+40·7	+ 5·6	+37·9	+15·8	+32·5	+25·0
21	+33·2	−24·1	+38·3	−14·7	+40·9	−4·5	+40·6	+ 6·1	+37·7	+16·3	+32·2	+25·4
24	+33·5	−23·6	+38·5	−14·2	+40·9	−3·9	+40·6	+ 6·6	+37·5	+16·8	+31·9	+25·8
27	+33·8	−23·2	+38·7	−13·7	+41·0	−3·4	+40·5	+ 7·2	+37·2	+17·3	+31·5	+26·2
30	+34·1	−22·8	+38·9	−13·2	+41·0	−2·9	+40·4	+ 7·7	+37·0	+17·7	+31·2	+26·6
33	+34·4	−22·3	+39·0	−12·7	+41·0	−2·3	+40·3	+ 8·2	+36·8	+18·2	+30·8	+27·0
36	+34·7	−21·9	+39·2	−12·2	+41·1	−1·8	+40·1	+ 8·7	+36·5	+18·7	+30·5	+27·4
39	+35·0	−21·4	+39·4	−11·7	+41·1	−1·3	+40·0	+ 9·2	+36·3	+19·2	+30·1	+27·8
42	+35·3	−20·9	+39·5	−11·2	+41·1	−0·8	+39·9	+ 9·8	+36·0	+19·6	+29·7	+28·2
45	+35·6	−20·5	+39·7	−10·7	+41·1	−0·2	+39·8	+10·3	+35·8	+20·1	+29·4	+28·6
48	+35·8	−20·0	+39·8	−10·2	+41·1	+0·3	+39·6	+10·8	+35·5	+20·6	+29·0	+29·0
51	+36·1	−19·6	+39·9	− 9·7	+41·1	+0·8	+39·5	+11·3	+35·2	+21·0	+28·6	+29·4
54	+36·3	−19·1	+40·1	− 9·2	+41·1	+1·4	+39·3	+11·8	+35·0	+21·5	+28·2	+29·7
57	+36·6	−18·6	+40·2	− 8·6	+41·1	+1·9	+39·2	+12·3	+34·7	+21·9	+27·8	+30·1
60	+36·8	−18·1	+40·3	− 8·1	+41·0	+2·4	+39·0	+12·8	+34·4	+22·4	+27·4	+30·5

Lat.	a_1	b_1	a_1	b_1	a_1	b_1	a_1	b_1	a_1	b_1	a_1	b_1
°												
0	− 0·1	− 0·3	0·0	− 0·2	0·0	0·0	0·0	+ 0·1	− 0·1	+ 0·2	− 0·1	+ 0·3
10	− 0·1	− 0·2	0·0	− 0·2	0·0	0·0	0·0	+ 0·1	0·0	+ 0·2	− 0·1	+ 0·2
20	− 0·1	− 0·2	0·0	− 0·1	0·0	0·0	0·0	+ 0·1	0·0	+ 0·2	− 0·1	+ 0·2
30	0·0	− 0·1	0·0	− 0·1	0·0	0·0	0·0	+ 0·1	0·0	+ 0·1	− 0·1	+ 0·1
40	0·0	− 0·1	0·0	− 0·1	0·0	0·0	0·0	0·0	0·0	+ 0·1	0·0	+ 0·1
45	0·0	0·0	0·0	0·0	0·0	0·0	0·0	0·0	0·0	0·0	0·0	0·0
50	0·0	0·0	0·0	0·0	0·0	0·0	0·0	0·0	0·0	0·0	0·0	0·0
55	0·0	+ 0·1	0·0	0·0	0·0	0·0	0·0	0·0	0·0	0·0	0·0	− 0·1
60	0·0	+ 0·1	0·0	+ 0·1	0·0	0·0	0·0	0·0	0·0	− 0·1	+ 0·1	− 0·1
62	+ 0·1	+ 0·2	0·0	+ 0·1	0·0	0·0	0·0	− 0·1	0·0	− 0·1	+ 0·1	− 0·2
64	+ 0·1	+ 0·2	0·0	+ 0·1	0·0	0·0	0·0	− 0·1	0·0	− 0·2	+ 0·1	− 0·2
66	+ 0·1	+ 0·2	0·0	+ 0·2	0·0	0·0	0·0	− 0·1	0·0	− 0·2	+ 0·1	− 0·3

Month	a_2	b_2	a_2	b_2	a_2	b_2	a_2	b_2	a_2	b_2	a_2	b_2
Jan.	− 0·1	+ 0·1	− 0·2	+ 0·1	− 0·2	+0·1	− 0·2	0·0	− 0·2	0·0	− 0·2	− 0·1
Feb.	− 0·1	+ 0·3	− 0·1	+ 0·2	− 0·2	+0·2	− 0·2	+ 0·1	− 0·3	+ 0·1	− 0·3	0·0
Mar.	+ 0·1	+ 0·3	0·0	+ 0·3	− 0·1	+0·3	− 0·2	+ 0·3	− 0·3	+ 0·2	− 0·3	+ 0·1
Apr.	+ 0·2	+ 0·3	+ 0·1	+ 0·4	0·0	+0·4	− 0·1	+ 0·4	− 0·2	+ 0·3	− 0·3	+ 0·3
May	+ 0·3	+ 0·2	+ 0·3	+ 0·3	+ 0·2	+0·4	+ 0·1	+ 0·4	0·0	+ 0·4	− 0·1	+ 0·4
June	+ 0·4	+ 0·1	+ 0·3	+ 0·2	+ 0·3	+0·2	+ 0·2	+ 0·3	+ 0·1	+ 0·4	0·0	+ 0·4
July	+ 0·3	− 0·1	+ 0·3	0·0	+ 0·3	+0·1	+ 0·3	+ 0·2	+ 0·2	+ 0·2	+ 0·2	+ 0·3
Aug.	+ 0·2	− 0·2	+ 0·3	− 0·2	+ 0·3	−0·1	+ 0·3	0·0	+ 0·3	+ 0·1	+ 0·3	+ 0·1
Sept.	0·0	− 0·3	+ 0·1	− 0·3	+ 0·2	−0·2	+ 0·2	− 0·2	+ 0·3	− 0·1	+ 0·3	0·0
Oct.	− 0·2	− 0·3	− 0·1	− 0·3	0·0	−0·3	+ 0·1	− 0·3	+ 0·2	− 0·3	+ 0·3	− 0·2
Nov.	− 0·3	− 0·2	− 0·2	− 0·3	− 0·2	−0·4	− 0·1	− 0·4	+ 0·1	− 0·4	+ 0·2	− 0·4
Dec.	− 0·4	− 0·1	− 0·4	− 0·2	− 0·3	−0·3	− 0·2	− 0·4	− 0·1	− 0·4	0·0	− 0·5

Latitude = Corrected observed altitude of *Polaris* + $a_0 + a_1 + a_2$

Azimuth of *Polaris* = $(b_0 + b_1 + b_2)$ / cos (latitude)

LST	18^h a_0	b_0	19^h a_0	b_0	20^h a_0	b_0	21^h a_0	b_0	22^h a_0	b_0	23^h a_0	b_0
m	′	′	′	′	′	′	′	′	′	′	′	′
0	+27·4	+30·5	+18·6	+36·5	+8·5	+40·2	− 2·2	+41·1	−12·7	+39·2	−22·4	+34·6
3	+27·0	+30·8	+18·1	+36·8	+8·0	+40·3	− 2·7	+41·0	−13·2	+39·0	−22·9	+34·3
6	+26·6	+31·2	+17·7	+37·0	+7·5	+40·4	− 3·2	+41·0	−13·8	+38·8	−23·3	+34·0
9	+26·2	+31·5	+17·2	+37·2	+6·9	+40·5	− 3·8	+41·0	−14·3	+38·6	−23·8	+33·7
12	+25·8	+31·9	+16·7	+37·5	+6·4	+40·6	− 4·3	+40·9	−14·8	+38·5	−24·2	+33·3
15	+25·4	+32·2	+16·2	+37·7	+5·9	+40·6	− 4·9	+40·8	−15·3	+38·3	−24·7	+33·0
18	+25·0	+32·5	+15·7	+37·9	+5·3	+40·7	− 5·4	+40·8	−15·8	+38·1	−25·1	+32·7
21	+24·5	+32·8	+15·2	+38·1	+4·8	+40·8	− 5·9	+40·7	−16·3	+37·9	−25·5	+32·4
24	+24·1	+33·2	+14·7	+38·3	+4·3	+40·8	− 6·5	+40·6	−16·8	+37·6	−25·9	+32·0
27	+23·7	+33·5	+14·2	+38·5	+3·7	+40·9	− 7·0	+40·6	−17·2	+37·4	−26·3	+31·7
30	+23·2	+33·8	+13·7	+38·7	+3·2	+41·0	− 7·5	+40·5	−17·7	+37·2	−26·8	+31·3
33	+22·8	+34·1	+13·2	+38·8	+2·7	+41·0	− 8·0	+40·4	−18·2	+37·0	−27·2	+31·0
36	+22·3	+34·4	+12·7	+39·0	+2·1	+41·0	− 8·6	+40·3	−18·7	+36·7	−27·6	+30·6
39	+21·9	+34·7	+12·2	+39·2	+1·6	+41·1	− 9·1	+40·1	−19·2	+36·5	−28·0	+30·3
42	+21·4	+34·9	+11·6	+39·3	+1·1	+41·1	− 9·6	+40·0	−19·7	+36·2	−28·4	+29·9
45	+21·0	+35·2	+11·1	+39·5	+0·5	+41·1	−10·1	+39·9	−20·1	+36·0	−28·8	+29·5
48	+20·5	+35·5	+10·6	+39·6	0·0	+41·1	−10·7	+39·8	−20·6	+35·7	−29·1	+29·1
51	+20·0	+35·8	+10·1	+39·8	−0·6	+41·1	−11·2	+39·6	−21·1	+35·4	−29·5	+28·7
54	+19·6	+36·0	+ 9·6	+39·9	−1·1	+41·1	−11·7	+39·5	−21·5	+35·1	−29·9	+28·4
57	+19·1	+36·3	+ 9·0	+40·0	−1·6	+41·1	−12·2	+39·3	−22·0	+34·9	−30·3	+28·0
60	+18·6	+36·5	+ 8·5	+40·2	−2·2	+41·1	−12·7	+39·2	−22·4	+34·6	−30·6	+27·6

Lat.	a_1	b_1	a_1	b_1	a_1	b_1	a_1	b_1	a_1	b_1	a_1	b_1
°												
0	− 0·2	+ 0·3	− 0·3	+ 0·2	−0·3	0·0	− 0·3	− 0·1	− 0·2	− 0·2	− 0·2	− 0·3
10	− 0·2	+ 0·2	− 0·2	+ 0·2	−0·2	0·0	− 0·2	− 0·1	− 0·2	− 0·2	− 0·1	− 0·2
20	− 0·1	+ 0·2	− 0·2	+ 0·1	−0·2	0·0	− 0·2	− 0·1	− 0·2	− 0·2	− 0·1	− 0·2
30	− 0·1	+ 0·1	− 0·1	+ 0·1	−0·2	0·0	− 0·1	− 0·1	− 0·1	− 0·1	− 0·1	− 0·1
40	− 0·1	+ 0·1	− 0·1	+ 0·1	−0·1	0·0	− 0·1	0·0	− 0·1	− 0·1	0·0	− 0·1
45	0·0	0·0	0·0	0·0	0·0	0·0	0·0	0·0	0·0	0·0	0·0	0·0
50	0·0	0·0	0·0	0·0	0·0	0·0	0·0	0·0	0·0	0·0	0·0	0·0
55	0·0	− 0·1	+ 0·1	0·0	+0·1	0·0	+ 0·1	0·0	0·0	0·0	0·0	+ 0·1
60	+ 0·1	− 0·1	+ 0·1	− 0·1	+0·1	0·0	+ 0·1	0·0	+ 0·1	+ 0·1	+ 0·1	+ 0·1
62	+ 0·1	− 0·2	+ 0·2	− 0·1	+0·2	0·0	+ 0·2	+ 0·1	+ 0·1	+ 0·1	+ 0·1	+ 0·2
64	+ 0·1	− 0·2	+ 0·2	− 0·1	+0·2	0·0	+ 0·2	+ 0·1	+ 0·2	+ 0·2	+ 0·1	+ 0·2
66	+ 0·2	− 0·2	+ 0·2	− 0·2	+0·3	0·0	+ 0·2	+ 0·1	+ 0·2	+ 0·2	+ 0·1	+ 0·3

Month	a_2	b_2	a_2	b_2	a_2	b_2	a_2	b_2	a_2	b_2	a_2	b_2
Jan.	− 0·1	− 0·1	− 0·1	− 0·2	−0·1	− 0·2	0·0	− 0·2	0·0	− 0·2	+ 0·1	− 0·2
Feb.	− 0·3	− 0·1	− 0·2	− 0·1	−0·2	− 0·2	− 0·1	− 0·2	− 0·1	− 0·3	0·0	− 0·3
Mar.	− 0·3	+ 0·1	− 0·3	0·0	−0·3	− 0·1	− 0·3	− 0·2	− 0·2	− 0·3	− 0·1	− 0·3
Apr.	− 0·3	+ 0·2	− 0·4	+ 0·1	−0·4	0·0	− 0·4	− 0·1	− 0·3	− 0·2	− 0·3	− 0·3
May	− 0·2	+ 0·3	− 0·3	+ 0·3	−0·4	+ 0·2	− 0·4	+ 0·1	− 0·4	0·0	− 0·4	− 0·1
June	− 0·1	+ 0·4	− 0·2	+ 0·3	−0·2	+ 0·3	− 0·3	+ 0·2	− 0·4	+ 0·1	− 0·4	0·0
July	+ 0·1	+ 0·3	0·0	+ 0·3	−0·1	+ 0·3	− 0·2	+ 0·3	− 0·2	+ 0·2	− 0·3	+ 0·2
Aug.	+ 0·2	+ 0·2	+ 0·2	+ 0·3	+0·1	+ 0·3	0·0	+ 0·3	− 0·1	+ 0·3	− 0·1	+ 0·3
Sept.	+ 0·3	0·0	+ 0·3	+ 0·1	+0·2	+ 0·2	+ 0·2	+ 0·2	+ 0·1	+ 0·3	0·0	+ 0·3
Oct.	+ 0·3	− 0·2	+ 0·3	− 0·1	+0·3	0·0	+ 0·3	+ 0·1	+ 0·3	+ 0·2	+ 0·2	+ 0·3
Nov.	+ 0·2	− 0·3	+ 0·3	− 0·2	+0·4	− 0·2	+ 0·4	− 0·1	+ 0·4	+ 0·1	+ 0·4	+ 0·2
Dec.	+ 0·1	− 0·4	+ 0·2	− 0·4	+0·3	− 0·3	+ 0·4	− 0·2	+ 0·4	− 0·1	+ 0·5	0·0

Latitude = Corrected observed altitude of *Polaris* + a_0 + a_1 + a_2

Azimuth of *Polaris* = $(b_0 + b_1 + b_2) / \cos(\text{latitude})$

Pole Star formulae

The formulae below provide a method for obtaining latitude from the observed altitude of one of the pole stars, *Polaris* or σ Octantis, and an assumed *east* longitude of the observer λ. In addition, the azimuth of a pole star may be calculated from an assumed *east* longitude λ and the observed altitude a, or from λ and an assumed latitude ϕ. An error of $0°002$ in a or $0°1$ in λ will produce an error of about $0°002$ in the calculated latitude. Likewise an error of $0°03$ in λ, a or ϕ will produce an error of about $0°002$ in the calculated azimuth for latitudes below $70°$.

Step 1. Calculate the hour angle HA and polar distance p, in degrees, from expressions of the form:

$$\text{HA} = a_0 + a_1 L + a_2 \sin L + a_3 \cos L + 15\,t$$
$$p = a_0 + a_1 L + a_2 \sin L + a_3 \cos L$$

where
$$L = 0°985\ 65\,d$$
$$d = \text{day of year (from pages B4–B5)} + t/24$$

and where the coefficients a_0, a_1, a_2, a_3 are given in the table below, t is the universal time in hours, d is the interval in days from 2011 January 0 at 0^h UT1 to the time of observation, and the quantity L is in degrees. In the above formulae d is required to two decimals of a day, L to two decimals of a degree and t to three decimals of an hour.

Step 2. Calculate the local hour angle *LHA* from:

$$LHA = \text{HA} + \lambda \quad \text{(add or subtract multiples of } 360°\text{)}$$

where λ is the assumed longitude measured east from the Greenwich meridian.

Form the quantities: $S = p \sin(LHA)$ $C = p \cos(LHA)$

Step 3. The latitude of the place of observation, in degrees, is given by:

$$\text{latitude} = a - C + 0.0087\,S^2 \tan a$$

where a is the observed altitude of the pole star after correction for instrument error and atmospheric refraction.

Step 4. The azimuth of the pole star, in degrees, is given by:

$$\text{azimuth of } Polaris = -S/\cos a$$
$$\text{azimuth of } \sigma \text{ Octantis} = 180° + S/\cos a$$

where azimuth is measured eastwards around the horizon from north.

In *Step 4*, if a has not been observed, use the quantity:

$$a = \phi + C - 0.0087\,S^2 \tan \phi$$

where ϕ is an assumed latitude, taken to be positive in either hemisphere.

POLE STAR COEFFICIENTS FOR 2011

	Polaris		σ Octantis	
	GHA	p	GHA	p
	°	°	°	°
a_0	57·98	0·6870	139·71	1·0908
a_1	0·998 94	−0·0000 084	0·999 56	0·0000 122
a_2	0·37	−0·0026	0·18	0·0039
a_3	−0·26	−0·0048	0·22	−0·0038

CONTENTS OF SECTION C

NOTES AND FORMULAS

Mean orbital elements of the Sun

Mean elements of the orbit of the Sun, referred to the mean equinox and ecliptic of date, are given by the following expressions. The time argument d is the interval in days from 2011 January 0, 0^h TT. These expressions are intended for use only during the year of this volume.

$d = $ JD $- 245\,5561.5 = $ day of year (from B4–B5) + fraction of day from 0^h TT.

Geometric mean longitude:	$279°319\,067 + 0.985\,647\,36\,d$
Mean longitude of perigee:	$283°126\,428 + 0.000\,047\,08\,d$
Mean anomaly:	$356°192\,639 + 0.985\,600\,28\,d$
Eccentricity:	$0.016\,704\,01 - 0.000\,000\,0012\,d$
Mean obliquity of the ecliptic (w.r.t. mean equator of date):	$23°437\,849 - 0.000\,000\,36\,d$

The position of the ecliptic of date with respect to the ecliptic of the standard epoch is given by formulas on page B53. Osculating elements of the Earth/Moon barycenter are on page E5.

NOTES AND FORMULAS

Lengths of principal years

The lengths of the principal years at 2011.0 as derived from the Sun's mean motion are:

		d	d h m s
tropical year	(equinox to equinox)	365.242 190	365 05 48 45.2
sidereal year	(fixed star to fixed star)	365.256 363	365 06 09 09.8
anomalistic year	(perigee to perigee)	365.259 636	365 06 13 52.6
eclipse year	(node to node)	346.620 079	346 14 52 54.9

Apparent ecliptic coordinates of the Sun

The apparent ecliptic longitude may be computed from the geometric ecliptic longitude tabulated on pages C6–C20 using:

apparent longitude = tabulated longitude + nutation in longitude $(\Delta\psi) - 20''.496/R$

where $\Delta\psi$ is tabulated on pages B58–B65 and R is the true geocentric distance tabulated on pages C6–C20. The apparent ecliptic latitude is equal to the geometric ecliptic latitude found on pages C6–C20 to the precision of tabulation.

Time of transit of the Sun

The quantity tabulated as "Ephemeris Transit" on pages C7–C21 is the TT of transit of the Sun over the ephemeris meridian, which is at the longitude 1.002 738 ΔT east of the prime (Greenwich) meridian; in this expression ΔT is the difference TT – UT. The TT of transit of the Sun over a local meridian is obtained by interpolation where the first differences are about 24 hours. The interpolation factor p is given by:

$$p = -\lambda + 1.002\ 738\ \Delta T$$

where λ is the east longitude and the right-hand side of the equation is expressed in days. (Divide longitude in degrees by 360 and ΔT in seconds by 86 400). During 2011 it is expected that ΔT will be about 66 seconds, so that the second term is about +0.000 77 days.

The UT of transit is obtained by subtracting ΔT from the TT of transit obtained by interpolation.

Equation of Time

Apparent solar time is the timescale based on the diurnal motion of the true Sun. The rate of solar diurnal motion has seasonal variations caused by the obliquity of the ecliptic and by the eccentricity of the Earth's orbit. Additional small variations arise from irregularities in the rotation of the Earth on its axis. Mean solar time is the timescale based on the diurnal motion of the fictitious mean Sun, a point with uniform motion along the celestial equator. The difference between apparent solar time and mean solar time is the Equation of Time.

Equation of Time = apparent solar time – mean solar time

To obtain the Equation of Time to a precision of about 1 second it is sufficient to use:

Equation of Time at 12^h UT = 12^h – tabulated value of ephem. transit found on C7–C21.

NOTES AND FORMULAS

Equation of Time (continued)

Alternatively, Equation of Time may be calculated for any instant during 2011 in seconds of time to a precision of about 3 seconds directly from the expression:

$$\text{Equation of Time} = -108.8 \sin L + 596.0 \sin 2L + 4.5 \sin 3L - 12.7 \sin 4L$$
$$- 428.1 \cos L - 2.1 \cos 2L + 19.3 \cos 3L$$

where L is the mean longitude of the Sun, corrected for aberration, given by:

$$L = 279°\!.313 + 0.985\,647\,d$$

and where d is the interval in days from 2011 January 0 at 0^h UT, given by:

$$d = \text{day of year (from B4–B5)} + \text{fraction of day from } 0^h \text{ UT.}$$

ICRS Geocentric rectangular coordinates of the Sun

The geocentric equatorial rectangular coordinates of the Sun in au, referred to the ICRS axes, are given on pages C22–C25. The direction of these axes have been defined by the International Astronomical Union and are realized in practice by the coordinates of several hundred extragalactic radio sources. A rigorous method of determining the apparent place of a solar system object is described beginning on page B66.

Elements of the rotation of the Sun

The mean elements of the rotation of the Sun for 2011.0 are given below. With the exception of the position of the ascending node of the solar equator on the ecliptic whose rate is $0°\!.014$ per year, the values change less than $0°\!.01$ per year and can be used for the entire year for most applications. Linear interpolation using values found in recent editions can be made if needed.

Position of the ascending node of the solar equator:
    on the ecliptic (longitude) = $75°\!.91$
    on the mean equator of 2011.0 (right ascension) = $16°\!.15$
Inclination of the solar equator:
    with respect to the "Carrington" ecliptic (1850) = $7°\!.25$
    with respect to the mean equator of 2011.0 = $26°\!.11$
Position of the pole of the solar equator, w.r.t. the mean equinox and equator of 2011.0:
    Right ascension = $286°\!.15$
    Declination = $63°\!.89$
Sidereal rotation rate of the prime meridian = $14°\!.1844$ per day.
Mean synodic period of rotation of the prime meridian = 27.2753 days.

These data are derived from elements originally given by R. C. Carrington (*Observations of the Spots on the Sun*, p. 244, 1863). They have been updated using values from Seidelmann et al. (*Explanatory Supplement to the Astronomical Almanac*), p. 397 1992 and Seidelmann et al., Celestial Mech Dyn Astr, 2007, **98** 155.

SUN, 2011

NOTES AND FORMULAS

Heliographic coordinates

Except for Ephemeris Transit, the quantities on the right-hand pages of C7–C21 are tabulated for 0^h TT. Except for L_0, the values are, to the accuracy given, essentially the same for 0^h UT. The value of L_0 at 0^h TT is approximately $0°.01$ greater than its value at 0^h UT.

If ρ_1, θ are the observed angular distance and position angle of a sunspot from the center of the disk of the Sun as seen from the Earth, and ρ is the heliocentric angular distance of the spot on the solar surface from the center of the Sun's disk, then

$$\sin(\rho + \rho_1) = \rho_1/S$$

where S is the semidiameter of the Sun. The position angle is measured from the north point of the disk towards the east.

The formulas for the computation of the heliographic coordinates (L, B) of a sunspot (or other feature on the surface of the Sun) from (ρ, θ) are as follows:

$$\sin B = \sin B_0 \cos \rho + \cos B_0 \sin \rho \cos(P - \theta)$$
$$\cos B \sin(L - L_0) = \sin \rho \sin(P - \theta)$$
$$\cos B \cos(L - L_0) = \cos \rho \cos B_0 - \sin B_0 \sin \rho \cos(P - \theta)$$

where B is measured positive to the north of the solar equator and L is measured from $0°$ to $360°$ in the direction of rotation of the Sun, i.e., westwards on the apparent disk as seen from the Earth. Daily values for B_0 and L_0 are tabulated on pages C7–C21.

SYNODIC ROTATION NUMBERS, 2011

Number	Date of Commencement			Number	Date of Commencement		
2105	2010	Dec.	24.05	2113	2011	July	30.21
2106	2011	Jan.	20.39	2114		Aug.	26.44
2107		Feb.	16.73	2115		Sept	22.71
2108		Mar.	16.06	2116		Oct.	19.99
2109		Apr.	12.35	2117		Nov.	16.29
2110		May	9.60	2118	2011	Dec.	13.61
2111		June	5.81	2119	2012	Jan.	9.94
2112		July	3.01	2120		Feb.	6.28

At the date of commencement of each synodic rotation period the value of L_0 is zero; that is, the prime meridian passes through the central point of the disk.

NOTES AND FORMULAS

Low precision formulas for the Sun

The following formulas give the apparent coordinates of the Sun to a precision of $0°01$ and the equation of time to a precision of 0^m1 between 1950 and 2050; on this page the time argument n is the number of days from J2000.0.

$n = \text{JD} - 2451545.0 = 4016.5 + \text{day of year (from B4–B5)} + \text{fraction of day from } 0^h \text{ UT}$
Mean longitude of Sun, corrected for aberration: $L = 280°460 + 0°985\,6474\,n$
Mean anomaly: $g = 357°528 + 0°985\,6003\,n$

Put L and g in the range $0°$ to $360°$ by adding multiples of $360°$.

Ecliptic longitude: $\lambda = L + 1°915 \sin g + 0°020 \sin 2g$
Ecliptic latitude: $\beta = 0°$
Obliquity of ecliptic: $\epsilon = 23°439 - 0°000\,0004\,n$
Right ascension: $\alpha = \tan^{-1}(\cos \epsilon \tan \lambda)$; ($\alpha$ in same quadrant as λ)

Alternatively, right ascension, α, may be calculated directly from:

Right ascension: $\alpha = \lambda - ft \sin 2\lambda + (f/2)t^2 \sin 4\lambda$
    where $f = 180/\pi$ and $t = \tan^2(\epsilon/2)$
Declination: $\delta = \sin^{-1}(\sin \epsilon \sin \lambda)$

Distance of Sun from Earth, R, in au:

$R = 1.000\,14 - 0.016\,71 \cos g - 0.000\,14 \cos 2g$

Equatorial rectangular coordinates of the Sun, in au:

$x = R \cos \lambda$
$y = R \cos \epsilon \sin \lambda$
$z = R \sin \epsilon \sin \lambda$

Equation of time, in minutes:

$E = (L - \alpha)$, in degrees, multiplied by 4.

Other useful quantities:

Horizontal parallax: $0°0024$
Semidiameter: $0°2666/R$
Light-time: 0^d0058

SUN, 2011

FOR 0ʰ TERRESTRIAL TIME

Date		Julian Date	Geometric Ecliptic Coords. Mn Equinox & Ecliptic of Date		Apparent R. A.	Apparent Declination	True Geocentric Distance
			Longitude	Latitude			
		245	° ′ ″	″	h m s	° ′ ″	au
Jan.	0	5561.5	279 11 01.56	−0.07	18 39 58.23	−23 07 11.6	0.983 3686
	1	5562.5	280 12 11.53	+0.03	18 44 23.49	−23 02 44.3	0.983 3559
	2	5563.5	281 13 21.82	+0.15	18 48 48.46	−22 57 49.3	0.983 3472
	3	5564.5	282 14 32.32	+0.28	18 53 13.12	−22 52 26.9	0.983 3424
	4	5565.5	283 15 42.95	+0.41	18 57 37.43	−22 46 37.1	0.983 3414
	5	5566.5	284 16 53.59	+0.54	19 02 01.34	−22 40 20.2	0.983 3441
	6	5567.5	285 18 04.16	+0.66	19 06 24.82	−22 33 36.4	0.983 3506
	7	5568.5	286 19 14.56	+0.77	19 10 47.85	−22 26 25.8	0.983 3610
	8	5569.5	287 20 24.71	+0.85	19 15 10.39	−22 18 48.7	0.983 3754
	9	5570.5	288 21 34.53	+0.91	19 19 32.42	−22 10 45.3	0.983 3940
	10	5571.5	289 22 43.95	+0.94	19 23 53.90	−22 02 15.8	0.983 4169
	11	5572.5	290 23 52.91	+0.94	19 28 14.81	−21 53 20.5	0.983 4443
	12	5573.5	291 25 01.34	+0.92	19 32 35.13	−21 43 59.7	0.983 4764
	13	5574.5	292 26 09.21	+0.87	19 36 54.84	−21 34 13.6	0.983 5134
	14	5575.5	293 27 16.46	+0.79	19 41 13.91	−21 24 02.6	0.983 5556
	15	5576.5	294 28 23.06	+0.68	19 45 32.32	−21 13 26.9	0.983 6032
	16	5577.5	295 29 29.00	+0.56	19 49 50.06	−21 02 26.7	0.983 6564
	17	5578.5	296 30 34.26	+0.42	19 54 07.11	−20 51 02.5	0.983 7155
	18	5579.5	297 31 38.84	+0.27	19 58 23.46	−20 39 14.6	0.983 7806
	19	5580.5	298 32 42.76	+0.13	20 02 39.09	−20 27 03.2	0.983 8521
	20	5581.5	299 33 46.05	−0.01	20 06 53.98	−20 14 28.7	0.983 9299
	21	5582.5	300 34 48.75	−0.13	20 11 08.13	−20 01 31.4	0.984 0142
	22	5583.5	301 35 50.89	−0.23	20 15 21.53	−19 48 11.5	0.984 1048
	23	5584.5	302 36 52.52	−0.29	20 19 34.18	−19 34 29.5	0.984 2016
	24	5585.5	303 37 53.68	−0.33	20 23 46.06	−19 20 25.7	0.984 3044
	25	5586.5	304 38 54.36	−0.32	20 27 57.19	−19 06 00.3	0.984 4129
	26	5587.5	305 39 54.57	−0.29	20 32 07.54	−18 51 13.8	0.984 5266
	27	5588.5	306 40 54.28	−0.22	20 36 17.12	−18 36 06.5	0.984 6451
	28	5589.5	307 41 53.45	−0.13	20 40 25.92	−18 20 38.8	0.984 7682
	29	5590.5	308 42 52.03	−0.02	20 44 33.93	−18 04 51.2	0.984 8954
	30	5591.5	309 43 49.95	+0.10	20 48 41.15	−17 48 44.0	0.985 0266
	31	5592.5	310 44 47.13	+0.22	20 52 47.57	−17 32 17.7	0.985 1613
Feb.	1	5593.5	311 45 43.49	+0.35	20 56 53.18	−17 15 32.6	0.985 2995
	2	5594.5	312 46 38.95	+0.47	21 00 57.98	−16 58 29.2	0.985 4410
	3	5595.5	313 47 33.42	+0.57	21 05 01.97	−16 41 08.0	0.985 5856
	4	5596.5	314 48 26.81	+0.65	21 09 05.13	−16 23 29.3	0.985 7333
	5	5597.5	315 49 19.04	+0.72	21 13 07.48	−16 05 33.5	0.985 8841
	6	5598.5	316 50 10.03	+0.75	21 17 09.01	−15 47 21.1	0.986 0381
	7	5599.5	317 50 59.71	+0.76	21 21 09.73	−15 28 52.6	0.986 1952
	8	5600.5	318 51 48.01	+0.74	21 25 09.63	−15 10 08.2	0.986 3556
	9	5601.5	319 52 34.85	+0.70	21 29 08.73	−14 51 08.5	0.986 5194
	10	5602.5	320 53 20.19	+0.63	21 33 07.03	−14 31 54.0	0.986 6868
	11	5603.5	321 54 03.98	+0.53	21 37 04.54	−14 12 24.9	0.986 8579
	12	5604.5	322 54 46.16	+0.41	21 41 01.26	−13 52 41.7	0.987 0328
	13	5605.5	323 55 26.72	+0.28	21 44 57.21	−13 32 44.9	0.987 2118
	14	5606.5	324 56 05.62	+0.14	21 48 52.38	−13 12 34.9	0.987 3951
	15	5607.5	325 56 42.85	0.00	21 52 46.80	−12 52 12.1	0.987 5829

FOR 0^h TERRESTRIAL TIME

Date		Pos. Angle of Axis P	Heliographic		Horiz. Parallax	Semi-Diameter	Ephemeris Transit
			Latitude B_0	Longitude L_0			
		°	°	°	″	′ ″	h m s
Jan.	0	+ 2.71	− 2.86	268.45	8.94	16 15.88	12 02 56.42
	1	+ 2.23	− 2.98	255.28	8.94	16 15.89	12 03 24.99
	2	+ 1.74	− 3.09	242.11	8.94	16 15.90	12 03 53.26
	3	+ 1.25	− 3.21	228.94	8.94	16 15.90	12 04 21.18
	4	+ 0.77	− 3.32	215.77	8.94	16 15.90	12 04 48.74
	5	+ 0.28	− 3.44	202.60	8.94	16 15.90	12 05 15.89
	6	− 0.20	− 3.55	189.44	8.94	16 15.89	12 05 42.60
	7	− 0.68	− 3.66	176.27	8.94	16 15.88	12 06 08.84
	8	− 1.16	− 3.77	163.10	8.94	16 15.87	12 06 34.58
	9	− 1.65	− 3.88	149.93	8.94	16 15.85	12 06 59.78
	10	− 2.13	− 3.99	136.76	8.94	16 15.83	12 07 24.44
	11	− 2.60	− 4.10	123.59	8.94	16 15.80	12 07 48.51
	12	− 3.08	− 4.20	110.42	8.94	16 15.77	12 08 11.97
	13	− 3.56	− 4.31	97.26	8.94	16 15.73	12 08 34.81
	14	− 4.03	− 4.41	84.09	8.94	16 15.69	12 08 57.00
	15	− 4.50	− 4.51	70.92	8.94	16 15.64	12 09 18.52
	16	− 4.97	− 4.61	57.75	8.94	16 15.59	12 09 39.36
	17	− 5.43	− 4.71	44.58	8.94	16 15.53	12 09 59.50
	18	− 5.89	− 4.81	31.42	8.94	16 15.47	12 10 18.92
	19	− 6.35	− 4.90	18.25	8.94	16 15.40	12 10 37.61
	20	− 6.81	− 5.00	5.08	8.94	16 15.32	12 10 55.58
	21	− 7.27	− 5.09	351.91	8.94	16 15.23	12 11 12.79
	22	− 7.72	− 5.18	338.75	8.94	16 15.15	12 11 29.26
	23	− 8.16	− 5.27	325.58	8.94	16 15.05	12 11 44.98
	24	− 8.61	− 5.36	312.41	8.93	16 14.95	12 11 59.93
	25	− 9.05	− 5.44	299.25	8.93	16 14.84	12 12 14.11
	26	− 9.48	− 5.53	286.08	8.93	16 14.73	12 12 27.52
	27	− 9.92	− 5.61	272.91	8.93	16 14.61	12 12 40.14
	28	− 10.35	− 5.69	259.75	8.93	16 14.49	12 12 51.99
	29	− 10.77	− 5.77	246.58	8.93	16 14.36	12 13 03.03
	30	− 11.19	− 5.85	233.42	8.93	16 14.23	12 13 13.29
	31	− 11.61	− 5.92	220.25	8.93	16 14.10	12 13 22.73
Feb.	1	− 12.02	− 6.00	207.08	8.93	16 13.96	12 13 31.37
	2	− 12.43	− 6.07	193.92	8.92	16 13.82	12 13 39.20
	3	− 12.83	− 6.14	180.75	8.92	16 13.68	12 13 46.22
	4	− 13.23	− 6.20	167.59	8.92	16 13.53	12 13 52.41
	5	− 13.62	− 6.27	154.42	8.92	16 13.39	12 13 57.80
	6	− 14.01	− 6.33	141.25	8.92	16 13.23	12 14 02.36
	7	− 14.39	− 6.40	128.09	8.92	16 13.08	12 14 06.12
	8	− 14.77	− 6.46	114.92	8.92	16 12.92	12 14 09.06
	9	− 15.14	− 6.51	101.75	8.91	16 12.76	12 14 11.20
	10	− 15.51	− 6.57	88.59	8.91	16 12.59	12 14 12.54
	11	− 15.87	− 6.62	75.42	8.91	16 12.42	12 14 13.09
	12	− 16.23	− 6.67	62.25	8.91	16 12.25	12 14 12.86
	13	− 16.58	− 6.72	49.09	8.91	16 12.08	12 14 11.85
	14	− 16.93	− 6.77	35.92	8.91	16 11.90	12 14 10.08
	15	− 17.27	− 6.81	22.75	8.90	16 11.71	12 14 07.56

SUN, 2011

FOR 0ʰ TERRESTRIAL TIME

Date	Julian Date	Geometric Ecliptic Coords. Mn Equinox & Ecliptic of Date		Apparent R. A.	Apparent Declination	True Geocentric Distance
		Longitude	Latitude			
	245	° ′ ″	″	h m s	° ′ ″	au
Feb. 15	5607.5	325 56 42.85	0.00	21 52 46.80	−12 52 12.1	0.987 5829
16	5608.5	326 57 18.42	−0.13	21 56 40.48	−12 31 36.9	0.987 7755
17	5609.5	327 57 52.35	−0.26	22 00 33.42	−12 10 49.6	0.987 9730
18	5610.5	328 58 24.69	−0.36	22 04 25.65	−11 49 50.8	0.988 1756
19	5611.5	329 58 55.49	−0.43	22 08 17.18	−11 28 40.7	0.988 3833
20	5612.5	330 59 24.81	−0.48	22 12 08.03	−11 07 19.7	0.988 5961
21	5613.5	331 59 52.70	−0.48	22 15 58.22	−10 45 48.2	0.988 8138
22	5614.5	333 00 19.21	−0.46	22 19 47.78	−10 24 06.6	0.989 0360
23	5615.5	334 00 44.38	−0.40	22 23 36.72	−10 02 15.2	0.989 2625
24	5616.5	335 01 08.21	−0.31	22 27 25.06	− 9 40 14.5	0.989 4928
25	5617.5	336 01 30.69	−0.21	22 31 12.82	− 9 18 04.8	0.989 7265
26	5618.5	337 01 51.80	−0.09	22 35 00.01	− 8 55 46.7	0.989 9633
27	5619.5	338 02 11.51	+0.03	22 38 46.66	− 8 33 20.4	0.990 2027
28	5620.5	339 02 29.77	+0.15	22 42 32.76	− 8 10 46.5	0.990 4445
Mar. 1	5621.5	340 02 46.51	+0.26	22 46 18.34	− 7 48 05.4	0.990 6884
2	5622.5	341 03 01.69	+0.37	22 50 03.42	− 7 25 17.4	0.990 9340
3	5623.5	342 03 15.23	+0.45	22 53 47.99	− 7 02 23.0	0.991 1813
4	5624.5	343 03 27.08	+0.51	22 57 32.10	− 6 39 22.6	0.991 4300
5	5625.5	344 03 37.16	+0.55	23 01 15.74	− 6 16 16.6	0.991 6800
6	5626.5	345 03 45.41	+0.56	23 04 58.94	− 5 53 05.4	0.991 9312
7	5627.5	346 03 51.77	+0.54	23 08 41.71	− 5 29 49.5	0.992 1837
8	5628.5	347 03 56.16	+0.50	23 12 24.07	− 5 06 29.1	0.992 4372
9	5629.5	348 03 58.54	+0.43	23 16 06.03	− 4 43 04.8	0.992 6920
10	5630.5	349 03 58.84	+0.35	23 19 47.63	− 4 19 36.9	0.992 9481
11	5631.5	350 03 57.03	+0.24	23 23 28.87	− 3 56 05.9	0.993 2055
12	5632.5	351 03 53.05	+0.11	23 27 09.77	− 3 32 32.0	0.993 4643
13	5633.5	352 03 46.86	−0.02	23 30 50.34	− 3 08 55.7	0.993 7248
14	5634.5	353 03 38.46	−0.16	23 34 30.62	− 2 45 17.4	0.993 9871
15	5635.5	354 03 27.81	−0.29	23 38 10.61	− 2 21 37.4	0.994 2514
16	5636.5	355 03 14.92	−0.41	23 41 50.34	− 1 57 56.2	0.994 5180
17	5637.5	356 02 59.81	−0.51	23 45 29.83	− 1 34 14.0	0.994 7870
18	5638.5	357 02 42.51	−0.59	23 49 09.09	− 1 10 31.2	0.995 0587
19	5639.5	358 02 23.08	−0.64	23 52 48.16	− 0 46 48.3	0.995 3333
20	5640.5	359 02 01.59	−0.65	23 56 27.06	− 0 23 05.4	0.995 6107
21	5641.5	0 01 38.12	−0.63	0 00 05.81	+ 0 00 37.1	0.995 8911
22	5642.5	1 01 12.74	−0.57	0 03 44.46	+ 0 24 18.9	0.996 1741
23	5643.5	2 00 45.54	−0.49	0 07 23.01	+ 0 47 59.6	0.996 4595
24	5644.5	3 00 16.54	−0.39	0 11 01.50	+ 1 11 39.0	0.996 7470
25	5645.5	3 59 45.79	−0.27	0 14 39.95	+ 1 35 16.5	0.997 0361
26	5646.5	4 59 13.31	−0.15	0 18 18.38	+ 1 58 52.0	0.997 3264
27	5647.5	5 58 39.08	−0.02	0 21 56.80	+ 2 22 24.9	0.997 6177
28	5648.5	6 58 03.10	+0.09	0 25 35.23	+ 2 45 55.0	0.997 9094
29	5649.5	7 57 25.35	+0.20	0 29 13.70	+ 3 09 21.9	0.998 2012
30	5650.5	8 56 45.79	+0.28	0 32 52.22	+ 3 32 45.1	0.998 4929
31	5651.5	9 56 04.39	+0.34	0 36 30.81	+ 3 56 04.4	0.998 7842
Apr. 1	5652.5	10 55 21.11	+0.38	0 40 09.49	+ 4 19 19.3	0.999 0748
2	5653.5	11 54 35.92	+0.40	0 43 48.27	+ 4 42 29.6	0.999 3645

FOR 0ʰ TERRESTRIAL TIME

Date		Pos. Angle of Axis P	Heliographic		Horiz. Parallax	Semi-Diameter	Ephemeris Transit
			Latitude B_0	Longitude L_0			
		°	°	°	″	′　″	h　m　s
Feb.	15	− 17.27	− 6.81	22.75	8.90	16　11.71	12　14　07.56
	16	− 17.60	− 6.86	9.58	8.90	16　11.52	12　14　04.30
	17	− 17.93	− 6.90	356.41	8.90	16　11.33	12　14　00.32
	18	− 18.26	− 6.94	343.25	8.90	16　11.13	12　13　55.64
	19	− 18.57	− 6.97	330.08	8.90	16　10.92	12　13　50.27
	20	− 18.89	− 7.01	316.91	8.90	16　10.71	12　13　44.23
	21	− 19.19	− 7.04	303.74	8.89	16　10.50	12　13　37.55
	22	− 19.49	− 7.07	290.57	8.89	16　10.28	12　13　30.24
	23	− 19.79	− 7.10	277.40	8.89	16　10.06	12　13　22.32
	24	− 20.08	− 7.12	264.23	8.89	16　09.84	12　13　13.81
	25	− 20.36	− 7.14	251.06	8.89	16　09.61	12　13　04.72
	26	− 20.63	− 7.16	237.89	8.88	16　09.37	12　12　55.07
	27	− 20.90	− 7.18	224.71	8.88	16　09.14	12　12　44.88
	28	− 21.17	− 7.20	211.54	8.88	16　08.90	12　12　34.16
Mar.	1	− 21.43	− 7.21	198.37	8.88	16　08.66	12　12　22.93
	2	− 21.68	− 7.23	185.20	8.87	16　08.42	12　12　11.20
	3	− 21.92	− 7.24	172.03	8.87	16　08.18	12　11　58.99
	4	− 22.16	− 7.24	158.85	8.87	16　07.94	12　11　46.31
	5	− 22.39	− 7.25	145.68	8.87	16　07.70	12　11　33.17
	6	− 22.62	− 7.25	132.51	8.87	16　07.45	12　11　19.61
	7	− 22.84	− 7.25	119.33	8.86	16　07.20	12　11　05.62
	8	− 23.05	− 7.25	106.16	8.86	16　06.96	12　10　51.24
	9	− 23.26	− 7.25	92.98	8.86	16　06.71	12　10　36.46
	10	− 23.46	− 7.24	79.80	8.86	16　06.46	12　10　21.32
	11	− 23.65	− 7.23	66.63	8.85	16　06.21	12　10　05.84
	12	− 23.84	− 7.22	53.45	8.85	16　05.96	12　09　50.02
	13	− 24.02	− 7.21	40.27	8.85	16　05.70	12　09　33.88
	14	− 24.19	− 7.20	27.09	8.85	16　05.45	12　09　17.46
	15	− 24.36	− 7.18	13.91	8.84	16　05.19	12　09　00.76
	16	− 24.52	− 7.16	0.73	8.84	16　04.93	12　08　43.81
	17	− 24.67	− 7.14	347.55	8.84	16　04.67	12　08　26.63
	18	− 24.82	− 7.11	334.37	8.84	16　04.41	12　08　09.25
	19	− 24.96	− 7.09	321.19	8.84	16　04.14	12　07　51.68
	20	− 25.09	− 7.06	308.00	8.83	16　03.88	12　07　33.96
	21	− 25.21	− 7.03	294.82	8.83	16　03.60	12　07　16.12
	22	− 25.33	− 7.00	281.64	8.83	16　03.33	12　06　58.16
	23	− 25.45	− 6.97	268.45	8.83	16　03.05	12　06　40.13
	24	− 25.55	− 6.93	255.26	8.82	16　02.78	12　06　22.04
	25	− 25.65	− 6.89	242.08	8.82	16　02.50	12　06　03.92
	26	− 25.74	− 6.85	228.89	8.82	16　02.22	12　05　45.79
	27	− 25.82	− 6.81	215.70	8.82	16　01.94	12　05　27.66
	28	− 25.90	− 6.77	202.51	8.81	16　01.66	12　05　09.56
	29	− 25.97	− 6.72	189.33	8.81	16　01.37	12　04　51.50
	30	− 26.03	− 6.67	176.14	8.81	16　01.09	12　04　33.51
	31	− 26.09	− 6.62	162.95	8.80	16　00.81	12　04　15.59
Apr.	1	− 26.14	− 6.57	149.75	8.80	16　00.53	12　03　57.78
	2	− 26.18	− 6.52	136.56	8.80	16　00.26	12　03　40.08

SUN, 2011

FOR 0ʰ TERRESTRIAL TIME

Date		Julian Date	Geometric Ecliptic Coords. Mn Equinox & Ecliptic of Date		Apparent R. A.	Apparent Declination	True Geocentric Distance
			Longitude	Latitude			
		245	° ′ ″	″	h m s	° ′ ″	au
Apr.	1	5652.5	10 55 21.11	+0.38	0 40 09.49	+ 4 19 19.3	0.999 0748
	2	5653.5	11 54 35.92	+0.40	0 43 48.27	+ 4 42 29.6	0.999 3645
	3	5654.5	12 53 48.75	+0.38	0 47 27.17	+ 5 05 34.7	0.999 6532
	4	5655.5	13 52 59.58	+0.34	0 51 06.21	+ 5 28 34.5	0.999 9407
	5	5656.5	14 52 08.34	+0.28	0 54 45.41	+ 5 51 28.4	1.000 2269
	6	5657.5	15 51 15.00	+0.19	0 58 24.78	+ 6 14 16.2	1.000 5118
	7	5658.5	16 50 19.51	+0.09	1 02 04.34	+ 6 36 57.5	1.000 7953
	8	5659.5	17 49 21.82	−0.03	1 05 44.10	+ 6 59 31.9	1.001 0775
	9	5660.5	18 48 21.90	−0.16	1 09 24.08	+ 7 21 59.1	1.001 3585
	10	5661.5	19 47 19.72	−0.29	1 13 04.28	+ 7 44 18.7	1.001 6383
	11	5662.5	20 46 15.24	−0.42	1 16 44.74	+ 8 06 30.4	1.001 9171
	12	5663.5	21 45 08.46	−0.54	1 20 25.45	+ 8 28 33.9	1.002 1951
	13	5664.5	22 43 59.38	−0.64	1 24 06.43	+ 8 50 28.7	1.002 4725
	14	5665.5	23 42 47.99	−0.72	1 27 47.71	+ 9 12 14.6	1.002 7496
	15	5666.5	24 41 34.35	−0.77	1 31 29.29	+ 9 33 51.2	1.003 0266
	16	5667.5	25 40 18.49	−0.79	1 35 11.19	+ 9 55 18.2	1.003 3038
	17	5668.5	26 39 00.50	−0.77	1 38 53.45	+10 16 35.3	1.003 5814
	18	5669.5	27 37 40.44	−0.72	1 42 36.07	+10 37 42.2	1.003 8593
	19	5670.5	28 36 18.43	−0.64	1 46 19.09	+10 58 38.7	1.004 1377
	20	5671.5	29 34 54.55	−0.54	1 50 02.51	+11 19 24.4	1.004 4163
	21	5672.5	30 33 28.88	−0.42	1 53 46.36	+11 39 58.9	1.004 6949
	22	5673.5	31 32 01.49	−0.29	1 57 30.66	+12 00 22.1	1.004 9733
	23	5674.5	32 30 32.45	−0.16	2 01 15.41	+12 20 33.5	1.005 2509
	24	5675.5	33 29 01.77	−0.04	2 05 00.63	+12 40 32.8	1.005 5276
	25	5676.5	34 27 29.49	+0.07	2 08 46.33	+13 00 19.7	1.005 8029
	26	5677.5	35 25 55.62	+0.17	2 12 32.53	+13 19 53.8	1.006 0764
	27	5678.5	36 24 20.16	+0.24	2 16 19.22	+13 39 14.7	1.006 3479
	28	5679.5	37 22 43.10	+0.28	2 20 06.43	+13 58 22.3	1.006 6170
	29	5680.5	38 21 04.44	+0.30	2 23 54.16	+14 17 16.0	1.006 8834
	30	5681.5	39 19 24.15	+0.29	2 27 42.42	+14 35 55.6	1.007 1470
May	1	5682.5	40 17 42.23	+0.26	2 31 31.22	+14 54 20.8	1.007 4074
	2	5683.5	41 15 58.63	+0.20	2 35 20.55	+15 12 31.2	1.007 6644
	3	5684.5	42 14 13.34	+0.11	2 39 10.44	+15 30 26.5	1.007 9180
	4	5685.5	43 12 26.32	+0.01	2 43 00.87	+15 48 06.3	1.008 1680
	5	5686.5	44 10 37.54	−0.11	2 46 51.86	+16 05 30.5	1.008 4142
	6	5687.5	45 08 46.95	−0.24	2 50 43.40	+16 22 38.5	1.008 6568
	7	5688.5	46 06 54.54	−0.37	2 54 35.50	+16 39 30.2	1.008 8956
	8	5689.5	47 05 00.27	−0.50	2 58 28.14	+16 56 05.2	1.009 1307
	9	5690.5	48 03 04.11	−0.62	3 02 21.34	+17 12 23.2	1.009 3624
	10	5691.5	49 01 06.05	−0.72	3 06 15.09	+17 28 23.8	1.009 5907
	11	5692.5	49 59 06.08	−0.81	3 10 09.38	+17 44 06.8	1.009 8159
	12	5693.5	50 57 04.22	−0.86	3 14 04.22	+17 59 32.0	1.010 0383
	13	5694.5	51 55 00.48	−0.88	3 17 59.62	+18 14 38.9	1.010 2580
	14	5695.5	52 52 54.92	−0.87	3 21 55.56	+18 29 27.3	1.010 4755
	15	5696.5	53 50 47.58	−0.83	3 25 52.05	+18 43 57.0	1.010 6909
	16	5697.5	54 48 38.57	−0.75	3 29 49.11	+18 58 07.8	1.010 9045
	17	5698.5	55 46 27.96	−0.65	3 33 46.72	+19 11 59.2	1.011 1164

FOR 0ʰ TERRESTRIAL TIME

Date	Pos. Angle of Axis P	Heliographic Latitude B_0	Heliographic Longitude L_0	Horiz. Parallax	Semi-Diameter	Ephemeris Transit
	°	°	°	"	′ "	h m s
Apr. 1	− 26.14	− 6.57	149.75	8.80	16 00.53	12 03 57.78
2	− 26.18	− 6.52	136.56	8.80	16 00.26	12 03 40.08
3	− 26.21	− 6.46	123.37	8.80	15 59.98	12 03 22.50
4	− 26.24	− 6.40	110.18	8.79	15 59.70	12 03 05.08
5	− 26.26	− 6.34	96.98	8.79	15 59.43	12 02 47.81
6	− 26.27	− 6.28	83.79	8.79	15 59.15	12 02 30.73
7	− 26.28	− 6.22	70.59	8.79	15 58.88	12 02 13.83
8	− 26.27	− 6.15	57.39	8.78	15 58.61	12 01 57.15
9	− 26.27	− 6.08	44.20	8.78	15 58.34	12 01 40.68
10	− 26.25	− 6.02	31.00	8.78	15 58.08	12 01 24.45
11	− 26.22	− 5.95	17.80	8.78	15 57.81	12 01 08.48
12	− 26.19	− 5.87	4.60	8.77	15 57.54	12 00 52.77
13	− 26.15	− 5.80	351.40	8.77	15 57.28	12 00 37.35
14	− 26.11	− 5.72	338.19	8.77	15 57.01	12 00 22.22
15	− 26.06	− 5.65	324.99	8.77	15 56.75	12 00 07.42
16	− 25.99	− 5.57	311.79	8.77	15 56.48	11 59 52.95
17	− 25.93	− 5.49	298.58	8.76	15 56.22	11 59 38.84
18	− 25.85	− 5.41	285.38	8.76	15 55.96	11 59 25.11
19	− 25.77	− 5.32	272.17	8.76	15 55.69	11 59 11.78
20	− 25.68	− 5.24	258.96	8.76	15 55.43	11 58 58.86
21	− 25.58	− 5.15	245.75	8.75	15 55.16	11 58 46.37
22	− 25.48	− 5.07	232.55	8.75	15 54.90	11 58 34.33
23	− 25.36	− 4.98	219.34	8.75	15 54.63	11 58 22.75
24	− 25.24	− 4.89	206.13	8.75	15 54.37	11 58 11.66
25	− 25.12	− 4.79	192.92	8.74	15 54.11	11 58 01.05
26	− 24.98	− 4.70	179.70	8.74	15 53.85	11 57 50.94
27	− 24.84	− 4.61	166.49	8.74	15 53.59	11 57 41.34
28	− 24.69	− 4.51	153.28	8.74	15 53.34	11 57 32.26
29	− 24.54	− 4.41	140.06	8.73	15 53.08	11 57 23.71
30	− 24.37	− 4.32	126.85	8.73	15 52.83	11 57 15.68
May 1	− 24.20	− 4.22	113.63	8.73	15 52.59	11 57 08.20
2	− 24.02	− 4.12	100.42	8.73	15 52.35	11 57 01.26
3	− 23.84	− 4.01	87.20	8.73	15 52.11	11 56 54.86
4	− 23.65	− 3.91	73.99	8.72	15 51.87	11 56 49.02
5	− 23.45	− 3.81	60.77	8.72	15 51.64	11 56 43.72
6	− 23.24	− 3.70	47.55	8.72	15 51.41	11 56 38.98
7	− 23.03	− 3.60	34.33	8.72	15 51.18	11 56 34.79
8	− 22.81	− 3.49	21.11	8.71	15 50.96	11 56 31.15
9	− 22.58	− 3.38	7.89	8.71	15 50.74	11 56 28.06
10	− 22.35	− 3.27	354.67	8.71	15 50.53	11 56 25.52
11	− 22.10	− 3.16	341.44	8.71	15 50.32	11 56 23.54
12	− 21.86	− 3.05	328.22	8.71	15 50.11	11 56 22.10
13	− 21.60	− 2.94	315.00	8.70	15 49.90	11 56 21.22
14	− 21.34	− 2.83	301.77	8.70	15 49.70	11 56 20.88
15	− 21.07	− 2.72	288.55	8.70	15 49.49	11 56 21.11
16	− 20.80	− 2.61	275.32	8.70	15 49.29	11 56 21.88
17	− 20.52	− 2.49	262.09	8.70	15 49.09	11 56 23.22

SUN, 2011

FOR 0ʰ TERRESTRIAL TIME

Date		Julian Date	Geometric Ecliptic Coords. Mn Equinox & Ecliptic of Date		Apparent R. A.	Apparent Declination	True Geocentric Distance
			Longitude	Latitude			
		245	° ′ ″	″	h m s	° ′ ″	au
May	17	5698.5	55 46 27.96	−0.65	3 33 46.72	+19 11 59.2	1.011 1164
	18	5699.5	56 44 15.86	−0.53	3 37 44.90	+19 25 31.2	1.011 3266
	19	5700.5	57 42 02.37	−0.39	3 41 43.64	+19 38 43.5	1.011 5350
	20	5701.5	58 39 47.58	−0.26	3 45 42.93	+19 51 35.7	1.011 7414
	21	5702.5	59 37 31.58	−0.13	3 49 42.78	+20 04 07.7	1.011 9456
	22	5703.5	60 35 14.43	−0.01	3 53 43.18	+20 16 19.2	1.012 1472
	23	5704.5	61 32 56.19	+0.10	3 57 44.12	+20 28 09.9	1.012 3461
	24	5705.5	62 30 36.91	+0.18	4 01 45.59	+20 39 39.5	1.012 5417
	25	5706.5	63 28 16.60	+0.23	4 05 47.59	+20 50 47.9	1.012 7340
	26	5707.5	64 25 55.30	+0.26	4 09 50.11	+21 01 34.7	1.012 9224
	27	5708.5	65 23 33.02	+0.26	4 13 53.14	+21 11 59.8	1.013 1068
	28	5709.5	66 21 09.78	+0.23	4 17 56.66	+21 22 02.9	1.013 2869
	29	5710.5	67 18 45.56	+0.18	4 22 00.66	+21 31 43.8	1.013 4624
	30	5711.5	68 16 20.37	+0.10	4 26 05.13	+21 41 02.3	1.013 6331
	31	5712.5	69 13 54.21	0.00	4 30 10.05	+21 49 58.2	1.013 7988
June	1	5713.5	70 11 27.04	−0.11	4 34 15.40	+21 58 31.4	1.013 9594
	2	5714.5	71 08 58.86	−0.24	4 38 21.16	+22 06 41.5	1.014 1145
	3	5715.5	72 06 29.62	−0.37	4 42 27.31	+22 14 28.5	1.014 2643
	4	5716.5	73 03 59.32	−0.50	4 46 33.83	+22 21 52.3	1.014 4086
	5	5717.5	74 01 27.90	−0.63	4 50 40.70	+22 28 52.5	1.014 5475
	6	5718.5	74 58 55.35	−0.73	4 54 47.89	+22 35 29.1	1.014 6811
	7	5719.5	75 56 21.64	−0.82	4 58 55.37	+22 41 41.9	1.014 8095
	8	5720.5	76 53 46.77	−0.88	5 03 03.13	+22 47 30.8	1.014 9330
	9	5721.5	77 51 10.73	−0.91	5 07 11.14	+22 52 55.7	1.015 0517
	10	5722.5	78 48 33.54	−0.91	5 11 19.38	+22 57 56.4	1.015 1662
	11	5723.5	79 45 55.24	−0.87	5 15 27.84	+23 02 32.8	1.015 2765
	12	5724.5	80 43 15.87	−0.80	5 19 36.50	+23 06 45.0	1.015 3831
	13	5725.5	81 40 35.50	−0.70	5 23 45.34	+23 10 32.7	1.015 4862
	14	5726.5	82 37 54.23	−0.59	5 27 54.33	+23 13 55.9	1.015 5861
	15	5727.5	83 35 12.13	−0.45	5 32 03.47	+23 16 54.6	1.015 6829
	16	5728.5	84 32 29.33	−0.32	5 36 12.73	+23 19 28.7	1.015 7767
	17	5729.5	85 29 45.91	−0.18	5 40 22.10	+23 21 38.1	1.015 8674
	18	5730.5	86 27 01.97	−0.05	5 44 31.54	+23 23 22.8	1.015 9549
	19	5731.5	87 24 17.60	+0.06	5 48 41.05	+23 24 42.8	1.016 0391
	20	5732.5	88 21 32.89	+0.15	5 52 50.60	+23 25 38.0	1.016 1197
	21	5733.5	89 18 47.88	+0.22	5 57 00.17	+23 26 08.3	1.016 1965
	22	5734.5	90 16 02.65	+0.26	6 01 09.74	+23 26 13.8	1.016 2693
	23	5735.5	91 13 17.23	+0.27	6 05 19.29	+23 25 54.5	1.016 3377
	24	5736.5	92 10 31.66	+0.26	6 09 28.79	+23 25 10.4	1.016 4016
	25	5737.5	93 07 45.98	+0.21	6 13 38.23	+23 24 01.5	1.016 4606
	26	5738.5	94 05 00.21	+0.15	6 17 47.58	+23 22 27.8	1.016 5146
	27	5739.5	95 02 14.36	+0.06	6 21 56.81	+23 20 29.3	1.016 5632
	28	5740.5	95 59 28.44	−0.05	6 26 05.91	+23 18 06.3	1.016 6063
	29	5741.5	96 56 42.45	−0.17	6 30 14.84	+23 15 18.6	1.016 6437
	30	5742.5	97 53 56.38	−0.30	6 34 23.58	+23 12 06.5	1.016 6751
July	1	5743.5	98 51 10.22	−0.43	6 38 32.11	+23 08 30.0	1.016 7004
	2	5744.5	99 48 23.93	−0.56	6 42 40.39	+23 04 29.2	1.016 7195

FOR 0ʰ TERRESTRIAL TIME

Date		Pos. Angle of Axis P	Heliographic		Horiz. Parallax	Semi-Diameter	Ephemeris Transit
			Latitude B_0	Longitude L_0			
		°	°	°	"	′ "	h m s
May	17	− 20.52	− 2.49	262.09	8.70	15 49.09	11 56 23.22
	18	− 20.23	− 2.38	248.87	8.70	15 48.90	11 56 25.11
	19	− 19.93	− 2.26	235.64	8.69	15 48.70	11 56 27.56
	20	− 19.63	− 2.15	222.41	8.69	15 48.51	11 56 30.57
	21	− 19.33	− 2.03	209.18	8.69	15 48.32	11 56 34.13
	22	− 19.02	− 1.91	195.95	8.69	15 48.13	11 56 38.24
	23	− 18.70	− 1.80	182.72	8.69	15 47.94	11 56 42.89
	24	− 18.37	− 1.68	169.49	8.69	15 47.76	11 56 48.08
	25	− 18.04	− 1.56	156.26	8.68	15 47.58	11 56 53.79
	26	− 17.71	− 1.44	143.03	8.68	15 47.40	11 57 00.01
	27	− 17.36	− 1.32	129.80	8.68	15 47.23	11 57 06.73
	28	− 17.02	− 1.20	116.57	8.68	15 47.06	11 57 13.94
	29	− 16.66	− 1.08	103.34	8.68	15 46.90	11 57 21.63
	30	− 16.31	− 0.96	90.11	8.68	15 46.74	11 57 29.77
	31	− 15.94	− 0.84	76.87	8.67	15 46.58	11 57 38.35
June	1	− 15.57	− 0.72	63.64	8.67	15 46.43	11 57 47.34
	2	− 15.20	− 0.60	50.41	8.67	15 46.29	11 57 56.74
	3	− 14.82	− 0.48	37.18	8.67	15 46.15	11 58 06.52
	4	− 14.44	− 0.36	23.94	8.67	15 46.01	11 58 16.65
	5	− 14.05	− 0.24	10.71	8.67	15 45.88	11 58 27.12
	6	− 13.66	− 0.12	357.47	8.67	15 45.76	11 58 37.90
	7	− 13.26	+ 0.00	344.24	8.67	15 45.64	11 58 48.97
	8	− 12.86	+ 0.12	331.00	8.66	15 45.53	11 59 00.31
	9	− 12.46	+ 0.24	317.77	8.66	15 45.41	11 59 11.89
	10	− 12.05	+ 0.36	304.53	8.66	15 45.31	11 59 23.69
	11	− 11.64	+ 0.49	291.30	8.66	15 45.21	11 59 35.70
	12	− 11.23	+ 0.61	278.06	8.66	15 45.11	11 59 47.90
	13	− 10.81	+ 0.73	264.82	8.66	15 45.01	12 00 00.26
	14	− 10.39	+ 0.85	251.59	8.66	15 44.92	12 00 12.77
	15	− 9.96	+ 0.97	238.35	8.66	15 44.83	12 00 25.40
	16	− 9.53	+ 1.08	225.11	8.66	15 44.74	12 00 38.16
	17	− 9.10	+ 1.20	211.88	8.66	15 44.66	12 00 51.00
	18	− 8.67	+ 1.32	198.64	8.66	15 44.57	12 01 03.92
	19	− 8.23	+ 1.44	185.40	8.66	15 44.50	12 01 16.90
	20	− 7.80	+ 1.56	172.16	8.65	15 44.42	12 01 29.91
	21	− 7.35	+ 1.68	158.93	8.65	15 44.35	12 01 42.93
	22	− 6.91	+ 1.79	145.69	8.65	15 44.28	12 01 55.94
	23	− 6.47	+ 1.91	132.45	8.65	15 44.22	12 02 08.92
	24	− 6.02	+ 2.02	119.22	8.65	15 44.16	12 02 21.84
	25	− 5.58	+ 2.14	105.98	8.65	15 44.10	12 02 34.69
	26	− 5.13	+ 2.26	92.74	8.65	15 44.05	12 02 47.43
	27	− 4.68	+ 2.37	79.51	8.65	15 44.01	12 03 00.04
	28	− 4.23	+ 2.48	66.27	8.65	15 43.97	12 03 12.50
	29	− 3.77	+ 2.60	53.03	8.65	15 43.93	12 03 24.78
	30	− 3.32	+ 2.71	39.80	8.65	15 43.91	12 03 36.85
July	1	− 2.87	+ 2.82	26.56	8.65	15 43.88	12 03 48.70
	2	− 2.41	+ 2.93	13.32	8.65	15 43.86	12 04 00.28

SUN, 2011

FOR 0ʰ TERRESTRIAL TIME

Date		Julian Date	Geometric Ecliptic Coords. Mn Equinox & Ecliptic of Date		Apparent R. A.	Apparent Declination	True Geocentric Distance
			Longitude	Latitude			
		245	° ′ ″	″	h m s	° ′ ″	au
July	1	5743.5	98 51 10.22	−0.43	6 38 32.11	+23 08 30.0	1.016 7004
	2	5744.5	99 48 23.93	−0.56	6 42 40.39	+23 04 29.2	1.016 7195
	3	5745.5	100 45 37.48	−0.67	6 46 48.40	+23 00 04.2	1.016 7325
	4	5746.5	101 42 50.84	−0.76	6 50 56.11	+22 55 15.1	1.016 7392
	5	5747.5	102 40 03.99	−0.83	6 55 03.49	+22 50 02.2	1.016 7400
	6	5748.5	103 37 16.89	−0.86	6 59 10.52	+22 44 25.4	1.016 7349
	7	5749.5	104 34 29.53	−0.87	7 03 17.19	+22 38 24.9	1.016 7242
	8	5750.5	105 31 41.92	−0.84	7 07 23.46	+22 32 01.0	1.016 7083
	9	5751.5	106 28 54.07	−0.77	7 11 29.33	+22 25 13.7	1.016 6876
	10	5752.5	107 26 06.02	−0.68	7 15 34.78	+22 18 03.2	1.016 6623
	11	5753.5	108 23 17.83	−0.57	7 19 39.79	+22 10 29.8	1.016 6328
	12	5754.5	109 20 29.56	−0.44	7 23 44.35	+22 02 33.5	1.016 5994
	13	5755.5	110 17 41.29	−0.31	7 27 48.44	+21 54 14.6	1.016 5624
	14	5756.5	111 14 53.13	−0.17	7 31 52.06	+21 45 33.3	1.016 5219
	15	5757.5	112 12 05.15	−0.04	7 35 55.18	+21 36 29.7	1.016 4780
	16	5758.5	113 09 17.46	+0.08	7 39 57.81	+21 27 04.0	1.016 4308
	17	5759.5	114 06 30.15	+0.18	7 43 59.93	+21 17 16.5	1.016 3802
	18	5760.5	115 03 43.31	+0.25	7 48 01.52	+21 07 07.2	1.016 3262
	19	5761.5	116 00 57.01	+0.30	7 52 02.60	+20 56 36.5	1.016 2686
	20	5762.5	116 58 11.32	+0.33	7 56 03.14	+20 45 44.5	1.016 2072
	21	5763.5	117 55 26.31	+0.32	8 00 03.14	+20 34 31.5	1.016 1419
	22	5764.5	118 52 42.04	+0.29	8 04 02.60	+20 22 57.6	1.016 0724
	23	5765.5	119 49 58.54	+0.23	8 08 01.51	+20 11 03.2	1.015 9987
	24	5766.5	120 47 15.86	+0.15	8 11 59.86	+19 58 48.5	1.015 9203
	25	5767.5	121 44 34.02	+0.05	8 15 57.64	+19 46 13.7	1.015 8373
	26	5768.5	122 41 53.06	−0.06	8 19 54.86	+19 33 19.1	1.015 7492
	27	5769.5	123 39 12.99	−0.18	8 23 51.49	+19 20 05.0	1.015 6559
	28	5770.5	124 36 33.81	−0.31	8 27 47.55	+19 06 31.6	1.015 5572
	29	5771.5	125 33 55.50	−0.43	8 31 43.01	+18 52 39.3	1.015 4529
	30	5772.5	126 31 18.06	−0.54	8 35 37.88	+18 38 28.4	1.015 3428
	31	5773.5	127 28 41.44	−0.64	8 39 32.14	+18 23 59.1	1.015 2268
Aug.	1	5774.5	128 26 05.62	−0.71	8 43 25.78	+18 09 11.7	1.015 1050
	2	5775.5	129 23 30.53	−0.75	8 47 18.81	+17 54 06.6	1.014 9773
	3	5776.5	130 20 56.15	−0.76	8 51 11.22	+17 38 44.1	1.014 8440
	4	5777.5	131 18 22.44	−0.74	8 55 03.01	+17 23 04.4	1.014 7052
	5	5778.5	132 15 49.39	−0.68	8 58 54.17	+17 07 07.9	1.014 5614
	6	5779.5	133 13 16.98	−0.60	9 02 44.72	+16 50 54.9	1.014 4128
	7	5780.5	134 10 45.24	−0.49	9 06 34.65	+16 34 25.6	1.014 2599
	8	5781.5	135 08 14.20	−0.37	9 10 23.98	+16 17 40.4	1.014 1031
	9	5782.5	136 05 43.91	−0.23	9 14 12.69	+16 00 39.6	1.013 9427
	10	5783.5	137 03 14.43	−0.10	9 18 00.81	+15 43 23.5	1.013 7790
	11	5784.5	138 00 45.84	+0.03	9 21 48.34	+15 25 52.4	1.013 6124
	12	5785.5	138 58 18.21	+0.15	9 25 35.28	+15 08 06.5	1.013 4429
	13	5786.5	139 55 51.62	+0.25	9 29 21.65	+14 50 06.2	1.013 2708
	14	5787.5	140 53 26.17	+0.33	9 33 07.46	+14 31 51.7	1.013 0961
	15	5788.5	141 51 01.93	+0.39	9 36 52.73	+14 13 23.3	1.012 9189
	16	5789.5	142 48 38.98	+0.42	9 40 37.45	+13 54 41.4	1.012 7392

FOR 0^h TERRESTRIAL TIME

Date		Pos. Angle of Axis P	Heliographic		Horiz. Parallax	Semi-Diameter	Ephemeris Transit
			Latitude B_0	Longitude L_0			
		°	°	°	"	' "	h m s
July	1	− 2.87	+ 2.82	26.56	8.65	15 43.88	12 03 48.70
	2	− 2.41	+ 2.93	13.32	8.65	15 43.86	12 04 00.28
	3	− 1.96	+ 3.04	0.09	8.65	15 43.85	12 04 11.59
	4	− 1.51	+ 3.15	346.85	8.65	15 43.85	12 04 22.58
	5	− 1.05	+ 3.26	333.62	8.65	15 43.84	12 04 33.24
	6	− 0.60	+ 3.36	320.38	8.65	15 43.85	12 04 43.54
	7	− 0.15	+ 3.47	307.15	8.65	15 43.86	12 04 53.46
	8	+ 0.31	+ 3.58	293.91	8.65	15 43.87	12 05 02.98
	9	+ 0.76	+ 3.68	280.68	8.65	15 43.89	12 05 12.09
	10	+ 1.21	+ 3.78	267.44	8.65	15 43.92	12 05 20.76
	11	+ 1.66	+ 3.89	254.21	8.65	15 43.94	12 05 28.98
	12	+ 2.11	+ 3.99	240.97	8.65	15 43.98	12 05 36.74
	13	+ 2.56	+ 4.09	227.74	8.65	15 44.01	12 05 44.03
	14	+ 3.00	+ 4.19	214.51	8.65	15 44.05	12 05 50.84
	15	+ 3.45	+ 4.28	201.27	8.65	15 44.09	12 05 57.16
	16	+ 3.89	+ 4.38	188.04	8.65	15 44.13	12 06 02.97
	17	+ 4.33	+ 4.48	174.81	8.65	15 44.18	12 06 08.27
	18	+ 4.77	+ 4.57	161.57	8.65	15 44.23	12 06 13.05
	19	+ 5.21	+ 4.66	148.34	8.65	15 44.28	12 06 17.31
	20	+ 5.64	+ 4.76	135.11	8.65	15 44.34	12 06 21.03
	21	+ 6.07	+ 4.85	121.88	8.65	15 44.40	12 06 24.21
	22	+ 6.50	+ 4.93	108.65	8.66	15 44.46	12 06 26.84
	23	+ 6.93	+ 5.02	95.42	8.66	15 44.53	12 06 28.91
	24	+ 7.36	+ 5.11	82.19	8.66	15 44.61	12 06 30.42
	25	+ 7.78	+ 5.19	68.96	8.66	15 44.68	12 06 31.36
	26	+ 8.20	+ 5.28	55.73	8.66	15 44.77	12 06 31.72
	27	+ 8.62	+ 5.36	42.50	8.66	15 44.85	12 06 31.51
	28	+ 9.03	+ 5.44	29.27	8.66	15 44.94	12 06 30.70
	29	+ 9.44	+ 5.52	16.05	8.66	15 45.04	12 06 29.30
	30	+ 9.85	+ 5.60	2.82	8.66	15 45.14	12 06 27.30
	31	+ 10.25	+ 5.67	349.59	8.66	15 45.25	12 06 24.70
Aug.	1	+ 10.65	+ 5.75	336.37	8.66	15 45.37	12 06 21.48
	2	+ 11.05	+ 5.82	323.14	8.66	15 45.48	12 06 17.64
	3	+ 11.44	+ 5.89	309.92	8.67	15 45.61	12 06 13.19
	4	+ 11.83	+ 5.96	296.69	8.67	15 45.74	12 06 08.11
	5	+ 12.22	+ 6.03	283.47	8.67	15 45.87	12 06 02.42
	6	+ 12.60	+ 6.10	270.24	8.67	15 46.01	12 05 56.10
	7	+ 12.98	+ 6.16	257.02	8.67	15 46.15	12 05 49.17
	8	+ 13.35	+ 6.23	243.80	8.67	15 46.30	12 05 41.62
	9	+ 13.72	+ 6.29	230.58	8.67	15 46.45	12 05 33.48
	10	+ 14.09	+ 6.35	217.35	8.67	15 46.60	12 05 24.74
	11	+ 14.45	+ 6.40	204.13	8.68	15 46.76	12 05 15.41
	12	+ 14.81	+ 6.46	190.91	8.68	15 46.92	12 05 05.51
	13	+ 15.16	+ 6.52	177.69	8.68	15 47.08	12 04 55.04
	14	+ 15.51	+ 6.57	164.47	8.68	15 47.24	12 04 44.03
	15	+ 15.85	+ 6.62	151.25	8.68	15 47.41	12 04 32.47
	16	+ 16.19	+ 6.67	138.03	8.68	15 47.57	12 04 20.39

SUN, 2011

FOR 0ʰ TERRESTRIAL TIME

Date		Julian Date	Geometric Ecliptic Coords. Mn Equinox & Ecliptic of Date		Apparent R. A.	Apparent Declination	True Geocentric Distance
			Longitude	Latitude			
		245	° ′ ″	″	h m s	° ′ ″	au
Aug.	16	5789.5	142 48 38.98	+0.42	9 40 37.45	+13 54 41.4	1.012 7392
	17	5790.5	143 46 17.40	+0.42	9 44 21.66	+13 35 46.1	1.012 5569
	18	5791.5	144 43 57.25	+0.40	9 48 05.36	+13 16 37.8	1.012 3720
	19	5792.5	145 41 38.60	+0.35	9 51 48.56	+12 57 16.8	1.012 1843
	20	5793.5	146 39 21.50	+0.27	9 55 31.29	+12 37 43.4	1.011 9936
	21	5794.5	147 37 06.00	+0.18	9 59 13.55	+12 17 58.0	1.011 7999
	22	5795.5	148 34 52.14	+0.08	10 02 55.36	+11 58 00.7	1.011 6030
	23	5796.5	149 32 39.96	−0.04	10 06 36.73	+11 37 52.0	1.011 4027
	24	5797.5	150 30 29.48	−0.16	10 10 17.67	+11 17 32.1	1.011 1987
	25	5798.5	151 28 20.70	−0.28	10 13 58.20	+10 57 01.5	1.010 9909
	26	5799.5	152 26 13.65	−0.39	10 17 38.33	+10 36 20.3	1.010 7791
	27	5800.5	153 24 08.30	−0.49	10 21 18.07	+10 15 29.1	1.010 5630
	28	5801.5	154 22 04.62	−0.56	10 24 57.42	+ 9 54 28.0	1.010 3425
	29	5802.5	155 20 02.57	−0.61	10 28 36.41	+ 9 33 17.6	1.010 1175
	30	5803.5	156 18 02.10	−0.62	10 32 15.03	+ 9 11 58.0	1.009 8880
	31	5804.5	157 16 03.15	−0.60	10 35 53.31	+ 8 50 29.7	1.009 6539
Sept.	1	5805.5	158 14 05.67	−0.55	10 39 31.26	+ 8 28 53.0	1.009 4156
	2	5806.5	159 12 09.59	−0.47	10 43 08.90	+ 8 07 08.2	1.009 1733
	3	5807.5	160 10 14.91	−0.37	10 46 46.23	+ 7 45 15.7	1.008 9273
	4	5808.5	161 08 21.59	−0.24	10 50 23.27	+ 7 23 15.7	1.008 6782
	5	5809.5	162 06 29.66	−0.11	10 54 00.03	+ 7 01 08.8	1.008 4262
	6	5810.5	163 04 39.13	+0.02	10 57 36.55	+ 6 38 55.0	1.008 1717
	7	5811.5	164 02 50.04	+0.15	11 01 12.82	+ 6 16 34.9	1.007 9153
	8	5812.5	165 01 02.43	+0.27	11 04 48.87	+ 5 54 08.7	1.007 6571
	9	5813.5	165 59 16.37	+0.38	11 08 24.73	+ 5 31 36.6	1.007 3975
	10	5814.5	166 57 31.92	+0.46	11 12 00.40	+ 5 08 59.1	1.007 1367
	11	5815.5	167 55 49.14	+0.52	11 15 35.92	+ 4 46 16.3	1.006 8749
	12	5816.5	168 54 08.10	+0.55	11 19 11.31	+ 4 23 28.7	1.006 6122
	13	5817.5	169 52 28.86	+0.55	11 22 46.58	+ 4 00 36.5	1.006 3488
	14	5818.5	170 50 51.49	+0.53	11 26 21.77	+ 3 37 40.0	1.006 0847
	15	5819.5	171 49 16.06	+0.48	11 29 56.90	+ 3 14 39.5	1.005 8200
	16	5820.5	172 47 42.63	+0.41	11 33 31.98	+ 2 51 35.4	1.005 5545
	17	5821.5	173 46 11.24	+0.32	11 37 07.05	+ 2 28 27.9	1.005 2883
	18	5822.5	174 44 41.95	+0.22	11 40 42.13	+ 2 05 17.3	1.005 0212
	19	5823.5	175 43 14.80	+0.10	11 44 17.23	+ 1 42 04.1	1.004 7533
	20	5824.5	176 41 49.83	−0.02	11 47 52.38	+ 1 18 48.5	1.004 4842
	21	5825.5	177 40 27.06	−0.13	11 51 27.59	+ 0 55 30.8	1.004 2140
	22	5826.5	178 39 06.53	−0.24	11 55 02.90	+ 0 32 11.5	1.003 9423
	23	5827.5	179 37 48.23	−0.34	11 58 38.32	+ 0 08 50.8	1.003 6690
	24	5828.5	180 36 32.16	−0.42	12 02 13.86	− 0 14 30.9	1.003 3938
	25	5829.5	181 35 18.30	−0.47	12 05 49.55	− 0 37 53.2	1.003 1166
	26	5830.5	182 34 06.61	−0.49	12 09 25.40	− 1 01 15.7	1.002 8372
	27	5831.5	183 32 57.03	−0.47	12 13 01.43	− 1 24 38.2	1.002 5553
	28	5832.5	184 31 49.49	−0.42	12 16 37.66	− 1 48 00.2	1.002 2711
	29	5833.5	185 30 43.91	−0.35	12 20 14.11	− 2 11 21.3	1.001 9845
	30	5834.5	186 29 40.22	−0.24	12 23 50.79	− 2 34 41.2	1.001 6957
Oct.	1	5835.5	187 28 38.35	−0.11	12 27 27.71	− 2 57 59.5	1.001 4051

FOR 0ʰ TERRESTRIAL TIME

Date		Pos. Angle of Axis P	Heliographic		Horiz. Parallax	Semi- Diameter	Ephemeris Transit
			Latitude B_0	Longitude L_0			
		°	°	°	ʺ	′ ʺ	h m s
Aug.	16	+ 16.19	+ 6.67	138.03	8.68	15 47.57	12 04 20.39
	17	+ 16.53	+ 6.71	124.81	8.69	15 47.74	12 04 07.79
	18	+ 16.86	+ 6.76	111.60	8.69	15 47.92	12 03 54.69
	19	+ 17.18	+ 6.80	98.38	8.69	15 48.09	12 03 41.10
	20	+ 17.50	+ 6.84	85.16	8.69	15 48.27	12 03 27.04
	21	+ 17.82	+ 6.88	71.95	8.69	15 48.45	12 03 12.52
	22	+ 18.13	+ 6.92	58.73	8.69	15 48.64	12 02 57.56
	23	+ 18.44	+ 6.96	45.52	8.69	15 48.83	12 02 42.15
	24	+ 18.74	+ 6.99	32.30	8.70	15 49.02	12 02 26.33
	25	+ 19.03	+ 7.02	19.09	8.70	15 49.21	12 02 10.10
	26	+ 19.32	+ 7.05	5.88	8.70	15 49.41	12 01 53.48
	27	+ 19.61	+ 7.08	352.66	8.70	15 49.61	12 01 36.47
	28	+ 19.89	+ 7.10	339.45	8.70	15 49.82	12 01 19.09
	29	+ 20.16	+ 7.13	326.24	8.71	15 50.03	12 01 01.35
	30	+ 20.43	+ 7.15	313.03	8.71	15 50.25	12 00 43.26
	31	+ 20.70	+ 7.17	299.82	8.71	15 50.47	12 00 24.83
Sept.	1	+ 20.95	+ 7.19	286.61	8.71	15 50.69	12 00 06.07
	2	+ 21.21	+ 7.20	273.40	8.71	15 50.92	11 59 47.00
	3	+ 21.46	+ 7.22	260.19	8.72	15 51.15	11 59 27.64
	4	+ 21.70	+ 7.23	246.98	8.72	15 51.39	11 59 07.98
	5	+ 21.93	+ 7.24	233.78	8.72	15 51.63	11 58 48.07
	6	+ 22.16	+ 7.24	220.57	8.72	15 51.87	11 58 27.90
	7	+ 22.39	+ 7.25	207.36	8.73	15 52.11	11 58 07.51
	8	+ 22.61	+ 7.25	194.16	8.73	15 52.35	11 57 46.91
	9	+ 22.82	+ 7.25	180.95	8.73	15 52.60	11 57 26.13
	10	+ 23.03	+ 7.25	167.74	8.73	15 52.84	11 57 05.18
	11	+ 23.23	+ 7.25	154.54	8.73	15 53.09	11 56 44.08
	12	+ 23.42	+ 7.24	141.33	8.74	15 53.34	11 56 22.87
	13	+ 23.61	+ 7.23	128.13	8.74	15 53.59	11 56 01.56
	14	+ 23.80	+ 7.22	114.93	8.74	15 53.84	11 55 40.17
	15	+ 23.97	+ 7.21	101.72	8.74	15 54.09	11 55 18.73
	16	+ 24.14	+ 7.20	88.52	8.75	15 54.34	11 54 57.26
	17	+ 24.31	+ 7.18	75.32	8.75	15 54.60	11 54 35.78
	18	+ 24.47	+ 7.17	62.12	8.75	15 54.85	11 54 14.32
	19	+ 24.62	+ 7.15	48.91	8.75	15 55.10	11 53 52.89
	20	+ 24.77	+ 7.12	35.71	8.75	15 55.36	11 53 31.52
	21	+ 24.90	+ 7.10	22.51	8.76	15 55.62	11 53 10.22
	22	+ 25.04	+ 7.07	9.31	8.76	15 55.88	11 52 49.03
	23	+ 25.16	+ 7.04	356.11	8.76	15 56.14	11 52 27.96
	24	+ 25.28	+ 7.01	342.92	8.76	15 56.40	11 52 07.02
	25	+ 25.40	+ 6.98	329.72	8.77	15 56.66	11 51 46.25
	26	+ 25.50	+ 6.95	316.52	8.77	15 56.93	11 51 25.64
	27	+ 25.60	+ 6.91	303.32	8.77	15 57.20	11 51 05.23
	28	+ 25.70	+ 6.87	290.13	8.77	15 57.47	11 50 45.02
	29	+ 25.78	+ 6.83	276.93	8.78	15 57.74	11 50 25.03
	30	+ 25.86	+ 6.79	263.73	8.78	15 58.02	11 50 05.28
Oct.	1	+ 25.94	+ 6.74	250.54	8.78	15 58.30	11 49 45.78

SUN, 2011

FOR 0ʰ TERRESTRIAL TIME

Date		Julian Date	Geometric Ecliptic Coords. Mn Equinox & Ecliptic of Date		Apparent R. A.	Apparent Declination	True Geocentric Distance
			Longitude	Latitude			
		245	° ′ ″	″	h m s	° ′ ″	au
Oct.	1	5835.5	187 28 38.35	−0.11	12 27 27.71	− 2 57 59.5	1.001 4051
	2	5836.5	188 27 38.26	+0.02	12 31 04.90	− 3 21 15.9	1.001 1130
	3	5837.5	189 26 39.91	+0.16	12 34 42.38	− 3 44 30.0	1.000 8198
	4	5838.5	190 25 43.29	+0.30	12 38 20.15	− 4 07 41.4	1.000 5260
	5	5839.5	191 24 48.41	+0.42	12 41 58.23	− 4 30 49.8	1.000 2319
	6	5840.5	192 23 55.29	+0.52	12 45 36.65	− 4 53 54.7	0.999 9379
	7	5841.5	193 23 03.95	+0.61	12 49 15.43	− 5 16 56.0	0.999 6444
	8	5842.5	194 22 14.43	+0.67	12 52 54.59	− 5 39 53.1	0.999 3516
	9	5843.5	195 21 26.77	+0.70	12 56 34.16	− 6 02 45.8	0.999 0598
	10	5844.5	196 20 41.00	+0.71	13 00 14.14	− 6 25 33.8	0.998 7693
	11	5845.5	197 19 57.18	+0.69	13 03 54.58	− 6 48 16.6	0.998 4802
	12	5846.5	198 19 15.35	+0.64	13 07 35.49	− 7 10 54.0	0.998 1927
	13	5847.5	199 18 35.56	+0.57	13 11 16.89	− 7 33 25.5	0.997 9069
	14	5848.5	200 17 57.86	+0.48	13 14 58.80	− 7 55 50.9	0.997 6228
	15	5849.5	201 17 22.29	+0.37	13 18 41.26	− 8 18 09.8	0.997 3405
	16	5850.5	202 16 48.89	+0.26	13 22 24.27	− 8 40 21.8	0.997 0600
	17	5851.5	203 16 17.71	+0.14	13 26 07.86	− 9 02 26.5	0.996 7812
	18	5852.5	204 15 48.78	+0.01	13 29 52.05	− 9 24 23.5	0.996 5041
	19	5853.5	205 15 22.11	−0.10	13 33 36.86	− 9 46 12.5	0.996 2285
	20	5854.5	206 14 57.75	−0.20	13 37 22.30	−10 07 53.1	0.995 9543
	21	5855.5	207 14 35.69	−0.28	13 41 08.39	−10 29 24.9	0.995 6813
	22	5856.5	208 14 15.93	−0.34	13 44 55.15	−10 50 47.5	0.995 4092
	23	5857.5	209 13 58.46	−0.37	13 48 42.59	−11 12 00.4	0.995 1379
	24	5858.5	210 13 43.24	−0.36	13 52 30.73	−11 33 03.3	0.994 8671
	25	5859.5	211 13 30.21	−0.32	13 56 19.58	−11 53 55.8	0.994 5966
	26	5860.5	212 13 19.31	−0.25	14 00 09.14	−12 14 37.4	0.994 3262
	27	5861.5	213 13 10.44	−0.14	14 03 59.45	−12 35 07.7	0.994 0559
	28	5862.5	214 13 03.51	−0.02	14 07 50.49	−12 55 26.3	0.993 7856
	29	5863.5	215 12 58.42	+0.12	14 11 42.28	−13 15 32.8	0.993 5156
	30	5864.5	216 12 55.10	+0.27	14 15 34.82	−13 35 26.9	0.993 2462
	31	5865.5	217 12 53.46	+0.41	14 19 28.12	−13 55 07.9	0.992 9777
Nov.	1	5866.5	218 12 53.46	+0.54	14 23 22.18	−14 14 35.6	0.992 7104
	2	5867.5	219 12 55.06	+0.66	14 27 17.02	−14 33 49.6	0.992 4447
	3	5868.5	220 12 58.26	+0.75	14 31 12.63	−14 52 49.3	0.992 1811
	4	5869.5	221 13 03.03	+0.81	14 35 09.03	−15 11 34.5	0.991 9199
	5	5870.5	222 13 09.37	+0.85	14 39 06.23	−15 30 04.7	0.991 6614
	6	5871.5	223 13 17.31	+0.86	14 43 04.24	−15 48 19.6	0.991 4059
	7	5872.5	224 13 26.85	+0.84	14 47 03.06	−16 06 18.6	0.991 1537
	8	5873.5	225 13 38.00	+0.80	14 51 02.71	−16 24 01.6	0.990 9050
	9	5874.5	226 13 50.80	+0.72	14 55 03.19	−16 41 28.0	0.990 6601
	10	5875.5	227 14 05.26	+0.63	14 59 04.52	−16 58 37.5	0.990 4191
	11	5876.5	228 14 21.42	+0.52	15 03 06.68	−17 15 29.8	0.990 1821
	12	5877.5	229 14 39.31	+0.40	15 07 09.70	−17 32 04.3	0.989 9493
	13	5878.5	230 14 58.95	+0.28	15 11 13.58	−17 48 20.8	0.989 7207
	14	5879.5	231 15 20.37	+0.15	15 15 18.31	−18 04 18.7	0.989 4964
	15	5880.5	232 15 43.61	+0.03	15 19 23.90	−18 19 57.9	0.989 2762
	16	5881.5	233 16 08.68	−0.08	15 23 30.35	−18 35 17.8	0.989 0601

FOR 0ʰ TERRESTRIAL TIME

Date	Pos. Angle of Axis P	Heliographic		Horiz. Parallax	Semi-Diameter	Ephemeris Transit
		Latitude B_0	Longitude L_0			
	°	°	°	″	′ ″	h m s
Oct. 1	+ 25.94	+ 6.74	250.54	8.78	15 58.30	11 49 45.78
2	+ 26.00	+ 6.70	237.34	8.78	15 58.58	11 49 26.56
3	+ 26.06	+ 6.65	224.15	8.79	15 58.86	11 49 07.62
4	+ 26.11	+ 6.60	210.95	8.79	15 59.14	11 48 48.98
5	+ 26.16	+ 6.54	197.76	8.79	15 59.42	11 48 30.68
6	+ 26.19	+ 6.49	184.56	8.79	15 59.70	11 48 12.73
7	+ 26.23	+ 6.43	171.37	8.80	15 59.99	11 47 55.15
8	+ 26.25	+ 6.37	158.18	8.80	16 00.27	11 47 37.96
9	+ 26.26	+ 6.31	144.98	8.80	16 00.55	11 47 21.18
10	+ 26.27	+ 6.25	131.79	8.80	16 00.83	11 47 04.84
11	+ 26.28	+ 6.18	118.60	8.81	16 01.11	11 46 48.96
12	+ 26.27	+ 6.12	105.40	8.81	16 01.38	11 46 33.56
13	+ 26.26	+ 6.05	92.21	8.81	16 01.66	11 46 18.67
14	+ 26.24	+ 5.98	79.02	8.82	16 01.93	11 46 04.29
15	+ 26.21	+ 5.91	65.83	8.82	16 02.20	11 45 50.47
16	+ 26.17	+ 5.83	52.64	8.82	16 02.47	11 45 37.21
17	+ 26.13	+ 5.76	39.45	8.82	16 02.74	11 45 24.53
18	+ 26.08	+ 5.68	26.25	8.82	16 03.01	11 45 12.47
19	+ 26.02	+ 5.60	13.06	8.83	16 03.28	11 45 01.02
20	+ 25.95	+ 5.52	359.87	8.83	16 03.54	11 44 50.23
21	+ 25.88	+ 5.44	346.69	8.83	16 03.81	11 44 40.09
22	+ 25.80	+ 5.36	333.50	8.83	16 04.07	11 44 30.63
23	+ 25.71	+ 5.27	320.31	8.84	16 04.33	11 44 21.86
24	+ 25.61	+ 5.18	307.12	8.84	16 04.60	11 44 13.80
25	+ 25.51	+ 5.09	293.93	8.84	16 04.86	11 44 06.45
26	+ 25.40	+ 5.00	280.74	8.84	16 05.12	11 43 59.82
27	+ 25.28	+ 4.91	267.56	8.85	16 05.38	11 43 53.93
28	+ 25.15	+ 4.82	254.37	8.85	16 05.65	11 43 48.78
29	+ 25.01	+ 4.72	241.18	8.85	16 05.91	11 43 44.38
30	+ 24.87	+ 4.63	227.99	8.85	16 06.17	11 43 40.73
31	+ 24.72	+ 4.53	214.81	8.86	16 06.43	11 43 37.84
Nov. 1	+ 24.56	+ 4.43	201.62	8.86	16 06.69	11 43 35.72
2	+ 24.39	+ 4.33	188.44	8.86	16 06.95	11 43 34.37
3	+ 24.22	+ 4.23	175.25	8.86	16 07.21	11 43 33.82
4	+ 24.03	+ 4.12	162.06	8.87	16 07.46	11 43 34.06
5	+ 23.84	+ 4.02	148.88	8.87	16 07.71	11 43 35.10
6	+ 23.64	+ 3.91	135.69	8.87	16 07.96	11 43 36.96
7	+ 23.44	+ 3.80	122.51	8.87	16 08.21	11 43 39.64
8	+ 23.22	+ 3.69	109.32	8.87	16 08.45	11 43 43.14
9	+ 23.00	+ 3.58	96.14	8.88	16 08.69	11 43 47.48
10	+ 22.77	+ 3.47	82.95	8.88	16 08.93	11 43 52.66
11	+ 22.53	+ 3.36	69.77	8.88	16 09.16	11 43 58.69
12	+ 22.29	+ 3.25	56.58	8.88	16 09.39	11 44 05.57
13	+ 22.04	+ 3.14	43.40	8.89	16 09.61	11 44 13.30
14	+ 21.78	+ 3.02	30.22	8.89	16 09.83	11 44 21.89
15	+ 21.51	+ 2.90	17.03	8.89	16 10.05	11 44 31.34
16	+ 21.23	+ 2.79	3.85	8.89	16 10.26	11 44 41.65

SUN, 2011

FOR 0ʰ TERRESTRIAL TIME

Date	Julian Date	Geometric Ecliptic Coords. Mn Equinox & Ecliptic of Date		Apparent R. A.	Apparent Declination	True Geocentric Distance
		Longitude	Latitude			
	245	° ′ ″	″	h m s	° ′ ″	au
Nov. 16	5881.5	233 16 08.68	−0.08	15 23 30.35	−18 35 17.8	0.989 0601
17	5882.5	234 16 35.61	−0.17	15 27 37.65	−18 50 18.0	0.988 8480
18	5883.5	235 17 04.39	−0.24	15 31 45.81	−19 04 58.3	0.988 6397
19	5884.5	236 17 35.04	−0.28	15 35 54.82	−19 19 18.1	0.988 4351
20	5885.5	237 18 07.54	−0.28	15 40 04.68	−19 33 17.1	0.988 2337
21	5886.5	238 18 41.86	−0.25	15 44 15.37	−19 46 54.9	0.988 0355
22	5887.5	239 19 17.95	−0.19	15 48 26.90	−20 00 11.1	0.987 8401
23	5888.5	240 19 55.73	−0.10	15 52 39.24	−20 13 05.4	0.987 6473
24	5889.5	241 20 35.14	+0.02	15 56 52.39	−20 25 37.5	0.987 4569
25	5890.5	242 21 16.06	+0.16	16 01 06.33	−20 37 46.9	0.987 2687
26	5891.5	243 21 58.38	+0.31	16 05 21.04	−20 49 33.3	0.987 0827
27	5892.5	244 22 42.00	+0.45	16 09 36.49	−21 00 56.4	0.986 8991
28	5893.5	245 23 26.81	+0.59	16 13 52.67	−21 11 55.9	0.986 7181
29	5894.5	246 24 12.73	+0.72	16 18 09.54	−21 22 31.4	0.986 5399
30	5895.5	247 24 59.69	+0.82	16 22 27.09	−21 32 42.6	0.986 3649
Dec. 1	5896.5	248 25 47.62	+0.89	16 26 45.30	−21 42 29.2	0.986 1934
2	5897.5	249 26 36.49	+0.94	16 31 04.14	−21 51 50.9	0.986 0257
3	5898.5	250 27 26.26	+0.96	16 35 23.61	−22 00 47.4	0.985 8621
4	5899.5	251 28 16.91	+0.94	16 39 43.66	−22 09 18.5	0.985 7030
5	5900.5	252 29 08.43	+0.90	16 44 04.29	−22 17 23.9	0.985 5486
6	5901.5	253 30 00.79	+0.83	16 48 25.47	−22 25 03.4	0.985 3992
7	5902.5	254 30 54.00	+0.74	16 52 47.18	−22 32 16.7	0.985 2550
8	5903.5	255 31 48.07	+0.63	16 57 09.40	−22 39 03.6	0.985 1161
9	5904.5	256 32 42.99	+0.51	17 01 32.10	−22 45 23.9	0.984 9829
10	5905.5	257 33 38.77	+0.38	17 05 55.25	−22 51 17.5	0.984 8555
11	5906.5	258 34 35.45	+0.25	17 10 18.84	−22 56 44.0	0.984 7339
12	5907.5	259 35 33.03	+0.12	17 14 42.83	−23 01 43.4	0.984 6182
13	5908.5	260 36 31.53	0.00	17 19 07.20	−23 06 15.5	0.984 5085
14	5909.5	261 37 30.99	−0.10	17 23 31.92	−23 10 20.1	0.984 4047
15	5910.5	262 38 31.41	−0.17	17 27 56.96	−23 13 57.0	0.984 3067
16	5911.5	263 39 32.82	−0.22	17 32 22.29	−23 17 06.1	0.984 2143
17	5912.5	264 40 35.20	−0.24	17 36 47.89	−23 19 47.4	0.984 1274
18	5913.5	265 41 38.56	−0.23	17 41 13.72	−23 22 00.6	0.984 0457
19	5914.5	266 42 42.88	−0.18	17 45 39.75	−23 23 45.7	0.983 9688
20	5915.5	267 43 48.12	−0.10	17 50 05.95	−23 25 02.6	0.983 8966
21	5916.5	268 44 54.22	+0.01	17 54 32.28	−23 25 51.3	0.983 8285
22	5917.5	269 46 01.10	+0.14	17 58 58.72	−23 26 11.7	0.983 7645
23	5918.5	270 47 08.68	+0.28	18 03 25.22	−23 26 03.9	0.983 7042
24	5919.5	271 48 16.84	+0.43	18 07 51.74	−23 25 27.8	0.983 6474
25	5920.5	272 49 25.48	+0.57	18 12 18.23	−23 24 23.5	0.983 5941
26	5921.5	273 50 34.49	+0.69	18 16 44.67	−23 22 51.0	0.983 5444
27	5922.5	274 51 43.75	+0.80	18 21 11.00	−23 20 50.3	0.983 4983
28	5923.5	275 52 53.17	+0.88	18 25 37.19	−23 18 21.5	0.983 4560
29	5924.5	276 54 02.66	+0.94	18 30 03.19	−23 15 24.6	0.983 4178
30	5925.5	277 55 12.15	+0.96	18 34 28.99	−23 11 59.8	0.983 3838
31	5926.5	278 56 21.59	+0.96	18 38 54.54	−23 08 07.1	0.983 3544
32	5927.5	279 57 30.92	+0.92	18 43 19.81	−23 03 46.7	0.983 3298

FOR 0ʰ TERRESTRIAL TIME

Date		Pos. Angle of Axis P	Heliographic		Horiz. Parallax	Semi-Diameter	Ephemeris Transit
			Latitude B_0	Longitude L_0			
		°	°	°	″	′ ″	h m s
Nov.	16	+ 21.23	+ 2.79	3.85	8.89	16 10.26	11 44 41.65
	17	+ 20.95	+ 2.67	350.67	8.89	16 10.47	11 44 52.82
	18	+ 20.66	+ 2.55	337.48	8.90	16 10.67	11 45 04.84
	19	+ 20.36	+ 2.43	324.30	8.90	16 10.87	11 45 17.72
	20	+ 20.06	+ 2.31	311.12	8.90	16 11.07	11 45 31.44
	21	+ 19.74	+ 2.19	297.94	8.90	16 11.27	11 45 45.99
	22	+ 19.43	+ 2.07	284.76	8.90	16 11.46	11 46 01.37
	23	+ 19.10	+ 1.94	271.58	8.90	16 11.65	11 46 17.56
	24	+ 18.77	+ 1.82	258.40	8.91	16 11.83	11 46 34.54
	25	+ 18.43	+ 1.70	245.22	8.91	16 12.02	11 46 52.30
	26	+ 18.08	+ 1.57	232.04	8.91	16 12.20	11 47 10.82
	27	+ 17.72	+ 1.45	218.86	8.91	16 12.38	11 47 30.07
	28	+ 17.36	+ 1.32	205.68	8.91	16 12.56	11 47 50.03
	29	+ 17.00	+ 1.20	192.50	8.91	16 12.74	11 48 10.69
	30	+ 16.63	+ 1.07	179.32	8.92	16 12.91	11 48 32.01
Dec.	1	+ 16.25	+ 0.94	166.14	8.92	16 13.08	11 48 53.99
	2	+ 15.86	+ 0.82	152.96	8.92	16 13.25	11 49 16.59
	3	+ 15.47	+ 0.69	139.78	8.92	16 13.41	11 49 39.80
	4	+ 15.07	+ 0.56	126.60	8.92	16 13.56	11 50 03.60
	5	+ 14.67	+ 0.43	113.43	8.92	16 13.72	11 50 27.96
	6	+ 14.27	+ 0.31	100.25	8.92	16 13.86	11 50 52.86
	7	+ 13.85	+ 0.18	87.07	8.93	16 14.01	11 51 18.27
	8	+ 13.43	+ 0.05	73.89	8.93	16 14.14	11 51 44.18
	9	+ 13.01	− 0.08	60.72	8.93	16 14.28	11 52 10.55
	10	+ 12.58	− 0.21	47.54	8.93	16 14.40	11 52 37.37
	11	+ 12.15	− 0.33	34.36	8.93	16 14.52	11 53 04.61
	12	+ 11.72	− 0.46	21.18	8.93	16 14.64	11 53 32.24
	13	+ 11.27	− 0.59	8.01	8.93	16 14.75	11 54 00.23
	14	+ 10.83	− 0.72	354.83	8.93	16 14.85	11 54 28.56
	15	+ 10.38	− 0.85	341.66	8.93	16 14.95	11 54 57.20
	16	+ 9.93	− 0.97	328.48	8.94	16 15.04	11 55 26.13
	17	+ 9.47	− 1.10	315.31	8.94	16 15.12	11 55 55.30
	18	+ 9.01	− 1.23	302.13	8.94	16 15.20	11 56 24.69
	19	+ 8.55	− 1.35	288.96	8.94	16 15.28	11 56 54.26
	20	+ 8.08	− 1.48	275.78	8.94	16 15.35	11 57 23.99
	21	+ 7.62	− 1.61	262.61	8.94	16 15.42	11 57 53.83
	22	+ 7.15	− 1.73	249.44	8.94	16 15.48	11 58 23.75
	23	+ 6.67	− 1.86	236.26	8.94	16 15.54	11 58 53.71
	24	+ 6.20	− 1.98	223.09	8.94	16 15.60	11 59 23.67
	25	+ 5.72	− 2.10	209.92	8.94	16 15.65	11 59 53.59
	26	+ 5.24	− 2.23	196.75	8.94	16 15.70	12 00 23.42
	27	+ 4.76	− 2.35	183.58	8.94	16 15.75	12 00 53.13
	28	+ 4.28	− 2.47	170.40	8.94	16 15.79	12 01 22.69
	29	+ 3.79	− 2.59	157.23	8.94	16 15.83	12 01 52.05
	30	+ 3.31	− 2.71	144.06	8.94	16 15.86	12 02 21.18
	31	+ 2.83	− 2.83	130.89	8.94	16 15.89	12 02 50.05
	32	+ 2.34	− 2.95	117.72	8.94	16 15.91	12 03 18.63

SUN, 2011

ICRS GEOCENTRIC RECTANGULAR COORDINATES
FOR 0ʰ TERRESTRIAL TIME

Date		x	y	z	Date		x	y	z
		au	au	au			au	au	au
Jan.	0	+0.154 3438	−0.891 0502	−0.386 2917	Feb.	15	+0.816 7124	−0.509 4354	−0.220 8538
	1	+0.171 5954	−0.888 3785	−0.385 1329		16	+0.826 5325	−0.496 2465	−0.215 1369
	2	+0.188 7944	−0.885 4291	−0.383 8537		17	+0.836 0995	−0.482 9068	−0.209 3545
	3	+0.205 9352	−0.882 2027	−0.382 4544		18	+0.845 4112	−0.469 4202	−0.203 5083
	4	+0.223 0120	−0.878 7003	−0.380 9353		19	+0.854 4651	−0.455 7907	−0.197 6000
	5	+0.240 0192	−0.874 9229	−0.379 2971		20	+0.863 2589	−0.442 0223	−0.191 6313
	6	+0.256 9511	−0.870 8719	−0.377 5403		21	+0.871 7903	−0.428 1187	−0.185 6038
	7	+0.273 8022	−0.866 5487	−0.375 6656		22	+0.880 0566	−0.414 0839	−0.179 5193
	8	+0.290 5670	−0.861 9548	−0.373 6736		23	+0.888 0554	−0.399 9217	−0.173 3794
	9	+0.307 2401	−0.857 0919	−0.371 5652		24	+0.895 7842	−0.385 6364	−0.167 1860
	10	+0.323 8162	−0.851 9618	−0.369 3410		25	+0.903 2405	−0.371 2321	−0.160 9408
	11	+0.340 2901	−0.846 5665	−0.367 0020		26	+0.910 4217	−0.356 7131	−0.154 6459
	12	+0.356 6566	−0.840 9077	−0.364 5490		27	+0.917 3256	−0.342 0838	−0.148 3032
	13	+0.372 9108	−0.834 9878	−0.361 9829		28	+0.923 9499	−0.327 3488	−0.141 9146
	14	+0.389 0476	−0.828 8087	−0.359 3045	Mar.	1	+0.930 2924	−0.312 5127	−0.135 4822
	15	+0.405 0623	−0.822 3727	−0.356 5150		2	+0.936 3510	−0.297 5801	−0.129 0081
	16	+0.420 9500	−0.815 6821	−0.353 6151		3	+0.942 1240	−0.282 5560	−0.122 4943
	17	+0.436 7062	−0.808 7393	−0.350 6060		4	+0.947 6095	−0.267 4451	−0.115 9431
	18	+0.452 3263	−0.801 5466	−0.347 4886		5	+0.952 8059	−0.252 2524	−0.109 3565
	19	+0.467 8059	−0.794 1064	−0.344 2639		6	+0.957 7118	−0.236 9827	−0.102 7367
	20	+0.483 1407	−0.786 4210	−0.340 9328		7	+0.962 3259	−0.221 6410	−0.096 0859
	21	+0.498 3263	−0.778 4927	−0.337 4964		8	+0.966 6470	−0.206 2324	−0.089 4061
	22	+0.513 3585	−0.770 3239	−0.333 9556		9	+0.970 6741	−0.190 7618	−0.082 6996
	23	+0.528 2329	−0.761 9169	−0.330 3113		10	+0.974 4063	−0.175 2341	−0.075 9685
	24	+0.542 9451	−0.753 2738	−0.326 5645		11	+0.977 8430	−0.159 6545	−0.069 2149
	25	+0.557 4907	−0.744 3971	−0.322 7163		12	+0.980 9834	−0.144 0278	−0.062 4411
	26	+0.571 8650	−0.735 2891	−0.318 7676		13	+0.983 8273	−0.128 3589	−0.055 6490
	27	+0.586 0636	−0.725 9525	−0.314 7197		14	+0.986 3743	−0.112 6528	−0.048 8407
	28	+0.600 0818	−0.716 3898	−0.310 5736		15	+0.988 6243	−0.096 9143	−0.042 0184
	29	+0.613 9150	−0.706 6038	−0.306 3306		16	+0.990 5771	−0.081 1482	−0.035 1841
	30	+0.627 5587	−0.696 5976	−0.301 9921		17	+0.992 2329	−0.065 3590	−0.028 3397
	31	+0.641 0082	−0.686 3743	−0.297 5594		18	+0.993 5919	−0.049 5514	−0.021 4871
Feb.	1	+0.654 2593	−0.675 9371	−0.293 0340		19	+0.994 6540	−0.033 7298	−0.014 6284
	2	+0.667 3075	−0.665 2894	−0.288 4174		20	+0.995 4196	−0.017 8985	−0.007 7652
	3	+0.680 1486	−0.654 4347	−0.283 7111		21	+0.995 8885	−0.002 0619	−0.000 8995
	4	+0.692 7784	−0.643 3767	−0.278 9168		22	+0.996 0609	+0.013 7759	+0.005 9668
	5	+0.705 1930	−0.632 1191	−0.274 0361		23	+0.995 9368	+0.029 6104	+0.012 8318
	6	+0.717 3884	−0.620 6657	−0.269 0706		24	+0.995 5160	+0.045 4372	+0.019 6936
	7	+0.729 3610	−0.609 0204	−0.264 0221		25	+0.994 7986	+0.061 2518	+0.026 5503
	8	+0.741 1071	−0.597 1872	−0.258 8922		26	+0.993 7846	+0.077 0497	+0.033 3996
	9	+0.752 6232	−0.585 1700	−0.253 6828		27	+0.992 4742	+0.092 8261	+0.040 2397
	10	+0.763 9060	−0.572 9731	−0.248 3955		28	+0.990 8677	+0.108 5763	+0.047 0684
	11	+0.774 9523	−0.560 6004	−0.243 0322		29	+0.988 9656	+0.124 2954	+0.053 8835
	12	+0.785 7589	−0.548 0561	−0.237 5946		30	+0.986 7683	+0.139 9788	+0.060 6831
	13	+0.796 3230	−0.535 3444	−0.232 0844		31	+0.984 2765	+0.155 6215	+0.067 4649
	14	+0.806 6417	−0.522 4694	−0.226 5036	Apr.	1	+0.981 4912	+0.171 2188	+0.074 2269
	15	+0.816 7124	−0.509 4354	−0.220 8538		2	+0.978 4132	+0.186 7656	+0.080 9669

ICRS GEOCENTRIC RECTANGULAR COORDINATES
FOR 0ʰ TERRESTRIAL TIME

Date	x	y	z	Date	x	y	z
	au	au	au		au	au	au
Apr. 1	+0.981 4912	+0.171 2188	+0.074 2269	May 17	+0.571 0206	+0.765 5951	+0.331 8976
2	+0.978 4132	+0.186 7656	+0.080 9669	18	+0.557 0275	+0.774 4552	+0.335 7394
3	+0.975 0437	+0.202 2573	+0.087 6828	19	+0.542 8759	+0.783 0952	+0.339 4857
4	+0.971 3839	+0.217 6890	+0.094 3726	20	+0.528 5695	+0.791 5130	+0.343 1358
5	+0.967 4352	+0.233 0559	+0.101 0341	21	+0.514 1120	+0.799 7061	+0.346 6884
6	+0.963 1992	+0.248 3532	+0.107 6654	22	+0.499 5072	+0.807 6724	+0.350 1426
7	+0.958 6774	+0.263 5763	+0.114 2644	23	+0.484 7591	+0.815 4095	+0.353 4974
8	+0.953 8718	+0.278 7205	+0.120 8291	24	+0.469 8718	+0.822 9152	+0.356 7518
9	+0.948 7842	+0.293 7811	+0.127 3576	25	+0.454 8493	+0.830 1872	+0.359 9047
10	+0.943 4167	+0.308 7538	+0.133 8479	26	+0.439 6958	+0.837 2234	+0.362 9552
11	+0.937 7714	+0.323 6341	+0.140 2981	27	+0.424 4157	+0.844 0215	+0.365 9023
12	+0.931 8507	+0.338 4176	+0.146 7065	28	+0.409 0133	+0.850 5794	+0.368 7453
13	+0.925 6568	+0.353 1003	+0.153 0713	29	+0.393 4932	+0.856 8953	+0.371 4831
14	+0.919 1922	+0.367 6780	+0.159 3906	30	+0.377 8598	+0.862 9670	+0.374 1149
15	+0.912 4594	+0.382 1468	+0.165 6629	31	+0.362 1179	+0.868 7929	+0.376 6400
16	+0.905 4607	+0.396 5029	+0.171 8865	June 1	+0.346 2720	+0.874 3709	+0.379 0577
17	+0.898 1986	+0.410 7426	+0.178 0599	2	+0.330 3271	+0.879 6996	+0.381 3671
18	+0.890 6754	+0.424 8624	+0.184 1814	3	+0.314 2881	+0.884 7773	+0.383 5677
19	+0.882 8934	+0.438 8585	+0.190 2495	4	+0.298 1597	+0.889 6026	+0.385 6590
20	+0.874 8547	+0.452 7275	+0.196 2626	5	+0.281 9471	+0.894 1743	+0.387 6402
21	+0.866 5617	+0.466 4657	+0.202 2190	6	+0.265 6552	+0.898 4911	+0.389 5111
22	+0.858 0163	+0.480 0692	+0.208 1172	7	+0.249 2890	+0.902 5520	+0.391 2712
23	+0.849 2211	+0.493 5344	+0.213 9553	8	+0.232 8536	+0.906 3564	+0.392 9202
24	+0.840 1782	+0.506 8573	+0.219 7318	9	+0.216 3538	+0.909 9034	+0.394 4578
25	+0.830 8903	+0.520 0341	+0.225 4448	10	+0.199 7945	+0.913 1925	+0.395 8837
26	+0.821 3599	+0.533 0609	+0.231 0927	11	+0.183 1804	+0.916 2233	+0.397 1979
27	+0.811 5897	+0.545 9338	+0.236 6738	12	+0.166 5163	+0.918 9954	+0.398 4000
28	+0.801 5826	+0.558 6491	+0.242 1864	13	+0.149 8067	+0.921 5085	+0.399 4901
29	+0.791 3416	+0.571 2028	+0.247 6289	14	+0.133 0561	+0.923 7623	+0.400 4678
30	+0.780 8698	+0.583 5912	+0.252 9995	15	+0.116 2688	+0.925 7565	+0.401 3331
May 1	+0.770 1703	+0.595 8105	+0.258 2967	16	+0.099 4493	+0.927 4908	+0.402 0857
2	+0.759 2465	+0.607 8571	+0.263 5188	17	+0.082 6017	+0.928 9649	+0.402 7255
3	+0.748 1017	+0.619 7273	+0.268 6644	18	+0.065 7306	+0.930 1782	+0.403 2523
4	+0.736 7397	+0.631 4176	+0.273 7319	19	+0.048 8402	+0.931 1305	+0.403 6657
5	+0.725 1639	+0.642 9245	+0.278 7198	20	+0.031 9352	+0.931 8214	+0.403 9658
6	+0.713 3781	+0.654 2446	+0.283 6266	21	+0.015 0199	+0.932 2504	+0.404 1522
7	+0.701 3863	+0.665 3747	+0.288 4511	22	−0.001 9009	+0.932 4173	+0.404 2247
8	+0.689 1923	+0.676 3116	+0.293 1918	23	−0.018 8226	+0.932 3217	+0.404 1834
9	+0.676 8002	+0.687 0522	+0.297 8475	24	−0.035 7405	+0.931 9636	+0.404 0281
10	+0.664 2141	+0.697 5937	+0.302 4169	25	−0.052 6499	+0.931 3426	+0.403 7587
11	+0.651 4380	+0.707 9334	+0.306 8990	26	−0.069 5457	+0.930 4588	+0.403 3752
12	+0.638 4761	+0.718 0686	+0.311 2926	27	−0.086 4233	+0.929 3123	+0.402 8777
13	+0.625 3325	+0.727 9968	+0.315 5966	28	−0.103 2776	+0.927 9030	+0.402 2662
14	+0.612 0112	+0.737 7158	+0.319 8101	29	−0.120 1037	+0.926 2313	+0.401 5409
15	+0.598 5162	+0.747 2233	+0.323 9320	30	−0.136 8966	+0.924 2973	+0.400 7018
16	+0.584 8514	+0.756 5171	+0.327 9615	July 1	−0.153 6512	+0.922 1017	+0.399 7493
17	+0.571 0206	+0.765 5951	+0.331 8976	2	−0.170 3624	+0.919 6449	+0.398 6836

SUN, 2011

ICRS GEOCENTRIC RECTANGULAR COORDINATES
FOR 0^h TERRESTRIAL TIME

Date		x	y	z	Date		x	y	z
		au	au	au			au	au	au
July	1	−0.153 6512	+0.922 1017	+0.399 7493	Aug.	16	−0.805 0552	+0.563 7355	+0.244 3957
	2	−0.170 3624	+0.919 6449	+0.398 6836		17	−0.815 0965	+0.551 1735	+0.238 9498
	3	−0.187 0251	+0.916 9276	+0.397 5050		18	−0.824 9070	+0.538 4545	+0.233 4358
	4	−0.203 6343	+0.913 9509	+0.396 2141		19	−0.834 4837	+0.525 5817	+0.227 8549
	5	−0.220 1849	+0.910 7156	+0.394 8112		20	−0.843 8236	+0.512 5584	+0.222 2086
	6	−0.236 6720	+0.907 2231	+0.393 2970		21	−0.852 9238	+0.499 3880	+0.216 4985
	7	−0.253 0907	+0.903 4746	+0.391 6719		22	−0.861 7814	+0.486 0740	+0.210 7261
	8	−0.269 4365	+0.899 4716	+0.389 9367		23	−0.870 3935	+0.472 6198	+0.204 8928
	9	−0.285 7046	+0.895 2156	+0.388 0920		24	−0.878 7570	+0.459 0291	+0.199 0003
	10	−0.301 8907	+0.890 7082	+0.386 1385		25	−0.886 8693	+0.445 3056	+0.193 0502
	11	−0.317 9905	+0.885 9510	+0.384 0768		26	−0.894 7274	+0.431 4530	+0.187 0443
	12	−0.333 9996	+0.880 9456	+0.381 9075		27	−0.902 3285	+0.417 4753	+0.180 9841
	13	−0.349 9141	+0.875 6935	+0.379 6314		28	−0.909 6699	+0.403 3765	+0.174 8716
	14	−0.365 7297	+0.870 1963	+0.377 2490		29	−0.916 7490	+0.389 1608	+0.168 7086
	15	−0.381 4425	+0.864 4555	+0.374 7610		30	−0.923 5632	+0.374 8326	+0.162 4969
	16	−0.397 0483	+0.858 4726	+0.372 1680		31	−0.930 1102	+0.360 3963	+0.156 2386
	17	−0.412 5430	+0.852 2491	+0.369 4705	Sept.	1	−0.936 3880	+0.345 8564	+0.149 9355
	18	−0.427 9226	+0.845 7865	+0.366 6693		2	−0.942 3947	+0.331 2175	+0.143 5897
	19	−0.443 1829	+0.839 0863	+0.363 7649		3	−0.948 1284	+0.316 4841	+0.137 2030
	20	−0.458 3197	+0.832 1501	+0.360 7580		4	−0.953 5878	+0.301 6606	+0.130 7774
	21	−0.473 3287	+0.824 9795	+0.357 6494		5	−0.958 7714	+0.286 7516	+0.124 3147
	22	−0.488 2057	+0.817 5762	+0.354 4398		6	−0.963 6780	+0.271 7613	+0.117 8169
	23	−0.502 9464	+0.809 9419	+0.351 1299		7	−0.968 3062	+0.256 6941	+0.111 2856
	24	−0.517 5466	+0.802 0786	+0.347 7206		8	−0.972 6549	+0.241 5543	+0.104 7228
	25	−0.532 0018	+0.793 9880	+0.344 2126		9	−0.976 7229	+0.226 3459	+0.098 1302
	26	−0.546 3079	+0.785 6723	+0.340 6070		10	−0.980 5093	+0.211 0732	+0.091 5096
	27	−0.560 4603	+0.777 1334	+0.336 9046		11	−0.984 0127	+0.195 7403	+0.084 8628
	28	−0.574 4549	+0.768 3737	+0.333 1064		12	−0.987 2323	+0.180 3513	+0.078 1915
	29	−0.588 2872	+0.759 3953	+0.329 2134		13	−0.990 1670	+0.164 9105	+0.071 4976
	30	−0.601 9529	+0.750 2008	+0.325 2269		14	−0.992 8156	+0.149 4219	+0.064 7829
	31	−0.615 4476	+0.740 7927	+0.321 1478		15	−0.995 1772	+0.133 8897	+0.058 0491
Aug.	1	−0.628 7671	+0.731 1739	+0.316 9775		16	−0.997 2508	+0.118 3182	+0.051 2982
	2	−0.641 9073	+0.721 3472	+0.312 7172		17	−0.999 0354	+0.102 7116	+0.044 5319
	3	−0.654 8642	+0.711 3158	+0.308 3683		18	−1.000 5302	+0.087 0741	+0.037 7521
	4	−0.667 6339	+0.701 0827	+0.303 9322		19	−1.001 7341	+0.071 4101	+0.030 9609
	5	−0.680 2126	+0.690 6512	+0.299 4102		20	−1.002 6464	+0.055 7240	+0.024 1600
	6	−0.692 5970	+0.680 0246	+0.294 8039		21	−1.003 2662	+0.040 0202	+0.017 3514
	7	−0.704 7837	+0.669 2061	+0.290 1144		22	−1.003 5928	+0.024 3033	+0.010 5372
	8	−0.716 7693	+0.658 1991	+0.285 3433		23	−1.003 6254	+0.008 5777	+0.003 7193
	9	−0.728 5509	+0.647 0067	+0.280 4919		24	−1.003 3636	−0.007 1518	−0.003 1002
	10	−0.740 1253	+0.635 6322	+0.275 5616		25	−1.002 8066	−0.022 8805	−0.009 9191
	11	−0.751 4896	+0.624 0787	+0.270 5536		26	−1.001 9541	−0.038 6034	−0.016 7354
	12	−0.762 6407	+0.612 3493	+0.265 4693		27	−1.000 8059	−0.054 3156	−0.023 5469
	13	−0.773 5758	+0.600 4472	+0.260 3101		28	−0.999 3620	−0.070 0119	−0.030 3514
	14	−0.784 2918	+0.588 3755	+0.255 0772		29	−0.997 6225	−0.085 6875	−0.037 1467
	15	−0.794 7860	+0.576 1372	+0.249 7719		30	−0.995 5879	−0.101 3371	−0.043 9305
	16	−0.805 0552	+0.563 7355	+0.244 3957	Oct.	1	−0.993 2587	−0.116 9557	−0.050 7009

ICRS GEOCENTRIC RECTANGULAR COORDINATES
FOR 0^h TERRESTRIAL TIME

Date		x	y	z	Date		x	y	z
		au	au	au			au	au	au
Oct.	1	−0.993 2587	−0.116 9557	−0.050 7009	Nov.	16	−0.593 8072	−0.725 7093	−0.314 6090
	2	−0.990 6360	−0.132 5385	−0.057 4556		17	−0.579 6840	−0.735 0184	−0.318 6452
	3	−0.987 7204	−0.148 0807	−0.064 1928		18	−0.565 3826	−0.744 1038	−0.322 5843
	4	−0.984 5132	−0.163 5776	−0.070 9103		19	−0.550 9067	−0.752 9624	−0.326 4249
	5	−0.981 0154	−0.179 0246	−0.077 6063		20	−0.536 2606	−0.761 5912	−0.330 1657
	6	−0.977 2281	−0.194 4173	−0.084 2788		21	−0.521 4484	−0.769 9869	−0.333 8053
	7	−0.973 1525	−0.209 7512	−0.090 9259		22	−0.506 4744	−0.778 1465	−0.337 3424
	8	−0.968 7897	−0.225 0219	−0.097 5458		23	−0.491 3431	−0.786 0669	−0.340 7756
	9	−0.964 1411	−0.240 2252	−0.104 1366		24	−0.476 0593	−0.793 7451	−0.344 1037
	10	−0.959 2077	−0.255 3567	−0.110 6964		25	−0.460 6278	−0.801 1782	−0.347 3254
	11	−0.953 9910	−0.270 4122	−0.117 2234		26	−0.445 0537	−0.808 3635	−0.350 4396
	12	−0.948 4921	−0.285 3873	−0.123 7157		27	−0.429 3422	−0.815 2984	−0.353 4453
	13	−0.942 7124	−0.300 2779	−0.130 1714		28	−0.413 4984	−0.821 9808	−0.356 3416
	14	−0.936 6534	−0.315 0798	−0.136 5888		29	−0.397 5276	−0.828 4083	−0.359 1274
	15	−0.930 3163	−0.329 7885	−0.142 9660		30	−0.381 4351	−0.834 5791	−0.361 8021
	16	−0.923 7026	−0.344 4000	−0.149 3010	Dec.	1	−0.365 2260	−0.840 4913	−0.364 3648
	17	−0.916 8139	−0.358 9099	−0.155 5920		2	−0.348 9055	−0.846 1433	−0.366 8149
	18	−0.909 6515	−0.373 3140	−0.161 8371		3	−0.332 4786	−0.851 5335	−0.369 1516
	19	−0.902 2172	−0.387 6079	−0.168 0344		4	−0.315 9506	−0.856 6603	−0.371 3743
	20	−0.894 5125	−0.401 7872	−0.174 1820		5	−0.299 3265	−0.861 5223	−0.373 4823
	21	−0.886 5393	−0.415 8476	−0.180 2779		6	−0.282 6113	−0.866 1183	−0.375 4751
	22	−0.878 2992	−0.429 7846	−0.186 3202		7	−0.265 8100	−0.870 4468	−0.377 3522
	23	−0.869 7943	−0.443 5937	−0.192 3069		8	−0.248 9278	−0.874 5068	−0.379 1129
	24	−0.861 0266	−0.457 2704	−0.198 2360		9	−0.231 9695	−0.878 2971	−0.380 7567
	25	−0.851 9984	−0.470 8100	−0.204 1056		10	−0.214 9402	−0.881 8166	−0.382 2832
	26	−0.842 7120	−0.484 2080	−0.209 9135		11	−0.197 8449	−0.885 0643	−0.383 6919
	27	−0.833 1702	−0.497 4596	−0.215 6578		12	−0.180 6884	−0.888 0391	−0.384 9822
	28	−0.823 3759	−0.510 5605	−0.221 3367		13	−0.163 4758	−0.890 7401	−0.386 1538
	29	−0.813 3322	−0.523 5061	−0.226 9482		14	−0.146 2120	−0.893 1663	−0.387 2062
	30	−0.803 0423	−0.536 2922	−0.232 4905		15	−0.128 9020	−0.895 3168	−0.388 1389
	31	−0.792 5095	−0.548 9148	−0.237 9619		16	−0.111 5508	−0.897 1906	−0.388 9515
Nov.	1	−0.781 7374	−0.561 3698	−0.243 3608		17	−0.094 1636	−0.898 7869	−0.389 6437
	2	−0.770 7293	−0.573 6535	−0.248 6854		18	−0.076 7456	−0.900 1046	−0.390 2149
	3	−0.759 4888	−0.585 7623	−0.253 9344		19	−0.059 3020	−0.901 1431	−0.390 6649
	4	−0.748 0193	−0.597 6925	−0.259 1061		20	−0.041 8382	−0.901 9015	−0.390 9933
	5	−0.736 3242	−0.609 4406	−0.264 1989		21	−0.024 3598	−0.902 3790	−0.391 1998
	6	−0.724 4071	−0.621 0033	−0.269 2116		22	−0.006 8724	−0.902 5752	−0.391 2842
	7	−0.712 2716	−0.632 3771	−0.274 1425		23	+0.010 6183	−0.902 4896	−0.391 2464
	8	−0.699 9210	−0.643 5587	−0.278 9902		24	+0.028 1064	−0.902 1218	−0.391 0862
	9	−0.687 3591	−0.654 5449	−0.283 7534		25	+0.045 5860	−0.901 4720	−0.390 8038
	10	−0.674 5892	−0.665 3324	−0.288 4305		26	+0.063 0512	−0.900 5402	−0.390 3992
	11	−0.661 6151	−0.675 9181	−0.293 0202		27	+0.080 4962	−0.899 3267	−0.389 8727
	12	−0.648 4403	−0.686 2988	−0.297 5211		28	+0.097 9153	−0.897 8322	−0.389 2244
	13	−0.635 0684	−0.696 4714	−0.301 9318		29	+0.115 3027	−0.896 0574	−0.388 4547
	14	−0.621 5031	−0.706 4327	−0.306 2510		30	+0.132 6528	−0.894 0029	−0.387 5639
	15	−0.607 7481	−0.716 1798	−0.310 4772		31	+0.149 9602	−0.891 6698	−0.386 5525
	16	−0.593 8072	−0.725 7093	−0.314 6090		32	+0.167 2194	−0.889 0590	−0.385 4209

CONTENTS OF SECTION D

> **WWW**   This symbol indicates that these data or auxiliary material may also be found on *The Astronomical Almanac Online* at **http://asa.usno.navy.mil** and **http://asa.hmnao.com**

NOTE: All the times on this page are expressed in Universal Time (UT1).

PHASES OF THE MOON

Lunation	New Moon				First Quarter				Full Moon				Last Quarter			
		d	h	m		d	h	m		d	h	m		d	h	m
1089	Jan.	4	09	03	Jan.	12	11	31	Jan.	19	21	21	Jan.	26	12	57
1090	Feb.	3	02	31	Feb.	11	07	18	Feb.	18	08	36	Feb.	24	23	26
1091	Mar.	4	20	46	Mar.	12	23	45	Mar.	19	18	10	Mar.	26	12	07
1092	Apr.	3	14	32	Apr.	11	12	05	Apr.	18	02	44	Apr.	25	02	47
1093	May	3	06	51	May	10	20	33	May	17	11	09	May	24	18	52
1094	June	1	21	03	June	9	02	11	June	15	20	14	June	23	11	48
1095	July	1	08	54	July	8	06	29	July	15	06	40	July	23	05	02
1096	July	30	18	40	Aug.	6	11	08	Aug.	13	18	57	Aug.	21	21	54
1097	Aug.	29	03	04	Sept.	4	17	39	Sept.	12	09	27	Sept.	20	13	39
1098	Sept.	27	11	09	Oct.	4	03	15	Oct.	12	02	06	Oct.	20	03	30
1099	Oct.	26	19	56	Nov.	2	16	38	Nov.	10	20	16	Nov.	18	15	09
1100	Nov.	25	06	10	Dec.	2	09	52	Dec.	10	14	36	Dec.	18	00	48
1101	Dec.	24	18	06												

MOON AT PERIGEE

	d	h		d	h		d	h
Jan.	22	00	June	12	02	Oct.	26	12
Feb.	19	07	July	7	14	Nov.	23	23
Mar.	19	19	Aug.	2	21	Dec.	22	03
Apr.	17	06	Aug.	30	18			
May	15	11	Sept.	28	01			

MOON AT APOGEE

	d	h		d	h		d	h
Jan.	10	06	May	27	10	Oct.	12	12
Feb.	6	23	June	24	04	Nov.	8	13
Mar.	6	08	July	21	23	Dec.	6	01
Apr.	2	09	Aug.	18	16			
Apr.	29	18	Sept.	15	06			

NOTES AND FORMULAE

Mean elements of the orbit of the Moon

The following expressions for the mean elements of the Moon are based on the fundamental arguments developed by Simon *et al.* (*Astron. & Astrophys.*, **282**, 663, 1994). The angular elements are referred to the mean equinox and ecliptic of date. The time argument (d) is the interval in days from 2011 January 0 at 0^h TT. These expressions are intended for use during 2011 only.

$$d = JD - 245\ 5561 \cdot 5 = \text{day of year (from B4–B5)} + \text{fraction of day from } 0^h \text{ TT}$$

Mean longitude of the Moon, measured in the ecliptic to the mean ascending node and then along the mean orbit:
$$L' = 221°313\ 064 + 13 \cdot 176\ 396\ 46\,d$$

Mean longitude of the lunar perigee, measured as for L':

$$\Gamma' = 170°805\ 364 + 0 \cdot 111\ 403\ 46\,d$$

Mean longitude of the mean ascending node of the lunar orbit on the ecliptic:

$$\Omega = 272°355\ 784 - 0 \cdot 052\ 953\ 75\,d$$

Mean elongation of the Moon from the Sun:

$$D = L' - L = 301°993\ 997 + 12 \cdot 190\ 749\ 10\,d$$

Mean inclination of the lunar orbit to the ecliptic: $5°156\ 6898$.

Mean elements of the rotation of the Moon

The following expressions give the mean elements of the mean equator of the Moon, referred to the true equator of the Earth, during 2011 to a precision of about $0°001$; the time-argument d is as defined above for the orbital elements.

Inclination of the mean equator of the Moon to the true equator of the Earth:

$$i = 23°4218 + 0 \cdot 001\ 439\,d - 0 \cdot 000\ 000\ 124\,d^2$$

Arc of the mean equator of the Moon from its ascending node on the true equator of the Earth to its ascending node on the ecliptic of date:

$$\Delta = 88°8000 - 0 \cdot 052\ 855\,d + 0 \cdot 000\ 001\ 435\,d^2$$

Arc of the true equator of the Earth from the true equinox of date to the ascending node of the mean equator of the Moon:

$$\Omega' = +3°8805 - 0 \cdot 000\ 088\,d - 0 \cdot 000\ 001\ 571\,d^2$$

The inclination (I) of the mean lunar equator to the ecliptic: $1°\ 32'\ 33''6$

The ascending node of the mean lunar equator on the ecliptic is at the descending node of the mean lunar orbit on the ecliptic, that is at longitude $\Omega + 180°$.

Lengths of mean months

The lengths of the mean months at 2011·0, as derived from the mean orbital elements are:

		d	d	h	m	s
synodic month	(new moon to new moon)	29·530 589	29	12	44	02·9
tropical month	(equinox to equinox)	27·321 582	27	07	43	04·7
sidereal month	(fixed star to fixed star)	27·321 662	27	07	43	11·6
anomalistic month	(perigee to perigee)	27·554 550	27	13	18	33·1
draconic month	(node to node)	27·212 221	27	05	05	35·9

NOTES AND FORMULAE

Geocentric coordinates

The apparent longitude (λ) and latitude (β) of the Moon given on pages D6–D20 are referred to the ecliptic of date: the apparent right ascension (α) and declination (δ) are referred to the true equator of date. These coordinates are primarily intended for planning purposes. The true distance (r) is expressed in Earth-radii.

The maximum errors which may result if Bessel's second-order interpolation formula is used are as follows:

λ	β	α	δ	r	π	s
$\pm0°02$	$\pm0°02$	$\pm2°4$	$\pm24''$	$\pm0·002$	$\pm0''07$	$\pm0''02$

More precise values of right ascension, declination and horizontal parallax may be obtained by using the polynomial coefficients given on *The Astronomical Almanac Online*. Precise values of true distance and semi-diameter may be obtained from the parallax using:

$$r = 6\ 378·1366/\sin\pi \text{ km} \qquad \sin s = 0·272\ 399 \sin\pi$$

The tabulated values are all referred to the centre of the Earth, and may differ from the topocentric values by up to about 1 degree in angle and 2 per cent in distance.

Time of transit of the Moon

The TT of upper (or lower) transit of the Moon over a local meridian may be obtained by interpolation in the tabulation of the time of upper (or lower) transit over the ephemeris meridian given on pages D6–D20, where the first differences are about 25 hours. The interpolation factor p is given by:

$$p = -\lambda + 1·002\ 738\ \Delta T$$

where λ is the *east* longitude and the right-hand side is expressed in days. (Divide longitude in degrees by 360 and ΔT in seconds by 86 400). During 2011 it is expected that ΔT will be about 67 seconds, so that the second term is about +0·000 78 days. In general, second-order differences are sufficient to give times to a few seconds, but higher-order differences must be taken into account if a precision of better than 1 second is required. The UT1 of transit is obtained by subtracting ΔT from the TT of transit, which is obtained by interpolation.

Topocentric coordinates

The topocentric equatorial rectangular coordinates of the Moon (x', y', z'), referred to the true equinox of date, are equal to the geocentric equatorial rectangular coordinates of the Moon *minus* the geocentric equatorial rectangular coordinates of the observer. Hence, the topocentric right ascension (α'), declination (δ') and distance (r') of the Moon may be calculated from the formulae:

$$\begin{aligned}
x' &= r' \cos\delta' \cos\alpha' = r \cos\delta \cos\alpha - \rho \cos\phi' \cos\theta_0 \\
y' &= r' \cos\delta' \sin\alpha' = r \cos\delta \sin\alpha - \rho \cos\phi' \sin\theta_0 \\
z' &= r' \sin\delta' \qquad\quad = r \sin\delta \qquad - \rho \sin\phi'
\end{aligned}$$

where θ_0 is the local apparent sidereal time (see B11) and ρ and ϕ' are the geocentric distance and latitude of the observer.

Then
$$r'^2 = x'^2 + y'^2 + z'^2, \quad \alpha' = \tan^{-1}(y'/x'), \quad \delta' = \sin^{-1}(z'/r')$$

The topocentric hour angle (h') may be calculated from $h' = \theta_0 - \alpha'$.

Physical ephemeris

See page D4 for notes on the physical ephemeris of the Moon on pages D7–D21.

NOTES AND FORMULAE

Appearance of the Moon

The quantities tabulated in the ephemeris for physical observations of the Moon on odd pages D7–D21 represent the geocentric aspect and illumination of the Moon's disk. For most purposes it is sufficient to regard the instant of tabulation as 0^h universal time. The fraction illuminated (or phase) is the ratio of the illuminated area to the total area of the lunar disk; it is also the fraction of the diameter illuminated perpendicular to the line of cusps. This quantity indicates the general aspect of the Moon, while the precise times of the four principal phases are given on pages A1 and D1; they are the times when the apparent longitudes of the Moon and Sun differ by 0°, 90°, 180° and 270°.

The position angle of the bright limb is measured anticlockwise around the disk from the north point (of the hour circle through the centre of the apparent disk) to the midpoint of the bright limb. Before full moon the morning terminator is visible and the position angle of the northern cusp is 90° greater than the position angle of the bright limb; after full moon the evening terminator is visible and the position angle of the northern cusp is 90° less than the position angle of the bright limb.

The brightness of the Moon is determined largely by the fraction illuminated, but it also depends on the distance of the Moon, on the nature of the part of the lunar surface that is illuminated, and on other factors. The integrated visual magnitude of the full Moon at mean distance is about $-12 \cdot 7$. The crescent Moon is not normally visible to the naked eye when the phase is less than $0 \cdot 01$, but much depends on the conditions of observation.

Selenographic coordinates

The positions of points on the Moon's surface are specified by a system of selenographic coordinates, in which latitude is measured positively to the north from the equator of the pole of rotation, and longitude is measured positively to the east on the selenocentric celestial sphere from the lunar meridian through the mean centre of the apparent disk. Selenographic longitudes are measured positive to the west (towards Mare Crisium) on the apparent disk; this sign convention implies that the longitudes of the Sun and of the terminators are decreasing functions of time, and so for some purposes it is convenient to use colongitude which is 90° (or 450°) minus longitude.

The tabulated values of the Earth's selenographic longitude and latitude specify the sub-terrestrial point on the Moon's surface (that is, the centre of the apparent disk). The position angle of the axis of rotation is measured anticlockwise from the north point, and specifies the orientation of the lunar meridian through the sub-terrestrial point, which is the pole of the great circle that corresponds to the limb of the Moon.

The tabulated values of the Sun's selenographic colongitude and latitude specify the sub-solar point of the Moon's surface (that is at the pole of the great circle that bounds the illuminated hemisphere). The following relations hold approximately:

longitude of morning terminator $= 360°$ − colongitude of Sun
longitude of evening terminator $= 180°$ (or 540°) − colongitude of Sun

The altitude (a) of the Sun above the lunar horizon at a point at selenographic longitude and latitude (l, b) may be calculated from:

$$\sin a = \sin b_0 \sin b + \cos b_0 \cos b \sin (c_0 + l)$$

where (c_0, b_0) are the Sun's colongitude and latitude at the time.

NOTES AND FORMULAE

Librations of the Moon

On average the same hemisphere of the Moon is always turned to the Earth but there is a periodic oscillation or libration of the apparent position of the lunar surface that allows about 59 per cent of the surface to be seen from the Earth. The libration is due partly to a physical libration, which is an oscillation of the actual rotational motion about its mean rotation, but mainly to the much larger geocentric optical libration, which results from the non-uniformity of the revolution of the Moon around the centre of the Earth. Both of these effects are taken into account in the computation of the Earth's selenographic longitude (l) and latitude (b) and of the position angle (C) of the axis of rotation. The contributions due to the physical libration are tabulated separately. There is a further contribution to the optical libration due to the difference between the viewpoints of the observer on the surface of the Earth and of the hypothetical observer at the centre of the Earth. These topocentric optical librations may be as much as $1°$ and have important effects on the apparent contour of the limb.

When the libration in longitude, that is the selenographic longitude of the Earth, is positive the mean centre of the disk is displaced eastwards on the celestial sphere, exposing to view a region on the west limb. When the libration in latitude, or selenographic latitude of the Earth, is positive the mean centre of the disk is displaced towards the south, and a region on the north limb is exposed to view. In a similar way the selenographic coordinates of the Sun show which regions of the lunar surface are illuminated.

Differential corrections to be applied to the tabular geocentric librations to form the topocentric librations may be computed from the following formulae:

$$\Delta l = -\pi' \sin(Q - C) \sec b$$
$$\Delta b = +\pi' \cos(Q - C)$$
$$\Delta C = +\sin(b + \Delta b)\,\Delta l - \pi' \sin Q \tan \delta$$

where Q is the geocentric parallactic angle of the Moon and π' is the topocentric horizontal parallax. The latter is obtained from the geocentric horizontal parallax (π), which is tabulated on even pages D6–D20 by using:

$$\pi' = \pi\,(\sin z + 0.0084 \sin 2z)$$

where z is the geocentric zenith distance of the Moon. The values of z and Q may be calculated from the geocentric right ascension (α) and declination (δ) of the Moon by using:

$$\sin z \sin Q = \cos \phi \sin h$$
$$\sin z \cos Q = \cos \delta \sin \phi - \sin \delta \cos \phi \cos h$$
$$\cos z = \sin \delta \sin \phi + \cos \delta \cos \phi \cos h$$

where ϕ is the geocentric latitude of the observer and h is the local hour angle of the Moon, given by:

$$h = \text{local apparent sidereal time} - \alpha$$

Second differences must be taken into account in the interpolation of the tabular geocentric librations to the time of observation.

MOON, 2011

FOR 0ʰ TERRESTRIAL TIME

Date 0ʰ TT	Apparent Long.	Lat.	Apparent R.A.	Dec.	True Dist.	Horiz. Parallax	Semi-diameter	Ephemeris Transit for date Upper	Lower
	°	°	h m s	° ′ ″	′	′ ″	′ ″	h	h
Jan. 0	225·62	−3·88	14 47 49·82	−20 13 27·9	59·056	58 12·89	15 51·42	08·4890	20·9541
1	239·23	−2·92	15 45 19·56	−22 50 17·0	59·475	57 48·25	15 44·71	09·4241	21·8962
2	252·64	−1·82	16 43 42·41	−24 07 06·1	59·943	57 21·15	15 37·33	10·3674	22·8343
3	265·83	−0·64	17 41 45·29	−24 00 43·8	60·458	56 51·87	15 29·35	11·2937	23·7431
4	278·81	+0·56	18 38 10·78	−22 35 28·5	61·008	56 21·09	15 20·97	12·1804	...
5	291·55	+1·70	19 32 01·59	−20 01 54·3	61·575	55 49·95	15 12·49	13·0143	00·6043
6	304·07	+2·74	20 22 53·56	−16 34 07·8	62·131	55 20·00	15 04·33	13·7936	01·4105
7	316·39	+3·64	21 10 54·34	−12 26 57·8	62·639	54 53·07	14 57·00	14·5254	02·1648
8	328·51	+4·36	21 56 34·30	− 7 54 02·5	63·060	54 31·08	14 51·00	15·2222	02·8773
9	340·50	+4·87	22 40 36·85	− 3 07 04·4	63·355	54 15·84	14 46·86	15·8989	03·5620
10	352·39	+5·17	23 23 51·85	+ 1 44 01·6	63·489	54 08·95	14 44·98	16·5717	04·2348
11	4·24	+5·25	0 07 11·84	+ 6 30 29·6	63·437	54 11·61	14 45·70	17·2572	04·9118
12	16·15	+5·11	0 51 30·01	+11 03 49·2	63·185	54 24·58	14 49·24	17·9716	05·6098
13	28·17	+4·74	1 37 38·08	+15 14 47·8	62·734	54 48·06	14 55·63	18·7302	06·3445
14	40·38	+4·16	2 26 22·18	+18 52 38·5	62·102	55 21·54	15 04·75	19·5449	07·1300
15	52·88	+3·36	3 18 15·32	+21 44 32·6	61·323	56 03·71	15 16·24	20·4207	07·9752
16	65·72	+2·38	4 13 26·16	+23 36 06·0	60·449	56 52·35	15 29·48	21·3516	08·8801
17	78·95	+1·25	5 11 28·19	+24 13 09·5	59·545	57 44·21	15 43·61	22·3186	09·8322
18	92·59	+0·01	6 11 17·96	+23 25 07·3	58·681	58 35·20	15 57·49	23·2946	10·8073
19	106·64	−1·27	7 11 30·26	+21 08 36·7	57·930	59 20·74	16 09·90	...	11·7776
20	121·04	−2·49	8 10 46·29	+17 29 37·4	57·356	59 56·43	16 19·62	00·2537	12·7216
21	135·70	−3·57	9 08 18·53	+12 42 55·2	57·000	60 18·89	16 25·74	01·1805	13·6306
22	150·50	−4·42	10 03 59·09	+ 7 09 13·4	56·880	60 26·47	16 27·80	02·0728	14·5084
23	165·31	−4·98	10 58 12·59	+ 1 11 47·7	56·989	60 19·56	16 25·92	02·9392	15·3670
24	180·00	−5·20	11 51 42·61	− 4 46 16·8	57·293	60 00·33	16 20·68	03·7940	16·2220
25	194·48	−5·09	12 45 18·11	−10 23 40·0	57·747	59 32·03	16 12·97	04·6527	17·0879
26	208·67	−4·67	13 39 41·66	−15 21 25·6	58·300	58 58·16	16 03·75	05·5284	17·9749
27	222·56	−3·98	14 35 18·68	−19 23 20·0	58·905	58 21·83	15 53·85	06·4274	18·8853
28	236·13	−3·08	15 32 08·26	−22 16 25·0	59·525	57 45·36	15 43·92	07·3473	19·8114
29	249·42	−2·03	16 29 39·19	−23 52 00·1	60·135	57 10·22	15 34·35	08·2753	20·7364
30	262·46	−0·89	17 26 55·80	−24 06 55·2	60·720	56 37·16	15 25·34	09·1920	21·6397
31	275·27	+0·26	18 22 54·33	−23 04 06·3	61·273	56 06·46	15 16·98	10·0775	22·5040
Feb. 1	287·88	+1·39	19 16 42·62	−20 51 53·9	61·792	55 38·18	15 09·28	10·9183	23·3202
2	300·32	+2·43	20 07 53·26	−17 42 15·6	62·273	55 12·41	15 02·26	11·7097	...
3	312·61	+3·34	20 56 25·73	−13 48 39·9	62·708	54 49·45	14 56·01	12·4553	00·0878
4	324·76	+4·09	21 42 40·93	− 9 24 25·8	63·083	54 29·87	14 50·68	13·1643	00·8137
5	336·80	+4·65	22 27 13·53	− 4 41 47·3	63·380	54 14·54	14 46·50	13·8490	01·5089
6	348·73	+4·99	23 10 45·63	+ 0 08 22·6	63·576	54 04·54	14 43·78	14·5234	02·1866
7	0·60	+5·12	23 54 02·87	+ 4 56 19·0	63·643	54 01·10	14 42·84	15·2017	02·8611
8	12·45	+5·03	0 37 52·05	+ 9 32 56·7	63·558	54 05·44	14 44·02	15·8987	03·5470
9	24·33	+4·72	1 22 59·36	+13 49 11·7	63·301	54 18·60	14 47·61	16·6281	04·2585
10	36·31	+4·21	2 10 07·66	+17 35 21·2	62·862	54 41·37	14 53·81	17·4022	05·0089
11	48·46	+3·50	2 59 51·74	+20 40 32·6	62·243	55 14·00	15 02·70	18·2288	05·8086
12	60·86	+2·61	3 52 30·85	+22 52 39·5	61·462	55 56·11	15 14·17	19·1090	06·6625
13	73·59	+1·57	4 48 00·03	+23 59 06·1	60·555	56 46·41	15 27·86	20·0342	07·5669
14	86·74	+0·41	5 45 44·75	+23 48 38·5	59·575	57 42·44	15 43·13	20·9864	08·5082
15	100·35	−0·80	6 44 45·49	+22 14 08·4	58·592	58 40·53	15 58·95	21·9437	09·4657

EPHEMERIS FOR PHYSICAL OBSERVATIONS
FOR 0ʰ TERRESTRIAL TIME

Date 0ʰ TT	The Earth's Selenographic Long.	Lat.	Physical Libration Lg.	Lt.	P.A.	The Sun's Selenographic Colong.	Lat.	Position Angle Axis	Bright Limb	Fraction Illum.
	°	°		(0°.001)		°	°	°	°	
Jan. 0	+ 4·395	+ 4·969	+ 8	− 32	− 5	212·01	+ 0·21	18·301	104·39	0·205
1	+ 4·820	+ 3·734	+ 8	− 31	− 6	224·19	+ 0·24	14·045	99·39	0·124
2	+ 5·029	+ 2·309	+ 8	− 31	− 6	236·37	+ 0·27	8·920	94·13	0·061
3	+ 5·014	+ 0·780	+ 8	− 31	− 6	248·56	+ 0·30	3·340	89·64	0·020
4	+ 4·774	− 0·765	+ 7	− 32	− 6	260·75	+ 0·33	357·744	93·31	0·002
5	+ 4·310	− 2·246	+ 7	− 32	− 5	272·94	+ 0·35	352·503	247·96	0·004
6	+ 3·632	− 3·593	+ 6	− 32	− 4	285·12	+ 0·38	347·862	248·54	0·027
7	+ 2·757	− 4·750	+ 5	− 32	− 2	297·31	+ 0·40	343·952	246·59	0·068
8	+ 1·713	− 5·676	+ 3	− 33	0	309·49	+ 0·42	340·828	245·01	0·125
9	+ 0·538	− 6·342	+ 2	− 33	+ 2	321·67	+ 0·44	338·513	244·17	0·195
10	− 0·722	− 6·730	0	− 34	+ 4	333·85	+ 0·46	337·029	244·14	0·275
11	− 2·008	− 6·830	− 1	− 34	+ 6	346·02	+ 0·48	336·409	244·95	0·363
12	− 3·252	− 6·640	− 2	− 35	+ 8	358·18	+ 0·50	336·710	246·62	0·456
13	− 4·384	− 6·159	− 4	− 35	+ 10	10·34	+ 0·52	338·006	249·16	0·551
14	− 5·327	− 5·395	− 5	− 36	+ 11	22·49	+ 0·54	340·366	252·59	0·646
15	− 6·009	− 4·362	− 5	− 36	+ 12	34·64	+ 0·56	343·827	256·84	0·738
16	− 6·363	− 3·088	− 5	− 36	+ 12	46·78	+ 0·59	348·338	261·73	0·823
17	− 6·338	− 1·616	− 5	− 36	+ 12	58·91	+ 0·61	353·709	266·82	0·897
18	− 5·907	− 0·010	− 5	− 36	+ 11	71·04	+ 0·64	359·592	271·14	0·954
19	− 5·072	+ 1·638	− 5	− 36	+ 9	83·17	+ 0·67	5·535	271·02	0·989
20	− 3·877	+ 3·220	− 4	− 35	+ 7	95·29	+ 0·70	11·084	161·72	0·999
21	− 2·405	+ 4·616	− 4	− 35	+ 5	107·42	+ 0·73	15·868	119·95	0·982
22	− 0·771	+ 5·713	− 3	− 35	+ 3	119·55	+ 0·76	19·632	118·37	0·937
23	+ 0·890	+ 6·427	− 3	− 34	+ 1	131·68	+ 0·80	22·211	118·01	0·867
24	+ 2·444	+ 6·710	− 3	− 34	− 2	143·81	+ 0·83	23·493	116·97	0·777
25	+ 3·782	+ 6·556	− 2	− 33	− 4	155·96	+ 0·85	23·409	114·92	0·673
26	+ 4·831	+ 5·999	− 2	− 33	− 5	168·11	+ 0·88	21·933	111·79	0·562
27	+ 5·554	+ 5·096	− 2	− 33	− 6	180·27	+ 0·91	19·118	107·69	0·450
28	+ 5·952	+ 3·922	− 2	− 33	− 7	192·43	+ 0·94	15·122	102·83	0·343
29	+ 6·046	+ 2·557	− 2	− 33	− 8	204·60	+ 0·97	10·223	97·59	0·246
30	+ 5·872	+ 1·084	− 2	− 33	− 8	216·78	+ 0·99	4·798	92·45	0·161
31	+ 5·469	− 0·420	− 3	− 33	− 7	228·96	+ 1·02	359·256	88·10	0·093
Feb. 1	+ 4·873	− 1·880	− 4	− 33	− 7	241·15	+ 1·04	353·958	85·63	0·043
2	+ 4·114	− 3·229	− 5	− 34	− 6	253·34	+ 1·06	349·167	88·70	0·012
3	+ 3·213	− 4·410	− 6	− 34	− 4	265·54	+ 1·08	345·045	144·45	0·001
4	+ 2·191	− 5·377	− 7	− 34	− 2	277·73	+ 1·10	341·676	228·66	0·009
5	+ 1·062	− 6·094	− 9	− 35	− 1	289·92	+ 1·12	339·103	236·55	0·035
6	− 0·153	− 6·539	− 10	− 35	+ 2	302·11	+ 1·13	337·355	239·08	0·078
7	− 1·428	− 6·700	− 12	− 36	+ 4	314·30	+ 1·15	336·468	240·96	0·135
8	− 2·725	− 6·575	− 13	− 36	+ 6	326·48	+ 1·16	336·484	243·11	0·205
9	− 3·997	− 6·168	− 15	− 37	+ 7	338·66	+ 1·17	337·459	245·83	0·286
10	− 5·181	− 5·489	− 16	− 37	+ 9	350·84	+ 1·18	339·447	249·26	0·376
11	− 6·207	− 4·557	− 17	− 37	+ 10	3·01	+ 1·19	342·477	253·41	0·471
12	− 6·993	− 3·396	− 18	− 37	+ 10	15·17	+ 1·20	346·525	258·23	0·570
13	− 7·457	− 2·039	− 18	− 37	+ 10	27·32	+ 1·22	351·467	263·50	0·669
14	− 7·521	− 0·537	− 18	− 37	+ 10	39·47	+ 1·23	357·053	268·84	0·764
15	− 7·126	+ 1·043	− 18	− 37	+ 9	51·62	+ 1·25	2·918	273·64	0·850

MOON, 2011

FOR 0ʰ TERRESTRIAL TIME

Date 0ʰ TT	Apparent Long.	Lat.	Apparent R.A.	Dec.	True Dist.	Horiz. Parallax	Semi-diameter	Ephemeris Transit for date Upper	Lower
	°	°	h m s	° ′ ″		′ ″	′ ″	h	h
Feb. 15	100·35	−0·80	6 44 45·49	+22 14 08·4	58·592	58 40·53	15 58·95	21·9437	09·4657
16	114·44	−2·01	7 43 54·44	+19 15 14·6	57·686	59 35·82	16 14·01	22·8880	10·4183
17	128·99	−3·12	8 42 17·48	+14 59 49·3	56·939	60 22·75	16 26·79	23·8102	11·3520
18	143·91	−4·05	9 39 29·30	+ 9 43 35·6	56·421	60 55·98	16 35·84	...	12·2633
19	159·07	−4·70	10 35 35·56	+ 3 48 13·3	56·182	61 11·55	16 40·08	00·7121	13·1581
20	174·29	−5·03	11 31 04·75	− 2 21 19·6	56·238	61 07·94	16 39·10	01·6029	14·0479
21	189·40	−5·01	12 26 35·57	− 8 19 30·6	56·570	60 46·41	16 33·23	02·4949	14·9451
22	204·23	−4·64	13 22 43·81	−13 42 32·7	57·131	60 10·55	16 23·47	03·3995	15·8586
23	218·69	−3·99	14 19 50·07	−18 10 13·1	57·857	59 25·25	16 11·13	04·3224	16·7902
24	232·71	−3·11	15 17 50·09	−21 27 15·5	58·676	58 35·47	15 57·57	05·2607	17·7323
25	246·30	−2·08	16 16 11·42	−23 24 23·9	59·523	57 45·48	15 43·95	06·2025	18·6690
26	259·50	−0·96	17 14 00·25	−23 58 58·3	60·343	56 58·36	15 31·12	07·1292	19·5811
27	272·36	+0·17	18 10 17·56	−23 14 38·0	61·099	56 16·04	15 19·59	08·0227	20·4528
28	284·95	+1·27	19 04 17·20	−21 20 00·3	61·769	55 39·45	15 09·63	08·8705	21·2757
Mar. 1	297·31	+2·29	19 55 36·87	−18 26 41·5	62·340	55 08·83	15 01·29	09·6687	22·0500
2	309·52	+3·19	20 44 19·03	−14 47 22·3	62·813	54 43·96	14 54·51	10·4208	22·7822
3	321·60	+3·93	21 30 45·32	−10 34 30·5	63·187	54 24·48	14 49·21	11·1357	23·4828
4	333·59	+4·49	22 15 29·31	− 5 59 44·8	63·467	54 10·07	14 45·28	11·8251	...
5	345·52	+4·85	22 59 10·68	− 1 13 48·9	63·653	54 00·58	14 42·70	12·5017	00·1642
6	357·41	+5·00	23 42 31·55	+ 3 33 16·5	63·741	53 56·14	14 41·49	13·1789	00·8394
7	9·27	+4·93	0 26 14·17	+ 8 11 55·2	63·721	53 57·15	14 41·76	13·8695	01·5217
8	21·13	+4·64	1 10 59·29	+12 32 33·4	63·581	54 04·25	14 43·70	14·5857	02·2237
9	33·04	+4·15	1 57 23·81	+16 25 19·2	63·309	54 18·22	14 47·50	15·3379	02·9567
10	45·03	+3·47	2 45 57·32	+19 39 49·5	62·891	54 39·84	14 53·39	16·1333	03·7299
11	57·17	+2·63	3 36 56·82	+22 05 11·6	62·324	55 09·72	15 01·53	16·9740	04·5482
12	69·53	+1·65	4 30 21·07	+23 30 34·6	61·609	55 48·09	15 11·98	17·8551	05·4101
13	82·18	+0·57	5 25 47·16	+23 46 16·2	60·767	56 34·50	15 24·62	18·7647	06·3073
14	95·20	−0·58	6 22 33·29	+22 45 20·7	59·831	57 27·62	15 39·09	19·6870	07·2252
15	108·66	−1·73	7 19 49·61	+20 25 21·9	58·853	58 24·90	15 54·69	20·6075	08·1482
16	122·61	−2·82	8 16 53·53	+16 49 39·0	57·903	59 22·43	16 10·36	21·5177	09·0641
17	137·06	−3·77	9 13 22·49	+12 07 45·1	57·059	60 15·10	16 24·70	22·4174	09·9686
18	151·94	−4·49	10 09 18·64	+ 6 35 15·1	56·404	60 57·11	16 36·15	23·3135	10·8652
19	167·15	−4·91	11 05 05·23	+ 0 32 58·2	56·007	61 23·07	16 43·22	...	11·7636
20	182·52	−4·98	12 01 17·41	− 5 34 24·6	55·912	61 29·28	16 44·91	00·2172	12·6755
21	197·84	−4·70	12 58 30·03	−11 20 26·6	56·132	61 14·84	16 40·98	01·1397	13·6104
22	212·93	−4·09	13 57 03·81	−16 19 42·7	56·639	60 41·94	16 32·01	02·0876	14·5707
23	227·64	−3·22	14 56 52·50	−20 10 57·1	57·376	59 55·12	16 19·26	03·0582	15·5481
24	241·89	−2·17	15 57 16·54	−22 39 55·5	58·268	59 00·09	16 04·27	04·0375	16·5236
25	255·64	−1·03	16 57 09·80	−23 41 10·0	59·233	58 02·42	15 48·57	05·0033	17·4738
26	268·93	+0·14	17 55 19·71	−23 17 50·4	60·196	57 06·72	15 33·40	05·9326	18·3783
27	281·80	+1·26	18 50 50·45	−21 39 37·7	61·095	56 16·27	15 19·66	06·8097	19·2267
28	294·34	+2·29	19 43 16·41	−18 59 37·9	61·887	55 33·08	15 07·89	07·6295	20·0189
29	306·62	+3·19	20 32 42·19	−15 31 38·1	62·544	54 58·04	14 58·35	08·3960	20·7624
30	318·70	+3·93	21 19 34·16	−11 28 30·8	63·056	54 31·29	14 51·06	09·1196	21·4693
31	330·67	+4·49	22 04 31·06	− 7 01 43·1	63·421	54 12·43	14 45·93	09·8133	22·1533
Apr. 1	342·56	+4·85	22 48 16·85	− 2 21 28·8	63·649	54 00·81	14 42·76	10·4910	22·8283
2	354·43	+5·00	23 31 36·58	+ 2 22 42·0	63·750	53 55·66	14 41·36	11·1667	23·5080

EPHEMERIS FOR PHYSICAL OBSERVATIONS
FOR 0ʰ TERRESTRIAL TIME

Date 0ʰ TT	The Earth's Selenographic Long.	Lat.	Physical Libration Lg.	Lt.	P.A.	The Sun's Selenographic Colong.	Lat.	Position Angle Axis	Bright Limb	Fraction Illum.
	°	°	(0°001)			°	°	°	°	
Feb. 15	− 7·126	+ 1·043	− 18	− 37	+ 9	51·62	+ 1·25	2·918	273·64	0·850
16	− 6·241	+ 2·611	− 17	− 36	+ 7	63·76	+ 1·26	8·642	276·89	0·922
17	− 4·886	+ 4·057	− 17	− 36	+ 5	75·89	+ 1·28	13·822	276·02	0·972
18	− 3·138	+ 5·262	− 16	− 35	+ 3	88·03	+ 1·30	18·129	250·47	0·997
19	− 1·132	+ 6·114	− 15	− 35	0	100·16	+ 1·32	21·313	139·00	0·992
20	+ 0·951	+ 6·535	− 15	− 34	− 2	112·29	+ 1·33	23·188	124·85	0·958
21	+ 2·921	+ 6·494	− 14	− 33	− 4	124·43	+ 1·35	23·625	119·88	0·896
22	+ 4·612	+ 6·012	− 13	− 33	− 6	136·57	+ 1·37	22·563	115·64	0·813
23	+ 5·907	+ 5·152	− 13	− 33	− 8	148·72	+ 1·38	20·044	110·96	0·714
24	+ 6·755	+ 4·000	− 13	− 33	− 9	160·88	+ 1·40	16·236	105·68	0·608
25	+ 7·155	+ 2·650	− 12	− 33	− 10	173·04	+ 1·41	11·442	100·02	0·499
26	+ 7·148	+ 1·193	− 12	− 33	− 10	185·22	+ 1·43	6·059	94·34	0·393
27	+ 6·797	− 0·289	− 12	− 33	− 10	197·39	+ 1·44	0·508	89·05	0·295
28	+ 6·171	− 1·725	− 13	− 34	− 9	209·58	+ 1·46	355·153	84·60	0·208
Mar. 1	+ 5·336	− 3·055	− 14	− 34	− 8	221·77	+ 1·47	350·262	81·39	0·134
2	+ 4·349	− 4·226	− 15	− 35	− 6	233·97	+ 1·48	345·997	80·01	0·075
3	+ 3·255	− 5·194	− 16	− 35	− 5	246·17	+ 1·50	342·450	81·94	0·033
4	+ 2·084	− 5·923	− 17	− 36	− 3	258·37	+ 1·51	339·673	94·19	0·008
5	+ 0·860	− 6·390	− 19	− 36	− 1	270·58	+ 1·51	337·703	174·13	0·002
6	− 0·402	− 6·577	− 20	− 37	+ 1	282·78	+ 1·52	336·582	224·83	0·013
7	− 1·686	− 6·481	− 22	− 37	+ 3	294·98	+ 1·52	336·356	235·31	0·042
8	− 2·971	− 6·105	− 23	− 38	+ 5	307·19	+ 1·53	337·077	240·84	0·088
9	− 4·224	− 5·463	− 25	− 38	+ 6	319·39	+ 1·53	338·792	245·51	0·148
10	− 5·404	− 4·577	− 26	− 38	+ 7	331·58	+ 1·53	341·520	250·29	0·222
11	− 6·451	− 3·475	− 27	− 39	+ 8	343·77	+ 1·53	345·233	255·43	0·307
12	− 7·294	− 2·193	− 27	− 38	+ 8	355·96	+ 1·52	349·823	260·94	0·401
13	− 7·852	− 0·775	− 27	− 38	+ 8	8·14	+ 1·52	355·083	266·61	0·502
14	− 8·041	+ 0·722	− 27	− 38	+ 7	20·31	+ 1·52	0·715	272·12	0·606
15	− 7·786	+ 2·227	− 27	− 37	+ 6	32·48	+ 1·52	6·363	277·01	0·709
16	− 7·032	+ 3·650	− 27	− 37	+ 4	44·64	+ 1·52	11·669	280·78	0·805
17	− 5·769	+ 4·889	− 26	− 36	+ 2	56·79	+ 1·52	16·307	282·69	0·888
18	− 4·045	+ 5·835	− 26	− 35	0	68·94	+ 1·52	20·003	281·21	0·952
19	− 1·978	+ 6·390	− 25	− 34	− 3	81·09	+ 1·52	22·517	268·83	0·989
20	+ 0·253	+ 6·489	− 24	− 34	− 5	93·23	+ 1·52	23·644	168·50	0·997
21	+ 2·439	+ 6·120	− 23	− 33	− 8	105·38	+ 1·52	23·232	127·02	0·975
22	+ 4·377	+ 5·324	− 22	− 32	− 9	117·53	+ 1·52	21·233	116·89	0·924
23	+ 5·917	+ 4·187	− 21	− 32	− 11	129·69	+ 1·52	17·757	109·74	0·850
24	+ 6·970	+ 2·817	− 20	− 32	− 12	141·85	+ 1·52	13·094	103·03	0·759
25	+ 7·518	+ 1·323	− 20	− 32	− 12	154·02	+ 1·51	7·679	96·52	0·659
26	+ 7·593	− 0·197	− 19	− 32	− 12	166·19	+ 1·51	1·995	90·45	0·554
27	+ 7·257	− 1·664	− 19	− 33	− 11	178·38	+ 1·52	356·464	85·11	0·451
28	+ 6·592	− 3·012	− 19	− 33	− 10	190·57	+ 1·52	351·387	80·73	0·352
29	+ 5·678	− 4·193	− 20	− 34	− 9	202·77	+ 1·52	346·940	77·49	0·262
30	+ 4·590	− 5·167	− 21	− 35	− 7	214·97	+ 1·52	343·212	75·51	0·182
31	+ 3·391	− 5·903	− 22	− 35	− 5	227·18	+ 1·52	340·247	75·02	0·115
Apr. 1	+ 2·131	− 6·379	− 23	− 36	− 3	239·39	+ 1·52	338·077	76·59	0·062
2	+ 0·847	− 6·578	− 25	− 37	− 1	251·61	+ 1·51	336·740	82·13	0·025

MOON, 2011

FOR 0ʰ TERRESTRIAL TIME

Date 0ʰ TT	Apparent Long.	Lat.	Apparent R.A.	Dec.	True Dist.	Horiz. Parallax	Semi-diameter	Ephemeris Transit for date Upper	Lower
	°	°	h m s	° ′ ″		′ ″	′ ″	h	h
Apr. 1	342·56	+4·85	22 48 16·85	− 2 21 28·8	63·649	54 00·81	14 42·76	10·4910	22·8283
2	354·43	+5·00	23 31 36·58	+ 2 22 42·0	63·750	53 55·66	14 41·36	11·1667	23·5080
3	6·29	+4·93	0 15 14·02	+ 7 01 30·2	63·737	53 56·33	14 41·54	11·8537	...
4	18·18	+4·65	0 59 49·97	+11 25 21·0	63·619	54 02·34	14 43·18	12·5639	00·2052
5	30·11	+4·16	1 45 59·95	+15 24 06·0	63·401	54 13·46	14 46·21	13·3074	00·9310
6	42·11	+3·48	2 34 10·77	+18 47 01·5	63·085	54 29·76	14 50·65	14·0905	01·6938
7	54·22	+2·64	3 24 35·77	+21 23 06·2	62·669	54 51·49	14 56·57	14·9147	02·4977
8	66·46	+1·67	4 17 10·06	+23 01 45·9	62·149	55 19·03	15 04·07	15·7745	03·3407
9	78·89	+0·60	5 11 28·67	+23 34 04·3	61·525	55 52·67	15 13·23	16·6587	04·2145
10	91·58	−0·53	6 06 50·72	+22 54 04·2	60·804	56 32·42	15 24·05	17·5525	05·1053
11	104·57	−1·65	7 02 30·32	+20 59 54·5	60·004	57 17·70	15 36·39	18·4430	05·9988
12	117·94	−2·72	7 57 50·53	+17 54 20·9	59·153	58 07·11	15 49·85	19·3227	06·8843
13	131·73	−3·66	8 52 34·14	+13 44 40·5	58·301	58 58·13	16 03·74	20·1922	07·7584
14	145·96	−4·42	9 46 47·48	+ 8 42 23·3	57·505	59 47·06	16 17·07	21·0591	08·6253
15	160·60	−4·90	10 40 57·53	+ 3 03 00·9	56·838	60 29·19	16 28·54	21·9357	09·4953
16	175·58	−5·07	11 35 44·66	− 2 53 56·4	56·368	60 59·47	16 36·79	22·8363	10·3822
17	190·77	−4·89	12 31 52·47	− 8 45 21·0	56·153	61 13·49	16 40·61	23·7720	11·2993
18	206·00	−4·36	13 29 54·72	−14 05 44·9	56·227	61 08·65	16 39·29	...	12·2545
19	221·08	−3·53	14 29 59·72	−18 30 00·5	56·591	60 45·00	16 32·85	00·7460	13·2447
20	235·86	−2·47	15 31 36·78	−21 37 17·3	57·215	60 05·28	16 22·03	01·7482	14·2529
21	250·22	−1·29	16 33 34·83	−23 15 08·5	58·037	59 14·21	16 08·12	02·7550	15·2505
22	264·11	−0·06	17 34 20·93	−23 21 49·2	58·981	58 17·30	15 52·62	03·7358	16·2081
23	277·53	+1·14	18 32 31·94	−22 05 20·4	59·967	57 19·81	15 36·96	04·6652	17·1060
24	290·52	+2·23	19 27 19·55	−19 39 49·5	60·919	56 26·05	15 22·32	05·5302	17·9383
25	303·12	+3·19	20 18 36·17	−16 21 16·6	61·776	55 39·06	15 09·52	06·3313	18·7107
26	315·43	+3·97	21 06 45·72	−12 24 39·4	62·494	55 00·71	14 59·08	07·0782	19·4358
27	327·51	+4·56	21 52 30·18	− 8 02 43·5	63·045	54 31·86	14 51·22	07·7854	20·1291
28	339·46	+4·95	22 36 39·22	− 3 26 08·3	63·419	54 12·57	14 45·96	08·4688	20·8065
29	351·32	+5·12	23 20 03·97	+ 1 15 51·5	63·618	54 02·36	14 43·18	09·1441	21·4835
30	3·17	+5·07	0 03 34·03	+ 5 54 34·0	63·657	54 00·41	14 42·65	09·8265	22·1747
May 1	15·05	+4·80	0 47 55·51	+10 21 03·7	63·554	54 05·65	14 44·08	10·5297	22·8929
2	27·00	+4·32	1 33 48·83	+14 25 37·4	63·332	54 17·00	14 47·17	11·2653	23·6480
3	39·05	+3·64	2 21 45·01	+17 57 30·5	63·015	54 33·41	14 51·64	12·0414	...
4	51·21	+2·79	3 12 00·38	+20 45 13·3	62·620	54 54·03	14 57·26	12·8603	00·4456
5	63·52	+1·80	4 04 30·75	+22 37 24·2	62·164	55 18·24	15 03·85	13·7171	01·2846
6	75·99	+0·71	4 58 48·57	+23 24 19·8	61·654	55 45·67	15 11·32	14·5993	02·1560
7	88·65	−0·44	5 54 06·98	+22 59 39·2	61·098	56 16·13	15 19·62	15·4901	03·0447
8	101·53	−1·58	6 49 32·27	+21 21 43·4	60·499	56 49·52	15 28·71	16·3735	03·9335
9	114·66	−2·67	7 44 20·20	+18 33 54·4	59·867	57 25·56	15 38·53	17·2399	04·8091
10	128·09	−3·63	8 38 08·60	+14 43 56·7	59·213	58 03·59	15 48·88	18·0882	05·6661
11	141·83	−4·41	9 31 01·75	+10 02 53·3	58·562	58 42·31	15 59·43	18·9253	06·5074
12	155·90	−4·95	10 23 27·21	+ 4 44 20·7	57·949	59 19·62	16 09·59	19·7642	07·3435
13	170·29	−5·19	11 16 08·75	− 0 55 41·8	57·417	59 52·57	16 18·57	20·6210	08·1893
14	184·93	−5·11	12 09 57·60	− 6 38 37·6	57·019	60 17·66	16 25·40	21·5117	09·0613
15	199·75	−4·68	13 05 41·81	−12 03 06·4	56·804	60 31·37	16 29·13	22·4470	09·9734
16	214·62	−3·94	14 03 52·16	−16 45 52·9	56·810	60 30·95	16 29·02	23·4275	10·9322
17	229·41	−2·94	15 04 25·51	−20 24 13·2	57·057	60 15·25	16 24·74	...	11·9304

EPHEMERIS FOR PHYSICAL OBSERVATIONS
FOR 0ʰ TERRESTRIAL TIME

Date 0ʰ TT	The Earth's Selenographic Long.	Lat.	Physical Libration Lg.	Lt.	P.A.	The Sun's Selenographic Colong.	Lat.	Position Angle Axis	Bright Limb	Fraction Illum.
	°	°		(0°001)		°	°	°	°	
Apr. 1	+2·131	−6·379	− 23	− 36	− 3	239·39	+ 1·52	338·077	76·59	0·062
2	+0·847	−6·578	− 25	− 37	− 1	251·61	+ 1·51	336·740	82·13	0·025
3	−0·436	−6·495	− 26	− 37	+ 1	263·83	+ 1·51	336·287	103·11	0·005
4	−1·699	−6·130	− 27	− 38	+ 2	276·05	+ 1·50	336·774	200·12	0·003
5	−2·925	−5·496	− 29	− 38	+ 4	288·27	+ 1·50	338·255	234·18	0·019
6	−4·093	−4·617	− 30	− 39	+ 5	300·49	+ 1·49	340·754	244·82	0·053
7	−5·173	−3·522	− 31	− 39	+ 6	312·71	+ 1·47	344·245	252·08	0·104
8	−6·126	−2·252	− 31	− 39	+ 6	324·92	+ 1·46	348·622	258·59	0·170
9	−6·899	−0·856	− 32	− 39	+ 6	337·13	+ 1·45	353·684	264·86	0·252
10	−7·428	+0·610	− 32	− 39	+ 5	349·34	+ 1·43	359·148	270·85	0·345
11	−7·643	+2·079	− 32	− 38	+ 4	1·53	+ 1·42	4·685	276·33	0·447
12	−7·475	+3·476	− 31	− 38	+ 3	13·73	+ 1·40	9·972	281·00	0·555
13	−6·870	+4·715	− 31	− 37	+ 1	25·91	+ 1·39	14·719	284·56	0·664
14	−5·807	+5·703	− 30	− 36	− 2	38·09	+ 1·37	18·679	286·70	0·767
15	−4·310	+6·349	− 30	− 35	− 4	50·26	+ 1·35	21·631	287·03	0·858
16	−2·463	+6·578	− 29	− 34	− 6	62·43	+ 1·34	23·358	284·72	0·931
17	−0·408	+6·349	− 28	− 33	− 9	74·60	+ 1·32	23·657	276·62	0·979
18	+1·671	+5·668	− 27	− 32	− 11	86·76	+ 1·30	22·379	222·14	0·998
19	+3·587	+4·595	− 25	− 31	− 12	98·93	+ 1·28	19·503	123·97	0·987
20	+5·179	+3·228	− 24	− 31	− 13	111·09	+ 1·26	15·210	108·89	0·948
21	+6·340	+1·686	− 23	− 31	− 14	123·26	+ 1·25	9·891	99·97	0·885
22	+7·022	+0·088	− 22	− 31	− 14	135·44	+ 1·23	4·074	92·59	0·805
23	+7·229	−1·466	− 21	− 31	− 14	147·62	+ 1·22	358·274	86·24	0·712
24	+7·005	−2·896	− 21	− 32	− 13	159·81	+ 1·20	352·883	80·97	0·613
25	+6·419	−4·145	− 21	− 32	− 11	172·01	+ 1·19	348·135	76·83	0·513
26	+5·547	−5·172	− 21	− 33	− 10	184·21	+ 1·18	344·137	73·83	0·415
27	+4·469	−5·950	− 22	− 33	− 8	196·42	+ 1·17	340·929	71·95	0·322
28	+3·258	−6·460	− 22	− 34	− 6	208·64	+ 1·16	338·530	71·19	0·236
29	+1·979	−6·689	− 23	− 35	− 4	220·86	+ 1·15	336·965	71·59	0·161
30	+0·684	−6·632	− 25	− 36	− 2	233·09	+ 1·13	336·272	73·36	0·098
May 1	−0·583	−6·291	− 26	− 36	0	245·32	+ 1·12	336·510	77·08	0·050
2	−1·792	−5·674	− 27	− 37	+ 2	257·55	+ 1·11	337·736	85·03	0·017
3	−2·916	−4·802	− 27	− 38	+ 3	269·79	+ 1·09	339·995	119·80	0·002
4	−3·935	−3·704	− 28	− 38	+ 4	282·02	+ 1·07	343·278	235·45	0·005
5	−4·825	−2·422	− 29	− 38	+ 4	294·26	+ 1·05	347·497	253·81	0·029
6	−5·563	−1·007	− 29	− 38	+ 4	306·49	+ 1·03	352·459	262·79	0·071
7	−6·116	+0·479	− 29	− 38	+ 3	318·73	+ 1·01	357·878	269·89	0·132
8	−6·446	+1·967	− 29	− 38	+ 2	330·95	+ 0·99	3·414	276·03	0·210
9	−6·511	+3·380	− 29	− 37	+ 1	343·17	+ 0·96	8·734	281·24	0·303
10	−6·272	+4·639	− 29	− 37	− 1	355·39	+ 0·94	13·557	285·40	0·407
11	−5·697	+5·661	− 28	− 36	− 3	7·60	+ 0·91	17·656	288·37	0·517
12	−4·777	+6·369	− 27	− 35	− 5	19·80	+ 0·88	20·845	290·05	0·630
13	−3·532	+6·695	− 27	− 34	− 7	32·00	+ 0·85	22·942	290·29	0·738
14	−2·023	+6·593	− 26	− 33	− 9	44·19	+ 0·83	23·764	288·92	0·834
15	−0·347	+6·050	− 24	− 32	− 11	56·38	+ 0·80	23·140	285·63	0·913
16	+1·365	+5·097	− 23	− 31	− 13	68·56	+ 0·76	20·962	279·41	0·968
17	+2·976	+3·805	− 22	− 31	− 14	80·74	+ 0·73	17·271	261·37	0·996

MOON, 2011

FOR 0ʰ TERRESTRIAL TIME

Date 0ʰ TT	Apparent Long.	Lat.	Apparent R.A.	Dec.	True Dist.	Horiz. Parallax	Semi-diameter	Ephemeris Transit for date Upper	Lower
	°	°	h m s	° ′ ″		′ ″	′ ″	h	h
May 17	229·41	−2·94	15 04 25·51	−20 24 13·2	57·057	60 15·25	16 24·74	...	11·9304
18	243·99	−1·75	16 06 32·56	−22 39 58·5	57·537	59 45·10	16 16·53	00·4377	12·9452
19	258·25	−0·48	17 08 42·81	−23 23 58·9	58·216	59 03·29	16 05·14	01·4483	13·9430
20	272·12	+0·78	18 09 12·31	−22 38 13·5	59·038	58 13·91	15 51·70	02·4256	14·8933
21	285·58	+1·97	19 06 39·84	−20 34 11·4	59·936	57 21·59	15 37·45	03·3444	15·7782
22	298·64	+3·02	20 00 28·26	−17 28 28·5	60·836	56 30·66	15 23·57	04·1949	16·5954
23	311·32	+3·89	20 50 43·36	−13 38 20·4	61·672	55 44·70	15 11·06	04·9813	17·3542
24	323·70	+4·55	21 37 59·92	− 9 19 02·2	62·387	55 06·34	15 00·61	05·7161	18·0692
25	335·83	+5·00	22 23 07·35	− 4 43 02·2	62·941	54 37·24	14 52·68	06·4156	18·7575
26	347·81	+5·22	23 07 00·11	− 0 00 27·9	63·309	54 18·19	14 47·50	07·0970	19·4361
27	359·69	+5·22	23 50 32·66	+ 4 39 58·6	63·483	54 09·28	14 45·07	07·7770	20·1215
28	11·56	+5·00	0 34 36·99	+ 9 09 58·5	63·468	54 10·03	14 45·27	08·4714	20·8286
29	23·48	+4·55	1 20 00·48	+13 20 42·7	63·284	54 19·48	14 47·85	09·1944	21·5703
30	35·50	+3·91	2 07 22·65	+17 02 14·0	62·959	54 36·34	14 52·44	09·9572	22·3557
31	47·67	+3·08	2 57 09·75	+20 03 19·0	62·525	54 59·07	14 58·63	10·7659	23·1873
June 1	60·02	+2·09	3 49 27·57	+22 12 01·9	62·018	55 26·01	15 05·97	11·6191	...
2	72·58	+0·99	4 43 55·50	+23 17 12·3	61·472	55 55·55	15 14·01	12·5063	00·0594
3	85·35	−0·18	5 39 46·94	+23 10 33·5	60·915	56 26·24	15 22·37	13·4098	00·9573
4	98·35	−1·36	6 36 00·18	+21 48 46·5	60·369	56 56·90	15 30·72	14·3094	01·8612
5	111·58	−2·50	7 31 37·02	+19 14 31·5	59·846	57 26·73	15 38·85	15·1899	02·7526
6	125·03	−3·51	8 26 00·32	+15 35 57·9	59·356	57 55·19	15 46·60	16·0451	03·6206
7	138·70	−4·34	9 19 02·31	+11 05 12·5	58·903	58 21·91	15 53·88	16·8786	04·4640
8	152·58	−4·94	10 11 02·89	+ 5 56 42·8	58·493	58 46·48	16 00·57	17·7014	05·2904
9	166·64	−5·24	11 02 42·24	+ 0 26 17·4	58·135	59 08·18	16 06·48	18·5292	06·1136
10	180·88	−5·24	11 54 51·80	− 5 09 06·7	57·846	59 25·91	16 11·31	19·3791	06·9504
11	195·23	−4·91	12 48 24·98	−10 31 11·1	57·649	59 38·12	16 14·63	20·2663	07·8173
12	209·66	−4·26	13 44 05·87	−15 20 11·8	57·570	59 43·01	16 15·96	21·1991	08·7269
13	224·08	−3·36	14 42 15·05	−19 15 47·7	57·636	59 38·92	16 14·85	22·1739	09·6821
14	238·42	−2·24	15 42 34·63	−21 59 20·4	57·865	59 24·76	16 10·99	23·1717	10·6716
15	252·60	−1·00	16 44 01·72	−23 17 35·7	58·262	59 00·49	16 04·38	...	11·6699
16	266·56	+0·29	17 45 01·39	−23 06 16·4	58·813	58 27·28	15 55·34	00·1620	12·6443
17	280·22	+1·53	18 43 57·92	−21 31 10·3	59·489	57 47·42	15 44·48	01·1137	13·5681
18	293·56	+2·66	19 39 46·18	−18 45 53·6	60·243	57 04·02	15 32·66	02·0063	14·4282
19	306·57	+3·62	20 32 04·54	−15 07 38·1	61·020	56 20·46	15 20·80	02·8342	15·2256
20	319·25	+4·37	21 21 08·76	−10 53 24·8	61·759	55 39·98	15 09·77	03·6038	15·9707
21	331·65	+4·90	22 07 38·03	− 6 17 58·4	62·406	55 05·36	15 00·34	04·3283	16·6787
22	343·82	+5·20	22 52 22·72	− 1 33 19·7	62·913	54 38·73	14 53·09	05·0241	17·3664
23	355·82	+5·27	23 36 16·78	+ 3 10 42·8	63·245	54 21·52	14 48·40	05·7079	18·0506
24	7·72	+5·11	0 20 13·84	+ 7 45 37·3	63·381	54 14·51	14 46·49	06·3965	18·7474
25	19·61	+4·74	1 05 04·88	+12 03 07·4	63·316	54 17·82	14 47·39	07·1052	19·4716
26	31·55	+4·15	1 51 35·70	+15 54 19·0	63·061	54 30·99	14 50·98	07·8479	20·2354
27	43·62	+3·38	2 40 22·56	+19 09 05·2	62·640	54 53·00	14 56·98	08·6348	21·0464
28	55·89	+2·45	3 31 45·37	+21 36 05·0	62·088	55 22·26	15 04·95	09·4699	21·9046
29	68·39	+1·37	4 25 39·89	+23 03 34·2	61·451	55 56·73	15 14·33	10·3489	22·8007
30	81·18	+0·21	5 21 33·14	+23 21 16·3	60·776	56 33·99	15 24·48	11·2577	23·7169
July 1	94·27	−0·99	6 18 27·87	+22 22 50·2	60·113	57 11·47	15 34·69	12·1759	...
2	107·65	−2·16	7 15 18·26	+20 07 56·0	59·502	57 46·66	15 44·27	13·0835	00·6320

EPHEMERIS FOR PHYSICAL OBSERVATIONS
FOR 0^h TERRESTRIAL TIME

Date 0^h TT	The Earth's Selenographic Long.	Lat.	Physical Libration Lg.	Lt.	P.A.	The Sun's Selenographic Colong.	Lat.	Position Angle Axis	Bright Limb	Fraction Illum.
	°	°	(0°001)			°	°	°	°	
May 17	+2·976	+3·805	− 22	− 31	− 14	80·74	+ 0·73	17·271	261·37	0·996
18	+4·357	+2·277	− 20	− 30	− 15	92·92	+ 0·70	12·323	114·43	0·996
19	+5·408	+0·635	− 19	− 30	− 15	105·10	+ 0·67	6·580	96·35	0·968
20	+6·070	−1·006	− 18	− 30	− 15	117·28	+ 0·65	0·600	87·90	0·917
21	+6·322	−2·545	− 17	− 30	− 15	129·47	+ 0·62	354·876	81·54	0·848
22	+6·180	−3·907	− 16	− 31	− 14	141·66	+ 0·59	349·742	76·59	0·765
23	+5·683	−5·038	− 16	− 31	− 12	153·86	+ 0·57	345·373	72·89	0·674
24	+4·892	−5·906	− 16	− 32	− 11	166·07	+ 0·55	341·833	70·34	0·578
25	+3·873	−6·492	− 16	− 32	− 9	178·28	+ 0·53	339·139	68·85	0·481
26	+2·699	−6·788	− 17	− 33	− 6	190·50	+ 0·52	337·300	68·36	0·386
27	+1·441	−6·791	− 18	− 34	− 4	202·73	+ 0·50	336·337	68·83	0·296
28	+0·164	−6·504	− 18	− 34	− 2	214·96	+ 0·48	336·294	70·27	0·214
29	−1·071	−5·937	− 19	− 35	− 1	227·20	+ 0·47	337·227	72·71	0·141
30	−2·215	−5·107	− 20	− 36	+ 1	239·44	+ 0·45	339·188	76·25	0·081
31	−3·225	−4·037	− 20	− 36	+ 2	251·68	+ 0·43	342·196	81·18	0·036
June 1	−4·067	−2·765	− 21	− 36	+ 2	263·93	+ 0·41	346·200	89·13	0·008
2	−4·717	−1·341	− 21	− 37	+ 2	276·18	+ 0·38	351·043	227·83	0·000
3	−5·154	+0·174	− 21	− 37	+ 2	288·43	+ 0·36	356·452	268·76	0·013
4	−5·366	+1·705	− 20	− 36	+ 1	300·67	+ 0·33	2·074	276·45	0·048
5	−5·344	+3·171	− 20	− 36	0	312·92	+ 0·31	7·543	282·16	0·104
6	−5·083	+4·485	− 20	− 36	− 2	325·16	+ 0·28	12·542	286·65	0·180
7	−4·586	+5·566	− 19	− 35	− 4	337·39	+ 0·25	16·828	289·96	0·273
8	−3·863	+6·337	− 19	− 34	− 6	349·62	+ 0·22	20·220	292·05	0·378
9	−2·935	+6·740	− 18	− 33	− 8	1·84	+ 0·19	22·564	292·88	0·491
10	−1·838	+6·734	− 17	− 33	− 10	14·06	+ 0·15	23·716	292·42	0·605
11	−0·621	+6·309	− 16	− 32	− 12	26·27	+ 0·12	23·531	290·64	0·715
12	+0·649	+5·482	− 14	− 31	− 13	38·47	+ 0·08	21·898	287·56	0·814
13	+1·899	+4·307	− 13	− 31	− 15	50·67	+ 0·05	18·796	283·27	0·896
14	+3·049	+2·865	− 12	− 30	− 16	62·86	+ 0·01	14·363	278·02	0·956
15	+4·025	+1·259	− 10	− 30	− 16	75·05	− 0·02	8·937	272·32	0·991
16	+4·763	−0·400	− 9	− 30	− 16	87·24	− 0·06	3·012	83·36	1·000
17	+5·215	−2·003	− 8	− 30	− 16	99·43	− 0·09	357·111	79·85	0·983
18	+5·354	−3·460	− 7	− 30	− 15	111·62	− 0·12	351·654	75·16	0·945
19	+5·174	−4·701	− 6	− 30	− 14	123·82	− 0·15	346·904	71·36	0·887
20	+4·690	−5·680	− 6	− 31	− 13	136·02	− 0·18	342·985	68·58	0·815
21	+3·934	−6·369	− 6	− 31	− 11	148·22	− 0·20	339·940	66·81	0·732
22	+2·954	−6·758	− 6	− 32	− 9	160·43	− 0·22	337·778	66·00	0·642
23	+1·810	−6·846	− 7	− 32	− 7	172·65	− 0·24	336·511	66·09	0·548
24	+0·569	−6·640	− 7	− 33	− 5	184·87	− 0·26	336·164	67·06	0·453
25	−0·697	−6·150	− 8	− 34	− 3	197·10	− 0·28	336·776	68·87	0·360
26	−1·918	−5·394	− 8	− 34	− 1	209·34	− 0·30	338·396	71·52	0·271
27	−3·022	−4·394	− 9	− 35	0	221·58	− 0·31	341·057	74·95	0·190
28	−3·949	−3·180	− 9	− 35	+ 1	233·82	− 0·33	344·742	79·02	0·118
29	−4·643	−1·793	− 9	− 35	+ 1	246·07	− 0·35	349·347	83·36	0·061
30	−5·066	−0·289	− 9	− 35	+ 1	258·32	− 0·37	354·651	86·89	0·021
July 1	−5·192	+1·262	− 8	− 35	0	270·57	− 0·39	0·323	79·69	0·002
2	−5·017	+2·775	− 8	− 35	− 1	282·83	− 0·41	5·979	292·67	0·005

MOON, 2011

FOR 0ʰ TERRESTRIAL TIME

Date 0ʰ TT	Apparent Long.	Lat.	Apparent R.A.	Dec.	True Dist.	Horiz. Parallax	Semi-diameter	Ephemeris Transit for date Upper	Lower
	°	°	h m s	° ′ ″		′ ″	′ ″	h	h
July 1	94·27	−0·99	6 18 27·87	+22 22 50·2	60·113	57 11·47	15 34·69	12·1759	...
2	107·65	−2·16	7 15 18·26	+20 07 56·0	59·502	57 46·66	15 44·27	13·0835	00·6320
3	121·30	−3·23	8 11 10·61	+16 42 55·4	58·978	58 17·50	15 52·67	13·9675	01·5289
4	135·19	−4·13	9 05 38·27	+12 19 50·2	58·559	58 42·54	15 59·49	14·8250	02·3993
5	149·25	−4·79	9 58 45·25	+ 7 14 25·7	58·252	59 01·08	16 04·54	15·6624	03·2455
6	163·43	−5·17	10 51 00·58	+ 1 44 17·1	58·055	59 13·11	16 07·82	16·4926	04·0775
7	177·68	−5·23	11 43 08·92	− 3 52 22·2	57·958	59 19·06	16 09·44	17·3313	04·9099
8	191·93	−4·97	12 36 00·78	− 9 17 10·2	57·951	59 19·50	16 09·56	18·1940	05·7588
9	206·14	−4·41	13 30 22·27	−14 11 42·1	58·026	59 14·87	16 08·30	19·0921	06·6382
10	220·28	−3·58	14 26 43·42	−18 17 49·7	58·182	59 05·36	16 05·71	20·0286	07·5558
11	234·31	−2·55	15 25 05·45	−21 18 48·3	58·420	58 50·91	16 01·77	20·9940	08·5088
12	248·21	−1·37	16 24 51·87	−23 01 30·4	58·744	58 31·39	15 56·46	21·9668	09·4812
13	261·94	−0·13	17 24 51·93	−23 19 12·1	59·158	58 06·83	15 49·77	22·9196	10·4474
14	275·48	+1·10	18 23 40·66	−22 13 24·3	59·657	57 37·65	15 41·82	23·8288	11·3807
15	288·80	+2·25	19 20 06·52	−19 53 27·5	60·229	57 04·85	15 32·89	...	12·2626
16	301·88	+3·25	20 13 30·82	−16 33 54·1	60·848	56 29·98	15 23·39	00·6819	13·0868
17	314·71	+4·07	21 03 50·59	−12 31 07·5	61·482	55 55·04	15 13·87	01·4784	13·8578
18	327·29	+4·68	21 51 30·11	− 8 00 46·9	62·088	55 22·27	15 04·95	02·2266	14·5866
19	339·63	+5·05	22 37 09·61	− 3 16 28·9	62·623	54 53·91	14 57·22	02·9397	15·2877
20	351·78	+5·19	23 21 36·65	+ 1 30 23·6	63·043	54 31·97	14 51·25	03·6326	15·9764
21	3·76	+5·10	0 05 40·97	+ 6 10 13·9	63·310	54 18·15	14 47·48	04·3209	16·6681
22	15·66	+4·78	0 50 11·54	+10 34 24·6	63·397	54 13·69	14 46·27	05·0198	17·3777
23	27·53	+4·27	1 35 54·41	+14 34 27·4	63·287	54 19·33	14 47·81	05·7433	18·1182
24	39·46	+3·57	2 23 29·52	+18 01 19·2	62·979	54 35·27	14 52·15	06·5034	18·9000
25	51·53	+2·70	3 13 25·73	+20 44 58·1	62·487	55 01·05	14 59·17	07·3082	19·7282
26	63·82	+1·69	4 05 54·03	+22 34 32·9	61·841	55 35·56	15 08·57	08·1594	20·6005
27	76·41	+0·58	5 00 41·07	+23 19 25·4	61·084	56 16·91	15 19·83	09·0501	21·5058
28	89·34	−0·58	5 57 07·75	+22 51 05·1	60·271	57 02·42	15 32·23	09·9654	22·4264
29	102·65	−1·75	6 54 17·32	+21 05 28·2	59·466	57 48·79	15 44·85	10·8864	23·3434
30	116·35	−2·85	7 51 12·08	+18 04 46·5	58·730	58 32·26	15 56·70	11·7961	...
31	130·41	−3·80	8 47 11·18	+13 57 54·1	58·119	59 09·21	16 06·76	12·6853	00·2435
Aug. 1	144·74	−4·54	9 42 00·75	+ 8 59 28·1	57·673	59 36·61	16 14·22	13·5543	01·1220
2	159·27	−4·99	10 35 53·70	+ 3 27 58·9	57·416	59 52·64	16 18·59	14·4110	01·9835
3	173·87	−5·12	11 29 22·48	− 2 16 05·1	57·347	59 56·95	16 19·76	15·2678	02·8385
4	188·43	−4·92	12 23 09·09	− 7 51 50·9	57·450	59 50·53	16 18·01	16·1384	03·7006
5	202·87	−4·41	13 17 54·45	−12 59 05·6	57·694	59 35·33	16 13·87	17·0338	04·5825
6	217·12	−3·63	14 14 07·29	−17 19 07·8	58·045	59 13·69	16 07·98	17·9584	05·4925
7	231·14	−2·65	15 11 53·07	−20 35 48·1	58·471	58 47·81	16 00·93	18·9070	06·4305
8	244·94	−1·52	16 10 46·38	−22 36 56·8	58·945	58 19·44	15 53·20	19·8637	07·3856
9	258·50	−0·33	17 09 52·55	−23 16 08·1	59·449	57 49·76	15 45·12	20·8065	08·3382
10	271·85	+0·86	18 08 01·97	−22 33 51·0	59·972	57 19·50	15 36·88	21·7143	09·2658
11	285·00	+1·98	19 04 11·69	−20 37 15·1	60·507	56 49·11	15 28·60	22·5739	10·1506
12	297·96	+2·99	19 57 42·86	−17 38 24·3	61·047	56 18·96	15 20·39	23·3819	10·9842
13	310·73	+3·82	20 48 26·30	−13 51 49·1	61·582	55 49·56	15 12·38	...	11·7678
14	323·31	+4·45	21 36 37·75	− 9 32 16·6	62·099	55 21·69	15 04·79	00·1432	12·5094
15	335·70	+4·87	22 22 49·20	− 4 53 30·8	62·576	54 56·39	14 57·90	00·8680	13·2207
16	347·92	+5·05	23 07 41·13	− 0 07 41·2	62·986	54 34·92	14 52·05	01·5692	13·9152

EPHEMERIS FOR PHYSICAL OBSERVATIONS
FOR 0ʰ TERRESTRIAL TIME

Date 0ʰ TT	The Earth's Selenographic Long.	Lat.	Physical Libration Lg.	Lt.	P.A.	The Sun's Selenographic Colong.	Lat.	Position Angle Axis	Bright Limb	Fraction Illum.
	°	°	(0°001)			°	°	°	°	
July 1	− 5·192	+ 1·262	− 8	− 35	0	270·57	− 0·39	0·323	79·69	0·002
2	− 5·017	+ 2·775	− 8	− 35	− 1	282·83	− 0·41	5·979	292·67	0·005
3	− 4·557	+ 4·159	− 7	− 34	− 3	295·08	− 0·44	11·251	291·01	0·033
4	− 3·848	+ 5·319	− 7	− 34	− 5	307·33	− 0·46	15·843	293·00	0·084
5	− 2·941	+ 6·174	− 6	− 33	− 6	319·57	− 0·49	19·537	294·67	0·158
6	− 1·901	+ 6·657	− 5	− 32	− 9	331·81	− 0·52	22·169	295·42	0·251
7	− 0·793	+ 6·732	− 4	− 32	− 11	344·05	− 0·55	23·606	295·06	0·356
8	+ 0·319	+ 6·391	− 3	− 31	− 12	356·28	− 0·58	23·732	293·54	0·470
9	+ 1·381	+ 5·657	− 2	− 31	− 14	8·50	− 0·61	22·461	290·86	0·585
10	+ 2·350	+ 4·581	0	− 30	− 15	20·71	− 0·64	19·774	287·13	0·695
11	+ 3·194	+ 3·236	+ 1	− 30	− 16	32·92	− 0·68	15·772	282·58	0·794
12	+ 3·887	+ 1·710	+ 3	− 30	− 17	45·12	− 0·71	10·714	277·67	0·877
13	+ 4·408	+ 0·102	+ 4	− 30	− 17	57·32	− 0·75	5·007	273·24	0·940
14	+ 4·736	− 1·489	+ 5	− 30	− 17	69·51	− 0·78	359·132	271·54	0·981
15	+ 4·853	− 2·974	+ 6	− 30	− 16	81·70	− 0·81	353·527	295·61	0·999
16	+ 4·744	− 4·275	+ 6	− 30	− 15	93·90	− 0·84	348·509	57·05	0·993
17	+ 4·398	− 5·333	+ 7	− 31	− 14	106·09	− 0·87	344·264	62·64	0·967
18	+ 3·817	− 6·111	+ 7	− 31	− 13	118·28	− 0·89	340·878	62·88	0·922
19	+ 3·011	− 6·589	+ 7	− 32	− 11	130·48	− 0·91	338·384	62·79	0·861
20	+ 2·009	− 6·762	+ 6	− 32	− 9	142·69	− 0·93	336·799	63·16	0·788
21	+ 0·852	− 6·636	+ 6	− 33	− 7	154·89	− 0·95	336·139	64·19	0·705
22	− 0·404	− 6·226	+ 5	− 33	− 5	167·11	− 0·96	336·433	65·95	0·615
23	− 1·691	− 5·550	+ 5	− 34	− 4	179·33	− 0·97	337·713	68·46	0·521
24	− 2·932	− 4·633	+ 4	− 34	− 2	191·55	− 0·99	340·009	71·70	0·426
25	− 4·047	− 3·502	+ 4	− 34	− 1	203·78	− 1·00	343·317	75·63	0·332
26	− 4·955	− 2·193	+ 4	− 34	− 1	216·01	− 1·01	347·574	80·07	0·243
27	− 5·580	− 0·750	+ 4	− 34	− 1	228·25	− 1·02	352·620	84·70	0·161
28	− 5·860	+ 0·766	+ 4	− 34	− 1	240·50	− 1·03	358·186	88·89	0·092
29	− 5·754	+ 2·281	+ 5	− 34	− 2	252·75	− 1·04	3·919	91·22	0·040
30	− 5·251	+ 3·705	+ 5	− 33	− 4	265·00	− 1·06	9·437	85·21	0·009
31	− 4·378	+ 4·939	+ 6	− 33	− 5	277·25	− 1·07	14·392	337·76	0·002
Aug. 1	− 3·201	+ 5·887	+ 7	− 32	− 7	289·50	− 1·09	18·503	304·33	0·022
2	− 1·822	+ 6·468	+ 8	− 31	− 9	301·75	− 1·11	21·555	300·49	0·068
3	− 0·359	+ 6·631	+ 9	− 31	− 11	313·99	− 1·13	23·382	298·68	0·139
4	+ 1·067	+ 6·363	+ 10	− 30	− 13	326·23	− 1·15	23·856	296·58	0·230
5	+ 2·356	+ 5·690	+ 11	− 29	− 15	338·46	− 1·17	22·899	293·64	0·336
6	+ 3·439	+ 4·670	+ 13	− 29	− 16	350·69	− 1·19	20·507	289·79	0·448
7	+ 4·279	+ 3·381	+ 14	− 29	− 17	2·90	− 1·22	16·787	285·14	0·562
8	+ 4·871	+ 1·913	+ 15	− 29	− 18	15·11	− 1·24	11·985	279·97	0·670
9	+ 5·227	+ 0·359	+ 17	− 29	− 18	27·32	− 1·27	6·474	274·74	0·769
10	+ 5·368	− 1·190	+ 18	− 29	− 18	39·52	− 1·29	0·696	270·06	0·853
11	+ 5·312	− 2·652	+ 18	− 30	− 17	51·71	− 1·32	355·071	266·73	0·919
12	+ 5·075	− 3·954	+ 19	− 30	− 16	63·90	− 1·34	349·925	266·44	0·966
13	+ 4·663	− 5·037	+ 19	− 31	− 15	76·09	− 1·37	345·470	276·85	0·993
14	+ 4·078	− 5·858	+ 19	− 31	− 14	88·28	− 1·39	341·823	9·65	0·998
15	+ 3·320	− 6·389	+ 18	− 32	− 12	100·47	− 1·40	339·044	49·68	0·984
16	+ 2·393	− 6·619	+ 18	− 32	− 11	112·65	− 1·42	337·165	56·48	0·951

MOON, 2011

FOR 0ʰ TERRESTRIAL TIME

Date 0ʰ TT	Apparent Long.	Lat.	Apparent R.A.	Dec.	True Dist.	Horiz. Parallax	Semi-diameter	Ephemeris Transit for date Upper	Lower
	°	°	h m s	° ′ ″		′ ″	′ ″	h	h
Aug. 16	347·92	+5·05	23 07 41·13	− 0 07 41·2	62·986	54 34·92	14 52·05	01·5692	13·9152
17	359·98	+5·00	23 51 57·20	+ 4 34 34·2	63·299	54 18·71	14 47·64	02·2604	14·6065
18	11·92	+4·73	0 36 21·16	+ 9 03 46·0	63·485	54 09·19	14 45·04	02·9552	15·3080
19	23·77	+4·26	1 21 34·69	+13 11 01·9	63·515	54 07·65	14 44·62	03·6665	16·0320
20	35·62	+3·61	2 08 14·97	+16 47 34·0	63·368	54 15·17	14 46·67	04·4057	16·7886
21	47·51	+2·80	2 56 51·28	+19 44 14·2	63·033	54 32·47	14 51·38	05·1815	17·5847
22	59·54	+1·85	3 47 40·21	+21 51 28·9	62·512	54 59·76	14 58·82	05·9983	18·4219
23	71·80	+0·80	4 40 40·63	+22 59 44·4	61·821	55 36·61	15 08·85	06·8545	19·2950
24	84·37	−0·31	5 35 30·97	+23 00 31·6	60·996	56 21·79	15 21·16	07·7417	20·1928
25	97·32	−1·44	6 31 32·38	+21 48 02·6	60·085	57 13·05	15 35·12	08·6463	21·1005
26	110·71	−2·52	7 27 58·84	+19 20 53·3	59·153	58 07·11	15 49·84	09·5539	22·0052
27	124·57	−3·49	8 24 11·18	+15 43 17·6	58·275	58 59·68	16 04·16	10·4538	22·8993
28	138·88	−4·28	9 19 48·56	+11 05 29·7	57·524	59 45·89	16 16·75	11·3422	23·7831
29	153·55	−4·81	10 14 52·76	+ 5 43 13·5	56·966	60 21·02	16 26·32	12·2229	...
30	168·47	−5·02	11 09 45·11	− 0 03 26·8	56·647	60 41·42	16 31·87	13·1049	00·6631
31	183·48	−4·88	12 04 58·57	− 5 51 45·2	56·586	60 45·33	16 32·94	13·9994	01·5499
Sept. 1	198·42	−4·42	13 01 07·22	−11 18 08·6	56·773	60 33·31	16 29·66	14·9158	02·4544
2	213·16	−3·66	13 58 34·44	−16 00 20·5	57·173	60 07·91	16 22·75	15·8579	03·3838
3	227·60	−2·69	14 57 21·51	−19 39 26·0	57·733	59 32·89	16 13·21	16·8201	04·3373
4	241·70	−1·56	15 57 00·34	−22 01 52·3	58·396	58 52·32	16 02·16	17·7871	05·3043
5	255·44	−0·38	16 56 36·16	−23 01 02·9	59·108	58 09·81	15 50·58	18·7378	06·2659
6	268·85	+0·80	17 55 02·17	−22 37 50·0	59·823	57 28·09	15 39·22	19·6520	07·2005
7	281·98	+1·91	18 51 20·16	−20 59 36·6	60·509	56 48·96	15 28·56	20·5174	08·0912
8	294·85	+2·90	19 44 56·07	−18 18 07·5	61·148	56 13·38	15 18·87	21·3308	08·9305
9	307·51	+3·73	20 35 43·98	−14 47 04·6	61·726	55 41·74	15 10·25	22·0973	09·7194
10	319·99	+4·36	21 24 01·01	−10 40 16·9	62·241	55 14·11	15 02·72	22·8265	10·4658
11	332·32	+4·78	22 10 18·88	− 6 10 41·4	62·689	54 50·45	14 56·28	23·5309	11·1810
12	344·51	+4·98	22 55 16·54	− 1 30 05·4	63·065	54 30·83	14 50·94	...	11·8777
13	356·58	+4·95	23 39 35·23	+ 3 10 48·1	63·361	54 15·53	14 46·77	00·2231	12·5687
14	8·54	+4·70	0 23 55·47	+ 7 42 03·8	63·565	54 05·07	14 43·92	00·9160	13·2664
15	20·42	+4·24	1 08 55·01	+11 54 16·2	63·661	54 00·21	14 42·60	01·6212	13·9816
16	32·25	+3·61	1 55 06·73	+15 38 13·2	63·628	54 01·85	14 43·04	02·3488	14·7236
17	44·08	+2·81	2 42 55·91	+18 44 46·6	63·450	54 10·96	14 45·53	03·1067	15·4985
18	55·96	+1·89	3 32 36·85	+21 04 54·0	63·111	54 28·43	14 50·28	03·8990	16·3080
19	67·96	+0·88	4 24 09·55	+22 29 59·7	62·604	54 54·90	14 57·49	04·7251	17·1492
20	80·17	−0·20	5 17 18·32	+22 52 35·7	61·934	55 30·57	15 07·21	05·5792	18·0139
21	92·68	−1·29	6 11 34·55	+22 07 19·1	61·119	56 14·98	15 19·31	06·4518	18·8916
22	105·57	−2·35	7 06 24·14	+20 11 53·5	60·195	57 06·79	15 33·41	07·3320	19·7722
23	118·90	−3·31	8 01 17·79	+17 07 58·0	59·215	58 03·46	15 48·85	08·2115	20·6498
24	132·73	−4·12	8 56 00·02	+13 01 39·1	58·250	59 01·20	16 04·58	09·0871	21·5242
25	147·05	−4·71	9 50 33·70	+ 8 03 47·3	57·378	59 55·02	16 19·24	09·9620	22·4015
26	161·82	−5·00	10 45 19·05	+ 2 30 03·0	56·680	60 39·30	16 31·30	10·8442	23·2916
27	176·92	−4·96	11 40 48·05	− 3 19 19·3	56·225	61 08·72	16 39·31	11·7450	...
28	192·18	−4·56	12 37 35·33	− 9 00 28·2	56·060	61 19·55	16 42·26	12·6744	00·2056
29	207·41	−3·84	13 36 05·92	−14 07 56·1	56·196	61 10·62	16 39·83	13·6375	01·1518
30	222·45	−2·86	14 36 21·36	−18 17 43·7	56·612	60 43·67	16 32·49	14·6289	02·1305
Oct. 1	237·16	−1·71	15 37 49·08	−21 11 01·6	57·255	60 02·75	16 21·34	15·6314	03·1303

EPHEMERIS FOR PHYSICAL OBSERVATIONS
FOR 0ʰ TERRESTRIAL TIME

Date 0ʰ TT	The Earth's Selenographic Long.	Lat.	Lg.	Physical Libration Lt.	P.A.	The Sun's Selenographic Colong.	Lat.	Position Angle Axis	Bright Limb	Fraction Illum.
	°	°		(0°001)		°	°	°	°	
Aug. 16	+2·393	−6·619	+ 18	− 32	− 11	112·65	− 1·42	337·165	56·48	0·951
17	+1·310	−6·551	+ 17	− 33	− 9	124·84	− 1·43	336·211	59·70	0·902
18	+0·097	−6·197	+ 16	− 33	− 7	137·04	− 1·43	336·209	62·42	0·839
19	−1·202	−5·578	+ 16	− 34	− 6	149·24	− 1·44	337·183	65·40	0·765
20	−2·531	−4·722	+ 15	− 34	− 4	161·44	− 1·44	339·151	68·87	0·680
21	−3·819	−3·658	+ 14	− 34	− 3	173·64	− 1·44	342·109	72·92	0·589
22	−4·983	−2·422	+ 14	− 34	− 3	185·86	− 1·44	346·005	77·49	0·493
23	−5·932	−1·054	+ 14	− 34	− 3	198·08	− 1·44	350·715	82·42	0·395
24	−6·576	+0·396	+ 14	− 34	− 3	210·30	− 1·44	356·029	87·43	0·299
25	−6·833	+1·866	+ 14	− 34	− 4	222·53	− 1·44	1·654	92·09	0·208
26	−6·638	+3·281	+ 14	− 33	− 5	234·76	− 1·45	7·246	95·75	0·128
27	−5·964	+4·550	+ 15	− 32	− 6	247·00	− 1·45	12·459	97·24	0·063
28	−4·828	+5·573	+ 16	− 32	− 8	259·24	− 1·45	16·977	92·71	0·020
29	−3·305	+6·257	+ 16	− 31	− 10	271·48	− 1·45	20·532	41·36	0·002
30	−1·524	+6·528	+ 17	− 30	− 13	283·72	− 1·46	22·895	315·01	0·013
31	+0·351	+6·351	+ 19	− 29	− 15	295·96	− 1·46	23·883	303·33	0·053
Sept. 1	+2·149	+5·738	+ 20	− 28	− 16	308·20	− 1·47	23·368	297·84	0·120
2	+3·726	+4·748	+ 21	− 28	− 18	320·43	− 1·48	21·320	292·93	0·207
3	+4·985	+3·468	+ 23	− 27	− 19	332·65	− 1·49	17·841	287·66	0·309
4	+5·881	+2·002	+ 24	− 27	− 19	344·87	− 1·50	13·190	282·00	0·419
5	+6·414	+0·452	+ 25	− 27	− 20	357·08	− 1·51	7·756	276·21	0·530
6	+6·616	−1·089	+ 26	− 28	− 19	9·28	− 1·52	1·995	270·72	0·637
7	+6·531	−2·539	+ 27	− 28	− 19	21·47	− 1·54	356·332	265·94	0·735
8	+6·209	−3·831	+ 28	− 29	− 18	33·66	− 1·55	351·096	262·28	0·821
9	+5·691	−4·912	+ 28	− 29	− 17	45·85	− 1·56	346·503	260·17	0·891
10	+5·009	−5·741	+ 27	− 30	− 16	58·03	− 1·57	342·674	260·44	0·945
11	+4·184	−6·291	+ 27	− 31	− 14	70·21	− 1·58	339·679	265·87	0·980
12	+3·228	−6·546	+ 26	− 31	− 12	82·38	− 1·59	337·558	295·96	0·997
13	+2·151	−6·506	+ 25	− 32	− 11	94·56	− 1·59	336·348	30·32	0·995
14	+0·964	−6·180	+ 24	− 32	− 9	106·73	− 1·59	336·080	52·22	0·975
15	−0·315	−5·587	+ 23	− 33	− 8	118·91	− 1·58	336·785	59·88	0·938
16	−1·655	−4·756	+ 22	− 34	− 6	131·09	− 1·58	338·481	65·18	0·886
17	−3·013	−3·721	+ 21	− 34	− 5	143·27	− 1·57	341·158	70·10	0·820
18	−4·328	−2·519	+ 20	− 34	− 5	155·46	− 1·56	344·763	75·15	0·742
19	−5·526	−1·193	+ 19	− 34	− 4	167·65	− 1·55	349·182	80·42	0·654
20	−6·523	+0·210	+ 18	− 34	− 5	179·84	− 1·53	354·229	85·80	0·558
21	−7·225	+1·635	+ 18	− 34	− 5	192·04	− 1·52	359·651	91·04	0·458
22	−7·543	+3·018	+ 18	− 33	− 6	204·25	− 1·51	5·151	95·82	0·356
23	−7·398	+4·285	+ 18	− 33	− 8	216·46	− 1·49	10·423	99·75	0·257
24	−6·742	+5·348	+ 18	− 32	− 9	228·68	− 1·48	15·173	102·36	0·166
25	−5·572	+6·117	+ 19	− 31	− 11	240·90	− 1·47	19·131	102·90	0·090
26	−3·944	+6·504	+ 19	− 30	− 14	253·13	− 1·46	22·042	99·27	0·034
27	−1·984	+6·452	+ 20	− 29	− 16	265·35	− 1·45	23·666	76·83	0·005
28	+0·134	+5·940	+ 22	− 27	− 18	277·58	− 1·44	23·799	323·82	0·006
29	+2·214	+5·004	+ 23	− 27	− 19	289·81	− 1·43	22·317	300·81	0·037
30	+4·075	+3·729	+ 25	− 26	− 20	302·03	− 1·42	19·244	291·94	0·096
Oct. 1	+5·585	+2·226	+ 26	− 25	− 21	314·25	− 1·42	14·798	284·82	0·177

MOON, 2011

FOR 0ʰ TERRESTRIAL TIME

Date 0ʰ TT	Apparent Long.	Lat.	Apparent R.A.	Dec.	True Dist.	Horiz. Parallax	Semi-diameter	Ephemeris Transit for date Upper	Lower
	°	°	h m s	° ′ ″		′ ″	′ ″	h	h
Oct. 1	237·16	−1·71	15 37 49·08	−21 11 01·6	57·255	60 02·75	16 21·34	15·6314	03·1303
2	251·46	−0·47	16 39 23·37	−22 37 23·1	58·055	59 13·09	16 07·82	16·6193	04·1289
3	265·32	+0·75	17 39 42·67	−22 36 06·4	58·937	58 19·89	15 53·33	17·5677	05·0997
4	278·76	+1·90	18 37 35·95	−21 14 59·8	59·833	57 27·50	15 39·06	18·4604	06·0215
5	291·83	+2·92	19 32 22·61	−18 47 09·8	60·686	56 39·05	15 25·86	19·2932	06·8841
6	304·58	+3·76	20 23 56·79	−15 27 34·3	61·456	55 56·44	15 14·26	20·0718	07·6887
7	317·08	+4·41	21 12 39·68	−11 30 39·2	62·119	55 20·60	15 04·49	20·8074	08·4442
8	329·37	+4·84	21 59 08·36	− 7 09 17·7	62·665	54 51·67	14 56·61	21·5138	09·1634
9	341·51	+5·04	22 44 06·69	− 2 34 48·0	63·092	54 29·39	14 50·54	22·2051	09·8605
10	353·54	+5·02	23 28 19·71	+ 2 02 40·8	63·405	54 13·26	14 46·15	22·8947	10·5493
11	5·48	+4·78	0 12 30·38	+ 6 33 37·1	63·610	54 02·80	14 43·30	23·5948	11·2427
12	17·36	+4·33	0 57 17·59	+10 48 40·1	63·711	53 57·66	14 41·90	. . .	11·9521
13	29·21	+3·69	1 43 13·99	+14 38 24·3	63·709	53 57·72	14 41·92	00·3158	12·6865
14	41·05	+2·89	2 30 43·35	+17 53 17·6	63·603	54 03·16	14 43·40	01·0650	13·4516
15	52·92	+1·96	3 19 57·27	+20 23 57·4	63·384	54 14·37	14 46·45	01·8463	14·2487
16	64·85	+0·94	4 10 52·38	+22 01 44·5	63·043	54 31·94	14 51·24	02·6582	15·0739
17	76·91	−0·14	5 03 09·95	+22 39 32·1	62·574	54 56·49	14 57·93	03·4945	15·9189
18	89·15	−1·22	5 56 19·76	+22 12 37·6	61·972	55 28·50	15 06·65	04·3455	16·7730
19	101·65	−2·28	6 49 48·28	+20 39 22·6	61·244	56 08·09	15 17·43	05·2004	17·6268
20	114·48	−3·25	7 43 08·76	+18 01 28·1	60·407	56 54·75	15 30·14	06·0517	18·4750
21	127·71	−4·08	8 36 09·41	+14 23 51·7	59·496	57 47·03	15 44·38	06·8969	19·3182
22	141·39	−4·70	9 28 57·12	+ 9 54 40·6	58·562	58 42·33	15 59·44	07·7398	20·1631
23	155·54	−5·07	10 21 56·44	+ 4 45 21·0	57·672	59 36·71	16 14·25	08·5897	21·0213
24	170·15	−5·13	11 15 45·19	− 0 48 54·6	56·902	60 25·09	16 27·42	09·4596	21·9065
25	185·13	−4·84	12 11 07·11	− 6 28 41·1	56·331	61 01·87	16 37·44	10·3636	22·8319
26	200·34	−4·21	13 08 41·04	−11 50 33·7	56·022	61 22·02	16 42·93	11·3121	23·8042
27	215·63	−3·27	14 08 45·84	−16 28 50·8	56·017	61 22·39	16 43·03	12·3069	. . .
28	230·79	−2·11	15 11 03·58	−19 59 13·3	56·319	61 02·65	16 37·65	13·3348	00·8182
29	245·69	−0·82	16 14 30·48	−22 03 45·8	56·897	60 25·44	16 27·52	14·3681	01·8529
30	260·19	+0·49	17 17 28·22	−22 35 15·8	57·690	59 35·60	16 13·95	15·3725	02·8759
31	274·25	+1·73	18 18 16·00	−21 38 15·2	58·619	58 38·91	15 58·51	16·3209	03·8549
Nov. 1	287·84	+2·84	19 15 44·21	−19 26 03·5	59·602	57 40·85	15 42·69	17·2007	04·7695
2	301·00	+3·76	20 09 28·91	−16 15 52·6	60·564	56 45·88	15 27·72	18·0142	05·6152
3	313·78	+4·46	20 59 45·35	−12 24 41·1	61·443	55 57·13	15 14·44	18·7725	06·3993
4	326·25	+4·93	21 47 12·79	− 8 07 10·8	62·197	55 16·44	15 03·36	19·4911	07·1357
5	338·48	+5·17	22 32 41·05	− 3 35 27·8	62·800	54 44·61	14 54·69	20·1864	07·8406
6	350·52	+5·18	23 17 02·06	+ 1 00 22·2	63·242	54 21·66	14 48·44	20·8740	08·5302
7	2·45	+4·96	0 01 05·56	+ 5 31 20·8	63·526	54 07·07	14 44·47	21·5684	09·2196
8	14·32	+4·52	0 45 36·66	+ 9 48 48·0	63·664	54 00·05	14 42·55	22·2816	09·9220
9	26·16	+3·90	1 31 13·75	+13 43 48·1	63·671	53 59·67	14 42·45	23·0232	10·6484
10	38·02	+3·10	2 18 25·59	+17 06 54·9	63·566	54 05·04	14 43·91	23·7981	11·4063
11	49·93	+2·17	3 07 27·44	+19 48 23·2	63·362	54 15·45	14 46·75	. . .	12·1982
12	61·91	+1·13	3 58 17·22	+21 38 49·9	63·072	54 30·42	14 50·83	00·6061	13·0207
13	74·00	+0·03	4 50 34·18	+22 30 20·1	62·702	54 49·77	14 56·09	01·4406	13·8643
14	86·23	−1·09	5 43 42·43	+22 17 41·4	62·252	55 13·54	15 02·57	02·2901	14·7164
15	98·64	−2·17	6 37 00·43	+20 59 18·8	61·722	55 41·97	15 10·31	03·1415	15·5644
16	111·27	−3·17	7 29 53·16	+18 37 27·7	61·114	56 15·25	15 19·38	03·9841	16·4003

EPHEMERIS FOR PHYSICAL OBSERVATIONS
FOR 0^h TERRESTRIAL TIME

Date 0^h TT	The Earth's Selenographic Long.	Lat.	Physical Libration Lg.	Lt.	P.A.	The Sun's Selenographic Colong.	Lat.	Position Angle Axis	Bright Limb	Fraction Illum.
	°	°	(0°001)			°	°	°	°	
Oct. 1	+ 5·585	+ 2·226	+ 26	− 25	− 21	314·25	− 1·42	14·798	284·82	0·177
2	+ 6·673	+ 0·618	+ 28	− 25	− 22	326·46	− 1·41	9·388	278·12	0·274
3	+ 7·321	− 0·982	+ 29	− 25	− 22	338·66	− 1·41	3·523	271·83	0·379
4	+ 7·556	− 2·482	+ 30	− 26	− 21	350·86	− 1·41	357·693	266·22	0·487
5	+ 7·428	− 3·810	+ 30	− 26	− 20	3·05	− 1·41	352·271	261·55	0·592
6	+ 6·999	− 4·917	+ 30	− 27	− 19	15·24	− 1·40	347·491	257·99	0·689
7	+ 6·327	− 5·765	+ 30	− 27	− 18	27·41	− 1·40	343·477	255·64	0·777
8	+ 5·468	− 6·331	+ 29	− 28	− 16	39·59	− 1·40	340·288	254·64	0·853
9	+ 4·462	− 6·605	+ 28	− 29	− 15	51·75	− 1·39	337·960	255·28	0·914
10	+ 3·344	− 6·582	+ 27	− 30	− 13	63·92	− 1·39	336·525	258·46	0·959
11	+ 2·137	− 6·272	+ 25	− 30	− 11	76·08	− 1·38	336·019	268·16	0·988
12	+ 0·864	− 5·692	+ 24	− 31	− 10	88·24	− 1·36	336·478	324·77	0·999
13	− 0·457	− 4·867	+ 23	− 32	− 8	100·40	− 1·35	337·929	48·73	0·992
14	− 1·798	− 3·832	+ 21	− 32	− 7	112·56	− 1·33	340·372	64·04	0·967
15	− 3·127	− 2·628	+ 20	− 33	− 7	124·72	− 1·31	343·760	71·99	0·926
16	− 4·396	− 1·301	+ 19	− 33	− 6	136·88	− 1·29	347·980	78·47	0·869
17	− 5·550	+ 0·099	+ 18	− 33	− 6	149·05	− 1·27	352·849	84·50	0·797
18	− 6·518	+ 1·517	+ 17	− 33	− 7	161·22	− 1·24	358·120	90·21	0·713
19	− 7·224	+ 2·891	+ 16	− 33	− 8	173·40	− 1·22	3·513	95·47	0·619
20	− 7·588	+ 4·157	+ 15	− 32	− 9	185·58	− 1·19	8·746	100·08	0·517
21	− 7·536	+ 5·242	+ 15	− 31	− 11	197·77	− 1·17	13·559	103·79	0·411
22	− 7·013	+ 6·067	+ 15	− 30	− 12	209·96	− 1·14	17·715	106·38	0·305
23	− 6·001	+ 6·555	+ 15	− 29	− 14	222·16	− 1·12	20·989	107·59	0·206
24	− 4·530	+ 6·638	+ 16	− 28	− 16	234·36	− 1·09	23·153	107·01	0·119
25	− 2·689	+ 6·273	+ 17	− 27	− 18	246·57	− 1·07	23·972	103·73	0·053
26	− 0·624	+ 5·462	+ 18	− 26	− 20	258·78	− 1·05	23·240	93·17	0·012
27	+ 1·487	+ 4·256	+ 19	− 25	− 22	270·99	− 1·02	20·852	343·33	0·001
28	+ 3·461	+ 2·754	+ 21	− 24	− 23	283·20	− 1·00	16·887	292·58	0·021
29	+ 5·146	+ 1·086	+ 22	− 24	− 23	295·41	− 0·98	11·670	281·58	0·069
30	+ 6·435	− 0·616	+ 24	− 23	− 23	307·62	− 0·96	5·724	273·70	0·141
31	+ 7·279	− 2·231	+ 25	− 23	− 23	319·82	− 0·95	359·629	267·06	0·229
Nov. 1	+ 7·674	− 3·669	+ 25	− 23	− 23	332·01	− 0·93	353·869	261·52	0·327
2	+ 7·651	− 4·868	+ 26	− 24	− 22	344·19	− 0·91	348·754	257·14	0·430
3	+ 7·265	− 5·787	+ 26	− 24	− 20	356·37	− 0·90	344·441	253·91	0·532
4	+ 6·578	− 6·409	+ 25	− 25	− 19	8·55	− 0·89	340·991	251·81	0·630
5	+ 5·655	− 6·726	+ 24	− 26	− 17	20·71	− 0·87	338·425	250·79	0·721
6	+ 4·558	− 6·741	+ 23	− 26	− 15	32·87	− 0·85	336·759	250·83	0·803
7	+ 3·341	− 6·462	+ 21	− 27	− 13	45·03	− 0·84	336·014	252·00	0·872
8	+ 2·052	− 5·908	+ 20	− 28	− 12	57·18	− 0·82	336·226	254·48	0·928
9	+ 0·730	− 5·102	+ 18	− 29	− 10	69·33	− 0·80	337·426	258·98	0·969
10	− 0·591	− 4·075	+ 17	− 29	− 9	81·47	− 0·77	339·630	269·32	0·993
11	− 1·878	− 2·866	+ 15	− 30	− 8	93·62	− 0·75	342·809	22·19	0·999
12	− 3·099	− 1·523	+ 13	− 30	− 8	105·76	− 0·72	346·870	73·37	0·988
13	− 4·220	− 0·100	+ 12	− 31	− 8	117·90	− 0·69	351·636	83·12	0·958
14	− 5·202	+ 1·345	+ 11	− 31	− 8	130·05	− 0·66	356·857	89·94	0·910
15	− 6·000	+ 2·747	+ 10	− 30	− 9	142·20	− 0·63	2·241	95·74	0·845
16	− 6·564	+ 4·041	+ 9	− 30	− 10	154·35	− 0·59	7·495	100·74	0·765

FOR 0ʰ TERRESTRIAL TIME

Date 0ʰ TT	Apparent Long.	Lat.	Apparent R.A.	Dec.	True Dist.	Horiz. Parallax	Semi- diameter	Ephemeris Transit for date Upper	Lower
	°	°	h m s	° ′ ″	′ ″	′ ″	′ ″	h	h
Nov. 16	111·27	−3·17	7 29 53·16	+18 37 27·7	61·114	56 15·25	15 19·38	03·9841	16·4003
17	124·17	−4·03	8 22 02·31	+15 17 46·6	60·432	56 53·34	15 29·75	04·8130	17·2227
18	137·39	−4·70	9 13 30·88	+11 08 31·6	59·691	57 35·71	15 41·29	05·6304	18·0373
19	150·96	−5·13	10 04 42·26	+ 6 20 04·9	58·919	58 21·00	15 53·63	06·4450	18·8553
20	164·90	−5·27	10 56 15·96	+ 1 04 55·0	58·157	59 06·85	16 06·12	07·2703	19·6921
21	179·22	−5·09	11 49 01·43	− 4 21 51·5	57·461	59 49·81	16 17·82	08·1227	20·5640
22	193·87	−4·59	12 43 49·98	− 9 41 49·7	56·895	60 25·54	16 27·55	09·0179	21·4854
23	208·76	−3·77	13 41 22·71	−14 33 08·1	56·522	60 49·47	16 34·07	09·9671	22·4624
24	223·77	−2·68	14 41 53·43	−18 31 52·6	56·394	60 57·73	16 36·31	10·9698	23·4864
25	238·77	−1·41	15 44 50·64	−21 15 44·7	56·541	60 48·22	16 33·72	12·0084	...
26	253·61	−0·06	16 48 51·43	−22 29 24·3	56·961	60 21·34	16 26·40	13·0494	00·5310
27	268·15	+1·27	17 52 01·14	−22 09 03·0	57·620	59 39·94	16 15·13	14·0551	01·5587
28	282·32	+2·49	18 52 33·67	−20 23 02·0	58·457	58 48·66	16 01·16	14·9981	02·5355
29	296·05	+3·53	19 49 25·72	−17 27 59·2	59·397	57 52·79	15 45·94	15·8687	03·4424
30	309·35	+4·34	20 42 25·14	−13 43 16·8	60·361	56 57·35	15 30·85	16·6722	04·2781
Dec. 1	322·24	+4·91	21 31 58·38	− 9 26 51·8	61·274	56 06·43	15 16·98	17·4223	05·0529
2	334·78	+5·22	22 18 52·81	− 4 53 31·0	62·076	55 22·94	15 05·13	18·1362	05·7826
3	347·03	+5·29	23 04 03·42	− 0 14 54·1	62·723	54 48·65	14 55·79	18·8313	06·4850
4	359·07	+5·12	23 48 25·39	+ 4 19 32·7	63·190	54 24·34	14 49·17	19·5241	07·1770
5	10·97	+4·73	0 32 50·49	+ 8 41 31·6	63·468	54 10·04	14 45·28	20·2293	07·8743
6	22·81	+4·15	1 18 04·75	+12 42 55·0	63·563	54 05·19	14 43·95	20·9593	08·5906
7	34·64	+3·38	2 04 45·78	+16 15 06·7	63·492	54 08·79	14 44·94	21·7227	09·3365
8	46·54	+2·47	2 53 18·87	+19 08 47·9	63·282	54 19·61	14 47·88	22·5228	10·1182
9	58·55	+1·44	3 43 52·02	+21 14 18·7	62·960	54 36·25	14 52·41	23·3561	10·9358
10	70·69	+0·33	4 36 12·02	+22 22 39·3	62·558	54 57·32	14 58·15	...	11·7821
11	83·01	−0·80	5 29 45·01	+22 26 59·6	62·101	55 21·59	15 04·76	00·2122	12·6442
12	95·53	−1·92	6 23 44·02	+21 24 11·4	61·610	55 48·06	15 11·97	01·0762	13·5063
13	108·25	−2·96	7 17 22·43	+19 15 39·0	61·099	56 16·05	15 19·60	01·9333	14·3558
14	121·19	−3·87	8 10 07·72	+16 07 10·6	60·576	56 45·19	15 27·53	02·7735	15·1862
15	134·35	−4·58	9 01 49·76	+12 07 58·9	60·045	57 15·31	15 35·73	03·5944	15·9990
16	147·75	−5·07	9 52 41·87	+ 7 29 30·7	59·510	57 46·23	15 44·16	04·4013	16·8027
17	161·38	−5·28	10 43 16·84	+ 2 24 38·9	58·977	58 17·56	15 52·69	05·2052	17·6107
18	175·25	−5·19	11 34 20·78	− 2 52 28·5	58·461	58 48·41	16 01·09	06·0214	18·4394
19	189·35	−4·79	12 26 46·12	− 8 06 07·0	57·988	59 17·21	16 08·94	06·8668	19·3053
20	203·65	−4·09	13 21 22·77	−12 58 27·5	57·592	59 41·69	16 15·60	07·7564	20·2210
21	218·11	−3·12	14 18 45·52	−17 09 38·7	57·314	59 59·03	16 20·33	08·6993	21·1902
22	232·67	−1·95	15 18 57·60	−20 19 12·1	57·197	60 06·40	16 22·34	09·6919	22·2013
23	247·25	−0·65	16 21 16·23	−22 09 22·2	57·274	60 01·57	16 21·02	10·7145	23·2269
24	261·74	+0·69	17 24 13·29	−22 29 42·8	57·561	59 43·57	16 16·12	11·7339	...
25	276·06	+1·96	18 25 59·95	−21 20 33·2	58·054	59 13·17	16 07·84	12·7160	00·2314
26	290·10	+3·09	19 25 04·44	−18 52 46·4	58·721	58 32·79	15 56·84	13·6376	01·1851
27	303·82	+4·01	20 20 38·35	−15 23 59·2	59·513	57 46·06	15 44·11	14·4920	02·0730
28	317·16	+4·68	21 12 39·13	−11 13 38·0	60·364	56 57·16	15 30·79	15·2857	02·8957
29	330·12	+5·09	22 01 36·77	− 6 39 26·2	61·207	56 10·09	15 17·97	16·0323	03·6639
30	342·73	+5·24	22 48 18·30	− 1 55 57·9	61·976	55 28·26	15 06·58	16·7482	04·3930
31	355·04	+5·15	23 33 36·69	+ 2 45 16·9	62·616	54 54·25	14 57·32	17·4501	05·0999
32	7·10	+4·83	0 18 24·76	+ 7 15 01·5	63·086	54 29·74	14 50·64	18·1538	05·8008

EPHEMERIS FOR PHYSICAL OBSERVATIONS
FOR 0^h TERRESTRIAL TIME

Date 0^h TT	The Earth's Selenographic Long.	Lat.	Physical Libration Lg.	Lt.	P.A.	The Sun's Selenographic Colong.	Lat.	Position Angle Axis	Bright Limb	Fraction Illum.
	°	°		(0°001)		°	°	°	°	
Nov. 16	− 6·564	+ 4·041	+ 9	− 30	− 10	154·35	− 0·59	7·495	100·74	0·765
17	− 6·844	+ 5·159	+ 8	− 30	− 12	166·51	− 0·56	12·360	104·86	0·673
18	− 6·791	+ 6·031	+ 7	− 29	− 13	178·67	− 0·53	16·618	108·01	0·570
19	− 6·369	+ 6·593	+ 7	− 28	− 15	190·84	− 0·50	20·081	110·06	0·461
20	− 5·559	+ 6·785	+ 7	− 27	− 17	203·02	− 0·47	22·562	110·92	0·351
21	− 4·378	+ 6·564	+ 7	− 26	− 19	215·20	− 0·43	23·866	110·46	0·245
22	− 2·878	+ 5·916	+ 8	− 25	− 20	227·39	− 0·40	23·789	108·56	0·151
23	− 1·150	+ 4·859	+ 9	− 24	− 22	239·58	− 0·37	22·162	105·01	0·075
24	+ 0·681	+ 3·459	+ 11	− 23	− 23	251·78	− 0·34	18·930	99·22	0·024
25	+ 2·475	+ 1·820	+ 12	− 23	− 24	263·97	− 0·31	14·241	81·27	0·001
26	+ 4·094	+ 0·072	+ 13	− 22	− 24	276·17	− 0·28	8·496	277·31	0·008
27	+ 5·424	− 1·650	+ 15	− 22	− 24	288·37	− 0·25	2·271	267·91	0·043
28	+ 6·382	− 3·227	+ 15	− 22	− 24	300·56	− 0·23	356·153	261·50	0·101
29	+ 6·929	− 4·570	+ 16	− 22	− 23	312·75	− 0·20	350·587	256·45	0·178
30	+ 7·057	− 5·622	+ 16	− 22	− 22	324·93	− 0·18	345·827	252·64	0·266
Dec. 1	+ 6·792	− 6·356	+ 16	− 22	− 21	337·11	− 0·16	341·980	249·99	0·362
2	+ 6·183	− 6·763	+ 15	− 23	− 19	349·28	− 0·13	339·074	248·40	0·461
3	+ 5·290	− 6·851	+ 14	− 23	− 17	1·45	− 0·11	337·109	247·80	0·558
4	+ 4·182	− 6·635	+ 13	− 24	− 16	13·61	− 0·09	336·088	248·12	0·652
5	+ 2·930	− 6·136	+ 11	− 25	− 14	25·76	− 0·07	336·026	249·30	0·739
6	+ 1·603	− 5·379	+ 10	− 25	− 12	37·91	− 0·04	336·947	251·31	0·817
7	+ 0·264	− 4·393	+ 8	− 26	− 11	50·05	− 0·02	338·871	254·11	0·884
8	− 1·029	− 3·213	+ 7	− 27	− 10	62·19	+ 0·01	341·789	257·62	0·937
9	− 2·228	− 1·883	+ 5	− 27	− 9	74·32	+ 0·04	345·639	261·56	0·976
10	− 3·291	− 0·454	+ 4	− 27	− 9	86·45	+ 0·06	350·276	264·59	0·996
11	− 4·183	+ 1·015	+ 2	− 27	− 10	98·59	+ 0·10	355·466	97·24	0·998
12	− 4·879	+ 2·457	+ 1	− 27	− 10	110·72	+ 0·13	0·912	99·05	0·981
13	− 5·356	+ 3·799	0	− 27	− 11	122·85	+ 0·16	6·292	103·21	0·943
14	− 5·600	+ 4·970	− 1	− 27	− 12	134·99	+ 0·19	11·316	107·04	0·885
15	− 5·601	+ 5·899	− 2	− 26	− 14	147·13	+ 0·22	15·745	110·13	0·810
16	− 5·354	+ 6·523	− 2	− 26	− 15	159·27	+ 0·25	19·387	112·29	0·719
17	− 4·859	+ 6·792	− 3	− 25	− 17	171·42	+ 0·29	22·082	113·41	0·616
18	− 4·126	+ 6·672	− 3	− 24	− 19	183·58	+ 0·32	23·675	113·42	0·505
19	− 3·173	+ 6·151	− 2	− 23	− 20	195·74	+ 0·35	24·006	112·28	0·392
20	− 2·032	+ 5·242	− 2	− 23	− 21	207·91	+ 0·38	22·929	109·97	0·283
21	− 0·749	+ 3·991	− 1	− 22	− 22	220·09	+ 0·41	20·355	106·56	0·184
22	+ 0·613	+ 2·474	0	− 22	− 23	232·27	+ 0·44	16·322	102·33	0·102
23	+ 1·976	+ 0·793	+ 1	− 21	− 24	244·45	+ 0·47	11·070	98·07	0·042
24	+ 3·254	− 0·930	+ 3	− 21	− 24	256·64	+ 0·50	5·047	97·40	0·008
25	+ 4·360	− 2·573	+ 4	− 21	− 24	268·83	+ 0·53	358·818	236·26	0·001
26	+ 5·211	− 4·029	+ 4	− 21	− 24	281·02	+ 0·56	352·906	251·24	0·021
27	+ 5·746	− 5·216	+ 5	− 21	− 23	293·21	+ 0·59	347·687	249·53	0·064
28	+ 5·926	− 6·085	+ 5	− 21	− 22	305·40	+ 0·61	343·362	247·39	0·126
29	+ 5·740	− 6·615	+ 4	− 21	− 20	317·58	+ 0·63	340·012	245·89	0·203
30	+ 5·208	− 6·807	+ 3	− 22	− 19	329·75	+ 0·66	337·655	245·20	0·289
31	+ 4·370	− 6·679	+ 2	− 22	− 17	341·92	+ 0·68	336·287	245·36	0·382
32	+ 3·288	− 6·255	+ 1	− 23	− 16	354·09	+ 0·70	335·906	246·32	0·477

NOTES AND FORMULAE

Low-precision formulae for geocentric coordinates of the Moon

The following formulae give approximate geocentric coordinates of the Moon. During the period 1900 to 2100 the errors will rarely exceed $0°3$ in ecliptic longitude (λ), $0°2$ in ecliptic latitude (β), $0°003$ in horizontal parallax (π), $0°001$ in semidiameter (SD), $0·2$ Earth radii in distance (r), $0°3$ in right ascension (α) and $0°2$ in declination (δ).

On this page the time argument T is the number of Julian centuries from J2000·0.

$$T = (\text{JD} - 245\ 1545·0)/36\ 525 = (4016·5 + \text{day of year} + \text{UT1}/24)/36\ 525$$

where day of year is given on pages B4–B5 and UT1 is the universal time in hours.

$$
\begin{aligned}
\lambda = {}& 218°32 + 481\ 267°881\ T \\
& + 6°29\ \sin(135°0 + 477\ 198°87\ T) - 1°27\ \sin(259°3 - 413\ 335°36\ T) \\
& + 0°66\ \sin(235°7 + 890\ 534°22\ T) + 0°21\ \sin(269°9 + 954\ 397°74\ T) \\
& - 0°19\ \sin(357°5 + 35\ 999°05\ T) - 0°11\ \sin(186°5 + 966\ 404°03\ T) \\
\beta = {}& + 5°13\ \sin(93°3 + 483\ 202°02\ T) + 0°28\ \sin(228°2 + 960\ 400°89\ T) \\
& - 0°28\ \sin(318°3 + 6\ 003°15\ T) - 0°17\ \sin(217°6 - 407\ 332°21\ T) \\
\pi = {}& + 0°9508 \\
& + 0°0518\ \cos(135°0 + 477\ 198°87\ T) + 0°0095\ \cos(259°3 - 413\ 335°36\ T) \\
& + 0°0078\ \cos(235°7 + 890\ 534°22\ T) + 0°0028\ \cos(269°9 + 954\ 397°74\ T)
\end{aligned}
$$

$$SD = 0·2724\ \pi$$
$$r = 1/\sin\pi$$

Form the geocentric direction cosines (l, m, n) from:

$$
\begin{aligned}
l &= \cos\beta\ \cos\lambda & &= \cos\delta\ \cos\alpha \\
m &= +0·9175\ \cos\beta\ \sin\lambda - 0·3978\ \sin\beta & &= \cos\delta\ \sin\alpha \\
n &= +0·3978\ \cos\beta\ \sin\lambda + 0·9175\ \sin\beta & &= \sin\delta
\end{aligned}
$$

Then

$$\alpha = \tan^{-1}(m/l) \qquad \text{and} \qquad \delta = \sin^{-1}(n)$$

where the quadrant of α is determined by the signs of l and m, and where α, δ are referred to the mean equator and equinox of date.

Low-precision formulae for topocentric coordinates of the Moon

The following formulae give approximate topocentric values of right ascension (α'), declination (δ'), distance (r'), parallax (π') and semi-diameter (SD').

Form the geocentric rectangular coordinates (x, y, z) from:

$$
\begin{aligned}
x &= rl = r\ \cos\delta\ \cos\alpha \\
y &= rm = r\ \cos\delta\ \sin\alpha \\
z &= rn = r\ \sin\delta
\end{aligned}
$$

Form the topocentric rectangular coordinates (x', y', z') from:

$$
\begin{aligned}
x' &= x - \cos\phi'\ \cos\theta_0 \\
y' &= y - \cos\phi'\ \sin\theta_0 \\
z' &= z - \sin\phi'
\end{aligned}
$$

where ϕ' is the observer's geocentric latitude and θ_0 is the local sidereal time.

$$\theta_0 = 100°46 + 36\ 000°77\ T + \lambda' + 15\ \text{UT1}$$

where λ' is the observer's east longitude.

Then
$$r' = (x'^2 + y'^2 + z'^2)^{1/2} \qquad \alpha' = \tan^{-1}(y'/x') \qquad \delta' = \sin^{-1}(z'/r')$$
$$\pi' = \sin^{-1}(1/r') \qquad\qquad SD' = 0·2724\pi'$$

CONTENTS OF SECTION E

> **www** This symbol indicates that these data or auxiliary material may also be found on *The Astronomical Almanac Online* at **http://asa.usno.navy.mil** and **http://asa.hmnao.com**

NOTES AND FORMULAS

Orbital elements

The heliocentric osculating orbital elements for the Earth given on page E6 and the heliocentric coordinates and velocity of the Earth on page E5 actually refer to the Earth/Moon barycenter. The heliocentric coordinates and velocity of the Earth itself are given by:

(Earth's center) = (Earth/Moon barycenter) − (0.000 0312 cos L, 0.000 0286 sin L,
   0.000 0124 sin L, −0.000 00718 sin L, 0.000 00657 cos L, 0.000 00285 cos L)

where $L = 218° + 481\,268° T$, with T in Julian centuries from JD 245 1545.0. This estimate is accurate to the fifth decimal palace in position and the sixth decimal place in velocity. The units of position are in au and the units of velocity are in au/day. The position and velocity are in the mean equator and equinox coordinate system.

Linear interpolation of the heliocentric osculating orbital elements usually leads to errors of about $1''$ or $2''$ in the resulting geocentric positions of the Sun and planets; the errors may, however, reach about $7''$ for Venus at inferior conjunction and about $3''$ for Mars at opposition.

Heliocentric coordinates

The heliocentric ecliptic coordinates of the Earth may be obtained from the geocentric ecliptic coordinates of the Sun given on pages C6–C20 by adding $\pm 180°$ to the longitude, and reversing the sign of the latitude.

Geocentric coordinates

Precise values of apparent semidiameter and horizontal parallax may be computed from the formulas and values given on page E45. Values of apparent diameter are tabulated in the ephemerides for physical observations on pages E56 onwards.

Times of transit, rising and setting

Formulas for obtaining the universal times of transit, rising and setting of the planets are given on page E45.

Ephemerides for physical observations

A description of the planetographic coordinates used for the physical ephemerides is on pages E54-E55. Information is also given in the Notes and References (Section L).

Invariable plane of the solar system

Approximate coordinates of the north pole of the invariable plane for J2000.0 are:

$$\alpha_0 = 273°\!.8527 \qquad \delta_0 = 66°\!.9911$$

This is the direction of the total angular momentum vector of the Solar System (Sun and major planets) with respect to the ICRS coordinate axes.

ROTATION ELEMENTS FOR MEAN EQUINOX AND EQUATOR OF DATE
2011 JANUARY 0, 0^h TERRESTRIAL TIME

Planet	North Pole		Argument of Prime Meridian		Longitude of Central Meridian	Inclination of Equator to Orbit
	Right Ascension	Declin- ation	at epoch	var./day		
	α_1	δ_1	W_0	$\dot{W}$	λ_e	
	°	°	°		°	°
Mercury	281.04	+ 61.46	144.97	+ 6.1385338	75.72	+ 0.01
Venus	272.76	+ 67.16	330.44	− 1.4813296	79.60	+ 2.64
Mars	317.76	+ 52.93	134.35	+350.8919993	65.99	+25.19
Jupiter I	268.07	+ 64.49	312.59	+877.9000354	108.76	+ 3.12
II	268.07	+ 64.49	242.90	+870.2700354	39.29	+ 3.12
III	268.07	+ 64.49	115.51	+870.5366774	271.90	+ 3.12
Saturn	41.08	+ 83.58	32.25	+810.7938128	102.20	+26.73
Uranus	257.47	− 15.19	54.36	−501.1600774	62.46	+82.23
Neptune	299.50	+ 42.98	113.78	+536.3128554	255.86	+28.34
Pluto	313.13	+ 6.20	297.28	− 56.3625113	86.86	+60.40

These data were derived from the "Report of the IAU/IAG Working Group on Cartographic Coordinates and Rotational Elements: 2006" (Seidelmann *et al.*, *Celest. Mech.*, **98**, 155, 2007).

DEFINITIONS AND FORMULAS

α_1, δ_1 right ascension and declination of the north pole of the planet; variations during one year are negligible.

W_0 the angle measured from the planet's equator in the positive sense with respect to the planet's north pole from the ascending node of the planet's equator on the Earth's mean equator of date to the prime meridian of the planet.

$\dot{W}$ the daily rate of change of W_0. Sidereal periods of rotation are given on page E4.

α, δ, Δ apparent right ascension, declination and true distance of the planet at the time of observation (pages E16–E44).

W_1 argument of the prime meridian at the time of observation antedated by the light-time from the planet to the Earth.

$$W_1 = W_0 + \dot{W}(d - 0.005\,7755\Delta)$$

where d is the interval in days from Jan. 0 at 0^h TT.

β_e planetocentric declination of the Earth, positive in the planet's northern hemisphere:

$$\sin\beta_e = -\sin\delta_1\sin\delta - \cos\delta_1\cos\delta\cos(\alpha_1 - \alpha), \text{where} -90° < \beta_e < 90°.$$

p_n position angle of the central meridian, also called the position angle of the axis, measured eastwards from the north point:

$$\cos\beta_e\sin p_n = \cos\delta_1\sin(\alpha_1 - \alpha)$$
$$\cos\beta_e\cos p_n = \sin\delta_1\cos\delta - \cos\delta_1\sin\delta\cos(\alpha_1 - \alpha), \text{where} \cos\beta_e > 0.$$

λ_e planetographic longitude of the central meridian measured in the direction opposite to the direction of rotation:

$$\lambda_e = W_1 - K, \text{if } \dot{W} \text{ is positive}$$
$$\lambda_e = K - W_1, \text{if } \dot{W} \text{ is negative}$$

where K is given by

$$\cos\beta_e\sin K = -\cos\delta_1\sin\delta + \sin\delta_1\cos\delta\cos(\alpha_1 - \alpha)$$
$$\cos\beta_e\cos K = \cos\delta\sin(\alpha_1 - \alpha), \text{where} \cos\beta_e > 0.$$

λ, φ planetographic longitude (measured in the direction opposite to the rotation) and latitude (measured positive to the planet's north) of a feature on the planet's surface (see page E54).

s apparent semidiameter of the planet (see page E45).

$\Delta\alpha, \Delta\delta$ displacements in right ascension and declination of the feature (λ, φ) from the center of the planet:

$$\Delta\alpha\cos\delta = X\cos p_n + Y\sin p_n$$
$$\Delta\delta = -X\sin p_n + Y\cos p_n$$

where

$$X = s\cos\varphi\sin(\lambda - \lambda_e), \text{if } \dot{W} > 0; \quad X = -s\cos\varphi\sin(\lambda - \lambda_e), \text{if } \dot{W} < 0;$$
$$Y = s(\sin\varphi\cos\beta_e - \cos\varphi\sin\beta_e\cos(\lambda - \lambda_e)).$$

PLANETS AND PLUTO

PHYSICAL AND PHOTOMETRIC DATA

Planet	Mass[1] (kg)	Mean Equatorial Radius	Minimum Geocentric Distance[2]	Flattening[3,4] (geometric)	Coefficients of the Potential		
					$10^3 J_2$	$10^6 J_3$	$10^6 J_4$
		km	au				
Mercury	$3.302\ 2 \times 10^{23}$	2 439.7	0.549	0	—	—	—
Venus	$4.869\ 0 \times 10^{24}$	6 051.8	0.265	0	0.027	—	—
Earth	$5.974\ 2 \times 10^{24}$	6 378.14	—	0.003 353 64	1.082 63	– 2.64	– 1.61
(Moon)	$7.348\ 3 \times 10^{22}$	1 737.4	0.002 38	0	0.202 7	—	—
Mars	$6.419\ 1 \times 10^{23}$	3 396.2	0.373	0.006 772	1.964	36	—
				0.005 000			
Jupiter	$1.898\ 8 \times 10^{27}$	71 492	3.949	0.064 874	14.75	—	– 580
Saturn	$5.685\ 2 \times 10^{26}$	60 268	8.032	0.097 962	16.45	—	– 1 000
Uranus	$8.684\ 0 \times 10^{25}$	25 559	17.292	0.022 927	12	—	—
Neptune	$1.024\ 5 \times 10^{26}$	24 764	28.814	0.017 081	4	—	—
Pluto	1.3×10^{22}	1 195	28.687	0	—	—	—

Planet	Sidereal Period of Rotation[5]	Mean Density	Maximum Angular Diameter[6]	Geometric Albedo[7]	Visual Magnitude[8]		Color Indices	
					$V(1,0)$	V_0	$B-V$	$U-B$
	d	g/cm^3	″					
Mercury	+ 58.646 2	5.43	12.3	0.106	– 0.42	—	0.93	0.41
Venus	– 243.018 5	5.24	63.0	0.65	– 4.40	—	0.82	0.50
Earth	+ 0.997 269 63	5.515	—	0.367	– 3.86	—	—	—
(Moon)	+ 27.321 66	3.35	2 010.7	0.12	+ 0.21	– 12.74	0.92	0.46
Mars	+ 1.025 956 76	3.94	25.1	0.150	– 1.52	– 2.01	1.36	0.58
Jupiter	+ 0.413 54 (System III)	1.33	49.9	0.52	– 9.40	– 2.70	0.83	0.48
Saturn	+ 0.444 01 (System III)	0.69	20.7	0.47	– 8.88	+ 0.67	1.04	0.58
Uranus	– 0.718 33	1.27	4.1	0.51	– 7.19	+ 5.52	0.56	0.28
Neptune	+ 0.671 25	1.64	2.4	0.41	– 6.87	+ 7.84	0.41	0.21
Pluto	– 6.387 2	1.8	0.11	0.3	– 1.0	+ 15.12	0.80	0.31

NOTES TO TABLE

[1] Values for the masses include the atmospheres but exclude satellites.

[2] The tabulated Minimum Geocentric Distance applies to the interval 1950 to 2050.

[3] The Flattening is the ratio of the difference of the equatorial and polar radii to the equatorial radius.

[4] Two flattening values are given for Mars. The first number is determined using the north polar radius and the second one using the south polar radius.

[5] The Sidereal Period of Rotation is the rotation at the equator with respect to a fixed frame of reference. A negative sign indicates that the rotation is retrograde with respect to the pole that lies north of the invariable plane of the solar system. The period is measured in days of 86 400 SI seconds. Rotation elements are tabulated on page E3.

[6] The tabulated Maximum Angular Diameter is based on the equatorial diameter when the planet is at the tabulated Minimum Geocentric Distance.

[7] The Geometric Albedo is the ratio of the illumination of the planet at zero phase angle to the illumination produced by a plane, absolutely white Lambert surface of the same radius and position as the planet.

[8] $V(1,0)$ is the visual magnitude of the planet reduced to a distance of 1 au from both the Sun and Earth and with phase angle zero. V_0 is the mean opposition magnitude. For Saturn the photometric quantities refer to the disk only.

Data for the Mean Equatorial Radius, Flattening and Sidereal Period of Rotation are based on the "Report of the IAU/IAG Working Group on Cartographic Coordinates and Rotational Elements: 2006" (Seidelmann *et al.*, *Celest. Mech.*, **98**, 155, 2007).

HELIOCENTRIC COORDINATES AND VELOCITY COMPONENTS
REFERRED TO THE MEAN EQUATOR AND EQUINOX OF J2000.0

Julian Date (TT) 245	x	y	z	$\dot{x}$	$\dot{y}$	$\dot{z}$
MERCURY	au	au	au	au/day	au/day	au/day
5600.5	+ 0.067 9205	− 0.397 0721	− 0.219 1502	+0.022 179 07	+0.005 791 90	+0.000 794 36
5637.5	+ 0.045 7740	+ 0.270 2770	+ 0.139 6308	−0.033 461 70	+0.003 411 57	+0.005 291 75
5674.5	− 0.231 8540	− 0.361 0668	− 0.168 8359	+0.018 642 39	−0.010 648 65	−0.007 621 17
5711.5	+ 0.352 1853	+ 0.019 5763	− 0.026 0578	−0.006 039 76	+0.025 787 14	+0.014 401 21
5748.5	− 0.393 6387	− 0.118 9920	− 0.022 7502	+0.002 259 17	−0.022 688 99	−0.012 354 26
5785.5	+ 0.250 9827	− 0.295 2946	− 0.183 7630	+0.017 122 25	+0.016 511 03	+0.007 044 62
5822.5	− 0.237 2437	+ 0.196 8326	+ 0.129 7420	−0.025 389 72	−0.017 714 13	−0.006 830 12
5859.5	− 0.042 0856	− 0.410 8494	− 0.215 1045	+0.022 375 72	−0.000 167 51	−0.002 409 40
5896.5	+ 0.198 0222	+ 0.221 9491	+ 0.098 0302	−0.027 379 28	+0.015 772 29	+0.011 263 93
5933.5	− 0.313 6392	− 0.296 1176	− 0.125 6624	+0.014 421 10	−0.015 717 85	−0.009 891 36
VENUS						
5600.5	− 0.676 3851	− 0.242 2781	− 0.066 2057	+0.006 842 01	−0.017 241 39	−0.008 190 29
5637.5	− 0.134 7724	− 0.653 9882	− 0.285 7175	+0.019 739 24	−0.003 043 73	−0.002 618 54
5674.5	+ 0.539 1257	− 0.432 7039	− 0.228 8001	+0.013 444 15	+0.013 915 35	+0.005 410 13
5711.5	+ 0.694 2203	+ 0.204 6688	+ 0.048 1558	−0.005 847 89	+0.017 462 25	+0.008 226 77
5748.5	+ 0.175 5300	+ 0.641 4080	+ 0.277 4786	−0.019 684 37	+0.003 952 46	+0.003 023 94
5785.5	− 0.514 6495	+ 0.444 2062	+ 0.232 4268	−0.014 167 27	−0.013 652 56	−0.005 246 14
5822.5	− 0.692 9084	− 0.195 0749	− 0.043 9223	+0.005 384 00	−0.017 706 87	−0.008 307 48
5859.5	− 0.187 6507	− 0.643 9356	− 0.277 8491	+0.019 402 67	−0.004 398 72	−0.003 206 90
5896.5	+ 0.501 3471	− 0.469 0373	− 0.242 7575	+0.014 521 28	+0.012 981 86	+0.004 921 97
5933.5	+ 0.708 0320	+ 0.156 9803	+ 0.025 8253	−0.004 380 40	+0.017 840 77	+0.008 304 23
EARTH*						
5600.5	− 0.741 0751	+ 0.597 1924	+ 0.258 8977	−0.011 633 20	−0.011 919 74	−0.005 167 42
5637.5	− 0.992 2545	+ 0.065 3782	+ 0.028 3460	−0.001 512 20	−0.015 804 29	−0.006 851 48
5674.5	− 0.849 2171	− 0.493 5629	− 0.213 9669	+0.008 926 62	−0.013 394 54	−0.005 806 83
5711.5	− 0.377 8332	− 0.862 9507	− 0.374 1053	+0.015 684 33	−0.005 943 87	−0.002 576 83
5748.5	+ 0.236 6433	− 0.907 2141	− 0.393 2960	+0.016 451 68	+0.003 614 23	+0.001 566 80
5785.5	+ 0.762 6554	− 0.612 3756	− 0.265 4790	+0.011 049 99	+0.011 818 87	+0.005 123 69
5822.5	+ 1.000 5485	− 0.087 0497	− 0.037 7405	+0.001 343 73	+0.015 655 04	+0.006 786 76
5859.5	+ 0.851 9694	+ 0.470 8088	+ 0.204 1022	−0.009 156 85	+0.013 462 46	+0.005 836 25
5896.5	+ 0.365 2509	+ 0.840 4725	+ 0.364 3595	−0.016 261 03	+0.005 787 11	+0.002 508 86
5933.5	− 0.269 4619	+ 0.867 6584	+ 0.376 1466	−0.016 825 83	−0.004 384 76	−0.001 900 84
MARS						
5600.5	+ 1.021 638	− 0.842 794	− 0.414 162	+0.009 994 106	+0.010 558 499	+0.004 572 979
5673.5	+ 1.391 656	+ 0.092 410	+ 0.004 799	−0.000 334 128	+0.013 781 964	+0.006 330 453
5746.5	+ 0.998 681	+ 0.984 987	+ 0.424 814	−0.009 709 286	+0.009 659 774	+0.004 692 918
5819.5	+ 0.116 336	+ 1.414 567	+ 0.645 681	−0.013 423 797	+0.001 899 199	+0.001 233 663
5892.5	− 0.824 128	+ 1.274 143	+ 0.606 673	−0.011 551 684	−0.005 449 435	−0.002 187 523
JUPITER						
5600.5	+ 4.856 364	+ 0.912 162	+ 0.272 741	−0.001 535 841	+0.007 130 467	+0.003 093 716
5673.5	+ 4.712 901	+ 1.425 625	+ 0.496 319	−0.002 390 395	+0.006 921 747	+0.003 025 060
5746.5	+ 4.508 138	+ 1.920 550	+ 0.713 444	−0.003 213 232	+0.006 623 211	+0.002 917 135
5819.5	+ 4.244 842	+ 2.390 543	+ 0.921 307	−0.003 992 045	+0.006 239 625	+0.002 771 676
5892.5	+ 3.926 641	+ 2.829 621	+ 1.117 255	−0.004 715 772	+0.005 777 390	+0.002 591 167
SATURN						
5600.5	− 9.381 633	− 1.976 681	− 0.412 441	+0.000 849 122	−0.005 038 438	−0.002 117 570
5673.5	− 9.311 336	− 2.342 622	− 0.566 612	+0.001 076 255	−0.004 985 919	−0.002 105 672
5746.5	− 9.224 586	− 2.704 423	− 0.719 782	+0.001 299 845	−0.004 925 068	−0.002 090 182
5819.5	− 9.121 647	− 3.061 484	− 0.871 693	+0.001 519 772	−0.004 856 102	−0.002 071 190
5892.5	− 9.002 799	− 3.413 218	− 1.022 091	+0.001 735 621	−0.004 779 126	−0.002 048 711
URANUS						
5600.5	+20.086 62	+ 0.084 55	− 0.247 03	−0.000 025 934	+0.003 440 182	+0.001 507 053
5722.5	+20.077 92	+ 0.504 18	− 0.063 12	−0.000 116 770	+0.003 438 627	+0.001 507 675
5844.5	+20.058 13	+ 0.923 48	+ 0.120 81	−0.000 207 511	+0.003 434 855	+0.001 507 314
NEPTUNE						
5600.5	+25.498 88	−14.417 16	− 6.535 78	+0.001 633 682	+0.002 506 513	+0.000 985 377
5722.5	+25.696 04	−14.110 21	− 6.415 03	+0.001 598 230	+0.002 525 352	+0.000 993 969
5844.5	+25.888 85	−13.801 01	− 6.293 26	+0.001 562 589	+0.002 543 437	+0.001 002 238
PLUTO						
5600.5	+ 2.913 19	−30.137 33	−10.281 49	+0.003 182 919	+0.000 058 072	−0.000 940 535
5722.5	+ 3.301 23	−30.128 23	−10.395 54	+0.003 178 282	+0.000 091 037	−0.000 929 213
5844.5	+ 3.688 68	−30.115 14	−10.508 22	+0.003 173 323	+0.000 123 435	−0.000 918 001

*Values labelled for the Earth are actually for the Earth/Moon barycenter (see note on page E2).

PLANETS AND PLUTO, 2011

HELIOCENTRIC OSCULATING ORBITAL ELEMENTS
REFERRED TO THE MEAN EQUINOX AND ECLIPTIC OF J2000.0

Julian Date (TT) 245	Inclination i	Longitude Asc. Node Ω	Longitude Perihelion ϖ	Mean Distance a	Daily Motion n	Eccentricity e	Mean Longitude L
	°	°	°	au	°		°
MERCURY							
5600.5	7.004 33	48.3163	77.4728	0.387 0977	4.092 354	0.205 6271	288.731 07
5625.5	7.004 33	48.3163	77.4720	0.387 0987	4.092 339	0.205 6257	31.039 68
5650.5	7.004 34	48.3162	77.4720	0.387 0985	4.092 342	0.205 6249	133.348 18
5675.5	7.004 35	48.3162	77.4721	0.387 0982	4.092 347	0.205 6284	235.656 41
5700.5	7.004 35	48.3162	77.4716	0.387 0980	4.092 350	0.205 6304	337.965 42
5725.5	7.004 35	48.3161	77.4704	0.387 0984	4.092 344	0.205 6274	80.273 60
5750.5	7.004 36	48.3161	77.4709	0.387 0988	4.092 337	0.205 6273	182.582 18
5775.5	7.004 35	48.3161	77.4712	0.387 0989	4.092 336	0.205 6277	284.890 42
5800.5	7.004 35	48.3159	77.4710	0.387 0992	4.092 331	0.205 6258	27.198 56
5825.5	7.004 35	48.3159	77.4712	0.387 0987	4.092 339	0.205 6243	129.506 98
5850.5	7.004 33	48.3159	77.4733	0.387 1010	4.092 302	0.205 6259	231.814 34
5875.5	7.004 29	48.3156	77.4753	0.387 0983	4.092 345	0.205 6329	334.121 82
5900.5	7.004 29	48.3156	77.4751	0.387 0984	4.092 343	0.205 6335	76.430 42
5925.5	7.004 29	48.3155	77.4753	0.387 0987	4.092 339	0.205 6336	178.738 94
5950.5	7.004 29	48.3155	77.4758	0.387 0983	4.092 344	0.205 6359	281.047 15
VENUS							
5600.5	3.394 62	76.6463	131.633	0.723 3284	1.602 143	0.006 7477	199.417 65
5625.5	3.394 63	76.6462	131.591	0.723 3249	1.602 155	0.006 7495	239.471 15
5650.5	3.394 63	76.6462	131.561	0.723 3223	1.602 164	0.006 7511	279.525 24
5675.5	3.394 63	76.6461	131.548	0.723 3251	1.602 154	0.006 7467	319.579 48
5700.5	3.394 63	76.6459	131.524	0.723 3315	1.602 133	0.006 7380	359.632 89
5725.5	3.394 63	76.6458	131.527	0.723 3328	1.602 129	0.006 7322	39.685 53
5750.5	3.394 64	76.6457	131.577	0.723 3278	1.602 145	0.006 7273	79.738 63
5775.5	3.394 64	76.6457	131.597	0.723 3259	1.602 152	0.006 7257	119.792 46
5800.5	3.394 64	76.6456	131.602	0.723 3290	1.602 141	0.006 7300	159.846 11
5825.5	3.394 64	76.6455	131.613	0.723 3325	1.602 130	0.006 7357	199.899 11
5850.5	3.394 65	76.6454	131.593	0.723 3309	1.602 135	0.006 7392	239.952 02
5875.5	3.394 66	76.6454	131.556	0.723 3264	1.602 150	0.006 7437	280.005 50
5900.5	3.394 66	76.6454	131.533	0.723 3235	1.602 160	0.006 7473	320.059 59
5925.5	3.394 66	76.6454	131.513	0.723 3261	1.602 151	0.006 7443	0.113 54
5950.5	3.394 66	76.6453	131.490	0.723 3292	1.602 141	0.006 7389	40.166 73
EARTH*							
5600.5	0.001 55	173.9	103.1171	1.000 0045	0.985 603 9	0.016 6933	137.604 68
5625.5	0.001 56	173.8	103.1260	1.000 0103	0.985 595 3	0.016 6991	162.244 38
5650.5	0.001 57	173.8	103.1293	1.000 0130	0.985 591 2	0.016 7049	186.883 62
5675.5	0.001 58	174.0	103.1171	1.000 0088	0.985 597 5	0.016 7113	211.522 80
5700.5	0.001 59	174.5	103.0980	0.999 9990	0.985 611 9	0.016 7211	236.162 29
5725.5	0.001 59	175.0	103.0851	0.999 9869	0.985 629 8	0.016 7333	260.802 38
5750.5	0.001 59	175.2	103.0836	0.999 9787	0.985 641 9	0.016 7418	285.443 15
5775.5	0.001 59	175.1	103.0814	0.999 9767	0.985 644 9	0.016 7441	310.084 37
5800.5	0.001 60	175.0	103.0656	0.999 9831	0.985 635 4	0.016 7394	334.725 44
5825.5	0.001 62	174.9	103.0337	0.999 9952	0.985 617 6	0.016 7305	359.365 67
5850.5	0.001 64	175.1	102.9929	1.000 0073	0.985 599 7	0.016 7204	24.004 78
5875.5	0.001 65	175.4	102.9677	1.000 0102	0.985 595 4	0.016 7105	48.643 36
5900.5	0.001 66	175.7	102.9634	1.000 0035	0.985 605 3	0.016 7002	73.282 47
5925.5	0.001 66	176.0	102.9680	0.999 9940	0.985 619 4	0.016 6907	97.922 59
5950.5	0.001 66	175.9	102.9743	0.999 9912	0.985 623 5	0.016 6876	122.563 37

*Values labelled for the Earth are actually for the Earth/Moon barycenter (see note on page E2).

FORMULAS

Mean anomaly, $M = L - \varpi$

Argument of perihelion, measured from node, $\omega = \varpi - \Omega$

True anomaly, $\nu = M + (2e - e^3/4)\sin M + (5e^2/4)\sin 2M + (13e^3/12)\sin 3M + \ldots$ in radians.

True distance, $r = a(1 - e^2)/(1 + e\cos\nu)$

Heliocentric rectangular coordinates, referred to the ecliptic, may be computed from these elements by:

$$x = r\{\cos(\nu + \omega)\cos\Omega - \sin(\nu + \omega)\cos i \sin\Omega\}$$
$$y = r\{\cos(\nu + \omega)\sin\Omega + \sin(\nu + \omega)\cos i \cos\Omega\}$$
$$z = r\sin(\nu + \omega)\sin i$$

HELIOCENTRIC OSCULATING ORBITAL ELEMENTS
REFERRED TO THE MEAN EQUINOX AND ECLIPTIC OF J2000.0

Julian Date (TT) 245	Inclin- ation i	Longitude Asc. Node Ω	Longitude Perihelion ϖ	Mean Distance a	Daily Motion n	Eccen- tricity e	Mean Longitude L
MARS	°	°	°	au	°		°
5600.5	1.848 92	49.5240	336.1756	1.523 6020	0.524 080 6	0.093 3480	320.664 42
5637.5	1.848 92	49.5241	336.1689	1.523 6701	0.524 045 4	0.093 3877	340.054 07
5674.5	1.848 91	49.5244	336.1634	1.523 7370	0.524 010 9	0.093 4311	359.440 94
5711.5	1.848 90	49.5247	336.1547	1.523 7613	0.523 998 4	0.093 4578	18.826 15
5748.5	1.848 87	49.5249	336.1355	1.523 7281	0.524 015 5	0.093 4648	38.211 93
5785.5	1.848 85	49.5247	336.1097	1.523 6677	0.524 046 7	0.093 4688	57.599 67
5822.5	1.848 83	49.5244	336.0870	1.523 6113	0.524 075 8	0.093 4740	76.989 92
5859.5	1.848 82	49.5240	336.0728	1.523 5764	0.524 093 8	0.093 4794	96.381 70
5896.5	1.848 82	49.5241	336.0690	1.523 5738	0.524 095 1	0.093 4749	115.774 09
5933.5	1.848 82	49.5243	336.0682	1.523 5930	0.524 085 2	0.093 4583	135.166 50
JUPITER							
5600.5	1.303 84	100.5121	14.4874	5.202 752	0.083 092 72	0.048 8909	11.343 01
5637.5	1.303 84	100.5120	14.4754	5.202 770	0.083 092 28	0.048 8940	14.416 32
5674.5	1.303 84	100.5118	14.4670	5.202 830	0.083 090 85	0.048 9051	17.489 88
5711.5	1.303 84	100.5109	14.4678	5.202 899	0.083 089 18	0.048 9177	20.564 17
5748.5	1.303 84	100.5111	14.4700	5.202 893	0.083 089 34	0.048 9163	23.638 69
5785.5	1.303 84	100.5116	14.4672	5.202 868	0.083 089 92	0.048 9122	26.712 84
5822.5	1.303 83	100.5125	14.4621	5.202 844	0.083 090 50	0.048 9088	29.786 82
5859.5	1.303 82	100.5131	14.4571	5.202 863	0.083 090 04	0.048 9137	32.860 53
5896.5	1.303 83	100.5128	14.4615	5.202 916	0.083 088 77	0.048 9226	35.934 88
5933.5	1.303 83	100.5128	14.4656	5.202 912	0.083 088 87	0.048 9203	39.009 62
SATURN							
5600.5	2.487 72	113.6226	89.2006	9.509 322	0.033 631 81	0.054 7781	185.738 23
5637.5	2.487 71	113.6211	89.2147	9.509 359	0.033 631 62	0.054 8549	186.973 60
5674.5	2.487 69	113.6197	89.2260	9.509 348	0.033 631 67	0.054 9361	188.208 51
5711.5	2.487 69	113.6185	89.2457	9.509 384	0.033 631 48	0.055 0254	189.442 31
5748.5	2.487 67	113.6162	89.2927	9.509 653	0.033 630 06	0.055 1098	190.675 87
5785.5	2.487 66	113.6137	89.3482	9.509 997	0.033 628 23	0.055 1853	191.910 03
5822.5	2.487 65	113.6110	89.4082	9.510 377	0.033 626 22	0.055 2556	193.144 47
5859.5	2.487 64	113.6086	89.4620	9.510 690	0.033 624 56	0.055 3242	194.379 15
5896.5	2.487 64	113.6067	89.5207	9.511 015	0.033 622 83	0.055 3990	195.612 84
5933.5	2.487 64	113.6045	89.6027	9.511 545	0.033 620 02	0.055 4667	196.846 23
URANUS							
5600.5	0.771 98	74.0189	170.0166	19.249 36	0.011 677 76	0.044 3070	0.844 04
5673.5	0.772 02	74.0104	169.8024	19.248 37	0.011 678 66	0.044 3953	1.717 80
5746.5	0.772 07	73.9984	169.5715	19.246 26	0.011 680 59	0.044 5525	2.595 01
5819.5	0.772 09	73.9937	169.3976	19.242 91	0.011 683 63	0.044 7715	3.469 22
5892.5	0.772 12	73.9862	169.2349	19.239 64	0.011 686 62	0.044 9884	4.343 03
NEPTUNE							
5600.5	1.768 24	131.7685	31.381	30.164 59	0.005 953 180	0.010 9557	329.295 79
5673.5	1.768 26	131.7688	33.110	30.155 97	0.005 955 735	0.010 9763	329.749 46
5746.5	1.768 31	131.7692	35.360	30.144 10	0.005 959 252	0.010 9681	330.204 33
5819.5	1.768 51	131.7713	37.691	30.131 09	0.005 963 112	0.010 9114	330.653 56
5892.5	1.768 67	131.7729	39.996	30.118 30	0.005 966 911	0.010 8667	331.102 43
PLUTO							
5600.5	17.136 15	110.3121	224.2976	39.432 35	0.003 983 055	0.247 0926	255.252 26
5673.5	17.139 24	110.3092	224.2167	39.410 03	0.003 986 439	0.246 7822	255.538 59
5746.5	17.143 02	110.3058	224.1150	39.384 47	0.003 990 320	0.246 4505	255.820 48
5819.5	17.146 68	110.3025	224.0168	39.363 07	0.003 993 575	0.246 2089	256.097 86
5892.5	17.150 21	110.2995	223.9202	39.342 36	0.003 996 729	0.245 9800	256.375 44

WWW Heliocentric Osculating Orbital Elements Referred to the Mean Equinox and Ecliptic of Date previously located on pages E6-E7 in the 2007 edition have been moved to *The Astronomical Almanac Online* at http://asa.usno.navy.mil and http://www.hmnao.com

MERCURY, 2011

HELIOCENTRIC POSITIONS FOR 0ʰ TERRESTRIAL TIME
MEAN EQUINOX AND ECLIPTIC OF DATE

Date		Longitude	Latitude	True Heliocentric Distance	Date		Longitude	Latitude	True Heliocentric Distance
		° ′ ″	° ′ ″	au			° ′ ″	° ′ ″	au
Jan.	0	150 48 23.5	+ 6 50 41.0	0.349 8097	Feb.	15	299 38 04.8	− 6 38 01.7	0.437 4299
	1	155 39 54.1	+ 6 41 40.7	0.355 4327		16	302 49 09.8	− 6 44 53.4	0.433 4157
	2	160 22 03.1	+ 6 30 13.8	0.361 1568		17	306 04 00.5	− 6 50 36.5	0.429 1738
	3	164 55 07.2	+ 6 16 39.6	0.366 9414		18	309 22 55.0	− 6 55 05.8	0.424 7131
	4	169 19 26.8	+ 6 01 15.9	0.372 7489		19	312 46 12.2	− 6 58 15.6	0.420 0441
	5	173 35 24.8	+ 5 44 19.2	0.378 5451		20	316 14 11.8	− 6 59 59.9	0.415 1783
	6	177 43 25.6	+ 5 26 04.5	0.384 2990		21	319 47 14.0	− 7 00 12.0	0.410 1289
	7	181 43 54.9	+ 5 06 45.2	0.389 9824		22	323 25 39.8	− 6 58 45.0	0.404 9106
	8	185 37 18.6	+ 4 46 33.2	0.395 5699		23	327 09 50.9	− 6 55 31.3	0.399 5401
	9	189 24 02.4	+ 4 25 39.1	0.401 0389		24	331 00 09.1	− 6 50 22.9	0.394 0362
	10	193 04 32.0	+ 4 04 12.0	0.406 3691		25	334 56 57.1	− 6 43 11.6	0.388 4197
	11	196 39 12.3	+ 3 42 19.9	0.411 5422		26	339 00 37.1	− 6 33 48.8	0.382 7142
	12	200 08 27.5	+ 3 20 10.0	0.416 5423		27	343 11 31.8	− 6 22 05.9	0.376 9456
	13	203 32 41.1	+ 2 57 48.2	0.421 3549		28	347 30 03.0	− 6 07 54.5	0.371 1429
	14	206 52 15.4	+ 2 35 19.7	0.425 9674	Mar.	1	351 56 31.9	− 5 51 06.4	0.365 3382
	15	210 07 31.9	+ 2 12 49.1	0.430 3685		2	356 31 17.9	− 5 31 34.3	0.359 5664
	16	213 18 51.2	+ 1 50 20.3	0.434 5484		3	1 14 38.7	− 5 09 11.9	0.353 8660
	17	216 26 33.0	+ 1 27 56.5	0.438 4982		4	6 06 49.0	− 4 43 54.8	0.348 2784
	18	219 30 55.9	+ 1 05 40.6	0.442 2102		5	11 07 59.9	− 4 15 40.9	0.342 8484
	19	222 32 17.9	+ 0 43 35.2	0.445 6777		6	16 18 17.6	− 3 44 30.9	0.337 6233
	20	225 30 56.1	+ 0 21 42.5	0.448 8947		7	21 37 42.7	− 3 10 29.4	0.332 6529
	21	228 27 06.8	+ 0 00 04.2	0.451 8561		8	27 06 08.9	− 2 33 45.4	0.327 9887
	22	231 21 05.9	− 0 21 18.0	0.454 5574		9	32 43 21.8	− 1 54 33.0	0.323 6830
	23	234 13 08.4	− 0 42 22.5	0.456 9945		10	38 28 58.1	− 1 13 11.8	0.319 7876
	24	237 03 28.9	− 1 03 08.1	0.459 1643		11	44 22 24.4	− 0 30 07.5	0.316 3529
	25	239 52 21.3	− 1 23 33.5	0.461 0638		12	50 22 57.0	+ 0 14 08.9	0.313 4261
	26	242 39 59.4	− 1 43 37.6	0.462 6906		13	56 29 41.3	+ 0 59 00.9	0.311 0495
	27	245 26 36.4	− 2 03 19.4	0.464 0427		14	62 41 32.5	+ 1 43 48.0	0.309 2591
	28	248 12 25.3	− 2 22 37.7	0.465 1184		15	68 57 16.5	+ 2 27 47.0	0.308 0829
	29	250 57 38.8	− 2 41 31.7	0.465 9167		16	75 15 31.1	+ 3 10 14.1	0.307 5399
	30	253 42 29.2	− 3 00 00.2	0.466 4365		17	81 34 48.9	+ 3 50 26.6	0.307 6388
	31	256 27 09.1	− 3 18 02.1	0.466 6772		18	87 53 38.9	+ 4 27 45.3	0.308 3781
Feb.	1	259 11 50.6	− 3 35 36.4	0.466 6386		19	94 10 30.6	+ 5 01 36.4	0.309 7457
	2	261 56 45.8	− 3 52 41.8	0.466 3207		20	100 23 55.9	+ 5 31 32.8	0.311 7199
	3	264 42 07.1	− 4 09 17.1	0.465 7239		21	106 32 32.7	+ 5 57 14.9	0.314 2699
	4	267 28 06.7	− 4 25 20.8	0.464 8488		22	112 35 07.0	+ 6 18 31.4	0.317 3578
	5	270 14 57.0	− 4 40 51.6	0.463 6966		23	118 30 34.7	+ 6 35 18.5	0.320 9394
	6	273 02 50.4	− 4 55 47.6	0.462 2684		24	124 18 02.7	+ 6 47 39.5	0.324 9664
	7	275 51 59.7	− 5 10 07.2	0.460 5660		25	129 56 49.7	+ 6 55 43.4	0.329 3880
	8	278 42 38.0	− 5 23 48.3	0.458 5916		26	135 26 25.8	+ 6 59 44.0	0.334 1520
	9	281 34 58.5	− 5 36 48.8	0.456 3476		27	140 46 31.8	+ 6 59 58.4	0.339 2061
	10	284 29 14.8	− 5 49 06.1	0.453 8371		28	145 56 58.5	+ 6 56 45.9	0.344 4994
	11	287 25 41.2	− 6 00 37.6	0.451 0635		29	150 57 45.1	+ 6 50 26.8	0.349 9828
	12	290 24 32.0	− 6 11 20.3	0.448 0310		30	155 48 58.0	+ 6 41 21.6	0.355 6097
	13	293 26 02.4	− 6 21 11.0	0.444 7441		31	160 30 49.7	+ 6 29 50.5	0.361 3363
	14	296 30 28.0	− 6 30 06.2	0.441 2084	Apr.	1	165 03 37.1	+ 6 16 12.6	0.367 1222
	15	299 38 04.8	− 6 38 01.7	0.437 4299		2	169 27 40.7	+ 6 00 45.8	0.372 9298

HELIOCENTRIC POSITIONS FOR 0ʰ TERRESTRIAL TIME
MEAN EQUINOX AND ECLIPTIC OF DATE

Date	Longitude	Latitude	True Heliocentric Distance	Date	Longitude	Latitude	True Heliocentric Distance
	° ′ ″	° ′ ″	au		° ′ ″	° ′ ″	au
Apr. 1	165 03 37.1	+ 6 16 12.6	0.367 1222	May 17	309 29 17.0	− 6 55 12.9	0.424 5721
2	169 27 40.7	+ 6 00 45.8	0.372 9298	18	312 52 42.7	− 6 58 20.2	0.419 8967
3	173 43 23.5	+ 5 43 46.5	0.378 7252	19	316 20 51.3	− 7 00 01.8	0.415 0249
4	177 51 09.9	+ 5 25 29.6	0.384 4773	20	319 54 03.2	− 7 00 11.0	0.409 9699
5	181 51 25.5	+ 5 06 08.5	0.390 1581	21	323 32 39.3	− 6 58 40.8	0.404 7466
6	185 44 36.3	+ 4 45 55.1	0.395 7423	22	327 17 01.4	− 6 55 23.7	0.399 3716
7	189 31 08.1	+ 4 24 59.8	0.401 2073	23	331 07 31.4	− 6 50 11.6	0.393 8637
8	193 11 26.4	+ 4 03 31.8	0.406 5329	24	335 04 31.7	− 6 42 56.4	0.388 2440
9	196 45 56.2	+ 3 41 39.1	0.411 7009	25	339 08 25.0	− 6 33 29.4	0.382 5360
10	200 15 01.7	+ 3 19 28.7	0.416 6953	26	343 19 33.5	− 6 21 42.1	0.376 7658
11	203 39 06.2	+ 2 57 06.6	0.421 5019	27	347 38 19.2	− 6 07 25.9	0.370 9625
12	206 58 32.1	+ 2 34 38.0	0.426 1080	28	352 05 03.2	− 5 50 32.9	0.365 1581
13	210 13 41.0	+ 2 12 07.4	0.430 5025	29	356 40 05.0	− 5 30 55.6	0.359 3878
14	213 24 53.2	+ 1 49 38.7	0.434 6753	30	1 23 42.1	− 5 08 27.9	0.353 6901
15	216 32 28.4	+ 1 27 15.1	0.438 6178	31	6 16 09.1	− 4 43 05.3	0.348 1067
16	219 36 45.4	+ 1 04 59.5	0.442 3224	June 1	11 17 36.9	− 4 14 45.9	0.342 6822
17	222 38 02.1	+ 0 42 54.5	0.445 7822	2	16 28 11.6	− 3 43 30.5	0.337 4641
18	225 36 35.4	+ 0 21 02.2	0.448 9914	3	21 47 53.8	− 3 09 23.8	0.332 5024
19	228 32 41.8	− 0 00 35.7	0.451 9448	4	27 16 36.7	− 2 32 35.0	0.327 8485
20	231 26 37.0	− 0 21 57.3	0.454 6379	5	32 54 05.8	− 1 53 18.2	0.323 5546
21	234 18 36.1	− 0 43 01.2	0.457 0669	6	38 39 57.4	− 1 11 53.4	0.319 6727
22	237 08 53.5	− 1 03 46.2	0.459 2283	7	44 33 37.8	− 0 28 46.3	0.316 2531
23	239 57 43.4	− 1 24 11.0	0.461 1193	8	50 34 22.9	+ 0 15 31.8	0.313 3428
24	242 45 19.4	− 1 44 14.4	0.462 7377	9	56 41 17.9	+ 1 00 24.3	0.310 9839
25	245 31 54.7	− 2 03 55.5	0.464 0812	10	62 53 17.7	+ 1 45 10.6	0.309 2122
26	248 17 42.2	− 2 23 13.1	0.465 1484	11	69 09 07.7	+ 2 29 07.5	0.308 0554
27	251 02 54.7	− 2 42 06.3	0.465 9381	12	75 27 25.8	+ 3 11 31.1	0.307 5323
28	253 47 44.6	− 3 00 33.9	0.466 4492	13	81 46 44.2	+ 3 51 38.8	0.307 6512
29	256 32 24.3	− 3 18 35.0	0.466 6813	14	88 05 32.0	+ 4 28 51.6	0.308 4103
30	259 17 06.0	− 3 36 08.4	0.466 6340	15	94 22 18.7	+ 5 02 35.8	0.309 7972
May 1	262 02 01.8	− 3 53 12.9	0.466 3075	16	100 35 36.3	+ 5 32 24.5	0.311 7899
2	264 47 24.1	− 4 09 47.3	0.465 7020	17	106 44 03.0	+ 5 57 58.6	0.314 3573
3	267 33 25.0	− 4 25 50.1	0.464 8184	18	112 46 25.1	+ 6 19 06.8	0.317 4612
4	270 20 16.9	− 4 41 19.8	0.463 6575	19	118 41 38.6	+ 6 35 45.6	0.321 0575
5	273 08 12.5	− 4 56 14.8	0.462 2208	20	124 28 51.1	+ 6 47 58.4	0.325 0977
6	275 57 24.3	− 5 10 33.2	0.460 5099	21	130 07 21.4	+ 6 55 54.5	0.329 5308
7	278 48 05.5	− 5 24 13.1	0.458 5271	22	135 36 40.0	+ 6 59 47.9	0.334 3047
8	281 40 29.3	− 5 37 12.2	0.456 2748	23	140 56 28.2	+ 6 59 55.6	0.339 3671
9	284 34 49.4	− 5 49 28.1	0.453 7560	24	146 06 36.8	+ 6 56 37.0	0.344 6671
10	287 31 20.0	− 6 00 58.2	0.450 9743	25	151 07 05.4	+ 6 50 12.4	0.350 1557
11	290 30 15.5	− 6 11 39.4	0.447 9338	26	155 58 00.7	+ 6 41 02.5	0.355 7864
12	293 31 51.0	− 6 21 28.5	0.444 6391	27	160 39 35.2	+ 6 29 27.2	0.361 5155
13	296 36 22.2	− 6 30 21.8	0.441 0957	28	165 12 06.0	+ 6 15 45.6	0.367 3027
14	299 44 05.2	− 6 38 15.5	0.437 3098	29	169 35 53.6	+ 6 00 15.7	0.373 1105
15	302 55 16.8	− 6 45 05.2	0.433 2883	30	173 51 21.2	+ 5 43 13.8	0.378 9051
16	306 10 14.7	− 6 50 46.0	0.429 0394	July 1	177 58 53.1	+ 5 24 54.7	0.384 6554
17	309 29 17.0	− 6 55 12.9	0.424 5721	2	181 58 55.2	+ 5 05 31.8	0.390 3336

MERCURY, 2011

HELIOCENTRIC POSITIONS FOR 0ʰ TERRESTRIAL TIME
MEAN EQUINOX AND ECLIPTIC OF DATE

Date	Longitude	Latitude	True Heliocentric Distance	Date	Longitude	Latitude	True Heliocentric Distance
	° ′ ″	° ′ ″	au		° ′ ″	° ′ ″	au
July 1	177 58 53.1	+ 5 24 54.7	0.384 6554	Aug. 16	320 00 52.9	− 7 00 09.8	0.409 8124
2	181 58 55.2	+ 5 05 31.8	0.390 3336	17	323 39 39.4	− 6 58 36.4	0.404 5842
3	185 51 53.1	+ 4 45 17.0	0.395 9145	18	327 24 12.4	− 6 55 15.9	0.399 2050
4	189 38 12.9	+ 4 24 20.5	0.401 3755	19	331 14 54.1	− 6 50 00.1	0.393 6934
5	193 18 20.0	+ 4 02 51.6	0.406 6964	20	335 12 06.7	− 6 42 41.0	0.388 0708
6	196 52 39.3	+ 3 40 58.3	0.411 8593	21	339 16 12.9	− 6 33 09.8	0.382 3606
7	200 21 35.1	+ 3 18 47.5	0.416 8481	22	343 27 35.1	− 6 21 18.0	0.376 5890
8	203 45 30.5	+ 2 56 25.1	0.421 6487	23	347 46 35.1	− 6 06 57.2	0.370 7853
9	207 04 48.1	+ 2 33 56.4	0.426 2484	24	352 13 34.0	− 5 49 59.2	0.364 9815
10	210 19 49.2	+ 2 11 25.8	0.430 6360	25	356 48 51.3	− 5 30 16.7	0.359 2130
11	213 30 54.4	+ 1 48 57.2	0.434 8019	26	1 32 44.3	− 5 07 43.7	0.353 5183
12	216 38 23.2	+ 1 26 33.8	0.438 7371	27	6 25 27.6	− 4 42 15.8	0.347 9391
13	219 42 34.3	+ 1 04 18.6	0.442 4341	28	11 27 12.0	− 4 13 50.9	0.342 5203
14	222 43 45.6	+ 0 42 13.9	0.445 8863	29	16 38 03.5	− 3 42 30.2	0.337 3095
15	225 42 14.1	+ 0 20 22.0	0.449 0876	30	21 58 02.1	− 3 08 18.3	0.332 3565
16	228 38 16.2	− 0 01 15.4	0.452 0330	31	27 27 01.3	− 2 31 24.7	0.327 7128
17	231 32 07.5	− 0 22 36.5	0.454 7179	Sept. 1	33 04 46.0	− 1 52 03.7	0.323 4309
18	234 24 03.2	− 0 43 39.9	0.457 1386	2	38 50 52.3	− 1 10 35.4	0.319 5625
19	237 14 17.7	− 1 04 24.2	0.459 2917	3	44 44 46.2	− 0 27 25.6	0.316 1578
20	240 03 05.1	− 1 24 48.4	0.461 1743	4	50 45 43.3	+ 0 16 54.1	0.313 2637
21	242 50 39.0	− 1 44 51.1	0.462 7841	5	56 52 48.5	+ 1 01 47.0	0.310 9223
22	245 37 12.6	− 2 04 31.5	0.464 1191	6	63 04 56.2	+ 1 46 32.4	0.309 1690
23	248 22 58.8	− 2 23 48.4	0.465 1777	7	69 20 51.9	+ 2 30 27.0	0.308 0314
24	251 08 10.4	− 2 42 40.8	0.465 9587	8	75 39 13.0	+ 3 12 47.0	0.307 5277
25	253 52 59.8	− 3 01 07.6	0.466 4612	9	81 58 31.6	+ 3 52 49.9	0.307 6662
26	256 37 39.3	− 3 19 07.9	0.466 6846	10	88 17 16.9	+ 4 29 56.8	0.308 4447
27	259 22 21.2	− 3 36 40.4	0.466 6287	11	94 33 58.3	+ 5 03 34.2	0.309 8504
28	262 07 17.7	− 3 53 44.0	0.466 2935	12	100 47 08.1	+ 5 33 15.4	0.311 8610
29	264 52 41.0	− 4 10 17.4	0.465 6794	13	106 55 24.6	+ 5 58 41.4	0.314 4453
30	267 38 43.3	− 4 26 19.2	0.464 7872	14	112 57 34.3	+ 6 19 41.4	0.317 5649
31	270 25 37.0	− 4 41 47.9	0.463 6177	15	118 52 33.8	+ 6 36 12.0	0.321 1753
Aug. 1	273 13 34.7	− 4 56 41.8	0.462 1725	16	124 39 30.8	+ 6 48 16.8	0.325 2282
2	276 02 49.1	− 5 10 59.0	0.460 4532	17	130 17 44.6	+ 6 56 05.3	0.329 6724
3	278 53 33.2	− 5 24 37.7	0.458 4621	18	135 46 46.0	+ 6 59 51.4	0.334 4557
4	281 46 00.4	− 5 37 35.6	0.456 2015	19	141 06 16.5	+ 6 59 52.5	0.339 5260
5	284 40 24.4	− 5 49 50.1	0.453 6746	20	146 16 07.4	+ 6 56 27.9	0.344 8324
6	287 36 59.2	− 6 01 18.7	0.450 8849	21	151 16 18.4	+ 6 49 58.0	0.350 3259
7	290 35 59.4	− 6 11 58.4	0.447 8365	22	156 06 56.4	+ 6 40 43.3	0.355 9601
8	293 37 40.1	− 6 21 45.8	0.444 5341	23	160 48 14.0	+ 6 29 03.9	0.361 6915
9	296 42 16.9	− 6 30 37.4	0.440 9832	24	165 20 28.5	+ 6 15 18.7	0.367 4797
10	299 50 06.1	− 6 38 29.1	0.437 1899	25	169 44 00.6	+ 5 59 45.7	0.373 2876
11	303 01 24.5	− 6 45 16.7	0.433 1614	26	173 59 13.3	+ 5 42 41.3	0.379 0812
12	306 16 29.6	− 6 50 55.4	0.428 9056	27	178 06 31.2	+ 5 24 20.0	0.384 8296
13	309 35 39.7	− 6 55 20.0	0.424 4318	28	182 06 19.9	+ 5 04 55.4	0.390 5052
14	312 59 13.8	− 6 58 24.7	0.419 7503	29	185 59 05.4	+ 4 44 39.1	0.396 0826
15	316 27 31.4	− 7 00 03.5	0.414 8727	30	189 45 13.4	+ 4 23 41.5	0.401 5396
16	320 00 52.9	− 7 00 09.8	0.409 8124	Oct. 1	193 25 09.6	+ 4 02 11.8	0.406 8559

HELIOCENTRIC POSITIONS FOR 0ʰ TERRESTRIAL TIME
MEAN EQUINOX AND ECLIPTIC OF DATE

Date		Longitude	Latitude	True Heliocentric Distance	Date		Longitude	Latitude	True Heliocentric Distance
		° ′ ″	° ′ ″	au			° ′ ″	° ′ ″	au
Oct.	1	193 25 09.6	+ 4 02 11.8	0.406 8559	Nov.	16	335 19 32.6	− 6 42 25.6	0.387 9050
	2	196 59 18.8	+ 3 40 17.8	0.412 0137		17	339 23 51.2	− 6 32 50.3	0.382 1924
	3	200 28 05.1	+ 3 18 06.5	0.416 9970		18	343 35 26.4	− 6 20 54.2	0.376 4193
	4	203 51 51.8	+ 2 55 43.9	0.421 7916		19	347 54 40.1	− 6 06 28.8	0.370 6149
	5	207 11 01.3	+ 2 33 15.0	0.426 3850		20	352 21 53.3	− 5 49 25.9	0.364 8114
	6	210 25 55.0	+ 2 10 44.4	0.430 7661		21	356 57 25.5	− 5 29 38.5	0.359 0442
	7	213 36 53.3	+ 1 48 15.9	0.434 9250		22	1 41 33.9	− 5 07 00.3	0.353 3520
	8	216 44 15.8	+ 1 25 52.7	0.438 8532		23	6 34 32.9	− 4 41 27.1	0.347 7767
	9	219 48 21.2	+ 1 03 37.7	0.442 5429		24	11 36 33.4	− 4 12 57.0	0.342 3630
	10	222 49 27.3	+ 0 41 33.4	0.445 9875		25	16 47 41.0	− 3 41 31.1	0.337 1587
	11	225 47 51.2	+ 0 19 41.9	0.449 1812		26	22 07 55.8	− 3 07 14.3	0.332 2138
	12	228 43 49.1	− 0 01 55.0	0.452 1188		27	27 37 10.7	− 2 30 16.0	0.327 5797
	13	231 37 36.7	− 0 23 15.6	0.454 7959		28	33 15 10.8	− 1 50 50.9	0.323 3089
	14	234 29 29.1	− 0 44 18.4	0.457 2086		29	39 01 31.6	− 1 09 19.2	0.319 4531
	15	237 19 40.8	− 1 05 02.2	0.459 3536		30	44 55 38.9	− 0 26 06.8	0.316 0625
	16	240 08 25.7	− 1 25 25.6	0.461 2281	Dec.	1	50 56 48.0	+ 0 18 14.4	0.313 1839
	17	242 55 57.6	− 1 45 27.7	0.462 8297		2	57 04 03.5	+ 1 03 07.7	0.310 8590
	18	245 42 29.5	− 2 05 07.4	0.464 1565		3	63 16 19.5	+ 1 47 52.3	0.309 1233
	19	248 28 14.5	− 2 24 23.5	0.465 2069		4	69 32 21.0	+ 2 31 44.8	0.308 0039
	20	251 13 25.2	− 2 43 15.2	0.465 9796		5	75 50 45.6	+ 3 14 01.3	0.307 5190
	21	253 58 14.1	− 3 01 41.2	0.466 4738		6	82 10 05.0	+ 3 53 59.5	0.307 6763
	22	256 42 53.5	− 3 19 40.6	0.466 6890		7	88 28 48.5	+ 4 31 00.6	0.308 4734
	23	259 27 35.6	− 3 37 12.3	0.466 6248		8	94 45 25.5	+ 5 04 31.2	0.309 8973
	24	262 12 32.6	− 3 54 15.0	0.466 2814		9	100 58 28.3	+ 5 34 05.0	0.311 9253
	25	264 57 56.8	− 4 10 47.4	0.465 6591		10	107 06 35.5	+ 5 59 23.2	0.314 5261
	26	267 44 00.3	− 4 26 48.2	0.464 7586		11	113 08 33.9	+ 6 20 15.1	0.317 6609
	27	270 30 55.7	− 4 42 15.8	0.463 5811		12	119 03 20.3	+ 6 36 37.6	0.321 2852
	28	273 18 55.4	− 4 57 08.6	0.462 1278		13	124 50 02.8	+ 6 48 34.5	0.325 3505
	29	276 08 12.2	− 5 11 24.7	0.460 4005		14	130 28 01.0	+ 6 56 15.4	0.329 8057
	30	278 58 59.1	− 5 25 02.1	0.458 4013		15	135 56 46.1	+ 6 59 54.5	0.334 5984
	31	281 51 29.4	− 5 37 58.6	0.456 1329		16	141 15 59.9	+ 6 59 49.1	0.339 6766
Nov.	1	284 45 57.0	− 5 50 11.8	0.453 5982		17	146 25 33.8	+ 6 56 18.6	0.344 9895
	2	287 42 35.7	− 6 01 38.9	0.450 8008		18	151 25 28.0	+ 6 49 43.3	0.350 4881
	3	290 41 40.4	− 6 12 17.0	0.447 7449		19	156 15 49.4	+ 6 40 23.9	0.356 1260
	4	293 43 25.9	− 6 22 02.8	0.444 4351		20	160 56 50.8	+ 6 28 40.3	0.361 8599
	5	296 48 08.1	− 6 30 52.6	0.440 8769		21	165 28 49.7	+ 6 14 51.6	0.367 6495
	6	299 56 03.1	− 6 38 42.4	0.437 0766		22	169 52 06.8	+ 5 59 15.5	0.373 4577
	7	303 07 27.8	− 6 45 28.0	0.433 0413		23	174 07 05.1	+ 5 42 08.4	0.379 2506
	8	306 22 39.7	− 6 51 04.5	0.428 7789		24	178 14 09.4	+ 5 23 45.1	0.384 9976
	9	309 41 57.2	− 6 55 26.7	0.424 2988		25	182 13 45.3	+ 5 04 18.6	0.390 6708
	10	313 05 39.2	− 6 58 28.9	0.419 6113		26	186 06 18.6	+ 4 44 00.9	0.396 2452
	11	316 34 05.3	− 7 00 05.0	0.414 7281		27	189 52 15.3	+ 4 23 02.1	0.401 6985
	12	320 07 36.0	− 7 00 08.3	0.409 6625		28	193 32 00.8	+ 4 01 31.5	0.407 0107
	13	323 46 32.2	− 6 58 31.8	0.404 4296		29	197 06 00.0	+ 3 39 36.9	0.412 1637
	14	327 31 15.6	− 6 55 07.9	0.399 0460		30	200 34 37.0	+ 3 17 25.1	0.417 1418
	15	331 22 08.3	− 6 49 48.6	0.393 5308		31	203 58 15.2	+ 2 55 02.2	0.421 9308
	16	335 19 32.6	− 6 42 25.6	0.387 9050		32	207 17 16.7	+ 2 32 33.2	0.426 5183

VENUS, 2011

HELIOCENTRIC POSITIONS FOR 0ʰ TERRESTRIAL TIME
MEAN EQUINOX AND ECLIPTIC OF DATE

Date	Longitude	Latitude	True Heliocentric Distance	Date	Longitude	Latitude	True Heliocentric Distance
	° ′ ″	° ′ ″	au		° ′ ″	° ′ ″	au
Jan. −1	135 29 28.6	+ 2 54 07.6	0.718 4593	Apr. 1	283 13 00.8	− 1 30 46.5	0.727 6078
1	138 44 31.1	+ 2 59 50.2	0.718 4848	3	286 22 47.8	− 1 40 42.2	0.727 7312
3	141 59 34.4	+ 3 04 58.0	0.718 5256	5	289 32 33.0	− 1 50 19.4	0.727 8410
5	145 14 37.9	+ 3 09 30.2	0.718 5816	7	292 42 17.0	− 1 59 36.3	0.727 9368
7	148 29 40.9	+ 3 13 25.8	0.718 6527	9	295 52 00.4	− 2 08 31.2	0.728 0184
9	151 44 42.7	+ 3 16 44.1	0.718 7386	11	299 01 43.5	− 2 17 02.5	0.728 0854
11	154 59 42.7	+ 3 19 24.5	0.718 8390	13	302 11 27.1	− 2 25 08.7	0.728 1378
13	158 14 40.1	+ 3 21 26.4	0.718 9536	15	305 21 11.4	− 2 32 48.4	0.728 1752
15	161 29 34.2	+ 3 22 49.6	0.719 0820	17	308 30 56.9	− 2 40 00.2	0.728 1977
17	164 44 24.3	+ 3 23 33.7	0.719 2238	19	311 40 44.2	− 2 46 42.8	0.728 2052
19	167 59 09.8	+ 3 23 38.6	0.719 3786	21	314 50 33.5	− 2 52 54.9	0.728 1976
21	171 13 50.0	+ 3 23 04.5	0.719 5459	23	318 00 25.3	− 2 58 35.4	0.728 1749
23	174 28 24.2	+ 3 21 51.5	0.719 7251	25	321 10 19.8	− 3 03 43.4	0.728 1373
25	177 42 51.8	+ 3 19 59.9	0.719 9156	27	324 20 17.6	− 3 08 17.8	0.728 0848
27	180 57 12.2	+ 3 17 30.0	0.720 1168	29	327 30 18.7	− 3 12 17.9	0.728 0176
29	184 11 24.7	+ 3 14 22.5	0.720 3282	May 1	330 40 23.6	− 3 15 42.8	0.727 9360
31	187 25 29.0	+ 3 10 38.0	0.720 5489	3	333 50 32.4	− 3 18 31.9	0.727 8401
Feb. 2	190 39 24.5	+ 3 06 17.3	0.720 7783	5	337 00 45.5	− 3 20 44.7	0.727 7302
4	193 53 10.8	+ 3 01 21.4	0.721 0157	7	340 11 02.9	− 3 22 20.7	0.727 6068
6	197 06 47.4	+ 2 55 51.1	0.721 2603	9	343 21 24.9	− 3 23 19.7	0.727 4701
8	200 20 14.1	+ 2 49 47.8	0.721 5114	11	346 31 51.7	− 3 23 41.3	0.727 3206
10	203 33 30.4	+ 2 43 12.5	0.721 7680	13	349 42 23.4	− 3 23 25.5	0.727 1587
12	206 46 36.3	+ 2 36 06.7	0.722 0295	15	352 53 00.2	− 3 22 32.3	0.726 9849
14	209 59 31.4	+ 2 28 31.7	0.722 2950	17	356 03 42.1	− 3 21 01.8	0.726 7998
16	213 12 15.8	+ 2 20 29.1	0.722 5636	19	359 14 29.4	− 3 18 54.2	0.726 6039
18	216 24 49.2	+ 2 12 00.4	0.722 8345	21	2 25 22.0	− 3 16 09.8	0.726 3978
20	219 37 11.7	+ 2 03 07.3	0.723 1068	23	5 36 20.2	− 3 12 49.1	0.726 1822
22	222 49 23.3	+ 1 53 51.6	0.723 3798	25	8 47 23.9	− 3 08 52.6	0.725 9577
24	226 01 24.1	+ 1 44 14.9	0.723 6525	27	11 58 33.3	− 3 04 21.0	0.725 7250
26	229 13 14.3	+ 1 34 19.2	0.723 9240	29	15 09 48.5	− 2 59 15.1	0.725 4848
28	232 24 54.0	+ 1 24 06.4	0.724 1936	31	18 21 09.5	− 2 53 35.8	0.725 2378
Mar. 2	235 36 23.5	+ 1 13 38.3	0.724 4604	June 2	21 32 36.4	− 2 47 23.9	0.724 9848
4	238 47 43.1	+ 1 02 57.1	0.724 7236	4	24 44 09.3	− 2 40 40.7	0.724 7267
6	241 58 53.1	+ 0 52 04.6	0.724 9823	6	27 55 48.3	− 2 33 27.3	0.724 4641
8	245 09 53.8	+ 0 41 02.9	0.725 2358	8	31 07 33.5	− 2 25 45.0	0.724 1979
10	248 20 45.8	+ 0 29 54.1	0.725 4832	10	34 19 24.9	− 2 17 35.2	0.723 9289
12	251 31 29.5	+ 0 18 40.3	0.725 7239	12	37 31 22.7	− 2 08 59.3	0.723 6580
14	254 42 05.2	+ 0 07 23.4	0.725 9570	14	40 43 26.9	− 1 59 58.9	0.723 3860
16	257 52 33.6	− 0 03 54.4	0.726 1819	16	43 55 37.6	− 1 50 35.6	0.723 1137
18	261 02 55.1	− 0 15 11.1	0.726 3978	18	47 07 54.9	− 1 40 51.1	0.722 8420
20	264 13 10.3	− 0 26 24.6	0.726 6042	20	50 20 19.0	− 1 30 47.3	0.722 5718
22	267 23 19.8	− 0 37 32.9	0.726 8003	22	53 32 49.8	− 1 20 25.9	0.722 3038
24	270 33 24.0	− 0 48 33.9	0.726 9856	24	56 45 27.5	− 1 09 49.0	0.722 0390
26	273 43 23.7	− 0 59 25.7	0.727 1595	26	59 58 12.1	− 0 58 58.4	0.721 7782
28	276 53 19.3	− 1 10 06.4	0.727 3215	28	63 11 03.8	− 0 47 56.3	0.721 5222
30	280 03 11.5	− 1 20 33.9	0.727 4710	30	66 24 02.5	− 0 36 44.6	0.721 2717
Apr. 1	283 13 00.8	− 1 30 46.5	0.727 6078	July 2	69 37 08.4	− 0 25 25.5	0.721 0277

HELIOCENTRIC POSITIONS FOR 0ʰ TERRESTRIAL TIME
MEAN EQUINOX AND ECLIPTIC OF DATE

Date		Longitude	Latitude	True Heliocentric Distance	Date		Longitude	Latitude	True Heliocentric Distance
		° ′ ″	° ′ ″	au			° ′ ″	° ′ ″	au
July	2	69 37 08.4	− 0 25 25.5	0.721 0277	Oct.	2	218 30 21.6	+ 2 06 16.4	0.723 0177
	4	72 50 21.4	− 0 14 01.2	0.720 7908		4	221 42 36.8	+ 1 57 08.4	0.723 2901
	6	76 03 41.6	− 0 02 33.7	0.720 5618		6	224 54 41.3	+ 1 47 38.8	0.723 5626
	8	79 17 09.0	+ 0 08 54.6	0.720 3415		8	228 06 35.0	+ 1 37 49.6	0.723 8342
	10	82 30 43.5	+ 0 20 21.7	0.720 1305		10	231 18 18.2	+ 1 27 42.5	0.724 1041
	12	85 44 25.2	+ 0 31 45.3	0.719 9296		12	234 29 51.2	+ 1 17 19.6	0.724 3716
	14	88 58 13.8	+ 0 43 03.3	0.719 7393		14	237 41 14.1	+ 1 06 42.7	0.724 6357
	16	92 12 09.4	+ 0 54 13.3	0.719 5604		16	240 52 27.4	+ 0 55 53.9	0.724 8957
	18	95 26 11.8	+ 1 05 13.3	0.719 3932		18	244 03 31.3	+ 0 44 55.2	0.725 1507
	20	98 40 20.8	+ 1 16 01.2	0.719 2385		20	247 14 26.3	+ 0 33 48.7	0.725 4000
	22	101 54 36.1	+ 1 26 34.8	0.719 0967		22	250 25 12.7	+ 0 22 36.3	0.725 6428
	24	105 08 57.7	+ 1 36 52.0	0.718 9682		24	253 35 51.2	+ 0 11 20.3	0.725 8783
	26	108 23 25.1	+ 1 46 50.8	0.718 8535		26	256 46 22.1	+ 0 00 02.5	0.726 1058
	28	111 37 58.1	+ 1 56 29.3	0.718 7529		28	259 56 45.9	− 0 11 14.8	0.726 3246
	30	114 52 36.3	+ 2 05 45.7	0.718 6668		30	263 07 03.3	− 0 22 29.6	0.726 5341
Aug.	1	118 07 19.3	+ 2 14 37.9	0.718 5954	Nov.	1	266 17 14.7	− 0 33 40.0	0.726 7336
	3	121 22 06.7	+ 2 23 04.4	0.718 5390		3	269 27 20.8	− 0 44 43.8	0.726 9225
	5	124 36 58.0	+ 2 31 03.3	0.718 4978		5	272 37 22.0	− 0 55 39.1	0.727 1002
	7	127 51 52.7	+ 2 38 33.3	0.718 4718		7	275 47 19.0	− 1 06 23.8	0.727 2662
	9	131 06 50.3	+ 2 45 32.7	0.718 4613		9	278 57 12.3	− 1 16 56.2	0.727 4200
	11	134 21 50.2	+ 2 52 00.3	0.718 4661		11	282 07 02.6	− 1 27 14.2	0.727 5611
	13	137 36 51.8	+ 2 57 54.7	0.718 4864		13	285 16 50.4	− 1 37 16.0	0.727 6891
	15	140 51 54.5	+ 3 03 14.8	0.718 5220		15	288 26 36.2	− 1 46 59.9	0.727 8035
	17	144 06 57.5	+ 3 07 59.5	0.718 5728		17	291 36 20.6	− 1 56 24.1	0.727 9042
	19	147 22 00.4	+ 3 12 07.9	0.718 6387		19	294 46 04.2	− 2 05 26.8	0.727 9906
	21	150 37 02.3	+ 3 15 39.3	0.718 7195		21	297 55 47.4	− 2 14 06.6	0.728 0627
	23	153 52 02.6	+ 3 18 33.0	0.718 8148		23	301 05 30.8	− 2 22 21.8	0.728 1201
	25	157 07 00.5	+ 3 20 48.4	0.718 9244		25	304 15 14.8	− 2 30 10.9	0.728 1627
	27	160 21 55.5	+ 3 22 25.1	0.719 0480		27	307 24 59.9	− 2 37 32.6	0.728 1904
	29	163 36 46.7	+ 3 23 22.8	0.719 1850		29	310 34 46.6	− 2 44 25.6	0.728 2030
	31	166 51 33.5	+ 3 23 41.5	0.719 3352	Dec.	1	313 44 35.2	− 2 50 48.5	0.728 2006
Sept.	2	170 06 15.3	+ 3 23 21.0	0.719 4980		3	316 54 26.1	− 2 56 40.2	0.728 1832
	4	173 20 51.3	+ 3 22 21.5	0.719 6728		5	320 04 19.7	− 3 01 59.7	0.728 1507
	6	176 35 20.9	+ 3 20 43.3	0.719 8591		7	323 14 16.3	− 3 06 45.9	0.728 1033
	8	179 49 43.5	+ 3 18 26.8	0.720 0564		9	326 24 16.3	− 3 10 58.0	0.728 0412
	10	183 03 58.5	+ 3 15 32.4	0.720 2640		11	329 34 19.8	− 3 14 35.3	0.727 9645
	12	186 18 05.4	+ 3 12 00.7	0.720 4812		13	332 44 27.3	− 3 17 37.0	0.727 8735
	14	189 32 03.7	+ 3 07 52.6	0.720 7073		15	335 54 38.8	− 3 20 02.6	0.727 7684
	16	192 45 53.0	+ 3 03 08.8	0.720 9416		17	339 04 54.7	− 3 21 51.5	0.727 6495
	18	195 59 32.7	+ 2 57 50.5	0.721 1834		19	342 15 15.2	− 3 23 03.4	0.727 5173
	20	199 13 02.7	+ 2 51 58.6	0.721 4318		21	345 25 40.3	− 3 23 38.1	0.727 3721
	22	202 26 22.4	+ 2 45 34.3	0.721 6862		23	348 36 10.3	− 3 23 35.4	0.727 2143
	24	205 39 31.7	+ 2 38 39.0	0.721 9456		25	351 46 45.3	− 3 22 55.3	0.727 0444
	26	208 52 30.4	+ 2 31 14.1	0.722 2093		27	354 57 25.5	− 3 21 37.8	0.726 8630
	28	212 05 18.4	+ 2 23 20.9	0.722 4765		29	358 08 10.9	− 3 19 43.1	0.726 6707
	30	215 17 55.4	+ 2 15 01.2	0.722 7462		31	1 19 01.7	− 3 17 11.5	0.726 4679
Oct.	2	218 30 21.6	+ 2 06 16.4	0.723 0177		33	4 29 58.0	− 3 14 03.5	0.726 2553

MARS, 2011

HELIOCENTRIC POSITIONS FOR 0ʰ TERRESTRIAL TIME
MEAN EQUINOX AND ECLIPTIC OF DATE

Date		Longitude	Latitude	True Heliocentric Distance	Date		Longitude	Latitude	True Heliocentric Distance
		° ′ ″	° ′ ″	au			° ′ ″	° ′ ″	au
Jan.	−1	292 50 46.6	− 1 39 04.5	1.414 4995	July	2	46 04 39.8	− 0 06 54.8	1.463 1514
	3	295 16 29.4	− 1 41 06.3	1.410 9854		6	48 19 56.5	− 0 02 32.9	1.468 0961
	7	297 42 55.1	− 1 42 57.7	1.407 6386		10	50 34 18.3	+ 0 01 47.4	1.473 1043
	11	300 10 01.9	− 1 44 38.4	1.404 4661		14	52 47 45.2	+ 0 06 05.8	1.478 1678
	15	302 37 47.8	− 1 46 07.9	1.401 4744		18	55 00 17.2	+ 0 10 21.9	1.483 2786
	19	305 06 10.6	− 1 47 26.0	1.398 6699		22	57 11 54.4	+ 0 14 35.3	1.488 4289
	23	307 35 08.2	− 1 48 32.3	1.396 0585		26	59 22 37.1	+ 0 18 45.7	1.493 6109
	27	310 04 38.2	− 1 49 26.6	1.393 6459		30	61 32 25.5	+ 0 22 52.7	1.498 8167
	31	312 34 38.2	− 1 50 08.6	1.391 4373	Aug.	3	63 41 19.9	+ 0 26 56.1	1.504 0389
Feb.	4	315 05 05.5	− 1 50 38.1	1.389 4376		7	65 49 21.0	+ 0 30 55.5	1.509 2699
	8	317 35 57.5	− 1 50 54.9	1.387 6512		11	67 56 29.0	+ 0 34 50.7	1.514 5025
	12	320 07 11.5	− 1 50 58.9	1.386 0822		15	70 02 44.8	+ 0 38 41.5	1.519 7295
	16	322 38 44.6	− 1 50 50.0	1.384 7341		19	72 08 08.8	+ 0 42 27.7	1.524 9438
	20	325 10 33.9	− 1 50 28.1	1.383 6099		23	74 12 41.9	+ 0 46 08.9	1.530 1388
	24	327 42 36.5	− 1 49 53.3	1.382 7122		27	76 16 24.7	+ 0 49 45.0	1.535 3075
	28	330 14 49.4	− 1 49 05.5	1.382 0432		31	78 19 18.0	+ 0 53 15.9	1.540 4436
Mar.	4	332 47 09.4	− 1 48 04.8	1.381 6042	Sept.	4	80 21 22.8	+ 0 56 41.3	1.545 5408
	8	335 19 33.6	− 1 46 51.4	1.381 3964		8	82 22 39.8	+ 1 00 01.1	1.550 5927
	12	337 51 58.7	− 1 45 25.4	1.381 4203		12	84 23 10.0	+ 1 03 15.2	1.555 5935
	16	340 24 21.8	− 1 43 47.0	1.381 6757		16	86 22 54.3	+ 1 06 23.5	1.560 5373
	20	342 56 39.7	− 1 41 56.4	1.382 1623		20	88 21 53.9	+ 1 09 25.8	1.565 4185
	24	345 28 49.4	− 1 39 53.9	1.382 8788		24	90 20 09.5	+ 1 12 22.0	1.570 2317
	28	348 00 47.8	− 1 37 39.9	1.383 8237		28	92 17 42.4	+ 1 15 12.0	1.574 9716
Apr.	1	350 32 32.0	− 1 35 14.6	1.384 9947	Oct.	2	94 14 33.5	+ 1 17 55.9	1.579 6330
	5	353 03 58.9	− 1 32 38.6	1.386 3894		6	96 10 44.0	+ 1 20 33.4	1.584 2111
	9	355 35 05.8	− 1 29 52.1	1.388 0045		10	98 06 14.9	+ 1 23 04.5	1.588 7012
	13	358 05 49.8	− 1 26 55.6	1.389 8364		14	100 01 07.4	+ 1 25 29.2	1.593 0986
	17	0 36 08.2	− 1 23 49.7	1.391 8811		18	101 55 22.6	+ 1 27 47.5	1.597 3991
	21	3 05 58.5	− 1 20 34.8	1.394 1341		22	103 49 01.6	+ 1 29 59.2	1.601 5983
	25	5 35 18.0	− 1 17 11.4	1.396 5903		26	105 42 05.6	+ 1 32 04.5	1.605 6922
	29	8 04 04.4	− 1 13 40.1	1.399 2446		30	107 34 35.8	+ 1 34 03.1	1.609 6769
May	3	10 32 15.4	− 1 10 01.4	1.402 0912	Nov.	3	109 26 33.3	+ 1 35 55.2	1.613 5488
	7	12 59 48.8	− 1 06 15.8	1.405 1241		7	111 17 59.3	+ 1 37 40.7	1.617 3042
	11	15 26 42.6	− 1 02 23.9	1.408 3368		11	113 08 55.1	+ 1 39 19.6	1.620 9398
	15	17 52 54.8	− 0 58 26.4	1.411 7228		15	114 59 21.7	+ 1 40 52.0	1.624 4523
	19	20 18 23.6	− 0 54 23.7	1.415 2751		19	116 49 20.4	+ 1 42 17.7	1.627 8387
	23	22 43 07.5	− 0 50 16.5	1.418 9864		23	118 38 52.4	+ 1 43 36.8	1.631 0960
	27	25 07 04.8	− 0 46 05.3	1.422 8495		27	120 27 58.8	+ 1 44 49.4	1.634 2214
	31	27 30 14.2	− 0 41 50.7	1.426 8567	Dec.	1	122 16 41.0	+ 1 45 55.4	1.637 2123
June	4	29 52 34.4	− 0 37 33.2	1.431 0003		5	124 05 00.0	+ 1 46 54.8	1.640 0662
	8	32 14 04.2	− 0 33 13.3	1.435 2724		9	125 52 57.1	+ 1 47 47.8	1.642 7807
	12	34 34 42.8	− 0 28 51.7	1.439 6650		13	127 40 33.5	+ 1 48 34.2	1.645 3537
	16	36 54 29.2	− 0 24 28.9	1.444 1700		17	129 27 50.4	+ 1 49 14.1	1.647 7830
	20	39 13 22.6	− 0 20 05.3	1.448 7794		21	131 14 49.0	+ 1 49 47.5	1.650 0668
	24	41 31 22.5	− 0 15 41.4	1.453 4849		25	133 01 30.5	+ 1 50 14.5	1.652 2032
	28	43 48 28.4	− 0 11 17.7	1.458 2783		29	134 47 56.0	+ 1 50 35.1	1.654 1906
July	2	46 04 39.8	− 0 06 54.8	1.463 1514		33	136 34 06.9	+ 1 50 49.4	1.656 0274

JUPITER, SATURN, URANUS, NEPTUNE, 2011

HELIOCENTRIC POSITIONS FOR 0ʰ TERRESTRIAL TIME
MEAN EQUINOX AND ECLIPTIC OF DATE

Date	Longitude	Latitude	True Heliocentric Distance	Date	Longitude	Latitude	True Heliocentric Distance
		JUPITER				SATURN	
	° ′ ″	° ′ ″	au		° ′ ″	° ′ ″	au
Jan. −1	7 30 01.1	− 1 18 05.5	4.950 175	Jan. −1	190 44 07.6	+ 2 25 23.7	9.584 509
9	8 25 04.0	− 1 18 09.0	4.949 745	9	191 03 59.7	+ 2 25 35.2	9.587 506
19	9 20 07.5	− 1 18 11.3	4.949 373	19	191 23 51.0	+ 2 25 46.3	9.590 499
29	10 15 11.5	− 1 18 12.3	4.949 061	29	191 43 41.6	+ 2 25 57.2	9.593 490
Feb. 8	11 10 15.8	− 1 18 12.2	4.948 808	Feb. 8	192 03 31.4	+ 2 26 07.8	9.596 479
18	12 05 20.4	− 1 18 10.8	4.948 614	18	192 23 20.5	+ 2 26 18.1	9.599 465
28	13 00 25.3	− 1 18 08.3	4.948 479	28	192 43 08.9	+ 2 26 28.1	9.602 448
Mar. 10	13 55 30.3	− 1 18 04.5	4.948 403	Mar. 10	193 02 56.5	+ 2 26 37.8	9.605 428
20	14 50 35.3	− 1 17 59.6	4.948 387	20	193 22 43.4	+ 2 26 47.2	9.608 405
30	15 45 40.3	− 1 17 53.4	4.948 431	30	193 42 29.6	+ 2 26 56.3	9.611 379
Apr. 9	16 40 45.3	− 1 17 46.1	4.948 533	Apr. 9	194 02 15.1	+ 2 27 05.1	9.614 350
19	17 35 50.0	− 1 17 37.5	4.948 695	19	194 21 59.8	+ 2 27 13.6	9.617 317
29	18 30 54.5	− 1 17 27.8	4.948 916	29	194 41 43.8	+ 2 27 21.8	9.620 282
May 9	19 25 58.7	− 1 17 16.8	4.949 196	May 9	195 01 27.0	+ 2 27 29.7	9.623 243
19	20 21 02.4	− 1 17 04.7	4.949 535	19	195 21 09.6	+ 2 27 37.3	9.626 200
29	21 16 05.6	− 1 16 51.4	4.949 933	29	195 40 51.4	+ 2 27 44.6	9.629 155
June 8	22 11 08.3	− 1 16 36.9	4.950 389	June 8	196 00 32.5	+ 2 27 51.6	9.632 106
18	23 06 10.3	− 1 16 21.3	4.950 904	18	196 20 12.9	+ 2 27 58.4	9.635 053
28	24 01 11.6	− 1 16 04.4	4.951 478	28	196 39 52.5	+ 2 28 04.8	9.637 996
July 8	24 56 12.1	− 1 15 46.4	4.952 110	July 8	196 59 31.5	+ 2 28 11.0	9.640 936
18	25 51 11.6	− 1 15 27.3	4.952 800	18	197 19 09.7	+ 2 28 16.8	9.643 872
28	26 46 10.2	− 1 15 07.0	4.953 547	28	197 38 47.3	+ 2 28 22.4	9.646 803
Aug. 7	27 41 07.7	− 1 14 45.6	4.954 353	Aug. 7	197 58 24.1	+ 2 28 27.6	9.649 731
17	28 36 04.2	− 1 14 23.0	4.955 216	17	198 18 00.2	+ 2 28 32.6	9.652 654
27	29 30 59.4	− 1 13 59.3	4.956 137	27	198 37 35.7	+ 2 28 37.3	9.655 573
Sept. 6	30 25 53.3	− 1 13 34.4	4.957 114	Sept. 6	198 57 10.4	+ 2 28 41.7	9.658 488
16	31 20 45.9	− 1 13 08.5	4.958 149	16	199 16 44.4	+ 2 28 45.8	9.661 397
26	32 15 37.0	− 1 12 41.4	4.959 239	26	199 36 17.7	+ 2 28 49.6	9.664 303
Oct. 6	33 10 26.6	− 1 12 13.3	4.960 387	Oct. 6	199 55 50.3	+ 2 28 53.1	9.667 203
16	34 05 14.7	− 1 11 44.0	4.961 590	16	200 15 22.3	+ 2 28 56.3	9.670 099
26	35 00 01.1	− 1 11 13.7	4.962 848	26	200 34 53.5	+ 2 28 59.2	9.672 989
Nov. 5	35 54 45.8	− 1 10 42.3	4.964 162	Nov. 5	200 54 24.0	+ 2 29 01.9	9.675 875
15	36 49 28.7	− 1 10 09.9	4.965 531	15	201 13 53.9	+ 2 29 04.2	9.678 756
25	37 44 09.8	− 1 09 36.4	4.966 954	25	201 33 23.0	+ 2 29 06.3	9.681 631
Dec. 5	38 38 48.9	− 1 09 01.9	4.968 431	Dec. 5	201 52 51.5	+ 2 29 08.1	9.684 502
15	39 33 26.0	− 1 08 26.4	4.969 962	15	202 12 19.3	+ 2 29 09.6	9.687 367
25	40 28 01.0	− 1 07 49.8	4.971 545	25	202 31 46.4	+ 2 29 10.8	9.690 227
35	41 22 33.9	− 1 07 12.2	4.973 182	35	202 51 12.8	+ 2 29 11.7	9.693 081
		URANUS				NEPTUNE	
	° ′ ″	° ′ ″	au		° ′ ″	° ′ ″	au
Jan. −1	359 39 57.9	− 0 44 37.7	20.089 48	Jan. −1	328 05 06.4	− 0 29 34.9	30.013 95
Feb. 8	0 05 46.0	− 0 44 32.1	20.088 31	Feb. 8	328 19 37.4	− 0 30 00.5	30.012 73
Mar. 20	0 31 34.3	− 0 44 26.3	20.087 08	Mar. 20	328 34 08.5	− 0 30 26.1	30.011 50
Apr. 29	0 57 22.7	− 0 44 20.3	20.085 78	Apr. 29	328 48 39.6	− 0 30 51.7	30.010 26
June 8	1 23 11.3	− 0 44 14.2	20.084 42	June 8	329 03 10.6	− 0 31 17.3	30.009 01
July 18	1 49 00.1	− 0 44 07.9	20.082 98	July 18	329 17 41.7	− 0 31 42.8	30.007 75
Aug. 27	2 14 49.0	− 0 44 01.4	20.081 47	Aug. 27	329 32 12.7	− 0 32 08.3	30.006 49
Oct. 6	2 40 38.0	− 0 43 54.9	20.079 90	Oct. 6	329 46 43.7	− 0 32 33.7	30.005 22
Nov. 15	3 06 27.2	− 0 43 48.1	20.078 27	Nov. 15	330 01 14.7	− 0 32 59.2	30.003 94
Dec. 25	3 32 16.6	− 0 43 41.3	20.076 56	Dec. 25	330 15 45.6	− 0 33 24.5	30.002 66
Dec. 65	3 58 06.2	− 0 43 34.2	20.074 79	Dec. 65	330 30 16.5	− 0 33 49.9	30.001 37

MERCURY, 2011

GEOCENTRIC COORDINATES FOR 0ʰ TERRESTRIAL TIME

Date	Apparent Right Ascension	Apparent Declination	True Geocentric Distance	Date	Apparent Right Ascension	Apparent Declination	True Geocentric Distance
	h m s	° ′ ″	au		h m s	° ′ ″	au
Jan. 0	17 15 59.112	−20 06 49.13	0.815 6588	Feb. 15	21 24 20.089	−17 25 22.12	1.391 3915
1	17 16 42.355	−20 13 01.21	0.836 4824	16	21 31 07.933	−16 54 08.21	1.392 6661
2	17 17 59.814	−20 20 41.13	0.857 5934	17	21 37 56.557	−16 21 30.27	1.393 3826
3	17 19 48.514	−20 29 32.90	0.878 8298	18	21 44 45.949	−15 47 28.35	1.393 5216
4	17 22 05.579	−20 39 21.20	0.900 0555	19	21 51 36.106	−15 12 02.60	1.393 0613
5	17 24 48.297	−20 49 51.64	0.921 1573	20	21 58 27.025	−14 35 13.26	1.391 9774
6	17 27 54.155	−21 00 50.94	0.942 0422	21	22 05 18.702	−13 57 00.71	1.390 2433
7	17 31 20.854	−21 12 07.01	0.962 6346	22	22 12 11.131	−13 17 25.46	1.387 8296
8	17 35 06.314	−21 23 28.90	0.982 8740	23	22 19 04.297	−12 36 28.25	1.384 7046
9	17 39 08.661	−21 34 46.81	1.002 7124	24	22 25 58.174	−11 54 10.03	1.380 8336
10	17 43 26.216	−21 45 51.97	1.022 1124	25	22 32 52.720	−11 10 31.99	1.376 1797
11	17 47 57.481	−21 56 36.61	1.041 0453	26	22 39 47.873	−10 25 35.64	1.370 7034
12	17 52 41.121	−22 06 53.79	1.059 4898	27	22 46 43.546	− 9 39 22.87	1.364 3631
13	17 57 35.944	−22 16 37.38	1.077 4305	28	22 53 39.621	− 8 51 56.03	1.357 1152
14	18 02 40.892	−22 25 41.94	1.094 8572	Mar. 1	23 00 35.945	− 8 03 17.92	1.348 9146
15	18 07 55.018	−22 34 02.66	1.111 7633	2	23 07 32.319	− 7 13 31.95	1.339 7155
16	18 13 17.481	−22 41 35.24	1.128 1454	3	23 14 28.488	− 6 22 42.19	1.329 4719
17	18 18 47.525	−22 48 15.88	1.144 0030	4	23 21 24.130	− 5 30 53.48	1.318 1388
18	18 24 24.476	−22 54 01.22	1.159 3372	5	23 28 18.849	− 4 38 11.54	1.305 6736
19	18 30 07.728	−22 58 48.21	1.174 1508	6	23 35 12.161	− 3 44 43.08	1.292 0377
20	18 35 56.735	−23 02 34.16	1.188 4475	7	23 42 03.483	− 2 50 35.84	1.277 1981
21	18 41 51.007	−23 05 16.63	1.202 2319	8	23 48 52.122	− 1 55 58.75	1.261 1296
22	18 47 50.099	−23 06 53.46	1.215 5090	9	23 55 37.266	− 1 01 01.94	1.243 8176
23	18 53 53.612	−23 07 22.68	1.228 2844	10	0 02 17.976	− 0 05 56.78	1.225 2598
24	19 00 01.181	−23 06 42.53	1.240 5632	11	0 08 53.184	+ 0 49 04.13	1.205 4691
25	19 06 12.475	−23 04 51.44	1.252 3512	12	0 15 21.693	+ 1 43 47.02	1.184 4754
26	19 12 27.190	−23 01 47.99	1.263 6534	13	0 21 42.183	+ 2 37 57.04	1.162 3276
27	19 18 45.048	−22 57 30.91	1.274 4751	14	0 27 53.221	+ 3 31 18.51	1.139 0949
28	19 25 05.792	−22 51 59.04	1.284 8209	15	0 33 53.282	+ 4 23 35.03	1.114 8665
29	19 31 29.185	−22 45 11.37	1.294 6954	16	0 39 40.768	+ 5 14 29.85	1.089 7516
30	19 37 55.010	−22 37 06.93	1.304 1025	17	0 45 14.040	+ 6 03 46.10	1.063 8775
31	19 44 23.065	−22 27 44.89	1.313 0455	18	0 50 31.444	+ 6 51 07.11	1.037 3875
Feb. 1	19 50 53.169	−22 17 04.44	1.321 5274	19	0 55 31.348	+ 7 36 16.68	1.010 4369
2	19 57 25.154	−22 05 04.89	1.329 5501	20	1 00 12.169	+ 8 18 59.31	0.983 1900
3	20 03 58.867	−21 51 45.58	1.337 1152	21	1 04 32.401	+ 8 59 00.40	0.955 8159
4	20 10 34.170	−21 37 05.91	1.344 2233	22	1 08 30.645	+ 9 36 06.37	0.928 4848
5	20 17 10.938	−21 21 05.34	1.350 8740	23	1 12 05.628	+10 10 04.73	0.901 3641
6	20 23 49.061	−21 03 43.38	1.357 0662	24	1 15 16.228	+10 40 44.11	0.874 6164
7	20 30 28.437	−20 44 59.57	1.362 7976	25	1 18 01.493	+11 07 54.29	0.848 3962
8	20 37 08.979	−20 24 53.50	1.368 0649	26	1 20 20.664	+11 31 26.17	0.822 8489
9	20 43 50.609	−20 03 24.81	1.372 8636	27	1 22 13.196	+11 51 11.84	0.798 1097
10	20 50 33.260	−19 40 33.18	1.377 1878	28	1 23 38.785	+12 07 04.62	0.774 3029
11	20 57 16.873	−19 16 18.30	1.381 0305	29	1 24 37.387	+12 18 59.17	0.751 5414
12	21 04 01.399	−18 50 39.95	1.384 3831	30	1 25 09.244	+12 26 51.67	0.729 9273
13	21 10 46.799	−18 23 37.90	1.387 2356	31	1 25 14.914	+12 30 40.03	0.709 5516
14	21 17 33.037	−17 55 11.99	1.389 5762	Apr. 1	1 24 55.285	+12 30 24.23	0.690 4946
15	21 24 20.089	−17 25 22.12	1.391 3915	2	1 24 11.596	+12 26 06.63	0.672 8256

GEOCENTRIC COORDINATES FOR 0ʰ TERRESTRIAL TIME

Date	Apparent Right Ascension	Apparent Declination	True Geocentric Distance	Date	Apparent Right Ascension	Apparent Declination	True Geocentric Distance
	h m s	° ′ ″	au		h m s	° ′ ″	au
Apr. 1	1 24 55.285	+12 30 24.23	0.690 4946	May 17	2 01 11.311	+ 9 09 18.30	0.981 6275
2	1 24 11.596	+12 26 06.63	0.672 8256	18	2 06 25.565	+ 9 41 23.19	0.998 5786
3	1 23 05.444	+12 17 52.29	0.656 6033	19	2 11 49.201	+10 14 24.04	1.015 5772
4	1 21 38.781	+12 05 49.39	0.641 8756	20	2 17 22.312	+10 48 16.54	1.032 6014
5	1 19 53.899	+11 50 09.39	0.628 6794	21	2 23 05.022	+11 22 56.32	1.049 6268
6	1 17 53.397	+11 31 07.30	0.617 0403	22	2 28 57.484	+11 58 18.79	1.066 6260
7	1 15 40.133	+11 09 01.62	0.606 9725	23	2 34 59.875	+12 34 19.23	1.083 5682
8	1 13 17.165	+10 44 14.21	0.598 4785	24	2 41 12.398	+13 10 52.66	1.100 4188
9	1 10 47.674	+10 17 09.91	0.591 5496	25	2 47 35.273	+13 47 53.81	1.117 1392
10	1 08 14.884	+ 9 48 15.98	0.586 1656	26	2 54 08.734	+14 25 17.08	1.133 6857
11	1 05 41.978	+ 9 18 01.39	0.582 2957	27	3 00 53.024	+15 02 56.49	1.150 0098
12	1 03 12.015	+ 8 46 56.02	0.579 8992	28	3 07 48.383	+15 40 45.59	1.166 0574
13	1 00 47.861	+ 8 15 29.71	0.578 9264	29	3 14 55.046	+16 18 37.45	1.181 7683
14	0 58 32.127	+ 7 44 11.50	0.579 3202	30	3 22 13.225	+16 56 24.54	1.197 0766
15	0 56 27.122	+ 7 13 28.77	0.581 0173	31	3 29 43.098	+17 33 58.77	1.211 9100
16	0 54 34.830	+ 6 43 46.69	0.583 9497	June 1	3 37 24.796	+18 11 11.36	1.226 1905
17	0 52 56.893	+ 6 15 27.68	0.588 0462	2	3 45 18.385	+18 47 52.88	1.239 8342
18	0 51 34.615	+ 5 48 51.10	0.593 2340	3	3 53 23.846	+19 23 53.25	1.252 7526
19	0 50 28.974	+ 5 24 13.17	0.599 4399	4	4 01 41.060	+19 59 01.72	1.264 8537
20	0 49 40.645	+ 5 01 46.92	0.606 5914	5	4 10 09.784	+20 33 06.97	1.276 0430
21	0 49 10.031	+ 4 41 42.38	0.614 6180	6	4 18 49.635	+21 05 57.25	1.286 2261
22	0 48 57.298	+ 4 24 06.77	0.623 4520	7	4 27 40.076	+21 37 20.46	1.295 3108
23	0 49 02.413	+ 4 09 04.82	0.633 0289	8	4 36 40.402	+22 07 04.42	1.303 2102
24	0 49 25.178	+ 3 56 39.12	0.643 2880	9	4 45 49.735	+22 34 57.10	1.309 8451
25	0 50 05.268	+ 3 46 50.42	0.654 1727	10	4 55 07.026	+23 00 46.91	1.315 1475
26	0 51 02.255	+ 3 39 37.93	0.665 6308	11	5 04 31.065	+23 24 22.97	1.319 0633
27	0 52 15.645	+ 3 34 59.66	0.677 6141	12	5 14 00.501	+23 45 35.47	1.321 5545
28	0 53 44.893	+ 3 32 52.66	0.690 0785	13	5 23 33.873	+24 04 15.96	1.322 6011
29	0 55 29.428	+ 3 33 13.23	0.702 9838	14	5 33 09.626	+24 20 17.24	1.322 2018
30	0 57 28.667	+ 3 35 57.12	0.716 2938	15	5 42 46.164	+24 33 34.30	1.320 3742
May 1	0 59 42.028	+ 3 40 59.72	0.729 9754	16	5 52 21.900	+24 44 03.71	1.317 1535
2	1 02 08.944	+ 3 48 16.14	0.743 9989	17	6 01 55.278	+24 51 43.86	1.312 5910
3	1 04 48.867	+ 3 57 41.37	0.758 3376	18	6 11 24.815	+24 56 34.99	1.306 7516
4	1 07 41.279	+ 4 09 10.30	0.772 9672	19	6 20 49.128	+24 58 38.94	1.299 7107
5	1 10 45.693	+ 4 22 37.85	0.787 8658	20	6 30 06.959	+24 57 59.07	1.291 5520
6	1 14 01.658	+ 4 37 58.96	0.803 0138	21	6 39 17.187	+24 54 40.03	1.282 3637
7	1 17 28.761	+ 4 55 08.66	0.818 3930	22	6 48 18.831	+24 48 47.50	1.272 2364
8	1 21 06.631	+ 5 14 02.06	0.833 9869	23	6 57 11.057	+24 40 28.01	1.261 2608
9	1 24 54.936	+ 5 34 34.39	0.849 7802	24	7 05 53.166	+24 29 48.72	1.249 5254
10	1 28 53.388	+ 5 56 41.01	0.865 7583	25	7 14 24.591	+24 16 57.22	1.237 1152
11	1 33 01.742	+ 6 20 17.37	0.881 9075	26	7 22 44.880	+24 02 01.37	1.224 1108
12	1 37 19.795	+ 6 45 19.06	0.898 2143	27	7 30 53.688	+23 45 09.16	1.210 5874
13	1 41 47.384	+ 7 11 41.73	0.914 6652	28	7 38 50.758	+23 26 28.60	1.196 6145
14	1 46 24.391	+ 7 39 21.15	0.931 2467	29	7 46 35.914	+23 06 07.63	1.182 2556
15	1 51 10.736	+ 8 08 13.14	0.947 9445	30	7 54 09.041	+22 44 14.05	1.167 5687
16	1 56 06.378	+ 8 38 13.57	0.964 7435	July 1	8 01 30.078	+22 20 55.49	1.152 6059
17	2 01 11.311	+ 9 09 18.30	0.981 6275	2	8 08 39.003	+21 56 19.36	1.137 4141

MERCURY, 2011

GEOCENTRIC COORDINATES FOR 0^h TERRESTRIAL TIME

Date	Apparent Right Ascension	Apparent Declination	True Geocentric Distance	Date	Apparent Right Ascension	Apparent Declination	True Geocentric Distance
	h m s	o ′ ″	au		h m s	o ′ ″	au
July 1	8 01 30.078	+22 20 55.49	1.152 6059	Aug. 16	9 41 35.300	+ 8 50 52.76	0.608 8459
2	8 08 39.003	+21 56 19.36	1.137 4141	17	9 38 31.477	+ 9 13 27.20	0.612 9428
3	8 15 35.827	+21 30 32.83	1.122 0352	18	9 35 32.571	+ 9 37 22.02	0.618 6559
4	8 22 20.583	+21 03 42.85	1.106 5067	19	9 32 42.274	+10 02 14.33	0.626 0251
5	8 28 53.320	+20 35 56.11	1.090 8618	20	9 30 04.250	+10 27 40.00	0.635 0771
6	8 35 14.094	+20 07 19.08	1.075 1301	21	9 27 42.035	+10 53 14.35	0.645 8244
7	8 41 22.967	+19 37 58.01	1.059 3378	22	9 25 38.949	+11 18 32.70	0.658 2652
8	8 47 19.996	+19 07 58.95	1.043 5084	23	9 23 58.014	+11 43 11.02	0.672 3826
9	8 53 05.233	+18 37 27.79	1.027 6627	24	9 22 41.893	+12 06 46.32	0.688 1444
10	8 58 38.715	+18 06 30.24	1.011 8195	25	9 21 52.846	+12 28 57.06	0.705 5037
11	9 04 00.466	+17 35 11.89	0.995 9957	26	9 21 32.700	+12 49 23.32	0.724 3985
12	9 09 10.491	+17 03 38.21	0.980 2064	27	9 21 42.842	+13 07 46.97	0.744 7522
13	9 14 08.772	+16 31 54.61	0.964 4659	28	9 22 24.216	+13 23 51.69	0.766 4739
14	9 18 55.267	+16 00 06.39	0.948 7871	29	9 23 37.338	+13 37 22.98	0.789 4583
15	9 23 29.911	+15 28 18.86	0.933 1823	30	9 25 22.318	+13 48 08.10	0.813 5864
16	9 27 52.608	+14 56 37.31	0.917 6636	31	9 27 38.876	+13 55 56.08	0.838 7256
17	9 32 03.235	+14 25 07.03	0.902 2424	Sept. 1	9 30 26.372	+14 00 37.70	0.864 7307
18	9 36 01.636	+13 53 53.38	0.886 9306	2	9 33 43.836	+14 02 05.52	0.891 4443
19	9 39 47.624	+13 23 01.81	0.871 7401	3	9 37 29.986	+14 00 13.91	0.918 6988
20	9 43 20.975	+12 52 37.87	0.856 6836	4	9 41 43.272	+13 54 59.18	0.946 3181
21	9 46 41.432	+12 22 47.27	0.841 7743	5	9 46 21.900	+13 46 19.61	0.974 1206
22	9 49 48.700	+11 53 35.87	0.827 0270	6	9 51 23.878	+13 34 15.52	1.001 9221
23	9 52 42.449	+11 25 09.76	0.812 4573	7	9 56 47.054	+13 18 49.36	1.029 5397
24	9 55 22.313	+10 57 35.24	0.798 0829	8	10 02 29.172	+13 00 05.63	1.056 7959
25	9 57 47.893	+10 30 58.86	0.783 9231	9	10 08 27.913	+12 38 10.86	1.083 5228
26	9 59 58.757	+10 05 27.45	0.769 9996	10	10 14 40.955	+12 13 13.39	1.109 5658
27	10 01 54.448	+ 9 41 08.10	0.756 3367	11	10 21 06.020	+11 45 23.21	1.134 7869
28	10 03 34.485	+ 9 18 08.24	0.742 9614	12	10 27 40.921	+11 14 51.63	1.159 0671
29	10 04 58.370	+ 8 56 35.55	0.729 9038	13	10 34 23.602	+10 41 50.98	1.182 3080
30	10 06 05.603	+ 8 36 38.00	0.717 1979	14	10 41 12.167	+10 06 34.26	1.204 4325
31	10 06 55.690	+ 8 18 23.78	0.704 8814	15	10 48 04.905	+ 9 29 14.81	1.225 3838
Aug. 1	10 07 28.159	+ 8 02 01.28	0.692 9960	16	10 55 00.301	+ 8 50 05.98	1.245 1250
2	10 07 42.584	+ 7 47 38.96	0.681 5883	17	11 01 57.038	+ 8 09 20.93	1.263 6365
3	10 07 38.605	+ 7 35 25.28	0.670 7094	18	11 08 53.996	+ 7 27 12.31	1.280 9142
4	10 07 15.957	+ 7 25 28.48	0.660 4157	19	11 15 50.242	+ 6 43 52.18	1.296 9672
5	10 06 34.502	+ 7 17 56.48	0.650 7683	20	11 22 45.013	+ 5 59 31.85	1.311 8150
6	10 05 34.265	+ 7 12 56.54	0.641 8337	21	11 29 37.704	+ 5 14 21.82	1.325 4853
7	10 04 15.472	+ 7 10 35.04	0.633 6830	22	11 36 27.846	+ 4 28 31.76	1.338 0122
8	10 02 38.590	+ 7 10 57.15	0.626 3917	23	11 43 15.092	+ 3 42 10.50	1.349 4337
9	10 00 44.369	+ 7 14 06.40	0.620 0394	24	11 49 59.197	+ 2 55 26.05	1.359 7908
10	9 58 33.879	+ 7 20 04.39	0.614 7083	25	11 56 40.005	+ 2 08 25.63	1.369 1257
11	9 56 08.543	+ 7 28 50.37	0.610 4830	26	12 03 17.434	+ 1 21 15.76	1.377 4810
12	9 53 30.159	+ 7 40 20.87	0.607 4484	27	12 09 51.460	+ 0 34 02.25	1.384 8988
13	9 50 40.910	+ 7 54 29.49	0.605 6886	28	12 16 22.111	− 0 13 09.67	1.391 4201
14	9 47 43.358	+ 8 11 06.68	0.605 2848	29	12 22 49.454	− 1 00 15.38	1.397 0845
15	9 44 40.414	+ 8 29 59.71	0.606 3139	30	12 29 13.582	− 1 47 10.73	1.401 9296
16	9 41 35.300	+ 8 50 52.76	0.608 8459	Oct. 1	12 35 34.612	− 2 33 51.95	1.405 9909

GEOCENTRIC COORDINATES FOR 0ʰ TERRESTRIAL TIME

Date	Apparent Right Ascension	Apparent Declination	True Geocentric Distance	Date	Apparent Right Ascension	Apparent Declination	True Geocentric Distance
	h m s	° ′ ″	au		h m s	° ′ ″	au
Oct. 1	12 35 34.612	− 2 33 51.95	1.405 9909	Nov. 16	16 57 02.881	−25 18 05.47	0.984 6470
2	12 41 52.683	− 3 20 15.69	1.409 3019	17	17 00 55.076	−25 20 56.86	0.963 3301
3	12 48 07.944	− 4 06 18.95	1.411 8935	18	17 04 28.117	−25 22 07.77	0.941 6782
4	12 54 20.554	− 4 51 59.04	1.413 7946	19	17 07 39.411	−25 21 35.03	0.919 7649
5	13 00 30.679	− 5 37 13.53	1.415 0314	20	17 10 26.120	−25 19 15.16	0.897 6809
6	13 06 38.486	− 6 22 00.22	1.415 6282	21	17 12 45.190	−25 15 04.29	0.875 5371
7	13 12 44.147	− 7 06 17.09	1.415 6068	22	17 14 33.383	−25 08 58.17	0.853 4673
8	13 18 47.830	− 7 50 02.30	1.414 9871	23	17 15 47.357	−25 00 52.09	0.831 6313
9	13 24 49.704	− 8 33 14.16	1.413 7868	24	17 16 23.777	−24 50 40.92	0.810 2171
10	13 30 49.931	− 9 15 51.09	1.412 0218	25	17 16 19.485	−24 38 19.29	0.789 4429
11	13 36 48.669	− 9 57 51.60	1.409 7061	26	17 15 31.732	−24 23 41.88	0.769 5577
12	13 42 46.070	−10 39 14.31	1.406 8522	27	17 13 58.478	−24 06 44.03	0.750 8396
13	13 48 42.279	−11 19 57.87	1.403 4707	28	17 11 38.748	−23 47 22.70	0.733 5919
14	13 54 37.429	−12 00 01.01	1.399 5709	29	17 08 33.023	−23 25 37.83	0.718 1354
15	14 00 31.650	−12 39 22.48	1.395 1604	30	17 04 43.615	−23 01 34.11	0.704 7965
16	14 06 25.056	−13 18 01.07	1.390 2458	Dec. 1	17 00 14.954	−22 35 22.91	0.693 8917
17	14 12 17.753	−13 55 55.57	1.384 8320	2	16 55 13.705	−22 07 24.12	0.685 7085
18	14 18 09.835	−14 33 04.80	1.378 9231	3	16 49 48.628	−21 38 07.19	0.680 4849
19	14 24 01.385	−15 09 27.56	1.372 5218	4	16 44 10.153	−21 08 11.05	0.678 3897
20	14 29 52.468	−15 45 02.64	1.365 6298	5	16 38 29.689	−20 38 22.36	0.679 5072
21	14 35 43.141	−16 19 48.84	1.358 2477	6	16 32 58.757	−20 09 32.11	0.683 8289
22	14 41 33.439	−16 53 44.91	1.350 3753	7	16 27 48.116	−19 42 31.29	0.691 2538
23	14 47 23.386	−17 26 49.60	1.342 0113	8	16 23 07.005	−19 18 06.26	0.701 5967
24	14 53 12.984	−17 59 01.63	1.333 1538	9	16 19 02.659	−18 56 54.91	0.714 6044
25	14 59 02.218	−18 30 19.67	1.323 8001	10	16 15 40.093	−18 39 24.23	0.729 9750
26	15 04 51.047	−19 00 42.40	1.313 9466	11	16 13 02.173	−18 25 49.48	0.747 3790
27	15 10 39.408	−19 30 08.43	1.303 5894	12	16 11 09.870	−18 16 14.86	0.766 4784
28	15 16 27.208	−19 58 36.35	1.292 7241	13	16 10 02.622	−18 10 35.12	0.786 9423
29	15 22 14.322	−20 26 04.70	1.281 3459	14	16 09 38.732	−18 08 37.69	0.808 4588
30	15 28 00.593	−20 52 31.97	1.269 4496	15	16 09 55.738	−18 10 04.88	0.830 7427
31	15 33 45.827	−21 17 56.58	1.257 0300	16	16 10 50.722	−18 14 35.87	0.853 5398
Nov. 1	15 39 29.790	−21 42 16.94	1.244 0816	17	16 12 20.560	−18 21 48.36	0.876 6284
2	15 45 12.206	−22 05 31.38	1.230 5989	18	16 14 22.101	−18 31 19.79	0.899 8183
3	15 50 52.749	−22 27 38.19	1.216 5767	19	16 16 52.293	−18 42 48.25	0.922 9494
4	15 56 31.040	−22 48 35.63	1.202 0098	20	16 19 48.257	−18 55 53.01	0.945 8887
5	16 02 06.636	−23 08 21.89	1.186 8936	21	16 23 07.333	−19 10 14.89	0.968 5273
6	16 07 39.027	−23 26 55.11	1.171 2243	22	16 26 47.099	−19 25 36.37	0.990 7778
7	16 13 07.620	−23 44 13.42	1.154 9991	23	16 30 45.369	−19 41 41.65	1.012 5706
8	16 18 31.737	−24 00 14.84	1.138 2166	24	16 35 00.194	−19 58 16.57	1.033 8516
9	16 23 50.600	−24 14 57.38	1.120 8773	25	16 39 29.836	−20 15 08.52	1.054 5797
10	16 29 03.318	−24 28 18.99	1.102 9841	26	16 44 12.763	−20 32 06.32	1.074 7245
11	16 34 08.873	−24 40 17.55	1.084 5428	27	16 49 07.621	−20 49 00.09	1.094 2644
12	16 39 06.111	−24 50 50.88	1.065 5633	28	16 54 13.219	−21 05 41.07	1.113 1850
13	16 43 53.715	−24 59 56.72	1.046 0600	29	16 59 28.510	−21 22 01.55	1.131 4777
14	16 48 30.200	−25 07 32.75	1.026 0531	30	17 04 52.574	−21 37 54.73	1.149 1386
15	16 52 53.885	−25 13 36.52	1.005 5701	31	17 10 24.599	−21 53 14.57	1.166 1673
16	16 57 02.881	−25 18 05.47	0.984 6470	32	17 16 03.870	−22 07 55.75	1.182 5664

VENUS, 2011

GEOCENTRIC COORDINATES FOR 0ʰ TERRESTRIAL TIME

Date	Apparent Right Ascension	Apparent Declination	True Geocentric Distance	Date	Apparent Right Ascension	Apparent Declination	True Geocentric Distance
	h m s	° ′ ″	au		h m s	° ′ ″	au
Jan. 0	15 24 29.086	−15 02 58.51	0.608 4237	Feb. 15	18 52 50.824	−21 02 57.36	0.953 6711
1	15 28 19.691	−15 16 29.12	0.615 9952	16	18 57 48.718	−21 00 12.19	0.960 9144
2	15 32 12.783	−15 29 59.86	0.623 5741	17	19 02 46.888	−20 56 52.69	0.968 1419
3	15 36 08.304	−15 43 29.43	0.631 1592	18	19 07 45.283	−20 52 58.73	0.975 3533
4	15 40 06.198	−15 56 56.56	0.638 7496	19	19 12 43.854	−20 48 30.20	0.982 5481
5	15 44 06.412	−16 10 20.00	0.646 3445	20	19 17 42.552	−20 43 27.06	0.989 7259
6	15 48 08.896	−16 23 38.53	0.653 9432	21	19 22 41.329	−20 37 49.26	0.996 8861
7	15 52 13.604	−16 36 50.96	0.661 5448	22	19 27 40.137	−20 31 36.83	1.004 0279
8	15 56 20.491	−16 49 56.12	0.669 1487	23	19 32 38.927	−20 24 49.82	1.011 1509
9	16 00 29.516	−17 02 52.88	0.676 7543	24	19 37 37.646	−20 17 28.34	1.018 2544
10	16 04 40.639	−17 15 40.12	0.684 3609	25	19 42 36.244	−20 09 32.50	1.025 3379
11	16 08 53.821	−17 28 16.74	0.691 9680	26	19 47 34.669	−20 01 02.47	1.032 4010
12	16 13 09.025	−17 40 41.68	0.699 5750	27	19 52 32.870	−19 51 58.44	1.039 4433
13	16 17 26.215	−17 52 53.88	0.707 1812	28	19 57 30.797	−19 42 20.61	1.046 4644
14	16 21 45.353	−18 04 52.33	0.714 7861	Mar. 1	20 02 28.406	−19 32 09.21	1.053 4642
15	16 26 06.405	−18 16 36.02	0.722 3892	2	20 07 25.649	−19 21 24.51	1.060 4423
16	16 30 29.334	−18 28 03.96	0.729 9899	3	20 12 22.487	−19 10 06.77	1.067 3986
17	16 34 54.104	−18 39 15.17	0.737 5876	4	20 17 18.878	−18 58 16.32	1.074 3330
18	16 39 20.679	−18 50 08.72	0.745 1816	5	20 22 14.786	−18 45 53.46	1.081 2453
19	16 43 49.022	−19 00 43.65	0.752 7715	6	20 27 10.177	−18 32 58.55	1.088 1356
20	16 48 19.095	−19 10 59.05	0.760 3563	7	20 32 05.019	−18 19 31.95	1.095 0037
21	16 52 50.858	−19 20 53.99	0.767 9354	8	20 36 59.281	−18 05 34.04	1.101 8497
22	16 57 24.272	−19 30 27.59	0.775 5079	9	20 41 52.937	−17 51 05.25	1.108 6735
23	17 01 59.296	−19 39 38.97	0.783 0728	10	20 46 45.961	−17 36 05.98	1.115 4751
24	17 06 35.888	−19 48 27.29	0.790 6293	11	20 51 38.331	−17 20 36.68	1.122 2545
25	17 11 14.003	−19 56 51.74	0.798 1766	12	20 56 30.025	−17 04 37.81	1.129 0119
26	17 15 53.593	−20 04 51.56	0.805 7137	13	21 01 21.024	−16 48 09.83	1.135 7472
27	17 20 34.608	−20 12 26.00	0.813 2400	14	21 06 11.313	−16 31 13.23	1.142 4604
28	17 25 16.995	−20 19 34.34	0.820 7548	15	21 11 00.875	−16 13 48.50	1.149 1515
29	17 30 00.699	−20 26 15.89	0.828 2575	16	21 15 49.700	−15 55 56.14	1.155 8206
30	17 34 45.664	−20 32 30.01	0.835 7477	17	21 20 37.778	−15 37 36.66	1.162 4676
31	17 39 31.832	−20 38 16.06	0.843 2247	18	21 25 25.103	−15 18 50.56	1.169 0923
Feb. 1	17 44 19.147	−20 43 33.44	0.850 6885	19	21 30 11.673	−14 59 38.36	1.175 6946
2	17 49 07.552	−20 48 21.56	0.858 1385	20	21 34 57.488	−14 40 00.57	1.182 2741
3	17 53 56.989	−20 52 39.89	0.865 5746	21	21 39 42.551	−14 19 57.75	1.188 8304
4	17 58 47.404	−20 56 27.89	0.872 9967	22	21 44 26.865	−13 59 30.45	1.195 3628
5	18 03 38.741	−20 59 45.09	0.880 4044	23	21 49 10.434	−13 38 39.26	1.201 8710
6	18 08 30.944	−21 02 31.03	0.887 7977	24	21 53 53.259	−13 17 24.78	1.208 3542
7	18 13 23.959	−21 04 45.28	0.895 1765	25	21 58 35.342	−12 55 47.63	1.214 8119
8	18 18 17.732	−21 06 27.45	0.902 5406	26	22 03 16.687	−12 33 48.45	1.221 2436
9	18 23 12.209	−21 07 37.17	0.909 8900	27	22 07 57.297	−12 11 27.87	1.227 6489
10	18 28 07.335	−21 08 14.10	0.917 2245	28	22 12 37.178	−11 48 46.54	1.234 0271
11	18 33 03.057	−21 08 17.94	0.924 5440	29	22 17 16.337	−11 25 45.09	1.240 3781
12	18 37 59.321	−21 07 48.43	0.931 8486	30	22 21 54.786	−11 02 24.17	1.246 7015
13	18 42 56.072	−21 06 45.30	0.939 1380	31	22 26 32.534	−10 38 44.44	1.252 9970
14	18 47 53.257	−21 05 08.34	0.946 4122	Apr. 1	22 31 09.596	−10 14 46.54	1.259 2642
15	18 52 50.824	−21 02 57.36	0.953 6711	2	22 35 45.987	− 9 50 31.13	1.265 5031

GEOCENTRIC COORDINATES FOR 0^h TERRESTRIAL TIME

Date	Apparent Right Ascension	Apparent Declination	True Geocentric Distance	Date	Apparent Right Ascension	Apparent Declination	True Geocentric Distance
	h m s	° ′ ″	au		h m s	° ′ ″	au
Apr. 1	22 31 09.596	−10 14 46.54	1.259 2642	May 17	1 58 54.315	+10 25 04.09	1.513 4660
2	22 35 45.987	− 9 50 31.13	1.265 5031	18	2 03 31.503	+10 50 48.80	1.518 1371
3	22 40 21.723	− 9 25 58.85	1.271 7134	19	2 08 09.498	+11 16 19.56	1.522 7673
4	22 44 56.823	− 9 01 10.38	1.277 8949	20	2 12 48.328	+11 41 35.65	1.527 3562
5	22 49 31.306	− 8 36 06.36	1.284 0475	21	2 17 28.021	+12 06 36.37	1.531 9030
6	22 54 05.193	− 8 10 47.45	1.290 1711	22	2 22 08.602	+12 31 20.98	1.536 4071
7	22 58 38.506	− 7 45 14.32	1.296 2656	23	2 26 50.096	+12 55 48.77	1.540 8680
8	23 03 11.268	− 7 19 27.63	1.302 3309	24	2 31 32.528	+13 19 59.03	1.545 2849
9	23 07 43.501	− 6 53 28.05	1.308 3670	25	2 36 15.921	+13 43 51.02	1.549 6572
10	23 12 15.232	− 6 27 16.22	1.314 3739	26	2 41 00.295	+14 07 24.04	1.553 9845
11	23 16 46.484	− 6 00 52.81	1.320 3516	27	2 45 45.671	+14 30 37.36	1.558 2662
12	23 21 17.287	− 5 34 18.49	1.326 3000	28	2 50 32.068	+14 53 30.27	1.562 5017
13	23 25 47.667	− 5 07 33.90	1.332 2191	29	2 55 19.503	+15 16 02.07	1.566 6906
14	23 30 17.655	− 4 40 39.68	1.338 1090	30	3 00 07.989	+15 38 12.03	1.570 8325
15	23 34 47.284	− 4 13 36.49	1.343 9695	31	3 04 57.541	+15 59 59.46	1.574 9268
16	23 39 16.589	− 3 46 24.94	1.349 8004	June 1	3 09 48.168	+16 21 23.64	1.578 9732
17	23 43 45.607	− 3 19 05.68	1.355 6016	2	3 14 39.879	+16 42 23.87	1.582 9714
18	23 48 14.374	− 2 51 39.32	1.361 3727	3	3 19 32.680	+17 02 59.44	1.586 9210
19	23 52 42.929	− 2 24 06.50	1.367 1132	4	3 24 26.574	+17 23 09.66	1.590 8218
20	23 57 11.307	− 1 56 27.88	1.372 8227	5	3 29 21.564	+17 42 53.84	1.594 6737
21	0 01 39.543	− 1 28 44.12	1.378 5004	6	3 34 17.648	+18 02 11.26	1.598 4765
22	0 06 07.670	− 1 00 55.89	1.384 1457	7	3 39 14.828	+18 21 01.26	1.602 2300
23	0 10 35.721	− 0 33 03.89	1.389 7581	8	3 44 13.100	+18 39 23.15	1.605 9344
24	0 15 03.729	− 0 05 08.78	1.395 3368	9	3 49 12.463	+18 57 16.25	1.609 5895
25	0 19 31.726	+ 0 22 48.74	1.400 8814	10	3 54 12.913	+19 14 39.93	1.613 1955
26	0 23 59.748	+ 0 50 47.99	1.406 3912	11	3 59 14.447	+19 31 33.53	1.616 7521
27	0 28 27.827	+ 1 18 48.29	1.411 8658	12	4 04 17.058	+19 47 56.44	1.620 2595
28	0 32 55.999	+ 1 46 48.96	1.417 3047	13	4 09 20.739	+20 03 48.03	1.623 7176
29	0 37 24.297	+ 2 14 49.32	1.422 7075	14	4 14 25.478	+20 19 07.70	1.627 1262
30	0 41 52.758	+ 2 42 48.69	1.428 0737	15	4 19 31.261	+20 33 54.86	1.630 4850
May 1	0 46 21.416	+ 3 10 46.38	1.433 4030	16	4 24 38.071	+20 48 08.90	1.633 7938
2	0 50 50.305	+ 3 38 41.73	1.438 6950	17	4 29 45.888	+21 01 49.25	1.637 0521
3	0 55 19.461	+ 4 06 34.04	1.443 9495	18	4 34 54.689	+21 14 55.31	1.640 2595
4	0 59 48.917	+ 4 34 22.63	1.449 1661	19	4 40 04.451	+21 27 26.53	1.643 4156
5	1 04 18.706	+ 5 02 06.83	1.454 3446	20	4 45 15.147	+21 39 22.36	1.646 5198
6	1 08 48.863	+ 5 29 45.93	1.459 4847	21	4 50 26.748	+21 50 42.26	1.649 5716
7	1 13 19.420	+ 5 57 19.27	1.464 5864	22	4 55 39.223	+22 01 25.73	1.652 5704
8	1 17 50.409	+ 6 24 46.14	1.469 6495	23	5 00 52.541	+22 11 32.29	1.655 5159
9	1 22 21.862	+ 6 52 05.85	1.474 6739	24	5 06 06.663	+22 21 01.45	1.658 4076
10	1 26 53.814	+ 7 19 17.72	1.479 6595	25	5 11 21.554	+22 29 52.79	1.661 2449
11	1 31 26.296	+ 7 46 21.07	1.484 6063	26	5 16 37.172	+22 38 05.88	1.664 0275
12	1 35 59.344	+ 8 13 15.20	1.489 5142	27	5 21 53.475	+22 45 40.33	1.666 7549
13	1 40 32.992	+ 8 39 59.44	1.494 3831	28	5 27 10.417	+22 52 35.77	1.669 4267
14	1 45 07.277	+ 9 06 33.12	1.499 2130	29	5 32 27.951	+22 58 51.86	1.672 0426
15	1 49 42.235	+ 9 32 55.57	1.504 0036	30	5 37 46.027	+23 04 28.29	1.674 6023
16	1 54 17.903	+ 9 59 06.11	1.508 7547	July 1	5 43 04.591	+23 09 24.75	1.677 1054
17	1 58 54.315	+10 25 04.09	1.513 4660	2	5 48 23.591	+23 13 41.00	1.679 5517

VENUS, 2011

GEOCENTRIC COORDINATES FOR 0ʰ TERRESTRIAL TIME

Date	Apparent Right Ascension	Apparent Declination	True Geocentric Distance	Date	Apparent Right Ascension	Apparent Declination	True Geocentric Distance
	h m s	° ′ ″	au		h m s	° ′ ″	au
July 1	5 43 04.591	+23 09 24.75	1.677 1054	Aug. 16	9 41 48.900	+15 10 14.73	1.730 6651
2	5 48 23.591	+23 13 41.00	1.679 5517	17	9 46 40.080	+14 46 40.70	1.730 4938
3	5 53 42.971	+23 17 16.78	1.681 9411	18	9 51 30.231	+14 22 42.26	1.730 2681
4	5 59 02.673	+23 20 11.88	1.684 2736	19	9 56 19.369	+13 58 20.13	1.729 9878
5	6 04 22.643	+23 22 26.12	1.686 5491	20	10 01 07.512	+13 33 35.02	1.729 6531
6	6 09 42.826	+23 23 59.32	1.688 7677	21	10 05 54.679	+13 08 27.63	1.729 2640
7	6 15 03.165	+23 24 51.37	1.690 9295	22	10 10 40.893	+12 42 58.68	1.728 8204
8	6 20 23.608	+23 25 02.16	1.693 0347	23	10 15 26.173	+12 17 08.90	1.728 3224
9	6 25 44.101	+23 24 31.64	1.695 0836	24	10 20 10.543	+11 50 59.01	1.727 7699
10	6 31 04.591	+23 23 19.78	1.697 0762	25	10 24 54.025	+11 24 29.75	1.727 1629
11	6 36 25.023	+23 21 26.58	1.699 0128	26	10 29 36.644	+10 57 41.86	1.726 5014
12	6 41 45.344	+23 18 52.06	1.700 8934	27	10 34 18.424	+10 30 36.07	1.725 7854
13	6 47 05.499	+23 15 36.29	1.702 7182	28	10 38 59.391	+10 03 13.12	1.725 0148
14	6 52 25.435	+23 11 39.33	1.704 4871	29	10 43 39.570	+ 9 35 33.77	1.724 1898
15	6 57 45.098	+23 07 01.30	1.706 2001	30	10 48 18.992	+ 9 07 38.74	1.723 3105
16	7 03 04.436	+23 01 42.31	1.707 8570	31	10 52 57.686	+ 8 39 28.78	1.722 3771
17	7 08 23.399	+22 55 42.53	1.709 4578	Sept. 1	10 57 35.684	+ 8 11 04.61	1.721 3900
18	7 13 41.938	+22 49 02.13	1.711 0021	2	11 02 13.021	+ 7 42 26.96	1.720 3497
19	7 19 00.005	+22 41 41.33	1.712 4898	3	11 06 49.728	+ 7 13 36.59	1.719 2566
20	7 24 17.553	+22 33 40.37	1.713 9207	4	11 11 25.840	+ 6 44 34.22	1.718 1114
21	7 29 34.537	+22 24 59.51	1.715 2944	5	11 16 01.391	+ 6 15 20.58	1.716 9146
22	7 34 50.914	+22 15 39.06	1.716 6108	6	11 20 36.417	+ 5 45 56.42	1.715 6668
23	7 40 06.641	+22 05 39.36	1.717 8695	7	11 25 10.953	+ 5 16 22.46	1.714 3686
24	7 45 21.676	+21 55 00.74	1.719 0704	8	11 29 45.038	+ 4 46 39.43	1.713 0206
25	7 50 35.981	+21 43 43.61	1.720 2132	9	11 34 18.711	+ 4 16 48.04	1.711 6232
26	7 55 49.515	+21 31 48.36	1.721 2978	10	11 38 52.012	+ 3 46 49.01	1.710 1770
27	8 01 02.242	+21 19 15.44	1.722 3238	11	11 43 24.982	+ 3 16 43.05	1.708 6822
28	8 06 14.126	+21 06 05.30	1.723 2911	12	11 47 57.666	+ 2 46 30.87	1.707 1394
29	8 11 25.132	+20 52 18.43	1.724 1996	13	11 52 30.105	+ 2 16 13.19	1.705 5489
30	8 16 35.227	+20 37 55.32	1.725 0491	14	11 57 02.345	+ 1 45 50.72	1.703 9110
31	8 21 44.380	+20 22 56.49	1.725 8396	15	12 01 34.427	+ 1 15 24.16	1.702 2259
Aug. 1	8 26 52.563	+20 07 22.48	1.726 5710	16	12 06 06.398	+ 0 44 54.24	1.700 4940
2	8 31 59.751	+19 51 13.83	1.727 2436	17	12 10 38.300	+ 0 14 21.67	1.698 7153
3	8 37 05.922	+19 34 31.11	1.727 8574	18	12 15 10.178	− 0 16 12.82	1.696 8902
4	8 42 11.059	+19 17 14.89	1.728 4129	19	12 19 42.075	− 0 46 48.51	1.695 0188
5	8 47 15.146	+18 59 25.76	1.728 9104	20	12 24 14.034	− 1 17 24.66	1.693 1011
6	8 52 18.172	+18 41 04.34	1.729 3503	21	12 28 46.098	− 1 48 00.54	1.691 1374
7	8 57 20.126	+18 22 11.25	1.729 7331	22	12 33 18.309	− 2 18 35.41	1.689 1276
8	9 02 21.000	+18 02 47.11	1.730 0591	23	12 37 50.709	− 2 49 08.52	1.687 0719
9	9 07 20.788	+17 42 52.58	1.730 3287	24	12 42 23.339	− 3 19 39.12	1.684 9702
10	9 12 19.485	+17 22 28.31	1.730 5425	25	12 46 56.242	− 3 50 06.45	1.682 8226
11	9 17 17.092	+17 01 34.93	1.730 7006	26	12 51 29.457	− 4 20 29.77	1.680 6290
12	9 22 13.608	+16 40 13.12	1.730 8033	27	12 56 03.027	− 4 50 48.30	1.678 3895
13	9 27 09.039	+16 18 23.53	1.730 8510	28	13 00 36.993	− 5 21 01.31	1.676 1042
14	9 32 03.391	+15 56 06.82	1.730 8438	29	13 05 11.395	− 5 51 08.04	1.673 7734
15	9 36 56.674	+15 33 23.67	1.730 7818	30	13 09 46.274	− 6 21 07.73	1.671 3974
16	9 41 48.900	+15 10 14.73	1.730 6651	Oct. 1	13 14 21.667	− 6 50 59.61	1.668 9765

GEOCENTRIC COORDINATES FOR 0ʰ TERRESTRIAL TIME

Date	Apparent Right Ascension	Apparent Declination	True Geocentric Distance	Date	Apparent Right Ascension	Apparent Declination	True Geocentric Distance
	h m s	° ′ ″	au		h m s	° ′ ″	au
Oct. 1	13 14 21.667	− 6 50 59.61	1.668 9765	Nov. 16	17 02 50.324	−23 41 06.84	1.515 5545
2	13 18 57.611	− 7 20 42.92	1.666 5115	17	17 08 13.487	−23 50 28.52	1.511 3960
3	13 23 34.143	− 7 50 16.89	1.664 0027	18	17 13 37.371	−23 59 07.79	1.507 2062
4	13 28 11.297	− 8 19 40.75	1.661 4507	19	17 19 01.923	−24 07 04.24	1.502 9850
5	13 32 49.113	− 8 48 53.72	1.658 8563	20	17 24 27.087	−24 14 17.47	1.498 7322
6	13 37 27.625	− 9 17 55.03	1.656 2199	21	17 29 52.810	−24 20 47.13	1.494 4477
7	13 42 06.873	− 9 46 43.93	1.653 5421	22	17 35 19.032	−24 26 32.88	1.490 1314
8	13 46 46.893	−10 15 19.63	1.650 8234	23	17 40 45.693	−24 31 34.44	1.485 7829
9	13 51 27.723	−10 43 41.37	1.648 0644	24	17 46 12.731	−24 35 51.56	1.481 4020
10	13 56 09.399	−11 11 48.40	1.645 2653	25	17 51 40.078	−24 39 24.04	1.476 9886
11	14 00 51.958	−11 39 39.92	1.642 4268	26	17 57 07.663	−24 42 11.71	1.472 5425
12	14 05 35.435	−12 07 15.18	1.639 5492	27	18 02 35.414	−24 44 14.42	1.468 0637
13	14 10 19.863	−12 34 33.40	1.636 6328	28	18 08 03.257	−24 45 32.07	1.463 5524
14	14 15 05.276	−13 01 33.81	1.633 6780	29	18 13 31.118	−24 46 04.57	1.459 0086
15	14 19 51.705	−13 28 15.62	1.630 6850	30	18 18 58.925	−24 45 51.87	1.454 4326
16	14 24 39.178	−13 54 38.06	1.627 6541	Dec. 1	18 24 26.606	−24 44 53.98	1.449 8248
17	14 29 27.724	−14 20 40.32	1.624 5855	2	18 29 54.092	−24 43 10.90	1.445 1852
18	14 34 17.369	−14 46 21.62	1.621 4793	3	18 35 21.312	−24 40 42.71	1.440 5144
19	14 39 08.136	−15 11 41.17	1.618 3357	4	18 40 48.201	−24 37 29.50	1.435 8125
20	14 44 00.048	−15 36 38.15	1.615 1548	5	18 46 14.689	−24 33 31.42	1.431 0798
21	14 48 53.124	−16 01 11.78	1.611 9365	6	18 51 40.713	−24 28 48.63	1.426 3168
22	14 53 47.384	−16 25 21.23	1.608 6809	7	18 57 06.207	−24 23 21.35	1.421 5235
23	14 58 42.843	−16 49 05.72	1.605 3880	8	19 02 31.107	−24 17 09.81	1.416 7004
24	15 03 39.516	−17 12 24.43	1.602 0576	9	19 07 55.353	−24 10 14.29	1.411 8476
25	15 08 37.416	−17 35 16.57	1.598 6896	10	19 13 18.883	−24 02 35.09	1.406 9655
26	15 13 36.553	−17 57 41.35	1.595 2839	11	19 18 41.639	−23 54 12.55	1.402 0542
27	15 18 36.934	−18 19 37.99	1.591 8406	12	19 24 03.564	−23 45 07.03	1.397 1139
28	15 23 38.562	−18 41 05.72	1.588 3597	13	19 29 24.604	−23 35 18.93	1.392 1448
29	15 28 41.433	−19 02 03.76	1.584 8413	14	19 34 44.707	−23 24 48.65	1.387 1470
30	15 33 45.544	−19 22 31.34	1.581 2858	15	19 40 03.823	−23 13 36.63	1.382 1206
31	15 38 50.886	−19 42 27.70	1.577 6935	16	19 45 21.906	−23 01 43.33	1.377 0654
Nov. 1	15 43 57.450	−20 01 52.07	1.574 0649	17	19 50 38.912	−22 49 09.25	1.371 9816
2	15 49 05.225	−20 20 43.70	1.570 4003	18	19 55 54.802	−22 35 54.89	1.366 8689
3	15 54 14.198	−20 39 01.86	1.566 7003	19	20 01 09.539	−22 22 00.79	1.361 7271
4	15 59 24.355	−20 56 45.83	1.562 9653	20	20 06 23.087	−22 07 27.52	1.356 5560
5	16 04 35.682	−21 13 54.90	1.559 1957	21	20 11 35.414	−21 52 15.66	1.351 3552
6	16 09 48.159	−21 30 28.39	1.555 3921	22	20 16 46.487	−21 36 25.86	1.346 1246
7	16 15 01.766	−21 46 25.61	1.551 5547	23	20 21 56.276	−21 19 58.75	1.340 8637
8	16 20 16.480	−22 01 45.92	1.547 6839	24	20 27 04.749	−21 02 55.01	1.335 5722
9	16 25 32.275	−22 16 28.67	1.543 7802	25	20 32 11.878	−20 45 15.34	1.330 2500
10	16 30 49.122	−22 30 33.25	1.539 8438	26	20 37 17.635	−20 27 00.44	1.324 8968
11	16 36 06.990	−22 43 59.06	1.535 8751	27	20 42 21.998	−20 08 11.03	1.319 5127
12	16 41 25.844	−22 56 45.51	1.531 8743	28	20 47 24.944	−19 48 47.82	1.314 0975
13	16 46 45.646	−23 08 52.04	1.527 8417	29	20 52 26.459	−19 28 51.55	1.308 6514
14	16 52 06.356	−23 20 18.12	1.523 7774	30	20 57 26.529	−19 08 22.97	1.303 1744
15	16 57 27.930	−23 31 03.22	1.519 6816	31	21 02 25.144	−18 47 22.81	1.297 6668
16	17 02 50.324	−23 41 06.84	1.515 5545	32	21 07 22.298	−18 25 51.85	1.292 1287

MARS, 2011

GEOCENTRIC COORDINATES FOR 0ʰ TERRESTRIAL TIME

Date	Apparent Right Ascension	Apparent Declination	True Geocentric Distance	Date	Apparent Right Ascension	Apparent Declination	True Geocentric Distance
	h m s	° ′ ″	au		h m s	° ′ ″	au
Jan. 0	19 16 50.328	−23 15 29.83	2.378 7790	Feb. 15	21 45 20.571	−14 39 24.41	2.370 9767
1	19 20 10.627	−23 09 33.44	2.378 9067	16	21 48 25.134	−14 23 37.01	2.370 5801
2	19 23 30.797	−23 03 21.21	2.379 0166	17	21 51 29.274	−14 07 40.96	2.370 1781
3	19 26 50.820	−22 56 53.23	2.379 1089	18	21 54 32.994	−13 51 36.43	2.369 7708
4	19 30 10.679	−22 50 09.59	2.379 1837	19	21 57 36.299	−13 35 23.62	2.369 3586
5	19 33 30.358	−22 43 10.38	2.379 2413	20	22 00 39.196	−13 19 02.69	2.368 9415
6	19 36 49.840	−22 35 55.69	2.379 2818	21	22 03 41.692	−13 02 33.84	2.368 5194
7	19 40 09.111	−22 28 25.60	2.379 3057	22	22 06 43.794	−12 45 57.25	2.368 0922
8	19 43 28.155	−22 20 40.22	2.379 3133	23	22 09 45.510	−12 29 13.11	2.367 6596
9	19 46 46.961	−22 12 39.64	2.379 3051	24	22 12 46.845	−12 12 21.65	2.367 2214
10	19 50 05.516	−22 04 23.98	2.379 2815	25	22 15 47.803	−11 55 23.07	2.366 7772
11	19 53 23.808	−21 55 53.33	2.379 2431	26	22 18 48.386	−11 38 17.59	2.366 3269
12	19 56 41.827	−21 47 07.82	2.379 1901	27	22 21 48.598	−11 21 05.44	2.365 8701
13	19 59 59.562	−21 38 07.56	2.379 1233	28	22 24 48.442	−11 03 46.84	2.365 4066
14	20 03 17.003	−21 28 52.69	2.379 0431	Mar. 1	22 27 47.920	−10 46 22.01	2.364 9364
15	20 06 34.141	−21 19 23.34	2.378 9500	2	22 30 47.036	−10 28 51.16	2.364 4591
16	20 09 50.967	−21 09 39.63	2.378 8445	3	22 33 45.794	−10 11 14.51	2.363 9748
17	20 13 07.470	−20 59 41.71	2.378 7273	4	22 36 44.199	− 9 53 32.28	2.363 4835
18	20 16 23.643	−20 49 29.73	2.378 5988	5	22 39 42.257	− 9 35 44.67	2.362 9850
19	20 19 39.476	−20 39 03.82	2.378 4594	6	22 42 39.971	− 9 17 51.89	2.362 4795
20	20 22 54.961	−20 28 24.12	2.378 3097	7	22 45 37.349	− 8 59 54.17	2.361 9671
21	20 26 10.091	−20 17 30.77	2.378 1500	8	22 48 34.396	− 8 41 51.70	2.361 4477
22	20 29 24.859	−20 06 23.91	2.377 9804	9	22 51 31.119	− 8 23 44.69	2.360 9216
23	20 32 39.262	−19 55 03.65	2.377 8011	10	22 54 27.524	− 8 05 33.37	2.360 3889
24	20 35 53.298	−19 43 30.15	2.377 6121	11	22 57 23.616	− 7 47 17.93	2.359 8498
25	20 39 06.962	−19 31 43.56	2.377 4133	12	23 00 19.403	− 7 28 58.59	2.359 3045
26	20 42 20.253	−19 19 44.02	2.377 2046	13	23 03 14.889	− 7 10 35.56	2.358 7532
27	20 45 33.167	−19 07 31.72	2.376 9859	14	23 06 10.081	− 6 52 09.05	2.358 1962
28	20 48 45.699	−18 55 06.83	2.376 7570	15	23 09 04.985	− 6 33 39.26	2.357 6338
29	20 51 57.842	−18 42 29.55	2.376 5178	16	23 11 59.607	− 6 15 06.41	2.357 0662
30	20 55 09.591	−18 29 40.06	2.376 2682	17	23 14 53.954	− 5 56 30.68	2.356 4937
31	20 58 20.939	−18 16 38.55	2.376 0082	18	23 17 48.034	− 5 37 52.28	2.355 9165
Feb. 1	21 01 31.880	−18 03 25.23	2.375 7379	19	23 20 41.858	− 5 19 11.38	2.355 3347
2	21 04 42.407	−17 50 00.27	2.375 4572	20	23 23 35.437	− 5 00 28.16	2.354 7484
3	21 07 52.516	−17 36 23.87	2.375 1664	21	23 26 28.783	− 4 41 42.78	2.354 1574
4	21 11 02.203	−17 22 36.21	2.374 8655	22	23 29 21.908	− 4 22 55.42	2.353 5615
5	21 14 11.465	−17 08 37.47	2.374 5548	23	23 32 14.823	− 4 04 06.27	2.352 9604
6	21 17 20.300	−16 54 27.84	2.374 2345	24	23 35 07.537	− 3 45 15.53	2.352 3536
7	21 20 28.708	−16 40 07.52	2.373 9050	25	23 38 00.057	− 3 26 23.41	2.351 7406
8	21 23 36.688	−16 25 36.70	2.373 5665	26	23 40 52.389	− 3 07 30.10	2.351 1211
9	21 26 44.241	−16 10 55.60	2.373 2194	27	23 43 44.540	− 2 48 35.82	2.350 4946
10	21 29 51.365	−15 56 04.42	2.372 8640	28	23 46 36.517	− 2 29 40.78	2.349 8607
11	21 32 58.061	−15 41 03.36	2.372 5007	29	23 49 28.326	− 2 10 45.17	2.349 2190
12	21 36 04.329	−15 25 52.63	2.372 1299	30	23 52 19.974	− 1 51 49.21	2.348 5692
13	21 39 10.169	−15 10 32.42	2.371 7521	31	23 55 11.468	− 1 32 53.08	2.347 9111
14	21 42 15.583	−14 55 02.94	2.371 3675	Apr. 1	23 58 02.817	− 1 13 57.00	2.347 2442
15	21 45 20.571	−14 39 24.41	2.370 9767	2	0 00 54.027	− 0 55 01.15	2.346 5686

GEOCENTRIC COORDINATES FOR 0ʰ TERRESTRIAL TIME

Date	Apparent Right Ascension	Apparent Declination	True Geocentric Distance	Date	Apparent Right Ascension	Apparent Declination	True Geocentric Distance
	h m s	° ′ ″	au		h m s	° ′ ″	au
Apr. 1	23 58 02.817	− 1 13 57.00	2.347 2442	May 17	2 08 53.585	+12 24 11.49	2.304 8616
2	0 00 54.027	− 0 55 01.15	2.346 5686	18	2 11 45.987	+12 39 46.57	2.303 5989
3	0 03 45.106	− 0 36 05.72	2.345 8838	19	2 14 38.548	+12 55 13.62	2.302 3183
4	0 06 36.062	− 0 17 10.92	2.345 1898	20	2 17 31.271	+13 10 32.49	2.301 0190
5	0 09 26.902	+ 0 01 43.08	2.344 4865	21	2 20 24.158	+13 25 43.05	2.299 7006
6	0 12 17.633	+ 0 20 36.07	2.343 7738	22	2 23 17.211	+13 40 45.15	2.298 3623
7	0 15 08.263	+ 0 39 27.87	2.343 0517	23	2 26 10.433	+13 55 38.64	2.297 0034
8	0 17 58.798	+ 0 58 18.28	2.342 3201	24	2 29 03.824	+14 10 23.38	2.295 6235
9	0 20 49.244	+ 1 17 07.12	2.341 5790	25	2 31 57.389	+14 24 59.23	2.294 2217
10	0 23 39.607	+ 1 35 54.19	2.340 8286	26	2 34 51.127	+14 39 26.07	2.292 7977
11	0 26 29.895	+ 1 54 39.30	2.340 0689	27	2 37 45.041	+14 53 43.76	2.291 3508
12	0 29 20.112	+ 2 13 22.27	2.339 3000	28	2 40 39.132	+15 07 52.17	2.289 8804
13	0 32 10.265	+ 2 32 02.92	2.338 5221	29	2 43 33.400	+15 21 51.19	2.288 3862
14	0 35 00.362	+ 2 50 41.05	2.337 7352	30	2 46 27.846	+15 35 40.67	2.286 8676
15	0 37 50.412	+ 3 09 16.52	2.336 9396	31	2 49 22.468	+15 49 20.51	2.285 3243
16	0 40 40.425	+ 3 27 49.14	2.336 1351	June 1	2 52 17.266	+16 02 50.58	2.283 7557
17	0 43 30.412	+ 3 46 18.78	2.335 3219	2	2 55 12.237	+16 16 10.77	2.282 1617
18	0 46 20.385	+ 4 04 45.28	2.334 4997	3	2 58 07.377	+16 29 20.95	2.280 5419
19	0 49 10.356	+ 4 23 08.48	2.333 6683	4	3 01 02.684	+16 42 21.00	2.278 8962
20	0 52 00.333	+ 4 41 28.25	2.332 8272	5	3 03 58.154	+16 55 10.81	2.277 2242
21	0 54 50.325	+ 4 59 44.39	2.331 9760	6	3 06 53.783	+17 07 50.25	2.275 5261
22	0 57 40.338	+ 5 17 56.74	2.331 1140	7	3 09 49.567	+17 20 19.21	2.273 8016
23	1 00 30.379	+ 5 36 05.12	2.330 2409	8	3 12 45.505	+17 32 37.58	2.272 0508
24	1 03 20.452	+ 5 54 09.34	2.329 3558	9	3 15 41.596	+17 44 45.24	2.270 2738
25	1 06 10.565	+ 6 12 09.23	2.328 4584	10	3 18 37.840	+17 56 42.11	2.268 4704
26	1 09 00.722	+ 6 30 04.60	2.327 5479	11	3 21 34.237	+18 08 28.10	2.266 6406
27	1 11 50.931	+ 6 47 55.28	2.326 6241	12	3 24 30.789	+18 20 03.13	2.264 7844
28	1 14 41.197	+ 7 05 41.11	2.325 6863	13	3 27 27.495	+18 31 27.11	2.262 9016
29	1 17 31.527	+ 7 23 21.91	2.324 7342	14	3 30 24.355	+18 42 39.98	2.260 9920
30	1 20 21.926	+ 7 40 57.52	2.323 7673	15	3 33 21.367	+18 53 41.66	2.259 0551
May 1	1 23 12.401	+ 7 58 27.76	2.322 7853	16	3 36 18.528	+19 04 32.05	2.257 0907
2	1 26 02.955	+ 8 15 52.48	2.321 7879	17	3 39 15.834	+19 15 11.08	2.255 0980
3	1 28 53.595	+ 8 33 11.52	2.320 7747	18	3 42 13.281	+19 25 38.64	2.253 0766
4	1 31 44.325	+ 8 50 24.70	2.319 7454	19	3 45 10.866	+19 35 54.65	2.251 0258
5	1 34 35.149	+ 9 07 31.87	2.318 6999	20	3 48 08.584	+19 45 59.02	2.248 9450
6	1 37 26.069	+ 9 24 32.87	2.317 6381	21	3 51 06.433	+19 55 51.67	2.246 8335
7	1 40 17.090	+ 9 41 27.54	2.316 5597	22	3 54 04.407	+20 05 32.52	2.244 6906
8	1 43 08.213	+ 9 58 15.70	2.315 4647	23	3 57 02.503	+20 15 01.49	2.242 5158
9	1 45 59.441	+10 14 57.20	2.314 3531	24	4 00 00.716	+20 24 18.53	2.240 3084
10	1 48 50.777	+10 31 31.88	2.313 2248	25	4 02 59.039	+20 33 23.55	2.238 0680
11	1 51 42.225	+10 47 59.59	2.312 0800	26	4 05 57.468	+20 42 16.50	2.235 7939
12	1 54 33.789	+11 04 20.17	2.310 9185	27	4 08 55.994	+20 50 57.33	2.233 4856
13	1 57 25.476	+11 20 33.48	2.309 7405	28	4 11 54.611	+20 59 25.98	2.231 1427
14	2 00 17.291	+11 36 39.39	2.308 5460	29	4 14 53.311	+21 07 42.39	2.228 7647
15	2 03 09.243	+11 52 37.78	2.307 3347	30	4 17 52.082	+21 15 46.52	2.226 3512
16	2 06 01.339	+12 08 28.52	2.306 1067	July 1	4 20 50.916	+21 23 38.31	2.223 9019
17	2 08 53.585	+12 24 11.49	2.304 8616	2	4 23 49.802	+21 31 17.72	2.221 4165

MARS, 2011

GEOCENTRIC COORDINATES FOR 0ʰ TERRESTRIAL TIME

Date	Apparent Right Ascension	Apparent Declination	True Geocentric Distance	Date	Apparent Right Ascension	Apparent Declination	True Geocentric Distance
	h m s	° ′ ″	au		h m s	° ′ ″	au
July 1	4 20 50.916	+21 23 38.31	2.223 9019	Aug. 16	6 36 31.941	+23 39 30.63	2.068 5278
2	4 23 49.802	+21 31 17.72	2.221 4165	17	6 39 23.475	+23 37 42.87	2.064 1183
3	4 26 48.728	+21 38 44.70	2.218 8948	18	6 42 14.633	+23 35 43.92	2.059 6609
4	4 29 47.684	+21 45 59.19	2.216 3367	19	6 45 05.408	+23 33 33.88	2.055 1551
5	4 32 46.661	+21 53 01.15	2.213 7423	20	6 47 55.793	+23 31 12.85	2.050 6005
6	4 35 45.650	+21 59 50.54	2.211 1114	21	6 50 45.778	+23 28 40.93	2.045 9966
7	4 38 44.645	+22 06 27.33	2.208 4441	22	6 53 35.355	+23 25 58.23	2.041 3430
8	4 41 43.640	+22 12 51.49	2.205 7404	23	6 56 24.514	+23 23 04.85	2.036 6394
9	4 44 42.628	+22 19 03.01	2.203 0004	24	6 59 13.244	+23 20 00.92	2.031 8854
10	4 47 41.604	+22 25 01.88	2.200 2241	25	7 02 01.536	+23 16 46.55	2.027 0806
11	4 50 40.561	+22 30 48.10	2.197 4112	26	7 04 49.378	+23 13 21.85	2.022 2248
12	4 53 39.493	+22 36 21.65	2.194 5617	27	7 07 36.758	+23 09 46.94	2.017 3178
13	4 56 38.390	+22 41 42.54	2.191 6753	28	7 10 23.664	+23 06 01.94	2.012 3595
14	4 59 37.244	+22 46 50.75	2.188 7516	29	7 13 10.087	+23 02 06.96	2.007 3498
15	5 02 36.047	+22 51 46.27	2.185 7903	30	7 15 56.017	+22 58 02.11	2.002 2890
16	5 05 34.790	+22 56 29.08	2.182 7907	31	7 18 41.447	+22 53 47.50	1.997 1771
17	5 08 33.465	+23 00 59.18	2.179 7524	Sept. 1	7 21 26.372	+22 49 23.25	1.992 0146
18	5 11 32.063	+23 05 16.56	2.176 6748	2	7 24 10.786	+22 44 49.49	1.986 8016
19	5 14 30.576	+23 09 21.21	2.173 5573	3	7 26 54.684	+22 40 06.35	1.981 5384
20	5 17 28.996	+23 13 13.15	2.170 3994	4	7 29 38.060	+22 35 13.97	1.976 2255
21	5 20 27.314	+23 16 52.38	2.167 2004	5	7 32 20.910	+22 30 12.46	1.970 8628
22	5 23 25.522	+23 20 18.92	2.163 9598	6	7 35 03.227	+22 25 01.97	1.965 4506
23	5 26 23.610	+23 23 32.78	2.160 6770	7	7 37 45.006	+22 19 42.61	1.959 9890
24	5 29 21.567	+23 26 33.99	2.157 3517	8	7 40 26.241	+22 14 14.50	1.954 4778
25	5 32 19.383	+23 29 22.59	2.153 9831	9	7 43 06.929	+22 08 37.76	1.948 9171
26	5 35 17.047	+23 31 58.61	2.150 5709	10	7 45 47.067	+22 02 52.52	1.943 3066
27	5 38 14.546	+23 34 22.07	2.147 1146	11	7 48 26.651	+21 56 58.88	1.937 6463
28	5 41 11.867	+23 36 33.03	2.143 6138	12	7 51 05.677	+21 50 56.97	1.931 9359
29	5 44 08.996	+23 38 31.53	2.140 0683	13	7 53 44.145	+21 44 46.91	1.926 1751
30	5 47 05.920	+23 40 17.59	2.136 4777	14	7 56 22.050	+21 38 28.85	1.920 3638
31	5 50 02.624	+23 41 51.27	2.132 8418	15	7 58 59.391	+21 32 02.90	1.914 5016
Aug. 1	5 52 59.095	+23 43 12.60	2.129 1606	16	8 01 36.162	+21 25 29.22	1.908 5883
2	5 55 55.321	+23 44 21.62	2.125 4341	17	8 04 12.361	+21 18 47.94	1.902 6236
3	5 58 51.293	+23 45 18.37	2.121 6624	18	8 06 47.984	+21 11 59.20	1.896 6073
4	6 01 47.000	+23 46 02.92	2.117 8456	19	8 09 23.025	+21 05 03.17	1.890 5391
5	6 04 42.437	+23 46 35.33	2.113 9838	20	8 11 57.478	+20 58 00.00	1.884 4188
6	6 07 37.594	+23 46 55.66	2.110 0772	21	8 14 31.338	+20 50 49.82	1.878 2462
7	6 10 32.463	+23 47 03.98	2.106 1258	22	8 17 04.598	+20 43 32.82	1.872 0212
8	6 13 27.037	+23 47 00.38	2.102 1297	23	8 19 37.250	+20 36 09.14	1.865 7436
9	6 16 21.307	+23 46 44.92	2.098 0887	24	8 22 09.288	+20 28 38.93	1.859 4134
10	6 19 15.263	+23 46 17.68	2.094 0029	25	8 24 40.703	+20 21 02.36	1.853 0306
11	6 22 08.896	+23 45 38.73	2.089 8718	26	8 27 11.489	+20 13 19.57	1.846 5953
12	6 25 02.198	+23 44 48.12	2.085 6954	27	8 29 41.642	+20 05 30.71	1.840 1079
13	6 27 55.161	+23 43 45.94	2.081 4731	28	8 32 11.156	+19 57 35.94	1.833 5686
14	6 30 47.777	+23 42 32.25	2.077 2048	29	8 34 40.029	+19 49 35.39	1.826 9780
15	6 33 40.040	+23 41 07.12	2.072 8898	30	8 37 08.259	+19 41 29.24	1.820 3366
16	6 36 31.941	+23 39 30.63	2.068 5278	Oct. 1	8 39 35.841	+19 33 17.64	1.813 6450

MARS, 2011

E27

GEOCENTRIC COORDINATES FOR 0ʰ TERRESTRIAL TIME

Date	Apparent Right Ascension	Apparent Declination	True Geocentric Distance	Date	Apparent Right Ascension	Apparent Declination	True Geocentric Distance
	h m s	° ′ ″	au		h m s	° ′ ″	au
Oct. 1	8 39 35.841	+19 33 17.64	1.813 6450	Nov. 16	10 20 15.145	+12 22 37.68	1.456 0336
2	8 42 02.774	+19 25 00.74	1.806 9037	17	10 22 08.512	+12 13 07.01	1.447 3247
3	8 44 29.052	+19 16 38.71	1.800 1130	18	10 24 01.014	+12 03 38.73	1.438 5840
4	8 46 54.674	+19 08 11.68	1.793 2736	19	10 25 52.637	+11 54 13.02	1.429 8120
5	8 49 19.637	+18 59 39.81	1.786 3856	20	10 27 43.369	+11 44 50.10	1.421 0094
6	8 51 43.939	+18 51 03.22	1.779 4493	21	10 29 33.197	+11 35 30.16	1.412 1772
7	8 54 07.579	+18 42 22.07	1.772 4650	22	10 31 22.107	+11 26 13.39	1.403 3162
8	8 56 30.557	+18 33 36.48	1.765 4327	23	10 33 10.086	+11 17 00.00	1.394 4274
9	8 58 52.872	+18 24 46.59	1.758 3526	24	10 34 57.122	+11 07 50.18	1.385 5122
10	9 01 14.523	+18 15 52.54	1.751 2248	25	10 36 43.199	+10 58 44.15	1.376 5717
11	9 03 35.511	+18 06 54.49	1.744 0492	26	10 38 28.303	+10 49 42.10	1.367 6074
12	9 05 55.836	+17 57 52.57	1.736 8260	27	10 40 12.418	+10 40 44.23	1.358 6207
13	9 08 15.494	+17 48 46.93	1.729 5552	28	10 41 55.529	+10 31 50.74	1.349 6129
14	9 10 34.486	+17 39 37.74	1.722 2367	29	10 43 37.622	+10 23 01.82	1.340 5854
15	9 12 52.809	+17 30 25.15	1.714 8707	30	10 45 18.683	+10 14 17.64	1.331 5394
16	9 15 10.460	+17 21 09.33	1.707 4569	Dec. 1	10 46 58.701	+10 05 38.38	1.322 4763
17	9 17 27.434	+17 11 50.44	1.699 9956	2	10 48 37.664	+ 9 57 04.22	1.313 3971
18	9 19 43.728	+17 02 28.66	1.692 4868	3	10 50 15.557	+ 9 48 35.34	1.304 3030
19	9 21 59.335	+16 53 04.15	1.684 9304	4	10 51 52.370	+ 9 40 11.91	1.295 1952
20	9 24 14.250	+16 43 37.10	1.677 3267	5	10 53 28.088	+ 9 31 54.12	1.286 0747
21	9 26 28.467	+16 34 07.67	1.669 6757	6	10 55 02.696	+ 9 23 42.17	1.276 9425
22	9 28 41.977	+16 24 36.04	1.661 9777	7	10 56 36.179	+ 9 15 36.24	1.267 7998
23	9 30 54.776	+16 15 02.39	1.654 2329	8	10 58 08.521	+ 9 07 36.55	1.258 6475
24	9 33 06.855	+16 05 26.88	1.646 4417	9	10 59 39.704	+ 8 59 43.31	1.249 4868
25	9 35 18.210	+15 55 49.69	1.638 6048	10	11 01 09.710	+ 8 51 56.72	1.240 3187
26	9 37 28.836	+15 46 10.97	1.630 7225	11	11 02 38.516	+ 8 44 17.01	1.231 1443
27	9 39 38.727	+15 36 30.92	1.622 7959	12	11 04 06.103	+ 8 36 44.42	1.221 9646
28	9 41 47.879	+15 26 49.68	1.614 8255	13	11 05 32.445	+ 8 29 19.18	1.212 7807
29	9 43 56.285	+15 17 07.45	1.606 8125	14	11 06 57.519	+ 8 22 01.53	1.203 5939
30	9 46 03.941	+15 07 24.39	1.598 7576	15	11 08 21.297	+ 8 14 51.73	1.194 4052
31	9 48 10.841	+14 57 40.67	1.590 6617	16	11 09 43.754	+ 8 07 50.03	1.185 2160
Nov. 1	9 50 16.978	+14 47 56.45	1.582 5256	17	11 11 04.861	+ 8 00 56.68	1.176 0276
2	9 52 22.350	+14 38 11.88	1.574 3499	18	11 12 24.589	+ 7 54 11.92	1.166 8416
3	9 54 26.953	+14 28 27.11	1.566 1354	19	11 13 42.909	+ 7 47 36.03	1.157 6596
4	9 56 30.784	+14 18 42.28	1.557 8825	20	11 14 59.792	+ 7 41 09.25	1.148 4832
5	9 58 33.840	+14 08 57.55	1.549 5920	21	11 16 15.207	+ 7 34 51.84	1.139 3145
6	10 00 36.119	+13 59 13.07	1.541 2641	22	11 17 29.121	+ 7 28 44.05	1.130 1553
7	10 02 37.617	+13 49 28.98	1.532 8995	23	11 18 41.502	+ 7 22 46.16	1.121 0079
8	10 04 38.330	+13 39 45.46	1.524 4986	24	11 19 52.315	+ 7 16 58.41	1.111 8746
9	10 06 38.256	+13 30 02.65	1.516 0617	25	11 21 01.528	+ 7 11 21.06	1.102 7576
10	10 08 37.388	+13 20 20.72	1.507 5894	26	11 22 09.107	+ 7 05 54.37	1.093 6592
11	10 10 35.722	+13 10 39.85	1.499 0820	27	11 23 15.020	+ 7 00 38.56	1.084 5818
12	10 12 33.250	+13 01 00.21	1.490 5400	28	11 24 19.235	+ 6 55 33.86	1.075 5276
13	10 14 29.966	+12 51 21.99	1.481 9637	29	11 25 21.722	+ 6 50 40.50	1.066 4989
14	10 16 25.861	+12 41 45.36	1.473 3536	30	11 26 22.451	+ 6 45 58.70	1.057 4980
15	10 18 20.924	+12 32 10.53	1.464 7101	31	11 27 21.391	+ 6 41 28.69	1.048 5271
16	10 20 15.145	+12 22 37.68	1.456 0336	32	11 28 18.510	+ 6 37 10.69	1.039 5883

JUPITER, 2011

GEOCENTRIC COORDINATES FOR 0ʰ TERRESTRIAL TIME

Date	Apparent Right Ascension	Apparent Declination	True Geocentric Distance	Date	Apparent Right Ascension	Apparent Declination	True Geocentric Distance
	h m s	° ′ ″	au		h m s	° ′ ″	au
Jan. 0	23 48 52.404	− 2 35 21.39	5.073 5743	Feb. 15	0 18 50.635	+ 0 48 09.14	5.680 5701
1	23 49 21.305	− 2 31 59.05	5.089 0238	16	0 19 37.971	+ 0 53 23.64	5.690 5105
2	23 49 50.766	− 2 28 33.17	5.104 4179	17	0 20 25.553	+ 0 58 39.48	5.700 2813
3	23 50 20.779	− 2 25 03.81	5.119 7528	18	0 21 13.375	+ 1 03 56.60	5.709 8815
4	23 50 51.337	− 2 21 31.02	5.135 0246	19	0 22 01.431	+ 1 09 14.96	5.719 3098
5	23 51 22.430	− 2 17 54.86	5.150 2297	20	0 22 49.720	+ 1 14 34.55	5.728 5653
6	23 51 54.050	− 2 14 15.40	5.165 3644	21	0 23 38.237	+ 1 19 55.34	5.737 6466
7	23 52 26.189	− 2 10 32.67	5.180 4252	22	0 24 26.982	+ 1 25 17.30	5.746 5525
8	23 52 58.840	− 2 06 46.74	5.195 4087	23	0 25 15.950	+ 1 30 40.41	5.755 2815
9	23 53 31.996	− 2 02 57.64	5.210 3115	24	0 26 05.138	+ 1 36 04.63	5.763 8322
10	23 54 05.650	− 1 59 05.44	5.225 1302	25	0 26 54.540	+ 1 41 29.93	5.772 2029
11	23 54 39.794	− 1 55 10.17	5.239 8619	26	0 27 44.151	+ 1 46 56.25	5.780 3923
12	23 55 14.422	− 1 51 11.89	5.254 5034	27	0 28 33.963	+ 1 52 23.54	5.788 3988
13	23 55 49.527	− 1 47 10.64	5.269 0517	28	0 29 23.970	+ 1 57 51.76	5.796 2209
14	23 56 25.102	− 1 43 06.46	5.283 5041	Mar. 1	0 30 14.168	+ 2 03 20.86	5.803 8573
15	23 57 01.140	− 1 38 59.40	5.297 8576	2	0 31 04.549	+ 2 08 50.79	5.811 3066
16	23 57 37.633	− 1 34 49.53	5.312 1097	3	0 31 55.108	+ 2 14 21.51	5.818 5676
17	23 58 14.574	− 1 30 36.88	5.326 2578	4	0 32 45.841	+ 2 19 52.97	5.825 6390
18	23 58 51.954	− 1 26 21.51	5.340 2994	5	0 33 36.741	+ 2 25 25.13	5.832 5198
19	23 59 29.764	− 1 22 03.48	5.354 2322	6	0 34 27.806	+ 2 30 57.96	5.839 2088
20	0 00 07.995	− 1 17 42.85	5.368 0538	7	0 35 19.030	+ 2 36 31.41	5.845 7053
21	0 00 46.641	− 1 13 19.66	5.381 7621	8	0 36 10.408	+ 2 42 05.45	5.852 0082
22	0 01 25.694	− 1 08 53.97	5.395 3548	9	0 37 01.937	+ 2 47 40.04	5.858 1170
23	0 02 05.149	− 1 04 25.81	5.408 8295	10	0 37 53.610	+ 2 53 15.15	5.864 0307
24	0 02 45.002	− 0 59 55.20	5.422 1838	11	0 38 45.423	+ 2 58 50.73	5.869 7490
25	0 03 25.250	− 0 55 22.18	5.435 4155	12	0 39 37.370	+ 3 04 26.75	5.875 2712
26	0 04 05.887	− 0 50 46.77	5.448 5218	13	0 40 29.446	+ 3 10 03.15	5.880 5969
27	0 04 46.911	− 0 46 09.01	5.461 5003	14	0 41 21.645	+ 3 15 39.91	5.885 7258
28	0 05 28.314	− 0 41 28.94	5.474 3483	15	0 42 13.959	+ 3 21 16.96	5.890 6577
29	0 06 10.090	− 0 36 46.61	5.487 0632	16	0 43 06.384	+ 3 26 54.27	5.895 3923
30	0 06 52.232	− 0 32 02.08	5.499 6424	17	0 43 58.913	+ 3 32 31.79	5.899 9296
31	0 07 34.732	− 0 27 15.40	5.512 0833	18	0 44 51.541	+ 3 38 09.48	5.904 2694
Feb. 1	0 08 17.582	− 0 22 26.63	5.524 3833	19	0 45 44.266	+ 3 43 47.31	5.908 4117
2	0 09 00.776	− 0 17 35.81	5.536 5400	20	0 46 37.086	+ 3 49 25.26	5.912 3563
3	0 09 44.306	− 0 12 43.00	5.548 5511	21	0 47 29.998	+ 3 55 03.31	5.916 1030
4	0 10 28.165	− 0 07 48.25	5.560 4141	22	0 48 23.002	+ 4 00 41.45	5.919 6514
5	0 11 12.347	− 0 02 51.61	5.572 1268	23	0 49 16.096	+ 4 06 19.66	5.923 0011
6	0 11 56.847	+ 0 02 06.87	5.583 6872	24	0 50 09.274	+ 4 11 57.89	5.926 1515
7	0 12 41.657	+ 0 07 07.16	5.595 0932	25	0 51 02.531	+ 4 17 36.12	5.929 1021
8	0 13 26.774	+ 0 12 09.21	5.606 3429	26	0 51 55.863	+ 4 23 14.30	5.931 8522
9	0 14 12.190	+ 0 17 12.98	5.617 4344	27	0 52 49.264	+ 4 28 52.39	5.934 4014
10	0 14 57.899	+ 0 22 18.42	5.628 3660	28	0 53 42.728	+ 4 34 30.33	5.936 7491
11	0 15 43.897	+ 0 27 25.49	5.639 1360	29	0 54 36.251	+ 4 40 08.10	5.938 8947
12	0 16 30.176	+ 0 32 34.15	5.649 7428	30	0 55 29.827	+ 4 45 45.64	5.940 8381
13	0 17 16.730	+ 0 37 44.34	5.660 1850	31	0 56 23.453	+ 4 51 22.93	5.942 5787
14	0 18 03.552	+ 0 42 56.02	5.670 4612	Apr. 1	0 57 17.124	+ 4 56 59.93	5.944 1164
15	0 18 50.635	+ 0 48 09.14	5.680 5701	2	0 58 10.837	+ 5 02 36.59	5.945 4509

GEOCENTRIC COORDINATES FOR 0ʰ TERRESTRIAL TIME

Date	Apparent Right Ascension	Apparent Declination	True Geocentric Distance	Date	Apparent Right Ascension	Apparent Declination	True Geocentric Distance
	h m s	° ′ ″	au		h m s	° ′ ″	au
Apr. 1	0 57 17.124	+ 4 56 59.93	5.944 1164	May 17	1 38 00.272	+ 9 00 56.37	5.801 2968
2	0 58 10.837	+ 5 02 36.59	5.945 4509	18	1 38 51.185	+ 9 05 44.59	5.793 7897
3	0 59 04.588	+ 5 08 12.90	5.946 5822	19	1 39 41.936	+ 9 10 31.12	5.786 1112
4	0 59 58.373	+ 5 13 48.80	5.947 5102	20	1 40 32.519	+ 9 15 15.94	5.778 2621
5	1 00 52.188	+ 5 19 24.24	5.948 2349	21	1 41 22.928	+ 9 19 59.02	5.770 2434
6	1 01 46.026	+ 5 24 59.13	5.948 7565	22	1 42 13.157	+ 9 24 40.31	5.762 0559
7	1 02 39.871	+ 5 30 33.58	5.949 0752	23	1 43 03.200	+ 9 29 19.78	5.753 7007
8	1 03 33.734	+ 5 36 07.73	5.949 1912	24	1 43 53.053	+ 9 33 57.41	5.745 1786
9	1 04 27.616	+ 5 41 41.30	5.949 1050	25	1 44 42.712	+ 9 38 33.16	5.736 4909
10	1 05 21.504	+ 5 47 14.24	5.948 8169	26	1 45 32.170	+ 9 43 07.02	5.727 6385
11	1 06 15.390	+ 5 52 46.53	5.948 3275	27	1 46 21.424	+ 9 47 38.95	5.718 6227
12	1 07 09.270	+ 5 58 18.12	5.947 6375	28	1 47 10.469	+ 9 52 08.94	5.709 4448
13	1 08 03.137	+ 6 03 49.00	5.946 7474	29	1 47 59.300	+ 9 56 36.96	5.700 1062
14	1 08 56.986	+ 6 09 19.12	5.945 6579	30	1 48 47.912	+10 01 02.98	5.690 6081
15	1 09 50.815	+ 6 14 48.46	5.944 3699	31	1 49 36.299	+10 05 27.00	5.680 9521
16	1 10 44.620	+ 6 20 16.99	5.942 8839	June 1	1 50 24.455	+10 09 48.98	5.671 1399
17	1 11 38.401	+ 6 25 44.70	5.941 2007	2	1 51 12.374	+10 14 08.90	5.661 1729
18	1 12 32.155	+ 6 31 11.58	5.939 3208	3	1 52 00.048	+10 18 26.73	5.651 0531
19	1 13 25.882	+ 6 36 37.62	5.937 2447	4	1 52 47.470	+10 22 42.44	5.640 7822
20	1 14 19.579	+ 6 42 02.79	5.934 9726	5	1 53 34.634	+10 26 56.00	5.630 3622
21	1 15 13.240	+ 6 47 27.06	5.932 5049	6	1 54 21.531	+10 31 07.36	5.619 7950
22	1 16 06.860	+ 6 52 50.41	5.929 8418	7	1 55 08.155	+10 35 16.51	5.609 0827
23	1 17 00.434	+ 6 58 12.80	5.926 9833	8	1 55 54.501	+10 39 23.41	5.598 2274
24	1 17 53.957	+ 7 03 34.17	5.923 9299	9	1 56 40.565	+10 43 28.05	5.587 2313
25	1 18 47.423	+ 7 08 54.50	5.920 6817	10	1 57 26.341	+10 47 30.40	5.576 0964
26	1 19 40.828	+ 7 14 13.75	5.917 2389	11	1 58 11.828	+10 51 30.46	5.564 8247
27	1 20 34.168	+ 7 19 31.88	5.913 6021	12	1 58 57.021	+10 55 28.22	5.553 4182
28	1 21 27.438	+ 7 24 48.87	5.909 7716	13	1 59 41.917	+10 59 23.67	5.541 8790
29	1 22 20.635	+ 7 30 04.69	5.905 7479	14	2 00 26.510	+11 03 16.81	5.530 2087
30	1 23 13.754	+ 7 35 19.31	5.901 5317	15	2 01 10.796	+11 07 07.61	5.518 4091
May 1	1 24 06.793	+ 7 40 32.70	5.897 1235	16	2 01 54.766	+11 10 56.05	5.506 4820
2	1 24 59.745	+ 7 45 44.83	5.892 5240	17	2 02 38.414	+11 14 42.09	5.494 4289
3	1 25 52.608	+ 7 50 55.69	5.887 7341	18	2 03 21.733	+11 18 25.72	5.482 2515
4	1 26 45.376	+ 7 56 05.24	5.882 7546	19	2 04 04.715	+11 22 06.88	5.469 9515
5	1 27 38.044	+ 8 01 13.46	5.877 5865	20	2 04 47.354	+11 25 45.56	5.457 5304
6	1 28 30.607	+ 8 06 20.31	5.872 2308	21	2 05 29.645	+11 29 21.73	5.444 9901
7	1 29 23.058	+ 8 11 25.76	5.866 6886	22	2 06 11.581	+11 32 55.36	5.432 3323
8	1 30 15.391	+ 8 16 29.77	5.860 9611	23	2 06 53.158	+11 36 26.43	5.419 5590
9	1 31 07.601	+ 8 21 32.32	5.855 0496	24	2 07 34.367	+11 39 54.93	5.406 6722
10	1 31 59.680	+ 8 26 33.36	5.848 9554	25	2 08 15.205	+11 43 20.83	5.393 6738
11	1 32 51.625	+ 8 31 32.86	5.842 6800	26	2 08 55.664	+11 46 44.12	5.380 5660
12	1 33 43.430	+ 8 36 30.80	5.836 2246	27	2 09 35.737	+11 50 04.77	5.367 3510
13	1 34 35.093	+ 8 41 27.15	5.829 5907	28	2 10 15.417	+11 53 22.76	5.354 0310
14	1 35 26.610	+ 8 46 21.89	5.822 7797	29	2 10 54.696	+11 56 38.08	5.340 6085
15	1 36 17.981	+ 8 51 15.01	5.815 7929	30	2 11 33.567	+11 59 50.69	5.327 0859
16	1 37 09.203	+ 8 56 06.51	5.808 6316	July 1	2 12 12.020	+12 03 00.57	5.313 4657
17	1 38 00.272	+ 9 00 56.37	5.801 2968	2	2 12 50.046	+12 06 07.69	5.299 7508

JUPITER, 2011

GEOCENTRIC COORDINATES FOR 0ʰ TERRESTRIAL TIME

Date	Apparent Right Ascension	Apparent Declination	True Geocentric Distance	Date	Apparent Right Ascension	Apparent Declination	True Geocentric Distance
	h m s	° ′ ″	au		h m s	° ′ ″	au
July 1	2 12 12.020	+12 03 00.57	5.313 4657	Aug. 16	2 32 08.088	+13 33 26.02	4.631 3641
2	2 12 50.046	+12 06 07.69	5.299 7508	17	2 32 19.034	+13 34 05.05	4.616 5458
3	2 13 27.637	+12 09 12.03	5.285 9437	18	2 32 29.243	+13 34 40.46	4.601 7856
4	2 14 04.785	+12 12 13.53	5.272 0474	19	2 32 38.708	+13 35 12.26	4.587 0876
5	2 14 41.482	+12 15 12.19	5.258 0649	20	2 32 47.426	+13 35 40.43	4.572 4558
6	2 15 17.722	+12 18 07.97	5.243 9989	21	2 32 55.390	+13 36 04.95	4.557 8943
7	2 15 53.501	+12 21 00.87	5.229 8526	22	2 33 02.597	+13 36 25.84	4.543 4072
8	2 16 28.812	+12 23 50.86	5.215 6287	23	2 33 09.041	+13 36 43.06	4.528 9990
9	2 17 03.653	+12 26 37.96	5.201 3302	24	2 33 14.717	+13 36 56.63	4.514 6740
10	2 17 38.018	+12 29 22.14	5.186 9598	25	2 33 19.620	+13 37 06.52	4.500 4367
11	2 18 11.901	+12 32 03.41	5.172 5204	26	2 33 23.743	+13 37 12.72	4.486 2916
12	2 18 45.295	+12 34 41.75	5.158 0144	27	2 33 27.083	+13 37 15.22	4.472 2434
13	2 19 18.192	+12 37 17.14	5.143 4446	28	2 33 29.636	+13 37 14.00	4.458 2969
14	2 19 50.585	+12 39 49.56	5.128 8134	29	2 33 31.398	+13 37 09.05	4.444 4569
15	2 20 22.466	+12 42 18.98	5.114 1234	30	2 33 32.369	+13 37 00.37	4.430 7284
16	2 20 53.826	+12 44 45.36	5.099 3772	31	2 33 32.550	+13 36 47.96	4.417 1160
17	2 21 24.658	+12 47 08.68	5.084 5773	Sept. 1	2 33 31.944	+13 36 31.85	4.403 6247
18	2 21 54.955	+12 49 28.91	5.069 7263	2	2 33 30.552	+13 36 12.06	4.390 2590
19	2 22 24.710	+12 51 46.03	5.054 8268	3	2 33 28.375	+13 35 48.60	4.377 0237
20	2 22 53.917	+12 54 00.02	5.039 8818	4	2 33 25.416	+13 35 21.50	4.363 9231
21	2 23 22.569	+12 56 10.86	5.024 8939	5	2 33 21.674	+13 34 50.77	4.350 9616
22	2 23 50.658	+12 58 18.54	5.009 8661	6	2 33 17.150	+13 34 16.41	4.338 1434
23	2 24 18.178	+13 00 23.03	4.994 8014	7	2 33 11.844	+13 33 38.43	4.325 4728
24	2 24 45.121	+13 02 24.32	4.979 7029	8	2 33 05.757	+13 32 56.84	4.312 9539
25	2 25 11.480	+13 04 22.40	4.964 5737	9	2 32 58.892	+13 32 11.63	4.300 5909
26	2 25 37.246	+13 06 17.23	4.949 4172	10	2 32 51.251	+13 31 22.81	4.288 3879
27	2 26 02.410	+13 08 08.81	4.934 2368	11	2 32 42.837	+13 30 30.40	4.276 3492
28	2 26 26.964	+13 09 57.12	4.919 0358	12	2 32 33.656	+13 29 34.42	4.264 4787
29	2 26 50.899	+13 11 42.11	4.903 8179	13	2 32 23.710	+13 28 34.89	4.252 7809
30	2 27 14.204	+13 13 23.77	4.888 5868	14	2 32 13.006	+13 27 31.82	4.241 2598
31	2 27 36.872	+13 15 02.07	4.873 3462	15	2 32 01.548	+13 26 25.25	4.229 9197
Aug. 1	2 27 58.894	+13 16 36.97	4.858 1002	16	2 31 49.341	+13 25 15.21	4.218 7649
2	2 28 20.263	+13 18 08.46	4.842 8526	17	2 31 36.392	+13 24 01.73	4.207 7998
3	2 28 40.974	+13 19 36.52	4.827 6074	18	2 31 22.706	+13 22 44.83	4.197 0288
4	2 29 01.024	+13 21 01.15	4.812 3687	19	2 31 08.290	+13 21 24.56	4.186 4560
5	2 29 20.409	+13 22 22.33	4.797 1402	20	2 30 53.148	+13 20 00.94	4.176 0861
6	2 29 39.123	+13 23 40.09	4.781 9258	21	2 30 37.288	+13 18 34.01	4.165 9234
7	2 29 57.162	+13 24 54.40	4.766 7294	22	2 30 20.717	+13 17 03.80	4.155 9724
8	2 30 14.520	+13 26 05.27	4.751 5545	23	2 30 03.441	+13 15 30.34	4.146 2376
9	2 30 31.191	+13 27 12.68	4.736 4048	24	2 29 45.470	+13 13 53.68	4.136 7235
10	2 30 47.167	+13 28 16.61	4.721 2840	25	2 29 26.813	+13 12 13.85	4.127 4346
11	2 31 02.442	+13 29 17.05	4.706 1955	26	2 29 07.482	+13 10 30.90	4.118 3754
12	2 31 17.009	+13 30 13.97	4.691 1430	27	2 28 47.490	+13 08 44.87	4.109 5504
13	2 31 30.863	+13 31 07.34	4.676 1299	28	2 28 26.853	+13 06 55.86	4.100 9639
14	2 31 43.997	+13 31 57.15	4.661 1600	29	2 28 05.588	+13 05 03.92	4.092 6200
15	2 31 56.407	+13 32 43.38	4.646 2368	30	2 27 43.710	+13 03 09.16	4.084 5228
16	2 32 08.088	+13 33 26.02	4.631 3641	Oct. 1	2 27 21.235	+13 01 11.64	4.076 6760

GEOCENTRIC COORDINATES FOR 0ʰ TERRESTRIAL TIME

Date	Apparent Right Ascension	Apparent Declination	True Geocentric Distance	Date	Apparent Right Ascension	Apparent Declination	True Geocentric Distance
	h m s	° ′ ″	au		h m s	° ′ ″	au
Oct. 1	2 27 21.235	+13 01 11.64	4.076 6760	Nov. 16	2 04 59.342	+11 08 27.56	4.026 5097
2	2 26 58.179	+12 59 11.44	4.069 0830	17	2 04 31.982	+11 06 14.13	4.032 4835
3	2 26 34.556	+12 57 08.64	4.061 7473	18	2 04 05.054	+11 04 03.16	4.038 7437
4	2 26 10.382	+12 55 03.29	4.054 6721	19	2 03 38.576	+11 01 54.76	4.045 2881
5	2 25 45.672	+12 52 55.47	4.047 8603	20	2 03 12.568	+10 59 49.03	4.052 1143
6	2 25 20.442	+12 50 45.26	4.041 3149	21	2 02 47.051	+10 57 46.08	4.059 2198
7	2 24 54.711	+12 48 32.71	4.035 0388	22	2 02 22.045	+10 55 46.02	4.066 6020
8	2 24 28.497	+12 46 17.92	4.029 0348	23	2 01 57.571	+10 53 48.97	4.074 2579
9	2 24 01.818	+12 44 00.96	4.023 3056	24	2 01 33.649	+10 51 55.03	4.082 1846
10	2 23 34.695	+12 41 41.93	4.017 8538	25	2 01 10.297	+10 50 04.33	4.090 3786
11	2 23 07.146	+12 39 20.92	4.012 6819	26	2 00 47.530	+10 48 16.94	4.098 8363
12	2 22 39.191	+12 36 58.03	4.007 7926	27	2 00 25.365	+10 46 32.96	4.107 5540
13	2 22 10.852	+12 34 33.35	4.003 1881	28	2 00 03.813	+10 44 52.46	4.116 5276
14	2 21 42.148	+12 32 07.00	3.998 8710	29	1 59 42.888	+10 43 15.50	4.125 7531
15	2 21 13.099	+12 29 39.06	3.994 8435	30	1 59 22.603	+10 41 42.14	4.135 2261
16	2 20 43.726	+12 27 09.64	3.991 1080	Dec. 1	1 59 02.972	+10 40 12.46	4.144 9425
17	2 20 14.050	+12 24 38.86	3.987 6665	2	1 58 44.006	+10 38 46.51	4.154 8979
18	2 19 44.090	+12 22 06.80	3.984 5212	3	1 58 25.718	+10 37 24.36	4.165 0880
19	2 19 13.867	+12 19 33.58	3.981 6742	4	1 58 08.119	+10 36 06.08	4.175 5085
20	2 18 43.404	+12 16 59.31	3.979 1274	5	1 57 51.220	+10 34 51.72	4.186 1549
21	2 18 12.720	+12 14 24.08	3.976 8827	6	1 57 35.032	+10 33 41.33	4.197 0230
22	2 17 41.840	+12 11 48.01	3.974 9420	7	1 57 19.562	+10 32 34.98	4.208 1083
23	2 17 10.786	+12 09 11.22	3.973 3069	8	1 57 04.820	+10 31 32.71	4.219 4064
24	2 16 39.584	+12 06 33.81	3.971 9789	9	1 56 50.813	+10 30 34.56	4.230 9131
25	2 16 08.260	+12 03 55.93	3.970 9596	10	1 56 37.548	+10 29 40.58	4.242 6238
26	2 15 36.841	+12 01 17.71	3.970 2500	11	1 56 25.029	+10 28 50.79	4.254 5343
27	2 15 05.357	+11 58 39.30	3.969 8510	12	1 56 13.263	+10 28 05.24	4.266 6402
28	2 14 33.833	+11 56 00.84	3.969 7633	13	1 56 02.253	+10 27 23.93	4.278 9373
29	2 14 02.295	+11 53 22.48	3.969 9872	14	1 55 52.003	+10 26 46.89	4.291 4211
30	2 13 30.768	+11 50 44.34	3.970 5226	15	1 55 42.519	+10 26 14.15	4.304 0873
31	2 12 59.274	+11 48 06.55	3.971 3694	16	1 55 33.804	+10 25 45.71	4.316 9317
Nov. 1	2 12 27.838	+11 45 29.21	3.972 5272	17	1 55 25.863	+10 25 21.60	4.329 9499
2	2 11 56.483	+11 42 52.45	3.973 9952	18	1 55 18.702	+10 25 01.84	4.343 1374
3	2 11 25.234	+11 40 16.39	3.975 7728	19	1 55 12.326	+10 24 46.45	4.356 4898
4	2 10 54.115	+11 37 41.16	3.977 8590	20	1 55 06.741	+10 24 35.47	4.370 0025
5	2 10 23.151	+11 35 06.86	3.980 2529	21	1 55 01.952	+10 24 28.92	4.383 6708
6	2 09 52.365	+11 32 33.64	3.982 9533	22	1 54 57.963	+10 24 26.81	4.397 4900
7	2 09 21.782	+11 30 01.62	3.985 9592	23	1 54 54.776	+10 24 29.16	4.411 4550
8	2 08 51.425	+11 27 30.91	3.989 2691	24	1 54 52.391	+10 24 35.98	4.425 5608
9	2 08 21.318	+11 25 01.66	3.992 8817	25	1 54 50.808	+10 24 47.25	4.439 8022
10	2 07 51.481	+11 22 33.98	3.996 7954	26	1 54 50.026	+10 25 02.95	4.454 1739
11	2 07 21.939	+11 20 08.00	4.001 0088	27	1 54 50.044	+10 25 23.06	4.468 6707
12	2 06 52.710	+11 17 43.83	4.005 5202	28	1 54 50.861	+10 25 47.57	4.483 2874
13	2 06 23.817	+11 15 21.59	4.010 3278	29	1 54 52.476	+10 26 16.46	4.498 0187
14	2 05 55.278	+11 13 01.39	4.015 4299	30	1 54 54.888	+10 26 49.70	4.512 8595
15	2 05 27.113	+11 10 43.35	4.020 8245	31	1 54 58.097	+10 27 27.29	4.527 8048
16	2 04 59.342	+11 08 27.56	4.026 5097	32	1 55 02.100	+10 28 09.21	4.542 8494

SATURN, 2011

GEOCENTRIC COORDINATES FOR 0ʰ TERRESTRIAL TIME

Date	Apparent Right Ascension	Apparent Declination	True Geocentric Distance	Date	Apparent Right Ascension	Apparent Declination	True Geocentric Distance
	h m s	° ′ ″	au		h m s	° ′ ″	au
Jan. 0	13 04 56.624	− 4 18 35.72	9.662 1150	Feb. 15	13 06 15.502	− 4 13 00.39	8.946 0672
1	13 05 07.071	− 4 19 22.76	9.645 6226	16	13 06 08.121	− 4 11 58.72	8.933 2796
2	13 05 17.153	− 4 20 07.45	9.629 0972	17	13 06 00.383	− 4 10 55.02	8.920 6873
3	13 05 26.867	− 4 20 49.75	9.612 5439	18	13 05 52.290	− 4 09 49.29	8.908 2942
4	13 05 36.207	− 4 21 29.67	9.595 9677	19	13 05 43.846	− 4 08 41.58	8.896 1044
5	13 05 45.171	− 4 22 07.17	9.579 3739	20	13 05 35.058	− 4 07 31.90	8.884 1217
6	13 05 53.755	− 4 22 42.24	9.562 7675	21	13 05 25.930	− 4 06 20.31	8.872 3501
7	13 06 01.955	− 4 23 14.87	9.546 1539	22	13 05 16.470	− 4 05 06.84	8.860 7938
8	13 06 09.772	− 4 23 45.06	9.529 5382	23	13 05 06.683	− 4 03 51.55	8.849 4568
9	13 06 17.202	− 4 24 12.80	9.512 9256	24	13 04 56.573	− 4 02 34.47	8.838 3433
10	13 06 24.246	− 4 24 38.09	9.496 3212	25	13 04 46.144	− 4 01 15.63	8.827 4576
11	13 06 30.903	− 4 25 00.93	9.479 7302	26	13 04 35.401	− 3 59 55.06	8.816 8039
12	13 06 37.171	− 4 25 21.33	9.463 1576	27	13 04 24.347	− 3 58 32.81	8.806 3863
13	13 06 43.051	− 4 25 39.28	9.446 6085	28	13 04 12.986	− 3 57 08.89	8.796 2089
14	13 06 48.542	− 4 25 54.80	9.430 0880	Mar. 1	13 04 01.324	− 3 55 43.35	8.786 2757
15	13 06 53.644	− 4 26 07.89	9.413 6010	2	13 03 49.367	− 3 54 16.22	8.776 5907
16	13 06 58.355	− 4 26 18.55	9.397 1525	3	13 03 37.121	− 3 52 47.55	8.767 1576
17	13 07 02.675	− 4 26 26.78	9.380 7473	4	13 03 24.592	− 3 51 17.39	8.757 9801
18	13 07 06.601	− 4 26 32.58	9.364 3902	5	13 03 11.790	− 3 49 45.79	8.749 0617
19	13 07 10.131	− 4 26 35.94	9.348 0860	6	13 02 58.721	− 3 48 12.79	8.740 4059
20	13 07 13.263	− 4 26 36.84	9.331 8394	7	13 02 45.394	− 3 46 38.46	8.732 0159
21	13 07 15.995	− 4 26 35.28	9.315 6550	8	13 02 31.818	− 3 45 02.85	8.723 8948
22	13 07 18.325	− 4 26 31.25	9.299 5375	9	13 02 18.001	− 3 43 26.03	8.716 0456
23	13 07 20.255	− 4 26 24.75	9.283 4917	10	13 02 03.951	− 3 41 48.04	8.708 4710
24	13 07 21.784	− 4 26 15.80	9.267 5224	11	13 01 49.677	− 3 40 08.95	8.701 1737
25	13 07 22.914	− 4 26 04.39	9.251 6344	12	13 01 35.186	− 3 38 28.81	8.694 1561
26	13 07 23.647	− 4 25 50.56	9.235 8330	13	13 01 20.487	− 3 36 47.67	8.687 4207
27	13 07 23.982	− 4 25 34.31	9.220 1231	14	13 01 05.587	− 3 35 05.58	8.680 9694
28	13 07 23.919	− 4 25 15.66	9.204 5102	15	13 00 50.492	− 3 33 22.59	8.674 8043
29	13 07 23.458	− 4 24 54.60	9.188 9996	16	13 00 35.210	− 3 31 38.74	8.668 9273
30	13 07 22.598	− 4 24 31.14	9.173 5965	17	13 00 19.747	− 3 29 54.07	8.663 3399
31	13 07 21.337	− 4 24 05.28	9.158 3065	18	13 00 04.113	− 3 28 08.63	8.658 0438
Feb. 1	13 07 19.676	− 4 23 37.03	9.143 1349	19	12 59 48.314	− 3 26 22.48	8.653 0404
2	13 07 17.615	− 4 23 06.40	9.128 0871	20	12 59 32.362	− 3 24 35.67	8.648 3311
3	13 07 15.154	− 4 22 33.39	9.113 1684	21	12 59 16.267	− 3 22 48.27	8.643 9176
4	13 07 12.296	− 4 21 58.02	9.098 3842	22	12 59 00.038	− 3 21 00.35	8.639 8012
5	13 07 09.042	− 4 21 20.31	9.083 7396	23	12 58 43.684	− 3 19 11.97	8.635 9835
6	13 07 05.396	− 4 20 40.28	9.069 2399	24	12 58 27.214	− 3 17 23.19	8.632 4660
7	13 07 01.361	− 4 19 57.97	9.054 8901	25	12 58 10.634	− 3 15 34.05	8.629 2504
8	13 06 56.941	− 4 19 13.38	9.040 6951	26	12 57 53.951	− 3 13 44.61	8.626 3380
9	13 06 52.138	− 4 18 26.57	9.026 6600	27	12 57 37.174	− 3 11 54.92	8.623 7301
10	13 06 46.958	− 4 17 37.55	9.012 7894	28	12 57 20.310	− 3 10 05.02	8.621 4280
11	13 06 41.402	− 4 16 46.38	8.999 0882	29	12 57 03.368	− 3 08 14.98	8.619 4327
12	13 06 35.476	− 4 15 53.02	8.985 5609	30	12 56 46.357	− 3 06 24.85	8.617 7452
13	13 06 29.182	− 4 14 57.56	8.972 2121	31	12 56 29.287	− 3 04 34.69	8.616 3661
14	13 06 22.523	− 4 14 00.01	8.959 0461	Apr. 1	12 56 12.168	− 3 02 44.57	8.615 2962
15	13 06 15.502	− 4 13 00.39	8.946 0672	2	12 55 55.012	− 3 00 54.55	8.614 5358

GEOCENTRIC COORDINATES FOR 0ʰ TERRESTRIAL TIME

Date	Apparent Right Ascension	Apparent Declination	True Geocentric Distance	Date	Apparent Right Ascension	Apparent Declination	True Geocentric Distance
	h m s	° ′ ″	au		h m s	° ′ ″	au
Apr. 1	12 56 12.168	− 3 02 44.57	8.615 2962	May 17	12 44 48.558	− 1 55 05.44	8.881 6727
2	12 55 55.012	− 3 00 54.55	8.614 5358	18	12 44 38.837	− 1 54 16.18	8.893 4664
3	12 55 37.828	− 2 59 04.71	8.614 0851	19	12 44 29.430	− 1 53 29.13	8.905 4624
4	12 55 20.626	− 2 57 15.10	8.613 9443	20	12 44 20.340	− 1 52 44.30	8.917 6570
5	12 55 03.419	− 2 55 25.80	8.614 1132	21	12 44 11.569	− 1 52 01.68	8.930 0465
6	12 54 46.215	− 2 53 36.87	8.614 5916	22	12 44 03.119	− 1 51 21.29	8.942 6271
7	12 54 29.026	− 2 51 48.37	8.615 3790	23	12 43 54.994	− 1 50 43.15	8.955 3951
8	12 54 11.860	− 2 50 00.37	8.616 4748	24	12 43 47.198	− 1 50 07.28	8.968 3465
9	12 53 54.727	− 2 48 12.93	8.617 8782	25	12 43 39.734	− 1 49 33.69	8.981 4773
10	12 53 37.635	− 2 46 26.09	8.619 5882	26	12 43 32.608	− 1 49 02.40	8.994 7834
11	12 53 20.592	− 2 44 39.92	8.621 6037	27	12 43 25.823	− 1 48 33.45	9.008 2607
12	12 53 03.607	− 2 42 54.44	8.623 9233	28	12 43 19.383	− 1 48 06.84	9.021 9049
13	12 52 46.688	− 2 41 09.72	8.626 5457	29	12 43 13.293	− 1 47 42.60	9.035 7117
14	12 52 29.842	− 2 39 25.80	8.629 4693	30	12 43 07.556	− 1 47 20.74	9.049 6765
15	12 52 13.079	− 2 37 42.73	8.632 6925	31	12 43 02.175	− 1 47 01.28	9.063 7951
16	12 51 56.408	− 2 36 00.56	8.636 2134	June 1	12 42 57.153	− 1 46 44.24	9.078 0626
17	12 51 39.839	− 2 34 19.35	8.640 0305	2	12 42 52.492	− 1 46 29.62	9.092 4746
18	12 51 23.382	− 2 32 39.17	8.644 1420	3	12 42 48.193	− 1 46 17.42	9.107 0261
19	12 51 07.047	− 2 31 00.08	8.648 5464	4	12 42 44.257	− 1 46 07.65	9.121 7126
20	12 50 50.842	− 2 29 22.13	8.653 2419	5	12 42 40.685	− 1 46 00.29	9.136 5289
21	12 50 34.773	− 2 27 45.36	8.658 2270	6	12 42 37.477	− 1 45 55.34	9.151 4704
22	12 50 18.846	− 2 26 09.82	8.663 5001	7	12 42 34.633	− 1 45 52.80	9.166 5321
23	12 50 03.068	− 2 24 35.53	8.669 0595	8	12 42 32.154	− 1 45 52.66	9.181 7090
24	12 49 47.445	− 2 23 02.55	8.674 9033	9	12 42 30.042	− 1 45 54.93	9.196 9964
25	12 49 31.985	− 2 21 30.92	8.681 0297	10	12 42 28.297	− 1 45 59.59	9.212 3895
26	12 49 16.695	− 2 20 00.67	8.687 4366	11	12 42 26.923	− 1 46 06.67	9.227 8836
27	12 49 01.584	− 2 18 31.87	8.694 1217	12	12 42 25.920	− 1 46 16.17	9.243 4740
28	12 48 46.660	− 2 17 04.55	8.701 0828	13	12 42 25.290	− 1 46 28.09	9.259 1564
29	12 48 31.932	− 2 15 38.77	8.708 3173	14	12 42 25.033	− 1 46 42.42	9.274 9264
30	12 48 17.408	− 2 14 14.57	8.715 8226	15	12 42 25.146	− 1 46 59.17	9.290 7798
May 1	12 48 03.097	− 2 12 52.02	8.723 5960	16	12 42 25.630	− 1 47 18.30	9.306 7123
2	12 47 49.007	− 2 11 31.16	8.731 6345	17	12 42 26.480	− 1 47 39.82	9.322 7199
3	12 47 35.146	− 2 10 12.03	8.739 9351	18	12 42 27.697	− 1 48 03.69	9.338 7984
4	12 47 21.522	− 2 08 54.68	8.748 4947	19	12 42 29.278	− 1 48 29.91	9.354 9437
5	12 47 08.141	− 2 07 39.15	8.757 3098	20	12 42 31.224	− 1 48 58.48	9.371 1515
6	12 46 55.010	− 2 06 25.48	8.766 3771	21	12 42 33.535	− 1 49 29.38	9.387 4177
7	12 46 42.135	− 2 05 13.70	8.775 6929	22	12 42 36.211	− 1 50 02.61	9.403 7380
8	12 46 29.520	− 2 04 03.84	8.785 2536	23	12 42 39.253	− 1 50 38.17	9.420 1079
9	12 46 17.171	− 2 02 55.91	8.795 0553	24	12 42 42.662	− 1 51 16.07	9.436 5233
10	12 46 05.092	− 2 01 49.95	8.805 0942	25	12 42 46.437	− 1 51 56.29	9.452 9795
11	12 45 53.288	− 2 00 45.98	8.815 3662	26	12 42 50.580	− 1 52 38.84	9.469 4722
12	12 45 41.765	− 1 59 44.01	8.825 8675	27	12 42 55.090	− 1 53 23.70	9.485 9969
13	12 45 30.527	− 1 58 44.09	8.836 5940	28	12 42 59.966	− 1 54 10.88	9.502 5490
14	12 45 19.582	− 1 57 46.23	8.847 5416	29	12 43 05.208	− 1 55 00.35	9.519 1240
15	12 45 08.935	− 1 56 50.48	8.858 7065	30	12 43 10.814	− 1 55 52.11	9.535 7172
16	12 44 58.592	− 1 55 56.88	8.870 0848	July 1	12 43 16.781	− 1 56 46.13	9.552 3239
17	12 44 48.558	− 1 55 05.44	8.881 6727	2	12 43 23.107	− 1 57 42.40	9.568 9395

SATURN, 2011

GEOCENTRIC COORDINATES FOR 0^h TERRESTRIAL TIME

Date	Apparent Right Ascension	Apparent Declination	True Geocentric Distance	Date	Apparent Right Ascension	Apparent Declination	True Geocentric Distance
	h m s	° ′ ″	au		h m s	° ′ ″	au
July 1	12 43 16.781	− 1 56 46.13	9.552 3239	Aug. 16	12 53 40.809	− 3 13 10.35	10.260 0784
2	12 43 23.107	− 1 57 42.40	9.568 9395	17	12 54 00.914	− 3 15 27.35	10.272 8722
3	12 43 29.789	− 1 58 40.88	9.585 5593	18	12 54 21.248	− 3 17 45.56	10.285 5054
4	12 43 36.825	− 1 59 41.55	9.602 1785	19	12 54 41.808	− 3 20 04.96	10.297 9752
5	12 43 44.211	− 2 00 44.40	9.618 7926	20	12 55 02.591	− 3 22 25.54	10.310 2789
6	12 43 51.947	− 2 01 49.39	9.635 3968	21	12 55 23.595	− 3 24 47.27	10.322 4137
7	12 44 00.032	− 2 02 56.52	9.651 9869	22	12 55 44.816	− 3 27 10.13	10.334 3767
8	12 44 08.464	− 2 04 05.77	9.668 5584	23	12 56 06.251	− 3 29 34.10	10.346 1653
9	12 44 17.243	− 2 05 17.15	9.685 1070	24	12 56 27.897	− 3 31 59.15	10.357 7765
10	12 44 26.367	− 2 06 30.62	9.701 6287	25	12 56 49.749	− 3 34 25.25	10.369 2076
11	12 44 35.834	− 2 07 46.19	9.718 1196	26	12 57 11.802	− 3 36 52.37	10.380 4557
12	12 44 45.640	− 2 09 03.82	9.734 5758	27	12 57 34.052	− 3 39 20.48	10.391 5180
13	12 44 55.783	− 2 10 23.50	9.750 9935	28	12 57 56.494	− 3 41 49.52	10.402 3916
14	12 45 06.256	− 2 11 45.18	9.767 3692	29	12 58 19.124	− 3 44 19.48	10.413 0739
15	12 45 17.058	− 2 13 08.84	9.783 6991	30	12 58 41.939	− 3 46 50.33	10.423 5619
16	12 45 28.183	− 2 14 34.46	9.799 9798	31	12 59 04.936	− 3 49 22.05	10.433 8533
17	12 45 39.630	− 2 16 02.01	9.816 2075	Sept. 1	12 59 28.114	− 3 51 54.61	10.443 9456
18	12 45 51.396	− 2 17 31.47	9.832 3786	2	12 59 51.470	− 3 54 28.00	10.453 8365
19	12 46 03.479	− 2 19 02.83	9.848 4896	3	13 00 15.001	− 3 57 02.21	10.463 5239
20	12 46 15.879	− 2 20 36.08	9.864 5367	4	13 00 38.701	− 3 59 37.21	10.473 0061
21	12 46 28.594	− 2 22 11.19	9.880 5162	5	13 01 02.566	− 4 02 12.95	10.482 2811
22	12 46 41.622	− 2 23 48.16	9.896 4244	6	13 01 26.591	− 4 04 49.42	10.491 3472
23	12 46 54.962	− 2 25 26.97	9.912 2575	7	13 01 50.769	− 4 07 26.57	10.500 2029
24	12 47 08.612	− 2 27 07.62	9.928 0118	8	13 02 15.097	− 4 10 04.37	10.508 8466
25	12 47 22.570	− 2 28 50.07	9.943 6835	9	13 02 39.570	− 4 12 42.79	10.517 2766
26	12 47 36.833	− 2 30 34.31	9.959 2686	10	13 03 04.184	− 4 15 21.80	10.525 4914
27	12 47 51.399	− 2 32 20.33	9.974 7635	11	13 03 28.936	− 4 18 01.37	10.533 4895
28	12 48 06.264	− 2 34 08.09	9.990 1642	12	13 03 53.823	− 4 20 41.50	10.541 2694
29	12 48 21.424	− 2 35 57.56	10.005 4669	13	13 04 18.844	− 4 23 22.15	10.548 8294
30	12 48 36.875	− 2 37 48.71	10.020 6676	14	13 04 43.994	− 4 26 03.31	10.556 1680
31	12 48 52.612	− 2 39 41.52	10.035 7625	15	13 05 09.273	− 4 28 44.96	10.563 2837
Aug. 1	12 49 08.631	− 2 41 35.93	10.050 7476	16	13 05 34.677	− 4 31 27.08	10.570 1747
2	12 49 24.930	− 2 43 31.93	10.065 6192	17	13 06 00.203	− 4 34 09.66	10.576 8396
3	12 49 41.506	− 2 45 29.50	10.080 3737	18	13 06 25.848	− 4 36 52.66	10.583 2767
4	12 49 58.358	− 2 47 28.62	10.095 0074	19	13 06 51.609	− 4 39 36.08	10.589 4844
5	12 50 15.482	− 2 49 29.27	10.109 5169	20	13 07 17.480	− 4 42 19.87	10.595 4610
6	12 50 32.878	− 2 51 31.43	10.123 8990	21	13 07 43.459	− 4 45 04.01	10.601 2051
7	12 50 50.541	− 2 53 35.09	10.138 1507	22	13 08 09.540	− 4 47 48.48	10.606 7149
8	12 51 08.467	− 2 55 40.22	10.152 2689	23	13 08 35.718	− 4 50 33.23	10.611 9888
9	12 51 26.652	− 2 57 46.79	10.166 2507	24	13 09 01.989	− 4 53 18.23	10.617 0252
10	12 51 45.091	− 2 59 54.76	10.180 0935	25	13 09 28.348	− 4 56 03.44	10.621 8225
11	12 52 03.778	− 3 02 04.10	10.193 7945	26	13 09 54.791	− 4 58 48.84	10.626 3792
12	12 52 22.709	− 3 04 14.78	10.207 3509	27	13 10 21.315	− 5 01 34.40	10.630 6939
13	12 52 41.881	− 3 06 26.77	10.220 7602	28	13 10 47.919	− 5 04 20.10	10.634 7652
14	12 53 01.289	− 3 08 40.04	10.234 0197	29	13 11 14.599	− 5 07 05.93	10.638 5921
15	12 53 20.933	− 3 10 54.57	10.247 1266	30	13 11 41.352	− 5 09 51.87	10.642 1736
16	12 53 40.809	− 3 13 10.35	10.260 0784	Oct. 1	13 12 08.174	− 5 12 37.89	10.645 5089

GEOCENTRIC COORDINATES FOR 0ʰ TERRESTRIAL TIME

Date	Apparent Right Ascension	Apparent Declination	True Geocentric Distance	Date	Apparent Right Ascension	Apparent Declination	True Geocentric Distance
	h m s	° ′ ″	au		h m s	° ′ ″	au
Oct. 1	13 12 08.174	− 5 12 37.89	10.645 5089	Nov. 16	13 32 42.486	− 7 13 43.88	10.530 0984
2	13 12 35.060	− 5 15 23.97	10.648 5974	17	13 33 07.764	− 7 16 04.37	10.521 8963
3	13 13 02.003	− 5 18 10.07	10.651 4388	18	13 33 32.905	− 7 18 23.72	10.513 4687
4	13 13 28.997	− 5 20 56.16	10.654 0327	19	13 33 57.905	− 7 20 41.89	10.504 8169
5	13 13 56.038	− 5 23 42.19	10.656 3786	20	13 34 22.760	− 7 22 58.87	10.495 9424
6	13 14 23.121	− 5 26 28.14	10.658 4764	21	13 34 47.465	− 7 25 14.62	10.486 8468
7	13 14 50.241	− 5 29 13.98	10.660 3257	22	13 35 12.019	− 7 27 29.14	10.477 5319
8	13 15 17.395	− 5 31 59.68	10.661 9263	23	13 35 36.417	− 7 29 42.40	10.467 9995
9	13 15 44.581	− 5 34 45.22	10.663 2779	24	13 36 00.657	− 7 31 54.40	10.458 2516
10	13 16 11.794	− 5 37 30.57	10.664 3803	25	13 36 24.732	− 7 34 05.11	10.448 2905
11	13 16 39.033	− 5 40 15.72	10.665 2332	26	13 36 48.638	− 7 36 14.52	10.438 1185
12	13 17 06.294	− 5 43 00.65	10.665 8365	27	13 37 12.366	− 7 38 22.58	10.427 7383
13	13 17 33.573	− 5 45 45.32	10.666 1897	28	13 37 35.910	− 7 40 29.27	10.417 1527
14	13 18 00.866	− 5 48 29.75	10.666 2928	29	13 37 59.264	− 7 42 34.54	10.406 3644
15	13 18 28.171	− 5 51 13.96	10.666 1453	30	13 38 22.422	− 7 44 38.38	10.395 3762
16	13 18 55.486	− 5 53 57.90	10.665 7471	Dec. 1	13 38 45.381	− 7 46 40.75	10.384 1910
17	13 19 22.808	− 5 56 41.52	10.665 0979	2	13 39 08.137	− 7 48 41.63	10.372 8118
18	13 19 50.130	− 5 59 24.79	10.664 1974	3	13 39 30.686	− 7 50 41.01	10.361 2414
19	13 20 17.448	− 6 02 07.66	10.663 0454	4	13 39 53.026	− 7 52 38.88	10.349 4827
20	13 20 44.756	− 6 04 50.12	10.661 6417	5	13 40 15.153	− 7 54 35.22	10.337 5385
21	13 21 12.049	− 6 07 32.14	10.659 9861	6	13 40 37.063	− 7 56 30.01	10.325 4119
22	13 21 39.322	− 6 10 13.67	10.658 0783	7	13 40 58.754	− 7 58 23.25	10.313 1056
23	13 22 06.572	− 6 12 54.70	10.655 9183	8	13 41 20.222	− 8 00 14.92	10.300 6226
24	13 22 33.793	− 6 15 35.18	10.653 5059	9	13 41 41.462	− 8 02 05.00	10.287 9658
25	13 23 00.984	− 6 18 15.11	10.650 8412	10	13 42 02.470	− 8 03 53.47	10.275 1382
26	13 23 28.142	− 6 20 54.46	10.647 9244	11	13 42 23.242	− 8 05 40.32	10.262 1425
27	13 23 55.263	− 6 23 33.23	10.644 7558	12	13 42 43.772	− 8 07 25.52	10.248 9819
28	13 24 22.343	− 6 26 11.38	10.641 3361	13	13 43 04.056	− 8 09 09.04	10.235 6590
29	13 24 49.378	− 6 28 48.91	10.637 6659	14	13 43 24.087	− 8 10 50.86	10.222 1770
30	13 25 16.360	− 6 31 25.77	10.633 7462	15	13 43 43.862	− 8 12 30.95	10.208 5388
31	13 25 43.284	− 6 34 01.93	10.629 5781	16	13 44 03.374	− 8 14 09.28	10.194 7473
Nov. 1	13 26 10.142	− 6 36 37.35	10.625 1627	17	13 44 22.622	− 8 15 45.83	10.180 8057
2	13 26 36.929	− 6 39 12.00	10.620 5012	18	13 44 41.600	− 8 17 20.59	10.166 7171
3	13 27 03.642	− 6 41 45.85	10.615 5948	19	13 45 00.306	− 8 18 53.54	10.152 4848
4	13 27 30.276	− 6 44 18.88	10.610 4447	20	13 45 18.738	− 8 20 24.67	10.138 1121
5	13 27 56.827	− 6 46 51.06	10.605 0523	21	13 45 36.890	− 8 21 53.97	10.123 6027
6	13 28 23.293	− 6 49 22.37	10.599 4187	22	13 45 54.760	− 8 23 21.42	10.108 9601
7	13 28 49.671	− 6 51 52.80	10.593 5452	23	13 46 12.342	− 8 24 47.02	10.094 1884
8	13 29 15.956	− 6 54 22.33	10.587 4330	24	13 46 29.631	− 8 26 10.74	10.079 2914
9	13 29 42.147	− 6 56 50.95	10.581 0835	25	13 46 46.619	− 8 27 32.55	10.064 2736
10	13 30 08.239	− 6 59 18.63	10.574 4979	26	13 47 03.300	− 8 28 52.43	10.049 1390
11	13 30 34.229	− 7 01 45.35	10.567 6775	27	13 47 19.670	− 8 30 10.34	10.033 8922
12	13 31 00.112	− 7 04 11.11	10.560 6235	28	13 47 35.724	− 8 31 26.27	10.018 5375
13	13 31 25.884	− 7 06 35.86	10.553 3373	29	13 47 51.458	− 8 32 40.20	10.003 0794
14	13 31 51.541	− 7 08 59.60	10.545 8202	30	13 48 06.870	− 8 33 52.12	9.987 5222
15	13 32 17.077	− 7 11 22.28	10.538 0734	31	13 48 21.959	− 8 35 02.02	9.971 8704
16	13 32 42.486	− 7 13 43.88	10.530 0984	32	13 48 36.720	− 8 36 09.89	9.956 1282

URANUS, 2011

GEOCENTRIC COORDINATES FOR 0^h TERRESTRIAL TIME

Date	Apparent Right Ascension	Apparent Declination	True Geocentric Distance	Date	Apparent Right Ascension	Apparent Declination	True Geocentric Distance
	h m s	o ′ ″	au		h m s	o ′ ″	au
Jan. 0	23 49 55.777	− 1 53 38.89	20.275 069	Feb. 15	23 56 10.381	− 1 11 29.76	20.911 974
1	23 50 00.453	− 1 53 05.97	20.291 922	16	23 56 21.437	− 1 10 16.49	20.921 290
2	23 50 05.309	− 1 52 31.88	20.308 707	17	23 56 32.576	− 1 09 02.71	20.930 364
3	23 50 10.344	− 1 51 56.65	20.325 420	18	23 56 43.796	− 1 07 48.43	20.939 195
4	23 50 15.555	− 1 51 20.30	20.342 056	19	23 56 55.094	− 1 06 33.68	20.947 780
5	23 50 20.940	− 1 50 42.83	20.358 608	20	23 57 06.468	− 1 05 18.46	20.956 119
6	23 50 26.495	− 1 50 04.27	20.375 072	21	23 57 17.920	− 1 04 02.77	20.964 208
7	23 50 32.220	− 1 49 24.63	20.391 443	22	23 57 29.449	− 1 02 46.61	20.972 046
8	23 50 38.113	− 1 48 43.91	20.407 716	23	23 57 41.053	− 1 01 29.99	20.979 631
9	23 50 44.173	− 1 48 02.13	20.423 886	24	23 57 52.731	− 1 00 12.92	20.986 960
10	23 50 50.399	− 1 47 19.28	20.439 948	25	23 58 04.480	− 0 58 55.42	20.994 032
11	23 50 56.791	− 1 46 35.38	20.455 897	26	23 58 16.295	− 0 57 37.52	21.000 845
12	23 51 03.347	− 1 45 50.43	20.471 729	27	23 58 28.174	− 0 56 19.25	21.007 396
13	23 51 10.066	− 1 45 04.44	20.487 440	28	23 58 40.112	− 0 55 00.63	21.013 684
14	23 51 16.948	− 1 44 17.41	20.503 024	Mar. 1	23 58 52.106	− 0 53 41.67	21.019 707
15	23 51 23.992	− 1 43 29.36	20.518 478	2	23 59 04.152	− 0 52 22.42	21.025 463
16	23 51 31.194	− 1 42 40.30	20.533 798	3	23 59 16.248	− 0 51 02.87	21.030 951
17	23 51 38.554	− 1 41 50.24	20.548 979	4	23 59 28.392	− 0 49 43.05	21.036 169
18	23 51 46.067	− 1 40 59.20	20.564 018	5	23 59 40.581	− 0 48 22.97	21.041 116
19	23 51 53.731	− 1 40 07.21	20.578 911	6	23 59 52.813	− 0 47 02.65	21.045 790
20	23 52 01.542	− 1 39 14.28	20.593 653	7	0 00 05.087	− 0 45 42.09	21.050 191
21	23 52 09.497	− 1 38 20.45	20.608 242	8	0 00 17.400	− 0 44 21.32	21.054 319
22	23 52 17.593	− 1 37 25.71	20.622 673	9	0 00 29.751	− 0 43 00.34	21.058 171
23	23 52 25.829	− 1 36 30.09	20.636 943	10	0 00 42.137	− 0 41 39.16	21.061 747
24	23 52 34.206	− 1 35 33.57	20.651 048	11	0 00 54.556	− 0 40 17.81	21.065 048
25	23 52 42.724	− 1 34 36.16	20.664 984	12	0 01 07.005	− 0 38 56.30	21.068 071
26	23 52 51.383	− 1 33 37.86	20.678 747	13	0 01 19.481	− 0 37 34.66	21.070 818
27	23 53 00.181	− 1 32 38.67	20.692 334	14	0 01 31.980	− 0 36 12.91	21.073 288
28	23 53 09.116	− 1 31 38.61	20.705 739	15	0 01 44.497	− 0 34 51.06	21.075 481
29	23 53 18.187	− 1 30 37.70	20.718 960	16	0 01 57.030	− 0 33 29.16	21.077 396
30	23 53 27.390	− 1 29 35.96	20.731 992	17	0 02 09.575	− 0 32 07.22	21.079 035
31	23 53 36.721	− 1 28 33.42	20.744 831	18	0 02 22.128	− 0 30 45.26	21.080 397
Feb. 1	23 53 46.177	− 1 27 30.08	20.757 474	19	0 02 34.690	− 0 29 23.30	21.081 483
2	23 53 55.755	− 1 26 25.99	20.769 917	20	0 02 47.260	− 0 28 01.37	21.082 292
3	23 54 05.452	− 1 25 21.15	20.782 156	21	0 02 59.840	− 0 26 39.67	21.082 825
4	23 54 15.266	− 1 24 15.58	20.794 187	22	0 03 12.380	− 0 25 17.95	21.083 081
5	23 54 25.194	− 1 23 09.30	20.806 008	23	0 03 24.953	− 0 23 55.68	21.083 062
6	23 54 35.235	− 1 22 02.31	20.817 615	24	0 03 37.536	− 0 22 33.65	21.082 765
7	23 54 45.387	− 1 20 54.63	20.829 005	25	0 03 50.116	− 0 21 11.74	21.082 193
8	23 54 55.649	− 1 19 46.26	20.840 175	26	0 04 02.688	− 0 19 49.92	21.081 343
9	23 55 06.019	− 1 18 37.23	20.851 121	27	0 04 15.250	− 0 18 28.22	21.080 217
10	23 55 16.495	− 1 17 27.54	20.861 842	28	0 04 27.797	− 0 17 06.65	21.078 815
11	23 55 27.075	− 1 16 17.20	20.872 335	29	0 04 40.326	− 0 15 45.23	21.077 137
12	23 55 37.757	− 1 15 06.23	20.882 597	30	0 04 52.835	− 0 14 23.99	21.075 183
13	23 55 48.537	− 1 13 54.66	20.892 626	31	0 05 05.322	− 0 13 02.93	21.072 954
14	23 55 59.413	− 1 12 42.49	20.902 419	Apr. 1	0 05 17.785	− 0 11 42.07	21.070 450
15	23 56 10.381	− 1 11 29.76	20.911 974	2	0 05 30.220	− 0 10 21.42	21.067 673

GEOCENTRIC COORDINATES FOR 0ʰ TERRESTRIAL TIME

Date	Apparent Right Ascension	Apparent Declination	True Geocentric Distance	Date	Apparent Right Ascension	Apparent Declination	True Geocentric Distance
	h m s	° ′ ″	au		h m s	° ′ ″	au
Apr. 1	0 05 17.785	− 0 11 42.07	21.070 450	May 17	0 13 44.565	+ 0 42 26.36	20.686 931
2	0 05 30.220	− 0 10 21.42	21.067 673	18	0 13 53.302	+ 0 43 21.41	20.673 634
3	0 05 42.628	− 0 09 01.00	21.064 623	19	0 14 01.912	+ 0 44 15.62	20.660 173
4	0 05 55.006	− 0 07 40.80	21.061 301	20	0 14 10.392	+ 0 45 08.96	20.646 553
5	0 06 07.351	− 0 06 20.86	21.057 708	21	0 14 18.739	+ 0 46 01.41	20.632 775
6	0 06 19.663	− 0 05 01.18	21.053 845	22	0 14 26.950	+ 0 46 52.95	20.618 843
7	0 06 31.939	− 0 03 41.77	21.049 714	23	0 14 35.022	+ 0 47 43.57	20.604 761
8	0 06 44.175	− 0 02 22.65	21.045 317	24	0 14 42.955	+ 0 48 33.25	20.590 532
9	0 06 56.369	− 0 01 03.85	21.040 654	25	0 14 50.746	+ 0 49 22.00	20.576 160
10	0 07 08.518	+ 0 00 14.63	21.035 728	26	0 14 58.395	+ 0 50 09.79	20.561 647
11	0 07 20.618	+ 0 01 32.74	21.030 541	27	0 15 05.901	+ 0 50 56.63	20.546 999
12	0 07 32.665	+ 0 02 50.48	21.025 093	28	0 15 13.263	+ 0 51 42.50	20.532 218
13	0 07 44.655	+ 0 04 07.81	21.019 388	29	0 15 20.480	+ 0 52 27.42	20.517 309
14	0 07 56.586	+ 0 05 24.73	21.013 427	30	0 15 27.552	+ 0 53 11.37	20.502 275
15	0 08 08.456	+ 0 06 41.21	21.007 212	31	0 15 34.476	+ 0 53 54.34	20.487 120
16	0 08 20.263	+ 0 07 57.24	21.000 745	June 1	0 15 41.252	+ 0 54 36.32	20.471 850
17	0 08 32.008	+ 0 09 12.84	20.994 028	2	0 15 47.878	+ 0 55 17.31	20.456 467
18	0 08 43.691	+ 0 10 28.00	20.987 064	3	0 15 54.351	+ 0 55 57.29	20.440 977
19	0 08 55.310	+ 0 11 42.71	20.979 853	4	0 16 00.669	+ 0 56 36.25	20.425 384
20	0 09 06.865	+ 0 12 56.96	20.972 399	5	0 16 06.829	+ 0 57 14.17	20.409 692
21	0 09 18.351	+ 0 14 10.74	20.964 701	6	0 16 12.829	+ 0 57 51.03	20.393 906
22	0 09 29.766	+ 0 15 24.02	20.956 762	7	0 16 18.666	+ 0 58 26.83	20.378 030
23	0 09 41.105	+ 0 16 36.77	20.948 585	8	0 16 24.340	+ 0 59 01.54	20.362 069
24	0 09 52.365	+ 0 17 48.97	20.940 169	9	0 16 29.849	+ 0 59 35.19	20.346 028
25	0 10 03.542	+ 0 19 00.60	20.931 519	10	0 16 35.196	+ 1 00 07.75	20.329 910
26	0 10 14.634	+ 0 20 11.64	20.922 635	11	0 16 40.380	+ 1 00 39.25	20.313 721
27	0 10 25.640	+ 0 21 22.09	20.913 520	12	0 16 45.402	+ 1 01 09.69	20.297 464
28	0 10 36.556	+ 0 22 31.92	20.904 176	13	0 16 50.263	+ 1 01 39.06	20.281 144
29	0 10 47.383	+ 0 23 41.12	20.894 606	14	0 16 54.962	+ 1 02 07.38	20.264 765
30	0 10 58.117	+ 0 24 49.69	20.884 811	15	0 16 59.497	+ 1 02 34.63	20.248 331
May 1	0 11 08.758	+ 0 25 57.63	20.874 795	16	0 17 03.866	+ 1 03 00.79	20.231 846
2	0 11 19.305	+ 0 27 04.91	20.864 561	17	0 17 08.066	+ 1 03 25.84	20.215 313
3	0 11 29.755	+ 0 28 11.53	20.854 111	18	0 17 12.096	+ 1 03 49.78	20.198 738
4	0 11 40.107	+ 0 29 17.48	20.843 447	19	0 17 15.952	+ 1 04 12.59	20.182 124
5	0 11 50.358	+ 0 30 22.74	20.832 574	20	0 17 19.635	+ 1 04 34.27	20.165 475
6	0 12 00.506	+ 0 31 27.30	20.821 494	21	0 17 23.144	+ 1 04 54.80	20.148 796
7	0 12 10.548	+ 0 32 31.13	20.810 210	22	0 17 26.478	+ 1 05 14.20	20.132 091
8	0 12 20.480	+ 0 33 34.23	20.798 727	23	0 17 29.639	+ 1 05 32.46	20.115 364
9	0 12 30.299	+ 0 34 36.57	20.787 046	24	0 17 32.625	+ 1 05 49.58	20.098 620
10	0 12 40.003	+ 0 35 38.12	20.775 172	25	0 17 35.437	+ 1 06 05.57	20.081 863
11	0 12 49.589	+ 0 36 38.88	20.763 108	26	0 17 38.076	+ 1 06 20.42	20.065 098
12	0 12 59.054	+ 0 37 38.83	20.750 858	27	0 17 40.540	+ 1 06 34.13	20.048 330
13	0 13 08.398	+ 0 38 37.96	20.738 425	28	0 17 42.830	+ 1 06 46.72	20.031 564
14	0 13 17.621	+ 0 39 36.28	20.725 812	29	0 17 44.945	+ 1 06 58.16	20.014 803
15	0 13 26.724	+ 0 40 33.79	20.713 024	30	0 17 46.884	+ 1 07 08.46	19.998 054
16	0 13 35.705	+ 0 41 30.48	20.700 062	July 1	0 17 48.645	+ 1 07 17.62	19.981 321
17	0 13 44.565	+ 0 42 26.36	20.686 931	2	0 17 50.227	+ 1 07 25.61	19.964 609

URANUS, 2011

GEOCENTRIC COORDINATES FOR 0ʰ TERRESTRIAL TIME

Date	Apparent Right Ascension	Apparent Declination	True Geocentric Distance	Date	Apparent Right Ascension	Apparent Declination	True Geocentric Distance
	h m s	° ′ ″	au		h m s	° ′ ″	au
July 1	0 17 48.645	+ 1 07 17.62	19.981 321	Aug. 16	0 16 02.870	+ 0 54 19.57	19.309 128
2	0 17 50.227	+ 1 07 25.61	19.964 609	17	0 15 56.886	+ 0 53 39.27	19.298 275
3	0 17 51.627	+ 1 07 32.43	19.947 924	18	0 15 50.772	+ 0 52 58.16	19.287 644
4	0 17 52.846	+ 1 07 38.07	19.931 269	19	0 15 44.533	+ 0 52 16.27	19.277 240
5	0 17 53.882	+ 1 07 42.53	19.914 651	20	0 15 38.170	+ 0 51 33.60	19.267 065
6	0 17 54.737	+ 1 07 45.82	19.898 074	21	0 15 31.686	+ 0 50 50.18	19.257 123
7	0 17 55.411	+ 1 07 47.95	19.881 544	22	0 15 25.084	+ 0 50 06.03	19.247 418
8	0 17 55.908	+ 1 07 48.92	19.865 064	23	0 15 18.366	+ 0 49 21.17	19.237 952
9	0 17 56.228	+ 1 07 48.76	19.848 639	24	0 15 11.534	+ 0 48 35.59	19.228 730
10	0 17 56.373	+ 1 07 47.47	19.832 275	25	0 15 04.589	+ 0 47 49.33	19.219 754
11	0 17 56.344	+ 1 07 45.06	19.815 975	26	0 14 57.533	+ 0 47 02.38	19.211 029
12	0 17 56.142	+ 1 07 41.53	19.799 744	27	0 14 50.367	+ 0 46 14.75	19.202 556
13	0 17 55.764	+ 1 07 36.88	19.783 585	28	0 14 43.094	+ 0 45 26.47	19.194 341
14	0 17 55.211	+ 1 07 31.10	19.767 505	29	0 14 35.716	+ 0 44 37.55	19.186 385
15	0 17 54.480	+ 1 07 24.18	19.751 506	30	0 14 28.237	+ 0 43 48.01	19.178 693
16	0 17 53.572	+ 1 07 16.12	19.735 592	31	0 14 20.661	+ 0 42 57.88	19.171 266
17	0 17 52.485	+ 1 07 06.92	19.719 769	Sept. 1	0 14 12.995	+ 0 42 07.20	19.164 107
18	0 17 51.222	+ 1 06 56.58	19.704 040	2	0 14 05.243	+ 0 41 16.01	19.157 219
19	0 17 49.783	+ 1 06 45.11	19.688 410	3	0 13 57.409	+ 0 40 24.33	19.150 604
20	0 17 48.169	+ 1 06 32.51	19.672 883	4	0 13 49.497	+ 0 39 32.19	19.144 264
21	0 17 46.381	+ 1 06 18.80	19.657 463	5	0 13 41.509	+ 0 38 39.59	19.138 202
22	0 17 44.423	+ 1 06 03.99	19.642 156	6	0 13 33.446	+ 0 37 46.55	19.132 417
23	0 17 42.293	+ 1 05 48.09	19.626 965	7	0 13 25.311	+ 0 36 53.08	19.126 914
24	0 17 39.995	+ 1 05 31.11	19.611 896	8	0 13 17.106	+ 0 35 59.20	19.121 692
25	0 17 37.529	+ 1 05 13.05	19.596 952	9	0 13 08.833	+ 0 35 04.92	19.116 754
26	0 17 34.896	+ 1 04 53.93	19.582 139	10	0 13 00.495	+ 0 34 10.27	19.112 101
27	0 17 32.097	+ 1 04 33.74	19.567 461	11	0 12 52.096	+ 0 33 15.26	19.107 735
28	0 17 29.131	+ 1 04 12.50	19.552 923	12	0 12 43.641	+ 0 32 19.92	19.103 656
29	0 17 25.998	+ 1 03 50.20	19.538 529	13	0 12 35.133	+ 0 31 24.28	19.099 868
30	0 17 22.699	+ 1 03 26.84	19.524 285	14	0 12 26.576	+ 0 30 28.37	19.096 370
31	0 17 19.233	+ 1 03 02.42	19.510 194	15	0 12 17.975	+ 0 29 32.21	19.093 165
Aug. 1	0 17 15.602	+ 1 02 36.95	19.496 263	16	0 12 09.333	+ 0 28 35.83	19.090 253
2	0 17 11.806	+ 1 02 10.44	19.482 494	17	0 12 00.656	+ 0 27 39.25	19.087 636
3	0 17 07.849	+ 1 01 42.90	19.468 893	18	0 11 51.945	+ 0 26 42.51	19.085 316
4	0 17 03.734	+ 1 01 14.37	19.455 464	19	0 11 43.204	+ 0 25 45.62	19.083 293
5	0 16 59.466	+ 1 00 44.86	19.442 212	20	0 11 34.438	+ 0 24 48.60	19.081 568
6	0 16 55.047	+ 1 00 14.40	19.429 139	21	0 11 25.647	+ 0 23 51.48	19.080 144
7	0 16 50.479	+ 0 59 43.00	19.416 251	22	0 11 16.835	+ 0 22 54.26	19.079 020
8	0 16 45.765	+ 0 59 10.68	19.403 550	23	0 11 08.005	+ 0 21 56.97	19.078 198
9	0 16 40.904	+ 0 58 37.45	19.391 041	24	0 10 59.158	+ 0 20 59.62	19.077 679
10	0 16 35.898	+ 0 58 03.29	19.378 727	25	0 10 50.299	+ 0 20 02.24	19.077 463
11	0 16 30.748	+ 0 57 28.23	19.366 611	26	0 10 41.430	+ 0 19 04.85	19.077 551
12	0 16 25.453	+ 0 56 52.26	19.354 697	27	0 10 32.559	+ 0 18 07.48	19.077 944
13	0 16 20.016	+ 0 56 15.40	19.342 988	28	0 10 23.690	+ 0 17 10.17	19.078 642
14	0 16 14.437	+ 0 55 37.65	19.331 488	29	0 10 14.829	+ 0 16 12.97	19.079 645
15	0 16 08.721	+ 0 54 59.04	19.320 200	30	0 10 05.983	+ 0 15 15.91	19.080 952
16	0 16 02.870	+ 0 54 19.57	19.309 128	Oct. 1	0 09 57.155	+ 0 14 19.01	19.082 564

GEOCENTRIC COORDINATES FOR 0ʰ TERRESTRIAL TIME

Date	Apparent Right Ascension	Apparent Declination	True Geocentric Distance	Date	Apparent Right Ascension	Apparent Declination	True Geocentric Distance
	h m s	° ′ ″	au		h m s	° ′ ″	au
Oct. 1	0 09 57.155	+ 0 14 19.01	19.082 564	Nov. 16	0 04 27.505	− 0 20 16.22	19.459 339
2	0 09 48.347	+ 0 13 22.30	19.084 478	17	0 04 23.186	− 0 20 42.01	19.473 146
3	0 09 39.564	+ 0 12 25.79	19.086 696	18	0 04 19.027	− 0 21 06.75	19.487 135
4	0 09 30.805	+ 0 11 29.48	19.089 216	19	0 04 15.028	− 0 21 30.41	19.501 303
5	0 09 22.075	+ 0 10 33.41	19.092 036	20	0 04 11.193	− 0 21 52.98	19.515 644
6	0 09 13.376	+ 0 09 37.58	19.095 156	21	0 04 07.525	− 0 22 14.45	19.530 156
7	0 09 04.711	+ 0 08 42.02	19.098 574	22	0 04 04.026	− 0 22 34.79	19.544 833
8	0 08 56.084	+ 0 07 46.76	19.102 290	23	0 04 00.702	− 0 22 53.97	19.559 671
9	0 08 47.500	+ 0 06 51.81	19.106 302	24	0 03 57.554	− 0 23 11.98	19.574 664
10	0 08 38.962	+ 0 05 57.20	19.110 610	25	0 03 54.586	− 0 23 28.81	19.589 808
11	0 08 30.476	+ 0 05 02.97	19.115 211	26	0 03 51.798	− 0 23 44.45	19.605 098
12	0 08 22.045	+ 0 04 09.15	19.120 105	27	0 03 49.189	− 0 23 58.91	19.620 528
13	0 08 13.673	+ 0 03 15.75	19.125 289	28	0 03 46.759	− 0 24 12.18	19.636 092
14	0 08 05.365	+ 0 02 22.81	19.130 764	29	0 03 44.507	− 0 24 24.29	19.651 786
15	0 07 57.124	+ 0 01 30.34	19.136 527	30	0 03 42.433	− 0 24 35.21	19.667 605
16	0 07 48.954	+ 0 00 38.38	19.142 577	Dec. 1	0 03 40.540	− 0 24 44.96	19.683 542
17	0 07 40.857	− 0 00 13.06	19.148 912	2	0 03 38.827	− 0 24 53.52	19.699 592
18	0 07 32.836	− 0 01 03.97	19.155 530	3	0 03 37.297	− 0 25 00.88	19.715 751
19	0 07 24.893	− 0 01 54.32	19.162 431	4	0 03 35.952	− 0 25 07.03	19.732 013
20	0 07 17.031	− 0 02 44.10	19.169 612	5	0 03 34.793	− 0 25 11.97	19.748 373
21	0 07 09.253	− 0 03 33.30	19.177 071	6	0 03 33.820	− 0 25 15.68	19.764 826
22	0 07 01.561	− 0 04 21.90	19.184 807	7	0 03 33.037	− 0 25 18.15	19.781 367
23	0 06 53.958	− 0 05 09.87	19.192 817	8	0 03 32.442	− 0 25 19.39	19.797 990
24	0 06 46.448	− 0 05 57.19	19.201 099	9	0 03 32.037	− 0 25 19.39	19.814 692
25	0 06 39.038	− 0 06 43.83	19.209 651	10	0 03 31.822	− 0 25 18.15	19.831 465
26	0 06 31.731	− 0 07 29.75	19.218 471	11	0 03 31.797	− 0 25 15.67	19.848 307
27	0 06 24.534	− 0 08 14.92	19.227 554	12	0 03 31.960	− 0 25 11.96	19.865 212
28	0 06 17.451	− 0 08 59.31	19.236 900	13	0 03 32.311	− 0 25 07.02	19.882 174
29	0 06 10.485	− 0 09 42.90	19.246 503	14	0 03 32.849	− 0 25 00.87	19.899 189
30	0 06 03.637	− 0 10 25.69	19.256 361	15	0 03 33.573	− 0 24 53.49	19.916 253
31	0 05 56.908	− 0 11 07.66	19.266 470	16	0 03 34.484	− 0 24 44.90	19.933 359
Nov. 1	0 05 50.300	− 0 11 48.81	19.276 826	17	0 03 35.582	− 0 24 35.10	19.950 503
2	0 05 43.815	− 0 12 29.13	19.287 426	18	0 03 36.868	− 0 24 24.06	19.967 680
3	0 05 37.455	− 0 13 08.60	19.298 267	19	0ʰ 03 38.344	− 0 24 11.80	19.984 885
4	0 05 31.222	− 0 13 47.21	19.309 344	20	0 03 40.011	− 0 23 58.29	20.002 113
5	0 05 25.120	− 0 14 24.93	19.320 653	21	0 03 41.870	− 0 23 43.52	20.019 357
6	0 05 19.153	− 0 15 01.76	19.332 191	22	0 03 43.924	− 0 23 27.50	20.036 613
7	0 05 13.324	− 0 15 37.65	19.343 955	23	0 03 46.170	− 0 23 10.23	20.053 875
8	0 05 07.635	− 0 16 12.60	19.355 940	24	0 03 48.608	− 0 22 51.71	20.071 138
9	0 05 02.090	− 0 16 46.59	19.368 143	25	0 03 51.234	− 0 22 31.98	20.088 395
10	0 04 56.693	− 0 17 19.59	19.380 560	26	0 03 54.048	− 0 22 11.03	20.105 640
11	0 04 51.444	− 0 17 51.59	19.393 187	27	0 03 57.046	− 0 21 48.89	20.122 869
12	0 04 46.347	− 0 18 22.58	19.406 021	28	0 04 00.228	− 0 21 25.56	20.140 076
13	0 04 41.404	− 0 18 52.55	19.419 056	29	0 04 03.594	− 0 21 01.06	20.157 255
14	0 04 36.615	− 0 19 21.48	19.432 291	30	0 04 07.142	− 0 20 35.37	20.174 401
15	0 04 31.981	− 0 19 49.37	19.445 720	31	0 04 10.874	− 0 20 08.50	20.191 509
16	0 04 27.505	− 0 20 16.22	19.459 339	32	0 04 14.789	− 0 19 40.46	20.208 573

NEPTUNE, 2011

GEOCENTRIC COORDINATES FOR 0ʰ TERRESTRIAL TIME

Date	Apparent Right Ascension	Apparent Declination	True Geocentric Distance	Date	Apparent Right Ascension	Apparent Declination	True Geocentric Distance
	h m s	° ′ ″	au		h m s	° ′ ″	au
Jan. 0	21 56 23.607	−13 03 54.87	30.669 202	Feb. 15	22 02 29.954	−12 31 22.41	30.999 207
1	21 56 30.126	−13 03 20.15	30.681 888	16	22 02 38.745	−12 30 35.55	30.999 931
2	21 56 36.739	−13 02 44.93	30.694 371	17	22 02 47.548	−12 29 49.03	31.000 366
3	21 56 43.444	−13 02 09.24	30.706 646	18	22 02 56.263	−12 29 02.33	31.000 513
4	21 56 50.236	−13 01 33.10	30.718 710	19	22 03 05.040	−12 28 15.12	31.000 372
5	21 56 57.113	−13 00 56.51	30.730 559	20	22 03 13.811	−12 27 28.20	30.999 944
6	21 57 04.072	−13 00 19.50	30.742 189	21	22 03 22.574	−12 26 41.34	30.999 228
7	21 57 11.110	−12 59 42.06	30.753 598	22	22 03 31.331	−12 25 54.51	30.998 225
8	21 57 18.227	−12 59 04.21	30.764 780	23	22 03 40.082	−12 25 07.70	30.996 934
9	21 57 25.421	−12 58 25.94	30.775 735	24	22 03 48.825	−12 24 20.92	30.995 356
10	21 57 32.690	−12 57 47.25	30.786 457	25	22 03 57.558	−12 23 34.21	30.993 492
11	21 57 40.034	−12 57 08.16	30.796 945	26	22 04 06.277	−12 22 47.57	30.991 340
12	21 57 47.451	−12 56 28.67	30.807 196	27	22 04 14.981	−12 22 01.04	30.988 902
13	21 57 54.942	−12 55 48.78	30.817 206	28	22 04 23.664	−12 21 14.61	30.986 179
14	21 58 02.504	−12 55 08.51	30.826 974	Mar. 1	22 04 32.325	−12 20 28.32	30.983 170
15	21 58 10.136	−12 54 27.86	30.836 496	2	22 04 40.959	−12 19 42.16	30.979 878
16	21 58 17.837	−12 53 46.84	30.845 771	3	22 04 49.567	−12 18 56.15	30.976 302
17	21 58 25.605	−12 53 05.48	30.854 796	4	22 04 58.144	−12 18 10.30	30.972 444
18	21 58 33.435	−12 52 23.79	30.863 570	5	22 05 06.691	−12 17 24.61	30.968 305
19	21 58 41.326	−12 51 41.79	30.872 089	6	22 05 15.205	−12 16 39.08	30.963 887
20	21 58 49.273	−12 50 59.49	30.880 352	7	22 05 23.686	−12 15 53.72	30.959 192
21	21 58 57.273	−12 50 16.92	30.888 358	8	22 05 32.132	−12 15 08.54	30.954 220
22	21 59 05.323	−12 49 34.07	30.896 103	9	22 05 40.543	−12 14 23.55	30.948 973
23	21 59 13.423	−12 48 50.94	30.903 586	10	22 05 48.917	−12 13 38.75	30.943 454
24	21 59 21.572	−12 48 07.52	30.910 805	11	22 05 57.252	−12 12 54.17	30.937 664
25	21 59 29.771	−12 47 23.82	30.917 758	12	22 06 05.547	−12 12 09.81	30.931 606
26	21 59 38.020	−12 46 39.84	30.924 442	13	22 06 13.799	−12 11 25.69	30.925 282
27	21 59 46.317	−12 45 55.58	30.930 856	14	22 06 22.005	−12 10 41.83	30.918 694
28	21 59 54.662	−12 45 11.08	30.936 997	15	22 06 30.162	−12 09 58.24	30.911 844
29	22 00 03.051	−12 44 26.33	30.942 863	16	22 06 38.268	−12 09 14.94	30.904 735
30	22 00 11.481	−12 43 41.38	30.948 452	17	22 06 46.318	−12 08 31.95	30.897 369
31	22 00 19.949	−12 42 56.22	30.953 762	18	22 06 54.311	−12 07 49.27	30.889 748
Feb. 1	22 00 28.452	−12 42 10.89	30.958 793	19	22 07 02.246	−12 07 06.89	30.881 875
2	22 00 36.986	−12 41 25.39	30.963 541	20	22 07 10.122	−12 06 24.82	30.873 753
3	22 00 45.549	−12 40 39.74	30.968 007	21	22 07 17.941	−12 05 43.04	30.865 383
4	22 00 54.138	−12 39 53.93	30.972 188	22	22 07 25.702	−12 05 01.57	30.856 767
5	22 01 02.752	−12 39 07.99	30.976 084	23	22 07 33.407	−12 04 20.40	30.847 908
6	22 01 11.389	−12 38 21.91	30.979 694	24	22 07 41.052	−12 03 39.57	30.838 808
7	22 01 20.049	−12 37 35.70	30.983 016	25	22 07 48.634	−12 02 59.08	30.829 469
8	22 01 28.729	−12 36 49.36	30.986 051	26	22 07 56.151	−12 02 18.97	30.819 894
9	22 01 37.429	−12 36 02.91	30.988 797	27	22 08 03.599	−12 01 39.25	30.810 084
10	22 01 46.147	−12 35 16.35	30.991 255	28	22 08 10.976	−12 00 59.93	30.800 042
11	22 01 54.882	−12 34 29.70	30.993 423	29	22 08 18.278	−12 00 21.02	30.789 772
12	22 02 03.633	−12 33 42.96	30.995 303	30	22 08 25.505	−11 59 42.54	30.779 276
13	22 02 12.396	−12 32 56.15	30.996 893	31	22 08 32.654	−11 59 04.47	30.768 556
14	22 02 21.171	−12 32 09.30	30.998 195	Apr. 1	22 08 39.725	−11 58 26.84	30.757 617
15	22 02 29.954	−12 31 22.41	30.999 207	2	22 08 46.716	−11 57 49.63	30.746 461

GEOCENTRIC COORDINATES FOR 0^h TERRESTRIAL TIME

Date	Apparent Right Ascension	Apparent Declination	True Geocentric Distance	Date	Apparent Right Ascension	Apparent Declination	True Geocentric Distance
	h m s	o ′ ″	au		h m s	o ′ ″	au
Apr. 1	22 08 39.725	−11 58 26.84	30.757 617	May 17	22 12 19.948	−11 39 19.55	30.082 126
2	22 08 46.716	−11 57 49.63	30.746 461	18	22 12 22.084	−11 39 09.40	30.065 272
3	22 08 53.627	−11 57 12.86	30.735 092	19	22 12 24.099	−11 38 59.94	30.048 397
4	22 09 00.458	−11 56 36.54	30.723 513	20	22 12 25.991	−11 38 51.17	30.031 506
5	22 09 07.207	−11 56 00.65	30.711 727	21	22 12 27.759	−11 38 43.11	30.014 604
6	22 09 13.873	−11 55 25.23	30.699 738	22	22 12 29.401	−11 38 35.77	29.997 694
7	22 09 20.456	−11 54 50.26	30.687 550	23	22 12 30.915	−11 38 29.14	29.980 781
8	22 09 26.954	−11 54 15.77	30.675 167	24	22 12 32.302	−11 38 23.22	29.963 871
9	22 09 33.365	−11 53 41.77	30.662 592	25	22 12 33.562	−11 38 18.01	29.946 966
10	22 09 39.687	−11 53 08.28	30.649 830	26	22 12 34.695	−11 38 13.50	29.930 073
11	22 09 45.917	−11 52 35.30	30.636 884	27	22 12 35.703	−11 38 09.68	29.913 197
12	22 09 52.053	−11 52 02.86	30.623 758	28	22 12 36.585	−11 38 06.56	29.896 341
13	22 09 58.093	−11 51 30.96	30.610 457	29	22 12 37.342	−11 38 04.12	29.879 511
14	22 10 04.033	−11 50 59.60	30.596 984	30	22 12 37.977	−11 38 02.37	29.862 712
15	22 10 09.875	−11 50 28.79	30.583 343	31	22 12 38.488	−11 38 01.31	29.845 949
16	22 10 15.616	−11 49 58.52	30.569 538	June 1	22 12 38.876	−11 38 00.93	29.829 227
17	22 10 21.259	−11 49 28.79	30.555 573	2	22 12 39.141	−11 38 01.25	29.812 552
18	22 10 26.804	−11 48 59.58	30.541 452	3	22 12 39.283	−11 38 02.26	29.795 927
19	22 10 32.253	−11 48 30.90	30.527 178	4	22 12 39.300	−11 38 03.97	29.779 358
20	22 10 37.604	−11 48 02.77	30.512 755	5	22 12 39.192	−11 38 06.39	29.762 850
21	22 10 42.856	−11 47 35.20	30.498 187	6	22 12 38.957	−11 38 09.52	29.746 409
22	22 10 48.006	−11 47 08.21	30.483 476	7	22 12 38.596	−11 38 13.36	29.730 039
23	22 10 53.050	−11 46 41.83	30.468 627	8	22 12 38.107	−11 38 17.90	29.713 744
24	22 10 57.987	−11 46 16.05	30.453 644	9	22 12 37.494	−11 38 23.12	29.697 530
25	22 11 02.815	−11 45 50.89	30.438 530	10	22 12 36.756	−11 38 29.02	29.681 401
26	22 11 07.531	−11 45 26.35	30.423 290	11	22 12 35.898	−11 38 35.57	29.665 362
27	22 11 12.136	−11 45 02.43	30.407 928	12	22 12 34.921	−11 38 42.77	29.649 417
28	22 11 16.628	−11 44 39.14	30.392 448	13	22 12 33.827	−11 38 50.61	29.633 570
29	22 11 21.007	−11 44 16.47	30.376 855	14	22 12 32.617	−11 38 59.09	29.617 825
30	22 11 25.274	−11 43 54.43	30.361 153	15	22 12 31.291	−11 39 08.22	29.602 186
May 1	22 11 29.427	−11 43 33.01	30.345 346	16	22 12 29.848	−11 39 18.01	29.586 658
2	22 11 33.468	−11 43 12.22	30.329 440	17	22 12 28.287	−11 39 28.46	29.571 244
3	22 11 37.395	−11 42 52.05	30.313 438	18	22 12 26.608	−11 39 39.58	29.555 949
4	22 11 41.209	−11 42 32.52	30.297 346	19	22 12 24.808	−11 39 51.37	29.540 776
5	22 11 44.909	−11 42 13.64	30.281 169	20	22 12 22.890	−11 40 03.81	29.525 731
6	22 11 48.493	−11 41 55.41	30.264 910	21	22 12 20.854	−11 40 16.89	29.510 816
7	22 11 51.960	−11 41 37.84	30.248 576	22	22 12 18.701	−11 40 30.62	29.496 037
8	22 11 55.309	−11 41 20.94	30.232 171	23	22 12 16.433	−11 40 44.96	29.481 399
9	22 11 58.537	−11 41 04.73	30.215 700	24	22 12 14.052	−11 40 59.92	29.466 904
10	22 12 01.643	−11 40 49.21	30.199 167	25	22 12 11.559	−11 41 15.49	29.452 558
11	22 12 04.625	−11 40 34.38	30.182 579	26	22 12 08.957	−11 41 31.65	29.438 365
12	22 12 07.483	−11 40 20.23	30.165 938	27	22 12 06.247	−11 41 48.40	29.424 330
13	22 12 10.218	−11 40 06.77	30.149 251	28	22 12 03.430	−11 42 05.74	29.410 456
14	22 12 12.830	−11 39 53.98	30.132 522	29	22 12 00.507	−11 42 23.65	29.396 748
15	22 12 15.322	−11 39 41.85	30.115 755	30	22 11 57.479	−11 42 42.15	29.383 211
16	22 12 17.694	−11 39 30.37	30.098 955	July 1	22 11 54.346	−11 43 01.23	29.369 849
17	22 12 19.948	−11 39 19.55	30.082 126	2	22 11 51.107	−11 43 20.90	29.356 666

NEPTUNE, 2011

GEOCENTRIC COORDINATES FOR 0ʰ TERRESTRIAL TIME

Date	Apparent Right Ascension	Apparent Declination	True Geocentric Distance	Date	Apparent Right Ascension	Apparent Declination	True Geocentric Distance
	h m s	° ′ ″	au		h m s	° ′ ″	au
July 1	22 11 54.346	−11 43 01.23	29.369 849	Aug. 16	22 08 02.842	−12 05 21.29	29.001 214
2	22 11 51.107	−11 43 20.90	29.356 666	17	22 07 56.624	−12 05 56.34	28.999 484
3	22 11 47.764	−11 43 41.14	29.343 667	18	22 07 50.390	−12 06 31.43	28.998 045
4	22 11 44.315	−11 44 01.95	29.330 855	19	22 07 44.144	−12 07 06.56	28.996 900
5	22 11 40.762	−11 44 23.33	29.318 234	20	22 07 37.888	−12 07 41.70	28.996 048
6	22 11 37.107	−11 44 45.25	29.305 808	21	22 07 31.625	−12 08 16.84	28.995 490
7	22 11 33.352	−11 45 07.69	29.293 582	22	22 07 25.358	−12 08 51.98	28.995 226
8	22 11 29.501	−11 45 30.64	29.281 558	23	22 07 19.090	−12 09 27.10	28.995 259
9	22 11 25.558	−11 45 54.07	29.269 739	24	22 07 12.821	−12 10 02.20	28.995 587
10	22 11 21.525	−11 46 17.98	29.258 130	25	22 07 06.553	−12 10 37.27	28.996 211
11	22 11 17.405	−11 46 42.36	29.246 733	26	22 07 00.288	−12 11 12.30	28.997 132
12	22 11 13.197	−11 47 07.20	29.235 551	27	22 06 54.026	−12 11 47.28	28.998 350
13	22 11 08.904	−11 47 32.51	29.224 586	28	22 06 47.769	−12 12 22.21	28.999 865
14	22 11 04.525	−11 47 58.30	29.213 843	29	22 06 41.520	−12 12 57.07	29.001 677
15	22 11 00.059	−11 48 24.55	29.203 324	30	22 06 35.280	−12 13 31.82	29.003 785
16	22 10 55.507	−11 48 51.27	29.193 031	31	22 06 29.055	−12 14 06.44	29.006 189
17	22 10 50.870	−11 49 18.44	29.182 968	Sept. 1	22 06 22.849	−12 14 40.91	29.008 888
18	22 10 46.150	−11 49 46.06	29.173 138	2	22 06 16.667	−12 15 15.21	29.011 881
19	22 10 41.349	−11 50 14.09	29.163 544	3	22 06 10.512	−12 15 49.33	29.015 167
20	22 10 36.469	−11 50 42.53	29.154 188	4	22 06 04.387	−12 16 23.25	29.018 745
21	22 10 31.513	−11 51 11.36	29.145 074	5	22 05 58.292	−12 16 56.98	29.022 613
22	22 10 26.484	−11 51 40.57	29.136 204	6	22 05 52.229	−12 17 30.52	29.026 770
23	22 10 21.385	−11 52 10.14	29.127 582	7	22 05 46.198	−12 18 03.87	29.031 215
24	22 10 16.217	−11 52 40.06	29.119 210	8	22 05 40.200	−12 18 37.00	29.035 946
25	22 10 10.983	−11 53 10.32	29.111 092	9	22 05 34.238	−12 19 09.92	29.040 961
26	22 10 05.685	−11 53 40.92	29.103 230	10	22 05 28.312	−12 19 42.61	29.046 260
27	22 10 00.325	−11 54 11.84	29.095 626	11	22 05 22.426	−12 20 15.05	29.051 839
28	22 09 54.904	−11 54 43.08	29.088 285	12	22 05 16.582	−12 20 47.23	29.057 699
29	22 09 49.422	−11 55 14.64	29.081 207	13	22 05 10.782	−12 21 19.12	29.063 838
30	22 09 43.881	−11 55 46.51	29.074 397	14	22 05 05.031	−12 21 50.71	29.070 253
31	22 09 38.281	−11 56 18.68	29.067 856	15	22 04 59.332	−12 22 21.99	29.076 943
Aug. 1	22 09 32.624	−11 56 51.15	29.061 587	16	22 04 53.686	−12 22 52.93	29.083 907
2	22 09 26.911	−11 57 23.88	29.055 591	17	22 04 48.098	−12 23 23.53	29.091 143
3	22 09 21.147	−11 57 56.86	29.049 872	18	22 04 42.569	−12 23 53.79	29.098 648
4	22 09 15.335	−11 58 30.06	29.044 429	19	22 04 37.101	−12 24 23.68	29.106 422
5	22 09 09.479	−11 59 03.45	29.039 266	20	22 04 31.696	−12 24 53.21	29.114 462
6	22 09 03.584	−11 59 37.03	29.034 383	21	22 04 26.356	−12 25 22.37	29.122 766
7	22 08 57.653	−12 00 10.77	29.029 782	22	22 04 21.082	−12 25 51.15	29.131 332
8	22 08 51.687	−12 00 44.69	29.025 464	23	22 04 15.874	−12 26 19.56	29.140 158
9	22 08 45.687	−12 01 18.76	29.021 430	24	22 04 10.734	−12 26 47.57	29.149 242
10	22 08 39.655	−12 01 53.00	29.017 680	25	22 04 05.662	−12 27 15.18	29.158 581
11	22 08 33.591	−12 02 27.39	29.014 216	26	22 04 00.662	−12 27 42.37	29.168 172
12	22 08 27.496	−12 03 01.93	29.011 039	27	22 03 55.737	−12 28 09.11	29.178 014
13	22 08 21.371	−12 03 36.61	29.008 149	28	22 03 50.890	−12 28 35.38	29.188 102
14	22 08 15.219	−12 04 11.41	29.005 548	29	22 03 46.126	−12 29 01.17	29.198 433
15	22 08 09.042	−12 04 46.31	29.003 236	30	22 03 41.450	−12 29 26.44	29.209 004
16	22 08 02.842	−12 05 21.29	29.001 214	Oct. 1	22 03 36.862	−12 29 51.22	29.219 812

GEOCENTRIC COORDINATES FOR 0ʰ TERRESTRIAL TIME

Date	Apparent Right Ascension	Apparent Declination	True Geocentric Distance	Date	Apparent Right Ascension	Apparent Declination	True Geocentric Distance
	h m s	° ′ ″	au		h m s	° ′ ″	au
Oct. 1	22 03 36.862	−12 29 51.22	29.219 812	Nov. 16	22 02 02.708	−12 38 02.84	29.903 665
2	22 03 32.365	−12 30 15.49	29.230 852	17	22 02 03.582	−12 37 57.59	29.920 883
3	22 03 27.958	−12 30 39.26	29.242 121	18	22 02 04.586	−12 37 51.63	29.938 123
4	22 03 23.641	−12 31 02.53	29.253 616	19	22 02 05.719	−12 37 44.98	29.955 380
5	22 03 19.414	−12 31 25.29	29.265 332	20	22 02 06.982	−12 37 37.61	29.972 648
6	22 03 15.280	−12 31 47.55	29.277 266	21	22 02 08.376	−12 37 29.52	29.989 922
7	22 03 11.237	−12 32 09.29	29.289 414	22	22 02 09.902	−12 37 20.70	30.007 197
8	22 03 07.289	−12 32 30.49	29.301 772	23	22 02 11.562	−12 37 11.14	30.024 467
9	22 03 03.438	−12 32 51.14	29.314 337	24	22 02 13.359	−12 37 00.84	30.041 727
10	22 02 59.685	−12 33 11.23	29.327 105	25	22 02 15.291	−12 36 49.81	30.058 971
11	22 02 56.034	−12 33 30.75	29.340 072	26	22 02 17.359	−12 36 38.05	30.076 194
12	22 02 52.486	−12 33 49.68	29.353 235	27	22 02 19.560	−12 36 25.60	30.093 389
13	22 02 49.044	−12 34 08.02	29.366 589	28	22 02 21.891	−12 36 12.45	30.110 551
14	22 02 45.710	−12 34 25.75	29.380 131	29	22 02 24.350	−12 35 58.63	30.127 675
15	22 02 42.485	−12 34 42.88	29.393 858	30	22 02 26.935	−12 35 44.13	30.144 755
16	22 02 39.371	−12 34 59.39	29.407 765	Dec. 1	22 02 29.646	−12 35 28.95	30.161 786
17	22 02 36.369	−12 35 15.29	29.421 848	2	22 02 32.483	−12 35 13.09	30.178 763
18	22 02 33.479	−12 35 30.57	29.436 103	3	22 02 35.445	−12 34 56.54	30.195 680
19	22 02 30.702	−12 35 45.24	29.450 528	4	22 02 38.534	−12 34 39.31	30.212 533
20	22 02 28.038	−12 35 59.30	29.465 116	5	22 02 41.749	−12 34 21.39	30.229 317
21	22 02 25.487	−12 36 12.73	29.479 865	6	22 02 45.090	−12 34 02.78	30.246 027
22	22 02 23.050	−12 36 25.54	29.494 770	7	22 02 48.557	−12 33 43.49	30.262 657
23	22 02 20.727	−12 36 37.71	29.509 826	8	22 02 52.150	−12 33 23.52	30.279 204
24	22 02 18.521	−12 36 49.22	29.525 030	9	22 02 55.868	−12 33 02.88	30.295 663
25	22 02 16.434	−12 37 00.06	29.540 376	10	22 02 59.710	−12 32 41.58	30.312 029
26	22 02 14.469	−12 37 10.22	29.555 859	11	22 03 03.674	−12 32 19.63	30.328 298
27	22 02 12.630	−12 37 19.67	29.571 475	12	22 03 07.759	−12 31 57.03	30.344 464
28	22 02 10.919	−12 37 28.42	29.587 218	13	22 03 11.963	−12 31 33.80	30.360 524
29	22 02 09.337	−12 37 36.47	29.603 083	14	22 03 16.283	−12 31 09.95	30.376 472
30	22 02 07.882	−12 37 43.84	29.619 065	15	22 03 20.718	−12 30 45.49	30.392 306
31	22 02 06.553	−12 37 50.53	29.635 158	16	22 03 25.267	−12 30 20.40	30.408 019
Nov. 1	22 02 05.350	−12 37 56.54	29.651 358	17	22 03 29.928	−12 29 54.71	30.423 607
2	22 02 04.272	−12 38 01.89	29.667 658	18	22 03 34.702	−12 29 28.39	30.439 066
3	22 02 03.319	−12 38 06.55	29.684 055	19	22 03 39.589	−12 29 01.45	30.454 390
4	22 02 02.491	−12 38 10.53	29.700 542	20	22 03 44.590	−12 28 33.88	30.469 576
5	22 02 01.789	−12 38 13.81	29.717 115	21	22 03 49.706	−12 28 05.68	30.484 619
6	22 02 01.215	−12 38 16.40	29.733 769	22	22 03 54.935	−12 27 36.86	30.499 512
7	22 02 00.771	−12 38 18.27	29.750 498	23	22 04 00.278	−12 27 07.44	30.514 253
8	22 02 00.456	−12 38 19.43	29.767 298	24	22 04 05.731	−12 26 37.44	30.528 835
9	22 02 00.273	−12 38 19.87	29.784 165	25	22 04 11.290	−12 26 06.88	30.543 255
10	22 02 00.222	−12 38 19.58	29.801 092	26	22 04 16.953	−12 25 35.76	30.557 507
11	22 02 00.304	−12 38 18.58	29.818 076	27	22 04 22.716	−12 25 04.12	30.571 587
12	22 02 00.520	−12 38 16.85	29.835 110	28	22 04 28.578	−12 24 31.94	30.585 492
13	22 02 00.869	−12 38 14.41	29.852 192	29	22 04 34.537	−12 23 59.23	30.599 215
14	22 02 01.350	−12 38 11.26	29.869 315	30	22 04 40.592	−12 23 26.00	30.612 755
15	22 02 01.964	−12 38 07.40	29.886 474	31	22 04 46.743	−12 22 52.24	30.626 106
16	22 02 02.708	−12 38 02.84	29.903 665	32	22 04 52.989	−12 22 17.95	30.639 266

PLUTO, 2011

GEOCENTRIC POSITIONS FOR 0^h TERRESTRIAL TIME

Date		Astrometric Right Ascension	Astrometric Declination	True Geocentric Distance	Date		Astrometric Right Ascension	Astrometric Declination	True Geocentric Distance
		h m s	° ′ ″	au			h m s	° ′ ″	au
Jan.	−4	18 21 03.764	−18 49 54.64	32.933082	July	5	18 24 41.549	−18 50 06.43	31.048239
	1	18 21 49.272	−18 49 57.84	32.932016		10	18 24 09.958	−18 51 03.47	31.064272
	6	18 22 34.506	−18 49 56.72	32.923640		15	18 23 39.095	−18 52 03.29	31.087411
	11	18 23 19.182	−18 49 51.54	32.908030		20	18 23 09.230	−18 53 05.67	31.117488
	16	18 24 03.027	−18 49 42.59	32.885346		25	18 22 40.629	−18 54 10.38	31.154328
	21	18 24 45.788	−18 49 30.18	32.855806		30	18 22 13.567	−18 55 17.15	31.197713
	26	18 25 27.231	−18 49 14.58	32.819641	Aug.	4	18 21 48.316	−18 56 25.67	31.247355
	31	18 26 07.115	−18 48 56.14	32.777092		9	18 21 25.128	−18 57 35.62	31.302873
Feb.	5	18 26 45.191	−18 48 35.26	32.728470		14	18 21 04.213	−18 58 46.69	31.363847
	10	18 27 21.221	−18 48 12.40	32.674170		19	18 20 45.757	−18 59 58.64	31.429865
	15	18 27 54.995	−18 47 47.98	32.614646		24	18 20 29.941	−19 01 11.15	31.500501
	20	18 28 26.333	−18 47 22.44	32.550376		29	18 20 16.940	−19 02 23.91	31.575286
	25	18 28 55.069	−18 46 56.19	32.481824	Sept.	3	18 20 06.912	−19 03 36.56	31.653681
Mar.	2	18 29 21.035	−18 46 29.68	32.409475		8	18 19 59.971	−19 04 48.77	31.735092
	7	18 29 44.070	−18 46 03.40	32.333882		13	18 19 56.191	−19 06 00.25	31.818939
	12	18 30 04.043	−18 45 37.83	32.255652		18	18 19 55.632	−19 07 10.69	31.904663
	17	18 30 20.860	−18 45 13.40	32.175413		23	18 19 58.344	−19 08 19.78	31.991697
	22	18 30 34.461	−18 44 50.50	32.093771		28	18 20 04.364	−19 09 27.17	32.079436
	27	18 30 44.791	−18 44 29.51	32.011301	Oct.	3	18 20 13.700	−19 10 32.52	32.167225
Apr.	1	18 30 51.801	−18 44 10.84	31.928608		8	18 20 26.310	−19 11 35.53	32.254414
	6	18 30 55.467	−18 43 54.87	31.846340		13	18 20 42.127	−19 12 35.94	32.340407
	11	18 30 55.806	−18 43 41.94	31.765155		18	18 21 01.078	−19 13 33.47	32.424634
	16	18 30 52.872	−18 43 32.32	31.685685		23	18 21 23.080	−19 14 27.84	32.506523
	21	18 30 46.746	−18 43 26.23	31.608503		28	18 21 48.036	−19 15 18.75	32.585480
	26	18 30 37.506	−18 43 23.89	31.534153	Nov.	2	18 22 15.808	−19 16 05.96	32.660902
May	1	18 30 25.249	−18 43 25.53	31.463204		7	18 22 46.221	−19 16 49.28	32.732253
	6	18 30 10.106	−18 43 31.32	31.396226		12	18 23 19.098	−19 17 28.57	32.799059
	11	18 29 52.246	−18 43 41.35	31.333757		17	18 23 54.256	−19 18 03.64	32.860881
	16	18 29 31.870	−18 43 55.66	31.276267		22	18 24 31.510	−19 18 34.35	32.917286
	21	18 29 09.183	−18 44 14.26	31.224151		27	18 25 10.653	−19 19 00.57	32.967842
	26	18 28 44.390	−18 44 37.18	31.177787	Dec.	2	18 25 51.441	−19 19 22.26	33.012161
	31	18 28 17.715	−18 45 04.42	31.137558		7	18 26 33.620	−19 19 39.44	33.049952
June	5	18 27 49.417	−18 45 35.92	31.103810		12	18 27 16.942	−19 19 52.13	33.080990
	10	18 27 19.781	−18 46 11.55	31.076819		17	18 28 01.164	−19 20 00.36	33.105080
	15	18 26 49.099	−18 46 51.17	31.056768		22	18 28 46.040	−19 20 04.21	33.122044
	20	18 26 17.650	−18 47 34.61	31.043782		27	18 29 31.302	−19 20 03.80	33.131728
	25	18 25 45.710	−18 48 21.76	31.037980		32	18 30 16.662	−19 19 59.35	33.134071
	30	18 25 13.572	−18 49 12.44	31.039454		37	18 31 01.843	−19 19 51.11	33.129108

HELIOCENTRIC POSITIONS FOR 0^h TERRESTRIAL TIME

MEAN EQUINOX AND ECLIPTIC OF DATE

Date		Longitude	Latitude	True Heliocentric Distance	Date		Longitude	Latitude	True Heliocentric Distance
		° ′ ″	° ′ ″	au			° ′ ″	° ′ ″	au
Jan.	−41	274 56 37.4	+ 4 42 54.1	31.93298	July	18	276 18 19.6	+ 4 18 51.5	32.06246
Jan.	− 1	275 10 17.8	+ 4 38 53.5	31.95437	Aug.	27	276 31 51.9	+ 4 14 51.3	32.08431
Feb.	8	275 23 56.9	+ 4 34 52.9	31.97584	Oct.	6	276 45 22.9	+ 4 10 51.3	32.10623
Mar.	20	275 37 34.6	+ 4 30 52.4	31.99738	Nov.	15	276 58 52.5	+ 4 06 51.3	32.12823
Apr.	29	275 51 10.9	+ 4 26 52.0	32.01900	Dec.	25	277 12 20.8	+ 4 02 51.4	32.15030
June	8	276 04 46.0	+ 4 22 51.7	32.04069	Dec.	65	277 25 47.8	+ 3 58 51.7	32.17246

NOTES AND FORMULAS

Semidiameter and horizontal parallax

The apparent angular semidiameter, s, of a planet is given by:

$$s = \text{semidiameter at unit distance / true distance}$$

where the true distance is given in the daily geocentric ephemeris on pages E16–E44, and the adopted semidiameter at unit distance is given by:

	"			"			"
Mercury	3.36	Jupiter: equatorial	98.57	Uranus	35.24
Venus	8.34	polar	92.18	Neptune	34.14
Mars	4.68	Saturn: equatorial	83.10	Pluto	1.65
		polar	74.96		

The difference in transit times of the limb and center of a planet in seconds of time is given approximately by:

$$\text{difference in transit time} = (s \text{ in seconds of arc}) / 15 \cos \delta$$

where the sidereal motion of the planet is ignored.

The equatorial horizontal parallax of a planet is given by $8''.794\,143$ divided by its true geocentric distance; formulas for the corrections for diurnal parallax are given on page B85.

Time of transit of a planet

The transit times that are tabulated on pages E46–E53 are expressed in terrestrial time (TT) and refer to the transits over the ephemeris meridian; for most purposes this may be regarded as giving the universal time (UT) of transit over the Greenwich meridian.

The UT of transit over a local meridian is given by:

$$\text{time of ephemeris transit} - (\lambda/24) \times \text{first difference}$$

with an error that is usually less than 1 second, where λ is the *east* longitude in hours and the first difference is about 24 hours.

Times of rising and setting

Approximate times of the rising and setting of a planet at a place with latitude φ may be obtained from the time of transit by applying the value of the hour angle h of the point on the horizon at the same declination as the planet; h is given by:

$$\cos h = -\tan \varphi \tan \delta$$

This ignores the sidereal motion of the planet during the interval between transit and rising or setting. Similarly, the time at which a planet reaches a zenith distance z may be obtained by determining the corresponding hour angle h from:

$$\cos h = -\tan \varphi \tan \delta + \sec \varphi \sec \delta \cos z$$

and applying h to the time of transit.

Date	Mercury	Venus	Mars	Jupiter	Saturn	Uranus	Neptune	Pluto
	h m s	h m s	h m s	h m s	h m s	h m s	h m s	h m s
Jan. 0	10 37 13	8 47 10	12 39 15	17 09 08	6 26 40	17 09 54	15 16 41	11 43 11
1	10 34 15	8 47 05	12 38 39	17 05 41	6 22 54	17 06 03	15 12 52	11 39 25
2	10 31 51	8 47 03	12 38 02	17 02 15	6 19 08	17 02 12	15 09 02	11 35 38
3	10 29 56	8 47 03	12 37 26	16 58 49	6 15 22	16 58 21	15 05 13	11 31 51
4	10 28 28	8 47 05	12 36 49	16 55 24	6 11 35	16 54 30	15 01 24	11 28 04
5	10 27 24	8 47 09	12 36 12	16 51 59	6 07 48	16 50 40	14 57 35	11 24 17
6	10 26 43	8 47 16	12 35 35	16 48 35	6 04 00	16 46 49	14 53 46	11 20 30
7	10 26 22	8 47 25	12 34 57	16 45 12	6 00 13	16 42 59	14 49 57	11 16 43
8	10 26 18	8 47 36	12 34 20	16 41 49	5 56 24	16 39 09	14 46 08	11 12 56
9	10 26 31	8 47 49	12 33 42	16 38 26	5 52 36	16 35 20	14 42 20	11 09 09
10	10 26 58	8 48 05	12 33 04	16 35 04	5 48 47	16 31 30	14 38 31	11 05 22
11	10 27 38	8 48 22	12 32 25	16 31 42	5 44 57	16 27 41	14 34 42	11 01 35
12	10 28 30	8 48 41	12 31 47	16 28 21	5 41 08	16 23 51	14 30 54	10 57 48
13	10 29 33	8 49 03	12 31 08	16 25 01	5 37 17	16 20 02	14 27 06	10 54 01
14	10 30 46	8 49 26	12 30 28	16 21 40	5 33 27	16 16 13	14 23 17	10 50 13
15	10 32 07	8 49 51	12 29 49	16 18 21	5 29 36	16 12 24	14 19 29	10 46 26
16	10 33 37	8 50 18	12 29 09	16 15 01	5 25 45	16 08 36	14 15 41	10 42 39
17	10 35 13	8 50 47	12 28 29	16 11 42	5 21 53	16 04 47	14 11 53	10 38 52
18	10 36 57	8 51 18	12 27 48	16 08 24	5 18 01	16 00 59	14 08 04	10 35 04
19	10 38 46	8 51 50	12 27 07	16 05 06	5 14 08	15 57 11	14 04 16	10 31 17
20	10 40 41	8 52 24	12 26 26	16 01 48	5 10 15	15 53 23	14 00 28	10 27 29
21	10 42 41	8 53 00	12 25 45	15 58 31	5 06 22	15 49 35	13 56 41	10 23 42
22	10 44 46	8 53 38	12 25 03	15 55 14	5 02 29	15 45 47	13 52 53	10 19 54
23	10 46 55	8 54 17	12 24 20	15 51 58	4 58 34	15 41 59	13 49 05	10 16 07
24	10 49 08	8 54 58	12 23 38	15 48 42	4 54 40	15 38 12	13 45 17	10 12 19
25	10 51 24	8 55 40	12 22 54	15 45 26	4 50 45	15 34 25	13 41 29	10 08 31
26	10 53 44	8 56 23	12 22 11	15 42 11	4 46 50	15 30 37	13 37 42	10 04 44
27	10 56 07	8 57 08	12 21 27	15 38 56	4 42 54	15 26 50	13 33 54	10 00 56
28	10 58 33	8 57 55	12 20 43	15 35 42	4 38 58	15 23 03	13 30 06	9 57 08
29	11 01 01	8 58 42	12 19 58	15 32 28	4 35 02	15 19 17	13 26 19	9 53 20
30	11 03 32	8 59 31	12 19 13	15 29 14	4 31 05	15 15 30	13 22 31	9 49 32
31	11 06 04	9 00 21	12 18 28	15 26 01	4 27 08	15 11 43	13 18 44	9 45 44
Feb. 1	11 08 39	9 01 12	12 17 42	15 22 48	4 23 10	15 07 57	13 14 56	9 41 56
2	11 11 16	9 02 05	12 16 56	15 19 35	4 19 12	15 04 11	13 11 09	9 38 07
3	11 13 54	9 02 58	12 16 09	15 16 22	4 15 14	15 00 24	13 07 22	9 34 19
4	11 16 33	9 03 52	12 15 22	15 13 10	4 11 15	14 56 38	13 03 34	9 30 31
5	11 19 15	9 04 47	12 14 35	15 09 59	4 07 16	14 52 52	12 59 47	9 26 42
6	11 21 57	9 05 43	12 13 47	15 06 47	4 03 16	14 49 07	12 56 00	9 22 53
7	11 24 41	9 06 40	12 12 59	15 03 36	3 59 16	14 45 21	12 52 12	9 19 05
8	11 27 26	9 07 38	12 12 10	15 00 25	3 55 16	14 41 35	12 48 25	9 15 16
9	11 30 12	9 08 36	12 11 21	14 57 15	3 51 15	14 37 50	12 44 38	9 11 27
10	11 32 58	9 09 35	12 10 31	14 54 04	3 47 14	14 34 04	12 40 51	9 07 38
11	11 35 46	9 10 34	12 09 41	14 50 55	3 43 12	14 30 19	12 37 03	9 03 49
12	11 38 35	9 11 34	12 08 51	14 47 45	3 39 10	14 26 34	12 33 16	9 00 00
13	11 41 25	9 12 35	12 08 00	14 44 35	3 35 08	14 22 49	12 29 29	8 56 11
14	11 44 15	9 13 35	12 07 08	14 41 26	3 31 06	14 19 04	12 25 42	8 52 22
15	11 47 06	9 14 37	12 06 17	14 38 17	3 27 03	14 15 19	12 21 55	8 48 32

Date	Mercury	Venus	Mars	Jupiter	Saturn	Uranus	Neptune	Pluto
	h m s	h m s	h m s	h m s	h m s	h m s	h m s	h m s
Feb. 15	11 47 06	9 14 37	12 06 17	14 38 17	3 27 03	14 15 19	12 21 55	8 48 32
16	11 49 58	9 15 38	12 05 24	14 35 09	3 22 59	14 11 34	12 18 08	8 44 43
17	11 52 51	9 16 40	12 04 32	14 32 00	3 18 56	14 07 49	12 14 20	8 40 53
18	11 55 45	9 17 42	12 03 39	14 28 52	3 14 52	14 04 04	12 10 33	8 37 04
19	11 58 39	9 18 44	12 02 45	14 25 44	3 10 47	14 00 20	12 06 46	8 33 14
20	12 01 34	9 19 46	12 01 52	14 22 36	3 06 43	13 56 35	12 02 59	8 29 24
21	12 04 30	9 20 48	12 00 57	14 19 29	3 02 38	13 52 51	11 59 12	8 25 34
22	12 07 27	9 21 51	12 00 03	14 16 22	2 58 32	13 49 06	11 55 24	8 21 44
23	12 10 24	9 22 53	11 59 08	14 13 15	2 54 27	13 45 22	11 51 37	8 17 54
24	12 13 22	9 23 55	11 58 12	14 10 08	2 50 21	13 41 38	11 47 50	8 14 03
25	12 16 21	9 24 57	11 57 17	14 07 01	2 46 14	13 37 53	11 44 03	8 10 13
26	12 19 20	9 25 59	11 56 20	14 03 55	2 42 08	13 34 09	11 40 16	8 06 22
27	12 22 20	9 27 01	11 55 24	14 00 48	2 38 01	13 30 25	11 36 28	8 02 32
28	12 25 20	9 28 02	11 54 27	13 57 42	2 33 53	13 26 41	11 32 41	7 58 41
Mar. 1	12 28 20	9 29 03	11 53 30	13 54 37	2 29 46	13 22 57	11 28 54	7 54 50
2	12 31 20	9 30 03	11 52 32	13 51 31	2 25 38	13 19 13	11 25 06	7 50 59
3	12 34 20	9 31 04	11 51 34	13 48 25	2 21 30	13 15 30	11 21 19	7 47 08
4	12 37 19	9 32 03	11 50 36	13 45 20	2 17 22	13 11 46	11 17 32	7 43 17
5	12 40 17	9 33 02	11 49 37	13 42 15	2 13 13	13 08 02	11 13 44	7 39 25
6	12 43 13	9 34 01	11 48 39	13 39 10	2 09 04	13 04 18	11 09 57	7 35 34
7	12 46 06	9 34 59	11 47 39	13 36 05	2 04 55	13 00 35	11 06 09	7 31 42
8	12 48 57	9 35 57	11 46 40	13 33 00	2 00 45	12 56 51	11 02 22	7 27 51
9	12 51 44	9 36 54	11 45 40	13 29 56	1 56 36	12 53 07	10 58 34	7 23 59
10	12 54 25	9 37 50	11 44 39	13 26 51	1 52 26	12 49 24	10 54 47	7 20 07
11	12 57 01	9 38 45	11 43 39	13 23 47	1 48 16	12 45 40	10 50 59	7 16 15
12	12 59 29	9 39 40	11 42 38	13 20 43	1 44 05	12 41 57	10 47 11	7 12 23
13	13 01 48	9 40 35	11 41 37	13 17 39	1 39 55	12 38 13	10 43 24	7 08 30
14	13 03 57	9 41 28	11 40 35	13 14 35	1 35 44	12 34 30	10 39 36	7 04 38
15	13 05 54	9 42 21	11 39 34	13 11 31	1 31 33	12 30 46	10 35 48	7 00 45
16	13 07 38	9 43 13	11 38 32	13 08 28	1 27 22	12 27 03	10 32 00	6 56 53
17	13 09 06	9 44 04	11 37 29	13 05 24	1 23 11	12 23 19	10 28 12	6 53 00
18	13 10 17	9 44 54	11 36 27	13 02 21	1 18 59	12 19 36	10 24 24	6 49 07
19	13 11 11	9 45 44	11 35 24	12 59 17	1 14 48	12 15 53	10 20 36	6 45 14
20	13 11 44	9 46 33	11 34 21	12 56 14	1 10 36	12 12 09	10 16 48	6 41 21
21	13 11 55	9 47 21	11 33 18	12 53 11	1 06 24	12 08 26	10 13 00	6 37 27
22	13 11 45	9 48 09	11 32 14	12 50 08	1 02 12	12 04 42	10 09 12	6 33 34
23	13 11 10	9 48 56	11 31 10	12 47 05	0 58 00	12 00 59	10 05 23	6 29 40
24	13 10 10	9 49 42	11 30 07	12 44 02	0 53 47	11 57 16	10 01 35	6 25 46
25	13 08 45	9 50 27	11 29 02	12 40 59	0 49 35	11 53 32	9 57 47	6 21 53
26	13 06 53	9 51 11	11 27 58	12 37 56	0 45 23	11 49 49	9 53 58	6 17 59
27	13 04 34	9 51 55	11 26 54	12 34 53	0 41 10	11 46 05	9 50 10	6 14 05
28	13 01 49	9 52 38	11 25 49	12 31 51	0 36 57	11 42 22	9 46 21	6 10 10
29	12 58 37	9 53 21	11 24 44	12 28 48	0 32 44	11 38 39	9 42 32	6 06 16
30	12 54 59	9 54 02	11 23 39	12 25 45	0 28 32	11 34 55	9 38 44	6 02 21
31	12 50 55	9 54 43	11 22 34	12 22 43	0 24 19	11 31 12	9 34 55	5 58 27
Apr. 1	12 46 26	9 55 23	11 21 29	12 19 40	0 20 06	11 27 28	9 31 06	5 54 32
2	12 41 35	9 56 03	11 20 24	12 16 38	0 15 53	11 23 44	9 27 17	5 50 37

Date	Mercury	Venus	Mars	Jupiter	Saturn	Uranus	Neptune	Pluto
	h m s	h m s	h m s	h m s	h m s	h m s	h m s	h m s
Apr. 1	12 46 26	9 55 23	11 21 29	12 19 40	0 20 06	11 27 28	9 31 06	5 54 32
2	12 41 35	9 56 03	11 20 24	12 16 38	0 15 53	11 23 44	9 27 17	5 50 37
3	12 36 22	9 56 42	11 19 18	12 13 36	0 11 40	11 20 01	9 23 28	5 46 42
4	12 30 50	9 57 20	11 18 13	12 10 33	0 07 27	11 16 17	9 19 39	5 42 47
5	12 25 02	9 57 58	11 17 07	12 07 31	0 03 14	11 12 34	9 15 50	5 38 52
6	12 19 00	9 58 35	11 16 01	12 04 29	23 54 48	11 08 50	9 12 00	5 34 56
7	12 12 46	9 59 12	11 14 55	12 01 26	23 50 35	11 05 06	9 08 11	5 31 00
8	12 06 24	9 59 48	11 13 49	11 58 24	23 46 22	11 01 23	9 04 21	5 27 05
9	11 59 58	10 00 23	11 12 43	11 55 22	23 42 09	10 57 39	9 00 32	5 23 09
10	11 53 30	10 00 58	11 11 37	11 52 19	23 37 56	10 53 55	8 56 42	5 19 13
11	11 47 03	10 01 33	11 10 31	11 49 17	23 33 43	10 50 11	8 52 52	5 15 17
12	11 40 41	10 02 07	11 09 24	11 46 15	23 29 31	10 46 27	8 49 03	5 11 21
13	11 34 26	10 02 40	11 08 18	11 43 13	23 25 18	10 42 43	8 45 13	5 07 24
14	11 28 20	10 03 14	11 07 12	11 40 10	23 21 05	10 38 59	8 41 23	5 03 28
15	11 22 26	10 03 47	11 06 05	11 37 08	23 16 53	10 35 15	8 37 32	4 59 31
16	11 16 45	10 04 19	11 04 59	11 34 05	23 12 41	10 31 31	8 33 42	4 55 34
17	11 11 19	10 04 52	11 03 52	11 31 03	23 08 28	10 27 46	8 29 52	4 51 38
18	11 06 09	10 05 24	11 02 46	11 28 01	23 04 16	10 24 02	8 26 01	4 47 41
19	11 01 15	10 05 56	11 01 39	11 24 58	23 00 04	10 20 18	8 22 11	4 43 43
20	10 56 39	10 06 27	11 00 33	11 21 56	22 55 52	10 16 33	8 18 20	4 39 46
21	10 52 21	10 06 59	10 59 26	11 18 53	22 51 40	10 12 49	8 14 30	4 35 49
22	10 48 21	10 07 31	10 58 20	11 15 51	22 47 29	10 09 04	8 10 39	4 31 51
23	10 44 38	10 08 02	10 57 13	11 12 48	22 43 17	10 05 19	8 06 48	4 27 54
24	10 41 12	10 08 34	10 56 07	11 09 45	22 39 06	10 01 35	8 02 57	4 23 56
25	10 38 04	10 09 05	10 55 00	11 06 43	22 34 55	9 57 50	7 59 06	4 19 58
26	10 35 12	10 09 36	10 53 54	11 03 40	22 30 44	9 54 05	7 55 14	4 16 00
27	10 32 36	10 10 08	10 52 48	11 00 37	22 26 33	9 50 20	7 51 23	4 12 02
28	10 30 16	10 10 40	10 51 42	10 57 34	22 22 23	9 46 35	7 47 32	4 08 04
29	10 28 10	10 11 12	10 50 35	10 54 31	22 18 12	9 42 50	7 43 40	4 04 05
30	10 26 19	10 11 44	10 49 29	10 51 28	22 14 02	9 39 04	7 39 48	4 00 07
May 1	10 24 42	10 12 16	10 48 23	10 48 25	22 09 52	9 35 19	7 35 56	3 56 08
2	10 23 18	10 12 48	10 47 17	10 45 22	22 05 43	9 31 34	7 32 05	3 52 10
3	10 22 07	10 13 21	10 46 12	10 42 18	22 01 33	9 27 48	7 28 13	3 48 11
4	10 21 08	10 13 54	10 45 06	10 39 15	21 57 24	9 24 02	7 24 20	3 44 12
5	10 20 21	10 14 27	10 44 00	10 36 11	21 53 15	9 20 17	7 20 28	3 40 13
6	10 19 46	10 15 01	10 42 55	10 33 08	21 49 06	9 16 31	7 16 36	3 36 14
7	10 19 21	10 15 35	10 41 49	10 30 04	21 44 58	9 12 45	7 12 43	3 32 15
8	10 19 07	10 16 10	10 40 44	10 27 00	21 40 49	9 08 59	7 08 51	3 28 15
9	10 19 03	10 16 45	10 39 39	10 23 56	21 36 41	9 05 13	7 04 58	3 24 16
10	10 19 09	10 17 21	10 38 34	10 20 52	21 32 34	9 01 26	7 01 05	3 20 16
11	10 19 25	10 17 57	10 37 29	10 17 47	21 28 26	8 57 40	6 57 12	3 16 17
12	10 19 51	10 18 34	10 36 24	10 14 43	21 24 19	8 53 53	6 53 19	3 12 17
13	10 20 26	10 19 11	10 35 19	10 11 38	21 20 12	8 50 07	6 49 26	3 08 17
14	10 21 10	10 19 49	10 34 14	10 08 34	21 16 06	8 46 20	6 45 32	3 04 17
15	10 22 04	10 20 28	10 33 10	10 05 29	21 12 00	8 42 33	6 41 39	3 00 17
16	10 23 07	10 21 07	10 32 05	10 02 24	21 07 54	8 38 46	6 37 45	2 56 17
17	10 24 20	10 21 48	10 31 01	9 59 19	21 03 48	8 34 59	6 33 52	2 52 17

Second transit: Saturn, Apr. $5^d23^h59^m01^s$.

Date	Mercury	Venus	Mars	Jupiter	Saturn	Uranus	Neptune	Pluto
	h m s	h m s	h m s	h m s	h m s	h m s	h m s	h m s
May 17	10 24 20	10 21 48	10 31 01	9 59 19	21 03 48	8 34 59	6 33 52	2 52 17
18	10 25 41	10 22 29	10 29 57	9 56 13	20 59 43	8 31 12	6 29 58	2 48 16
19	10 27 13	10 23 10	10 28 53	9 53 08	20 55 38	8 27 24	6 26 04	2 44 16
20	10 28 54	10 23 53	10 27 50	9 50 02	20 51 33	8 23 37	6 22 10	2 40 15
21	10 30 44	10 24 37	10 26 46	9 46 57	20 47 29	8 19 49	6 18 16	2 36 15
22	10 32 44	10 25 21	10 25 43	9 43 51	20 43 25	8 16 01	6 14 21	2 32 14
23	10 34 55	10 26 06	10 24 39	9 40 44	20 39 21	8 12 13	6 10 27	2 28 13
24	10 37 16	10 26 53	10 23 36	9 37 38	20 35 18	8 08 25	6 06 32	2 24 13
25	10 39 47	10 27 40	10 22 33	9 34 31	20 31 15	8 04 37	6 02 38	2 20 12
26	10 42 29	10 28 28	10 21 31	9 31 25	20 27 12	8 00 49	5 58 43	2 16 11
27	10 45 22	10 29 18	10 20 28	9 28 18	20 23 10	7 57 00	5 54 48	2 12 10
28	10 48 26	10 30 08	10 19 26	9 25 10	20 19 08	7 53 12	5 50 53	2 08 09
29	10 51 42	10 30 59	10 18 24	9 22 03	20 15 06	7 49 23	5 46 58	2 04 07
30	10 55 09	10 31 52	10 17 22	9 18 55	20 11 05	7 45 34	5 43 02	2 00 06
31	10 58 49	10 32 45	10 16 20	9 15 48	20 07 04	7 41 45	5 39 07	1 56 05
June 1	11 02 40	10 33 40	10 15 18	9 12 39	20 03 03	7 37 56	5 35 11	1 52 03
2	11 06 43	10 34 35	10 14 17	9 09 31	19 59 03	7 34 06	5 31 16	1 48 02
3	11 10 58	10 35 32	10 13 16	9 06 23	19 55 03	7 30 17	5 27 20	1 44 00
4	11 15 25	10 36 30	10 12 14	9 03 14	19 51 03	7 26 27	5 23 24	1 39 59
5	11 20 03	10 37 29	10 11 13	9 00 05	19 47 04	7 22 37	5 19 28	1 35 57
6	11 24 53	10 38 29	10 10 13	8 56 55	19 43 05	7 18 47	5 15 32	1 31 55
7	11 29 52	10 39 30	10 09 12	8 53 46	19 39 07	7 14 57	5 11 35	1 27 54
8	11 35 02	10 40 32	10 08 11	8 50 36	19 35 09	7 11 07	5 07 39	1 23 52
9	11 40 20	10 41 36	10 07 11	8 47 26	19 31 11	7 07 16	5 03 42	1 19 50
10	11 45 45	10 42 40	10 06 11	8 44 15	19 27 14	7 03 26	4 59 46	1 15 48
11	11 51 17	10 43 46	10 05 11	8 41 04	19 23 17	6 59 35	4 55 49	1 11 46
12	11 56 53	10 44 52	10 04 11	8 37 53	19 19 20	6 55 44	4 51 52	1 07 44
13	12 02 33	10 46 00	10 03 11	8 34 42	19 15 24	6 51 53	4 47 55	1 03 42
14	12 08 14	10 47 09	10 02 12	8 31 30	19 11 28	6 48 01	4 43 58	0 59 40
15	12 13 55	10 48 18	10 01 12	8 28 18	19 07 33	6 44 10	4 40 01	0 55 38
16	12 19 34	10 49 29	10 00 13	8 25 06	19 03 37	6 40 18	4 36 03	0 51 36
17	12 25 11	10 50 41	9 59 14	8 21 54	18 59 43	6 36 27	4 32 06	0 47 34
18	12 30 42	10 51 54	9 58 15	8 18 41	18 55 48	6 32 35	4 28 08	0 43 32
19	12 36 08	10 53 07	9 57 16	8 15 27	18 51 54	6 28 42	4 24 10	0 39 30
20	12 41 27	10 54 22	9 56 17	8 12 14	18 48 00	6 24 50	4 20 13	0 35 28
21	12 46 37	10 55 37	9 55 18	8 09 00	18 44 07	6 20 58	4 16 15	0 31 25
22	12 51 38	10 56 54	9 54 20	8 05 46	18 40 14	6 17 05	4 12 17	0 27 23
23	12 56 29	10 58 11	9 53 22	8 02 31	18 36 22	6 13 12	4 08 18	0 23 21
24	13 01 10	10 59 29	9 52 23	7 59 16	18 32 29	6 09 19	4 04 20	0 19 19
25	13 05 40	11 00 48	9 51 25	7 56 00	18 28 38	6 05 26	4 00 22	0 15 16
26	13 09 58	11 02 07	9 50 27	7 52 45	18 24 46	6 01 33	3 56 23	0 11 14
27	13 14 05	11 03 27	9 49 29	7 49 29	18 20 55	5 57 39	3 52 25	0 07 12
28	13 17 59	11 04 48	9 48 31	7 46 12	18 17 04	5 53 46	3 48 26	0 03 09
29	13 21 42	11 06 09	9 47 34	7 42 55	18 13 14	5 49 52	3 44 27	23 55 05
30	13 25 12	11 07 31	9 46 36	7 39 38	18 09 24	5 45 58	3 40 28	23 51 03
July 1	13 28 30	11 08 53	9 45 38	7 36 20	18 05 34	5 42 04	3 36 29	23 47 00
2	13 31 36	11 10 16	9 44 40	7 33 02	18 01 44	5 38 09	3 32 30	23 42 58

Second transit: Pluto, June $28^d23^h59^m07^s$.

Date	Mercury	Venus	Mars	Jupiter	Saturn	Uranus	Neptune	Pluto
	h m s	h m s	h m s	h m s	h m s	h m s	h m s	h m s
July 1	13 28 30	11 08 53	9 45 38	7 36 20	18 05 34	5 42 04	3 36 29	23 47 00
2	13 31 36	11 10 16	9 44 40	7 33 02	18 01 44	5 38 09	3 32 30	23 42 58
3	13 34 30	11 11 39	9 43 43	7 29 43	17 57 55	5 34 15	3 28 31	23 38 56
4	13 37 12	11 13 03	9 42 45	7 26 24	17 54 07	5 30 20	3 24 31	23 34 53
5	13 39 41	11 14 26	9 41 48	7 23 04	17 50 19	5 26 25	3 20 32	23 30 51
6	13 41 59	11 15 50	9 40 50	7 19 44	17 46 31	5 22 30	3 16 32	23 26 49
7	13 44 05	11 17 14	9 39 53	7 16 24	17 42 43	5 18 35	3 12 33	23 22 47
8	13 45 59	11 18 38	9 38 55	7 13 03	17 38 56	5 14 39	3 08 33	23 18 45
9	13 47 41	11 20 02	9 37 58	7 09 42	17 35 09	5 10 43	3 04 33	23 14 43
10	13 49 11	11 21 26	9 37 00	7 06 20	17 31 22	5 06 48	3 00 33	23 10 40
11	13 50 29	11 22 50	9 36 03	7 02 57	17 27 36	5 02 52	2 56 33	23 06 38
12	13 51 36	11 24 14	9 35 05	6 59 35	17 23 50	4 58 56	2 52 33	23 02 36
13	13 52 31	11 25 37	9 34 07	6 56 11	17 20 04	4 54 59	2 48 33	22 58 34
14	13 53 14	11 27 01	9 33 10	6 52 47	17 16 19	4 51 03	2 44 32	22 54 32
15	13 53 45	11 28 24	9 32 12	6 49 23	17 12 34	4 47 06	2 40 32	22 50 30
16	13 54 05	11 29 46	9 31 14	6 45 58	17 08 50	4 43 09	2 36 32	22 46 28
17	13 54 12	11 31 09	9 30 16	6 42 33	17 05 05	4 39 12	2 32 31	22 42 27
18	13 54 06	11 32 30	9 29 18	6 39 07	17 01 21	4 35 15	2 28 30	22 38 25
19	13 53 48	11 33 52	9 28 20	6 35 40	16 57 38	4 31 18	2 24 30	22 34 23
20	13 53 18	11 35 13	9 27 22	6 32 13	16 53 54	4 27 20	2 20 29	22 30 21
21	13 52 34	11 36 33	9 26 24	6 28 46	16 50 11	4 23 22	2 16 28	22 26 20
22	13 51 37	11 37 52	9 25 26	6 25 18	16 46 29	4 19 24	2 12 27	22 22 18
23	13 50 26	11 39 11	9 24 27	6 21 49	16 42 46	4 15 26	2 08 26	22 18 17
24	13 49 02	11 40 29	9 23 28	6 18 20	16 39 04	4 11 28	2 04 25	22 14 15
25	13 47 22	11 41 47	9 22 30	6 14 50	16 35 22	4 07 30	2 00 24	22 10 14
26	13 45 28	11 43 04	9 21 31	6 11 20	16 31 41	4 03 31	1 56 23	22 06 12
27	13 43 19	11 44 19	9 20 32	6 07 49	16 27 59	3 59 32	1 52 22	22 02 11
28	13 40 53	11 45 34	9 19 32	6 04 17	16 24 19	3 55 34	1 48 20	21 58 10
29	13 38 11	11 46 48	9 18 33	6 00 45	16 20 38	3 51 35	1 44 19	21 54 09
30	13 35 13	11 48 02	9 17 33	5 57 12	16 16 58	3 47 35	1 40 18	21 50 07
31	13 31 57	11 49 14	9 16 33	5 53 38	16 13 17	3 43 36	1 36 16	21 46 06
Aug. 1	13 28 23	11 50 25	9 15 33	5 50 04	16 09 38	3 39 36	1 32 15	21 42 06
2	13 24 31	11 51 35	9 14 33	5 46 29	16 05 58	3 35 37	1 28 13	21 38 05
3	13 20 21	11 52 44	9 13 32	5 42 54	16 02 19	3 31 37	1 24 11	21 34 04
4	13 15 52	11 53 52	9 12 31	5 39 18	15 58 40	3 27 37	1 20 10	21 30 03
5	13 11 05	11 54 59	9 11 30	5 35 41	15 55 01	3 23 37	1 16 08	21 26 03
6	13 05 59	11 56 05	9 10 29	5 32 03	15 51 23	3 19 36	1 12 06	21 22 02
7	13 00 35	11 57 10	9 09 27	5 28 25	15 47 45	3 15 36	1 08 04	21 18 02
8	12 54 53	11 58 14	9 08 25	5 24 47	15 44 07	3 11 35	1 04 02	21 14 01
9	12 48 55	11 59 17	9 07 23	5 21 07	15 40 29	3 07 34	1 00 01	21 10 01
10	12 42 42	12 00 19	9 06 20	5 17 27	15 36 52	3 03 33	0 55 59	21 06 01
11	12 36 14	12 01 19	9 05 17	5 13 46	15 33 15	2 59 32	0 51 57	21 02 01
12	12 29 35	12 02 19	9 04 13	5 10 04	15 29 38	2 55 31	0 47 55	20 58 01
13	12 22 47	12 03 17	9 03 10	5 06 22	15 26 01	2 51 30	0 43 53	20 54 01
14	12 15 52	12 04 14	9 02 06	5 02 39	15 22 24	2 47 28	0 39 51	20 50 01
15	12 08 53	12 05 10	9 01 01	4 58 55	15 18 48	2 43 27	0 35 49	20 46 01
16	12 01 53	12 06 06	8 59 57	4 55 11	15 15 12	2 39 25	0 31 47	20 42 02

Date	Mercury	Venus	Mars	Jupiter	Saturn	Uranus	Neptune	Pluto
	h m s	h m s	h m s	h m s	h m s	h m s	h m s	h m s
Aug. 16	12 01 53	12 06 06	8 59 57	4 55 11	15 15 12	2 39 25	0 31 47	20 42 02
17	11 54 57	12 07 00	8 58 52	4 51 26	15 11 37	2 35 23	0 27 44	20 38 02
18	11 48 07	12 07 53	8 57 46	4 47 40	15 08 01	2 31 21	0 23 42	20 34 03
19	11 41 28	12 08 45	8 56 40	4 43 53	15 04 26	2 27 19	0 19 40	20 30 03
20	11 35 02	12 09 36	8 55 34	4 40 06	15 00 51	2 23 17	0 15 38	20 26 04
21	11 28 54	12 10 26	8 54 27	4 36 18	14 57 16	2 19 15	0 11 36	20 22 05
22	11 23 06	12 11 16	8 53 20	4 32 29	14 53 41	2 15 12	0 07 34	20 18 06
23	11 17 41	12 12 04	8 52 13	4 28 39	14 50 07	2 11 09	0 03 32	20 14 07
24	11 12 42	12 12 51	8 51 05	4 24 49	14 46 32	2 07 07	23 55 27	20 10 09
25	11 08 10	12 13 38	8 49 56	4 20 58	14 42 58	2 03 04	23 51 25	20 06 10
26	11 04 08	12 14 23	8 48 48	4 17 06	14 39 24	1 59 01	23 47 23	20 02 11
27	11 00 36	12 15 08	8 47 38	4 13 13	14 35 51	1 54 58	23 43 21	19 58 13
28	10 57 36	12 15 52	8 46 29	4 09 19	14 32 17	1 50 55	23 39 19	19 54 15
29	10 55 07	12 16 35	8 45 18	4 05 25	14 28 44	1 46 51	23 35 17	19 50 17
30	10 53 10	12 17 18	8 44 08	4 01 30	14 25 11	1 42 48	23 31 15	19 46 18
31	10 51 45	12 18 00	8 42 56	3 57 34	14 21 38	1 38 45	23 27 13	19 42 21
Sept. 1	10 50 49	12 18 41	8 41 45	3 53 38	14 18 05	1 34 41	23 23 11	19 38 23
2	10 50 23	12 19 21	8 40 32	3 49 40	14 14 33	1 30 38	23 19 09	19 34 25
3	10 50 25	12 20 01	8 39 19	3 45 42	14 11 00	1 26 34	23 15 07	19 30 27
4	10 50 54	12 20 41	8 38 06	3 41 43	14 07 28	1 22 30	23 11 05	19 26 30
5	10 51 47	12 21 19	8 36 52	3 37 43	14 03 56	1 18 26	23 07 03	19 22 33
6	10 53 02	12 21 57	8 35 38	3 33 43	14 00 24	1 14 22	23 03 01	19 18 35
7	10 54 38	12 22 35	8 34 23	3 29 41	13 56 52	1 10 18	22 58 59	19 14 38
8	10 56 31	12 23 13	8 33 08	3 25 39	13 53 21	1 06 14	22 54 57	19 10 41
9	10 58 40	12 23 50	8 31 52	3 21 37	13 49 49	1 02 10	22 50 55	19 06 45
10	11 01 03	12 24 26	8 30 35	3 17 33	13 46 18	0 58 06	22 46 53	19 02 48
11	11 03 37	12 25 02	8 29 18	3 13 29	13 42 47	0 54 02	22 42 52	18 58 51
12	11 06 19	12 25 38	8 28 00	3 09 23	13 39 16	0 49 57	22 38 50	18 54 55
13	11 09 08	12 26 14	8 26 42	3 05 18	13 35 45	0 45 53	22 34 48	18 50 59
14	11 12 03	12 26 50	8 25 23	3 01 11	13 32 14	0 41 48	22 30 47	18 47 02
15	11 15 01	12 27 25	8 24 04	2 57 03	13 28 43	0 37 44	22 26 45	18 43 06
16	11 18 01	12 28 01	8 22 44	2 52 55	13 25 13	0 33 40	22 22 44	18 39 10
17	11 21 02	12 28 36	8 21 24	2 48 46	13 21 42	0 29 35	22 18 42	18 35 15
18	11 24 02	12 29 11	8 20 03	2 44 37	13 18 12	0 25 30	22 14 41	18 31 19
19	11 27 02	12 29 47	8 18 41	2 40 27	13 14 42	0 21 26	22 10 40	18 27 23
20	11 29 59	12 30 22	8 17 19	2 36 16	13 11 11	0 17 21	22 06 39	18 23 28
21	11 32 55	12 30 58	8 15 56	2 32 04	13 07 41	0 13 17	22 02 37	18 19 33
22	11 35 47	12 31 34	8 14 32	2 27 51	13 04 12	0 09 12	21 58 36	18 15 38
23	11 38 37	12 32 10	8 13 08	2 23 38	13 00 42	0 05 07	21 54 35	18 11 43
24	11 41 23	12 32 46	8 11 44	2 19 24	12 57 12	0 01 02	21 50 34	18 07 48
25	11 44 06	12 33 22	8 10 19	2 15 10	12 53 42	23 52 53	21 46 33	18 03 53
26	11 46 46	12 33 59	8 08 53	2 10 55	12 50 13	23 48 48	21 42 33	17 59 58
27	11 49 22	12 34 36	8 07 26	2 06 39	12 46 43	23 44 44	21 38 32	17 56 04
28	11 51 54	12 35 14	8 05 59	2 02 22	12 43 14	23 40 39	21 34 31	17 52 09
29	11 54 24	12 35 52	8 04 31	1 58 05	12 39 45	23 36 34	21 30 31	17 48 15
30	11 56 50	12 36 31	8 03 03	1 53 47	12 36 15	23 32 29	21 26 30	17 44 21
Oct. 1	11 59 13	12 37 10	8 01 34	1 49 29	12 32 46	23 28 25	21 22 30	17 40 27

Second transits: Neptune, Aug. $23^d23^h59^m30^s$; Uranus, Sept. $24^d23^h56^m58^s$.

Date	Mercury	Venus	Mars	Jupiter	Saturn	Uranus	Neptune	Pluto
	h m s	h m s	h m s	h m s	h m s	h m s	h m s	h m s
Oct. 1	11 59 13	12 37 10	8 01 34	1 49 29	12 32 46	23 28 25	21 22 30	17 40 27
2	12 01 34	12 37 50	8 00 04	1 45 10	12 29 17	23 24 20	21 18 30	17 36 33
3	12 03 51	12 38 30	7 58 33	1 40 51	12 25 48	23 20 16	21 14 29	17 32 40
4	12 06 06	12 39 11	7 57 02	1 36 31	12 22 19	23 16 11	21 10 29	17 28 46
5	12 08 19	12 39 53	7 55 31	1 32 10	12 18 50	23 12 06	21 06 29	17 24 52
6	12 10 29	12 40 35	7 53 58	1 27 49	12 15 21	23 08 02	21 02 29	17 20 59
7	12 12 37	12 41 18	7 52 25	1 23 28	12 11 52	23 03 57	20 58 29	17 17 06
8	12 14 44	12 42 02	7 50 52	1 19 06	12 08 23	22 59 53	20 54 30	17 13 13
9	12 16 48	12 42 47	7 49 17	1 14 43	12 04 54	22 55 49	20 50 30	17 09 20
10	12 18 51	12 43 32	7 47 42	1 10 20	12 01 26	22 51 44	20 46 30	17 05 27
11	12 20 53	12 44 19	7 46 07	1 05 57	11 57 57	22 47 40	20 42 31	17 01 34
12	12 22 54	12 45 06	7 44 30	1 01 33	11 54 28	22 43 36	20 38 32	16 57 42
13	12 24 53	12 45 55	7 42 53	0 57 09	11 50 59	22 39 32	20 34 32	16 53 49
14	12 26 51	12 46 44	7 41 16	0 52 45	11 47 31	22 35 27	20 30 33	16 49 57
15	12 28 48	12 47 35	7 39 37	0 48 20	11 44 02	22 31 23	20 26 34	16 46 05
16	12 30 45	12 48 26	7 37 58	0 43 55	11 40 33	22 27 19	20 22 35	16 42 13
17	12 32 41	12 49 19	7 36 19	0 39 30	11 37 04	22 23 16	20 18 37	16 38 21
18	12 34 36	12 50 12	7 34 38	0 35 04	11 33 36	22 19 12	20 14 38	16 34 29
19	12 36 31	12 51 07	7 32 57	0 30 38	11 30 07	22 15 08	20 10 39	16 30 37
20	12 38 26	12 52 03	7 31 15	0 26 12	11 26 38	22 11 04	20 06 41	16 26 46
21	12 40 20	12 53 01	7 29 33	0 21 45	11 23 09	22 07 01	20 02 42	16 22 54
22	12 42 14	12 53 59	7 27 50	0 17 19	11 19 41	22 02 57	19 58 44	16 19 03
23	12 44 07	12 54 59	7 26 06	0 12 52	11 16 12	21 58 54	19 54 46	16 15 12
24	12 46 00	12 55 59	7 24 21	0 08 25	11 12 43	21 54 51	19 50 48	16 11 21
25	12 47 53	12 57 01	7 22 36	0 03 58	11 09 14	21 50 47	19 46 50	16 07 30
26	12 49 45	12 58 05	7 20 50	23 55 04	11 05 45	21 46 44	19 42 52	16 03 39
27	12 51 36	12 59 09	7 19 03	23 50 36	11 02 16	21 42 41	19 38 55	15 59 48
28	12 53 27	13 00 15	7 17 16	23 46 09	10 58 47	21 38 39	19 34 57	15 55 57
29	12 55 18	13 01 22	7 15 28	23 41 42	10 55 18	21 34 36	19 31 00	15 52 07
30	12 57 07	13 02 30	7 13 39	23 37 15	10 51 49	21 30 33	19 27 03	15 48 16
31	12 58 55	13 03 40	7 11 49	23 32 47	10 48 20	21 26 31	19 23 06	15 44 26
Nov. 1	13 00 42	13 04 51	7 09 58	23 28 20	10 44 51	21 22 28	19 19 09	15 40 36
2	13 02 27	13 06 03	7 08 07	23 23 53	10 41 21	21 18 26	19 15 12	15 36 46
3	13 04 10	13 07 16	7 06 15	23 19 26	10 37 52	21 14 24	19 11 15	15 32 56
4	13 05 50	13 08 30	7 04 22	23 15 00	10 34 23	21 10 22	19 07 18	15 29 06
5	13 07 28	13 09 45	7 02 29	23 10 33	10 30 53	21 06 20	19 03 22	15 25 16
6	13 09 02	13 11 02	7 00 34	23 06 07	10 27 23	21 02 18	18 59 25	15 21 26
7	13 10 31	13 12 20	6 58 39	23 01 41	10 23 54	20 58 17	18 55 29	15 17 37
8	13 11 56	13 13 39	6 56 43	22 57 15	10 20 24	20 54 15	18 51 33	15 13 47
9	13 13 15	13 14 59	6 54 47	22 52 49	10 16 54	20 50 14	18 47 37	15 09 58
10	13 14 28	13 16 19	6 52 49	22 48 24	10 13 24	20 46 13	18 43 41	15 06 09
11	13 15 32	13 17 41	6 50 51	22 43 59	10 09 54	20 42 12	18 39 45	15 02 19
12	13 16 28	13 19 04	6 48 52	22 39 34	10 06 24	20 38 11	18 35 50	14 58 30
13	13 17 13	13 20 28	6 46 52	22 35 10	10 02 53	20 34 10	18 31 54	14 54 41
14	13 17 46	13 21 53	6 44 51	22 30 46	9 59 23	20 30 10	18 27 59	14 50 52
15	13 18 05	13 23 18	6 42 49	22 26 23	9 55 52	20 26 09	18 24 04	14 47 03
16	13 18 09	13 24 45	6 40 47	22 22 00	9 52 22	20 22 09	18 20 09	14 43 15

Second transit: Jupiter, Oct. $25^{d}23^{h}59^{m}31^{s}$.

Date	Mercury	Venus	Mars	Jupiter	Saturn	Uranus	Neptune	Pluto
	h m s	h m s	h m s	h m s	h m s	h m s	h m s	h m s
Nov. 16	13 18 09	13 24 45	6 40 47	22 22 00	9 52 22	20 22 09	18 20 09	14 43 15
17	13 17 54	13 26 12	6 38 44	22 17 37	9 48 51	20 18 09	18 16 14	14 39 26
18	13 17 19	13 27 40	6 36 40	22 13 15	9 45 20	20 14 09	18 12 19	14 35 37
19	13 16 21	13 29 08	6 34 35	22 08 53	9 41 49	20 10 09	18 08 24	14 31 49
20	13 14 56	13 30 37	6 32 29	22 04 31	9 38 18	20 06 10	18 04 30	14 28 00
21	13 13 02	13 32 07	6 30 22	22 00 11	9 34 46	20 02 10	18 00 35	14 24 12
22	13 10 35	13 33 37	6 28 14	21 55 50	9 31 15	19 58 11	17 56 41	14 20 24
23	13 07 33	13 35 07	6 26 06	21 51 31	9 27 43	19 54 12	17 52 47	14 16 35
24	13 03 52	13 36 38	6 23 56	21 47 11	9 24 11	19 50 13	17 48 53	14 12 47
25	12 59 28	13 38 09	6 21 46	21 42 53	9 20 39	19 46 15	17 44 59	14 08 59
26	12 54 21	13 39 40	6 19 34	21 38 35	9 17 07	19 42 16	17 41 05	14 05 11
27	12 48 27	13 41 11	6 17 22	21 34 17	9 13 35	19 38 18	17 37 12	14 01 23
28	12 41 48	13 42 43	6 15 08	21 30 01	9 10 02	19 34 19	17 33 18	13 57 35
29	12 34 25	13 44 14	6 12 54	21 25 44	9 06 29	19 30 21	17 29 25	13 53 47
30	12 26 21	13 45 46	6 10 38	21 21 29	9 02 56	19 26 24	17 25 31	13 50 00
Dec. 1	12 17 41	13 47 17	6 08 21	21 17 14	8 59 23	19 22 26	17 21 38	13 46 12
2	12 08 33	13 48 48	6 06 04	21 13 00	8 55 50	19 18 29	17 17 45	13 42 24
3	11 59 07	13 50 18	6 03 45	21 08 46	8 52 16	19 14 31	17 13 52	13 38 37
4	11 49 33	13 51 48	6 01 25	21 04 34	8 48 42	19 10 34	17 10 00	13 34 49
5	11 40 04	13 53 18	5 59 04	21 00 22	8 45 08	19 06 37	17 06 07	13 31 02
6	11 30 48	13 54 47	5 56 42	20 56 10	8 41 34	19 02 41	17 02 15	13 27 14
7	11 21 57	13 56 16	5 54 19	20 52 00	8 38 00	18 58 44	16 58 22	13 23 27
8	11 13 39	13 57 44	5 51 55	20 47 50	8 34 25	18 54 48	16 54 30	13 19 40
9	11 06 00	13 59 11	5 49 30	20 43 40	8 30 50	18 50 51	16 50 38	13 15 52
10	10 59 03	14 00 38	5 47 03	20 39 32	8 27 15	18 46 55	16 46 46	13 12 05
11	10 52 51	14 02 04	5 44 35	20 35 24	8 23 40	18 43 00	16 42 54	13 08 18
12	10 47 23	14 03 29	5 42 06	20 31 17	8 20 04	18 39 04	16 39 02	13 04 31
13	10 42 40	14 04 53	5 39 36	20 27 11	8 16 29	18 35 09	16 35 11	13 00 43
14	10 38 39	14 06 16	5 37 04	20 23 06	8 12 52	18 31 13	16 31 19	12 56 56
15	10 35 17	14 07 38	5 34 32	20 19 01	8 09 16	18 27 18	16 27 28	12 53 09
16	10 32 32	14 08 59	5 31 57	20 14 57	8 05 40	18 23 23	16 23 36	12 49 22
17	10 30 19	14 10 19	5 29 22	20 10 54	8 02 03	18 19 29	16 19 45	12 45 35
18	10 28 37	14 11 38	5 26 45	20 06 51	7 58 26	18 15 34	16 15 54	12 41 48
19	10 27 23	14 12 55	5 24 07	20 02 50	7 54 48	18 11 40	16 12 03	12 38 01
20	10 26 32	14 14 11	5 21 27	19 58 49	7 51 11	18 07 46	16 08 12	12 34 14
21	10 26 04	14 15 26	5 18 46	19 54 49	7 47 33	18 03 52	16 04 21	12 30 27
22	10 25 56	14 16 40	5 16 03	19 50 50	7 43 54	17 59 58	16 00 31	12 26 40
23	10 26 05	14 17 53	5 13 19	19 46 51	7 40 16	17 56 05	15 56 40	12 22 53
24	10 26 30	14 19 04	5 10 33	19 42 54	7 36 37	17 52 11	15 52 50	12 19 06
25	10 27 09	14 20 14	5 07 46	19 38 57	7 32 58	17 48 18	15 49 00	12 15 20
26	10 28 01	14 21 22	5 04 57	19 35 01	7 29 18	17 44 25	15 45 09	12 11 33
27	10 29 04	14 22 29	5 02 06	19 31 06	7 25 39	17 40 32	15 41 19	12 07 46
28	10 30 17	14 23 35	4 59 14	19 27 11	7 21 59	17 36 40	15 37 29	12 03 59
29	10 31 40	14 24 39	4 56 20	19 23 17	7 18 18	17 32 47	15 33 39	12 00 12
30	10 33 11	14 25 42	4 53 24	19 19 25	7 14 38	17 28 55	15 29 49	11 56 25
31	10 34 50	14 26 43	4 50 26	19 15 32	7 10 57	17 25 03	15 26 00	11 52 38
32	10 36 36	14 27 43	4 47 27	19 11 41	7 07 15	17 21 11	15 22 10	11 48 51

Explanatory information for data presented in the Ephemeris for Physical Observations of the planets and the Planetary Central Meridians is given here. Additional information is given in the Notes and References section, on page L10.

The tabulated surface brightness is the average visual magnitude of an area of one square arcsecond of the illuminated portion of the apparent disk. For a few days around inferior and superior conjunctions, the tabulated surface brightness and magnitude of Mercury and Venus are unknown; surface brightness values are given for phase angles $2°1 < \phi < 169°5$ for Mercury and $2°2 < \phi < 170°2$ for Venus. For Saturn the magnitude includes the contribution due to the rings, but the surface brightness applies only to the disk of the planet.

The diagram illustrates many of the quantities tabulated. The primary reference points are the sub-Earth point, e (center of disk); the sub-solar point, s; and the north pole, n. Points e and s are on the lines of sight (taking into account light-time and aberration) between the center of the planet and the centers of the Earth and Sun, respectively. (For an oblate planet, the Earth and Sun would not appear exactly at the zeniths of these two points). For points e and s, planetographic longitudes, λ_e and λ_s, and planetographic latitudes, β_e and β_s, are given. For points s and n, apparent distances from the center of the disk, d_s and d_n, and apparent position angles, p_s and p_n, are given.

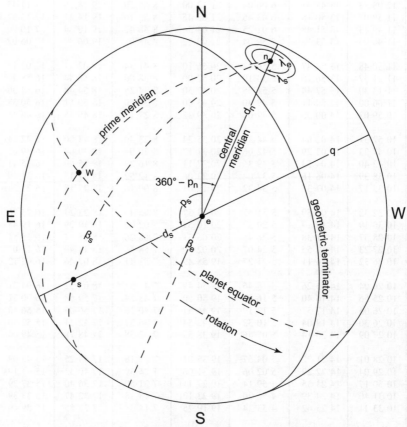

Diagram illustrating the Planetocentric Coordinate System

The phase is the ratio of the apparent illuminated area of the disk to the total area of the disk, as seen from the Earth. The phase angle is the planetocentric elongation of the Earth from the Sun. The defect of illumination, q, is the length of the unilluminated section of the diameter passing through e and s. The position angle of q can be computed by adding 180° to p_s. Phase and q are based on the geometric terminator, defined by the plane crossing through the planet's center of mass, orthogonal to the direction of the Sun.

The angle W of the prime meridian is measured counterclockwise (when viewed from above the planet's north pole) along the planet's equator from the ascending node of the planet's equator on the ICRS equator. For a planet with direct rotation (counterclockwise as viewed from the planet's north pole), W increases with time. Values of W and its rate of change are given on page E3.

Position angles are measured east from the north on the celestial sphere, with north defined by the great circle on the celestial sphere passing through the center of the planet's apparent disk and the true celestial pole of date. Planetographic longitude is reckoned from the prime meridian and increases from 0° to 360° in the direction opposite rotation. Planetographic latitude is the angle between the planet's equator and the normal to the reference spheroid at the point. Latitudes north of the equator are positive. For points near the limb, the sign of the distance may change abruptly as distances are positive in the visible hemisphere and negative on the far side of the planet. Distance and position angle vary rapidly at points close to e and may appear to be discontinuous.

The planetocentric orbital longitude of the Sun, L_s, is measured eastward in the planet's orbital plane from the planet's vernal equinox. Instantaneous orbital and equatorial planes are used in computing L_s. Values of L_s of 0°, 90°, 180° and 270° correspond to the beginning of spring, summer, autumn and winter, for the planet's northern hemisphere.

Planetary Central Meridians are sub-Earth planetocentric longitudes; none are given for Uranus and Neptune since their rotational periods are not well known. Jupiter has three longitude systems, corresponding to different apparent rates of rotation: System I applies to the visible cloud layer in the equatorial region; System II applies to the visible cloud layer at higher latitudes; System III, used in the physical ephemeris, applies to the origin of the radio emissions.

MERCURY, 2011

EPHEMERIS FOR PHYSICAL OBSERVATIONS
FOR 0ʰ TERRESTRIAL TIME

Date		Light-time	Magnitude	Surface Brightness	Diameter	Phase	Phase Angle	Defect of Illumination
		m			"		°	"
Jan.	−1	6.61	+ 0.4	+3.4	8.46	0.303	113.3	5.90
	1	6.96	+ 0.1	+3.3	8.04	0.381	103.7	4.98
	3	7.31	− 0.1	+3.2	7.66	0.453	95.4	4.19
	5	7.66	− 0.2	+3.1	7.30	0.518	88.0	3.52
	7	8.00	− 0.3	+3.1	6.99	0.574	81.5	2.98
	9	8.34	− 0.3	+3.1	6.71	0.624	75.7	2.53
	11	8.66	− 0.3	+3.1	6.46	0.667	70.5	2.15
	13	8.96	− 0.3	+3.0	6.25	0.704	65.9	1.85
	15	9.25	− 0.3	+3.0	6.05	0.737	61.7	1.59
	17	9.51	− 0.3	+3.0	5.88	0.766	57.9	1.38
	19	9.76	− 0.3	+3.0	5.73	0.791	54.4	1.20
	21	10.00	− 0.2	+3.0	5.60	0.813	51.2	1.04
	23	10.21	− 0.3	+3.0	5.48	0.833	48.2	0.91
	25	10.41	− 0.3	+3.0	5.37	0.851	45.3	0.80
	27	10.60	− 0.3	+2.9	5.28	0.868	42.7	0.70
	29	10.77	− 0.3	+2.9	5.20	0.883	40.1	0.61
	31	10.92	− 0.3	+2.8	5.12	0.896	37.6	0.53
Feb.	2	11.06	− 0.4	+2.8	5.06	0.909	35.2	0.46
	4	11.18	− 0.4	+2.7	5.01	0.921	32.7	0.40
	6	11.29	− 0.5	+2.7	4.96	0.932	30.3	0.34
	8	11.38	− 0.5	+2.6	4.92	0.942	27.9	0.29
	10	11.45	− 0.6	+2.5	4.89	0.952	25.4	0.24
	12	11.51	− 0.7	+2.4	4.86	0.961	22.9	0.19
	14	11.56	− 0.8	+2.3	4.84	0.969	20.2	0.15
	16	11.58	− 1.0	+2.2	4.83	0.977	17.5	0.11
	18	11.59	− 1.1	+2.0	4.83	0.984	14.6	0.08
	20	11.58	− 1.3	+1.9	4.83	0.990	11.5	0.05
	22	11.54	− 1.5	+1.7	4.85	0.995	8.4	0.03
	24	11.48	− 1.7	+1.5	4.87	0.998	5.7	0.01
	26	11.40	− 1.8	+1.4	4.91	0.998	4.9	0.01
	28	11.29	− 1.7	+1.5	4.96	0.996	7.6	0.02
Mar.	2	11.14	− 1.7	+1.6	5.02	0.989	12.0	0.06
	4	10.96	− 1.6	+1.7	5.10	0.977	17.4	0.12
	6	10.75	− 1.5	+1.8	5.21	0.958	23.6	0.22
	8	10.49	− 1.4	+1.9	5.33	0.931	30.4	0.37
	10	10.19	− 1.3	+2.0	5.49	0.894	38.0	0.58
	12	9.85	− 1.2	+2.1	5.68	0.847	46.1	0.87
	14	9.48	− 1.1	+2.2	5.91	0.788	54.9	1.25
	16	9.06	− 1.0	+2.3	6.17	0.719	64.0	1.73
	18	8.63	− 0.9	+2.5	6.48	0.642	73.5	2.32
	20	8.18	− 0.7	+2.6	6.84	0.560	83.2	3.01
	22	7.72	− 0.4	+2.8	7.24	0.475	92.8	3.80
	24	7.28	− 0.1	+3.0	7.69	0.392	102.5	4.67
	26	6.84	+ 0.3	+3.3	8.17	0.313	112.0	5.62
	28	6.44	+ 0.8	+3.7	8.69	0.240	121.3	6.60
	30	6.07	+ 1.4	+4.0	9.22	0.175	130.6	7.60
Apr.	1	5.74	+ 2.1	+4.5	9.74	0.119	139.7	8.58

EPHEMERIS FOR PHYSICAL OBSERVATIONS
FOR 0ʰ TERRESTRIAL TIME

Date		Sub-Earth Point		Sub-Solar Point			North Pole	
		Long.	Lat.	Long.	Dist.	P.A.	Dist.	P.A.
		°	°	°	″	°	″	°
Jan.	−1	69.62	− 6.60	183.04	−3.89	103.25	−4.20	10.41
	1	81.67	− 6.46	185.50	−3.91	101.89	−4.00	10.31
	3	93.18	− 6.32	188.57	−3.81	100.54	−3.81	9.96
	5	104.24	− 6.18	192.21	+ 3.65	99.16	−3.63	9.38
	7	114.94	− 6.05	196.35	+ 3.46	97.71	−3.48	8.63
	9	125.35	− 5.94	200.96	+ 3.25	96.19	−3.34	7.73
	11	135.54	− 5.83	205.96	+ 3.05	94.61	−3.21	6.69
	13	145.55	− 5.74	211.32	+ 2.85	92.97	−3.11	5.56
	15	155.41	− 5.65	216.98	+ 2.66	91.27	−3.01	4.33
	17	165.16	− 5.58	222.89	+ 2.49	89.51	−2.93	3.04
	19	174.81	− 5.51	229.03	+ 2.33	87.71	−2.85	1.68
	21	184.37	− 5.45	235.35	+ 2.18	85.86	−2.79	0.28
	23	193.87	− 5.39	241.81	+ 2.04	83.97	−2.73	358.83
	25	203.30	− 5.34	248.40	+ 1.91	82.05	−2.67	357.36
	27	212.67	− 5.29	255.06	+ 1.79	80.08	−2.63	355.86
	29	222.00	− 5.25	261.79	+ 1.67	78.08	−2.59	354.35
	31	231.27	− 5.20	268.55	+ 1.56	76.04	−2.55	352.84
Feb.	2	240.50	− 5.16	275.31	+ 1.46	73.95	−2.52	351.33
	4	249.67	− 5.12	282.06	+ 1.35	71.81	−2.49	349.83
	6	258.80	− 5.08	288.75	+ 1.25	69.59	−2.47	348.34
	8	267.88	− 5.05	295.37	+ 1.15	67.27	−2.45	346.88
	10	276.92	− 5.01	301.88	+ 1.05	64.82	−2.43	345.45
	12	285.89	− 4.98	308.26	+ 0.94	62.14	−2.42	344.05
	14	294.82	− 4.94	314.47	+ 0.84	59.12	−2.41	342.69
	16	303.69	− 4.91	320.47	+ 0.72	55.53	−2.41	341.38
	18	312.50	− 4.88	326.23	+ 0.61	50.93	−2.41	340.13
	20	321.25	− 4.86	331.70	+ 0.48	44.31	−2.41	338.93
	22	329.94	− 4.83	336.85	+ 0.35	33.02	−2.42	337.80
	24	338.56	− 4.81	341.60	+ 0.24	9.11	−2.43	336.74
	26	347.13	− 4.80	345.92	+ 0.21	321.63	−2.45	335.76
	28	355.64	− 4.79	349.76	+ 0.33	283.83	−2.47	334.86
Mar.	2	4.09	− 4.79	353.04	+ 0.52	267.14	−2.50	334.06
	4	12.51	− 4.79	355.73	+ 0.76	258.81	−2.54	333.35
	6	20.91	− 4.81	357.80	+ 1.04	253.84	−2.59	332.75
	8	29.31	− 4.84	359.24	+ 1.35	250.53	−2.66	332.25
	10	37.75	− 4.89	0.06	+ 1.69	248.15	−2.74	331.87
	12	46.27	− 4.95	0.36	+ 2.05	246.36	−2.83	331.59
	14	54.93	− 5.04	0.24	+ 2.41	244.97	−2.94	331.42
	16	63.80	− 5.14	359.88	+ 2.77	243.84	−3.07	331.34
	18	72.92	− 5.26	359.48	+ 3.11	242.90	−3.23	331.34
	20	82.38	− 5.39	359.25	+ 3.40	242.05	−3.41	331.40
	22	92.24	− 5.54	359.38	−3.62	241.22	−3.61	331.49
	24	102.53	− 5.70	0.01	−3.75	240.34	−3.83	331.60
	26	113.30	− 5.85	1.22	−3.79	239.33	−4.07	331.69
	28	124.58	− 5.99	3.07	−3.71	238.10	−4.32	331.75
	30	136.38	− 6.10	5.54	−3.50	236.54	−4.58	331.78
Apr.	1	148.68	− 6.18	8.63	−3.15	234.46	−4.84	331.77

MERCURY, 2011

EPHEMERIS FOR PHYSICAL OBSERVATIONS
FOR 0ʰ TERRESTRIAL TIME

Date		Light-time	Magnitude	Surface Brightness	Diameter	Phase	Phase Angle	Defect of Illumination
		m			″		°	″
Apr.	1	5.74	+ 2.1	+4.5	9.74	0.119	139.7	8.58
	3	5.46	+ 2.9	+4.9	10.25	0.073	148.6	9.50
	5	5.23	+ 3.9	+5.2	10.70	0.038	157.4	10.29
	7	5.05	+ 4.9	+5.4	11.08	0.015	165.8	10.91
	9	4.92	—	—	11.37	0.004	172.8	11.33
	11	4.84	—	—	11.55	0.004	172.9	11.51
	13	4.81	+ 5.1	+5.5	11.62	0.014	166.4	11.46
	15	4.83	+ 4.2	+5.5	11.58	0.033	159.1	11.20
	17	4.89	+ 3.4	+5.3	11.44	0.059	152.0	10.77
	19	4.99	+ 2.7	+5.1	11.22	0.090	145.2	10.22
	21	5.11	+ 2.2	+4.9	10.95	0.124	138.8	9.59
	23	5.26	+ 1.8	+4.7	10.63	0.160	132.9	8.93
	25	5.44	+ 1.5	+4.5	10.29	0.197	127.4	8.26
	27	5.63	+ 1.2	+4.3	9.93	0.233	122.2	7.61
	29	5.85	+ 1.0	+4.2	9.57	0.270	117.4	6.99
May	1	6.07	+ 0.8	+4.1	9.22	0.306	112.9	6.40
	3	6.31	+ 0.7	+4.0	8.87	0.340	108.6	5.85
	5	6.55	+ 0.5	+3.9	8.54	0.375	104.5	5.34
	7	6.81	+ 0.4	+3.8	8.22	0.408	100.6	4.87
	9	7.07	+ 0.3	+3.7	7.92	0.441	96.8	4.43
	11	7.33	+ 0.2	+3.6	7.63	0.474	93.0	4.02
	13	7.61	+ 0.1	+3.5	7.36	0.506	89.3	3.63
	15	7.88	0.0	+3.4	7.10	0.539	85.5	3.27
	17	8.16	0.0	+3.3	6.85	0.573	81.6	2.93
	19	8.45	− 0.1	+3.2	6.63	0.607	77.7	2.60
	21	8.73	− 0.2	+3.1	6.41	0.642	73.5	2.30
	23	9.01	− 0.3	+2.9	6.21	0.678	69.1	2.00
	25	9.29	− 0.5	+2.8	6.02	0.716	64.5	1.71
	27	9.56	− 0.6	+2.7	5.85	0.754	59.5	1.44
	29	9.83	− 0.7	+2.5	5.69	0.793	54.1	1.18
	31	10.08	− 0.9	+2.4	5.55	0.833	48.3	0.93
June	2	10.31	− 1.0	+2.2	5.43	0.872	42.0	0.70
	4	10.52	− 1.2	+2.0	5.32	0.909	35.2	0.49
	6	10.70	− 1.5	+1.8	5.23	0.942	27.9	0.30
	8	10.84	− 1.7	+1.6	5.16	0.969	20.2	0.16
	10	10.94	− 2.0	+1.3	5.12	0.988	12.3	0.06
	12	10.99	− 2.3	+0.9	5.09	0.998	4.8	0.01
	14	11.00	− 2.3	+1.0	5.09	0.998	5.4	0.01
	16	10.95	− 2.0	+1.3	5.11	0.987	13.0	0.07
	18	10.87	− 1.7	+1.6	5.15	0.968	20.6	0.17
	20	10.74	− 1.4	+1.8	5.21	0.942	28.0	0.30
	22	10.58	− 1.2	+2.1	5.29	0.910	34.9	0.47
	24	10.39	− 1.0	+2.3	5.38	0.876	41.3	0.67
	26	10.18	− 0.8	+2.4	5.50	0.840	47.2	0.88
	28	9.95	− 0.7	+2.6	5.62	0.804	52.6	1.10
	30	9.71	− 0.5	+2.7	5.76	0.768	57.6	1.34
July	2	9.46	− 0.4	+2.8	5.91	0.732	62.3	1.58

EPHEMERIS FOR PHYSICAL OBSERVATIONS
FOR 0ʰ TERRESTRIAL TIME

Date		Sub-Earth Point		Sub-Solar Point			North Pole	
		Long.	Lat.	Long.	Dist.	P.A.	Dist.	P.A.
		°	°	°	″	°	″	°
Apr.	1	148.68	− 6.18	8.63	−3.15	234.46	−4.84	331.77
	3	161.45	− 6.21	12.27	−2.67	231.47	−5.09	331.73
	5	174.64	− 6.17	16.42	−2.06	226.62	−5.32	331.66
	7	188.17	− 6.06	21.03	−1.36	216.81	−5.51	331.58
	9	201.92	− 5.87	26.05	−0.71	186.77	−5.66	331.51
	11	215.77	− 5.61	31.41	−0.71	113.40	−5.75	331.45
	13	229.62	− 5.27	37.07	−1.37	83.80	−5.79	331.41
	15	243.34	− 4.88	43.00	−2.07	74.28	−5.77	331.39
	17	256.85	− 4.45	49.14	−2.69	69.77	−5.70	331.39
	19	270.08	− 3.99	55.46	−3.20	67.14	−5.60	331.40
	21	282.98	− 3.53	61.93	−3.60	65.43	−5.46	331.41
	23	295.55	− 3.06	68.51	−3.89	64.26	−5.31	331.42
	25	307.77	− 2.61	75.18	−4.09	63.43	−5.14	331.44
	27	319.67	− 2.18	81.91	−4.20	62.83	−4.96	331.46
	29	331.25	− 1.77	88.67	−4.25	62.40	−4.78	331.49
May	1	342.54	− 1.38	95.43	−4.25	62.10	−4.61	331.52
	3	353.56	− 1.02	102.17	−4.20	61.92	−4.44	331.58
	5	4.33	− 0.68	108.86	−4.13	61.84	−4.27	331.67
	7	14.88	− 0.36	115.48	−4.04	61.86	−4.11	331.79
	9	25.21	− 0.07	121.99	−3.93	61.96	−3.96	331.95
	11	35.35	+ 0.20	128.36	−3.81	62.15	+ 3.81	332.17
	13	45.30	+ 0.45	134.57	+ 3.68	62.44	+ 3.68	332.44
	15	55.08	+ 0.69	140.57	+ 3.54	62.83	+ 3.55	332.77
	17	64.69	+ 0.90	146.32	+ 3.39	63.32	+ 3.43	333.19
	19	74.13	+ 1.11	151.79	+ 3.24	63.93	+ 3.31	333.69
	21	83.42	+ 1.29	156.93	+ 3.07	64.67	+ 3.20	334.28
	23	92.55	+ 1.47	161.68	+ 2.90	65.54	+ 3.10	334.97
	25	101.53	+ 1.63	165.99	+ 2.72	66.57	+ 3.01	335.78
	27	110.36	+ 1.78	169.81	+ 2.52	67.77	+ 2.92	336.71
	29	119.03	+ 1.93	173.09	+ 2.31	69.18	+ 2.85	337.77
	31	127.55	+ 2.06	175.77	+ 2.07	70.84	+ 2.77	338.98
June	2	135.92	+ 2.20	177.83	+ 1.81	72.81	+ 2.71	340.34
	4	144.16	+ 2.33	179.25	+ 1.53	75.19	+ 2.66	341.86
	6	152.27	+ 2.45	180.07	+ 1.22	78.21	+ 2.61	343.54
	8	160.27	+ 2.58	180.35	+ 0.89	82.43	+ 2.58	345.37
	10	168.19	+ 2.72	180.23	+ 0.55	89.93	+ 2.55	347.35
	12	176.07	+ 2.86	179.87	+ 0.21	116.42	+ 2.54	349.44
	14	183.93	+ 3.01	179.47	+ 0.24	227.62	+ 2.54	351.61
	16	191.82	+ 3.17	179.25	+ 0.57	249.91	+ 2.55	353.85
	18	199.77	+ 3.34	179.39	+ 0.91	257.18	+ 2.57	356.09
	20	207.80	+ 3.52	180.02	+ 1.22	261.67	+ 2.60	358.32
	22	215.95	+ 3.72	181.24	+ 1.51	265.15	+ 2.64	0.50
	24	224.22	+ 3.93	183.10	+ 1.78	268.12	+ 2.69	2.60
	26	232.62	+ 4.15	185.58	+ 2.02	270.76	+ 2.74	4.60
	28	241.17	+ 4.38	188.67	+ 2.23	273.16	+ 2.80	6.50
	30	249.85	+ 4.63	192.32	+ 2.43	275.36	+ 2.87	8.29
July	2	258.68	+ 4.88	196.48	+ 2.62	277.39	+ 2.95	9.95

MERCURY, 2011

EPHEMERIS FOR PHYSICAL OBSERVATIONS
FOR 0ʰ TERRESTRIAL TIME

Date		Light-time	Magnitude	Surface Brightness	Diameter	Phase	Phase Angle	Defect of Illumination
		m			"		°	"
July	2	9.46	− 0.4	+2.8	5.91	0.732	62.3	1.58
	4	9.20	− 0.3	+3.0	6.08	0.698	66.7	1.84
	6	8.94	− 0.2	+3.1	6.26	0.665	70.7	2.10
	8	8.68	− 0.1	+3.2	6.45	0.633	74.6	2.37
	10	8.42	0.0	+3.3	6.65	0.601	78.4	2.65
	12	8.15	0.0	+3.3	6.86	0.570	82.0	2.95
	14	7.89	+ 0.1	+3.4	7.09	0.539	85.5	3.27
	16	7.63	+ 0.2	+3.5	7.33	0.508	89.1	3.61
	18	7.38	+ 0.3	+3.6	7.58	0.477	92.6	3.97
	20	7.13	+ 0.3	+3.7	7.85	0.446	96.2	4.35
	22	6.88	+ 0.4	+3.8	8.13	0.414	100.0	4.77
	24	6.64	+ 0.5	+3.9	8.43	0.380	103.8	5.22
	26	6.40	+ 0.7	+4.0	8.74	0.346	107.9	5.71
	28	6.18	+ 0.8	+4.1	9.05	0.311	112.2	6.24
	30	5.97	+ 1.0	+4.2	9.38	0.275	116.8	6.80
Aug.	1	5.76	+ 1.2	+4.3	9.71	0.237	121.7	7.40
	3	5.58	+ 1.5	+4.5	10.03	0.199	127.0	8.03
	5	5.41	+ 1.8	+4.6	10.34	0.161	132.6	8.67
	7	5.27	+ 2.2	+4.8	10.62	0.124	138.7	9.30
	9	5.16	+ 2.8	+5.1	10.85	0.089	145.2	9.88
	11	5.08	+ 3.4	+5.3	11.02	0.058	152.0	10.38
	13	5.04	+ 4.2	+5.4	11.11	0.034	158.9	10.73
	15	5.04	+ 4.9	+5.4	11.10	0.017	165.1	10.91
	17	5.10	+ 5.3	+5.3	10.98	0.010	168.4	10.86
	19	5.21	+ 5.0	+5.3	10.75	0.015	165.7	10.58
	21	5.37	+ 4.1	+5.2	10.42	0.034	158.8	10.07
	23	5.59	+ 3.1	+4.9	10.01	0.065	150.4	9.35
	25	5.87	+ 2.2	+4.5	9.54	0.110	141.3	8.49
	27	6.19	+ 1.5	+4.0	9.03	0.166	131.8	7.53
	29	6.56	+ 0.8	+3.6	8.52	0.234	122.2	6.53
	31	6.97	+ 0.3	+3.3	8.02	0.310	112.3	5.54
Sept.	2	7.41	− 0.1	+3.0	7.55	0.393	102.4	4.58
	4	7.87	− 0.4	+2.8	7.11	0.480	92.3	3.70
	6	8.33	− 0.7	+2.6	6.72	0.567	82.3	2.91
	8	8.79	− 0.8	+2.4	6.37	0.650	72.5	2.23
	10	9.23	− 1.0	+2.3	6.06	0.728	62.9	1.65
	12	9.64	− 1.1	+2.2	5.81	0.795	53.8	1.19
	14	10.02	− 1.2	+2.1	5.59	0.852	45.2	0.83
	16	10.35	− 1.2	+2.1	5.40	0.898	37.3	0.55
	18	10.65	− 1.3	+2.0	5.25	0.933	30.0	0.35
	20	10.91	− 1.4	+1.9	5.13	0.959	23.4	0.21
	22	11.13	− 1.5	+1.7	5.03	0.977	17.4	0.12
	24	11.31	− 1.6	+1.6	4.95	0.989	12.1	0.06
	26	11.46	− 1.7	+1.5	4.88	0.996	7.5	0.02
	28	11.57	− 1.7	+1.4	4.84	0.999	4.1	0.01
	30	11.66	− 1.7	+1.5	4.80	0.999	3.9	0.01
Oct.	2	11.72	− 1.5	+1.7	4.77	0.997	6.6	0.02

EPHEMERIS FOR PHYSICAL OBSERVATIONS
FOR 0ʰ TERRESTRIAL TIME

Date		Sub-Earth Point		Sub-Solar Point			North Pole	
		Long.	Lat.	Long.	Dist.	P.A.	Dist.	P.A.
		°	°	°	"	°	"	°
July	2	258.68	+ 4.88	196.48	+ 2.62	277.39	+ 2.95	9.95
	4	267.65	+ 5.15	201.10	+ 2.79	279.28	+ 3.03	11.49
	6	276.77	+ 5.43	206.12	+ 2.95	281.03	+ 3.11	12.92
	8	286.03	+ 5.73	211.49	+ 3.11	282.66	+ 3.21	14.23
	10	295.44	+ 6.03	217.15	+ 3.26	284.19	+ 3.31	15.43
	12	305.01	+ 6.35	223.08	+ 3.40	285.63	+ 3.41	16.51
	14	314.72	+ 6.68	229.22	+ 3.53	286.98	+ 3.52	17.50
	16	324.61	+ 7.02	235.55	+ 3.66	288.28	+ 3.64	18.38
	18	334.66	+ 7.37	242.02	−3.79	289.52	+ 3.76	19.17
	20	344.90	+ 7.74	248.61	−3.90	290.72	+ 3.89	19.86
	22	355.34	+ 8.12	255.28	−4.01	291.90	+ 4.03	20.46
	24	6.00	+ 8.51	262.01	−4.09	293.09	+ 4.17	20.97
	26	16.89	+ 8.91	268.77	−4.16	294.30	+ 4.32	21.39
	28	28.04	+ 9.32	275.53	−4.19	295.57	+ 4.47	21.72
	30	39.47	+ 9.73	282.27	−4.19	296.93	+ 4.62	21.96
Aug.	1	51.21	+ 10.14	288.97	−4.13	298.44	+ 4.78	22.10
	3	63.28	+ 10.53	295.58	−4.01	300.19	+ 4.93	22.14
	5	75.70	+ 10.90	302.09	−3.80	302.30	+ 5.08	22.08
	7	88.47	+ 11.23	308.46	−3.50	304.99	+ 5.21	21.92
	9	101.60	+ 11.50	314.67	−3.10	308.66	+ 5.32	21.64
	11	115.05	+ 11.69	320.66	−2.59	314.16	+ 5.40	21.26
	13	128.77	+ 11.77	326.42	−2.00	323.45	+ 5.44	20.78
	15	142.68	+ 11.74	331.88	−1.42	341.71	+ 5.43	20.23
	17	156.67	+ 11.58	337.01	−1.10	17.96	+ 5.38	19.65
	19	170.60	+ 11.29	341.75	−1.33	57.59	+ 5.27	19.08
	21	184.34	+ 10.88	346.06	−1.88	78.85	+ 5.12	18.57
	23	197.77	+ 10.38	349.87	−2.47	89.40	+ 4.92	18.17
	25	210.78	+ 9.81	353.14	−2.98	95.49	+ 4.70	17.93
	27	223.30	+ 9.21	355.81	−3.37	99.55	+ 4.46	17.89
	29	235.28	+ 8.59	357.86	−3.61	102.60	+ 4.21	18.04
	31	246.71	+ 8.00	359.27	−3.71	105.11	+ 3.97	18.40
Sept.	2	257.61	+ 7.43	0.08	−3.69	107.33	+ 3.74	18.95
	4	268.00	+ 6.90	0.36	−3.55	109.40	+ 3.53	19.67
	6	277.94	+ 6.41	0.23	+ 3.33	111.39	+ 3.34	20.52
	8	287.47	+ 5.98	359.86	+ 3.04	113.35	+ 3.17	21.45
	10	296.68	+ 5.59	359.47	+ 2.70	115.30	+ 3.02	22.43
	12	305.63	+ 5.25	359.25	+ 2.34	117.26	+ 2.89	23.40
	14	314.40	+ 4.94	359.39	+ 1.98	119.27	+ 2.78	24.34
	16	323.03	+ 4.67	0.04	+ 1.64	121.38	+ 2.69	25.21
	18	331.60	+ 4.43	1.27	+ 1.31	123.72	+ 2.62	26.00
	20	340.14	+ 4.22	3.13	+ 1.02	126.50	+ 2.56	26.69
	22	348.67	+ 4.02	5.62	+ 0.75	130.19	+ 2.51	27.27
	24	357.23	+ 3.84	8.72	+ 0.52	135.92	+ 2.47	27.74
	26	5.83	+ 3.67	12.38	+ 0.32	147.14	+ 2.44	28.11
	28	14.47	+ 3.51	16.55	+ 0.17	177.62	+ 2.41	28.37
	30	23.17	+ 3.35	21.17	+ 0.16	239.43	+ 2.40	28.52
Oct.	2	31.92	+ 3.20	26.19	+ 0.27	269.55	+ 2.38	28.58

MERCURY, 2011

EPHEMERIS FOR PHYSICAL OBSERVATIONS
FOR 0ʰ TERRESTRIAL TIME

Date		Light-time	Magnitude	Surface Brightness	Diameter	Phase	Phase Angle	Defect of Illumination
		m			"		°	"
Oct.	2	11.72	− 1.5	+1.7	4.77	0.997	6.6	0.02
	4	11.76	− 1.3	+1.8	4.76	0.993	9.7	0.03
	6	11.77	− 1.1	+2.0	4.75	0.988	12.7	0.06
	8	11.77	− 1.0	+2.1	4.75	0.982	15.6	0.09
	10	11.74	− 0.8	+2.3	4.76	0.975	18.4	0.12
	12	11.70	− 0.7	+2.4	4.78	0.967	21.0	0.16
	14	11.64	− 0.6	+2.5	4.81	0.958	23.6	0.20
	16	11.56	− 0.5	+2.6	4.84	0.949	26.1	0.25
	18	11.47	− 0.5	+2.6	4.88	0.939	28.6	0.30
	20	11.36	− 0.4	+2.7	4.93	0.928	31.1	0.35
	22	11.23	− 0.4	+2.8	4.98	0.917	33.5	0.41
	24	11.09	− 0.3	+2.8	5.05	0.904	36.0	0.48
	26	10.93	− 0.3	+2.9	5.12	0.891	38.6	0.56
	28	10.75	− 0.3	+2.9	5.20	0.876	41.3	0.65
	30	10.56	− 0.3	+2.9	5.30	0.859	44.1	0.75
Nov.	1	10.35	− 0.3	+3.0	5.41	0.840	47.1	0.86
	3	10.12	− 0.3	+3.0	5.53	0.820	50.3	1.00
	5	9.87	− 0.3	+3.0	5.67	0.796	53.7	1.16
	7	9.61	− 0.3	+3.0	5.82	0.770	57.4	1.34
	9	9.32	− 0.3	+3.0	6.00	0.739	61.4	1.56
	11	9.02	− 0.3	+3.0	6.20	0.705	65.8	1.83
	13	8.70	− 0.3	+3.0	6.43	0.665	70.8	2.16
	15	8.36	− 0.3	+3.0	6.69	0.619	76.3	2.55
	17	8.01	− 0.3	+3.1	6.98	0.566	82.5	3.03
	19	7.65	− 0.2	+3.1	7.31	0.505	89.4	3.62
	21	7.28	− 0.1	+3.2	7.68	0.436	97.3	4.33
	23	6.92	+ 0.1	+3.3	8.09	0.359	106.3	5.18
	25	6.57	+ 0.5	+3.5	8.52	0.277	116.5	6.16
	27	6.25	+ 1.1	+3.8	8.96	0.192	128.0	7.24
	29	5.97	+ 2.0	+4.2	9.37	0.113	140.7	8.31
Dec.	1	5.77	+ 3.3	+4.7	9.69	0.048	154.7	9.23
	3	5.66	+ 5.1	+4.7	9.89	0.009	169.2	9.80
	5	5.65	−	−	9.90	0.003	173.3	9.87
	7	5.75	+ 3.8	+4.7	9.73	0.034	158.9	9.41
	9	5.94	+ 2.2	+4.3	9.42	0.094	144.4	8.53
	11	6.21	+ 1.2	+3.8	9.00	0.173	130.8	7.44
	13	6.54	+ 0.5	+3.5	8.55	0.261	118.5	6.32
	15	6.91	+ 0.1	+3.2	8.10	0.350	107.5	5.27
	17	7.29	− 0.2	+3.1	7.68	0.433	97.7	4.35
	19	7.67	− 0.3	+3.0	7.29	0.508	89.1	3.59
	21	8.05	− 0.4	+3.0	6.95	0.574	81.5	2.96
	23	8.42	− 0.4	+2.9	6.65	0.631	74.8	2.45
	25	8.77	− 0.4	+2.9	6.38	0.680	68.9	2.04
	27	9.10	− 0.4	+2.9	6.15	0.722	63.6	1.71
	29	9.41	− 0.4	+2.9	5.95	0.759	58.8	1.43
	31	9.70	− 0.4	+2.9	5.77	0.790	54.6	1.21
	33	9.97	− 0.4	+2.9	5.61	0.817	50.7	1.03

EPHEMERIS FOR PHYSICAL OBSERVATIONS
FOR 0ʰ TERRESTRIAL TIME

Date		Sub-Earth Point		Sub-Solar Point			North Pole	
		Long.	Lat.	Long.	Dist.	P.A.	Dist.	P.A.
		°	°	°	''	°	''	°
Oct.	2	31.92	+ 3.20	26.19	+ 0.27	269.55	+ 2.38	28.58
	4	40.74	+ 3.06	31.56	+ 0.40	280.31	+ 2.38	28.55
	6	49.60	+ 2.92	37.24	+ 0.52	285.40	+ 2.37	28.43
	8	58.52	+ 2.78	43.17	+ 0.64	288.25	+ 2.37	28.22
	10	67.50	+ 2.64	49.31	+ 0.75	289.98	+ 2.38	27.93
	12	76.53	+ 2.50	55.64	+ 0.86	291.06	+ 2.39	27.56
	14	85.60	+ 2.36	62.11	+ 0.96	291.71	+ 2.40	27.11
	16	94.72	+ 2.22	68.70	+ 1.06	292.07	+ 2.42	26.59
	18	103.89	+ 2.08	75.37	+ 1.17	292.19	+ 2.44	26.00
	20	113.10	+ 1.94	82.10	+ 1.27	292.13	+ 2.46	25.34
	22	122.35	+ 1.79	88.86	+ 1.38	291.93	+ 2.49	24.62
	24	131.64	+ 1.64	95.63	+ 1.48	291.59	+ 2.52	23.84
	26	140.98	+ 1.49	102.37	+ 1.60	291.14	+ 2.56	22.99
	28	150.36	+ 1.33	109.06	+ 1.72	290.59	+ 2.60	22.10
	30	159.79	+ 1.17	115.67	+ 1.84	289.95	+ 2.65	21.15
Nov.	1	169.27	+ 1.00	122.18	+ 1.98	289.23	+ 2.70	20.16
	3	178.81	+ 0.83	128.55	+ 2.13	288.45	+ 2.76	19.13
	5	188.42	+ 0.64	134.75	+ 2.28	287.61	+ 2.83	18.08
	7	198.11	+ 0.45	140.75	+ 2.45	286.72	+ 2.91	17.01
	9	207.89	+ 0.25	146.49	+ 2.63	285.80	+ 3.00	15.94
	11	217.80	+ 0.03	151.95	+ 2.83	284.85	+ 3.10	14.87
	13	227.86	− 0.20	157.08	+ 3.04	283.91	−3.22	13.85
	15	238.10	− 0.45	161.82	+ 3.25	282.98	−3.34	12.88
	17	248.58	− 0.72	166.12	+ 3.46	282.09	−3.49	12.01
	19	259.37	− 1.02	169.93	+ 3.66	281.26	−3.66	11.26
	21	270.53	− 1.34	173.18	−3.81	280.51	−3.84	10.69
	23	282.18	− 1.70	175.85	−3.88	279.85	−4.04	10.36
	25	294.41	− 2.09	177.89	−3.81	279.24	−4.26	10.30
	27	307.31	− 2.51	179.29	−3.53	278.59	−4.48	10.57
	29	320.93	− 2.95	180.09	−2.96	277.54	−4.68	11.18
Dec.	1	335.26	− 3.39	180.36	−2.07	274.90	−4.84	12.10
	3	350.11	− 3.79	180.23	−0.93	262.90	−4.93	13.24
	5	5.19	− 4.12	179.86	−0.58	142.11	−4.94	14.46
	7	20.14	− 4.37	179.47	−1.75	117.00	−4.85	15.58
	9	34.62	− 4.53	179.25	−2.74	112.83	−4.69	16.47
	11	48.41	− 4.62	179.40	−3.41	111.07	−4.49	17.08
	13	61.44	− 4.65	180.05	−3.76	109.90	−4.26	17.37
	15	73.75	− 4.65	181.30	−3.86	108.85	−4.04	17.38
	17	85.41	− 4.63	183.17	−3.80	107.77	−3.83	17.14
	19	96.56	− 4.61	185.67	+ 3.64	106.61	−3.63	16.69
	21	107.28	− 4.59	188.78	+ 3.44	105.37	−3.46	16.06
	23	117.68	− 4.57	192.45	+ 3.21	104.02	−3.31	15.28
	25	127.82	− 4.55	196.62	+ 2.98	102.59	−3.18	14.36
	27	137.76	− 4.55	201.25	+ 2.75	101.05	−3.06	13.33
	29	147.55	− 4.54	206.28	+ 2.54	99.44	−2.96	12.20
	31	157.23	− 4.54	211.65	+ 2.35	97.73	−2.88	10.99
	33	166.81	− 4.55	217.33	+ 2.17	95.95	−2.80	9.70

VENUS, 2011

EPHEMERIS FOR PHYSICAL OBSERVATIONS
FOR 0ʰ TERRESTRIAL TIME

Date		Light-time	Magnitude	Surface Brightness	Diameter	Phase	Phase Angle	Defect of Illumination
		m			"		°	"
Jan.	−1	5.00	−4.7	+1.4	27.78	0.448	96.0	15.34
	3	5.25	−4.6	+1.4	26.44	0.471	93.3	13.99
	7	5.50	−4.6	+1.4	25.23	0.493	90.8	12.79
	11	5.75	−4.5	+1.4	24.12	0.514	88.4	11.72
	15	6.01	−4.5	+1.4	23.10	0.534	86.1	10.76
	19	6.26	−4.5	+1.4	22.17	0.554	83.8	9.90
	23	6.51	−4.4	+1.4	21.31	0.572	81.7	9.12
	27	6.76	−4.4	+1.3	20.52	0.590	79.7	8.42
	31	7.01	−4.3	+1.3	19.79	0.607	77.7	7.78
Feb.	4	7.26	−4.3	+1.3	19.12	0.623	75.7	7.20
	8	7.51	−4.3	+1.3	18.49	0.639	73.9	6.68
	12	7.75	−4.2	+1.3	17.91	0.654	72.0	6.19
	16	7.99	−4.2	+1.3	17.37	0.669	70.2	5.75
	20	8.23	−4.2	+1.3	16.86	0.683	68.5	5.34
	24	8.47	−4.2	+1.3	16.39	0.697	66.8	4.96
	28	8.70	−4.1	+1.3	15.95	0.711	65.1	4.62
Mar.	4	8.93	−4.1	+1.2	15.54	0.724	63.4	4.29
	8	9.16	−4.1	+1.2	15.15	0.736	61.8	4.00
	12	9.39	−4.0	+1.2	14.78	0.748	60.2	3.72
	16	9.61	−4.0	+1.2	14.44	0.760	58.6	3.46
	20	9.83	−4.0	+1.2	14.12	0.772	57.1	3.22
	24	10.05	−4.0	+1.2	13.81	0.783	55.5	3.00
	28	10.26	−4.0	+1.2	13.52	0.794	54.0	2.79
Apr.	1	10.47	−3.9	+1.2	13.25	0.805	52.5	2.59
	5	10.68	−3.9	+1.2	13.00	0.815	50.9	2.40
	9	10.88	−3.9	+1.1	12.76	0.825	49.4	2.23
	13	11.08	−3.9	+1.1	12.53	0.835	47.9	2.07
	17	11.27	−3.9	+1.1	12.31	0.845	46.4	1.91
	21	11.46	−3.9	+1.1	12.11	0.854	44.9	1.77
	25	11.65	−3.9	+1.1	11.91	0.863	43.5	1.63
	29	11.83	−3.9	+1.1	11.73	0.872	42.0	1.50
May	3	12.01	−3.8	+1.1	11.56	0.880	40.5	1.38
	7	12.18	−3.8	+1.1	11.40	0.889	39.0	1.27
	11	12.35	−3.8	+1.0	11.24	0.897	37.5	1.16
	15	12.51	−3.8	+1.0	11.10	0.904	36.0	1.06
	19	12.66	−3.8	+1.0	10.96	0.912	34.5	0.96
	23	12.81	−3.8	+1.0	10.83	0.919	33.0	0.87
	27	12.96	−3.8	+1.0	10.71	0.926	31.5	0.79
	31	13.10	−3.8	+1.0	10.60	0.933	30.0	0.71
June	4	13.23	−3.8	+1.0	10.49	0.939	28.5	0.63
	8	13.36	−3.8	+0.9	10.39	0.946	27.0	0.56
	12	13.47	−3.8	+0.9	10.30	0.952	25.4	0.50
	16	13.59	−3.8	+0.9	10.21	0.957	23.9	0.44
	20	13.69	−3.8	+0.9	10.14	0.962	22.4	0.38
	24	13.79	−3.8	+0.9	10.06	0.967	20.8	0.33
	28	13.88	−3.8	+0.9	10.00	0.972	19.3	0.28
July	2	13.97	−3.9	+0.8	9.94	0.976	17.7	0.24

EPHEMERIS FOR PHYSICAL OBSERVATIONS
FOR 0ʰ TERRESTRIAL TIME

Date		L_s	Sub-Earth Point		Sub-Solar Point				North Pole	
			Long.	Lat.	Long.	Lat.	Dist.	P.A.	Dist.	P.A.
		°	°	°	°	°	″	°	″	°
Jan.	−1	257.61	77.17	−2.32	341.08	−2.58	−13.81	108.07	−13.88	15.24
	3	264.11	86.93	−2.39	353.50	−2.62	−13.20	106.83	−13.21	14.06
	7	270.60	96.83	−2.42	5.93	−2.64	−12.61	105.45	−12.60	12.78
	11	277.09	106.83	−2.42	18.35	−2.62	+ 12.06	103.93	−12.05	11.38
	15	283.58	116.93	−2.38	30.77	−2.56	+ 11.52	102.29	−11.54	9.89
	19	290.06	127.12	−2.32	43.18	−2.48	+ 11.02	100.54	−11.08	8.29
	23	296.53	137.38	−2.23	55.59	−2.36	+ 10.55	98.68	−10.65	6.62
	27	303.00	147.71	−2.13	67.98	−2.21	+ 10.10	96.73	−10.25	4.86
	31	309.46	158.10	−2.00	80.37	−2.04	+ 9.67	94.70	− 9.89	3.05
Feb.	4	315.92	168.54	−1.87	92.75	−1.84	+ 9.26	92.61	− 9.55	1.19
	8	322.36	179.02	−1.72	105.12	−1.61	+ 8.88	90.47	− 9.24	359.29
	12	328.80	189.53	−1.56	117.48	−1.37	+ 8.52	88.32	− 8.95	357.39
	16	335.22	200.08	−1.40	129.83	−1.11	+ 8.17	86.16	− 8.68	355.49
	20	341.64	210.66	−1.24	142.16	−0.83	+ 7.84	84.01	− 8.43	353.61
	24	348.05	221.27	−1.07	154.49	−0.55	+ 7.53	81.90	− 8.19	351.77
	28	354.45	231.90	−0.91	166.81	−0.26	+ 7.23	79.84	− 7.97	349.98
Mar.	4	0.83	242.55	−0.75	179.11	+ 0.04	+ 6.95	77.86	− 7.77	348.27
	8	7.21	253.22	−0.59	191.41	+ 0.33	+ 6.68	75.96	− 7.57	346.65
	12	13.58	263.90	−0.45	203.70	+ 0.62	+ 6.41	74.17	− 7.39	345.14
	16	19.95	274.60	−0.30	215.98	+ 0.90	+ 6.16	72.49	− 7.22	343.73
	20	26.30	285.30	−0.17	228.26	+ 1.17	+ 5.92	70.94	− 7.06	342.45
	24	32.65	296.02	−0.05	240.53	+ 1.42	+ 5.69	69.53	− 6.91	341.30
	28	38.99	306.75	+ 0.06	252.79	+ 1.66	+ 5.47	68.27	+ 6.76	340.28
Apr.	1	45.32	317.48	+ 0.16	265.05	+ 1.88	+ 5.25	67.15	+ 6.63	339.40
	5	51.65	328.23	+ 0.24	277.31	+ 2.07	+ 5.05	66.20	+ 6.50	338.66
	9	57.98	338.97	+ 0.32	289.56	+ 2.24	+ 4.85	65.40	+ 6.38	338.07
	13	64.31	349.73	+ 0.38	301.82	+ 2.38	+ 4.65	64.77	+ 6.26	337.63
	17	70.63	0.48	+ 0.42	314.07	+ 2.49	+ 4.46	64.30	+ 6.16	337.33
	21	76.95	11.24	+ 0.45	326.32	+ 2.57	+ 4.28	64.00	+ 6.05	337.18
	25	83.28	22.00	+ 0.47	338.58	+ 2.62	+ 4.10	63.87	+ 5.96	337.18
	29	89.60	32.77	+ 0.48	350.83	+ 2.64	+ 3.92	63.91	+ 5.87	337.32
May	3	95.93	43.54	+ 0.48	3.09	+ 2.62	+ 3.75	64.13	+ 5.78	337.61
	7	102.26	54.31	+ 0.46	15.36	+ 2.58	+ 3.59	64.52	+ 5.70	338.05
	11	108.59	65.09	+ 0.43	27.62	+ 2.50	+ 3.42	65.08	+ 5.62	338.63
	15	114.94	75.87	+ 0.39	39.89	+ 2.39	+ 3.26	65.82	+ 5.55	339.35
	19	121.28	86.64	+ 0.35	52.17	+ 2.25	+ 3.11	66.74	+ 5.48	340.21
	23	127.64	97.43	+ 0.29	64.45	+ 2.09	+ 2.95	67.83	+ 5.42	341.22
	27	134.00	108.21	+ 0.22	76.74	+ 1.90	+ 2.80	69.10	+ 5.36	342.36
	31	140.37	119.00	+ 0.15	89.04	+ 1.68	+ 2.65	70.55	+ 5.30	343.64
June	4	146.75	129.79	+ 0.08	101.34	+ 1.45	+ 2.50	72.17	+ 5.25	345.05
	8	153.14	140.59	0.00	113.65	+ 1.19	+ 2.36	73.96	− 5.20	346.59
	12	159.53	151.38	−0.08	125.97	+ 0.92	+ 2.21	75.92	− 5.15	348.24
	16	165.94	162.18	−0.17	138.29	+ 0.64	+ 2.07	78.04	− 5.11	349.99
	20	172.36	172.99	−0.25	150.63	+ 0.35	+ 1.93	80.31	− 5.07	351.84
	24	178.79	183.79	−0.33	162.97	+ 0.06	+ 1.79	82.74	− 5.03	353.77
	28	185.22	194.61	−0.41	175.33	−0.24	+ 1.65	85.31	− 5.00	355.77
July	2	191.67	205.43	−0.49	187.69	−0.53	+ 1.51	88.02	− 4.97	357.81

VENUS, 2011

EPHEMERIS FOR PHYSICAL OBSERVATIONS
FOR 0^h TERRESTRIAL TIME

Date		Light-time	Magnitude	Surface Brightness	Diameter	Phase	Phase Angle	Defect of Illumination
		m			''		°	''
July	2	13.97	−3.9	+0.8	9.94	0.976	17.7	0.24
	6	14.04	−3.9	+0.8	9.88	0.980	16.2	0.20
	10	14.11	−3.9	+0.8	9.83	0.984	14.6	0.16
	14	14.18	−3.9	+0.8	9.79	0.987	13.1	0.13
	18	14.23	−3.9	+0.8	9.75	0.990	11.5	0.10
	22	14.28	−3.9	+0.8	9.72	0.992	10.0	0.07
	26	14.32	−3.9	+0.7	9.70	0.995	8.5	0.05
	30	14.35	−3.9	+0.7	9.67	0.996	6.9	0.04
Aug.	3	14.37	−3.9	+0.7	9.66	0.998	5.5	0.02
	7	14.39	−4.0	+0.7	9.65	0.999	4.0	0.01
	11	14.39	−4.0	+0.7	9.64	0.999	2.7	0.01
	15	14.39	—	—	9.64	1.000	1.9	0.00
	19	14.39	—	—	9.65	1.000	2.1	0.00
	23	14.37	−4.0	+0.7	9.66	0.999	3.2	0.01
	27	14.35	−4.0	+0.7	9.67	0.998	4.5	0.01
	31	14.32	−3.9	+0.7	9.69	0.997	5.9	0.03
Sept.	4	14.29	−3.9	+0.7	9.71	0.996	7.4	0.04
	8	14.25	−3.9	+0.8	9.74	0.994	8.8	0.06
	12	14.20	−3.9	+0.8	9.78	0.992	10.3	0.08
	16	14.14	−3.9	+0.8	9.81	0.989	11.8	0.10
	20	14.08	−3.9	+0.8	9.86	0.987	13.2	0.13
	24	14.01	−3.9	+0.8	9.90	0.984	14.7	0.16
	28	13.94	−3.9	+0.8	9.96	0.980	16.1	0.20
Oct.	2	13.86	−3.9	+0.8	10.01	0.977	17.5	0.23
	6	13.77	−3.9	+0.9	10.08	0.973	18.9	0.27
	10	13.68	−3.9	+0.9	10.14	0.969	20.4	0.32
	14	13.59	−3.9	+0.9	10.21	0.964	21.8	0.36
	18	13.49	−3.8	+0.9	10.29	0.960	23.2	0.41
	22	13.38	−3.8	+0.9	10.37	0.955	24.5	0.47
	26	13.27	−3.8	+0.9	10.46	0.950	25.9	0.53
	30	13.15	−3.8	+1.0	10.55	0.944	27.3	0.59
Nov.	3	13.03	−3.8	+1.0	10.65	0.939	28.7	0.65
	7	12.90	−3.8	+1.0	10.76	0.933	30.0	0.72
	11	12.77	−3.8	+1.0	10.87	0.927	31.4	0.79
	15	12.64	−3.8	+1.0	10.98	0.921	32.7	0.87
	19	12.50	−3.9	+1.0	11.10	0.914	34.1	0.95
	23	12.36	−3.9	+1.0	11.23	0.907	35.5	1.04
	27	12.21	−3.9	+1.0	11.37	0.900	36.8	1.13
Dec.	1	12.06	−3.9	+1.1	11.51	0.893	38.2	1.23
	5	11.90	−3.9	+1.1	11.66	0.886	39.5	1.33
	9	11.74	−3.9	+1.1	11.82	0.878	40.9	1.44
	13	11.58	−3.9	+1.1	11.99	0.870	42.3	1.56
	17	11.41	−3.9	+1.1	12.16	0.861	43.7	1.68
	21	11.24	−3.9	+1.1	12.35	0.853	45.1	1.82
	25	11.06	−3.9	+1.1	12.54	0.844	46.5	1.96
	29	10.88	−3.9	+1.1	12.75	0.835	48.0	2.11
	33	10.70	−4.0	+1.1	12.97	0.825	49.4	2.27

EPHEMERIS FOR PHYSICAL OBSERVATIONS
FOR 0ʰ TERRESTRIAL TIME

Date		L_s	Sub-Earth Point		Sub-Solar Point				North Pole	
			Long.	Lat.	Long.	Lat.	Dist.	P.A.	Dist.	P.A.
		°	°	°	°	°	″	°	″	°
July	2	191.67	205.43	− 0.49	187.69	− 0.53	+ 1.51	88.02	− 4.97	357.81
	6	198.12	216.25	− 0.56	200.07	− 0.82	+ 1.38	90.87	− 4.94	359.87
	10	204.58	227.08	− 0.63	212.45	− 1.10	+ 1.24	93.87	− 4.92	1.94
	14	211.05	237.91	− 0.69	224.84	− 1.36	+ 1.11	97.04	− 4.90	4.00
	18	217.53	248.74	− 0.74	237.24	− 1.61	+ 0.98	100.42	− 4.88	6.02
	22	224.01	259.58	− 0.79	249.64	− 1.83	+ 0.84	104.09	− 4.86	7.98
	26	230.49	270.43	− 0.82	262.05	− 2.04	+ 0.71	108.22	− 4.85	9.87
	30	236.98	281.28	− 0.84	274.47	− 2.21	+ 0.58	113.12	− 4.84	11.66
Aug.	3	243.48	292.13	− 0.85	286.89	− 2.36	+ 0.46	119.46	− 4.83	13.35
	7	249.97	302.99	− 0.86	299.32	− 2.48	+ 0.34	128.82	− 4.82	14.93
	11	256.47	313.86	− 0.84	311.75	− 2.56	+ 0.23	145.60	− 4.82	16.37
	15	262.96	324.72	− 0.82	324.17	− 2.62	+ 0.16	180.65	− 4.82	17.68
	19	269.46	335.59	− 0.78	336.60	− 2.64	+ 0.18	227.27	− 4.82	18.84
	23	275.95	346.47	− 0.74	349.02	− 2.62	+ 0.27	253.34	− 4.83	19.87
	27	282.43	357.35	− 0.68	1.44	− 2.58	+ 0.38	265.78	− 4.83	20.74
	31	288.92	8.23	− 0.61	13.85	− 2.50	+ 0.50	272.81	− 4.84	21.46
Sept.	4	295.39	19.12	− 0.52	26.26	− 2.38	+ 0.62	277.36	− 4.86	22.03
	8	301.86	30.00	− 0.43	38.66	− 2.24	+ 0.75	280.55	− 4.87	22.45
	12	308.33	40.89	− 0.33	51.05	− 2.07	+ 0.87	282.89	− 4.89	22.71
	16	314.78	51.78	− 0.21	63.43	− 1.87	+ 1.00	284.65	− 4.91	22.83
	20	321.23	62.68	− 0.09	75.81	− 1.65	+ 1.13	285.95	− 4.93	22.80
	24	327.67	73.57	+ 0.04	88.17	− 1.41	+ 1.25	286.89	+ 4.95	22.61
	28	334.09	84.47	+ 0.17	100.52	− 1.15	+ 1.38	287.53	+ 4.98	22.27
Oct.	2	340.51	95.37	+ 0.31	112.86	− 0.88	+ 1.51	287.89	+ 5.01	21.79
	6	346.92	106.27	+ 0.45	125.19	− 0.60	+ 1.64	288.00	+ 5.04	21.15
	10	353.32	117.16	+ 0.59	137.50	− 0.31	+ 1.76	287.88	+ 5.07	20.36
	14	359.71	128.06	+ 0.74	149.81	− 0.01	+ 1.89	287.54	+ 5.11	19.43
	18	6.09	138.96	+ 0.88	162.11	+ 0.28	+ 2.02	286.99	+ 5.15	18.35
	22	12.47	149.86	+ 1.02	174.40	+ 0.57	+ 2.15	286.25	+ 5.19	17.12
	26	18.83	160.77	+ 1.16	186.69	+ 0.85	+ 2.29	285.31	+ 5.23	15.75
	30	25.18	171.67	+ 1.29	198.97	+ 1.12	+ 2.42	284.19	+ 5.28	14.24
Nov.	3	31.53	182.57	+ 1.41	211.24	+ 1.38	+ 2.55	282.89	+ 5.32	12.60
	7	37.88	193.47	+ 1.53	223.50	+ 1.62	+ 2.69	281.44	+ 5.38	10.85
	11	44.21	204.37	+ 1.63	235.76	+ 1.84	+ 2.83	279.85	+ 5.43	8.99
	15	50.54	215.27	+ 1.72	248.02	+ 2.04	+ 2.97	278.12	+ 5.49	7.04
	19	56.87	226.16	+ 1.80	260.28	+ 2.21	+ 3.11	276.29	+ 5.55	5.01
	23	63.20	237.06	+ 1.87	272.53	+ 2.35	+ 3.26	274.37	+ 5.61	2.93
	27	69.52	247.95	+ 1.92	284.79	+ 2.47	+ 3.41	272.38	+ 5.68	0.82
Dec.	1	75.85	258.84	+ 1.95	297.04	+ 2.56	+ 3.56	270.36	+ 5.75	358.70
	5	82.17	269.72	+ 1.96	309.29	+ 2.61	+ 3.71	268.32	+ 5.83	356.59
	9	88.49	280.60	+ 1.96	321.55	+ 2.64	+ 3.87	266.29	+ 5.91	354.52
	13	94.82	291.48	+ 1.93	333.81	+ 2.63	+ 4.03	264.30	+ 5.99	352.52
	17	101.15	302.35	+ 1.89	346.07	+ 2.59	+ 4.20	262.36	+ 6.08	350.59
	21	107.49	313.21	+ 1.83	358.34	+ 2.52	+ 4.37	260.49	+ 6.17	348.76
	25	113.83	324.06	+ 1.74	10.61	+ 2.41	+ 4.55	258.71	+ 6.27	347.04
	29	120.17	334.91	+ 1.64	22.89	+ 2.28	+ 4.73	257.04	+ 6.37	345.44
	33	126.53	345.74	+ 1.51	35.17	+ 2.12	+ 4.92	255.47	+ 6.48	343.98

MARS, 2011

EPHEMERIS FOR PHYSICAL OBSERVATIONS
FOR 0ʰ TERRESTRIAL TIME

Date		Light-time	Magnitude	Surface Brightness	Diameter		Phase	Phase Angle	Defect of Illumination
					Eq.	Polar			
		m			$''$	$''$		°	$''$
Jan.	−1	19.78	+1.2	+3.9	3.94	3.91	0.997	6.0	0.01
	3	19.79	+1.2	+3.9	3.94	3.91	0.998	5.4	0.01
	7	19.79	+1.2	+3.9	3.94	3.91	0.998	4.7	0.01
	11	19.79	+1.2	+3.9	3.94	3.91	0.999	4.1	0.00
	15	19.79	+1.1	+3.9	3.94	3.91	0.999	3.4	0.00
	19	19.78	+1.1	+3.8	3.94	3.92	0.999	2.8	0.00
	23	19.78	+1.1	+3.8	3.94	3.92	1.000	2.2	0.00
	27	19.77	+1.1	+3.8	3.94	3.92	1.000	1.6	0.00
	31	19.76	+1.1	+3.8	3.94	3.92	1.000	1.1	0.00
Feb.	4	19.75	+1.1	+3.8	3.94	3.92	1.000	0.8	0.00
	8	19.74	+1.1	+3.8	3.95	3.93	1.000	0.9	0.00
	12	19.73	+1.1	+3.8	3.95	3.93	1.000	1.4	0.00
	16	19.72	+1.1	+3.8	3.95	3.93	1.000	2.0	0.00
	20	19.70	+1.1	+3.8	3.95	3.93	1.000	2.5	0.00
	24	19.69	+1.1	+3.8	3.96	3.94	0.999	3.1	0.00
	28	19.67	+1.1	+3.8	3.96	3.94	0.999	3.7	0.00
Mar.	4	19.66	+1.1	+3.8	3.96	3.94	0.999	4.4	0.01
	8	19.64	+1.1	+3.8	3.97	3.95	0.998	5.0	0.01
	12	19.62	+1.1	+3.9	3.97	3.95	0.998	5.6	0.01
	16	19.60	+1.1	+3.9	3.97	3.95	0.997	6.2	0.01
	20	19.58	+1.2	+3.9	3.98	3.96	0.997	6.8	0.01
	24	19.56	+1.2	+3.9	3.98	3.96	0.996	7.4	0.02
	28	19.54	+1.2	+3.9	3.99	3.97	0.995	8.0	0.02
Apr.	1	19.52	+1.2	+3.9	3.99	3.97	0.994	8.6	0.02
	5	19.50	+1.2	+3.9	3.99	3.98	0.994	9.1	0.03
	9	19.47	+1.2	+3.9	4.00	3.98	0.993	9.7	0.03
	13	19.45	+1.2	+3.9	4.00	3.99	0.992	10.3	0.03
	17	19.42	+1.2	+4.0	4.01	3.99	0.991	10.9	0.04
	21	19.39	+1.2	+4.0	4.02	4.00	0.990	11.5	0.04
	25	19.36	+1.2	+4.0	4.02	4.00	0.989	12.1	0.04
	29	19.33	+1.2	+4.0	4.03	4.01	0.988	12.6	0.05
May	3	19.30	+1.3	+4.0	4.04	4.02	0.987	13.2	0.05
	7	19.27	+1.3	+4.0	4.04	4.02	0.986	13.8	0.06
	11	19.23	+1.3	+4.0	4.05	4.03	0.984	14.3	0.06
	15	19.19	+1.3	+4.0	4.06	4.04	0.983	14.9	0.07
	19	19.15	+1.3	+4.1	4.07	4.05	0.982	15.5	0.07
	23	19.10	+1.3	+4.1	4.08	4.06	0.981	16.0	0.08
	27	19.06	+1.3	+4.1	4.09	4.07	0.979	16.6	0.09
	31	19.01	+1.3	+4.1	4.10	4.08	0.978	17.2	0.09
June	4	18.95	+1.3	+4.1	4.11	4.09	0.976	17.7	0.10
	8	18.90	+1.3	+4.1	4.12	4.10	0.975	18.3	0.10
	12	18.84	+1.3	+4.1	4.14	4.11	0.973	18.9	0.11
	16	18.77	+1.4	+4.1	4.15	4.13	0.972	19.4	0.12
	20	18.70	+1.4	+4.2	4.16	4.14	0.970	20.0	0.13
	24	18.63	+1.4	+4.2	4.18	4.16	0.968	20.5	0.13
	28	18.56	+1.4	+4.2	4.20	4.17	0.966	21.1	0.14
July	2	18.47	+1.4	+4.2	4.22	4.19	0.965	21.7	0.15

EPHEMERIS FOR PHYSICAL OBSERVATIONS
FOR 0^h TERRESTRIAL TIME

Date		L_s	Sub-Earth Point		Sub-Solar Point				North Pole	
			Long.	Lat.	Long.	Lat.	Dist.	P.A.	Dist.	P.A.
		°	°	°	°	°	″	°	″	°
Jan.	−1	207.66	75.82	− 9.67	69.96	− 11.53	+ 0.21	269.21	−1.93	17.45
	3	210.09	36.51	− 10.94	31.23	− 12.46	+ 0.18	268.91	−1.92	15.63
	7	212.53	357.17	− 12.19	352.48	− 13.38	+ 0.16	268.88	−1.91	13.77
	11	214.98	317.80	− 13.42	313.70	− 14.28	+ 0.14	269.24	−1.90	11.88
	15	217.44	278.39	− 14.60	274.89	− 15.17	+ 0.12	270.20	−1.89	9.95
	19	219.91	238.95	− 15.76	236.05	− 16.03	+ 0.10	272.13	−1.89	8.00
	23	222.39	199.46	− 16.87	197.18	− 16.86	+ 0.08	275.79	−1.88	6.02
	27	224.88	159.93	− 17.93	158.28	− 17.67	+ 0.05	283.04	−1.87	4.03
	31	227.38	120.37	− 18.95	119.36	− 18.46	+ 0.04	298.97	−1.86	2.02
Feb.	4	229.89	80.76	− 19.91	80.40	− 19.21	+ 0.03	334.53	−1.85	0.00
	8	232.40	41.10	− 20.82	41.42	− 19.92	+ 0.03	16.52	−1.84	357.98
	12	234.92	1.41	− 21.66	2.41	− 20.61	+ 0.05	37.76	−1.83	355.95
	16	237.45	321.69	− 22.44	323.37	− 21.25	+ 0.07	47.31	−1.82	353.93
	20	239.98	281.92	− 23.14	284.30	− 21.86	+ 0.09	52.26	−1.81	351.92
	24	242.51	242.13	− 23.78	245.21	− 22.42	+ 0.11	55.15	−1.80	349.92
	28	245.04	202.30	− 24.34	206.10	− 22.94	+ 0.13	56.98	−1.80	347.94
Mar.	4	247.58	162.45	− 24.82	166.96	− 23.42	+ 0.15	58.23	−1.79	345.99
	8	250.12	122.57	− 25.23	127.81	− 23.85	+ 0.17	59.13	−1.79	344.07
	12	252.66	82.68	− 25.55	88.63	− 24.23	+ 0.19	59.81	−1.78	342.18
	16	255.20	42.78	− 25.78	49.45	− 24.56	+ 0.21	60.37	−1.78	340.34
	20	257.73	2.87	− 25.94	10.25	− 24.84	+ 0.23	60.85	−1.78	338.55
	24	260.27	322.96	− 26.01	331.04	− 25.06	+ 0.25	61.28	−1.78	336.82
	28	262.80	283.06	− 25.99	291.83	− 25.24	+ 0.28	61.69	−1.78	335.16
Apr.	1	265.33	243.17	− 25.89	252.62	− 25.36	+ 0.30	62.11	−1.79	333.56
	5	267.85	203.30	− 25.71	213.41	− 25.44	+ 0.32	62.53	−1.79	332.05
	9	270.37	163.44	− 25.44	174.20	− 25.45	+ 0.34	62.97	−1.80	330.61
	13	272.88	123.62	− 25.10	135.00	− 25.42	+ 0.36	63.44	−1.81	329.27
	17	275.39	83.83	− 24.68	95.80	− 25.34	+ 0.38	63.94	−1.81	328.02
	21	277.88	44.07	− 24.19	56.63	− 25.20	+ 0.40	64.47	−1.82	326.88
	25	280.37	4.35	− 23.63	17.47	− 25.01	+ 0.42	65.04	−1.84	325.83
	29	282.85	324.67	− 23.00	338.33	− 24.78	+ 0.44	65.64	−1.85	324.89
May	3	285.32	285.04	− 22.30	299.21	− 24.49	+ 0.46	66.29	−1.86	324.06
	7	287.78	245.45	− 21.55	260.12	− 24.16	+ 0.48	66.97	−1.87	323.34
	11	290.23	205.91	− 20.74	221.05	− 23.79	+ 0.50	67.70	−1.89	322.74
	15	292.67	166.42	− 19.87	182.01	− 23.37	+ 0.52	68.47	−1.90	322.25
	19	295.09	126.98	− 18.96	143.00	− 22.92	+ 0.54	69.28	−1.91	321.87
	23	297.51	87.58	− 18.01	104.03	− 22.42	+ 0.56	70.13	−1.93	321.61
	27	299.91	48.23	− 17.01	65.08	− 21.89	+ 0.58	71.02	−1.94	321.45
	31	302.29	8.93	− 15.98	26.17	− 21.32	+ 0.60	71.95	−1.96	321.41
June	4	304.67	329.67	− 14.91	347.30	− 20.72	+ 0.63	72.92	−1.98	321.48
	8	307.03	290.45	− 13.82	308.45	− 20.09	+ 0.65	73.92	−1.99	321.66
	12	309.37	251.28	− 12.70	269.65	− 19.42	+ 0.67	74.95	−2.01	321.94
	16	311.70	212.14	− 11.56	230.88	− 18.74	+ 0.69	76.02	−2.02	322.32
	20	314.02	173.04	− 10.40	192.14	− 18.02	+ 0.71	77.11	−2.04	322.80
	24	316.32	133.98	− 9.22	153.44	− 17.29	+ 0.73	78.24	−2.05	323.37
	28	318.60	94.95	− 8.03	114.77	− 16.53	+ 0.76	79.38	−2.07	324.03
July	2	320.87	55.95	− 6.83	76.13	− 15.76	+ 0.78	80.55	−2.08	324.78

MARS, 2011

EPHEMERIS FOR PHYSICAL OBSERVATIONS
FOR 0ʰ TERRESTRIAL TIME

Date		Light-time	Magnitude	Surface Brightness	Diameter		Phase	Phase Angle	Defect of Illumination
					Eq.	Polar			
		m			″	″		°	″
July	2	18.47	+1.4	+4.2	4.22	4.19	0.965	21.7	0.15
	6	18.39	+1.4	+4.2	4.24	4.21	0.963	22.2	0.16
	10	18.30	+1.4	+4.2	4.26	4.23	0.961	22.8	0.17
	14	18.20	+1.4	+4.2	4.28	4.25	0.959	23.3	0.17
	18	18.10	+1.4	+4.3	4.30	4.28	0.957	23.9	0.18
	22	18.00	+1.4	+4.3	4.33	4.30	0.955	24.4	0.19
	26	17.89	+1.4	+4.3	4.35	4.33	0.953	25.0	0.20
	30	17.77	+1.4	+4.3	4.38	4.36	0.951	25.5	0.21
Aug.	3	17.64	+1.4	+4.3	4.41	4.39	0.949	26.1	0.22
	7	17.52	+1.4	+4.3	4.45	4.42	0.947	26.6	0.23
	11	17.38	+1.4	+4.3	4.48	4.46	0.945	27.1	0.25
	15	17.24	+1.4	+4.4	4.52	4.49	0.943	27.7	0.26
	19	17.09	+1.4	+4.4	4.56	4.53	0.941	28.2	0.27
	23	16.94	+1.4	+4.4	4.60	4.57	0.939	28.7	0.28
	27	16.78	+1.4	+4.4	4.64	4.62	0.936	29.2	0.30
	31	16.61	+1.4	+4.4	4.69	4.66	0.934	29.7	0.31
Sept.	4	16.44	+1.4	+4.4	4.74	4.71	0.932	30.3	0.32
	8	16.25	+1.4	+4.4	4.79	4.77	0.930	30.8	0.34
	12	16.07	+1.4	+4.4	4.85	4.82	0.927	31.2	0.35
	16	15.87	+1.4	+4.5	4.91	4.88	0.925	31.7	0.37
	20	15.67	+1.3	+4.5	4.97	4.94	0.923	32.2	0.38
	24	15.46	+1.3	+4.5	5.04	5.01	0.921	32.7	0.40
	28	15.25	+1.3	+4.5	5.11	5.08	0.919	33.1	0.41
Oct.	2	15.03	+1.3	+4.5	5.18	5.16	0.917	33.5	0.43
	6	14.80	+1.3	+4.5	5.26	5.24	0.915	34.0	0.45
	10	14.56	+1.3	+4.5	5.35	5.32	0.913	34.4	0.47
	14	14.32	+1.2	+4.5	5.44	5.41	0.911	34.8	0.48
	18	14.08	+1.2	+4.5	5.53	5.50	0.909	35.1	0.50
	22	13.82	+1.2	+4.6	5.64	5.61	0.907	35.5	0.52
	26	13.56	+1.1	+4.6	5.74	5.71	0.906	35.8	0.54
	30	13.30	+1.1	+4.6	5.86	5.83	0.904	36.1	0.56
Nov.	3	13.02	+1.1	+4.6	5.98	5.95	0.903	36.3	0.58
	7	12.75	+1.0	+4.6	6.11	6.08	0.902	36.6	0.60
	11	12.47	+1.0	+4.6	6.25	6.22	0.901	36.7	0.62
	15	12.18	+1.0	+4.6	6.39	6.36	0.900	36.9	0.64
	19	11.89	+0.9	+4.6	6.55	6.52	0.899	37.0	0.66
	23	11.60	+0.9	+4.6	6.72	6.68	0.899	37.1	0.68
	27	11.30	+0.8	+4.6	6.89	6.86	0.899	37.1	0.70
Dec.	1	11.00	+0.7	+4.6	7.08	7.05	0.899	37.0	0.71
	5	10.70	+0.7	+4.6	7.28	7.25	0.900	36.9	0.73
	9	10.39	+0.6	+4.6	7.50	7.46	0.901	36.7	0.74
	13	10.09	+0.6	+4.6	7.72	7.68	0.902	36.5	0.76
	17	9.78	+0.5	+4.6	7.96	7.92	0.904	36.1	0.77
	21	9.47	+0.4	+4.6	8.22	8.18	0.906	35.7	0.77
	25	9.17	+0.3	+4.6	8.49	8.45	0.909	35.2	0.78
	29	8.87	+0.3	+4.6	8.78	8.74	0.912	34.5	0.77
	33	8.57	+0.2	+4.6	9.09	9.04	0.916	33.8	0.77

MARS, 2011

EPHEMERIS FOR PHYSICAL OBSERVATIONS
FOR 0ʰ TERRESTRIAL TIME

Date		L_s	Sub-Earth Point		Sub-Solar Point				North Pole	
			Long.	Lat.	Long.	Lat.	Dist.	P.A.	Dist.	P.A.
		°	°	°	°	°	"	°	"	°
July	2	320.87	55.95	− 6.83	76.13	− 15.76	+ 0.78	80.55	− 2.08	324.78
	6	323.13	16.97	− 5.63	37.53	− 14.97	+ 0.80	81.74	− 2.10	325.61
	10	325.37	338.03	− 4.42	358.96	− 14.16	+ 0.82	82.94	− 2.11	326.52
	14	327.60	299.11	− 3.21	320.42	− 13.34	+ 0.85	84.15	− 2.12	327.50
	18	329.81	260.21	− 2.01	281.91	− 12.51	+ 0.87	85.37	− 2.14	328.55
	22	332.00	221.33	− 0.81	243.42	− 11.66	+ 0.89	86.60	− 2.15	329.66
	26	334.18	182.47	+ 0.39	204.97	− 10.81	+ 0.92	87.82	+ 2.16	330.83
	30	336.35	143.62	+ 1.58	166.55	− 9.95	+ 0.94	89.04	+ 2.18	332.06
Aug.	3	338.49	104.79	+ 2.75	128.14	− 9.08	+ 0.97	90.26	+ 2.19	333.33
	7	340.63	65.97	+ 3.91	89.77	− 8.21	+ 1.00	91.46	+ 2.21	334.65
	11	342.75	27.16	+ 5.05	51.42	− 7.34	+ 1.02	92.65	+ 2.22	336.00
	15	344.85	348.36	+ 6.18	13.09	− 6.46	+ 1.05	93.82	+ 2.23	337.40
	19	346.94	309.56	+ 7.28	334.78	− 5.58	+ 1.08	94.98	+ 2.25	338.82
	23	349.02	270.78	+ 8.37	296.49	− 4.71	+ 1.10	96.11	+ 2.26	340.27
	27	351.08	232.00	+ 9.43	258.22	− 3.83	+ 1.13	97.21	+ 2.28	341.74
	31	353.13	193.22	+ 10.46	219.97	− 2.95	+ 1.16	98.29	+ 2.29	343.23
Sept.	4	355.17	154.45	+ 11.46	181.73	− 2.08	+ 1.19	99.33	+ 2.31	344.74
	8	357.19	115.68	+ 12.44	143.51	− 1.21	+ 1.23	100.34	+ 2.33	346.25
	12	359.20	76.91	+ 13.38	105.31	− 0.35	+ 1.26	101.32	+ 2.35	347.78
	16	1.19	38.15	+ 14.29	67.12	+ 0.51	+ 1.29	102.25	+ 2.37	349.31
	20	3.18	359.40	+ 15.17	28.94	+ 1.37	+ 1.32	103.15	+ 2.39	350.84
	24	5.15	320.64	+ 16.01	350.77	+ 2.21	+ 1.36	104.02	+ 2.41	352.38
	28	7.11	281.89	+ 16.81	312.62	+ 3.05	+ 1.40	104.84	+ 2.43	353.90
Oct.	2	9.06	243.15	+ 17.57	274.47	+ 3.89	+ 1.43	105.61	+ 2.46	355.43
	6	10.99	204.42	+ 18.30	236.33	+ 4.71	+ 1.47	106.35	+ 2.49	356.94
	10	12.92	165.69	+ 18.98	198.20	+ 5.52	+ 1.51	107.05	+ 2.52	358.44
	14	14.83	126.98	+ 19.62	160.08	+ 6.33	+ 1.55	107.70	+ 2.55	359.92
	18	16.74	88.28	+ 20.22	121.96	+ 7.12	+ 1.59	108.31	+ 2.58	1.39
	22	18.63	49.60	+ 20.78	83.85	+ 7.91	+ 1.63	108.87	+ 2.62	2.84
	26	20.51	10.94	+ 21.29	45.74	+ 8.68	+ 1.68	109.40	+ 2.66	4.26
	30	22.39	332.30	+ 21.76	7.63	+ 9.44	+ 1.72	109.88	+ 2.71	5.66
Nov.	3	24.25	293.69	+ 22.19	329.53	+ 10.19	+ 1.77	110.32	+ 2.76	7.03
	7	26.11	255.11	+ 22.57	291.43	+ 10.92	+ 1.82	110.71	+ 2.81	8.36
	11	27.96	216.56	+ 22.91	253.33	+ 11.64	+ 1.87	111.07	+ 2.87	9.66
	15	29.80	178.06	+ 23.20	215.23	+ 12.35	+ 1.92	111.38	+ 2.93	10.92
	19	31.63	139.60	+ 23.46	177.12	+ 13.05	+ 1.97	111.66	+ 2.99	12.14
	23	33.46	101.20	+ 23.67	139.02	+ 13.73	+ 2.02	111.89	+ 3.06	13.32
	27	35.27	62.85	+ 23.84	100.92	+ 14.39	+ 2.08	112.09	+ 3.14	14.44
Dec.	1	37.08	24.57	+ 23.98	62.81	+ 15.04	+ 2.13	112.24	+ 3.22	15.52
	5	38.89	346.36	+ 24.08	24.70	+ 15.67	+ 2.19	112.36	+ 3.31	16.54
	9	40.69	308.24	+ 24.14	346.58	+ 16.29	+ 2.24	112.44	+ 3.41	17.51
	13	42.48	270.20	+ 24.18	308.46	+ 16.89	+ 2.30	112.49	+ 3.51	18.41
	17	44.27	232.25	+ 24.18	270.33	+ 17.48	+ 2.35	112.49	+ 3.62	19.26
	21	46.05	194.41	+ 24.16	232.20	+ 18.04	+ 2.40	112.46	+ 3.74	20.03
	25	47.83	156.69	+ 24.12	194.06	+ 18.59	+ 2.45	112.39	+ 3.86	20.74
	29	49.60	119.10	+ 24.05	155.92	+ 19.12	+ 2.49	112.28	+ 3.99	21.37
	33	51.37	81.65	+ 23.97	117.77	+ 19.63	+ 2.52	112.13	+ 4.14	21.92

JUPITER, 2011

EPHEMERIS FOR PHYSICAL OBSERVATIONS
FOR 0ʰ TERRESTRIAL TIME

Date		Light-time	Magnitude	Surface Brightness	Diameter		Phase Angle	Defect of Illumination
					Eq.	Polar		
		m			$''$	$''$	°	$''$
Jan.	−1	42.07	−2.4	+5.3	38.98	36.45	11.2	0.37
	3	42.58	−2.3	+5.3	38.51	36.01	11.0	0.36
	7	43.08	−2.3	+5.3	38.06	35.59	10.8	0.34
	11	43.58	−2.3	+5.3	37.62	35.19	10.6	0.32
	15	44.06	−2.3	+5.3	37.21	34.80	10.3	0.30
	19	44.53	−2.2	+5.3	36.82	34.43	10.0	0.28
	23	44.98	−2.2	+5.3	36.45	34.09	9.6	0.26
	27	45.42	−2.2	+5.3	36.10	33.76	9.3	0.24
	31	45.84	−2.2	+5.2	35.77	33.45	8.9	0.21
Feb.	4	46.24	−2.2	+5.2	35.45	33.16	8.5	0.19
	8	46.63	−2.1	+5.2	35.16	32.89	8.0	0.17
	12	46.99	−2.1	+5.2	34.89	32.63	7.5	0.15
	16	47.33	−2.1	+5.2	34.64	32.40	7.0	0.13
	20	47.64	−2.1	+5.2	34.41	32.18	6.5	0.11
	24	47.94	−2.1	+5.2	34.20	31.99	6.0	0.09
	28	48.21	−2.1	+5.2	34.01	31.81	5.5	0.08
Mar.	4	48.45	−2.1	+5.2	33.84	31.65	4.9	0.06
	8	48.67	−2.1	+5.2	33.69	31.51	4.4	0.05
	12	48.86	−2.1	+5.2	33.56	31.38	3.8	0.04
	16	49.03	−2.1	+5.2	33.44	31.27	3.2	0.03
	20	49.17	−2.1	+5.2	33.34	31.18	2.6	0.02
	24	49.29	−2.1	+5.2	33.27	31.11	2.1	0.01
	28	49.37	−2.1	+5.2	33.21	31.06	1.5	0.01
Apr.	1	49.44	−2.1	+5.2	33.17	31.02	0.9	0.00
	5	49.47	−2.1	+5.2	33.14	31.00	0.3	0.00
	9	49.48	−2.1	+5.2	33.14	30.99	0.4	0.00
	13	49.46	−2.1	+5.2	33.15	31.01	1.0	0.00
	17	49.41	−2.1	+5.2	33.18	31.03	1.6	0.01
	21	49.34	−2.1	+5.2	33.23	31.08	2.2	0.01
	25	49.24	−2.1	+5.2	33.30	31.14	2.7	0.02
	29	49.12	−2.1	+5.2	33.38	31.22	3.3	0.03
May	3	48.97	−2.1	+5.2	33.48	31.32	3.9	0.04
	7	48.79	−2.1	+5.2	33.60	31.43	4.5	0.05
	11	48.59	−2.1	+5.2	33.74	31.56	5.0	0.06
	15	48.37	−2.1	+5.2	33.90	31.70	5.6	0.08
	19	48.12	−2.1	+5.2	34.07	31.87	6.1	0.10
	23	47.85	−2.1	+5.2	34.26	32.05	6.6	0.11
	27	47.56	−2.1	+5.2	34.47	32.24	7.1	0.13
	31	47.25	−2.1	+5.2	34.70	32.46	7.6	0.15
June	4	46.91	−2.1	+5.2	34.95	32.69	8.1	0.17
	8	46.56	−2.1	+5.2	35.22	32.94	8.5	0.19
	12	46.19	−2.2	+5.3	35.50	33.20	8.9	0.22
	16	45.80	−2.2	+5.3	35.80	33.49	9.3	0.24
	20	45.39	−2.2	+5.3	36.12	33.79	9.7	0.26
	24	44.97	−2.2	+5.3	36.46	34.10	10.1	0.28
	28	44.53	−2.2	+5.3	36.82	34.44	10.4	0.30
July	2	44.08	−2.3	+5.3	37.20	34.79	10.7	0.32

EPHEMERIS FOR PHYSICAL OBSERVATIONS
FOR 0ʰ TERRESTRIAL TIME

Date		L_s	Sub-Earth Point		Sub-Solar Point				North Pole	
			Long.	Lat.	Long.	Lat.	Dist.	P.A.	Dist.	P.A.
		°	°	°	°	°	"	°	"	°
Jan.	−1	50.13	121.56	+2.25	110.36	+2.74	+3.79	246.86	+18.21	334.48
	3	50.49	2.86	+2.26	351.83	+2.75	+3.69	246.92	+17.99	334.48
	7	50.86	244.13	+2.26	233.30	+2.77	+3.58	247.00	+17.78	334.48
	11	51.23	125.37	+2.27	114.78	+2.78	+3.46	247.07	+17.58	334.48
	15	51.59	6.57	+2.29	356.27	+2.79	+3.33	247.15	+17.39	334.48
	19	51.96	247.76	+2.30	237.77	+2.81	+3.19	247.23	+17.21	334.49
	23	52.33	128.92	+2.32	119.27	+2.82	+3.05	247.32	+17.03	334.50
	27	52.69	10.06	+2.33	0.79	+2.84	+2.91	247.42	+16.87	334.52
	31	53.06	251.18	+2.35	242.31	+2.85	+2.76	247.52	+16.71	334.54
Feb.	4	53.43	132.30	+2.37	123.85	+2.86	+2.61	247.64	+16.57	334.56
	8	53.79	13.40	+2.39	5.40	+2.88	+2.45	247.78	+16.43	334.59
	12	54.16	254.49	+2.42	246.96	+2.89	+2.29	247.93	+16.30	334.63
	16	54.53	135.57	+2.44	128.53	+2.90	+2.13	248.10	+16.19	334.67
	20	54.90	16.66	+2.47	10.12	+2.92	+1.96	248.30	+16.08	334.72
	24	55.26	257.73	+2.49	251.72	+2.93	+1.79	248.53	+15.98	334.77
	28	55.63	138.81	+2.52	133.34	+2.94	+1.62	248.81	+15.89	334.83
Mar.	4	56.00	19.90	+2.55	14.97	+2.96	+1.46	249.14	+15.81	334.90
	8	56.36	260.98	+2.58	256.62	+2.97	+1.28	249.54	+15.74	334.97
	12	56.73	142.07	+2.61	138.28	+2.98	+1.11	250.06	+15.68	335.05
	16	57.10	23.17	+2.64	19.96	+2.99	+0.94	250.74	+15.62	335.14
	20	57.46	264.28	+2.67	261.65	+3.01	+0.77	251.70	+15.58	335.24
	24	57.83	145.40	+2.70	143.36	+3.02	+0.60	253.17	+15.54	335.34
	28	58.20	26.53	+2.73	25.09	+3.03	+0.42	255.76	+15.51	335.44
Apr.	1	58.57	267.67	+2.76	266.83	+3.04	+0.25	261.76	+15.49	335.56
	5	58.93	148.83	+2.80	148.59	+3.05	+0.09	289.08	+15.48	335.68
	9	59.30	30.00	+2.83	30.36	+3.07	+0.12	36.00	+15.48	335.81
	13	59.67	271.19	+2.86	272.15	+3.08	+0.28	54.80	+15.49	335.94
	17	60.03	152.40	+2.89	153.96	+3.09	+0.45	59.80	+15.50	336.08
	21	60.40	33.63	+2.93	35.79	+3.10	+0.62	62.14	+15.52	336.23
	25	60.77	274.88	+2.96	277.62	+3.11	+0.80	63.54	+15.55	336.38
	29	61.13	156.16	+2.99	159.48	+3.12	+0.97	64.49	+15.59	336.54
May	3	61.50	37.45	+3.02	41.35	+3.13	+1.14	65.20	+15.64	336.70
	7	61.87	278.77	+3.06	283.23	+3.14	+1.31	65.77	+15.70	336.86
	11	62.23	160.11	+3.09	165.13	+3.15	+1.47	66.25	+15.76	337.03
	15	62.60	41.48	+3.12	47.05	+3.17	+1.64	66.67	+15.83	337.21
	19	62.97	282.88	+3.15	288.98	+3.18	+1.81	67.04	+15.91	337.38
	23	63.34	164.31	+3.18	170.92	+3.19	+1.97	67.38	+16.00	337.56
	27	63.70	45.76	+3.22	52.88	+3.20	+2.13	67.70	+16.10	337.74
	31	64.07	287.24	+3.25	294.84	+3.21	+2.29	68.00	+16.21	337.92
June	4	64.44	168.75	+3.28	176.83	+3.22	+2.45	68.28	+16.32	338.11
	8	64.80	50.30	+3.31	58.82	+3.23	+2.61	68.55	+16.44	338.29
	12	65.17	291.88	+3.34	300.82	+3.24	+2.76	68.81	+16.58	338.47
	16	65.54	173.49	+3.37	182.84	+3.25	+2.91	69.06	+16.72	338.65
	20	65.90	55.13	+3.39	64.87	+3.25	+3.05	69.31	+16.87	338.83
	24	66.27	296.81	+3.42	306.90	+3.26	+3.19	69.54	+17.03	339.01
	28	66.64	178.53	+3.45	188.94	+3.27	+3.32	69.77	+17.19	339.18
July	2	67.00	60.28	+3.48	71.00	+3.28	+3.45	70.00	+17.37	339.35

JUPITER, 2011

EPHEMERIS FOR PHYSICAL OBSERVATIONS
FOR 0ʰ TERRESTRIAL TIME

Date		Light-time	Magnitude	Surface Brightness	Diameter		Phase Angle	Defect of Illumination
					Eq.	Polar		
		m			$''$	$''$	°	$''$
July	2	44.08	−2.3	+5.3	37.20	34.79	10.7	0.32
	6	43.61	−2.3	+5.3	37.59	35.16	11.0	0.34
	10	43.14	−2.3	+5.3	38.01	35.55	11.2	0.36
	14	42.65	−2.3	+5.3	38.44	35.95	11.4	0.38
	18	42.16	−2.3	+5.3	38.89	36.37	11.6	0.39
	22	41.67	−2.4	+5.3	39.35	36.81	11.7	0.41
	26	41.16	−2.4	+5.3	39.83	37.26	11.8	0.42
	30	40.66	−2.4	+5.3	40.33	37.72	11.8	0.43
Aug.	3	40.15	−2.4	+5.3	40.84	38.20	11.8	0.43
	7	39.64	−2.5	+5.3	41.36	38.68	11.8	0.44
	11	39.14	−2.5	+5.3	41.89	39.18	11.7	0.43
	15	38.64	−2.5	+5.3	42.43	39.69	11.5	0.43
	19	38.15	−2.6	+5.3	42.98	40.20	11.4	0.42
	23	37.67	−2.6	+5.3	43.53	40.72	11.1	0.41
	27	37.19	−2.6	+5.3	44.08	41.23	10.8	0.39
	31	36.74	−2.6	+5.3	44.63	41.75	10.5	0.37
Sept.	4	36.29	−2.7	+5.3	45.18	42.26	10.1	0.35
	8	35.87	−2.7	+5.3	45.71	42.76	9.6	0.32
	12	35.47	−2.7	+5.3	46.23	43.24	9.1	0.29
	16	35.09	−2.8	+5.3	46.73	43.71	8.6	0.26
	20	34.73	−2.8	+5.3	47.21	44.16	7.9	0.23
	24	34.40	−2.8	+5.2	47.66	44.58	7.3	0.19
	28	34.11	−2.8	+5.2	48.07	44.97	6.6	0.16
Oct.	2	33.84	−2.8	+5.2	48.45	45.32	5.8	0.13
	6	33.61	−2.9	+5.2	48.78	45.63	5.1	0.09
	10	33.42	−2.9	+5.2	49.07	45.90	4.2	0.07
	14	33.26	−2.9	+5.2	49.30	46.11	3.4	0.04
	18	33.14	−2.9	+5.2	49.48	46.28	2.5	0.02
	22	33.06	−2.9	+5.2	49.60	46.39	1.6	0.01
	26	33.02	−2.9	+5.2	49.66	46.45	0.8	0.00
	30	33.02	−2.9	+5.2	49.65	46.44	0.4	0.00
Nov.	3	33.07	−2.9	+5.2	49.59	46.38	1.1	0.00
	7	33.15	−2.9	+5.2	49.46	46.26	2.0	0.02
	11	33.28	−2.9	+5.2	49.27	46.09	2.9	0.03
	15	33.44	−2.9	+5.2	49.03	45.86	3.8	0.05
	19	33.64	−2.9	+5.2	48.73	45.58	4.6	0.08
	23	33.88	−2.8	+5.2	48.39	45.26	5.4	0.11
	27	34.16	−2.8	+5.2	48.00	44.89	6.1	0.14
Dec.	1	34.47	−2.8	+5.3	47.56	44.49	6.9	0.17
	5	34.82	−2.8	+5.3	47.09	44.05	7.5	0.20
	9	35.19	−2.7	+5.3	46.60	43.58	8.2	0.24
	13	35.59	−2.7	+5.3	46.07	43.09	8.7	0.27
	17	36.01	−2.7	+5.3	45.53	42.59	9.2	0.30
	21	36.46	−2.7	+5.3	44.97	42.06	9.7	0.32
	25	36.92	−2.6	+5.3	44.40	41.53	10.1	0.34
	29	37.41	−2.6	+5.3	43.83	40.99	10.4	0.36
	33	37.91	−2.6	+5.3	43.25	40.45	10.7	0.38

EPHEMERIS FOR PHYSICAL OBSERVATIONS
FOR 0ʰ TERRESTRIAL TIME

Date		L_s	Sub-Earth Point		Sub-Solar Point				North Pole	
			Long.	Lat.	Long.	Lat.	Dist.	P.A.	Dist.	P.A.
		°	°	°	°	°	″	°	″	°
July	2	67.00	60.28	+3.48	71.00	+3.28	+3.45	70.00	+17.37	339.35
	6	67.37	302.08	+3.51	313.06	+3.29	+3.58	70.22	+17.55	339.52
	10	67.74	183.91	+3.53	195.12	+3.30	+3.69	70.43	+17.75	339.67
	14	68.10	65.78	+3.56	77.20	+3.31	+3.80	70.63	+17.95	339.83
	18	68.47	307.69	+3.59	319.27	+3.32	+3.90	70.83	+18.16	339.97
	22	68.83	189.65	+3.61	201.35	+3.32	+3.99	71.02	+18.37	340.10
	26	69.20	71.65	+3.64	83.44	+3.33	+4.06	71.20	+18.60	340.23
	30	69.57	313.69	+3.66	325.52	+3.34	+4.13	71.38	+18.83	340.34
Aug.	3	69.93	195.78	+3.68	207.61	+3.35	+4.18	71.54	+19.06	340.45
	7	70.30	77.91	+3.71	89.70	+3.36	+4.22	71.70	+19.31	340.54
	11	70.67	320.08	+3.73	331.78	+3.36	+4.24	71.86	+19.56	340.62
	15	71.03	202.31	+3.75	213.86	+3.37	+4.25	72.00	+19.81	340.68
	19	71.40	84.57	+3.77	95.94	+3.38	+4.23	72.14	+20.06	340.73
	23	71.76	326.89	+3.79	338.01	+3.39	+4.19	72.28	+20.32	340.77
	27	72.13	209.25	+3.81	220.08	+3.39	+4.14	72.40	+20.58	340.79
	31	72.49	91.65	+3.82	102.13	+3.40	+4.06	72.53	+20.83	340.80
Sept.	4	72.86	334.10	+3.84	344.18	+3.41	+3.95	72.65	+21.09	340.79
	8	73.23	216.60	+3.85	226.22	+3.41	+3.82	72.78	+21.34	340.77
	12	73.59	99.13	+3.86	108.24	+3.42	+3.66	72.91	+21.58	340.73
	16	73.96	341.70	+3.87	350.25	+3.43	+3.47	73.05	+21.81	340.67
	20	74.32	224.30	+3.88	232.25	+3.43	+3.26	73.20	+22.03	340.60
	24	74.69	106.94	+3.89	114.23	+3.44	+3.02	73.39	+22.24	340.52
	28	75.05	349.61	+3.89	356.19	+3.44	+2.75	73.63	+22.44	340.43
Oct.	2	75.42	232.30	+3.89	238.13	+3.45	+2.46	73.93	+22.61	340.32
	6	75.78	115.01	+3.89	120.05	+3.46	+2.15	74.35	+22.77	340.20
	10	76.15	357.73	+3.88	1.95	+3.46	+1.81	74.96	+22.90	340.08
	14	76.51	240.45	+3.88	243.82	+3.47	+1.46	75.92	+23.01	339.95
	18	76.88	123.18	+3.87	125.68	+3.47	+1.09	77.62	+23.09	339.81
	22	77.24	5.90	+3.85	7.51	+3.48	+0.71	81.25	+23.15	339.67
	26	77.61	248.61	+3.84	249.31	+3.48	+0.33	93.59	+23.18	339.53
	30	77.97	131.30	+3.82	131.09	+3.49	+0.16	195.28	+23.18	339.39
Nov.	3	78.34	13.96	+3.80	12.85	+3.49	+0.50	235.69	+23.15	339.25
	7	78.70	256.59	+3.78	254.58	+3.50	+0.88	242.19	+23.09	339.12
	11	79.07	139.18	+3.75	136.28	+3.50	+1.25	244.69	+23.00	338.99
	15	79.43	21.72	+3.73	17.96	+3.50	+1.61	245.99	+22.89	338.87
	19	79.80	264.21	+3.70	259.62	+3.51	+1.95	246.78	+22.75	338.76
	23	80.16	146.65	+3.67	141.26	+3.51	+2.27	247.30	+22.59	338.65
	27	80.53	29.03	+3.65	22.87	+3.52	+2.57	247.68	+22.41	338.56
Dec.	1	80.89	271.34	+3.62	264.47	+3.52	+2.84	247.96	+22.20	338.47
	5	81.25	153.58	+3.59	146.04	+3.52	+3.09	248.18	+21.99	338.40
	9	81.62	35.76	+3.56	27.60	+3.53	+3.30	248.37	+21.75	338.34
	13	81.98	277.87	+3.53	269.14	+3.53	+3.49	248.52	+21.51	338.29
	17	82.35	159.91	+3.50	150.67	+3.53	+3.65	248.66	+21.26	338.26
	21	82.71	41.89	+3.48	32.18	+3.54	+3.79	248.79	+21.00	338.23
	25	83.07	283.79	+3.45	273.68	+3.54	+3.89	248.92	+20.73	338.22
	29	83.44	165.63	+3.43	155.17	+3.54	+3.97	249.04	+20.46	338.23
	33	83.80	47.40	+3.41	36.65	+3.54	+4.03	249.16	+20.20	338.24

SATURN, 2011

EPHEMERIS FOR PHYSICAL OBSERVATIONS
FOR 0^h TERRESTRIAL TIME

Date		Light-time	Magnitude	Surface Brightness	Diameter		Phase Angle	Defect of Illumination
					Eq.	Polar		
		m			$''$	$''$	$\circ$	$''$
Jan.	−1	80.49	+0.8	+7.0	17.17	15.54	5.8	0.04
	3	79.94	+0.8	+7.0	17.29	15.65	5.9	0.04
	7	79.39	+0.8	+7.0	17.41	15.76	5.9	0.05
	11	78.84	+0.7	+7.0	17.53	15.87	5.9	0.05
	15	78.29	+0.7	+7.0	17.65	15.98	5.8	0.05
	19	77.75	+0.7	+7.0	17.78	16.09	5.8	0.04
	23	77.21	+0.7	+7.0	17.90	16.20	5.7	0.04
	27	76.68	+0.7	+7.0	18.03	16.32	5.6	0.04
	31	76.17	+0.7	+7.0	18.15	16.43	5.4	0.04
Feb.	4	75.67	+0.6	+7.0	18.27	16.53	5.2	0.04
	8	75.19	+0.6	+7.0	18.38	16.64	5.0	0.03
	12	74.73	+0.6	+7.0	18.50	16.74	4.8	0.03
	16	74.30	+0.6	+7.0	18.60	16.84	4.5	0.03
	20	73.89	+0.5	+6.9	18.71	16.93	4.2	0.03
	24	73.51	+0.5	+6.9	18.80	17.02	3.9	0.02
	28	73.16	+0.5	+6.9	18.89	17.10	3.6	0.02
Mar.	4	72.84	+0.5	+6.9	18.98	17.17	3.2	0.01
	8	72.55	+0.5	+6.9	19.05	17.24	2.9	0.01
	12	72.31	+0.4	+6.9	19.12	17.29	2.5	0.01
	16	72.10	+0.4	+6.9	19.17	17.34	2.1	0.01
	20	71.93	+0.4	+6.8	19.22	17.38	1.7	0.00
	24	71.79	+0.4	+6.8	19.25	17.41	1.2	0.00
	28	71.70	+0.4	+6.8	19.28	17.43	0.8	0.00
Apr.	1	71.65	+0.4	+6.8	19.29	17.44	0.4	0.00
	5	71.64	+0.4	+6.8	19.29	17.45	0.3	0.00
	9	71.67	+0.4	+6.8	19.28	17.44	0.6	0.00
	13	71.74	+0.4	+6.8	19.27	17.42	1.0	0.00
	17	71.86	+0.4	+6.8	19.24	17.39	1.4	0.00
	21	72.01	+0.5	+6.8	19.19	17.35	1.9	0.00
	25	72.20	+0.5	+6.9	19.14	17.31	2.3	0.01
	29	72.42	+0.5	+6.9	19.08	17.25	2.7	0.01
May	3	72.69	+0.5	+6.9	19.02	17.19	3.0	0.01
	7	72.99	+0.6	+6.9	18.94	17.12	3.4	0.02
	11	73.32	+0.6	+6.9	18.85	17.04	3.8	0.02
	15	73.68	+0.6	+6.9	18.76	16.95	4.1	0.02
	19	74.06	+0.7	+7.0	18.66	16.86	4.4	0.03
	23	74.48	+0.7	+7.0	18.56	16.77	4.7	0.03
	27	74.92	+0.7	+7.0	18.45	16.67	4.9	0.03
	31	75.38	+0.7	+7.0	18.34	16.57	5.2	0.04
June	4	75.86	+0.8	+7.0	18.22	16.46	5.4	0.04
	8	76.36	+0.8	+7.0	18.10	16.36	5.5	0.04
	12	76.88	+0.8	+7.0	17.98	16.25	5.7	0.04
	16	77.40	+0.8	+7.0	17.86	16.14	5.8	0.05
	20	77.94	+0.8	+7.0	17.73	16.03	5.9	0.05
	24	78.48	+0.9	+7.0	17.61	15.91	6.0	0.05
	28	79.03	+0.9	+7.0	17.49	15.80	6.0	0.05
July	2	79.58	+0.9	+7.0	17.37	15.70	6.1	0.05

EPHEMERIS FOR PHYSICAL OBSERVATIONS
FOR 0ʰ TERRESTRIAL TIME

Date		L_s	Sub-Earth Point		Sub-Solar Point				North Pole	
			Long.	Lat.	Long.	Lat.	Dist.	P.A.	Dist.	P.A.
		°	°	°	°	°	″	°	″	°
Jan.	−1	17.00	11.37	+12.36	16.67	+ 9.26	+ 0.87	112.83	+ 7.62	357.26
	3	17.13	14.69	+12.43	20.04	+ 9.33	+ 0.88	112.65	+ 7.68	357.28
	7	17.26	18.03	+12.49	23.41	+ 9.40	+ 0.89	112.47	+ 7.73	357.29
	11	17.39	21.40	+12.53	26.77	+ 9.47	+ 0.90	112.28	+ 7.78	357.30
	15	17.52	24.79	+12.56	30.14	+ 9.54	+ 0.90	112.10	+ 7.84	357.31
	19	17.66	28.20	+12.57	33.50	+ 9.61	+ 0.89	111.91	+ 7.89	357.32
	23	17.79	31.63	+12.57	36.86	+ 9.67	+ 0.88	111.71	+ 7.94	357.33
	27	17.92	35.09	+12.55	40.21	+ 9.74	+ 0.87	111.51	+ 8.00	357.33
	31	18.05	38.57	+12.52	43.55	+ 9.81	+ 0.85	111.29	+ 8.05	357.33
Feb.	4	18.18	42.06	+12.48	46.89	+ 9.88	+ 0.83	111.06	+ 8.11	357.32
	8	18.32	45.57	+12.42	50.22	+ 9.95	+ 0.80	110.82	+ 8.16	357.32
	12	18.45	49.09	+12.35	53.53	+10.02	+ 0.77	110.54	+ 8.21	357.31
	16	18.58	52.62	+12.26	56.83	+10.09	+ 0.73	110.24	+ 8.26	357.30
	20	18.71	56.16	+12.16	60.11	+10.16	+ 0.69	109.89	+ 8.31	357.28
	24	18.84	59.71	+12.05	63.38	+10.23	+ 0.64	109.49	+ 8.36	357.27
	28	18.98	63.26	+11.93	66.64	+10.30	+ 0.59	109.01	+ 8.40	357.25
Mar.	4	19.11	66.82	+11.80	69.87	+10.37	+ 0.54	108.42	+ 8.44	357.23
	8	19.24	70.37	+11.66	73.09	+10.44	+ 0.48	107.68	+ 8.47	357.21
	12	19.37	73.92	+11.52	76.28	+10.50	+ 0.41	106.69	+ 8.51	357.18
	16	19.50	77.46	+11.37	79.45	+10.57	+ 0.35	105.33	+ 8.53	357.16
	20	19.63	80.99	+11.21	82.61	+10.64	+ 0.28	103.27	+ 8.56	357.13
	24	19.77	84.51	+11.04	85.74	+10.71	+ 0.21	99.83	+ 8.58	357.11
	28	19.90	88.01	+10.88	88.84	+10.78	+ 0.14	92.85	+ 8.59	357.08
Apr.	1	20.03	91.49	+10.71	91.93	+10.85	+ 0.07	72.73	+ 8.60	357.05
	5	20.16	94.96	+10.55	94.99	+10.91	+ 0.05	2.57	+ 8.60	357.02
	9	20.29	98.40	+10.38	98.03	+10.98	+ 0.10	320.22	+ 8.60	357.00
	13	20.42	101.81	+10.22	101.04	+11.05	+ 0.17	308.74	+ 8.60	356.97
	17	20.55	105.20	+10.07	104.03	+11.12	+ 0.24	303.89	+ 8.59	356.94
	21	20.68	108.56	+ 9.92	107.00	+11.19	+ 0.31	301.24	+ 8.57	356.92
	25	20.82	111.89	+ 9.77	109.95	+11.25	+ 0.38	299.56	+ 8.55	356.89
	29	20.95	115.18	+ 9.64	112.88	+11.32	+ 0.44	298.40	+ 8.53	356.87
May	3	21.08	118.44	+ 9.51	115.79	+11.39	+ 0.50	297.53	+ 8.50	356.85
	7	21.21	121.67	+ 9.39	118.67	+11.46	+ 0.56	296.87	+ 8.47	356.82
	11	21.34	124.86	+ 9.29	121.54	+11.53	+ 0.62	296.33	+ 8.43	356.80
	15	21.47	128.01	+ 9.20	124.40	+11.59	+ 0.67	295.88	+ 8.39	356.79
	19	21.60	131.13	+ 9.12	127.23	+11.66	+ 0.71	295.50	+ 8.35	356.77
	23	21.73	134.22	+ 9.05	130.05	+11.73	+ 0.75	295.18	+ 8.30	356.76
	27	21.87	137.26	+ 9.00	132.86	+11.79	+ 0.79	294.89	+ 8.25	356.75
	31	22.00	140.28	+ 8.96	135.66	+11.86	+ 0.82	294.62	+ 8.20	356.74
June	4	22.13	143.26	+ 8.94	138.44	+11.93	+ 0.85	294.39	+ 8.15	356.73
	8	22.26	146.20	+ 8.93	141.21	+12.00	+ 0.87	294.17	+ 8.10	356.72
	12	22.39	149.11	+ 8.94	143.98	+12.06	+ 0.89	293.96	+ 8.04	356.72
	16	22.52	152.00	+ 8.96	146.74	+12.13	+ 0.90	293.77	+ 7.99	356.72
	20	22.65	154.85	+ 8.99	149.49	+12.20	+ 0.91	293.58	+ 7.93	356.72
	24	22.78	157.67	+ 9.04	152.24	+12.26	+ 0.92	293.40	+ 7.88	356.73
	28	22.91	160.47	+ 9.11	154.99	+12.33	+ 0.92	293.23	+ 7.82	356.73
July	2	23.04	163.24	+ 9.18	157.73	+12.40	+ 0.91	293.06	+ 7.77	356.74

SATURN, 2011

EPHEMERIS FOR PHYSICAL OBSERVATIONS
FOR 0ʰ TERRESTRIAL TIME

Date		Light-time	Magnitude	Surface Brightness	Diameter		Phase Angle	Defect of Illumination
					Eq.	Polar		
		m			$''$	$''$	$\circ$	$''$
July	2	79.58	+0.9	+7.0	17.37	15.70	6.1	0.05
	6	80.14	+0.9	+7.0	17.25	15.59	6.0	0.05
	10	80.69	+0.9	+7.0	17.13	15.48	6.0	0.05
	14	81.23	+0.9	+7.0	17.02	15.38	6.0	0.05
	18	81.77	+0.9	+7.0	16.90	15.28	5.9	0.04
	22	82.31	+0.9	+7.0	16.79	15.18	5.8	0.04
	26	82.83	+0.9	+7.0	16.69	15.09	5.7	0.04
	30	83.34	+0.9	+7.0	16.59	14.99	5.5	0.04
Aug.	3	83.84	+0.9	+7.0	16.49	14.91	5.3	0.04
	7	84.32	+0.9	+7.0	16.39	14.82	5.2	0.03
	11	84.78	+0.9	+7.0	16.30	14.74	4.9	0.03
	15	85.22	+0.9	+7.0	16.22	14.67	4.7	0.03
	19	85.65	+0.9	+7.0	16.14	14.60	4.5	0.02
	23	86.05	+0.9	+7.0	16.06	14.53	4.2	0.02
	27	86.42	+0.9	+6.9	15.99	14.47	4.0	0.02
	31	86.78	+0.9	+6.9	15.93	14.41	3.7	0.02
Sept.	4	87.10	+0.9	+6.9	15.87	14.36	3.4	0.01
	8	87.40	+0.9	+6.9	15.81	14.31	3.1	0.01
	12	87.67	+0.9	+6.9	15.77	14.27	2.8	0.01
	16	87.91	+0.8	+6.9	15.72	14.23	2.4	0.01
	20	88.12	+0.8	+6.9	15.69	14.20	2.1	0.01
	24	88.30	+0.8	+6.9	15.65	14.17	1.8	0.00
	28	88.45	+0.8	+6.8	15.63	14.15	1.4	0.00
Oct.	2	88.56	+0.8	+6.8	15.61	14.14	1.1	0.00
	6	88.64	+0.8	+6.8	15.59	14.12	0.7	0.00
	10	88.69	+0.7	+6.8	15.58	14.12	0.4	0.00
	14	88.71	+0.7	+6.8	15.58	14.12	0.2	0.00
	18	88.69	+0.7	+6.8	15.58	14.12	0.4	0.00
	22	88.64	+0.7	+6.8	15.59	14.13	0.8	0.00
	26	88.56	+0.7	+6.8	15.61	14.15	1.1	0.00
	30	88.44	+0.7	+6.8	15.63	14.17	1.4	0.00
Nov.	3	88.29	+0.7	+6.9	15.66	14.20	1.8	0.00
	7	88.10	+0.7	+6.9	15.69	14.23	2.1	0.01
	11	87.89	+0.8	+6.9	15.73	14.27	2.5	0.01
	15	87.64	+0.8	+6.9	15.77	14.31	2.8	0.01
	19	87.37	+0.8	+6.9	15.82	14.35	3.1	0.01
	23	87.06	+0.8	+6.9	15.88	14.41	3.4	0.01
	27	86.72	+0.8	+6.9	15.94	14.46	3.7	0.02
Dec.	1	86.36	+0.8	+7.0	16.00	14.53	4.0	0.02
	5	85.97	+0.8	+7.0	16.08	14.59	4.2	0.02
	9	85.56	+0.7	+7.0	16.15	14.67	4.5	0.02
	13	85.13	+0.7	+7.0	16.24	14.74	4.7	0.03
	17	84.67	+0.7	+7.0	16.32	14.82	4.9	0.03
	21	84.20	+0.7	+7.0	16.42	14.91	5.1	0.03
	25	83.70	+0.7	+7.0	16.51	15.00	5.3	0.03
	29	83.19	+0.7	+7.0	16.61	15.09	5.4	0.04
	33	82.67	+0.7	+7.0	16.72	15.19	5.6	0.04

EPHEMERIS FOR PHYSICAL OBSERVATIONS
FOR 0ʰ TERRESTRIAL TIME

Date		L_s	Sub-Earth Point		Sub-Solar Point				North Pole	
			Long.	Lat.	Long.	Lat.	Dist.	P.A.	Dist.	P.A.
		°	°	°	°	°	″	°	″	°
July	2	23.04	163.24	+ 9.18	157.73	+12.40	+ 0.91	293.06	+ 7.77	356.74
	6	23.17	165.99	+ 9.28	160.48	+12.46	+ 0.91	292.89	+ 7.71	356.75
	10	23.30	168.71	+ 9.38	163.22	+12.53	+ 0.89	292.72	+ 7.66	356.77
	14	23.44	171.42	+ 9.50	165.97	+12.60	+ 0.88	292.55	+ 7.60	356.78
	18	23.57	174.11	+ 9.63	168.72	+12.66	+ 0.86	292.38	+ 7.55	356.80
	22	23.70	176.78	+ 9.77	171.47	+12.73	+ 0.84	292.20	+ 7.50	356.82
	26	23.83	179.43	+ 9.92	174.23	+12.79	+ 0.82	292.02	+ 7.45	356.84
	30	23.96	182.08	+10.08	177.00	+12.86	+ 0.79	291.83	+ 7.40	356.87
Aug.	3	24.09	184.71	+10.26	179.78	+12.93	+ 0.76	291.63	+ 7.36	356.89
	7	24.22	187.33	+10.44	182.56	+12.99	+ 0.73	291.42	+ 7.31	356.92
	11	24.35	189.95	+10.63	185.36	+13.06	+ 0.70	291.19	+ 7.27	356.95
	15	24.48	192.56	+10.83	188.16	+13.12	+ 0.67	290.95	+ 7.23	356.98
	19	24.61	195.16	+11.04	190.98	+13.19	+ 0.63	290.68	+ 7.19	357.01
	23	24.74	197.76	+11.25	193.81	+13.25	+ 0.59	290.39	+ 7.15	357.05
	27	24.87	200.37	+11.47	196.65	+13.32	+ 0.55	290.06	+ 7.12	357.08
	31	25.00	202.97	+11.70	199.51	+13.38	+ 0.51	289.69	+ 7.08	357.12
Sept.	4	25.13	205.58	+11.93	202.38	+13.45	+ 0.47	289.26	+ 7.05	357.16
	8	25.26	208.19	+12.16	205.27	+13.52	+ 0.42	288.76	+ 7.03	357.19
	12	25.39	210.80	+12.40	208.17	+13.58	+ 0.38	288.15	+ 7.00	357.24
	16	25.52	213.43	+12.64	211.09	+13.65	+ 0.33	287.40	+ 6.98	357.28
	20	25.65	216.06	+12.88	214.02	+13.71	+ 0.29	286.42	+ 6.96	357.32
	24	25.78	218.70	+13.13	216.98	+13.77	+ 0.24	285.09	+ 6.94	357.36
	28	25.91	221.36	+13.37	219.95	+13.84	+ 0.19	283.16	+ 6.92	357.41
Oct.	2	26.04	224.02	+13.62	222.94	+13.90	+ 0.15	280.04	+ 6.91	357.45
	6	26.17	226.70	+13.87	225.95	+13.97	+ 0.10	274.10	+ 6.89	357.50
	10	26.30	229.40	+14.11	228.98	+14.03	+ 0.06	258.68	+ 6.89	357.54
	14	26.43	232.11	+14.36	232.02	+14.10	+ 0.03	200.45	+ 6.88	357.59
	18	26.56	234.84	+14.60	235.09	+14.16	+ 0.06	144.40	+ 6.88	357.64
	22	26.69	237.59	+14.83	238.17	+14.23	+ 0.10	129.60	+ 6.88	357.68
	26	26.82	240.36	+15.07	241.27	+14.29	+ 0.15	123.80	+ 6.88	357.73
	30	26.95	243.15	+15.30	244.39	+14.35	+ 0.20	120.73	+ 6.88	357.78
Nov.	3	27.08	245.97	+15.53	247.53	+14.42	+ 0.24	118.81	+ 6.89	357.82
	7	27.21	248.80	+15.75	250.69	+14.48	+ 0.29	117.48	+ 6.90	357.87
	11	27.34	251.66	+15.97	253.87	+14.55	+ 0.34	116.50	+ 6.91	357.92
	15	27.47	254.55	+16.18	257.06	+14.61	+ 0.38	115.73	+ 6.92	357.96
	19	27.60	257.46	+16.38	260.27	+14.67	+ 0.42	115.10	+ 6.94	358.00
	23	27.73	260.39	+16.58	263.50	+14.74	+ 0.47	114.57	+ 6.96	358.05
	27	27.86	263.35	+16.76	266.74	+14.80	+ 0.51	114.11	+ 6.98	358.09
Dec.	1	27.99	266.34	+16.94	270.00	+14.86	+ 0.55	113.71	+ 7.01	358.13
	5	28.12	269.36	+17.12	273.27	+14.93	+ 0.59	113.36	+ 7.03	358.17
	9	28.25	272.40	+17.28	276.56	+14.99	+ 0.63	113.03	+ 7.06	358.21
	13	28.38	275.48	+17.43	279.86	+15.05	+ 0.66	112.73	+ 7.10	358.25
	17	28.51	278.58	+17.57	283.17	+15.12	+ 0.70	112.46	+ 7.13	358.28
	21	28.64	281.71	+17.71	286.49	+15.18	+ 0.73	112.20	+ 7.17	358.32
	25	28.76	284.87	+17.83	289.82	+15.24	+ 0.76	111.95	+ 7.21	358.35
	29	28.89	288.06	+17.94	293.16	+15.30	+ 0.78	111.72	+ 7.25	358.38
	33	29.02	291.28	+18.04	296.51	+15.37	+ 0.81	111.49	+ 7.29	358.41

URANUS, 2011

EPHEMERIS FOR PHYSICAL OBSERVATIONS
FOR 0^h TERRESTRIAL TIME

Date		Light-time	Magnitude	Equatorial Diameter	Phase Angle	L_s	Sub-Earth Lat.	North Pole	
								Dist.	P.A.
		m		''	°	°	°	''	°
Jan.	−1	168.48	+5.9	3.48	2.8	11.97	+ 9.55	+ 1.68	254.29
	9	169.86	+5.9	3.45	2.6	12.08	+ 9.80	+ 1.66	254.28
	19	171.15	+5.9	3.42	2.4	12.18	+ 10.13	+ 1.65	254.28
	29	172.31	+5.9	3.40	2.1	12.29	+ 10.53	+ 1.64	254.28
Feb.	8	173.32	+5.9	3.38	1.8	12.40	+ 10.99	+ 1.62	254.29
	18	174.15	+5.9	3.37	1.4	12.50	+ 11.50	+ 1.61	254.29
	28	174.77	+5.9	3.35	1.0	12.61	+ 12.04	+ 1.61	254.30
Mar.	10	175.17	+5.9	3.35	0.5	12.72	+ 12.62	+ 1.60	254.30
	20	175.34	+5.9	3.34	0.1	12.82	+ 13.20	+ 1.59	254.32
	30	175.28	+5.9	3.34	0.4	12.93	+ 13.79	+ 1.59	254.33
Apr.	9	174.99	+5.9	3.35	0.8	13.04	+ 14.37	+ 1.59	254.35
	19	174.48	+5.9	3.36	1.3	13.15	+ 14.93	+ 1.59	254.37
	29	173.78	+5.9	3.37	1.7	13.25	+ 15.45	+ 1.59	254.39
May	9	172.88	+5.9	3.39	2.0	13.36	+ 15.93	+ 1.60	254.41
	19	171.83	+5.9	3.41	2.3	13.47	+ 16.36	+ 1.60	254.42
	29	170.64	+5.9	3.44	2.6	13.57	+ 16.72	+ 1.61	254.44
June	8	169.35	+5.9	3.46	2.8	13.68	+ 17.02	+ 1.62	254.46
	18	167.99	+5.9	3.49	2.9	13.79	+ 17.24	+ 1.63	254.47
	28	166.60	+5.8	3.52	2.9	13.90	+ 17.38	+ 1.65	254.47
July	8	165.21	+5.8	3.55	2.9	14.00	+ 17.44	+ 1.66	254.47
	18	163.87	+5.8	3.58	2.7	14.11	+ 17.42	+ 1.67	254.47
	28	162.62	+5.8	3.60	2.5	14.22	+ 17.31	+ 1.69	254.46
Aug.	7	161.48	+5.8	3.63	2.2	14.33	+ 17.13	+ 1.70	254.45
	17	160.50	+5.8	3.65	1.9	14.43	+ 16.88	+ 1.71	254.44
	27	159.70	+5.7	3.67	1.5	14.54	+ 16.57	+ 1.72	254.42
Sept.	6	159.12	+5.7	3.68	1.0	14.65	+ 16.21	+ 1.73	254.40
	16	158.77	+5.7	3.69	0.5	14.75	+ 15.81	+ 1.74	254.38
	26	158.66	+5.7	3.69	0.0	14.86	+ 15.40	+ 1.75	254.37
Oct.	6	158.81	+5.7	3.69	0.5	14.97	+ 14.99	+ 1.75	254.35
	16	159.20	+5.7	3.68	1.0	15.08	+ 14.59	+ 1.75	254.34
	26	159.84	+5.7	3.67	1.4	15.18	+ 14.23	+ 1.74	254.33
Nov.	5	160.69	+5.8	3.65	1.9	15.29	+ 13.92	+ 1.73	254.32
	15	161.73	+5.8	3.62	2.2	15.40	+ 13.67	+ 1.72	254.32
	25	162.92	+5.8	3.60	2.5	15.50	+ 13.50	+ 1.71	254.31
Dec.	5	164.24	+5.8	3.57	2.7	15.61	+ 13.41	+ 1.70	254.31
	15	165.64	+5.8	3.54	2.8	15.72	+ 13.40	+ 1.69	254.31
	25	167.07	+5.8	3.51	2.8	15.83	+ 13.49	+ 1.67	254.32
	35	168.49	+5.9	3.48	2.7	15.93	+ 13.66	+ 1.66	254.32

EPHEMERIS FOR PHYSICAL OBSERVATIONS
FOR 0ʰ TERRESTRIAL TIME

Date		Light-time	Magnitude	Equatorial Diameter	Phase Angle	L_s	Sub-Earth Lat.	North Pole	
								Dist.	P.A.
		m		"	°	°	°	"	°
Jan.	−1	254.96	+7.9	2.23	1.4	282.34	−28.57	−0.97	335.92
	9	255.95	+8.0	2.22	1.2	282.40	−28.54	−0.97	335.70
	19	256.76	+8.0	2.21	0.9	282.46	−28.52	−0.96	335.46
	29	257.34	+8.0	2.21	0.6	282.52	−28.49	−0.96	335.20
Feb.	8	257.70	+8.0	2.20	0.3	282.58	−28.46	−0.96	334.93
	18	257.82	+8.0	2.20	0.0	282.64	−28.42	−0.96	334.65
	28	257.70	+8.0	2.20	0.3	282.70	−28.39	−0.96	334.38
Mar.	10	257.35	+8.0	2.21	0.6	282.76	−28.35	−0.96	334.11
	20	256.77	+8.0	2.21	0.9	282.82	−28.31	−0.96	333.86
	30	255.98	+8.0	2.22	1.2	282.88	−28.28	−0.97	333.63
Apr.	9	255.01	+7.9	2.23	1.4	282.94	−28.24	−0.97	333.42
	19	253.89	+7.9	2.24	1.6	283.00	−28.21	−0.98	333.23
	29	252.64	+7.9	2.25	1.8	283.06	−28.18	−0.98	333.08
May	9	251.30	+7.9	2.26	1.9	283.12	−28.16	−0.99	332.97
	19	249.90	+7.9	2.27	1.9	283.18	−28.14	−0.99	332.89
	29	248.50	+7.9	2.29	1.9	283.24	−28.13	−1.00	332.85
June	8	247.12	+7.9	2.30	1.9	283.30	−28.13	−1.00	332.85
	18	245.81	+7.9	2.31	1.8	283.36	−28.13	−1.01	332.89
	28	244.60	+7.9	2.32	1.6	283.42	−28.14	−1.01	332.96
July	8	243.53	+7.8	2.33	1.4	283.48	−28.15	−1.02	333.07
	18	242.63	+7.8	2.34	1.1	283.54	−28.17	−1.02	333.20
	28	241.92	+7.8	2.35	0.8	283.60	−28.19	−1.02	333.36
Aug.	7	241.43	+7.8	2.35	0.5	283.66	−28.21	−1.03	333.54
	17	241.18	+7.8	2.35	0.2	283.72	−28.23	−1.03	333.73
	27	241.17	+7.8	2.35	0.1	283.77	−28.26	−1.03	333.93
Sept.	6	241.41	+7.8	2.35	0.5	283.83	−28.29	−1.03	334.12
	16	241.88	+7.8	2.35	0.8	283.89	−28.31	−1.02	334.31
	26	242.58	+7.8	2.34	1.1	283.95	−28.33	−1.02	334.48
Oct.	6	243.49	+7.8	2.33	1.3	284.01	−28.35	−1.02	334.62
	16	244.58	+7.9	2.32	1.5	284.07	−28.36	−1.01	334.73
	26	245.81	+7.9	2.31	1.7	284.13	−28.37	−1.01	334.81
Nov.	5	247.15	+7.9	2.30	1.8	284.19	−28.38	−1.00	334.85
	15	248.56	+7.9	2.28	1.9	284.25	−28.38	−1.00	334.85
	25	249.99	+7.9	2.27	1.9	284.31	−28.38	−0.99	334.81
Dec.	5	251.41	+7.9	2.26	1.8	284.37	−28.37	−0.98	334.73
	15	252.77	+7.9	2.25	1.7	284.43	−28.36	−0.98	334.60
	25	254.02	+7.9	2.24	1.6	284.49	−28.34	−0.97	334.44
	35	255.14	+7.9	2.23	1.4	284.55	−28.31	−0.97	334.25

PLUTO, 2011

EPHEMERIS FOR PHYSICAL OBSERVATIONS
FOR 0ʰ TERRESTRIAL TIME

Date		Light-time	Magnitude	Phase Angle	L_s	Sub-Earth Point		North Pole P.A.
						Long.	Lat.	
		m		°	°	°	°	°
Jan.	−1	273.90	+14.1	0.2	234.81	30.48	−45.29	59.55
	9	273.75	+14.1	0.4	234.87	234.36	−45.60	59.25
	19	273.36	+14.1	0.7	234.93	78.25	−45.90	58.95
	29	272.75	+14.1	0.9	234.99	282.13	−46.18	58.67
Feb.	8	271.93	+14.1	1.2	235.05	126.00	−46.44	58.42
	18	270.93	+14.1	1.4	235.11	329.85	−46.68	58.19
	28	269.78	+14.1	1.6	235.17	173.68	−46.87	58.00
Mar.	10	268.52	+14.1	1.7	235.22	17.47	−47.03	57.85
	20	267.19	+14.1	1.8	235.28	221.24	−47.15	57.75
	30	265.82	+14.0	1.8	235.34	64.96	−47.23	57.68
Apr.	9	264.45	+14.0	1.8	235.40	268.65	−47.25	57.67
	19	263.13	+14.0	1.7	235.46	112.30	−47.24	57.69
	29	261.90	+14.0	1.6	235.52	315.92	−47.17	57.76
May	9	260.80	+14.0	1.4	235.58	159.50	−47.07	57.87
	19	259.85	+14.0	1.2	235.64	3.04	−46.93	58.01
	29	259.09	+14.0	0.9	235.70	206.56	−46.75	58.17
June	8	258.54	+14.0	0.6	235.75	50.06	−46.55	58.36
	18	258.22	+14.0	0.4	235.81	253.54	−46.34	58.55
	28	258.13	+14.0	0.1	235.87	97.01	−46.11	58.75
July	8	258.29	+14.0	0.3	235.93	300.48	−45.88	58.94
	18	258.69	+14.0	0.6	235.99	143.95	−45.65	59.13
	28	259.31	+14.0	0.9	236.05	347.43	−45.44	59.29
Aug.	7	260.15	+14.0	1.1	236.11	190.93	−45.25	59.42
	17	261.17	+14.0	1.4	236.16	34.45	−45.09	59.53
	27	262.35	+14.0	1.5	236.22	237.99	−44.96	59.60
Sept.	6	263.66	+14.0	1.7	236.28	81.55	−44.88	59.63
	16	265.06	+14.0	1.8	236.34	285.15	−44.83	59.62
	26	266.50	+14.1	1.8	236.40	128.79	−44.83	59.57
Oct.	6	267.96	+14.1	1.8	236.46	332.45	−44.88	59.47
	16	269.39	+14.1	1.7	236.51	176.15	−44.97	59.34
	26	270.75	+14.1	1.6	236.57	19.89	−45.10	59.16
Nov.	5	271.99	+14.1	1.4	236.63	223.65	−45.28	58.95
	15	273.09	+14.1	1.2	236.69	67.45	−45.49	58.70
	25	274.02	+14.1	1.0	236.75	271.28	−45.73	58.43
Dec.	5	274.75	+14.1	0.7	236.81	115.14	−46.00	58.13
	15	275.25	+14.1	0.4	236.86	319.01	−46.29	57.82
	25	275.52	+14.1	0.2	236.92	162.90	−46.58	57.49
	35	275.55	+14.1	0.2	236.98	6.80	−46.88	57.17

FOR 0^h TERRESTRIAL TIME

Date		Mars	Jupiter			Saturn
			System I	System II	System III	
		°	°	°	°	°
Jan.	0	65.99	108.75	39.28	271.89	102.20
	1	56.17	266.44	189.34	62.22	193.03
	2	46.34	64.13	339.40	212.54	283.86
	3	36.51	221.81	129.46	2.86	14.69
	4	26.68	19.50	279.51	153.18	105.52
	5	16.85	177.18	69.56	303.50	196.36
	6	7.01	334.86	219.61	93.82	287.19
	7	357.17	132.53	9.65	244.13	18.03
	8	347.33	290.21	159.70	34.44	108.87
	9	337.49	87.88	309.74	184.75	199.71
	10	327.65	245.55	99.78	335.06	290.55
	11	317.80	43.22	249.82	125.37	21.40
	12	307.95	200.88	39.86	275.67	112.24
	13	298.10	358.55	189.90	65.97	203.09
	14	288.25	156.21	339.93	216.27	293.94
	15	278.39	313.88	129.96	6.57	24.79
	16	268.54	111.54	280.00	156.87	115.64
	17	258.68	269.20	70.03	307.17	206.49
	18	248.81	66.85	220.05	97.46	297.34
	19	238.95	224.51	10.08	247.76	28.20
	20	229.08	22.16	160.11	38.05	119.06
	21	219.21	179.82	310.13	188.34	209.91
	22	209.34	337.47	100.15	338.63	300.77
	23	199.46	135.12	250.18	128.92	31.63
	24	189.58	292.77	40.20	279.20	122.50
	25	179.70	90.42	190.22	69.49	213.36
	26	169.82	248.07	340.23	219.78	304.22
	27	159.93	45.71	130.25	10.06	35.09
	28	150.05	203.36	280.27	160.34	125.96
	29	140.15	1.01	70.28	310.62	216.83
	30	130.26	158.65	220.30	100.90	307.70
	31	120.37	316.29	10.31	251.18	38.57
Feb.	1	110.47	113.93	160.32	41.46	129.44
	2	100.57	271.57	310.33	191.74	220.31
	3	90.66	69.21	100.34	342.02	311.18
	4	80.76	226.85	250.35	132.30	42.06
	5	70.85	24.49	40.36	282.57	132.93
	6	60.93	182.13	190.37	72.85	223.81
	7	51.02	339.77	340.38	223.12	314.69
	8	41.10	137.41	130.39	13.40	45.57
	9	31.19	295.04	280.40	163.67	136.45
	10	21.26	92.68	70.40	313.94	227.33
	11	11.34	250.31	220.41	104.22	318.21
	12	1.41	47.95	10.41	254.49	49.09
	13	351.49	205.58	160.42	44.76	139.97
	14	341.56	3.22	310.42	195.03	230.85
	15	331.62	160.85	100.43	345.30	321.74

PLANETARY CENTRAL MERIDIANS, 2011

FOR 0ʰ TERRESTRIAL TIME

Date		Mars	Jupiter			Saturn
			System I	System II	System III	
		°	°	°	°	°
Feb.	15	331.62	160.85	100.43	345.30	321.74
	16	321.69	318.49	250.43	135.57	52.62
	17	311.75	116.12	40.44	285.84	143.51
	18	301.81	273.75	190.44	76.11	234.39
	19	291.87	71.39	340.44	226.38	325.28
	20	281.92	229.02	130.45	16.66	56.16
	21	271.98	26.65	280.45	166.93	147.05
	22	262.03	184.29	70.45	317.20	237.94
	23	252.08	341.92	220.46	107.46	328.82
	24	242.13	139.55	10.46	257.73	59.71
	25	232.17	297.18	160.46	48.00	150.60
	26	222.22	94.82	310.47	198.27	241.49
	27	212.26	252.45	100.47	348.54	332.38
	28	202.30	50.08	250.47	138.81	63.26
Mar.	1	192.34	207.72	40.48	289.08	154.15
	2	182.38	5.35	190.48	79.35	245.04
	3	172.41	162.98	340.48	229.62	335.93
	4	162.45	320.62	130.49	19.90	66.82
	5	152.48	118.25	280.49	170.17	157.71
	6	142.51	275.88	70.50	320.44	248.59
	7	132.54	73.52	220.50	110.71	339.48
	8	122.57	231.15	10.51	260.98	70.37
	9	112.60	28.79	160.51	51.25	161.26
	10	102.63	186.42	310.52	201.53	252.14
	11	92.65	344.06	100.52	351.80	343.03
	12	82.68	141.70	250.53	142.07	73.92
	13	72.71	299.33	40.54	292.35	164.80
	14	62.73	96.97	190.55	82.62	255.69
	15	52.76	254.61	340.55	232.89	346.57
	16	42.78	52.25	130.56	23.17	77.46
	17	32.80	209.89	280.57	173.45	168.34
	18	22.83	7.53	70.58	323.72	259.23
	19	12.85	165.17	220.59	114.00	350.11
	20	2.87	322.81	10.60	264.28	80.99
	21	352.89	120.45	160.62	54.56	171.87
	22	342.92	278.09	310.63	204.84	262.75
	23	332.94	75.74	100.64	355.12	353.63
	24	322.96	233.38	250.66	145.40	84.51
	25	312.99	31.02	40.67	295.68	175.38
	26	303.01	188.67	190.69	85.96	266.26
	27	293.04	346.32	340.70	236.24	357.14
	28	283.06	143.96	130.72	26.53	88.01
	29	273.09	301.61	280.74	176.81	178.88
	30	263.11	99.26	70.76	327.10	269.75
	31	253.14	256.91	220.78	117.38	0.63
Apr.	1	243.17	54.56	10.80	267.67	91.49
	2	233.20	212.21	160.82	57.96	182.36

FOR 0^h TERRESTRIAL TIME

Date		Mars	Jupiter			Saturn
			System I	System II	System III	
		°	°	°	°	°
Apr.	1	243.17	54.56	10.80	267.67	91.49
	2	233.20	212.21	160.82	57.96	182.36
	3	223.23	9.86	310.84	208.25	273.23
	4	213.26	167.52	100.86	358.54	4.09
	5	203.30	325.17	250.89	148.83	94.96
	6	193.33	122.83	40.91	299.12	185.82
	7	183.37	280.48	190.94	89.41	276.68
	8	173.40	78.14	340.97	239.71	7.54
	9	163.44	235.80	131.00	30.00	98.40
	10	153.48	33.46	281.03	180.30	189.25
	11	143.53	191.12	71.06	330.60	280.11
	12	133.57	348.78	221.09	120.89	10.96
	13	123.62	146.44	11.12	271.19	101.81
	14	113.67	304.11	161.15	61.49	192.66
	15	103.72	101.77	311.19	211.80	283.51
	16	93.77	259.44	101.23	2.10	14.36
	17	83.83	57.11	251.26	152.40	105.20
	18	73.88	214.78	41.30	302.71	196.04
	19	63.94	12.45	191.34	93.02	286.88
	20	54.00	170.12	341.39	243.32	17.72
	21	44.07	327.79	131.43	33.63	108.56
	22	34.14	125.47	281.47	183.94	199.39
	23	24.21	283.14	71.52	334.26	290.23
	24	14.28	80.82	221.56	124.57	21.06
	25	4.35	238.50	11.61	274.88	111.89
	26	354.43	36.18	161.66	65.20	202.71
	27	344.51	193.86	311.71	215.52	293.54
	28	334.59	351.54	101.76	5.84	24.36
	29	324.67	149.22	251.82	156.16	115.18
	30	314.76	306.91	41.87	306.48	206.00
May	1	304.85	104.59	191.93	96.80	296.81
	2	294.94	262.28	341.99	247.13	27.63
	3	285.04	59.97	132.05	37.45	118.44
	4	275.14	217.66	282.11	187.78	209.25
	5	265.24	15.35	72.17	338.11	300.06
	6	255.35	173.05	222.23	128.44	30.86
	7	245.45	330.74	12.30	278.77	121.67
	8	235.56	128.44	162.36	69.10	212.47
	9	225.68	286.14	312.43	219.44	303.27
	10	215.79	83.84	102.50	9.78	34.06
	11	205.91	241.54	252.58	160.11	124.86
	12	196.04	39.25	42.65	310.45	215.65
	13	186.16	196.95	192.72	100.80	306.44
	14	176.29	354.66	342.80	251.14	37.23
	15	166.42	152.37	132.88	41.48	128.01
	16	156.56	310.08	282.96	191.83	218.80
	17	146.69	107.79	73.04	342.18	309.58

PLANETARY CENTRAL MERIDIANS, 2011

FOR 0ʰ TERRESTRIAL TIME

Date		Mars	Jupiter			Saturn
			System I	System II	System III	
		°	°	°	°	°
May	17	146.69	107.79	73.04	342.18	309.58
	18	136.84	265.50	223.12	132.53	40.36
	19	126.98	63.22	13.21	282.88	131.13
	20	117.13	220.94	163.30	73.23	221.91
	21	107.28	18.65	313.38	223.59	312.68
	22	97.43	176.38	103.47	13.95	43.45
	23	87.58	334.10	253.57	164.31	134.22
	24	77.74	131.82	43.66	314.67	224.98
	25	67.90	289.55	193.76	105.03	315.74
	26	58.07	87.28	343.85	255.39	46.51
	27	48.23	245.01	133.95	45.76	137.26
	28	38.40	42.74	284.05	196.13	228.02
	29	28.57	200.47	74.16	346.50	318.78
	30	18.75	358.21	224.26	136.87	49.53
	31	8.93	155.94	14.37	287.24	140.28
June	1	359.11	313.68	164.48	77.62	231.03
	2	349.29	111.42	314.59	227.99	321.77
	3	339.48	269.17	104.70	18.37	52.51
	4	329.67	66.91	254.82	168.75	143.26
	5	319.86	224.66	44.93	319.14	234.00
	6	310.05	22.41	195.05	109.52	324.73
	7	300.25	180.16	345.17	259.91	55.47
	8	290.45	337.91	135.29	50.30	146.20
	9	280.65	135.67	285.42	200.69	236.93
	10	270.86	293.42	75.55	351.08	327.66
	11	261.07	91.18	225.67	141.48	58.39
	12	251.28	248.94	15.80	291.88	149.11
	13	241.49	46.71	165.94	82.28	239.84
	14	231.70	204.47	316.07	232.68	330.56
	15	221.92	2.24	106.21	23.08	61.28
	16	212.14	160.01	256.35	173.49	152.00
	17	202.36	317.78	46.49	323.90	242.71
	18	192.59	115.56	196.63	114.31	333.43
	19	182.81	273.33	346.78	264.72	64.14
	20	173.04	71.11	136.93	55.13	154.85
	21	163.27	228.89	287.08	205.55	245.56
	22	153.51	26.68	77.23	355.97	336.26
	23	143.74	184.46	227.38	146.39	66.97
	24	133.98	342.25	17.54	296.81	157.67
	25	124.22	140.04	167.70	87.24	248.37
	26	114.46	297.83	317.86	237.67	339.07
	27	104.70	95.62	108.03	28.10	69.77
	28	94.95	253.42	258.19	178.53	160.47
	29	85.19	51.22	48.36	328.96	251.16
	30	75.44	209.02	198.53	119.40	341.86
July	1	65.69	6.82	348.70	269.84	72.55
	2	55.95	164.63	138.88	60.28	163.24

FOR 0^h TERRESTRIAL TIME

Date		Mars	Jupiter			Saturn
			System I	System II	System III	
		°	°	°	°	°
July	1	65.69	6.82	348.70	269.84	72.55
	2	55.95	164.63	138.88	60.28	163.24
	3	46.20	322.44	289.06	210.73	253.93
	4	36.46	120.25	79.24	1.18	344.62
	5	26.72	278.06	229.42	151.62	75.30
	6	16.97	75.88	19.61	302.08	165.99
	7	7.24	233.70	169.79	92.53	256.67
	8	357.50	31.52	319.98	242.99	347.35
	9	347.76	189.34	110.18	33.45	78.03
	10	338.03	347.17	260.37	183.91	168.71
	11	328.30	145.00	50.57	334.37	259.39
	12	318.57	302.83	200.77	124.84	350.07
	13	308.84	100.66	350.97	275.31	80.75
	14	299.11	258.50	141.18	65.78	171.42
	15	289.38	56.33	291.38	216.26	262.09
	16	279.66	214.17	81.59	6.73	352.77
	17	269.93	12.02	231.81	157.21	83.44
	18	260.21	169.86	22.02	307.69	174.11
	19	250.49	327.71	172.24	98.18	264.78
	20	240.77	125.56	322.46	248.67	355.44
	21	231.05	283.42	112.68	39.16	86.11
	22	221.33	81.28	262.91	189.65	176.78
	23	211.61	239.13	53.14	340.14	267.44
	24	201.90	37.00	203.37	130.64	358.11
	25	192.18	194.86	353.61	281.14	88.77
	26	182.47	352.73	143.84	71.65	179.43
	27	172.75	150.60	294.08	222.15	270.10
	28	163.04	308.47	84.32	12.66	0.76
	29	153.33	106.35	234.57	163.17	91.42
	30	143.62	264.23	24.82	313.69	182.08
	31	133.91	62.11	175.07	104.21	272.74
Aug.	1	124.20	219.99	325.32	254.73	3.39
	2	114.49	17.88	115.58	45.25	94.05
	3	104.79	175.77	265.84	195.78	184.71
	4	95.08	333.66	56.10	346.30	275.36
	5	85.37	131.56	206.36	136.84	6.02
	6	75.67	289.46	356.63	287.37	96.68
	7	65.97	87.36	146.90	77.91	187.33
	8	56.26	245.26	297.18	228.45	277.99
	9	46.56	43.17	87.45	18.99	8.64
	10	36.86	201.08	237.73	169.54	99.29
	11	27.16	358.99	28.01	320.08	189.95
	12	17.46	156.91	178.30	110.64	280.60
	13	7.76	314.82	328.58	261.19	11.25
	14	358.06	112.74	118.87	51.75	101.90
	15	348.36	270.67	269.17	202.31	192.56
	16	338.66	68.60	59.46	352.87	283.21

PLANETARY CENTRAL MERIDIANS, 2011

FOR 0ʰ TERRESTRIAL TIME

Date		Mars	Jupiter			Saturn
			System I	System II	System III	
		°	°	°	°	°
Aug.	16	338.66	68.60	59.46	352.87	283.21
	17	328.96	226.52	209.76	143.43	13.86
	18	319.26	24.46	0.07	294.00	104.51
	19	309.56	182.39	150.37	84.57	195.16
	20	299.87	340.33	300.68	235.15	285.81
	21	290.17	138.27	90.99	25.73	16.46
	22	280.47	296.22	241.30	176.31	107.11
	23	270.78	94.16	31.62	326.89	197.76
	24	261.08	252.11	181.94	117.47	288.42
	25	251.39	50.07	332.26	268.06	19.07
	26	241.69	208.02	122.58	58.65	109.72
	27	232.00	5.98	272.91	209.25	200.37
	28	222.30	163.94	63.24	359.85	291.02
	29	212.61	321.90	213.57	150.45	21.67
	30	202.91	119.87	3.91	301.05	112.32
	31	193.22	277.84	154.25	91.65	202.97
Sept.	1	183.53	75.81	304.59	242.26	293.62
	2	173.83	233.79	94.94	32.87	24.27
	3	164.14	31.76	245.28	183.49	114.92
	4	154.45	189.74	35.63	334.10	205.58
	5	144.75	347.73	185.98	124.72	296.23
	6	135.06	145.71	336.34	275.34	26.88
	7	125.37	303.70	126.70	65.97	117.53
	8	115.68	101.69	277.06	216.60	208.19
	9	105.99	259.69	67.42	7.22	298.84
	10	96.30	57.68	217.78	157.86	29.49
	11	86.61	215.68	8.15	308.49	120.15
	12	76.91	13.68	158.52	99.13	210.80
	13	67.22	171.68	308.89	249.77	301.46
	14	57.53	329.69	99.27	40.41	32.11
	15	47.84	127.70	249.65	191.05	122.77
	16	38.15	285.70	40.03	341.70	213.43
	17	28.46	83.72	190.41	132.35	304.08
	18	18.77	241.73	340.79	283.00	34.74
	19	9.09	39.75	131.18	73.65	125.40
	20	359.40	197.77	281.56	224.30	216.06
	21	349.71	355.79	71.95	14.96	306.72
	22	340.02	153.81	222.35	165.62	37.38
	23	330.33	311.83	12.74	316.28	128.04
	24	320.64	109.86	163.14	106.94	218.70
	25	310.95	267.89	313.53	257.60	309.36
	26	301.27	65.92	103.93	48.27	40.03
	27	291.58	223.95	254.33	198.94	130.69
	28	281.89	21.98	44.74	349.61	221.36
	29	272.21	180.01	195.14	140.28	312.02
	30	262.52	338.05	345.54	290.95	42.69
Oct.	1	252.84	136.09	135.95	81.62	133.35

FOR 0[h] TERRESTRIAL TIME

Date		Mars	Jupiter			Saturn
			System I	System II	System III	
		°	°	°	°	°
Oct.	1	252.84	136.09	135.95	81.62	133.35
	2	243.15	294.12	286.36	232.30	224.02
	3	233.47	92.16	76.77	22.97	314.69
	4	223.78	250.20	227.18	173.65	45.36
	5	214.10	48.25	17.59	324.33	136.03
	6	204.42	206.29	168.00	115.01	226.70
	7	194.74	4.33	318.41	265.68	317.38
	8	185.06	162.37	108.83	56.36	48.05
	9	175.37	320.42	259.24	207.05	138.72
	10	165.69	118.46	49.65	357.73	229.40
	11	156.02	276.51	200.07	148.41	320.08
	12	146.34	74.55	350.48	299.09	50.75
	13	136.66	232.60	140.90	89.77	141.43
	14	126.98	30.64	291.32	240.45	232.11
	15	117.31	188.69	81.73	31.14	322.79
	16	107.63	346.74	232.15	181.82	53.48
	17	97.96	144.78	22.56	332.50	144.16
	18	88.28	302.83	172.98	123.18	234.84
	19	78.61	100.87	323.39	273.86	325.53
	20	68.94	258.92	113.81	64.54	56.22
	21	59.27	56.96	264.22	215.22	146.91
	22	49.60	215.00	54.63	5.90	237.59
	23	39.93	13.05	205.05	156.58	328.28
	24	30.27	171.09	355.46	307.26	58.98
	25	20.60	329.13	145.87	97.94	149.67
	26	10.94	127.17	296.28	248.61	240.36
	27	1.27	285.20	86.68	39.29	331.06
	28	351.61	83.24	237.09	189.96	61.76
	29	341.95	241.28	27.50	340.63	152.46
	30	332.30	39.31	177.90	131.30	243.15
	31	322.64	197.34	328.30	281.97	333.86
Nov.	1	312.99	355.37	118.70	72.64	64.56
	2	303.34	153.40	269.10	223.30	155.26
	3	293.69	311.42	59.49	13.96	245.97
	4	284.04	109.45	209.89	164.63	336.67
	5	274.39	267.47	0.28	315.28	67.38
	6	264.75	65.49	150.67	105.94	158.09
	7	255.11	223.50	301.06	256.59	248.80
	8	245.47	21.52	91.44	47.24	339.52
	9	235.83	179.53	241.82	197.89	70.23
	10	226.20	337.54	32.20	348.54	160.95
	11	216.56	135.55	182.58	139.18	251.66
	12	206.93	293.55	332.95	289.82	342.38
	13	197.31	91.55	123.32	80.46	73.10
	14	187.68	249.55	273.69	231.09	163.82
	15	178.06	47.54	64.05	21.72	254.55
	16	168.44	205.53	214.41	172.35	345.27

PLANETARY CENTRAL MERIDIANS, 2011
FOR 0ʰ TERRESTRIAL TIME

Date		Mars	Jupiter			Saturn
			System I	System II	System III	
		°	°	°	°	°
Nov.	16	168.44	205.53	214.41	172.35	345.27
	17	158.82	3.52	4.77	322.98	76.00
	18	149.21	161.50	155.13	113.60	166.73
	19	139.60	319.48	305.48	264.21	257.46
	20	129.99	117.46	95.83	54.83	348.19
	21	120.39	275.44	246.17	205.44	78.92
	22	110.79	73.41	36.51	356.05	169.65
	23	101.20	231.37	186.85	146.65	260.39
	24	91.60	29.33	337.18	297.25	351.13
	25	82.01	187.29	127.51	87.85	81.87
	26	72.43	345.25	277.83	238.44	172.61
	27	62.85	143.20	68.16	29.03	263.35
	28	53.27	301.15	218.47	179.61	354.10
	29	43.70	99.09	8.79	330.19	84.84
	30	34.13	257.03	159.10	120.77	175.59
Dec.	1	24.57	54.96	309.40	271.34	266.34
	2	15.01	212.89	99.70	61.91	357.09
	3	5.46	10.82	250.00	212.47	87.85
	4	355.91	168.74	40.29	3.03	178.60
	5	346.36	326.66	190.58	153.58	269.36
	6	336.82	124.57	340.86	304.13	0.12
	7	327.29	282.48	131.14	94.68	90.88
	8	317.76	80.39	281.42	245.22	181.64
	9	308.24	238.29	71.69	35.76	272.40
	10	298.72	36.19	221.96	186.30	3.17
	11	289.20	194.08	12.22	336.83	93.94
	12	279.70	351.97	162.48	127.35	184.71
	13	270.20	149.85	312.74	277.87	275.48
	14	260.70	307.73	102.99	68.39	6.25
	15	251.21	105.61	253.23	218.90	97.02
	16	241.73	263.48	43.47	9.41	187.80
	17	232.25	61.35	193.71	159.91	278.58
	18	222.78	219.21	343.94	310.41	9.36
	19	213.32	17.07	134.17	100.91	100.14
	20	203.86	174.92	284.40	251.40	190.92
	21	194.41	332.77	74.62	41.89	281.71
	22	184.97	130.61	224.83	192.37	12.50
	23	175.54	288.46	15.05	342.85	103.29
	24	166.11	86.29	165.25	133.32	194.08
	25	156.69	244.13	315.46	283.79	284.87
	26	147.28	41.95	105.66	74.26	15.66
	27	137.88	199.78	255.85	224.72	106.46
	28	128.49	357.60	46.04	15.18	197.26
	29	119.10	155.42	196.23	165.63	288.06
	30	109.73	313.23	346.41	316.08	18.86
	31	100.36	111.04	136.59	106.53	109.66
	32	91.00	268.84	286.76	256.97	200.47

CONTENTS OF SECTION F

The satellite ephemerides were calculated using $\Delta T = 66$ seconds.

This symbol indicates that these data or auxiliary material may also be found on *The Astronomical Almanac Online* at **http://asa.usno.navy.mil** and **http://asa.hmnao.com**

Satellite		Orbital Period [1] (R = Retrograde)	Max. Elong. at Mean Opposition	Semimajor Axis	Orbital Eccentricity	Inclination of Orbit to Planet's Equator	Motion of Node on Fixed Plane [2]
		d	° ′ ″	×10³ km		°	°/yr
Earth							
	Moon	27.321 661		384.400	0.054 900 489	18.28–28.58	19.34[7]
Mars							
I	Phobos	0.318 910 23	25	9.380	0.015 1	1.075	158.8
II	Deimos	1.262 440 7	1 02	23.460	0.000 2	1.793	6.260
Jupiter							
I	Io	1.769 137 786	2 18	422.0	0.004	0.036	48.6
II	Europa	3.551 181 041	3 40	671.0	0.009	0.467	12.0
III	Ganymede	7.154 552 96	5 51	1 070.0	0.002	0.172	2.63
IV	Callisto	16.689 018 4	10 18	1 883.0	0.007	0.307	0.643
V	Amalthea	0.498 179 05	59	181.20	0.003	0.389	914.6
VI	Himalia	250.1	1 02 34	11 443.00	0.162	27.50	524.4
VII	Elara	259.1	1 04 03	11 716.00	0.217	26.63	506.1
VIII	Pasiphae	744.2 R	2 09 18	23 658.00	0.409	151.4	185.6
IX	Sinope	753.2 R	2 10 20	23 848.00	0.250	158.1	181.4
X	Lysithea	258. 5	1 03 58	11 700.00	0.112	28.30	506.9
XI	Carme	726.3 R	2 07 14	23 280.00	0.253	164.9	187.1
XII	Ananke	624.1 R	1 55 03	21 048.00	0.244	148.9	215.2
XIII	Leda	240.5	1 00 58	11 150.00	0.164	27.46	545.4
XIV	Thebe	0.675	1 13	221.90	0.015	1.070	
XV	Adrastea	0.298	42	128.98	0.001 8	0.027	
XVI	Metis	0.295	42	127.98	0.001 2	0.021	
XVII	Callirrhoe	736 R	2 14 25	24 596.24	0.206	143	
XVIII	Themisto	130.0	40 44	7 450.00	0.20	46	
XIX	Megaclite	734.1 R	2 08 06	23 439.08	0.527 7	151.700	
XX	Taygete	650.1 R	1 58 27	21 671.85	0.246 0	163.545	
XXI	Chaldene	591.7 R	1 50 57	20 299.46	0.155 3	165.620	
XXII	Harpalyke	617.3 R	1 54 20	20 917.72	0.200 3	149.288	
XXIII	Kalyke	767 R	2 11 54	24 135.61	0.317 7	165.792	
XXIV	Iocaste	606.3 R	1 52 50	20 642.86	0.268 6	149.906	
XXV	Erinome	661.1 R	1 59 31	21 867.75	0.346 5	160.909	
XXVI	Isonoe	704.9 R	2 04 38	22 804.70	0.280 9	165.039	
XXVII	Praxidike	624.6 R	1 55 19	21 098.10	0.145 8	146.353	
XXVIII	Autonoe	778.0 R	2 13 25	24 413.09	0.458 6	152.056	
XXIX	Thyone	610.0 R	1 53 31	20 769.90	0.283 3	148.286	
XXX	Hermippe	624.6 R	1 55 26	21 047.99	0.247 9	149.785	
XXXI	Aitne	679.3 R	2 01 44	22 274.41	0.311 2	164.343	
XXXII	Eurydome	752.4 R	2 10 14	23 830.94	0.325 5	150.430	
XXXIII	Euanthe	620.9 R	1 54 41	20 983.14	0.142 7	146.030	
XXXVI	Sponde	690.3 R	2 03 14	22 548.24	0.518 9	155.220	
XXXVII	Kale	679.4 R	2 01 53	22 300.64	0.325 0	164.794	
XXXIX	Hegemone	715 R	2 05 44	23 006.33	0.249 4	152.330	
XLI	Aoede	747 R	2 09 46	23 743.83	0.405 1	159.408	
XLIII	Arche	748.7 R	2 09 53	23 765.12	0.223 7	163.254	
XLV	Helike	601.40 R	1 52 16	20 540.27	0.137 5	154.587	
XLVI	Carpo	455.07	1 33 14	17 056.04	0.294 9	55.147	
XLVII	Eukelade	735.27 R	2 08 21	23 485.28	0.282 8	164.000	
Saturn							
I	Mimas	0.942 421 813	30	185.54	0.019 1	1.56	365.0
II	Enceladus	1.370 217 855	38	238.20	0.004 9	0.03	156.2[8]
III	Tethys	1.887 802 160	48	294.99	0.000 0	1.10	72.25
IV	Dione	2.736 914 742	1 01	377.65	0.002 2	0.01	30.85[8]
V	Rhea	4.517 500 436	1 25	527.37	0.000 3	0.35	10.16
VI	Titan	15.945 420 68	3 17	1 221.80	0.029 1	0.30	0.5213[8]
VII	Hyperion	21.276 608 8	3 59	1 481.10	0.103 5	0.64	
VIII	Iapetus	79.330 182 5	9 35	3 561.85	0.028 3	18.5	
IX	Phoebe	548.2 R	34 41	12 893.24	0.175 6	173.73[9]	

[1] Sidereal periods, except that tropical periods are given for satellites of Saturn.
[2] Rate of decrease (or increase) in the longitude of the ascending node.
[3] S = Synchronous, rotation period same as orbital period. C = Chaotic.
[4] V(Sun) = −26.75
[5] $V(1, 0)$ is the visual magnitude of the satellite reduced to a distance of 1 au from both the Sun and Earth and with phase angle of zero.
[6] V_0 is the mean opposition magnitude of the satellite.

Satellite		Mass Ratio (satellite/planet)	Radius	Sidereal Period of Rotation[3]	Geometric Albedo (V)[4]	$V(1,0)$[5]	V_0[6]	$B-V$	$U-B$
			km	d					
Earth									
	Moon	0.012 300 0383	1737.4	S	0.11	+ 0.21	−12.74	0.92	0.46
Mars									
I	Phobos	1.672×10^{-8}	13.4 × 11.2 × 9.2	S	0.07	+11.4	+11.9	0.6	
II	Deimos	2.43×10^{-9}	7.5 × 6.1 × 5.2	S	0.07	+12.5	+13.0	0.65	0.18
Jupiter									
I	Io	4.704×10^{-5}	1829×1819×1816	S	0.62	− 1.68	+ 5.0	1.17	1.30
II	Europa	2.528×10^{-5}	1562	S	0.68	− 1.41	+ 5.3	0.87	0.52
III	Ganymede	7.805×10^{-5}	2632	S	0.44	− 2.09	+ 4.6	0.83	0.50
IV	Callisto	5.667×10^{-5}	2409	S	0.19	− 1.05	+ 5.7	0.86	0.55
V	Amalthea	1.10×10^{-9}	125 × 73 × 64	S	0.09	+ 6.3	+14.1	1.50	
VI	Himalia	2.2×10^{-9}	85	0.40	0.04 :	+ 8.1	+14.6	0.67	0.30
VII	Elara	4.58×10^{-10}	43 :		0.04 :	+10.0	+16.3	0.69	0.28
VIII	Pasiphae	1.58×10^{-10}	30 :		0.04 :	+ 9.9	+17.0	0.74	0.34
IX	Sinope	3.95×10^{-11}	19 :	0.548	0.04 :	+11.6	+18.1	0.84	
X	Lysithea	3.31×10^{-10}	18 :	0.533	0.04 :	+11.1	+18.3	0.72	
XI	Carme	6.94×10^{-11}	23 :	0.433	0.04 :	+10.9	+17.6	0.76	
XII	Ananke	1.58×10^{-11}	14 :	0.35	0.04 :	+11.9	+18.8	0.90	
XIII	Leda	5.76×10^{-12}	10 :		0.04 :	+13.5	+19.0	0.7	
XIV	Thebe	7.89×10^{-10}	58 × 49 × 42	S	0.05	+ 9.0	+16.0	1.3	
XV	Adrastea	3.95×10^{-12}	10 × 8 × 7	S	0.1 :	+12.4	+18.7		
XVI	Metis	6.31×10^{-10}	22	S	0.06	+10.8	+17.5		
XVII	Callirrhoe		3.5 :		0.04 :	+13.9	+20.7	0.72	
XVIII	Themisto		2 :		0.06 :	+12.9	+20.3	0.83	
XIX	Megaclite		2 :		0.06 :	+15.1	+22.1	0.94	
XX	Taygete		2 :		0.06 :	+15.6	+22.9	0.56	
XXI	Chaldene		1.5 :		0.06 :	+15.7	+22.5		
XXII	Harpalyke		1.5 :		0.06 :	+15.2	+22.2		
XXIII	Kalyke		2 :		0.06 :	+15.3	+21.8		
XXIV	Iocaste		2 :		0.06 :	+15.3	+22.5	0.63	
XXV	Erinome		1.5 :		0.06 :	+16.0	+22.8		
XXVI	Isonoe		1.5 :		0.06 :	+15.9	+22.5		
XXVII	Praxidike		2.5 :		0.06 :	+15.2	+22.5	0.77	
XXVIII	Autonoe		1.5 :		0.06 :	+15.4	+22.0		
XXIX	Thyone		1.5 :		0.06 :	+15.7	+22.3		
XXX	Hermippe		2 :		0.06 :	+15.5	+22.1		
XXXI	Aitne		1.5 :		0.06 :	+16.1	+22.7		
XXXII	Eurydome		1.5 :		0.06 :	+16.1	+22.7		
XXXIII	Euanthe		1.5 :		0.06 :	+16.2	+22.8		
XXXVI	Sponde		1 :		0.06 :	+16.4	+23.0		
XXXVII	Kale		1 :		0.06 :	+16.4	+23.0		
XXXIX	Hegemone		1.5 :		0.04 :	+15.9	+22.8		
XLI	Aoede		2 :		0.04 :	+15.8	+22.5		
XLIII	Arche		1.5 :		0.04 :	+16.4	+22.8		
XLV	Helike		2 :		0.04 :	+16.0	+22.6		
XLVI	Carpo		1.5 :		0.04 :	+15.6	+23.0		
XLVII	Eukelade		2 :		0.04 :	+15.0	+22.6		
Saturn									
I	Mimas	6.61×10^{-8}	207 × 197 × 191	S	0.6	+ 3.3	+12.8		
II	Enceladus	1.90×10^{-7}	257 × 251 × 248	S	1.0	+ 2.2	+11.8	0.70	0.28
III	Tethys	1.09×10^{-6}	540 × 531 × 528	S	0.8	+ 0.7	+10.3	0.73	0.30
IV	Dione	1.93×10^{-6}	562	S	0.6	+ 0.88	+10.4	0.71	0.31
V	Rhea	4.06×10^{-6}	764	S	0.6	+ 0.16	+ 9.7	0.78	0.38
VI	Titan	2.366×10^{-4}	2575	S	0.2	− 1.20	+ 8.4	1.28	0.75
VII	Hyperion	1.00×10^{-8}	164 × 130 × 107	C	0.25	+ 4.6	+14.4	0.78	0.33
VIII	Iapetus	3.177×10^{-6}	736	S	0.2[10]	+ 1.6	+11.0	0.72	0.30
IX	Phoebe	1.454×10^{-8}	110	0.4	0.08	+ 6.63	+16.7	0.63	0.34

[7] Motion on the ecliptic plane.
[8] Rate of increase in the longitude of the apse.
[9] Measured from the ecliptic plane.
[10] Bright side, 0.5; faint side, 0.05.
[11] Measured relative to Earth's J2000.0 equator.
: Quantity is uncertain.

SATELLITES: ORBITAL DATA

Satellite		Orbital Period [1] (R = Retrograde)	Max. Elong. at Mean Opposition			Semimajor Axis	Orbital Eccentricity	Inclination of Orbit to Planet's Equator	Motion of Node on Fixed Plane [2]
		d	°	′	″	×10³ km		°	°/yr
Saturn									
X	Janus	0.695		24		151.46	0.007	0.14	
XI	Epimetheus	0.694		24		151.41	0.009	0.34	
XII	Helene	2.737	1	01		377.42	0.000	0.212	
XIII	Telesto	1.888		48		294.71	0.001	1.158	
XIV	Calypso	1.888		48		294.71	0.001	1.473	
XV	Atlas	0.602		22		137.67	0.002	0.3	
XVI	Prometheus	0.613		22		139.38	0.002	0.000	
XVII	Pandora	0.629		23		141.72	0.004	0.000	
XVIII	Pan	0.575		22		133.58	0.000 0	0.000	
XIX	Ymir	1315.4 R	1	02	41	23 305.87	0.374 7	172.746	
XX	Paaliaq	686.9		40	18	14 985.05	0.461 9	45.862	
XXI	Tarvos	926.2		48	21	17 977.24	0.612 5	34.901	
XXII	Ijiraq	451.4		30	33	11 359.25	0.359 2	49.178	
XXIV	Kiviuq	449.2		30	27	11 319.01	0.165 8	48.393	
XXVI	Albiorix	783.5		44	22	16 495.93	0.451 6	37.404	
XXIX	Siarnaq	895.6		48	57	18 201.44	0.380 5	48.503	
Uranus									
I	Ariel	2.520 379 35		14		190.95	0.001 2	0.04	6.8
II	Umbriel	4.144 177 2		20		266.00	0.004 0	0.13	3.6
III	Titania	8.705 871 7		33		436.30	0.001 4	0.08	2.0
IV	Oberon	13.463 238 9		44		583.52	0.001 6	0.07	1.4
V	Miranda	1.413 479 25		10		129.87	0.001 3	4.34	19.8
IX	Cressida	0.463 659 60		5		61.77	0.000 2	0.04	257
X	Desdemona	0.473 649 60		5		62.66	0.000 2	0.16	244
XI	Juliet	0.493 065 49		5		64.36	0.000 6	0.06	222
XII	Portia	0.513 195 92		5		66.10	0.000 2	0.09	203
XIII	Rosalind	0.558 459 53		5		69.93	0.000 1	0.28	166
XIV	Belinda	0.623 527 47		6		75.26	0.000 1	0.03	129
XV	Puck	0.761 832 87		7		86.00	0.000 1	0.31	81
XVI	Caliban	579.6 R	9	03		7 170.00	0.159	139.8 [9]	
XVII	Sycorax	1289.0 R	15	24		12 216.00	0.522	152.7 [9]	
Neptune									
I	Triton	5.876 854 1 R		17		354.759	0.000 016	156.3	0.5232
II	Nereid	360.13	4	22		5 513.4	0.751	6.68	0.039
V	Despina	0.334 655		2		52.526	0.000 1	0.07	466
VI	Galatea	0.428 745		3		61.953	0.000 1	0.05	261
VII	Larissa	0.554 654		3		73.548	0.001 4	0.20	143
VIII	Proteus	1.122 315		6		117.647	0.000 4	0.04	28.80
Pluto									
I	Charon	6.387 23		1		19.571	0.000 0	96.145 [11]	

[1] Sidereal periods, except that tropical periods are given for satellites of Saturn.
[2] Rate of decrease (or increase) in the longitude of the ascending node.
[3] S = Synchronous, rotation period same as orbital period. C = Chaotic.
[4] V(Sun) = −26.75
[5] V(1, 0) is the visual magnitude of the satellite reduced to a distance of 1 au from both the Sun and Earth and with phase angle of zero.
[6] V_0 is the mean opposition magnitude of the satellite.

A Note on the Satellite Diagrams

The satellite orbit diagrams have been designed to assist observers in locating many of the shorter period (< 21 days) satellites of the planets. Each diagram depicts a planet and the apparent orbits of its satellites at 0 hours UT on that planet's opposition date, unless no opposition date occurs during the year. In that case, the diagram depicts the planet and orbits at 0 hours UT on January 1 or December 31 depending on which date provides the better view. The diagrams are inverted to reproduce what an observer would normally see through a telescope. Two arrows or text in the diagram indicate the apparent motion of the satellite(s); for most satellites in the solar system, the orbital motion is counterclockwise when viewed from the northern side of the orbital plane. In the case of Jupiter and Uranus, the diagram has an expanded scale in one direction to better clarify the relative positions of the orbits.

Satellite		Mass Ratio (satellite/planet)	Radius	Sidereal Period of Rotation [3]	Geometric Albedo (V) [4]	$V(1,0)$ [5]	V_0 [6]	$B-V$	$U-B$
			km	d					
Saturn									
X	Janus	3.323×10^{-9}	$97.4 \times 96.9 \times 77.2$	S	0.6	+ 4 :	+14.4		
XI	Epimetheus	9.335×10^{-10}	$58.0 \times 58.7 \times 53.2$	S	0.5	+ 5.4 :	+15.6		
XII	Helene	4.480×10^{-11}	16.5		0.6	+ 8.4 :	+18.4		
XIII	Telesto	1.265×10^{-11}	$15.7 \times 11.7 \times 10.4$		1.0	+ 8.9 :	+18.5		
XIV	Calypso	6.325×10^{-12}	$15.0 \times 11.5 \times 7$		0.7	+ 9.1 :	+18.7		
XV	Atlas	1.161×10^{-11}	$20.9 \times 18.1 \times 8.9$		0.4	+ 8.4 :	+19.0		
XVI	Prometheus	2.756×10^{-10}	$66.3 \times 39.5 \times 30.7$	S	0.6	+ 6.4 :	+15.8		
XVII	Pandora	2.385×10^{-10}	$51.6 \times 39.8 \times 32.0$	S	0.5	+ 6.4 :	+16.4		
XVIII	Pan	8.707×10^{-12}	14.2		0.5 :		+19.4		
XIX	Ymir		10 :		0.08 :	+12.4	+22.4	0.56	
XX	Paaliaq		13 :		0.08 :	+11.8	+21.0	0.77	
XXI	Tarvos		7 :		0.08 :	+12.6	+22.3	0.77	
XXII	Ijiraq		6 :		0.08 :	+13.6	+22.6		
XXIV	Kiviuq		4 :		0.08 :	+12.7	+22.7	0.87	
XXVI	Albiorix		8 :		0.08 :		+20.5		
XXIX	Siarnaq		21 :		0.08 :	+10.7	+20.4	0.80	
Uranus									
I	Ariel	1.56×10^{-5}	$581 \times 578 \times 578$	S	0.39	+ 1.7	+13.2	0.65	
II	Umbriel	1.35×10^{-5}	585	S	0.21	+ 2.6	+14.0	0.68	
III	Titania	4.06×10^{-5}	789	S	0.27	+ 1.3	+13.0	0.70	0.28
IV	Oberon	3.47×10^{-5}	761	S	0.23	+ 1.5	+13.2	0.68	0.20
V	Miranda	0.08×10^{-5}	$240 \times 234 \times 233$	S	0.32	+ 3.8	+15.3		
IX	Cressida	3.95×10^{-9}	41		0.07 :	+ 9.5	+21.1		
X	Desdemona	2.05×10^{-9}	35		0.07 :	+ 9.8	+21.5		
XI	Juliet	6.42×10^{-9}	53		0.07 :	+ 8.8	+20.6		
XII	Portia	1.92×10^{-8}	70		0.07 :	+ 8.3	+19.9		
XIII	Rosalind	2.93×10^{-9}	36		0.07 :	+ 9.8	+21.3		
XIV	Belinda	4.11×10^{-9}	45		0.07 :	+ 9.4	+21.0		
XV	Puck	3.33×10^{-8}	81		0.07 :	+ 7.5	+19.2		
XVI	Caliban	8.45×10^{-9}	49		0.07 :	+ 9.7	+22.4		
XVII	Sycorax	6.19×10^{-8}	95		0.07 :	+ 8.2	+20.8		
Neptune									
I	Triton	2.089×10^{-4}	1353	S	0.756	− 1.2	+13.0	0.72	0.29
II	Nereid	3.01×10^{-7}	170		0.155	+ 4.0	+19.7	0.65	
V	Despina	2.05×10^{-8}	75		0.090	+ 7.9	+22.0		
VI	Galatea	3.66×10^{-8}	88		0.079	+ 7.6 :	+21.9		
VII	Larissa	4.83×10^{-8}	97		0.091	+ 7.3	+21.5		
VIII	Proteus	4.914×10^{-7}	210	S	0.096	+ 5.6	+19.8		
Pluto									
I	Charon	0.1165	606	S	0.372	+ 0.9	+18.0	0.71	

[7] Motion on the ecliptic plane.
[8] Rate of increase in the longitude of the apse.
[9] Measured from the ecliptic plane.
[10] Bright side, 0.5; faint side, 0.05.
[11] Measured relative to Earth's J2000.0 equator.
  : Quantity is uncertain.

A Note on Selection Criteria for the Satellite Data Tables

Due to the recent proliferation of known satellites associated with the gas giant planets, a set of selection criteria has been established under which satellites will be included in the data tables presented on pages F2-F5. These criteria are the following: The value of the visual magnitude of the satellite must not be greater than 23.0 and the satellite must be sanctioned by the IAU with a roman numeral and a name designation. Satellites that have yet to receive IAU approval shall be designated as "works in progress" and shall be included at a later time should such approval be granted, provided their visual magnitudes are not dimmer than 23.0. A more complete version of this table, including satellites with visual magnitude values larger than 23.0, is to be found at *The Astronomical Almanac Online* (**http://asa.usno.navy.mil** and **http://asa.hmnao.com**).

SATELLITES OF MARS, 2011

APPARENT ORBITS OF THE SATELLITES AT 0ʰ UNIVERSAL TIME ON DECEMBER 31

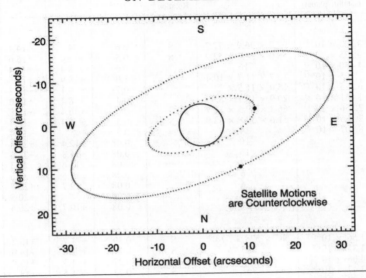

NAME	SIDEREAL PERIOD
	d
I Phobos	0.318 910 203
II Deimos	1.262 440 8

II Deimos

UNIVERSAL TIME OF GREATEST EASTERN ELONGATION

Jan.	Feb.	Mar.	Apr.	May	June	July	Aug.	Sept.	Oct.	Nov.	Dec.
d h	d h	d h	d h	d h	d h	d h	d h	d h	d h	d h	d h
0 20.7	1 12.2	1 08.8	2 00.5	1 03.4	1 18.9	2 03.7	1 12.5	2 03.5	1 05.9	1 20.9	2 05.3
2 03.1	2 18.6	2 15.1	3 06.9	2 09.8	3 01.2	3 10.1	2 18.8	3 09.9	2 12.2	3 03.2	3 11.7
3 09.5	4 01.0	3 21.5	4 13.3	3 16.2	4 07.6	4 16.5	4 01.2	4 16.3	3 18.6	4 09.6	4 18.0
4 15.9	5 07.4	5 03.9	5 19.7	4 22.6	5 14.0	5 22.8	5 07.6	5 22.6	5 00.9	5 15.9	6 00.4
5 22.2	6 13.8	6 10.3	7 02.1	6 05.0	6 20.4	7 05.2	6 13.9	7 05.0	6 07.3	6 22.3	7 06.7
7 04.6	7 20.2	7 16.7	8 08.5	7 11.3	8 02.7	8 11.6	7 20.3	8 11.3	7 13.7	8 04.6	8 13.0
8 11.0	9 02.5	8 23.1	9 14.9	8 17.7	9 09.1	9 17.9	9 02.7	9 17.7	8 20.0	9 11.0	9 19.4
9 17.4	10 08.9	10 05.5	10 21.3	10 00.1	10 15.5	11 00.3	10 09.0	11 00.1	10 02.4	10 17.3	11 01.7
10 23.7	11 15.3	11 11.9	12 03.6	11 06.5	11 21.8	12 06.7	11 15.4	12 06.4	11 08.7	11 23.7	12 08.1
12 06.1	12 21.7	12 18.3	13 10.0	12 12.9	13 04.2	13 13.0	12 21.7	13 12.8	12 15.1	13 06.1	13 14.4
13 12.5	14 04.1	14 00.7	14 16.4	13 19.2	14 10.6	14 19.4	14 04.1	14 19.2	13 21.5	14 12.4	14 20.8
14 18.9	15 10.5	15 07.1	15 22.8	15 01.6	15 17.0	16 01.8	15 10.5	16 01.5	15 03.8	15 18.8	16 03.1
16 01.3	16 16.9	16 13.5	17 05.2	16 08.0	16 23.3	17 08.1	16 16.8	17 07.9	16 10.2	17 01.1	17 09.4
17 07.6	17 23.3	17 19.8	18 11.6	17 14.4	18 05.7	18 14.5	17 23.2	18 14.2	17 16.5	18 07.5	18 15.8
18 14.0	19 05.6	19 02.2	19 18.0	18 20.7	19 12.1	19 20.8	19 05.6	19 20.6	18 22.9	19 13.8	19 22.1
19 20.4	20 12.0	20 08.6	21 00.4	20 03.1	20 18.4	21 03.2	20 11.9	21 03.0	20 05.3	20 20.2	21 04.4
21 02.8	21 18.4	21 15.0	22 06.7	21 09.5	22 00.8	22 09.6	21 18.3	22 09.3	21 11.6	22 02.5	22 10.8
22 09.2	23 00.8	22 21.4	23 13.1	22 15.9	23 07.2	23 15.9	23 00.6	23 15.7	22 18.0	23 08.9	23 17.1
23 15.5	24 07.2	24 03.8	24 19.5	23 22.3	24 13.5	24 22.3	24 07.0	24 22.0	24 00.3	24 15.2	24 23.4
24 21.9	25 13.6	25 10.2	26 01.9	25 04.6	25 19.9	26 04.7	25 13.4	26 04.4	25 06.7	25 21.6	26 05.8
26 04.3	26 20.0	26 16.6	27 08.3	26 11.0	27 02.3	27 11.0	26 19.7	27 10.8	26 13.1	27 03.9	27 12.1
27 10.7	28 02.4	27 23.0	28 14.7	27 17.4	28 08.6	28 17.4	28 02.1	28 17.1	27 19.4	28 10.3	28 18.4
28 17.1		29 05.4	29 21.0	28 23.8	29 15.0	29 23.8	29 08.5	29 23.5	29 01.8	29 16.6	30 00.8
29 23.5		30 11.8		30 06.1	30 21.4	31 06.1	30 14.8		30 08.1	30 23.0	31 07.1
31 05.8		31 18.1		31 12.5			31 21.2		31 14.5		32 13.4
											33 19.7

I Phobos

UNIVERSAL TIME OF EVERY THIRD GREATEST EASTERN ELONGATION

Jan.	Feb.	Mar.	Apr.	May	June	July	Aug.	Sept.	Oct.	Nov.	Dec.
d　h	d　h	d　h	d　h	d　h	d　h	d　h	d　h	d　h	d　h	d　h	d　h
0 14.6	1 04.9	1 22.2	1 13.5	1 05.9	1 20.1	1 12.3	1 03.5	1 17.6	1 09.7	1 00.9	1 15.9
1 13.6	2 03.8	2 21.2	2 12.5	2 04.8	2 19.1	2 11.3	2 02.5	2 16.6	2 08.7	1 23.8	2 14.9
2 12.6	3 02.8	3 20.2	3 11.5	3 03.8	3 18.0	3 10.3	3 01.4	3 15.5	3 07.7	2 22.8	3 13.9
3 11.6	4 01.8	4 19.1	4 10.5	4 02.8	4 17.0	4 09.2	4 00.4	4 14.5	4 06.7	3 21.8	4 12.8
4 10.5	5 00.8	5 18.1	5 09.4	5 01.8	5 16.0	5 08.2	4 23.4	5 13.5	5 05.6	4 20.7	5 11.8
5 09.5	5 23.8	6 17.1	6 08.4	6 00.7	6 15.0	6 07.2	5 22.3	6 12.5	6 04.6	5 19.7	6 10.8
6 08.5	6 22.7	7 16.1	7 07.4	6 23.7	7 13.9	7 06.2	6 21.3	7 11.4	7 03.6	6 18.7	7 09.8
7 07.5	7 21.7	8 15.1	8 06.4	7 22.7	8 12.9	8 05.1	7 20.3	8 10.4	8 02.6	7 17.7	8 08.7
8 06.4	8 20.7	9 14.0	9 05.4	8 21.7	9 11.9	9 04.1	8 19.3	9 09.4	9 01.5	8 16.6	9 07.7
9 05.4	9 19.7	10 13.0	10 04.3	9 20.7	10 10.9	10 03.1	9 18.2	10 08.3	10 00.5	9 15.6	10 06.7
10 04.4	10 18.6	11 12.0	11 03.3	10 19.6	11 09.8	11 02.1	10 17.2	11 07.3	10 23.5	10 14.6	11 05.6
11 03.4	11 17.6	12 11.0	12 02.3	11 18.6	12 08.8	12 01.0	11 16.2	12 06.3	11 22.4	11 13.5	12 04.6
12 02.4	12 16.6	13 10.0	13 01.3	12 17.6	13 07.8	13 00.0	12 15.2	13 05.3	12 21.4	12 12.5	13 03.6
13 01.3	13 15.6	14 08.9	14 00.3	13 16.6	14 06.8	13 23.0	13 14.1	14 04.2	13 20.4	13 11.5	14 02.5
14 00.3	14 14.6	15 07.9	14 23.2	14 15.5	15 05.7	14 22.0	14 13.1	15 03.2	14 19.4	14 10.5	15 01.5
14 23.3	15 13.5	16 06.9	15 22.2	15 14.5	16 04.7	15 20.9	15 12.1	16 02.2	15 18.3	15 09.4	16 00.5
15 22.3	16 12.5	17 05.9	16 21.2	16 13.5	17 03.7	16 19.9	16 11.1	17 01.2	16 17.3	16 08.4	16 23.4
16 21.2	17 11.5	18 04.9	17 20.2	17 12.5	18 02.7	17 18.9	17 10.0	18 00.1	17 16.3	17 07.4	17 22.4
17 20.2	18 10.5	19 03.8	18 19.1	18 11.4	19 01.7	18 17.9	18 09.0	18 23.1	18 15.3	18 06.3	18 21.4
18 19.2	19 09.5	20 02.8	19 18.1	19 10.4	20 00.6	19 16.8	19 08.0	19 22.1	19 14.2	19 05.3	19 20.3
19 18.2	20 08.4	21 01.8	20 17.1	20 09.4	20 23.6	20 15.8	20 06.9	20 21.0	20 13.2	20 04.3	20 19.3
20 17.1	21 07.4	22 00.8	21 16.1	21 08.4	21 22.6	21 14.8	21 05.9	21 20.0	21 12.2	21 03.3	21 18.3
21 16.1	22 06.4	22 23.7	22 15.1	22 07.4	22 21.5	22 13.7	22 04.9	22 19.0	22 11.1	22 02.2	22 17.2
22 15.1	23 05.4	23 22.7	23 14.0	23 06.3	23 20.5	23 12.7	23 03.9	23 18.0	23 10.1	23 01.2	23 16.2
23 14.1	24 04.3	24 21.7	24 13.0	24 05.3	24 19.5	24 11.7	24 02.8	24 16.9	24 09.1	24 00.2	24 15.2
24 13.1	25 03.3	25 20.7	25 12.0	25 04.3	25 18.5	25 10.7	25 01.8	25 15.9	25 08.1	24 23.1	25 14.1
25 12.0	26 02.3	26 19.7	26 11.0	26 03.3	26 17.4	26 09.6	26 00.8	26 14.9	26 07.0	25 22.1	26 13.1
26 11.0	27 01.3	27 18.6	27 09.9	27 02.2	27 16.4	27 08.6	26 23.8	27 13.9	27 06.0	26 21.1	27 12.1
27 10.0	28 00.3	28 17.6	28 08.9	28 01.2	28 15.4	28 07.6	27 22.7	28 12.8	28 05.0	27 20.1	28 11.1
28 09.0	28 23.2	29 16.6	29 07.9	29 00.2	29 14.4	29 06.6	28 21.7	29 11.8	29 03.9	28 19.0	29 10.0
29 07.9		30 15.6	30 06.9	29 23.2	30 13.3	30 05.5	29 20.7	30 10.8	30 02.9	29 18.0	30 09.0
30 06.9		31 14.6		30 22.1		31 04.5	30 19.6		31 01.9	30 17.0	31 07.9
31 05.9				31 21.1			31 18.6				32 06.9
											33 05.9

SATELLITES OF JUPITER, 2011

APPARENT ORBITS OF SATELLITES I-IV AT 0ʰ UNIVERSAL TIME
ON THE DATE OF OPPOSITION, OCTOBER 29

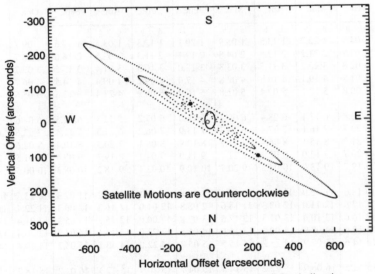

Orbits elongated in ratio of 1.6 to 1 in the North-South direction.

	NAME	MEAN SYNODIC PERIOD			NAME	SIDEREAL PERIOD
		d h m s	d			d
V	Amalthea	0 11 57 27.619 =	0.498 236 33	XIII	Leda	240.92
I	Io	1 18 28 35.946 =	1.769 860 49	X	Lysithea	259.20
II	Europa	3 13 17 53.736 =	3.554 094 17	XII	Ananke	629.77 R
III	Ganymede	7 03 59 35.856 =	7.166 387 22	XI	Carme	734.17 R
IV	Callisto	16 18 05 06.916 =	16.753 552 27	VIII	Pasiphae	743.63 R
VI	Himalia	266.00		IX	Sinope	758.90 R
VII	Elara	276.67				

V Amalthea

UNIVERSAL TIME OF EVERY TWENTIETH GREATEST EASTERN ELONGATION

	d h		d h		d h		d h		d h
Jan.	0 21.3	Mar.	21 14.9	June	9 08.5	Aug.	28 01.7	Nov.	15 18.4
	10 20.5		31 14.1		19 07.7	Sept.	7 00.8		25 17.5
	20 19.7	Apr.	10 13.4		29 06.9		16 23.9	Dec.	5 16.6
	30 18.9		20 12.6	July	9 06.0		26 23.0		15 15.7
Feb.	9 18.1		30 11.8		19 05.2	Oct.	6 22.0		25 14.9
	19 17.3	May	10 11.0		29 04.3		16 21.1		35 14.0
Mar.	1 16.5		20 10.1	Aug.	8 03.4		26 20.2		
	11 15.7		30 09.3		18 02.6	Nov.	5 19.3		

MULTIPLES OF THE MEAN SYNODIC PERIOD

	d	h		d	h		d	h		d	h
1	0	12.0	6	2	23.7	11	5	11.5	16	7	23.3
2	0	23.9	7	3	11.7	12	5	23.5	17	8	11.3
3	1	11.9	8	3	23.7	13	6	11.4	18	8	23.2
4	1	23.8	9	4	11.6	14	6	23.4	19	9	11.2
5	2	11.8	10	4	23.6	15	7	11.4	20	9	23.2

DIFFERENTIAL COORDINATES FOR 0^h UNIVERSAL TIME

Date		VI Himalia $\Delta\alpha$	VI Himalia $\Delta\delta$	VII Elara $\Delta\alpha$	VII Elara $\Delta\delta$	Date		VI Himalia $\Delta\alpha$	VI Himalia $\Delta\delta$	VII Elara $\Delta\alpha$	VII Elara $\Delta\delta$
		m s	′	m s	′			m s	′	m s	′
Jan.	−1	+ 1 27	+ 35.7	+ 3 22	− 1.6	July	2	− 0 41	− 18.6	− 2 33	− 22.3
	3	+ 1 14	+ 34.7	+ 3 28	+ 0.6		6	− 0 28	− 15.1	− 2 32	− 24.9
	7	+ 1 00	+ 33.5	+ 3 33	+ 2.8		10	− 0 15	− 11.3	− 2 29	− 27.1
	11	+ 0 47	+ 32.0	+ 3 37	+ 5.0		14	0 00	− 7.3	− 2 24	− 29.1
	15	+ 0 33	+ 30.3	+ 3 39	+ 7.1		18	+ 0 14	− 3.1	− 2 18	− 30.7
	19	+ 0 20	+ 28.3	+ 3 40	+ 9.1		22	+ 0 29	+ 1.3	− 2 10	− 32.1
	23	+ 0 07	+ 26.2	+ 3 40	+ 11.1		26	+ 0 45	+ 5.8	− 2 01	− 33.1
	27	− 0 05	+ 24.0	+ 3 39	+ 13.0		30	+ 1 00	+ 10.3	− 1 50	− 33.8
	31	− 0 17	+ 21.6	+ 3 38	+ 14.8	Aug.	3	+ 1 15	+ 14.7	− 1 38	− 34.2
Feb.	4	− 0 28	+ 19.1	+ 3 35	+ 16.6		7	+ 1 29	+ 19.0	− 1 25	− 34.2
	8	− 0 38	+ 16.5	+ 3 31	+ 18.2		11	+ 1 43	+ 23.2	− 1 11	− 33.9
	12	− 0 49	+ 13.8	+ 3 27	+ 19.8		15	+ 1 55	+ 27.2	− 0 55	− 33.3
	16	− 0 58	+ 11.1	+ 3 22	+ 21.3		19	+ 2 07	+ 30.9	− 0 39	− 32.4
	20	− 1 07	+ 8.4	+ 3 16	+ 22.6		23	+ 2 18	+ 34.3	− 0 21	− 31.2
	24	− 1 15	+ 5.7	+ 3 10	+ 23.9		27	+ 2 27	+ 37.3	− 0 03	− 29.6
	28	− 1 23	+ 2.9	+ 3 03	+ 25.0		31	+ 2 34	+ 40.0	+ 0 16	− 27.8
Mar.	4	− 1 30	+ 0.2	+ 2 55	+ 26.0	Sept.	4	+ 2 40	+ 42.2	+ 0 35	− 25.7
	8	− 1 36	− 2.5	+ 2 47	+ 26.9		8	+ 2 43	+ 44.0	+ 0 55	− 23.4
	12	− 1 42	− 5.2	+ 2 38	+ 27.7		12	+ 2 45	+ 45.3	+ 1 15	− 20.8
	16	− 1 47	− 7.8	+ 2 29	+ 28.3		16	+ 2 45	+ 46.1	+ 1 35	− 17.9
	20	− 1 52	− 10.4	+ 2 19	+ 28.8		20	+ 2 42	+ 46.4	+ 1 56	− 14.8
	24	− 1 57	− 12.9	+ 2 08	+ 29.1		24	+ 2 38	+ 46.2	+ 2 15	− 11.5
	28	− 2 00	− 15.4	+ 1 57	+ 29.2		28	+ 2 31	+ 45.5	+ 2 35	− 8.1
Apr.	1	− 2 04	− 17.7	+ 1 45	+ 29.2	Oct.	2	+ 2 22	+ 44.3	+ 2 53	− 4.5
	5	− 2 07	− 20.0	+ 1 33	+ 29.0		6	+ 2 12	+ 42.5	+ 3 11	− 0.8
	9	− 2 09	− 22.1	+ 1 20	+ 28.6		10	+ 1 59	+ 40.3	+ 3 28	+ 3.0
	13	− 2 11	− 24.1	+ 1 07	+ 27.9		14	+ 1 45	+ 37.7	+ 3 43	+ 6.8
	17	− 2 12	− 26.1	+ 0 54	+ 27.1		18	+ 1 29	+ 34.6	+ 3 56	+ 10.6
	21	− 2 13	− 27.8	+ 0 40	+ 26.1		22	+ 1 12	+ 31.1	+ 4 08	+ 14.3
	25	− 2 14	− 29.4	+ 0 25	+ 24.8		26	+ 0 54	+ 27.3	+ 4 18	+ 18.0
	29	− 2 14	− 30.8	+ 0 11	+ 23.2		30	+ 0 36	+ 23.3	+ 4 26	+ 21.5
May	3	− 2 13	− 32.1	− 0 04	+ 21.5	Nov.	3	+ 0 17	+ 18.9	+ 4 31	+ 24.9
	7	− 2 12	− 33.1	− 0 19	+ 19.5		7	− 0 02	+ 14.4	+ 4 34	+ 28.0
	11	− 2 10	− 34.0	− 0 34	+ 17.3		11	− 0 21	+ 9.8	+ 4 35	+ 30.9
	15	− 2 08	− 34.6	− 0 49	+ 14.8		15	− 0 39	+ 5.2	+ 4 33	+ 33.5
	19	− 2 05	− 35.0	− 1 03	+ 12.1		19	− 0 57	+ 0.6	+ 4 30	+ 35.9
	23	− 2 01	− 35.1	− 1 17	+ 9.2		23	− 1 13	− 4.0	+ 4 23	+ 37.9
	27	− 1 57	− 34.9	− 1 30	+ 6.2		27	− 1 29	− 8.5	+ 4 15	+ 39.6
	31	− 1 52	− 34.5	− 1 43	+ 3.0	Dec.	1	− 1 43	− 12.8	+ 4 04	+ 40.9
June	4	− 1 46	− 33.7	− 1 54	− 0.3		5	− 1 56	− 16.9	+ 3 52	+ 41.8
	8	− 1 40	− 32.6	− 2 04	− 3.6		9	− 2 07	− 20.7	+ 3 38	+ 42.4
	12	− 1 32	− 31.1	− 2 13	− 7.0		13	− 2 16	− 24.3	+ 3 22	+ 42.6
	16	− 1 24	− 29.3	− 2 21	− 10.3		17	− 2 25	− 27.5	+ 3 05	+ 42.5
	20	− 1 15	− 27.2	− 2 26	− 13.5		21	− 2 31	− 30.4	+ 2 47	+ 42.0
	24	− 1 04	− 24.7	− 2 30	− 16.6		25	− 2 36	− 33.0	+ 2 28	+ 41.1
	28	− 0 53	− 21.8	− 2 33	− 19.6		29	− 2 40	− 35.3	+ 2 08	+ 39.9
July	2	− 0 41	− 18.6	− 2 33	− 22.3		33	− 2 42	− 37.2	+ 1 48	+ 38.3

Differential coordinates are given in the sense "satellite minus planet."

SATELLITES OF JUPITER, 2011

DIFFERENTIAL COORDINATES FOR 0ʰ UNIVERSAL TIME

Date		VIII Pasiphae		IX Sinope		X Lysithea	
		$\Delta\alpha$	$\Delta\delta$	$\Delta\alpha$	$\Delta\delta$	$\Delta\alpha$	$\Delta\delta$
		m s	′	m s	′	m s	′
Jan.	−1	+ 4 03	− 11.1	+ 8 05	+ 1.8	− 1 24	− 28.0
	9	+ 3 30	− 11.3	+ 7 32	+ 0.8	− 1 41	− 33.7
	19	+ 2 54	− 11.6	+ 6 58	− 0.3	− 1 54	− 37.7
	29	+ 2 16	− 12.1	+ 6 23	− 1.6	− 2 03	− 40.2
Feb.	8	+ 1 37	− 12.8	+ 5 46	− 3.0	− 2 09	− 41.3
	18	+ 0 56	− 13.6	+ 5 08	− 4.7	− 2 12	− 40.9
	28	+ 0 15	− 14.5	+ 4 28	− 6.5	− 2 12	− 39.3
Mar.	10	− 0 27	− 15.4	+ 3 47	− 8.5	− 2 10	− 36.4
	20	− 1 09	− 16.4	+ 3 04	− 10.5	− 2 05	− 32.3
	30	− 1 50	− 17.3	+ 2 20	− 12.5	− 1 57	− 27.0
Apr.	9	− 2 32	− 18.1	+ 1 35	− 14.4	− 1 46	− 20.8
	19	− 3 14	− 18.7	+ 0 49	− 16.2	− 1 30	− 13.6
	29	− 3 56	− 19.1	+ 0 02	− 17.7	− 1 10	− 5.7
May	9	− 4 37	− 19.4	− 0 45	− 18.9	− 0 46	+ 2.5
	19	− 5 18	− 19.3	− 1 31	− 19.6	− 0 17	+ 10.7
	29	− 5 59	− 19.0	− 2 16	− 19.9	+ 0 16	+ 18.1
June	8	− 6 39	− 18.4	− 2 58	− 19.6	+ 0 50	+ 24.4
	18	− 7 19	− 17.4	− 3 38	− 18.8	+ 1 24	+ 28.9
	28	− 7 59	− 16.2	− 4 14	− 17.2	+ 1 56	+ 31.3
July	8	− 8 38	− 14.7	− 4 46	− 15.0	+ 2 23	+ 31.4
	18	− 9 16	− 12.9	− 5 11	− 12.2	+ 2 43	+ 29.3
	28	− 9 53	− 10.8	− 5 31	− 8.8	+ 2 54	+ 25.0
Aug.	7	− 10 30	− 8.6	− 5 43	− 4.9	+ 2 55	+ 18.8
	17	− 11 05	− 6.3	− 5 48	− 0.7	+ 2 45	+ 11.2
	27	− 11 38	− 3.8	− 5 47	+ 3.8	+ 2 25	+ 2.3
Sept.	6	− 12 09	− 1.4	− 5 38	+ 8.3	+ 1 54	− 7.3
	16	− 12 36	+ 1.1	− 5 23	+ 12.8	+ 1 13	− 17.3
	26	− 12 58	+ 3.4	− 5 02	+ 16.9	+ 0 25	− 27.1
Oct.	6	− 13 15	+ 5.7	− 4 37	+ 20.7	− 0 26	− 36.1
	16	− 13 25	+ 7.8	− 4 07	+ 24.0	− 1 18	− 43.8
	26	− 13 28	+ 9.7	− 3 34	+ 26.8	− 2 05	− 49.5
Nov.	5	− 13 23	+ 11.6	− 2 58	+ 28.9	− 2 44	− 52.6
	15	− 13 11	+ 13.3	− 2 20	+ 30.6	− 3 12	− 53.0
	25	− 12 53	+ 14.9	− 1 40	+ 31.8	− 3 27	− 50.6
Dec.	5	− 12 30	+ 16.5	− 0 59	+ 32.7	− 3 29	− 45.6
	15	− 12 03	+ 18.0	− 0 17	+ 33.3	− 3 20	− 38.5
	25	− 11 34	+ 19.4	+ 0 25	+ 33.6	− 3 01	− 29.7
	35	− 11 03	+ 20.8	+ 1 07	+ 33.9	− 2 33	− 19.8

Differential coordinates are given in the sense "satellite minus planet."

DIFFERENTIAL COORDINATES FOR 0ʰ UNIVERSAL TIME

Date		XI Carme $\Delta\alpha$	XI Carme $\Delta\delta$	XII Ananke $\Delta\alpha$	XII Ananke $\Delta\delta$	XIII Leda $\Delta\alpha$	XIII Leda $\Delta\delta$
		m s	′	m s	′	m s	′
Jan.	−1	+ 1 09	+ 21.2	− 3 11	− 38.6	− 3 31	0.0
	9	+ 0 29	+ 14.8	− 2 30	− 40.0	− 3 35	+ 2.6
	19	− 0 10	+ 8.4	− 1 48	− 40.6	− 3 30	+ 4.7
	29	− 0 49	+ 2.0	− 1 04	− 40.4	− 3 18	+ 6.3
Feb.	8	− 1 28	− 4.3	− 0 19	− 39.6	− 3 01	+ 7.3
	18	− 2 05	− 10.3	+ 0 25	− 38.3	− 2 40	+ 7.7
	28	− 2 40	− 16.1	+ 1 09	− 36.7	− 2 16	+ 7.6
Mar.	10	− 3 14	− 21.6	+ 1 53	− 34.9	− 1 48	+ 7.0
	20	− 3 47	− 26.8	+ 2 34	− 32.9	− 1 19	+ 6.0
	30	− 4 17	− 31.7	+ 3 15	− 31.0	− 0 47	+ 4.7
Apr.	9	− 4 46	− 36.3	+ 3 54	− 29.1	− 0 14	+ 3.0
	19	− 5 13	− 40.5	+ 4 31	− 27.3	+ 0 20	+ 1.2
	29	− 5 38	− 44.5	+ 5 06	− 25.7	+ 0 54	− 0.7
May	9	− 6 01	− 48.0	+ 5 40	− 24.3	+ 1 27	− 2.5
	19	− 6 23	− 51.4	+ 6 11	− 23.1	+ 1 57	− 4.0
	29	− 6 42	− 54.4	+ 6 40	− 22.1	+ 2 20	− 5.0
June	8	− 6 59	− 57.2	+ 7 07	− 21.4	+ 2 35	− 5.4
	18	− 7 14	− 59.8	+ 7 32	− 20.8	+ 2 38	− 4.9
	28	− 7 27	− 62.3	+ 7 54	− 20.3	+ 2 27	− 3.5
July	8	− 7 38	− 64.7	+ 8 15	− 19.9	+ 2 00	− 1.3
	18	− 7 47	− 67.0	+ 8 33	− 19.5	+ 1 20	+ 1.4
	28	− 7 54	− 69.3	+ 8 49	− 19.1	+ 0 30	+ 4.4
Aug.	7	− 7 59	− 71.7	+ 9 03	− 18.4	− 0 27	+ 7.2
	17	− 8 02	− 74.0	+ 9 14	− 17.5	− 1 27	+ 9.6
	27	− 8 03	− 76.4	+ 9 23	− 16.2	− 2 25	+ 11.4
Sept.	6	− 8 02	− 78.8	+ 9 29	− 14.4	− 3 19	+ 12.4
	16	− 7 59	− 81.0	+ 9 32	− 12.2	− 4 05	+ 12.6
	26	− 7 53	− 83.0	+ 9 32	− 9.5	− 4 38	+ 12.0
Oct.	6	− 7 44	− 84.5	+ 9 27	− 6.3	− 4 57	+ 10.8
	16	− 7 32	− 85.3	+ 9 17	− 2.7	− 4 59	+ 9.2
	26	− 7 16	− 85.3	+ 9 02	+ 1.1	− 4 42	+ 7.2
Nov.	5	− 6 56	− 84.3	+ 8 40	+ 4.9	− 4 09	+ 5.2
	15	− 6 32	− 82.3	+ 8 13	+ 8.6	− 3 23	+ 3.2
	25	− 6 04	− 79.2	+ 7 40	+ 11.8	− 2 26	+ 1.3
Dec.	5	− 5 32	− 75.1	+ 7 02	+ 14.6	− 1 24	− 0.5
	15	− 4 57	− 70.2	+ 6 21	+ 16.8	− 0 21	− 2.3
	25	− 4 20	− 64.7	+ 5 36	+ 18.4	+ 0 38	− 3.8
	35	− 3 41	− 58.8	+ 4 50	+ 19.5	+ 1 29	− 5.2

Differential coordinates are given in the sense "satellite minus planet."

TERRESTRIAL TIME OF SUPERIOR GEOCENTRIC CONJUNCTION

I Io

	d h m		d h m		d h m		d h m
Jan.	1 03 11	May	13 23 09	Aug.	1 15 22	Oct.	20 05 36
	2 21 40		15 17 39		3 09 50		22 00 02
	4 16 10		17 12 10		5 04 18		23 18 28
	6 10 40		19 06 40		6 22 47		25 12 54
	8 05 09		21 01 10		8 17 15		27 07 20
	9 23 39		22 19 41		10 11 43		29 01 46
	11 18 08		24 14 11		12 06 11		30 20 11
	13 12 38		26 08 41		14 00 39	Nov.	1 14 37
	15 07 08		28 03 11		15 19 07		3 09 03
	17 01 38		29 21 42		17 13 35		5 03 29
	18 20 08		31 16 12		19 08 03		6 21 55
	20 14 38	June	2 10 42		21 02 31		8 16 21
	22 09 07		4 05 12		22 20 59		10 10 47
	24 03 37		5 23 42		24 15 26		12 05 13
	25 22 08		7 18 12		26 09 54		13 23 39
	27 16 38		9 12 42		28 04 21		15 18 05
	29 11 08		11 07 12		29 22 49		17 12 31
	31 05 38		13 01 42		31 17 16		19 06 57
Feb.	2 00 08		14 20 12	Sept.	2 11 43		21 01 23
	3 18 38		16 14 42		4 06 11		22 19 50
	5 13 08		18 09 11		6 00 38		24 14 16
	7 07 39		20 03 41		7 19 05		26 08 42
	9 02 09		21 22 11		9 13 32		28 03 09
	10 20 39		23 16 41		11 07 59		29 21 36
	12 15 10		25 11 10		13 02 26	Dec.	1 16 02
	14 09 40		27 05 40		14 20 52		3 10 29
	16 04 10		29 00 09		16 15 19		5 04 56
	17 22 41		30 18 39		18 09 46		6 23 22
	19 17 11	July	2 13 08		20 04 12		8 17 49
	21 11 42		4 07 38		21 22 39		10 12 16
	23 06 12		6 02 07		23 17 05		12 06 43
	25 00 43		7 20 37		25 11 32		14 01 10
	26 19 13		9 15 06		27 05 58		15 19 38
	28 13 44		11 09 35		29 00 24		17 14 05
Mar.	2 08 14		13 04 04		30 18 51		19 08 32
	4 02 45		14 22 33	Oct.	2 13 17		21 03 00
	5 21 15		16 17 03		4 07 43		22 21 27
	7 15 46		18 11 32		6 02 09		24 15 55
	9 10 17		20 06 00		7 20 35		26 10 23
	.. .. ..		22 00 29		9 15 01		28 04 50
May	5 02 37		23 18 58		11 09 27		29 23 18
	6 21 07		25 13 27		13 03 53		31 17 46
	8 15 38		27 07 56		14 22 19		
	10 10 08		29 02 24		16 16 45		
	12 04 38		30 20 53		18 11 11		

TERRESTRIAL TIME OF SUPERIOR GEOCENTRIC CONJUNCTION

II Europa

	d h m		d h m		d h m		d h m
Jan.	1 08 08	May	13 00 18	Aug.	2 19 28	Oct.	23 10 52
	4 21 30		16 13 42		6 08 45		26 23 59
	8 10 51		20 03 06		9 22 01		30 13 06
	12 00 14		23 16 30		13 11 17	Nov.	3 02 14
	15 13 37		27 05 53		17 00 33		6 15 21
	19 03 00		30 19 17		20 13 48		10 04 29
	22 16 24	June	3 08 40		24 03 02		13 17 37
	26 05 48		6 22 02		27 16 16		17 06 45
	29 19 11		10 11 25		31 05 30		20 19 53
Feb.	2 08 36		14 00 47	Sept.	3 18 42		24 09 03
	5 22 00		17 14 10		7 07 55		27 22 12
	9 11 25		21 03 31		10 21 06	Dec.	1 11 23
	13 00 50		24 16 53		14 10 18		5 00 33
	16 14 15		28 06 14		17 23 28		8 13 45
	20 03 40	July	1 19 35		21 12 38		12 02 56
	23 17 05		5 08 56		25 01 48		15 16 09
	27 06 30		8 22 16		28 14 57		19 05 22
Mar.	2 19 56		12 11 36	Oct.	2 04 06		22 18 36
	6 09 21		16 00 56		5 17 14		26 07 50
	9 22 47		19 14 15		9 06 22		29 21 06
	.. .. ..		23 03 34		12 19 30		
May	5 21 29		26 16 52		16 08 37		
	9 10 54		30 06 10		19 21 45		

III Ganymede

	d h m		d h m		d h m		d h m
Jan.	7 02 39	May	16 11 05	Aug.	3 10 09	Oct.	21 01 28
	14 06 55		23 15 32		10 14 05		28 04 43
	21 11 13		30 19 59		17 17 58	Nov.	4 07 58
	28 15 35	June	7 00 24		24 21 45		11 11 14
Feb.	4 19 58		14 04 47	Sept.	1 01 28		18 14 32
	12 00 23		21 09 08		8 05 06		25 17 54
	19 04 51		28 13 26		15 08 40	Dec.	2 21 18
	26 09 19	July	5 17 41		22 12 09		10 00 48
Mar.	5 13 50		12 21 52		29 15 34		17 04 22
	.. .. ..		20 02 01	Oct.	6 18 55		24 08 02
May	9 06 36		27 06 07		13 22 12		31 11 47

IV Callisto

	d h m		d h m		d h m		d h m
Jan.	1 17 58	Mar.	.. .. ..	July	22 21 49	Oct.	14 07 30
	18 13 24	May	16 14 27	Aug.	8 16 02		30 21 37
Feb.	4 09 26	June	2 11 00		25 09 21	Nov.	16 11 48
	21 05 56		19 07 09	Sept.	11 01 39	Dec.	3 02 34
Mar.	10 02 43	July	6 02 48		27 16 58		19 18 13

SATELLITES OF JUPITER, 2011

TERRESTRIAL TIME OF GEOCENTRIC PHENOMENA

JANUARY

d	h m			
0	0 01	III	Oc	R
	2 22	III	Ec	D
	4 54	I	Tr	I
	5 10	III	Ec	R
	6 13	I	Sh	I
	7 08	I	Tr	E
	8 26	I	Sh	E
1	2 04	I	Oc	D
	5 36	I	Ec	R
	6 43	II	Oc	D
	12 09	II	Ec	R
	17 07	IV	Oc	D
	18 51	IV	Oc	R
	23 24	I	Tr	I
2	0 42	I	Sh	I
	1 38	I	Tr	E
	2 55	I	Sh	E
	20 33	I	Oc	D
3	0 05	I	Ec	R
	1 08	II	Tr	I
	3 44	II	Sh	I
	3 52	II	Tr	E
	6 23	II	Sh	E
	11 13	III	Tr	I
	14 19	III	Tr	E
	16 38	III	Sh	I
	17 53	I	Tr	I
	19 11	I	Sh	I
	19 24	III	Sh	E
	20 07	I	Tr	E
	21 24	I	Sh	E
4	15 03	I	Oc	D
	18 34	I	Ec	R
	20 06	II	Oc	D
5	1 28	II	Ec	R
	12 23	I	Tr	I
	13 40	I	Sh	I
	14 37	I	Tr	E
	15 53	I	Sh	E
6	9 32	I	Oc	D
	13 03	I	Ec	R
	14 29	II	Tr	I
	17 02	II	Sh	I
	17 13	II	Tr	E
	19 42	II	Sh	E
7	1 05	III	Oc	D
	4 13	III	Oc	R
	6 25	III	Ec	D
	6 53	I	Tr	I
	8 09	I	Sh	I
	9 07	I	Tr	E
	9 12	III	Ec	R

d	h m			
7	10 22	I	Sh	E
8	4 02	I	Oc	D
	7 31	I	Ec	R
	9 27	II	Oc	D
	14 47	II	Ec	R
9	1 23	I	Tr	I
	2 38	I	Sh	I
	3 37	I	Tr	E
	4 51	I	Sh	E
	22 31	I	Oc	D
10	2 00	I	Ec	R
	2 49	IV	Tr	I
	3 50	II	Tr	I
	4 14	IV	Tr	E
	6 20	II	Sh	I
	6 34	II	Tr	E
	9 00	II	Sh	E
	15 27	III	Tr	I
	18 32	III	Tr	E
	19 52	I	Tr	I
	20 41	III	Sh	I
	21 07	I	Sh	I
	22 06	I	Tr	E
	23 20	I	Sh	E
	23 25	III	Sh	E
11	17 01	I	Oc	D
	20 29	I	Ec	R
	22 50	II	Oc	D
12	4 07	II	Ec	R
	14 22	I	Tr	I
	15 36	I	Sh	I
	16 36	I	Tr	E
	17 49	I	Sh	E
13	11 31	I	Oc	D
	14 58	I	Ec	R
	17 11	II	Tr	I
	19 39	II	Sh	I
	19 56	II	Tr	E
	22 18	II	Sh	E
14	5 21	III	Oc	D
	8 28	III	Oc	R
	8 52	I	Tr	I
	10 05	I	Sh	I
	10 28	III	Ec	D
	11 06	I	Tr	E
	12 18	I	Sh	E
	13 14	III	Ec	R
15	6 01	I	Oc	D
	9 27	I	Ec	R
	12 13	II	Oc	D
	17 25	II	Ec	R

d	h m			
16	3 22	I	Tr	I
	4 34	I	Sh	I
	5 36	I	Tr	E
	6 47	I	Sh	E
17	0 30	I	Oc	D
	3 56	I	Ec	R
	6 33	II	Tr	I
	8 57	II	Sh	I
	9 18	II	Tr	E
	11 37	II	Sh	E
	19 44	III	Tr	I
	21 52	I	Tr	I
	22 49	III	Tr	E
	23 03	I	Sh	I
18	0 06	I	Tr	E
	0 43	III	Sh	I
	1 16	I	Sh	E
	3 27	III	Sh	E
	12 38	IV	Oc	D
	14 12	IV	Oc	R
	19 00	I	Oc	D
	22 25	I	Ec	R
19	1 37	II	Oc	D
	6 44	II	Ec	R
	16 22	I	Tr	I
	17 32	I	Sh	I
	18 36	I	Tr	E
	19 45	I	Sh	E
20	13 30	I	Oc	D
	16 54	I	Ec	R
	19 56	II	Tr	I
	22 16	II	Sh	I
	22 40	II	Tr	E
21	0 55	II	Sh	E
	9 40	III	Oc	D
	10 52	I	Tr	I
	12 01	I	Sh	I
	12 47	III	Oc	R
	13 06	I	Tr	E
	14 13	I	Sh	E
	14 31	III	Ec	D
	17 16	III	Ec	R
22	8 00	I	Oc	D
	11 22	I	Ec	R
	15 00	II	Oc	D
	20 03	II	Ec	R
23	5 22	I	Tr	I
	6 30	I	Sh	I
	7 36	I	Tr	E
	8 42	I	Sh	E
24	2 30	I	Oc	D

d	h m			
24	5 51	I	Ec	R
	9 18	II	Tr	I
	11 34	II	Sh	I
	12 03	II	Tr	E
	14 14	II	Sh	E
	23 52	I	Tr	I
25	0 05	III	Tr	I
	0 59	I	Sh	I
	2 06	I	Tr	E
	3 08	III	Tr	E
	3 11	I	Sh	E
	4 46	III	Sh	I
	7 28	III	Sh	E
	21 00	I	Oc	D
26	0 20	I	Ec	R
	4 24	II	Oc	D
	9 22	II	Ec	R
	18 22	I	Tr	I
	19 28	I	Sh	I
	20 36	I	Tr	E
	21 40	I	Sh	E
	22 52	IV	Tr	I
	23 54	IV	Tr	E
27	15 30	I	Oc	D
	18 49	I	Ec	R
	22 41	II	Tr	I
28	0 53	II	Sh	I
	1 26	II	Tr	E
	3 32	II	Sh	E
	12 52	I	Tr	I
	13 57	I	Sh	I
	14 03	III	Oc	D
	15 06	I	Tr	E
	16 09	I	Sh	E
	17 08	III	Oc	R
	18 34	III	Ec	D
	21 17	III	Ec	R
29	10 00	I	Oc	D
	13 18	I	Ec	R
	17 48	II	Oc	D
	22 41	II	Ec	R
30	7 22	I	Tr	I
	8 26	I	Sh	I
	9 36	I	Tr	E
	10 38	I	Sh	E
31	4 31	I	Oc	D
	7 47	I	Ec	R
	12 05	II	Tr	I
	14 11	II	Sh	I
	14 49	II	Tr	E
	16 50	II	Sh	E

I. Jan. 15	II. Jan. 15	III. Jan. 14	IV. Jan.
$x_2 = +2.0,\ y_2 = +0.2$	$x_2 = +2.6,\ y_2 = +0.3$	$x_1 = +1.9,\ y_1 = +0.5$ $x_2 = +3.4,\ y_2 = +0.5$	No Eclipse

NOTE.–I denotes ingress; E, egress; D, disappearance; R, reappearance; Ec, eclipse; Oc, occultation; Tr, transit of the satellite; Sh, transit of the shadow.

CONFIGURATIONS OF SATELLITES I-IV FOR JANUARY

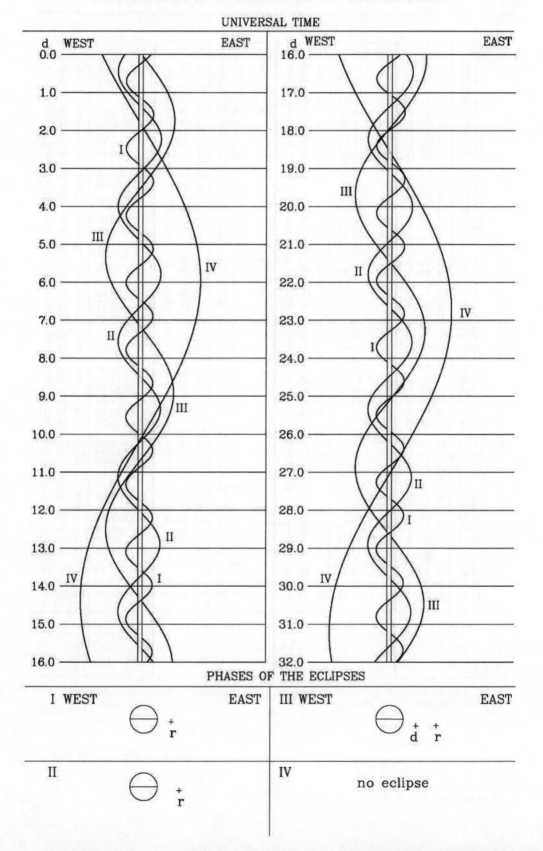

UNIVERSAL TIME

PHASES OF THE ECLIPSES

SATELLITES OF JUPITER, 2011

TERRESTRIAL TIME OF GEOCENTRIC PHENOMENA

FEBRUARY

d	h m		d	h m		d	h m		d	h m	
1	1 53	I Tr I	7	17 37	II Tr E	14	19 26	II Sh I	21	20 31	II Tr I
	2 55	I Sh I		19 28	II Sh E		20 26	II Tr E		22 03	II Sh I
	4 07	I Tr E	8	3 54	I Tr I		22 05	II Sh E		23 15	II Tr E
	4 28	III Tr I		4 51	I Sh I	15	5 55	I Tr I	22	0 42	II Sh E
	5 07	I Sh E		6 08	I Tr E		6 46	I Sh I		7 57	I Tr I
	7 31	III Tr E		7 03	I Sh E		8 09	I Tr E		8 42	I Sh I
	8 49	III Sh I		8 54	III Tr I		8 58	I Sh E		10 11	I Tr E
	11 30	III Sh E		11 56	III Tr E		13 22	III Tr I		10 54	I Sh E
	23 01	I Oc D		12 53	III Sh I		16 22	III Tr E		17 51	III Tr I
2	2 16	I Ec R		15 33	III Sh E		16 55	III Sh I		20 49	III Tr E
	7 13	II Oc D	9	1 02	I Oc D		19 34	III Sh E		20 58	III Sh I
	12 00	II Ec R		4 11	I Ec R	16	3 03	I Oc D		23 36	III Sh E
	20 23	I Tr I		10 02	II Oc D		6 07	I Ec R	23	5 05	I Oc D
	21 24	I Sh I		14 37	II Ec R		12 52	II Oc D		8 02	I Ec R
	22 37	I Tr E		22 24	I Tr I		17 14	II Ec R		15 43	II Oc D
	23 36	I Sh E		23 19	I Sh I	17	0 26	I Tr I		19 51	II Ec R
3	17 31	I Oc D	10	0 38	I Tr E		1 15	I Sh I	24	2 27	I Tr I
	20 45	I Ec R		1 32	I Sh E		2 40	I Tr E		3 10	I Sh I
4	1 29	II Tr I		19 32	I Oc D		3 27	I Sh E		4 41	I Tr E
	3 30	II Sh I		22 40	I Ec R		21 34	I Oc D		5 23	I Sh E
	4 13	II Tr E	11	4 17	II Tr I	18	0 35	I Ec R		23 36	I Oc D
	6 09	II Sh E		6 07	II Sh I		7 06	II Tr I	25	2 31	I Ec R
	8 54	IV Oc D		7 01	II Tr E		8 44	II Sh I		9 56	II Tr I
	10 01	IV Oc R		8 46	II Sh E		9 50	II Tr E		11 21	II Sh I
	14 53	I Tr I		16 54	I Tr I		11 23	II Sh E		12 40	II Tr E
	15 53	I Sh I		17 48	I Sh I		18 56	I Tr I		14 00	II Sh E
	17 07	I Tr E		19 08	I Tr E		19 44	I Sh I		20 58	I Tr I
	18 05	I Sh E		20 01	I Sh E		21 10	I Tr E		21 39	I Sh I
	18 26	III Oc D		22 52	III Oc D		21 56	I Sh E		23 12	I Tr E
	21 30	III Oc R	12	1 55	III Oc R	19	3 21	III Oc D		23 51	I Sh E
	22 36	III Ec D		2 38	III Ec D		6 21	III Oc R	26	7 50	III Oc D
5	1 18	III Ec R		5 19	III Ec R		6 41	III Ec D		13 22	III Ec R
	12 01	I Oc D		14 02	I Oc D		9 21	III Ec R		18 06	I Oc D
	15 13	I Ec R		17 09	I Ec R		16 04	I Oc D		21 00	I Ec R
	20 37	II Oc D		23 27	II Oc D		19 04	I Ec R	27	5 08	II Oc D
6	1 18	II Ec R	13	3 55	II Ec R	20	2 17	II Oc D		9 09	II Ec R
	9 23	I Tr I		11 25	I Tr I		6 32	II Ec R		15 29	I Tr I
	10 22	I Sh I		12 17	I Sh I		13 27	I Tr I		16 08	I Sh I
	11 37	I Tr E		13 39	I Tr E		14 13	I Sh I		17 42	I Tr E
	12 34	I Sh E		14 29	I Sh E		15 40	I Tr E		18 20	I Sh E
7	6 31	I Oc D	14	8 33	I Oc D		16 25	I Sh E	28	12 37	I Oc D
	9 42	I Ec R		11 38	I Ec R	21	10 35	I Oc D		15 28	I Ec R
	14 53	II Tr I		17 41	II Tr I		13 33	I Ec R		23 22	II Tr I
	16 48	II Sh I									

I. Feb. 14	II. Feb. 16	III. Feb. 12	IV. Feb.
$x_2 = +1.7,\ y_2 = +0.2$	$x_2 = +2.0,\ y_2 = +0.3$	$x_1 = +1.2,\ y_1 = +0.5$ $x_2 = +2.7,\ y_2 = +0.5$	No Eclipse

NOTE.–I denotes ingress; E, egress; D, disappearance; R, reappearance; Ec, eclipse; Oc, occultation; Tr, transit of the satellite; Sh, transit of the shadow.

CONFIGURATIONS OF SATELLITES I-IV FOR FEBRUARY

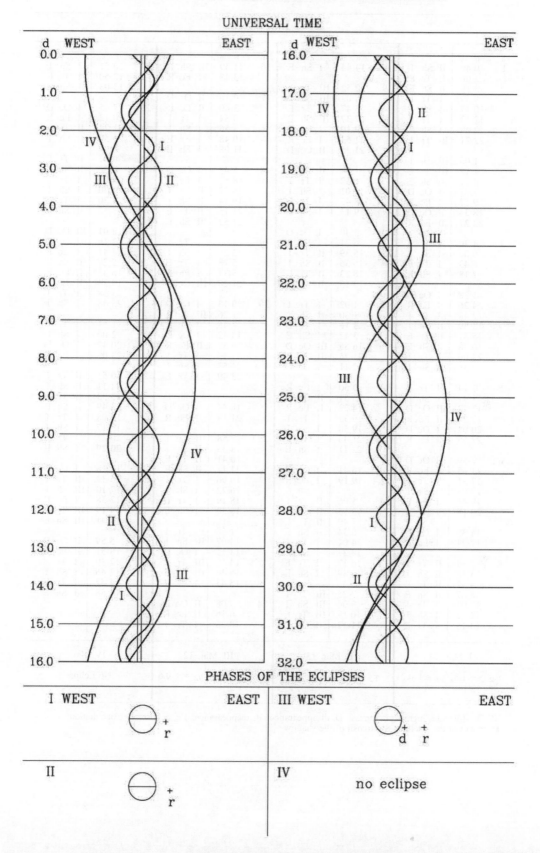

UNIVERSAL TIME

PHASES OF THE ECLIPSES

SATELLITES OF JUPITER, 2011

TERRESTRIAL TIME OF GEOCENTRIC PHENOMENA

MARCH

d	h m			
1	0 40	II	Sh	I
	2 06	II	Tr	E
	3 19	II	Sh	E
	9 59	I	Tr	I
	10 37	I	Sh	I
	12 13	I	Tr	E
	12 49	I	Sh	E
	22 21	III	Tr	I
2	1 00	III	Sh	I
	1 18	III	Tr	E
	3 37	III	Sh	E
	7 07	I	Oc	D
	9 57	I	Ec	R
	18 34	II	Oc	D
	22 27	II	Ec	R
3	4 30	I	Tr	I
	5 06	I	Sh	I
	6 43	I	Tr	E
	7 18	I	Sh	E
4	1 38	I	Oc	D
	4 26	I	Ec	R
	12 48	II	Tr	I
	13 59	II	Sh	I
	15 31	II	Tr	E
	16 38	II	Sh	E
	23 00	I	Tr	I
	23 34	I	Sh	I
5	1 14	I	Tr	E
	1 47	I	Sh	E
	12 22	III	Oc	D
	17 24	III	Ec	R
	20 08	I	Oc	D
	22 55	I	Ec	R
6	7 59	II	Oc	D
	11 45	II	Ec	R
	17 31	I	Tr	I
	18 03	I	Sh	I
	19 44	I	Tr	E
	20 15	I	Sh	E
7	14 39	I	Oc	D
	17 24	I	Ec	R
8	2 14	II	Tr	I
	3 18	II	Sh	I
	4 57	II	Tr	E
	5 57	II	Sh	E
	12 01	I	Tr	I
	12 32	I	Sh	I
	14 15	I	Tr	E

d	h m			
8	14 44	I	Sh	E
9	2 52	III	Tr	I
	5 02	III	Sh	I
	5 47	III	Tr	E
	7 37	III	Sh	E
	9 10	I	Oc	D
	11 53	I	Ec	R
	21 25	II	Oc	D
10	1 04	II	Ec	R
	6 32	I	Tr	I
	7 01	I	Sh	I
	8 45	I	Tr	E
	9 13	I	Sh	E
11	3 40	I	Oc	D
	6 21	I	Ec	R
	15 39	II	Tr	I
	16 36	II	Sh	I
	18 23	II	Tr	E
	19 15	II	Sh	E
12	1 02	I	Tr	I
	1 30	I	Sh	I
	3 16	I	Tr	E
	3 42	I	Sh	E
	16 55	III	Oc	D
	21 25	III	Ec	R
	22 11	I	Oc	D
13	0 50	I	Ec	R
	10 51	II	Oc	D
	14 22	II	Ec	R
	19 33	I	Tr	I
	19 58	I	Sh	I
	21 46	I	Tr	E
	22 11	I	Sh	E
14	16 41	I	Oc	D
	19 19	I	Ec	R
15	5 06	II	Tr	I
	5 55	II	Sh	I
	7 49	II	Tr	E
	8 34	II	Sh	E
	14 04	I	Tr	I
	14 27	I	Sh	I
	16 17	I	Tr	E
	16 39	I	Sh	E
16	7 25	III	Tr	I
	9 04	III	Sh	I
	10 17	III	Tr	E
	11 12	I	Oc	D

d	h m			
16	11 39	III	Sh	E
	13 48	I	Ec	R
17	0 16	II	Oc	D
	3 40	II	Ec	R
	8 34	I	Tr	I
	8 56	I	Sh	I
	10 48	I	Tr	E
	11 08	I	Sh	E
18	5 43	I	Oc	D
	8 17	I	Ec	R
	18 32	II	Tr	I
	19 14	II	Sh	I
	21 15	II	Tr	E
	21 52	II	Sh	E
19	3 05	I	Tr	I
	3 25	I	Sh	I
	5 18	I	Tr	E
	5 37	I	Sh	E
	21 28	III	Oc	D
20	0 13	I	Oc	D
	1 26	III	Ec	R
	2 45	I	Ec	R
	13 42	II	Oc	D
	16 58	II	Ec	R
	21 35	I	Tr	I
	21 53	I	Sh	I
	23 49	I	Tr	E
21	0 05	I	Sh	E
	18 44	I	Oc	D
	21 14	I	Ec	R
22	7 58	II	Tr	I
	8 33	II	Sh	I
	10 41	II	Tr	E
	11 11	II	Sh	E
	16 06	I	Tr	I
	16 22	I	Sh	I
	18 19	I	Tr	E
	18 34	I	Sh	E
23	11 58	III	Tr	I
	13 07	III	Sh	I
	13 15	I	Oc	D
	14 48	III	Tr	E
	15 40	III	Sh	E
	15 43	I	Ec	R
24	3 08	II	Oc	D
	6 16	II	Ec	R
	10 36	I	Tr	I

d	h m			
24	10 51	I	Sh	I
	12 50	I	Tr	E
	13 03	I	Sh	E
25	7 45	I	Oc	D
	10 12	I	Ec	R
	21 24	II	Tr	I
	21 51	II	Sh	I
26	0 07	II	Tr	E
	0 30	II	Sh	E
	5 07	I	Tr	I
	5 20	I	Sh	I
	7 20	I	Tr	E
	7 32	I	Sh	E
27	2 01	III	Oc	D
	2 16	I	Oc	D
	4 41	I	Ec	R
	5 27	III	Ec	R
	16 33	II	Oc	D
	19 34	II	Ec	R
	23 38	I	Tr	I
	23 48	I	Sh	I
28	1 51	I	Tr	E
	2 00	I	Sh	E
	20 47	I	Oc	D
	23 09	I	Ec	R
29	10 51	II	Tr	I
	11 11	II	Sh	I
	13 33	II	Tr	E
	13 49	II	Sh	E
	18 08	I	Tr	I
	18 17	I	Sh	I
	20 21	I	Tr	E
	20 29	I	Sh	E
30	15 18	I	Oc	D
	16 33	III	Tr	I
	17 10	III	Sh	I
	17 38	I	Ec	R
	19 19	III	Tr	E
	19 41	III	Sh	E
31	5 59	II	Oc	D
	8 51	II	Ec	R
	12 39	I	Tr	I
	12 46	I	Sh	I
	14 52	I	Tr	E
	14 58	I	Sh	E

I. Mar. 14	II. Mar. 13	III. Mar. 12	IV. Mar.
$x_2 = +1.3$, $y_2 = +0.2$	$x_2 = +1.5$, $y_2 = +0.3$	$x_2 = +1.7$, $y_2 = +0.6$	No Eclipse

NOTE.–I denotes ingress; E, egress; D, disappearance; R, reappearance; Ec, eclipse; Oc, occultation; Tr, transit of the satellite; Sh, transit of the shadow.

CONFIGURATIONS OF SATELLITES I-IV FOR MARCH

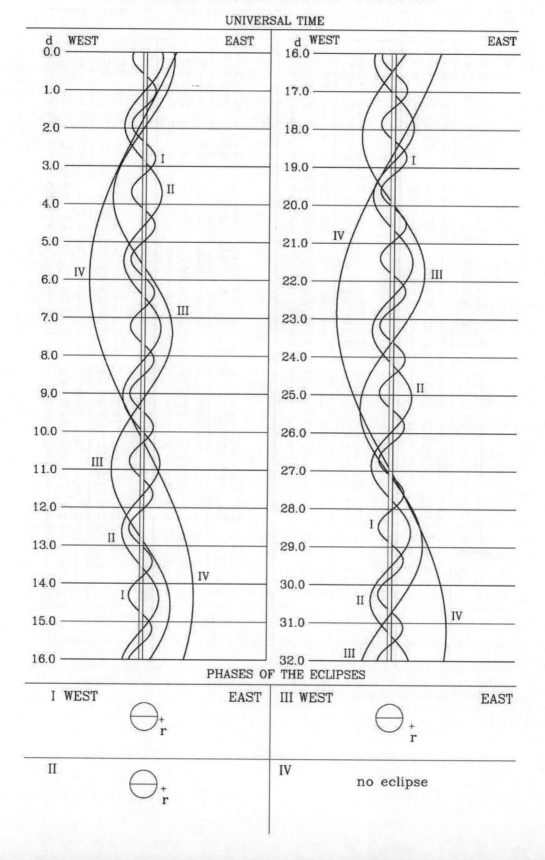

UNIVERSAL TIME

PHASES OF THE ECLIPSES

SATELLITES OF JUPITER, 2011

TERRESTRIAL TIME OF GEOCENTRIC PHENOMENA

APRIL

d	h m				d	h m				d	h m				d	h m			
1	9 48	I	Oc	D	9	3 07	II	Sh	I	16	8 45	II	Tr	E	23	15 10	I	Sh	E
	12 07	I	Ec	R		3 11	II	Tr	I		11 04	I	Sh	I		15 28	I	Tr	E
						5 45	II	Sh	E		11 14	I	Tr	I					
2	0 18	II	Tr	I		5 52	II	Tr	E		13 15	I	Sh	E	24	10 08	I	Ec	D
	0 29	II	Sh	I		9 09	I	Sh	I		13 26	I	Tr	E		12 40	I	Oc	R
	2 59	II	Tr	E		9 12	I	Tr	I							19 02	III	Ec	D
	3 07	II	Sh	E		11 21	I	Sh	E	17	8 13	I	Ec	D		22 53	III	Oc	R
	7 09	I	Tr	I		11 24	I	Tr	E		10 38	I	Oc	R					
	7 14	I	Sh	I							14 59	III	Ec	D	25	3 19	II	Ec	D
	9 22	I	Tr	E	10	6 18	I	Ec	D		18 22	III	Oc	R		6 34	II	Oc	R
	9 26	I	Sh	E		8 35	I	Oc	R							7 27	I	Sh	I
						10 57	III	Ec	D	18	0 43	II	Ec	D		7 46	I	Tr	I
3	4 19	I	Oc	D		13 51	III	Oc	R		3 45	II	Oc	R		9 38	I	Sh	E
	6 34	III	Oc	D		22 08	II	Ec	D		5 32	I	Sh	I		9 58	I	Tr	E
	6 36	I	Ec	R							5 44	I	Tr	I					
	9 27	III	Ec	R	11	0 55	II	Oc	R		7 44	I	Sh	E	26	4 37	I	Ec	D
	19 25	II	Oc	D		3 38	I	Sh	I		7 57	I	Tr	E		7 10	I	Oc	R
	22 09	II	Ec	R		3 42	I	Tr	I							21 42	II	Sh	I
						5 49	I	Sh	E	19	2 42	I	Ec	D		22 25	II	Tr	I
4	1 40	I	Tr	I		5 55	I	Tr	E		5 08	I	Oc	R					
	1 43	I	Sh	I							19 04	II	Sh	I	27	0 19	II	Sh	E
	3 53	I	Tr	E	12	0 47	I	Ec	D		19 31	II	Tr	I		1 04	II	Tr	E
	3 55	I	Sh	E		3 06	I	Oc	R		21 42	II	Sh	E		1 56	I	Sh	I
	22 50	I	Oc	D		16 26	II	Sh	I		22 11	II	Tr	E		2 17	I	Tr	I
						16 38	II	Tr	I							4 07	I	Sh	E
5	1 04	I	Ec	R		19 04	II	Sh	E	20	0 01	I	Sh	I		4 28	I	Tr	E
	13 45	II	Tr	I		19 19	II	Tr	E		0 15	I	Tr	I		23 06	I	Ec	D
	13 48	II	Sh	I		22 06	I	Sh	I		2 13	I	Sh	E					
	16 26	II	Tr	E		22 13	I	Tr	I		2 27	I	Tr	E	28	1 41	I	Oc	R
	16 27	II	Sh	E							21 11	I	Ec	D		9 16	III	Sh	I
	20 11	I	Tr	I	13	0 18	I	Sh	E		23 39	I	Oc	R		10 46	III	Tr	I
	20 12	I	Sh	I		0 25	I	Tr	E							11 43	III	Sh	E
	22 23	I	Tr	E		19 16	I	Ec	D	21	5 15	III	Sh	I		13 20	III	Tr	E
	22 24	I	Sh	E		21 36	I	Oc	R		6 13	III	Tr	I		16 37	II	Ec	D
											7 43	III	Sh	E		19 59	II	Oc	R
6	17 20	I	Oc	D	14	1 14	III	Sh	I		8 51	III	Tr	E		20 24	I	Sh	I
	19 34	I	Oc	R		1 40	III	Tr	I		14 01	II	Ec	D		20 47	I	Tr	I
	21 06	III	Tr	I		3 43	III	Sh	E		17 10	II	Oc	R		22 35	I	Sh	E
	21 12	III	Sh	I		4 21	III	Tr	E		18 30	I	Sh	I		22 59	I	Tr	E
	23 42	III	Sh	E		11 26	II	Ec	D		18 45	I	Tr	I					
	23 50	III	Tr	E		14 20	II	Oc	R		20 41	I	Sh	E	29	17 34	I	Ec	D
						16 35	I	Sh	I		20 57	I	Tr	E		20 12	I	Oc	R
7	8 50	II	Ec	D		16 43	I	Tr	I										
	11 30	II	Oc	R		18 47	I	Sh	E	22	15 39	I	Ec	D	30	11 01	II	Sh	I
	14 41	I	Sh	I		18 56	I	Tr	E		18 09	I	Oc	R		11 51	II	Tr	I
	14 41	I	Tr	I												13 38	II	Sh	E
	16 52	I	Sh	E	15	13 44	I	Ec	D	23	8 23	II	Sh	I		14 29	II	Tr	E
	16 54	I	Tr	E		16 07	I	Oc	R		8 58	II	Tr	I		14 53	I	Sh	I
											11 00	II	Sh	E		15 17	I	Tr	I
8	11 49	I	Ec	D	16	5 45	II	Sh	I		11 37	II	Tr	E		17 04	I	Sh	E
	14 04	I	Oc	R		6 04	II	Tr	I		12 58	I	Sh	I		17 29	I	Tr	E
						8 22	II	Sh	E		13 16	I	Tr	I					

I. Apr. 15	II. Apr. 14	III. Apr. 17	IV. Apr.
$x_1 = -1.1,\ y_1 = +0.3$	$x_1 = -1.1,\ y_1 = +0.4$	$x_1 = -1.1,\ y_1 = +0.6$	No Eclipse

NOTE.–I denotes ingress; E, egress; D, disappearance; R, reappearance; Ec, eclipse; Oc, occultation; Tr, transit of the satellite; Sh, transit of the shadow.

CONFIGURATIONS OF SATELLITES I-IV FOR APRIL

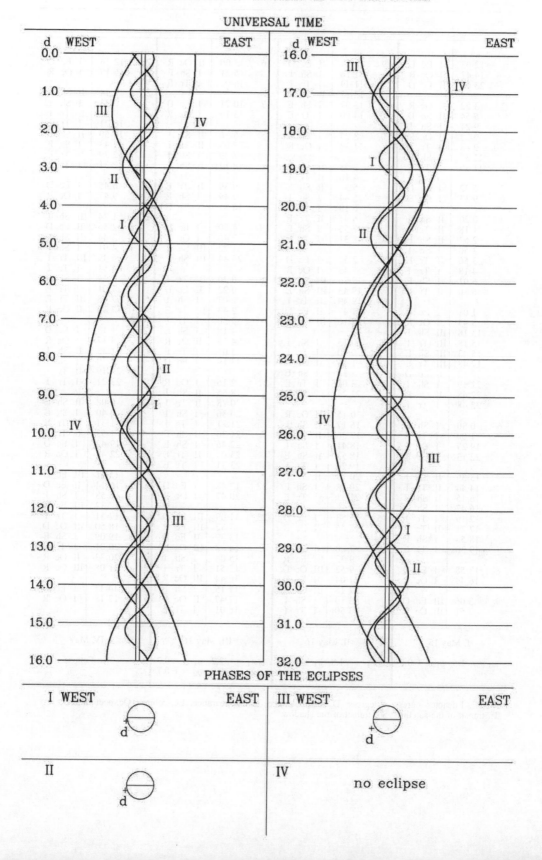

UNIVERSAL TIME

PHASES OF THE ECLIPSES

SATELLITES OF JUPITER, 2011

TERRESTRIAL TIME OF GEOCENTRIC PHENOMENA

MAY

d	h m				d	h m				d	h m				d	h m			
1	12 03	I	Ec	D	9	8 29	II	Ec	D	16	15 00	II	Oc	R	24	12 16	I	Ec	D
	14 42	I	Oc	R		11 16	I	Sh	I		15 21	I	Sh	E		15 17	I	Oc	R
	23 04	III	Ec	D		11 49	I	Tr	I		16 01	I	Tr	E	25	8 14	II	Sh	I
2	3 22	III	Oc	R		12 12	II	Oc	R	17	10 21	I	Ec	D		9 33	I	Sh	I
	5 54	II	Ec	D		13 27	I	Sh	E		13 16	I	Oc	R		9 54	II	Tr	I
	9 21	I	Sh	I		14 00	I	Tr	E	18	5 36	II	Sh	I		10 21	I	Tr	I
	9 23	II	Oc	R	10	8 27	I	Ec	D		7 03	II	Tr	I		10 50	II	Sh	E
	9 48	I	Tr	I		11 14	I	Oc	R		7 39	I	Sh	I		11 43	I	Sh	E
	11 33	I	Sh	E	11	2 58	II	Sh	I		8 12	II	Sh	E		12 29	II	Tr	E
	11 59	I	Tr	E		4 10	II	Tr	I		8 20	I	Tr	I		12 31	I	Tr	E
3	6 32	I	Ec	D		5 34	II	Sh	E		9 39	II	Tr	E	26	6 45	I	Ec	D
	9 13	I	Oc	R		5 44	I	Sh	I		9 49	I	Sh	E		9 47	I	Oc	R
4	0 20	II	Sh	I		6 19	I	Tr	I		10 31	I	Tr	E	27	1 24	III	Sh	I
	1 18	II	Tr	I		6 47	II	Tr	E	19	4 50	I	Ec	D		2 56	II	Ec	D
	2 57	II	Sh	E		7 55	I	Sh	E		7 46	I	Oc	R		3 44	III	Sh	E
	3 50	I	Sh	I		8 31	I	Tr	E		21 22	III	Sh	I		4 01	I	Sh	I
	3 56	II	Tr	E	12	2 55	I	Ec	D		23 44	III	Sh	E		4 49	III	Tr	I
	4 18	I	Tr	I		5 45	I	Oc	R	20	0 20	III	Tr	I		4 51	I	Tr	I
	6 01	I	Sh	E		17 20	III	Sh	I		0 22	II	Ec	D		6 12	I	Sh	E
	6 30	I	Tr	E		19 43	III	Sh	E		2 07	I	Sh	I		7 01	I	Tr	E
5	1 01	I	Ec	D		19 49	III	Tr	I		2 43	III	Tr	E		7 08	III	Tr	E
	3 43	I	Oc	R		21 47	II	Ec	D		2 50	I	Tr	I		7 10	II	Oc	R
	13 18	III	Sh	I		22 16	III	Tr	E		4 18	I	Sh	E	28	1 13	I	Ec	D
	15 18	III	Tr	I	13	0 13	I	Sh	I		4 23	II	Oc	R		4 17	I	Oc	R
	15 43	III	Sh	E		0 50	I	Tr	I		5 01	I	Tr	E		21 33	II	Sh	I
	17 48	III	Tr	E		1 36	II	Oc	R		23 19	I	Ec	D		22 30	I	Sh	I
	19 12	II	Ec	D		2 24	I	Sh	E	21	2 16	I	Oc	R		23 19	II	Tr	I
	22 19	I	Sh	I		3 01	I	Tr	E		18 55	II	Sh	I		23 21	I	Tr	I
	22 48	II	Oc	R		21 24	I	Ec	D		20 28	II	Tr	I	29	0 08	II	Sh	E
	22 48	I	Tr	I	14	0 15	I	Oc	R		20 36	I	Sh	I		0 40	I	Sh	E
6	0 30	I	Sh	E		16 17	II	Sh	I		21 21	I	Tr	I		1 31	I	Tr	E
	1 00	I	Tr	E		17 36	II	Tr	I		21 30	II	Sh	E		1 53	II	Tr	E
	19 29	I	Ec	D		18 41	I	Sh	I		22 46	I	Sh	E		19 42	I	Ec	D
	22 13	I	Oc	R		18 53	II	Sh	E		23 03	II	Tr	E		22 48	I	Oc	R
7	13 39	II	Sh	I		19 20	I	Tr	I		23 31	I	Tr	E	30	15 11	III	Ec	D
	14 44	II	Tr	I		20 13	II	Tr	E	22	17 48	I	Ec	D		16 14	II	Ec	D
	16 15	II	Sh	E		20 52	I	Sh	E		20 47	I	Oc	R		16 58	I	Sh	I
	16 47	I	Sh	I		21 31	I	Tr	E	23	11 09	III	Ec	D		17 32	III	Ec	R
	17 19	I	Tr	I	15	15 53	I	Ec	D		13 32	III	Ec	R		17 51	I	Tr	I
	17 21	II	Tr	E		18 46	I	Oc	R		13 39	II	Ec	D		18 50	III	Oc	D
	18 58	I	Sh	E	16	7 08	III	Ec	D		14 22	III	Oc	D		19 09	I	Sh	E
	19 30	I	Tr	E		9 32	III	Ec	R		15 04	I	Sh	I		20 01	I	Tr	E
8	13 58	I	Ec	D		9 52	III	Oc	D		15 51	I	Tr	I		20 33	II	Oc	R
	16 44	I	Oc	R		11 04	II	Ec	D		16 44	III	Oc	R		21 08	III	Oc	R
9	3 06	III	Ec	D		12 18	III	Oc	R		17 15	I	Sh	E	31	14 11	I	Ec	D
	7 51	III	Oc	R		13 10	I	Sh	I		17 47	II	Oc	R		17 18	I	Oc	R
						13 50	I	Tr	I		18 01	I	Tr	E					

I. May 15	II. May 16	III. May 16	IV. May
$x_1 = -1.5,\ y_1 = +0.3$	$x_1 = -1.8,\ y_1 = +0.4$	$x_1 = -2.2,\ y_1 = +0.7$ $x_2 = -0.9,\ y_2 = +0.7$	No Eclipse

NOTE.–I denotes ingress; E, egress; D, disappearance; R, reappearance; Ec, eclipse; Oc, occultation; Tr, transit of the satellite; Sh, transit of the shadow.

CONFIGURATIONS OF SATELLITES I-IV FOR MAY

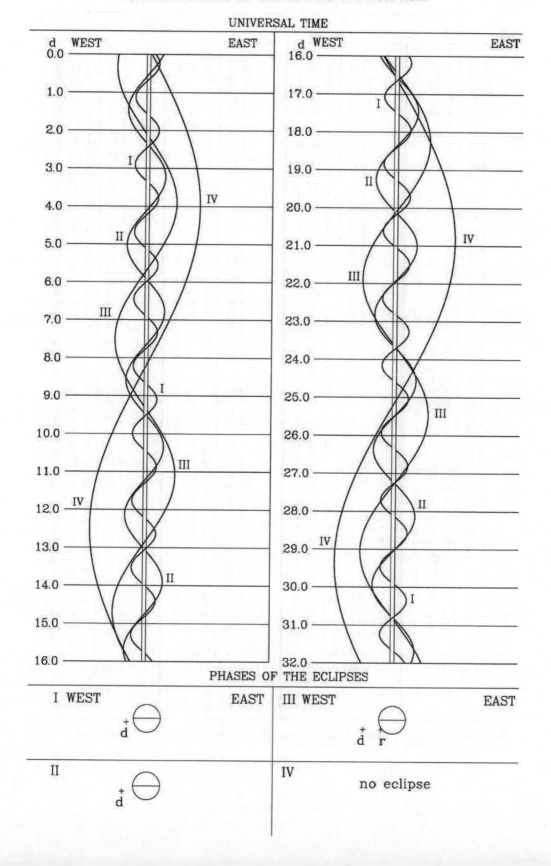

UNIVERSAL TIME

PHASES OF THE ECLIPSES

SATELLITES OF JUPITER, 2011

TERRESTRIAL TIME OF GEOCENTRIC PHENOMENA

JUNE

d	h m			d	h m			d	h m			d	h m		
1	10 52	II	Sh I	8	15 31	I	Sh E	15	18 42	II	Sh E	23	14 23	I	Ec D
	11 27	I	Sh I		15 35	II	Tr I		20 54	II	Tr E		17 46	I	Oc R
	12 21	I	Tr I		16 04	II	Sh E	16	12 29	I	Ec D	24	11 37	I	Sh I
	12 45	II	Tr I		16 30	I	Tr E		15 47	I	Oc R		12 48	I	Tr I
	13 27	II	Sh E		18 07	II	Tr E	17	9 43	I	Sh I		13 15	II	Ec D
	13 37	I	Sh E	9	10 34	I	Ec D		10 40	II	Ec D		13 47	I	Sh E
	14 31	I	Tr E		13 48	I	Oc R		10 49	I	Tr I		14 57	I	Tr E
	15 18	II	Tr E	10	7 49	I	Sh I		11 53	I	Sh E		17 28	III	Sh I
2	8 39	I	Ec D		8 06	II	Ec D		12 59	I	Tr E		18 08	II	Oc R
	11 48	I	Oc R		8 50	I	Tr I		13 27	III	Sh I		19 43	III	Sh E
3	5 25	III	Sh I		9 26	III	Sh I		15 25	II	Oc R		22 25	III	Tr I
	5 31	II	Ec D		9 59	I	Sh E		15 43	III	Sh E	25	0 27	III	Tr E
	5 55	I	Sh I		11 00	I	Tr E		18 04	III	Tr I		8 52	I	Ec D
	6 51	I	Tr I		11 44	III	Sh E		20 10	III	Tr E		12 16	I	Oc R
	7 44	III	Sh E		12 41	II	Oc R	18	6 57	I	Ec D	26	6 06	I	Sh I
	8 06	I	Sh E		13 41	III	Tr I		10 17	I	Oc R		7 17	I	Tr I
	9 01	I	Tr E		15 51	III	Tr E	19	4 12	I	Sh I		8 04	II	Sh I
	9 16	III	Tr I	11	5 03	I	Ec D		5 19	I	Tr I		8 15	I	Sh E
	9 56	II	Oc R		8 18	I	Oc R		5 26	II	Sh I		9 26	I	Tr E
	11 31	III	Tr E	12	2 18	I	Sh I		6 22	I	Sh E		10 34	II	Tr I
4	3 08	I	Ec D		2 48	II	Sh I		7 28	I	Tr E		10 37	II	Sh E
	6 18	I	Oc R		3 20	I	Tr I		7 47	II	Tr I		13 03	II	Tr E
5	0 11	II	Sh I		4 28	I	Sh E		8 00	II	Sh E	27	3 20	I	Ec D
	0 24	I	Sh I		4 59	II	Tr I		10 17	II	Tr E		6 45	I	Oc R
	1 21	I	Tr I		5 23	II	Sh E	20	1 26	I	Ec D	28	0 34	I	Sh I
	2 09	II	Tr I		5 30	I	Tr E		4 47	I	Oc R		1 47	I	Tr I
	2 34	I	Sh E		7 30	II	Tr E		22 40	I	Sh I		2 32	II	Ec D
	2 45	II	Sh E		23 31	I	Ec D		23 49	I	Tr I		2 44	I	Sh E
	3 31	I	Tr E	13	2 48	I	Oc R		23 58	II	Ec D		3 55	I	Tr E
	4 42	II	Tr E		20 46	I	Sh I	21	0 50	I	Sh E		7 18	III	Ec D
	21 37	I	Ec D		21 23	II	Ec D		1 58	I	Tr E		7 29	II	Oc R
6	0 48	I	Oc R		21 50	I	Tr I		3 16	III	Ec D		9 34	III	Ec R
	18 48	II	Ec D		22 56	I	Sh E		4 46	II	Oc R		12 25	III	Oc D
	18 52	I	Sh I		23 15	III	Ec D		5 34	III	Ec R		14 26	III	Oc R
	19 12	III	Ec D		23 59	I	Tr E		8 05	III	Oc D		21 49	I	Ec D
	19 51	I	Tr I	14	1 34	III	Ec R		10 11	III	Oc R	29	1 15	I	Oc R
	21 02	I	Sh E		2 03	II	Oc R		19 54	I	Ec D		19 03	I	Sh I
	21 33	III	Ec R		3 43	III	Oc D		23 17	I	Oc R		20 16	I	Tr I
	22 01	I	Tr E		5 52	III	Oc R	22	17 09	I	Sh I		21 12	I	Sh E
	23 17	III	Oc D		18 00	I	Ec D		18 18	I	Tr I		21 23	II	Sh I
	23 18	II	Oc R		21 17	I	Oc R		18 46	II	Sh I		22 25	I	Tr E
7	1 31	III	Oc R	15	15 15	I	Sh I		19 18	I	Sh E		23 56	II	Sh E
	16 05	I	Ec D		16 08	II	Sh I		20 27	I	Tr E		23 57	II	Tr I
	19 18	I	Oc R		16 20	I	Tr I		21 11	II	Tr I	30	2 26	II	Tr E
8	13 21	I	Sh I		17 25	I	Sh E		21 19	II	Sh E		16 17	I	Ec D
	13 30	II	Sh I		18 23	II	Tr I		23 41	II	Tr E		19 44	I	Oc R
	14 21	I	Tr I		18 29	I	Tr E								

I. June 14	II. June 13	III. June 13, 14	IV. June
$x_1 = -1.9,\ y_1 = +0.3$	$x_2 = -2.4,\ y_1 = +0.4$	$x_1 = -3.0,\ y_1 = +0.7$ $x_2 = -1.8,\ y_2 = +0.8$	No Eclipse

NOTE.–I denotes ingress; E, egress; D, disappearance; R, reappearance; Ec, eclipse; Oc, occultation; Tr, transit of the satellite; Sh, transit of the shadow.

CONFIGURATIONS OF SATELLITES I-IV FOR JUNE

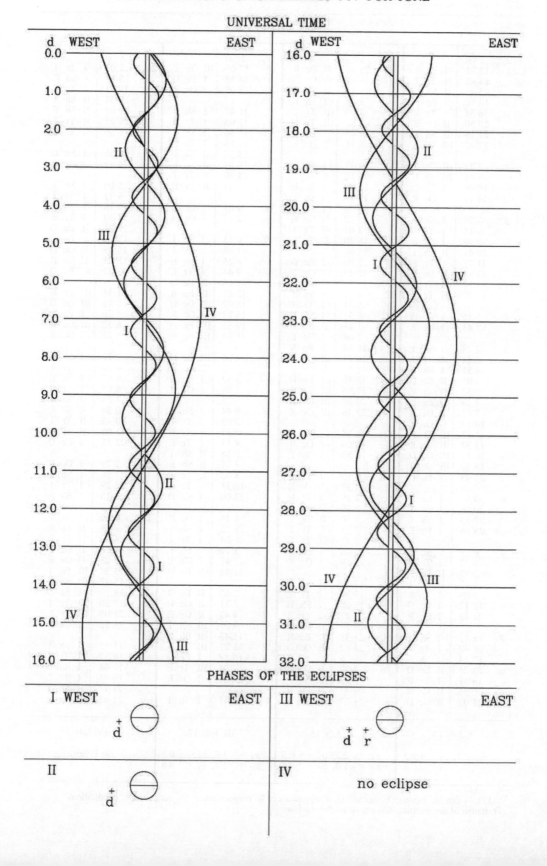

UNIVERSAL TIME

PHASES OF THE ECLIPSES

SATELLITES OF JUPITER, 2011

TERRESTRIAL TIME OF GEOCENTRIC PHENOMENA

JULY

d	h m			d	h m			d	h m			d	h m		
1	13 31	I Sh I		8	23 30	II Oc R		16	13 00	III Tr E		24	15 03	I Tr I	
	14 45	I Tr I							14 35	I Ec D			15 50	I Sh E	
	15 41	I Sh E		9	1 31	III Sh I			18 08	I Oc R			17 11	I Tr E	
	15 50	II Ec D			3 44	III Sh E							18 34	II Sh I	
	16 54	I Tr E			7 00	III Tr I		17	11 47	I Sh I			21 05	II Sh E	
	20 50	I Oc R			8 52	III Tr E			13 08	I Tr I			21 25	II Tr I	
	21 29	III Sh I			12 40	I Ec D			13 56	I Sh E			23 50	II Tr E	
	23 43	III Sh E			16 11	I Oc R			15 16	I Tr E					
									15 57	II Sh I		25	10 58	I Ec D	
2	2 44	III Tr I		10	9 53	I Sh I			18 29	II Sh E			14 32	I Oc R	
	4 41	III Tr E			11 12	I Tr I			18 45	II Tr I					
	10 46	I Ec D			12 03	I Sh E			21 11	II Tr E		26	8 09	I Sh I	
	14 14	I Oc R			13 19	II Sh I							9 31	I Tr I	
					13 20	I Tr E		18	9 03	I Ec D			10 18	I Sh E	
3	7 59	I Sh I			15 52	II Sh E			12 37	I Oc R			11 39	I Tr E	
	9 15	I Tr I			16 03	II Tr I							12 51	II Ec D	
	10 09	I Sh E			18 30	II Tr E		19	6 15	I Sh I			15 22	II Ec R	
	10 42	II Sh I							7 36	I Tr I			15 39	II Oc D	
	11 23	I Tr E		11	7 09	I Ec D			8 25	I Sh E			18 05	II Oc R	
	13 14	II Sh E			10 40	I Oc R			9 44	I Tr E			23 22	III Ec D	
	13 19	II Tr I							10 16	II Ec D					
	15 47	II Tr E		12	4 22	I Sh I			12 48	II Ec R		27	1 34	III Ec R	
					5 41	I Tr I			13 02	II Oc D			5 15	III Oc D	
4	5 15	I Ec D			6 31	I Sh E			15 28	II Oc R			5 26	I Ec D	
	8 43	I Oc R			7 41	II Ec D			19 21	III Ec D			6 58	III Oc R	
					7 49	I Tr E			21 34	III Ec R			9 01	I Oc R	
5	2 28	I Sh I			10 14	II Ec R									
	3 44	I Tr I			10 23	II Oc D		20	1 08	III Oc D		28	2 38	I Sh I	
	4 37	I Sh E			12 50	II Oc R			2 55	III Oc R			4 00	I Tr I	
	5 07	II Ec D			15 19	III Ec D			3 32	I Ec D			4 47	I Sh E	
	5 52	I Tr E			17 34	III Ec R			7 06	I Oc R			6 08	I Tr E	
	7 39	II Ec R			20 56	III Oc D							7 53	II Sh I	
	7 42	II Oc D			22 48	III Oc R		21	0 44	I Sh I			10 24	II Sh E	
	10 10	II Oc R							2 05	I Tr I			10 45	II Tr I	
	11 18	III Ec D		13	1 38	I Ec D			2 53	I Sh E			13 09	II Tr E	
	13 34	III Ec R			5 09	I Oc R			4 13	I Tr E			23 55	I Ec D	
	16 42	III Oc D			22 50	I Sh I			5 16	II Sh I					
	18 39	III Oc R							7 47	II Sh E		29	3 29	I Oc R	
	23 43	I Ec D		14	0 10	I Tr I			8 06	II Tr I			21 06	I Sh I	
					0 59	I Sh E			10 31	II Tr E			22 29	I Tr I	
6	3 13	I Oc R			2 18	I Tr E			22 00	I Ec D			23 15	I Sh E	
	20 56	I Sh I			2 39	II Sh I									
	22 13	I Tr I			5 10	II Sh E		22	1 34	I Oc R		30	0 36	I Tr E	
	23 06	I Sh E			5 25	II Tr I			19 12	I Sh I			2 08	II Ec D	
					7 51	II Tr E			20 34	I Tr I			4 40	II Ec R	
7	0 01	II Sh I			20 06	I Ec D			21 21	I Sh E			4 58	II Oc D	
	0 22	I Tr E			23 39	I Oc R			22 42	I Tr E			7 23	II Oc R	
	2 33	II Sh E							23 33	II Ec D			13 33	III Sh I	
	2 42	II Tr I		15	17 19	I Sh I							15 42	III Sh E	
	5 09	II Tr E			18 39	I Tr I		23	2 05	II Ec R			18 23	I Ec D	
	18 12	I Ec D			19 28	I Sh E			2 21	II Oc D			19 26	III Tr I	
	21 42	I Oc R			20 47	I Tr E			4 47	II Oc R			21 05	III Tr E	
					20 59	II Ec D			9 33	III Sh I			21 58	I Oc R	
8	15 25	I Sh I			23 31	II Ec R			11 43	III Sh E					
	16 42	I Tr I			23 42	II Oc D			15 21	III Tr I		31	15 35	I Sh I	
	17 34	I Sh E							16 29	I Ec D			16 57	I Tr I	
	18 24	II Ec D		16	2 09	II Oc R			17 04	III Tr E			17 44	I Sh E	
	18 51	I Tr E			5 32	III Sh I			20 03	I Oc R			19 05	I Tr E	
	20 56	II Ec R			7 43	III Sh E							21 11	II Sh I	
	21 02	II Oc D			11 12	III Tr I		24	13 41	I Sh I			23 42	II Sh E	

I. July 14	II. July 15	III. July 12	IV. July
$x_1 = -2.1,\ y_1 = +0.3$	$x_1 = -2.7,\ y_1 = +0.5$	$x_1 = -3.6,\ y_1 = +0.8$	No Eclipse
	$x_2 = -1.0,\ y_2 = +0.5$	$x_2 = -2.4,\ y_2 = +0.8$	

NOTE.–I denotes ingress; E, egress; D, disappearance; R, reappearance; Ec, eclipse; Oc, occultation; Tr, transit of the satellite; Sh, transit of the shadow.

CONFIGURATIONS OF SATELLITES I-IV FOR JULY

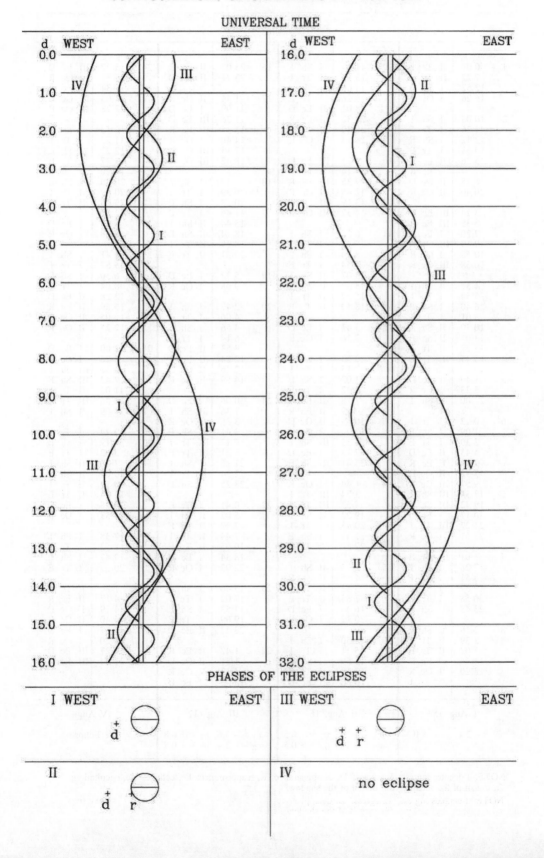

UNIVERSAL TIME

PHASES OF THE ECLIPSES

SATELLITES OF JUPITER, 2011

TERRESTRIAL TIME OF GEOCENTRIC PHENOMENA

AUGUST

d	h m				d	h m				d	h m				d	h m			
1	0 03	II	Tr	I	9	11 57	I	Sh	I	16	23 07	II	Ec	R	24	15 27	III	Ec	D
	2 27	II	Tr	E		13 19	I	Tr	I		23 21	II	Oc	D		16 31	I	Oc	R
	12 52	I	Ec	D		14 06	I	Sh	E	17	1 44	II	Oc	R		17 34	III	Ec	R
	16 26	I	Oc	R		15 26	I	Tr	E		11 09	I	Ec	D		21 03	III	Oc	D
2	10 03	I	Sh	I		18 01	II	Ec	D		11 26	III	Ec	D		22 28	III	Oc	R
	11 26	I	Tr	I		20 32	II	Ec	R		13 35	III	Ec	R	25	10 13	I	Sh	I
	12 12	I	Sh	E		20 49	II	Oc	D		14 40	I	Oc	R		11 29	I	Tr	I
	13 33	I	Tr	E		23 13	II	Oc	R		17 13	III	Oc	D		12 22	I	Sh	E
	15 26	II	Ec	D	10	7 25	III	Ec	D		18 42	III	Oc	R		13 37	I	Tr	E
	17 57	II	Ec	R		9 14	I	Ec	D	18	8 19	I	Sh	I		18 20	II	Sh	I
	18 15	II	Oc	D		9 35	III	Ec	R		9 39	I	Tr	I		20 50	II	Sh	E
	20 40	II	Oc	R		12 48	I	Oc	R		10 28	I	Sh	E		20 59	II	Tr	I
3	3 24	III	Ec	D		13 19	III	Oc	D		11 46	I	Tr	E		23 20	II	Tr	E
	5 35	III	Ec	R		14 52	III	Oc	R		15 44	II	Sh	I	26	7 31	I	Ec	D
	7 20	I	Ec	D	11	6 25	I	Sh	I		18 14	II	Sh	E		10 58	I	Oc	R
	9 19	III	Oc	D		7 47	I	Tr	I		18 29	II	Tr	I	27	4 41	I	Sh	I
	10 55	I	Oc	R		8 34	I	Sh	E		20 51	II	Tr	E		5 57	I	Tr	I
	10 58	III	Oc	R		9 54	I	Tr	E	19	5 37	I	Ec	D		6 50	I	Sh	E
4	4 31	I	Sh	I		13 07	II	Sh	I		9 08	I	Oc	R		8 04	I	Tr	E
	5 54	I	Tr	I		15 37	II	Sh	E	20	2 47	I	Sh	I		12 28	II	Ec	D
	6 40	I	Sh	E		15 57	II	Tr	I		4 06	I	Tr	I		14 59	II	Ec	R
	8 01	I	Tr	E		18 19	II	Tr	E		4 56	I	Sh	E		15 05	II	Oc	D
	10 30	II	Sh	I	12	3 43	I	Ec	D		6 14	I	Tr	E		17 27	II	Oc	R
	13 01	II	Sh	E		7 16	I	Oc	R		9 53	II	Ec	D	28	2 00	I	Ec	D
	13 22	II	Tr	I	13	0 53	I	Sh	I		12 24	II	Ec	R		5 26	I	Oc	R
	15 45	II	Tr	E		2 15	I	Tr	I		12 36	II	Oc	D		5 37	III	Sh	I
5	1 49	I	Ec	D		3 03	I	Sh	E		14 59	II	Oc	R		7 42	III	Sh	E
	5 23	I	Oc	R		4 22	I	Tr	E	21	0 06	I	Ec	D		11 05	III	Tr	I
	23 00	I	Sh	I		7 18	II	Ec	D		1 36	III	Sh	I		12 26	III	Tr	E
6	0 22	I	Tr	I		9 49	II	Ec	R		3 35	I	Oc	R		23 09	I	Sh	I
	1 09	I	Sh	E		10 05	II	Oc	D		3 41	III	Sh	E	29	0 24	I	Tr	I
	2 30	I	Tr	E		12 29	II	Oc	R		7 17	III	Tr	I		1 19	I	Sh	E
	4 43	II	Ec	D		21 35	III	Sh	I		8 41	III	Tr	E		2 32	I	Tr	E
	7 14	II	Ec	R		22 12	I	Ec	D		21 16	I	Sh	I		7 38	II	Sh	I
	7 32	II	Oc	D		23 41	III	Sh	E		22 34	I	Tr	I		10 08	II	Sh	E
	9 57	II	Oc	R	14	1 44	I	Oc	R		23 25	I	Sh	E		10 13	II	Tr	I
	17 34	III	Sh	I		3 24	III	Tr	I	22	0 41	I	Tr	E		12 34	II	Tr	E
	19 42	III	Sh	E		4 53	III	Tr	E		5 02	II	Sh	I		20 28	I	Ec	D
	20 17	I	Ec	D		19 22	I	Sh	I		7 32	II	Sh	E		23 53	I	Oc	R
	23 27	III	Tr	I		20 43	I	Tr	I		7 44	II	Tr	I	30	17 38	I	Sh	I
	23 51	I	Oc	R		21 31	I	Sh	E		10 05	II	Tr	E		18 52	I	Tr	I
7	1 01	III	Tr	E		22 50	I	Tr	E		18 34	I	Ec	D		19 47	I	Sh	E
	17 28	I	Sh	I	15	2 25	II	Sh	I		22 03	I	Oc	R		20 59	I	Tr	E
	18 51	I	Tr	I		4 55	II	Sh	E	23	15 44	I	Sh	I	31	1 46	II	Ec	D
	19 37	I	Sh	E		5 13	II	Tr	I		17 02	I	Tr	I		4 17	II	Ec	R
	20 58	I	Tr	E		7 35	II	Tr	E		17 53	I	Sh	E		4 19	II	Oc	D
	23 48	II	Sh	I		16 40	I	Ec	D		19 09	I	Tr	E		6 40	II	Oc	R
8	2 19	II	Sh	E		20 12	I	Oc	R		23 11	II	Ec	D		14 57	I	Ec	D
	2 39	II	Tr	I	16	13 50	I	Sh	I	24	1 42	II	Ec	R		18 20	I	Oc	R
	5 02	II	Tr	E		15 11	I	Tr	I		1 51	II	Oc	D		19 27	III	Ec	D
	14 46	I	Ec	D		15 59	I	Sh	E		4 13	II	Oc	R		21 34	III	Ec	R
	18 20	I	Oc	R		17 18	I	Tr	E		13 03	I	Ec	D						
						20 36	II	Ec	D											

I. Aug. 15	II. Aug. 16	III. Aug. 17	IV. Aug.
$x_1 = -2.1, \; y_1 = +0.3$	$x_1 = -2.7, \; y_1 = +0.5$ $x_2 = -1.0, \; y_2 = +0.5$	$x_1 = -3.6, \; y_1 = +0.8$ $x_2 = -2.4, \; y_2 = +0.8$	No Eclipse

NOTE.–I denotes ingress; E, egress; D, disappearance; R, reappearance; Ec, eclipse; Oc, occultation; Tr, transit of the satellite; Sh, transit of the shadow.

CONFIGURATIONS OF SATELLITES I-IV FOR AUGUST

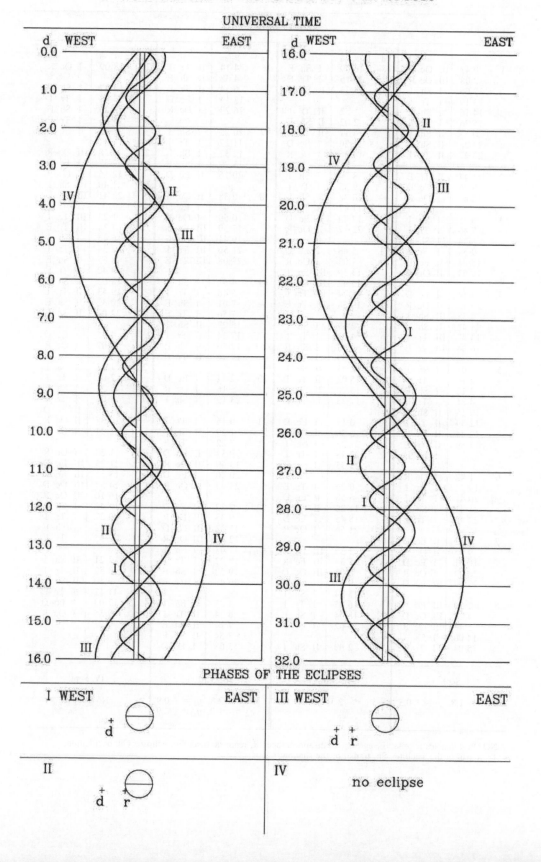

SATELLITES OF JUPITER, 2011

TERRESTRIAL TIME OF GEOCENTRIC PHENOMENA

SEPTEMBER

d	h m			d	h m			d	h m			d	h m		
1	0 47	III Oc D		8	16 09	I Sh E		16	4 14	II Tr I		23	18 09	I Oc R	
	2 08	III Oc R			17 15	I Tr E			4 38	II Sh E		24	12 17	I Sh I	
	12 06	I Sh I			23 33	II Sh I			6 34	II Tr E			13 08	I Tr I	
	13 19	I Tr I		9	1 52	II Tr I			13 14	I Ec D			14 26	I Sh E	
	14 16	I Sh E			2 02	II Sh E			16 23	I Oc R			15 15	I Tr E	
	15 26	I Tr E			4 11	II Tr E		17	10 22	I Sh I			22 52	II Ec D	
	20 57	II Sh I			11 20	I Ec D			11 22	I Tr I		25	2 58	II Oc R	
	23 26	II Sh E			14 36	I Oc R			12 32	I Sh E			9 37	I Ec D	
	23 27	II Tr I		10	8 29	I Sh I			13 29	I Tr E			12 36	I Oc R	
2	1 47	II Tr E			9 35	I Tr I			20 16	II Ec D			21 40	III Sh I	
	9 26	I Ec D			10 38	I Sh E		18	0 38	II Oc R			23 41	III Sh E	
	12 48	I Oc R			11 42	I Tr E			7 42	I Ec D		26	1 23	III Tr I	
3	6 35	I Sh I			17 40	II Ec D			10 50	I Oc R			2 34	III Tr E	
	7 46	I Tr I			22 17	II Oc R			17 39	III Sh I			6 45	I Sh I	
	8 44	I Sh E		11	5 48	I Ec D			19 41	III Sh E			7 34	I Tr I	
	9 54	I Tr E			9 03	I Oc R			21 56	III Tr I			8 55	I Sh E	
	15 04	II Ec D			13 39	III Sh I			23 08	III Tr E			9 42	I Tr E	
	19 53	II Oc R			15 42	III Sh E		19	4 51	I Sh I			18 03	II Sh I	
4	3 54	I Ec D			18 24	III Tr I			5 48	I Tr I			19 43	II Tr I	
	7 15	I Oc R			19 38	III Tr E			7 01	I Sh E			20 32	II Sh E	
	9 38	III Sh I		12	2 57	I Sh I			7 56	I Tr E			22 03	II Tr E	
	11 42	III Sh E			4 02	I Tr I			15 27	II Sh I		27	4 05	I Ec D	
	14 47	III Tr I			5 07	I Sh E			17 24	II Tr I			7 02	I Oc R	
	16 04	III Tr E			6 09	I Tr E			17 56	II Sh E		28	1 14	I Sh I	
5	1 03	I Sh I			12 51	II Sh I			19 44	II Tr E			2 01	I Tr I	
	2 14	I Tr I			15 03	II Tr I		20	2 11	I Ec D			3 23	I Sh E	
	3 12	I Sh E			15 20	II Sh E			5 16	I Oc R			4 08	I Tr E	
	4 21	I Tr E			17 23	II Tr E			23 19	I Sh I			12 10	II Ec D	
	10 15	II Sh I		13	0 17	I Ec D		21	0 15	I Tr I			16 07	II Oc R	
	12 39	II Tr I			3 30	I Oc R			1 29	I Sh E			22 34	I Ec D	
	12 44	II Sh E			21 25	I Sh I			2 22	I Tr E		29	1 28	I Oc R	
	14 59	II Tr E			22 28	I Tr I			9 34	II Ec D			11 33	III Ec D	
	22 23	I Ec D			23 35	I Sh E			13 49	II Oc R			13 35	III Ec R	
6	1 42	I Oc R		14	0 36	I Tr E			20 40	I Ec D			14 57	III Oc D	
	19 32	I Sh I			6 58	II Ec D			23 43	I Oc R			16 10	III Oc R	
	20 41	I Tr I			11 28	II Oc R		22	7 32	III Ec D			19 42	I Sh I	
	21 41	I Sh E			18 45	I Ec D			9 35	III Ec R			20 27	I Tr I	
	22 48	I Tr E			21 56	I Oc R			11 33	III Oc D			21 52	I Sh E	
7	4 22	II Ec D		15	3 30	III Ec D			12 46	III Oc R			22 35	I Tr E	
	9 05	II Oc R			5 34	III Ec R			17 48	I Sh I		30	7 21	II Sh I	
	16 51	I Ec D			8 02	III Oc D			18 42	I Tr I			8 52	II Tr I	
	20 09	I Oc R			9 17	III Oc R			19 58	I Sh E			9 50	II Sh E	
	23 29	III Ec D			15 54	I Sh I			20 49	I Tr E			11 12	II Tr E	
8	1 34	III Ec R			16 55	I Tr I		23	4 45	II Sh I			17 03	I Ec D	
	4 27	III Oc D			18 04	I Sh E			6 34	II Tr I			19 55	I Oc R	
	5 45	III Oc R			19 02	I Tr E			7 14	II Sh E					
	14 00	I Sh I		16	2 09	II Sh I			8 54	II Tr E					
	15 08	I Tr I							15 08	I Ec D					

I. Sept. 14	II. Sept. 14	III. Sept. 15	IV. Sept.
$x_1 = -1.8,\ y_1 = +0.3$	$x_1 = -2.3,\ y_1 = +0.5$	$x_1 = -2.8,\ y_1 = +0.9$ $x_2 = -1.7,\ y_2 = +0.9$	No Eclipse

NOTE.–I denotes ingress; E, egress; D, disappearance; R, reappearance; Ec, eclipse; Oc, occultation; Tr, transit of the satellite; Sh, transit of the shadow.

CONFIGURATIONS OF SATELLITES I-IV FOR SEPTEMBER

UNIVERSAL TIME

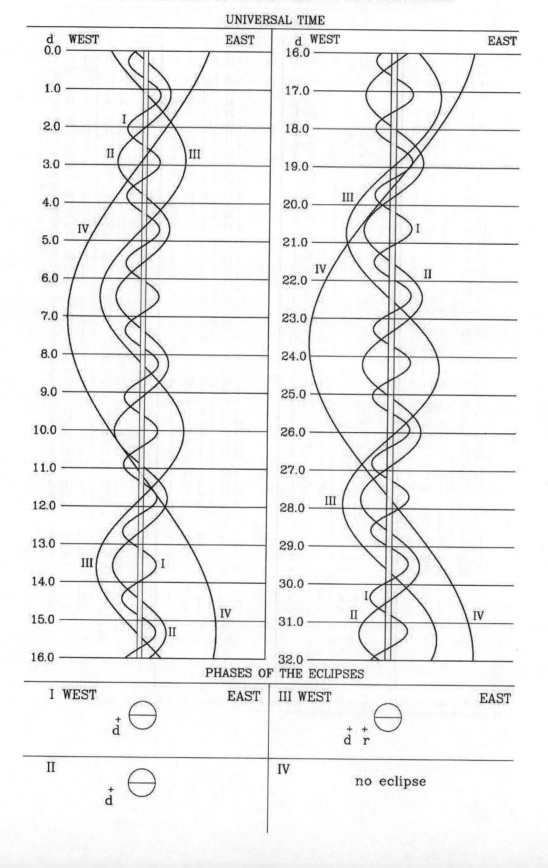

PHASES OF THE ECLIPSES

SATELLITES OF JUPITER, 2011

TERRESTRIAL TIME OF GEOCENTRIC PHENOMENA

OCTOBER

d	h m		d	h m		d	h m		d	h m	
1	14 11	I Sh I	8	18 46	I Tr E	16	17 49	I Oc R	24	14 35	III Tr I
	14 53	I Tr I	9	4 05	II Ec D	17	9 45	III Sh I		15 44	III Sh E
	16 21	I Sh E		7 32	II Oc R		11 22	III Tr I		15 53	III Tr E
	17 01	I Tr E		13 26	I Ec D		11 44	III Sh E		16 33	I Sh E
2	1 28	II Ec D		16 05	I Oc R		12 28	I Sh I		16 39	I Tr E
	5 16	II Oc R	10	5 43	III Sh I		12 36	III Tr E	25	4 27	II Sh I
	11 31	I Ec D		7 42	III Sh E		12 47	I Tr I		4 43	II Tr I
	14 21	I Oc R		8 05	III Tr I		14 38	I Sh E		6 55	II Sh E
3	1 41	III Sh I		9 17	III Tr E		14 56	I Tr E		7 04	II Tr E
	3 42	III Sh E		10 34	I Sh I	18	1 51	II Sh I		11 43	I Ec D
	4 46	III Tr I		11 04	I Tr I		2 29	II Tr I		13 58	I Oc R
	5 56	III Tr E		12 44	I Sh E		4 19	II Sh E	26	8 52	I Sh I
	8 39	I Sh I		13 12	I Tr E		4 50	II Tr E		8 57	I Tr I
	9 19	I Tr I		23 15	II Sh I		9 49	I Ec D		11 02	I Sh E
	10 49	I Sh E	11	0 15	II Tr I		12 15	I Oc R		11 05	I Tr E
	11 27	I Tr E		1 43	II Sh E	19	6 57	I Sh I		22 38	II Ec D
	20 39	II Sh I		2 35	II Tr E		7 13	I Tr I	27	1 10	II Oc R
	22 00	II Tr I		7 54	I Ec D		9 07	I Sh E		6 12	I Ec D
	23 08	II Sh E		10 31	I Oc R		9 22	I Tr E		8 24	I Oc R
4	0 20	II Tr E	12	5 02	I Sh I		20 01	II Ec D	28	3 20	I Sh I
	6 00	I Ec D		5 30	I Tr I		22 56	II Oc R		3 23	I Tr I
	8 47	I Oc R		7 12	I Sh E	20	4 17	I Ec D		3 38	III Ec D
5	3 08	I Sh I		7 38	I Tr E		6 40	I Oc R		5 31	I Sh E
	3 45	I Tr I		17 24	II Ec D		23 36	III Ec D		5 31	I Tr E
	5 18	I Sh E		20 41	II Oc R	21	1 26	I Sh I		5 36	III Ec R
	5 53	I Tr E	13	2 23	I Ec D		1 39	I Tr I		17 45	II Sh I
	14 47	II Ec D		4 57	I Oc R		2 07	III Oc R		17 49	II Tr I
	18 25	II Oc R		19 35	III Ec D		3 36	I Sh E		20 10	II Tr E
6	0 28	I Ec D		22 50	III Oc R		3 47	I Tr E		20 13	II Sh E
	3 13	I Oc R		23 31	I Sh I		15 09	II Sh I	29	0 41	I Ec D
	15 34	III Ec D		23 56	I Tr I		15 36	II Tr I		2 51	I Ec R
	17 35	III Ec R	14	1 41	I Sh E		17 37	II Sh E		21 49	I Tr I
	18 18	III Oc D		2 04	I Tr E		17 57	II Tr E		21 49	I Sh I
	19 31	III Oc R		12 33	II Sh I		22 46	I Ec D		23 57	I Tr E
	21 36	I Sh I		13 23	II Tr I	22	1 06	I Oc R		23 59	I Sh E
	22 12	I Tr I		15 01	II Sh E		19 54	I Sh I	30	11 55	II Oc D
	23 47	I Sh E		15 43	II Tr E		20 05	I Tr I		14 25	II Ec R
7	0 19	I Tr E		20 51	I Ec D		22 05	I Sh E		19 07	I Oc D
	9 57	II Sh I		23 23	I Oc R		22 13	I Tr E		21 19	I Ec R
	11 08	II Tr I	15	18 00	I Sh I	23	9 19	II Ec D	31	16 14	I Tr I
	12 26	II Sh E		18 22	I Tr I		12 03	II Oc R		16 18	I Sh I
	13 28	II Tr E		20 10	I Sh E		17 15	I Ec D		17 47	III Tr I
	18 57	I Ec D		20 30	I Tr E		19 32	I Oc R		17 48	III Sh I
	21 39	I Oc R	16	6 42	II Ec D	24	13 47	III Sh I		18 23	I Tr E
8	16 05	I Sh I		9 48	II Oc R		14 23	I Sh I		18 28	I Sh E
	16 38	I Tr I		15 20	I Ec D		14 31	I Tr I		19 10	III Tr E
	18 15	I Sh E								19 45	III Sh E

I. Oct. 14	II. Oct. 16	III. Oct. 13	IV. Oct.
$x_1 = -1.3$, $y_1 = +0.3$	$x_1 = -1.3$, $y_1 = +0.5$	$x_1 = -1.4$, $y_1 = +0.9$	No Eclipse

NOTE.–I denotes ingress; E, egress; D, disappearance; R, reappearance; Ec, eclipse; Oc, occultation; Tr, transit of the satellite; Sh, transit of the shadow.

CONFIGURATIONS OF SATELLITES I-IV FOR OCTOBER

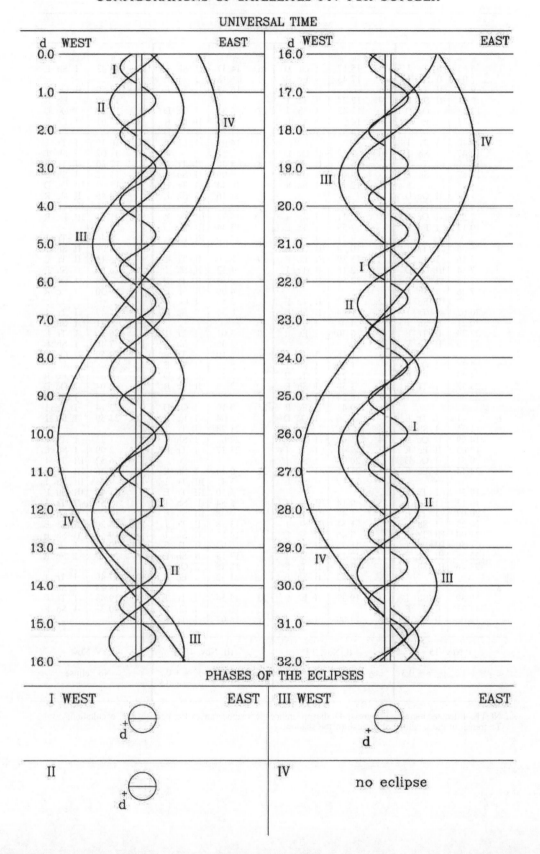

UNIVERSAL TIME

PHASES OF THE ECLIPSES

SATELLITES OF JUPITER, 2011

TERRESTRIAL TIME OF GEOCENTRIC PHENOMENA

NOVEMBER

d	h m			d	h m			d	h m			d	h m		
1	6 55	II	Tr I	8	15 17	I	Oc D	16	14 37	I	Sh I	23	18 43	I	Sh E
	7 03	II	Sh I		17 43	I	Ec R		16 18	I	Tr E	24	7 50	II	Oc D
	9 17	II	Tr E	9	12 24	I	Tr I		16 47	I	Sh E		11 38	II	Ec R
	9 31	II	Sh E		12 42	I	Sh I	17	5 32	II	Oc D		13 12	I	Oc D
	13 33	I	Oc D		14 33	I	Tr E		9 00	II	Ec R		16 01	I	Ec R
	15 48	I	Ec R		14 52	I	Sh E		11 27	I	Oc D	25	10 20	I	Tr I
2	10 40	I	Tr I	10	3 17	II	Oc D		14 06	I	Ec R		11 02	I	Sh I
	10 47	I	Sh I		6 22	II	Ec R	18	8 35	I	Tr I		12 30	I	Tr E
	12 49	I	Tr E		9 43	I	Oc D		9 06	I	Sh I		13 12	I	Sh E
	12 57	I	Sh E		12 11	I	Ec R		10 44	I	Tr E		17 02	III	Oc D
3	1 02	II	Oc D	11	6 50	I	Tr I		11 16	I	Sh E		18 45	III	Oc R
	3 45	II	Ec R		7 11	I	Sh I		13 43	III	Oc D		19 46	III	Ec D
	7 59	I	Oc D		8 59	I	Tr E		15 22	III	Oc R		21 41	III	Ec R
	10 17	I	Ec R		9 21	I	Sh E		15 44	III	Ec D	26	2 46	II	Tr I
4	5 06	I	Tr I		10 28	III	Oc D		17 40	III	Ec R		4 09	II	Sh I
	5 16	I	Sh I		13 39	III	Ec R	19	0 30	II	Tr I		5 11	II	Tr E
	7 14	III	Oc D		22 16	II	Tr I		1 33	II	Sh I		6 35	II	Sh E
	7 15	I	Tr E		22 57	II	Sh I		2 54	II	Tr E		7 38	I	Oc D
	7 26	I	Sh E	12	0 38	II	Tr E		4 00	II	Sh E		10 30	I	Ec R
	9 37	III	Ec R		1 24	II	Sh E		5 53	I	Oc D	27	4 47	I	Tr I
	20 02	II	Tr I		4 08	I	Oc D		8 35	I	Ec R		5 31	I	Sh I
	20 21	II	Sh I		6 40	I	Ec R	20	3 01	I	Tr I		6 56	I	Tr E
	22 24	II	Tr E	13	1 16	I	Tr I		3 35	I	Sh I		7 40	I	Sh E
	22 49	II	Sh E		1 40	I	Sh I		5 10	I	Tr E		20 59	II	Oc D
5	2 25	I	Oc D		3 25	I	Tr E		5 45	I	Sh E	28	0 57	II	Ec R
	4 45	I	Ec R		3 50	I	Sh E		18 40	II	Oc D		2 04	I	Oc D
	23 32	I	Tr I		16 24	II	Oc D		22 19	II	Ec R		4 59	I	Ec R
	23 44	I	Sh I		19 41	II	Ec R	21	0 19	I	Oc D		23 14	I	Tr I
6	1 41	I	Tr E		22 34	I	Oc D		3 04	I	Ec R		23 59	I	Sh I
	1 55	I	Sh E	14	1 09	I	Ec R		21 28	I	Tr I	29	1 23	I	Tr E
	14 09	II	Oc D		19 43	I	Tr I		22 04	I	Sh I		2 09	I	Sh E
	17 03	II	Ec R		20 08	I	Sh I		23 37	I	Tr E		6 52	III	Tr I
	20 51	I	Oc D		21 51	I	Tr E	22	0 14	I	Sh E		8 36	III	Tr E
	23 14	I	Ec R		22 19	I	Sh E		3 31	III	Tr I		9 56	III	Sh I
7	17 58	I	Tr I	15	0 14	III	Tr I		5 10	III	Tr E		11 49	III	Sh E
	18 13	I	Sh I		1 47	III	Tr E		5 54	III	Sh I		15 55	II	Tr I
	20 07	I	Tr E		1 51	III	Sh I		7 48	III	Sh E		17 27	II	Sh I
	20 23	I	Sh E		3 46	III	Sh E		13 38	II	Tr I		18 20	II	Tr E
	21 00	III	Tr I		11 23	II	Tr I		14 51	II	Sh I		19 53	II	Sh E
	21 50	III	Sh I		12 15	II	Sh I		16 02	II	Tr E		20 31	I	Oc D
	22 28	III	Tr E		13 46	II	Tr E		17 18	II	Sh E		23 27	I	Ec R
	23 46	III	Sh E		14 42	II	Sh E		18 45	I	Oc D	30	17 40	I	Tr I
8	9 09	II	Tr I		17 01	I	Oc D		21 32	I	Ec R		18 28	I	Sh I
	9 39	II	Sh I		19 37	I	Ec R	23	15 54	I	Tr I		19 49	I	Tr E
	11 31	II	Tr E	16	14 09	I	Tr I		16 33	I	Sh I		20 38	I	Sh E
	12 06	II	Sh E						18 03	I	Tr E				

I. Nov. 15	II. Nov. 13	III. Nov. 18	IV. Nov.
$x_2 = +1.3$, $y_2 = +0.3$	$x_2 = +1.4$, $y_2 = +0.5$	$x_1 = +0.7$, $y_1 = +0.8$ $x_2 = +1.7$, $y_2 = +0.8$	No Eclipse

NOTE.–I denotes ingress; E, egress; D, disappearance; R, reappearance; Ec, eclipse; Oc, occultation; Tr, transit of the satellite; Sh, transit of the shadow.

CONFIGURATIONS OF SATELLITES I-IV FOR NOVEMBER

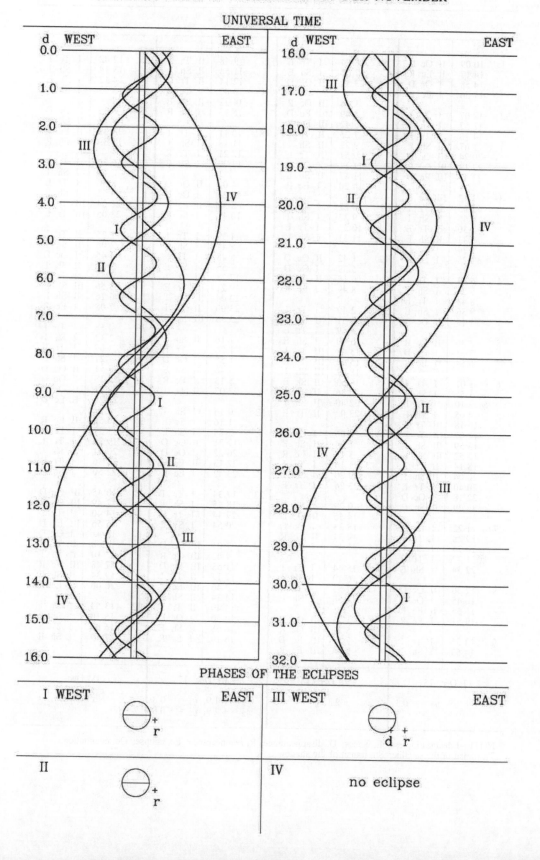

UNIVERSAL TIME

PHASES OF THE ECLIPSES

SATELLITES OF JUPITER, 2011

TERRESTRIAL TIME OF GEOCENTRIC PHENOMENA

DECEMBER

d	h m			d	h m			d	h m			d	h m		
1	10 09	II	Oc D	9	16 04	I	Tr E	17	9 48	II	Tr I	25	12 02	I	Tr I
	14 17	II	Ec R		17 03	I	Sh E		11 58	II	Sh I		13 14	I	Sh I
	14 58	I	Oc D		23 51	III	Oc D		12 14	II	Tr E		14 12	I	Tr E
	17 56	I	Ec R	10	1 44	III	Oc R		13 00	I	Oc D		15 23	I	Sh E
2	12 07	I	Tr I		3 49	III	Ec D		14 22	II	Sh E	26	6 35	II	Oc D
	12 57	I	Sh I		5 42	III	Ec R		16 15	I	Ec R		9 18	I	Oc D
	14 16	I	Tr E		7 25	II	Tr I	18	10 11	I	Tr I		11 32	II	Ec R
	15 07	I	Sh E		9 22	II	Sh I		11 18	I	Sh I		12 39	I	Ec R
	20 24	III	Oc D		9 51	II	Tr E		12 21	I	Tr E	27	6 30	I	Tr I
	22 13	III	Oc R		11 11	I	Oc D		13 27	I	Sh E		7 43	I	Sh I
	23 47	III	Ec D		11 47	II	Sh E	19	4 07	II	Oc D		8 40	I	Tr E
3	1 42	III	Ec R		14 20	I	Ec R		7 27	I	Oc D		9 52	I	Sh E
	5 05	II	Tr I	11	8 22	I	Tr I		8 53	II	Ec R		21 04	III	Tr I
	6 46	II	Sh I		9 22	I	Sh I		10 44	I	Ec R		23 05	III	Tr E
	7 30	II	Tr E		10 31	I	Tr E	20	4 39	I	Tr I	28	1 26	II	Tr I
	9 11	II	Sh E		11 31	I	Sh E		5 47	I	Sh I		2 06	III	Sh I
	9 24	I	Oc D	12	1 42	II	Oc D		6 48	I	Tr E		3 45	I	Oc D
	12 25	I	Ec R		5 39	I	Oc D		7 56	I	Sh E		3 52	II	Sh I
4	6 34	I	Tr I		6 14	II	Ec R		17 23	III	Tr I		3 53	II	Tr E
	7 26	I	Sh I		8 49	I	Ec R		19 21	III	Tr E		3 56	III	Sh E
	8 43	I	Tr E	13	2 49	I	Tr I		22 04	III	Sh I		6 16	II	Sh E
	9 36	I	Sh E		3 51	I	Sh I		23 00	II	Tr I		7 08	I	Ec R
	23 19	II	Oc D		4 59	I	Tr E		23 55	III	Sh E	29	0 58	I	Tr I
5	3 36	II	Ec R		6 00	I	Sh E	21	1 16	II	Sh I		2 12	I	Sh I
	3 51	I	Oc D		13 48	III	Tr I		1 26	II	Tr E		3 07	I	Tr E
	6 54	I	Ec R		15 42	III	Tr E		1 55	I	Oc D		4 21	I	Sh E
6	1 01	I	Tr I		18 02	III	Sh I		3 40	II	Sh E		19 51	II	Oc D
	1 55	I	Sh I		19 53	III	Sh E		5 13	I	Ec R		22 13	I	Oc D
	3 10	I	Tr E		20 36	II	Tr I		23 07	I	Tr I		22 21	II	Oc R
	4 05	I	Sh E		22 40	II	Sh I	22	0 16	I	Sh I		22 25	II	Ec D
	10 18	III	Tr I		23 02	II	Tr E		1 16	I	Tr E	30	0 52	II	Ec R
	12 07	III	Tr E	14	0 06	I	Oc D		2 25	I	Sh E		1 37	I	Ec R
	13 59	III	Sh I		1 04	II	Sh E		17 21	II	Oc D		19 26	I	Tr I
	15 52	III	Sh E		3 18	I	Ec R		20 22	I	Oc D		20 41	I	Sh I
	18 14	II	Tr I		21 16	I	Tr I		22 13	II	Ec R		21 36	I	Tr E
	20 04	II	Sh I		22 20	I	Sh I		23 42	I	Ec R		22 50	I	Sh E
	20 40	II	Tr E		23 26	I	Tr E	23	17 34	I	Tr I	31	10 45	III	Oc D
	22 18	I	Oc D	15	0 29	I	Sh E		18 45	I	Sh I		12 49	III	Oc R
	22 29	II	Sh E		14 55	II	Oc D		19 44	I	Tr E		14 40	II	Tr I
7	1 22	I	Ec R		18 33	I	Oc D		20 54	I	Sh E		15 56	III	Ec D
	19 28	I	Tr I		19 34	II	Ec R	24	7 01	III	Oc D		16 41	I	Oc D
	20 24	I	Sh I		21 46	I	Ec R		9 02	III	Oc R		17 08	II	Tr E
	21 37	I	Tr E	16	15 44	I	Tr I		11 53	III	Ec D		17 10	II	Sh I
	22 34	I	Sh E		16 49	I	Sh I		12 13	II	Tr I		17 48	III	Ec R
8	12 30	II	Oc D		17 53	I	Tr E		13 46	III	Ec R		19 34	II	Sh E
	16 45	I	Oc D		18 58	I	Sh E		14 34	II	Sh I		20 06	I	Ec R
	16 55	II	Ec R	17	3 23	III	Oc D		14 40	II	Tr E	32	13 54	I	Tr I
	19 51	I	Ec R		5 21	III	Oc R		14 50	I	Oc D		15 10	I	Sh I
9	13 55	I	Tr I		7 51	III	Ec D		16 58	II	Sh E		16 04	I	Tr E
	14 53	I	Sh I		9 44	III	Ec R		18 10	I	Ec R		17 19	I	Sh E

I. Dec. 15	II. Dec. 15	III. Dec. 17	IV. Dec.
$x_2 = +1.9,\ y_2 = +0.3$	$x_2 = +2.3,\ y_2 = +0.5$	$x_1 = +1.9,\ y_1 = +0.8$ $x_2 = +2.9,\ y_2 = +0.8$	No Eclipse

NOTE.–I denotes ingress; E, egress; D, disappearance; R, reappearance; Ec, eclipse; Oc, occultation; Tr, transit of the satellite; Sh, transit of the shadow.

CONFIGURATIONS OF SATELLITES I-IV FOR DECEMBER

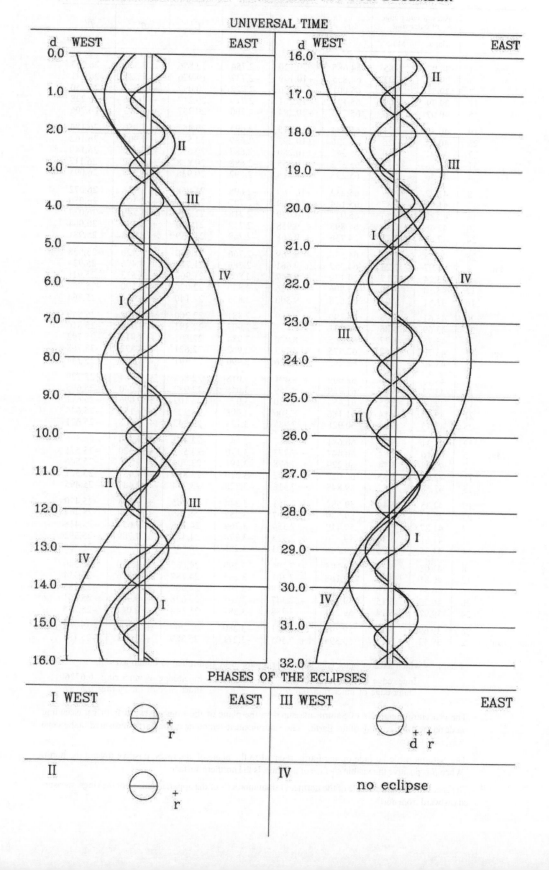

UNIVERSAL TIME

PHASES OF THE ECLIPSES

FOR 0ʰ UNIVERSAL TIME

Date		Axes of outer edge of outer ring		U	B	P	U′	B′	P′
		Major	Minor						
		″	″	°	°	°	°	°	°
Jan.	−1	38.97	6.85	64.685	+10.120	−2.754	19.856	+ 7.564	−26.293
	3	39.24	6.93	64.855	+10.179	−2.737	19.976	+ 7.621	−26.271
	7	39.51	7.01	65.001	+10.226	−2.722	20.097	+ 7.679	−26.250
	11	39.79	7.09	65.121	+10.261	−2.710	20.217	+ 7.736	−26.228
	15	40.07	7.15	65.216	+10.284	−2.700	20.337	+ 7.793	−26.206
	19	40.35	7.21	65.284	+10.295	−2.693	20.457	+ 7.850	−26.184
	23	40.63	7.26	65.326	+10.293	−2.689	20.577	+ 7.908	−26.162
	27	40.91	7.30	65.342	+10.280	−2.687	20.698	+ 7.965	−26.140
	31	41.18	7.33	65.332	+10.255	−2.688	20.818	+ 8.022	−26.117
Feb.	4	41.46	7.35	65.295	+10.218	−2.692	20.938	+ 8.079	−26.095
	8	41.72	7.37	65.232	+10.169	−2.698	21.058	+ 8.136	−26.072
	12	41.98	7.37	65.144	+10.109	−2.707	21.178	+ 8.193	−26.050
	16	42.22	7.36	65.031	+10.039	−2.718	21.299	+ 8.249	−26.027
	20	42.46	7.34	64.895	+ 9.958	−2.732	21.419	+ 8.306	−26.004
	24	42.68	7.31	64.736	+ 9.868	−2.748	21.539	+ 8.363	−25.981
	28	42.88	7.28	64.556	+ 9.769	−2.766	21.659	+ 8.420	−25.958
Mar.	4	43.07	7.23	64.357	+ 9.661	−2.786	21.779	+ 8.476	−25.934
	8	43.24	7.17	64.139	+ 9.547	−2.807	21.900	+ 8.533	−25.911
	12	43.38	7.10	63.906	+ 9.426	−2.830	22.020	+ 8.590	−25.888
	16	43.51	7.03	63.658	+ 9.300	−2.855	22.140	+ 8.646	−25.864
	20	43.61	6.95	63.399	+ 9.169	−2.881	22.260	+ 8.702	−25.840
	24	43.69	6.86	63.131	+ 9.035	−2.907	22.381	+ 8.759	−25.816
	28	43.75	6.77	62.855	+ 8.900	−2.934	22.501	+ 8.815	−25.792
Apr.	1	43.78	6.67	62.575	+ 8.763	−2.962	22.621	+ 8.872	−25.768
	5	43.79	6.57	62.292	+ 8.626	−2.990	22.741	+ 8.928	−25.744
	9	43.77	6.46	62.009	+ 8.491	−3.018	22.862	+ 8.984	−25.720
	13	43.72	6.36	61.729	+ 8.359	−3.045	22.982	+ 9.040	−25.695
	17	43.66	6.25	61.454	+ 8.230	−3.072	23.102	+ 9.096	−25.671
	21	43.56	6.14	61.186	+ 8.106	−3.098	23.223	+ 9.152	−25.646
	25	43.45	6.04	60.928	+ 7.988	−3.123	23.343	+ 9.208	−25.621
	29	43.31	5.94	60.681	+ 7.877	−3.147	23.463	+ 9.264	−25.596
May	3	43.16	5.84	60.447	+ 7.773	−3.170	23.583	+ 9.320	−25.571
	7	42.98	5.74	60.229	+ 7.678	−3.191	23.704	+ 9.376	−25.546
	11	42.79	5.65	60.027	+ 7.592	−3.210	23.824	+ 9.431	−25.521
	15	42.58	5.57	59.845	+ 7.516	−3.228	23.944	+ 9.487	−25.495
	19	42.35	5.49	59.682	+ 7.451	−3.244	24.065	+ 9.543	−25.470
	23	42.12	5.42	59.539	+ 7.397	−3.257	24.185	+ 9.598	−25.444
	27	41.87	5.36	59.419	+ 7.354	−3.269	24.306	+ 9.654	−25.418
	31	41.61	5.30	59.320	+ 7.323	−3.278	24.426	+ 9.709	−25.392
June	4	41.35	5.26	59.246	+ 7.303	−3.285	24.546	+ 9.765	−25.366
	8	41.08	5.22	59.195	+ 7.296	−3.290	24.667	+ 9.820	−25.340
	12	40.81	5.19	59.168	+ 7.301	−3.293	24.787	+ 9.876	−25.314
	16	40.53	5.16	59.165	+ 7.318	−3.293	24.908	+ 9.931	−25.288
	20	40.25	5.15	59.186	+ 7.347	−3.291	25.028	+ 9.986	−25.261
	24	39.97	5.14	59.231	+ 7.388	−3.287	25.148	+10.041	−25.235
	28	39.69	5.14	59.301	+ 7.441	−3.280	25.269	+10.096	−25.208
July	2	39.42	5.15	59.394	+ 7.505	−3.271	25.389	+10.151	−25.181

Factor by which axes of outer edge of outer ring are to be multiplied to obtain axes of:

Inner edge of outer ring 0.8932	Inner edge of inner ring 0.6726
Outer edge of inner ring 0.8596	Inner edge of dusky ring 0.5447

U = The geocentric longitude of Saturn, measured in the plane of the rings eastward from its ascending node on the mean equator of the Earth. The Saturnicentric longitude of the Earth, measured in the same way, is $U+180°$.

B = The Saturnicentric latitude of the Earth, referred to the plane of the rings, positive toward the north. When B is positive the visible surface of the rings is the northern surface.

P = The geocentric position angle of the northern semiminor axis of the apparent ellipse of the rings, measured eastward from north.

FOR 0ʰ UNIVERSAL TIME

Date		Axes of outer edge of outer ring		U	B	P	U'	B'	P'
		Major	Minor						
		$''$	$''$	$\circ$	$\circ$	$\circ$	$\circ$	$\circ$	$\circ$
July	2	39.42	5.15	59.394	+ 7.505	−3.271	25.389	+10.151	−25.181
	6	39.15	5.16	59.510	+ 7.580	−3.260	25.510	+10.206	−25.154
	10	38.88	5.19	59.650	+ 7.666	−3.247	25.630	+10.261	−25.127
	14	38.62	5.22	59.811	+ 7.763	−3.231	25.751	+10.316	−25.100
	18	38.36	5.25	59.995	+ 7.869	−3.214	25.871	+10.371	−25.073
	22	38.11	5.29	60.199	+ 7.985	−3.194	25.992	+10.425	−25.045
	26	37.87	5.34	60.424	+ 8.111	−3.172	26.112	+10.480	−25.018
	30	37.64	5.40	60.669	+ 8.245	−3.149	26.233	+10.535	−24.990
Aug.	3	37.42	5.46	60.933	+ 8.387	−3.123	26.353	+10.589	−24.962
	7	37.20	5.52	61.215	+ 8.537	−3.096	26.474	+10.644	−24.935
	11	37.00	5.59	61.514	+ 8.695	−3.067	26.595	+10.698	−24.907
	15	36.81	5.67	61.830	+ 8.859	−3.036	26.715	+10.753	−24.879
	19	36.63	5.75	62.162	+ 9.029	−3.003	26.836	+10.807	−24.850
	23	36.46	5.83	62.508	+ 9.206	−2.969	26.957	+10.861	−24.822
	27	36.30	5.92	62.869	+ 9.387	−2.934	27.077	+10.915	−24.794
	31	36.15	6.01	63.242	+ 9.573	−2.897	27.198	+10.970	−24.765
Sept.	4	36.01	6.11	63.628	+ 9.763	−2.859	27.319	+11.024	−24.736
	8	35.89	6.21	64.025	+ 9.957	−2.819	27.439	+11.078	−24.708
	12	35.78	6.31	64.432	+10.154	−2.779	27.560	+11.132	−24.679
	16	35.68	6.41	64.848	+10.353	−2.737	27.681	+11.186	−24.650
	20	35.60	6.52	65.272	+10.554	−2.694	27.802	+11.239	−24.621
	24	35.53	6.63	65.704	+10.757	−2.651	27.922	+11.293	−24.591
	28	35.47	6.74	66.143	+10.961	−2.607	28.043	+11.347	−24.562
Oct.	2	35.42	6.86	66.586	+11.165	−2.562	28.164	+11.401	−24.533
	6	35.39	6.98	67.034	+11.369	−2.516	28.285	+11.454	−24.503
	10	35.37	7.10	67.485	+11.573	−2.470	28.406	+11.508	−24.473
	14	35.36	7.22	67.938	+11.775	−2.423	28.526	+11.561	−24.444
	18	35.37	7.34	68.392	+11.976	−2.377	28.647	+11.615	−24.414
	22	35.39	7.46	68.846	+12.174	−2.330	28.768	+11.668	−24.384
	26	35.42	7.59	69.299	+12.370	−2.283	28.889	+11.721	−24.353
	30	35.47	7.72	69.750	+12.563	−2.236	29.010	+11.774	−24.323
Nov.	3	35.53	7.84	70.197	+12.752	−2.189	29.131	+11.828	−24.293
	7	35.60	7.97	70.640	+12.937	−2.143	29.252	+11.881	−24.262
	11	35.69	8.10	71.077	+13.118	−2.097	29.373	+11.934	−24.232
	15	35.79	8.23	71.507	+13.293	−2.052	29.494	+11.987	−24.201
	19	35.91	8.36	71.929	+13.463	−2.007	29.615	+12.040	−24.170
	23	36.03	8.49	72.342	+13.628	−1.964	29.736	+12.092	−24.139
	27	36.17	8.62	72.744	+13.785	−1.921	29.857	+12.145	−24.108
Dec.	1	36.32	8.75	73.134	+13.936	−1.879	29.978	+12.198	−24.077
	5	36.49	8.88	73.510	+14.080	−1.839	30.099	+12.251	−24.046
	9	36.66	9.00	73.873	+14.216	−1.800	30.220	+12.303	−24.014
	13	36.85	9.13	74.220	+14.344	−1.763	30.342	+12.356	−23.983
	17	37.05	9.25	74.550	+14.464	−1.727	30.463	+12.408	−23.951
	21	37.26	9.38	74.863	+14.576	−1.694	30.584	+12.460	−23.920
	25	37.48	9.50	75.156	+14.678	−1.662	30.705	+12.513	−23.888
	29	37.71	9.61	75.429	+14.771	−1.632	30.826	+12.565	−23.856
	33	37.94	9.73	75.681	+14.854	−1.605	30.948	+12.617	−23.824

Factor by which axes of outer edge of outer ring are to be multiplied to obtain axes of:

Inner edge of outer ring 0.8932   Inner edge of inner ring 0.6726
Outer edge of inner ring 0.8596   Inner edge of dusky ring 0.5447

U' = The heliocentric longitude of Saturn, measured in the plane of the rings eastward from its ascending node on the ecliptic. The Saturnicentric longitude of the Sun, measured in the same way is $U' + 180°$.

B' = The Saturnicentric latitude of the Sun, referred to the plane of the rings, positive toward the north. When B' is positive the northern surface of the rings is illuminated.

P' = The heliocentric position angle of the northern semiminor axis of the rings on the heliocentric celestial sphere, measured eastward from the great circle that passes through Saturn and the poles of the ecliptic.

SATELLITES OF SATURN, 2011

APPARENT ORBITS OF SATELLITES I–VII AT 0ʰ UNIVERSAL TIME ON THE DATE OF OPPOSITION, APRIL 3

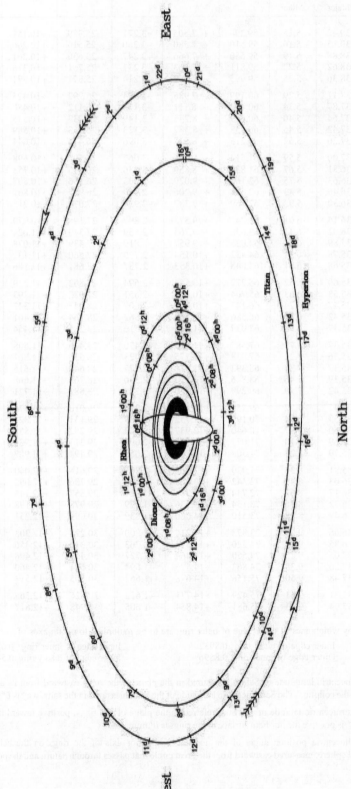

Orbits elongated in ratio of 3 to 1 in direction of minor axes.

Name	Mean Synodic Period		Name	Mean Synodic Period
	d			d
I Mimas...........	0.9417	VI	Titan.............	15.9708
II Enceladus........	1.3708	VII	Hyperion.........	21.3167
III Tethys...........	1.8875	VIII	Iapetus...........	79.9208
IV Dione...........	2.7375	IX	Phoebe...........	523.6500 R

UNIVERSAL TIME OF GREATEST EASTERN ELONGATION

I Mimas

Jan.	Feb.	Mar.	Apr.	May	June	July	Aug.	Sept.	Oct.	Nov.	Dec.
d h	d h	d h	d h	d h	d h	d h	d h	d h	d h	d h	d h
0 04.3	1 05.3	1 11.8	1 14.0	1 17.7	1 20.1	1 01.3	1 03.9	1 06.5	1 10.5	1 13.2	1 17.2
1 02.9	2 03.9	2 10.4	2 12.6	2 16.3	2 18.7	1 23.9	2 02.5	2 05.1	2 09.2	2 11.8	2 15.8
2 01.5	3 02.6	3 09.0	3 11.3	3 14.9	3 17.3	2 22.5	3 01.1	3 03.8	3 07.8	3 10.4	3 14.4
3 00.2	4 01.2	4 07.6	4 09.9	4 13.5	4 15.9	3 21.1	3 23.7	4 02.4	4 06.4	4 09.1	4 13.0
3 22.8	4 23.8	5 06.2	5 08.5	5 12.2	5 14.5	4 19.8	4 22.4	5 01.0	5 05.0	5 07.7	5 11.7
4 21.4	5 22.4	6 04.9	6 07.1	6 10.8	6 13.1	5 18.4	5 21.0	5 23.6	6 03.7	6 06.3	6 10.3
5 20.0	6 21.0	7 03.5	7 05.7	7 09.4	7 11.8	6 17.0	6 19.6	6 22.3	7 02.3	7 04.9	7 08.9
6 18.6	7 19.6	8 02.1	8 04.3	8 08.0	8 10.4	7 15.6	7 18.2	7 20.9	8 00.9	8 03.6	8 07.5
7 17.3	8 18.3	9 00.7	9 02.9	9 06.6	9 09.0	8 14.3	8 16.9	8 19.5	8 23.6	9 02.2	9 06.2
8 15.9	9 16.9	9 23.3	10 01.6	10 05.2	10 07.6	9 12.9	9 15.5	9 18.1	9 22.2	10 00.8	10 04.8
9 14.5	10 15.5	10 21.9	11 00.2	11 03.9	11 06.2	10 11.5	10 14.1	10 16.8	10 20.8	10 23.4	11 03.4
10 13.1	11 14.1	11 20.5	11 22.8	12 02.5	12 04.9	11 10.1	11 12.7	11 15.4	11 19.4	11 22.1	12 02.0
11 11.7	12 12.7	12 19.2	12 21.4	13 01.1	13 03.5	12 08.8	12 11.4	12 14.0	12 18.1	12 20.7	13 00.7
12 10.4	13 11.3	13 17.8	13 20.0	13 23.7	14 02.1	13 07.4	13 10.0	13 12.6	13 16.7	13 19.3	13 23.3
13 09.0	14 09.9	14 16.4	14 18.6	14 22.3	15 00.7	14 06.0	14 08.6	14 11.3	14 15.3	14 17.9	14 21.9
14 07.6	15 08.6	15 15.0	15 17.2	15 20.9	15 23.3	15 04.6	15 07.2	15 09.9	15 13.9	15 16.6	15 20.5
15 06.2	16 07.2	16 13.6	16 15.9	16 19.6	16 22.0	16 03.2	16 05.9	16 08.5	16 12.6	16 15.2	16 19.1
16 04.8	17 05.8	17 12.2	17 14.5	17 18.2	17 20.6	17 01.9	17 04.5	17 07.1	17 11.2	17 13.8	17 17.8
17 03.4	18 04.4	18 10.8	18 13.1	18 16.8	18 19.2	18 00.5	18 03.1	18 05.8	18 09.8	18 12.4	18 16.4
18 02.1	19 03.0	19 09.4	19 11.7	19 15.4	19 17.8	18 23.1	19 01.7	19 04.4	19 08.4	19 11.1	19 15.0
19 00.7	20 01.6	20 08.1	20 10.3	20 14.0	20 16.4	19 21.7	20 00.4	20 03.0	20 07.1	20 09.7	20 13.6
19 23.3	21 00.3	21 06.7	21 08.9	21 12.6	21 15.1	20 20.4	20 23.0	21 01.7	21 05.7	21 08.3	21 12.3
20 21.9	21 22.9	22 05.3	22 07.5	22 11.3	22 13.7	21 19.0	21 21.6	22 00.3	22 04.3	22 06.9	22 10.9
21 20.5	22 21.5	23 03.9	23 06.2	23 09.9	23 12.3	22 17.6	22 20.2	22 22.9	23 02.9	23 05.6	23 09.5
22 19.2	23 20.1	24 02.5	24 04.8	24 08.5	24 10.9	23 16.2	23 18.9	23 21.5	24 01.6	24 04.2	24 08.1
23 17.8	24 18.7	25 01.1	25 03.4	25 07.1	25 09.6	24 14.9	24 17.5	24 20.2	25 00.2	25 02.8	25 06.7
24 16.4	25 17.3	25 23.7	26 02.0	26 05.7	26 08.2	25 13.5	25 16.1	25 18.8	25 22.8	26 01.4	26 05.4
25 15.0	26 15.9	26 22.4	27 00.6	27 04.3	27 06.8	26 12.1	26 14.7	26 17.4	26 21.4	27 00.1	27 04.0
26 13.6	27 14.6	27 21.0	27 23.2	28 03.0	28 05.4	27 10.7	27 13.4	27 16.0	27 20.1	27 22.7	28 02.6
27 12.2	28 13.2	28 19.6	28 21.9	29 01.6	29 04.0	28 09.4	28 12.0	28 14.7	28 18.7	28 21.3	29 01.2
28 10.9		29 18.2	29 20.5	30 00.2	30 02.7	29 08.0	29 10.6	29 13.3	29 17.3	29 19.9	29 23.8
29 09.5		30 16.8	30 19.1	30 22.8		30 06.6	30 09.2	30 11.9	30 15.9	30 18.6	30 22.5
30 08.1		31 15.4		31 21.4		31 05.2	31 07.9		31 14.6		31 21.1
31 06.7											32 19.7
											33 18.3

II Enceladus

Jan.	Feb.	Mar.	Apr.	May	June	July	Aug.	Sept.	Oct.	Nov.	Dec.
d h	d h	d h	d h	d h	d h	d h	d h	d h	d h	d h	d h
0 22.3	1 10.7	2 05.1	1 08.4	1 11.7	2 00.0	2 03.6	1 07.3	1 19.9	1 23.7	1 03.5	1 07.2
2 07.2	2 19.6	3 14.0	2 17.3	2 20.6	3 08.9	3 12.5	2 16.1	3 04.8	3 08.6	2 12.4	2 16.1
3 16.1	4 04.4	4 22.9	4 02.2	4 05.5	4 17.8	4 21.4	4 01.0	4 13.7	4 17.5	3 21.3	4 01.0
5 01.0	5 13.3	6 07.8	5 11.0	5 14.4	6 02.7	6 06.3	5 09.9	5 22.6	6 02.4	5 06.2	5 09.9
6 09.9	6 22.2	7 16.6	6 19.9	6 23.2	7 11.6	7 15.1	6 18.8	7 07.5	7 11.3	6 15.1	6 18.8
7 18.8	8 07.1	9 01.5	8 04.8	8 08.1	8 20.5	9 00.0	8 03.7	8 16.4	8 20.2	8 00.0	8 03.7
9 03.6	9 16.0	10 10.4	9 13.7	9 17.0	10 05.3	10 08.9	9 12.6	10 01.3	10 05.1	9 08.9	9 12.6
10 12.5	11 00.8	11 19.3	10 22.5	11 01.9	11 14.2	11 17.8	10 21.5	11 10.2	11 14.0	10 17.8	10 21.5
11 21.4	12 09.7	13 04.1	12 07.4	12 10.8	12 23.1	13 02.7	12 06.4	12 19.1	12 22.9	12 02.7	12 06.4
13 06.3	13 18.6	14 13.0	13 16.3	13 19.6	14 08.0	14 11.6	13 15.3	14 04.0	14 07.8	13 11.6	13 15.3
14 15.2	15 03.5	15 21.9	15 01.2	15 04.5	15 16.9	15 20.5	15 00.2	15 12.9	15 16.7	14 20.5	15 00.2
16 00.1	16 12.3	17 06.8	16 10.1	16 13.4	17 01.8	17 05.4	16 09.1	16 21.8	17 01.6	16 05.4	16 09.0
17 09.0	17 21.2	18 15.6	17 18.9	17 22.3	18 10.7	18 14.3	17 18.0	18 06.7	18 10.5	17 14.3	17 17.9
18 17.8	19 06.1	20 00.5	19 03.8	19 07.2	19 19.6	19 23.2	19 02.9	19 15.6	19 19.4	18 23.2	19 02.8
20 02.7	20 15.0	21 09.4	20 12.7	20 16.1	21 04.4	21 08.1	20 11.8	21 00.5	21 04.3	20 08.1	20 11.7
21 11.6	21 23.9	22 18.3	21 21.6	22 00.9	22 13.3	22 17.0	21 20.7	22 09.4	22 13.2	21 16.9	21 20.6
22 20.5	23 08.7	24 03.2	23 06.4	23 09.8	23 22.2	24 01.9	23 05.6	23 18.3	23 22.1	23 01.8	23 05.5
24 05.4	24 17.6	25 12.0	24 15.3	24 18.7	25 07.1	25 10.8	24 14.5	25 03.2	25 07.0	24 10.7	24 14.4
25 14.3	26 02.5	26 20.9	26 00.2	26 03.6	26 16.0	26 19.7	25 23.4	26 12.1	26 15.9	25 19.6	25 23.3
26 23.1	27 11.4	28 05.8	27 09.1	27 12.5	28 00.9	28 04.6	27 08.3	27 21.0	28 00.8	27 04.5	27 08.2
28 08.0	28 20.3	29 14.7	28 18.0	28 21.4	29 09.8	29 13.5	28 17.2	29 05.9	29 09.7	28 13.4	28 17.1
29 16.9		30 23.5	30 02.8	30 06.3	30 18.7	30 22.4	30 02.1	30 14.8	30 18.6	29 22.3	30 02.0
31 01.8				31 15.1			31 11.0				31 10.9
											32 19.7

SATELLITES OF SATURN, 2011

UNIVERSAL TIME OF GREATEST EASTERN ELONGATION

Jan.	Feb.	Mar.	Apr.	May	June	July	Aug.	Sept.	Oct.	Nov.	Dec.

III Tethys

d h	d h	d h	d h	d h	d h	d h	d h	d h	d h	d h	d h
0 14.9	1 17.1	2 00.6	1 05.2	1 09.9	2 12.0	2 17.0	1 22.2	1 03.5	1 08.8	2 11.5	2 16.7
2 12.2	3 14.4	3 21.9	3 02.5	3 07.2	4 09.3	4 14.3	3 19.5	3 00.8	3 06.1	4 08.8	4 14.1
4 09.6	5 11.7	5 19.2	4 23.8	5 04.5	6 06.6	6 11.7	5 16.8	4 22.1	5 03.5	6 06.1	6 11.4
6 06.9	7 09.0	7 16.5	6 21.1	7 01.8	8 03.9	8 09.0	7 14.2	6 19.5	7 00.8	8 03.5	8 08.7
8 04.2	9 06.3	9 13.8	8 18.4	8 23.1	10 01.3	10 06.3	9 11.5	8 16.8	8 22.1	10 00.8	10 06.0
10 01.5	11 03.6	11 11.1	10 15.7	10 20.4	11 22.6	12 03.6	11 08.8	10 14.1	10 19.5	11 22.1	12 03.4
11 22.8	13 00.9	13 08.3	12 13.0	12 17.7	13 19.9	14 00.9	13 06.2	12 11.5	12 16.8	13 19.5	14 00.7
13 20.1	14 22.2	15 05.6	14 10.3	14 15.0	15 17.2	15 22.3	15 03.5	14 08.8	14 14.1	15 16.8	15 22.0
15 17.4	16 19.5	17 02.9	16 07.6	16 12.3	17 14.5	17 19.6	17 00.8	16 06.1	16 11.5	17 14.1	17 19.3
17 14.7	18 16.8	19 00.2	18 04.9	18 09.6	19 11.8	19 16.9	18 22.1	18 03.5	18 08.8	19 11.4	19 16.7
19 12.0	20 14.1	20 21.5	20 02.2	20 06.9	21 09.1	21 14.2	20 19.5	20 00.8	20 06.1	21 08.8	21 14.0
21 09.3	22 11.4	22 18.8	21 23.4	22 04.2	23 06.4	23 11.6	22 16.8	21 22.1	22 03.5	23 06.1	23 11.3
23 06.6	24 08.7	24 16.1	23 20.7	24 01.5	25 03.8	25 08.9	24 14.1	23 19.5	24 00.8	25 03.4	25 08.6
25 03.9	26 06.0	26 13.4	25 18.0	25 22.8	27 01.1	27 06.2	26 11.5	25 16.8	25 22.1	27 00.8	27 05.9
27 01.2	28 03.3	28 10.7	27 15.3	27 20.1	28 22.4	29 03.5	28 08.8	27 14.1	27 19.5	28 22.1	29 03.3
28 22.5		30 08.0	29 12.6	29 17.4	30 19.7	31 00.9	30 06.1	29 11.5	29 16.8	30 19.4	31 00.6
30 19.8				31 14.7					31 14.1		32 21.9

IV Dione

d h	d h	d h	d h	d h	d h	d h	d h	d h	d h	d h	d h
1 04.4	3 00.6	2 09.3	1 11.5	1 13.7	3 09.7	3 12.4	2 15.2	1 18.3	1 21.5	1 00.6	1 03.7
3 22.1	5 18.3	5 03.0	4 05.1	4 07.3	6 03.4	6 06.1	5 09.0	4 12.0	4 15.2	3 18.4	3 21.4
6 15.8	8 12.0	7 20.6	6 22.8	7 01.0	8 21.1	8 23.8	8 02.7	7 05.8	7 08.9	6 12.1	6 15.2
9 09.5	11 05.7	10 14.3	9 16.4	9 18.6	11 14.8	11 17.5	10 20.4	9 23.5	10 02.7	9 05.8	9 08.9
12 03.2	13 23.3	13 07.9	12 10.1	12 12.3	14 08.5	14 11.2	13 14.2	12 17.3	12 20.4	11 23.6	12 02.6
14 20.9	16 17.0	16 01.6	15 03.7	15 06.0	17 02.2	17 04.9	16 07.9	15 11.0	15 14.2	14 17.3	14 20.3
17 14.6	19 10.7	18 19.2	17 21.4	17 23.6	19 19.8	19 22.6	19 01.6	18 04.7	18 07.9	17 11.1	17 14.1
20 08.2	22 04.3	21 12.9	20 15.0	20 17.3	22 13.5	22 16.3	21 19.4	20 22.5	21 01.7	20 04.8	20 07.8
23 01.9	24 22.0	24 06.5	23 08.7	23 11.0	25 07.2	25 10.1	24 13.1	23 16.2	23 19.4	22 22.5	23 01.5
25 19.6	27 15.6	27 00.2	26 02.3	26 04.7	28 00.9	28 03.8	27 06.8	26 10.0	26 13.1	25 16.3	25 19.2
28 13.3		29 17.8	28 20.0	28 22.3	30 18.7	30 21.5	30 00.6	29 03.7	29 06.9	28 10.0	28 12.9
31 07.0				31 16.0							31 06.6

V Rhea

d h	d h	d h	d h	d h	d h	d h	d h	d h	d h	d h	d h
0 21.8	1 12.9	5 03.4	1 05.4	2 19.7	3 10.3	5 01.4	1 04.4	1 20.2	3 12.2	4 04.2	1 07.6
5 10.3	6 01.3	9 15.8	5 17.7	7 08.1	7 22.8	9 13.9	5 16.9	6 08.8	8 00.8	8 16.8	5 20.1
9 22.8	10 13.7	14 04.1	10 06.1	11 20.4	12 11.2	14 02.4	10 05.5	10 21.3	12 13.3	13 05.3	10 08.6
14 11.2	15 02.0	18 16.4	14 18.4	16 08.8	16 23.6	18 14.9	14 18.0	15 09.9	17 01.9	17 17.9	14 21.2
18 23.6	19 14.4	23 04.8	19 06.7	20 21.2	21 12.0	23 03.4	19 06.5	19 22.5	21 14.5	22 06.5	19 09.7
23 12.1	24 02.8	27 17.1	23 19.0	25 09.6	26 00.5	27 15.9	23 19.1	24 11.0	26 03.1	26 19.0	23 22.2
28 00.5	28 15.1		28 07.4	29 21.9	30 13.0		28 07.6	28 23.6	30 15.6		28 10.7
											32 23.2

UNIVERSAL TIME OF CONJUNCTIONS AND ELONGATIONS

VI Titan

Eastern Elongation		Inferior Conjunction		Western Elongation		Superior Conjunction	
	d h		d h		d h		d h
	— —		— —	Jan	0 07.9	Jan.	4 10.9
Jan.	8 10.4	Jan.	12 06.4		16 07.1		20 10.0
	24 09.3		28 05.2	Feb.	1 05.8	Feb.	5 08.7
Feb.	9 07.8	Feb.	13 03.7		17 04.1		21 06.9
	25 05.9	Mar.	1 01.7	Mar.	5 01.9	Mar.	9 04.7
Mar.	13 03.6		16 23.5		20 23.4		25 02.2
	29 01.1	Apr.	1 21.1	Apr.	5 20.8	Apr.	9 23.6
Apr.	13 22.5		17 18.7		21 18.3		25 21.2
	29 20.1	May	3 16.4	May	7 15.9	May	11 18.9
May	15 17.9		19 14.3		23 13.8		27 16.9
	31 16.0	June	4 12.6	June	8 12.1	June	12 15.4
June	16 14.6		20 11.3		24 10.9		28 14.3
July	2 13.6	July	6 10.4	July	10 10.1	July	14 13.6
	18 13.0		22 09.8		26 09.7		30 13.3
Aug.	3 12.7	Aug.	7 09.6	Aug.	11 09.7	Aug.	15 13.3
	19 12.8		23 09.6		27 09.9		31 13.6
Sept.	4 13.1	Sept.	8 09.8	Sept.	12 10.4	Sept.	16 14.1
	20 13.5		24 10.3		28 11.0	Oct.	2 14.8
Oct.	6 14.1	Oct.	10 10.8	Oct.	14 11.8		18 15.5
	22 14.8		26 11.3		30 12.5	Nov.	3 16.2
Nov.	7 15.4	Nov.	11 11.8	Nov.	15 13.1		19 16.8
	23 15.9		27 12.1	Dec.	1 13.6	Dec.	5 17.2
Dec.	9 16.2	Dec.	13 12.3		17 13.9		21 17.4
	25 16.2		29 12.2		33 13.8		

VII Hyperion

Eastern Elongation		Inferior Conjunction		Western Elongation		Superior Conjunction	
	d h		d h		d h		d h
	— —	Jan.	2 19.7	Jan.	8 01.1	Jan.	12 19.8
Jan.	18 07.9		24 05.5		29 10.7	Feb.	3 05.5
Feb.	8 17.2	Feb.	14 13.9	Feb.	19 17.8		24 12.2
Mar.	2 00.0	Mar.	7 21.0	Mar.	13 00.5	Mar.	17 18.6
	23 05.7		29 02.7	Apr.	3 06.5	Apr.	8 01.2
Apr.	13 11.5	Apr.	19 07.8		24 10.7		29 05.4
May	4 15.9	May	10 12.7	May	15 15.6	May	20 10.4
	25 20.6		31 17.8	June	5 21.2	June	10 16.6
June	16 02.8	June	21 23.6		27 02.0	July	1 21.2
July	7 08.5	July	13 05.9	July	18 08.1		23 03.0
	28 14.8	Aug.	3 12.5	Aug.	8 14.9	Aug.	13 10.1
Aug.	18 22.5		24 19.8		29 20.9	Sept.	3 15.8
Sept.	9 05.8	Sept.	15 03.7	Sept.	20 04.2		24 22.6
	30 13.3	Oct.	6 11.2	Oct.	11 11.5	Oct.	16 06.0
Oct.	21 21.6		27 18.9	Nov.	1 18.0	Nov.	6 12.1
Nov.	12 05.5	Nov.	18 03.4		23 01.7		27 19.2
Dec.	3 13.0	Dec.	9 10.5	Dec.	14 08.6	Dec.	19 02.2
	24 20.6		30 17.4				

VIII Iapetus

Eastern Elongation		Inferior Conjunction		Western Elongation		Superior Conjunction	
	d h		d h		d h		d h
	— —		— —	Jan.	4 18.8	Jan.	24 20.9
Feb.	14 04.2	Mar.	5 03.1	Mar.	24 09.6	Apr.	13 06.5
May	2 23.7	May	22 09.4	June	10 11.1	July	1 00.5
July	21 03.6	Aug.	10 04.2	Aug.	29 21.8	Sept.	19 21.0
Oct.	10 12.7	Oct.	30 09.7	Nov.	19 16.9	Dec.	10 09.7
Dec.	31 00.6						

SATELLITES OF SATURN, 2011

DIFFERENTIAL COORDINATES OF VII HYPERION FOR 0^h UNIVERSAL TIME

Date		$\Delta\alpha$	$\Delta\delta$	Date		$\Delta\alpha$	$\Delta\delta$	Date		$\Delta\alpha$	$\Delta\delta$
		s	'			s	'			s	'
Jan.	−1	+ 12	− 0.3	May	1	+ 8	+ 0.5	Sept.	2	− 6	+ 0.4
	1	+ 7	− 0.6		3	+ 15	+ 0.3		4	+ 1	+ 0.5
	3	− 1	− 0.7		5	+ 16	+ 0.1		6	+ 9	+ 0.5
	5	− 8	− 0.6		7	+ 13	− 0.2		8	+ 13	+ 0.3
	7	− 13	− 0.3		9	+ 6	− 0.4		10	+ 13	0.0
	9	− 13	+ 0.1		11	− 2	− 0.5		12	+ 10	− 0.3
	11	− 8	+ 0.4		13	− 10	− 0.5		14	+ 4	− 0.5
	13	+ 1	+ 0.6		15	− 14	− 0.3		16	− 3	− 0.6
	15	+ 9	+ 0.5		17	− 13	+ 0.1		18	− 9	− 0.4
	17	+ 14	+ 0.3		19	− 7	+ 0.3		20	− 12	− 0.1
	19	+ 15	− 0.1		21	+ 3	+ 0.5		22	− 10	+ 0.2
	21	+ 11	− 0.4		23	+ 11	+ 0.4		24	− 4	+ 0.5
	23	+ 5	− 0.6		25	+ 15	+ 0.2		26	+ 4	+ 0.6
	25	− 3	− 0.7		27	+ 15	0.0		28	+ 11	+ 0.4
	27	− 10	− 0.5		29	+ 10	− 0.3		30	+ 13	+ 0.1
	29	− 14	− 0.2		31	+ 3	− 0.5	Oct.	2	+ 13	− 0.2
	31	− 12	+ 0.2	June	2	− 5	− 0.5		4	+ 8	− 0.5
Feb.	2	− 5	+ 0.5		4	− 12	− 0.4		6	+ 1	− 0.6
	4	+ 4	+ 0.6		6	− 14	− 0.1		8	− 6	− 0.6
	6	+ 12	+ 0.5		8	− 11	+ 0.2		10	− 11	− 0.4
	8	+ 16	+ 0.2		10	− 3	+ 0.4		12	− 12	0.0
	10	+ 15	− 0.2		12	+ 6	+ 0.5		14	− 8	+ 0.4
	12	+ 10	− 0.5		14	+ 13	+ 0.4		16	− 1	+ 0.6
	14	+ 2	− 0.7		16	+ 15	+ 0.1		18	+ 7	+ 0.6
	16	− 6	− 0.7		18	+ 13	− 0.1		20	+ 12	+ 0.4
	18	− 13	− 0.5		20	+ 7	− 0.4		22	+ 14	0.0
	20	− 15	− 0.1		22	0	− 0.5		24	+ 11	− 0.3
	22	− 11	+ 0.3		24	− 8	− 0.5		26	+ 6	− 0.6
	24	− 2	+ 0.6		26	− 13	− 0.3		28	− 1	− 0.7
	26	+ 7	+ 0.6		28	− 13	0.0		30	− 8	− 0.6
	28	+ 14	+ 0.4		30	− 8	+ 0.3	Nov.	1	− 12	− 0.2
Mar.	2	+ 16	+ 0.1	July	2	+ 1	+ 0.4		3	− 11	+ 0.2
	4	+ 14	− 0.3		4	+ 9	+ 0.4		5	− 6	+ 0.5
	6	+ 8	− 0.6		6	+ 14	+ 0.3		7	+ 2	+ 0.7
	8	− 1	− 0.7		8	+ 15	0.0		9	+ 9	+ 0.6
	10	− 9	− 0.6		10	+ 11	− 0.2		11	+ 13	+ 0.3
	12	− 14	− 0.3		12	+ 5	− 0.4		13	+ 13	− 0.1
	14	− 14	+ 0.1		14	− 3	− 0.5		15	+ 10	− 0.5
	16	− 8	+ 0.4		16	− 10	− 0.4		17	+ 4	− 0.7
	18	+ 1	+ 0.6		18	− 13	− 0.2		19	− 3	− 0.7
	20	+ 10	+ 0.5		20	− 11	+ 0.1		21	− 10	− 0.5
	22	+ 16	+ 0.3		22	− 5	+ 0.4		23	− 12	− 0.1
	24	+ 16	0.0		24	+ 4	+ 0.5		25	− 10	+ 0.4
	26	+ 12	− 0.4		26	+ 11	+ 0.4		27	− 3	+ 0.7
	28	+ 5	− 0.6		28	+ 14	+ 0.2		29	+ 5	+ 0.7
	30	− 4	− 0.6		30	+ 13	− 0.1	Dec.	1	+ 11	+ 0.5
Apr.	1	− 12	− 0.5	Aug.	1	+ 9	− 0.3		3	+ 14	+ 0.1
	3	− 15	− 0.2		3	+ 2	− 0.5		5	+ 13	− 0.3
	5	− 13	+ 0.2		5	− 6	− 0.5		7	+ 8	− 0.6
	7	− 5	+ 0.5		7	− 11	− 0.4		9	+ 1	− 0.8
	9	+ 5	+ 0.6		9	− 13	− 0.1		11	− 6	− 0.7
	11	+ 13	+ 0.4		11	− 9	+ 0.2		13	− 11	− 0.4
	13	+ 16	+ 0.2		13	− 1	+ 0.5		15	− 12	+ 0.1
	15	+ 15	− 0.1		15	+ 6	+ 0.5		17	− 8	+ 0.6
	17	+ 9	− 0.4		17	+ 12	+ 0.3		19	0	+ 0.8
	19	+ 1	− 0.6		19	+ 14	+ 0.1		21	+ 8	+ 0.7
	21	− 7	− 0.6		21	+ 12	− 0.2		23	+ 13	+ 0.4
	23	− 13	− 0.4		23	+ 6	− 0.4		25	+ 15	0.0
	25	− 15	− 0.1		25	− 1	− 0.5		27	+ 12	− 0.5
	27	− 10	+ 0.3		27	− 8	− 0.5		29	+ 6	− 0.8
	29	− 1	+ 0.5		29	− 12	− 0.3		31	− 1	− 0.9
May	1	+ 8	+ 0.5		31	− 11	+ 0.1		33	− 9	− 0.7

Differential coordinates are given in the sense "satellite minus planet."

DIFFERENTIAL COORDINATES OF VIII IAPETUS FOR 0ʰ UNIVERSAL TIME

Date		$\Delta\alpha$	$\Delta\delta$	Date		$\Delta\alpha$	$\Delta\delta$	Date		$\Delta\alpha$	$\Delta\delta$
		s	′			s	′			s	′
Jan.	−1	− 31	+ 1.1	May	1	+ 36	− 1.6	Sept.	2	− 29	+ 2.1
	1	− 32	+ 1.4		3	+ 37	− 1.9		4	− 28	+ 2.3
	3	− 33	+ 1.8		5	+ 36	− 2.2		6	− 25	+ 2.4
	5	− 33	+ 2.1		7	+ 34	− 2.4		8	− 22	+ 2.4
	7	− 32	+ 2.3		9	+ 32	− 2.5		10	− 19	+ 2.4
	9	− 31	+ 2.5		11	+ 28	− 2.6		12	− 15	+ 2.3
	11	− 29	+ 2.6		13	+ 24	− 2.5		14	− 11	+ 2.2
	13	− 26	+ 2.7		15	+ 19	− 2.5		16	− 7	+ 2.1
	15	− 22	+ 2.7		17	+ 14	− 2.3		18	− 2	+ 1.9
	17	− 18	+ 2.6		19	+ 8	− 2.1		20	+ 2	+ 1.6
	19	− 13	+ 2.5		21	+ 2	− 1.8		22	+ 7	+ 1.3
	21	− 8	+ 2.3		23	− 4	− 1.5		24	+ 11	+ 1.0
	23	− 3	+ 2.1		25	− 9	− 1.2		26	+ 15	+ 0.7
	25	+ 2	+ 1.8		27	− 15	− 0.8		28	+ 19	+ 0.3
	27	+ 8	+ 1.5		29	− 20	− 0.4		30	+ 22	0.0
	29	+ 13	+ 1.1		31	− 24	0.0	Oct.	2	+ 25	− 0.4
	31	+ 18	+ 0.7	June	2	− 28	+ 0.4		4	+ 27	− 0.7
Feb.	2	+ 22	+ 0.3		4	− 31	+ 0.8		6	+ 29	− 1.1
	4	+ 26	− 0.1		6	− 33	+ 1.2		8	+ 30	− 1.4
	6	+ 30	− 0.5		8	− 34	+ 1.5		10	+ 30	− 1.7
	8	+ 32	− 1.0		10	− 35	+ 1.8		12	+ 29	− 1.9
	10	+ 34	− 1.4		12	− 34	+ 2.1		14	+ 28	− 2.1
	12	+ 35	− 1.7		14	− 33	+ 2.2		16	+ 26	− 2.3
	14	+ 36	− 2.0		16	− 31	+ 2.4		18	+ 24	− 2.4
	16	+ 35	− 2.3		18	− 28	+ 2.5		20	+ 21	− 2.4
	18	+ 33	− 2.5		20	− 24	+ 2.5		22	+ 17	− 2.4
	20	+ 31	− 2.7		22	− 20	+ 2.4		24	+ 13	− 2.3
	22	+ 27	− 2.7		24	− 16	+ 2.3		26	+ 9	− 2.2
	24	+ 23	− 2.7		26	− 11	+ 2.2		28	+ 4	− 1.9
	26	+ 18	− 2.6		28	− 6	+ 2.0		30	− 1	− 1.7
	28	+ 13	− 2.5		30	− 1	+ 1.8	Nov.	1	− 6	− 1.4
Mar.	2	+ 7	− 2.3	July	2	+ 4	+ 1.5		3	− 10	− 1.1
	4	+ 1	− 2.0		4	+ 9	+ 1.2		5	− 15	− 0.7
	6	− 5	− 1.6		6	+ 14	+ 0.8		7	− 19	− 0.3
	8	− 10	− 1.2		8	+ 18	+ 0.5		9	− 22	+ 0.1
	10	− 16	− 0.8		10	+ 22	+ 0.1		11	− 25	+ 0.5
	12	− 21	− 0.4		12	+ 26	− 0.2		13	− 28	+ 0.9
	14	− 26	+ 0.1		14	+ 28	− 0.6		15	− 29	+ 1.2
	16	− 30	+ 0.5		16	+ 30	− 0.9		17	− 30	+ 1.6
	18	− 33	+ 1.0		18	+ 32	− 1.3		19	− 31	+ 1.9
	20	− 35	+ 1.4		20	+ 32	− 1.5		21	− 30	+ 2.2
	22	− 37	+ 1.8		22	+ 32	− 1.8		23	− 29	+ 2.4
	24	− 37	+ 2.1		24	+ 31	− 2.0		25	− 27	+ 2.5
	26	− 36	+ 2.4		26	+ 30	− 2.2		27	− 25	+ 2.6
	28	− 35	+ 2.6		28	+ 27	− 2.3		29	− 22	+ 2.7
	30	− 32	+ 2.7		30	+ 24	− 2.3	Dec.	1	− 18	+ 2.7
Apr.	1	− 29	+ 2.8	Aug.	1	+ 20	− 2.3		3	− 14	+ 2.6
	3	− 25	+ 2.8		3	+ 16	− 2.2		5	− 10	+ 2.5
	5	− 21	+ 2.7		5	+ 11	− 2.1		7	− 6	+ 2.3
	7	− 16	+ 2.6		7	+ 6	− 1.9		9	− 1	+ 2.0
	9	− 10	+ 2.4		9	+ 1	− 1.7		11	+ 4	+ 1.8
	11	− 5	+ 2.2		11	− 4	− 1.4		13	+ 8	+ 1.4
	13	+ 1	+ 1.9		13	− 9	− 1.1		15	+ 13	+ 1.1
	15	+ 7	+ 1.5		15	− 13	− 0.7		17	+ 17	+ 0.7
	17	+ 13	+ 1.1		17	− 18	− 0.4		19	+ 21	+ 0.3
	19	+ 18	+ 0.7		19	− 21	0.0		21	+ 24	− 0.1
	21	+ 23	+ 0.3		21	− 25	+ 0.4		23	+ 27	− 0.6
	23	+ 27	− 0.1		23	− 27	+ 0.7		25	+ 29	− 1.0
	25	+ 31	− 0.5		25	− 29	+ 1.1		27	+ 31	− 1.4
	27	+ 33	− 0.9		27	− 30	+ 1.4		29	+ 32	− 1.7
	29	+ 35	− 1.3		29	− 31	+ 1.7		31	+ 32	− 2.0
May	1	+ 36	− 1.6		31	− 30	+ 1.9		33	+ 31	− 2.3

Differential coordinates are given in the sense "satellite minus planet."

SATELLITES OF SATURN, 2011

DIFFERENTIAL COORDINATES OF IX PHOEBE FOR 0ʰ UNIVERSAL TIME

Date		Δα	Δδ	Date		Δα	Δδ	Date		Δα	Δδ
		m s	′			m s	′			m s	′
Jan.	−1	− 2 11	+ 14.5	May	1	− 1 21	+ 6.4	Sept.	2	+ 1 09	− 9.2
	1	− 2 12	+ 14.5		3	− 1 19	+ 6.1		4	+ 1 10	− 9.3
	3	− 2 12	+ 14.5		5	− 1 17	+ 5.9		6	+ 1 12	− 9.4
	5	− 2 13	+ 14.5		7	− 1 15	+ 5.6		8	+ 1 13	− 9.5
	7	− 2 13	+ 14.5		9	− 1 13	+ 5.3		10	+ 1 15	− 9.6
	9	− 2 13	+ 14.5		11	− 1 10	+ 5.0		12	+ 1 16	− 9.7
	11	− 2 14	+ 14.4		13	− 1 08	+ 4.8		14	+ 1 17	− 9.7
	13	− 2 14	+ 14.4		15	− 1 06	+ 4.5		16	+ 1 19	− 9.8
	15	− 2 14	+ 14.4		17	− 1 03	+ 4.2		18	+ 1 20	− 9.8
	17	− 2 14	+ 14.4		19	− 1 01	+ 3.9		20	+ 1 21	− 9.9
	19	− 2 14	+ 14.3		21	− 0 58	+ 3.6		22	+ 1 22	− 9.9
	21	− 2 15	+ 14.3		23	− 0 56	+ 3.4		24	+ 1 22	− 9.9
	23	− 2 15	+ 14.2		25	− 0 53	+ 3.1		26	+ 1 23	− 9.9
	25	− 2 15	+ 14.2		27	− 0 51	+ 2.8		28	+ 1 24	− 9.9
	27	− 2 15	+ 14.1		29	− 0 48	+ 2.5		30	+ 1 24	− 9.9
	29	− 2 14	+ 14.1		31	− 0 46	+ 2.2	Oct.	2	+ 1 25	− 9.9
	31	− 2 14	+ 14.0	June	2	− 0 43	+ 1.9		4	+ 1 25	− 9.9
Feb.	2	− 2 14	+ 13.9		4	− 0 41	+ 1.6		6	+ 1 26	− 9.8
	4	− 2 14	+ 13.9		6	− 0 38	+ 1.3		8	+ 1 26	− 9.8
	6	− 2 14	+ 13.8		8	− 0 35	+ 1.0		10	+ 1 26	− 9.7
	8	− 2 13	+ 13.7		10	− 0 33	+ 0.7		12	+ 1 26	− 9.6
	10	− 2 13	+ 13.6		12	− 0 30	+ 0.4		14	+ 1 26	− 9.5
	12	− 2 13	+ 13.5		14	− 0 27	+ 0.1		16	+ 1 26	− 9.4
	14	− 2 12	+ 13.4		16	− 0 25	− 0.2		18	+ 1 26	− 9.3
	16	− 2 12	+ 13.3		18	− 0 22	− 0.5		20	+ 1 25	− 9.2
	18	− 2 11	+ 13.2		20	− 0 19	− 0.7		22	+ 1 25	− 9.1
	20	− 2 10	+ 13.1		22	− 0 17	− 1.0		24	+ 1 25	− 9.0
	22	− 2 10	+ 13.0		24	− 0 14	− 1.3		26	+ 1 24	− 8.8
	24	− 2 09	+ 12.9		26	− 0 11	− 1.6		28	+ 1 23	− 8.7
	26	− 2 08	+ 12.7		28	− 0 09	− 1.9		30	+ 1 23	− 8.5
	28	− 2 08	+ 12.6		30	− 0 06	− 2.2	Nov.	1	+ 1 22	− 8.3
Mar.	2	− 2 07	+ 12.5	July	2	− 0 03	− 2.5		3	+ 1 21	− 8.2
	4	− 2 06	+ 12.3		4	0 00	− 2.8		5	+ 1 20	− 8.0
	6	− 2 05	+ 12.2		6	+ 0 02	− 3.0		7	+ 1 19	− 7.8
	8	− 2 04	+ 12.0		8	+ 0 05	− 3.3		9	+ 1 17	− 7.6
	10	− 2 03	+ 11.9		10	+ 0 08	− 3.6		11	+ 1 16	− 7.3
	12	− 2 02	+ 11.7		12	+ 0 10	− 3.9		13	+ 1 15	− 7.1
	14	− 2 01	+ 11.6		14	+ 0 13	− 4.1		15	+ 1 13	− 6.9
	16	− 2 00	+ 11.4		16	+ 0 15	− 4.4		17	+ 1 12	− 6.7
	18	− 1 59	+ 11.2		18	+ 0 18	− 4.7		19	+ 1 10	− 6.4
	20	− 1 57	+ 11.1		20	+ 0 21	− 4.9		21	+ 1 08	− 6.2
	22	− 1 56	+ 10.9		22	+ 0 23	− 5.2		23	+ 1 06	− 5.9
	24	− 1 55	+ 10.7		24	+ 0 26	− 5.4		25	+ 1 04	− 5.6
	26	− 1 53	+ 10.5		26	+ 0 28	− 5.7		27	+ 1 03	− 5.4
	28	− 1 52	+ 10.3		28	+ 0 31	− 5.9		29	+ 1 01	− 5.1
	30	− 1 50	+ 10.1		30	+ 0 33	− 6.1	Dec.	1	+ 0 58	− 4.8
Apr.	1	− 1 49	+ 9.9	Aug.	1	+ 0 36	− 6.4		3	+ 0 56	− 4.5
	3	− 1 47	+ 9.7		3	+ 0 38	− 6.6		5	+ 0 54	− 4.2
	5	− 1 46	+ 9.5		5	+ 0 40	− 6.8		7	+ 0 52	− 3.9
	7	− 1 44	+ 9.3		7	+ 0 43	− 7.0		9	+ 0 49	− 3.6
	9	− 1 43	+ 9.1		9	+ 0 45	− 7.2		11	+ 0 47	− 3.3
	11	− 1 41	+ 8.8		11	+ 0 47	− 7.4		13	+ 0 44	− 3.0
	13	− 1 39	+ 8.6		13	+ 0 50	− 7.6		15	+ 0 42	− 2.7
	15	− 1 37	+ 8.4		15	+ 0 52	− 7.8		17	+ 0 39	− 2.4
	17	− 1 35	+ 8.1		17	+ 0 54	− 8.0		19	+ 0 37	− 2.1
	19	− 1 34	+ 7.9		19	+ 0 56	− 8.2		21	+ 0 34	− 1.7
	21	− 1 32	+ 7.7		21	+ 0 58	− 8.4		23	+ 0 31	− 1.4
	23	− 1 30	+ 7.4		23	+ 1 00	− 8.5		25	+ 0 29	− 1.1
	25	− 1 28	+ 7.2		25	+ 1 02	− 8.7		27	+ 0 26	− 0.8
	27	− 1 26	+ 6.9		27	+ 1 04	− 8.8		29	+ 0 23	− 0.4
	29	− 1 24	+ 6.7		29	+ 1 05	− 9.0		31	+ 0 20	− 0.1
May	1	− 1 21	+ 6.4		31	+ 1 07	− 9.1		33	+ 0 17	+ 0.2

Differential coordinates are given in the sense "satellite minus planet."

APPARENT ORBITS OF SATELLITES I-V AT 0ʰ UNIVERSAL TIME
ON THE DATE OF OPPOSITION, SEPTEMBER 26

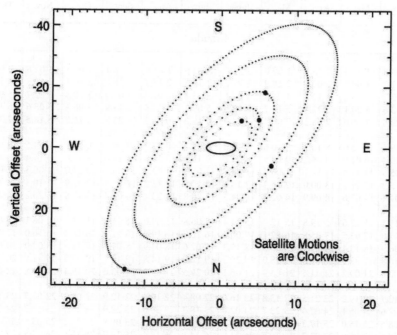

Orbits elongated in ratio of 2.7 to 1 in the East-West direction.

Name	Sidereal Period
	d
V Miranda	1.413 479 25
I Ariel	2.520 379 35
II Umbriel	4.144 177 2
III Titania	8.705 871 7
IV Oberon..............	13.463 238 9

RINGS OF URANUS

Ring	Semimajor Axis	Eccentricity	Azimuth of Periapse	Precession Rate
	km		°	°/d
6	41870	0.0014	236	2.77
5	42270	0.0018	182	2.66
4	42600	0.0012	120	2.60
α	44750	0.0007	331	2.18
β	45700	0.0005	231	2.03
η	47210	— —	—	—
γ	47660	— —	—	—
δ	48330	0.0005	140	—
ϵ	51180	0.0079	216	1.36

Epoch: 1977 March 10, 20ʰ UT (JD 244 3213.33)

UNIVERSAL TIME OF GREATEST NORTHERN ELONGATION

Jan.	Feb.	Mar.	Apr.	May	June	July	Aug.	Sept.	Oct.	Nov.	Dec.

V Miranda

d h	d h	d h	d h	d h	d h	d h	d h	d h	d h	d h	d h
1 05.4	1 07.8	1 14.3	1 16.6	1 09.0	1 11.2	1 03.6	1 05.8	1 08.1	1 00.5	1 02.8	2 05.2
2 15.4	2 17.7	3 00.2	3 02.6	2 18.9	2 21.2	2 13.5	2 15.7	2 18.0	2 10.4	2 12.8	3 15.1
4 01.3	4 03.7	4 10.2	4 12.5	4 04.8	4 07.1	3 23.4	4 01.7	4 03.9	3 20.3	3 22.7	5 01.1
5 11.2	5 13.6	5 20.1	5 22.4	5 14.7	5 17.0	5 09.3	5 11.6	5 13.9	5 06.3	5 08.6	6 11.0
6 21.2	6 23.5	7 06.0	7 08.3	7 00.7	7 02.9	6 19.2	6 21.5	6 23.8	6 16.2	6 18.5	7 20.9
8 07.1	8 09.5	8 15.9	8 18.2	8 10.6	8 12.8	8 05.2	8 07.4	8 09.7	8 02.1	8 04.5	9 06.9
9 17.0	9 19.4	10 01.9	10 04.2	9 20.5	9 22.8	9 15.1	9 17.3	9 19.6	9 12.0	9 14.4	10 16.8
11 02.9	11 05.3	11 11.8	11 14.1	11 06.4	11 08.7	11 01.0	11 03.3	11 05.6	10 22.0	11 00.3	12 02.7
12 12.9	12 15.2	12 21.7	13 00.0	12 16.4	12 18.6	12 10.9	12 13.2	12 15.5	12 07.9	12 10.3	13 12.6
13 22.8	14 01.1	14 07.6	14 09.9	14 02.3	14 04.5	13 20.8	13 23.1	14 01.4	13 17.8	13 20.2	14 22.6
15 08.7	15 11.1	15 17.6	15 19.8	15 12.2	15 14.4	15 06.8	15 09.0	15 11.3	15 03.7	15 06.1	16 08.5
16 18.6	16 21.0	17 03.5	17 05.8	16 22.1	17 00.4	16 16.7	16 19.0	16 21.3	16 13.7	16 16.0	17 18.4
18 04.6	18 06.9	18 13.4	18 15.7	18 08.0	18 10.3	18 02.6	18 04.9	18 07.2	17 23.6	18 02.0	19 04.3
19 14.5	19 16.8	19 23.3	20 01.6	19 18.0	19 20.2	19 12.5	19 14.8	19 17.1	19 09.5	19 11.9	20 14.3
21 00.4	21 02.8	21 09.2	21 11.5	21 03.9	21 06.1	20 22.5	21 00.7	21 03.0	20 19.4	20 21.8	22 00.2
22 10.3	22 12.7	22 19.2	22 21.5	22 13.8	22 16.0	22 08.4	22 10.6	22 12.9	22 05.4	22 07.7	23 10.1
23 20.3	23 22.6	24 05.1	24 07.4	23 23.7	24 02.0	23 18.3	23 20.6	23 22.9	23 15.3	23 17.7	24 20.0
25 06.2	25 08.5	25 15.0	25 17.3	25 09.6	25 11.9	25 04.2	25 06.5	25 08.8	25 01.2	25 03.6	26 06.0
26 16.1	26 18.5	27 00.9	27 03.2	26 19.6	26 21.8	26 14.1	26 16.4	26 18.7	26 11.1	26 13.5	27 15.9
28 02.0	28 04.4	28 10.9	28 13.1	28 05.5	28 07.7	28 00.1	28 02.3	28 04.6	27 21.1	27 23.4	29 01.8
29 12.0		29 20.8	29 23.1	29 15.4	29 17.6	29 10.0	29 12.3	29 14.6	29 07.0	29 09.4	30 11.8
30 21.9		31 06.7		31 01.3		30 19.9	30 22.2		30 16.9	30 19.3	31 21.7
											33 07.6

I Ariel

d h	d h	d h	d h	d h	d h	d h	d h	d h	d h	d h	d h
0 08.1	2 02.5	1 19.9	1 01.8	1 07.6	3 01.8	3 07.6	2 13.4	1 19.3	2 01.2	1 07.1	1 13.0
2 20.6	4 15.0	4 08.4	3 14.3	3 20.1	5 14.3	5 20.1	5 01.9	4 07.8	4 13.7	3 19.6	4 01.5
5 09.1	7 03.5	6 20.9	6 02.7	6 08.5	8 02.8	8 08.6	7 14.4	6 20.3	7 02.2	6 08.1	6 14.0
7 21.6	9 16.0	9 09.4	8 15.2	8 21.0	10 15.3	10 21.1	10 02.9	9 08.8	9 14.7	8 20.6	9 02.5
10 10.1	12 04.5	11 21.9	11 03.7	11 09.5	13 03.8	13 09.6	12 15.4	11 21.2	12 03.1	11 09.1	11 15.0
12 22.6	14 17.0	14 10.4	13 16.2	13 22.0	15 16.3	15 22.1	15 03.9	14 09.7	14 15.6	13 21.6	14 03.5
15 11.1	17 05.5	16 22.9	16 04.7	16 10.5	18 04.7	18 10.5	17 16.4	16 22.2	17 04.1	16 10.1	16 16.0
17 23.6	19 18.0	19 11.3	18 17.2	18 22.9	20 17.2	20 23.0	20 04.9	19 10.7	19 16.6	18 22.6	19 04.5
20 12.1	22 06.5	21 23.8	21 05.6	21 11.4	23 05.7	23 11.5	22 17.3	21 23.2	22 05.1	21 11.1	21 17.0
23 00.6	24 19.0	24 12.3	23 18.1	23 23.9	25 18.2	26 00.0	25 05.8	24 11.7	24 17.6	23 23.5	24 05.5
25 13.1	27 07.4	27 00.8	26 06.6	26 12.4	28 06.7	28 12.5	27 18.3	27 00.2	27 06.1	26 12.0	26 18.0
28 01.6		29 13.3	28 19.1	29 00.9	30 19.2	31 01.0	30 06.8	29 12.7	29 18.6	29 00.5	29 06.5
30 14.1				31 13.4							31 19.0

UNIVERSAL TIME OF GREATEST NORTHERN ELONGATION

Jan.	Feb.	Mar.	Apr.	May	June	July	Aug.	Sept.	Oct.	Nov.	Dec.

II Umbriel

d h	d h	d h	d h	d h	d h	d h	d h	d h	d h	d h	d h
1 15.9	3 19.6	4 19.8	2 19.9	1 20.1	3 23.7	2 23.8	1 00.0	3 03.6	2 03.9	4 07.6	3 07.9
5 19.3	7 23.0	8 23.2	6 23.4	5 23.5	8 03.1	7 03.2	5 03.4	7 07.1	6 07.3	8 11.1	7 11.4
9 22.8	12 02.5	13 02.7	11 02.8	10 03.0	12 06.5	11 06.7	9 06.9	11 10.6	10 10.8	12 14.6	11 14.9
14 02.3	16 05.9	17 06.1	15 06.3	14 06.4	16 10.0	15 10.1	13 10.3	15 14.0	14 14.3	16 18.0	15 18.3
18 05.7	20 09.4	21 09.6	19 09.7	18 09.9	20 13.4	19 13.6	17 13.8	19 17.5	18 17.7	20 21.5	19 21.8
22 09.2	24 12.9	25 13.0	23 13.2	22 13.3	24 16.9	23 17.0	21 17.2	23 21.0	22 21.2	25 01.0	24 01.3
26 12.6	28 16.3	29 16.5	27 16.6	26 16.8	28 20.3	27 20.5	25 20.7	28 00.4	27 00.7	29 04.5	28 04.7
30 16.1				30 20.2			30 00.2		31 04.2		32 08.2

III Titania

d h	d h	d h	d h	d h	d h	d h	d h	d h	d h	d h	d h
1 04.8	5 00.6	3 03.4	6 23.0	3 01.7	6 21.3	3 00.1	6 19.7	1 22.6	6 18.5	1 21.4	6 17.2
9 21.8	13 17.5	11 20.3	15 15.9	11 18.6	15 14.2	11 17.0	15 12.7	10 15.5	15 11.4	10 14.3	15 10.1
18 14.8	22 10.4	20 13.2	24 08.8	20 11.5	24 07.1	20 09.9	24 05.6	19 08.5	24 04.4	19 07.3	24 03.1
27 07.7		29 06.1		29 04.4		29 02.8		28 01.4		28 00.2	32 20.0

IV Oberon

d h	d h	d h	d h	d h	d h	d h	d h	d h	d h	d h	d h
12 22.4	8 20.5	7 18.7	3 16.8	14 01.8	9 23.9	6 22.1	2 20.3	12 05.7	9 04.0	5 02.3	2 00.7
26 09.5	22 07.6	21 05.7	17 03.8	27 12.9	23 11.0	20 09.2	16 07.5	25 16.9	22 15.2	18 13.5	15 11.8
		30 14.9					29 18.6				28 23.0

SATELLITES OF NEPTUNE, 2011

APPARENT ORBIT OF I TRITON AT 0ʰ UNIVERSAL TIME
ON THE DATE OF OPPOSITION, AUGUST 22

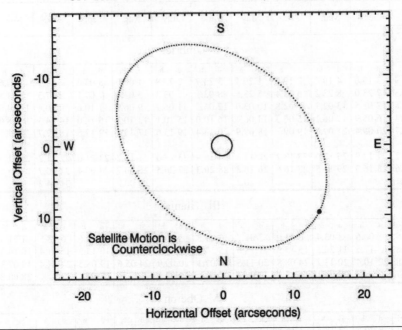

NAME	SIDEREAL PERIOD
I Triton	5ᵈ.876 854 1 R
II Nereid	360ᵈ.135 38

DIFFERENTIAL COORDINATES OF II NEREID FOR 0ʰ UNIVERSAL TIME

Date		$\Delta\alpha\cos\delta$	$\Delta\delta$	Date		$\Delta\alpha\cos\delta$	$\Delta\delta$	Date		$\Delta\alpha\cos\delta$	$\Delta\delta$
		′ ″	′ ″			′ ″	′ ″			′ ″	′ ″
Jan.	−1	+3 59.5	+1 46.4	May	9	+2 58.8	+1 29.1	Sept.	16	+6 38.9	+3 05.9
	9	+3 33.6	+1 34.5		19	+3 38.7	+1 48.1		26	+6 33.9	+3 02.7
	19	+3 05.4	+1 21.6		29	+4 13.3	+2 04.5	Oct.	6	+6 26.2	+2 58.4
	29	+2 34.8	+1 07.6	June	8	+4 43.6	+2 18.6		16	+6 16.0	+2 53.0
Feb.	8	+2 01.4	+0 52.2		18	+5 10.0	+2 30.8		26	+6 03.7	+2 46.7
	18	+1 24.5	+0 35.2		28	+5 32.7	+2 41.1	Nov.	5	+5 49.1	+2 39.6
	28	+0 44.0	+0 16.6	July	8	+5 52.1	+2 49.6		15	+5 32.6	+2 31.5
Mar.	10	0 00.0	−0 03.4		18	+6 08.1	+2 56.5		25	+5 14.1	+2 22.7
	20	−0 43.2	−0 22.4		28	+6 21.0	+3 01.8	Dec.	5	+4 53.9	+2 13.1
	30	−0 50.2	−0 23.2	Aug.	7	+6 30.6	+3 05.5		15	+4 31.7	+2 02.6
Apr.	9	+0 12.6	+0 08.6		17	+6 37.2	+3 07.7		25	+4 07.6	+1 51.4
	19	+1 17.8	+0 40.5		27	+6 40.7	+3 08.5		35	+3 41.5	+1 39.2
	29	+2 12.5	+1 06.9	Sept.	6	+6 41.3	+3 07.8		45	+3 13.2	+1 25.9

I Triton

UNIVERSAL TIME OF GREATEST EASTERN ELONGATION

Jan.	Feb.	Mar.	Apr.	May	June	July	Aug.	Sept.	Oct.	Nov.	Dec.
d h	d h	d h	d h	d h	d h	d h	d h	d h	d h	d h	d h
4 16.6	3 01.3	4 10.0	2 18.7	2 03.5	6 09.6	5 18.9	4 04.4	2 14.0	1 23.6	6 06.1	5 15.3
10 13.5	8 22.3	10 06.9	8 15.6	8 00.5	12 06.6	11 15.9	10 01.5	8 11.1	7 20.7	12 03.2	11 12.3
16 10.5	14 19.2	16 03.9	14 12.6	13 21.5	18 03.6	17 13.0	15 22.6	14 08.2	13 17.8	18 00.2	17 09.3
22 07.4	20 16.1	22 00.8	20 09.5	19 18.5	24 00.7	23 10.1	21 19.7	20 05.4	19 14.9	23 21.3	23 06.3
28 04.4	26 13.1	27 21.7	26 06.5	25 15.5	29 21.8	29 07.3	27 16.8	26 02.5	25 12.0	29 18.3	29 03.3
				31 12.5					31 09.1		

SATELLITE OF PLUTO, 2011

APPARENT ORBIT OF I CHARON AT 0ʰ UNIVERSAL TIME
ON THE DATE OF OPPOSITION, JUNE 28

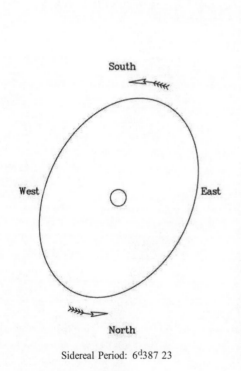

South

West   East

North

Sidereal Period: 6ᵈ387 23

UNIVERSAL TIME OF NORTHERN ELONGATION

	d h		d h		d h
Jan.	−4 21.9	May	4 14.9	Sept.	9 09.4
	3 07.1		11 00.2		15 18.7
	9 16.3		17 09.6		22 04.0
	16 01.5		23 18.9		28 13.2
	22 10.8		30 04.2	Oct.	4 22.5
	28 20.0	June	5 13.5		11 07.8
Feb.	4 05.2		11 22.8		17 17.1
	10 14.5		18 08.2		24 02.3
	16 23.7		24 17.5		30 11.6
	23 08.9	July	1 02.8	Nov.	5 20.9
Mar.	1 18.2		7 12.2		12 06.1
	8 03.4		13 21.5		18 15.4
	14 12.7		20 06.8		25 00.6
	20 22.0		26 16.2	Dec.	1 09.8
	27 07.2	Aug.	2 01.5		7 19.1
Apr.	2 16.5		8 10.8		14 04.3
	9 01.8		14 20.1		20 13.5
	15 11.1		21 05.4		26 22.8
	21 20.3		27 14.8		33 08.0
	28 05.6	Sept.	3 00.1		

CONTENTS OF SECTION G

 This symbol indicates that these data or auxiliary material may also be found on *The Astronomical Almanac Online* at **http://asa.usno.navy.mil** and **http://asa.hmnao.com**

Notes on bright minor planets

The following pages contain various data on a selection of 93 of the largest and/or brightest minor planets. The first two pages tabulates their heliocentric osculating orbital elements for epoch 2011 February 8·0 TT (JD 245 5600·5), with respect to the ecliptic and equinox J2000·0.

The opposition dates of all the objects are listed in chronological order together with the visual magnitude and declination. From these, a sub-set of the 15 larger minor planets, consisting of Ceres, Pallas, Juno, Vesta, Hebe, Iris, Flora, Metis, Hygiea, Eunomia, Psyche, Europa, Cybele, Davida and Interamnia are candidates for a daily ephemeris.

A daily geocentric astrometric (see page B29) ephemeris is tabulated for those of the 15 larger minor planets that have an opposition date occurring between 2011 January 1 and January 31 of the following year. The daily ephemeris of each object is centred about the opposition date, which is repeated at the bottom of the first column and at the top of the second column. The highlighted dates indicate when the object is stationary in right ascension. It is very occasionally possible for a stationary date to be outside the period tabulated.

Linear interpolation is sufficient for the magnitude and ephemeris transit, but for the right ascension and declination second differences are significant. The tabulations are similar to those for Pluto, and the use of the data is similar to that for major planets.

BRIGHT MINOR PLANETS, 2011

OSCULATING ELEMENTS

FOR EPOCH 2011 FEBRUARY 8·0 TT, ECLIPTIC AND EQUINOX J2000·0

Name	No.	Magnitude Parameters H	G	Mean Diameter	Inclination i	Long. of Asc. Node Ω	Argument of Perihelion ω	Mean Distance a	Daily Motion n	Eccentricity e	Mean Anomaly M
				km	°	°	°	au	°/d		°
Ceres	1	3·34	0·12	952	10·587	80·392	72·525	2·7654	0·21432	0·0790	156·360
Pallas	2	4·13	0·11	524	34·841	173·128	310·098	2·7715	0·21361	0·2311	138·923
Juno	3	5·33	0·32	274	12·982	169·912	248·153	2·6708	0·22580	0·2551	77·216
Vesta	4	3·20	0·32	512	7·134	103·904	149·862	2·3615	0·27160	0·0884	2·087
Astraea	5	6·85	0·15	120	5·367	141·618	358·673	2·5747	0·23857	0·1904	286·391
Hebe	6	5·71	0·24	190	14·750	138·729	239·298	2·4250	0·26099	0·2024	24·006
Iris	7	5·51	0·15	211	5·523	259·660	145·206	2·3858	0·26745	0·2305	58·104
Flora	8	6·49	0·28	138	5·888	110·938	285·186	2·2013	0·30177	0·1566	9·686
Metis	9	6·28	0·17	209	5·575	68·948	6·248	2·3858	0·26746	0·1226	194·931
Hygiea	10	5·43	0·15	444	3·840	283·425	313·042	3·1398	0·17716	0·1167	339·829
Parthenope	11	6·55	0·15	153	4·626	125·607	194·981	2·4533	0·25649	0·0991	229·825
Victoria	12	7·24	0·22	113	8·364	235·502	69·837	2·3343	0·27635	0·2204	23·799
Egeria	13	6·74	0·15	208	16·545	43·276	80·375	2·5753	0·23848	0·0857	192·948
Irene	14	6·30	0·15	180	9·101	86·342	96·907	2·5890	0·23659	0·1662	175·098
Eunomia	15	5·28	0·23	320	11·737	293·253	97·765	2·6430	0·22938	0·1884	316·180
Psyche	16	5·90	0·20	239	3·099	150·299	226·896	2·9203	0·19749	0·1375	58·658
Thetis	17	7·76	0·15	90	5·588	125·601	135·574	2·4703	0·25385	0·1344	262·715
Melpomene	18	6·51	0·25	138	10·128	150·515	227·868	2·2961	0·28328	0·2182	137·203
Fortuna	19	7·13	0·10	225	1·573	211·232	182·193	2·4429	0·25813	0·1577	142·370
Massalia	20	6·50	0·25	145	0·708	206·184	256·743	2·4094	0·26354	0·1420	46·870
Lutetia	21	7·35	0·11	98	3·064	80·895	250·264	2·4355	0·25932	0·1628	285·828
Kalliope	22	6·45	0·21	181	13·709	66·104	354·710	2·9124	0·19830	0·1017	322·537
Thalia	23	6·95	0·15	108	10·114	66·899	60·752	2·6257	0·23165	0·2344	0·609
Themis	24	7·08	0·19	175	0·760	36·021	107·648	3·1302	0·17797	0·1306	182·284
Phocaea	25	7·83	0·15	75	21·594	214·228	90·206	2·3990	0·26524	0·2561	97·544
Proserpina	26	7·50	0·15	95	3·564	45·800	194·436	2·6577	0·22748	0·0882	141·207
Euterpe	27	7·00	0·15	118	1·584	94·804	356·629	2·3459	0·27431	0·1731	232·714
Bellona	28	7·09	0·15	121	9·431	144·346	344·424	2·7760	0·21310	0·1504	353·819
Amphitrite	29	5·85	0·20	212	6·096	356·489	62·677	2·5545	0·24141	0·0734	280·883
Urania	30	7·57	0·15	100	2·098	307·727	86·989	2·3650	0·27099	0·1274	296·702
Euphrosyne	31	6·74	0·15	256	26·316	31·168	61·545	3·1545	0·17592	0·2240	279·617
Pomona	32	7·56	0·15	81	5·530	220·540	338·762	2·5869	0·23688	0·0826	42·335
Fides	37	7·29	0·24	108	3·074	7·328	62·552	2·6422	0·22948	0·1736	13·687
Laetitia	39	6·10	0·15	150	10·383	157·152	208·697	2·7693	0·21387	0·1153	20·092
Harmonia	40	7·00	0·15	108	4·256	94·276	270·024	2·2670	0·28875	0·0468	321·142
Daphne	41	7·12	0·10	187	15·793	178·102	46·094	2·7607	0·21487	0·2743	209·354
Isis	42	7·53	0·15	100	8·527	84·373	236·538	2·4413	0·25838	0·2231	149·567
Ariadne	43	7·93	0·11	66	3·467	264·909	15·880	2·2036	0·30131	0·1675	314·244
Nysa	44	7·03	0·46	71	3·706	131·575	343·447	2·4236	0·26123	0·1477	18·815
Eugenia	45	7·46	0·07	215	6·609	147·921	86·279	2·7219	0·21948	0·0813	101·413
Doris	48	6·90	0·15	222	6·557	183·740	256·489	3·1081	0·17987	0·0750	247·061
Nemausa	51	7·35	0·08	158	9·978	176·095	2·838	2·3657	0·27087	0·0679	3·041
Europa	52	6·31	0·18	302	7·480	128·752	343·989	3·0974	0·18081	0·1066	53·880
Alexandra	54	7·66	0·15	166	11·799	313·391	345·691	2·7118	0·22071	0·1977	74·742
Echo	60	8·21	0·27	60	3·602	191·642	271·093	2·3929	0·26627	0·1835	129·701
Ausonia	63	7·55	0·25	103	5·785	337·896	296·117	2·3962	0·26572	0·1258	61·638
Angelina	64	7·67	0·48	56	1·309	309·195	179·411	2·6820	0·22440	0·1261	84·631

OSCULATING ELEMENTS

FOR EPOCH 2011 FEBRUARY 8·0 TT, ECLIPTIC AND EQUINOX J2000·0

Name	No.	Magnitude Parameters H	G	Mean Diameter	Inclination i	Long. of Asc. Node Ω	Argument of Perihelion ω	Mean Distance a	Daily Motion n	Eccentricity e	Mean Anomaly M
				km	°	°	°	au	°/d		°
Cybele	65	6·62	0·01	230	3·563	155·662	102·896	3·4275	0·15532	0·1092	154·674
Asia	67	8·28	0·15	58	6·027	202·668	106·212	2·4219	0·26150	0·1845	214·740
Leto	68	6·78	0·05	123	7·974	44·151	305·575	2·7815	0·21246	0·1866	342·984
Hesperia	69	7·05	0·19	138	8·584	185·058	289·793	2·9786	0·19173	0·1690	84·597
Niobe	71	7·30	0·40	83	23·260	316·074	267·087	2·7557	0·21546	0·1757	337·646
Eurynome	79	7·96	0·25	66	4·618	206·665	200·970	2·4453	0·25775	0·1909	175·472
Sappho	80	7·98	0·15	79	8·665	218·785	139·396	2·2954	0·28341	0·2004	327·573
Io	85	7·61	0·15	164	11·960	203·376	122·364	2·6547	0·22787	0·1914	257·159
Sylvia	87	6·94	0·15	261	10·856	73·287	266·012	3·4883	0·15128	0·0821	356·141
Thisbe	88	7·04	0·14	232	5·216	276·708	36·165	2·7663	0·21422	0·1652	127·095
Julia	89	6·60	0·15	151	16·141	311·640	44·746	2·5507	0·24195	0·1832	132·447
Undina	92	6·61	0·15	126	9·913	101·749	241·717	3·1937	0·17269	0·1032	17·463
Aurora	94	7·57	0·15	204	7·965	2·688	59·950	3·1610	0·17537	0·0886	142·743
Klotho	97	7·63	0·15	83	11·785	159·745	268·312	2·6699	0·22593	0·2549	353·787
Hera	103	7·66	0·15	91	5·419	136·246	189·962	2·7039	0·22168	0·0815	47·782
Camilla	107	7·08	0·08	223	10·051	173·098	308·993	3·4869	0·15137	0·0743	230·744
Thyra	115	7·51	0·12	80	11·602	308·966	96·827	2·3791	0·26859	0·1926	291·546
Hermione	121	7·31	0·15	209	7·597	73·167	298·106	3·4470	0·15400	0·1354	117·053
Nemesis	128	7·49	0·15	188	6·248	76·416	302·844	2·7512	0·21598	0·1247	144·701
Antigone	129	7·07	0·33	138	12·218	136·413	108·427	2·8678	0·20294	0·2120	54·690
Hertha	135	8·23	0·15	79	2·304	343·835	340·111	2·4292	0·26031	0·2057	276·559
Eunike	185	7·62	0·15	158	23·224	153·922	224·505	2·7384	0·21749	0·1282	251·843
Nausikaa	192	7·13	0·03	95	6·816	343·296	30·215	2·4023	0·26470	0·2463	284·804
Prokne	194	7·68	0·15	169	18·487	159·467	163·116	2·6177	0·23271	0·2356	296·602
Philomela	196	6·54	0·15	136	7·259	72·537	200·029	3·1150	0·17927	0·0206	273·381
Kleopatra	216	7·30	0·29	118	13·098	215·491	180·069	2·7972	0·21068	0·2486	157·863
Athamantis	230	7·35	0·27	109	9·439	239·939	140·191	2·3818	0·26813	0·0617	299·009
Anahita	270	8·75	0·15	51	2·366	254·523	80·529	2·1980	0·30245	0·1504	334·337
Nephthys	287	8·30	0·22	68	10·028	142·448	117·813	2·3533	0·27302	0·0237	302·815
Bamberga	324	6·82	0·09	228	11·106	327·989	43·963	2·6856	0·22394	0·3370	137·910
Hermentaria	346	7·13	0·15	107	8·757	92·127	290·533	2·7971	0·21069	0·0996	128·840
Dembowska	349	5·93	0·37	140	8·258	32·478	347·724	2·9231	0·19721	0·0892	271·081
Eleonora	354	6·44	0·37	155	18·392	140·402	6·462	2·7991	0·21047	0·1146	61·639
Palma	372	7·20	0·15	189	23·852	327·463	115·577	3·1480	0·17646	0·2613	283·069
Aquitania	387	7·41	0·15	101	18·137	128·311	157·500	2·7377	0·21758	0·2374	168·851
Industria	389	7·88	0·15	79	8·123	282·390	265·821	2·6076	0·23406	0·0665	239·932
Aspasia	409	7·62	0·29	162	11·250	242·224	354·040	2·5780	0·23811	0·0712	143·143
Diotima	423	7·24	0·15	209	11·231	69·510	202·695	3·0673	0·18347	0·0392	227·976
Eros	433	11·16	0·46	16	10·829	304·365	178·738	1·4580	0·55983	0·2228	167·622
Patientia	451	6·65	0·19	225	15·220	89·373	339·347	3·0601	0·18412	0·0775	268·976
Papagena	471	6·73	0·37	134	14·977	84·020	314·002	2·8872	0·20091	0·2331	5·145
Davida	511	6·22	0·16	326	15·940	107·639	338·176	3·1655	0·17500	0·1866	167·855
Herculina	532	5·81	0·26	207	16·313	107·588	76·452	2·7710	0·21368	0·1779	63·585
Zelinda	654	8·52	0·15	127	18·124	278·557	213·861	2·2965	0·28321	0·2319	205·847
Alauda	702	7·25	0·15	195	20·605	289·960	353·393	3·1947	0·17261	0·0209	253·151
Interamnia	704	5·94	−0·02	329	17·294	280·352	95·949	3·0598	0·18415	0·1512	266·986

BRIGHT MINOR PLANETS, 2011

AT OPPOSITION

	Name	Date		Mag.	Dec.			Name	Date		Mag.	Dec.	
					°	′						°	′
28	Bellona	Jan.	14	10·0	+13	11		**704**	**Interamnia**	**July**	**18**	**10·0**	**−14**	**00**
42	Isis	Jan.	17	11·5	+27	34		532	Herculina	July	25	9·8	−25	51
23	Thalia	Jan.	22	9·1	+35	21		**9**	**Metis**	**July**	**27**	**9·6**	**−26**	**33**
7	**Iris**	**Jan.**	**24**	**7·9**	**+12**	**24**		**2**	**Pallas**	**July**	**29**	**9·5**	**+17**	**40**
423	Diotima	Feb.	5	11·8	+30	10		**4**	**Vesta**	**Aug.**	**5**	**5·6**	**−23**	**00**
121	Hermione	Feb.	10	12·6	+23	26		349	Dembowska	Aug.	12	9·7	−26	40
44	Nysa	Feb.	10	8·9	+15	29		192	Nausikaa	Sept.	2	8·3	−09	03
89	Julia	Feb.	11	10·5	+09	36		**1**	**Ceres**	**Sept.**	**16**	**7·6**	**−17**	**09**
17	Thetis	Feb.	21	10·9	+14	29		24	Themis	Sept.	20	11·8	−01	45
67	Asia	Feb.	26	12·1	+02	37		48	Doris	Sept.	23	10·9	+00	37
346	Hermentaria	Mar.	5	11·4	+17	35		13	Egeria	Sept.	28	10·5	−13	34
3	**Juno**	**Mar.**	**12**	**8·8**	**+03**	**51**		129	Antigone	Oct.	2	11·5	−09	35
324	Bamberga	Mar.	14	11·8	−03	25		27	Euterpe	Oct.	4	9·3	+01	31
20	Massalia	Mar.	14	8·8	+01	46		451	Patientia	Oct.	10	10·9	−13	46
18	Melpomene	Mar.	17	10·2	+07	44		87	Sylvia	Oct.	12	11·7	−04	18
128	Nemesis	Mar.	19	11·8	+08	58		107	Camilla	Oct.	15	12·1	+02	16
702	Alauda	Mar.	21	12·2	−25	26		654	Zelinda	Oct.	17	11·9	+36	27
52	**Europa**	**Mar.**	**27**	**10·5**	**+06**	**06**		372	Palma	Oct.	21	11·0	+41	34
196	Philomela	Apr.	3	10·9	+02	59		230	Athamantis	Oct.	23	9·9	+19	27
11	Parthenope	Apr.	5	9·9	+00	30		45	Eugenia	Oct.	30	11·6	+04	58
19	Fortuna	Apr.	6	10·7	−07	10		31	Euphrosyne	Nov.	3	10·2	+22	03
51	Nemausa	Apr.	12	9·9	−01	09		29	Amphitrite	Nov.	6	8·7	+23	05
216	Kleopatra	Apr.	22	12·1	−13	16		68	Leto	Nov.	11	9·6	+18	15
71	Niobe	Apr.	23	10·4	−48	09		40	Harmonia	Nov.	12	9·4	+12	18
85	Io	Apr.	30	11·2	−09	37		270	Anahita	Nov.	12	10·6	+19	27
94	Aurora	May	4	12·4	−23	02		14	Irene	Nov.	12	10·2	+09	32
287	Nephthys	May	6	11·2	+00	20		30	Urania	Nov.	13	9·6	+21	41
10	**Hygiea**	**May**	**13**	**9·1**	**−22**	**54**		115	Thyra	Nov.	21	9·6	+41	17
69	Hesperia	May	17	11·5	−09	43		63	Ausonia	Nov.	23	11·0	+29	18
79	Eurynome	May	25	11·8	−16	41		92	Undina	Nov.	25	11·0	+11	49
354	Eleonora	May	26	10·5	+05	50		**15**	**Eunomia**	**Nov.**	**28**	**7·9**	**+36**	**37**
135	Hertha	May	28	10·6	−25	40		80	Sappho	Dec.	3	10·2	+13	24
64	Angelina	June	2	11·3	−23	55		12	Victoria	Dec.	6	10·5	+18	12
60	Echo	June	25	12·0	−17	51		26	Proserpina	Dec.	20	11·3	+27	05
194	Prokne	June	26	10·6	+07	39		409	Aspasia	Dec.	22	11·3	+15	15
511	**Davida**	**June**	**26**	**11·5**	**−18**	**22**		22	Kalliope	Dec.	24	10·0	+32	58
43	Ariadne	June	27	9·0	−21	53		103	Hera	Dec.	25	11·5	+17	41
21	Lutetia	July	4	9·4	−24	58		54	Alexandra	Dec.	28	12·2	+33	39
32	Pomona	July	9	10·9	−14	02		**65**	**Cybele**	**Dec.**	**31**	**11·9**	**+19**	**06**
185	Eunike	July	15	11·6	+03	19								

AT OPPOSITION IN EARLY 2012

	Name	Date		Mag.	Dec.				Name	Date		Mag.	Dec.	
39	Laetitia	Jan.	12	10·0	+10	25			6	Hebe	Feb.	27	9·4	+15	39
41	Daphne	Jan.	17	11·3	−00	09			433	Eros	Mar.	1	9·2	−26	13
25	Phocaea	Feb.	2	12·5	−13	04			16	Psyche	Mar.	2	10·3	+07	42
471	Papagena	Feb.	12	10·9	+31	52			5	Astraea	Mar.	12	9·0	+07	52
389	Industria	Feb.	21	11·1	+00	56			8	Flora	Mar.	20	9·6	+08	23
387	Aquitania	Feb.	22	11·8	+21	00			97	Klotho	Mar.	22	11·4	+05	32
88	Thisbe	Feb.	23	11·5	+04	11			37	Fides	Apr.	7	11·0	−07	55

Daily ephemerides of minor planets printed in **bold** are given in this section

Date	Astrometric R.A. (h m s)	Dec. (° ′ ″)	Vis. Mag.	Ephemeris Transit (h m)	Date	Astrometric R.A. (h m s)	Dec. (° ′ ″)	Vis. Mag.	Ephemeris Transit (h m)
2011 July 19	0 22 10.7	−11 47 39	8.6	4 36.3	2011 Sept. 16	0 01 59.9	−17 09 16	7.6	0 24.2
20	0 22 26.8	−11 50 37	8.6	4 32.6	17	0 01 10.1	−17 14 27	7.6	0 19.4
21	0 22 41.7	−11 53 43	8.6	4 28.9	18	0 00 20.1	−17 19 29	7.6	0 14.6
22	0 22 55.3	−11 56 57	8.5	4 25.2	19	23 59 29.9	−17 24 22	7.7	0 09.9
23	0 23 07.7	−12 00 19	8.5	4 21.5	20	23 58 39.5	−17 29 07	7.7	0 05.1
24	0 23 18.9	−12 03 49	8.5	4 17.8	21	23 57 49.0	−17 33 43	7.7	0 00.3
25	0 23 28.7	−12 07 28	8.5	4 14.0	22	23 56 58.5	−17 38 09	7.7	23 50.8
26	0 23 37.3	−12 11 14	8.5	4 10.2	23	23 56 07.9	−17 42 26	7.7	23 46.0
27	0 23 44.6	−12 15 08	8.5	4 06.4	24	23 55 17.4	−17 46 32	7.7	23 41.3
28	0 23 50.6	−12 19 11	8.4	4 02.5	25	23 54 27.0	−17 50 29	7.7	23 36.5
29	0 23 55.2	−12 23 21	8.4	3 58.7	26	23 53 36.8	−17 54 15	7.7	23 31.7
30	0 23 58.5	−12 27 38	8.4	3 54.8	27	23 52 46.8	−17 57 50	7.7	23 27.0
31	0 24 00.5	−12 32 04	8.4	3 50.9	28	23 51 57.0	−18 01 14	7.7	23 22.2
Aug. 1	0 24 01.1	−12 36 36	8.4	3 47.0	29	23 51 07.6	−18 04 26	7.8	23 17.5
2	0 24 00.4	−12 41 16	8.4	3 43.0	30	23 50 18.7	−18 07 27	7.8	23 12.8
3	0 23 58.3	−12 46 03	8.3	3 39.1	Oct. 1	23 49 30.1	−18 10 17	7.8	23 08.0
4	0 23 54.9	−12 50 57	8.3	3 35.1	2	23 48 42.1	−18 12 55	7.8	23 03.3
5	0 23 50.1	−12 55 58	8.3	3 31.0	3	23 47 54.6	−18 15 21	7.8	22 58.6
6	0 23 43.9	−13 01 05	8.3	3 27.0	4	23 47 07.7	−18 17 35	7.8	22 53.9
7	0 23 36.4	−13 06 19	8.3	3 23.0	5	23 46 21.4	−18 19 36	7.9	22 49.2
8	0 23 27.5	−13 11 39	8.3	3 18.9	6	23 45 35.9	−18 21 26	7.9	22 44.5
9	0 23 17.3	−13 17 05	8.2	3 14.8	7	23 44 51.1	−18 23 03	7.9	22 39.9
10	0 23 05.7	−13 22 37	8.2	3 10.6	8	23 44 07.0	−18 24 28	7.9	22 35.2
11	0 22 52.7	−13 28 14	8.2	3 06.5	9	23 43 23.8	−18 25 41	7.9	22 30.6
12	0 22 38.4	−13 33 57	8.2	3 02.3	10	23 42 41.5	−18 26 41	7.9	22 26.0
13	0 22 22.7	−13 39 45	8.2	2 58.1	11	23 42 00.0	−18 27 29	8.0	22 21.4
14	0 22 05.7	−13 45 38	8.1	2 53.9	12	23 41 19.5	−18 28 05	8.0	22 16.8
15	0 21 47.4	−13 51 36	8.1	2 49.7	13	23 40 40.0	−18 28 29	8.0	22 12.2
16	0 21 27.7	−13 57 37	8.1	2 45.4	14	23 40 01.4	−18 28 40	8.0	22 07.7
17	0 21 06.7	−14 03 44	8.1	2 41.1	15	23 39 23.9	−18 28 39	8.0	22 03.1
18	0 20 44.3	−14 09 54	8.1	2 36.8	16	23 38 47.5	−18 28 26	8.1	21 58.6
19	0 20 20.7	−14 16 07	8.1	2 32.5	17	23 38 12.1	−18 28 00	8.1	21 54.1
20	0 19 55.7	−14 22 24	8.0	2 28.2	18	23 37 37.9	−18 27 23	8.1	21 49.6
21	0 19 29.4	−14 28 44	8.0	2 23.8	19	23 37 04.8	−18 26 33	8.1	21 45.2
22	0 19 01.9	−14 35 06	8.0	2 19.4	20	23 36 33.0	−18 25 32	8.1	21 40.7
23	0 18 33.1	−14 41 31	8.0	2 15.0	21	23 36 02.3	−18 24 19	8.1	21 36.3
24	0 18 03.1	−14 47 57	8.0	2 10.6	22	23 35 32.8	−18 22 54	8.2	21 31.9
25	0 17 31.9	−14 54 26	7.9	2 06.1	23	23 35 04.6	−18 21 17	8.2	21 27.5
26	0 16 59.4	−15 00 55	7.9	2 01.6	24	23 34 37.7	−18 19 29	8.2	21 23.2
27	0 16 25.8	−15 07 25	7.9	1 57.1	25	23 34 12.0	−18 17 29	8.2	21 18.8
28	0 15 51.0	−15 13 55	7.9	1 52.6	26	23 33 47.7	−18 15 18	8.2	21 14.5
29	0 15 15.1	−15 20 25	7.9	1 48.1	27	23 33 24.7	−18 12 56	8.2	21 10.2
30	0 14 38.2	−15 26 55	7.9	1 43.6	28	23 33 03.0	−18 10 23	8.3	21 05.9
31	0 14 00.1	−15 33 24	7.8	1 39.0	29	23 32 42.7	−18 07 39	8.3	21 01.7
Sept. 1	0 13 21.0	−15 39 51	7.8	1 34.4	30	23 32 23.7	−18 04 44	8.3	20 57.5
2	0 12 41.0	−15 46 17	7.8	1 29.8	31	23 32 06.2	−18 01 38	8.3	20 53.3
3	0 12 00.0	−15 52 40	7.8	1 25.2	Nov. 1	23 31 50.0	−17 58 22	8.3	20 49.1
4	0 11 18.1	−15 59 01	7.8	1 20.6	2	23 31 35.2	−17 54 56	8.4	20 44.9
5	0 10 35.3	−16 05 19	7.8	1 15.9	3	23 31 21.8	−17 51 19	8.4	20 40.8
6	0 09 51.7	−16 11 33	7.7	1 11.3	4	23 31 09.7	−17 47 33	8.4	20 36.7
7	0 09 07.3	−16 17 43	7.7	1 06.6	5	23 30 59.1	−17 43 37	8.4	20 32.6
8	0 08 22.2	−16 23 49	7.7	1 01.9	6	23 30 49.8	−17 39 32	8.4	20 28.5
9	0 07 36.4	−16 29 51	7.7	0 57.3	7	23 30 42.0	−17 35 17	8.4	20 24.5
10	0 06 49.9	−16 35 47	7.7	0 52.5	8	23 30 35.5	−17 30 53	8.5	20 20.5
11	0 06 02.8	−16 41 38	7.7	0 47.8	9	23 30 30.4	−17 26 20	8.5	20 16.5
12	0 05 15.2	−16 47 23	7.7	0 43.1	10	23 30 26.7	−17 21 38	8.5	20 12.5
13	0 04 27.0	−16 53 02	7.7	0 38.4	11	23 30 24.3	−17 16 48	8.5	20 08.5
14	0 03 38.4	−16 58 34	7.7	0 33.6	Nov. 12	23 30 23.4	−17 11 49	8.5	20 04.6
15	0 02 49.3	−17 03 59	7.7	0 28.9	13	23 30 23.7	−17 06 41	8.5	20 00.7
Sept. 16	0 01 59.9	−17 09 16	7.6	0 24.2	Nov. 14	23 30 25.4	−17 01 26	8.5	19 56.8

Second transit for Ceres 2011 September 21ᵈ 23ʰ 55ᵐ6

PALLAS, 2011

GEOCENTRIC POSITIONS FOR 0ʰ TERRESTRIAL TIME

Date	Astrometric R.A.	Dec.	Vis. Mag.	Ephemeris Transit	Date	Astrometric R.A.	Dec.	Vis. Mag.	Ephemeris Transit
	h m s	° ′ ″		h m		h m s	° ′ ″		h m
2011 May 31	20 30 59·5	+17 44 21	10·0	3 58·3	2011 July 29	19 57 28·8	+17 41 44	9·5	23 28·2
June 1	20 30 52·7	+17 50 00	10·0	3 54·2	30	19 56 41·6	+17 34 26	9·5	23 23·5
2	20 30 44·6	+17 55 32	10·0	3 50·2	31	19 55 54·6	+17 26 54	9·5	23 18·8
3	20 30 35·4	+18 00 56	10·0	3 46·1	Aug. 1	19 55 08·0	+17 19 09	9·5	23 14·1
4	20 30 25·1	+18 06 11	10·0	3 42·0	2	19 54 21·8	+17 11 09	9·5	23 09·4
5	20 30 13·5	+18 11 19	10·0	3 37·8	3	19 53 36·0	+17 02 57	9·5	23 04·7
6	20 30 00·8	+18 16 17	10·0	3 33·7	4	19 52 50·6	+16 54 31	9·5	23 00·0
7	20 29 46·9	+18 21 07	10·0	3 29·5	5	19 52 05·8	+16 45 52	9·5	22 55·4
8	20 29 31·9	+18 25 48	10·0	3 25·3	6	19 51 21·6	+16 37 02	9·5	22 50·7
9	20 29 15·7	+18 30 20	9·9	3 21·1	7	19 50 37·9	+16 27 58	9·5	22 46·1
10	20 28 58·4	+18 34 42	9·9	3 16·9	8	19 49 54·8	+16 18 44	9·5	22 41·4
11	20 28 39·9	+18 38 54	9·9	3 12·7	9	19 49 12·4	+16 09 17	9·5	22 36·8
12	20 28 20·3	+18 42 56	9·9	3 08·4	10	19 48 30·7	+15 59 40	9·5	22 32·2
13	20 27 59·6	+18 46 48	9·9	3 04·1	11	19 47 49·7	+15 49 51	9·6	22 27·6
14	20 27 37·8	+18 50 29	9·9	2 59·8	12	19 47 09·4	+15 39 53	9·6	22 23·0
15	20 27 14·9	+18 54 00	9·9	2 55·5	13	19 46 30·0	+15 29 44	9·6	22 18·4
16	20 26 50·9	+18 57 19	9·9	2 51·2	14	19 45 51·3	+15 19 26	9·6	22 13·9
17	20 26 25·8	+19 00 28	9·9	2 46·8	15	19 45 13·5	+15 08 58	9·6	22 09·3
18	20 25 59·6	+19 03 25	9·9	2 42·5	16	19 44 36·5	+14 58 21	9·6	22 04·8
19	20 25 32·3	+19 06 10	9·8	2 38·1	17	19 44 00·4	+14 47 36	9·6	22 00·3
20	20 25 04·1	+19 08 44	9·8	2 33·7	18	19 43 25·2	+14 36 43	9·6	21 55·8
21	20 24 34·7	+19 11 05	9·8	2 29·3	19	19 42 51·0	+14 25 41	9·6	21 51·3
22	20 24 04·4	+19 13 14	9·8	2 24·8	20	19 42 17·8	+14 14 32	9·6	21 46·8
23	20 23 33·1	+19 15 10	9·8	2 20·4	21	19 41 45·5	+14 03 16	9·6	21 42·4
24	20 23 00·7	+19 16 53	9·8	2 15·9	22	19 41 14·2	+13 51 54	9·6	21 38·0
25	20 22 27·4	+19 18 23	9·8	2 11·4	23	19 40 44·0	+13 40 25	9·6	21 33·5
26	20 21 53·2	+19 19 39	9·8	2 06·9	24	19 40 14·8	+13 28 50	9·6	21 29·2
27	20 21 18·0	+19 20 42	9·8	2 02·4	25	19 39 46·7	+13 17 09	9·7	21 24·8
28	20 20 41·9	+19 21 31	9·7	1 57·9	26	19 39 19·7	+13 05 24	9·7	21 20·4
29	20 20 04·9	+19 22 06	9·7	1 53·3	27	19 38 53·8	+12 53 33	9·7	21 16·1
30	20 19 27·1	+19 22 27	9·7	1 48·8	28	19 38 29·0	+12 41 39	9·7	21 11·7
July 1	20 18 48·5	+19 22 34	9·7	1 44·2	29	19 38 05·4	+12 29 40	9·7	21 07·4
2	20 18 09·0	+19 22 25	9·7	1 39·6	30	19 37 42·9	+12 17 38	9·7	21 03·1
3	20 17 28·8	+19 22 02	9·7	1 35·0	31	19 37 21·6	+12 05 33	9·7	20 58·9
4	20 16 47·9	+19 21 24	9·7	1 30·4	Sept. 1	19 37 01·5	+11 53 25	9·7	20 54·6
5	20 16 06·2	+19 20 31	9·7	1 25·8	2	19 36 42·5	+11 41 15	9·7	20 50·4
6	20 15 23·9	+19 19 23	9·7	1 21·2	3	19 36 24·8	+11 29 02	9·8	20 46·2
7	20 14 40·9	+19 17 59	9·7	1 16·5	4	19 36 08·3	+11 16 49	9·8	20 42·0
8	20 13 57·4	+19 16 20	9·6	1 11·9	5	19 35 53·0	+11 04 34	9·8	20 37·8
9	20 13 13·2	+19 14 26	9·6	1 07·2	6	19 35 39·0	+10 52 18	9·8	20 33·7
10	20 12 28·6	+19 12 16	9·6	1 02·5	7	19 35 26·1	+10 40 02	9·8	20 29·6
11	20 11 43·4	+19 09 50	9·6	0 57·8	8	19 35 14·5	+10 27 45	9·8	20 25·5
12	20 10 57·8	+19 07 09	9·6	0 53·2	9	19 35 04·1	+10 15 29	9·8	20 21·4
13	20 10 11·8	+19 04 12	9·6	0 48·5	10	19 34 55·0	+10 03 13	9·8	20 17·3
14	20 09 25·4	+19 01 00	9·6	0 43·8	11	19 34 47·1	+ 9 50 58	9·8	20 13·3
15	20 08 38·6	+18 57 31	9·6	0 39·1	12	19 34 40·4	+ 9 38 44	9·9	20 09·2
16	20 07 51·5	+18 53 47	9·6	0 34·3	13	19 34 34·9	+ 9 26 32	9·9	20 05·2
17	20 07 04·2	+18 49 48	9·6	0 29·6	14	19 34 30·7	+ 9 14 21	9·9	20 01·3
18	20 06 16·6	+18 45 32	9·6	0 24·9	15	19 34 27·7	+ 9 02 12	9·9	19 57·3
19	20 05 28·8	+18 41 01	9·6	0 20·2	Sept. 16	19 34 25·9	+ 8 50 05	9·9	19 53·3
20	20 04 40·8	+18 36 14	9·6	0 15·5	17	19 34 25·4	+ 8 38 01	9·9	19 49·4
21	20 03 52·7	+18 31 12	9·6	0 10·7	18	19 34 26·0	+ 8 26 00	9·9	19 45·5
22	20 03 04·6	+18 25 54	9·5	0 06·0	19	19 34 27·9	+ 8 14 01	9·9	19 41·6
23	20 02 16·4	+18 20 21	9·5	0 01·3	20	19 34 31·0	+ 8 02 06	10·0	19 37·8
24	20 01 28·2	+18 14 32	9·5	23 51·8	21	19 34 35·3	+ 7 50 15	10·0	19 33·9
25	20 00 40·1	+18 08 28	9·5	23 47·1	22	19 34 40·8	+ 7 38 27	10·0	19 30·1
26	19 59 52·0	+18 02 09	9·5	23 42·4	23	19 34 47·6	+ 7 26 43	10·0	19 26·3
27	19 59 04·1	+17 55 36	9·5	23 37·6	24	19 34 55·5	+ 7 15 03	10·0	19 22·5
28	19 58 16·4	+17 48 47	9·5	23 32·9	25	19 35 04·6	+ 7 03 28	10·0	19 18·8
July 29	19 57 28·8	+17 41 44	9·5	23 28·2	Sept. 26	19 35 14·9	+ 6 51 57	10·0	19 15·0

Second transit for Pallas 2011 July 23ᵈ 23ʰ 56ᵐ5

GEOCENTRIC POSITIONS FOR 0^h TERRESTRIAL TIME

Date	Astrometric R.A.	Dec.	Vis. Mag.	Ephemeris Transit	Date	Astrometric R.A.	Dec.	Vis. Mag.	Ephemeris Transit
	h m s	° ′ ″		h m		h m s	° ′ ″		h m
2011 Jan. 12	11 52 28·1	− 2 37 29	9·8	4 27·8	2011 Mar. 12	11 29 11·2	+ 3 50 28	8·9	0 12·6
13	11 52 43·7	− 2 36 16	9·8	4 24·1	13	11 28 22·7	+ 4 00 16	8·9	0 07·8
14	11 52 57·8	− 2 34 51	9·8	4 20·4	14	11 27 34·3	+ 4 10 00	8·9	0 03·1
15	11 53 10·4	− 2 33 15	9·8	4 16·7	15	11 26 46·2	+ 4 19 42	9·0	23 53·6
16	11 53 21·6	− 2 31 26	9·8	4 12·9	16	11 25 58·2	+ 4 29 21	9·0	23 48·9
17	11 53 31·3	− 2 29 25	9·8	4 09·2	17	11 25 10·6	+ 4 38 55	9·0	23 44·2
18	11 53 39·5	− 2 27 11	9·8	4 05·4	18	11 24 23·4	+ 4 48 26	9·1	23 39·5
19	11 53 46·2	− 2 24 46	9·7	4 01·5	19	11 23 36·6	+ 4 57 51	9·1	23 34·8
20	11 53 51·4	− 2 22 08	9·7	3 57·7	20	11 22 50·3	+ 5 07 12	9·1	23 30·1
21	11 53 55·1	− 2 19 18	9·7	3 53·8	21	11 22 04·4	+ 5 16 27	9·1	23 25·4
Jan. 22	11 53 57·3	− 2 16 15	9·7	3 49·9	22	11 21 19·2	+ 5 25 36	9·2	23 20·8
23	11 53 58·0	− 2 13 00	9·7	3 46·0	23	11 20 34·5	+ 5 34 39	9·2	23 16·1
24	11 53 57·1	− 2 09 32	9·7	3 42·0	24	11 19 50·5	+ 5 43 34	9·2	23 11·4
25	11 53 54·7	− 2 05 52	9·7	3 38·1	25	11 19 07·2	+ 5 52 23	9·2	23 06·8
26	11 53 50·8	− 2 01 59	9·6	3 34·1	26	11 18 24·7	+ 6 01 04	9·3	23 02·2
27	11 53 45·3	− 1 57 53	9·6	3 30·0	27	11 17 43·0	+ 6 09 37	9·3	22 57·6
28	11 53 38·3	− 1 53 35	9·6	3 26·0	28	11 17 02·1	+ 6 18 02	9·3	22 53·0
29	11 53 29·8	− 1 49 03	9·6	3 21·9	29	11 16 22·1	+ 6 26 19	9·3	22 48·4
30	11 53 19·7	− 1 44 20	9·6	3 17·8	30	11 15 43·0	+ 6 34 26	9·4	22 43·8
31	11 53 08·1	− 1 39 23	9·6	3 13·7	31	11 15 04·9	+ 6 42 24	9·4	22 39·3
Feb. 1	11 52 55·0	− 1 34 14	9·6	3 09·5	Apr. 1	11 14 27·8	+ 6 50 13	9·4	22 34·8
2	11 52 40·3	− 1 28 52	9·5	3 05·4	2	11 13 51·7	+ 6 57 52	9·4	22 30·2
3	11 52 24·2	− 1 23 18	9·5	3 01·2	3	11 13 16·7	+ 7 05 21	9·5	22 25·8
4	11 52 06·6	− 1 17 32	9·5	2 56·9	4	11 12 42·8	+ 7 12 39	9·5	22 21·3
5	11 51 47·5	− 1 11 34	9·5	2 52·7	5	11 12 10·0	+ 7 19 48	9·5	22 16·8
6	11 51 27·0	− 1 05 23	9·5	2 48·4	6	11 11 38·4	+ 7 26 45	9·5	22 12·4
7	11 51 05·0	− 0 59 01	9·5	2 44·1	7	11 11 08·0	+ 7 33 32	9·6	22 08·0
8	11 50 41·6	− 0 52 26	9·4	2 39·8	8	11 10 38·7	+ 7 40 08	9·6	22 03·6
9	11 50 16·9	− 0 45 41	9·4	2 35·4	9	11 10 10·8	+ 7 46 33	9·6	21 59·2
10	11 49 50·7	− 0 38 44	9·4	2 31·1	10	11 09 44·0	+ 7 52 46	9·6	21 54·8
11	11 49 23·2	− 0 31 35	9·4	2 26·7	11	11 09 18·6	+ 7 58 49	9·7	21 50·5
12	11 48 54·4	− 0 24 17	9·4	2 22·3	12	11 08 54·4	+ 8 04 40	9·7	21 46·2
13	11 48 24·4	− 0 16 47	9·4	2 17·8	13	11 08 31·6	+ 8 10 19	9·7	21 41·9
14	11 47 53·0	− 0 09 07	9·4	2 13·4	14	11 08 10·0	+ 8 15 47	9·7	21 37·6
15	11 47 20·5	− 0 01 17	9·3	2 08·9	15	11 07 49·8	+ 8 21 04	9·7	21 33·4
16	11 46 46·7	+ 0 06 43	9·3	2 04·4	16	11 07 30·8	+ 8 26 09	9·8	21 29·2
17	11 46 11·9	+ 0 14 52	9·3	1 59·9	17	11 07 13·3	+ 8 31 03	9·8	21 25·0
18	11 45 35·8	+ 0 23 10	9·3	1 55·4	18	11 06 57·0	+ 8 35 45	9·8	21 20·8
19	11 44 58·8	+ 0 31 37	9·3	1 50·8	19	11 06 42·1	+ 8 40 15	9·8	21 16·6
20	11 44 20·6	+ 0 40 13	9·3	1 46·3	20	11 06 28·5	+ 8 44 35	9·9	21 12·5
21	11 43 41·5	+ 0 48 57	9·2	1 41·7	21	11 06 16·3	+ 8 48 42	9·9	21 08·4
22	11 43 01·4	+ 0 57 48	9·2	1 37·1	22	11 06 05·4	+ 8 52 39	9·9	21 04·3
23	11 42 20·3	+ 1 06 47	9·2	1 32·5	23	11 05 55·8	+ 8 56 24	9·9	21 00·2
24	11 41 38·4	+ 1 15 53	9·2	1 27·9	24	11 05 47·6	+ 8 59 58	9·9	20 56·1
25	11 40 55·7	+ 1 25 05	9·2	1 23·2	25	11 05 40·7	+ 9 03 20	10·0	20 52·1
26	11 40 12·1	+ 1 34 23	9·2	1 18·6	26	11 05 35·2	+ 9 06 31	10·0	20 48·1
27	11 39 27·9	+ 1 43 47	9·1	1 13·9	27	11 05 31·0	+ 9 09 31	10·0	20 44·1
28	11 38 42·9	+ 1 53 15	9·1	1 09·2	28	11 05 28·1	+ 9 12 20	10·0	20 40·2
Mar. 1	11 37 57·4	+ 2 02 49	9·1	1 04·5	Apr. 29	11 05 26·5	+ 9 14 58	10·0	20 36·2
2	11 37 11·2	+ 2 12 26	9·1	0 59·8	30	11 05 26·3	+ 9 17 25	10·1	20 32·3
3	11 36 24·6	+ 2 22 07	9·1	0 55·1	May 1	11 05 27·4	+ 9 19 41	10·1	20 28·4
4	11 35 37·4	+ 2 31 52	9·1	0 50·4	2	11 05 29·8	+ 9 21 46	10·1	20 24·5
5	11 34 49·9	+ 2 41 38	9·0	0 45·7	3	11 05 33·5	+ 9 23 41	10·1	20 20·7
6	11 34 02·1	+ 2 51 27	9·0	0 41·0	4	11 05 38·5	+ 9 25 25	10·1	20 16·9
7	11 33 13·9	+ 3 01 17	9·0	0 36·2	5	11 05 44·7	+ 9 26 59	10·2	20 13·1
8	11 32 25·6	+ 3 11 07	9·0	0 31·5	6	11 05 52·3	+ 9 28 22	10·2	20 09·3
9	11 31 37·1	+ 3 20 59	9·0	0 26·8	7	11 06 01·1	+ 9 29 35	10·2	20 05·5
10	11 30 48·5	+ 3 30 50	8·9	0 22·0	8	11 06 11·1	+ 9 30 38	10·2	20 01·7
11	11 29 59·8	+ 3 40 40	8·9	0 17·3	9	11 06 22·4	+ 9 31 31	10·2	19 58·0
Mar. 12	11 29 11·2	+ 3 50 28	8·9	0 12·6	May 10	11 06 35·0	+ 9 32 14	10·3	19 54·3

Second transit for Juno 2011 March 14^d 23^h 58^m·4

VESTA, 2011
GEOCENTRIC POSITIONS FOR 0^h TERRESTRIAL TIME

Date	Astrometric R.A.	Dec.	Vis. Mag.	Ephemeris Transit	Date	Astrometric R.A.	Dec.	Vis. Mag.	Ephemeris Transit
	h m s	° ′ ″		h m		h m s	° ′ ″		h m
2011 June 7	21 26 51·0	−16 59 43	6·8	4 26·7	2011 Aug. 5	21 07 56·2	−22 59 43	5·6	0 15·8
8	21 27 21·9	−17 01 31	6·7	4 23·3	6	21 06 59·2	−23 07 16	5·6	0 10·9
9	21 27 51·2	−17 03 30	6·7	4 19·8	7	21 06 02·2	−23 14 43	5·6	0 06·0
10	21 28 18·7	−17 05 39	6·7	4 16·3	8	21 05 05·2	−23 22 03	5·7	0 01·2
11	21 28 44·6	−17 07 58	6·7	4 12·8	9	21 04 08·3	−23 29 14	5·7	23 51·4
12	21 29 08·7	−17 10 28	6·7	4 09·3	10	21 03 11·7	−23 36 17	5·7	23 46·6
13	21 29 31·1	−17 13 09	6·6	4 05·7	11	21 02 15·4	−23 43 12	5·7	23 41·7
14	21 29 51·8	−17 16 00	6·6	4 02·1	12	21 01 19·4	−23 49 57	5·7	23 36·8
15	21 30 10·7	−17 19 01	6·6	3 58·5	13	21 00 24·0	−23 56 33	5·8	23 32·0
16	21 30 27·9	−17 22 14	6·6	3 54·8	14	20 59 29·0	−24 03 00	5·8	23 27·2
17	21 30 43·2	−17 25 38	6·6	3 51·2	15	20 58 34·7	−24 09 16	5·8	23 22·4
18	21 30 56·8	−17 29 12	6·5	3 47·5	16	20 57 41·1	−24 15 22	5·8	23 17·5
19	21 31 08·5	−17 32 58	6·5	3 43·7	17	20 56 48·3	−24 21 17	5·9	23 12·8
20	21 31 18·4	−17 36 54	6·5	3 39·9	18	20 55 56·3	−24 27 02	5·9	23 08·0
21	21 31 26·4	−17 41 01	6·5	3 36·1	19	20 55 05·3	−24 32 35	5·9	23 03·2
22	21 31 32·6	−17 45 20	6·5	3 32·3	20	20 54 15·2	−24 37 57	5·9	22 58·5
23	21 31 36·9	−17 49 49	6·5	3 28·4	21	20 53 26·3	−24 43 08	6·0	22 53·7
June 24	21 31 39·3	−17 54 30	6·4	3 24·5	22	20 52 38·4	−24 48 07	6·0	22 49·0
25	21 31 39·8	−17 59 21	6·4	3 20·6	23	20 51 51·8	−24 52 55	6·0	22 44·4
26	21 31 38·4	−18 04 24	6·4	3 16·7	24	20 51 06·4	−24 57 30	6·0	22 39·7
27	21 31 35·0	−18 09 37	6·4	3 12·7	25	20 50 22·4	−25 01 54	6·1	22 35·1
28	21 31 29·8	−18 15 01	6·4	3 08·6	26	20 49 39·8	−25 06 05	6·1	22 30·4
29	21 31 22·6	−18 20 35	6·3	3 04·6	27	20 48 58·6	−25 10 04	6·1	22 25·9
30	21 31 13·5	−18 26 19	6·3	3 00·5	28	20 48 19·0	−25 13 51	6·1	22 21·3
July 1	21 31 02·5	−18 32 14	6·3	2 56·4	29	20 47 40·9	−25 17 26	6·2	22 16·8
2	21 30 49·5	−18 38 19	6·3	2 52·2	30	20 47 04·4	−25 20 49	6·2	22 12·2
3	21 30 34·7	−18 44 33	6·2	2 48·1	31	20 46 29·5	−25 23 59	6·2	22 07·8
4	21 30 18·0	−18 50 57	6·2	2 43·8	Sept. 1	20 45 56·4	−25 26 57	6·2	22 03·3
5	21 29 59·4	−18 57 31	6·2	2 39·6	2	20 45 25·1	−25 29 43	6·3	21 58·9
6	21 29 38·9	−19 04 13	6·2	2 35·3	3	20 44 55·5	−25 32 17	6·3	21 54·5
7	21 29 16·7	−19 11 03	6·2	2 31·0	4	20 44 27·7	−25 34 39	6·3	21 50·1
8	21 28 52·5	−19 18 02	6·1	2 26·7	5	20 44 01·7	−25 36 48	6·3	21 45·8
9	21 28 26·6	−19 25 09	6·1	2 22·3	6	20 43 37·6	−25 38 47	6·4	21 41·5
10	21 27 59·0	−19 32 24	6·1	2 17·9	7	20 43 15·4	−25 40 33	6·4	21 37·2
11	21 27 29·6	−19 39 45	6·1	2 13·5	8	20 42 55·1	−25 42 08	6·4	21 33·0
12	21 26 58·4	−19 47 14	6·1	2 09·1	9	20 42 36·6	−25 43 32	6·4	21 28·8
13	21 26 25·6	−19 54 49	6·0	2 04·6	10	20 42 20·1	−25 44 44	6·5	21 24·6
14	21 25 51·2	−20 02 30	6·0	2 00·1	11	20 42 05·5	−25 45 46	6·5	21 20·4
15	21 25 15·1	−20 10 16	6·0	1 55·6	12	20 41 52·8	−25 46 36	6·5	21 16·3
16	21 24 37·5	−20 18 07	6·0	1 51·0	13	20 41 42·1	−25 47 16	6·5	21 12·2
17	21 23 58·3	−20 26 04	6·0	1 46·4	14	20 41 33·3	−25 47 45	6·5	21 08·2
18	21 23 17·6	−20 34 04	5·9	1 41·8	15	20 41 26·4	−25 48 04	6·6	21 04·2
19	21 22 35·5	−20 42 08	5·9	1 37·2	16	20 41 21·4	−25 48 12	6·6	21 00·2
20	21 21 51·9	−20 50 15	5·9	1 32·5	17	20 41 18·4	−25 48 10	6·6	20 56·2
21	21 21 07·1	−20 58 25	5·9	1 27·9	Sept. 18	20 41 17·3	−25 47 58	6·6	20 52·3
22	21 20 20·9	−21 06 37	5·9	1 23·2	19	20 41 18·1	−25 47 36	6·7	20 48·4
23	21 19 33·4	−21 14 51	5·8	1 18·4	20	20 41 20·8	−25 47 04	6·7	20 44·6
24	21 18 44·8	−21 23 05	5·8	1 13·7	21	20 41 25·5	−25 46 23	6·7	20 40·7
25	21 17 55·1	−21 31 20	5·8	1 08·9	22	20 41 32·0	−25 45 32	6·7	20 36·9
26	21 17 04·3	−21 39 35	5·8	1 04·2	23	20 41 40·4	−25 44 31	6·8	20 33·2
27	21 16 12·6	−21 47 49	5·8	0 59·4	24	20 41 50·6	−25 43 22	6·8	20 29·4
28	21 15 20·0	−21 56 02	5·7	0 54·6	25	20 42 02·8	−25 42 03	6·8	20 25·7
29	21 14 26·5	−22 04 13	5·7	0 49·8	26	20 42 16·8	−25 40 35	6·8	20 22·1
30	21 13 32·3	−22 12 21	5·7	0 44·9	27	20 42 32·6	−25 38 59	6·8	20 18·4
31	21 12 37·4	−22 20 26	5·7	0 40·1	28	20 42 50·3	−25 37 13	6·9	20 14·8
Aug. 1	21 11 41·9	−22 28 27	5·7	0 35·2	29	20 43 09·7	−25 35 19	6·9	20 11·2
2	21 10 46·0	−22 36 24	5·7	0 30·4	30	20 43 31·0	−25 33 17	6·9	20 07·7
3	21 09 49·7	−22 44 16	5·6	0 25·5	Oct. 1	20 43 54·0	−25 31 06	6·9	20 04·1
4	21 08 53·0	−22 52 02	5·6	0 20·7	2	20 44 18·8	−25 28 47	7·0	20 00·6
Aug. 5	21 07 56·2	−22 59 43	5·6	0 15·8	Oct. 3	20 44 45·2	−25 26 19	7·0	19 57·2

Second transit for Vesta 2011 August 8^d 23^h $56^m\!\cdot\!3$

GEOCENTRIC POSITIONS FOR 0ʰ TERRESTRIAL TIME

Date	Astrometric		Vis. Mag.	Ephemeris Transit	Date	Astrometric		Vis. Mag.	Ephemeris Transit
	R.A.	Dec.				R.A.	Dec.		
	h m s	° ′ ″		h m		h m s	° ′ ″		h m
2010 Nov. 26	8 48 06·1	+14 31 09	9·0	4 28·8	**2011 Jan. 24**	8 18 07·5	+12 25 27	7·9	0 06·9
27	8 48 33·7	+14 25 05	9·0	4 25·3	25	8 17 01·4	+12 27 09	7·9	0 01·8
28	8 48 59·2	+14 19 06	9·0	4 21·8	26	8 15 55·7	+12 28 56	7·9	23 51·8
29	8 49 22·5	+14 13 14	8·9	4 18·3	27	8 14 50·5	+12 30 47	7·9	23 46·8
30	8 49 43·8	+14 07 28	8·9	4 14·7	28	8 13 45·8	+12 32 41	7·9	23 41·8
Dec. 1	8 50 02·9	+14 01 49	8·9	4 11·1	29	8 12 41·9	+12 34 39	8·0	23 36·8
2	8 50 19·8	+13 56 17	8·9	4 07·4	30	8 11 38·8	+12 36 40	8·0	23 31·9
3	8 50 34·5	+13 50 52	8·9	4 03·7	31	8 10 36·6	+12 38 43	8·0	23 26·9
4	8 50 47·1	+13 45 35	8·9	4 00·0	**Feb. 1**	8 09 35·3	+12 40 49	8·1	23 22·0
5	8 50 57·4	+13 40 25	8·8	3 56·2	2	8 08 35·1	+12 42 58	8·1	23 17·1
6	8 51 05·5	+13 35 22	8·8	3 52·4	3	8 07 36·0	+12 45 08	8·1	23 12·2
7	8 51 11·3	+13 30 27	8·8	3 48·6	4	8 06 38·1	+12 47 20	8·2	23 07·3
8	8 51 14·9	+13 25 40	8·8	3 44·7	5	8 05 41·6	+12 49 33	8·2	23 02·5
Dec. 9	8 51 16·2	+13 21 02	8·8	3 40·8	6	8 04 46·4	+12 51 48	8·2	22 57·7
10	8 51 15·3	+13 16 31	8·7	3 36·8	7	8 03 52·7	+12 54 03	8·3	22 52·9
11	8 51 12·1	+13 12 09	8·7	3 32·8	8	8 03 00·4	+12 56 19	8·3	22 48·1
12	8 51 06·7	+13 07 55	8·7	3 28·8	9	8 02 09·8	+12 58 35	8·3	22 43·3
13	8 50 59·0	+13 03 50	8·7	3 24·7	10	8 01 20·8	+13 00 51	8·4	22 38·6
14	8 50 49·0	+12 59 53	8·7	3 20·6	11	8 00 33·4	+13 03 08	8·4	22 33·9
15	8 50 36·8	+12 56 05	8·6	3 16·5	12	7 59 47·8	+13 05 24	8·4	22 29·3
16	8 50 22·4	+12 52 26	8·6	3 12·3	13	7 59 04·0	+13 07 39	8·5	22 24·6
17	8 50 05·7	+12 48 56	8·6	3 08·1	14	7 58 21·9	+13 09 54	8·5	22 20·0
18	8 49 46·8	+12 45 35	8·6	3 03·9	15	7 57 41·7	+13 12 08	8·5	22 15·5
19	8 49 25·7	+12 42 23	8·6	2 59·6	16	7 57 03·4	+13 14 21	8·6	22 10·9
20	8 49 02·3	+12 39 21	8·5	2 55·2	17	7 56 27·0	+13 16 33	8·6	22 06·4
21	8 48 36·9	+12 36 27	8·5	2 50·9	18	7 55 52·5	+13 18 43	8·6	22 02·0
22	8 48 09·2	+12 33 43	8·5	2 46·5	19	7 55 20·0	+13 20 51	8·7	21 57·5
23	8 47 39·4	+12 31 08	8·5	2 42·1	20	7 54 49·4	+13 22 58	8·7	21 53·1
24	8 47 07·5	+12 28 43	8·5	2 37·6	21	7 54 20·9	+13 25 04	8·7	21 48·7
25	8 46 33·5	+12 26 27	8·4	2 33·1	22	7 53 54·2	+13 27 07	8·8	21 44·4
26	8 45 57·5	+12 24 20	8·4	2 28·6	23	7 53 29·6	+13 29 08	8·8	21 40·1
27	8 45 19·4	+12 22 23	8·4	2 24·0	24	7 53 07·1	+13 31 07	8·8	21 35·8
28	8 44 39·3	+12 20 36	8·4	2 19·4	25	7 52 46·5	+13 33 03	8·9	21 31·6
29	8 43 57·3	+12 18 58	8·4	2 14·8	26	7 52 27·9	+13 34 57	8·9	21 27·4
30	8 43 13·3	+12 17 29	8·3	2 10·1	27	7 52 11·4	+13 36 49	8·9	21 23·2
31	8 42 27·5	+12 16 10	8·3	2 05·4	28	7 51 56·9	+13 38 37	8·9	21 19·0
2011 Jan. 1	8 41 39·9	+12 15 01	8·3	2 00·7	**Mar. 1**	7 51 44·5	+13 40 23	9·0	21 14·9
2	8 40 50·6	+12 14 00	8·3	1 55·9	2	7 51 34·1	+13 42 05	9·0	21 10·9
3	8 39 59·6	+12 13 09	8·3	1 51·2	3	7 51 25·7	+13 43 45	9·0	21 06·8
4	8 39 07·0	+12 12 27	8·2	1 46·4	4	7 51 19·3	+13 45 21	9·1	21 02·8
5	8 38 12·8	+12 11 54	8·2	1 41·5	5	7 51 14·9	+13 46 54	9·1	20 58·8
6	8 37 17·2	+12 11 30	8·2	1 36·7	**Mar. 6**	7 51 12·5	+13 48 23	9·1	20 54·9
7	8 36 20·2	+12 11 14	8·2	1 31·8	7	7 51 12·1	+13 49 49	9·1	20 51·0
8	8 35 21·9	+12 11 07	8·1	1 26·9	8	7 51 13·7	+13 51 11	9·2	20 47·1
9	8 34 22·4	+12 11 08	8·1	1 22·0	9	7 51 17·2	+13 52 29	9·2	20 43·3
10	8 33 21·7	+12 11 17	8·1	1 17·0	10	7 51 22·7	+13 53 44	9·2	20 39·4
11	8 32 20·1	+12 11 34	8·1	1 12·1	11	7 51 30·1	+13 54 54	9·3	20 35·7
12	8 31 17·5	+12 11 59	8·1	1 07·1	12	7 51 39·3	+13 56 01	9·3	20 31·9
13	8 30 14·0	+12 12 31	8·0	1 02·1	13	7 51 50·5	+13 57 03	9·3	20 28·2
14	8 29 09·8	+12 13 10	8·0	0 57·1	14	7 52 03·4	+13 58 02	9·3	20 24·5
15	8 28 04·9	+12 13 57	8·0	0 52·1	15	7 52 18·2	+13 58 56	9·4	20 20·8
16	8 26 59·5	+12 14 50	8·0	0 47·1	16	7 52 34·8	+13 59 46	9·4	20 17·2
17	8 25 53·6	+12 15 49	7·9	0 42·1	17	7 52 53·1	+14 00 32	9·4	20 13·6
18	8 24 47·3	+12 16 55	7·9	0 37·1	18	7 53 13·2	+14 01 13	9·4	20 10·0
19	8 23 40·8	+12 18 07	7·9	0 32·0	19	7 53 35·0	+14 01 50	9·5	20 06·5
20	8 22 34·1	+12 19 24	7·9	0 27·0	20	7 53 58·4	+14 02 23	9·5	20 03·0
21	8 21 27·3	+12 20 47	7·9	0 22·0	21	7 54 23·5	+14 02 51	9·5	19 59·5
22	8 20 20·5	+12 22 16	7·9	0 16·9	22	7 54 50·2	+14 03 15	9·5	19 56·0
23	8 19 13·9	+12 23 49	7·9	0 11·9	23	7 55 18·5	+14 03 34	9·6	19 52·5
Jan. 24	8 18 07·5	+12 25 27	7·9	0 06·9	**Mar. 24**	7 55 48·4	+14 03 49	9·6	19 49·1

Second transit for Iris 2011 January 25ᵈ 23ʰ 56ᵐ8

METIS, 2011
GEOCENTRIC POSITIONS FOR 0ʰ TERRESTRIAL TIME

Date	Astrometric R.A.	Dec.	Vis. Mag.	Ephemeris Transit	Date	Astrometric R.A.	Dec.	Vis. Mag.	Ephemeris Transit
	h m s	° ′ ″		h m		h m s	° ′ ″		h m
2011 May 29	20 59 43·5	−22 06 35	10·9	4 35·0	2011 July 27	20 34 22·0	−26 32 29	9·6	0 17·7
30	21 00 03·6	−22 08 21	10·8	4 31·4	28	20 33 19·6	−26 37 30	9·6	0 12·7
31	21 00 22·2	−22 10 14	10·8	4 27·8	29	20 32 16·9	−26 42 25	9·6	0 07·8
June 1	21 00 39·3	−22 12 14	10·8	4 24·1	30	20 31 14·1	−26 47 14	9·6	0 02·8
2	21 00 54·8	−22 14 21	10·8	4 20·4	31	20 30 11·2	−26 51 56	9·6	23 52·9
3	21 01 08·8	−22 16 36	10·8	4 16·7	Aug. 1	20 29 08·4	−26 56 31	9·6	23 47·9
4	21 01 21·1	−22 18 58	10·7	4 13·0	2	20 28 05·6	−27 00 59	9·6	23 42·9
5	21 01 31·9	−22 21 28	10·7	4 09·3	3	20 27 03·0	−27 05 19	9·6	23 38·0
6	21 01 41·1	−22 24 05	10·7	4 05·5	4	20 26 00·7	−27 09 31	9·6	23 33·0
7	21 01 48·7	−22 26 50	10·7	4 01·7	5	20 24 58·7	−27 13 35	9·7	23 28·1
8	21 01 54·7	−22 29 42	10·7	3 57·8	6	20 23 57·1	−27 17 31	9·7	23 23·1
9	21 01 59·0	−22 32 42	10·6	3 54·0	7	20 22 56·0	−27 21 18	9·7	23 18·2
10	21 02 01·7	−22 35 49	10·6	3 50·1	8	20 21 55·5	−27 24 57	9·7	23 13·3
June 11	21 02 02·7	−22 39 03	10·6	3 46·2	9	20 20 55·7	−27 28 27	9·7	23 08·3
12	21 02 02·1	−22 42 25	10·6	3 42·2	10	20 19 56·5	−27 31 48	9·8	23 03·4
13	21 01 59·8	−22 45 54	10·6	3 38·2	11	20 18 58·2	−27 35 00	9·8	22 58·6
14	21 01 55·8	−22 49 30	10·5	3 34·2	12	20 18 00·7	−27 38 03	9·8	22 53·7
15	21 01 50·2	−22 53 13	10·5	3 30·2	13	20 17 04·1	−27 40 56	9·8	22 48·8
16	21 01 42·8	−22 57 04	10·5	3 26·1	14	20 16 08·5	−27 43 41	9·9	22 44·0
17	21 01 33·7	−23 01 01	10·5	3 22·1	15	20 15 14·0	−27 46 16	9·9	22 39·2
18	21 01 23·0	−23 05 05	10·4	3 17·9	16	20 14 20·5	−27 48 43	9·9	22 34·4
19	21 01 10·5	−23 09 17	10·4	3 13·8	17	20 13 28·3	−27 51 00	9·9	22 29·6
20	21 00 56·2	−23 13 35	10·4	3 09·6	18	20 12 37·2	−27 53 07	9·9	22 24·9
21	21 00 40·3	−23 17 59	10·4	3 05·4	19	20 11 47·5	−27 55 06	10·0	22 20·1
22	21 00 22·6	−23 22 30	10·4	3 01·2	20	20 10 59·1	−27 56 55	10·0	22 15·4
23	21 00 03·2	−23 27 07	10·3	2 56·9	21	20 10 12·0	−27 58 35	10·0	22 10·7
24	20 59 42·0	−23 31 51	10·3	2 52·7	22	20 09 26·4	−28 00 05	10·0	22 06·1
25	20 59 19·2	−23 36 40	10·3	2 48·4	23	20 08 42·3	−28 01 27	10·0	22 01·4
26	20 58 54·6	−23 41 35	10·3	2 44·0	24	20 07 59·7	−28 02 39	10·1	21 56·8
27	20 58 28·2	−23 46 35	10·2	2 39·6	25	20 07 18·7	−28 03 43	10·1	21 52·2
28	20 58 00·2	−23 51 41	10·2	2 35·2	26	20 06 39·3	−28 04 37	10·1	21 47·7
29	20 57 30·5	−23 56 52	10·2	2 30·8	27	20 06 01·6	−28 05 23	10·1	21 43·1
30	20 56 59·1	−24 02 07	10·2	2 26·4	28	20 05 25·5	−28 06 00	10·1	21 38·6
July 1	20 56 26·1	−24 07 27	10·1	2 21·9	29	20 04 51·2	−28 06 28	10·2	21 34·1
2	20 55 51·4	−24 12 51	10·1	2 17·4	30	20 04 18·7	−28 06 48	10·2	21 29·7
3	20 55 15·1	−24 18 19	10·1	2 12·8	31	20 03 47·9	−28 06 59	10·2	21 25·3
4	20 54 37·2	−24 23 50	10·1	2 08·3	Sept. 1	20 03 19·0	−28 07 02	10·2	21 20·9
5	20 53 57·8	−24 29 25	10·0	2 03·7	2	20 02 51·9	−28 06 56	10·2	21 16·5
6	20 53 16·8	−24 35 02	10·0	1 59·1	3	20 02 26·6	−28 06 43	10·3	21 12·2
7	20 52 34·4	−24 40 42	10·0	1 54·4	4	20 02 03·3	−28 06 22	10·3	21 07·9
8	20 51 50·5	−24 46 23	10·0	1 49·8	5	20 01 41·8	−28 05 53	10·3	21 03·7
9	20 51 05·2	−24 52 06	10·0	1 45·1	6	20 01 22·2	−28 05 16	10·3	20 59·4
10	20 50 18·5	−24 57 51	9·9	1 40·4	7	20 01 04·5	−28 04 32	10·3	20 55·2
11	20 49 30·4	−25 03 36	9·9	1 35·7	8	20 00 48·8	−28 03 41	10·4	20 51·1
12	20 48 41·1	−25 09 22	9·9	1 30·9	9	20 00 34·9	−28 02 42	10·4	20 46·9
13	20 47 50·6	−25 15 08	9·9	1 26·1	10	20 00 22·9	−28 01 37	10·4	20 42·8
14	20 46 58·8	−25 20 54	9·8	1 21·4	11	20 00 12·9	−28 00 24	10·4	20 38·8
15	20 46 05·9	−25 26 39	9·8	1 16·5	12	20 00 04·7	−27 59 05	10·4	20 34·7
16	20 45 11·9	−25 32 23	9·8	1 11·7	13	19 59 58·5	−27 57 40	10·5	20 30·7
17	20 44 16·8	−25 38 06	9·8	1 06·9	14	19 59 54·1	−27 56 07	10·5	20 26·7
18	20 43 20·8	−25 43 47	9·7	1 02·0	Sept. 15	19 59 51·7	−27 54 29	10·5	20 22·8
19	20 42 23·8	−25 49 26	9·7	0 57·1	16	19 59 51·1	−27 52 44	10·5	20 18·9
20	20 41 25·9	−25 55 02	9·7	0 52·3	17	19 59 52·4	−27 50 53	10·5	20 15·0
21	20 40 27·3	−26 00 35	9·7	0 47·4	18	19 59 55·6	−27 48 56	10·5	20 11·1
22	20 39 27·9	−26 06 05	9·6	0 42·4	19	20 00 00·6	−27 46 53	10·6	20 07·3
23	20 38 27·8	−26 11 31	9·6	0 37·5	20	20 00 07·5	−27 44 44	10·6	20 03·5
24	20 37 27·1	−26 16 53	9·6	0 32·6	21	20 00 16·2	−27 42 29	10·6	19 59·8
25	20 36 25·8	−26 22 10	9·6	0 27·6	22	20 00 26·8	−27 40 09	10·6	19 56·0
26	20 35 24·1	−26 27 22	9·6	0 22·7	23	20 00 39·1	−27 37 43	10·6	19 52·3
July 27	20 34 22·0	−26 32 29	9·6	0 17·7	Sept. 24	20 00 53·3	−27 35 12	10·6	19 48·7

Second transit for Metis 2011 July 30ᵈ 23ʰ 57ᵐ8

GEOCENTRIC POSITIONS FOR 0ʰ TERRESTRIAL TIME

Date	Astrometric R.A. (h m s)	Dec. (° ′ ″)	Vis. Mag.	Ephemeris Transit (h m)	Date	Astrometric R.A. (h m s)	Dec. (° ′ ″)	Vis. Mag.	Ephemeris Transit (h m)
2011 Mar. 15	15 36 19·4	−23 52 20	10·3	4 07·4	2011 May 13	15 13 57·5	−22 52 46	9·1	23 48·3
16	15 36 37·1	−23 54 19	10·3	4 03·7	14	15 13 08·6	−22 48 47	9·1	23 43·6
17	15 36 53·4	−23 56 12	10·3	4 00·1	15	15 12 19·9	−22 44 45	9·1	23 38·8
18	15 37 08·1	−23 58 00	10·3	3 56·4	16	15 11 31·4	−22 40 40	9·1	23 34·1
19	15 37 21·4	−23 59 42	10·3	3 52·7	17	15 10 43·1	−22 36 32	9·1	23 29·4
20	15 37 33·2	−24 01 19	10·2	3 48·9	18	15 09 55·1	−22 32 21	9·2	23 24·7
21	15 37 43·4	−24 02 51	10·2	3 45·2	19	15 09 07·5	−22 28 08	9·2	23 19·9
22	15 37 52·2	−24 04 17	10·2	3 41·4	20	15 08 20·2	−22 23 53	9·2	23 15·2
23	15 37 59·4	−24 05 37	10·2	3 37·5	21	15 07 33·5	−22 19 36	9·2	23 10·5
24	15 38 05·0	−24 06 51	10·2	3 33·7	22	15 06 47·2	−22 15 18	9·3	23 05·8
25	15 38 09·1	−24 08 00	10·1	3 29·8	23	15 06 01·5	−22 10 58	9·3	23 01·2
26	15 38 11·6	−24 09 03	10·1	3 25·9	24	15 05 16·5	−22 06 38	9·3	22 56·5
Mar. 27	15 38 12·6	−24 10 00	10·1	3 22·0	25	15 04 32·1	−22 02 17	9·3	22 51·8
28	15 38 12·0	−24 10 51	10·1	3 18·1	26	15 03 48·5	−21 57 56	9·3	22 47·2
29	15 38 09·8	−24 11 36	10·1	3 14·1	27	15 03 05·6	−21 53 35	9·4	22 42·6
30	15 38 06·0	−24 12 14	10·0	3 10·1	28	15 02 23·5	−21 49 15	9·4	22 38·0
31	15 38 00·6	−24 12 47	10·0	3 06·1	29	15 01 42·4	−21 44 55	9·4	22 33·4
Apr. 1	15 37 53·7	−24 13 13	10·0	3 02·0	30	15 01 02·1	−21 40 36	9·4	22 28·8
2	15 37 45·1	−24 13 33	10·0	2 58·0	31	15 00 22·9	−21 36 18	9·5	22 24·2
3	15 37 35·0	−24 13 47	10·0	2 53·9	June 1	14 59 44·6	−21 32 02	9·5	22 19·7
4	15 37 23·4	−24 13 54	9·9	2 49·7	2	14 59 07·4	−21 27 48	9·5	22 15·1
5	15 37 10·2	−24 13 55	9·9	2 45·6	3	14 58 31·3	−21 23 36	9·5	22 10·6
6	15 36 55·4	−24 13 49	9·9	2 41·4	4	14 57 56·4	−21 19 26	9·5	22 06·1
7	15 36 39·1	−24 13 37	9·9	2 37·2	5	14 57 22·6	−21 15 19	9·6	22 01·6
8	15 36 21·3	−24 13 18	9·9	2 33·0	6	14 56 50·0	−21 11 15	9·6	21 57·2
9	15 36 02·0	−24 12 52	9·8	2 28·7	7	14 56 18·6	−21 07 14	9·6	21 52·8
10	15 35 41·2	−24 12 19	9·8	2 24·4	8	14 55 48·5	−21 03 17	9·6	21 48·3
11	15 35 18·9	−24 11 40	9·8	2 20·1	9	14 55 19·8	−20 59 24	9·7	21 44·0
12	15 34 55·2	−24 10 54	9·8	2 15·8	10	14 54 52·3	−20 55 34	9·7	21 39·6
13	15 34 30·1	−24 10 01	9·8	2 11·5	11	14 54 26·1	−20 51 49	9·7	21 35·2
14	15 34 03·6	−24 09 01	9·7	2 07·1	12	14 54 01·4	−20 48 08	9·7	21 30·9
15	15 33 35·8	−24 07 55	9·7	2 02·7	13	14 53 37·9	−20 44 31	9·7	21 26·6
16	15 33 06·6	−24 06 41	9·7	1 58·3	14	14 53 15·9	−20 41 00	9·8	21 22·3
17	15 32 36·1	−24 05 21	9·7	1 53·8	15	14 52 55·3	−20 37 33	9·8	21 18·1
18	15 32 04·3	−24 03 54	9·7	1 49·4	16	14 52 36·1	−20 34 11	9·8	21 13·9
19	15 31 31·3	−24 02 19	9·6	1 44·9	17	14 52 18·3	−20 30 54	9·8	21 09·7
20	15 30 57·1	−24 00 38	9·6	1 40·4	18	14 52 01·9	−20 27 43	9·8	21 05·5
21	15 30 21·7	−23 58 50	9·6	1 35·9	19	14 51 47·0	−20 24 38	9·9	21 01·3
22	15 29 45·1	−23 56 56	9·6	1 31·3	20	14 51 33·5	−20 21 38	9·9	20 57·2
23	15 29 07·4	−23 54 54	9·5	1 26·8	21	14 51 21·5	−20 18 44	9·9	20 53·1
24	15 28 28·7	−23 52 45	9·5	1 22·2	22	14 51 10·9	−20 15 55	9·9	20 49·0
25	15 27 48·9	−23 50 30	9·5	1 17·6	23	14 51 01·8	−20 13 13	9·9	20 44·9
26	15 27 08·2	−23 48 08	9·5	1 13·0	24	14 50 54·2	−20 10 37	10·0	20 40·9
27	15 26 26·5	−23 45 40	9·4	1 08·4	25	14 50 48·1	−20 08 07	10·0	20 36·9
28	15 25 43·9	−23 43 04	9·4	1 03·7	26	14 50 43·4	−20 05 43	10·0	20 32·9
29	15 25 00·5	−23 40 23	9·4	0 59·1	27	14 50 40·2	−20 03 25	10·0	20 28·9
30	15 24 16·3	−23 37 35	9·4	0 54·4	June 28	14 50 38·5	−20 01 14	10·0	20 25·0
May 1	15 23 31·4	−23 34 41	9·4	0 49·7	29	14 50 38·3	−19 59 10	10·1	20 21·1
2	15 22 45·8	−23 31 41	9·3	0 45·1	30	14 50 39·5	−19 57 12	10·1	20 17·2
3	15 21 59·6	−23 28 34	9·3	0 40·4	July 1	14 50 42·2	−19 55 20	10·1	20 13·3
4	15 21 12·9	−23 25 22	9·3	0 35·7	2	14 50 46·4	−19 53 35	10·1	20 09·5
5	15 20 25·6	−23 22 05	9·3	0 30·9	3	14 50 52·1	−19 51 57	10·1	20 05·6
6	15 19 37·9	−23 18 42	9·2	0 26·2	4	14 50 59·2	−19 50 25	10·1	20 01·8
7	15 18 49·9	−23 15 14	9·2	0 21·5	5	14 51 07·8	−19 49 00	10·2	19 58·1
8	15 18 01·6	−23 11 40	9·2	0 16·8	6	14 51 17·9	−19 47 41	10·2	19 54·3
9	15 17 13·0	−23 08 02	9·2	0 12·0	7	14 51 29·4	−19 46 29	10·2	19 50·6
10	15 16 24·2	−23 04 19	9·1	0 07·3	8	14 51 42·3	−19 45 24	10·2	19 46·9
11	15 15 35·3	−23 00 32	9·1	0 02·5	9	14 51 56·6	−19 44 25	10·2	19 43·2
12	15 14 46·4	−22 56 41	9·1	23 53·1	10	14 52 12·4	−19 43 33	10·3	19 39·6
May 13	15 13 57·5	−22 52 46	9·1	23 48·3	July 11	14 52 29·5	−19 42 47	10·3	19 36·0

Second transit for Hygiea 2011 May 11ᵈ 23ʰ 57ᵐ8

EUNOMIA, 2011
GEOCENTRIC POSITIONS FOR 0^h TERRESTRIAL TIME

Date	Astrometric R.A.	Dec.	Vis. Mag.	Ephemeris Transit	Date	Astrometric R.A.	Dec.	Vis. Mag.	Ephemeris Transit
	h m s	° ′ ″		h m		h m s	° ′ ″		h m
2011 Sept. 30	4 29 34.7	+37 11 44	8.9	3 56.3	2011 Nov. 28	4 04 38.5	+36 41 49	7.9	23 34.3
Oct. 1	4 30 11.5	+37 16 30	8.9	3 52.9	29	4 03 34.4	+36 33 55	7.9	23 29.4
2	4 30 46.2	+37 21 09	8.9	3 49.6	30	4 02 30.9	+36 25 47	7.9	23 24.4
3	4 31 18.8	+37 25 42	8.9	3 46.2	Dec. 1	4 01 28.0	+36 17 27	7.9	23 19.4
4	4 31 49.2	+37 30 08	8.9	3 42.7	2	4 00 25.9	+36 08 55	7.9	23 14.5
5	4 32 17.5	+37 34 27	8.9	3 39.3	3	3 59 24.8	+36 00 11	8.0	23 09.5
6	4 32 43.5	+37 38 39	8.8	3 35.8	4	3 58 24.6	+35 51 16	8.0	23 04.6
7	4 33 07.3	+37 42 44	8.8	3 32.2	5	3 57 25.5	+35 42 11	8.0	22 59.7
8	4 33 28.9	+37 46 42	8.8	3 28.7	6	3 56 27.6	+35 32 57	8.0	22 54.9
9	4 33 48.1	+37 50 32	8.8	3 25.0	7	3 55 31.0	+35 23 34	8.0	22 50.0
10	4 34 05.1	+37 54 14	8.8	3 21.4	8	3 54 35.7	+35 14 03	8.0	22 45.2
11	4 34 19.7	+37 57 48	8.7	3 17.7	9	3 53 41.8	+35 04 24	8.0	22 40.4
12	4 34 31.9	+38 01 14	8.7	3 14.0	10	3 52 49.5	+34 54 39	8.1	22 35.6
13	4 34 41.8	+38 04 32	8.7	3 10.2	11	3 51 58.7	+34 44 48	8.1	22 30.9
14	4 34 49.3	+38 07 41	8.7	3 06.4	12	3 51 09.6	+34 34 52	8.1	22 26.1
15	4 34 54.4	+38 10 41	8.7	3 02.5	13	3 50 22.1	+34 24 51	8.1	22 21.5
Oct. 16	4 34 57.0	+38 13 31	8.6	2 58.6	14	3 49 36.5	+34 14 46	8.1	22 16.8
17	4 34 57.2	+38 16 13	8.6	2 54.7	15	3 48 52.6	+34 04 38	8.2	22 12.2
18	4 34 55.0	+38 18 44	8.6	2 50.7	16	3 48 10.6	+33 54 28	8.2	22 07.6
19	4 34 50.3	+38 21 05	8.6	2 46.7	17	3 47 30.5	+33 44 16	8.2	22 03.0
20	4 34 43.1	+38 23 16	8.6	2 42.7	18	3 46 52.4	+33 34 04	8.2	21 58.5
21	4 34 33.4	+38 25 17	8.5	2 38.6	19	3 46 16.3	+33 23 50	8.3	21 54.0
22	4 34 21.3	+38 27 06	8.5	2 34.4	20	3 45 42.2	+33 13 37	8.3	21 49.5
23	4 34 06.6	+38 28 44	8.5	2 30.2	21	3 45 10.2	+33 03 25	8.3	21 45.1
24	4 33 49.6	+38 30 09	8.5	2 26.0	22	3 44 40.3	+32 53 15	8.3	21 40.7
25	4 33 30.1	+38 31 23	8.5	2 21.8	23	3 44 12.5	+32 43 07	8.4	21 36.3
26	4 33 08.1	+38 32 25	8.4	2 17.5	24	3 43 46.9	+32 33 01	8.4	21 32.0
27	4 32 43.7	+38 33 13	8.4	2 13.1	25	3 43 23.4	+32 22 59	8.4	21 27.7
28	4 32 17.0	+38 33 48	8.4	2 08.7	26	3 43 02.2	+32 13 01	8.4	21 23.4
29	4 31 47.9	+38 34 10	8.4	2 04.3	27	3 42 43.2	+32 03 07	8.5	21 19.2
30	4 31 16.6	+38 34 18	8.4	1 59.9	28	3 42 26.4	+31 53 18	8.5	21 15.0
31	4 30 42.9	+38 34 12	8.3	1 55.4	29	3 42 11.8	+31 43 35	8.5	21 10.9
Nov. 1	4 30 07.1	+38 33 51	8.3	1 50.9	30	3 41 59.5	+31 33 57	8.5	21 06.8
2	4 29 29.1	+38 33 15	8.3	1 46.3	31	3 41 49.3	+31 24 26	8.6	21 02.7
3	4 28 49.0	+38 32 24	8.3	1 41.7	2012 Jan. 1	3 41 41.4	+31 15 01	8.6	20 58.7
4	4 28 06.9	+38 31 18	8.3	1 37.1	2	3 41 35.7	+31 05 44	8.6	20 54.7
5	4 27 22.8	+38 29 56	8.3	1 32.4	3	3 41 32.2	+30 56 33	8.6	20 50.7
6	4 26 36.8	+38 28 18	8.2	1 27.7	Jan. 4	3 41 30.9	+30 47 31	8.7	20 46.8
7	4 25 49.0	+38 26 24	8.2	1 23.0	5	3 41 31.7	+30 38 36	8.7	20 42.9
8	4 24 59.4	+38 24 14	8.2	1 18.2	6	3 41 34.7	+30 29 49	8.7	20 39.1
9	4 24 08.1	+38 21 47	8.2	1 13.4	7	3 41 39.8	+30 21 11	8.7	20 35.3
10	4 23 15.2	+38 19 03	8.2	1 08.6	8	3 41 47.1	+30 12 41	8.8	20 31.5
11	4 22 20.8	+38 16 02	8.1	1 03.8	9	3 41 56.4	+30 04 20	8.8	20 27.7
12	4 21 24.9	+38 12 45	8.1	0 58.9	10	3 42 07.7	+29 56 08	8.8	20 24.0
13	4 20 27.7	+38 09 10	8.1	0 54.1	11	3 42 21.1	+29 48 05	8.8	20 20.3
14	4 19 29.2	+38 05 18	8.1	0 49.2	12	3 42 36.5	+29 40 11	8.9	20 16.7
15	4 18 29.6	+38 01 09	8.1	0 44.2	13	3 42 53.9	+29 32 26	8.9	20 13.1
16	4 17 28.9	+37 56 43	8.1	0 39.3	14	3 43 13.3	+29 24 50	8.9	20 09.5
17	4 16 27.3	+37 51 59	8.0	0 34.3	15	3 43 34.6	+29 17 24	8.9	20 05.9
18	4 15 24.8	+37 46 58	8.0	0 29.4	16	3 43 57.9	+29 10 07	9.0	20 02.4
19	4 14 21.6	+37 41 41	8.0	0 24.4	17	3 44 23.0	+29 03 00	9.0	19 58.9
20	4 13 17.7	+37 36 06	8.0	0 19.4	18	3 44 50.0	+28 56 01	9.0	19 55.5
21	4 12 13.3	+37 30 15	8.0	0 14.4	19	3 45 18.8	+28 49 13	9.0	19 52.0
22	4 11 08.6	+37 24 07	8.0	0 09.4	20	3 45 49.5	+28 42 33	9.1	19 48.6
23	4 10 03.5	+37 17 42	8.0	0 04.4	21	3 46 22.0	+28 36 03	9.1	19 45.3
24	4 08 58.4	+37 11 02	7.9	23 54.4	22	3 46 56.2	+28 29 42	9.1	19 41.9
25	4 07 53.1	+37 04 06	7.9	23 49.3	23	3 47 32.2	+28 23 31	9.1	19 38.6
26	4 06 48.0	+36 56 55	7.9	23 44.3	24	3 48 10.0	+28 17 28	9.1	19 35.3
27	4 05 43.1	+36 49 29	7.9	23 39.3	25	3 48 49.4	+28 11 35	9.2	19 32.1
Nov. 28	4 04 38.5	+36 41 49	7.9	23 34.3	Jan. 26	3 49 30.5	+28 05 51	9.2	19 28.8

Second transit for Eunomia 2011 November 23^d 23^h 59^{m}4

GEOCENTRIC POSITIONS FOR 0^h TERRESTRIAL TIME

Date	Astrometric R.A. (h m s)	Dec. (° ′ ″)	Vis. Mag.	Ephemeris Transit (h m)
2011 Jan. 27	12 56 51·7	+ 1 05 06	11·4	4 33·0
28	12 57 10·1	+ 1 06 57	11·4	4 29·4
29	12 57 27·1	+ 1 08 56	11·4	4 25·8
30	12 57 42·9	+ 1 11 04	11·4	4 22·1
31	12 57 57·4	+ 1 13 21	11·4	4 18·4
Feb. 1	12 58 10·5	+ 1 15 47	11·3	4 14·7
2	12 58 22·4	+ 1 18 23	11·3	4 10·9
3	12 58 32·8	+ 1 21 07	11·3	4 07·2
4	12 58 42·0	+ 1 24 00	11·3	4 03·4
5	12 58 49·7	+ 1 27 02	11·3	3 59·6
6	12 58 56·2	+ 1 30 13	11·3	3 55·8
7	12 59 01·2	+ 1 33 32	11·2	3 51·9
8	12 59 04·9	+ 1 37 00	11·2	3 48·0
9	12 59 07·3	+ 1 40 37	11·2	3 44·1
Feb. 10	12 59 08·2	+ 1 44 22	11·2	3 40·2
11	12 59 07·9	+ 1 48 16	11·2	3 36·3
12	12 59 06·1	+ 1 52 18	11·2	3 32·3
13	12 59 03·0	+ 1 56 28	11·1	3 28·3
14	12 58 58·5	+ 2 00 46	11·1	3 24·3
15	12 58 52·6	+ 2 05 12	11·1	3 20·3
16	12 58 45·4	+ 2 09 45	11·1	3 16·2
17	12 58 36·8	+ 2 14 26	11·1	3 12·2
18	12 58 26·9	+ 2 19 15	11·1	3 08·1
19	12 58 15·7	+ 2 24 11	11·0	3 03·9
20	12 58 03·1	+ 2 29 14	11·0	2 59·8
21	12 57 49·2	+ 2 34 24	11·0	2 55·6
22	12 57 34·0	+ 2 39 41	11·0	2 51·4
23	12 57 17·5	+ 2 45 05	11·0	2 47·2
24	12 56 59·6	+ 2 50 34	11·0	2 43·0
25	12 56 40·5	+ 2 56 10	10·9	2 38·8
26	12 56 20·1	+ 3 01 52	10·9	2 34·5
27	12 55 58·5	+ 3 07 40	10·9	2 30·2
28	12 55 35·6	+ 3 13 33	10·9	2 25·9
Mar. 1	12 55 11·5	+ 3 19 31	10·9	2 21·5
2	12 54 46·2	+ 3 25 34	10·9	2 17·2
3	12 54 19·7	+ 3 31 41	10·8	2 12·8
4	12 53 52·1	+ 3 37 52	10·8	2 08·4
5	12 53 23·4	+ 3 44 08	10·8	2 04·0
6	12 52 53·6	+ 3 50 27	10·8	1 59·6
7	12 52 22·7	+ 3 56 48	10·8	1 55·1
8	12 51 50·8	+ 4 03 13	10·7	1 50·7
9	12 51 18·0	+ 4 09 40	10·7	1 46·2
10	12 50 44·1	+ 4 16 10	10·7	1 41·7
11	12 50 09·4	+ 4 22 40	10·7	1 37·2
12	12 49 33·8	+ 4 29 13	10·7	1 32·7
13	12 48 57·4	+ 4 35 46	10·7	1 28·1
14	12 48 20·1	+ 4 42 19	10·6	1 23·6
15	12 47 42·2	+ 4 48 53	10·6	1 19·0
16	12 47 03·5	+ 4 55 27	10·6	1 14·5
17	12 46 24·1	+ 5 02 00	10·6	1 09·9
18	12 45 44·2	+ 5 08 32	10·6	1 05·3
19	12 45 03·6	+ 5 15 03	10·6	1 00·7
20	12 44 22·5	+ 5 21 32	10·5	0 56·1
21	12 43 41·0	+ 5 27 59	10·5	0 51·4
22	12 42 59·0	+ 5 34 23	10·5	0 46·8
23	12 42 16·5	+ 5 40 45	10·5	0 42·2
24	12 41 33·8	+ 5 47 04	10·5	0 37·5
25	12 40 50·7	+ 5 53 19	10·5	0 32·9
26	12 40 07·4	+ 5 59 30	10·5	0 28·2
Mar. 27	12 39 23·8	+ 6 05 36	10·5	0 23·6

Date	Astrometric R.A. (h m s)	Dec. (° ′ ″)	Vis. Mag.	Ephemeris Transit (h m)
2011 Mar. 27	12 39 23·8	+ 6 05 36	10·5	0 23·6
28	12 38 40·1	+ 6 11 38	10·5	0 18·9
29	12 37 56·3	+ 6 17 35	10·5	0 14·3
30	12 37 12·4	+ 6 23 27	10·5	0 09·6
31	12 36 28·6	+ 6 29 12	10·5	0 05·0
Apr. 1	12 35 44·7	+ 6 34 52	10·5	0 00·3
2	12 35 01·0	+ 6 40 25	10·5	23 51·0
3	12 34 17·4	+ 6 45 51	10·5	23 46·3
4	12 33 34·1	+ 6 51 10	10·6	23 41·7
5	12 32 50·9	+ 6 56 22	10·6	23 37·1
6	12 32 08·1	+ 7 01 26	10·6	23 32·4
7	12 31 25·7	+ 7 06 22	10·6	23 27·8
8	12 30 43·6	+ 7 11 10	10·6	23 23·2
9	12 30 02·0	+ 7 15 49	10·7	23 18·6
10	12 29 20·9	+ 7 20 20	10·7	23 14·0
11	12 28 40·3	+ 7 24 42	10·7	23 09·4
12	12 28 00·3	+ 7 28 54	10·7	23 04·8
13	12 27 20·9	+ 7 32 58	10·7	23 00·2
14	12 26 42·2	+ 7 36 52	10·8	22 55·6
15	12 26 04·2	+ 7 40 36	10·8	22 51·1
16	12 25 26·9	+ 7 44 10	10·8	22 46·6
17	12 24 50·4	+ 7 47 35	10·8	22 42·0
18	12 24 14·7	+ 7 50 50	10·8	22 37·5
19	12 23 39·8	+ 7 53 55	10·9	22 33·0
20	12 23 05·8	+ 7 56 50	10·9	22 28·5
21	12 22 32·7	+ 7 59 34	10·9	22 24·1
22	12 22 00·5	+ 8 02 08	10·9	22 19·6
23	12 21 29·3	+ 8 04 32	10·9	22 15·2
24	12 20 59·0	+ 8 06 46	11·0	22 10·8
25	12 20 29·7	+ 8 08 49	11·0	22 06·4
26	12 20 01·4	+ 8 10 42	11·0	22 02·0
27	12 19 34·2	+ 8 12 24	11·0	21 57·6
28	12 19 08·1	+ 8 13 55	11·0	21 53·3
29	12 18 43·0	+ 8 15 17	11·1	21 48·9
30	12 18 19·1	+ 8 16 27	11·1	21 44·6
May 1	12 17 56·3	+ 8 17 27	11·1	21 40·3
2	12 17 34·6	+ 8 18 17	11·1	21 36·1
3	12 17 14·1	+ 8 18 56	11·1	21 31·8
4	12 16 54·8	+ 8 19 25	11·2	21 27·6
5	12 16 36·6	+ 8 19 44	11·2	21 23·4
6	12 16 19·7	+ 8 19 52	11·2	21 19·2
7	12 16 03·9	+ 8 19 50	11·2	21 15·0
8	12 15 49·4	+ 8 19 38	11·2	21 10·8
9	12 15 36·1	+ 8 19 15	11·3	21 06·7
10	12 15 24·0	+ 8 18 43	11·3	21 02·6
11	12 15 13·1	+ 8 18 01	11·3	20 58·5
12	12 15 03·5	+ 8 17 10	11·3	20 54·4
13	12 14 55·1	+ 8 16 08	11·3	20 50·4
14	12 14 47·9	+ 8 14 58	11·3	20 46·3
15	12 14 42·0	+ 8 13 38	11·4	20 42·3
16	12 14 37·3	+ 8 12 08	11·4	20 38·3
17	12 14 33·8	+ 8 10 30	11·4	20 34·4
18	12 14 31·5	+ 8 08 43	11·4	20 30·4
May 19	12 14 30·4	+ 8 06 46	11·4	20 26·5
20	12 14 30·5	+ 8 04 41	11·5	20 22·6
21	12 14 31·8	+ 8 02 28	11·5	20 18·7
22	12 14 34·3	+ 8 00 06	11·5	20 14·8
23	12 14 38·0	+ 7 57 35	11·5	20 10·9
24	12 14 42·9	+ 7 54 56	11·5	20 07·1
May 25	12 14 49·0	+ 7 52 09	11·5	20 03·3

Second transit for Europa 2011 April 1^d 23^h 55^{m}7

CYBELE, 2011
GEOCENTRIC POSITIONS FOR 0ʰ TERRESTRIAL TIME

Date	Astrometric R.A. (h m s)	Dec. (° ′ ″)	Vis. Mag.	Ephemeris Transit (h m)	Date	Astrometric R.A. (h m s)	Dec. (° ′ ″)	Vis. Mag.	Ephemeris Transit (h m)
2011 Nov. 2	7 05 52·5	+18 51 23	13·0	4 22·2	2011 Dec. 31	6 39 17·3	+19 06 16	11·9	0 03·7
3	7 05 56·1	+18 50 36	13·0	4 18·3	2012 Jan. 1	6 38 30·0	+19 07 22	11·9	23 54·3
4	7 05 58·5	+18 49 50	13·0	4 14·4	2	6 37 42·7	+19 08 29	11·9	23 49·6
Nov. 5	7 05 59·8	+18 49 07	13·0	4 10·5	3	6 36 55·5	+19 09 37	11·9	23 44·9
6	7 05 59·8	+18 48 25	13·0	4 06·6	4	6 36 08·4	+19 10 46	12·0	23 40·1
7	7 05 58·8	+18 47 46	13·0	4 02·6	5	6 35 21·4	+19 11 55	12·0	23 35·4
8	7 05 56·5	+18 47 09	13·0	3 58·6	6	6 34 34·6	+19 13 05	12·0	23 30·7
9	7 05 53·1	+18 46 34	12·9	3 54·7	7	6 33 48·1	+19 14 15	12·0	23 26·0
10	7 05 48·5	+18 46 01	12·9	3 50·6	8	6 33 01·8	+19 15 26	12·1	23 21·3
11	7 05 42·7	+18 45 31	12·9	3 46·6	9	6 32 15·8	+19 16 37	12·1	23 16·7
12	7 05 35·8	+18 45 02	12·9	3 42·6	10	6 31 30·2	+19 17 49	12·1	23 12·0
13	7 05 27·6	+18 44 36	12·9	3 38·5	11	6 30 45·0	+19 19 01	12·1	23 07·3
14	7 05 18·3	+18 44 12	12·9	3 34·4	12	6 30 00·2	+19 20 13	12·2	23 02·6
15	7 05 07·8	+18 43 51	12·8	3 30·3	13	6 29 15·8	+19 21 26	12·2	22 58·0
16	7 04 56·1	+18 43 32	12·8	3 26·2	14	6 28 32·0	+19 22 39	12·2	22 53·3
17	7 04 43·2	+18 43 15	12·8	3 22·0	15	6 27 48·7	+19 23 53	12·2	22 48·7
18	7 04 29·1	+18 43 01	12·8	3 17·9	16	6 27 05·9	+19 25 06	12·2	22 44·1
19	7 04 13·9	+18 42 49	12·8	3 13·7	17	6 26 23·8	+19 26 20	12·3	22 39·4
20	7 03 57·5	+18 42 39	12·8	3 09·5	18	6 25 42·4	+19 27 35	12·3	22 34·8
21	7 03 39·9	+18 42 32	12·7	3 05·2	19	6 25 01·6	+19 28 49	12·3	22 30·2
22	7 03 21·1	+18 42 28	12·7	3 01·0	20	6 24 21·6	+19 30 04	12·3	22 25·7
23	7 03 01·2	+18 42 25	12·7	2 56·7	21	6 23 42·3	+19 31 18	12·3	22 21·1
24	7 02 40·1	+18 42 25	12·7	2 52·4	22	6 23 03·8	+19 32 33	12·4	22 16·5
25	7 02 17·9	+18 42 28	12·7	2 48·1	23	6 22 26·1	+19 33 48	12·4	22 12·0
26	7 01 54·6	+18 42 33	12·7	2 43·8	24	6 21 49·3	+19 35 03	12·4	22 07·5
27	7 01 30·1	+18 42 40	12·6	2 39·5	25	6 21 13·3	+19 36 18	12·4	22 02·9
28	7 01 04·6	+18 42 50	12·6	2 35·1	26	6 20 38·3	+19 37 33	12·4	21 58·4
29	7 00 37·9	+18 43 02	12·6	2 30·8	27	6 20 04·2	+19 38 48	12·5	21 54·0
30	7 00 10·2	+18 43 16	12·6	2 26·4	28	6 19 31·1	+19 40 03	12·5	21 49·5
Dec. 1	6 59 41·5	+18 43 32	12·6	2 22·0	29	6 18 59·0	+19 41 18	12·5	21 45·0
2	6 59 11·7	+18 43 51	12·5	2 17·5	30	6 18 27·9	+19 42 33	12·5	21 40·6
3	6 58 40·9	+18 44 12	12·5	2 13·1	31	6 17 57·8	+19 43 48	12·5	21 36·2
4	6 58 09·1	+18 44 35	12·5	2 08·6	Feb. 1	6 17 28·8	+19 45 03	12·6	21 31·8
5	6 57 36·4	+18 45 01	12·5	2 04·1	2	6 17 00·9	+19 46 18	12·6	21 27·4
6	6 57 02·7	+18 45 28	12·5	1 59·7	3	6 16 34·0	+19 47 33	12·6	21 23·1
7	6 56 28·0	+18 45 58	12·4	1 55·2	4	6 16 08·3	+19 48 48	12·6	21 18·7
8	6 55 52·5	+18 46 29	12·4	1 50·6	5	6 15 43·6	+19 50 02	12·6	21 14·4
9	6 55 16·1	+18 47 03	12·4	1 46·1	6	6 15 20·1	+19 51 17	12·6	21 10·1
10	6 54 38·9	+18 47 38	12·4	1 41·5	7	6 14 57·8	+19 52 31	12·7	21 05·8
11	6 54 00·8	+18 48 16	12·4	1 37·0	8	6 14 36·6	+19 53 45	12·7	21 01·5
12	6 53 22·0	+18 48 55	12·3	1 32·4	9	6 14 16·5	+19 55 00	12·7	20 57·3
13	6 52 42·3	+18 49 37	12·3	1 27·8	10	6 13 57·6	+19 56 14	12·7	20 53·1
14	6 52 02·0	+18 50 20	12·3	1 23·2	11	6 13 39·9	+19 57 28	12·7	20 48·9
15	6 51 20·9	+18 51 04	12·3	1 18·6	12	6 13 23·4	+19 58 41	12·7	20 44·7
16	6 50 39·2	+18 51 51	12·3	1 14·0	13	6 13 08·1	+19 59 55	12·8	20 40·5
17	6 49 56·8	+18 52 39	12·2	1 09·3	14	6 12 54·0	+20 01 08	12·8	20 36·4
18	6 49 13·8	+18 53 29	12·2	1 04·7	15	6 12 41·1	+20 02 21	12·8	20 32·2
19	6 48 30·2	+18 54 20	12·2	1 00·0	16	6 12 29·4	+20 03 34	12·8	20 28·1
20	6 47 46·1	+18 55 13	12·2	0 55·4	17	6 12 18·9	+20 04 47	12·8	20 24·0
21	6 47 01·5	+18 56 07	12·1	0 50·7	18	6 12 09·6	+20 05 59	12·8	20 20·0
22	6 46 16·5	+18 57 02	12·1	0 46·0	19	6 12 01·6	+20 07 11	12·9	20 15·9
23	6 45 31·0	+18 57 59	12·1	0 41·4	20	6 11 54·8	+20 08 23	12·9	20 11·9
24	6 44 45·1	+18 58 58	12·1	0 36·7	21	6 11 49·2	+20 09 35	12·9	20 07·9
25	6 43 59·0	+18 59 57	12·0	0 32·0	22	6 11 44·8	+20 10 46	12·9	20 03·9
26	6 43 12·5	+19 00 58	12·0	0 27·3	23	6 11 41·7	+20 11 57	12·9	19 59·9
27	6 42 25·7	+19 01 59	12·0	0 22·6	24	6 11 39·8	+20 13 07	12·9	19 56·0
28	6 41 38·8	+19 03 02	12·0	0 17·8	Feb. 25	6 11 39·1	+20 14 17	12·9	19 52·0
29	6 40 51·7	+19 04 06	11·9	0 13·1	26	6 11 39·7	+20 15 27	13·0	19 48·1
30	6 40 04·5	+19 05 10	11·9	0 08·4	27	6 11 41·5	+20 16 36	13·0	19 44·3
Dec. 31	6 39 17·3	+19 06 16	11·9	0 03·7	Feb. 28	6 11 44·4	+20 17 44	13·0	19 40·4

Second transit for Cybele 2011 December 31ᵈ 23ʰ 59ᵐ0

GEOCENTRIC POSITIONS FOR 0ʰ TERRESTRIAL TIME

Date	Astrometric R.A. (h m s)	Dec. (° ′ ″)	Vis. Mag.	Ephemeris Transit (h m)	Date	Astrometric R.A. (h m s)	Dec. (° ′ ″)	Vis. Mag.	Ephemeris Transit (h m)
2011 Apr. 28	18 48 52·6	−16 26 31	12·4	4 26·3	2011 June 26	18 20 57·3	−18 19 51	11·5	0 06·5
Apr. 29	18 48 53·9	−16 27 04	12·4	4 22·4	27	18 20 09·0	−18 22 56	11·5	0 01·8
30	18 48 54·0	−16 27 39	12·4	4 18·5	28	18 19 20·7	−18 26 03	11·5	23 52·3
May 1	18 48 53·0	−16 28 17	12·4	4 14·5	29	18 18 32·4	−18 29 10	11·5	23 47·6
2	18 48 50·8	−16 28 57	12·4	4 10·6	30	18 17 44·1	−18 32 18	11·5	23 42·9
3	18 48 47·4	−16 29 40	12·4	4 06·6	July 1	18 16 55·9	−18 35 28	11·5	23 38·2
4	18 48 43·0	−16 30 26	12·3	4 02·6	2	18 16 07·8	−18 38 38	11·5	23 33·4
5	18 48 37·3	−16 31 15	12·3	3 58·5	3	18 15 19·9	−18 41 49	11·5	23 28·7
6	18 48 30·5	−16 32 07	12·3	3 54·5	4	18 14 32·2	−18 45 00	11·5	23 24·0
7	18 48 22·6	−16 33 02	12·3	3 50·4	5	18 13 44·7	−18 48 12	11·6	23 19·3
8	18 48 13·5	−16 33 59	12·3	3 46·3	6	18 12 57·5	−18 51 25	11·6	23 14·6
9	18 48 03·3	−16 35 00	12·3	3 42·2	7	18 12 10·7	−18 54 38	11·6	23 09·9
10	18 47 51·9	−16 36 04	12·3	3 38·1	8	18 11 24·2	−18 57 52	11·6	23 05·2
11	18 47 39·3	−16 37 10	12·2	3 34·0	9	18 10 38·2	−19 01 06	11·6	23 00·5
12	18 47 25·6	−16 38 20	12·2	3 29·8	10	18 09 52·5	−19 04 20	11·7	22 55·8
13	18 47 10·8	−16 39 33	12·2	3 25·6	11	18 09 07·4	−19 07 35	11·7	22 51·1
14	18 46 54·9	−16 40 49	12·2	3 21·4	12	18 08 22·7	−19 10 49	11·7	22 46·5
15	18 46 37·8	−16 42 08	12·2	3 17·2	13	18 07 38·6	−19 14 04	11·7	22 41·8
16	18 46 19·6	−16 43 30	12·2	3 13·0	14	18 06 55·1	−19 17 19	11·7	22 37·2
17	18 46 00·3	−16 44 55	12·1	3 08·7	15	18 06 12·2	−19 20 34	11·7	22 32·5
18	18 45 39·9	−16 46 23	12·1	3 04·5	16	18 05 29·9	−19 23 49	11·8	22 27·9
19	18 45 18·4	−16 47 54	12·1	3 00·2	17	18 04 48·3	−19 27 04	11·8	22 23·3
20	18 44 55·8	−16 49 29	12·1	2 55·9	18	18 04 07·4	−19 30 19	11·8	22 18·7
21	18 44 32·2	−16 51 06	12·1	2 51·5	19	18 03 27·2	−19 33 34	11·8	22 14·1
22	18 44 07·4	−16 52 47	12·1	2 47·2	20	18 02 47·8	−19 36 49	11·8	22 09·6
23	18 43 41·6	−16 54 31	12·1	2 42·8	21	18 02 09·1	−19 40 03	11·8	22 05·0
24	18 43 14·7	−16 56 17	12·0	2 38·5	22	18 01 31·3	−19 43 17	11·9	22 00·4
25	18 42 46·8	−16 58 07	12·0	2 34·1	23	18 00 54·3	−19 46 31	11·9	21 55·9
26	18 42 17·8	−17 00 00	12·0	2 29·6	24	18 00 18·1	−19 49 45	11·9	21 51·4
27	18 41 47·8	−17 01 56	12·0	2 25·2	25	17 59 42·9	−19 52 58	11·9	21 46·9
28	18 41 16·9	−17 03 56	12·0	2 20·8	26	17 59 08·5	−19 56 12	11·9	21 42·4
29	18 40 44·9	−17 05 58	12·0	2 16·3	27	17 58 35·1	−19 59 24	11·9	21 37·9
30	18 40 12·0	−17 08 03	11·9	2 11·8	28	17 58 02·7	−20 02 37	12·0	21 33·5
31	18 39 38·2	−17 10 11	11·9	2 07·3	29	17 57 31·3	−20 05 48	12·0	21 29·0
June 1	18 39 03·4	−17 12 22	11·9	2 02·8	30	17 57 00·8	−20 09 00	12·0	21 24·6
2	18 38 27·7	−17 14 35	11·9	1 58·3	31	17 56 31·4	−20 12 11	12·0	21 20·2
3	18 37 51·2	−17 16 52	11·9	1 53·8	Aug. 1	17 56 03·0	−20 15 21	12·0	21 15·8
4	18 37 13·8	−17 19 11	11·9	1 49·2	2	17 55 35·7	−20 18 31	12·0	21 11·5
5	18 36 35·5	−17 21 34	11·8	1 44·6	3	17 55 09·4	−20 21 41	12·1	21 07·1
6	18 35 56·5	−17 23 58	11·8	1 40·1	4	17 54 44·3	−20 24 50	12·1	21 02·8
7	18 35 16·7	−17 26 26	11·8	1 35·5	5	17 54 20·3	−20 27 58	12·1	20 58·5
8	18 34 36·2	−17 28 56	11·8	1 30·9	6	17 53 57·3	−20 31 06	12·1	20 54·2
9	18 33 55·0	−17 31 28	11·8	1 26·3	7	17 53 35·6	−20 34 13	12·1	20 49·9
10	18 33 13·1	−17 34 03	11·7	1 21·6	8	17 53 14·9	−20 37 19	12·1	20 45·6
11	18 32 30·6	−17 36 40	11·7	1 17·0	9	17 52 55·4	−20 40 25	12·1	20 41·4
12	18 31 47·4	−17 39 19	11·7	1 12·4	10	17 52 37·1	−20 43 30	12·2	20 37·2
13	18 31 03·7	−17 42 01	11·7	1 07·7	11	17 52 19·9	−20 46 35	12·2	20 33·0
14	18 30 19·4	−17 44 45	11·7	1 03·0	12	17 52 03·8	−20 49 39	12·2	20 28·8
15	18 29 34·6	−17 47 30	11·7	0 58·4	13	17 51 49·0	−20 52 42	12·2	20 24·6
16	18 28 49·3	−17 50 18	11·6	0 53·7	14	17 51 35·3	−20 55 44	12·2	20 20·5
17	18 28 03·5	−17 53 08	11·6	0 49·0	15	17 51 22·8	−20 58 46	12·2	20 16·4
18	18 27 17·4	−17 56 00	11·6	0 44·3	16	17 51 11·4	−21 01 47	12·2	20 12·3
19	18 26 30·8	−17 58 53	11·6	0 39·6	17	17 51 01·3	−21 04 47	12·3	20 08·2
20	18 25 43·9	−18 01 48	11·6	0 34·9	18	17 50 52·3	−21 07 47	12·3	20 04·1
21	18 24 56·7	−18 04 45	11·5	0 30·2	19	17 50 44·5	−21 10 46	12·3	20 00·1
22	18 24 09·2	−18 07 43	11·5	0 25·4	20	17 50 37·9	−21 13 44	12·3	19 56·1
23	18 23 21·5	−18 10 43	11·5	0 20·7	21	17 50 32·5	−21 16 41	12·3	19 52·1
24	18 22 33·6	−18 13 44	11·5	0 16·0	22	17 50 28·3	−21 19 38	12·3	19 48·1
25	18 21 45·5	−18 16 47	11·5	0 11·3	23	17 50 25·3	−21 22 33	12·3	19 44·1
June 26	18 20 57·3	−18 19 51	11·5	0 06·5	Aug. 24	17 50 23·5	−21 25 28	12·4	19 40·2

Second transit for Davida 2011 June 27ᵈ 23ʰ 57ᵐ1

INTERAMNIA, 2011
GEOCENTRIC POSITIONS FOR 0ʰ TERRESTRIAL TIME

Date	Astrometric R.A.	Dec.	Vis. Mag.	Ephemeris Transit	Date	Astrometric R.A.	Dec.	Vis. Mag.	Ephemeris Transit
	h m s	° ′ ″		h m		h m s	° ′ ″		h m
2011 May 20	20 15 12·4	−18 12 47	11·4	4 26·0	2011 July 18	19 45 03·9	−14 03 24	10·0	0 03·9
21	20 15 19·5	−18 07 35	11·4	4 22·1	19	19 44 07·7	−14 00 22	10·0	23 54·2
22	20 15 25·2	−18 02 24	11·3	4 18·3	20	19 43 11·4	−13 57 23	10·0	23 49·3
23	20 15 29·5	−17 57 15	11·3	4 14·4	21	19 42 15·2	−13 54 26	10·0	23 44·4
24	20 15 32·4	−17 52 07	11·3	4 10·5	22	19 41 19·1	−13 51 32	10·0	23 39·6
May 25	20 15 33·9	−17 47 00	11·3	4 06·6	23	19 40 23·2	−13 48 40	10·0	23 34·7
26	20 15 34·0	−17 41 56	11·3	4 02·7	24	19 39 27·6	−13 45 51	10·1	23 29·9
27	20 15 32·6	−17 36 53	11·2	3 58·7	25	19 38 32·2	−13 43 05	10·1	23 25·0
28	20 15 29·8	−17 31 51	11·2	3 54·8	26	19 37 37·1	−13 40 21	10·1	23 20·2
29	20 15 25·6	−17 26 52	11·2	3 50·7	27	19 36 42·5	−13 37 40	10·1	23 15·4
30	20 15 20·0	−17 21 54	11·2	3 46·7	28	19 35 48·3	−13 35 01	10·1	23 10·6
31	20 15 12·9	−17 16 58	11·2	3 42·7	29	19 34 54·7	−13 32 25	10·2	23 05·7
June 1	20 15 04·3	−17 12 04	11·1	3 38·6	30	19 34 01·6	−13 29 52	10·2	23 00·9
2	20 14 54·4	−17 07 12	11·1	3 34·5	31	19 33 09·1	−13 27 21	10·2	22 56·2
3	20 14 42·9	−17 02 21	11·1	3 30·4	Aug. 1	19 32 17·4	−13 24 52	10·2	22 51·4
4	20 14 30·0	−16 57 33	11·1	3 26·2	2	19 31 26·3	−13 22 26	10·3	22 46·6
5	20 14 15·7	−16 52 47	11·0	3 22·0	3	19 30 36·1	−13 20 03	10·3	22 41·9
6	20 13 59·9	−16 48 02	11·0	3 17·8	4	19 29 46·7	−13 17 42	10·3	22 37·1
7	20 13 42·7	−16 43 20	11·0	3 13·6	5	19 28 58·2	−13 15 23	10·3	22 32·4
8	20 13 24·0	−16 38 40	11·0	3 09·4	6	19 28 10·6	−13 13 07	10·4	22 27·7
9	20 13 04·0	−16 34 02	11·0	3 05·1	7	19 27 24·0	−13 10 53	10·4	22 23·0
10	20 12 42·5	−16 29 25	10·9	3 00·8	8	19 26 38·4	−13 08 41	10·4	22 18·3
11	20 12 19·6	−16 24 51	10·9	2 56·5	9	19 25 53·9	−13 06 32	10·4	22 13·7
12	20 11 55·3	−16 20 19	10·9	2 52·2	10	19 25 10·4	−13 04 25	10·4	22 09·0
13	20 11 29·6	−16 15 49	10·9	2 47·8	11	19 24 28·1	−13 02 21	10·5	22 04·4
14	20 11 02·6	−16 11 22	10·8	2 43·4	12	19 23 47·0	−13 00 18	10·5	21 59·8
15	20 10 34·2	−16 06 56	10·8	2 39·0	13	19 23 07·0	−12 58 18	10·5	21 55·3
16	20 10 04·4	−16 02 33	10·8	2 34·6	14	19 22 28·3	−12 56 20	10·5	21 50·7
17	20 09 33·4	−15 58 12	10·8	2 30·2	15	19 21 50·8	−12 54 24	10·5	21 46·2
18	20 09 01·0	−15 53 53	10·7	2 25·7	16	19 21 14·6	−12 52 30	10·6	21 41·7
19	20 08 27·3	−15 49 37	10·7	2 21·2	17	19 20 39·7	−12 50 38	10·6	21 37·2
20	20 07 52·3	−15 45 23	10·7	2 16·7	18	19 20 06·1	−12 48 48	10·6	21 32·7
21	20 07 16·0	−15 41 11	10·7	2 12·1	19	19 19 33·9	−12 47 00	10·6	21 28·3
22	20 06 38·5	−15 37 01	10·6	2 07·6	20	19 19 03·1	−12 45 15	10·7	21 23·8
23	20 05 59·8	−15 32 54	10·6	2 03·0	21	19 18 33·6	−12 43 31	10·7	21 19·4
24	20 05 19·9	−15 28 50	10·6	1 58·4	22	19 18 05·6	−12 41 48	10·7	21 15·1
25	20 04 38·8	−15 24 48	10·6	1 53·8	23	19 17 39·0	−12 40 08	10·7	21 10·7
26	20 03 56·6	−15 20 48	10·5	1 49·2	24	19 17 13·9	−12 38 29	10·7	21 06·4
27	20 03 13·3	−15 16 51	10·5	1 44·5	25	19 16 50·2	−12 36 52	10·8	21 02·1
28	20 02 28·9	−15 12 56	10·5	1 39·9	26	19 16 28·1	−12 35 17	10·8	20 57·8
29	20 01 43·5	−15 09 03	10·5	1 35·2	27	19 16 07·4	−12 33 43	10·8	20 53·5
30	20 00 57·1	−15 05 14	10·4	1 30·5	28	19 15 48·3	−12 32 10	10·8	20 49·3
July 1	20 00 09·7	−15 01 26	10·4	1 25·7	29	19 15 30·6	−12 30 39	10·8	20 45·1
2	19 59 21·4	−14 57 42	10·4	1 21·0	30	19 15 14·5	−12 29 08	10·9	20 40·9
3	19 58 32·3	−14 53 59	10·3	1 16·3	31	19 15 00·0	−12 27 39	10·9	20 36·8
4	19 57 42·3	−14 50 19	10·3	1 11·5	Sept. 1	19 14 47·0	−12 26 12	10·9	20 32·7
5	19 56 51·5	−14 46 42	10·3	1 06·7	2	19 14 35·5	−12 24 45	10·9	20 28·6
6	19 56 00·0	−14 43 07	10·3	1 01·9	3	19 14 25·6	−12 23 19	10·9	20 24·5
7	19 55 07·9	−14 39 35	10·2	0 57·2	4	19 14 17·3	−12 21 54	10·9	20 20·4
8	19 54 15·1	−14 36 05	10·2	0 52·3	5	19 14 10·5	−12 20 29	11·0	20 16·4
9	19 53 21·7	−14 32 38	10·2	0 47·5	6	19 14 05·3	−12 19 05	11·0	20 12·4
10	19 52 27·8	−14 29 13	10·1	0 42·7	7	19 14 01·6	−12 17 42	11·0	20 08·5
11	19 51 33·4	−14 25 50	10·1	0 37·9	Sept. 8	19 13 59·4	−12 16 19	11·0	20 04·5
12	19 50 38·6	−14 22 31	10·1	0 33·0	9	19 13 58·8	−12 14 57	11·0	20 00·6
13	19 49 43·5	−14 19 13	10·1	0 28·2	10	19 13 59·7	−12 13 35	11·0	19 56·7
14	19 48 48·0	−14 15 58	10·0	0 23·3	11	19 14 02·1	−12 12 14	11·1	19 52·8
15	19 47 52·2	−14 12 46	10·0	0 18·5	12	19 14 06·0	−12 10 52	11·1	19 49·0
16	19 46 56·3	−14 09 36	10·0	0 13·6	13	19 14 11·4	−12 09 31	11·1	19 45·1
17	19 46 00·2	−14 06 29	10·0	0 08·8	14	19 14 18·4	−12 08 10	11·1	19 41·3
July 18	19 45 03·9	−14 03 24	10·0	0 03·9	Sept. 15	19 14 26·8	−12 06 48	11·1	19 37·6

Second transit for Interamnia 2011 July 18ᵈ 23ʰ 59ᵐ0

Notes on comets

The osculating elements for periodic comets returning to perihelion in 2011 have been supplied by B.G. Marsden, Smithsonian Astrophysical Observatory

The following table of osculating elements is for use in the generation of ephemerides by numerical integration. Typically, an ephemeris may be computed from these unperturbed elements to provide positions accurate to one to two arcminutes within a year of the epoch (Osc. epoch). The innate inaccuracy in some of these elements can be more of a problem, particularly for those comets that have been observed for no more than a few months in the past (i.e. those without a number in front of the P/). It is important to note that elements for numbered comets may be prone to uncertainty due to non-gravitational forces that affect their orbits. In some case these forces have a degree of predictability. However, calculations of these non-gravitational effects can never be absolute and their effects in common with short-arc uncertainties mainly affect the perihelion time T.

Up-to-date elements of the comets currently observable may be found at http://cfa-www.harvard.edu/iau/Ephemerides/Comets/index.html.

OSCULATING ELEMENTS FOR ECLIPTIC AND EQUINOX OF J2000·0

Name	Perihelion Time T	Perihelion Distance q	Eccentricity e	Period P	Arg. of Perihelion ω	Long. of Asc. Node Ω	Inclination i	Osc. Epoch
		au		years	°	°	°	
9P/Tempel	Jan. 12·365 61	1·510 3006	0·516 5365	5·52	178·923 14	68·907 21	10·522 37	Jan. −2
P/2003 S2 (NEAT)	Mar. 3·515 68	2·456 0969	0·359 9254	7·52	283·899 20	87·701 70	7·634 81	Mar. 20
P/2005 U1 (Read)	Mar. 10·887 68	2·360 5680	0·254 3019	5·63	325·319 08	51·639 34	1·266 08	Mar. 20
P/2006 U1 (LINEAR)	Apr. 15·812 09	0·510 8998	0·816 0166	4·63	64·229 95	240·471 14	8·424 50	Apr. 29
P/2004 T1 (LINEAR-NEAT)	Apr. 24·864 11	1·707 7467	0·508 1582	6·47	336·405 57	51·439 70	11·044 85	Apr. 29
P/2003 CP$_7$ (LINEAR-NEAT)	May 17·124 65	3·032 8876	0·246 6133	8·08	42·479 92	133·099 10	12·326 46	Apr. 29
164P/Christensen	June 2·342 12	1·675 3327	0·541 4044	6·98	325·850 19	88·326 99	16·260 67	June 8
P/2005 R2 (Van Ness)	June 16·293 46	2·122 5114	0·379 6135	6·33	3·332 54	312·672 27	10·239 60	June 8
130P/McNaught-Hughes	June 24·775 74	2·098 0622	0·406 6870	6·65	224·365 48	89·814 15	7·307 34	June 8
62P/Tsuchinshan	June 30·393 83	1·383 6369	0·597 4326	6·37	30·233 09	90·308 29	9·712 85	July 18
123P/West-Hartley	July 4·474 52	2·128 8999	0·448 3588	7·58	102·824 43	46·599 19	15·357 06	July 18
69P/Taylor	July 17·243 20	2·271 1948	0·414 7406	7·64	343·441 76	104·882 14	22·038 41	July 18
27P/Crommelin	Aug. 3·808 94	0·747 8708	0·918 7464	27·92	195·980 44	250·637 84	28·956 53	July 18
97P/Metcalf-Brewington	Aug. 21·001 57	2·596 5584	0·459 3594	10·53	228·209 44	185·207 94	17·885 75	Aug. 27
P/2001 YX$_{127}$ (LINEAR)	Aug. 24·207 76	3·430 4767	0·177 2566	8·51	114·792 32	31·066 54	7·915 44	Aug. 27
P/1999 R1 (SOHO)	Sept. 7·113 40	0·053 1586	0·978 8577	3·99	48·547 58	0·082 52	12·646 40	Aug. 27
45P/Honda-Mrkos-Pajdušáková	Sept. 28·753 41	0·529 6448	0·824 6340	5·25	326·244 93	89·008 05	4·253 27	Oct. 6
48P/Johnson	Sept. 29·304 20	2·301 1182	0·367 6636	6·94	207·957 17	117·271 79	13·662 18	Oct. 6
115P/Maury	Oct. 6·977 98	2·035 0674	0·520 9627	8·76	120·066 62	176·602 83	11·706 25	Oct. 6
73P/Schwassmann-Wachmann C	Oct. 16·754 54	0·942 7903	0·692 2154	5·36	198·863 73	69·844 66	11·379 00	Oct. 6
P/1996 R2 (Lagerkvist)	Oct. 17·059 97	2·611 9032	0·310 6501	7·38	333·990 60	40·196 75	2·603 82	Oct. 6
73P/Schwassmann-Wachmann B	Oct. 18·634 18	0·942 7875	0·692 3088	5·36	198·852 69	69·842 59	11·381 04	Oct. 6
49P/Arend-Rigaux	Oct. 19·076 84	1·423 8250	0·600 3592	6·72	332·789 82	118·876 71	19·050 21	Oct. 6
41P/Tuttle-Giacobini-Kresák	Nov. 12·150 62	1·049 4648	0·660 1445	5·43	62·176 57	141·063 39	9·225 01	Nov. 15
P/2004 H3 (Larsen)	Nov. 23·281 98	2·450 2609	0·372 5702	7·72	346·487 60	220·946 99	25·128 45	Nov. 15
P/2004 R3 (LINEAR-NEAT)	Nov. 28·434 94	2·132 4629	0·442 7496	7·49	5·557 93	318·726 24	7·974 37	Nov. 15
37P/Forbes	Dec. 11·017 88	1·575 3108	0·540 6974	6·35	329·388 65	315·031 21	8·955 78	Dec. 25
71P/Clark	Dec. 15·782 51	1·567 4761	0·498 4679	5·53	208·830 42	59·607 74	9·481 02	Dec. 25
36P/Whipple	Dec. 29·588 56	3·087 8900	0·260 9211	8·54	201·597 28	182·391 13	9·930 96	Dec. 25

CONTENTS OF SECTION H

Except for the tables of ICRF radio sources, radio flux calibrators, and pulsars, positions tabulated in Section H are referred to the mean equator and equinox of J2011.5 = 2011 July 2.875 = JD 245 5745.375. The positions of the ICRF radio sources provide a practical realization of the ICRS. The positions of radio flux calibrators and pulsars are referred to the equator and equinox of J2000.0 = JD 245 1545.0.

When present, notes associated with a table are found on the table's last page.

 This symbol indicates that these data or auxiliary material may also be found on *The Astronomical Almanac Online* at **http://asa.usno.navy.mil** and **http://asa.hmnao.com**

Designation		BS=HR No.	Right Ascension	Declination	Notes	V	U–B	B–V	Spectral Type
			h m s	° ′ ″					
ε	Tuc	9076	00 00 30.4	−65 30 47		4.50	−0.28	−0.08	B9 IV
θ	Oct	9084	00 02 10.3	−77 00 08		4.78	+1.41	+1.27	K2 III
30 YY	Psc	9089	00 02 33.0	−05 57 01		4.41	+1.83	+1.63	M3 III
2	Cet	9098	00 04 19.7	−17 16 19		4.55	−0.12	−0.05	B9 IV
33 BC	Psc	3	00 05 55.5	−05 38 36	6	4.61	+0.89	+1.04	K0 III–IV
21 α	And	15	00 08 59.1	+29 09 14	d6	2.06	−0.46	−0.11	B9p Hg Mn
11 β	Cas	21	00 09 47.9	+59 12 47	svd6	2.27	+0.11	+0.34	F2 III
ε	Phe	25	00 09 59.5	−45 41 03		3.88	+0.84	+1.03	K0 III
22	And	27	00 10 55.4	+46 08 10		5.03	+0.25	+0.40	F0 II
κ²	Scl	34	00 12 09.4	−27 44 09	d	5.41	+1.46	+1.34	K5 III
θ	Scl	35	00 12 19.0	−35 04 08		5.25		+0.44	F3/5 V
88 γ	Peg	39	00 13 49.8	+15 14 51	svd6	2.83	−0.87	−0.23	B2 IV
89 χ	Peg	45	00 15 12.0	+20 16 14	as	4.80	+1.93	+1.57	M2⁺ III
7 AE	Cet	48	00 15 13.4	−18 52 09		4.44	+1.99	+1.66	M1 III
25 σ	And	68	00 18 55.9	+36 50 56	6	4.52	+0.07	+0.05	A2 Va
8 ι	Cet	74	00 20 00.8	−08 45 37	d	3.56	+1.25	+1.22	K1 IIIb
ζ	Tuc	77	00 20 39.8	−64 48 26		4.23	+0.02	+0.58	F9 V
41	Psc	80	00 21 11.4	+08 15 15		5.37	+1.55	+1.34	K3⁻ III Ca 1 CN 0.5
27 ρ	And	82	00 21 43.8	+38 01 56		5.18	+0.05	+0.42	F6 IV
R	And	90	00 24 38.6	+38 38 26	svd	7.39	+1.25	+1.97	S5/4.5e
β	Hyi	98	00 26 20.4	−77 11 23		2.80	+0.11	+0.62	G1 IV
κ	Phe	100	00 26 46.0	−43 36 58		3.94	+0.11	+0.17	A5 Vn
α	Phe	99	00 26 51.0	−42 14 37	67	2.39	+0.88	+1.09	K0 IIIb
		118	00 30 57.1	−23 43 27	6	5.19		+0.12	A5 Vn
λ¹	Phe	125	00 31 58.1	−48 44 24	d6	4.77	+0.04	+0.02	A1 Va
β¹	Tuc	126	00 32 04.0	−62 53 42	d6	4.37	−0.17	−0.07	B9 V
15 κ	Cas	130	00 33 39.7	+62 59 42	s6	4.16	−0.80	+0.14	B0.7 Ia
29 π	And	154	00 37 29.9	+33 46 57	d6	4.36	−0.55	−0.14	B5 V
17 ζ	Cas	153	00 37 37.1	+53 57 36		3.66	−0.87	−0.20	B2 IV
		157	00 37 58.4	+35 27 46	s	5.42	+0.45	+0.88	G2 Ib–II
30 ε	And	163	00 39 10.0	+29 22 27		4.37	+0.47	+0.87	G6 III Fe−3 CH 1
31 δ	And	165	00 39 56.7	+30 55 26	sd6	3.27	+1.48	+1.28	K3 III
18 α	Cas	168	00 41 10.0	+56 36 01	d	2.23	+1.13	+1.17	K0⁻ IIIa
μ	Phe	180	00 41 52.0	−46 01 19		4.59	+0.72	+0.97	G8 III
η	Phe	191	00 43 52.0	−57 24 01	d	4.36	−0.02	0.00	A0.5 IV
16 β	Cet	188	00 44 10.0	−17 55 25		2.04	+0.87	+1.02	G9 III CH−1 CN 0.5 Ca 1
22 ο	Cas	193	00 45 22.3	+48 20 50	d6	4.54	−0.51	−0.07	B5 III
34 ζ	And	215	00 47 57.0	+24 19 46	vd6	4.06	+0.90	+1.12	K0 III
λ	Hyi	236	00 48 59.1	−74 51 40		5.07	+1.68	+1.37	K5 III
63 δ	Psc	224	00 49 16.8	+07 38 51	d	4.43	+1.86	+1.50	K4.5 IIIb
64	Psc	225	00 49 35.1	+17 00 09	d6	5.07	0.00	+0.51	F7 V
24 η	Cas	219	00 49 48.5	+57 52 33	sd6	3.44	+0.01	+0.57	F9 V
35 ν	And	226	00 50 27.1	+41 08 29	6	4.53	−0.58	−0.15	B5 V
19 φ²	Cet	235	00 50 42.1	−10 34 57		5.19	−0.02	+0.50	F8 V
		233	00 51 26.1	+64 18 36	cd6	5.39	+0.14	+0.49	G0 III–IV + B9.5 V
20	Cet	248	00 53 35.8	−01 04 55		4.77	+1.93	+1.57	M0⁻ IIIa
λ²	Tuc	270	00 55 25.9	−69 27 54		5.45	+1.00	+1.09	K2 III
37 μ	And	269	00 57 23.7	+38 33 41	d	3.87	+0.15	+0.13	A5 IV–V
27 γ	Cas	264	00 57 24.7	+60 46 44	d6	2.47	−1.08	−0.15	B0 IVnpe (shell)
38 η	And	271	00 57 49.4	+23 28 46	d6	4.42	+0.69	+0.94	G8⁻ IIIb

Designation		BS=HR No.	Right Ascension	Declination	Notes	V	U–B	B–V	Spectral Type
			h m s	° ′ ″					
68	Psc	274	00 58 27.7	+29 03 15		5.42		+1.08	gG6
α	Scl	280	00 59 09.5	−29 17 44	s6	4.31	−0.56	−0.16	B4 Vp
σ	Scl	293	01 02 59.3	−31 29 25		5.50	+0.13	+0.08	A2 V
71 ε	Psc	294	01 03 32.5	+07 57 07		4.28	+0.70	+0.96	G9 III Fe−2
β	Phe	322	01 06 35.7	−46 39 25	d7	3.31	+0.57	+0.89	G8 III
ι	Tuc	332	01 07 45.8	−61 42 51		5.37		+0.88	G5 III
υ	Phe	331	01 08 19.3	−41 25 33	d	5.21	+0.09	+0.16	A3 IV/V
ζ	Phe	338	01 08 51.9	−55 11 04	vd6	3.92	−0.41	−0.08	B7 V
30 μ	Cas	321	01 09 02.8	+54 58 35	d6	5.17	+0.09	+0.69	G5 Vb
31 η	Cet	334	01 09 10.1	−10 07 18	d	3.45	+1.19	+1.16	K2⁻ III CN 0.5
42 φ	And	335	01 10 10.5	+47 18 10	d7	4.25	−0.34	−0.07	B7 III
43 β	And	337	01 10 22.8	+35 40 52	ad	2.06	+1.96	+1.58	M0⁺ IIIa
		285	01 10 32.1	+86 19 05		4.25	+1.33	+1.21	K2 III
33 θ	Cas	343	01 11 48.6	+55 12 39	d6	4.33	+0.12	+0.17	A7m
84 χ	Psc	351	01 12 04.4	+21 05 44		4.66	+0.82	+1.03	G8.5 III
83 τ	Psc	352	01 12 17.8	+30 09 01	6	4.51	+1.01	+1.09	K0.5 IIIb
86 ζ	Psc	361	01 14 20.0	+07 38 09	d67	5.24	+0.09	+0.32	F0 Vn
89	Psc	378	01 18 23.6	+03 40 29	6	5.16	+0.08	+0.07	A3 V
90 υ	Psc	383	01 20 06.1	+27 19 27	6	4.76	+0.10	+0.03	A2 IV
34 φ	Cas	382	01 20 48.8	+58 17 30	sd6	4.98	+0.49	+0.68	F0 Ia
46 ξ	And	390	01 23 01.3	+45 35 19	6	4.88	+0.99	+1.08	K0⁻ IIIb
45 θ	Cet	402	01 24 35.9	−08 07 27	d	3.60	+0.93	+1.06	K0 IIIb
37 δ	Cas	403	01 26 34.7	+60 17 41	sd6	2.68	+0.12	+0.13	A5 IV
36 ψ	Cas	399	01 26 45.6	+68 11 23	d	4.74	+0.94	+1.05	K0 III CN 0.5
94	Psc	414	01 27 19.1	+19 17 59		5.50	+1.05	+1.11	gK1
48 ω	And	417	01 28 21.0	+45 27 56	d	4.83	0.00	+0.42	F5 V
γ	Phe	429	01 28 51.8	−43 15 35	v6	3.41	+1.85	+1.57	M0⁻ IIIa
48	Cet	433	01 30 09.2	−21 34 13	d7	5.12	+0.04	+0.02	A1 Va
δ	Phe	440	01 31 43.7	−49 00 48		3.95	+0.70	+0.99	G9 III
99 η	Psc	437	01 32 06.0	+15 24 17	d	3.62	+0.75	+0.97	G7 IIIa
50 υ	And	458	01 37 28.6	+41 27 45	d6	4.09	+0.06	+0.54	F8 V
α	Eri	472	01 38 08.4	−57 10 43		0.46	−0.66	−0.16	B3 Vnp (shell)
51	And	464	01 38 42.3	+48 41 10		3.57	+1.45	+1.28	K3⁻ III
40	Cas	456	01 39 27.4	+73 05 53	d	5.28	+0.72	+0.96	G7 III
106 ν	Psc	489	01 42 01.9	+05 32 44		4.44	+1.57	+1.36	K3 IIIb
π	Scl	497	01 42 39.7	−32 16 10		5.25	+0.79	+1.05	K1 II/III
		500	01 43 18.4	−03 37 58		4.99	+1.58	+1.38	K3 II−III
φ	Per	496	01 44 23.3	+50 44 46	6	4.07	−0.93	−0.04	B2 Vep
52 τ	Cet	509	01 44 36.1	−15 52 38	d	3.50	+0.21	+0.72	G8 V
110 ο	Psc	510	01 46 00.2	+09 12 55	s	4.26	+0.71	+0.96	G8 III
ε	Scl	514	01 46 11.1	−24 59 44	d7	5.31	+0.02	+0.39	F0 V
		513	01 46 33.9	−05 40 34	s	5.34	+1.88	+1.52	K4 III
53 χ	Cet	531	01 50 09.0	−10 37 48	d	4.67	+0.03	+0.33	F2 IV–V
55 ζ	Cet	539	01 52 01.7	−10 16 43	d6	3.73	+1.07	+1.14	K0 III
2 α	Tri	544	01 53 44.4	+29 38 04	dv6	3.41	+0.06	+0.49	F6 IV
ψ	Phe	555	01 54 06.3	−46 14 48	6	4.41	+1.70	+1.59	M4 III
111 ξ	Psc	549	01 54 09.1	+03 14 38	6	4.62	+0.72	+0.94	G9 IIIb Fe−0.5
φ	Phe	558	01 54 50.6	−42 26 27	6	5.11	−0.15	−0.06	Ap Hg
η²	Hyi	570	01 55 13.7	−67 35 27		4.69	+0.64	+0.95	G8.5 III
45 ε	Cas	542	01 55 14.1	+63 43 34		3.38	−0.60	−0.15	B3 IV:p (shell)

Designation			BS=HR No.	Right Ascension	Declination	Notes	V	U−B	B−V	Spectral Type
				h m s	° ′ ″					
6	β	Ari	553	01 55 16.7	+20 51 50	d6	2.64	+0.10	+0.13	A4 V
	χ	Eri	566	01 56 24.3	−51 33 07	d7	3.70	+0.46	+0.85	G8 III−IV CN−0.5 Hδ 0.5
	α	Hyi	591	01 59 07.9	−61 30 51		2.86	+0.14	+0.28	F0n III−IV
59	υ	Cet	585	02 00 32.8	−21 01 21		4.00	+1.91	+1.57	M0 IIIb
113	α	Psc	596	02 02 38.6	+02 49 08	vd6	4.18	−0.05	+0.03	A0p Si Sr
4		Per	590	02 03 04.5	+54 32 33	6	5.04	−0.32	−0.08	B8 III
50		Cas	580	02 04 26.4	+72 28 34	6	3.98	+0.03	−0.01	A1 Va
57	γ¹	And	603	02 04 36.6	+42 23 04	d6	2.26	+1.58	+1.37	K3⁻ IIb
	ν	For	612	02 05 00.4	−29 14 31	v	4.69	−0.51	−0.17	B9.5p Si
13	α	Ari	617	02 07 49.5	+23 30 59	a6	2.00	+1.12	+1.15	K2 IIIab
4	β	Tri	622	02 10 13.9	+35 02 28	d6	3.00	+0.10	+0.14	A5 IV
	μ	For	652	02 13 24.8	−30 40 13		5.28	−0.06	−0.02	A0 Va⁺nn
65	ξ¹	Cet	649	02 13 36.7	+08 54 01	d6	4.37	+0.60	+0.89	G7 II−III Fe−1
			645	02 14 22.6	+51 07 07	d6	5.31	+0.62	+0.93	G8 III CN 1 CH 0.5 Fe−1
			641	02 14 30.9	+58 36 50	s	6.44	+0.23	+0.60	A3 Iab
	φ	Eri	674	02 16 55.2	−51 27 33	d	3.56	−0.39	−0.12	B8 V
67		Cet	666	02 17 33.5	−06 22 11		5.51	+0.76	+0.96	G8.5 III
9	γ	Tri	664	02 18 00.1	+33 53 59		4.01	+0.02	+0.02	A0 IV−Vn
68	o	Cet	681	02 19 55.7	−02 55 33	vd	2 − 10	+1.09	+1.42	M5.5−9e III + pec
62		And	670	02 20 01.7	+47 25 57		5.30	0.00	−0.01	A1 V
	δ	Hyi	705	02 21 57.4	−68 36 26		4.09	+0.05	+0.03	A1 Va
	κ	Hyi	715	02 22 56.9	−73 35 38		5.01	+1.04	+1.09	K1 III
	κ	For	695	02 23 04.1	−23 45 52		5.20	+0.12	+0.60	G0 Va
	λ	Hor	714	02 25 13.2	−60 15 39		5.35	+0.06	+0.39	F2 IV−V
72	ρ	Cet	708	02 26 30.4	−12 14 21		4.89	−0.07	−0.03	A0 III−IVn
	κ	Eri	721	02 27 24.4	−47 39 09	6	4.25	−0.50	−0.14	B5 IV
73	ξ²	Cet	718	02 28 46.3	+08 30 40	6	4.28	−0.12	−0.06	A0 III⁻
12		Tri	717	02 28 50.6	+29 43 12		5.30	+0.10	+0.30	F0 III
	ι	Cas	707	02 30 01.7	+67 27 12	vd	4.52	+0.06	+0.12	A5p Sr
	μ	Hyi	776	02 31 27.5	−79 03 33		5.28	+0.73	+0.98	G8 III
76	σ	Cet	740	02 32 37.9	−15 11 41		4.75	−0.02	+0.45	F4 IV
14		Tri	736	02 32 48.5	+36 11 52		5.15	+1.78	+1.47	K5 III
78	ν	Cet	754	02 36 28.8	+05 38 34	d67	4.97	+0.56	+0.87	G8 III
			753	02 36 42.8	+06 56 28	sd6	5.82	+0.81	+0.98	K3⁻ V
			743	02 39 09.1	+72 52 03		5.16	+0.58	+0.88	G8 III
32	ν	Ari	773	02 39 28.3	+22 00 38	6	5.46	+0.16	+0.16	A7 V
	ε	Hyi	806	02 39 46.2	−68 13 04		4.11	−0.14	−0.06	B9 V
82	δ	Cet	779	02 40 04.4	+00 22 39	v6	4.07	−0.87	−0.22	B2 IV
	ζ	Hor	802	02 41 01.1	−54 30 04	6	5.21	−0.01	+0.40	F4 IV
	ι	Eri	794	02 41 07.3	−39 48 24		4.11	+0.74	+1.02	K0.5 IIIb Fe−0.5
86	γ	Cet	804	02 43 53.9	+03 17 01	d7	3.47	+0.07	+0.09	A2 Va
35		Ari	801	02 44 07.8	+27 45 20	6	4.66	−0.62	−0.13	B3 V
89	π	Cet	811	02 44 40.2	−13 48 38	6	4.25	−0.45	−0.14	B7 V
14		Per	800	02 44 50.4	+44 20 43		5.43	+0.65	+0.90	G0 Ib Ca 1
13	θ	Per	799	02 44 59.5	+49 16 35	d	4.12	0.00	+0.49	F7 V
87	μ	Cet	813	02 45 33.9	+10 09 44	d6	4.27	+0.08	+0.31	F0m F2 V⁺
1	α	UMi	424	02 45 37.5	+89 18 48	vd6	2.02	+0.38	+0.60	F5−8 Ib
1	τ¹	Eri	818	02 45 38.4	−18 31 28	6	4.47	0.00	+0.48	F5 V
	β	For	841	02 49 34.3	−32 21 29	d	4.46	+0.69	+0.99	G8.5 III Fe−0.5
41		Ari	838	02 50 39.8	+27 18 26	d6	3.63	−0.37	−0.10	B8 Vn

Designation		BS=HR No.	Right Ascension	Declination	Notes	V	U–B	B–V	Spectral Type
			h m s	° ′ ″					
16	Per	840	02 51 18.9	+38 21 55	d	4.23	+0.08	+0.34	F1 V+
15 η	Per	834	02 51 32.6	+55 56 33	d6	3.76	+1.89	+1.68	K3⁻ Ib–IIa
2 τ²	Eri	850	02 51 33.6	−20 57 26	d	4.75	+0.63	+0.91	K0 III
43 σ	Ari	847	02 52 07.8	+15 07 44		5.49	−0.43	−0.09	B7 V
R	Hor	868	02 54 15.7	−49 50 35	v	5 – 14	+0.43	+2.11	gM6.5e:
18 τ	Per	854	02 55 04.8	+52 48 32	cd6	3.95	+0.46	+0.74	G5 III + A4 V
3 η	Eri	874	02 56 59.4	−08 51 11		3.89	+1.00	+1.11	K1 IIIb
		875	02 57 12.1	−03 40 00	6	5.17	+0.05	+0.08	A3 Vn
θ¹	Eri	897	02 58 41.8	−40 15 32	d6	3.24	+0.14	+0.14	A5 IV
24	Per	882	02 59 46.6	+35 13 43		4.93	+1.29	+1.23	K2 III
91 λ	Cet	896	03 00 20.0	+08 57 09		4.70	−0.45	−0.12	B6 III
θ	Hyi	939	03 02 17.3	−71 51 27	d7	5.53	−0.51	−0.14	B9 IVp
92 α	Cet	911	03 02 52.9	+04 08 03		2.53	+1.94	+1.64	M1.5 IIIa
11 τ³	Eri	919	03 02 53.9	−23 34 48		4.09	+0.08	+0.16	A4 V
μ	Hor	934	03 03 53.2	−59 41 36		5.11	−0.03	+0.34	F0 IV–V
23 γ	Per	915	03 05 38.2	+53 33 02	cd6	2.93	+0.45	+0.70	G5 III + A2 V
25 ρ	Per	921	03 05 55.0	+38 53 03		3.39	+1.79	+1.65	M4 II
		881	03 07 43.1	+79 27 45	d6	5.49		+1.57	M2 IIIab
26 β	Per	936	03 08 55.3	+40 59 57	cvd6	2.12	−0.37	−0.05	B8 V + F:
ι	Per	937	03 09 54.2	+49 39 23	d	4.05	+0.12	+0.59	G0 V
27 κ	Per	941	03 10 16.6	+44 54 01	d6	3.80	+0.83	+0.98	K0 III
57 δ	Ari	951	03 12 17.4	+19 46 10		4.35	+0.87	+1.03	K0 III
α	For	963	03 12 33.9	−28 56 34	d7	3.87	+0.02	+0.52	F6 V
TW	Hor	977	03 12 50.7	−57 16 44	s	5.74	+2.83	+2.28	C6:,2.5 Ba2 Y4
94	Cet	962	03 13 21.7	−01 09 13	d7	5.06	+0.12	+0.57	G0 IV
58 ζ	Ari	972	03 15 33.9	+21 05 11		4.89	−0.01	−0.01	A0.5 Va+
13 ζ	Eri	984	03 16 23.6	−08 46 39	6	4.80	+0.09	+0.23	A5m:
29	Per	987	03 19 27.2	+50 15 48	s6	5.15	−0.06	−0.05	B3 V
96 κ	Cet	996	03 19 58.0	+03 24 42	dasv	4.83	+0.19	+0.68	G5 V
16 τ⁴	Eri	1003	03 20 01.7	−21 43 00	d	3.69	+1.81	+1.62	M3+ IIIa Ca−1
		1008	03 20 23.2	−43 01 35		4.27	+0.22	+0.71	G8 V
		999	03 21 02.3	+29 05 22		4.47	+1.79	+1.55	K3 IIIa Ba 0.5
		961	03 21 49.8	+77 46 32	d	5.45	+0.11	+0.19	A5 III:
61 τ	Ari	1005	03 21 53.6	+21 11 16	dv	5.28	−0.52	−0.07	B5 IV
33 α	Per	1017	03 25 09.0	+49 54 04	das	1.79	+0.37	+0.48	F5 Ib
1 o	Tau	1030	03 25 26.0	+09 04 07	6	3.60	+0.61	+0.89	G6 IIIa Fe−1
		1009	03 25 41.2	+64 37 34		5.23	+2.06	+2.08	M0 II
		1029	03 26 46.7	+49 09 38	sv	6.09	−0.49	−0.07	B7 V
2 ξ	Tau	1038	03 27 47.6	+09 46 19	d6	3.74	−0.33	−0.09	B9 Vn
κ	Ret	1083	03 29 34.9	−62 53 50	d	4.72	−0.04	+0.40	F5 IV–V
		1035	03 30 00.5	+59 58 46	vd	4.21	−0.24	+0.41	B9 Ia
		1040	03 30 50.3	+58 55 03	as6	4.54	−0.11	+0.56	A0 Ia
17	Eri	1070	03 31 11.3	−05 02 11		4.73	−0.27	−0.09	B9 Vs
35 σ	Per	1052	03 31 23.4	+48 02 02		4.36	+1.54	+1.35	K3 III
5	Tau	1066	03 31 30.6	+12 58 31	6	4.11	+1.02	+1.12	K0⁻ II–III Fe−0.5
18 ε	Eri	1084	03 33 28.4	−09 25 12	das	3.73	+0.59	+0.88	K2 V
19 τ⁵	Eri	1088	03 34 17.8	−21 35 42	6	4.27	−0.35	−0.11	B8 V
20 EG	Eri	1100	03 36 48.9	−17 25 47	dv	5.23	−0.49	−0.13	B9p Si
37 ψ	Per	1087	03 37 18.7	+48 13 48		4.23	−0.57	−0.06	B5 Ve
10	Tau	1101	03 37 27.7	+00 26 15		4.28	+0.07	+0.58	F9 IV–V

Designation			BS=HR No.	Right Ascension	Declination	Notes	V	U–B	B–V	Spectral Type
				h m s	o ′ ″					
			1106	03 37 30.5	−40 14 14		4.58	+0.77	+1.04	K1 III
	δ	For	1134	03 42 42.4	−31 54 08	6	5.00	−0.60	−0.16	B5 IV
	BD	Cam	1105	03 43 09.8	+63 15 11	6	5.10	+1.82	+1.63	S3.5/2
39	δ	Per	1122	03 43 44.9	+47 49 24	d6	3.01	−0.51	−0.13	B5 III
23	δ	Eri	1136	03 43 48.0	−09 43 30		3.54	+0.69	+0.92	K0+ IV
	β	Ret	1175	03 44 20.8	−64 46 15	d6	3.85	+1.10	+1.13	K2 III
38	o	Per	1131	03 45 02.6	+32 19 26	vd6	3.83	−0.75	+0.05	B1 III
24		Eri	1146	03 45 05.6	−01 07 39	6	5.25	−0.39	−0.10	B7 V
17		Tau	1142	03 45 33.6	+24 08 55	6	3.70	−0.40	−0.11	B6 III
19		Tau	1145	03 45 53.7	+24 30 09	d6	4.30	−0.46	−0.11	B6 IV
41	ν	Per	1135	03 45 58.7	+42 36 50	d	3.77	+0.31	+0.42	F5 II
29		Tau	1153	03 46 17.2	+06 05 07	d6	5.35	−0.61	−0.12	B3 V
20		Tau	1149	03 46 30.8	+24 24 10	s6	3.87	−0.40	−0.07	B7 IIIp
26	π	Eri	1162	03 46 41.2	−12 03 58		4.42	+2.01	+1.63	M2− IIIab
23	v971	Tau	1156	03 47 00.7	+23 59 00		4.18	−0.42	−0.06	B6 IV
	γ	Hyi	1208	03 47 04.4	−74 12 13		3.24	+1.99	+1.62	M2 III
27	τ6	Eri	1173	03 47 20.6	−23 12 59		4.23	0.00	+0.42	F3 III
25	η	Tau	1165	03 48 10.2	+24 08 24	d	2.87	−0.34	−0.09	B7 IIIn
27		Tau	1178	03 49 50.9	+24 05 16	d6	3.63	−0.36	−0.09	B8 III
			1195	03 49 53.1	−36 09 57		4.17	+0.69	+0.95	G7 IIIa
	BE	Cam	1155	03 50 35.1	+65 33 37		4.47	+2.13	+1.88	M2+ IIab
	γ	Cam	1148	03 51 35.4	+71 21 59	d	4.63	+0.07	+0.03	A1 IIIn
44	ζ	Per	1203	03 54 51.5	+31 55 01	sd67	2.85	−0.77	+0.12	B1 Ib
34	γ	Eri	1231	03 58 34.0	−13 28 35	d	2.95	+1.96	+1.59	M0.5 IIIb Ca−1
45	ε	Per	1220	03 58 37.7	+40 02 33	sd67	2.89	−0.95	−0.20	B0.5 IV
	δ	Ret	1247	03 58 55.8	−61 22 05		4.56	+1.96	+1.62	M1 III
46	ξ	Per	1228	03 59 42.8	+35 49 24	6	4.04	−0.92	+0.01	O7.5 IIIf
35	λ	Tau	1239	04 01 19.1	+12 31 19	v6	3.47	−0.62	−0.12	B3 V
35		Eri	1244	04 02 07.1	−01 31 05		5.28	−0.55	−0.15	B5 V
38	ν	Tau	1251	04 03 46.2	+06 01 14		3.91	+0.07	+0.03	A1 Va
37		Tau	1256	04 05 22.6	+22 06 45	d	4.36	+0.95	+1.07	K0 III
47	λ	Per	1261	04 07 26.7	+50 22 53		4.29	−0.04	−0.02	A0 IIIn
			1279	04 08 21.1	+15 11 34	sd6	6.01	+0.02	+0.40	F3 V
48	MX	Per	1273	04 09 30.0	+47 44 32		4.04	−0.55	−0.03	B3 Ve
43		Tau	1283	04 09 50.3	+19 38 20		5.50		+1.07	K1 III
			1270	04 10 26.5	+59 56 15	s	6.32	+0.92	+1.16	G8 IIa
44	IM	Tau	1287	04 11 32.0	+26 30 36	v	5.41	+0.06	+0.34	F2 IV–V
38	o1	Eri	1298	04 12 25.7	−06 48 30		4.04	+0.13	+0.33	F1 IV
	α	Hor	1326	04 14 23.0	−42 15 59		3.86	+1.00	+1.10	K2 III
	α	Ret	1336	04 14 34.5	−62 26 43	d6	3.35	+0.63	+0.91	G8 II–III
51	μ	Per	1303	04 15 44.8	+48 26 15	d67	4.14	+0.64	+0.95	G0 Ib
40	o2	Eri	1325	04 15 48.1	−07 38 08	d	4.43	+0.45	+0.82	K0.5 V
49	μ	Tau	1320	04 16 09.6	+08 55 13	6	4.29	−0.53	−0.06	B3 IV
	γ	Dor	1338	04 16 19.7	−51 27 29	v	4.25	+0.03	+0.30	F1 V+
48		Tau	1319	04 16 25.5	+15 25 43	sd	6.32	+0.02	+0.40	F3 V
	ε	Ret	1355	04 16 41.0	−59 16 29	d	4.44	+1.07	+1.08	K2 IV
41		Eri	1347	04 18 19.8	−33 46 15	d67	3.56	−0.37	−0.12	B9p Mn
54	γ	Tau	1346	04 20 27.0	+15 39 17	d6	3.63	+0.82	+0.99	G9.5 IIIab CN 0.5
57	v483	Tau	1351	04 20 36.6	+14 03 44	sd6	5.59	+0.08	+0.28	F0 IV
			1367	04 21 09.1	−20 36 46		5.38		−0.02	A1 V

Designation			BS=HR No.	Right Ascension	Declination	Notes	V	$U{-}B$	$B{-}V$	Spectral Type
				h m s	° ′ ″					
54		Per	1343	04 21 09.6	+34 35 37	d	4.93	+0.69	+0.94	G8 III Fe 0.5
			1327	04 21 45.8	+65 10 02	s	5.27	+0.47	+0.81	G5 IIb
	η	Ret	1395	04 22 01.0	−63 21 33		5.24	+0.69	+0.96	G8 III
61	δ	Tau	1373	04 23 36.0	+17 34 07	d6	3.76	+0.82	+0.98	G9.5 III CN 0.5
63		Tau	1376	04 24 04.7	+16 48 12	cs6	5.64	+0.13	+0.30	F0m
42	ξ	Eri	1383	04 24 15.3	−03 43 11	6	5.17	+0.08	+0.08	A2 V
43		Eri	1393	04 24 28.2	−33 59 26		3.96	+1.80	+1.49	K3.5$^-$ IIIb
65	κ^1	Tau	1387	04 26 03.4	+22 19 10	d6	4.22	+0.13	+0.13	A5 IV–V
68	v776	Tau	1389	04 26 09.4	+17 57 12	d6	4.29	+0.08	+0.05	A2 IV–Vs
69	υ	Tau	1392	04 26 59.9	+22 50 20	d6	4.28	+0.14	+0.26	A9 IV$^-$n
71	v777	Tau	1394	04 27 00.1	+15 38 37	d6	4.49	+0.14	+0.25	F0n IV–V
77	θ^1	Tau	1411	04 29 14.0	+15 59 13	d6	3.84	+0.73	+0.95	G9 III Fe−0.5
74	ϵ	Tau	1409	04 29 17.4	+19 12 18	d	3.53	+0.88	+1.01	G9.5 III CN 0.5
78	θ^2	Tau	1412	04 29 19.2	+15 53 44	sd6	3.40	+0.13	+0.18	A7 III
	δ	Cae	1443	04 31 11.3	−44 55 46		5.07	−0.78	−0.19	B2 IV–V
50	υ^1	Eri	1453	04 33 57.6	−29 44 38		4.51	+0.72	+0.98	K0$^+$ III Fe−0.5
	α	Dor	1465	04 34 14.8	−55 01 17	vd7	3.27	−0.35	−0.10	A0p Si
86	ρ	Tau	1444	04 34 30.2	+14 52 04	6	4.65	+0.08	+0.25	A9 V
52	υ^2	Eri	1464	04 35 59.9	−30 32 22		3.82	+0.72	+0.98	G8.5 IIIa
88		Tau	1458	04 36 17.2	+10 11 01	d6	4.25	+0.11	+0.18	A5m
87	α	Tau	1457	04 36 34.9	+16 31 54	sd6	0.85	+1.90	+1.54	K5$^+$ III
48	ν	Eri	1463	04 36 53.7	−03 19 47	vd6	3.93	−0.89	−0.21	B2 III
	R	Dor	1492	04 36 53.8	−62 03 17	sd	5.40	+0.86	+1.58	M8e III:
58		Per	1454	04 37 29.4	+41 17 15	c6	4.25	+0.82	+1.22	K0 II–III + B9 V
53		Eri	1481	04 38 42.5	−14 16 56	d67	3.87	+1.01	+1.09	K1.5 IIIb
90		Tau	1473	04 38 48.1	+12 31 59	d6	4.27	+0.13	+0.12	A5 IV–V
	α	Cae	1502	04 40 56.0	−41 50 32	d	4.45	+0.01	+0.34	F1 V
54 DM		Eri	1496	04 40 56.7	−19 39 00	d	4.32	+1.81	+1.61	M3 II–III
	β	Cae	1503	04 42 27.9	−37 07 21		5.05	+0.04	+0.37	F2 V
94	τ	Tau	1497	04 42 56.2	+22 58 41	d67	4.28	−0.57	−0.13	B3 V
57	μ	Eri	1520	04 46 04.7	−03 14 04	6	4.02	−0.60	−0.15	B4 IV
4		Cam	1511	04 48 58.0	+56 46 35	d	5.30	+0.15	+0.25	Am
1	π^3	Ori	1543	04 50 27.9	+06 58 50	ad6	3.19	−0.01	+0.45	F6 V
			1533	04 50 41.2	+37 30 27		4.88	+1.70	+1.44	K3.5 III
2	π^2	Ori	1544	04 51 14.4	+08 55 09	6	4.36	0.00	+0.01	A0.5 IVn
3	π^4	Ori	1552	04 51 49.2	+05 37 26	s6	3.69	−0.81	−0.17	B2 III
97	v480	Tau	1547	04 52 02.9	+18 51 31	d	5.10	+0.12	+0.21	A9 V$^+$
4	o^1	Ori	1556	04 53 11.1	+14 16 08	cv	4.74	+2.03	+1.84	S3.5/1$^-$
61	ω	Eri	1560	04 53 27.6	−05 26 03	6	4.39	+0.16	+0.25	A9 IV
8	π^5	Ori	1567	04 54 51.1	+02 27 31	v6	3.72	−0.83	−0.18	B2 III
	η	Men	1629	04 54 51.9	−74 55 08		5.47	+1.83	+1.52	K4 III
9	α	Cam	1542	04 55 12.0	+66 21 39		4.29	−0.88	+0.03	O9.5 Ia
9	o^2	Ori	1580	04 57 01.1	+13 31 54	d	4.07	+1.11	+1.15	K2$^-$ III Fe−1
3	ι	Aur	1577	04 57 44.7	+33 11 00	a	2.69	+1.78	+1.53	K3 II
7		Cam	1568	04 58 12.7	+53 46 09	d67	4.47	−0.01	−0.02	A0m A1 III
10	π^6	Ori	1601	04 59 08.7	+01 43 51		4.47	+1.55	+1.40	K2$^-$ II
7	ϵ	Aur	1605	05 02 47.8	+43 50 21	vd6	2.99	+0.33	+0.54	A9 Ia
8	ζ	Aur	1612	05 03 17.0	+41 05 30	cdv6	3.75	+0.38	+1.22	K5 II + B5 V
102	ι	Tau	1620	05 03 47.1	+21 36 20		4.64	+0.15	+0.16	A7 IV
10	β	Cam	1603	05 04 26.7	+60 27 28	d	4.03	+0.63	+0.92	G1 Ib–IIa

Designation			BS=HR No.	Right Ascension	Declination	Notes	V	U–B	B–V	Spectral Type
				h m s	° ′ ″					
11	v1032	Ori	1638	05 05 13.6	+15 25 09	v	4.68	−0.09	−0.06	A0p Si
	η^2	Pic	1663	05 05 15.9	−49 33 46		5.03	+1.88	+1.49	K5 III
	ζ	Dor	1674	05 05 42.6	−57 27 26		4.72	−0.04	+0.52	F7 V
2	ϵ	Lep	1654	05 05 56.9	−22 21 22		3.19	+1.78	+1.46	K4 III
10	η	Aur	1641	05 07 19.4	+41 14 56	a	3.17	−0.67	−0.18	B3 V
67	β	Eri	1666	05 08 25.0	−05 04 20	d	2.79	+0.10	+0.13	A3 IVn
69	λ	Eri	1679	05 09 41.8	−08 44 24		4.27	−0.90	−0.19	B2 IVn
16		Ori	1672	05 09 57.7	+09 50 37	d6	5.43	+0.16	+0.24	A9m
3	ι	Lep	1696	05 12 50.1	−11 51 22	d	4.45	−0.40	−0.10	B9 V:
5	μ	Lep	1702	05 13 26.9	−16 11 33	s	3.31	−0.39	−0.11	B9p Hg Mn
	θ	Dor	1744	05 13 45.1	−67 10 20		4.83	+1.39	+1.28	K2.5 IIIa
4	κ	Lep	1705	05 13 45.8	−12 55 42	d7	4.36	−0.37	−0.10	B7 V
17	ρ	Ori	1698	05 13 53.6	+02 52 27	d67	4.46	+1.16	+1.19	K1 III CN 0.5
11	μ	Aur	1689	05 14 13.0	+38 29 49		4.86	+0.09	+0.18	A7m
19	β	Ori	1713	05 15 05.5	−08 11 21	vdas6	0.12	−0.66	−0.03	B8 Ia
13	α	Aur	1708	05 17 32.4	+46 00 31	cd67	0.08	+0.44	+0.80	G6 III + G2 III
	o	Col	1743	05 17 54.0	−34 53 04		4.83	+0.80	+1.00	K0/1 III/IV
20	τ	Ori	1735	05 18 09.9	−06 49 58	sd6	3.60	−0.47	−0.11	B5 III
	ζ	Pic	1767	05 19 39.1	−50 35 38		5.45	+0.01	+0.51	F7 III–IV
15	λ	Aur	1729	05 19 57.1	+40 06 29	d	4.71	+0.12	+0.63	G1.5 IV–V Fe−1
6	λ	Lep	1756	05 20 06.3	−13 09 56		4.29	−1.03	−0.26	B0.5 IV
22		Ori	1765	05 22 21.0	−00 22 19	6	4.73	−0.79	−0.17	B2 IV–V
			1686	05 24 28.4	+79 14 31	d	5.05	−0.13	+0.47	F7 Vs
29		Ori	1784	05 24 30.1	−07 47 54		4.14	+0.69	+0.96	G8 III Fe−0.5
28	η	Ori	1788	05 25 03.3	−02 23 14	cdv6	3.36	−0.92	−0.17	B1 IV + B
24	γ	Ori	1790	05 25 44.9	+06 21 33	d6	1.64	−0.87	−0.22	B2 III
112	β	Tau	1791	05 27 01.2	+28 36 58	sd	1.65	−0.49	−0.13	B7 III
115		Tau	1808	05 27 50.4	+17 58 16	d	5.42	−0.53	−0.10	B5 V
9	β	Lep	1829	05 28 44.3	−20 45 03	d	2.84	+0.46	+0.82	G5 II
			1856	05 30 28.5	−47 04 11	d7	5.46	+0.21	+0.62	G3 IV
17		Cam	1802	05 31 15.6	+63 04 31		5.42	+2.00	+1.71	M1 IIIa
32		Ori	1839	05 31 24.0	+05 57 22	d7	4.20	−0.55	−0.14	B5 V
	γ	Men	1953	05 31 26.1	−76 19 56	d	5.19	+1.19	+1.13	K2 III
	ϵ	Col	1862	05 31 37.3	−35 27 46		3.87	+1.08	+1.14	K1 II/III
34	δ	Ori	1852	05 32 35.7	−00 17 29	dv6	2.23	−1.05	−0.22	O9.5 II
119	CE	Tau	1845	05 32 53.2	+18 36 07		4.38	+2.21	+2.07	M2 Iab–Ib
11	α	Lep	1865	05 33 14.3	−17 48 53	das	2.58	+0.23	+0.21	F0 Ib
25	χ	Aur	1843	05 33 28.6	+32 11 58	6	4.76	−0.46	+0.34	B5 Iab
	β	Dor	1922	05 33 43.6	−62 28 57	v	3.76	+0.55	+0.82	F7–G2 Ib
37	ϕ^1	Ori	1876	05 35 27.2	+09 29 47	d6	4.41	−0.97	−0.16	B0.5 IV–V
39	λ	Ori	1879	05 35 46.3	+09 56 28	d	3.54	−1.03	−0.18	O8 IIIf
	v1046	Ori	1890	05 35 56.0	−04 29 15	sdv6	6.55	−0.77	−0.13	B2 Vh
			1891	05 35 56.5	−04 25 03	ds	6.24	−0.70	−0.15	B2.5 V
44	ι	Ori	1899	05 35 59.8	−05 54 11	ds6	2.77	−1.08	−0.24	O9 III
46	ϵ	Ori	1903	05 36 47.9	−01 11 43	das6	1.70	−1.04	−0.19	B0 Ia
40	ϕ^2	Ori	1907	05 37 32.3	+09 17 46	s	4.09	+0.64	+0.95	K0 IIIb Fe−2
123	ζ	Tau	1910	05 38 20.0	+21 08 55	s6	3.00	−0.67	−0.19	B2 IIIpe (shell)
48	σ	Ori	1931	05 39 19.4	−02 35 39	d6	3.81	−1.01	−0.24	O9.5 V
	α	Col	1956	05 40 04.0	−34 04 07	d	2.64	−0.46	−0.12	B7 IV
50	ζ	Ori	1948	05 41 20.4	−01 56 14	d6	2.03	−1.04	−0.21	O9.5 Ib

Designation			BS=HR No.	Right Ascension	Declination	Notes	V	U–B	B–V	Spectral Type
				h m s	o ′ ″					
	δ	Dor	2015	05 44 47.7	−65 43 53		4.35	+0.12	+0.21	A7 V⁺n
13	γ	Lep	1983	05 44 56.6	−22 26 43	d	3.60	0.00	+0.47	F7 V
27	o	Aur	1971	05 46 47.6	+49 49 48		5.47	+0.07	+0.03	A0p Cr
14	ζ	Lep	1998	05 47 28.6	−14 49 06	6	3.55	+0.07	+0.10	A2 Van
	β	Pic	2020	05 47 33.5	−51 03 46		3.85	+0.10	+0.17	A6 V
130		Tau	1990	05 48 06.5	+17 43 57		5.49	+0.27	+0.30	F0 III
53	κ	Ori	2004	05 48 18.1	−09 39 59		2.06	−1.03	−0.17	B0.5 Ia
	γ	Pic	2042	05 50 02.2	−56 09 51		4.51	+0.98	+1.10	K1 III
			2049	05 51 08.9	−52 06 24		5.17	+0.72	+0.99	G8 III
	β	Col	2040	05 51 21.9	−35 45 52		3.12	+1.21	+1.16	K1.5 III
15	δ	Lep	2035	05 51 49.0	−20 52 44		3.81	+0.68	+0.99	K0 III Fe−1.5 CH 0.5
32	ν	Aur	2012	05 52 17.3	+39 09 03	d	3.97	+1.09	+1.13	K0 III CN 0.5
136		Tau	2034	05 54 03.0	+27 36 50	6	4.58	+0.03	−0.02	A0 IV
54	χ¹	Ori	2047	05 55 03.9	+20 16 38	6	4.41	+0.07	+0.59	G0⁻ V Ca 0.5
58	α	Ori	2061	05 55 47.7	+07 24 30	ad6	0.50	+2.06	+1.85	M1−M2 Ia−Iab
30	ξ	Aur	2029	05 55 48.7	+55 42 30		4.99	+0.12	+0.05	A1 Va
16	η	Lep	2085	05 56 55.7	−14 09 59		3.71	+0.01	+0.33	F1 V
	γ	Col	2106	05 57 56.7	−35 16 57	d	4.36	−0.66	−0.18	B2.5 IV
60		Ori	2103	05 59 25.1	+00 33 12	d6	5.22	+0.01	+0.01	A1 Vs
	η	Col	2120	05 59 30.0	−42 48 54		3.96	+1.08	+1.14	G8/K1 II
34	β	Aur	2088	06 00 22.4	+44 56 51	vd6	1.90	+0.05	+0.03	A1 IV
33	δ	Aur	2077	06 00 28.5	+54 17 03	d	3.72	+0.87	+1.00	K0⁻ III
37	θ	Aur	2095	06 00 30.3	+37 12 44	vd67	2.62	−0.18	−0.08	A0p Si
35	π	Aur	2091	06 00 47.3	+45 56 12		4.26	+1.83	+1.72	M3 II
61	μ	Ori	2124	06 03 01.0	+09 38 47	d6	4.12	+0.11	+0.16	A5m:
62	χ²	Ori	2135	06 04 36.2	+20 08 14	asv	4.63	−0.68	+0.28	B2 Ia
1		Gem	2134	06 04 49.2	+23 15 42	d67	4.16	+0.53	+0.84	G5 III−IV
17	SS	Lep	2148	06 05 29.9	−16 29 09	s6	4.93	+0.12	+0.24	Ap (shell)
67	ν	Ori	2159	06 08 13.7	+14 45 58	d6	4.42	−0.66	−0.17	B3 IV
	ν	Dor	2221	06 08 39.8	−68 50 45		5.06	−0.21	−0.08	B8 V
			2180	06 09 26.9	−22 25 49		5.50		−0.01	A0 V
	α	Men	2261	06 09 53.9	−74 45 24		5.09	+0.33	+0.72	G5 V
	δ	Pic	2212	06 10 31.4	−54 58 18	v6	4.81	−1.03	−0.23	B0.5 IV
70	ξ	Ori	2199	06 12 35.6	+14 12 19	d6	4.48	−0.65	−0.18	B3 IV
36		Cam	2165	06 14 00.4	+65 42 52	6	5.38	+1.47	+1.34	K2 II−III
5	γ	Mon	2227	06 15 25.0	−06 16 45	d	3.98	+1.41	+1.32	K1 III Ba 0.5
7	η	Gem	2216	06 15 34.3	+22 30 09	vd6	3.28	+1.66	+1.60	M2.5 III
44	κ	Aur	2219	06 16 06.7	+29 29 34		4.35	+0.80	+1.02	G9 IIIb
	κ	Col	2256	06 16 57.7	−35 08 42		4.37	+0.83	+1.00	K0.5 IIIa
74		Ori	2241	06 17 05.4	+12 16 05	d	5.04	−0.02	+0.42	F4 IV
			2209	06 20 06.7	+69 18 50	6	4.80	0.00	+0.03	A0 IV⁺nn
7		Mon	2273	06 20 16.1	−07 49 43	d6	5.27	−0.75	−0.19	B2.5 V
2	UZ	Lyn	2238	06 20 38.2	+59 00 20		4.48	+0.03	+0.01	A1 Va
1	ζ	CMa	2282	06 20 45.3	−30 04 09	d6	3.02	−0.72	−0.19	B2.5 V
	δ	Col	2296	06 22 32.1	−33 26 34	6	3.85	+0.52	+0.88	G7 II
2	β	CMa	2294	06 23 12.4	−17 57 44	svd6	1.98	−0.98	−0.23	B1 II−III
13	μ	Gem	2286	06 23 39.4	+22 30 24	sd	2.88	+1.85	+1.64	M3 IIIab
	α	Car	2326	06 24 12.4	−52 42 08		−0.72	+0.10	+0.15	A9 II
8		Mon	2298	06 24 22.7	+04 35 10	d6	4.44	+0.13	+0.20	A6 IV
			2305	06 24 42.5	−11 32 13		5.22	+1.20	+1.24	K3 III

Designation			BS=HR No.	Right Ascension	Declination	Notes	V	U–B	B–V	Spectral Type
				h m s	° ′ ″					
46	ψ^1	Aur	2289	06 25 47.0	+49 16 51	6	4.91	+2.29	+1.97	K5–M0 Iab–Ib
10		Mon	2344	06 28 31.7	−04 46 12	d	5.06	−0.76	−0.17	B2 V
	λ	CMa	2361	06 28 35.8	−32 35 16		4.48	−0.61	−0.17	B4 V
18	ν	Gem	2343	06 29 38.8	+20 12 14	d6	4.15	−0.48	−0.13	B6 V
4	ξ^1	CMa	2387	06 32 20.1	−23 25 38	vd6	4.33	−0.99	−0.24	B1 III
			2392	06 33 19.2	−11 10 32	ds6	6.24	+0.78	+1.11	G9.5 III: Ba 3
13		Mon	2385	06 33 31.5	+07 19 25		4.50	−0.18	0.00	A0 Ib–II
			2395	06 34 13.0	−01 13 47		5.10	−0.56	−0.14	B5 Vn
			2435	06 35 13.8	−52 59 07		4.39	−0.15	−0.02	A0 II
5	ξ^2	CMa	2414	06 35 32.3	−22 58 28		4.54	−0.03	−0.05	A0 III
7	ν^2	CMa	2429	06 37 11.2	−19 15 59		3.95	+1.01	+1.06	K1.5 III–IV Fe 1
	ν	Pup	2451	06 38 06.8	−43 12 23	6	3.17	−0.41	−0.11	B8 IIIn
24	γ	Gem	2421	06 38 22.5	+16 23 18	d6	1.93	+0.04	0.00	A1 IVs
8	ν^3	CMa	2443	06 38 23.8	−18 14 53	d	4.43	+1.04	+1.15	K0.5 III
15	S	Mon	2456	06 41 36.7	+09 53 03	das6	4.66	−1.07	−0.25	O7 Vf
30		Gem	2478	06 44 38.2	+13 12 56	d	4.49	+1.16	+1.16	K0.5 III CN 0.5
27	ε	Gem	2473	06 44 38.4	+25 07 08	das6	2.98	+1.46	+1.40	G8 Ib
9	α	CMa	2491	06 45 39.1	−16 43 57	od6	−1.46	−0.05	0.00	A0m A1 Va
			2513	06 45 42.0	−52 12 49	s	6.57		+1.08	G5 Iab
31	ξ	Gem	2484	06 45 56.1	+12 52 56		3.36	+0.06	+0.43	F5 IV
56	ψ^5	Aur	2483	06 47 34.0	+43 33 54	d	5.25	+0.05	+0.56	G0 V
			2518	06 47 45.0	−37 56 35	d	5.26	−0.25	−0.08	B8/9 V
			2401	06 48 10.7	+79 32 59	6	5.45	−0.02	+0.50	F8 V
	α	Pic	2550	06 48 18.5	−61 57 14		3.27	+0.13	+0.21	A6 Vn
18		Mon	2506	06 48 27.6	+02 23 56	6	4.47	+1.04	+1.11	K0+ IIIa
57	ψ^6	Aur	2487	06 48 32.1	+48 46 34		5.22	+1.04	+1.12	K0 III
	v415	Car	2554	06 50 06.3	−53 38 10	6	4.40	+0.61	+0.92	G4 II
	τ	Pup	2553	06 50 13.3	−50 37 43	6	2.93	+1.21	+1.20	K1 III
13	κ	CMa	2538	06 50 16.3	−32 31 20		3.96	−0.92	−0.23	B1.5 IVne
	v592	Mon	2534	06 51 15.5	−08 03 18	sv	6.29	+0.02	0.00	A2p Sr Cr Eu
	ι	Vol	2602	06 51 18.9	−70 58 39		5.40	−0.38	−0.11	B7 IV
34	θ	Gem	2540	06 53 32.8	+33 56 47	d6	3.60	+0.14	+0.10	A3 III–IV
16	o^1	CMa	2580	06 54 36.6	−24 11 57	s	3.87	+1.99	+1.73	K2 Iab
14	θ	CMa	2574	06 54 43.5	−12 03 13		4.07	+1.70	+1.43	K4 III
	NP	Pup	2591	06 54 48.4	−42 22 50	s	6.32	+2.79	+2.24	C5,2.5
43		Cam	2511	06 54 56.3	+68 52 24		5.12	−0.43	−0.13	B7 III
20	ι	CMa	2596	06 56 39.0	−17 04 11		4.37	−0.70	−0.07	B3 II
15		Lyn	2560	06 58 16.2	+58 24 23	d7	4.35	+0.52	+0.85	G5 III–IV
21	ε	CMa	2618	06 59 04.7	−28 59 18	d	1.50	−0.93	−0.21	B2 II
			2527	07 01 43.7	+76 57 38	6	4.55	+1.66	+1.36	K4 III
22	σ	CMa	2646	07 02 10.7	−27 57 07	d	3.47	+1.88	+1.73	K7 Ib
42	ω	Gem	2630	07 03 06.8	+24 11 53	s	5.18	+0.68	+0.94	G5 IIa
24	o^2	CMa	2653	07 03 30.3	−23 51 03	vas6	3.02	−0.80	−0.08	B3 Ia
23	γ	CMa	2657	07 04 16.7	−15 39 04		4.12	−0.48	−0.12	B8 II
			2666	07 04 24.7	−42 21 17	d6	5.20	+0.15	+0.20	A9m
	v386	Car	2683	07 04 31.2	−56 46 03	v	5.17		−0.04	Ap Si
43	ζ	Gem	2650	07 04 47.4	+20 33 09	vd6	3.79	+0.62	+0.79	F9 Ib (var)
	γ^2	Vol	2736	07 08 38.8	−70 31 03	d	3.78	+0.88	+1.04	G9 III
25	δ	CMa	2693	07 08 51.6	−26 24 43	das6	1.84	+0.54	+0.68	F8 Ia
20		Mon	2701	07 10 48.0	−04 15 21	d	4.92	+0.78	+1.03	K0 III

Designation			BS=HR No.	Right Ascension	Declination	Notes	V	U–B	B–V	Spectral Type
				h m s	° ′ ″					
46	τ	Gem	2697	07 11 52.2	+30 13 31	d7	4.41	+1.41	+1.26	K2 III
63		Aur	2696	07 12 26.7	+39 18 03	6	4.90	+1.74	+1.45	K3.5 III
22	δ	Mon	2714	07 12 27.1	−00 30 45	d	4.15	+0.02	−0.01	A1 III⁺
	QW	Pup	2740	07 12 53.3	−46 46 44		4.49	−0.01	+0.32	F0 IVs
48		Gem	2706	07 13 08.3	+24 06 30	s	5.85	+0.09	+0.36	F5 III–IV
	L₂	Pup	2748	07 13 53.4	−44 39 32	vd	5.10		+1.56	M5 IIIe
51	BQ	Gem	2717	07 14 01.9	+16 08 19	d	5.00	+1.82	+1.66	M4 IIIab
27	EW	CMa	2745	07 14 43.4	−26 22 23	d6	4.66	−0.71	−0.19	B3 IIIep
28	ω	CMa	2749	07 15 16.7	−26 47 36		3.85	−0.73	−0.17	B2 IV–Ve
	δ	Vol	2803	07 16 49.3	−67 58 41		3.98	+0.45	+0.79	F9 Ib
	π	Pup	2773	07 17 32.9	−37 07 07	d	2.70	+1.24	+1.62	K3 Ib
54	λ	Gem	2763	07 18 45.2	+16 31 08	d67	3.58	+0.10	+0.11	A4 IV
30	τ	CMa	2782	07 19 11.1	−24 58 34	vd6	4.40	−0.99	−0.15	O9 II
55	δ	Gem	2777	07 20 48.5	+21 57 37	d67	3.53	+0.04	+0.34	F0 V⁺
31	η	CMa	2827	07 24 33.0	−29 19 34	das	2.45	−0.72	−0.08	B5 Ia
66		Aur	2805	07 24 56.1	+40 38 57	6	5.23	+1.25	+1.25	K1 IIIa Fe−1
60	ι	Gem	2821	07 26 26.4	+27 46 28		3.79	+0.85	+1.03	G9 IIIb
3	β	CMi	2845	07 27 46.4	+08 15 55	d6	2.90	−0.28	−0.09	B8 V
4	γ	CMi	2854	07 28 47.3	+08 54 05	d6	4.32	+1.54	+1.43	K3 III Fe−1
	σ	Pup	2878	07 29 35.7	−43 19 31	vd6	3.25	+1.78	+1.51	K5 III
62	ρ	Gem	2852	07 29 51.0	+31 45 39	d6	4.18	−0.03	+0.32	F0 V⁺
6		CMi	2864	07 30 26.2	+11 58 55		4.54	+1.37	+1.28	K1 III
			2906	07 34 32.7	−22 19 17		4.45	+0.06	+0.51	F6 IV
66	α¹	Gem	2891	07 35 19.8	+31 51 43	od6	1.98	+0.01	+0.03	A1m A2 Va
66	α²	Gem	2890	07 35 20.1	+31 51 46	od6	2.88	+0.02	+0.04	A2m A5 V:
			2934	07 35 56.8	−52 33 36	6	4.94	+1.63	+1.40	K3 III
69	υ	Gem	2905	07 36 37.8	+26 52 09	d	4.06	+1.94	+1.54	M0 III–IIIb
			2937	07 37 47.7	−34 59 42	d7	4.53	−0.31	−0.09	B8 V
25		Mon	2927	07 37 51.0	−04 08 15	d	5.13	+0.12	+0.44	F6 III
10	α	CMi	2943	07 39 54.2	+05 11 42	osd67	0.38	+0.02	+0.42	F5 IV–V
	R	Pup	2974	07 41 19.4	−31 41 19	s	6.56	+0.85	+1.18	G2 0–Ia
	ζ	Vol	3024	07 41 40.4	−72 38 01	d7	3.95	+0.83	+1.04	G9 III
26	α	Mon	2970	07 41 47.8	−09 34 43		3.93	+0.88	+1.02	G9 III Fe−1
24		Lyn	2946	07 43 58.5	+58 40 56	d	4.99	+0.08	+0.08	A2 IVn
75	σ	Gem	2973	07 44 01.8	+28 51 17	d6	4.28	+0.97	+1.12	K1 III
3		Pup	2996	07 44 16.2	−28 58 58	6	3.96	−0.09	+0.18	A2 Ib
77	κ	Gem	2985	07 45 08.4	+24 22 10	ad7	3.57	+0.69	+0.93	G8 III
	OV	Cep	2609	07 45 29.7	+86 59 32		5.07	+1.97	+1.63	M2⁻ IIIab
			3017	07 45 39.9	−37 59 49		3.61	+1.72	+1.73	K5 IIa
78	β	Gem	2990	07 46 01.1	+27 59 51	ad	1.14	+0.85	+1.00	K0 IIIb
4		Pup	3015	07 46 28.6	−14 35 33		5.04	+0.09	+0.33	F2 V
81		Gem	3003	07 46 47.3	+18 28 52	6	4.88	+1.75	+1.45	K4 III
11		CMi	3008	07 46 54.1	+10 44 22	6	5.30	−0.02	+0.01	A0.5 IV⁻nn
			2999	07 47 25.2	+37 29 19		5.18	+1.94	+1.58	M2⁺ IIIb
			3037	07 47 52.4	−46 38 15	6	5.23	−0.85	−0.14	B1.5 IV
80	π	Gem	3013	07 48 14.7	+33 23 12	d7	5.14	+1.95	+1.60	M1⁺ IIIa
	o	Pup	3034	07 48 33.9	−25 57 59	d	4.50	−1.02	−0.05	B1 IV:nne
			3055	07 49 35.3	−46 24 09	d	4.11	−1.01	−0.18	B0 III
7	ξ	Pup	3045	07 49 46.7	−24 53 21	d6	3.34	+1.16	+1.24	G6 Iab–Ib
13	ζ	CMi	3059	07 52 17.8	+01 44 12		5.14	−0.49	−0.12	B8 II

Designation			BS=HR No.	Right Ascension	Declination	Notes	V	U–B	B–V	Spectral Type
				h m s	° ′ ″					
			3080	07 52 36.8	−40 36 21	c6	3.73	+0.78	+1.04	K1/2 II + A
	QZ	Pup	3084	07 53 03.1	−38 53 35	v6	4.49	−0.69	−0.19	B2.5 V
			3090	07 53 38.4	−48 08 00		4.24	−1.00	−0.14	B0.5 Ib
83	φ	Gem	3067	07 54 12.0	+26 44 07	6	4.97	+0.10	+0.09	A3 IV–V
26		Lyn	3066	07 55 32.7	+47 32 02		5.45	+1.73	+1.46	K3 III
	χ	Car	3117	07 57 04.3	−53 00 49		3.47	−0.67	−0.18	B3p Si
11		Pup	3102	07 57 21.2	−22 54 41		4.20	+0.42	+0.72	F8 II
			3113	07 58 07.6	−30 21 58		4.79	+0.18	+0.15	A6 II
	V	Pup	3129	07 58 34.3	−49 16 35	cvd6	4.41	−0.96	−0.17	B1 Vp + B2:
			3153	07 59 49.3	−60 37 08	s	5.17	+1.91	+1.74	M1.5 II
27		Mon	3122	08 00 18.6	−03 42 42		4.93	+1.21	+1.21	K2 III
			3131	08 00 23.0	−18 25 53		4.61	+0.08	+0.08	A2 IVn
			3075	08 01 33.1	+73 53 08		5.41	+1.64	+1.42	K3 III
			3145	08 02 51.8	+02 18 08	d	4.39	+1.28	+1.25	K2 IIIb Fe−0.5
	ζ	Pup	3165	08 03 59.3	−40 02 10	s	2.25	−1.11	−0.26	O5 Iafn
	χ	Gem	3149	08 04 13.4	+27 45 41	d6	4.94	+1.09	+1.12	K1 III
	ε	Vol	3223	08 07 57.8	−68 39 03	d67	4.35	−0.46	−0.11	B6 IV
15	ρ	Pup	3185	08 08 02.0	−24 20 17	vd6	2.81	+0.19	+0.43	F5 (Ib–II)p
29	ζ	Mon	3188	08 09 10.3	−03 01 05	d	4.34	+0.69	+0.97	G2 Ib
27		Lyn	3173	08 09 19.1	+51 28 21	d	4.84	0.00	+0.05	A1 Va
16		Pup	3192	08 09 32.5	−19 16 45	6	4.40	−0.60	−0.15	B5 IV
	γ²	Vel	3207	08 09 53.2	−47 22 15	cd6	1.78	−0.99	−0.22	WC8 + O9I:
	NS	Pup	3225	08 11 46.2	−39 39 12	6	4.45	+1.86	+1.62	K4.5 Ib
20		Pup	3229	08 13 51.7	−15 49 25		4.99	+0.78	+1.07	G5 IIa
			3182	08 13 56.7	+68 26 20		5.45	+0.80	+1.05	G7 II
			3243	08 14 27.4	−40 23 01	d6	4.44	+1.09	+1.17	K1 II/III
17	β	Cnc	3249	08 17 08.3	+09 08 58	d	3.52	+1.77	+1.48	K4 III Ba 0.5
	α	Cha	3318	08 18 12.8	−76 57 21		4.07	−0.02	+0.39	F4 IV
			3270	08 18 59.2	−36 41 43		4.45	+0.11	+0.22	A7 IV
	θ	Cha	3340	08 20 16.7	−77 31 16	d	4.35	+1.20	+1.16	K2 III CN 0.5
18	χ	Cnc	3262	08 20 45.7	+27 10 47		5.14	−0.06	+0.47	F6 V
			3282	08 21 50.2	−33 05 29		4.83	+1.60	+1.45	K2.5 II–III
	ε	Car	3307	08 22 44.9	−59 32 48	dc	1.86	+0.19	+1.28	K3: III + B2: V
31		Lyn	3275	08 23 37.1	+43 09 01		4.25	+1.90	+1.55	K4.5 III
			3315	08 25 33.5	−24 05 03	d6	5.28	+1.83	+1.48	K4.5 III CN 1
	β	Vol	3347	08 25 51.5	−66 10 31		3.77	+1.14	+1.13	K2 III
			3314	08 26 14.1	−03 56 40		3.90	−0.02	−0.02	A0 Va
1	o	UMa	3323	08 31 12.7	+60 40 43	sd	3.37	+0.52	+0.85	G5 III
33	η	Cnc	3366	08 33 22.3	+20 24 05		5.33	+1.39	+1.25	K3 III
			3426	08 38 02.9	−43 01 47		4.14	+0.16	+0.11	A6 II
4	δ	Hya	3410	08 38 15.9	+05 39 47	d6	4.16	+0.01	0.00	A1 IVnn
5	σ	Hya	3418	08 39 21.5	+03 18 02		4.44	+1.28	+1.21	K1 III
	β	Pyx	3438	08 40 33.2	−35 20 59	d6	3.97	+0.65	+0.94	G4 III
6		Hya	3431	08 40 34.2	−12 31 00		4.98	+1.62	+1.42	K4 III
	o	Vel	3447	08 40 37.4	−52 57 47	v6	3.62	−0.64	−0.18	B3 IV
	v343	Car	3457	08 40 52.2	−59 48 08	d6	4.33	−0.80	−0.11	B1.5 III
	η	Cha	3502	08 40 54.5	−79 00 17		5.47	−0.35	−0.10	B8 V
			3445	08 41 00.5	−46 41 24	d	3.82	+0.33	+0.70	F0 Ia
34		Lyn	3422	08 41 48.5	+45 47 34		5.37	+0.75	+0.99	G8 IV
7	η	Hya	3454	08 43 49.5	+03 21 24	6	4.30	−0.74	−0.20	B4 V

Designation			BS=HR No.	Right Ascension	Declination	Notes	V	U–B	B–V	Spectral Type
				h m s	° ′ ″					
43	γ	Cnc	3449	08 43 57.0	+21 25 35	d6	4.66	+0.01	+0.02	A1 Va
	α	Pyx	3468	08 44 03.3	−33 13 42		3.68	−0.88	−0.18	B1.5 III
			3477	08 44 48.6	−42 41 29	d	4.07	+0.52	+0.87	G6 II–III
	δ	Vel	3485	08 45 01.3	−54 45 05	d7	1.96	+0.07	+0.04	A1 Va
47	δ	Cnc	3461	08 45 20.2	+18 06 41	d	3.94	+0.99	+1.08	K0 IIIb
			3487	08 46 25.1	−46 05 02		3.91	−0.05	0.00	A1 II
12		Hya	3484	08 46 55.1	−13 35 25	d6	4.32	+0.62	+0.90	G8 III Fe−1
	v344	Car	3498	08 47 00.4	−56 48 44		4.49	−0.73	−0.17	B3 Vne
11	ε	Hya	3482	08 47 23.0	+06 22 34	cd67	3.38	+0.36	+0.68	G5: III + A:
48	ι	Cnc	3475	08 47 23.4	+28 43 02	d	4.02	+0.78	+1.01	G8 II–III
13	ρ	Hya	3492	08 49 02.5	+05 47 41	d6	4.36	−0.04	−0.04	A0 Vn
14	KX	Hya	3500	08 49 56.4	−03 29 11		5.31	−0.35	−0.09	B9p Hg Mn
	γ	Pyx	3518	08 51 01.2	−27 45 11		4.01	+1.40	+1.27	K2.5 III
	ζ	Oct	3678	08 54 48.5	−85 42 27		5.42	+0.07	+0.31	F0 III
			3571	08 55 18.4	−60 41 20	d	3.84	−0.45	−0.10	B7 II–III
16	ζ	Hya	3547	08 56 00.1	+05 54 04		3.11	+0.80	+1.00	G9 IIIa
	v376	Car	3582	08 57 15.3	−59 16 26	d	4.92	−0.77	−0.19	B2 IV–V
65	α	Cnc	3572	08 59 06.9	+11 48 45	d6	4.25	+0.15	+0.14	A5m
9	ι	UMa	3569	08 59 59.4	+47 59 45	d6	3.14	+0.07	+0.19	A7 IVn
64	σ³	Cnc	3575	09 00 14.9	+32 22 24	d	5.22	+0.64	+0.92	G8 III
			3591	09 00 31.2	−41 17 56	c6	4.45	+0.38	+0.65	G8/K1 III + A
			3579	09 01 23.0	+41 44 12	od67	3.97	+0.04	+0.43	F7 V
	α	Vol	3615	09 02 37.5	−66 26 32	6	4.00	+0.13	+0.14	A5m
8	ρ	UMa	3576	09 03 34.0	+67 35 02		4.76	+1.88	+1.53	M3 IIIb Ca 1
12	κ	UMa	3594	09 04 24.3	+47 06 37	d7	3.60	+0.01	0.00	A0 IIIn
			3614	09 04 33.1	−47 08 38		3.75	+1.22	+1.20	K2 III
			3643	09 05 10.2	−72 38 56		4.48	+0.22	+0.61	F8 II
			3612	09 07 15.5	+38 24 20		4.56	+0.82	+1.04	G7 Ib–II
76	κ	Cnc	3623	09 08 22.1	+10 37 17	d6	5.24	−0.43	−0.11	B8p Hg Mn
	λ	Vel	3634	09 08 25.2	−43 28 46	d	2.21	+1.81	+1.66	K4.5 Ib
15		UMa	3619	09 09 40.6	+51 33 27		4.48	+0.12	+0.27	F0m
77	ξ	Cnc	3627	09 10 01.1	+21 59 54	d6	5.14	+0.80	+0.97	G9 IIIa Fe−0.5 CH−1
	v357	Car	3659	09 11 16.2	−59 00 51	6	3.44	−0.70	−0.19	B2 IV–V
			3663	09 11 32.3	−62 21 52		3.97	−0.67	−0.18	B3 III
	β	Car	3685	09 13 19.3	−69 45 53		1.68	+0.03	0.00	A1 III
36		Lyn	3652	09 14 33.1	+43 10 11		5.32	−0.48	−0.14	B8p Mn
22	θ	Hya	3665	09 14 57.7	+02 15 55	d6	3.88	−0.12	−0.06	B9.5 IV (C II)
			3696	09 16 31.6	−57 35 24		4.34	+1.98	+1.63	M0.5 III Ba 0.3
	ι	Car	3699	09 17 23.9	−59 19 25		2.25	+0.16	+0.18	A7 Ib
38		Lyn	3690	09 19 33.4	+36 45 12	d67	3.82	+0.06	+0.06	A2 IV⁻
40	α	Lyn	3705	09 21 45.2	+34 20 36		3.13	+1.94	+1.55	K7 IIIab
	θ	Pyx	3718	09 22 00.2	−26 00 53		4.72	+2.02	+1.63	M0.5 III
	κ	Vel	3734	09 22 28.2	−55 03 36	6	2.50	−0.75	−0.18	B2 IV–V
1	κ	Leo	3731	09 25 19.3	+26 07 56	d7	4.46	+1.31	+1.23	K2 III
30	α	Hya	3748	09 28 09.1	−08 42 32	d	1.98	+1.72	+1.44	K3 II–III
	ε	Ant	3765	09 29 43.2	−36 00 07	6	4.51	+1.68	+1.44	K3 III
	ψ	Vel	3786	09 31 09.3	−40 31 03	d7	3.60	−0.03	+0.36	F0 V⁺
			3803	09 31 34.3	−57 05 07		3.13	+1.89	+1.55	K5 III
			3821	09 31 41.1	−73 07 55		5.47	+1.75	+1.56	K4 III
4	λ	Leo	3773	09 32 22.5	+22 55 00		4.31	+1.89	+1.54	K4.5 IIIb

Designation			BS=HR No.	Right Ascension	Declination	Notes	V	U–B	B–V	Spectral Type
				h m s	o ′ ″					
23		UMa	3757	09 32 25.4	+63 00 39	d	3.67	+0.10	+0.33	F0 IV
	R	Car	3816	09 32 31.9	−62 50 24	vd	4 – 10	+0.23	+1.43	gM5e
5	ξ	Leo	3782	09 32 33.9	+11 14 54		4.97	+0.86	+1.05	G9.5 III
25	θ	UMa	3775	09 33 37.2	+51 37 27	d6	3.17	+0.02	+0.46	F6 IV
			3808	09 33 44.3	−21 10 01		5.01	+0.87	+1.02	K0 III
			3825	09 34 46.7	−59 16 53		4.08	−0.56	+0.01	B5 II
10	SU	LMi	3800	09 34 55.5	+36 20 45		4.55	+0.62	+0.92	G7.5 III Fe−0.5
24	DK	UMa	3771	09 35 28.8	+69 46 44		4.56	+0.34	+0.77	G5 III–IV
26		UMa	3799	09 35 36.3	+51 59 59		4.50	+0.04	+0.01	A1 Va
			3836	09 37 14.3	−49 24 25	d	4.35	+0.13	+0.17	A5 IV–V
			3751	09 38 38.9	+81 16 27		4.29	+1.72	+1.48	K3 IIIa
			3834	09 39 03.2	+04 35 49		4.68	+1.46	+1.32	K3 III
35	ι	Hya	3845	09 40 26.6	−01 11 44		3.91	+1.46	+1.32	K2.5 III
38	κ	Hya	3849	09 40 51.5	−14 23 06		5.06	−0.57	−0.15	B5 V
14	o	Leo	3852	09 41 45.8	+09 50 22	cd6	3.52	+0.21	+0.49	F5 II + A5?
16	ψ	Leo	3866	09 44 21.4	+13 58 07	d	5.35	+1.95	+1.63	M24+ IIIab
	θ	Ant	3871	09 44 42.9	−27 49 21	cd7	4.79	+0.35	+0.51	F7 II–III + A8 V
	λ	Car	3884	09 45 33.8	−62 33 40	v	3.69	+0.85	+1.22	F9–G5 Ib
17	ε	Leo	3873	09 46 30.1	+23 43 15		2.98	+0.47	+0.80	G1 II
	υ	Car	3890	09 47 23.3	−65 07 32	d	3.01	+0.13	+0.27	A6 II
	R	Leo	3882	09 48 10.5	+11 22 30	v	4 – 11	−0.20	+1.30	gM7e
			3881	09 49 19.6	+45 58 01		5.09	+0.10	+0.62	G0.5 Va
29	υ	UMa	3888	09 51 47.9	+58 59 03	vd	3.80	+0.18	+0.28	F0 IV
39	υ¹	Hya	3903	09 52 01.9	−14 54 03		4.12	+0.65	+0.92	G8.5 IIIa
24	μ	Leo	3905	09 53 24.9	+25 57 08	s	3.88	+1.39	+1.22	K2 III CN 1 Ca 1
			3923	09 55 24.8	−19 03 51	6	4.94	+1.93	+1.57	K5 III
	φ	Vel	3940	09 57 16.0	−54 37 22	d	3.54	−0.62	−0.08	B5 Ib
19		LMi	3928	09 58 23.1	+41 00 01	6	5.14	0.00	+0.46	F5 V
	η	Ant	3947	09 59 22.0	−35 56 47	d	5.23	+0.08	+0.31	F1 III–IV
29	π	Leo	3950	10 00 49.2	+07 59 19		4.70	+1.93	+1.60	M2⁻ IIIab
20		LMi	3951	10 01 40.3	+31 52 00		5.36	+0.27	+0.66	G3 Va Hδ 1
40	υ²	Hya	3970	10 05 41.1	−13 07 15	6	4.60	−0.27	−0.09	B8 V
30	η	Leo	3975	10 07 57.5	+16 42 22	asd	3.52	−0.21	−0.03	A0 Ib
21		LMi	3974	10 08 06.3	+35 11 18		4.48	+0.08	+0.18	A7 V
31		Leo	3980	10 08 30.8	+09 56 27	d	4.37	+1.75	+1.45	K3.5 IIIb Fe−1:
15	α	Sex	3981	10 08 31.6	−00 25 42		4.49	−0.07	−0.04	A0 III
32	α	Leo	3982	10 08 59.0	+11 54 38	d6	1.35	−0.36	−0.11	B7 Vn
41	λ	Hya	3994	10 11 08.9	−12 24 41	d6	3.61	+0.92	+1.01	K0 III CN 0.5
	ω	Car	4037	10 14 00.6	−70 05 43		3.32	−0.33	−0.08	B8 IIIn
			4023	10 15 13.2	−42 10 45	6	3.85	+0.06	+0.05	A2 Va
36	ζ	Leo	4031	10 17 19.7	+23 21 35	das6	3.44	+0.20	+0.31	F0 III
	v337	Car	4050	10 17 28.1	−61 23 24	d	3.40	+1.72	+1.54	K2.5 II
33	λ	UMa	4033	10 17 47.1	+42 51 23	s	3.45	+0.06	+0.03	A1 IV
22	ε	Sex	4042	10 18 12.1	−08 07 36		5.24	+0.13	+0.31	F1 IV⁻
	AG	Ant	4049	10 18 39.3	−29 02 59		5.34		+0.24	A0p Ib–II
41	γ¹	Leo	4057	10 20 36.3	+19 46 59	d6	2.61	+1.00	+1.15	K1⁻ IIIb Fe−0.5
			4080	10 22 49.3	−41 42 29		4.83	+1.08	+1.12	K1 III
34	μ	UMa	4069	10 23 00.6	+41 26 29	6	3.05	+1.89	+1.59	M0 III
			4086	10 23 59.6	−38 04 06		5.33		+0.25	A8 V
			4102	10 24 37.3	−74 05 25	6	4.00	−0.01	+0.35	F2 V

Designation			BS=HR No.	Right Ascension	Declination	Notes	V	U–B	B–V	Spectral Type
				h m s	° ′ ″					
			4072	10 24 56.9	+65 30 28	6	4.97	−0.13	−0.06	A0p Hg
42	μ	Hya	4094	10 26 38.8	−16 53 43		3.81	+1.82	+1.48	K4+ III
	α	Ant	4104	10 27 40.7	−31 07 36	6	4.25	+1.63	+1.45	K4.5 III
			4114	10 28 18.2	−58 47 54		3.82	+0.24	+0.31	F0 Ib
31	β	LMi	4100	10 28 32.7	+36 38 52	d67	4.21	+0.64	+0.90	G9 IIIab
29	δ	Sex	4116	10 30 03.7	−02 47 54		5.21	−0.12	−0.06	B9.5 V
36		UMa	4112	10 31 21.3	+55 55 16	d	4.83	−0.01	+0.52	F8 V
			4084	10 32 23.6	+82 29 58		5.26	−0.05	+0.37	F4 V
	PP	Car	4140	10 32 26.1	−61 44 41		3.32	−0.72	−0.09	B4 Vne
46		Leo	4127	10 32 48.5	+14 04 41		5.46	+2.04	+1.68	M1 IIIb
47	ρ	Leo	4133	10 33 25.0	+09 14 50	vd6	3.85	−0.96	−0.14	B1 Iab
			4143	10 33 26.1	−47 03 46	d7	5.02	+0.59	+1.04	K1/2 III
44		Hya	4145	10 34 33.8	−23 48 17	d	5.08	+1.82	+1.60	K5 III
	γ	Cha	4174	10 35 35.8	−78 40 03		4.11	+1.95	+1.58	M0 III
37		UMa	4141	10 35 53.7	+57 01 23		5.16	−0.02	+0.34	F1 V
			4159	10 36 01.9	−57 37 03	6	4.45	+1.79	+1.62	K5 II
			4126	10 36 02.4	+75 39 11		4.84	+0.72	+0.96	G8 III
			4167	10 37 47.3	−48 17 08	d67	3.84	+0.07	+0.30	F0m
37		LMi	4166	10 39 21.9	+31 54 58		4.71	+0.54	+0.81	G2.5 IIa
			4180	10 39 46.0	−55 39 48	d	4.28	+0.75	+1.04	G2 II
	θ	Car	4199	10 43 22.2	−64 27 18	6	2.76	−1.01	−0.22	B0.5 Vp
			4181	10 43 52.6	+69 00 56		5.00	+1.54	+1.38	K3 III
41		LMi	4192	10 44 02.4	+23 07 41		5.08	+0.05	+0.04	A2 IV
			4191	10 44 13.2	+46 08 35	d6	5.18	+0.01	+0.33	F5 III
	δ²	Cha	4234	10 45 52.8	−80 36 03		4.45	−0.70	−0.19	B2.5 IV
42		LMi	4203	10 46 30.1	+30 37 17	d6	5.24	−0.14	−0.06	A1 Vn
51		Leo	4208	10 47 01.6	+18 49 50		5.50	+1.15	+1.13	gK3
	μ	Vel	4216	10 47 16.0	−49 28 52	cd67	2.69	+0.57	+0.90	G5 III + F8: V
53		Leo	4227	10 49 51.7	+10 29 03	6	5.34	+0.02	+0.03	A2 V
	ν	Hya	4232	10 50 11.6	−16 15 15		3.11	+1.30	+1.25	K1.5 IIIb Hδ−0.5
46		LMi	4247	10 53 57.1	+34 09 09		3.83	+0.91	+1.04	K0+ III–IV
			4257	10 53 57.9	−58 54 52	d6	3.78	+0.65	+0.95	K0 IIIb
54		Leo	4259	10 56 14.0	+24 41 17	cd	4.50	+0.01	+0.01	A1 IIIn + A1 IVn
	ι	Ant	4273	10 57 15.3	−37 11 59		4.60	+0.84	+1.03	K0 III
47		UMa	4277	11 00 06.4	+40 22 07		5.05	+0.13	+0.61	G1− V Fe−0.5
7	α	Crt	4287	11 00 20.1	−18 21 37		4.08	+1.00	+1.09	K0+ III
			4293	11 00 41.1	−42 17 16		4.39	+0.12	+0.11	A3 IV
58		Leo	4291	11 01 09.3	+03 33 20	d	4.84	+1.12	+1.16	K0.5 III Fe−0.5
48	β	UMa	4295	11 02 31.7	+56 19 14	6	2.37	+0.01	−0.02	A0m A1 IV–V
60		Leo	4300	11 02 56.5	+20 07 05		4.42	+0.05	+0.05	A0.5m A3 V
50	α	UMa	4301	11 04 25.7	+61 41 20	d6	1.80	+0.90	+1.07	K0− IIIa
63	χ	Leo	4310	11 05 36.6	+07 16 25	d7	4.63	+0.08	+0.33	F1 IV
	χ¹	Hya	4314	11 05 53.2	−27 21 21	d7	4.94	+0.04	+0.36	F3 IV
	v382	Car	4337	11 09 05.1	−59 02 15	c6	3.91	+0.94	+1.23	G4 0−Ia
52	ψ	UMa	4335	11 10 18.4	+44 26 09		3.01	+1.11	+1.14	K1 III
11	β	Crt	4343	11 12 13.5	−22 53 20	6	4.48	+0.06	+0.03	A2 IV
			4350	11 13 04.7	−49 09 49	6	5.36		+0.18	A3 IV/V
68	δ	Leo	4357	11 14 43.1	+20 27 38	d	2.56	+0.12	+0.12	A4 IV
70	θ	Leo	4359	11 14 50.6	+15 22 00		3.34	+0.06	−0.01	A2 IV (Kvar)
74	φ	Leo	4368	11 17 14.8	−03 42 53	d	4.47	+0.14	+0.21	A7 V+n

Designation		BS=HR No.	Right Ascension	Declination	Notes	V	U–B	B–V	Spectral Type
			h m s	° ′ ″					
	SV	Crt	4369	11 17 33.2	−07 11 51	sd67	6.14	+0.15	+0.20	A8p Sr Cr
54	ν	UMa	4377	11 19 05.9	+33 01 53	d6	3.48	+1.55	+1.40	K3⁻ III
55		UMa	4380	11 19 45.3	+38 07 20	d6	4.78	+0.03	+0.12	A1 Va
12	δ	Crt	4382	11 19 55.0	−14 50 27	6	3.56	+0.97	+1.12	G9 IIIb CH 0.2
	π	Cen	4390	11 21 32.1	−54 33 15	d7	3.89	−0.59	−0.15	B5 Vn
77	σ	Leo	4386	11 21 43.8	+05 57 58	6	4.05	−0.12	−0.06	A0 III⁺
78	ι	Leo	4399	11 24 31.4	+10 27 58	d67	3.94	+0.07	+0.41	F2 IV
15	γ	Crt	4405	11 25 27.5	−17 44 50	d	4.08	+0.11	+0.21	A7 V
84	τ	Leo	4418	11 28 31.7	+02 47 34	d	4.95	+0.79	+1.00	G7.5 IIIa
1	λ	Dra	4434	11 32 04.5	+69 16 03		3.84	+1.97	+1.62	M0 III Ca−1
	ξ	Hya	4450	11 33 34.2	−31 55 17	d	3.54	+0.71	+0.94	G7 III
	λ	Cen	4467	11 36 19.0	−63 05 01	d	3.13	−0.17	−0.04	B9.5 IIn
			4466	11 36 29.2	−47 42 20		5.25	+0.12	+0.25	A7m
21	θ	Crt	4468	11 37 16.0	−09 51 57	6	4.70	−0.18	−0.08	B9.5 Vn
91	υ	Leo	4471	11 37 32.3	−00 53 14		4.30	+0.75	+1.00	G8⁺ IIIb
	o	Hya	4494	11 40 47.2	−34 48 30		4.70	−0.22	−0.07	B9 V
61		UMa	4496	11 41 39.2	+34 08 12	das	5.33	+0.25	+0.72	G8 V
3		Dra	4504	11 43 06.3	+66 40 52		5.30	+1.24	+1.28	K3 III
	v810	Cen	4511	11 44 04.5	−62 33 12	s	5.03	+0.35	+0.80	G0 0−Ia Fe 1
27	ζ	Crt	4514	11 45 20.8	−18 24 53	d	4.73	+0.74	+0.97	G8 IIIa
	λ	Mus	4520	11 46 09.4	−66 47 33	d	3.64	+0.15	+0.16	A7 IV
3	ν	Vir	4517	11 46 27.0	+06 27 54		4.03	+1.79	+1.51	M1 III
63	χ	UMa	4518	11 46 39.2	+47 42 56		3.71	+1.16	+1.18	K0.5 IIIb
			4522	11 47 04.5	−61 14 32	d	4.11	+0.58	+0.90	G3 II
93	DQ	Leo	4527	11 48 34.7	+20 09 18	cd6	4.53	+0.28	+0.55	G4 III–IV + A7 V
	II	Hya	4532	11 49 20.0	−26 48 50		5.11	+1.67	+1.60	M4⁺ III
94	β	Leo	4534	11 49 38.7	+14 30 28	d	2.14	+0.07	+0.09	A3 Va
			4537	11 50 15.0	−63 51 09		4.32	−0.59	−0.15	B3 V
5	β	Vir	4540	11 51 17.7	+01 42 00	d	3.61	+0.11	+0.55	F9 V
			4546	11 51 43.4	−45 14 15		4.46	+1.46	+1.30	K3 III
	β	Hya	4552	11 53 29.5	−33 58 20	vd7	4.28	−0.33	−0.10	Ap Si
64	γ	UMa	4554	11 54 25.9	+53 37 51	a6	2.44	+0.02	0.00	A0 Van
95		Leo	4564	11 56 16.0	+15 34 58	d6	5.53	+0.12	+0.11	A3 V
30	η	Crt	4567	11 56 36.2	−17 12 54		5.18	0.00	−0.02	A0 Va
8	π	Vir	4589	12 01 27.7	+06 33 01	6	4.66	+0.11	+0.13	A5 IV
	θ¹	Cru	4599	12 03 37.0	−63 22 37	d6	4.33	+0.04	+0.27	A8m
			4600	12 04 15.5	−42 29 54		5.15	−0.03	+0.41	F6 V
9	o	Vir	4608	12 05 47.7	+08 40 09	s	4.12	+0.63	+0.98	G8 IIIa CN−1 Ba 1 CH 1
	η	Cru	4616	12 07 29.3	−64 40 40	d6	4.15	+0.03	+0.34	F2 V⁺
			4618	12 08 41.2	−50 43 31	v	4.47	−0.67	−0.15	B2 IIIne
	δ	Cen	4621	12 08 57.5	−50 47 11	d	2.60	−0.90	−0.12	B2 IVne
1	α	Crv	4623	12 09 00.5	−24 47 35		4.02	−0.02	+0.32	F0 IV−V
2	ε	Crv	4630	12 10 43.1	−22 41 01		3.00	+1.47	+1.33	K2.5 IIIa
	ρ	Cen	4638	12 12 15.5	−52 25 57		3.96	−0.62	−0.15	B3 V
			4646	12 12 43.5	+77 33 09	v6	5.14	+0.10	+0.33	F2m
	δ	Cru	4656	12 15 45.7	−58 48 46		2.80	−0.91	−0.23	B2 IV
69	δ	UMa	4660	12 15 59.4	+56 58 08	d	3.31	+0.07	+0.08	A2 Van
4	γ	Crv	4662	12 16 23.9	−17 36 21	6	2.59	−0.34	−0.11	B8p Hg Mn
	ε	Mus	4671	12 18 12.1	−68 01 29	6	4.11	+1.55	+1.58	M5 III
	β	Cha	4674	12 19 02.7	−79 22 34		4.26	−0.51	−0.12	B5 Vn

Designation		BS=HR No.	Right Ascension	Declination	Notes	V	U–B	B–V	Spectral Type
			h m s	° ′ ″					
	ζ	Cru	4679	12 19 04.1	−64 04 01	d	4.04	−0.69	−0.17	B2.5 V
3		CVn	4690	12 20 22.5	+48 55 13		5.29	+1.97	+1.66	M1+ IIIab
15	η	Vir	4689	12 20 29.7	−00 43 50	d6	3.89	+0.06	+0.02	A1 IV+
16		Vir	4695	12 20 56.0	+03 14 55	d	4.96	+1.15	+1.16	K0.5 IIIb Fe−0.5
	ε	Cru	4700	12 21 59.3	−60 27 53		3.59	+1.63	+1.42	K3 III
12		Com	4707	12 23 04.9	+25 46 57	cd6	4.81	+0.26	+0.49	G5 III + A5
6		CVn	4728	12 26 24.8	+38 57 18		5.02	+0.73	+0.96	G9 III
	α¹	Cru	4730	12 27 14.8	−63 09 46	cd6	1.33	−1.03	−0.24	B0.5 IV
15	γ	Com	4737	12 27 30.6	+28 12 17		4.36	+1.15	+1.13	K1 III Fe 0.5
	σ	Cen	4743	12 28 40.0	−50 17 39		3.91	−0.78	−0.19	B2 V
			4748	12 28 59.4	−39 06 17		5.44		−0.08	B8/9 V
7	δ	Crv	4757	12 30 27.6	−16 34 46	d7	2.95	−0.08	−0.05	B9.5 IV−n
74		UMa	4760	12 30 29.3	+58 20 33		5.35	+0.14	+0.20	δ Del
	γ	Cru	4763	12 31 48.6	−57 10 39	d	1.63	+1.78	+1.59	M3.5 III
8	η	Crv	4775	12 32 39.9	−16 15 34	6	4.31	+0.01	+0.38	F2 V
	γ	Mus	4773	12 33 10.1	−72 11 47		3.87	−0.62	−0.15	B5 V
5	κ	Dra	4787	12 33 58.1	+69 43 30	v6	3.87	−0.57	−0.13	B6 IIIpe
			4783	12 34 12.8	+33 11 03		5.42	+0.83	+1.00	K0 III CN−1
8	β	CVn	4785	12 34 17.2	+41 17 42	ads6	4.26	+0.05	+0.59	G0 V
9	β	Crv	4786	12 34 59.6	−23 27 37		2.65	+0.60	+0.89	G5 IIb
23		Com	4789	12 35 25.4	+22 33 58	d6	4.81	−0.01	0.00	A0m A1 IV
24		Com	4792	12 35 42.3	+18 18 50	d	5.02	+1.11	+1.15	K2 III
	α	Mus	4798	12 37 52.9	−69 11 56	d	2.69	−0.83	−0.20	B2 IV−V
	τ	Cen	4802	12 38 20.2	−48 36 16		3.86	+0.03	+0.05	A1 IVnn
26	χ	Vir	4813	12 39 50.4	−08 03 31	d	4.66	+1.39	+1.23	K2 III CN 1.5
	γ	Cen	4819	12 42 09.4	−49 01 22	d67	2.17	−0.01	−0.01	A1 IV
29	γ¹	Vir	4825	12 42 14.6	−01 30 45	ocd6	3.48	−0.03	+0.36	F1 V
29	γ²	Vir	4826	12 42 14.6	−01 30 43	ocd	3.50	−0.03	+0.36	F0m F2 V
30	ρ	Vir	4828	12 42 28.0	+10 10 21	6	4.88	+0.03	+0.09	A0 Va (λ Boo)
			4839	12 44 37.5	−28 23 13		5.48	+1.50	+1.34	K3 III
	Y	CVn	4846	12 45 40.1	+45 22 39		4.99	+6.33	+2.54	C5,5
32 FM		Vir	4847	12 46 11.9	+07 36 38	6	5.22	+0.15	+0.33	F2m
	β	Mus	4844	12 46 59.8	−68 10 15	cd7	3.05	−0.74	−0.18	B2 V + B2.5 V
	β	Cru	4853	12 48 24.0	−59 45 05	vd6	1.25	−1.00	−0.23	B0.5 III
			4874	12 51 18.8	−34 03 42	d	4.91	−0.11	−0.04	A0 IV
31		Com	4883	12 52 15.5	+27 28 42	s	4.94	+0.20	+0.67	G0 IIIp
			4888	12 53 46.3	−49 00 20	6	4.33	+1.58	+1.37	K3/4 III
			4889	12 54 04.7	−40 14 28		4.27	+0.12	+0.21	A7 V
77	ε	UMa	4905	12 54 31.9	+55 53 51	dv6	1.77	+0.02	−0.02	A0p Cr
40	ψ	Vir	4902	12 54 57.1	−09 36 05		4.79	+1.53	+1.60	M3− III Ca−1
	μ¹	Cru	4898	12 55 16.6	−57 14 25	d	4.03	−0.76	−0.17	B2 IV−V
8		Dra	4916	12 55 55.8	+65 22 34	v	5.24	+0.02	+0.28	F0 IV−V
43	δ	Vir	4910	12 56 11.0	+03 20 07	d	3.38	+1.78	+1.58	M3+ III
	ι	Oct	4870	12 56 18.4	−85 11 08	d	5.46	+0.79	+1.02	K0 III
12	α²	CVn	4915	12 56 33.9	+38 15 23	vd	2.90	−0.32	−0.12	A0p Si Eu
78		UMa	4931	13 01 13.1	+56 18 16	asd7	4.93	+0.01	+0.36	F2 V
47	ε	Vir	4932	13 02 44.9	+10 53 51	asd	2.83	+0.73	+0.94	G8 IIIab
	δ	Mus	4923	13 03 04.7	−71 36 38	6	3.62	+1.26	+1.18	K2 III
14		CVn	4943	13 06 16.6	+35 44 15		5.25	−0.20	−0.08	B9 V
	ξ²	Cen	4942	13 07 35.3	−49 58 03	d6	4.27	−0.79	−0.19	B1.5 V

Designation			BS=HR No.	Right Ascension	Declination	Notes	V	U–B	B–V	Spectral Type
				h m s	° ′ ″					
51	θ	Vir	4963	13 10 32.8	−05 36 01	d6	4.38	−0.01	−0.01	A1 IV
43	β	Com	4983	13 12 24.5	+27 49 12	d6	4.26	+0.07	+0.57	F9.5 V
	η	Mus	4993	13 16 02.5	−67 57 19	vd6	4.80	−0.35	−0.08	B7 V
			5006	13 17 31.6	−31 34 00		5.10	+0.61	+0.96	K0 III
20	AO	CVn	5017	13 18 03.4	+40 30 44	sv	4.73	+0.21	+0.30	F2 III (str. met.)
60	σ	Vir	5015	13 18 11.2	+05 24 34		4.80	+1.95	+1.67	M1 III
61		Vir	5019	13 19 00.5	−18 22 30	d	4.74	+0.26	+0.71	G6.5 V
46	γ	Hya	5020	13 19 32.9	−23 13 55	d	3.00	+0.66	+0.92	G8 IIIa
	ι	Cen	5028	13 21 14.8	−36 46 22		2.75	+0.03	+0.04	A2 Va
			5035	13 23 23.1	−61 02 54	d	4.53	−0.60	−0.13	B3 V
79	ζ	UMa	5054	13 24 23.2	+54 51 56	d6	2.27	+0.03	+0.02	A1 Va⁺ (Si)
80		UMa	5062	13 25 41.1	+54 55 42	6	4.01	+0.08	+0.16	A5 Vn
67	α	Vir	5056	13 25 48.0	−11 13 16	vd6	0.98	−0.93	−0.23	B1 V
68		Vir	5064	13 27 19.7	−12 46 02		5.25	+1.75	+1.52	M0 III
			5085	13 28 52.3	+59 53 12	d	5.40	−0.02	−0.01	A1 Vn
70		Vir	5072	13 28 59.6	+13 43 04	d	4.98	+0.26	+0.71	G4 V
			5089	13 31 42.9	−39 27 59	d67	3.88	+1.03	+1.17	G8 III
78	CW	Vir	5105	13 34 42.9	+03 36 01	v6	4.94	0.00	+0.03	A1p Cr Eu
79	ζ	Vir	5107	13 35 16.8	−00 39 15		3.37	+0.10	+0.11	A2 IV⁻
	BH	CVn	5110	13 35 18.6	+37 07 26	6	4.98	+0.06	+0.40	F1 V⁺
			5139	13 37 27.7	+71 11 02		5.50		+1.20	gK2
	ε	Cen	5132	13 40 37.4	−53 31 28	d	2.30	−0.92	−0.22	B1 III
	v744	Cen	5134	13 40 42.8	−50 00 28	s	6.00	+1.15	+1.50	M6 III
82		Vir	5150	13 42 13.1	−08 45 38		5.01	+1.95	+1.63	M1.5 III
1		Cen	5168	13 46 20.7	−33 06 05	6	4.23	0.00	+0.38	F2 V⁺
4	τ	Boo	5185	13 47 48.5	+17 24 00	d7	4.50	+0.04	+0.48	F7 V
	v766	Cen	5171	13 47 59.6	−62 38 49	sd	6.51	+1.19	+1.98	K0 0−Ia
85	η	UMa	5191	13 47 59.6	+49 15 22	a6	1.86	−0.67	−0.19	B3 V
5	υ	Boo	5200	13 50 01.9	+15 44 28		4.07	+1.87	+1.52	K5.5 III
2	v806	Cen	5192	13 50 06.9	−34 30 28		4.19	+1.45	+1.50	M4.5 III
	ν	Cen	5190	13 50 11.9	−41 44 40	v6	3.41	−0.84	−0.22	B2 IV
	μ	Cen	5193	13 50 18.8	−42 31 50	sd6	3.04	−0.72	−0.17	B2 IV−Vpne (shell)
89		Vir	5196	13 50 29.9	−18 11 28		4.97	+0.92	+1.06	K0.5 III
10	CU	Dra	5226	13 51 46.1	+64 40 00	d	4.65	+1.89	+1.58	M3.5 III
8	η	Boo	5235	13 55 13.9	+18 20 26	asd6	2.68	+0.20	+0.58	G0 IV
	ζ	Cen	5231	13 56 15.8	−47 20 40	6	2.55	−0.92	−0.22	B2.5 IV
			5241	13 58 29.5	−63 44 33		4.71	+1.04	+1.11	K1.5 III
	φ	Cen	5248	13 58 58.5	−42 09 23		3.83	−0.83	−0.21	B2 IV
47		Hya	5250	13 59 10.0	−25 01 41	6	5.15	−0.40	−0.10	B8 V
	υ¹	Cen	5249	13 59 23.7	−44 51 33		3.87	−0.80	−0.20	B2 IV−V
93	τ	Vir	5264	14 02 14.0	+01 29 21	d6	4.26	+0.12	+0.10	A3 IV
	υ²	Cen	5260	14 02 26.8	−45 39 31	6	4.34	+0.27	+0.60	F6 II
			5270	14 03 05.7	+09 37 51	s	6.20	+0.38	+0.90	G8: II: Fe−5
	β	Cen	5267	14 04 38.7	−60 25 41	d6	0.61	−0.98	−0.23	B1 III
11	α	Dra	5291	14 04 42.1	+64 19 16	s6	3.65	−0.08	−0.05	A0 III
	θ	Aps	5261	14 06 29.2	−76 51 05	s	5.50	+1.05	+1.55	M6.5 III:
	χ	Cen	5285	14 06 45.2	−41 14 03		4.36	−0.77	−0.19	B2 V
49	π	Hya	5287	14 07 01.8	−26 44 14		3.27	+1.04	+1.12	K2⁻ III Fe−0.5
5	θ	Cen	5288	14 07 21.8	−36 25 34	d	2.06	+0.87	+1.01	K0⁻ IIIb
	BY	Boo	5299	14 08 23.3	+43 48 00		5.27	+1.66	+1.59	M4.5 III

Designation			BS=HR No.	Right Ascension	Declination	Notes	V	U–B	B–V	Spectral Type
				h m s	° ′ ″					
4		UMi	5321	14 08 49.2	+77 29 36	d6	4.82	+1.39	+1.36	K3⁻ IIIb Fe−0.5
12		Boo	5304	14 10 55.4	+25 02 15	d6	4.83	+0.07	+0.54	F8 IV
98	κ	Vir	5315	14 13 30.6	−10 19 36		4.19	+1.47	+1.33	K2.5 III Fe−0.5
16	α	Boo	5340	14 16 11.2	+19 07 23	d	−0.04	+1.27	+1.23	K1.5 III Fe−0.5
21	ι	Boo	5350	14 16 34.3	+51 18 52	d6	4.75	+0.06	+0.20	A7 IV
99	ι	Vir	5338	14 16 37.1	−06 03 18		4.08	+0.04	+0.52	F7 III–IV
19	λ	Boo	5351	14 16 49.2	+46 02 09		4.18	+0.05	+0.08	A0 Va (λ Boo)
			5361	14 18 29.0	+35 27 25	6	4.81	+0.92	+1.06	K0 III
100	λ	Vir	5359	14 19 44.0	−13 25 25	6	4.52	+0.12	+0.13	A5m:
18		Boo	5365	14 19 49.7	+12 57 06	d	5.41	−0.03	+0.38	F3 V
	ι	Lup	5354	14 20 08.7	−46 06 38		3.55	−0.72	−0.18	B2.5 IVn
			5358	14 21 08.2	−56 26 20		4.33	−0.43	+0.12	B6 Ib
	ψ	Cen	5367	14 21 15.6	−37 56 15	d	4.05	−0.11	−0.03	A0 III
	v761	Cen	5378	14 23 45.0	−39 33 50	v	4.42	−0.75	−0.18	B7 IIIp (var)
			5392	14 24 45.7	+05 46 06	6	5.10	+0.10	+0.12	A5 V
			5390	14 25 28.2	−24 51 29		5.32	+0.71	+0.96	K0 III
23	θ	Boo	5404	14 25 35.3	+51 47 52	d	4.05	+0.01	+0.50	F7 V
	τ¹	Lup	5395	14 26 52.8	−45 16 22	vd	4.56	−0.79	−0.15	B2 IV
	τ²	Lup	5396	14 26 55.5	−45 25 51	cd67	4.35	+0.19	+0.43	F4 IV + A7:
22		Boo	5405	14 26 59.5	+19 10 32		5.39	+0.23	+0.23	F0m
5		UMi	5430	14 27 30.8	+75 38 41	d	4.25	+1.70	+1.44	K4⁻ III
105	φ	Vir	5409	14 28 47.8	−02 16 44	sd67	4.81	+0.21	+0.70	G2 IV
52		Hya	5407	14 28 51.0	−29 32 34	d	4.97	−0.41	−0.07	B8 IV
	δ	Oct	5339	14 28 53.6	−83 43 09		4.32	+1.45	+1.31	K2 III
25	ρ	Boo	5429	14 32 19.5	+30 19 17	ad	3.58	+1.44	+1.30	K3 III
27	γ	Boo	5435	14 32 32.4	+38 15 30	d	3.03	+0.12	+0.19	A7 IV+
	σ	Lup	5425	14 33 23.9	−50 30 27		4.42	−0.84	−0.19	B2 III
28	σ	Boo	5447	14 35 10.9	+29 41 44	d	4.46	−0.08	+0.36	F2 V
	η	Cen	5440	14 36 14.5	−42 12 28	v7	2.31	−0.83	−0.19	B1.5 IVpne (shell)
	ρ	Lup	5453	14 38 40.0	−49 28 31		4.05	−0.56	−0.15	B5 V
33		Boo	5468	14 39 15.9	+44 21 19	6	5.39	−0.04	0.00	A1 V
	α²	Cen	5460	14 40 22.8	−60 52 57	od	1.33	+0.68	+0.88	K1 V
	α¹	Cen	5459	14 40 23.6	−60 52 55	od6	−0.01	+0.24	+0.71	G2 V
30	ζ	Boo	5478	14 41 41.9	+13 40 46	od6	4.52	+0.05	+0.05	A2 Va
			5471	14 42 40.7	−37 50 32		4.00	−0.70	−0.17	B3 V
	α	Lup	5469	14 42 42.0	−47 26 13	vd6	2.30	−0.89	−0.20	B1.5 III
	α	Cir	5463	14 43 26.9	−65 01 28	d6	3.19	+0.12	+0.24	A7p Sr Eu
107	μ	Vir	5487	14 43 40.1	−05 42 28	6	3.88	−0.02	+0.38	F2 V
34	W	Boo	5490	14 43 55.7	+26 28 46	v	4.81	+1.94	+1.66	M3⁻ III
			5485	14 44 21.9	−35 13 21		4.05	+1.53	+1.35	K3 IIIb
36	ε	Boo	5506	14 45 29.4	+27 01 34	d	2.70	+0.73	+0.97	K0⁻ II–III
109		Vir	5511	14 46 49.9	+01 50 42		3.72	−0.03	−0.01	A0 IVnn
			5495	14 47 49.9	−52 25 53	d	5.21		+0.98	G8 III
56		Hya	5516	14 48 25.2	−26 08 06		5.24	+0.65	+0.94	G8/K0 III
	α	Aps	5470	14 49 20.4	−79 05 32		3.83	+1.68	+1.43	K3 III CN 0.5
7	β	UMi	5563	14 50 41.0	+74 06 31	d	2.08	+1.78	+1.47	K4⁻ III
58		Hya	5526	14 50 58.0	−28 00 28		4.41	+1.49	+1.40	K2.5 IIIb Fe−1:
8	α¹	Lib	5530	14 51 19.4	−16 02 40		5.15	−0.03	+0.41	F3 V
9	α²	Lib	5531	14 51 31.0	−16 05 20	d6	2.75	+0.09	+0.15	A3 III–IV
			5552	14 51 44.0	+59 14 51		5.46	+1.60	+1.36	K4 III

Designation		BS=HR No.	Right Ascension	Declination	Notes	V	U–B	B–V	Spectral Type
			h m s	° ′ ″					
o	Lup	5528	14 52 23.6	−43 37 20	d67	4.32	−0.61	−0.15	B5 IV
		5558	14 56 27.3	−33 54 07	d6	5.32		+0.04	A0 V
15 ξ²	Lib	5564	14 57 23.6	−11 27 20		5.46	+1.70	+1.49	gK4
RR	UMi	5589	14 57 46.2	+65 53 13	6	4.60	+1.59	+1.59	M4.5 III
16	Lib	5570	14 57 47.1	−04 23 34		4.49	+0.05	+0.32	F0 IV⁻
β	Lup	5571	14 59 17.4	−43 10 46		2.68	−0.87	−0.22	B2 IV
κ	Cen	5576	14 59 54.8	−42 08 59	d	3.13	−0.79	−0.20	B2 V
19 δ	Lib	5586	15 01 35.3	−08 33 50	vd6	4.92	−0.10	0.00	B9.5 V
42 β	Boo	5602	15 02 22.8	+40 20 44		3.50	+0.72	+0.97	G8 IIIa Fe−0.5
110	Vir	5601	15 03 29.0	+02 02 48		4.40	+0.88	+1.04	K0⁺ IIIb Fe−0.5
20 σ	Lib	5603	15 04 44.8	−25 19 35		3.29	+1.94	+1.70	M2.5 III
43 ψ	Boo	5616	15 04 56.3	+26 54 12		4.54	+1.33	+1.24	K2 III
		5635	15 06 36.5	+54 30 45		5.25	+0.64	+0.96	G8 III Fe−1
45	Boo	5634	15 07 48.4	+24 49 30	d	4.93	−0.02	+0.43	F5 V
λ	Lup	5626	15 09 37.4	−45 19 24	d67	4.05	−0.68	−0.18	B3 V
κ¹	Lup	5646	15 12 44.4	−48 46 51	d	3.87	−0.13	−0.05	B9.5 IVnn
24 ι	Lib	5652	15 12 52.7	−19 50 04	d6	4.54	−0.35	−0.08	B9p Si
ζ	Lup	5649	15 13 07.0	−52 08 32	d	3.41	+0.66	+0.92	G8 III
		5691	15 14 46.5	+67 18 12		5.13	+0.08	+0.53	F8 V
1	Lup	5660	15 15 19.8	−31 33 41		4.91	+0.28	+0.37	F0 Ib−II
3	Ser	5675	15 15 45.7	+04 53 50	d	5.33	+0.91	+1.09	gK0
49 δ	Boo	5681	15 15 58.0	+33 16 21	d6	3.47	+0.66	+0.95	G8 III Fe−1
27 β	Lib	5685	15 17 37.6	−09 25 29	6	2.61	−0.36	−0.11	B8 IIIn
β	Cir	5670	15 18 25.4	−58 50 36		4.07	+0.09	+0.09	A3 Vb
2	Lup	5686	15 18 32.0	−30 11 25		4.34	+1.07	+1.10	K0⁻ IIIa CH−1
μ	Lup	5683	15 19 20.3	−47 55 00	d7	4.27	−0.37	−0.08	B8 V
γ	TrA	5671	15 19 59.9	−68 43 15		2.89	−0.02	0.00	A1 III
13 γ	UMi	5735	15 20 43.1	+71 47 35		3.05	+0.12	+0.05	A3 III
δ	Lup	5695	15 22 07.8	−40 41 18		3.22	−0.89	−0.22	B1.5 IVn
φ¹	Lup	5705	15 22 32.4	−36 18 08	d	3.56	+1.88	+1.54	K4 III
ε	Lup	5708	15 23 28.0	−44 43 49	d67	3.37	−0.75	−0.18	B2 IV−V
φ²	Lup	5712	15 23 53.6	−36 53 56		4.54	−0.63	−0.15	B4 V
γ	Cir	5704	15 24 18.1	−59 21 40	cd7	4.51	−0.35	+0.19	B5 IV
51 μ¹	Boo	5733	15 24 55.5	+37 20 14	d6	4.31	+0.07	+0.31	F0 IV
12 ι	Dra	5744	15 25 11.2	+58 55 34	d	3.29	+1.22	+1.16	K2 III
9 τ¹	Ser	5739	15 26 19.4	+15 23 17		5.17	+1.95	+1.66	M1 IIIa
3 β	CrB	5747	15 28 18.2	+29 04 00	vd6	3.68	+0.11	+0.28	F0p Cr Eu
52 ν¹	Boo	5763	15 31 20.6	+40 47 39		5.02	+1.90	+1.59	K4.5 IIIb Ba 0.5
κ¹	Aps	5730	15 32 47.4	−73 25 41	d	5.49	−0.77	−0.12	B1pne
4 θ	CrB	5778	15 33 23.6	+31 19 15	d	4.14	−0.54	−0.13	B6 Vnn
37	Lib	5777	15 34 48.5	−10 06 12		4.62	+0.86	+1.01	K1 III−IV
5 α	CrB	5793	15 35 10.5	+26 40 36	6	2.23	−0.02	−0.02	A0 IV
13 δ	Ser	5789	15 35 21.2	+10 30 04	cd	4.23	+0.12	+0.26	F0 III−IV + F0 IIIb
γ	Lup	5776	15 35 54.7	−41 12 16	dv67	2.78	−0.82	−0.20	B2 IVn
38 γ	Lib	5787	15 36 10.3	−14 49 38	d	3.91	+0.74	+1.01	G8.5 III
		5784	15 36 59.6	−44 26 04		5.43	+1.82	+1.50	K4/5 III
39 υ	Lib	5794	15 37 43.5	−28 10 21	d	3.58	+1.58	+1.38	K3.5 III
ε	TrA	5771	15 37 47.1	−66 21 16	d	4.11	+1.16	+1.17	K1/2 III
54 φ	Boo	5823	15 38 14.4	+40 18 59		5.24	+0.53	+0.88	G7 III−IV Fe−2
ω	Lup	5797	15 38 49.9	−42 36 15	d6	4.33	+1.72	+1.42	K4.5 III

Designation			BS=HR No.	Right Ascension	Declination	Notes	V	U–B	B–V	Spectral Type
				h m s	° ′ ″					
40	τ	Lib	5812	15 39 21.9	−29 48 53	6	3.66	−0.70	−0.17	B2.5 V
			5798	15 39 41.1	−52 24 35	d	5.44	0.00	0.00	B9 V
43	κ	Lib	5838	15 42 36.7	−19 42 55	d6	4.74	+1.95	+1.57	M0⁻ IIIb
8	γ	CrB	5849	15 43 13.6	+26 15 35	d7	3.84	−0.04	0.00	A0 IV comp.?
16	ζ	UMi	5903	15 43 40.2	+77 45 31		4.32	+0.05	+0.04	A2 III–IVn
24	α	Ser	5854	15 44 50.1	+06 23 24	d	2.65	+1.24	+1.17	K2 IIIb CN 1
28	β	Ser	5867	15 46 43.1	+15 23 11	d	3.67	+0.08	+0.06	A2 IV
			5886	15 46 50.7	+62 33 51		5.19	−0.10	+0.04	A2 IV
27	λ	Ser	5868	15 47 00.1	+07 19 04	6	4.43	+0.11	+0.60	G0⁻ V
35	κ	Ser	5879	15 49 15.5	+18 06 24		4.09	+1.95	+1.62	M0.5 IIIab
10	δ	CrB	5889	15 50 04.6	+26 02 02	s	4.62	+0.36	+0.80	G5 III–IV Fe−1
32	μ	Ser	5881	15 50 13.3	−03 27 53	d6	3.53	−0.10	−0.04	A0 III
37	ε	Ser	5892	15 51 23.4	+04 26 38		3.71	+0.11	+0.15	A5m
11	κ	CrB	5901	15 51 40.0	+35 37 20	sd	4.82	+0.87	+1.00	K1 IVa
5	χ	Lup	5883	15 51 41.5	−33 39 41	6	3.95	−0.13	−0.04	B9p Hg
1	χ	Her	5914	15 53 04.4	+42 25 11		4.62	0.00	+0.56	F8 V Fe−2 Hδ−1
45	λ	Lib	5902	15 54 00.2	−20 12 02	6	5.03	−0.56	−0.01	B2.5 V
46	θ	Lib	5908	15 54 28.9	−16 45 44		4.15	+0.81	+1.02	G9 IIIb
	β	TrA	5897	15 56 09.9	−63 27 54	d	2.85	+0.05	+0.29	F0 IV
41	γ	Ser	5933	15 56 59.1	+15 37 29	d	3.85	−0.03	+0.48	F6 V
5	ρ	Sco	5928	15 57 35.8	−29 14 49	d6	3.88	−0.82	−0.20	B2 IV–V
13	ε	CrB	5947	15 58 03.8	+26 50 43	sd	4.15	+1.28	+1.23	K2 IIIab
	CL	Dra	5960	15 58 03.9	+54 43 03	6	4.95	+0.05	+0.26	F0 IV
48	FX	Lib	5941	15 58 50.1	−14 18 42	6	4.88	−0.20	−0.10	B5 IIIpe (shell)
6	π	Sco	5944	15 59 33.0	−26 08 47	cvd6	2.89	−0.91	−0.19	B1 V + B2 V
	T	CrB	5958	15 59 59.1	+25 53 17	vd6	2 – 11	+0.59	+1.40	gM3: + Bep
			5943	16 00 17.5	−41 46 35		4.99		+1.00	K0 II/III
	η	Lup	5948	16 00 53.2	−38 25 43	d	3.41	−0.83	−0.22	B2.5 IVn
49		Lib	5954	16 00 58.4	−16 33 59	d6	5.47	+0.03	+0.52	F8 V
7	δ	Sco	5953	16 01 00.9	−22 39 13	d6	2.32	−0.91	−0.12	B0.3 IV
13	θ	Dra	5986	16 02 06.4	+58 32 05	6	4.01	+0.10	+0.52	F8 IV–V
8	β¹	Sco	5984	16 06 06.5	−19 50 10	d6	2.62	−0.87	−0.07	B0.5 V
8	β²	Sco	5985	16 06 06.8	−19 49 57	sd	4.92	−0.70	−0.02	B2 V
	δ	Nor	5980	16 07 18.4	−45 12 12		4.72	+0.15	+0.23	A7m
	θ	Lup	5987	16 07 21.0	−36 49 58		4.23	−0.70	−0.17	B2.5 Vn
9	ω¹	Sco	5993	16 07 28.9	−20 41 58	s	3.96	−0.81	−0.04	B1 V
10	ω²	Sco	5997	16 08 04.9	−20 53 56		4.32	+0.50	+0.84	G4 II–III
7	κ	Her	6008	16 08 35.7	+17 01 01	d	5.00	+0.61	+0.95	G5 III
11	φ	Her	6023	16 09 08.0	+44 54 19	v6	4.26	−0.28	−0.07	B9p Hg Mn
16	τ	CrB	6018	16 09 23.6	+36 27 44	d6	4.76	+0.86	+1.01	K1⁻ III–IV
19		UMi	6079	16 10 30.7	+75 50 54		5.48	−0.36	−0.11	B8 V
14	ν	Sco	6027	16 12 39.9	−19 29 23	d6	4.01	−0.65	+0.04	B2 IVp
	κ	Nor	6024	16 14 23.5	−54 39 33	d	4.94	+0.78	+1.04	G8 III
1	δ	Oph	6056	16 14 57.0	−03 43 23	d	2.74	+1.96	+1.58	M0.5 III
	δ	TrA	6030	16 16 29.6	−63 42 50	d	3.85	+0.86	+1.11	G2 Ib–IIa
21	η	UMi	6116	16 17 10.9	+75 43 42	d	4.95	+0.08	+0.37	F5 V
2	ε	Oph	6075	16 18 55.9	−04 43 11	d	3.24	+0.75	+0.96	G9.5 IIIb Fe−0.5
22	τ	Her	6092	16 20 05.2	+46 17 11	vd	3.89	−0.56	−0.15	B5 IV
			6077	16 20 16.5	−30 56 01	d6	5.49	−0.01	+0.47	F6 III
	γ²	Nor	6072	16 20 42.3	−50 10 58	d	4.02	+1.16	+1.08	K1⁺ III

Designation		BS=HR No.	Right Ascension	Declination	Notes	V	U–B	B–V	Spectral Type
			h m s	° ′ ″					
20 σ	Sco	6084	16 21 53.4	−25 37 10	vd6	2.89	−0.70	+0.13	B1 III
δ¹	Aps	6020	16 22 06.0	−78 43 21	d	4.68	+1.69	+1.69	M4 IIIa
20 γ	Her	6095	16 22 25.7	+19 07 36	d6	3.75	+0.18	+0.27	A9 IIIbn
50 σ	Ser	6093	16 22 39.3	+01 00 10		4.82	+0.04	+0.34	F1 IV–V
14 η	Dra	6132	16 24 09.0	+61 29 18	d67	2.74	+0.70	+0.91	G8⁻ IIIab
4 ψ	Oph	6104	16 24 46.7	−20 03 48		4.50	+0.82	+1.01	K0⁻ II–III
24 ω	Her	6117	16 25 56.8	+14 00 27	vd	4.57	−0.04	0.00	B9p Cr
7 χ	Oph	6118	16 27 41.5	−18 28 53	6	4.42	−0.75	+0.28	B1.5 Ve
15	Dra	6161	16 27 57.9	+68 44 36		5.00	−0.12	−0.06	B9.5 III
ε	Nor	6115	16 28 01.8	−47 34 48	d67	4.46	−0.53	−0.07	B4 V
ζ	TrA	6098	16 29 43.1	−70 06 32	6	4.91	+0.04	+0.55	F9 V
21 α	Sco	6134	16 30 06.9	−26 27 24	d6	0.96	+1.34	+1.83	M1.5 Iab–Ib
27 β	Her	6148	16 30 42.9	+21 27 55	d6	2.77	+0.69	+0.94	G7 IIIa Fe−0.5
10 λ	Oph	6149	16 31 29.7	+01 57 34	d67	3.82	+0.01	+0.01	A1 IV
8 φ	Oph	6147	16 31 47.9	−16 38 13	d	4.28	+0.72	+0.92	G8⁺ IIIa
		6143	16 32 08.2	−34 43 42		4.23	−0.80	−0.16	B2 III–IV
9 ω	Oph	6153	16 32 49.2	−21 29 24		4.45	+0.13	+0.13	Ap Sr Cr
35 σ	Her	6168	16 34 28.5	+42 24 50	d6	4.20	−0.10	−0.01	A0 IIIn
γ	Aps	6102	16 35 14.9	−78 55 15	6	3.89	+0.62	+0.91	G8/K0 III
23 τ	Sco	6165	16 36 36.0	−28 14 20	s	2.82	−1.03	−0.25	B0 V
		6166	16 37 08.0	−35 16 41	6	4.16	+1.94	+1.57	K7 III
13 ζ	Oph	6175	16 37 47.6	−10 35 22		2.56	−0.86	+0.02	O9.5 Vn
42	Her	6200	16 39 03.6	+48 54 22	d	4.90	+1.76	+1.55	M3⁻ IIIab
40 ζ	Her	6212	16 41 43.2	+31 34 56	d67	2.81	+0.21	+0.65	G0 IV
		6196	16 42 14.4	−17 45 49		4.96	+0.87	+1.11	G7.5 II–III CN 1 Ba 0.5
44 η	Her	6220	16 43 17.5	+38 54 03	d	3.53	+0.60	+0.92	G7 III Fe−1
β	Aps	6163	16 44 44.7	−77 32 22	d	4.24	+0.95	+1.06	K0 III
22 ε	UMi	6322	16 44 49.8	+82 01 01	vd6	4.23	+0.55	+0.89	G5 III
		6237	16 45 31.0	+56 45 42	d6	4.85	−0.06	+0.38	F2 V⁺
α	TrA	6217	16 49 53.5	−69 02 50		1.92	+1.56	+1.44	K2 IIb–IIIa
20	Oph	6243	16 50 28.3	−10 48 09	6	4.65	+0.07	+0.47	F7 III
η	Ara	6229	16 50 47.0	−59 03 38	d	3.76	+1.94	+1.57	K5 III
26 ε	Sco	6241	16 50 54.6	−34 18 47		2.29	+1.27	+1.15	K2 III
51	Her	6270	16 52 13.9	+24 38 16		5.04	+1.29	+1.25	K0.5 IIIa Ca 0.5
μ¹	Sco	6247	16 52 39.1	−38 03 58	v6	3.08	−0.87	−0.20	B1.5 IVn
μ²	Sco	6252	16 53 07.0	−38 02 10		3.57	−0.85	−0.21	B2 IV
53	Her	6279	16 53 24.3	+31 41 00	d	5.32	−0.02	+0.29	F2 V
25 ι	Oph	6281	16 54 33.2	+10 08 50	6	4.38	−0.32	−0.08	B8 V
ζ²	Sco	6271	16 55 23.7	−42 22 48		3.62	+1.65	+1.37	K3.5 IIIb
27 κ	Oph	6299	16 58 12.8	+09 21 28	as	3.20	+1.18	+1.15	K2 III
ζ	Ara	6285	16 59 34.5	−56 00 25		3.13	+1.97	+1.60	K4 III
ε¹	Ara	6295	17 00 30.2	−53 10 37		4.06	+1.71	+1.45	K4 IIIab
58 ε	Her	6324	17 00 43.8	+30 54 36	d6	3.92	−0.10	−0.01	A0 IV⁺
30	Oph	6318	17 01 40.0	−04 14 21	d	4.82	+1.83	+1.48	K4 III
59	Her	6332	17 02 01.9	+33 33 08		5.25	+0.02	+0.02	A3 IV–Vs
60	Her	6355	17 05 54.7	+12 43 33	d	4.91	+0.05	+0.12	A4 IV
22 ζ	Dra	6396	17 08 49.3	+65 42 02	d	3.17	−0.43	−0.12	B6 III
35 η	Oph	6378	17 11 02.3	−15 44 18	d67	2.43	+0.09	+0.06	A2 Va⁺ (Sr)
η	Sco	6380	17 12 58.7	−43 15 12		3.33	+0.09	+0.41	F2 V:p (Cr)
64 α¹	Her	6406	17 15 10.4	+14 22 41	sd	3.48	+1.01	+1.44	M5 Ib–II

Designation			BS=HR No.	Right Ascension	Declination	Notes	V	U−B	B−V	Spectral Type
				h m s	° ′ ″					
67	π	Her	6418	17 15 26.9	+36 47 48		3.16	+1.66	+1.44	K3 II
65	δ	Her	6410	17 15 30.3	+24 49 35	d6	3.14	+0.08	+0.08	A1 Vann
	v656	Her	6452	17 20 49.3	+18 02 45		5.00	+2.06	+1.62	M1+ IIIab
72		Her	6458	17 21 05.4	+32 27 13	d	5.39	+0.07	+0.62	G0 V
53	ν	Ser	6446	17 21 28.5	−12 51 28	d7	4.33	+0.05	+0.03	A1.5 IV
40	ξ	Oph	6445	17 21 41.8	−21 07 28	d7	4.39	−0.05	+0.39	F2 V
42	θ	Oph	6453	17 22 43.0	−25 00 36	dv6	3.27	−0.86	−0.22	B2 IV
	ι	Aps	6411	17 23 23.2	−70 08 01	d7	5.41	−0.23	−0.04	B8/9 Vn
	β	Ara	6461	17 26 15.5	−55 32 22		2.85	+1.56	+1.46	K3 Ib−IIa
	γ	Ara	6462	17 26 21.9	−56 23 14	d	3.34	−0.96	−0.13	B1 Ib
44		Oph	6486	17 27 04.4	−24 11 06		4.17	+0.12	+0.28	A9m:
49	σ	Oph	6498	17 27 05.1	+04 07 52	s	4.34	+1.62	+1.50	K2 II
			6493	17 27 14.5	−05 05 45	6	4.54	−0.03	+0.39	F2 V
45		Oph	6492	17 28 05.4	−29 52 35		4.29	+0.09	+0.40	δ Del
23	δ	UMi	6789	17 28 33.4	+86 34 42		4.36	+0.03	+0.02	A1 Van
23	β	Dra	6536	17 30 41.6	+52 17 36	sd	2.79	+0.64	+0.98	G2 Ib−IIa
76	λ	Her	6526	17 31 12.2	+26 06 09		4.41	+1.68	+1.44	K3.5 III
34	υ	Sco	6508	17 31 32.8	−37 18 14	6	2.69	−0.82	−0.22	B2 IV
27		Dra	6566	17 31 55.2	+68 07 39	d6	5.05	+0.92	+1.08	G9 IIIb
	δ	Ara	6500	17 32 08.3	−60 41 31	d	3.62	−0.31	−0.10	B8 Vn
24	ν¹	Dra	6554	17 32 24.2	+55 10 36	6	4.88	+0.04	+0.26	A7m
25	ν²	Dra	6555	17 32 29.7	+55 09 56	d6	4.87	+0.06	+0.28	A7m
	α	Ara	6510	17 32 43.9	−49 53 03	d6	2.95	−0.69	−0.17	B2 Vne
35	λ	Sco	6527	17 34 23.4	−37 06 40	vd6	1.63	−0.89	−0.22	B1.5 IV
55	α	Oph	6556	17 35 28.1	+12 33 09	6	2.08	+0.10	+0.15	A5 Vnn
28	ω	Dra	6596	17 36 53.1	+68 45 09	d6	4.80	−0.01	+0.43	F4 V
			6546	17 37 20.4	−38 38 32		4.29	+0.90	+1.09	G8/K0 III/IV
	θ	Sco	6553	17 38 08.8	−43 00 15		1.87	+0.22	+0.40	F1 III
55	ξ	Ser	6561	17 38 14.7	−15 24 18	d6	3.54	+0.14	+0.26	F0 IIIb
85	ι	Her	6588	17 39 47.4	+46 00 02	svd6	3.80	−0.69	−0.18	B3 IV
31	ψ	Dra	6636	17 41 44.2	+72 08 35	d	4.58	+0.01	+0.42	F5 V
56	o	Ser	6581	17 42 03.7	−12 52 50	6	4.26	+0.10	+0.08	A2 Va
	κ	Sco	6580	17 43 17.1	−39 02 05	v6	2.41	−0.89	−0.22	B1.5 III
84		Her	6608	17 43 49.9	+24 19 25	s	5.71	+0.27	+0.65	G2 IIIb
60	β	Oph	6603	17 44 02.5	+04 33 48		2.77	+1.24	+1.16	K2 III CN 0.5
58		Oph	6595	17 44 07.2	−21 41 16		4.87	−0.03	+0.47	F7 V:
	μ	Ara	6585	17 45 03.6	−51 50 20		5.15	+0.24	+0.70	G5 V
	η	Pav	6582	17 46 51.8	−64 43 40		3.62	+1.17	+1.19	K1 IIIa CN 1
86	μ	Her	6623	17 46 54.6	+27 42 52	asd	3.42	+0.39	+0.75	G5 IV
3	X	Sgr	6616	17 48 17.1	−27 50 03	v	4.54	+0.50	+0.80	F3 II
	ι¹	Sco	6615	17 48 23.4	−40 07 49	sd6	3.03	+0.27	+0.51	F2 Ia
62	γ	Oph	6629	17 48 28.2	+02 42 13	6	3.75	+0.04	+0.04	A0 Van
35		Dra	6701	17 48 56.2	+76 57 38		5.04	+0.08	+0.49	F7 IV
			6630	17 50 38.5	−37 02 45	d	3.21	+1.19	+1.17	K2 III
32	ξ	Dra	6688	17 53 43.7	+56 52 16	d	3.75	+1.21	+1.18	K2 III
89	v441	Her	6685	17 55 53.0	+26 02 56	sv6	5.45	+0.26	+0.34	F2 Ibp
91	θ	Her	6695	17 56 38.9	+37 14 58		3.86	+1.46	+1.35	K1 IIa CN 2
33	γ	Dra	6705	17 56 52.4	+51 29 16	asd	2.23	+1.87	+1.52	K5 III
92	ξ	Her	6703	17 58 12.7	+29 14 50	v	3.70	+0.70	+0.94	G8.5 III
94	ν	Her	6707	17 58 56.6	+30 11 20	d	4.41	+0.15	+0.39	F2m

BRIGHT STARS, J2011.5

Designation			BS=HR No.	Right Ascension	Declination	Notes	V	U–B	B–V	Spectral Type
				h m s	° ′ ″					
64	ν	Oph	6698	17 59 39.6	−09 46 27		3.34	+0.88	+0.99	G9 IIIa
93		Her	6713	18 00 34.1	+16 45 04		4.67	+1.22	+1.26	K0.5 IIb
67		Oph	6714	18 01 13.3	+02 55 54	sd	3.97	−0.62	+0.02	B5 Ib
68		Oph	6723	18 02 20.2	+01 18 20	d67	4.45	0.00	+0.02	A0.5 Van
	W	Sgr	6742	18 05 45.3	−29 34 43	vd6	4.69	+0.52	+0.78	G0 Ib/II
70		Oph	6752	18 06 02.1	+02 29 55	dv67	4.03	+0.54	+0.86	K0⁻ V
10	γ	Sgr	6746	18 06 32.8	−30 25 23	6	2.99	+0.77	+1.00	K0⁺ III
	θ	Ara	6743	18 07 31.6	−50 05 22		3.66	−0.85	−0.08	B2 Ib
			6791	18 07 49.6	+43 27 50	s6	5.00	+0.71	+0.91	G8 III CN−1 CH−3
72		Oph	6771	18 07 53.7	+09 33 58	d6	3.73	+0.10	+0.12	A5 IV–V
103	o	Her	6779	18 07 59.5	+28 45 53	d6	3.83	−0.07	−0.03	A0 II–III
102		Her	6787	18 09 15.0	+20 49 01	d	4.36	−0.81	−0.16	B2 IV
	π	Pav	6745	18 09 41.2	−63 40 00	6	4.35	+0.18	+0.22	A7p Sr
	ε	Tel	6783	18 12 05.0	−45 57 05	d	4.53	+0.78	+1.01	K0 III
36		Dra	6850	18 13 57.8	+64 24 05	d	5.02	−0.06	+0.41	F5 V
13	μ	Sgr	6812	18 14 27.1	−21 03 18	d6	3.86	−0.49	+0.23	B9 Ia
			6819	18 18 05.6	−56 01 07	6	5.33	−0.69	−0.05	B3 IIIpe
	η	Sgr	6832	18 18 24.3	−36 45 26	d7	3.11	+1.71	+1.56	M3.5 IIIab
1	κ	Lyr	6872	18 20 15.9	+36 04 13		4.33	+1.19	+1.17	K2⁻ IIIab CN 0.5
43	φ	Dra	6920	18 20 35.5	+71 20 37	vd67	4.22	−0.33	−0.10	A0p Si
44	χ	Dra	6927	18 20 50.9	+72 44 15	d6	3.57	−0.06	+0.49	F7 V
74		Oph	6866	18 21 26.5	+03 22 59	d	4.86	+0.62	+0.91	G8 III
19	δ	Sgr	6859	18 21 43.8	−29 49 20	d	2.70	+1.55	+1.38	K2.5 IIIa CN 0.5
58	η	Ser	6869	18 21 54.3	−02 53 42	d	3.26	+0.66	+0.94	K0 III–IV
109		Her	6895	18 24 11.3	+21 46 32	sd	3.84	+1.17	+1.18	K2 IIIab
	ξ	Pav	6855	18 24 17.1	−61 29 14	d67	4.36	+1.55	+1.48	K4 III
20	ε	Sgr	6879	18 24 56.1	−34 22 41	d	1.85	−0.13	−0.03	A0 II⁻n (shell)
	α	Tel	6897	18 27 49.5	−45 57 40		3.51	−0.64	−0.17	B3 IV
22	λ	Sgr	6913	18 28 40.8	−25 24 52		2.81	+0.89	+1.04	K1 IIIb
	ζ	Tel	6905	18 29 43.0	−49 03 47		4.13	+0.82	+1.02	G8/K0 III
	γ	Sct	6930	18 29 51.2	−14 33 27		4.70	+0.06	+0.06	A2 III⁻
60		Ser	6935	18 30 16.9	−01 58 37	6	5.39	+0.76	+0.96	K0 III
	θ	Cra	6951	18 34 19.4	−42 18 11		4.64	+0.76	+1.01	G8 III
	α	Sct	6973	18 35 50.0	−08 14 07		3.85	+1.54	+1.33	K3 III
			6985	18 37 00.8	+09 07 56	6	5.39	−0.02	+0.37	F5 IIIs
3	α	Lyr	7001	18 37 19.7	+38 47 42	asd	0.03	−0.01	0.00	A0 Va
	δ	Sct	7020	18 42 54.2	−09 02 27	vd6	4.72	+0.14	+0.35	F2 III (str. met.)
	ε	Sct	7032	18 44 08.8	−08 15 47	d	4.90	+0.87	+1.12	G8 IIb
	ζ	Pav	6982	18 44 22.4	−71 24 59	d	4.01	+1.02	+1.14	K0 III
6	ζ¹	Lyr	7056	18 45 10.1	+37 37 04	d6	4.36	+0.16	+0.19	A5m
50		Dra	7124	18 45 59.6	+75 26 49	6	5.35	+0.04	+0.05	A1 Vn
110		Her	7061	18 46 09.4	+20 33 29	d	4.19	+0.01	+0.46	F6 V
27	φ	Sgr	7039	18 46 22.5	−26 58 41	6	3.17	−0.36	−0.11	B8 III
			7064	18 46 32.3	+26 40 30		4.83	+1.23	+1.20	K2 III
111		Her	7069	18 47 31.8	+18 11 42	d6	4.36	+0.07	+0.13	A3 Va⁺
	β	Sct	7063	18 47 47.1	−04 44 05	6	4.22	+0.81	+1.10	G4 IIa
	R	Sct	7066	18 48 05.8	−05 41 31	s	5.20	+1.64	+1.47	K0 Ib:p Ca−1
	η¹	CrA	7062	18 49 40.2	−43 39 59		5.49		+0.13	A2 Vn
10	β	Lyr	7106	18 50 30.3	+33 22 36	cvd6	3.45	−0.56	0.00	B7 Vpe (shell)
47	o	Dra	7125	18 51 22.2	+59 24 10	dv6	4.66	+1.04	+1.19	G9 III Fe−0.5

Designation		BS=HR No.	Right Ascension	Declination	Notes	V	$U-B$	$B-V$	Spectral Type
			h m s	° ′ ″					
λ	Pav	7074	18 53 16.7	−62 10 23	d	4.22	−0.89	−0.14	B2 II–III
52 υ	Dra	7180	18 54 15.2	+71 18 45	6	4.82	+1.10	+1.15	K0 III CN 0.5
12 δ^2	Lyr	7139	18 54 54.4	+36 54 50	d	4.30	+1.65	+1.68	M4 II
13 R	Lyr	7157	18 55 41.1	+43 57 42	s6	4.04	+1.41	+1.59	M5 III (var)
34 σ	Sgr	7121	18 55 58.7	−26 16 53	d	2.02	−0.75	−0.22	B3 IV
63 θ^1	Ser	7141	18 56 47.5	+04 13 10	d	4.61	+0.11	+0.16	A5 V
κ	Pav	7107	18 58 07.8	−67 13 03	v	4.44	+0.71	+0.60	F5 I–II
37 ξ^2	Sgr	7150	18 58 24.9	−21 05 26		3.51	+1.13	+1.18	K1 III
14 γ	Lyr	7178	18 59 22.4	+32 42 21	d	3.24	−0.09	−0.05	B9 II
λ	Tel	7134	18 59 22.8	−52 55 21	6	4.87		−0.05	A0 III+
13 ε	Aql	7176	19 00 08.7	+15 05 05	d6	4.02	+1.04	+1.08	K1− III CN 0.5
χ	Oct	6721	19 01 16.5	−87 35 25		5.28	+1.60	+1.28	K3 III
12	Aql	7193	19 02 17.7	−05 43 20		4.02	+1.04	+1.09	K1 III
38 ζ	Sgr	7194	19 03 20.6	−29 51 46	d67	2.60	+0.06	+0.08	A2 IV–V
39 o	Sgr	7217	19 05 22.3	−21 43 26	d	3.77	+0.85	+1.01	G9 IIIb
17 ζ	Aql	7235	19 05 56.3	+13 52 53	d6	2.99	−0.01	+0.01	A0 Vann
16 λ	Aql	7236	19 06 51.5	−04 51 52		3.44	−0.27	−0.09	A0 IVp (wk 4481)
40 τ	Sgr	7234	19 07 39.4	−27 39 10	6	3.32	+1.15	+1.19	K1.5 IIIb
18 ι	Lyr	7262	19 07 42.8	+36 07 07	d	5.28	−0.51	−0.11	B6 IV
α	CrA	7254	19 10 15.2	−37 53 08		4.11	+0.08	+0.04	A2 IVn
41 π	Sgr	7264	19 10 26.8	−21 00 16	d7	2.89	+0.22	+0.35	F2 II–III
β	CrA	7259	19 10 49.1	−39 19 18		4.11	+1.07	+1.20	K0 II
57 δ	Dra	7310	19 12 33.3	+67 40 54	d	3.07	+0.78	+1.00	G9 III
20	Aql	7279	19 13 18.1	−07 55 10		5.34	−0.44	+0.13	B3 V
20 η	Lyr	7298	19 14 09.0	+39 09 59	d6	4.39	−0.65	−0.15	B2.5 IV
60 τ	Dra	7352	19 15 19.4	+73 22 35	6	4.45	+1.45	+1.25	K2+ IIIb CN 1
21 θ	Lyr	7314	19 16 46.1	+38 09 17	d	4.36	+1.23	+1.26	K0 II
1 κ	Cyg	7328	19 17 22.1	+53 23 24	6	3.77	+0.74	+0.96	G9 III
43	Sgr	7304	19 18 18.4	−18 55 54		4.96	+0.80	+1.02	G8 II–III
25 ω^1	Aql	7315	19 18 21.4	+11 37 01		5.28	+0.22	+0.20	F0 IV
44 ρ^1	Sgr	7340	19 22 20.3	−17 49 29		3.93	+0.13	+0.22	F0 III–IV
46 υ	Sgr	7342	19 22 23.1	−15 55 57	6	4.61	−0.53	+0.10	Apep
β^1	Sgr	7337	19 23 27.8	−44 26 11	d	4.01	−0.39	−0.10	B8 V
β^2	Sgr	7343	19 24 02.8	−44 46 38		4.29	+0.07	+0.34	F0 IV
α	Sgr	7348	19 24 40.9	−40 35 36	6	3.97	−0.33	−0.10	B8 V
31	Aql	7373	19 25 31.1	+11 58 11	d	5.16	+0.42	+0.77	G7 IV Hδ 1
30 δ	Aql	7377	19 26 04.7	+03 08 18	d6	3.36	+0.04	+0.32	F2 IV–V
6 α	Vul	7405	19 29 11.1	+24 41 20	d	4.44	+1.81	+1.50	M0.5 IIIb
10 ι^2	Cyg	7420	19 29 59.7	+51 45 17		3.79	+0.11	+0.14	A4 V
6 β	Cyg	7417	19 31 11.1	+27 59 04	cd	3.08	+0.62	+1.13	K3 II + B9.5 V
36	Aql	7414	19 31 15.9	−02 45 51		5.03	+2.05	+1.75	M1 IIIab
8	Cyg	7426	19 32 12.0	+34 28 41		4.74	−0.65	−0.14	B3 IV
61 σ	Dra	7462	19 32 20.1	+69 40 51	asd	4.68	+0.38	+0.79	K0 V
38 μ	Aql	7429	19 34 39.1	+07 24 15	d	4.45	+1.26	+1.17	K3− IIIb Fe 0.5
ι	Tel	7424	19 36 04.0	−48 04 24		4.90		+1.09	K0 III
13 θ	Cyg	7469	19 36 45.0	+50 14 53	d	4.48	−0.03	+0.38	F4 V
41 ι	Aql	7447	19 37 19.0	−01 15 37	d	4.36	−0.44	−0.08	B5 III
52	Sgr	7440	19 37 24.3	−24 51 27	d	4.60	−0.15	−0.07	B8/9 V
39 κ	Aql	7446	19 37 30.5	−07 00 04		4.95	−0.87	0.00	B0.5 IIIn
5 α	Sge	7479	19 40 36.6	+18 02 28	d	4.37	+0.43	+0.78	G1 II

Designation			BS=HR No.	Right Ascension	Declination	Notes	V	U–B	B–V	Spectral Type
				h m s	° ′ ″					
			7495	19 41 11.5	+45 33 10	sd	5.06	+0.15	+0.40	F5 II–III
54		Sgr	7476	19 41 22.9	−16 15 58	d	5.30	+1.06	+1.13	K2 III
6	β	Sge	7488	19 41 33.9	+17 30 12		4.37	+0.89	+1.05	G8 IIIa CN 0.5
16		Cyg	7503	19 42 07.3	+50 33 08	sd	5.96	+0.19	+0.64	G1.5 Vb
16		Cyg	7504	19 42 10.3	+50 32 40	s	6.20	+0.20	+0.66	G3 V
55		Sgr	7489	19 43 10.5	−16 05 46	6	5.06	+0.09	+0.33	F0 IVn:
10		Vul	7506	19 44 11.6	+25 48 00		5.49	+0.67	+0.93	G8 III
15		Cyg	7517	19 44 41.5	+37 22 58		4.89	+0.69	+0.95	G8 III
18	δ	Cyg	7528	19 45 20.0	+45 09 34	d67	2.87	−0.10	−0.03	B9.5 III
50	γ	Aql	7525	19 46 48.4	+10 38 31	d	2.72	+1.68	+1.52	K3 II
56		Sgr	7515	19 47 01.9	−19 43 58		4.86	+0.96	+0.93	K0+ III
7	δ	Sge	7536	19 47 54.0	+18 33 48	cd6	3.82	+0.96	+1.41	M2 II + A0 V
63	ε	Dra	7582	19 48 07.7	+70 17 50	d67	3.83	+0.52	+0.89	G7 IIIb Fe−1
	ν	Tel	7510	19 48 57.2	−56 20 02		5.35		+0.20	A9 Vn
	χ	Cyg	7564	19 51 00.5	+32 56 37	vd	4.23	+0.96	+1.82	S6+/1e
53	α	Aql	7557	19 51 20.7	+08 53 58	dv	0.77	+0.08	+0.22	A7 Vnn
51		Aql	7553	19 51 24.7	−10 44 01	d	5.39		+0.38	F0 V
			7589	19 52 19.9	+47 03 27	s	5.62	−0.97	−0.07	O9.5 Iab
	v3961	Sgr	7552	19 52 37.3	−39 50 39	sv6	5.33	−0.22	−0.06	A0p Si Cr Eu
9		Sge	7574	19 52 52.5	+18 42 07	s6	6.23	−0.92	+0.01	O8 If
55	η	Aql	7570	19 53 03.5	+01 02 09	v6	3.90	+0.51	+0.89	F6−G1 Ib
	v1291	Aql	7575	19 53 54.8	−03 05 02	s	5.65	+0.10	+0.20	A5p Sr Cr Eu
60	β	Aql	7602	19 55 52.7	+06 26 10	ad	3.71	+0.48	+0.86	G8 IV
	ι	Sgr	7581	19 56 03.1	−41 50 14		4.13	+0.90	+1.08	G8 III
21	η	Cyg	7615	19 56 44.3	+35 06 52	d	3.89	+0.89	+1.02	K0 III
61		Sgr	7614	19 58 36.1	−15 27 37		5.02	+0.07	+0.05	A3 Va
12	γ	Sge	7635	19 59 16.1	+19 31 26	s	3.47	+1.93	+1.57	M0− III
	θ¹	Sgr	7623	20 00 29.0	−35 14 40	d6	4.37	−0.67	−0.15	B2.5 IV
15	NT	Vul	7653	20 01 34.5	+27 47 09	6	4.64	+0.16	+0.18	A7m
	ε	Pav	7590	20 01 54.2	−72 52 43		3.96	−0.05	−0.03	A0 Va
62	v3872	Sgr	7650	20 03 21.8	−27 40 37		4.58	+1.80	+1.65	M4.5 III
	ξ	Tel	7673	20 08 15.7	−52 50 49	6	4.94	+1.84	+1.62	M1 IIab
1	κ	Cep	7750	20 08 29.0	+77 44 44	d7	4.39	−0.11	−0.05	B9 III
	δ	Pav	7665	20 09 50.7	−66 09 05		3.56	+0.45	+0.76	G6/8 IV
28	v1624	Cyg	7708	20 09 51.3	+36 52 26	6	4.93	−0.77	−0.13	B2.5 V
65	θ	Aql	7710	20 11 53.9	−00 47 12	d6	3.23	−0.14	−0.07	B9.5 III+
33		Cyg	7740	20 13 39.9	+56 36 12	6	4.30	+0.08	+0.11	A3 IVn
31	o¹	Cyg	7735	20 13 59.6	+46 46 36	cvd6	3.79	+0.42	+1.28	K2 II + B4 V
67	ρ	Aql	7724	20 14 48.5	+15 14 00	6	4.95	+0.01	+0.08	A1 Va
32	o²	Cyg	7751	20 15 49.7	+47 45 00	cvd6	3.98	+1.03	+1.52	K3 II + B9: V
24		Vul	7753	20 17 16.6	+24 42 26		5.32	+0.67	+0.95	G8 III
34	P	Cyg	7763	20 18 12.7	+38 04 09	s	4.81	−0.58	+0.42	B1pe
5	α¹	Cap	7747	20 18 17.1	−12 28 19	d6	4.24	+0.78	+1.07	G3 Ib
6	α²	Cap	7754	20 18 41.5	−12 30 31	d6	3.57	+0.69	+0.94	G9 III
9	β	Cap	7776	20 21 39.4	−14 44 39	cd67	3.08	+0.28	+0.79	K0 II: + A5n: V:
37	γ	Cyg	7796	20 22 38.5	+40 17 38	asd	2.20	+0.53	+0.68	F8 Ib
			7794	20 23 44.9	+05 22 49		5.31	+0.77	+0.97	G8 III–IV
39		Cyg	7806	20 24 19.2	+32 13 40	s	4.43	+1.50	+1.33	K2.5 III Fe−0.5
	α	Pav	7790	20 26 33.0	−56 41 50	d6	1.94	−0.71	−0.20	B2.5 V
2	θ	Cep	7850	20 29 46.4	+63 01 59	6	4.22	+0.16	+0.20	A7m

Designation		BS=HR No.	Right Ascension	Declination	Notes	V	U–B	B–V	Spectral Type
			h m s	° ′ ″					
41	Cyg	7834	20 29 51.9	+30 24 27		4.01	+0.27	+0.40	F5 II
69	Aql	7831	20 30 15.0	−02 50 48		4.91	+1.22	+1.15	K2 III
73 AF	Dra	7879	20 31 20.6	+74 59 38	6	5.20	+0.11	+0.07	A0p Sr Cr Eu
2 ε	Del	7852	20 33 45.7	+11 20 34		4.03	−0.47	−0.13	B6 III
6 β	Del	7882	20 38 05.3	+14 38 08	d6	3.63	+0.08	+0.44	F5 IV
α	Ind	7869	20 38 22.3	−47 15 02	d	3.11	+0.79	+1.00	K0 III CN−1
71	Aql	7884	20 38 55.9	−01 03 52	d6	4.32	+0.69	+0.95	G7.5 IIIa
29	Vul	7891	20 39 02.2	+21 14 31		4.82	−0.08	−0.02	A0 Va (shell)
7 κ	Del	7896	20 39 41.3	+10 07 38	d	5.05	+0.21	+0.72	G2 IV
9 α	Del	7906	20 40 10.3	+15 57 12	d6	3.77	−0.21	−0.06	B9 IV
15 υ	Cap	7900	20 40 42.1	−18 05 51		5.10	+1.99	+1.66	M1 III
49	Cyg	7921	20 41 30.5	+32 20 55	sd6	5.51		+0.88	G8 IIb
50 α	Cyg	7924	20 41 49.5	+45 19 19	asd6	1.25	−0.24	+0.09	A2 Ia
11 δ	Del	7928	20 43 59.7	+15 06 59	v6	4.43	+0.10	+0.32	F0m
η	Ind	7920	20 44 52.7	−51 52 45		4.51	+0.09	+0.27	A9 IV
3 η	Cep	7957	20 45 31.3	+61 53 01	d	3.43	+0.62	+0.92	K0 IV
		7955	20 45 38.2	+57 37 17	d6	4.51	+0.10	+0.54	F8 IV–V
β	Pav	7913	20 45 58.9	−66 09 39		3.42	+0.12	+0.16	A6 IV⁻
52	Cyg	7942	20 46 08.3	+30 45 44	d	4.22	+0.89	+1.05	K0 IIIa
53 ε	Cyg	7949	20 46 40.6	+34 00 50	ad6	2.46	+0.87	+1.03	K0 III
16 ψ	Cap	7936	20 46 46.5	−25 13 44		4.14	+0.02	+0.43	F4 V
12 γ²	Del	7948	20 47 11.5	+16 09 59	d	4.27	+0.97	+1.04	K1 IV
54 λ	Cyg	7963	20 47 51.4	+36 32 00	d67	4.53	−0.49	−0.11	B6 IV
2 ε	Aqr	7950	20 48 17.8	−09 27 11		3.77	+0.02	0.00	A1 III⁻
3 EN	Aqr	7951	20 48 20.6	−04 59 06		4.42	+1.92	+1.65	M3 III
ι	Mic	7943	20 49 15.7	−43 56 45	d7	5.11	+0.06	+0.35	F1 IV
55 v1661	Cyg	7977	20 49 19.8	+46 09 26	sd	4.84	−0.45	+0.41	B2.5 Ia
18 ω	Cap	7980	20 52 30.3	−26 52 32		4.11	+1.93	+1.64	M0 III Ba 0.5
6 μ	Aqr	7990	20 53 16.4	−08 56 22	d6	4.73	+0.11	+0.32	F2m
32	Vul	8008	20 55 03.1	+28 06 07		5.01	+1.79	+1.48	K4 III
β	Ind	7986	20 55 42.0	−58 24 36	d	3.65	+1.23	+1.25	K1 II
		8023	20 56 59.1	+44 58 10	s6	5.96	−0.85	+0.05	O6 V
58 ν	Cyg	8028	20 57 36.2	+41 12 43	d6	3.94	0.00	+0.02	A0.5 IIIn
33	Vul	8032	20 58 47.2	+22 22 15		5.31		+1.40	K3.5 III
59 v832	Cyg	8047	21 00 13.1	+47 33 58	d6	4.70	−0.93	−0.04	B1.5 Vnne
20 AO	Cap	8033	21 00 15.3	−18 59 24	sv	6.25		−0.13	B9psi
γ	Mic	8039	21 01 59.6	−32 12 44	d	4.67	+0.54	+0.89	G8 III
ζ	Mic	8048	21 03 41.8	−38 35 09		5.30		+0.41	F3 V
62 ξ	Cyg	8079	21 05 21.0	+43 58 27	s6	3.72	+1.83	+1.65	K4.5 Ib–II
α	Oct	8021	21 06 04.4	−76 58 43	cv6	5.15	+0.13	+0.49	G2 III + A7 III
23 θ	Cap	8075	21 06 35.5	−17 11 12	6	4.07	+0.01	−0.01	A1 Va⁺
61 v1803	Cyg	8085	21 07 24.9	+38 48 23	asd	5.21	+1.11	+1.18	K5 V
61	Cyg	8086	21 07 26.2	+38 47 56	sd	6.03	+1.23	+1.37	K7 V
24	Cap	8080	21 07 47.9	−24 57 33	d	4.50	+1.93	+1.61	M1⁻ III
13 ν	Aqr	8093	21 10 13.2	−11 19 28		4.51	+0.70	+0.94	G8⁺ III
5 γ	Equ	8097	21 10 54.0	+10 10 42	d	4.69	+0.10	+0.26	F0p Sr Eu
64 ζ	Cyg	8115	21 13 25.6	+30 16 28	sd6	3.20	+0.76	+0.99	G8⁺ III–IIIa Ba 0.5
		8110	21 13 58.1	−27 34 19		5.42	+1.69	+1.42	K5 III
o	Pav	8092	21 14 24.1	−70 04 42	6	5.02	+1.56	+1.58	M1/2 III
7 δ	Equ	8123	21 15 02.4	+10 03 15	d67	4.49	−0.01	+0.50	F8 V

Designation			BS=HR No.	Right Ascension	Declination	Notes	V	$U-B$	$B-V$	Spectral Type
				h m s	° ′ ″					
65	τ	Cyg	8130	21 15 15.1	+38 05 41	d67	3.72	+0.02	+0.39	F2 V
8	α	Equ	8131	21 16 23.9	+05 17 45	cd6	3.92	+0.29	+0.53	G2 II–III + A4 V
67	σ	Cyg	8143	21 17 52.1	+39 26 36	6	4.23	−0.39	+0.12	B9 Iab
66	υ	Cyg	8146	21 18 23.5	+34 56 44	d6	4.43	−0.82	−0.11	B2 Ve
	σ	Oct	7228	21 18 30.6	−88 54 31	v	5.47	+0.13	+0.27	F0 III
	ϵ	Mic	8135	21 18 38.0	−32 07 26		4.71	+0.02	+0.06	A1m A2 Va$^+$
5	α	Cep	8162	21 18 51.2	+62 38 04	d	2.44	+0.11	+0.22	A7 V$^+$n
	θ	Ind	8140	21 20 40.8	−53 24 02	d7	4.39	+0.12	+0.19	A5 IV–V
	θ^1	Mic	8151	21 21 29.6	−40 45 37	dv	4.82	−0.07	+0.02	Ap Cr Eu
1		Peg	8173	21 22 37.1	+19 51 15	d6	4.08	+1.06	+1.11	K1 III
32	ι	Cap	8167	21 22 53.1	−16 47 06		4.28	+0.58	+0.90	G7 III Fe−1.5
18		Aqr	8187	21 24 49.1	−12 49 42	d	5.49		+0.29	F0 V$^+$
69		Cyg	8209	21 26 15.3	+36 43 03	sd	5.94	−0.94	−0.08	B0 Ib
34	ζ	Cap	8204	21 27 19.3	−22 21 40	d6	3.74	+0.59	+1.00	G4 Ib: Ba 2
	γ	Pav	8181	21 27 22.8	−65 18 48		4.22	−0.12	+0.49	F6 Vp
8	β	Cep	8238	21 28 48.3	+70 36 41	vd6	3.23	−0.95	−0.22	B1 III
36		Cap	8213	21 29 22.6	−21 45 24		4.51	+0.60	+0.91	G7 IIIb Fe−1
71		Cyg	8228	21 29 52.5	+46 35 30		5.24	+0.80	+0.97	K0$^-$ III
2		Peg	8225	21 30 28.2	+23 41 23	d	4.57	+1.93	+1.62	M1$^+$ III
22	β	Aqr	8232	21 32 09.8	−05 31 12	asd	2.91	+0.56	+0.83	G0 Ib
73	ρ	Cyg	8252	21 34 24.9	+45 38 35		4.02	+0.56	+0.89	G8 III Fe−0.5
74		Cyg	8266	21 37 24.7	+40 27 56		5.01	+0.10	+0.18	A5 V
9	v337	Cep	8279	21 38 13.7	+62 08 03	as	4.73	−0.53	+0.30	B2 Ib
5		Peg	8267	21 38 17.7	+19 22 15		5.45	+0.14	+0.30	F0 V$^+$
23	ξ	Aqr	8264	21 38 21.8	−07 48 08	d6	4.69	+0.13	+0.17	A5 Vn
75		Cyg	8284	21 40 38.3	+43 19 35	sd	5.11	+1.90	+1.60	M1 IIIab
40	γ	Cap	8278	21 40 43.6	−16 36 36	6	3.68	+0.20	+0.32	A7m:
11		Cep	8317	21 42 05.2	+71 21 52		4.56	+1.10	+1.10	K0.5 III
	ν	Oct	8254	21 42 43.0	−77 20 17	6	3.76	+0.89	+1.00	K0 III
	μ	Cep	8316	21 43 51.6	+58 49 59	asd	4.08	+2.42	+2.35	M2$^-$ Ia
8	ϵ	Peg	8308	21 44 45.0	+09 55 41	sd	2.39	+1.70	+1.53	K2 Ib–II
9		Peg	8313	21 45 03.4	+17 24 11	as	4.34	+1.00	+1.17	G5 Ib
10	κ	Peg	8315	21 45 10.0	+25 41 54	d67	4.13	+0.03	+0.43	F5 IV
9	ι	PsA	8305	21 45 37.7	−32 58 22	d6	4.34	−0.11	−0.05	A0 IV
10	ν	Cep	8334	21 45 46.9	+61 10 27		4.29	+0.13	+0.52	A2 Ia
81	π^2	Cyg	8335	21 47 13.2	+49 21 47	d6	4.23	−0.71	−0.12	B2.5 III
49	δ	Cap	8322	21 47 40.4	−16 04 29	vd6	2.87	+0.09	+0.29	F2m
14		Peg	8343	21 50 21.3	+30 13 41	6	5.04	+0.03	−0.03	A1 Vs
	o	Ind	8333	21 51 44.5	−69 34 31		5.53	+1.63	+1.37	K2/3 III
16		Peg	8356	21 53 35.2	+25 58 47	6	5.08	−0.67	−0.17	B3 V
51	μ	Cap	8351	21 53 55.3	−13 29 50		5.08	−0.01	+0.37	F2 V
	γ	Gru	8353	21 54 37.3	−37 18 37		3.01	−0.37	−0.12	B8 IV–Vs
13		Cep	8371	21 55 16.4	+56 39 57	s	5.80	−0.02	+0.73	B8 Ib
	δ	Ind	8368	21 58 41.6	−54 56 15	d7	4.40	+0.10	+0.28	F0 III–IVn
17	ξ	Cep	8417	22 04 07.5	+64 41 03	d6	4.29	+0.09	+0.34	A7m:
	ϵ	Ind	8387	22 04 13.9	−56 44 17		4.69	+0.99	+1.06	K4/5 V
20		Cep	8426	22 05 21.5	+62 50 31		5.27	+1.78	+1.41	K4 III
19		Cep	8428	22 05 30.1	+62 20 10	sd	5.11	−0.84	+0.08	O9.5 Ib
34	α	Aqr	8414	22 06 22.4	−00 15 49	sd	2.96	+0.74	+0.98	G2 Ib
	λ	Gru	8411	22 06 48.2	−39 29 15		4.46	+1.66	+1.37	K3 III

Designation			BS=HR No.	Right Ascension	Declination	Notes	V	U–B	B–V	Spectral Type
				h m s	° ′ ″					
33	ι	Aqr	8418	22 07 03.4	−13 48 49	6	4.27	−0.29	−0.07	B9 IV–V
24	ι	Peg	8430	22 07 32.8	+25 24 06	d6	3.76	−0.04	+0.44	F5 V
	α	Gru	8425	22 08 57.2	−46 54 17	d	1.74	−0.47	−0.13	B7 Vn
14	μ	PsA	8431	22 09 03.1	−32 55 55		4.50	+0.05	+0.05	A1 IVnn
24		Cep	8468	22 10 01.5	+72 23 53		4.79	+0.61	+0.92	G7 II–III
29	π	Peg	8454	22 10 30.0	+33 14 06		4.29	+0.18	+0.46	F3 III
26	θ	Peg	8450	22 10 46.8	+06 15 17	6	3.53	+0.10	+0.08	A2m A1 IV–V
21	ζ	Cep	8465	22 11 15.3	+58 15 30	6	3.35	+1.71	+1.57	K1.5 Ib
22	λ	Cep	8469	22 11 54.1	+59 28 17	s	5.04	−0.74	+0.25	O6 If
			8546	22 12 03.8	+86 09 55	6	5.27	−0.11	−0.03	B9.5 Vn
			8485	22 14 22.4	+39 46 20	d6	4.49	+1.45	+1.39	K2.5 III
16	λ	PsA	8478	22 14 57.7	−27 42 34		5.43	−0.55	−0.16	B8 III
23	ε	Cep	8494	22 15 27.8	+57 06 04	d6	4.19	+0.04	+0.28	A9 IV
1		Lac	8498	22 16 28.3	+37 48 23		4.13	+1.63	+1.46	K3⁻ II–III
43	θ	Aqr	8499	22 17 26.4	−07 43 32		4.16	+0.81	+0.98	G9 III
	α	Tuc	8502	22 19 16.8	−60 12 07	6	2.86	+1.54	+1.39	K3 III
	ε	Oct	8481	22 21 15.5	−80 22 54		5.10	+1.09	+1.47	M6 III
31	IN	Peg	8520	22 22 05.1	+12 15 48		5.01	−0.81	−0.13	B2 IV–V
47		Aqr	8516	22 22 13.4	−21 32 25		5.13	+0.92	+1.07	K0 III
48	γ	Aqr	8518	22 22 15.0	−01 19 45	d6	3.84	−0.12	−0.05	B9.5 III–IV
3	β	Lac	8538	22 24 00.9	+52 17 13	d	4.43	+0.77	+1.02	G9 IIIb Ca 1
52	π	Peg	8539	22 25 51.8	+01 26 10		4.66	−0.98	−0.03	B1 Ve
	δ	Tuc	8540	22 28 08.3	−64 54 27	d7	4.48	−0.07	−0.03	B9.5 IVn
	ν	Gru	8552	22 29 19.4	−39 04 24	d	5.47		+0.95	G8 III
55	ζ²	Aqr	8559	22 29 25.4	+00 02 21	cd	4.49	0.00	+0.37	F2.5 IV–V
27	δ	Cep	8571	22 29 36.0	+58 28 27	vd6	3.75		+0.60	F5–G2 Ib
	δ¹	Gru	8556	22 29 57.2	−43 26 11	d	3.97	+0.80	+1.03	G6/8 III
29	ρ²	Cep	8591	22 29 58.5	+78 53 00	6	5.50	+0.08	+0.07	A3 V
5		Lac	8572	22 30 00.7	+47 45 58	cd6	4.36	+1.11	+1.68	M0 II + B8 V
	δ²	Gru	8560	22 30 26.4	−43 41 24	d	4.11	+1.71	+1.57	M4.5 IIIa
6		Lac	8579	22 30 59.2	+43 10 57	6	4.51	−0.74	−0.09	B2 IV
57	σ	Aqr	8573	22 31 15.3	−10 37 08	d6	4.82	−0.11	−0.06	A0 IV
7	α	Lac	8585	22 31 46.1	+50 20 31	d	3.77	0.00	+0.01	A1 Va
17	β	PsA	8576	22 32 09.4	−32 17 12	d7	4.29	+0.02	+0.01	A1 Va
59	υ	Aqr	8592	22 35 19.3	−20 38 56		5.20	0.00	+0.44	F5 V
62	η	Aqr	8597	22 35 56.8	−00 03 29		4.02	−0.26	−0.09	B9 IV–V:n
31		Cep	8615	22 36 03.2	+73 42 11		5.08	+0.16	+0.39	F3 III–IV
63	κ	Aqr	8610	22 38 21.1	−04 10 06	d	5.03	+1.16	+1.14	K1.5 IIIb CN 0.5
30		Cep	8627	22 39 03.7	+63 38 40	6	5.19	0.00	+0.06	A3 IV
10		Lac	8622	22 39 46.7	+39 06 37	ad	4.88	−1.04	−0.20	O9 V
			8626	22 40 05.6	+37 39 11	sd	6.03		+0.86	G3 Ib–II: CN−1 CH 2 Fe−1
11		Lac	8632	22 41 01.2	+44 20 12		4.46	+1.36	+1.33	K2.5 III
18	ε	PsA	8628	22 41 17.4	−26 59 00		4.17	−0.37	−0.11	B8 Ve
42	ζ	Peg	8634	22 42 02.2	+10 53 30	d	3.40	−0.25	−0.09	B8.5 III
	β	Gru	8636	22 43 21.0	−46 49 27		2.10	+1.67	+1.60	M4.5 III
44	η	Peg	8650	22 43 32.6	+30 16 54	cd6	2.94	+0.55	+0.86	G8 II + F0 V
13		Lac	8656	22 44 36.4	+41 52 47	d	5.08	+0.78	+0.96	K0 III
47	λ	Peg	8667	22 47 05.2	+23 37 35		3.95	+0.91	+1.07	G8 IIIa CN 0.5
	β	Oct	8630	22 47 10.4	−81 19 15	6	4.15	+0.11	+0.20	A7 III–IV
46	ξ	Peg	8665	22 47 16.1	+12 13 56	d	4.19	−0.03	+0.50	F6 V

Designation		BS=HR No.	Right Ascension	Declination	Notes	V	U–B	B–V	Spectral Type
			h m s	° ′ ″					
68	Aqr	8670	22 48 10.1	−19 33 11		5.26	+0.59	+0.94	G8 III
ε	Gru	8675	22 49 14.6	−51 15 22		3.49	+0.10	+0.08	A2 Va
32 ι	Cep	8694	22 50 05.5	+66 15 40	s	3.52	+0.90	+1.05	K0⁻ III
71 τ	Aqr	8679	22 50 12.0	−13 31 54	d	4.01	+1.95	+1.57	M0 III
48 μ	Peg	8684	22 50 33.6	+24 39 45	s	3.48	+0.68	+0.93	G8⁺ III
		8685	22 51 41.2	−39 05 44		5.42	+1.69	+1.43	K3 III
22 γ	PsA	8695	22 53 09.7	−32 48 51	d7	4.46	−0.14	−0.04	A0m A1 III–IV
73 λ	Aqr	8698	22 53 12.8	−07 31 06		3.74	+1.74	+1.64	M2.5 III Fe−0.5
		8748	22 54 17.0	+84 24 28		4.71	+1.69	+1.43	K4 III
76 δ	Aqr	8709	22 55 15.6	−15 45 34		3.27	+0.08	+0.05	A3 IV–V
23 δ	PsA	8720	22 56 35.0	−32 28 41	d	4.21	+0.69	+0.97	G8 III
		8726	22 56 56.4	+49 47 42	s	4.95	+1.96	+1.78	K5 Ib
24 α	PsA	8728	22 58 17.0	−29 33 40	a	1.16	+0.08	+0.09	A3 Va
		8732	22 59 13.2	−35 27 43	s	6.13		+0.58	F8 III–IV
v509 Cas		8752	23 00 34.4	+57 00 26	s	5.00	+1.16	+1.42	G4v 0
ζ	Gru	8747	23 01 33.2	−52 41 32	6	4.12	+0.70	+0.98	G8/K0 III
1 o	And	8762	23 02 27.2	+42 23 17	d6	3.62	−0.53	−0.09	B6pe (shell)
π	PsA	8767	23 04 07.8	−34 41 13	6	5.11	+0.02	+0.29	F0 V:
53 β	Peg	8775	23 04 20.0	+28 08 43	d	2.42	+1.96	+1.67	M2.5 II–III
4 β	Psc	8773	23 04 27.7	+03 52 56		4.53	−0.49	−0.12	B6 Ve
54 α	Peg	8781	23 05 20.1	+15 16 02	6	2.49	−0.05	−0.04	A0 III–IV
86	Aqr	8789	23 07 17.8	−23 40 51	d	4.47	+0.58	+0.90	G6 IIIb
θ	Gru	8787	23 07 31.4	−43 27 29	d7	4.28	+0.16	+0.42	F5 (II–III)m
55	Peg	8795	23 07 35.0	+09 28 18		4.52	+1.90	+1.57	M1 IIIab
33 π	Cep	8819	23 08 16.0	+75 26 59	d67	4.41	+0.46	+0.80	G2 III
88	Aqr	8812	23 10 03.5	−21 06 35		3.66	+1.24	+1.22	K1.5 III
ι	Gru	8820	23 11 00.3	−45 11 03	6	3.90	+0.86	+1.02	K1 III
59	Peg	8826	23 12 19.1	+08 46 58		5.16	+0.08	+0.13	A3 Van
90 φ	Aqr	8834	23 14 55.1	−05 59 13		4.22	+1.90	+1.56	M1.5 III
91 ψ¹	Aqr	8841	23 16 29.6	−09 01 30	d	4.21	+0.99	+1.11	K1⁻ III Fe−0.5
6 γ	Psc	8852	23 17 45.7	+03 20 43	s	3.69	+0.58	+0.92	G9 III: Fe−2
γ	Tuc	8848	23 18 05.6	−58 10 21		3.99	−0.02	+0.40	F2 V
93 ψ²	Aqr	8858	23 18 30.0	−09 07 11		4.39	−0.56	−0.15	B5 Vn
γ	Scl	8863	23 19 26.6	−32 28 09		4.41	+1.06	+1.13	K1 III
95 ψ³	Aqr	8865	23 19 33.5	−09 32 52	d	4.98	−0.02	−0.02	A0 Va
62 τ	Peg	8880	23 21 12.5	+23 48 12	v	4.60	+0.10	+0.17	A5 V
98	Aqr	8892	23 23 34.4	−20 02 16		3.97	+0.95	+1.10	K1 III
4	Cas	8904	23 25 21.2	+62 20 46	d	4.98	+2.07	+1.68	M2⁻ IIIab
68 υ	Peg	8905	23 25 57.3	+23 28 03	s	4.40	+0.14	+0.61	F8 III
99	Aqr	8906	23 26 39.0	−20 34 44		4.39	+1.81	+1.47	K4.5 III
8 κ	Psc	8911	23 27 31.3	+01 19 07	d	4.94	−0.02	+0.03	A0p Cr Sr
10 θ	Psc	8916	23 28 33.1	+06 26 32		4.28	+1.01	+1.07	K0.5 III
τ	Oct	8862	23 29 26.3	−87 25 08		5.49	+1.43	+1.27	K2 III
70	Peg	8923	23 29 44.2	+12 49 27		4.55	+0.73	+0.94	G8 IIIa
		8924	23 30 07.7	−04 28 12	s	6.25	+1.16	+1.09	K3⁻ IIIb Fe 2
β	Scl	8937	23 33 35.1	−37 45 16		4.37	−0.36	−0.09	B9.5p Hg Mn
		8952	23 35 29.4	+71 42 20	s	5.84	+1.73	+1.80	G9 Ib
ι	Phe	8949	23 35 41.5	−42 33 05	d	4.71	+0.07	+0.08	Ap Sr
16 λ	And	8961	23 38 07.8	+46 31 14	vd6	3.82	+0.69	+1.01	G8 III–IV
		8959	23 38 27.9	−45 25 43	6	4.74	+0.09	+0.08	A1/2 V

Designation			BS=HR No.	Right Ascension	Declination	Notes	V	$U–B$	$B–V$	Spectral Type
				h m s	° ′ ″					
17	ι	And	8965	23 38 42.2	+43 19 54	6	4.29	−0.29	−0.10	B8 V
35	γ	Cep	8974	23 39 49.8	+77 41 47	as	3.21	+0.94	+1.03	K1 III–IV CN 1
17	ι	Psc	8969	23 40 32.6	+05 41 19	d	4.13	0.00	+0.51	F7 V
19	κ	And	8976	23 40 58.7	+44 23 52	d	4.15	−0.21	−0.08	B8 IVn
	μ	Scl	8975	23 41 14.2	−32 00 34		5.31	+0.66	+0.97	K0 III
18	λ	Psc	8984	23 42 38.0	+01 50 36	6	4.50	+0.08	+0.20	A6 IV⁻
105	ω^2	Aqr	8988	23 43 19.1	−14 28 53	d6	4.49	−0.12	−0.04	B9.5 IV
106		Aqr	8998	23 44 47.8	−18 12 47		5.24	−0.27	−0.08	B9 Vn
20	ψ	And	9003	23 46 36.5	+46 29 03	d	4.99	+0.81	+1.11	G3 Ib–II
			9013	23 48 28.2	+67 52 15	6	5.04	−0.04	−0.01	A1 Vn
20		Psc	9012	23 48 32.0	−02 41 52	d	5.49	+0.70	+0.94	gG8
	δ	Scl	9016	23 49 31.4	−28 04 00	d	4.57	−0.03	+0.01	A0 Va⁺n
81	ϕ	Peg	9036	23 53 04.5	+19 11 03		5.08	+1.86	+1.60	M3⁻ IIIb
82	HT	Peg	9039	23 53 12.4	+11 00 41		5.31	+0.10	+0.18	A4 Vn
7	ρ	Cas	9045	23 54 57.8	+57 33 48		4.54	+1.12	+1.22	G2 0 (var)
84	ψ	Peg	9064	23 58 20.8	+25 12 19	d	4.66	+1.68	+1.59	M3 III
27		Psc	9067	23 59 15.7	−03 29 32	d6	4.86	+0.70	+0.93	G9 III
	π	Phe	9069	23 59 31.3	−52 40 54		5.13	+1.03	+1.13	K0 III
28	ω	Psc	9072	23 59 54.2	+06 55 37	6	4.01	+0.06	+0.42	F3 V

Notes to Table

- a   anchor point for the MK system
- c   composite or combined spectrum
- d   double star given in Washington Double Star Catalog
- o   orbital position generated using FK5 center-of-mass position and proper motion
- s   MK standard star
- v   star given in Hipparcos Periodic Variables list
- 6   spectroscopic binary
- 7   magnitude and color refer to combined light of two or more stars

 A searchable version of this table appears on *The Astronomical Almanac Online*.

BS=HR No.	WDS No.	Right Ascension	Declination	Discoverer Designation	Epoch[1]	P.A.	Separation	V of primary[2]	Δm_V
		h m s	° ′ ″			°	″		
126	00315−6257	00 32 04.0	−62 53 42	LCL 119 AC	2002	168	26.6	4.28	0.23
154	00369+3343	00 37 29.9	+33 46 57	H 5 17 Aa-B	2007	171	36.9	4.36	2.72
361	01137+0735	01 14 20.0	+07 38 09	STF 100 AB	2007	63	22.7	5.22	0.93
382	01201+5814	01 20 48.8	+58 17 30	H 3 23 AC	2001	233	135.3	5.07	1.97
531	01496−1041	01 50 09.0	−10 37 48	ENG 8	2001	251	184.7	4.69	2.12
596	02020+0246	02 02 38.6	+02 49 08	STF 202 AB	2011.5	264	1.8	4.10	1.07
603	02039+4220	02 04 36.6	+42 23 04	STF 205 A-BC	2007	63	9.5	2.31	2.71
681	02193−0259	02 19 55.7	−02 55 33	H 6 1 Aa-C	2011.5	69	123.2	6.65	2.94
681	02193−0259	02 19 55.7	−02 55 33	STG 1 Aa-D	1921	319	148.5	6.65	2.65
897	02583−4018	02 58 41.8	−40 15 32	PZ 2	2002	90	8.4	3.20	0.92
1279	04077+1510	04 08 21.1	+15 11 34	STF 495	2006	223	3.8	6.11	2.66
1412	04287+1552	04 29 19.2	+15 53 44	STFA 10	2002	348	336.7	3.41	0.53
1497	04422+2257	04 42 56.2	+22 58 41	S 455 Aa-B	2007	213	62.7	4.24	2.78
1856	05302−4705	05 30 28.5	−47 04 11	DUN 21 AD	2000	271	197.7	5.52	1.16
1879	05351+0956	05 35 46.3	+09 56 28	STF 738 AB	2007	44	4.4	3.51	1.94
1931	05387−0236	05 39 19.4	−02 35 39	STF 762 AB-D	2007	84	12.5	3.73	2.83
1931	05387−0236	05 39 19.4	−02 35 39	STF 762 AB-E	2007	61	41.2	3.73	2.61
1983	05445−2227	05 44 56.6	−22 26 43	H 6 40 AB	2002	350	97.1	3.64	2.64
2298	06238+0436	06 24 22.7	+04 35 10	STF 900 AB	2008	29	12.5	4.42	2.22
2736	07087−7030	07 08 38.8	−70 31 03	DUN 42	2002	296	14.4	3.86	1.57
2891	07346+3153	07 35 19.8	+31 51 43	STF1110 AB	2011.5	56	4.8	1.93	1.04
3223	08079−6837	08 07 57.8	−68 39 03	RMK 7	1999	24	6.0	4.38	2.93
3207	08095−4720	08 09 53.2	−47 22 15	DUN 65 AB	2002	219	41.0	1.79	2.35
3315	08252−2403	08 25 33.5	−24 05 03	S 568	2001	90	42.2	5.48	2.95
3475	08467+2846	08 47 23.4	+28 43 02	STF1268	2007	307	30.5	4.13	1.86
3582	08570−5914	08 57 15.3	−59 16 26	DUN 74	2000	76	40.1	4.87	1.71
3890	09471−6504	09 47 23.3	−65 07 32	RMK 11	2000	129	5.0	3.02	2.98
4031	10167+2325	10 17 19.7	+23 21 35	STFA 18	2002	338	333.8	3.46	2.57
4057	10200+1950	10 20 36.3	+19 46 59	STF1424 AB	2011.5	126	4.6	2.37	1.30
4180	10393−5536	10 39 46.0	−55 39 48	DUN 95 AB	2000	105	51.7	4.38	1.68
4191	10435+4612	10 44 13.2	+46 08 35	SMA 75 AB	2002	88	288.4	5.21	2.14
4203	10459+3041	10 46 30.1	+30 37 17	S 612	2002	174	196.5	5.34	2.44
4257	10535−5851	10 53 57.9	−58 54 52	DUN 102 AB	2000	204	159.4	3.88	2.35
4259	10556+2445	10 56 14.0	+24 41 17	STF1487	2008	113	6.9	4.48	1.82
4314	11053−2718	11 05 53.2	−27 21 21	LDS6238 AC	1960	46	18.0	4.92*	0.20
4369	11170−0708	11 17 33.2	−07 11 51	BU 600 AC	2011.5	99	53.6	6.15	2.07
4418	11279+0251	11 28 31.7	+02 47 34	STFA 19 AB	2011.5	181	88.8	5.05	2.42
4621	12084−5043	12 08 57.5	−50 47 11	JC 2 AB	1999	325	269.1	2.51	1.91
4730	12266−6306	12 27 14.8	−63 09 46	DUN 252 AB	2007	114	4.0	1.25	0.30
4792	12351+1823	12 35 42.3	+18 18 50	STF1657	2007	271	20.0	5.11	1.22
4898	12546−5711	12 55 16.6	−57 14 25	DUN 126 AB	2007	17	34.6	3.94	1.01
4915	12560+3819	12 56 33.9	+38 15 23	STF1692	2007	229	19.3	2.85	2.67
4993	13152−6754	13 16 02.5	−67 57 19	DUN 131 AC	2002	332	58.4	4.76	2.48
5035	13226−6059	13 23 23.1	−61 02 54	DUN 133 AB-C	2000	346	60.7	4.51*	1.66
5054	13239+5456	13 24 23.2	+54 51 56	STF1744 AB	2007	152	15.6	2.23	1.65
5054	13239+5456	13 24 23.2	+54 51 56	STF1744 AC	1991	71	708.5	2.23	1.78
5171	13472−6235	13 47 59.6	−62 38 49	COO 157 AB	1991	321	7.1	7.19	2.71
5350	14162+5122	14 16 34.3	+51 18 52	STFA 26 AB	2006	35	38.8	4.76	2.63
5460	14396−6050	14 40 22.8	−60 52 57	RHD 1 AB	2011.5	254	5.8	−0.01*	1.34
5459	14396−6050	14 40 23.6	−60 52 55	RHD 1 BA	2011.5	74	5.8	1.33*	1.34

BS=HR No.	WDS No.	Right Ascension	Declination	Discoverer Designation	Epoch[1]	P.A.	Separation	V of primary[2]	Δm_V
		h m s	° ′ ″			°	″		
5506	14450+2704	14 45 29.4	+27 01 34	STF1877 AB	2006	342	2.8	2.58	2.23
5531	14509−1603	14 51 31.0	−16 05 20	SHJ 186 AB	2002	315	231.1	2.74	2.45
5646	15119−4844	15 12 44.4	−48 46 51	DUN 177	2007	143	26.5	3.83	1.69
5683	15185−4753	15 19 20.3	−47 55 00	DUN 180 AC	2007	129	23.2	4.99	1.35
5733	15245+3723	15 24 55.5	+37 20 14	STFA 28 Aa-BC	2006	171	107.9	4.33	2.76
5789	15348+1032	15 35 21.2	+10 30 04	STF1954 AB	2011.5	172	4.0	4.17	0.99
5984	16054−1948	16 06 06.5	−19 50 10	H 3 7 AC	2007	21	13.6	2.59	1.93
5985	16054−1948	16 06 06.8	−19 49 57	H 3 7 CA	2007	201	13.6	4.52	1.93
6008	16081+1703	16 08 35.7	+17 01 01	STF2010 AB	2011.5	13	27.2	5.10	1.11
6027	16120−1928	16 12 39.9	−19 29 23	H 5 6 Aa-C	2007	337	40.9	4.21	2.39
6077	16195−3054	16 20 16.5	−30 56 01	BSO 12	2006	318	23.4	5.55	1.33
6020	16203−7842	16 22 06.0	−78 43 21	BSO 22 AB	2000	10	103.3	4.90	0.51
6115	16272−4733	16 28 01.8	−47 34 48	HJ 4853	2002	335	22.8	4.51	1.61
6406	17146+1423	17 15 10.4	+14 22 41	STF2140 Aa-B	2011.5	103	4.6	3.48	1.92
6555	17322+5511	17 32 29.7	+55 09 56	STFA 35	2007	311	62.5	4.87	0.03
6636	17419+7209	17 41 44.2	+72 08 35	STF2241 AB	2011.5	16	30.3	4.60	0.99
6752	18055+0230	18 06 02.1	+02 29 55	STF2272 AB	2011.5	130	5.9	4.22	1.95
7056	18448+3736	18 45 10.1	+37 37 04	STFA 38 AD	2008	150	43.9	4.34	1.28
7141	18562+0412	18 56 47.5	+04 13 10	STF2417 AB	2007	104	22.5	4.59	0.34
7405	19287+2440	19 29 11.1	+24 41 20	STFA 42	2011.5	28	426.4	4.61	1.32
7417	19307+2758	19 31 11.1	+27 59 04	STFA 43 Aa-B	2008	56	37.1	3.19	1.49
7476	19407−1618	19 41 22.9	−16 15 58	HJ 599 AC	2003	42	44.7	5.42	2.23
7503	19418+5032	19 42 07.3	+50 33 08	STFA 46 Aa-B	2011.5	133	39.7	6.00	0.23
7582	19482+7016	19 48 07.7	+70 17 50	STF2603	2005	20	3.2	4.01	2.86
7735	20136+4644	20 13 59.6	+46 46 36	STFA 50 Aa-D	2008	325	333.8	3.93	0.90
7754	20181−1233	20 18 41.5	−12 30 31	STFA 51 AE	2002	292	381.2	3.67	0.67
7776	20210−1447	20 21 39.4	−14 44 39	STFA 52 Aa-Ba	2002	267	206.0	3.15	2.93
7948	20467+1607	20 47 11.5	+16 09 59	STF2727	2011.5	265	9.0	4.36	0.67
8085	21069+3845	21 07 24.9	+38 48 23	STF2758 AB	2011.5	151	31.4	5.20	0.85
8086	21069+3845	21 07 26.2	+38 47 56	STF2758 BA	2011.5	331	31.4	6.05	0.85
8097	21103+1008	21 10 54.0	+10 10 42	STFA 54 AD	2001	152	337.7	4.70	1.36
8140	21199−5327	21 20 40.8	−53 24 02	HJ 5258	2011.5	269	7.2	4.50	2.43
8417	22038+6438	22 04 07.5	+64 41 03	STF2863 Aa-B	2011.5	274	8.4	4.45	1.95
8559	22288−0001	22 29 25.4	+00 02 21	STF2909	2011.5	172	2.3	4.34	0.15
8571	22292+5825	22 29 36.0	+58 28 27	STFA 58 AC	2007	191	40.8	4.21	1.90
8576	22315−3221	22 32 09.4	−32 17 12	PZ 7	2006	173	30.0	4.28	2.84

Notes to Table

[1] Epoch represents the date of position angle and separation data. Data for Epoch 2011.5 are calculated; data for all other epochs represent the most recent measurement. In the latter cases, the system configuration at 2011.5 is not expected to be significantly different.

[2] Visual magnitudes are Tycho V except where indicated by *; in those cases, the magnitudes are Hipparcos V. Primary is not necessarily the brighter object, but is the object used as the origin of the measurements for the pair.

Name	Right Ascension	Declination	V	B–V	U–B	V–R	R–I	V–I
	h m s	° ′ ″						
TPHE A	00 30 43	−46 27 40	14.651	+0.793	+0.380	+0.435	+0.405	+0.841
TPHE C	00 30 50	−46 28 33	14.376	−0.298	−1.217	−0.148	−0.211	−0.360
TPHE D	00 30 52	−46 27 31	13.118	+1.551	+1.871	+0.849	+0.810	+1.663
TPHE E	00 30 53	−46 20 47	11.630	+0.443	−0.103	+0.276	+0.283	+0.564
92 245	00 54 52	+00 43 39	13.818	+1.418	+1.189	+0.929	+0.907	+1.836
92 249	00 55 09	+00 44 49	14.325	+0.699	+0.240	+0.399	+0.370	+0.770
92 250	00 55 13	+00 42 41	13.178	+0.814	+0.480	+0.446	+0.394	+0.840
92 252	00 55 23	+00 43 08	14.932	+0.517	−0.140	+0.326	+0.332	+0.666
92 253	00 55 27	+00 44 03	14.085	+1.131	+0.955	+0.719	+0.616	+1.337
92 342	00 55 45	+00 46 57	11.613	+0.436	−0.042	+0.266	+0.270	+0.538
92 410	00 55 50	+01 05 35	14.984	+0.398	−0.134	+0.239	+0.242	+0.484
92 412	00 55 51	+01 05 38	15.036	+0.457	−0.152	+0.285	+0.304	+0.589
92 260	00 56 04	+00 40 51	15.071	+1.162	+1.115	+0.719	+0.608	+1.328
92 263	00 56 15	+00 40 03	11.782	+1.048	+0.843	+0.563	+0.522	+1.087
92 425	00 56 34	+00 56 42	13.941	+1.191	+1.173	+0.755	+0.627	+1.384
92 426	00 56 35	+00 56 38	14.466	+0.729	+0.184	+0.412	+0.396	+0.809
92 355	00 56 41	+00 54 30	14.965	+1.164	+1.201	+0.759	+0.645	+1.406
92 430	00 56 51	+00 57 02	14.440	+0.567	−0.040	+0.338	+0.338	+0.676
92 276	00 57 02	+00 45 34	12.036	+0.629	+0.067	+0.368	+0.357	+0.726
92 282	00 57 22	+00 42 13	12.969	+0.318	−0.038	+0.201	+0.221	+0.422
92 288	00 57 52	+00 40 32	11.630	+0.855	+0.472	+0.489	+0.441	+0.931
F 11	01 04 57	+04 17 18	12.065	−0.240	−0.978	−0.120	−0.142	−0.261
F 16	01 54 43	−06 39 32	12.406	−0.012	+0.009	−0.003	+0.002	−0.001
93 317	01 55 13	+00 46 22	11.546	+0.488	−0.055	+0.293	+0.298	+0.592
93 333	01 55 41	+00 49 04	12.011	+0.832	+0.436	+0.469	+0.422	+0.892
93 424	01 56 02	+01 00 04	11.620	+1.083	+0.943	+0.554	+0.502	+1.058
G3 33	02 00 45	+13 06 39	12.298	+1.804	+1.316	+1.355	+1.751	+3.099
F 22	02 30 53	+05 18 53	12.799	−0.054	−0.806	−0.103	−0.105	−0.207
PG0231+051A	02 34 16	+05 20 41	12.772	+0.710	+0.270	+0.405	+0.394	+0.799
PG0231+051	02 34 18	+05 21 44	16.105	−0.329	−1.192	−0.162	−0.371	−0.534
PG0231+051B	02 34 22	+05 20 33	14.735	+1.448	+1.342	+0.954	+0.998	+1.951
F 24	02 35 44	+03 46 56	12.411	−0.203	−1.169	+0.090	+0.364	+0.451
94 171	02 54 14	+00 20 06	12.659	+0.817	+0.304	+0.480	+0.483	+0.964
94 242	02 57 57	+00 21 23	11.728	+0.301	+0.107	+0.178	+0.184	+0.362
94 251	02 58 22	+00 18 47	11.204	+1.219	+1.281	+0.659	+0.587	+1.247
94 702	02 58 49	+01 13 38	11.594	+1.418	+1.621	+0.756	+0.673	+1.430
GD 50	03 49 25	−00 56 30	14.063	−0.276	−1.191	−0.145	−0.180	−0.325
95 301	03 53 17	+00 33 23	11.216	+1.290	+1.296	+0.692	+0.620	+1.311
95 302	03 53 18	+00 33 18	11.694	+0.825	+0.447	+0.471	+0.420	+0.891
95 96	03 53 30	+00 02 20	10.010	+0.147	+0.072	+0.079	+0.095	+0.174
95 190	03 53 49	+00 18 23	12.627	+0.287	+0.236	+0.195	+0.220	+0.415
95 193	03 53 56	+00 18 35	14.338	+1.211	+1.239	+0.748	+0.616	+1.366
95 42	03 54 19	−00 02 34	15.606	−0.215	−1.111	−0.119	−0.180	−0.300
95 317	03 54 20	+00 31 50	13.449	+1.320	+1.120	+0.768	+0.708	+1.476
95 263	03 54 22	+00 28 41	12.679	+1.500	+1.559	+0.801	+0.711	+1.513

Name	Right Ascension	Declination	V	B–V	U–B	V–R	R–I	V–I
	h m s	o ′ ″						
95 43	03 54 24	−00 01 02	10.803	+0.510	−0.016	+0.308	+0.316	+0.624
95 271	03 54 52	+00 20 52	13.669	+1.287	+0.916	+0.734	+0.717	+1.453
95 328	03 54 55	+00 38 32	13.525	+1.532	+1.298	+0.908	+0.868	+1.776
95 329	03 54 59	+00 39 07	14.617	+1.184	+1.093	+0.766	+0.642	+1.410
95 330	03 55 06	+00 31 05	12.174	+1.999	+2.233	+1.166	+1.100	+2.268
95 275	03 55 20	+00 29 20	13.479	+1.763	+1.740	+1.011	+0.931	+1.944
95 276	03 55 21	+00 27 53	14.118	+1.225	+1.218	+0.748	+0.646	+1.395
95 60	03 55 25	−00 05 05	13.429	+0.776	+0.197	+0.464	+0.449	+0.914
95 218	03 55 25	+00 12 08	12.095	+0.708	+0.208	+0.397	+0.370	+0.767
95 132	03 55 27	+00 07 21	12.064	+0.448	+0.300	+0.259	+0.287	+0.545
95 62	03 55 36	−00 00 55	13.538	+1.355	+1.181	+0.742	+0.685	+1.428
95 227	03 55 44	+00 16 33	15.779	+0.771	+0.034	+0.515	+0.552	+1.067
95 142	03 55 45	+00 03 20	12.927	+0.588	+0.097	+0.371	+0.375	+0.745
95 74	03 56 06	−00 07 15	11.531	+1.126	+0.686	+0.600	+0.567	+1.165
95 231	03 56 14	+00 12 42	14.216	+0.452	+0.297	+0.270	+0.290	+0.560
95 284	03 56 17	+00 28 36	13.669	+1.398	+1.073	+0.818	+0.766	+1.586
95 149	03 56 20	+00 09 01	10.938	+1.593	+1.564	+0.874	+0.811	+1.685
95 236	03 56 49	+00 10 46	11.491	+0.736	+0.162	+0.420	+0.411	+0.831
96 36	04 52 18	−00 09 02	10.591	+0.247	+0.118	+0.134	+0.136	+0.271
96 737	04 53 11	+00 23 36	11.716	+1.334	+1.160	+0.733	+0.695	+1.428
96 83	04 53 34	−00 13 35	11.719	+0.179	+0.202	+0.093	+0.097	+0.190
96 235	04 53 54	−00 03 56	11.140	+1.074	+0.898	+0.559	+0.510	+1.068
G97 42	05 28 39	+09 39 44	12.443	+1.639	+1.259	+1.171	+1.485	+2.655
G102 22	05 42 50	+12 29 21	11.509	+1.621	+1.134	+1.211	+1.590	+2.800
GD 71	05 53 07	+15 53 19	13.032	−0.249	−1.107	−0.137	−0.164	−0.302
97 249	05 57 43	+00 01 14	11.733	+0.648	+0.100	+0.369	+0.353	+0.723
97 345	05 58 09	+00 21 19	11.608	+1.655	+1.680	+0.928	+0.844	+1.771
97 351	05 58 13	+00 13 46	9.781	+0.202	+0.096	+0.124	+0.141	+0.264
97 75	05 58 30	−00 09 27	11.483	+1.872	+2.100	+1.047	+0.952	+1.999
97 284	05 59 00	+00 05 15	10.788	+1.363	+1.087	+0.774	+0.725	+1.500
98 563	06 52 07	−00 27 17	14.162	+0.416	−0.190	+0.294	+0.317	+0.610
98 978	06 52 09	−00 12 24	10.572	+0.609	+0.094	+0.349	+0.322	+0.671
98 581	06 52 15	−00 26 34	14.556	+0.238	+0.161	+0.118	+0.244	+0.361
98 618	06 52 25	−00 22 08	12.723	+2.192	+2.144	+1.254	+1.151	+2.407
98 185	06 52 37	−00 28 14	10.536	+0.202	+0.113	+0.109	+0.124	+0.231
98 193	06 52 39	−00 28 11	10.030	+1.180	+1.152	+0.615	+0.537	+1.153
98 650	06 52 40	−00 20 31	12.271	+0.157	+0.110	+0.080	+0.086	+0.166
98 653	06 52 40	−00 19 11	9.539	−0.004	−0.099	+0.009	+0.008	+0.017
98 666	06 52 45	−00 24 24	12.732	+0.164	−0.004	+0.091	+0.108	+0.200
98 671	06 52 47	−00 19 18	13.385	+0.968	+0.719	+0.575	+0.494	+1.071
98 670	06 52 47	−00 20 09	11.930	+1.356	+1.313	+0.723	+0.653	+1.375
98 676	06 52 49	−00 20 13	13.068	+1.146	+0.666	+0.683	+0.673	+1.352
98 675	06 52 49	−00 20 33	13.398	+1.909	+1.936	+1.082	+1.002	+2.085
98 682	06 52 52	−00 20 34	13.749	+0.632	+0.098	+0.366	+0.352	+0.717
98 688	06 52 54	−00 24 25	12.754	+0.293	+0.245	+0.158	+0.180	+0.337

Name	Right Ascension	Declination	V	B–V	U–B	V–R	R–I	V–I
	h m s	o ′ ″						
98 685	06 52 54	−00 21 12	11.954	+0.463	+0.096	+0.290	+0.280	+0.570
98 1087	06 52 56	−00 16 43	14.439	+1.595	+1.284	+0.928	+0.882	+1.812
98 1102	06 53 03	−00 14 36	12.113	+0.314	+0.089	+0.193	+0.195	+0.388
98 1119	06 53 12	−00 15 24	11.878	+0.551	+0.069	+0.312	+0.299	+0.611
98 724	06 53 13	−00 20 13	11.118	+1.104	+0.904	+0.575	+0.527	+1.103
98 1124	06 53 13	−00 17 26	13.707	+0.315	+0.258	+0.173	+0.201	+0.373
98 1122	06 53 13	−00 17 57	14.090	+0.595	−0.297	+0.376	+0.442	+0.816
98 733	06 53 15	−00 18 08	12.238	+1.285	+1.087	+0.698	+0.650	+1.347
RU 149G	07 24 47	−00 33 21	12.829	+0.541	+0.033	+0.322	+0.322	+0.645
RU 149A	07 24 48	−00 34 16	14.495	+0.298	+0.118	+0.196	+0.196	+0.391
RU 149F	07 24 49	−00 33 02	13.471	+1.115	+1.025	+0.594	+0.538	+1.132
RU 149	07 24 50	−00 34 27	13.866	−0.129	−0.779	−0.040	−0.068	−0.108
RU 149D	07 24 51	−00 34 11	11.480	−0.037	−0.287	+0.021	+0.008	+0.029
RU 149B	07 24 53	−00 34 29	12.642	+0.662	+0.151	+0.374	+0.354	+0.728
RU 149C	07 24 53	−00 33 49	14.425	+0.195	+0.141	+0.093	+0.127	+0.222
RU 149E	07 24 54	−00 32 42	13.718	+0.522	−0.007	+0.321	+0.314	+0.637
RU 152E	07 30 29	−02 06 59	12.362	+0.042	−0.086	+0.030	+0.034	+0.065
RU 152F	07 30 29	−02 06 20	14.564	+0.635	+0.069	+0.382	+0.315	+0.689
RU 152	07 30 33	−02 08 06	13.014	−0.190	−1.073	−0.057	−0.087	−0.145
RU 152B	07 30 34	−02 07 26	15.019	+0.500	+0.022	+0.290	+0.309	+0.600
RU 152A	07 30 35	−02 07 51	14.341	+0.543	−0.085	+0.325	+0.329	+0.654
RU 152C	07 30 37	−02 07 08	12.222	+0.573	−0.013	+0.342	+0.340	+0.683
RU 152D	07 30 41	−02 06 06	11.076	+0.875	+0.491	+0.473	+0.449	+0.921
99 438	07 56 30	−00 18 41	9.398	−0.155	−0.725	−0.059	−0.081	−0.141
99 447	07 56 42	−00 22 35	9.417	−0.067	−0.225	−0.032	−0.041	−0.074
100 241	08 53 09	−00 42 27	10.139	+0.157	+0.101	+0.078	+0.085	+0.163
100 162	08 53 50	−00 46 09	9.150	+1.276	+1.497	+0.649	+0.553	+1.203
100 280	08 54 11	−00 39 20	11.799	+0.494	−0.002	+0.295	+0.291	+0.588
100 394	08 54 30	−00 35 01	11.384	+1.317	+1.457	+0.705	+0.636	+1.341
PG0918+029D	09 21 58	+02 44 31	12.272	+1.044	+0.821	+0.575	+0.535	+1.108
PG0918+029	09 22 04	+02 43 04	13.327	−0.271	−1.081	−0.129	−0.159	−0.288
PG0918+029B	09 22 09	+02 45 01	13.963	+0.765	+0.366	+0.417	+0.370	+0.787
PG0918+029A	09 22 11	+02 43 22	14.490	+0.536	−0.032	+0.325	+0.336	+0.661
PG0918+029C	09 22 18	+02 43 39	13.537	+0.631	+0.087	+0.367	+0.357	+0.722
-12 2918	09 31 53	−13 32 23	10.067	+1.501	+1.166	+1.067	+1.318	+2.385
PG0942-029	09 45 47	−03 12 33	14.004	−0.294	−1.175	−0.130	−0.149	−0.280
101 315	09 55 27	−00 30 48	11.249	+1.153	+1.056	+0.612	+0.559	+1.172
101 316	09 55 27	−00 21 52	11.552	+0.493	+0.032	+0.293	+0.291	+0.584
101 320	09 56 08	−00 25 50	13.823	+1.052	+0.690	+0.581	+0.561	+1.141
101 404	09 56 16	−00 21 40	13.459	+0.996	+0.697	+0.530	+0.500	+1.029
101 324	09 56 32	−00 26 33	9.742	+1.161	+1.148	+0.591	+0.519	+1.110
101 326	09 56 43	−00 30 29	14.923	+0.729	+0.227	+0.406	+0.375	+0.780
101 327	09 56 44	−00 29 12	13.441	+1.155	+1.139	+0.717	+0.574	+1.290
101 413	09 56 49	−00 15 13	12.583	+0.983	+0.716	+0.529	+0.497	+1.025
101 268	09 56 52	−00 35 15	14.380	+1.531	+1.381	+1.040	+1.200	+2.237

Name	Right Ascension	Declination	*V*	*B–V*	*U–B*	*V–R*	*R–I*	*V–I*
	h m s	o ′ ″						
101 330	09 56 56	−00 30 40	13.723	+0.577	−0.026	+0.346	+0.338	+0.684
101 281	09 57 40	−00 35 01	11.575	+0.812	+0.419	+0.452	+0.412	+0.864
101 429	09 58 07	−00 21 33	13.496	+0.980	+0.782	+0.617	+0.526	+1.143
101 431	09 58 13	−00 21 12	13.684	+1.246	+1.144	+0.808	+0.708	+1.517
101 207	09 58 28	−00 50 55	12.419	+0.515	−0.078	+0.321	+0.320	+0.641
101 363	09 58 54	−00 28 55	9.874	+0.261	+0.129	+0.146	+0.151	+0.297
GD 108	10 01 22	−07 36 51	13.561	−0.215	−0.942	−0.098	−0.122	−0.220
G162 66	10 34 17	−11 45 13	13.012	−0.165	−0.996	−0.126	−0.141	−0.266
G44 27	10 36 38	+05 03 37	12.636	+1.586	+1.088	+1.185	+1.526	+2.714
PG1034+001	10 37 39	−00 11 54	13.228	−0.365	−1.274	−0.155	−0.203	−0.359
PG1047+003	10 50 38	−00 04 17	13.474	−0.290	−1.121	−0.132	−0.162	−0.295
PG1047+003A	10 50 41	−00 04 51	13.512	+0.688	+0.168	+0.422	+0.418	+0.840
PG1047+003B	10 50 43	−00 05 44	14.751	+0.679	+0.172	+0.391	+0.371	+0.764
PG1047+003C	10 50 49	−00 04 12	12.453	+0.607	−0.019	+0.378	+0.358	+0.737
G44 40	10 51 27	+06 44 40	11.675	+1.644	+1.213	+1.216	+1.568	+2.786
102 620	10 55 39	−00 52 00	10.069	+1.083	+1.020	+0.642	+0.524	+1.167
G45 20	10 57 16	+06 59 00	13.507	+2.034	+1.165	+1.823	+2.174	+4.000
102 1081	10 57 39	−00 16 55	9.903	+0.664	+0.255	+0.366	+0.333	+0.698
G163 27	10 58 09	−07 35 04	14.338	+0.288	−0.548	+0.206	+0.210	+0.417
G163 50	11 08 35	−05 13 16	13.059	+0.035	−0.688	−0.085	−0.072	−0.159
G163 51	11 08 42	−05 17 37	12.576	+1.506	+1.228	+1.084	+1.359	+2.441
G10 50	11 48 20	+00 45 05	11.153	+1.752	+1.318	+1.294	+1.673	+2.969
103 302	11 56 41	−00 51 45	9.861	+0.368	−0.056	+0.228	+0.237	+0.465
103 626	11 57 22	−00 27 05	11.836	+0.413	−0.057	+0.262	+0.274	+0.535
G12 43	12 33 51	+08 57 31	12.467	+1.846	+1.085	+1.530	+1.944	+3.479
104 428	12 42 17	−00 30 13	12.630	+0.985	+0.748	+0.534	+0.497	+1.032
104 430	12 42 26	−00 29 39	13.858	+0.652	+0.131	+0.364	+0.363	+0.727
104 330	12 42 47	−00 44 28	15.296	+0.594	−0.028	+0.369	+0.371	+0.739
104 440	12 42 50	−00 28 33	15.114	+0.440	−0.227	+0.289	+0.317	+0.605
104 334	12 42 56	−00 44 15	13.484	+0.518	−0.067	+0.323	+0.331	+0.653
104 239	12 42 58	−00 50 23	13.936	+1.356	+1.291	+0.868	+0.805	+1.675
104 336	12 43 00	−00 43 45	14.404	+0.830	+0.495	+0.461	+0.403	+0.865
104 338	12 43 06	−00 42 19	16.059	+0.591	−0.082	+0.348	+0.372	+0.719
104 455	12 43 27	−00 28 04	15.105	+0.581	−0.024	+0.360	+0.357	+0.716
104 457	12 43 30	−00 32 35	16.048	+0.753	+0.522	+0.484	+0.490	+0.974
104 460	12 43 38	−00 32 05	12.886	+1.287	+1.243	+0.813	+0.693	+1.507
104 461	12 43 41	−00 36 04	9.705	+0.476	−0.030	+0.289	+0.290	+0.580
104 350	12 43 50	−00 37 07	13.634	+0.673	+0.165	+0.383	+0.353	+0.736
104 490	12 45 09	−00 29 38	12.572	+0.535	+0.048	+0.318	+0.312	+0.630
104 598	12 45 52	−00 20 27	11.479	+1.106	+1.050	+0.670	+0.546	+1.215
PG1323-086	13 26 16	−08 52 54	13.481	−0.140	−0.681	−0.048	−0.078	−0.127
PG1323-086C	13 26 26	−08 52 13	14.003	+0.707	+0.245	+0.395	+0.363	+0.759
PG1323-086B	13 26 27	−08 54 30	13.406	+0.761	+0.265	+0.426	+0.407	+0.833
PG1323-086D	13 26 41	−08 54 11	12.080	+0.587	+0.005	+0.346	+0.335	+0.684
105 437	13 37 52	−00 41 26	12.535	+0.248	+0.067	+0.136	+0.143	+0.279

Name	Right Ascension	Declination	V	B–V	U–B	V–R	R–I	V–I
	h m s	o ′ ″						
105 815	13 40 38	−00 05 48	11.453	+0.385	−0.237	+0.267	+0.291	+0.560
+2 2711	13 42 54	+01 26 51	10.367	−0.166	−0.697	−0.072	−0.095	−0.167
121968	13 59 27	−02 58 12	10.254	−0.186	−0.908	−0.073	−0.098	−0.172
106 700	14 41 26	−00 26 33	9.785	+1.362	+1.582	+0.728	+0.641	+1.370
107 568	15 38 28	−00 19 31	13.054	+1.149	+0.862	+0.625	+0.595	+1.217
107 1006	15 39 09	+00 12 06	11.712	+0.766	+0.279	+0.442	+0.421	+0.863
107 456	15 39 18	−00 22 00	12.919	+0.921	+0.589	+0.537	+0.478	+1.015
107 351	15 39 21	−00 34 19	12.342	+0.562	−0.005	+0.351	+0.358	+0.708
107 592	15 39 26	−00 19 22	11.847	+1.318	+1.380	+0.709	+0.647	+1.357
107 599	15 39 45	−00 16 41	14.675	+0.698	+0.243	+0.433	+0.438	+0.869
107 601	15 39 49	−00 15 39	14.646	+1.412	+1.265	+0.923	+0.835	+1.761
107 602	15 39 54	−00 17 43	12.116	+0.991	+0.585	+0.545	+0.531	+1.074
107 626	15 40 41	−00 19 41	13.468	+1.000	+0.728	+0.600	+0.527	+1.126
107 627	15 40 43	−00 19 35	13.349	+0.779	+0.226	+0.465	+0.454	+0.918
107 484	15 40 52	−00 23 27	11.311	+1.237	+1.291	+0.664	+0.577	+1.240
107 639	15 41 20	−00 19 22	14.197	+0.640	−0.026	+0.399	+0.404	+0.803
G153 41	16 18 34	−15 37 33	13.422	−0.205	−1.133	−0.135	−0.154	−0.290
−12 4523	16 30 56	−12 40 42	10.069	+1.568	+1.192	+1.152	+1.498	+2.649
PG1633+099	16 35 57	+09 46 27	14.397	−0.192	−0.974	−0.093	−0.116	−0.212
PG1633+099A	16 35 59	+09 46 30	15.256	+0.873	+0.320	+0.505	+0.511	+1.015
PG1633+099B	16 36 06	+09 44 58	12.969	+1.081	+1.007	+0.590	+0.502	+1.090
PG1633+099C	16 36 10	+09 44 53	13.229	+1.134	+1.138	+0.618	+0.523	+1.138
PG1633+099D	16 36 13	+09 45 19	13.691	+0.535	−0.025	+0.324	+0.327	+0.650
108 475	16 37 36	−00 36 01	11.309	+1.380	+1.462	+0.744	+0.665	+1.409
108 551	16 38 23	−00 34 26	10.703	+0.179	+0.178	+0.099	+0.110	+0.208
PG1647+056	16 50 52	+05 31 47	14.773	−0.173	−1.064	−0.058	−0.022	−0.082
PG1657+078	17 00 06	+07 42 31	15.015	−0.149	−0.940	−0.063	−0.033	−0.100
109 71	17 44 42	−00 25 14	11.493	+0.323	+0.153	+0.186	+0.223	+0.410
109 381	17 44 48	−00 20 48	11.730	+0.704	+0.225	+0.428	+0.435	+0.861
109 954	17 44 51	−00 02 32	12.436	+1.296	+0.956	+0.764	+0.731	+1.496
109 231	17 45 55	−00 26 06	9.332	+1.462	+1.593	+0.785	+0.704	+1.492
109 537	17 46 18	−00 21 50	10.353	+0.609	+0.227	+0.376	+0.392	+0.768
G21 15	18 27 48	+04 03 37	13.889	+0.092	−0.598	−0.039	−0.030	−0.069
110 229	18 41 21	+00 02 31	13.649	+1.910	+1.391	+1.198	+1.155	+2.356
110 230	18 41 27	+00 03 04	14.281	+1.084	+0.728	+0.624	+0.596	+1.218
110 233	18 41 28	+00 01 32	12.771	+1.281	+0.812	+0.773	+0.818	+1.593
110 232	18 41 28	+00 02 36	12.516	+0.729	+0.147	+0.439	+0.450	+0.889
110 340	18 42 04	+00 16 05	10.025	+0.303	+0.127	+0.170	+0.182	+0.353
110 477	18 42 18	+00 27 25	13.988	+1.345	+0.715	+0.850	+0.857	+1.707
110 355	18 42 54	+00 09 07	11.944	+1.023	+0.504	+0.652	+0.727	+1.378
110 361	18 43 20	+00 08 48	12.425	+0.632	+0.035	+0.361	+0.348	+0.709
110 266	18 43 24	+00 05 50	12.018	+0.889	+0.411	+0.538	+0.577	+1.111
110 364	18 43 28	+00 08 38	13.615	+1.133	+1.095	+0.697	+0.585	+1.281
110 157	18 43 32	−00 08 15	13.491	+2.123	+1.679	+1.257	+1.139	+2.395
110 365	18 43 33	+00 08 06	13.470	+2.261	+1.895	+1.360	+1.270	+2.631

Name	Right Ascension	Declination	V	B–V	U–B	V–R	R–I	V–I
	h m s	° ′ ″						
110 496	18 43 35	+00 31 52	13.004	+1.040	+0.737	+0.607	+0.681	+1.287
110 280	18 43 42	−00 02 58	12.996	+2.151	+2.133	+1.235	+1.148	+2.384
110 499	18 43 43	+00 28 45	11.737	+0.987	+0.639	+0.600	+0.674	+1.273
110 502	18 43 45	+00 28 26	12.330	+2.326	+2.326	+1.373	+1.250	+2.625
110 503	18 43 47	+00 30 26	11.773	+0.671	+0.506	+0.373	+0.436	+0.808
110 441	18 44 09	+00 20 24	11.121	+0.555	+0.112	+0.324	+0.336	+0.660
110 315	18 44 27	+00 01 33	13.637	+2.069	+2.256	+1.206	+1.133	+2.338
110 450	18 44 27	+00 23 42	11.585	+0.944	+0.691	+0.552	+0.625	+1.177
111 773	19 37 51	+00 12 33	8.963	+0.206	−0.210	+0.119	+0.144	+0.262
111 775	19 37 52	+00 13 41	10.744	+1.738	+2.029	+0.965	+0.896	+1.862
111 1925	19 38 04	+00 26 38	12.388	+0.395	+0.262	+0.221	+0.253	+0.474
111 1965	19 38 17	+00 28 27	11.419	+1.710	+1.865	+0.951	+0.877	+1.830
111 1969	19 38 19	+00 27 24	10.382	+1.959	+2.306	+1.177	+1.222	+2.400
111 2039	19 38 40	+00 33 48	12.395	+1.369	+1.237	+0.739	+0.689	+1.430
111 2088	19 38 56	+00 32 36	13.193	+1.610	+1.678	+0.888	+0.818	+1.708
111 2093	19 38 59	+00 33 02	12.538	+0.637	+0.283	+0.370	+0.397	+0.766
112 595	20 41 54	+00 18 57	11.352	+1.601	+1.993	+0.899	+0.901	+1.801
112 704	20 42 37	+00 21 38	11.452	+1.536	+1.742	+0.822	+0.746	+1.570
112 223	20 42 50	+00 11 30	11.424	+0.454	+0.010	+0.273	+0.274	+0.547
112 250	20 43 02	+00 10 13	12.095	+0.532	−0.025	+0.317	+0.323	+0.639
112 275	20 43 11	+00 09 50	9.905	+1.210	+1.299	+0.647	+0.569	+1.217
112 805	20 43 22	+00 18 39	12.086	+0.152	+0.150	+0.063	+0.075	+0.138
112 822	20 43 30	+00 17 32	11.549	+1.031	+0.883	+0.558	+0.502	+1.060
MARK A2	20 44 33	−10 43 00	14.540	+0.666	+0.096	+0.379	+0.371	+0.751
MARK A1	20 44 36	−10 44 41	15.911	+0.609	−0.014	+0.367	+0.373	+0.740
MARK A	20 44 37	−10 45 10	13.258	−0.242	−1.162	−0.115	−0.125	−0.241
MARK A3	20 44 41	−10 43 07	14.818	+0.938	+0.651	+0.587	+0.510	+1.098
WOLF 918	21 09 56	−13 15 42	10.868	+1.494	+1.146	+0.981	+1.088	+2.065
113 221	21 41 12	+00 24 13	12.071	+1.031	+0.874	+0.550	+0.490	+1.041
113 339	21 41 31	+00 31 08	12.250	+0.568	−0.034	+0.340	+0.347	+0.687
113 342	21 41 35	+00 30 46	10.878	+1.015	+0.696	+0.537	+0.513	+1.050
113 241	21 41 44	+00 28 57	14.352	+1.344	+1.452	+0.897	+0.797	+1.683
113 466	21 42 03	+00 43 25	10.004	+0.454	−0.001	+0.281	+0.282	+0.563
113 259	21 42 20	+00 20 50	11.742	+1.194	+1.221	+0.621	+0.543	+1.166
113 260	21 42 23	+00 27 03	12.406	+0.514	+0.069	+0.308	+0.298	+0.606
113 475	21 42 27	+00 42 31	10.306	+1.058	+0.844	+0.570	+0.527	+1.098
113 492	21 43 03	+00 41 32	12.174	+0.553	+0.005	+0.342	+0.341	+0.684
113 493	21 43 04	+00 41 22	11.767	+0.786	+0.392	+0.430	+0.393	+0.824
113 163	21 43 11	+00 19 56	14.540	+0.658	+0.106	+0.380	+0.355	+0.735
113 177	21 43 32	+00 17 54	13.560	+0.789	+0.318	+0.456	+0.436	+0.890
113 182	21 43 44	+00 18 01	14.370	+0.659	+0.065	+0.402	+0.422	+0.824
113 187	21 43 56	+00 20 05	15.080	+1.063	+0.969	+0.638	+0.535	+1.174
113 189	21 44 03	+00 20 31	15.421	+1.118	+0.958	+0.713	+0.605	+1.319
113 191	21 44 09	+00 19 05	12.337	+0.799	+0.223	+0.471	+0.466	+0.937
113 195	21 44 16	+00 20 33	13.692	+0.730	+0.201	+0.418	+0.413	+0.832

UBVRI STANDARD STARS, 2011.5

Name	Right Ascension	Declination	V	B–V	U–B	V–R	R–I	V–I
	h m s	° ′ ″						
G93 48	21 53 00	+02 26 32	12.739	−0.008	−0.792	−0.097	−0.094	−0.191
PG2213-006C	22 16 53	−00 18 47	15.109	+0.721	+0.177	+0.426	+0.404	+0.830
PG2213-006B	22 16 57	−00 18 21	12.706	+0.749	+0.297	+0.427	+0.402	+0.829
PG2213-006A	22 16 59	−00 18 00	14.178	+0.673	+0.100	+0.406	+0.403	+0.808
PG2213-006	22 17 04	−00 17 46	14.124	−0.217	−1.125	−0.092	−0.110	−0.203
G156 31	22 39 11	−15 14 21	12.361	+1.993	+1.408	+1.648	+2.042	+3.684
114 531	22 41 12	+00 55 32	12.094	+0.733	+0.186	+0.422	+0.403	+0.825
114 637	22 41 18	+01 06 48	12.070	+0.801	+0.307	+0.456	+0.415	+0.872
114 548	22 42 12	+01 02 43	11.601	+1.362	+1.573	+0.738	+0.651	+1.387
114 750	22 42 20	+01 16 13	11.916	−0.041	−0.354	+0.027	−0.015	+0.011
114 670	22 42 45	+01 13 54	11.101	+1.206	+1.223	+0.645	+0.561	+1.208
114 176	22 43 46	+00 24 53	9.239	+1.485	+1.853	+0.800	+0.717	+1.521
G156 57	22 53 54	−14 12 16	10.180	+1.556	+1.182	+1.174	+1.542	+2.713
GD 246	23 13 10	+10 54 11	13.094	−0.318	−1.187	−0.148	−0.183	−0.332
F 108	23 16 48	−01 46 49	12.958	−0.235	−1.052	−0.103	−0.135	−0.239
PG2317+046	23 20 31	+04 56 21	12.876	−0.246	−1.137	−0.074	−0.035	−0.118
115 486	23 42 08	+01 20 34	12.482	+0.493	−0.049	+0.298	+0.308	+0.607
115 420	23 43 12	+01 09 49	11.161	+0.468	−0.027	+0.286	+0.293	+0.580
115 271	23 43 17	+00 49 03	9.695	+0.615	+0.101	+0.353	+0.349	+0.701
115 516	23 44 51	+01 18 02	10.434	+1.028	+0.759	+0.563	+0.534	+1.098
PG2349+002	23 52 29	+00 32 08	13.277	−0.191	−0.921	−0.103	−0.116	−0.219

WWW A searchable version of this table appears on *The Astronomical Almanac Online*.
The table of bright Johnson *UBVRI* standards listed in editions prior to 2003 is available online as well.

Flamsteed/Bayer Designation		BS=HR No.	Right Ascension	Declination	V	b−y	m_1	c_1	β	Spectral Type
			h m s	o ′ ″						
	ε	Tuc	9076	00 00 30.4	−65 30 47	4.50	−0.023	+0.098	+0.881	2.722	B9 IV
85		Peg	9088	00 02 46.3	+27 08 36	5.75	+0.430	+0.187	+0.214	2.558	G2 V
	ζ	Scl	9091	00 02 55.2	−29 39 23	5.04	−0.063	+0.106	+0.450	2.712	B4 III
			9107	00 05 30.1	+34 43 27	6.10	+0.412	+0.169	+0.312		G2 V
21	α	And	15	00 08 59.1	+29 09 14	2.06*	−0.046	+0.120	+0.520	2.743	B9p Hg Mn
11	β	Cas	21	00 09 47.9	+59 12 47	2.27*	+0.216	+0.177	+0.785		F2 III
22		And	27	00 10 55.4	+46 08 10	5.04	+0.273	+0.123	+1.082	2.666	F0 II
24	θ	And	63	00 17 41.7	+38 44 43	4.62	+0.026	+0.180	+1.049	2.880	A2 V
	κ	Phe	100	00 26 46.0	−43 36 58	3.95	+0.098	+0.194	+0.918	2.846	A5 Vn
28		And	114	00 30 43.9	+29 48 53	5.23*	+0.169	+0.165	+0.869		Am
20	π	Cas	184	00 44 06.5	+47 05 14	4.96	+0.086	+0.226	+0.901		A5 V
22	o	Cas	193	00 45 22.3	+48 20 50	4.62*	+0.007	+0.076	+0.479	2.667	B5 III
			233	00 51 26.1	+64 18 36	5.39	+0.355	+0.127	+0.696		G0 III−IV + B9.5 V
37	μ	And	269	00 57 23.7	+38 33 41	3.87	+0.068	+0.194	+1.056	2.865	A5 IV−V
33	θ	Cas	343	01 11 48.6	+55 12 39	4.34*	+0.087	+0.213	+0.997		A7m
39		Cet	373	01 17 11.4	−02 26 24	5.41*	+0.554	+0.285	+0.335		G5 IIIe
93	ρ	Psc	413	01 26 52.6	+19 13 55	5.35	+0.259	+0.146	+0.481		F2 V:
50	υ	And	458	01 37 28.6	+41 27 45	4.10	+0.344	+0.179	+0.409	2.629	F8 V
107		Psc	493	01 43 07.3	+20 19 26	5.24	+0.493	+0.364	+0.298		K1 V
53	χ	Cet	531	01 50 09.0	−10 37 48	4.66	+0.209	+0.188	+0.649	2.737	F2 IV−V
13	α	Ari	617	02 07 49.5	+23 30 59	2.00	+0.696	+0.526	+0.395		K2 IIIab
14		Ari	623	02 10 04.8	+25 59 38	4.98	+0.210	+0.185	+0.874	2.723	F2 III
64		Cet	635	02 11 57.6	+08 37 23	5.64	+0.361	+0.180	+0.469	2.627	G0 IV
8	δ	Tri	660	02 17 45.6	+34 16 35	4.86	+0.390	+0.187	+0.259		G0 V
			672	02 18 37.4	+01 48 42	5.60	+0.370	+0.188	+0.405	2.619	G0.5 IVb
10		Tri	675	02 19 37.2	+28 41 43	5.03	+0.011	+0.161	+1.145		A2 V
9		Per	685	02 23 10.0	+55 53 52	5.17*	+0.321	−0.038	+0.753		A2 IA
12		Tri	717	02 28 50.6	+29 43 12	5.29	+0.178	+0.211	+0.780		F0 III
32	ν	Ari	773	02 39 28.3	+22 00 38	5.30	+0.092	+0.182	+1.095	2.829	A7 V
			784	02 40 46.0	−09 24 15	5.79	+0.330	+0.168	+0.362	2.627	F6 V
35		Ari	801	02 44 07.8	+27 45 20	4.65	−0.052	+0.097	+0.333	2.684	B3 V
89	π	Cet	811	02 44 40.2	−13 48 38	4.25	−0.052	+0.105	+0.599	2.718	B7 V
87	μ	Cet	813	02 45 33.9	+10 09 44	4.27*	+0.189	+0.188	+0.756	2.751	F0m F2 V+
38		Ari	812	02 45 35.3	+12 29 37	5.18*	+0.136	+0.186	+0.842	2.798	A7 III−IV
			870	02 56 50.8	+08 25 38	5.97	+0.306	+0.175	+0.505	2.662	F7 IV
			913	03 02 43.5	−06 27 01	6.20	+0.373	+0.205	+0.394	2.621	G0 IV−V
	ι	Per	937	03 09 54.2	+49 39 23	4.05	+0.376	+0.201	+0.376		G0 V
94		Cet	962	03 13 21.7	−01 09 13	5.06	+0.363	+0.186	+0.425		G0 IV
	$ζ^1$	Ret	1006	03 18 01.3	−62 31 54	5.51	+0.403	+0.204	+0.284		G3−5 V
	$ζ^2$	Ret	1010	03 18 27.9	−62 27 46	5.23	+0.381	+0.183	+0.297		G2 V
			1024	03 23 51.4	−07 45 16	6.20	+0.449	+0.198	+0.295		G2 V
33	α	Per	1017	03 25 09.0	+49 54 04	1.79	+0.302	+0.195	+1.074	2.677	F5 Ib
1	o	Tau	1030	03 25 26.0	+09 04 07	3.61	+0.547	+0.333	+0.426		G6 IIIa Fe−1
			1089	03 35 25.8	+06 27 20	6.49	+0.408	+0.183	+0.452	2.613	G0
16		Tau	1140	03 45 29.4	+24 19 29	5.46	+0.005	+0.097	+0.650	2.750	B7 IV
18		Tau	1144	03 45 51.0	+24 52 28	5.67	−0.021	+0.107	+0.638	2.750	B8 V
27		Tau	1178	03 49 50.9	+24 05 16	3.62	−0.019	+0.092	+0.708	2.696	B8 III
			1201	03 53 49.6	+17 21 38	5.97	+0.221	+0.166	+0.610	2.712	F4 V
42	ψ	Tau	1269	04 07 43.2	+29 01 53	5.23	+0.226	+0.159	+0.588		F1 V
45		Tau	1292	04 11 57.1	+05 33 08	5.71	+0.231	+0.164	+0.597	2.710	F4 V

Flamsteed/Bayer Designation			BS=HR No.	Right Ascension	Declination	V	b−y	m_1	c_1	β	Spectral Type
				h m s	° ′ ″						
51	μ	Per	1303	04 15 44.8	+48 26 15	4.15*	+0.614	+0.268	+0.551		G0 Ib
			1321	04 16 02.6	+06 13 39	6.94	+0.425	+0.240	+0.297	2.580	G5 IV
			1322	04 16 05.6	+06 12 53	6.32	+0.369	+0.185	+0.331	2.606	G0 IV
50	ω	Tau	1329	04 17 56.2	+20 36 22	4.94	+0.146	+0.235	+0.745		A3m
51		Tau	1331	04 19 04.1	+21 36 24	5.64	+0.171	+0.191	+0.784		F0 V
56		Tau	1341	04 20 17.7	+21 48 02	5.38	−0.094	+0.197	+0.536	2.768	A0p
54	γ	Tau	1346	04 20 27.0	+15 39 17	3.64*	+0.596	+0.422	+0.385		G9.5 IIIab CN 0.5
			1327	04 21 45.8	+65 10 02	5.26	+0.513	+0.286	+0.402		G5 IIb
61	δ	Tau	1373	04 23 36.0	+17 34 07	3.76*	+0.597	+0.424	+0.405		G9.5 III CN 0.5
63		Tau	1376	04 24 04.7	+16 48 12	5.63	+0.179	+0.244	+0.731	2.785	F0m
65	κ	Tau	1387	04 26 03.4	+22 19 10	4.22*	+0.070	+0.200	+1.054	2.864	A5 IV−V
67		Tau	1388	04 26 06.2	+22 13 32	5.28*	+0.149	+0.193	+0.840		A7 V
71	v777	Tau	1394	04 27 00.1	+15 38 37	4.49	+0.153	+0.183	+0.933		F0n IV−V
77	θ¹	Tau	1411	04 29 14.0	+15 59 13	3.85	+0.584	+0.394	+0.393		G9 III Fe−0.5
74	ε	Tau	1409	04 29 17.4	+19 12 18	3.53	+0.616	+0.449	+0.417		G9.5 III CN 0.5
78	θ²	Tau	1412	04 29 19.2	+15 53 44	3.41*	+0.101	+0.199	+1.014	2.831	A7 III
79		Tau	1414	04 29 28.9	+13 04 20	5.02	+0.116	+0.225	+0.907	2.836	A7 V
83		Tau	1430	04 31 16.3	+13 44 55	5.40	+0.154	+0.200	+0.813		F0 V
86	ρ	Tau	1444	04 34 30.2	+14 52 04	4.65	+0.146	+0.199	+0.829	2.797	A9 V
87	α	Tau	1457	04 36 34.9	+16 31 54	0.86*	+0.955	+0.814	+0.373		K5+ III
1	π³	Ori	1543	04 50 27.9	+06 58 50	3.18*	+0.299	+0.162	+0.416	2.652	F6 V
3	π⁴	Ori	1552	04 51 49.2	+05 37 26	3.68	−0.056	+0.073	+0.135	2.606	B2 III
3	ι	Aur	1577	04 57 44.7	+33 11 00	2.69*	+0.937	+0.775	+0.307		K3 II
102	ι	Tau	1620	05 03 47.1	+21 36 20	4.63	+0.078	+0.203	+1.034	2.847	A7 IV
10	η	Aur	1641	05 07 19.4	+41 14 56	3.16*	−0.085	+0.104	+0.318	2.685	B3 V
104		Tau	1656	05 08 07.9	+18 39 34	4.91	+0.410	+0.201	+0.328		G4 V
13		Ori	1662	05 08 16.2	+09 29 06	6.17	+0.398	+0.185	+0.350	2.590	G1 IV
16		Ori	1672	05 09 57.7	+09 50 37	5.42	+0.136	+0.251	+0.835	2.828	A9m
15	λ	Aur	1729	05 19 57.1	+40 06 29	4.71	+0.389	+0.206	+0.363	2.598	G1.5 IV−V Fe−1
11	α	Lep	1865	05 33 14.3	−17 48 53	2.57	+0.142	+0.150	+1.496		F0 Ib
			1861	05 33 16.3	−01 35 03	5.34*	−0.074	+0.073	+0.002	2.615	B1 IV
122		Tau	1905	05 37 43.8	+17 02 47	5.53	+0.132	+0.203	+0.856		F0 V
	λ	Col	2056	05 53 32.0	−33 47 58	4.89*	−0.070	+0.115	+0.413	2.718	B5 V
136		Tau	2034	05 54 03.0	+27 36 50	4.56	+0.001	+0.133	+1.152		A0 IV
54	χ¹	Ori	2047	05 55 03.9	+20 16 38	4.41	+0.378	+0.194	+0.307	2.599	G0− V Ca 0.5
	γ	Col	2106	05 57 56.7	−35 16 57	4.36	−0.073	+0.093	+0.362	2.644	B2.5 IV
40		Aur	2143	06 07 22.7	+38 28 50	5.35*	+0.139	+0.222	+0.923		A4m
			2233	06 16 09.4	−00 31 02	5.62	+0.325	+0.154	+0.446	2.633	F6 V
			2236	06 16 29.6	+01 09 53	6.36	+0.299	+0.148	+0.476	2.645	F5 IV:
45		Aur	2264	06 22 42.1	+53 26 44	5.33	+0.285	+0.170	+0.627		F5 III
			2313	06 25 51.8	−00 57 13	5.88	+0.361	+0.170	+0.395	2.613	F8 V
27	ε	Gem	2473	06 44 38.4	+25 07 08	3.00	+0.868	+0.656	+0.282		G8 Ib
31	ξ	Gem	2484	06 45 56.1	+12 52 56	3.36*	+0.288	+0.167	+0.552		F5 IV
56	ψ⁵	Aur	2483	06 47 34.0	+43 33 54	5.25	+0.359	+0.184	+0.376		G0 V
16		Lyn	2585	06 58 27.4	+45 04 41	4.91	+0.014	+0.159	+1.109		A2 Vn
			2622	07 00 51.9	−05 23 01	6.29	+0.359	+0.192	+0.402		G0 III−IV
23	γ	CMa	2657	07 04 16.7	−15 39 04	4.11	−0.046	+0.099	+0.556	2.689	B8 II
21		Mon	2707	07 11 58.9	−00 19 18	5.44*	+0.185	+0.184	+0.875		A8 Vn – F3 Vn
54	λ	Gem	2763	07 18 45.2	+16 31 08	3.58*	+0.048	+0.198	+1.055		A4 IV
			2779	07 20 24.9	+07 07 15	5.92	+0.339	+0.169	+0.469	2.628	F8 V

Flamsteed/Bayer Designation			BS=HR No.	Right Ascension	Declination	V	$b-y$	m_1	c_1	β	Spectral Type
				h m s	° ′ ″						
55	δ	Gem	2777	07 20 48.5	+21 57 37	3.53	+0.221	+0.156	+0.696	2.712	F0 V+
			2798	07 21 49.9	−08 54 02	6.55	+0.343	+0.174	+0.390		F5
			2807	07 22 53.2	−03 00 06	6.24	+0.432	+0.216	+0.588		F5
3	β	CMi	2845	07 27 46.4	+08 15 55	2.89*	−0.038	+0.113	+0.799	2.731	B8 V
62	ρ	Gem	2852	07 29 51.0	+31 45 39	4.18	+0.214	+0.155	+0.613	2.713	F0 V+
			2866	07 29 59.2	−07 34 31	5.86	+0.311	+0.155	+0.392		F8 V
64		Gem	2857	07 30 03.4	+28 05 37	5.05	+0.062	+0.202	+1.013		A4 V
			2883	07 32 38.8	−08 54 25	5.93	+0.355	+0.124	+0.335	2.595	F5 V
7	δ^1	CMi	2880	07 32 41.8	+01 53 22	5.25	+0.128	+0.173	+1.198		F0 III
68		Gem	2886	07 34 15.8	+15 48 04	5.28	+0.037	+0.143	+1.178		A1 Vn
			2918	07 37 11.4	+05 50 10	5.90	+0.375	+0.188	+0.387	2.610	G0 V
25		Mon	2927	07 37 51.0	−04 08 15	5.14	+0.283	+0.180	+0.643		F6 III
			2948/9	07 39 17.7	−26 49 43	3.83	−0.076	+0.121	+0.400		B6 V + B5 IVn
			2961	07 39 51.7	−38 20 06	4.84	−0.084	+0.103	+0.303		B2.5 V
71	o	Gem	2930	07 39 54.9	+34 33 25	4.89	+0.270	+0.173	+0.654		F3 III
77	κ	Gem	2985	07 45 08.4	+24 22 10	3.57	+0.573	+0.379	+0.398		G8 III
81		Gem	3003	07 46 47.3	+18 28 52	4.85	+0.895	+0.735	+0.451		K4 III
	QZ	Pup	3084	07 53 03.1	−38 53 35	4.50*	−0.083	+0.104	+0.244		B2.5 V
			3131	08 00 23.0	−18 25 53	4.61	+0.048	+0.161	+1.122	2.837	A2 IVn
27		Lyn	3173	08 09 19.1	+51 28 21	4.81	+0.017	+0.151	+1.105		A1 Va
17	β	Cnc	3249	08 17 08.3	+09 08 58	3.52	+0.914	+0.758	+0.371		K4 III Ba 0.5
18	χ	Cnc	3262	08 20 45.7	+27 10 47	5.14	+0.314	+0.146	+0.384		F6 V
			3271	08 20 48.2	−00 56 47	6.17	+0.385	+0.193	+0.414	2.612	F9 V
1		Hya	3297	08 25 09.4	−03 47 21	5.60	+0.311	+0.138	+0.400	2.631	F3 V
			3314	08 26 14.1	−03 56 40	3.90	−0.006	+0.156	+1.024	2.898	A0 Va
4	δ	Hya	3410	08 38 15.9	+05 39 47	4.15	+0.009	+0.152	+1.091	2.855	A1 IVnn
7	η	Hya	3454	08 43 49.5	+03 21 24	4.30*	−0.087	+0.093	+0.241	2.653	B4 V
			3459	08 44 14.3	−07 16 33	4.63	+0.517	+0.294	+0.472		G1 Ib
			3538	08 54 51.9	−05 28 43	6.01	+0.410	+0.239	+0.325	2.597	G3 V
59	σ^2	Cnc	3555	08 57 39.0	+32 51 56	5.45	+0.084	+0.205	+0.972		A7 IV
15		UMa	3619	09 09 40.6	+51 33 27	4.46	+0.165	+0.248	+0.762		F0m
14	τ	UMa	3624	09 11 51.3	+63 27 58	4.65	+0.214	+0.253	+0.711		Am
			3657	09 14 16.6	+21 14 07	6.48	+0.017	+0.164	+1.094		A2 V
22	θ	Hya	3665	09 14 57.7	+02 15 55	3.88	−0.028	+0.145	+0.944		B9.5 IV (C II)
18		UMa	3662	09 17 00.6	+53 58 25	4.84*	+0.113	+0.196	+0.892		A5 V
31	τ^1	Hya	3759	09 29 43.9	−02 49 11	4.60	+0.295	+0.164	+0.453		F6 V
23		UMa	3757	09 32 25.4	+63 00 39	3.67*	+0.211	+0.180	+0.752		F0 IV
25	θ	UMa	3775	09 33 37.2	+51 37 27	3.18	+0.314	+0.153	+0.463		F6 IV
10	SU	LMi	3800	09 34 55.5	+36 20 45	4.55	+0.561	+0.349	+0.375		G7.5 III Fe−0.5
11		LMi	3815	09 36 20.7	+35 45 27	5.41	+0.473	+0.304	+0.372		G8 IIIv
			3856	09 39 40.1	−61 22 49	4.51*	−0.034	+0.140	+0.821		B9 IV−V
38	κ	Hya	3849	09 40 51.5	−14 23 06	5.07	−0.070	+0.110	+0.407	2.704	B5 V
14	o	Leo	3852	09 41 45.8	+09 50 22	3.52	+0.306	+0.234	+0.615		F5 II + A5?
			3881	09 49 19.6	+45 58 01	5.10	+0.390	+0.203	+0.382		G0.5 Va
4		Sex	3893	09 51 05.9	+04 17 22	6.24	+0.306	+0.161	+0.419	2.646	F7 Vn
			3901	09 51 56.0	−06 14 10	6.43	+0.363	+0.185	+0.412		F8 V
7		Sex	3906	09 52 47.7	+02 24 00	6.03	−0.015	+0.136	+1.040		A0 Vs
19		LMi	3928	09 58 23.1	+41 00 01	5.14	+0.300	+0.165	+0.457		F5 V
20		LMi	3951	10 01 40.3	+31 52 00	5.35	+0.416	+0.234	+0.388	2.599	G3 Va Hδ 1
30	η	Leo	3975	10 07 57.5	+16 42 22	3.53	+0.030	+0.068	+0.966		A0 Ib

Flamsteed/Bayer Designation		BS=HR No.	Right Ascension	Declination	V	b−y	m₁	c₁	β	Spectral Type
			h m s	° ′ ″						
21	LMi	3974	10 08 06.3	+35 11 18	4.49*	+0.106	+0.201	+0.876	2.837	A7 V
36 ζ	Leo	4031	10 17 19.7	+23 21 35	3.44	+0.196	+0.169	+0.986	2.722	F0 III
40	Leo	4054	10 20 21.6	+19 24 44	4.79*	+0.299	+0.166	+0.462		F6 IV
41 γ¹	Leo	4057/8	10 20 36.4	+19 46 57	1.98*	+0.689	+0.457	+0.373		K1⁻ IIIb Fe−0.5
30	LMi	4090	10 26 34.2	+33 44 14	4.73	+0.150	+0.196	+0.959		F0 V
45	Leo	4101	10 28 15.4	+09 42 12	6.04	−0.036	+0.180	+0.956		A0p
30 β	Sex	4119	10 30 52.7	−00 41 47	5.08	−0.061	+0.113	+0.479	2.730	B6 V
47 ρ	Leo	4133	10 33 25.0	+09 14 50	3.86*	−0.027	+0.040	−0.040	2.552	B1 Iab
37	LMi	4166	10 39 21.9	+31 54 58	4.72	+0.512	+0.297	+0.477	2.595	G2.5 IIa
47	UMa	4277	11 00 06.4	+40 22 07	5.05	+0.392	+0.203	+0.337		G1⁻V Fe−0.5
		4293	11 00 41.1	−42 17 16	4.38	+0.059	+0.179	+1.116		A3 IV
49	UMa	4288	11 01 28.9	+39 09 00	5.07	+0.142	+0.198	+1.012		F0 Vs
60	Leo	4300	11 02 56.5	+20 07 05	4.42	+0.022	+0.194	+1.019		A0.5m A3 V
11 β	Crt	4343	11 12 13.5	−22 53 20	4.47	+0.011	+0.164	+1.190	2.877	A2 IV
		4378	11 18 57.0	+11 55 17	6.66	+0.024	+0.190	+1.052		A2 V
77 σ	Leo	4386	11 21 43.8	+05 57 58	4.05	−0.020	+0.127	+1.014		A0 III⁺
56	UMa	4392	11 23 27.2	+43 25 10	4.99	+0.610	+0.416	+0.396		G7.5 IIIa
15 γ	Crt	4405	11 25 27.5	−17 44 50	4.07	+0.118	+0.195	+0.895	2.823	A7 V
90	Leo	4456	11 35 18.4	+16 44 00	5.95	−0.066	+0.095	+0.323	2.687	B4 V
62	UMa	4501	11 42 10.1	+31 40 56	5.74	+0.312	+0.118	+0.401		F4 V
2 ξ	Vir	4515	11 45 52.6	+08 11 39	4.85	+0.090	+0.196	+0.928	2.855	A4 V
93 DQ	Leo	4527	11 48 34.7	+20 09 18	4.53*	+0.352	+0.186	+0.725		G4 III−IV + A7 V
94 β	Leo	4534	11 49 38.7	+14 30 28	2.14*	+0.044	+0.210	+0.975	2.900	A3 Va
5 β	Vir	4540	11 51 17.7	+01 42 00	3.60	+0.354	+0.186	+0.415	2.629	F9 V
		4550	11 53 38.4	+37 38 10	6.43	+0.483	+0.225	+0.153		G8 V P
64 γ	UMa	4554	11 54 25.9	+53 37 51	2.44	+0.006	+0.153	+1.113	2.884	A0 Van
		4618	12 08 41.2	−50 43 31	4.47	−0.076	+0.108	+0.254	2.682	B2 IIIne
15 η	Vir	4689	12 20 29.7	−00 43 50	3.90*	+0.017	+0.163	+1.130		A1 IV⁺
16	Vir	4695	12 20 56.0	+03 14 55	4.97	+0.717	+0.485	+0.516		K0.5 IIIb Fe−0.5
		4705	12 22 45.5	+24 42 37	6.20	−0.002	+0.169	+1.034		A0 V
12	Com	4707	12 23 04.9	+25 46 57	4.81	+0.322	+0.175	+0.779	2.701	G5 III + A5
18	Com	4753	12 30 01.5	+24 02 44	5.48	+0.289	+0.170	+0.609		F5 III
8 η	Crv	4775	12 32 39.9	−16 15 34	4.30*	+0.245	+0.167	+0.543	2.700	F2 V
23	Com	4789	12 35 25.4	+22 33 58	4.81	+0.008	+0.144	+1.090		A0m A1 IV
τ	Cen	4802	12 38 20.2	−48 36 16	3.86	+0.026	+0.159	+1.086	2.870	A1 IVnn
28	Com	4861	12 48 48.9	+13 29 25	6.56	+0.012	+0.167	+1.052		A1 V
29	Com	4865	12 49 28.8	+14 03 36	5.70	+0.020	+0.156	+1.130		A1 V
30	Com	4869	12 49 51.0	+27 29 24	5.78	+0.025	+0.169	+1.074		A2 V
31	Com	4883	12 52 15.5	+27 28 42	4.93	+0.437	+0.186	+0.416	2.592	G0 IIIp
		4889	12 54 04.7	−40 14 28	4.26	+0.125	+0.185	+0.971	2.816	A7 V
12 α¹	CVn	4914	12 56 32.8	+38 15 10	5.60	+0.230	+0.152	+0.578		F0 V
78	UMa	4931	13 01 13.1	+56 18 16	4.92*	+0.244	+0.170	+0.575	2.707	F2 V
43 β	Com	4983	13 12 24.5	+27 49 12	4.26	+0.370	+0.191	+0.337	2.608	F9.5 V
59	Vir	5011	13 17 20.8	+09 21 52	5.19	+0.372	+0.191	+0.385	2.614	G0 Vs
20 AO	CVn	5017	13 18 03.4	+40 30 44	4.72*	+0.174	+0.238	+0.915		F3 III(str. met.)
80	UMa	5062	13 25 41.1	+54 55 42	4.02*	+0.097	+0.192	+0.928	2.847	A5 Vn
70	Vir	5072	13 28 59.6	+13 43 04	4.97	+0.446	+0.232	+0.350		G4 V
		5163	13 44 30.2	−05 33 23	6.53	+0.028	+0.172	+0.980		A1 V
1	Cen	5168	13 46 20.7	−33 06 05	4.23*	+0.247	+0.164	+0.548	2.700	F2 V⁺
8 η	Boo	5235	13 55 13.9	+18 20 26	2.68	+0.376	+0.203	+0.476	2.627	G0 IV

Flamsteed/Bayer Designation		BS=HR No.	Right Ascension	Declination	V	b−y	m₁	c₁	β	Spectral Type
			h m s	o ′ ″						
		5270	14 03 05.7	+09 37 51	6.21	+0.638	+0.087	+0.541	2.533	G8: II: Fe−5
		5280	14 03 25.4	+50 55 00	6.15	+0.020	+0.181	+1.016		A2 V
χ	Cen	5285	14 06 45.2	−41 14 03	4.36*	−0.094	+0.102	+0.161	2.661	B2 V
12	Boo	5304	14 10 55.4	+25 02 15	4.82	+0.347	+0.172	+0.443		F8 IV
		5414	14 29 01.8	+28 14 18	7.62	+0.014	+0.168	+1.018		A1 V
		5415	14 29 03.7	+28 14 22	7.12	+0.008	+0.146	+1.020		A1 V
28 σ	Boo	5447	14 35 10.9	+29 41 44	4.47*	+0.253	+0.135	+0.484	2.675	F2 V
109	Vir	5511	14 46 49.9	+01 50 42	3.74	+0.006	+0.137	+1.078	2.846	A0 IVnn
		5522	14 49 29.6	−00 53 42	6.16	−0.007	+0.132	+0.996		B9 Vp:v
8 α¹	Lib	5530	14 51 19.4	−16 02 40	5.16	+0.265	+0.156	+0.494	2.681	F3 V
9 α²	Lib	5531	14 51 31.0	−16 05 20	2.75	+0.074	+0.192	+0.996	2.860	A3 III−IV
45	Boo	5634	15 07 48.4	+24 49 30	4.93	+0.287	+0.161	+0.448		F5 V
		5633	15 07 52.0	+18 23 53	6.02	+0.032	+0.190	+1.017		A3 V
λ	Lup	5626	15 09 37.4	−45 19 24	4.06	−0.077	+0.105	+0.265	2.687	B3 V
1	Lup	5660	15 15 19.8	−31 33 41	4.92	+0.246	+0.132	+1.367	2.741	F0 Ib−II
49 δ	Boo	5681	15 15 58.0	+33 16 21	3.49	+0.587	+0.346	+0.410		G8 III Fe−1
27 β	Lib	5685	15 17 37.6	−09 25 29	2.61	−0.040	+0.100	+0.750	2.706	B8 IIIn
7	Ser	5717	15 22 56.0	+12 31 37	6.28	+0.008	+0.136	+1.044		A0 V
		5754	15 27 53.2	+62 14 10	6.40	+0.062	+0.210	+0.982		A5 IV
		5752	15 29 06.6	+47 09 44	6.15	+0.046	+0.194	+1.142		Am
5 α	CrB	5793	15 35 10.5	+26 40 36	2.24*	0.000	+0.144	+1.060		A0 IV
		5825	15 41 59.1	−44 41 54	4.64	+0.270	+0.152	+0.458	2.678	F5 IV−V
24 α	Ser	5854	15 44 50.1	+06 23 24	2.64	+0.715	+0.572	+0.445		K2 IIIb CN 1
27 λ	Ser	5868	15 47 00.1	+07 19 04	4.43	+0.383	+0.193	+0.366	2.605	G0⁻ V
1	Sco	5885	15 51 40.4	−25 47 08	4.65	+0.006	+0.070	+0.122	2.639	B3 V
12 λ	CrB	5936	15 56 12.7	+37 54 51	5.44	+0.230	+0.161	+0.654		F0 IV
41 γ	Ser	5933	15 56 59.1	+15 37 29	3.86	+0.319	+0.151	+0.401	2.632	F6 V
13 ε	CrB	5947	15 58 03.8	+26 50 43	4.15	+0.751	+0.570	+0.414		K2 IIIab
15 ρ	CrB	5968	16 01 29.1	+33 16 10	5.40	+0.396	+0.176	+0.331		G2 V
9 ω¹	Sco	5993	16 07 28.9	−20 41 58	3.94	+0.037	+0.042	+0.009	2.617	B1 V
10 ω²	Sco	5997	16 08 04.9	−20 53 56	4.32	+0.522	+0.285	+0.448	2.577	G4 II−III
14 ν	Sco	6027	16 12 39.9	−19 29 23	3.99	+0.080	+0.051	+0.137	2.663	B2 IVp
22 τ	Her	6092	16 20 05.2	+46 17 11	3.88*	−0.056	+0.089	+0.440	2.702	B5 IV
22	Sco	6141	16 30 54.5	−25 08 23	4.79	−0.047	+0.092	+0.191	2.665	B2 V
13 ζ	Oph	6175	16 37 47.6	−10 35 22	2.56	+0.088	+0.014	−0.069	2.583	O9.5 Vn
20	Oph	6243	16 50 28.3	−10 48 09	4.64	+0.311	+0.164	+0.532	2.647	F7 III
59	Her	6332	17 02 01.9	+33 33 08	5.28	+0.001	+0.172	+1.102	2.885	A3 IV−Vs
60	Her	6355	17 05 54.7	+12 43 33	4.90	+0.064	+0.207	+0.992	2.877	A4 IV
35 η	Oph	6378	17 11 02.2	−15 44 20	2.42	+0.029	+0.186	+1.076	2.894	A2 Va⁺ (Sr)
72	Her	6458	17 21 05.4	+32 27 13	5.39*	+0.405	+0.178	+0.312	2.588	G0 V
23 β	Dra	6536	17 30 41.6	+52 17 36	2.78	+0.610	+0.323	+0.423	2.599	G2 Ib−IIa
85 ι	Her	6588	17 39 47.4	+46 00 02	3.80	−0.064	+0.078	+0.294	2.661	B3 IV
56 o	Ser	6581	17 42 03.7	−12 52 50	4.25*	+0.049	+0.168	+1.108	2.874	A2 Va
60 β	Oph	6603	17 44 02.5	+04 33 48	2.76	+0.719	+0.553	+0.451		K2 III CN 0.5
58	Oph	6595	17 44 07.2	−21 41 16	4.87	+0.304	+0.150	+0.408	2.645	F7 V:
62 γ	Oph	6629	17 48 28.2	+02 42 13	3.75	+0.024	+0.165	+1.055	2.905	A0 Van
67	Oph	6714	18 01 13.3	+02 55 54	3.97	+0.081	+0.020	+0.302	2.585	B5 Ib
68	Oph	6723	18 02 20.2	+01 18 20	4.44*	+0.029	+0.137	+1.087	2.842	A0.5 Van
99	Her	6775	18 07 27.9	+30 33 51	5.06	+0.356	+0.136	+0.321		F7 V
θ	Ara	6743	18 07 31.6	−50 05 22	3.67	+0.007	+0.037	+0.006	2.582	B2 Ib

Flamsteed/Bayer Designation			BS=HR No.	Right Ascension	Declination	V	b−y	m₁	c₁	β	Spectral Type
				h m s	° ′ ″						
	γ	Sct	6930	18 29 51.2	−14 33 27	4.69	+0.045	+0.147	+1.208	2.846	A2 III⁻
111		Her	7069	18 47 31.8	+18 11 42	4.36	+0.061	+0.216	+0.942	2.895	A3 Va⁺
			7119	18 55 22.6	−15 35 16	5.09	+0.175	+0.026	+0.468	2.626	B5 II
14	γ	Lyr	7178	18 59 22.4	+32 42 21	3.24	+0.001	+0.093	+1.219	2.751	B9 II
	ε	CrA	7152	18 59 29.8	−37 05 29	4.85*	+0.253	+0.161	+0.617		F0 V
17	ζ	Aql	7235	19 05 56.3	+13 52 53	2.99	+0.012	+0.147	+1.080	2.873	A0 Vann
			7253	19 07 05.1	+28 38 50	5.53	+0.176	+0.189	+0.747	2.756	F0 III
	α	CrA	7254	19 10 15.2	−37 53 08	4.11	+0.024	+0.181	+1.057	2.890	A2 IVn
1	κ	Cyg	7328	19 17 22.1	+53 23 24	3.76	+0.579	+0.390	+0.430		G9 III
44	ρ¹	Sgr	7340	19 22 20.3	−17 49 29	3.93*	+0.130	+0.194	+0.950	2.809	F0 III−IV
30	δ	Aql	7377	19 26 04.7	+03 08 18	3.37*	+0.203	+0.170	+0.711	2.733	F2 IV−V
61	σ	Dra	7462	19 32 20.1	+69 40 51	4.67	+0.472	+0.324	+0.266		K0 V
13	θ	Cyg	7469	19 36 45.0	+50 14 53	4.49	+0.262	+0.157	+0.502	2.689	F4 V
41	ι	Aql	7447	19 37 19.0	−01 15 37	4.36	−0.017	+0.087	+0.574	2.704	B5 III
39	κ	Aql	7446	19 37 30.5	−07 00 04	4.95	+0.085	−0.024	−0.031	2.563	B0.5 IIIn
5	α	Sge	7479	19 40 36.6	+18 02 28	4.39	+0.489	+0.259	+0.471		G1 II
16		Cyg	7503	19 42 07.3	+50 33 08	5.98	+0.410	+0.212	+0.368		G1.5 Vb
			7504	19 42 10.3	+50 32 40	6.23	+0.417	+0.223	+0.349		G3 V
50	γ	Aql	7525	19 46 48.4	+10 38 31	2.71	+0.936	+0.762	+0.292		K3 II
17		Cyg	7534	19 46 51.8	+33 45 18	5.01	+0.312	+0.155	+0.436		F7 V
53	α	Aql	7557	19 51 20.7	+08 53 58	0.76	+0.137	+0.178	+0.880		A7 Vnn
54	o	Aql	7560	19 51 34.7	+10 26 43	5.13	+0.356	+0.182	+0.415		F8 V
60	β	Aql	7602	19 55 52.7	+06 26 10	3.72*	+0.522	+0.303	+0.345		G8 IV
61	φ	Aql	7610	19 56 46.9	+11 27 18	5.29	−0.006	+0.178	+1.021		A1 IV
8	ν	Cap	7773	20 21 18.0	−12 43 20	4.76	−0.020	+0.135	+1.011	2.853	B9.5 V
37	γ	Cyg	7796	20 22 38.5	+40 17 38	2.23	+0.396	+0.296	+0.885	2.641	F8 Ib
3	η	Del	7858	20 34 29.7	+13 04 02	5.40	+0.023	+0.207	+0.983	2.918	A3 IV
9	α	Del	7906	20 40 10.3	+15 57 12	3.77	−0.019	+0.125	+0.893	2.799	B9 IV
53	ε	Cyg	7949	20 46 40.6	+34 00 50	2.46	+0.627	+0.415	+0.425		K0 III
16	ψ	Cap	7936	20 46 46.5	−25 13 44	4.14	+0.278	+0.161	+0.465	2.673	F4 V
55	v1661Cyg		7977	20 49 19.8	+46 09 26	4.86*	+0.356	−0.067	+0.153	2.530	B2.5 Ia
56		Cyg	7984	20 50 29.5	+44 06 11	5.04	+0.108	+0.209	+0.897	2.844	A4m
22	η	Cap	8060	21 05 03.5	−19 48 32	4.86	+0.090	+0.191	+0.946	2.861	A5 V
61	v1803CygA		8085	21 07 24.9	+38 48 23	5.21	+0.656	+0.677	+0.136		K5 V
61		CygB	8086	21 07 26.2	+38 47 56	6.04	+0.792	+0.673	+0.063		K7 V
67	σ	Cyg	8143	21 17 52.1	+39 26 36	4.23	+0.138	+0.027	+0.571	2.583	B9 Iab
5	α	Cep	8162	21 18 51.2	+62 38 04	2.45*	+0.125	+0.190	+0.936	2.808	A7 V⁺n
	γ	Pav	8181	21 27 22.8	−65 18 48	4.23	+0.333	+0.118	+0.315	2.613	F6 Vp
9	v337 Cep		8279	21 38 13.7	+62 08 03	4.73*	+0.275	−0.051	+0.135	2.558	B2 Ib
5		Peg	8267	21 38 17.7	+19 22 15	5.47*	+0.199	+0.172	+0.890	2.734	F0 V⁺
9		Peg	8313	21 45 03.4	+17 24 11	4.34	+0.706	+0.479	+0.346		G5 Ib
13		Peg	8344	21 50 41.6	+17 20 23	5.29*	+0.263	+0.156	+0.545	2.688	F2 III−IV
	γ	Gru	8353	21 54 37.3	−37 18 37	3.01	−0.045	+0.106	+0.726		B8 IV−Vs
	α	Gru	8425	22 08 57.2	−46 54 17	1.74	−0.058	+0.107	+0.568	2.729	B7 Vn
14	μ	PsA	8431	22 09 03.1	−32 55 55	4.50	+0.032	+0.167	+1.070	2.872	A1 IVnn
29	π	Peg	8454	22 10 30.0	+33 14 06	4.29	+0.304	+0.177	+0.778		F3 III
23	ε	Cep	8494	22 15 27.8	+57 06 04	4.19*	+0.169	+0.192	+0.787	2.758	A9 IV
35		Peg	8551	22 28 26.4	+04 45 13	4.79	+0.640	+0.420	+0.418		K0 III
7	α	Lac	8585	22 31 46.1	+50 20 31	3.77	+0.001	+0.173	+1.030	2.906	A1 Va
9		Lac	8613	22 37 50.9	+51 36 17	4.65	+0.149	+0.172	+0.935	2.784	A8 IV

Flamsteed/Bayer Designation		BS=HR No.	Right Ascension	Declination	V	b−y	m_1	c_1	β	Spectral Type
			h m s	° ′ ″						
10	Lac	8622	22 39 46.7	+39 06 37	4.89	−0.066	+0.037	−0.117	2.587	O9 V
42 ζ	Peg	8634	22 42 02.2	+10 53 30	3.40	−0.035	+0.114	+0.867	2.768	B8.5 III
β	Oct	8630	22 47 10.4	−81 19 15	4.14	+0.124	+0.191	+0.915	2.817	A7 III−IV
46 ξ	Peg	8665	22 47 16.1	+12 13 56	4.19	+0.330	+0.147	+0.407		F6 V
ε	Gru	8675	22 49 14.6	−51 15 22	3.49	+0.051	+0.161	+1.143	2.856	A2 Va
76 δ	Aqr	8709	22 55 15.6	−15 45 34	3.28	+0.036	+0.167	+1.157	2.890	A3 IV−V
51	Peg	8729	22 58 01.9	+20 49 51	5.45	+0.415	+0.233	+0.372		G2.5 IVa
24 α	PsA	8728	22 58 17.0	−29 33 40	1.16	+0.039	+0.208	+0.985	2.906	A3 Va
54 α	Peg	8781	23 05 20.1	+15 16 02	2.48	−0.012	+0.130	+1.128	2.840	A0 III−IV
59	Peg	8826	23 12 19.1	+08 46 58	5.16	+0.076	+0.164	+1.091	2.820	A3 Van
7	And	8830	23 13 04.8	+49 28 09	4.53	+0.188	+0.169	+0.713		F0 V
γ	Tuc	8848	23 18 05.6	−58 10 21	3.99	+0.271	+0.143	+0.564	2.665	F2 V
62 τ	Peg	8880	23 21 12.5	+23 48 12	4.60*	+0.105	+0.166	+1.009		A5 V
		8899	23 24 21.6	+32 35 41	6.69	+0.321	+0.121	+0.404		F4 Vw
16	PsC	8954	23 36 58.5	+02 09 58	5.69	+0.306	+0.122	+0.386		F6 Vbvw
17 ι	And	8965	23 38 42.2	+43 19 54	4.29	−0.031	+0.100	+0.784	2.728	B8 V
17 ι	Psc	8969	23 40 32.6	+05 41 19	4.13	+0.331	+0.161	+0.398	2.621	F7 V
19 κ	And	8976	23 40 58.7	+44 23 52	4.14	−0.035	+0.131	+0.831	2.833	B8 IVn
28 ω	Psc	9072	23 59 54.2	+06 55 37	4.03	+0.271	+0.154	+0.631	2.667	F3 V

Notes to Table

* *V* magnitude may be or is variable.

SPECTROPHOTOMETRIC STANDARD STARS, J2011.5

Name	Right Ascension	Declination	V	Spectral Type	Note
	h m s	° ′ ″			
HR 9087	00 02 24.82	−02 57 48.7	5.12	B7III	
G 158−100	00 34 29.59	−12 04 13.1	14.89	dG−K	
HR 153	00 37 37.08	+53 57 36.2	3.66	B2IV	
LTT 377	00 42 20.40	−33 35 22.2	11.23	F	
BPM 16274	00 50 34.73	−52 04 30.4	14.20	DA2	Mod.
LTT 1020	01 55 22.06	−27 25 16.4	11.52	G	
HR 718	02 28 46.32	+08 30 39.8	4.28	B9III	
EG 21	03 10 37.53	−68 33 29.3	11.38	DA	
LTT 1788	03 48 47.78	−39 06 34.6	13.16	F	
GD 50	03 49 25.39	−00 56 28.5	14.06	DA2	
SA 95−42	03 54 19.01	−00 02 33.5	15.61	DA	
HZ 4	03 55 59.77	+09 49 17.0	14.52	DA4	
LB 227	04 10 08.15	+17 09 41.5	15.34	DA4	
HZ 2	04 13 21.84	+11 53 31.7	13.86	DA3	
HR 1544	04 51 14.38	+08 55 08.6	4.36	A1V	
G 191−B2B	05 06 25.69	+52 50 44.7	11.78	DA1	
HR 1996	05 46 25.57	−32 18 09.6	5.17	O9V	Mod.
GD 71	05 53 07.43	+15 53 18.6	13.03	DA1	
LTT 2415	05 56 52.19	−27 51 30.7	12.21		
HILT 600	06 45 49.29	+02 07 29.2	10.44	B1	
HD 49798	06 48 25.38	−44 19 46.5	8.30	O6	Mod.
HD 60753	07 33 45.51	−50 36 34.8	6.70	B3IV	Mod.
G 193−74	07 54 20.10	+52 27 38.8	15.70	DA0	
BD +75°325	08 12 12.85	+74 55 52.9	9.54	O5p	
LTT 3218	08 41 59.44	−32 58 49.9	11.86	DA	
HR 3454	08 43 49.51	+03 21 24.3	4.30	B3V	
AGK+81°266	09 23 01.41	+81 40 29.1	11.92	sdO	
GD 108	10 01 21.68	−07 36 51.3	13.56	sdB	
LTT 3864	10 32 44.61	−35 41 15.8	12.17	F	
Feige 34	10 40 17.03	+43 02 32.5	11.18	DO	
HD 93521	10 49 02.48	+37 30 33.7	7.04	O9Vp	
HR 4468	11 37 15.96	−09 51 57.4	4.70	B9.5V	
LTT 4364	11 46 10.76	−64 54 20.2	11.50	C2	
HR 4554	11 54 25.89	+53 37 50.8	2.44	A0V	Mod.
Feige 56	12 07 22.49	+11 36 22.2	11.06	B5p	
HZ 21	12 14 31.01	+32 52 41.4	14.68	DO2	
Feige 66	12 37 57.71	+25 00 12.2	10.50	sdO	
LTT 4816	12 39 27.82	−49 51 49.7	13.79	DA	
Feige 67	12 42 26.26	+17 27 32.8	11.81	sdO	
GD 153	12 57 36.12	+21 58 06.9	13.35	DA1	
G 60−54	13 00 43.85	+03 24 48.6	15.81	DC	
HR 4963	13 10 32.78	−05 36 00.5	4.38	A1IV	
HZ 43	13 16 54.27	+29 02 16.5	12.91	DA1	
HZ 44	13 24 06.55	+36 04 24.4	11.66	sdO	
GRW+70°5824	13 39 07.00	+70 13 38.0	12.77	DA3	

Name	Right Ascension	Declination	V	Spectral Type	Note
	h m s	° ′ ″			
HR 5191	13 47 59.57	+49 15 22.2	1.86	B3V	Mod.
CD−32°9927	14 12 27.14	−33 06 27.5	10.42	A0	
HR 5501	14 46 05.42	+00 40 09.4	5.68	B9.5V	
LTT 6248	15 39 41.67	−28 37 51.6	11.80	A	
BD+33°2642	15 52 26.79	+32 54 52.4	10.81	B2IV	
EG 274	16 24 20.74	−39 15 20.0	11.03	DA	
G 138−31	16 28 26.47	+09 10 40.7	16.14	DC	
LTT 7379	18 37 15.93	−44 18 01.8	10.23	G0	
HR 7001	18 37 19.71	+38 47 41.8	0.00	A0V	
HR 7596	19 55 20.13	+00 18 15.8	5.62	A0III	
LTT 7987	20 11 39.42	−30 11 04.5	12.23	DA	
G 24−9	20 14 29.34	+06 44 45.6	15.72	DC	
HR 7950	20 48 17.84	−09 27 11.0	3.78	A1V	
LDS 749B	21 32 51.86	+00 18 19.1	14.67	DB4	
BD+28°4211	21 51 41.84	+28 55 04.9	10.51	Op	
G 93−48	21 53 00.42	+02 26 31.9	12.74	DA3	
BD+25°4655	22 00 13.48	+26 29 16.5	9.76	O	
NGC 7293	22 30 16.17	−20 46 40.8	13.51	V.Hot	
HR 8634	22 42 02.16	+10 53 29.9	3.40	B8V	
LTT 9239	22 53 18.12	−20 31 55.8	12.07	F	
LTT 9491	23 20 11.84	−17 01 41.5	14.11	DC	
Feige 110	23 20 33.99	−05 06 09.3	11.82	DOp	
GD 248	23 26 41.26	+16 04 06.2	15.09	DC	

Notes to Table

Mod.   Model data for the optical range; only suitable as a standard in the ultraviolet range.

Name		HD No.	BS=HR No.	Right Ascension	Declination	V	v_r	Spectral Type
				h m s	° ′ ″		km/s	
6	Cet	693	33	00 11 50.9	−15 24 18	4.89	+ 14.7 ± 0.2	F5 V
18	α Cas	3712	168	00 41 10.0	+56 36 01	2.23	− 3.9 0.1	K0⁻ IIIa
		3765		00 41 27.3	+40 14 53	7.36	− 63.0 0.2	K2 V
16	β Cet	4128	188	00 44 10.0	−17 55 25	2.04	+ 13.1 0.1	G9 III CH−1 CN 0.5 Ca 1
		4388		00 47 04.2	+31 00 51	7.34	− 28.3 0.6	K3 III
		6655		01 05 39.9	−72 29 35	8.06	+ 15.5 ± 0.5	F8 V
		8779	416	01 27 02.7	−00 20 23	6.41	− 5.0 0.6	K0 IV
98	μ Psc	9138	434	01 30 47.3	+06 12 10	4.84	+ 35.4 0.5	K4 III
		12029		01 59 21.6	+29 26 08	7.44	+ 38.6 0.5	K2 III
13	α Ari	12929	617	02 07 49.5	+23 30 59	2.00	− 14.3 0.2	K2 IIIab
92	α Cet	18884	911	03 02 52.9	+04 08 03	2.53	− 25.8 ± 0.1	M1.5 IIIa
10	Tau	22484	1101	03 37 27.7	+00 26 15	4.28	+ 27.9 0.1	F9 IV−V
		23169		03 44 34.7	+25 45 39	8.50	+ 13.3 0.2	G2 V
		24331		03 50 59.1	−42 31 46	8.61	+ 22.4 0.5	K2 V
43	Tau	26162	1283	04 09 50.3	+19 38 20	5.50	+ 23.9 0.6	K1 III
87	α Tau	29139	1457	04 36 34.9	+16 31 54	0.85	+ 54.1 ± 0.1	K5⁺III
		32963		05 08 38.5	+26 20 31	7.60	− 63.1 0.4	G5 IV
9	β Lep	36079	1829	05 28 44.3	−20 45 03	2.84	− 13.5 0.1	G5 II
		39194		05 44 24.2	−70 08 07	8.09	+ 14.2 0.4	K0 V
CD −43° 2527				06 32 36.1	−43 31 46	8.65	+ 13.1 0.5	K1 III
		48381		06 42 08.3	−33 28 53	8.49	+ 39.5 ± 0.5	K0 IV
18	μ CMa	51250	2593	06 56 38.3	−14 03 33	5.00	+ 19.6 0.5	K2 III +B9 V:
78	β Gem	62509	2990	07 46 01.1	+27 59 51	1.14	+ 3.3 0.1	K0 IIIb
		65583		08 01 14.8	+29 10 35	6.97	+ 12.5 0.4	G8 V
		66141	3145	08 02 51.8	+02 18 08	4.39	+ 70.9 0.3	K2 IIIb Fe−0.5
		65934		08 02 53.1	+26 36 19	7.70	+ 35.0 ± 0.3	G8 III
		75935		08 54 31.0	+26 52 09	8.46	− 18.9 0.3	G8 V
		80170	3694	09 17 24.2	−39 27 01	5.33	0.0 0.2	K5 III−IV
30	α Hya	81797	3748	09 28 09.1	−08 42 32	1.98	− 4.4 0.2	K3 II−III
		83443		09 37 38.8	−43 19 29	8.23	+ 27.6 0.5	K0 V
		83516		09 38 31.6	−35 07 44	8.63	+ 42.0 ± 0.5	G8 IV
17	ε Leo	84441	3873	09 46 30.1	+23 43 15	2.98	+ 4.8 0.1	G1 II
		90861		10 30 32.3	+28 31 19	6.88	+ 36.3 0.4	K2 III
33	Sex	92588	4182	10 41 59.3	−01 48 08	6.26	+ 42.8 0.1	K1 IV
		101266		11 39 24.7	−45 25 36	9.30	+ 20.6 0.5	G5 IV
		102494		11 48 32.1	+27 16 36	7.48	− 22.9 ± 0.3	G9 IVw...
5	β Vir	102870	4540	11 51 17.7	+01 42 00	3.61	+ 5.0 0.2	F9 V
		103095	4550	11 53 38.4	+37 38 10	6.45	− 99.1 0.3	G8 Vp
16	Vir	107328	4695	12 20 56.0	+03 14 55	4.96	+ 35.7 0.3	K0.5 IIIb Fe−0.5
9	β Crv	109379	4786	12 34 59.6	−23 27 37	2.65	− 7.0 0.0	G5 IIb
		111417		12 50 10.5	−45 53 18	8.30	− 16.0 ± 0.5	K3 IV
		112299		12 56 01.9	+25 40 32	8.39	+ 3.4 0.5	F8 V
		120223		13 49 48.7	−43 47 25	8.96	− 24.1 0.6	G8 IV−V
		122693		14 03 23.8	+24 30 22	8.11	− 6.3 0.2	F8 V
16	α Boo	124897	5340	14 16 11.2	+19 07 23	−0.04	− 5.3 0.1	K1.5 III Fe−0.5

Name	HD No.	BS=HR No.	Right Ascension	Declination	V	v_r		Spectral Type
			h m s	° ′ ″		km/s		
	126053	5384	14 23 50.6	+01 11 17	6.27	− 18.5	± 0.4	G1 V
	132737		15 00 22.1	+27 06 55	7.64	− 24.1	0.3	K0 III
5 Ser	136202	5694	15 19 54.1	+01 43 21	5.06	+ 53.5	0.2	F8 III–IV
	144579		16 05 20.6	+39 07 33	6.66	− 60.0	0.3	G8 IV
7 κ Her	145001	6008	16 08 35.7	+17 01 01	5.00	− 9.5	0.2	G5 III
1 δ Oph	146051	6056	16 14 57.0	−03 43 23	2.74	− 19.8	± 0.0	M0.5 III
α TrA	150798	6217	16 49 53.5	−69 02 50	1.92	− 3.7	0.2	K2 IIb–IIIa
	154417	6349	17 05 52.0	+00 41 11	6.01	− 17.4	0.3	F8.5 IV−V
κ Ara	157457	6468	17 26 54.0	−50 38 34	5.23	+ 17.4	0.2	G8 III
60 β Oph	161096	6603	17 44 02.5	+04 33 48	2.77	− 12.0	0.1	K2 III CN 0.5
19 δ Sgr	168454	6859	18 21 43.8	−29 49 20	2.70	− 20.0	± 0.0	K2.5 IIIa CN 0.5
	171391	6970	18 35 40.7	−10 58 03	5.14	+ 6.9	0.2	G8 III
	176047		19 00 30.2	−34 27 17	8.10	− 40.7	0.5	K1 III
31 Aql	182572	7373	19 25 31.1	+11 58 11	5.16	− 100.5	0.4	G7 IV Hδ 1
BD 28° 3402			19 35 27.9	+29 06 47	8.88	− 36.6	0.5	F7 V
54 o Aql	187691	7560	19 51 34.7	+10 26 43	5.11	+ 0.1	± 0.3	F8 V
	193231		20 22 31.1	−54 46 33	8.39	− 29.1	0.6	G5 V
	194071		20 23 06.3	+28 17 02	7.80	− 9.8	0.1	G8 III
	196983		20 42 33.7	−33 50 47	9.08	− 8.0	0.6	K2 III
33 Cap	203638	8183	21 24 48.6	−20 48 09	5.41	+ 21.9	0.1	K0 III
22 β Aqr	204867	8232	21 32 09.8	−05 31 12	2.91	+ 6.7	± 0.1	G0 Ib
35 Peg	212943	8551	22 28 26.4	+04 45 13	4.79	+ 54.3	0.3	K0 III
	213014		22 28 45.1	+17 19 20	7.45	− 39.7	0.0	G9 III
	213947		22 35 09.1	+26 39 28	6.88	+ 16.7	0.3	K2
	219509		23 18 03.5	−66 51 28	8.71	+ 62.3	0.5	K5 V
17 ι Psc	222368	8969	23 40 32.6	+05 41 19	4.13	+ 5.3	± 0.2	F7 V
	223311	9014	23 49 07.9	−06 19 00	6.07	− 20.4	0.1	K4 III

Name	HD No.	R.A.	Dec.	Type	Magnitude Min.	Magnitude Max.	Mag. Type	Epoch 2400000+	Period	Spectral Type
		h m s	o ′ ″						d	
WW Cet		00 12 00.0	−11 24 53	UGz:	9.3	16.0	p		31.2:	pec(UG)
S Scl	1115	00 15 57.0	−31 58 53	M	5.5	13.6	v	42345	362.57	M3e−M9e(TC)
T Cet	1760	00 22 21.1	−19 59 40	SRc	5.0	6.9	v	40562	158.9	M5−6SIIe
R And	1967	00 24 38.6	+38 38 26	M	5.8	14.9	v	43135	409.33	S3,5e−S8,8e(M7e)
TV Psc	2411	00 28 39.0	+17 57 24	SR	4.65	5.42	V	31387	49.1	M3III−M4IIIb
EG And	4174	00 45 15.1	+40 44 32	Z And	7.08	7.8	V			M2IIIep
U Cep	5679	01 03 23.2	+81 56 14	EA	6.75	9.24	V	51492.323	2.493	B7Ve + G8III−IV
RX And		01 05 14.7	+41 21 39	UGz	10.3	15.4	v		14:	pec(UG)
ζ Phe	6882	01 08 51.9	−55 11 04	EA	3.91	4.42	V	41957.6058	1.670	B6V + B9V
WX Hyi		02 10 09.9	−63 15 25	UGsu	9.6	14.85	V		13.7:	pec(UG)
KK Per	13136	02 11 03.7	+56 36 47	Lc	6.6	7.89	V			M1.0Iab−M3.5Iab
o Cet	14386	02 19 55.7	−02 55 33	M	2.0	10.1	v	44839	331.96	M5e−M9e
VW Ari	15165	02 27 22.8	+10 37 00	SX Phe:	6.64	6.76	V		0.149	F0IV
U Cet	15971	02 34 16.8	−13 05 54	M	6.8	13.4	v	42137	234.76	M2e−M6e
R Tri	16210	02 37 44.4	+34 18 49	M	5.4	12.6	v	45215	266.9	M4IIIe−M8e
RZ Cas	17138	02 49 58.8	+69 40 54	EA	6.18	7.72	V	48960.2122	1.195	A2.8V
R Hor	18242	02 54 15.7	−49 50 35	M	4.7	14.3	v	41494	407.6	M5e−M8eII−III
ρ Per	19058	03 05 55.0	+38 53 03	SRb	3.30	4.0	V		50:	M4IIb−IIIb
β Per	19356	03 08 55.3	+40 59 57	EA	2.12	3.39	V	52207.684	2.867	B8V
λ Tau	25204	04 01 19.1	+12 31 19	EA	3.37	3.91	V	47185.265	3.953	B3V + A4IV
VW Hyi		04 09 06.7	−71 15 54	UGsu	8.4	14.4	v		27.3:	pec(UG)
R Dor	29712	04 36 53.8	−62 03 17	SRb	4.8	6.6	v		338:	M8IIIe
HU Tau	29365	04 38 56.6	+20 42 25	EA	5.85	6.68	V	42412.456	2.056	B8V
R Cae	29844	04 40 54.1	−38 12 49	M	6.7	13.7	v	40645	390.95	M6e
R Pic	30551	04 46 28.0	−49 13 32	SR	6.35	10.1	V	44922	170.9	M1IIe−M4IIe
R Lep	31996	05 00 07.8	−14 47 23	M	5.5	11.7	v	42506	427.07	C7,6e(N6e)
ε Aur	31964	05 02 47.8	+43 50 21	EA	2.92	3.83	V	35629	9892	A8Ia−F2epIa + BV
RX Lep	33664	05 11 55.1	−11 50 08	SRb	5.0	7.4	v		60:	M6.2III
AR Aur	34364	05 19 04.4	+33 46 43	EA	6.15	6.82	V	49706.3615	4.135	Ap(Hg−Mn) + B9V
TZ Men	39780	05 28 02.5	−84 46 35	EA	6.19	6.87	V	39190.34	8.569	A1III + B9V:
β Dor	37350	05 33 43.6	−62 28 57	δ Cep	3.46	4.08	V	40905.30	9.843	F4−G4Ia−II
SU Tau	247925	05 49 45.5	+19 04 07	RCB	9.1	16.86	V			G0−1Iep(C1,0Hd)
α Ori	39801	05 55 47.7	+07 24 30	SRc	0.0	1.3	v		2335	M1−M2Ia−Ibe
U Ori	39816	05 56 30.2	+20 10 34	M	4.8	13.0	v	45254	368.3	M6e−M9.5e
SS Aur		06 14 14.7	+47 44 11	UGss	10.3	15.8	v		55.5:	pec(UG)
η Gem	42995	06 15 34.3	+22 30 09	SRa+EA	3.15	3.9	V	37725	232.9	M3IIIab
T Mon	44990	06 25 50.3	+07 04 43	δ Cep	5.58	6.62	V	43784.615	27.025	F7Iab−K1Iab +...
RT Aur	45412	06 29 18.4	+30 29 06	δ Cep	5.00	5.82	V	42361.155	3.728	F4Ib−G1Ib
WW Aur	46052	06 33 12.2	+32 26 45	EA	5.79	6.54	V	41399.305	2.525	A3m: + A3m:
IR Gem		06 48 23.1	+28 03 56	UGsu	11.2	17.0	V		75:	pec(UG)
IS Gem	49380	06 50 26.2	+32 35 34	SRc	6.6	7.3	p		47:	K3II
ζ Gem	52973	07 04 47.4	+20 33 09	δ Cep	3.62	4.18	V	43805.927	10.151	F7Ib−G3Ib
L₂ Pup	56096	07 13 53.4	−44 39 32	SRb	2.6	6.2	v		140.6	M5IIIe−M6IIIe
R CMa	57167	07 19 59.4	−16 25 03	EA	5.70	6.34	V	50015.6841	1.136	F1V
U Mon	59693	07 31 20.4	−09 48 06	RVb	6.1	8.8	p	38496	91.32	F8eVIb−K0pIb(M2)
U Gem	64511	07 55 46.0	+21 58 13	UGss+E	8.6	15.5	v		105.2:	pec(UG) + M4.5V
V Pup	65818	07 58 34.3	−49 16 35	EB	4.35	4.92	V	45367.6063	1.454	B1Vp + B3:
AR Pup		08 03 27.2	−36 37 46	RVb	8.7	10.9	p		74.58	F0I−II−F8I−II
AI Vel	69213	08 14 27.9	−44 36 40	δ Sct	6.15	6.76	V		0.116	A2p−F2pIV/V
Z Cam		08 26 29.2	+73 04 22	UGz	10.0	14.5	v		22:	pec(UG) + G1

Name	HD No.	R.A.	Dec.	Type	Magnitude Min.	Magnitude Max.	Mag. Type	Epoch 2400000+	Period	Spectral Type
		h m s	° ′ ″						d	
SW UMa		08 37 34.1	+53 26 12	UGsu/dq	9.3	18.49	V		460:	pec(UG)
AK Hya	73844	08 40 25.2	−17 20 41	SRb	6.33	6.91	V		75:	M4III
VZ Cnc	73857	08 41 29.5	+09 46 58	δ Sct	7.18	7.91	V	39897.4246	0.178	A7III−F2III
BZ UMa		08 54 37.2	+57 46 02	UGsu	10.5	17.5	v		97:	pec(UG)
CU Vel		08 58 58.7	−41 50 35	UGsu	10.0	16.83	V		164.7:	
TY Pyx	77137	09 00 12.3	−27 51 42	EA/RS	6.85	7.50	V	43187.2304	3.199	G5 + G5
CV Vel	77464	09 00 59.7	−51 36 04	EA	6.69	7.19	V	42048.6689	6.889	B2.5V + B2.5V
SY Cnc		09 01 42.1	+17 51 12	UGz	10.5	14.1	V		27:	pec(UG) + G
T Pyx		09 05 10.1	−32 25 34	Nr	7.0	15.77	B	39501	7000:	pec(NOVA)
WY Vel	81137	09 22 21.7	−52 36 49	Z And	8.8	10.2	p			M3epIb: + B
IW Car	82085	09 27 09.5	−63 40 50	RVb	7.9	9.6	p	29401	67.5	F7−F8
R Car	82901	09 32 31.9	−62 50 24	M	3.9	10.5	v	42000	308.71	M4e−M8e
S Ant	82610	09 32 48.6	−28 40 44	EW	6.4	6.92	V	46516.428	0.648	A9Vn
W UMa	83950	09 44 33.5	+55 53 58	EW	7.75	8.48	V	51276.3967	0.334	F8Vp + F8Vp
R Leo	84748	09 48 10.5	+11 22 30	M	4.4	11.3	v	44164	309.95	M6e−M8IIIe−...
CH UMa		10 07 53.6	+67 29 24	UG	10.4	15.5	v		204:	pec(UG) + K
S Car	88366	10 09 43.9	−61 36 20	M	4.5	9.9	v	42112	149.49	K5e−M6e
η Car	93309	10 45 30.5	−59 44 42	S Dor	−0.80	7.9	v			pec(E)
VY UMa	92839	10 45 51.2	+67 21 03	Lb	5.87	7.0	V			C6,3(N0)
U Car	95109	10 58 16.5	−59 47 38	δ Cep	5.72	7.02	V	37320.055	38.768	F6−G7Iab
VW UMa	94902	10 59 48.2	+69 55 38	SR	6.85	7.71	V		610	M2
T Leo		11 39 02.2	+03 18 17	UGsu	9.6	16.2	v			pec(UG)
BC UMa		11 52 51.7	+49 10 52	UGsu	10.9	19.37	V			
RU Cen	105578	12 09 59.8	−45 29 25	RV	8.7	10.7	p	28015.51	64.727	A7Ib−G2pe
S Mus	106111	12 13 24.8	−70 12 57	δ Cep	5.89	6.49	V	40299.42	9.660	F6Ib−G0
RY UMa	107397	12 21 00.1	+61 14 45	SRb	6.68	8.3	V		310:	M2−M3IIIe
SS Vir	108105	12 25 49.7	+00 42 22	SRa	6.0	9.6	v	45361	364.14	C6,3e(Ne)
BO Mus	109372	12 35 35.5	−67 49 13	Lb	5.85	6.56	V			M6II−III
R Vir	109914	12 39 05.0	+06 55 32	M	6.1	12.1	v	45872	145.63	M3.5IIIe−M8.5e
R Mus	110311	12 42 47.9	−69 28 14	δ Cep	5.93	6.73	V	26496.288	7.510	F7Ib−G2
UW Cen		12 43 56.6	−54 35 27	RCB	9.1	<14.5	v			K
TX CVn		12 45 15.2	+36 42 04	Z And	9.2	11.8	p			B1−B9Veq +...
SW Vir	114961	13 14 40.0	−02 52 04	SRb	6.40	7.90	V		150:	M7III
FH Vir	115322	13 16 58.7	+06 26 38	SRb	6.92	7.45	V	40740	70:	M6III
V CVn	115898	13 19 57.8	+45 28 01	SRa	6.52	8.56	V	43929	191.89	M4e−M6eIIIa:
R Hya	117287	13 30 20.6	−23 20 26	M	3.5	10.9	v	43596	388.87	M6e−M9eS(TC)
BV Cen		13 32 03.4	−55 02 06	UGss+E	10.7	13.6	v	40264.780	0.610	pec(UG)
T Cen	119090	13 42 25.3	−33 39 18	SRa	5.5	9.0	v	43242	90.44	K0:e−M4II:e
V412 Cen	121518	13 58 15.4	−57 46 01	Lb	7.1	9.6	B			M3Iab/b−M7
θ Aps	122250	14 06 29.2	−76 51 05	SRb	6.4	8.6	p		119	M7III
Z Aps		14 07 54.3	−71 25 33	UGz	10.7	12.7	v		19:	
R Cen	124601	14 17 24.6	−59 58 00	M	5.3	11.8	v	41942	505	M4e−M8IIe
δ Lib	132742	15 01 35.3	−08 33 50	EA	4.91	5.90	V	48788.426	2.327	A0IV−V
i Boo	133640	15 04 10.1	+47 36 35	EW	5.8	6.40	V	50945.4898	0.268	G2V + G2V
S Aps		15 10 34.9	−72 06 21	RCB	9.6	15.2	v			C(R3)
GG Lup	135876	15 19 41.9	−40 49 47	EB	5.49	6.0	B	47676.6274	1.850	B7V
τ⁴ Ser	139216	15 37 00.2	+15 03 50	SRb	5.89	7.07	V		100:	M5IIb−IIIa
R CrB	141527	15 49 02.9	+28 07 19	RCB	5.71	14.8	V			C0,0(F8pep)
R Ser	141850	15 51 13.6	+15 05 58	M	5.16	14.4	V	45521	356.41	M5IIIe−M9e
T CrB	143454	15 59 59.1	+25 53 17	Nr	2.0	10.8	v	31860	29000:	M3III + pec(NOVA)

Name	HD No.	R.A.	Dec.	Type	Magnitude Min.	Magnitude Max.	Mag. Type	Epoch 2400000+	Period	Spectral Type
		h m s	o ′ ″						d	
AG Dra		16 01 45.2	+66 46 16	Z And	8.9	11.8	p	38900	554	K3IIIep
AT Dra	147232	16 17 27.0	+59 43 39	Lb	6.8	7.5	p			M4IIIa
U Sco		16 23 10.7	−17 54 18	Nr	8.7	19.3	v	44049		pec(E)
g Her	148783	16 29 01.2	+41 51 25	SRb	4.3	6.3	v		89.2	M6III
α Sco	148478	16 30 06.9	−26 27 24	Lc	0.88	1.16	V			M1.5Iab−Ib
R Ara	149730	16 40 42.3	−57 00 59	EA	6.0	6.9	p	25818.028	4.425	B9IV−V
AH Her		16 44 38.5	+25 13 47	UGz	10.6	15.2	v		19.8:	pec(UG)
V1010 Oph	151676	16 50 07.1	−15 41 14	EB	6.1	7.00	V	50963.757	0.661	A5V
ζ¹ Sco	152236	16 54 48.5	−42 22 48	S Dor:	4.66	4.86	V			B1Iape
RS Sco	152476	16 56 28.0	−45 07 15	M	6.2	13.0	v	44676	319.91	M5e−M9
V861 Sco	152667	16 57 24.1	−40 50 27	EB	6.07	6.40	V	43704.21	7.848	B0.5Iae
α¹ Her	156014	17 15 10.4	+14 22 41	SRc	2.74	4.0	V			M5Ib−II
VW Dra	156947	17 16 37.8	+60 39 31	SRd:	6.0	7.0	v		170:	K1.5IIIb
U Oph	156247	17 17 06.8	+01 11 55	EA	5.84	6.56	V	52066.758	1.677	B5V + B5V
u Her	156633	17 17 45.1	+33 05 18	EA	4.69	5.37	V	48852.367	2.051	B1.5Vp + B5III
RY Ara		17 21 58.7	−51 07 53	RV	9.2	12.1	p	30220	143.5	G5−K0
BM Sco	160371	17 41 43.6	−32 13 11	SRd	6.8	8.7	p		815:	K2.5Ib
V703 Sco	160589	17 43 01.9	−32 31 41	δ Sct	7.58	8.04	V	42979.3923	0.115	A9−G0
X Sgr	161592	17 48 17.1	−27 50 03	δ Cep	4.20	4.90	V	40741.70	7.013	F5−G2II
RS Oph	162214	17 50 50.3	−06 42 38	Nr	4.3	12.5	v	39791		Ob + M2ep
V539 Ara	161783	17 51 24.6	−53 36 54	EA	5.66	6.18	V	48016.7171	3.169	B2V + B3V
OP Her	163990	17 57 08.4	+45 21 00	SRb	5.85	6.73	V	41196	120.5	M5IIb−IIIa(S)
W Sgr	164975	18 05 45.3	−29 34 43	δ Cep	4.29	5.14	V	43374.77	7.595	F4−G2Ib
VX Sgr	165674	18 08 45.7	−22 13 18	SRc	6.52	14.0	V	36493	732	M4eIa−M10eIa
RS Sgr	167647	18 18 22.0	−34 06 08	EA	6.01	6.97	V	20586.387	2.416	B3IV−V + A
RS Tel		18 19 42.7	−46 32 34	RCB	9.0	<14.0	v			C(R0)
Y Sgr	168608	18 22 03.6	−18 51 14	δ Cep	5.25	6.24	V	40762.38	5.773	F5−G0Ib−II
AC Her	170756	18 30 45.5	+21 52 31	RVa	6.85	9.0	V	35097.8	75.01	F2PIb−K4e(C0.0)
T Lyr		18 32 44.0	+37 00 28	Lb	7.84	9.6	V			C6,5(R6)
XY Lyr	172380	18 38 29.3	+39 40 44	Lc	5.80	6.35	V			M4−5Ib−II
X Oph	172171	18 38 54.1	+08 50 42	M	5.9	9.2	v	44729	328.85	M5e−M9e
R Sct	173819	18 48 05.8	−05 41 31	RVa	4.2	8.6	v	44872	146.5	G0Iae−K2p(M3)Ibe
V CrA	173539	18 48 19.5	−38 08 45	RCB	8.3	<16.5	v			C(r0)
β Lyr	174638	18 50 30.3	+33 22 36	EB	3.25	4.36	V	52652.486	12.940	B8II−IIIep
FN Sgr		18 54 35.3	−18 58 46	Z And	9	13.9	p			pec(E)
R Lyr	175865	18 55 41.1	+43 57 42	SRb	3.88	5.0	V		46:	M5III
κ Pav	174694	18 58 07.8	−67 13 03	CWa	3.91	4.78	V	40140.167	9.094	F5−G5I−II
FF Aql	176155	18 58 45.5	+17 22 37	δ Cep	5.18	5.68	V	41576.428	4.471	F5Ia−F8Ia
MT Tel	176387	19 03 03.2	−46 38 11	RRc	8.68	9.28	V	42206.350	0.317	A0W
R Aql	177940	19 06 55.5	+08 14 53	M	5.5	12.0	v	43458	270	M5e−M9e
RY Sgr	180093	19 17 17.7	−33 30 04	RCB	5.8	14.0	v			G0Iaep(C1,0)
RS Vul	180939	19 18 09.4	+22 27 45	EA	6.79	7.83	V	32808.257	4.478	B4V + A2IV
U Sge	181182	19 19 18.6	+19 37 56	EA	6.45	9.28	V	17130.4114	3.381	B8V + G2III−IV
UX Dra	183556	19 21 10.5	+76 34 55	SRa:	5.94	7.1	V		168	C7,3(N0)
BF Cyg		19 24 20.7	+29 41 52	Z And	9.3	13.4	p			Bep + M5III
CH Cyg	182917	19 24 51.2	+50 15 52	Z And+SR	5.3	10.6	v			M7IIIab + Be
RR Lyr	182989	19 25 49.9	+42 48 26	RRab	7.06	8.12	V	50238.499	0.567	A5.0−F7.0
CI Cyg		19 50 37.4	+35 42 50	Z And+EA	9.9	13.1	p	11902	855.25	Bep + M5III
χ Cyg	187796	19 51 00.5	+32 56 37	M	3.3	14.2	v	42140	408.05	S6,2e−S10,4e(MSe)
η Aql	187929	19 53 03.5	+01 02 09	δ Cep	3.48	4.39	V	36084.656	7.177	F6Ib−G4Ib

Name	HD No.	R.A.	Dec.	Type	Magnitude Min.	Magnitude Max.	Mag. Type	Epoch 2400000+	Period	Spectral Type
		h m s	o ′ ″						d	
V505 Sgr	187949	19 53 45.3	−14 34 23	EA	6.46	7.51	V	50999.3118	1.183	A2V + F6:
V449 Cyg	188344	19 53 47.2	+33 58 51	Lb	7.4	9.07	B			M1−M4
S Sge	188727	19 56 32.6	+16 39 57	δ Cep	5.24	6.04	V	42678.792	8.382	F6Ib−G5Ib
RR Sgr	188378	19 56 39.3	−29 09 32	M	5.4	14.0	v	40809	336.33	M4e−M9e
RR Tel		20 05 13.2	−55 41 34	Nc	6.5	16.5	p			pec
WZ Sge		20 08 06.9	+17 44 19	UGwz/DQ	7.8	15.8	v		11900:	DAep(UG)
P Cyg	193237	20 18 12.7	+38 04 09	S Dor	3	6	v			B1IApeq
V Sge		20 20 44.6	+21 08 22	E+NL	8.6	13.9	v	37889.9154	0.514	pec(CONT + e)
EU Del	196610	20 38 26.2	+18 18 34	SRb	5.79	6.9	V	41156	59.7	M6.4III
AE Aqr		20 40 44.8	−00 49 46	NL/DQ	10.4	12.2	v			K2Ve +...
X Cyg	197572	20 43 51.2	+35 37 47	δ Cep	5.85	6.91	V	43830.387	16.386	F7Ib−G8Ib
T Vul	198726	20 51 57.6	+28 17 39	δ Cep	5.41	6.09	V	41705.121	4.435	F5Ib−G0Ib
T Cep	202012	21 09 40.6	+68 32 16	M	5.2	11.3	v	44177	388.14	M5.5e−M8.8e
VY Aqr		21 12 46.2	−08 46 46	UGwz	10.0	17.38	V	17796		
W Cyg	205730	21 36 28.8	+45 25 35	SRb	6.80	8.9	B		131.1	M4e−M6e(TC:)III
EE Peg	206155	21 40 35.9	+09 14 14	EA	6.93	7.51	V	45563.8916	2.628	A3MV + F5
V460 Cyg	206570	21 42 30.2	+35 33 47	SRb	5.57	7.0	V		180:	C6,4(N1)
SS Cyg	206697	21 43 10.0	+43 38 21	UGss	7.7	12.4	v		49.5:	K5V + pec(UG)
RS Gru	206379	21 43 49.1	−48 08 12	δ Sct	7.92	8.51	V	34325.2931	0.147	A6−A9IV−F0
μ Cep	206936	21 43 51.6	+58 49 59	SRc	3.43	5.1	V		730	M2eIa
AG Peg	207757	21 51 35.5	+12 40 47	Nc	6.0	9.4	v			WN6 + M3III
VV Cep	208816	21 56 58.6	+63 40 50	EA+SRc	4.80	5.36	V	43360	7430	M2epIa−...
AR Lac	210334	22 09 08.8	+45 47 57	EA/RS	6.08	6.77	V	49292.3444	1.983	G2IV−V + K0IV
RU Peg		22 14 36.5	+12 45 42	UGss	9.5	13.6	v		74.3:	pec(UG) + G8IVn
π¹ Gru	212087	22 23 26.1	−45 53 23	SRb	5.41	6.70	V		150:	S5,7e
δ Cep	213306	22 29 36.0	+58 28 27	δ Cep	3.48	4.37	V	36075.445	5.366	F5Ib−G1Ib
ER Aqr	218074	23 06 02.4	−22 25 29	Lb	7.14	7.81	V			M3
Z And	221650	23 34 13.3	+48 52 55	Z And	8.0	12.4	p			M2III + B1eq
R Aqr	222800	23 44 25.1	−15 13 15	M	5.8	12.4	v	42398	386.96	M5e−M8.5e + pec
TX Psc	223075	23 46 58.8	+03 33 02	Lb	4.79	5.20	V			C7,2(N0)(TC)
SX Phe	223065	23 47 09.3	−41 31 15	SX Phe	6.76	7.53	V	38636.6170	0.055	A5−F4

Notes to Table

E	eclipsing	δ Sct	δ Scuti type
EA	eclipsing, Algol type	SR	semi-regular long period variable
EB	eclipsing, β Lyrae type	SRa	semi-regular, late spectral class, strong periodicities
EW	eclipsing, W Ursae Maj type	SRb	semi-regular, late spectral class, weak periodicities
δ Cep	cepheid, classical type	SRc	semi-regular supergiant of late spectral class
CWa	cepheid, W Vir type (period > 8 days)	SRd	semi-regular giant or supergiant, spectrum F, G, or K
DQ	DQ Herculis type	UG	U Gem type dwarf nova
Lb	slow irregular variable	UGss	U Gem type dwarf nova (SS Cygni subtype)
Lc	irregular supergiant (late spectral type)	UGsu	U Gem type dwarf nova (SU Ursae Majoris subtype)
M	Mira type long period variable	UGwz	U Gem type dwarf nova (WZ Sagittae subtype)
Nc	very slow nova	UGz	U Gem type dwarf nova (Z Camelopardalis subtype)
NL	nova-like variable	Z And	Z And type symbiotic star
Nr	recurrent nova	RRab	RR Lyrae variable (asymmetric light curves)
RS	RS Canum Venaticorum type	RRc	RR Lyrae variable (symmetric sinusoidal light curves)
RV	RV Tauri type	RCB	R Coronae Borealis variable
RVa	RV Tauri type (constant mean brightness)	S Dor	S Doradus variable
RVb	RV Tauri type (varying mean brightness)	SX Phe	SX Phoenicis variable
p	photographic magnitude	V	photoelectric magnitude, visual filter
v	visual magnitude	B	photoelectric magnitude, blue filter
:	uncertainty in period or spectral type	<	fainter than the magnitude indicated
...	full spectral type given in Section L		

HD No.	Star Name	R.A.	Dec.	B−V	Dist.	[Fe/H]	Exoplanet	Period[1]	e[2]	Epoch[3]_P 2440000+
		h m s	o ′ ″		pc			d		
224693		00 00 29.3	−22 21 50	0.64	94.07	+0.343	HD 224693 b	26.730	0.050	13193.9
142		00 06 54.7	−49 00 41	0.52	25.64	+0.0998	HD 142 b	349.3	0.23	11967
1237		00 16 43.8	−79 47 15	0.75	17.62	+0.120	HD 1237 b	133.71	0.511	11545.86
2039		00 24 53.2	−56 35 11	0.66	89.85	+0.315	HD 2039 b	1120	0.715	12041
2638		00 30 34.9	−05 42 05	0.89	53.71	+0.160	HD 2638 b	3.44420		13323.2060
3651		00 39 57.8	+21 18 44	0.85	11.11	+0.164	HD 3651 b	62.241	0.590	12190.71
4113		00 43 45.7	−37 55 12	0.72	44.05	+0.200	HD 4113 b	526.62	0.9030	13778.00
4208		00 45 00.8	−26 27 09	0.66	32.70	−0.284	HD 4208 b	828.0	0.052	11040
4308		00 45 08.3	−65 35 21	0.65	21.85	−0.310	HD 4308 b	15.560		13311.7
4203		00 45 17.8	+20 30 41	0.77	77.82	+0.453	HD 4203 b	431.88	0.519	11918.9
170469		00 55 36.8	+00 51 06	0.99	100.0	+0.300	HD 170469 b	1145	0.110	11669
6434		01 05 11.8	−39 25 42	0.61	40.32	−0.520	HD 6434 b	21.9980	0.170	11490.80
8574		01 25 51.2	+28 37 33	0.58	44.15	−0.00892	HD 8574 b	225.0	0.370	11475.6
9826	υ And	01 37 28.6	+41 27 45	0.54	13.47	+0.153	υ And b	1296	0.267	10125
9826	υ And	01 37 28.6	+41 27 45	0.54	13.47	+0.153	υ And c	241.31	0.258	10158.5
9826	υ And	01 37 28.6	+41 27 45	0.54	13.47	+0.153	υ And d	4.617123	0.022	11807.18
10647		01 42 55.8	−53 41 01	0.55	17.35	−0.0776	HD 10647 b	1003	0.16	10960
10697		01 45 33.6	+20 08 25	0.72	32.56	+0.194	HD 10697 b	1076.4	0.1023	10396
5319		01 53 23.3	−19 27 03	0.61	53.82	+0.150	HD 5319 b	675	0.120	13068
11977		01 55 13.7	−67 35 27	0.93	66.49	−0.210	HD 11977 b	711.0	0.400	11400
11964		01 57 43.3	−10 11 15	0.82	33.98	+0.122	HD 11964 b	1913	0.048	12530
11964		01 57 43.3	−10 11 15	0.82	33.98	+0.122	HD 11964 c	37.898	0.31	5.3
12661		02 05 13.3	+25 28 07	0.71	37.16	+0.362	HD 12661 b	262.29	0.3665	10215.8
12661		02 05 13.3	+25 28 07	0.71	37.16	+0.362	HD 12661 c	1713	0.014	12590
13445		02 10 53.7	−50 46 04	0.81	10.91	−0.268	HD 13445 b	15.76491	0.0416	11903.36
16141		02 35 54.6	−03 30 44	0.67	35.91	+0.170	HD 16141 b	75.523	0.252	10338.0
17051	ι Hor	02 42 57.0	−50 45 04	0.56	17.24	+0.111	ι Hor b	302.8	0.14	11227
17156		02 50 51.6	+71 48 01	0.64	78.25	+0.240	HD 17156 b	21.20	0.670	13738.53
	HIP 14810	03 11 54.0	+21 08 24	0.78	52.88	+0.230	HIP 14810 b	6.67384	0.1501	13694.575
	HIP 14810	03 11 54.0	+21 08 24	0.78	52.88	+0.230	HIP 14810 c	147.40	0.347	13647.6
19994		03 13 21.7	−01 09 13	0.57	22.38	+0.186	HD 19994 b	535.7	0.300	10944
20367		03 18 22.4	+31 10 06	0.57	27.13	+0.170	HD 20367 b	469.5	0.320	11860
20782		03 20 32.8	−28 48 48	0.63	36.02	−0.051	HD 20782 b	585.860	0.925	11687.1
22049	ε Eri	03 33 28.4	−09 25 12	0.88	3.218	−0.0309	ε Eri b	2630	0.35	9780
23127		03 39 37.3	−60 02 26	0.69	89.13	+0.340	HD 23127 b	1214.0	0.440	229
23079		03 40 01.6	−52 52 46	0.58	34.60	−0.150	HD 23079 b	730.6	0.102	10492
23596		03 48 46.8	+40 33 56	0.63	51.98	+0.218	HD 23596 b	1565	0.292	11604
24040		03 51 02.5	+17 30 35	0.65	46.51	+0.206	HD 24040 b	3400	0.068	10730
27442	ε Ret	04 16 41.0	−59 16 29	1.08	18.23	+0.420	ε Ret b	428.1	0.060	10836
27894		04 20 59.1	−59 22 59	1.00	42.37	+0.300	HD 27894 b	17.9910	0.0490	13275.46
28185		04 26 59.1	−10 31 32	0.75	39.56	+0.220	HD 28185 b	383.0	0.070	11863
28305	ε Tau	04 29 17.4	+19 12 18	1.01	47.53	+0.170	ε Tau b	594.9	0.151	2879
30177		04 42 06.6	−57 59 58	0.77	54.70	+0.394	HD 30177 b	2770	0.193	11437
33283		05 08 28.9	−26 47 00	0.64	86.88	+0.366	HD 33283 b	18.1790	0.480	13017.60
33636		05 12 23.1	+04 24 59	0.59	28.69	−0.126	HD 33636 b	2127.7	0.4805	11205.8
33564		05 24 28.4	+79 14 31	0.51	20.98	−0.120	HD 33564 b	388.0	0.340	12603.0
39091		05 36 15.7	−80 27 33	0.60	18.21	+0.0483	HD 39091 b	2151	0.6405	7820
37124		05 37 43.6	+20 44 09	0.67	33.24	−0.442	HD 37124 b	154.77	0.059	
37124		05 37 43.6	+20 44 09	0.67	33.24	−0.442	HD 37124 c	1960	0.41	6400
37124		05 37 43.6	+20 44 09	0.67	33.24	−0.442	HD 37124 d	864	0.14	70

HD No.	Star Name	R.A.	Dec.	$B-V$	Dist.	[Fe/H]	Exoplanet	Period[1]	e^2	Epoch[3]$_P$ 2440000+
		h m s	° ′ ″		pc			d		
37605		05 40 38.8	+06 03 55	0.83	42.88	+0.310	HD 37605 b	54.23	0.7370	12994.27
38529		05 47 10.5	+01 10 17	0.77	42.43	+0.445	HD 38529 b	14.3089	0.247	9991.84
38529		05 47 10.5	+01 10 17	0.77	42.43	+0.445	HD 38529 c	2163	0.3560	10095
41004		06 00 07.8	−48 14 22	0.89	43.03	+0.160	HD 41004 A b	963	0.74	12425
41004		06 00 07.8	−48 14 22	1.52	43.03		HD 41004 B b	1.328300	0.081	12434.880
40979		06 05 20.4	+44 15 31	0.57	33.33	+0.168	HD 40979 b	263.84	0.269	10748.1
132406		06 20 23.4	+41 05 12	0.60	93.20	+0.180	HD 132406 b	974	0.340	13474
45350		06 29 33.4	+38 57 17	0.74	48.95	+0.291	HD 45350 b	967.0	0.798	11822
46375		06 33 49.5	+05 27 12	0.86	33.41	+0.240	HD 46375 b	3.023573	0.063	11071.53
47536		06 38 13.5	−32 21 00	1.18	121.4		HD 47536 b	712.13	0.200	11599
49674		06 52 18.9	+40 51 11	0.73	40.73	+0.310	HD 49674 b	4.9437	0.29	11882.90
50499		06 52 27.3	−33 55 47	0.61	47.26	+0.335	HD 50499 b	2458	0.25	11220
50554		06 55 24.9	+24 13 48	0.58	31.03	−0.0658	HD 50554 b	1223	0.437	10649
52265		07 00 51.9	−05 23 01	0.57	28.07	+0.193	HD 52265 b	119.290	0.325	10833.7
63454		07 38 49.8	−78 18 21	1.01	35.8	+0.110	HD 63454 b	2.817822		13111.1290
62509		07 46 01.1	+27 59 51	9.37	10.34	+0.190	HD 62509 b	589.64	0.020	7739.0
	XO-2	07 48 58.2	+50 11 46	0.82	148.0	+0.450	XO-2 b	2.6158381		
65216		07 53 49.2	−63 40 38	0.67	35.59	−0.120	HD 65216 b	613	0.410	10762
66428		08 04 03.7	−01 11 47	0.71	55.04	+0.310	HD 66428 b	1973	0.465	12139
69830		08 18 56.7	−12 40 18	0.79	12.58	−0.0604	HD 69830 b	8.6670	0.100	13496.800
69830		08 18 56.7	−12 40 18	0.79	12.58	−0.0604	HD 69830 c	31.560	0.130	13469.6
69830		08 18 56.7	−12 40 18	0.79	12.58	−0.0604	HD 69830 d	197.0	0.070	13358
68988		08 19 20.9	+61 25 28	0.65	58.82	+0.324	HD 68988 b	6.276370	0.1497	11549.062
68988		08 19 20.9	+61 25 28	0.65	58.82	+0.324	HD 68988 c	4100	0.01	12730
70642		08 21 52.9	−39 44 30	0.69	28.76	+0.164	HD 70642 b	2068	0.034	11350
72659		08 34 38.1	−01 36 30	0.61	51.36	−0.00448	HD 72659 b	3630	0.269	11673
73256		08 36 51.3	−30 04 40	0.78	36.52	+0.260	HD 73256 b	2.54858	0.029	12500.18
73526		08 37 41.3	−41 21 33	0.74	94.61	+0.250	HD 73526 b	187.38	0.419	10038.0
73526		08 37 41.3	−41 21 33	0.74	94.61	+0.250	HD 73526 c	376.9	0.352	10180
73108	4 UMa	08 41 12.5	+64 17 12	1.20	77.40	−0.250	4 UMa b	269.3	0.432	12987.4
	GJ 317	08 41 29.1	−23 29 43	1.52	9.174	−0.230	GJ 317 b	692.90	0.193	11639
74156		08 43 01.4	+04 32 09	0.58	64.56	+0.131	HD 74156 b	51.643	0.6360	11981.321
74156		08 43 01.4	+04 32 09	0.58	64.56	+0.131	HD 74156 c	2025	0.583	10901.0
74156		08 43 01.4	+04 32 09	0.58	64.56	+0.131	HD 74156 d	336.6	0.25	678
75289		08 48 05.5	−41 46 49	0.58	28.94	+0.217	HD 75289 b	3.509267	0.034	10830.34
75732	55 Cnc	08 53 16.8	+28 17 10	0.87	12.53	+0.315	55 Cnc b	14.65126	0.0159	7572.0
	55 Cnc	08 53 16.8	+28 17 10	0.87	12.53	+0.315	55 Cnc c	44.3787	0.053	7547.5
	55 Cnc	08 53 16.8	+28 17 10	0.87	12.53	+0.315	55 Cnc d	5370	0.063	6860
	55 Cnc	08 53 16.8	+28 17 10	0.87	12.53	+0.315	55 Cnc e	2.796744	0.264	7578.21582
	55 Cnc	08 53 16.8	+28 17 10	0.87	12.53	+0.315	55 Cnc f	260.7	0.00	7488.0
76700		08 54 04.3	−66 50 41	0.75	59.70	+0.345	HD 76700 b	3.97097	0.095	11213.32
231701		08 54 33.3	+33 00 45	0.63	80.58	+0.0700	HD 231701 b	141.6	0.100	13180.0
80606		09 23 24.8	+50 33 15	0.76	58.38	+0.343	HD 80606 b	111.4487	0.9349	13199.0517
81040		09 24 25.9	+20 18 53	0.68	32.56	−0.160	HD 81040 b	1001.7	0.526	12504
82943		09 35 24.1	−12 10 54	0.62	27.46	+0.265	HD 82943 b	221.09	0.328	
82943		09 35 24.1	−12 10 54	0.62	27.46	+0.265	HD 82943 c	442.5	0.22	
83443		09 37 38.8	−43 19 29	0.81	43.54	+0.357	HD 83443 b	2.985618	0.007	11210.72
86081		09 56 40.7	−03 51 48	0.66	91.16	+0.257	HD 86081 b	2.13750	0.0080	13694.80
88133		10 10 45.3	+18 07 45	0.81	74.46	+0.340	HD 88133 b	3.41587	0.133	13016.31
89307		10 18 57.9	+12 33 47	0.59	30.88	−0.159	HD 89307 b	2159	0.23	12370

HD No.	Star Name	R.A.	Dec.	$B-V$	Dist.	[Fe/H]	Exoplanet	Period[1]	e[2]	Epoch[3]$_P$ 2440000+
		h m s	o ′ ″		pc			d		
89744		10 22 51.4	+41 10 15	0.53	38.99	+0.265	HD 89744 b	256.80	0.6770	11505.33
92788		10 43 23.7	−02 14 42	0.69	32.32	+0.318	HD 92788 b	325.94	0.332	10758.0
93083		10 44 52.9	−33 38 17	0.94	28.90	+0.150	HD 93083 b	143.58	0.140	13181.7
	BD−10 3166	10 59 03.2	−10 49 56	0.90	80.00	+0.382	BD−10 3166 b	3.48777	0.019	11171.22
95128	47 UMa	11 00 06.4	+40 22 07	0.62	14.08	+0.0431	47 UMa b	1095.0		10045
95128	47 UMa	11 00 06.4	+40 22 07	0.62	14.08	+0.0431	47 UMa c	2190	0.220	11581
99109		11 24 52.5	−01 35 34	0.87	60.46	+0.315	HD 99109 b	439.3	0.09	11310
99492		11 27 21.2	+02 56 37	1.00	17.99	+0.362	HD 99492 b	17.0431	0.254	10468.7
100777		11 36 26.7	−04 49 09	0.76	52.80	+0.270	HD 100777 b	383.7	0.360	13456.2
	GJ 436	11 42 47.8	+26 38 25	1.49	10.23		GJ 436 b	2.643892	0.159	11551.60
101930		11 44 03.8	−58 04 11	0.91	30.5	+0.170	HD 101930 b	70.46	0.110	13145.0
102117		11 45 24.1	−58 46 04	0.72	42.00	+0.295	HD 102117 b	20.8079	0.090	10942.9
102195		11 46 17.6	+02 45 26	0.83	28.98	−0.0900	HD 102195 b	4.1210	0.060	13731.70
104985		12 05 49.4	+76 50 29	1.03	102.0		HD 104985 b	198.20	0.030	11990
106252		12 14 04.7	+09 58 37	0.63	37.44	−0.0763	HD 106252 b	1516	0.586	10385
107148		12 19 48.9	−03 23 01	0.71	51.26	+0.314	HD 107148 b	48.052	0.04	19
108147		12 26 24.9	−64 05 09	0.54	38.57	+0.0868	HD 108147 b	10.8985	0.53	10828.86
108874		12 31 01.5	+22 48 58	0.74	68.54	+0.182	HD 108874 b	394.65	0.114	9711
108874		12 31 01.5	+22 48 58	0.74	68.54	+0.182	HD 108874 c	1662	0.235	9500
109749		12 37 53.7	−40 52 31	0.68	59.03	+0.250	HD 109749 b	5.23947		13014.91
111232		12 49 35.5	−68 29 14	0.70	28.88	−0.360	HD 111232 b	1143	0.2000	11230
114386		13 11 18.3	−35 07 00	0.98	28.04	+0.00374	HD 114386 b	938	0.230	10454
114762		13 12 53.1	+17 27 23	0.52	40.57	−0.653	HD 114762 b	83.8881	0.3359	9805.36
114783		13 13 19.2	−02 19 33	0.93	20.43	+0.116	HD 114783 b	494.3	0.122	10850
114729		13 13 22.4	−31 56 06	0.59	35.00	−0.262	HD 114729 b	1114	0.167	10520
117176	70 Vir	13 28 59.6	+13 43 04	0.71	18.11	−0.0123	70 Vir b	116.6884	0.4007	7239.82
117207		13 30 00.5	−35 37 49	0.72	33.01	+0.266	HD 117207 b	2597	0.144	10630
117618		13 33 07.5	−47 19 50	0.60	38.02	+0.00274	HD 117618 b	25.827	0.42	10832.2
118203		13 34 29.4	+53 40 11	0.70	88.57	+0.100	HD 118203 b	6.13350	0.309	13394.230
	HAT-P-3	13 44 50.4	+47 58 16	8.05	139.0	+0.270	HAT-P-3 b	2.899703		
120136	τ Boo	13 47 48.5	+17 24 00	0.51	15.60	+0.234	τ Boo b	3.312463	0.023	6957.81
121504		13 58 03.5	−56 05 46	0.59	44.37	+0.160	HD 121504 b	63.330	0.0300	11450.0
75898		14 21 31.6	−17 32 02	0.63	52.83	+0.270	HD 75898 b	418.2	0.100	12907
128311		14 36 34.4	+09 41 46	0.97	16.57	+0.205	HD 128311 b	456.7	0.217	10218
128311		14 36 34.4	+09 41 46	0.97	16.57	+0.205	HD 128311 c	912.9	0.24	10060
130322		14 48 08.0	−00 19 46	0.78	29.76	+0.00633	HD 130322 b	10.70875	0.025	212.9
43691		14 57 15.6	+53 20 08	0.65	70.97	+0.250	HD 43691 b	36.960	0.140	14046.60
134987		15 14 09.1	−25 21 07	0.69	25.65	+0.279	HD 134987 b	258.32	0.224	10332.0
136118		15 19 31.1	−01 38 01	0.55	52.27	−0.0502	HD 136118 b	1193.1	0.351	10598
	GJ 581	15 20 02.8	−07 45 50	1.60	6.269	−0.250	GJ 581 b	5.36870		12999.990
	GJ 581	15 20 02.8	−07 45 50	1.60	6.269	−0.250	GJ 581 c	12.9310		12996.74
	GJ 581	15 20 02.8	−07 45 50	1.60	6.269	−0.250	GJ 581 d	83.40		12954.1
137759	ι Dra	15 25 11.2	+58 55 34	1.17	31.33		ι Dra b	511.098	0.7124	12014.59
137510		15 26 24.3	+19 26 27	0.62	41.75	+0.373	HD 137510 b	804.9	0.359	11762
330075		15 50 28.2	−49 59 54	0.94	50.20	+0.0800	HD 330075 b	3.387730		12878.8150
142091	κ CrB	15 51 40.0	+35 37 20	1.00	282.50	+0.140	κ CrB b	1208	0.146	13102
141937		15 52 57.3	−18 28 11	0.63	33.46	+0.129	HD 141937 b	653.2	0.4100	11847.4
142415		15 58 39.1	−60 13 59	0.62	34.57	+0.088	HD 142415 b	386.3	0.5000	11519.0
143761	ρ CrB	16 01 29.1	+33 16 10	0.61	17.43	−0.199	ρ CrB b	39.8449	0.057	10563.2
	XO-1	16 02 40.0	+28 08 18	0.69	172.0	+0.0200	XO-1 b	3.941534		

HD No.	Star Name	R.A.	Dec.	$B-V$	Dist.	[Fe/H]	Exoplanet	Period[1]	e^2	Epoch$_P^3$ 2440000+
		h m s	° ′ ″		pc			d		
145675	14 Her	16 10 46.7	+43 47 14	0.88	18.15	+0.460	14 Her b	1755.3	0.3734	11368.1
142022		16 13 03.6	−84 15 39	0.79	35.87	+0.190	HD 142022 b	1928	0.53	10941
147506	HAT-P-2	16 20 59.6	+41 01 16	0.41	110.0	+0.120	HAT-P-2 b	5.63341	0.507	14213.444
147513		16 24 48.2	−39 13 08	0.63	12.87	+0.0892	HD 147513 b	528.4	0.260	11123
149026		16 30 53.7	+38 19 23	0.61	74.40	+0.360	HD 149026 b	2.87598		13526.36846
149143		16 33 25.9	+02 03 39	0.71	63.49	+0.260	HD 149143 b	4.07		13483.9
154345		17 02 55.9	+47 04 08	0.73	18.06	−0.105	HD 154345 b	3322	0.036	13230
155358		17 09 59.9	+33 20 29	0.55	43.40	−0.680	HD 155358 b	195.0	0.112	13950
155358		17 09 59.9	+33 20 29	0.55	43.40	−0.680	HD 155358 c	530	0.18	14420
154857		17 12 14.1	−56 41 40	0.65	68.54	−0.220	HD 154857 b	409.00	0.470	346.0
156846		17 21 14.9	−19 20 42	0.58	49.00	+0.220	HD 156846 b	359.510	0.8472	1998.090
	GJ 674	17 29 32.2	−46 54 24	1.53	4.537	−0.280	GJ 674 b	4.6938	0.200	13780.085
159868		17 39 49.0	−43 09 06	0.72	52.71	0.00	HD 159868 b	986.0	0.690	700.0
160691	μ Ara	17 45 03.6	−51 50 20	0.69	15.28	+0.293	μ Ara b	630.0	0.271	10881
160691	μ Ara	17 45 03.6	−51 50 20	0.69	15.28	+0.293	μ Ara c	2490	0.463	11030
160691	μ Ara	17 45 03.6	−51 50 20	0.69	15.28	+0.293	μ Ara d	9.550		13168.940
160691	μ Ara	17 45 03.6	−51 50 20	0.69	15.28	+0.293	μ Ara e	310.55	0.067	12708.7
162020		17 51 26.8	−40 19 15	0.96	31.26	+0.112	HD 162020 b	8.428198	0.2770	11990.6768
164922		18 02 59.0	+26 18 43	0.80	21.93	+0.170	HD 164922 b	1155	0.05	11100
167042		18 10 45.8	+54 17 25	0.94	45.66	+0.0500	HD 167042 b	416.3	0.027	13330
168443		18 20 41.8	−09 35 27	0.72	37.88	+0.0765	HD 168443 b	58.10960	0.5280	10047.467
168443		18 20 41.8	−09 35 27	0.72	37.88	+0.0765	HD 168443 c	1753.0	0.2175	10272.8
168746		18 22 28.4	−11 55 00	0.71	43.12	−0.0775	HD 168746 b	6.4040	0.107	11757.83
169830		18 28 33.6	−29 48 32	0.52	36.32	+0.153	HD 169830 b	226.01	0.322	11923.2
169830		18 28 33.6	−29 48 32	0.52	36.32	+0.153	HD 169830 c	1830	0.264	12778
11506		18 29 43.2	+11 42 13	0.68	64.98	+0.310	HD 11506 b	1405	0.30	13600
171028		18 32 49.0	+06 57 17	0.61	109.90	−0.490	HD 171028 b	538.0	0.6100	13648.9
	WASP-3	18 34 56.1	+35 40 16	0.37	220.0	0.00	WASP-3 b	1.8683400		
175541		18 56 15.1	+04 16 50	0.87	127.60	−0.0700	HD 175541 b	298.20	0.45	10218
	TrES-1	19 04 34.2	+36 39 01	0.78	152.30	+0.0200	TrES-1 b	3.0300650		
177830		19 05 48.9	+25 56 19	1.09	59.03	+0.545	HD 177830 b	407.88	0.041	10238
177830		19 05 48.9	+25 56 19	1.09	59.03	+0.545	HD 177830 c	111.19	0.40	13953.7
178911		19 09 28.4	+34 37 10	0.75	46.73	+0.285	HD 178911 B b	71.511	0.139	11378.23
179949		19 16 15.2	−24 09 32	0.55	27.05	+0.137	HD 179949 b	3.092514	0.022	11002.36
183263		19 28 57.8	+08 22 56	0.68	52.83	+0.302	HD 183263 b	635.4	0.363	12103.0
125612		19 32 35.4	+16 29 58	0.54	108.50	+0.240	HD 125612 b	510	0.380	13228
185269		19 37 39.5	+28 31 34	0.61	47.37	−0.0250	HD 185269 b	6.8379	0.296	13154.089
186427	16 Cyg B	19 42 10.3	+50 32 40	0.66	21.41	+0.0375	16 Cyg B b	798.5	0.681	6549.1
187123		19 47 24.2	+34 26 53	0.66	47.92	+0.121	HD 187123 b	3.0965825	0.0099	10806.651
187123		19 47 24.2	+34 26 53	0.66	47.92	+0.121	HD 187123 c	3700	0.249	9910
187085		19 50 19.9	−37 45 05	0.57	44.98	+0.0882	HD 187085 b	1147.0	0.75	10910
188015		19 52 32.7	+28 07 49	0.73	52.63	+0.289	HD 188015 b	461.2	0.137	11787
189733		20 01 13.5	+22 44 32	1.20	19.70	−0.0300	HD 189733 b	2.21900	0.00100	
190228		20 03 29.1	+28 20 22	0.79	62.11	−0.180	HD 190228 b	1146	0.499	11236
190360		20 04 05.8	+29 55 41	0.75	15.89	+0.213	HD 190360 b	2925	0.307	10632
190360		20 04 05.8	+29 55 41	0.75	15.89	+0.213	HD 190360 c	17.1119	0.0042	9999.80
190647		20 08 04.3	−35 30 20	0.74	54.23	+0.240	HD 190647 b	1038.1	0.180	13868
192263		20 14 35.3	−00 49 50	0.94	19.89	+0.0543	HD 192263 b	24.3556	0.055	10994.3
192699		20 16 40.3	+04 36 59	0.87	67.39	−0.150	HD 192699 b	350.43	0.164	12985
195019		20 28 50.1	+18 48 29	0.66	37.36	+0.0680	HD 195019 b	18.20163	0.0140	11015.0

HD No.	Star Name	R.A.	Dec.	$B-V$	Dist.	[Fe/H]	Exoplanet	Period[1]	e^2	Epoch[3]$_p$ 2440000+
		h m s	° ′ ″		pc			d		
	WASP-2	20 31 28.1	+06 28 07	1.02	166.0	+0.100	WASP-2 b	2.1522260		
196050		20 38 47.8	−60 35 38	0.67	46.93	+0.229	HD 196050 b	1378	0.228	10843
196885		20 40 24.9	+11 17 28	0.56	32.99	+0.180	HD 196885 b	1346.850	0.462	11236
202206		21 15 36.9	−20 44 29	0.71	46.34	+0.354	HD 202206 b	255.870	0.4350	
202206		21 15 36.9	−20 44 29	0.71	46.34	+0.354	HD 202206 c	1383	0.267	
208487		21 58 01.4	−37 42 32	0.57	43.99	+0.0223	HD 208487 b	130.08	0.24	10999
209458		22 03 43.6	+18 56 25	0.59	47.40	0.00	HD 209458 b	3.52474554		12853.9442
210277		22 10 06.2	−07 29 36	0.77	21.29	+0.214	HD 210277 b	442.19	0.476	10104.3
	GJ 849	22 10 17.2	−04 35 02	1.50	8.774	+0.160	GJ 849 b	1880	0.07	11490
210702		22 12 24.7	+16 05 51	0.95	55.93	+0.120	HD 210702 b	345.50	0.27	13146
212301		22 28 34.0	−77 39 33	0.56	52.71	−0.180	HD 212301 b	2.24572		13549.1950
213240		22 31 42.3	−49 22 29	0.60	40.75	+0.139	HD 213240 b	882.7	0.421	11499
	GJ 876	22 53 54.0	−14 12 16	1.60	4.702		GJ 876 b	60.940	0.0249	
	GJ 876	22 53 54.0	−14 12 16	1.60	4.702		GJ 876 c	30.340	0.2243	
	GJ 876	22 53 54.0	−14 12 16	1.60	4.702		GJ 876 d	1.937760		
216435		22 54 18.5	−48 32 14	0.62	33.29	+0.244	HD 216435 b	1311	0.070	10870
216437		22 55 26.6	−70 00 43	0.66	26.52	+0.225	HD 216437 b	1353	0.319	10605
216770		22 56 31.4	−26 35 52	0.82	37.89	+0.260	HD 216770 b	118.45	0.370	12672.0
217014	51 Peg	22 58 01.9	+20 49 51	0.67	15.36	+0.200	51 Peg b	4.230785	0.013	10001.51
	HAT-P-1	22 58 18.0	+38 44 09	0.60	155.0	+0.130	HAT-P-1 b	4.465290		
217107		22 58 51.1	−02 20 01	0.74	19.72	+0.389	HD 217107 b	7.127074	0.1290	
217107		22 58 51.1	−02 20 01	0.74	19.72	+0.389	HD 217107 c	4070	0.529	11133
219828		23 19 21.2	+18 42 31	0.65	81.10	+0.190	HD 219828 b	3.8335		13898.629
221287		23 31 59.0	−58 08 46	0.51	52.88	+0.0300	HD 221287 b	456.1	0.08	13263
	HAT-P-6	23 39 39.9	+42 31 47	0.67	261.0	−0.130	HAT-P-6 b	3.8529849		
222404	γ Cep	23 39 49.8	+77 41 47	1.03	13.79	+0.180	γ Cep b	905.0	0.120	
222582		23 42 26.9	−05 55 20	0.65	41.95	−0.0285	HD 222582 b	572.42	0.725	10706.6

Notes to Table

[1] Period of exoplanet in days.
[2] Eccentricity of exoplanet orbit.
[3] Julian date of periastron.

Name	Right Ascension	Declination	Type	L	Log (D_{25})	Log (R_{25})	P.A.	B_T^w	$B-V$	$U-B$	v_r
	h m s	° ′ ″					°				km/s
WLM	00 02 32	−15 23.3	IB(s)m	9.0	2.06	0.46	4	11.03	0.44	−0.21	− 118
NGC 0045	00 14 38.6	−23 07 02	SA(s)dm	7.3	1.93	0.16	142	11.32	0.71	−0.05	+ 468
NGC 0055	00 15 29	−39 08.1	SB(s)m: sp	5.6	2.51	0.76	108	8.42	0.55	+0.12	+ 124
NGC 0134	00 30 56.0	−33 10 51	SAB(s)bc	3.7	1.93	0.62	50	11.23	0.84	+0.23	+1579
NGC 0147	00 33 50.0	+48 34 19	dE5 pec		2.12	0.23	25	10.47	0.95		− 160
NGC 0185	00 39 36.0	+48 24 00	dE3 pec		2.07	0.07	35	10.10	0.92	+0.39	− 251
NGC 0205	00 40 59.8	+41 44 54	dE5 pec		2.34	0.30	170	8.92	0.85	+0.22	− 239
NGC 0221	00 43 19.6	+40 55 40	cE2		1.94	0.13	170	9.03	0.95	+0.48	− 205
NGC 0224	00 43 22.18	+41 19 54.7	SA(s)b	2.2	3.28	0.49	35	4.36	0.92	+0.50	− 298
NGC 0247	00 47 42.6	−20 41 50	SAB(s)d	6.8	2.33	0.49	174	9.67	0.56	−0.09	+ 159
NGC 0253	00 48 07.01	−25 13 31.9	SAB(s)c	3.3	2.44	0.61	52	8.04	0.85	+0.38	+ 250
SMC	00 53 02	−72 44.3	SB(s)m pec	7.0	3.50	0.23	45	2.70	0.45	−0.20	+ 175
NGC 0300	00 55 26.0	−37 37 19	SA(s)d	6.2	2.34	0.15	111	8.72	0.59	+0.11	+ 141
Sculptor	01 00 42	−33 38.8	dSph		[2.06]	0.17	99	9.5:	0.7		+ 107
IC 1613	01 05 24	+02 10.9	IB(s)m	9.5	2.21	0.05	50	9.88	0.67		− 230
NGC 0488	01 22 22.7	+05 19 01	SA(r)b	1.1	1.72	0.13	15	11.15	0.87	+0.35	+2267
NGC 0598	01 34 29.88	+30 43 07.7	SA(s)cd	4.3	2.85	0.23	23	6.27	0.55	−0.10	− 179
NGC 0613	01 34 50.07	−29 21 35.9	SB(rs)bc	3.0	1.74	0.12	120	10.73	0.68	+0.06	+1478
NGC 0628	01 37 18.9	+15 50 31	SA(s)c	1.1	2.02	0.04	25	9.95	0.56		+ 655
NGC 0672	01 48 33.2	+27 29 23	SB(s)cd	5.4	1.86	0.45	65	11.47	0.58	−0.10	+ 420
NGC 0772	01 59 57.6	+19 03 48	SA(s)b	1.2	1.86	0.23	130	11.09	0.78	+0.26	+2457
NGC 0891	02 23 16.7	+42 24 04	SA(s)b? sp	4.5	2.13	0.73	22	10.81	0.88	+0.27	+ 528
NGC 0908	02 23 36.5	−21 10 55	SA(s)c	1.5	1.78	0.36	75	10.83	0.65	0.00	+1499
NGC 0925	02 27 58.4	+33 37 48	SAB(s)d	4.3	2.02	0.25	102	10.69	0.57		+ 553
Fornax	02 40 28	−34 24.1	dSph		[2.26]	0.18	82	8.4:	0.62	+0.04	+ 53
NGC 1023	02 41 07.4	+39 06 43	SB(rs)0⁻		1.94	0.47	87	10.35	1.00	+0.56	+ 632
NGC 1055	02 42 20.6	+00 29 31	SBb: sp	3.9	1.88	0.45	105	11.40	0.81	+0.19	+ 995
NGC 1068	02 43 16.08	+00 02 07.1	(R)SA(rs)b	2.3	1.85	0.07	70	9.61	0.74	+0.09	+1135
NGC 1097	02 46 48.39	−30 13 36.8	SB(s)b	2.2	1.97	0.17	130	10.23	0.75	+0.23	+1274
NGC 1187	03 03 08.3	−22 49 21	SB(r)c	2.1	1.74	0.13	130	11.34	0.56	−0.05	+1397
NGC 1232	03 10 16.5	−20 32 09	SAB(rs)c	2.0	1.87	0.06	108	10.52	0.63	0.00	+1683
NGC 1291	03 17 43.7	−41 03 58	(R)SB(s)0/a		1.99	0.08		9.39	0.93	+0.46	+ 836
NGC 1313	03 18 24.4	−66 27 25	SB(s)d	7.0	1.96	0.12		9.2	0.49	−0.24	+ 456
NGC 1300	03 20 12.3	−19 22 12	SB(rs)bc	1.1	1.79	0.18	106	11.11	0.68	+0.11	+1568
NGC 1316	03 23 08.06	−37 10 03.1	SAB(s)0⁰ pec		2.08	0.15	50	9.42	0.89	+0.39	+1793
NGC 1344	03 28 47.8	−31 01 44	E5		1.78	0.24	165	11.27	0.88	+0.44	+1169
NGC 1350	03 31 35.3	−33 35 23	(R′)SB(r)ab	3.0	1.72	0.27	0	11.16	0.87	+0.34	+1883
NGC 1365	03 34 02.8	−36 06 08	SB(s)b	1.3	2.05	0.26	32	10.32	0.69	+0.16	+1663
NGC 1399	03 38 55.5	−35 24 50	E1 pec		1.84	0.03		10.55	0.96	+0.50	+1447
NGC 1395	03 38 59.7	−22 59 26	E2		1.77	0.12		10.55	0.96	+0.58	+1699
NGC 1398	03 39 21.3	−26 18 03	(R′)SB(r)ab	1.1	1.85	0.12	100	10.57	0.90	+0.43	+1407
NGC 1433	03 42 23.2	−47 11 09	(R′)SB(r)ab	2.7	1.81	0.04		10.70	0.79	+0.21	+1067
NGC 1425	03 42 39.6	−29 51 26	SA(s)b	3.2	1.76	0.35	129	11.29	0.68	+0.11	+1508
NGC 1448	03 44 54.7	−44 36 33	SAcd: sp	4.4	1.88	0.65	41	11.40	0.72	+0.01	+1165
IC 342	03 47 55.8	+68 07 53	SAB(rs)cd	2.0	2.33	0.01		9.10			+ 32

Name	Right Ascension	Declination	Type	L	Log (D_{25})	Log (R_{25})	P.A.	B_T^w	$B-V$	$U-B$	v_r
	h m s	° ′ ″					°				km/s
NGC 1512	04 04 16.9	−43 19 04	SB(r)a	1.1	1.95	0.20	90	11.13	0.81	+0.17	+ 889
IC 356	04 08 59.1	+69 50 33	SA(s)ab pec		1.72	0.13	90	11.39	1.32	+0.76	+ 888
NGC 1532	04 12 30.8	−32 50 43	SB(s)b pec sp	1.9	2.10	0.58	33	10.65	0.80	+0.15	+1187
NGC 1566	04 20 16.0	−54 54 40	SAB(s)bc	1.7	1.92	0.10	60	10.33	0.60	−0.04	+1492
NGC 1672	04 45 53.7	−59 13 38	SB(s)b	3.1	1.82	0.08	170	10.28	0.60	+0.01	+1339
NGC 1792	05 05 38.1	−37 57 56	SA(rs)bc	4.0	1.72	0.30	137	10.87	0.68	+0.08	+1224
NGC 1808	05 08 06.20	−37 29 54.3	(R)SAB(s)a		1.81	0.22	133	10.76	0.82	+0.29	+1006
LMC	05 23.5	−69 44	SB(s)m	5.8	3.81	0.07	170	0.91	0.51	0.00	+ 313
NGC 2146	06 20 27.6	+78 21 04	SB(s)ab pec	3.4	1.78	0.25	56	11.38	0.79	+0.29	+ 890
Carina	06 41 54	−50 58.7	dSph		[2.25]	0.17	65	11.5:	0.7:		+ 223
NGC 2280	06 45 16.6	−27 39 04	SA(s)cd	2.2	1.80	0.31	163	10.9	0.60	+0.15	+1906
NGC 2336	07 29 01.3	+80 09 15	SAB(r)bc	1.1	1.85	0.26	178	11.05	0.62	+0.06	+2200
NGC 2366	07 30 08.1	+69 11 33	IB(s)m	8.7	1.91	0.39	25	11.43	0.58		+ 99
NGC 2442	07 36 21.6	−69 33 24	SAB(s)bc pec	2.5	1.74	0.05		11.24	0.82	+0.23	+1448
NGC 2403	07 37 56.7	+65 34 30	SAB(s)cd	5.4	2.34	0.25	127	8.93	0.47		+ 130
Holmberg II	08 20 17	+70 40.7	Im	8.0	1.90	0.10	15	11.10	0.44		+ 157
NGC 2613	08 33 53.1	−23 00 47	SA(s)b	3.0	1.86	0.61	113	11.16	0.91	+0.38	+1677
NGC 2683	08 53 24.1	+33 22 38	SA(rs)b	4.0	1.97	0.63	44	10.64	0.89	+0.27	+ 405
NGC 2768	09 12 30.7	+59 59 24	E6:		1.91	0.28	95	10.84	0.97	+0.46	+1335
NGC 2784	09 12 50.2	−24 13 12	SA(s)0⁰:		1.74	0.39	73	11.30	1.14	+0.72	+ 691
NGC 2835	09 18 24.2	−22 24 12	SB(rs)c	1.8	1.82	0.18	8	11.01	0.49	−0.12	+ 887
NGC 2841	09 22 50.06	+50 55 37.6	SA(r)b:	.5	1.91	0.36	147	10.09	0.87	+0.34	+ 637
NGC 2903	09 32 49.1	+21 27 00	SAB(rs)bc	2.3	2.10	0.32	17	9.68	0.67	+0.06	+ 556
NGC 2997	09 46 08.9	−31 14 39	SAB(rs)c	1.6	1.95	0.12	110	10.06	0.7	+0.3	+1087
NGC 2976	09 48 11.3	+67 51 46	SAc pec	6.8	1.77	0.34	143	10.82	0.66	0.00	+ 3
NGC 3031	09 56 29.186	+69 00 37.50	SA(s)ab	2.2	2.43	0.28	157	7.89	0.95	+0.48	− 36
NGC 3034	09 56 49.1	+69 37 29	I0		2.05	0.42	65	9.30	0.89	+0.31	+ 216
NGC 3109	10 03 43.9	−26 12 50	SB(s)m	8.2	2.28	0.71	93	10.39			+ 404
NGC 3077	10 04 13.6	+68 40 41	I0 pec		1.73	0.08	45	10.61	0.76	+0.14	+ 13
NGC 3115	10 05 48.4	−07 46 29	S0⁻		1.86	0.47	43	9.87	0.97	+0.54	+ 661
Leo I	10 09 04.4	+12 15 03	dSph		[1.82]	0.10	79	10.7	0.6	+0.1:	+ 285
Sextans	10 13.6	−01 40	dSph		[2.52]	0.91	56	11.0:			+ 224
NGC 3184	10 18 58.1	+41 21 59	SAB(rs)cd	3.5	1.87	0.03	135	10.36	0.58	−0.03	+ 591
NGC 3198	10 20 37.0	+45 29 31	SB(rs)c	2.6	1.93	0.41	35	10.87	0.54	−0.04	+ 663
NGC 3227	10 24 08.20	+19 48 23.7	SAB(s)a pec	3.5	1.73	0.17	155	11.1	0.82	+0.27	+1156
IC 2574	10 29 11.8	+68 21 11	SAB(s)m	8.0	2.12	0.39	50	10.80	0.44		+ 46
NGC 3319	10 39 49.6	+41 37 36	SB(rs)cd	3.8	1.79	0.26	37	11.48	0.41		+ 746
NGC 3344	10 44 08.8	+24 51 42	(R)SAB(r)bc	1.9	1.85	0.04		10.45	0.59	−0.07	+ 585
NGC 3351	10 44 34.1	+11 38 35	SB(r)b	3.3	1.87	0.17	13	10.53	0.80	+0.18	+ 777
NGC 3359	10 47 21.7	+63 09 48	SB(rs)c	3.0	1.86	0.22	170	11.03	0.46	−0.20	+1012
NGC 3368	10 47 22.07	+11 45 33.2	SAB(rs)ab	3.4	1.88	0.16	5	10.11	0.86	+0.31	+ 897
NGC 3377	10 48 18.8	+13 55 29	E5−6		1.72	0.24	35	11.24	0.86	+0.31	+ 692
NGC 3379	10 48 26.0	+12 31 15	E1		1.73	0.05		10.24	0.96	+0.53	+ 889
NGC 3384	10 48 53.3	+12 34 06	SB(s)0⁻:		1.74	0.34	53	10.85	0.93	+0.44	+ 735
NGC 3486	11 01 01.4	+28 54 47	SAB(r)c	2.6	1.85	0.13	80	11.05	0.52	−0.16	+ 681

Name	Right Ascension	Declination	Type	L	Log (D_{25})	Log (R_{25})	P.A.	B_T^w	$B-V$	$U-B$	v_r
	h m s	° ′ ″					°				km/s
NGC 3521	11 06 23.94	−00 05 53.2	SAB(rs)bc	3.6	2.04	0.33	163	9.83	0.81	+0.23	+ 804
NGC 3556	11 12 10.9	+55 36 43	SB(s)cd	5.7	1.94	0.59	80	10.69	0.66	+0.07	+ 694
NGC 3621	11 18 50.1	−32 52 37	SA(s)d	5.8	2.09	0.24	159	10.28	0.62	−0.08	+ 725
NGC 3623	11 19 31.9	+13 01 45	SAB(rs)a	3.3	1.99	0.53	174	10.25	0.92	+0.45	+ 806
NGC 3627	11 20 50.97	+12 55 42.3	SAB(s)b	3.0	1.96	0.34	173	9.65	0.73	+0.20	+ 726
NGC 3628	11 20 53.0	+13 31 33	Sb pec sp	4.5	2.17	0.70	104	10.28	0.80		+ 846
NGC 3631	11 21 41.7	+53 06 23	SA(s)c	1.8	1.70	0.02		11.01	0.58		+1157
NGC 3675	11 26 46.0	+43 31 20	SA(s)b	3.3	1.77	0.28	178	11.00			+ 766
NGC 3726	11 33 58.4	+46 57 56	SAB(r)c	2.2	1.79	0.16	10	10.91	0.49		+ 849
NGC 3923	11 51 36.8	−28 52 12	E4−5		1.77	0.18	50	10.8	1.00	+0.61	+1668
NGC 3938	11 53 25.2	+44 03 25	SA(s)c	1.1	1.73	0.04		10.90	0.52	−0.10	+ 808
NGC 3953	11 54 24.8	+52 15 46	SB(r)bc	1.8	1.84	0.30	13	10.84	0.77	+0.20	+1053
NGC 3992	11 58 11.6	+53 18 39	SB(rs)bc	1.1	1.88	0.21	68	10.60	0.77	+0.20	+1048
NGC 4038	12 02 28.3	−18 55 57	SB(s)m pec	4.2	1.72	0.23	80	10.91	0.65	−0.19	+1626
NGC 4039	12 02 29.0	−18 57 00	SB(s)m pec	5.3	1.72	0.29	171	11.10			+1655
NGC 4051	12 03 44.75	+44 28 02.3	SAB(rs)bc	3.3	1.72	0.13	135	10.83	0.65	−0.04	+ 720
NGC 4088	12 06 09.1	+50 28 32	SAB(rs)bc	3.9	1.76	0.41	43	11.15	0.59	−0.05	+ 758
NGC 4096	12 06 36.0	+47 24 51	SAB(rs)c	4.2	1.82	0.57	20	11.48	0.63	+0.01	+ 564
NGC 4125	12 08 40.1	+65 06 37	E6 pec		1.76	0.26	95	10.65	0.93	+0.49	+1356
NGC 4151	12 11 07.35	+39 20 30.6	(R′)SAB(rs)ab:		1.80	0.15	50	11.28	0.73	−0.17	+ 992
NGC 4192	12 14 23.4	+14 50 12	SAB(s)ab	2.9	1.99	0.55	155	10.95	0.81	+0.30	− 141
NGC 4214	12 16 14.0	+36 15 46	IAB(s)m	5.8	1.93	0.11		10.24	0.46	−0.31	+ 291
NGC 4216	12 16 29.5	+13 05 08	SAB(s)b:	3.0	1.91	0.66	19	10.99	0.98	+0.52	+ 129
NGC 4236	12 17 16	+69 23.7	SB(s)dm	7.6	2.34	0.48	162	10.05	0.42		0
NGC 4244	12 18 04.1	+37 44 37	SA(s)cd: sp	7.0	2.22	0.94	48	10.88	0.50		+ 242
NGC 4242	12 18 04.2	+45 33 19	SAB(s)dm	6.2	1.70	0.12	25	11.37	0.54		+ 517
NGC 4254	12 19 24.6	+14 21 10	SA(s)c	1.5	1.73	0.06		10.44	0.57	+0.01	+2407
NGC 4258	12 19 31.49	+47 14 24.6	SAB(s)bc	3.5	2.27	0.41	150	9.10	0.69		+ 449
NGC 4274	12 20 25.21	+29 33 02.9	(R)SB(r)ab	4.0	1.83	0.43	102	11.34	0.93	+0.44	+ 929
NGC 4293	12 21 47.69	+18 19 08.1	(R)SB(s)0/a		1.75	0.34	72	11.26	0.90		+ 943
NGC 4303	12 22 30.15	+04 24 35.7	SAB(rs)bc	2.0	1.81	0.05		10.18	0.53	−0.11	+1569
NGC 4321	12 23 29.8	+15 45 31	SAB(s)bc	1.1	1.87	0.07	30	10.05	0.70	−0.01	+1585
NGC 4365	12 25 03.5	+07 15 15	E3		1.84	0.14	40	10.52	0.96	+0.50	+1227
NGC 4374	12 25 38.718	+12 49 24.09	E1		1.81	0.06	135	10.09	0.98	+0.53	+ 951
NGC 4382	12 25 58.9	+18 07 39	SA(s)0$^+$ pec		1.85	0.11		10.00	0.89	+0.42	+ 722
NGC 4395	12 26 23.1	+33 29 00	SA(s)m:	7.3	2.12	0.08	147	10.64	0.46		+ 319
NGC 4406	12 26 46.73	+12 52 57.4	E3		1.95	0.19	130	9.83	0.93	+0.49	− 248
NGC 4429	12 28 01.6	+11 02 38	SA(r)0$^+$		1.75	0.34	99	11.02	0.98	+0.55	+1137
NGC 4438	12 28 20.50	+12 56 43.6	SA(s)0/a pec:		1.93	0.43	27	11.02	0.85	+0.35	+ 64
NGC 4449	12 28 44.6	+44 01 48	IBm	6.7	1.79	0.15	45	9.99	0.41	−0.35	+ 202
NGC 4450	12 29 04.35	+17 01 17.5	SA(s)ab	1.5	1.72	0.13	175	10.90	0.82		+1956
NGC 4472	12 30 21.83	+07 56 12.9	E2		2.01	0.09	155	9.37	0.96	+0.55	+ 912
NGC 4490	12 31 09.7	+41 34 47	SB(s)d pec	5.4	1.80	0.31	125	10.22	0.43	−0.19	+ 578
NGC 4486	12 31 24.329	+12 19 39.70	E+0−1 pec		1.92	0.10		9.59	0.96	+0.57	+1282
NGC 4501	12 32 33.96	+14 21 25.3	SA(rs)b	2.4	1.84	0.27	140	10.36	0.73	+0.24	+2279

Name	Right Ascension	Declination	Type	L	Log (D$_{25}$)	Log (R$_{25}$)	P.A.	B_T^w	$B-V$	$U-B$	v_r
	h m s	° ′ ″					°				km/s
NGC 4517	12 33 21.0	+00 03 05	SA(s)cd: sp	5.6	2.02	0.83	83	11.10	0.71		+1121
NGC 4526	12 34 38.05	+07 38 09.7	SAB(s)0°:		1.86	0.48	113	10.66	0.96	+0.53	+ 460
NGC 4527	12 34 43.71	+02 35 26.4	SAB(s)bc	3.3	1.79	0.47	67	11.38	0.86	+0.21	+1733
NGC 4535	12 34 55.32	+08 08 04.2	SAB(s)c	1.6	1.85	0.15	0	10.59	0.63	−0.01	+1957
NGC 4536	12 35 02.4	+02 07 28	SAB(rs)bc	2.0	1.88	0.37	130	11.16	0.61	−0.02	+1804
NGC 4548	12 36 01.1	+14 25 59	SB(rs)b	2.3	1.73	0.10	150	10.96	0.81	+0.29	+ 486
NGC 4552	12 36 14.7	+12 29 34	E0−1		1.71	0.04		10.73	0.98	+0.56	+ 311
NGC 4559	12 36 31.8	+27 53 48	SAB(rs)cd	4.3	2.03	0.39	150	10.46	0.45		+ 814
NGC 4565	12 36 54.96	+25 55 28.0	SA(s)b? sp	1.0	2.20	0.87	136	10.42	0.84		+1225
NGC 4569	12 37 24.57	+13 05 59.2	SAB(rs)ab	2.4	1.98	0.34	23	10.26	0.72	+0.30	− 236
NGC 4579	12 38 18.36	+11 45 18.4	SAB(rs)b	3.1	1.77	0.10	95	10.48	0.82	+0.32	+1521
NGC 4605	12 40 29.7	+61 32 46	SB(s)c pec	5.7	1.76	0.42	125	10.89	0.56	−0.08	+ 143
NGC 4594	12 40 35.346	−11 41 09.89	SA(s)a		1.94	0.39	89	8.98	0.98	+0.53	+1089
NGC 4621	12 42 37.1	+11 35 02	E5		1.73	0.16	165	10.57	0.94	+0.48	+ 430
NGC 4631	12 42 41.6	+32 28 42	SB(s)d	5.0	2.19	0.76	86	9.75	0.56		+ 608
NGC 4636	12 43 25.0	+02 37 30	E0−1		1.78	0.11	150	10.43	0.94	+0.44	+1017
NGC 4649	12 44 14.8	+11 29 23	E2		1.87	0.09	105	9.81	0.97	+0.60	+1114
NGC 4656	12 44 32.0	+32 06 33	SB(s)m pec	7.0	2.18	0.71	33	10.96	0.44		+ 640
NGC 4697	12 49 11.5	−05 51 47	E6		1.86	0.19	70	10.14	0.91	+0.39	+1236
NGC 4725	12 51 00.4	+25 26 19	SAB(r)ab pec	2.4	2.03	0.15	35	10.11	0.72	+0.34	+1205
NGC 4736	12 51 25.45	+41 03 28.3	(R)SA(r)ab	3.0	2.05	0.09	105	8.99	0.75	+0.16	+ 308
NGC 4753	12 52 57.5	−01 15 42	I0		1.78	0.33	80	10.85	0.90	+0.41	+1237
NGC 4762	12 53 30.7	+11 10 06	SB(r)0°? sp		1.94	0.72	32	11.12	0.86	+0.40	+ 979
NGC 4826	12 57 17.5	+21 37 16	(R)SA(rs)ab	3.5	2.00	0.27	115	9.36	0.84	+0.32	+ 411
NGC 4945	13 06 08.0	−49 31 47	SB(s)cd: sp	6.7	2.30	0.72	43	9.3			+ 560
NGC 4976	13 09 18.2	−49 34 01	E4 pec:		1.75	0.28	161	11.04	1.01	+0.44	+1453
NGC 5005	13 11 28.07	+36 59 53.3	SAB(rs)bc	3.3	1.76	0.32	65	10.61	0.80	+0.31	+ 948
NGC 5033	13 13 59.25	+36 31 59.4	SA(s)c	2.2	2.03	0.33	170	10.75	0.55		+ 877
NGC 5055	13 16 20.2	+41 58 08	SA(rs)bc	3.9	2.10	0.24	105	9.31	0.72		+ 504
NGC 5068	13 19 32.1	−21 05 57	SAB(rs)cd	4.7	1.86	0.06	110	10.7	0.67		+ 671
NGC 5102	13 22 37.0	−36 41 25	SA0⁻		1.94	0.49	48	10.35	0.72	+0.23	+ 468
NGC 5128	13 26 08.226	−43 04 43.30	E1/S0 + S pec		2.41	0.11	35	7.84	1.00		+ 559
NGC 5194	13 30 21.73	+47 08 09.7	SA(s)bc pec	1.8	2.05	0.21	163	8.96	0.60	−0.06	+ 463
NGC 5195	13 30 28.6	+47 12 25	I0 pec		1.76	0.10	79	10.45	0.90	+0.31	+ 484
NGC 5236	13 37 39.4	−29 55 23	SAB(s)c	2.8	2.11	0.05		8.20	0.66	+0.03	+ 514
NGC 5248	13 38 06.41	+08 49 38.1	SAB(rs)bc	1.8	1.79	0.14	110	10.97	0.65	+0.05	+1153
NGC 5247	13 38 40.48	−17 56 31.8	SA(s)bc	1.8	1.75	0.06	20	10.5	0.54	−0.11	+1357
NGC 5253	13 40 35.35	−31 41 53.3	Pec		1.70	0.41	45	10.87	0.43	−0.24	+ 404
NGC 5322	13 49 38.30	+60 08 01.1	E3−4		1.77	0.18	95	11.14	0.91	+0.47	+1915
NGC 5364	13 56 46.7	+04 57 32	SA(rs)bc pec	1.1	1.83	0.19	30	11.17	0.64	+0.07	+1241
NGC 5457	14 03 36.9	+54 17 37	SAB(rs)cd	1.1	2.46	0.03		8.31	0.45		+ 240
NGC 5585	14 20 10.0	+56 40 36	SAB(s)d	7.6	1.76	0.19	30	11.20	0.46	−0.22	+ 304
NGC 5566	14 20 54.8	+03 52 54	SB(r)ab	3.6	1.82	0.48	35	11.46	0.91	+0.45	+1505
NGC 5746	14 45 30.9	+01 54 24	SAB(rs)b? sp	4.5	1.87	0.75	170	11.29	0.97	+0.42	+1722
Ursa Minor	15 09 09	+67 11.0	dSph		[2.50]	0.35	53	11.5:	0.9?		− 250

Name	Right Ascension	Declination	Type	L	Log (D_{25})	Log (R_{25})	P.A.	B_T^w	$B-V$	$U-B$	v_r
	h m s	° ′ ″					°				km/s
NGC 5907	15 16 11.6	+56 17 13	SA(s)c: sp	3.0	2.10	0.96	155	11.12	0.78	+0.15	+ 666
NGC 6384	17 32 57.8	+07 03 10	SAB(r)bc	1.1	1.79	0.18	30	11.14	0.72	+0.23	+1667
NGC 6503	17 49 19.3	+70 08 29	SA(s)cd	5.2	1.85	0.47	123	10.91	0.68	+0.03	+ 43
Sgr Dw Sph	18 55.9	−30 29	dSph		[4.26]	0.42	104	4.3:	0.7?		+ 140
NGC 6744	19 10 51.3	−63 50 16	SAB(r)bc	3.3	2.30	0.19	15	9.14			+ 838
NGC 6822	19 45 36	−14 46.6	IB(s)m	8.5	2.19	0.06	5	9.0	0.79	+0.04:	− 54
NGC 6946	20 35 06.80	+60 11 38.6	SAB(rs)cd	2.3	2.06	0.07		9.61	0.80		+ 50
NGC 7090	21 37 16.6	−54 30 17	SBc? sp		1.87	0.77	127	11.33	0.61	−0.02	+ 854
IC 5152	22 03 26.3	−51 14 24	IA(s)m	8.4	1.72	0.21	100	11.06			+ 120
IC 5201	22 21 39.4	−45 58 39	SB(rs)cd	5.1	1.93	0.34	33	11.3			+ 914
NGC 7331	22 37 35.71	+34 28 32.3	SA(s)b	2.2	2.02	0.45	171	10.35	0.87	+0.30	+ 821
NGC 7410	22 55 39.8	−39 36 00	SB(s)a		1.72	0.51	45	11.24	0.93	+0.45	+1751
IC 1459	22 57 49.01	−36 24 02.1	E3−4		1.72	0.14	40	10.97	0.98	+0.51	+1691
IC 5267	22 57 52.8	−43 20 04	SA(rs)0/a		1.72	0.13	140	11.43	0.89	+0.37	+1713
NGC 7424	22 57 57.4	−41 00 32	SAB(rs)cd	4.0	1.98	0.07		10.96	0.48	−0.15	+ 941
NGC 7582	23 19 01.6	−42 18 28	(R′)SB(s)ab		1.70	0.38	157	11.37	0.75	+0.25	+1573
IC 5332	23 35 04.0	−36 02 15	SA(s)d	3.9	1.89	0.10		11.09			+ 706
NGC 7793	23 58 25.2	−32 31 38	SA(s)d	6.9	1.97	0.17	98	9.63	0.54	−0.09	+ 228

Alternate Names for Some Galaxies

Leo I	Regulus Dwarf
LMC	Large Magellanic Cloud
NGC 224	Andromeda Galaxy, M31
NGC 598	Triangulum Galaxy, M33
NGC 1068	M77, 3C 71
NGC 1316	Fornax A
NGC 3034	M82, 3C 231
NGC 4038/9	The Antennae
NGC 4374	M84, 3C 272.1
NGC 4486	Virgo A, M87, 3C 274
NGC 4594	Sombrero Galaxy, M104
NGC 4826	Black Eye Galaxy, M64
NGC 5055	Sunflower Galaxy, M63
NGC 5128	Centaurus A
NGC 5194	Whirlpool Galaxy, M51
NGC 5457	Pinwheel Galaxy, M101/2
NGC 6822	Barnard's Galaxy
Sgr Dw Sph	Sagittarius Dwarf Spheroidal Galaxy
SMC	Small Magellanic Cloud, NGC 292
WLM	Wolf-Lundmark-Melotte Galaxy

IAU Designation	Name	RA	Dec.	Appt. Diam.	Dist.	Log (age)	Mag. Mem.[1]	$E_{(B-V)}$	Metal-licity	Trumpler Class
		h m s	° ′ ″	′	pc	yr				
C0001−302	Blanco 1	00 04 42	−29 46 10	70.0	269	7.796	8	0.010	+0.04	IV 3 m
C0022+610	NGC 103	00 25 54	+61 23 13	4.0	3026	8.126	11	0.406		II 1 m
C0027+599	NGC 129	00 30 39	+60 16 54	19.0	1625	7.886	11	0.548		III 2 m
C0029+628	King 14	00 32 43	+63 13 08	8.0	2960	7.9	10	0.34		III 1 p
C0030+630	NGC 146	00 33 38	+63 23 51	5.5	3470	7.11		0.55		II 2 p
C0036+608	NGC 189	00 40 15	+61 09 29	5.0	752	7.00		0.42		III 1 p
C0040+615	NGC 225	00 44 20	+61 50 16	12.0	657	8.114		0.274		III 1 pn
C0039+850	NGC 188	00 48 42	+85 19 03	17.0	2047	9.632	10	0.082	−0.010	I 2 r
C0048+579	King 2	00 51 41	+58 14 45	5.0	5750	9.78	17	0.31	−0.42	II 2 m
	IC 1590	00 53 30	+56 41 26	4.0	2940	6.54		0.32		
C0112+598	NGC 433	01 15 55	+60 11 14	2.0	2323	7.50	9	0.86		III 2 p
C0112+585	NGC 436	01 16 42	+58 52 20	5.0	3014	7.926	10	0.460		I 2 m
C0115+580	NGC 457	01 20 19	+58 20 49	20.0	2429	7.324	6	0.472		II 3 r
C0126+630	NGC 559	01 30 22	+63 21 47	10.4	2170	8.8	9	0.680		I 1 m
C0129+604	NGC 581	01 34 09	+60 42 31	5.0	2194	7.336	9	0.382		II 2 m
C0132+610	Trumpler 1	01 36 29	+61 20 31	3.0	2563	7.60	10	0.582		II 2 p
C0139+637	NGC 637	01 43 53	+64 05 51	3.0	2500	7.0	8	0.64		I 2 m
C0140+616	NGC 654	01 44 48	+61 56 33	5.0	2410	7.0	10	0.82		II 2 r
C0140+604	NGC 659	01 45 11	+60 43 51	5.0	1938	7.548	10	0.652		I 2 m
C0144+717	Collinder 463	01 46 41	+71 52 02	57.0	702	8.373		0.259		III 2 m
C0142+610	NGC 663	01 46 57	+61 17 32	14.0	2420	7.4	9	0.80		II 3 r
C0149+615	IC 166	01 53 19	+61 53 23	7.0	4800	9.0	17	0.80	−0.178	II 1 r
C0154+374	NGC 752	01 58 22	+37 50 26	75.0	457	9.050	8	0.034	−0.088	II 2 r
C0155+552	NGC 744	01 59 19	+55 31 44	5.0	1207	8.248	10	0.384		III 1 p
C0211+590	Stock 2	02 15 33	+59 32 17	60.0	303	8.23		0.38	−0.14	I 2 m
C0215+569	NGC 869	02 19 49	+57 10 51	18.0	2079	7.069	7	0.575	−0.3	I 3 r
C0218+568	NGC 884	02 23 12	+57 10 40	18.2	2940	7.1	7	0.56	−0.3	I 3 r
C0225+604	Markarian 6	02 30 32	+60 45 27	6.0	698	7.214	8	0.606		III 1 P
C0228+612	IC 1805	02 33 35	+61 30 01	20.0	2344	6.48	9	0.87		II 3 mn
C0233+557	Trumpler 2	02 37 43	+55 57 52	17.0	725	7.95		0.40		II 2 p
C0238+425	NGC 1039	02 42 50	+42 48 37	35.0	499	8.249	9	0.070	−0.07	II 3 r
C0238+613	NGC 1027	02 43 37	+61 40 55	6.2	1030	8.4	9	0.41		II 3 mn
C0247+602	IC 1848	02 52 06	+60 28 49	18.0	2002	6.840		0.598		I 3 pn
C0302+441	NGC 1193	03 06 42	+44 25 38	3.0	4571	9.7	14	0.19	−0.293	I 2 m
	NGC 1252	03 11 06	−57 43 25	8.0	790	9.45		0.00		
C0311+470	NGC 1245	03 15 30	+47 16 44	40.0	2800	9.02	12	0.68	+0.10	II 2 r
C0318+484	Melotte 20	03 25 09	+49 54 06	300.0	185	7.854	3	0.090		III 3 m
C0328+371	NGC 1342	03 32 23	+37 24 55	15.0	665	8.655	8	0.319	−0.16	III 2 m
C0341+321	IC 348	03 45 17	+32 11 56	8.0	385	7.641		0.929		
C0344+239	Melotte 22	03 47 41	+24 09 06	120.0	133	8.131	3	0.030	−0.03	I 3 rn
C0400+524	NGC 1496	04 05 25	+52 41 33	4.0	1230	8.80	12	0.45		III 2 p
C0403+622	NGC 1502	04 08 51	+62 21 42	8.0	1080	6.90	7	0.75		I 3 m
C0406+493	NGC 1513	04 10 48	+49 32 40	10.0	1320	8.11	11	0.67		II 1 m
C0411+511	NGC 1528	04 16 16	+51 14 35	16.0	1090	8.6	10	0.26		II 2 m
C0417+448	Berkeley 11	04 21 25	+44 56 36	5.0	2200	8.041	15	0.95		II 2 m
C0417+501	NGC 1545	04 21 49	+50 16 48	18.0	711	8.448	9	0.303	−0.060	IV 2 p
C0424+157	Melotte 25	04 27 33	+15 53 31	330.0	45	8.896	4	0.010	+0.13	
C0443+189	NGC 1647	04 46 35	+19 08 07	40.0	540	8.158	9	0.370		II 2 r
C0445+108	NGC 1662	04 49 05	+10 57 22	20.0	437	8.625	9	0.304	−0.095	II 3 m
C0447+436	NGC 1664	04 51 55	+43 41 38	9.0	1199	8.465	10	0.254		

IAU Designation	Name	RA	Dec.	Appt. Diam.	Dist.	Log (age)	Mag. Mem.[1]	$E_{(B-V)}$	Metal-licity	Trumpler Class
		h m s	° ′ ″	′	pc	yr				
C0504+369	NGC 1778	05 08 51	+37 02 15	8.0	1469	8.155		0.336		III 2 p
C0509+166	NGC 1817	05 12 55	+16 42 11	16.0	1972	8.612	9	0.334	−0.14	IV 2 r
C0518−685	NGC 1901	05 18 08	−68 26 18	10.0	460	8.78		0.03		III 3 m
C0519+333	NGC 1893	05 23 29	+33 25 19	25.0	6000	6.48		0.45		II 3 rn
C0520+295	Berkeley 19	05 24 50	+29 36 35	4.0	4831	9.49	15	0.40	−0.50	II 1 m
C0524+352	NGC 1907	05 28 51	+35 20 02	7.0	1800	8.5	11	0.52		I 1 mn
C0524+343	Stock 8	05 28 53	+34 25 56	12.0	2005	6.30		0.40		
C0525+358	NGC 1912	05 29 26	+35 51 25	20.0	1400	8.5	8	0.25		II 2 r
C0532+099	Collinder 69	05 35 44	+09 56 25	70.0	400	6.70		0.12		
C0532−059	NGC 1980	05 35 58	−05 54 30	20.0	500			0.00		III 3 mn
C0532+341	NGC 1960	05 37 04	+34 08 47	10.0	1330	7.4	9	0.22		I 3 r
C0536−026	Sigma Orionis	05 39 17	−02 35 39	10.0	399	7.11		0.05		III 1 p
C0535+379	Stock 10	05 39 47	+37 56 21	25.0	380	8.35		0.065		IV 2 p
C0546+336	King 8	05 50 10	+33 38 10	4.0	6403	8.618	15	0.580	−0.460	II 2 m
C0548+217	Berkeley 21	05 52 23	+21 47 08	5.0	5000	9.34	6	0.76	−0.835	I 2
C0549+325	NGC 2099	05 53 03	+32 33 19	14.0	1383	8.540	11	0.302	+0.089	I 2 r
C0600+104	NGC 2141	06 03 33	+10 26 45	10.0	4033	9.231	15	0.250	−0.18	I 2 r
C0601+240	IC 2157	06 05 32	+24 03 16	5.0	2040	7.800	12	0.548		II 1 p
C0604+241	NGC 2158	06 08 07	+24 05 40	5.0	5071	9.023	15	0.360	−0.25	
C0605+139	NGC 2169	06 09 03	+13 57 45	5.0	1052	7.067		0.199		III 3 m
C0605+243	NGC 2168	06 09 36	+24 19 51	40.0	912	8.25	8	0.20	−0.160	III 3 r
C0606+203	NGC 2175	06 10 20	+20 29 02	22.0	1627	6.953	8	0.598		III 3 rn
C0609+054	NGC 2186	06 12 44	+05 27 17	5.0	1445	7.738	12	0.272		II 2 m
C0611+128	NGC 2194	06 14 24	+12 48 10	9.0	3781	8.515	13	0.383		II 2 r
C0613−186	NGC 2204	06 16 03	−18 40 10	10.0	2629	8.896	13	0.085	−0.32	II 2 r
C0618−072	NGC 2215	06 21 22	−07 17 21	7.0	1293	8.369	11	0.300		II 2 m
C0624−047	NGC 2232	06 27 49	−04 45 58	53.0	359	7.727		0.030		III 2 p
C0627−312	NGC 2243	06 30 00	−31 17 30	5.0	4458	9.032		0.051	−0.49	I 2 r
C0629+049	NGC 2244	06 32 32	+04 55 58	29.0	1445	6.896	7	0.463		II 3 rn
C0632+084	NGC 2251	06 35 16	+08 21 25	10.0	1329	8.427		0.186	+0.25	III 2 m
C0634+094	Trumpler 5	06 37 20	+09 25 23	15.4	2400	9.70	17	0.60	−0.30	III 1 rn
C0635+020	Collinder 110	06 39 00	+02 00 21	18.0	1950	9.15		0.50		
C0638+099	NGC 2264	06 41 36	+09 53 01	39.0	667	6.954	5	0.051	−0.15	III 3 mn
C0640+270	NGC 2266	06 44 02	+26 57 28	5.0	3400	8.80	11	0.10		II 2 m
C0644−206	NGC 2287	06 46 31	−20 46 10	39.0	710	8.4	8	0.01	+0.040	I 3 r
C0645+411	NGC 2281	06 49 05	+41 03 53	25.0	558	8.554	8	0.063	+0.13	I 3 m
C0649+005	NGC 2301	06 52 20	+00 26 44	14.0	870	8.2	8	0.03	+0.060	I 3 r
C0649−070	NGC 2302	06 52 28	−07 05 52	5.0	1500	7.08	12	0.23		III 2 m
C0649+030	Berkeley 28	06 52 48	+02 55 08	3.0	2557	7.846	15	0.761		I 1 p
C0655+065	Berkeley 32	06 58 43	+06 25 02	6.0	3100	9.53	14	0.16	−0.29	II 2 r
C0700−082	NGC 2323	07 03 15	−08 24 03	14.0	950	8.0	9	0.20		II 3 r
C0701+011	NGC 2324	07 04 43	+01 01 38	10.6	3800	8.65	12	0.25	−0.17	II 2 r
C0704−100	NGC 2335	07 07 22	−10 02 49	6.0	1417	8.210	10	0.393	−0.030	III 2 mn
C0705−105	NGC 2343	07 08 39	−10 38 08	5.0	1056	7.104	8	0.118	−0.30	II 2 pn
C0706−130	NGC 2345	07 08 50	−13 12 44	12.0	2251	7.853	9	0.616		II 3 r
C0712−256	NGC 2354	07 14 38	−25 42 38	18.0	4085	8.126		0.307		III 2 r
C0712−102	NGC 2353	07 15 03	−10 17 14	18.0	1119	7.974	9	0.072		III 3 p
C0712−310	Collinder 132	07 15 47	−30 42 15	80.0	472	7.080		0.037		III 3 p
C0714+138	NGC 2355	07 17 38	+13 43 44	7.0	2200	8.85	13	0.12	−0.07	II 2 m
C0715−367	Collinder 135	07 17 41	−36 50 16	50.0	316	7.407		0.032		

IAU Designation	Name	RA	Dec.	Appt. Diam.	Dist.	Log (age)	Mag. Mem.[1]	$E_{(B-V)}$	Metallicity	Trumpler Class
		h m s	o ' "	'	pc	yr				
C0715−155	NGC 2360	07 18 14	−15 39 47	13.0	1887	8.749		0.111	−0.03	I 3 r
C0716−248	NGC 2362	07 19 10	−24 58 36	5.0	1480	6.70	8	0.10		I 3 r
C0717−130	Haffner 6	07 20 38	−13 09 19	6.0	3054	8.826	16	0.450		IV 2 rn
C0721−131	NGC 2374	07 24 28	−13 17 11	12.0	1468	8.463		0.090		IV 2 p
C0722−321	Collinder 140	07 24 53	−31 52 23	60.0	405	7.548		0.030	−0.10	III 3 m
C0722−261	Ruprecht 18	07 25 07	−26 14 23	7.0	1056	7.648		0.700	−0.010	
C0722−209	NGC 2384	07 25 40	−21 02 42	5.0	2900	7.08		0.29		IV 3 p
C0724−476	Melotte 66	07 26 43	−47 41 25	14.0	4313	9.445		0.143	−0.33	II 1 r
C0731−153	NGC 2414	07 33 43	−15 28 43	5.0	3455	6.976		0.508		I 3 m
C0734−205	NGC 2421	07 36 43	−20 38 16	6.0	2200	7.90	11	0.42		I 2 r
C0734−143	NGC 2422	07 37 07	−14 30 35	25.0	490	7.861	5	0.070		I 3 m
C0734−137	NGC 2423	07 37 38	−13 53 53	12.0	766	8.867		0.097	+0.14	II 2 m
C0735−119	Melotte 71	07 38 02	−12 05 35	7.0	3154	8.371		0.113	−0.32	II 2 r
C0735+216	NGC 2420	07 39 04	+21 32 48	5.0	2480	9.3	11	0.04	−0.38	I 1 r
C0738−334	Bochum 15	07 40 32	−33 33 38	3.0	2806	6.742		0.576		IV 2 pn
C0738−315	NGC 2439	07 41 12	−31 43 14	9.0	1300	7.00	9	0.37		II 3 r
C0739−147	NGC 2437	07 42 18	−14 50 15	20.0	1510	8.4	10	0.10	+0.059	II 2 r
C0742−237	NGC 2447	07 44 59	−23 53 06	10.0	1037	8.588	9	0.046	−0.10	I 3 r
C0744−044	Berkeley 39	07 47 16	−04 37 44	7.0	4780	9.90	16	0.12	−0.26	II 2 r
C0745−271	NGC 2453	07 48 03	−27 13 26	4.0	2150	7.187		0.446		I 3 m
C0746−261	Ruprecht 36	07 48 52	−26 19 45	5.0	1681	7.606	12	0.166		IV 1 m
C0750−384	NGC 2477	07 52 35	−38 33 37	15.0	1300	8.78	12	0.24	−0.13	I 2 r
C0752−241	NGC 2482	07 55 41	−24 17 21	10.0	1343	8.604		0.093	+0.120	IV 1 m
C0754−299	NGC 2489	07 56 43	−30 05 40	6.0	3957	7.264	11	0.374	+0.080	I 2 m
C0757−607	NGC 2516	07 58 15	−60 47 06	30.0	409	8.052	7	0.101	+0.060	I 3 r
C0757−284	Ruprecht 44	07 59 19	−28 36 54	10.0	4730	6.941	12	0.619		IV 2 m
C0757−106	NGC 2506	08 00 34	−10 48 07	12.0	3460	9.045	11	0.081	−0.20	I 2 r
C0803−280	NGC 2527	08 05 26	−28 10 48	10.0	601	8.649		0.038	−0.09	II 2 m
C0805−297	NGC 2533	08 07 32	−29 55 01	5.0	1700	8.84		0.14		II 2 r
C0809−491	NGC 2547	08 10 29	−49 14 58	25.0	361	7.585	7	0.186	−0.160	I 3 rn
C0808−126	NGC 2539	08 11 09	−12 51 11	9.0	1363	8.570	9	0.082	+0.13	III 2 m
C0810−374	NGC 2546	08 12 40	−37 37 48	70.0	919	7.874	7	0.134	+0.120	III 2 m
C0811−056	NGC 2548	08 14 17	−05 47 07	30.0	770	8.6	8	0.03	+0.080	I 3 r
C0816−304	NGC 2567	08 19 00	−30 40 35	7.0	1677	8.469	11	0.128	−0.09	II 2 m
C0816−295	NGC 2571	08 19 24	−29 47 11	8.0	1342	7.488		0.137	+0.05	II 3 m
C0835−394	Pismis 5	08 38 04	−39 37 26	2.0	869	7.197		0.421		
C0837−460	NGC 2645	08 39 26	−46 16 27	3.0	1668	7.283	9	0.380		II 3 p
C0838−459	Waterloo 6	08 40 47	−46 10 29	2.0	1578	7.671		0.243		II 3 p
C0838−528	IC 2391	08 40 52	−53 04 28	60.0	175	7.661	4	0.008	−0.03	II 3 m
C0837+201	NGC 2632	08 41 04	+19 37 31	70.0	187	8.863	6	0.009	+0.27	II 3 m
	Mamajek 1	08 41 41	−79 04 07	40.0	97	6.9		0.00		
C0839−461	Pismis 8	08 41 59	−46 18 29	3.0	1312	7.427	10	0.706		II 2 p
C0839−480	IC 2395	08 42 52	−48 09 18	18.6	800	6.80		0.09	+0.00	II 3 m
C0840−469	NGC 2660	08 43 01	−47 14 30	3.5	2826	9.033	13	0.313	+0.04	I 1 r
C0843−486	NGC 2670	08 45 52	−48 50 32	7.0	1188	7.690	13	0.430		III 2 m
C0843−527	NGC 2669	08 46 42	−52 59 27	20.0	1046	7.927		0.180		III 3 m
C0846−423	Trumpler 10	08 48 19	−42 29 34	29.0	424	7.542		0.034		II 3 m
C0847+120	NGC 2682	08 51 56	+11 45 23	25.0	908	9.409	9	0.059	−0.15	II 3 r
C0914−364	NGC 2818	09 16 29	−36 40 24	9.0	1855	8.626		0.121	−0.17	III 1 m
	NGC 2866	09 22 30	−51 08 58	2.0	2600	8.30		0.66		

IAU Designation	Name	RA	Dec.	Appt. Diam.	Dist.	Log (age)	Mag. Mem.[1]	$E_{(B-V)}$	Metal-licity	Trumpler Class
		h m s	° ′ ″	′	pc	yr				
C0922−515	Ruprecht 76	09 24 36	−51 42 59	5.0	1262	7.734	13	0.376		IV 2 p
C0925−549	Ruprecht 77	09 27 26	−55 10 01	5.0	4129	7.501	14	0.622		II 1 m
C0926−567	IC 2488	09 27 59	−57 03 01	18.0	1134	8.113	10	0.231	+0.10	II 3 r
C0927−534	Ruprecht 78	09 29 33	−53 45 02	3.0	1641	7.987	15	0.350		II 2 m
C0939−536	Ruprecht 79	09 41 22	−53 54 09	5.0	1979	7.093	11	0.717		III 2 p
C1001−598	NGC 3114	10 02 58	−60 10 33	35.0	911	8.093	9	0.069	+0.02	
C1019−514	NGC 3228	10 21 49	−51 47 12	5.0	544	7.932		0.028		
C1022−575	Westerlund 2	10 24 27	−57 49 31	2.0	6400	6.30		1.67		IV 1 pn
C1025−573	IC 2581	10 27 55	−57 40 32	5.0	2446	7.142		0.415	−0.34	II 2 pn
C1028−595	Collinder 223	10 32 41	−60 04 46	18.0	2820	8.0		0.25		II 2 m
C1033−579	NGC 3293	10 36 17	−58 17 23	6.0	2327	7.014	8	0.263		
C1035−583	NGC 3324	10 37 46	−58 42 06	12.0	2317	6.754		0.438		
C1036−538	NGC 3330	10 39 14	−54 11 00	4.0	894	8.229		0.050		III 2 m
C1040−588	Bochum 10	10 42 39	−59 11 37	20.0	2027	6.857		0.306		II 3 mn
C1041−641	IC 2602	10 43 23	−64 27 38	100.0	161	7.507	3	0.024	−0.05	I 3 r
C1041−593	Trumpler 14	10 44 23	−59 36 38	5.0	2500	6.30		0.57		
C1041−597	Collinder 228	10 44 27	−60 08 50	14.0	2201	6.830		0.342		
C1042−591	Trumpler 15	10 45 10	−59 25 38	14.0	1853	6.926		0.434		III 2 pn
C1043−594	Trumpler 16	10 45 37	−59 46 38	10.0	3900	6.70		0.61		
C1045−598	Bochum 11	10 47 42	−60 08 39	21.0	2412	6.764		0.576		IV 3 pn
C1054−589	Trumpler 17	10 56 52	−59 15 42	5.0	2189	7.706		0.605		
C1055−614	Bochum 12	10 57 52	−61 46 42	10.0	2218	7.61		0.24		III 3 p
C1057−600	NGC 3496	11 00 04	−60 23 55	8.0	990	8.471		0.469		II 1 r
	Sher 1	11 01 33	−60 17 43	1.0	5875	6.713		1.374		
C1059−595	Pismis 17	11 01 35	−59 52 43	6.0	3504	7.023	9	0.471		
C1104−584	NGC 3532	11 06 08	−58 48 56	50.0	486	8.492	8	0.037	−0.022	II 3 r
C1108−599	NGC 3572	11 10 53	−60 18 39	5.0	1995	6.891	7	0.389		II 3 mn
C1108−601	Hogg 10	11 11 12	−60 27 45	3.0	1776	6.784		0.460		
C1109−604	Trumpler 18	11 11 58	−60 43 45	5.0	1358	7.194		0.315		II 3 m
C1109−600	Collinder 240	11 12 10	−60 22 20	32.0	1577	7.160		0.310		III 2 mn
C1110−605	NGC 3590	11 13 29	−60 51 04	3.0	1651	7.231		0.449		I 2 p
C1110−586	Stock 13	11 13 35	−58 56 46	5.0	1577	7.222	10	0.218		I 3 pn
C1112−609	NGC 3603	11 15 37	−61 19 22	4.0	6900	6.00		1.338		II 3 mn
C1115−624	IC 2714	11 17 57	−62 47 47	14.0	1238	8.542	10	0.341	+0.01	II 2 r
C1117−632	Melotte 105	11 20 12	−63 32 47	5.0	2208	8.316		0.482		I 2 r
C1123−429	NGC 3680	11 26 11	−43 18 24	5.0	938	9.077	10	0.066	−0.19	I 2 m
C1133−613	NGC 3766	11 36 46	−61 40 19	9.3	2218	7.32	8	0.20		I 3 r
C1134−627	IC 2944	11 38 52	−63 26 11	65.0	1794	6.818		0.320		III 3 mn
C1141−622	Stock 14	11 44 21	−62 34 50	6.0	2146	7.058	10	0.225		III 3 p
C1148−554	NGC 3960	11 51 07	−55 44 14	5.0	1850	9.1		0.29	+0.025	I 2 m
C1154−623	Ruprecht 97	11 58 03	−62 46 50	5.0	1357	8.343	12	0.229	−0.59	IV 1 p
C1204−609	NGC 4103	12 07 16	−61 18 50	6.0	1632	7.393	10	0.294		I 2 m
C1221−616	NGC 4349	12 24 46	−61 56 07	5.0	2176	8.315	11	0.384	−0.12	II 2 m
C1222+263	Melotte 111	12 25 41	+26 02 11	120.0	96	8.652	5	0.013	−0.07	III 3 r
C1226−604	Harvard 5	12 27 55	−60 50 33	5.0	1184	8.032		0.160		
C1225−598	NGC 4439	12 29 06	−60 10 07	4.0	1785	7.909		0.348		
C1239−627	NGC 4609	12 42 59	−63 03 29	4.0	1223	7.892	10	0.328		II 2 m
C1250−600	NGC 4755	12 54 21	−60 25 26	10.0	1976	7.216	7	0.388		
C1315−623	Stock 16	13 20 15	−62 41 37	3.0	1810	6.90	10	0.52		III 3 pn
C1317−646	Ruprecht 107	13 20 33	−65 00 37	3.0	1442	7.478	12	0.458		III 2 p

IAU Designation	Name	RA	Dec.	Appt. Diam.	Dist.	Log (age)	Mag. Mem.[1]	$E_{(B-V)}$	Metal-licity	Trumpler Class
		h m s	° ′ ″	′	pc	yr				
C1324−587	NGC 5138	13 28 01	−59 05 34	7.0	1986	7.986		0.262	+0.120	II 2 m
C1326−609	Hogg 16	13 30 04	−61 15 33	6.0	1585	7.047		0.411		II 2 p
C1327−606	NGC 5168	13 31 52	−60 59 56	4.0	1777	8.001		0.431		I 2 m
C1328−625	Trumpler 21	13 33 01	−62 51 32	5.0	1263	7.696		0.197		I 2 p
C1343−626	NGC 5281	13 47 24	−62 58 26	7.0	1108	7.146	10	0.225		I 3 m
C1350−616	NGC 5316	13 54 46	−61 55 28	14.0	1215	8.202	11	0.267	−0.02	II 2 r
C1356−619	Lynga 1	14 00 52	−62 12 19	3.0	1900	8.00		0.45		II 2 p
C1404−480	NGC 5460	14 08 12	−48 23 52	35.0	678	8.207	9	0.092		I 3 m
C1420−611	Lynga 2	14 25 27	−61 22 56	13.0	900	7.95		0.22		II 3 m
C1424−594	NGC 5606	14 28 38	−59 40 58	3.0	1805	7.075		0.474		I 3 p
C1426−605	NGC 5617	14 30 36	−60 45 45	10.0	2000	7.90	10	0.48		I 3 r
C1427−609	Trumpler 22	14 31 55	−61 13 02	10.0	1516	7.950	12	0.521		III 2 m
C1431−563	NGC 5662	14 36 27	−56 40 05	29.0	666	7.968	10	0.311		II 3 r
C1440+697	Collinder 285	14 41 15	+69 31 04	1400.0	25	8.30	2	0.00		
C1445−543	NGC 5749	14 49 43	−54 32 44	10.0	1031	7.728		0.376		II 2 m
C1501−541	NGC 5822	15 05 12	−54 26 28	35.0	917	8.821	10	0.150	+0.05	II 2 r
C1502−554	NGC 5823	15 06 22	−55 38 51	12.0	1192	8.900	13	0.090		II 2 r
C1511−588	Pismis 20	15 16 18	−59 06 31	4.0	2018	6.864		1.179		
C1559−603	NGC 6025	16 04 16	−60 27 46	14.0	756	7.889	7	0.159	+0.19	II 3 r
C1601−517	Lynga 6	16 05 45	−51 57 51	5.0	1600	7.430		1.250		
C1603−539	NGC 6031	16 08 29	−54 02 42	3.0	1823	8.069		0.371		I 3 p
C1609−540	NGC 6067	16 14 05	−54 14 49	14.0	1417	8.076	10	0.380	+0.138	I 3 r
C1614−577	NGC 6087	16 19 48	−57 57 44	14.0	891	7.976	8	0.175	−0.01	II 2 m
C1622−405	NGC 6124	16 26 07	−40 40 44	39.0	512	8.147	9	0.750		I 3 r
C1623−261	Collinder 302	16 26 50	−26 16 31	500.0						III 3 p
C1624−490	NGC 6134	16 28 38	−49 10 36	6.0	913	8.968	11	0.395	+0.15	
C1632−455	NGC 6178	16 36 37	−45 39 58	5.0	1014	7.248		0.219		III 3 p
C1637−486	NGC 6193	16 42 12	−48 47 05	14.0	1155	6.775		0.475		
C1642−469	NGC 6204	16 47 00	−47 02 13	5.0	1200	7.90		0.46		I 3 m
C1645−537	NGC 6208	16 50 23	−53 44 51	18.0	939	9.069		0.210	−0.03	III 2 r
C1650−417	NGC 6231	16 54 59	−41 50 35	14.0	1243	6.843	6	0.439		
C1652−394	NGC 6242	16 56 21	−39 28 46	9.0	1131	7.608		0.377		
C1653−405	Trumpler 24	16 57 48	−40 41 02	60.0	1138	6.919		0.418		
C1654−447	NGC 6249	16 58 31	−44 49 44	5.0	981	7.386		0.443		II 2 m
C1654−457	NGC 6250	16 58 47	−45 57 13	10.0	865	7.415		0.350		II 3 r
C1657−446	NGC 6259	17 01 35	−44 40 17	14.0	1031	8.336	11	0.498	+0.020	II 2 r
C1714−355	Bochum 13	17 18 10	−35 33 42	14.0	1077	6.823		0.854		III 3 m
C1714−429	NGC 6322	17 19 14	−42 56 41	5.0	996	7.058		0.590		I 3 m
C1720−499	IC 4651	17 25 42	−49 56 35	10.0	888	9.057	10	0.116	+0.15	II 2 r
C1731−325	NGC 6383	17 35 33	−32 34 25	20.0	985	6.962		0.298		II 3 mn
C1732−334	Trumpler 27	17 37 05	−33 31 23	6.0	1211	7.063		1.194		III 3 m
C1733−324	Trumpler 28	17 37 45	−32 29 23	5.0	1343	7.290		0.733		III 2 mn
C1734−362	Ruprecht 127	17 38 38	−36 18 22	5.0	1466	7.351	11	0.990		II 2 p
C1736−321	NGC 6405	17 41 05	−32 15 31	20.0	487	7.974	7	0.144	+0.06	II 3 r
C1741−323	NGC 6416	17 45 04	−32 21 57	14.0	741	8.087		0.251		III 2 m
C1743+057	IC 4665	17 46 52	+05 42 46	70.0	352	7.634	6	0.174	−0.03	III 2 m
C1747−302	NGC 6451	17 51 25	−30 12 45	7.0	2080	8.134	12	0.672	−0.34	I 2 rn
C1750−348	NGC 6475	17 54 37	−34 47 42	80.0	301	8.475	7	0.103	+0.14	I 3 r
C1753−190	NGC 6494	17 57 45	−18 59 09	29.0	628	8.477	10	0.356	+0.090	II 2 r
C1758−237	Bochum 14	18 02 42	−23 40 58	2.0	578	6.996		1.508		III 1 pn

IAU Designation	Name	RA	Dec.	Appt. Diam.	Dist.	Log (age)	Mag. Mem.[1]	$E_{(B-V)}$	Metal- licity	Trumpler Class
		h m s	° ′ ″	′	pc	yr				
C1800−279	NGC 6520	18 04 07	−27 53 14	2.0	1900	8.18	9	0.42		I 2 m
C1801−225	NGC 6531	18 04 55	−22 29 19	14.0	1205	7.070	8	0.281		I 3 r
C1801−243	NGC 6530	18 05 13	−24 21 25	14.0	1330	6.867	6	0.333		
C1804−233	NGC 6546	18 08 04	−23 17 40	14.0	938	7.849		0.491		II 1 r
C1815−122	NGC 6604	18 18 42	−12 14 12	5.0	1696	6.810		0.970		I 3 mn
C1816−138	NGC 6611	18 19 27	−13 48 05	6.0	1800	6.11	11	0.80		
C1817−171	NGC 6613	18 20 38	−17 05 46	5.0	1296	7.223		0.450		II 3 pn
C1825+065	NGC 6633	18 27 49	+06 30 58	20.0	376	8.629	8	0.182	+0.06	III 2 m
C1828−192	IC 4725	18 32 28	−19 06 28	29.0	620	7.965	8	0.476	+0.17	I 3 m
C1830−104	NGC 6649	18 34 05	−10 23 38	5.0	1369	7.566	13	1.201		I 3 m
C1834−082	NGC 6664	18 37 14	−07 48 11	12.0	1164	7.162	9	0.709		III 2 m
C1836+054	IC 4756	18 39 34	+05 27 39	39.0	484	8.699	8	0.192	+0.02	II 3 r
C1840−041	Trumpler 35	18 43 30	−04 07 17	5.0	1206	7.862		1.218		I 2 m
C1842−094	NGC 6694	18 45 56	−09 22 14	7.0	1600	7.931	11	0.589		II 3 m
C1848−052	NGC 6704	18 51 22	−05 11 27	5.0	2974	7.863	12	0.717		I 2 m
C1848−063	NGC 6705	18 51 42	−06 15 21	32.0	1877	8.4	11	0.428	+0.136	
C1850−204	Collinder 394	18 52 57	−20 11 20	22.0	690	7.803		0.235		
C1851+368	Stephenson 1	18 53 54	+36 55 53	20.0	390	7.731		0.040		IV 3 p
C1851−199	NGC 6716	18 55 15	−19 53 11	10.0	789	7.961		0.220	−0.31	IV 1 p
C1905+041	NGC 6755	19 08 23	+04 17 07	14.0	1421	7.719	11	0.826		II 2 r
C1906+046	NGC 6756	19 09 16	+04 43 26	4.0	1507	7.79	13	1.18		I 1 m
C1919+377	NGC 6791	19 21 17	+37 47 38	10.0	5853	9.643	15	0.117	+0.11	I 2 r
C1936+464	NGC 6811	19 37 38	+46 24 53	14.0	1215	8.799	11	0.160		III 1 r
C1939+400	NGC 6819	19 41 42	+40 12 51	5.0	2360	9.174	11	0.238	+0.09	
C1941+231	NGC 6823	19 43 38	+23 19 40	6.0	3176	6.5		0.854		I 3 mn
C1948+229	NGC 6830	19 51 29	+23 07 47	5.0	1639	7.572	10	0.501		II 2 p
C1950+292	NGC 6834	19 52 40	+29 26 19	5.0	2067	7.883	11	0.708		II 2 m
C1950+182	Harvard 20	19 53 37	+18 21 49	7.0	1540	7.476		0.247		IV 2 p
C2002+438	NGC 6866	20 04 18	+44 11 29	14.0	1450	8.576	10	0.169		II 2 r
C2002+290	Roslund 4	20 05 22	+29 15 00	5.0	2000	6.6		0.91		II 3 mn
C2004+356	NGC 6871	20 06 25	+35 48 37	29.0	1574	6.958		0.443		II 2 pn
C2007+353	Biurakan 2	20 09 38	+35 31 03	20.0	1106	7.011	16	0.360		III 2 p
C2008+410	IC 1311	20 10 42	+41 15 04	5.0	6026	9.20		0.28	−0.30	I 1 r
C2009+263	NGC 6885	20 12 30	+26 30 48	20.0	597	9.16	6	0.08		III 2 m
C2014+374	IC 4996	20 16 57	+37 41 28	2.2	2398	6.87	8	0.71		II 3 pn
C2018+385	Berkeley 86	20 20 49	+38 44 13	6.0	1112	7.116	13	0.898		IV 2 mn
C2019+372	Berkeley 87	20 22 08	+37 24 14	10.0	633	7.152	13	1.369		III 2 m
C2021+406	NGC 6910	20 23 37	+40 48 57	10.0	1139	7.127		0.971		I 3 mn
C2022+383	NGC 6913	20 24 22	+38 32 46	10.0	1148	7.111	9	0.744		II 3 mn
C2030+604	NGC 6939	20 31 44	+60 42 04	10.0	1800	9.20		0.33	+0.026	II 1 r
C2032+281	NGC 6940	20 34 55	+28 19 24	25.0	770	8.858	11	0.214	+0.013	III 2 r
C2054+444	NGC 6996	20 56 54	+44 40 41	14.0	760	8.54		0.52		III 2 m
C2109+454	NGC 7039	21 11 13	+45 39 51	14.0	951	7.820		0.131		IV 2 m
C2121+461	NGC 7062	21 23 52	+46 25 41	5.0	1480	8.465		0.452		II 2 m
C2122+478	NGC 7067	21 24 48	+48 03 35	6.0	3600	8.00		0.75		II 1 p
C2122+362	NGC 7063	21 24 49	+36 32 11	9.0	689	7.977		0.091		III 1 p
C2127+468	NGC 7082	21 29 42	+47 10 38	25.0	1442	8.233		0.237	−0.01	
C2130+482	NGC 7092	21 32 13	+48 29 04	29.0	326	8.445	7	0.013		III 2 m
C2137+572	Trumpler 37	21 39 27	+57 33 08	89.0	835	7.054		0.470		IV 3 m
C2144+655	NGC 7142	21 45 25	+65 49 42	12.0	1686	9.276	11	0.397	+0.14	I 2 r

IAU Designation	Name	RA	Dec.	Appt. Diam.	Dist.	Log (age)	Mag. Mem.[1]	$E_{(B-V)}$	Metal-licity	Trumpler Class
		h m s	° ′ ″	′	pc	yr				
C2151+470	IC 5146	21 53 51	+47 19 16	20.0	852	6.00		0.593		III 2 pn
C2152+623	NGC 7160	21 54 00	+62 39 28	5.0	789	7.278		0.375		I 3 p
C2203+462	NGC 7209	22 05 35	+46 32 22	14.0	1168	8.617	9	0.168	−0.12	III 1 m
C2208+551	NGC 7226	22 10 51	+55 27 19	2.0	2616	8.436		0.536		I 2 m
C2210+570	NGC 7235	22 12 50	+57 19 38	5.0	3330	6.90		0.90		II 3 m
C2213+496	NGC 7243	22 15 35	+49 57 21	29.0	808	8.058	8	0.220		II 2 m
C2213+540	NGC 7245	22 15 37	+54 24 03	5.0	3800	8.6		0.45		II 2 m
C2218+578	NGC 7261	22 20 36	+58 10 47	5.0	1681	7.670		0.969		II 3 m
C2227+551	Berkeley 96	22 29 51	+55 27 33	2.0	3087	6.822	13	0.630		I 2 p
C2245+578	NGC 7380	22 47 49	+58 11 33	20.0	2222	7.077	10	0.602		III 2 mn
C2306+602	King 19	23 08 47	+60 34 45	5.0	1967	8.557	12	0.547		III 2 p
C2309+603	NGC 7510	23 11 33	+60 37 57	6.0	3480	7.35	10	0.90		II 3 rn
C2313+602	Markarian 50	23 15 48	+60 31 46	2.0	2114	7.095		0.810		III 1 pn
C2322+613	NGC 7654	23 25 19	+61 39 24	15.0	1400	8.2	11	0.57		II 2 r
C2345+683	King 11	23 48 21	+68 41 50	5.0	2892	9.048	17	1.270	−0.27	I 2 m
C2350+616	King 12	23 53 35	+62 01 50	3.0	2378	7.037	10	0.590		II 1 p
C2354+611	NGC 7788	23 57 20	+61 27 44	4.0	2374	7.593		0.283		I 2 p
C2354+564	NGC 7789	23 57 59	+56 46 20	25.0	1795	9.15	10	0.28	−0.24	II 2 r
C2355+609	NGC 7790	23 58 59	+61 16 20	5.0	2944	7.749	10	0.531		II 2 m

Notes to Table

[1]   The Mag. Mem. column gives the visual magnitude of the brightest cluster member.

Alternate Names for Some Clusters

C0001−302	ζ Scl Cluster	C0837+201	M44
C0129+604	M103	C0838−528	o Vel Cluster
C0215+569	h Per	C0847+120	M67
C0218+568	χ Per	C1041−641	θ Car Cluster
C0238+425	M34	C1043−594	η Car Cluster
C0344+239	M45	C1239−627	Coal-Sack Cluster
C0525+358	M38	C1250−600	Jewel Box Cluster
C0532+341	M36	C1736−321	M6
C0549+325	M37	C1750−348	M7
C0605+243	M35	C1753−190	M23
C0629+049	Rosette Cluster	C1801−225	M21
C0638+099	S Mon Cluster	C1816−138	M16
C0644−206	M41	C1817−171	M18
C0700−082	M50	C1828−192	M25
C0716−248	τ CMa Cluster	C1842−094	M26
C0734−143	M47	C1848−063	M11
C0739−147	M46	C2022+383	M29
C0742−237	M93	C2130+482	M39
C0811−056	M48	C2322+613	M52

Name	RA	Dec.	V_t	B–V	$E_{(B-V)}$	$(m-M)_V$	[Fe/H]	v_r	c	r_c	Alternate Name
	h m s	° ′ ″						km/s		′	
NGC 104	00 24 35.5	−72 01 02	3.95	0.88	0.04	13.37	−0.76	− 18.7	2.03	0.40	47 Tuc
NGC 288	00 53 21.1	−26 31 40	8.09	0.65	0.03	14.83	−1.24	− 46.6	0.96	1.42	
NGC 362	01 03 37.6	−70 47 12	6.40	0.77	0.05	14.81	−1.16	+223.5	1.94c:	0.19	
NGC 1261	03 12 34.2	−55 10 27	8.29	0.72	0.01	16.10	−1.35	+ 68.2	1.27	0.39	
Pal 1	03 35 05.7	+79 37 07	13.18	0.96	0.15	15.65	−0.60	− 82.8	1.60	0.22	
AM 1	03 55 22.6	−49 34 53	15.72	0.72	0.00	20.43	−1.80	+116.0	1.12	0.15	E 1
Eridanus	04 25 14.4	−21 09 40	14.70	0.79	0.02	19.84	−1.46	− 23.6	1.10	0.25	
Pal 2	04 46 50.2	+31 24 04	13.04	2.08	1.24	21.05	−1.30	−133.0	1.45	0.24	
NGC 1851	05 14 29.0	−40 02 04	7.14	0.76	0.02	15.47	−1.22	+320.5	2.32	0.06	
NGC 1904	05 24 39.0	−24 30 51	7.73	0.65	0.01	15.59	−1.57	+206.0	1.72	0.16	M 79
NGC 2298	06 49 23.6	−36 01 08	9.29	0.75	0.14	15.59	−1.85	+148.9	1.28	0.34	
NGC 2419	07 38 55.1	+38 51 19	10.39	0.66	0.11	19.97	−2.12	− 20.0	1.40	0.35	
Pyxis	09 08 25.2	−37 16 06	12.90		0.21	18.65	−1.30	+ 34.3	0.65	1.38	
NGC 2808	09 12 16.0	−64 54 38	6.20	0.92	0.22	15.59	−1.15	+ 93.6	1.77	0.26	
E 3	09 20 51.0	−77 19 54	11.35		0.30	14.12	−0.80		0.75	1.87	
Pal 3	10 06 06.8	+00 00 55	14.26		0.04	19.96	−1.66	+ 83.4	1.00	0.48	
NGC 3201	10 18 05.2	−46 28 08	6.75	0.96	0.23	14.21	−1.58	+494.0	1.30	1.43	
Pal 4	11 29 53.3	+28 54 37	14.20		0.01	20.22	−1.48	+ 74.5	0.78	0.55	
NGC 4147	12 10 41.3	+18 28 41	10.32	0.59	0.02	16.48	−1.83	+183.2	1.80	0.10	
NGC 4372	12 26 26.4	−72 43 22	7.24	1.10	0.39	15.01	−2.09	+ 72.3	1.30	1.75	
Rup 106	12 39 18.8	−51 12 48	10.90		0.20	17.25	−1.67	− 44.0	0.70	1.00	
NGC 4590	12 40 04.7	−26 48 21	7.84	0.63	0.05	15.19	−2.06	− 94.3	1.64	0.69	M 68
NGC 4833	13 00 21.8	−70 56 12	6.91	0.93	0.32	15.07	−1.80	+200.2	1.25	1.00	
NGC 5024	13 13 29.1	+18 06 30	7.61	0.64	0.02	16.31	−1.99	− 79.1	1.78	0.36	M 53
NGC 5053	13 17 00.8	+17 38 15	9.47	0.65	0.04	16.19	−2.29	+ 44.0	0.84	1.98	
NGC 5139	13 27 27.5	−47 32 11	3.68	0.78	0.12	13.97	−1.62	+232.3	1.61	1.40	ω Cen
NGC 5272	13 42 43.0	+28 19 04	6.19	0.69	0.01	15.12	−1.57	−147.6	1.84	0.55	M 3
NGC 5286	13 47 10.5	−51 25 50	7.34	0.88	0.24	15.95	−1.67	+ 57.4	1.46	0.29	
AM 4	13 56 29.3	−27 13 43	15.90		0.04	17.50	−2.00		0.50	0.42	
NGC 5466	14 05 58.3	+28 28 47	9.04	0.67	0.00	16.00	−2.22	+107.7	1.32	1.64	
NGC 5634	14 30 13.6	−06 01 38	9.47	0.67	0.05	17.16	−1.88	− 45.1	1.60	0.21	
NGC 5694	14 40 16.8	−26 35 15	10.17	0.69	0.09	17.98	−1.86	−144.1	1.84	0.06	
IC 4499	15 02 14.0	−82 15 31	9.76	0.91	0.23	17.09	−1.60		1.11	0.96	
NGC 5824	15 04 41.1	−33 06 44	9.09	0.75	0.13	17.93	−1.85	− 27.5	2.45	0.05	
Pal 5	15 16 40.7	−00 09 12	11.75		0.03	16.92	−1.41	− 58.7	0.70	3.25	
NGC 5897	15 18 04.3	−21 03 07	8.53	0.74	0.09	15.74	−1.80	+101.5	0.79	1.96	
NGC 5904	15 19 08.7	+02 02 29	5.65	0.72	0.03	14.46	−1.27	+ 52.6	1.83	0.42	M 5
NGC 5927	15 28 50.7	−50 42 44	8.01	1.31	0.45	15.81	−0.37	−107.5	1.60	0.42	
NGC 5946	15 36 19.0	−50 41 50	9.61	1.29	0.54	16.81	−1.38	+128.4	2.50c	0.08	
BH 176	15 39 57.7	−50 05 15	14.00		0.77	18.35					
NGC 5986	15 46 48.8	−37 49 17	7.52	0.90	0.28	15.96	−1.58	+ 88.9	1.22	0.63	
Pal 14	16 11 36.6	+14 55 44	14.74		0.04	19.47	−1.52	+ 76.6	0.75	0.94	AvdB
Lynga 7	16 11 58.1	−55 20 37			0.73	16.54	−0.62	+ 8.0			
NGC 6093	16 17 43.7	−23 00 10	7.33	0.84	0.18	15.56	−1.75	+ 8.2	1.95	0.15	M 80
NGC 6121	16 24 17.9	−26 33 05	5.63	1.03	0.36	12.83	−1.20	+ 70.4	1.59	0.83	M 4
NGC 6101	16 27 07.9	−72 13 37	9.16	0.68	0.05	16.07	−1.82	+361.4	0.80	1.15	
NGC 6144	16 27 56.4	−26 02 59	9.01	0.96	0.36	15.76	−1.75	+188.9	1.55	0.94	
NGC 6139	16 28 27.2	−38 52 26	8.99	1.40	0.75	17.35	−1.68	+ 6.7	1.80	0.14	
Terzan 3	16 29 25.5	−35 22 42	12.00		0.72	16.61	−0.73	−136.3	0.70	1.18	
NGC 6171	16 33 10.6	−13 04 39	7.93	1.10	0.33	15.06	−1.04	− 33.6	1.51	0.54	M 107

Name	RA	Dec.	V_t	B–V	$E_{(B-V)}$	$(m-M)_V$	[Fe/H]	v_r	c	r_c	Alternate Name
	h m s	o ′ ″						km/s		′	
1636−283	16 40 08.7	−28 25 11	12.00		0.49	15.97	−1.50				ESO452−SC11
NGC 6205	16 42 06.2	+36 26 20	5.78	0.68	0.02	14.48	−1.54	−245.6	1.51	0.78	M 13
NGC 6229	16 47 18.3	+47 30 28	9.39	0.70	0.01	17.44	−1.43	−154.2	1.61	0.13	
NGC 6218	16 47 50.4	−01 58 04	6.70	0.83	0.19	14.02	−1.48	− 42.2	1.39	0.72	M 12
NGC 6235	16 54 06.8	−22 11 44	9.97	1.05	0.36	16.41	−1.40	+ 87.3	1.33	0.36	
NGC 6254	16 57 45.3	−04 07 00	6.60	0.90	0.28	14.08	−1.52	+ 75.8	1.40	0.86	M 10
NGC 6256	17 00 19.2	−37 08 17	11.29	1.69	1.03	17.81	−0.70	−101.4	2.50c	0.02	
Pal 15	17 00 37.9	−00 33 30	14.00		0.40	19.49	−1.90	+ 68.9	0.60	1.25	
NGC 6266	17 01 56.8	−30 07 47	6.45	1.19	0.47	15.64	−1.29	− 70.0	1.70c:	0.18	M 62
NGC 6273	17 03 20.5	−26 17 02	6.77	1.03	0.41	15.95	−1.68	+135.0	1.53	0.43	M 19
NGC 6284	17 05 11.0	−24 46 48	8.83	0.99	0.28	16.80	−1.32	+ 27.6	2.50c	0.07	
NGC 6287	17 05 51.0	−22 43 23	9.35	1.20	0.60	16.71	−2.05	−288.7	1.60	0.26	
NGC 6293	17 10 53.1	−26 35 44	8.22	0.96	0.41	15.99	−1.92	−146.2	2.50c	0.05	
NGC 6304	17 15 16.0	−29 28 29	8.22	1.31	0.53	15.54	−0.59	−107.3	1.80	0.21	
NGC 6316	17 17 20.7	−28 09 07	8.43	1.39	0.51	16.78	−0.55	+ 71.5	1.55	0.17	
NGC 6341	17 17 28.5	+43 07 28	6.44	0.63	0.02	14.64	−2.28	−120.3	1.81	0.23	M 92
NGC 6325	17 18 41.2	−23 46 39	10.33	1.66	0.89	17.28	−1.17	+ 29.8	2.50c	0.03	
NGC 6333	17 19 52.2	−18 31 39	7.72	0.97	0.38	15.66	−1.75	+229.1	1.15	0.58	M 9
NGC 6342	17 21 51.0	−19 35 53	9.66	1.26	0.46	16.10	−0.65	+116.2	2.50c	0.05	
NGC 6356	17 24 15.2	−17 49 23	8.25	1.13	0.28	16.77	−0.50	+ 27.0	1.54	0.23	
NGC 6355	17 24 41.5	−26 21 49	9.14	1.48	0.75	17.22	−1.50	−176.9	2.50c	0.05	
NGC 6352	17 26 21.7	−48 25 56	7.96	1.06	0.21	14.44	−0.70	−120.9	1.10	0.83	
IC 1257	17 27 45.8	−07 06 08	13.10	1.38	0.73	19.25	−1.70	−140.2			
Terzan 2	17 28 17.5	−30 48 40	14.29		1.57	19.56	−0.40	+109.0	2.50c	0.03	HP 3
NGC 6366	17 28 21.0	−05 05 08	9.20	1.44	0.71	14.97	−0.82	−122.3	0.92	1.83	
Terzan 4	17 31 23.7	−31 36 13	16.00		2.35	22.09	−1.60	− 50.0			HP 4
HP 1	17 31 49.4	−29 59 23	11.59		0.74	18.03	−1.55	+ 53.1	2.50c	0.03	BH 229
NGC 6362	17 33 06.2	−67 03 21	7.73	0.85	0.09	14.67	−0.95	− 13.1	1.10	1.32	
Liller 1	17 34 09.9	−33 23 46	16.77		3.06	24.40	+0.22	+ 52.0	2.30c:	0.06	
NGC 6380	17 35 15.8	−39 04 34	11.31	2.01	1.17	18.77	−0.50	− 3.6	1.55c:	0.34	Ton 1
Terzan 1	17 36 31.6	−30 29 18	15.90		2.28	20.80	−1.30	+114.0	2.50c	0.04	HP 2
Ton 2	17 36 58.0	−38 33 36	12.24		1.24	18.38	−0.50	−184.4	1.30	0.54	Pismis 26
NGC 6388	17 37 07.5	−44 44 29	6.72	1.17	0.37	16.14	−0.60	+ 81.2	1.70	0.12	
NGC 6402	17 38 12.3	−03 15 07	7.59	1.25	0.60	16.71	−1.39	− 66.1	1.60	0.83	M 14
NGC 6401	17 39 18.7	−23 54 55	9.45	1.58	0.72	17.35	−0.98	− 65.0	1.69	0.25	
NGC 6397	17 41 37.5	−53 40 44	5.73	0.73	0.18	12.36	−1.95	+ 18.9	2.50c	0.05	
Pal 6	17 44 25.1	−26 13 37	11.55	2.83	1.46	18.36	−1.09	+182.5	1.10	0.66	
NGC 6426	17 45 29.2	+03 09 58	11.01	1.02	0.36	17.70	−2.26	−162.0	1.70	0.26	
Djorg 1	17 48 13.7	−33 04 08	13.60		1.44	19.86	−2.00	−362.4	1.50	0.32	
Terzan 5	17 48 47.3	−24 46 57	13.85	2.77	2.15	21.72	0.00	− 94.0	1.87	0.18	Terzan 11
NGC 6440	17 49 33.8	−20 21 48	9.20	1.97	1.07	17.95	−0.34	− 78.7	1.70	0.13	
NGC 6441	17 50 59.9	−37 03 14	7.15	1.27	0.47	16.79	−0.53	+ 16.4	1.85	0.11	
Terzan 6	17 51 31.1	−31 16 40	13.85		2.14	21.52	−0.50	+126.0	2.50c	0.05	HP 5
NGC 6453	17 51 37.7	−34 36 06	10.08	1.31	0.66	16.96	−1.53	− 83.7	2.50c	0.07	
UKS 1	17 55 09.4	−24 08 48	17.29		3.09	24.17	−0.50		2.10c:	0.15	
NGC 6496	17 59 52.3	−44 15 55	8.54	0.98	0.15	15.77	−0.64	−112.7	0.70	1.05	
Terzan 9	18 02 21.9	−26 50 21	16.00		1.87	19.85	−2.00	+ 59.0	2.50c	0.03	
NGC 6517	18 02 28.4	−08 57 30	10.23	1.75	1.08	18.51	−1.37	− 39.6	1.82	0.06	
Djorg 2	18 02 32.6	−27 49 31	9.90		0.89	16.88	−0.50		1.50	0.33	ESO456−SC38
Terzan10	18 03 40.3	−26 03 57	14.90		2.40	21.20	−0.70				

Name	RA	Dec.	V_t	$B-V$	$E_{(B-V)}$	$(m-M)_V$	[Fe/H]	v_r	c	r_c	Alternate Name
	h m s	° ′ ″						km/s		′	
NGC 6522	18 04 18.3	−30 01 58	8.27	1.21	0.48	15.94	−1.44	− 21.1	2.50c	0.05	
NGC 6535	18 04 26.1	−00 17 45	10.47	0.94	0.34	15.22	−1.80	−215.1	1.30	0.42	
NGC 6539	18 05 27.2	−07 35 04	9.33	1.83	0.97	17.63	−0.66	− 45.6	1.60	0.54	
NGC 6528	18 05 33.8	−30 03 16	9.60	1.53	0.54	16.16	−0.04	+206.2	2.29	0.09	
NGC 6540	18 06 52.0	−27 45 48	9.30		0.60	14.68	−1.20	− 17.7	2.50c	0.03	Djorg 3
NGC 6544	18 08 03.1	−24 59 43	7.77	1.46	0.73	14.43	−1.56	− 27.3	1.63c:	0.05	
NGC 6541	18 08 52.1	−43 29 51	6.30	0.76	0.14	14.67	−1.83	−158.7	2.00c:	0.30	
2MS−GC01	18 09 02.7	−19 49 38			6.80	33.88	−1.20				2MASS−GC01
ESO−SC06	18 09 57.5	−46 25 13			0.07	16.90	−2.00				ESO280−SC06
NGC 6553	18 10 00.4	−25 54 21	8.06	1.73	0.63	15.83	−0.21	− 6.5	1.17	0.55	
2MS−GC02	18 10 17.7	−20 46 34			5.56	30.25					2MASS−GC02
NGC 6558	18 11 02.5	−31 45 39	9.26	1.11	0.44	15.72	−1.44	−197.2	2.50c	0.03	
IC 1276	18 11 21.5	−07 12 16	10.34	1.76	1.08	17.01	−0.73	+155.7	1.29	1.08	Pal 7
Terzan12	18 12 57.6	−22 44 18	15.63		2.06	19.77	−0.50	+ 94.1	0.57	0.83	
NGC 6569	18 14 23.7	−31 49 23	8.55	1.34	0.55	16.85	−0.86	− 28.1	1.27	0.37	
NGC 6584	18 19 32.8	−52 12 35	8.27	0.76	0.10	15.95	−1.49	+222.9	1.20	0.59	
NGC 6624	18 24 24.8	−30 21 16	7.87	1.11	0.28	15.36	−0.44	+ 53.9	2.50c	0.06	
NGC 6626	18 25 15.3	−24 51 47	6.79	1.08	0.40	14.97	−1.45	+ 17.0	1.67	0.24	M 28
NGC 6638	18 31 38.7	−25 29 20	9.02	1.15	0.40	16.15	−0.99	+ 18.1	1.40	0.26	
NGC 6637	18 32 08.2	−32 20 21	7.64	1.01	0.16	15.28	−0.70	+ 39.9	1.39	0.34	M 69
NGC 6642	18 32 36.1	−23 27 59	9.13	1.11	0.41	15.90	−1.35	− 57.2	1.99	0.10	
NGC 6652	18 36 30.9	−32 58 49	8.62	0.94	0.09	15.30	−0.96	−111.7	1.80	0.07	
NGC 6656	18 37 06.3	−23 53 35	5.10	0.98	0.34	13.60	−1.64	−148.9	1.31	1.42	M 22
Pal 8	18 42 10.7	−19 48 51	11.02	1.22	0.32	16.54	−0.48	− 43.0	1.53	0.40	
NGC 6681	18 43 57.6	−32 16 47	7.87	0.72	0.07	14.98	−1.51	+220.3	2.50c	0.03	M 70
NGC 6712	18 53 41.9	−08 41 29	8.10	1.17	0.45	15.60	−1.01	−107.5	0.90	0.94	
NGC 6715	18 55 47.4	−30 27 47	7.60	0.85	0.15	17.61	−1.58	+141.9	1.84	0.11	M 54
NGC 6717	18 55 47.8	−22 41 08	9.28	1.00	0.22	14.94	−1.29	+ 22.8	2.07c:	0.08	Pal 9
NGC 6723	19 00 19.6	−36 36 54	7.01	0.75	0.05	14.85	−1.12	− 94.5	1.05	0.94	
NGC 6749	19 05 50.2	+01 55 08	12.44	2.14	1.50	19.14	−1.60	− 61.7	0.83	0.77	
NGC 6760	19 11 47.2	+01 03 01	8.88	1.66	0.77	16.74	−0.52	− 27.5	1.59	0.33	
NGC 6752	19 11 52.7	−59 57 54	5.40	0.66	0.04	13.13	−1.56	− 27.9	2.50c	0.17	
NGC 6779	19 17 02.4	+30 12 21	8.27	0.86	0.20	15.65	−1.94	−135.7	1.37	0.37	M 56
Terzan 7	19 18 29.1	−34 38 10	12.00		0.07	17.05	−0.58	+166.0	1.08	0.61	
Pal 10	19 18 32.6	+18 35 35	13.22		1.66	19.01	−0.10	− 31.7	0.58	0.81	
Arp 2	19 29 27.8	−30 19 47	12.30	0.86	0.10	17.59	−1.76	+115.0	0.90	1.59	
NGC 6809	19 40 43.1	−30 56 06	6.32	0.72	0.08	13.87	−1.81	+174.8	0.76	2.83	M 55
Terzan 8	19 42 29.7	−33 58 22	12.40		0.12	17.45	−2.00	+130.0	0.60	1.00	
Pal 11	19 45 51.7	−07 58 44	9.80	1.27	0.35	16.66	−0.39	− 68.0	0.69	2.00	
NGC 6838	19 54 16.9	+18 48 32	8.19	1.09	0.25	13.79	−0.73	− 22.8	1.15	0.63	M 71
NGC 6864	20 06 45.4	−21 53 16	8.52	0.87	0.16	17.07	−1.16	−189.3	1.88	0.10	M 75
NGC 6934	20 34 45.4	+07 26 39	8.83	0.77	0.10	16.29	−1.54	−411.4	1.53	0.25	
NGC 6981	20 54 05.7	−12 29 35	9.27	0.72	0.05	16.31	−1.40	−345.1	1.23	0.54	M 72
NGC 7006	21 02 01.7	+16 13 59	10.56	0.75	0.05	18.24	−1.63	−384.1	1.42	0.24	
NGC 7078	21 30 31.6	+12 13 04	6.20	0.68	0.10	15.37	−2.26	−107.0	2.50c	0.07	M 15
NGC 7089	21 34 04.8	−00 46 18	6.47	0.66	0.06	15.49	−1.62	− 5.3	1.80	0.34	M 2
NGC 7099	21 41 01.1	−23 07 36	7.19	0.60	0.03	14.62	−2.12	−181.9	2.50c	0.06	M 30
Pal 12	21 47 17.4	−21 11 50	11.99	1.07	0.02	16.47	−0.94	+ 27.8	1.94	0.20	
Pal 13	23 07 19.0	+12 50 03	13.47	0.76	0.05	17.21	−1.74	+ 24.1	0.68	0.65	
NGC 7492	23 09 03.0	−15 32 56	11.29	0.42	0.00	17.06	−1.51	−207.6	1.00	0.83	

IERS Designation	Right Ascension	Declination	Type	z	Flux 8.4 GHz	Flux 2.3 GHz	α^1	V	Notes
	h m s	° ′ ″			Jy	Jy			
0002−478	00 04 35.65550384	−47 36 19.6037899	A					19.0	
0007+106	00 10 31.00590186	+10 58 29.5043827	G	0.089	0.38	0.18	+0.50	14.2	S1.2, var.
0008−264	00 11 01.24673846	−26 12 33.3770171	Q	1.096	0.44	0.30	+0.50	19.0	
0010+405	00 13 31.13020334	+40 51 37.1441040	G	0.256	0.56	0.48	−0.62	18.2	S1.9
0013−005	00 16 11.08855479	−00 15 12.4453413	Q	1.574	0.35	0.88	−0.24	20.8	
0016+731	00 19 45.78641940	+73 27 30.0174396	Q	1.781	0.77	1.56	+0.07	18.0	
0019+058	00 22 32.44120914	+06 08 04.2690807	L		0.17	0.25	+0.03	19.2	
0035+413	00 38 24.84359231	+41 37 06.0003032	Q	1.353	0.35	0.65	+0.20	19.9	
0048−097	00 50 41.31738756	−09 29 05.2102688	L	0.537	1.24	0.84	+0.20	16.3	HP, var.
0048−427	00 51 09.50182012	−42 26 33.2932480	Q	1.749	0.39	0.85		18.8	
0059+581	01 02 45.76238248	+58 24 11.1366009	A	0.644	1.68	1.38		16.1	
0104−408	01 06 45.10796851	−40 34 19.9602291	Q	0.584	3.34	1.16		19.0	
0107−610	01 09 15.47520598	−60 49 48.4599686	G					21.4	
0109+224	01 12 05.82471754	+22 44 38.7863909	L		0.67	0.42	+0.12	16.4	HP
0110+495	01 13 27.00680344	+49 48 24.0431742	G	0.389	0.60	0.53	−0.14	19.3	S1.2
0116−219	01 18 57.26216666	−21 41 30.1399986	Q	1.161	0.50	0.59	+0.09	19.0	
0119+115	01 21 41.59504339	+11 49 50.4131012	Q	0.570	0.18	0.10	+0.33*	19.0	HP
0131−522	01 33 05.76255607	−52 00 03.9457209	G	0.020				20.3	S1
0133+476	01 36 58.59480585	+47 51 29.1000445	Q	0.859	2.00	1.86	+0.19	17.7	HP
0134+311	01 37 08.73362970	+31 22 35.8553611	V		0.34	0.59	+0.03	21.6	
0138−097	01 41 25.83215547	−09 28 43.6741894	L	0.733	0.53	0.62	−0.12	17.5	HP
0151+474	01 54 56.28988783	+47 43 26.5395732	Q	1.026	0.61	0.38	+0.50		
0159+723	02 03 33.38496841	+72 32 53.6672938	L		0.22	0.22	+0.09	19.2	
0202+319	02 05 04.92536007	+32 12 30.0954538	Q	1.466	0.89	0.49	+0.07	18.2	
0215+015	02 17 48.95475182	+01 44 49.6990704	Q	1.715	1.06	0.69		18.3	HP
0221+067	02 24 28.42819659	+06 59 23.3415393	G	0.511	0.41	0.32	+0.04	19.0	HP
0230−790	02 29 34.94659358	−78 47 45.6017972	Q	1.070				18.6	
0229+131	02 31 45.89405431	+13 22 54.7162668	Q	2.060	1.04	1.34	+0.06	17.7	
0234−301	02 36 31.16942057	−29 53 55.5402759	Q	2.103	0.48	0.20		18.0	
0235−618	02 36 53.24574589	−61 36 15.1834250	A					17.8	
0234+285	02 37 52.40567732	+28 48 08.9900231	Q	1.210	1.18	1.90	+0.13	17.1	HP
0237−027	02 39 45.47226775	−02 34 40.9144020	Q	1.116	0.51	0.37	+0.49	21.0	
0300+470	03 03 35.24222254	+47 16 16.2754406	L		0.78	1.22		17.2	
0302−623	03 03 50.63134799	−62 11 25.5498711	A					19.1	
0302+625	03 06 42.65954796	+62 43 02.0241642	R		0.25	0.38			
0306+102	03 09 03.62350016	+10 29 16.3409599	Q	0.862	0.57	0.62	+0.44	17.0	
0308−611	03 09 56.09915397	−60 58 39.0561502	A					18.6	
0307+380	03 10 49.87992951	+38 14 53.8378720	Q	0.816	0.66	0.48	+0.36	17.6	
0309+411	03 13 01.96212305	+41 20 01.1835585	G	0.134	0.44	0.29	+0.33	16.5	S1
0322+222	03 25 36.81435154	+22 24 00.3655873	Q	2.060	1.69	0.99	−0.01	19.1	
0332−403	03 34 13.65451358	−40 08 25.3978415	L	1.445	2.15	0.57	−0.04	18.5	HP
0334−546	03 35 53.92484162	−54 30 25.1146727	A					20.4	
0342+147	03 45 06.41654424	+14 53 49.5582021	A	1.556	0.28	0.44	+0.42		
0346−279	03 48 38.14457723	−27 49 13.5655526	Q	0.990	1.21	1.11		19.4	
0358+210	04 01 45.16607260	+21 10 28.5870359	A	0.834	0.41	0.61		17.9	
0402−362	04 03 53.74989835	−36 05 01.9131085	Q	1.417	1.50	1.15	+0.43	17.2	
0403−132	04 05 34.00338957	−13 08 13.6907083	Q	0.571	0.72	0.38	−0.37	17.2	HP
0405−385	04 06 59.03533560	−38 26 28.0423567	Q	1.285	1.26	1.00	+0.19	17.5	
0414−189	04 16 36.54445140	−18 51 08.3400284	Q	1.536	0.77	1.12	−0.09	18.5	
0420−014	04 23 15.80072776	−01 20 33.0654034	Q	0.915	2.67	2.68	−0.08	17.8	HP
0422+004	04 24 46.84206092	+00 36 06.3293676	L	0.310	0.41	0.43	−0.33	16.1	HP, var.
0426+273	04 29 52.96076804	+27 24 37.8762939	V		0.40	0.49	−0.42	18.6	
0430+289	04 33 37.82985993	+29 05 55.4770346	L		0.42	0.48	+0.02	18.8	
0437−454	04 39 00.85466883	−45 22 22.5628657	V	1.00				20.5	
0440+345	04 43 31.63520255	+34 41 06.6640222	R		0.58	0.98			

IERS Designation	Right Ascension	Declination	Type	z	Flux (8.4 GHz)	Flux (2.3 GHz)	α^1	V	Notes
	h m s	° ′ ″			Jy	Jy			
0446+112	04 49 07.67110088	+11 21 28.5964577	L?	1.207	0.55	0.76	+0.38	20.0	
0454−810	04 50 05.44020132	−81 01 02.2313228	G	0.444			+0.29*	19.6	S1.5
0454−234	04 57 03.17922863	−23 24 52.0201418	Q	1.003	1.62	1.43	−0.07	16.6	HP
0458−020	05 01 12.80988366	−01 59 14.2562534	Q	2.286	1.47	1.84	−0.09	18.4	HP
0458+138	05 01 45.27082031	+13 56 07.2204176	R		0.38	0.60	+0.16		
0506−612	05 06 43.98872791	−61 09 40.9937940	Q	1.093				16.9	
0454+844	05 08 42.36345199	+84 32 04.5440155	L		0.23	0.33	+0.24	16.5	HP
0506+101	05 09 27.45706864	+10 11 44.6000396	A		0.54	0.41	−0.30	17.8	
0507+179	05 10 02.36912982	+18 00 41.5816534	G	0.416	0.65	0.75	0.00	20.0	
0516−621	05 16 44.92616793	−62 07 05.3892036	A					21.0	
0515+208	05 18 03.82450329	+20 54 52.4974899	A	2.579	0.32	0.43			
0522−611	05 22 34.42547880	−61 07 57.1335242	Q	1.400			−0.18	18.1	
0524−460	05 25 31.40015013	−45 57 54.6848636	Q	1.479			+0.14*	17.3	
0524−485	05 26 16.67131064	−48 30 36.7915470	V		0.10	0.10			
0524+034	05 27 32.70544796	+03 31 31.5166429	L		0.39	0.46		18.6	
0529+483	05 33 15.86578266	+48 22 52.8076620	Q	1.162	0.53	0.64		18.8	
0534−611	05 34 35.77248961	−61 06 07.0730607	A					18.8	
0534−340	05 36 28.43237520	−34 01 11.4684150	-	0.683	0.33	0.49			
0537−441	05 38 50.36155219	−44 05 08.9389165	Q	0.894	4.79	4.03		15.5	HP
0536+145	05 39 42.36599103	+14 33 45.5616993	A	2.690	0.47	0.54			
0537−286	05 39 54.28147645	−28 39 55.9478122	Q	3.100	0.53	0.65	+0.24	20.0	
0544+273	05 47 34.14892109	+27 21 56.8425667	R		0.51	0.36			
0549−575	05 50 09.58018296	−57 32 24.3965304	A					19.5	
0552+398	05 55 30.80561150	+39 48 49.1649664	Q	2.365	5.28	3.99		18.0	
0556+238	05 59 32.03313165	+23 53 53.9267683	R		0.49	0.64			
0600+177	06 03 09.13026176	+17 42 16.8105604	A	1.738	0.42	0.58			
0642+449	06 46 32.02599463	+44 51 16.5901237	Q	3.400	3.86	1.07	+0.88	18.4	
0646−306	06 48 14.09647071	−30 44 19.6596827	Q	1.153	0.95	0.90	+0.06	18.6	
0648−165	06 50 24.58185521	−16 37 39.7251917	R		0.95	1.37			
0656+082	06 59 17.99603428	+08 13 30.9533022	V		0.51	0.68			
0657+172	07 00 01.52553646	+17 09 21.7014901	V		0.83	0.75			
0707+476	07 10 46.10487679	+47 32 11.1427167	Q	1.292	0.49	0.88	−0.28	18.2	
0716+714	07 21 53.44846336	+71 20 36.3634253	L	0.300	0.41	0.26	−0.13	15.5	HP
0722+145	07 25 16.80776128	+14 25 13.7466902	A		0.45	0.93	+0.03	17.8	
0718+792	07 26 11.73524096	+79 11 31.0162085	R		0.62	0.77	+0.19		
0727−115	07 30 19.11247420	−11 41 12.6005110	Q	1.591	2.02	2.90		22.5	
0736+017	07 39 18.03389693	+01 37 04.6178588	Q	0.191	1.20	2.00	−0.09	16.1	HP, var.
0738+491	07 42 02.74894651	+49 00 15.6089340	A	2.318	0.45	0.47	+0.11		
0743−006	07 45 54.08232111	−00 44 17.5398546	Q	0.994	1.53	1.24	+0.67	17.1	
0743+259	07 46 25.87417871	+25 49 02.1347553	Q	2.979	0.15	0.49		19.1	
0745+241	07 48 36.10927469	+24 00 24.1100315	G	0.409	0.54	0.74	+0.25	19.0	HP
0748+126	07 50 52.04573519	+12 31 04.8281766	Q	0.889	1.80	1.35	+0.15	17.8	
0759+183	08 02 48.03196182	+18 09 49.2493958	A		0.47	0.57	+0.12	18.5	
0800+618	08 05 18.17956846	+61 44 23.7002968	A	3.033	1.00	1.07	−0.08		
0805+046	08 07 57.53857015	+04 32 34.5310021	Q	2.880	0.20	0.34	−0.38	18.4	
0804+499	08 08 39.66628353	+49 50 36.5304035	Q	1.436	0.81	1.08	−0.14	17.5	HP
0805+410	08 08 56.65203923	+40 52 44.8888616	Q	1.418	0.93	0.77	+0.38	19.0	
0808+019	08 11 26.70731189	+01 46 52.2202616	L	1.148	0.58	0.57	+0.43	17.5	
0812+367	08 15 25.94485739	+36 35 15.1488917	Q	1.028	0.75	0.75	−0.08	18.0	
0814+425	08 18 15.99960470	+42 22 45.4149140	L		1.05	1.08	−0.04	18.5	HP, z?
0823+033	08 25 50.33835429	+03 09 24.5200730	L	0.506	1.13	1.45	+0.14	18.0	HP
0827+243	08 30 52.08619070	+24 10 59.8204032	Q	0.940	0.85	0.89	+0.03	17.3	
0834−201	08 36 39.21525294	−20 16 59.5040953	Q	2.752	3.40	2.46		19.4	
0851+202	08 54 48.87492702	+20 06 30.6408861	L	0.306	1.31	1.24	+0.11*	14.0	HP
0854−108	08 56 41.80414812	−11 05 14.4301901	R		1.10	0.63	+0.04		

IERS Designation	Right Ascension	Declination	Type	z	Flux 8.4 GHz	2.3 GHz	α^1	V	Notes
	h m s	° ′ ″			Jy	Jy			
0912+029	09 14 37.91343166	+02 45 59.2469393	G	0.427	0.48	0.58		18.0	S1
0920−397	09 22 46.41826064	−39 59 35.0683561	Q	0.591	1.39	1.19		18.8	
0920+390	09 23 14.45293105	+38 49 39.9101375	V		0.37	0.36	−0.01	21.7	
0925−203	09 27 51.82431596	−20 34 51.2324031	Q	0.348	0.45	0.31	−0.20	16.4	S1.0
0949+354	09 52 32.02616656	+35 12 52.4030592	Q	1.876	0.34	0.29	−0.04	19.0	
0955+476	09 58 19.67163931	+47 25 07.8424347	Q	1.882	1.89	1.30	+0.20	18.0	
0955+326	09 58 20.94963113	+32 24 02.2095353	Q	0.530	0.68	0.43	−0.33	15.8	S1.8
0954+658	09 58 47.24510127	+65 33 54.8180587	L	0.368	0.56	0.67	+0.29	15.4	HP
1004−500	10 06 14.00931618	−50 18 13.4706757	R						
1012+232	10 14 47.06545658	+23 01 16.5708649	Q	0.565	0.77	0.69	−0.05	17.5	S1.5
1013+054	10 16 03.13646769	+05 13 02.3414482	Q	1.713	0.52	0.54	−0.18	19.9	
1014+615	10 17 25.88757718	+61 16 27.4966664	Q	2.805	0.50	0.58	+0.19	18.3	
1015+359	10 18 10.98809086	+35 42 39.4408279	Q	1.228	0.63	0.61	0.00	19.0	
1022−665	10 23 43.53319996	−66 46 48.7177526	R						
1022+194	10 24 44.80959508	+19 12 20.4156249	Q	0.828	0.47	0.39	−0.05	17.5	
1030+415	10 33 03.70786817	+41 16 06.2329177	Q	1.117	0.37	0.19	−0.14	18.2	HP
1030+074	10 33 34.02429130	+07 11 26.1477035	A	1.535	0.19	0.20	+0.18	19.0	
1034−374	10 36 53.43960199	−37 44 15.0656721	Q	1.821	0.50	0.22	+0.29	19.5	HP
1034−293	10 37 16.07973476	−29 34 02.8133345	Q	0.312	1.49	1.21	+0.14	16.5	HP
1038+528	10 41 46.78163764	+52 33 28.2313168	Q	0.678	0.53	0.44	−0.10	17.4	
1039+811	10 44 23.06254789	+80 54 39.4430277	Q	1.260	0.76	0.71	+0.10	16.5	
1042+071	10 44 55.91124593	+06 55 38.2626553	Q	0.690	0.24	0.35	−0.25	20.5	
1045−188	10 48 06.62060701	−19 09 35.7266240	Q	0.595	1.19	0.85	−0.11	18.8	S1.8
1049+215	10 51 48.78907490	+21 19 52.3138145	Q	1.300	0.91	1.27	−0.06	17.9	var.
1053+815	10 58 11.53537962	+81 14 32.6751819	Q	0.706	0.78	0.54	+0.47	18.5	
1055+018	10 58 29.60520747	+01 33 58.8237691	Q	0.890	3.75			18.3	HP
1101−536	11 03 52.22167171	−53 57 00.6966293	A					16.2	
1101+384	11 04 27.31394136	+38 12 31.7990644	L	0.030	0.32	0.36	−0.11	13.8	HP
1111+149	11 13 58.69508359	+14 42 26.9525965	Q	0.866	0.23	0.55		18.0	
1123+264	11 25 53.71192285	+26 10 19.9786840	Q	2.341	0.76	1.17	+0.04	17.5	
1124−186	11 27 04.39244958	−18 57 17.4416582	Q	1.050	1.51	0.97	+0.53	19.0	
1128+385	11 30 53.28261193	+38 15 18.5469933	Q	1.741	1.15	0.80	+0.14	19.1	
1130+009	11 33 20.05579171	+00 40 52.8372903	Q	1.640	0.22	0.29	−0.09	19.0	
1133−032	11 36 24.57693290	−03 30 29.4964694	Q	1.648	0.53	0.36		19.5	
1143−696	11 45 53.62417065	−69 54 01.7977922	A					17.7	
1144+402	11 46 58.29791629	+39 58 34.3045026	Q	1.088	0.73	0.48	+0.30	18.1	
1144−379	11 47 01.37070177	−38 12 11.0234199	Q	1.048	2.72	1.08	+0.22	16.2	HP
1145−071	11 47 51.55402876	−07 24 41.1410887	Q	1.342	0.53	0.78	+0.08	17.5	
1147+245	11 50 19.21217405	+24 17 53.8353207	L	0.200	0.50	0.52	−0.05	16.7	HP, var.
1149−084	11 52 17.20951537	−08 41 03.3138824	Q	2.370	1.05	0.97		18.5	
1156−663	11 59 18.30544873	−66 35 39.4272186	R						
1156+295	11 59 31.83390975	+29 14 43.8268741	Q	0.730	1.28	1.52	−0.29	17.0	HP
1213−172	12 15 46.75176110	−17 31 45.4029502	G		1.62	1.23	−0.16	21.4	
1215+303	12 17 52.08196139	+30 07 00.6359190	L	0.130	0.25	0.28	−0.30	15.7	HP, var.
1219+044	12 22 22.54962080	+04 13 15.7761797	Q	0.965	0.67	0.54	+0.12	18.0	
1221+809	12 23 40.49373854	+80 40 04.3404390	L		0.47	0.36	−0.28	18.0	
1226+373	12 28 47.42367744	+37 06 12.0958631	Q	1.510	0.25	0.46	+0.44	18.2	
1236+077	12 39 24.58832517	+07 30 17.1892686	G	0.400	0.70	0.70	+0.11	20.1	
1240+381	12 42 51.36907635	+37 51 00.0252447	Q	1.318	0.51	0.68	+0.05	19.0	
1243−072	12 46 04.23210358	−07 30 46.5745473	Q	1.286	0.78	0.69		18.0	
1244−255	12 46 46.80203492	−25 47 49.2887900	Q	0.630	1.52	0.73	+0.25	17.4	HP
1252+119	12 54 38.25561161	+11 41 05.8951798	Q	0.873	0.40	0.70	−0.14	16.2	
1251−713	12 54 59.92144870	−71 38 18.4366697	A					20.5	
1300+580	13 02 52.46527568	+57 48 37.6093180	V		0.28	0.25	+0.54	18.9	
1308+328	13 10 59.40272936	+32 33 34.4496333	Q	1.650	0.45	0.49	+0.26	19.1	

IERS Designation	Right Ascension	Declination	Type	z	Flux 8.4 GHz	2.3 GHz	α^1	V	Notes
	h m s	° ′ ″			Jy	Jy			
1313−333	13 16 07.98593995	−33 38 59.1725057	Q	1.210	0.87	0.77	−0.07	20.0	
1324+224	13 27 00.86131377	+22 10 50.1629729	Q	1.400	1.79	1.98	+0.07	18.2	
1325−558	13 29 01.14492878	−56 08 02.6657428	R						
1334−127	13 37 39.78277768	−12 57 24.6932620	Q	0.540	4.88	3.21	+0.34	17.2	HP
1342+662	13 43 45.95957134	+66 02 25.7451011	Q	0.766	0.23	0.26	+0.55	20.0	
1342+663	13 44 08.67966687	+66 06 11.6438846	Q	1.350	0.51		−0.16	20.0	
1349−439	13 52 56.53494294	−44 12 40.3875227	L	0.050	0.06	0.06		18.0	HP
1351−018	13 54 06.89532213	−02 06 03.1904447	Q	3.710	0.77	0.80		20.9	
1354−152	13 57 11.24497976	−15 27 28.7867232	Q	1.890	1.34	0.69		19.0	
1357+769	13 57 55.37153147	+76 43 21.0510512	A		0.80	0.68	+0.05	19.0	
1406−076	14 08 56.48120036	−07 52 26.6664200	Q	1.494	0.73	0.63		18.4	
1418+546	14 19 46.59740212	+54 23 14.7871875	L	0.153	0.50	0.60	+0.57	15.9	HP
1417+385	14 19 46.61376070	+38 21 48.4750925	Q	1.831	0.59	0.50		19.3	
1420−679	14 24 55.55739563	−68 07 58.0945205	A					22.2	
1423+146	14 25 49.01801632	+14 24 56.9019040	Q	0.780	0.35	0.45	+0.09	19.0	
1424−418	14 27 56.29756536	−42 06 19.4375991	Q	1.522	1.33	1.49	+0.28*	17.7	HP
1432+200	14 34 39.79335525	+19 52 00.7358213	A	1.382	0.40	0.50		18.3	
1443−162	14 45 53.37628643	−16 29 01.6189137	A		0.28	0.45		19.5	
1448−648	14 52 39.67924989	−65 02 03.4333591	G					22.0	
1451−400	14 54 32.91235921	−40 12 32.5142375	Q	1.810	0.33	0.70		18.5	
1456+044	14 58 59.35621201	+04 16 13.8206019	G	0.391	0.53	0.44	−0.33	18.3	
1459+480	15 00 48.65422191	+47 51 15.5381838	A		0.61	0.40	+0.24	19.4	
1502+106	15 04 24.97978142	+10 29 39.1986151	Q	1.839	1.00	1.50	−0.03	18.6	HP
1502+036	15 05 06.47715917	+03 26 30.8126616	G	0.409	0.98	0.83	+0.41	18.1	
1504+377	15 06 09.52996778	+37 30 51.1325044	G	0.672	0.86	0.66	−0.01	21.2	S2
1508+572	15 10 02.92236464	+57 02 43.3759071	Q	4.309	0.38	0.22	−0.18	21.4	
1510−089	15 12 50.53292491	−09 05 59.8295878	Q	0.361	1.23	2.20		16.7	HP, var.
1511−100	15 13 44.89341390	−10 12 00.2644930	Q	1.513	0.82	0.80	+0.03	14.7	
1514+197	15 16 56.79616342	+19 32 12.9920178	L	1.070	0.48	0.60	+0.14	18.5	
1520+437	15 21 49.61387985	+43 36 39.2681562	Q	2.171	0.50	0.38	+0.48		
1519−273	15 22 37.67598872	−27 30 10.7854174	L	1.294	1.68	1.34	+0.17	18.5	HP
1546+027	15 49 29.43684301	+02 37 01.1634197	Q	0.414	1.23	1.25	+0.05	16.8	HP
1548+056	15 50 35.26924162	+05 27 10.4484262	Q	1.422	2.10	2.35	−0.21	17.7	HP
1555+001	15 57 51.43397128	−00 01 50.4137075	Q	1.770	0.96	0.78		19.3	
1554−643	15 58 50.28436339	−64 32 29.6374071	G	0.080				17.0	
1557+032	15 59 30.97261545	+03 04 48.2568829	Q	3.891	0.35	0.35		19.8	
1604−333	16 07 34.76234480	−33 31 08.9133114	V		0.17	0.26			
1606+106	16 08 46.20318554	+10 29 07.7758300	Q	1.226	1.20	1.69	+0.12	18.2	
1611−710	16 16 30.64155980	−71 08 31.4545422	A					20.7	
1614+051	16 16 37.55681502	+04 59 32.7367495	Q	3.210	0.55	0.67	+0.39	19.5	
1617+229	16 19 14.82461057	+22 47 47.8510784	A	1.987	0.68	0.57		20.9	
1619−680	16 24 18.43700573	−68 09 12.4965314	Q	1.354				18.0	
1622−253	16 25 46.89164010	−25 27 38.3267989	Q	0.786	2.24	2.18	−0.04	21.9	
1624−617	16 28 54.68982354	−61 52 36.3978862	R						
1637+574	16 38 13.45629705	+57 20 23.9790727	Q	0.751	0.91	1.28	+0.05	16.7	S1.2
1638+398	16 40 29.63277180	+39 46 46.0285033	Q	1.700	0.86	0.98	+0.28	18.5	HP
1639+230	16 41 25.22756501	+22 57 04.0327611	Q	2.063	0.42	0.37	+0.12	19.3	
1642+690	16 42 07.84850549	+68 56 39.7564973	Q	0.751	1.10	1.48	−0.22	19.2	HP
1633−810	16 42 57.34565318	−81 08 35.0701687	A					18.0	
1657−261	17 00 53.15406129	−26 10 51.7253457	R		0.45	0.23			
1657−562	17 01 44.85811384	−56 21 55.9019532	R						
1659−621	17 03 36.54124564	−62 12 40.0081704	V						
1705+018	17 07 34.41527100	+01 48 45.6992837	Q	2.570	0.51	0.76		18.9	
1706−174	17 09 34.34539327	−17 28 53.3649724	R		0.33	0.52			
1717+178	17 19 13.04848160	+17 45 06.4373011	L	0.137	0.54	0.68	+0.03	18.5	HP

IERS Designation	Right Ascension	Declination	Type	z	Flux 8.4 GHz	Flux 2.3 GHz	α^1	V	Notes
	h m s	° ′ ″			Jy	Jy			
1726+455	17 27 27.65080470	+45 30 39.7313444	Q	0.710	1.02	1.14	+0.21	17.8	S1.2
1730−130	17 33 02.70578476	−13 04 49.5481484	Q	0.902	8.31	4.67	−0.08	18.5	
1725−795	17 33 40.70027819	−79 35 55.7166934	A					19.7	
1732+389	17 34 20.57853662	+38 57 51.4430746	Q	0.970	1.12	1.25	+0.19	19.0	HP
1738+499	17 39 27.39049252	+49 55 03.3684410	Q	1.545	0.35	0.43		19.0	
1738+476	17 39 57.12907360	+47 37 58.3615566	L		0.60	1.01	+0.04	18.5	
1741−038	17 43 58.85613396	−03 50 04.6166450	Q	1.054	3.59	2.18	+0.78	18.6	HP
1743+173	17 45 35.20817083	+17 20 01.4236878	Q	1.702	0.70	1.20	−0.14	18.7	
1745+624	17 46 14.03413721	+62 26 54.7383903	Q	3.900	0.48	0.35	−0.29	19.5	
1749+096	17 51 32.81857318	+09 39 00.7284829	Q	0.322	4.30	1.59	+0.64	17.9	HP, var.
1751+288	17 53 42.47364429	+28 48 04.9388841	V		0.33	0.41		19.6	
1754+155	17 56 53.10213624	+15 35 20.8265328	V		0.45	0.31			
1758+388	18 00 24.76536125	+38 48 30.6975330	Q	2.092	1.07	0.42	+0.72	18.0	
1803+784	18 00 45.68391641	+78 28 04.0184502	Q	0.680	2.07	2.23	+0.13	17.0	HP
1800+440	18 01 32.31482108	+44 04 21.9003219	Q	0.663	0.95	0.37	−0.20	17.5	
1758−651	18 03 23.49666700	−65 07 36.7612094	V					20.6	
1806−458	18 09 57.87175020	−45 52 41.0139197	G	0.070				15.7	
1815−553	18 19 45.39951849	−55 21 20.7453785	A					18.9	
1823+689	18 23 32.85390304	+68 57 52.6125919	R		0.20	0.35	−0.04		
1823+568	18 24 07.06837771	+56 51 01.4908371	Q	0.664	0.98	0.95	−0.11	18.4	HP
1824−582	18 29 12.40237320	−58 13 55.1616899	R						
1831−711	18 37 28.71493799	−71 08 43.5545891	Q	1.356			+0.14	17.5	
1842+681	18 42 33.64168915	+68 09 25.2277840	Q	0.470	0.80	0.65	+0.02	17.9	
1846+322	18 48 22.08858135	+32 19 02.6037429	A	0.798	0.52	0.55			
1849+670	18 49 16.07228978	+67 05 41.6802978	Q	0.657	0.85	0.67	−0.06	18.7	S1.2
1908−201	19 11 09.65289198	−20 06 55.1089891	Q	1.119	1.78	1.84	+0.06		
1920−211	19 23 32.18981466	−21 04 33.3330547	Q	0.874	2.60	2.30	−0.09		
1921−293	19 24 51.05595514	−29 14 30.1210524	Q	0.352	12.03	13.93	+0.05	16.8	HP, var.
1925−610	19 30 06.16009446	−60 56 09.1841517	A					20.3	
1929+226	19 31 24.91678444	+22 43 31.2586209	R		0.60	0.59			
1933−400	19 37 16.21735166	−39 58 01.5529907	Q	0.965	0.96		−0.10	18.0	
1936−155	19 39 26.65774750	−15 25 43.0584183	Q	1.657	0.75	0.67	+0.53	19.4	HP
1935−692	19 40 25.52820104	−69 07 56.9714945	Q	3.100				17.3	
1954+513	19 55 42.73826837	+51 31 48.5461210	Q	1.220	1.29	1.21		18.5	
1954−388	19 57 59.81927470	−38 45 06.3557585	Q	0.630	3.15	2.45	+0.35	17.1	HP
1958−179	20 00 57.09044485	−17 48 57.6725440	Q	0.650	1.06	0.70	+0.75	17.5	HP
2000+472	20 02 10.41825568	+47 25 28.7737223	V		1.12	1.07			
2002−375	20 05 55.07090025	−37 23 41.4778536	R		0.32	0.45	+0.41		
2008−159	20 11 15.71093257	−15 46 40.2536652	Q	1.180	1.10	0.93	+0.59	17.2	
2029+121	20 31 54.99427114	+12 19 41.3403129	Q	1.215	0.82	1.00	+0.74*	18.5	
2052−474	20 56 16.35981874	−47 14 47.6276461	Q	1.489	0.10	0.10		19.1	
2059+034	21 01 38.83416420	+03 41 31.3209577	Q	1.013	0.94	0.87		18.1	
2106+143	21 08 41.03215158	+14 30 27.0123177	A	2.017	0.39	0.46	−0.06	20.0	
2106−413	21 09 33.18859195	−41 10 20.6053191	Q	1.060	1.59	1.50		21.0	
2113+293	21 15 29.41345556	+29 33 38.3669657	Q	1.514	0.66	0.48	+0.62*	18.5	
2123−463	21 26 30.70426484	−46 05 47.8920231	Q	1.670	0.10	0.10		18.0	
2126−158	21 29 12.17589777	−15 38 41.0413097	Q	3.270	0.84	1.06	+0.38	17.3	
2131−021	21 34 10.30959643	−01 53 17.2387909	Q		1.26	1.54	+0.01	18.7	HP, z?
2136+141	21 39 01.30926937	+14 23 35.9922096	Q	2.427	2.84	1.50	+0.38	18.5	
2142−758	21 47 12.73062415	−75 36 13.2248179	Q	1.139				17.3	
2150+173	21 52 24.81939953	+17 34 37.7950583	L		0.55	0.50	−0.06	21.0	HP
2204−540	22 07 43.73330411	−53 46 33.8197226	Q	1.206				18.0	
2209+236	22 12 05.96631138	+23 55 40.5438272	Q	1.125	0.93	0.82	+0.13	19.0	
2220−351	22 23 05.93057815	−34 55 47.1774281	G	0.298	0.32	0.27	−0.51		S1
2223−052	22 25 47.25929302	−04 57 01.3907581	Q	1.404	2.37	1.67	−0.31	17.2	HP

IERS Designation	Right Ascension	Declination	Type	z	Flux 8.4 GHz	Flux 2.3 GHz	α^1	V	Notes
	h m s	° ′ ″			Jy	Jy			
2227−088	22 29 40.08434003	−08 32 54.4353948	Q	1.560	2.76	1.25	+0.13	17.5	HP
2229+695	22 30 36.46970494	+69 46 28.0768954	G		0.24	0.52	+0.24	19.6	
2232−488	22 35 13.23657712	−48 35 58.7945006	Q	0.510	0.10	0.10	−0.15	17.2	
2236−572	22 39 12.07592367	−57 01 00.8393966	V					18.5	
2244−372	22 47 03.91732284	−36 57 46.3039624	Q	2.252	0.62	0.57	−0.33	19.0	
2245−328	22 48 38.68573771	−32 35 52.1879540	Q	2.268	0.35	0.34	−0.12	18.6	
2250+190	22 53 07.36917339	+19 42 34.6287472	Q	0.284	0.32	0.34	+0.17	16.7	S1
2254+074	22 57 17.30312249	+07 43 12.3024770	L	0.190	0.51	0.36		17.0	HP, var.
2255−282	22 58 05.96288481	−27 58 21.2567425	Q	0.926	3.83	1.38	+0.57	16.8	S1
2300−683	23 03 43.56462053	−68 07 37.4429706	Q	0.510				16.4	S1.5
2318+049	23 20 44.85659790	+05 13 49.9525567	Q	0.622	0.65	0.70		19.0	
2326−477	23 29 17.70435026	−47 30 19.1148404	Q	1.299	0.10	0.10		16.8	
2333−415	23 36 33.98509655	−41 15 21.9839279	A	1.406	0.10	0.10	−0.05	20.0	
2344−514	23 47 19.86409462	−51 10 36.0654829	A	2.670				20.1	
2351−154	23 54 30.19518762	−15 13 11.2130207	Q		0.58	0.98		17.0	
2353−686	23 56 00.68140587	−68 20 03.4717084	A	1.716				17.0	
2355−534	23 57 53.26608808	−53 11 13.6893562	Q	1.006				17.8	
2355−106	23 58 10.88240761	−10 20 08.6113211	Q	1.639	0.55	0.61	−0.07	17.7	
2356+385	23 59 33.18079739	+38 50 42.3182943	Q	2.704	0.51	0.37	−0.29	19.0	
2357−318	23 59 35.49154293	−31 33 43.8242510	Q	0.990	0.76	0.54		17.6	

Notes to Table

1	Spectral index from Healey *et al.* 2007; otherwise * indicates from Stickel *et al.* 1989, 1994
Q	Quasar
G	Galaxy
L	BL Lac object
L?	BL Lac candidate
A	Active galactic nuclei or quasar
V	Optical source
R	Radio source
S1	Seyfert 1 spectrum
S1.0 - S1.9	Intermediate Seyfert galaxies
HP	High optical polarization ($> 3\%$)
var.	Variable in optical
z?	Questionable redshift

Name	Right Ascension	Declination	S_{400}	S_{750}	S_{1400}	S_{1665}	S_{2700}	S_{5000}	S_{8000}
	h m s	° ′ ″	Jy	Jy	Jy	Jy	Jy	Jy	Jy
3C 48[e,h]	01 37 41.299	+33 09 35.13	42.3	26.7	16.30	14.12	9.33	5.33	3.39
3C 123	04 37 04.4	+29 40 15	119.2	77.7	48.70	42.40	28.50	16.5	10.60
3C 147[e,g,h]	05 42 36.138	+49 51 07.23	48.2	33.9	22.42	19.43	12.96	7.66	5.10
3C 161[h]	06 27 10.0	−05 53 07	40.5	28.4	18.64	16.38	11.13	6.42	4.03
3C 218	09 18 06.0	−12 05 45	134.6	76.0	43.10	36.80	23.70	13.5	8.81
3C 227	09 47 46.4	+07 25 12	20.3	12.1	7.21	6.25	4.19	2.52	1.71
3C 249.1	11 04 11.5	+76 59 01	6.1	4.0	2.48	2.14	1.40	0.77	0.47
3C 274[e,f]	12 30 49.423	+12 23 28.04	625.0	365.0	214.00	184.00	122.00	71.9	48.10
3C 286[e,h]	13 31 08.288	+30 30 32.96	23.8	19.2	14.71	13.55	10.55	7.34	5.39
3C 295[h]	14 11 20.7	+52 12 09	55.7	36.8	22.40	19.24	12.19	6.35	3.66
3C 348	16 51 08.3	+04 59 26	168.1	86.8	45.00	37.50	22.60	11.8	7.19
3C 353	17 20 29.5	−00 58 52	131.1	88.2	57.30	50.50	35.00	21.2	14.20
DR 21	20 39 01.2	+42 19 45							21.60
NGC 7027[d,h]	21 07 01.6	+42 14 10			1.43	1.93	3.69	5.43	5.90

Name	S_{10700}	S_{15000}	S_{22235}	S_{32000}	S_{43200}	Spec.	Type	Angular Size (at 1.4 GHz)
	Jy	Jy	Jy	Jy	Jy			″
3C 48[e,h]	2.54	1.80	1.18	0.80	0.57	C−	QSS	<1
3C 123	7.94	5.63	3.71			C−	GAL	20
3C 147[e,g,h]	3.95	2.92	2.05	1.47	1.12	C−	QSS	<1
3C 161[h]	2.97	2.04	1.29	0.82	0.56	C−	GAL	<3
3C 218	6.77					S	GAL	core 25, halo 220
3C 227	1.34	1.02	0.73			S	GAL	180
3C 249.1	0.34	0.23				S	QSS	15
3C 274[e,f]	37.50	28.10				S	GAL	halo 400[a]
3C 286[e,h]	4.38	3.40	2.49	1.83	1.40	C−	QSS	<5
3C 295[h]	2.54	1.63	0.94	0.55	0.35	C−	GAL	4
3C 348	5.30					S	GAL	115[b]
3C 353	10.90					C−	GAL	150
DR 21	20.80	20.00	19.00			Th	HII	20[c]
NGC 7027[d,h]	5.93	5.84	5.65	5.43	5.23	Th	PN	10

Notes to Table

a	Halo has steep spectral index, so for $\lambda \leq 6$ cm, more than 90% of the flux is in the core. The slope of the spectrum is positive above 20 GHz.
b	Angular distance between the two components
c	Angular size at 2 cm, but consists of 5 smaller components
d	All data are calculated from a fit to the thermal spectrum. Mean epoch is 1995.5.
e	Suitable for calibration of interferometers and synthesis telescopes.
f	Virgo A
g	Indications of time variability above 5 GHz.
h	Suitable for polarization calibrator; see following page.
GAL	Galaxy
HII	HII region
PN	Planetary Nebula
QSS	Quasar

Name	1.40 GHz		1.66 GHz		2.65 GHz		4.85 GHz		8.35 GHz		10.45 GHz		14.60 GHz		32.00 GHz	
	m	χ	m	χ	m	χ	m	χ	m	χ	m	χ	m	χ	m	χ
	%	°	%	°	%	°	%	°	%	°	%	°	%	°	%	°
3C 48	0.6	147.6	0.7	178.7	1.6	70.5	4.2	106.6	5.4	114.4	5.9	115.9	6.6	115.0	8.0	106.1
3C 147	<0.3		<0.3		<0.3		<0.3		1.0	150.0	1.1	14.7	2.7	57.7		
3C 161	5.8	30.3	9.8	125.9	9.9	173.7	4.8	122.5	2.6	99.9	2.4	93.8			2.7	52.4
3C 286[a]	9.5	33.0	9.8	33.0	10.1	33.0	11.0	33.0	11.2	33.0	11.7	33.0	11.8	33.0	12.0	33.0
3C 295	<0.3		<0.3		<0.3		<0.3		0.9	28.7	1.7	155.2	1.7	105.0		

Notes to Table

Positions of these radio sources are found on the previous page.

m   Degree of polarization

χ   Polarization angle

a   Serves as main reference source, besides NGC7027 which can be considered unpolarized at all frequencies.

Name	Right Ascension	Declination	Flux[1]	Mag.[2]	Identified Counterpart	Type of Source
	h m s	o ′ ″	μJy			
Tycho's SNR	00 25 58.9	+64 12 07	8.08		Tycho's SNR	SNR
4U 0037−10	00 42 09.6	−09 17 13	3.19	15.7	Abell 85	C
4U 0053+60	00 57 24.7	+60 46 44	5.00 − 11.0	1.6V	Gamma Cas	Be Star
SMC X−1	01 17 23.5	−73 22 59	0.50 − 57.0	13.3	Sanduleak 160	HMXB
2S 0114+650	01 18 49.3	+65 21 07	4.00	11.0	LSI + 65 010	HMXB
4U 0115+634	01 19 17.8	+63 48 10	2.00 − 350.0	14.5V	V 635 Cas	HMXB
4U 0316+41	03 20 33.8	+41 33 12	52.1	12.7	Abell 426	C
4U 0352+309	03 56 06.4	+31 04 44	9.00 − 37.0	6.0V	X Per	HMXB
4U 0431−12	04 34 08.1	−13 13 18	2.79	15.3	Abell 496	C
4U 0513−40	05 14 29.3	−40 01 51	6.00	8.1	NGC 1851	LMXB
LMC X−2	05 20 17.6	−71 56 57	9.00 − 44.0	18.0V		BHC
LMC X−4	05 32 50.1	−66 21 46	3.00 − 60.0	14.0	OB star	HMXB
Crab Nebula	05 35 12.9	+22 01 18	1041.7	8.4	Crab Nebula	SNR+P
A 0538−66	05 35 44.5	−66 50 00	0.01 − 180.0	13V	Be star	HMXB
LMC X−3	05 39 00.5	−64 04 42	1.70 − 44.0	16.7V	B3V star	BHC
LMC X−1	05 39 34.0	−69 44 13	3.00 − 25.0	14.5	O7III star	BHC
A 0535+262	05 39 37.5	+26 19 18	3.00 − 2800.0	8.9V	HD 245770	HMXB
4U 0614+091	06 17 45.9	+09 08 20	50.0	11.2	V 1055 Ori	BHC
IC 443	06 18 43.1	+22 33 29	3.78		IC 443	SNR
A 0620−00	06 23 19.8	−00 21 07	0.02 − 50000	16.4V	V 616 Mon	BHC
4U 0726−260	07 29 22.0	−26 07 56	1.20 − 4.70	11.6	LS 437	HMXB
EXO 0748−676	07 48 35.6	−67 46 53	0.10 − 60.0	16.9V	UY Vol	B
Pup A	08 24 30.9	−43 02 11	8.25		Pup A	SNR
Vela SNR	08 34 34.4	−45 47 34	10.01	20.0	Vela SNR	SNR
GRS 0834−430	08 37 15.6	−43 17 26	30.0 − 300.0	20.4		HMXB
Vela X−1	09 02 33.0	−40 36 01	2.00 − 1100.0	6.9	HD 77581	HMXB
3A 1102+385	11 05 05.5	+38 08 48	2.73	13.5*	MRK 421	Q
Cen X−3	11 21 46.0	−60 41 14	10.0 − 312.0	13.3	V 779 Cen	HMXB
4U 1145−619	11 48 33.9	−62 16 15	4.00 − 1000.0	9.3	HD 102567	HMXB
4U 1206+39	12 11 07.3	+39 20 31	4.73	11.2*	NGC 4151	AGN
GX 301−2	12 27 16.4	−62 50 02	9.00 − 1000.0	10.8	Wray 977	HMXB
3C 273	12 29 42.0	+01 59 20	2.96	13.0	3C 273	Q
4U 1228+12	12 31 24.3	+12 19 39	23.9	9.2	M 87	AGN
4U 1246−41	12 49 27.5	−41 22 25	5.24	12.4*	Centaurus Cluster	C
4U 1254−690	12 58 23.2	−69 20 58	25.0	19.1	GR Mus	B
4U 1257+28	13 00 09.1	+27 54 02	16.3	10.7	Coma Cluster	C
GX 304−1	13 02 00.0	−61 39 49	0.30 − 200.0	13.5V	V 850 Cen	HMXB
Cen A	13 26 08.3	−43 04 44	9.24	6.98	QSO 1322−428	Q
Cen X−4	14 59 04.5	−32 03 50	0.10 − 20000	12.8	V 822 Cen	B
SN 1006	15 03 07.4	−41 56 27	2.65	19.9	SN 1006	SNR
Cir X−1	15 21 34.5	−57 12 27	5.00 − 3000.0	21.4	BR Cir	LMXB
4U 1538−522	15 43 15.2	−52 25 19	3.00 − 30.0	14.4	QV Nor	HMXB
4U 1556−605	16 02 00.7	−60 46 20	16.0	18.6V	LU TrA	LMXB
4U 1608−522	16 13 36.1	−52 27 04	1.00 − 110.0	21V	QX Nor	LMXB
Sco X−1	16 20 34.3	−15 40 02	14000.0	12.2	V 818 Sco	LMXB
4U 1627+39	16 29 02.0	+39 31 35	4.22	13.9	Abell 2199	C
4U 1626−673	16 33 26.5	−67 29 06	25.0	18.5	KZ TrA	LMXB
4U 1636−536	16 41 50.7	−53 46 23	220.0	17.5	V 801 Ara	B
GX 340+0	16 46 38.2	−45 37 55	500.0			LMXB
GRO J1655−40	16 54 47.8	−39 51 50	1600.0	14.2V	V 1033 Sco	BHC

Name	Right Ascension	Declination	Flux[1]	Mag.[2]	Identified Counterpart	Type of Source
	h m s	° ′ ″	μJy			
Her X−1	16 58 14.7	+35 19 31	15.0 − 50.0	13.0V	HZ Her	LMXB
4U 1704−30	17 02 50.2	−29 57 42	3.45	18.3V	V 2131 Oph	B
GX 339−4	17 03 41.8	−48 48 19	1.50 − 900.0	15.5	V 821 Ara	BHC
4U 1700−377	17 04 43.7	−37 51 34	11.0 − 110.0	6.6	V 884 Sco	HMXB
GX 349+2	17 06 30.9	−36 26 16	825.0	18.6	V 1101 Sco	LMXB
4U 1708−23	17 12 42.8	−23 22 04	33.0	21*		
4U 1722−30	17 28 17.8	−30 48 37	7.56	17	Terzan 2	LMXB
Kepler's SNR	17 31 17.2	−21 29 24	2.95	19	Kepler's SNR	SNR
GX 9+9	17 32 23.9	−16 58 11	300.0	16.8	V 2216 Oph	LMXB
GX 354−0	17 32 42.9	−33 50 25	150.0			B
GX 1+4	17 32 44.6	−24 45 11	100.0	19.0	V 2116 Oph	LMXB
Rapid Burster	17 34 09.0	−33 23 52	0.10 − 200.0	17.5	Liller 1	B
4U 1735−444	17 39 48.6	−44 27 21	160.0	17.5	V 926 Sco	LMXB
1E 1740.7−2942	17 44 46.8	−29 43 40	4.00 − 30.0			BHC
GX 3+1	17 48 39.5	−26 34 02	400.0		V 3893 Sgr	B
4U 1746−37	17 50 59.7	−37 03 18	32.0	8.4*	NGC 6441	LMXB
4U 1755−338	17 59 25.9	−33 48 26	100.0	18.5	V 4134 Sgr	BHC
GX 5−1	18 01 50.5	−25 04 53	1250.0			LMXB
GX 9+1	18 02 12.2	−20 31 37	700.0			LMXB
GX 13+1	18 15 10.4	−17 09 13	350.0			LMXB
GX 17+2	18 16 40.6	−14 01 56	700.0	17.5	NP Ser	LMXB
4U 1820−30	18 24 24.8	−30 21 18	250.0	8.6*	NGC 6624	LMXB
4U 1822−37	18 26 33.8	−37 05 53	10.0 − 25.0	15.9V	V 691 CrA	B
Ser X−1	18 40 31.6	+05 02 51	225.0	19.2*	MM Ser	B
4U 1850−08	18 53 42.7	−08 41 30	7.00	8.9	NGC 6712	LMXB
Aql X−1	19 11 50.8	+00 36 25	0.10 − 1300.0	14.8	V 1333 Aql	LMXB
SS 433	19 12 23.7	+05 00 09	1.11	14.2	SS 433	BHC
GRS 1915+105	19 15 44.3	+10 58 00	300.0		V 1487 Aql	BHC
4U 1916−053	19 19 24.7	−05 12 52	25.0	21V	V 1405 Aql	B
Cyg X−1	19 58 47.6	+35 14 00	235.0 − 1320.0	8.9	V 1357 Cyg	BHC
4U 1957+11	19 59 56.6	+11 44 25	30.0	18.7V	V 1408 Aql	LMXB
Cyg X−3	20 32 51.0	+40 59 42	90.0 − 430.0		V 1521 Cyg	BHC
4U 2127+119	21 30 31.6	+12 13 06	6.00	15.8V	M 15	LMXB
4U 2129+47	21 31 51.5	+47 20 28	9.00	16.9	V1727 Cyg	B
SS Cyg	21 43 10.0	+43 38 21	2.27	12.1V	SS Cyg	T
Cyg X−2	21 45 09.8	+38 22 29	450.0	14.7	V 1341 Cyg	LMXB
Cas A	23 23 52.8	+58 52 32	58.7	19.6	Cassiopeia A	SNR

Notes to Table

[1] (2−10) keV flux

[2] "*" indicates B magnitude, otherwise V magnitude

"V" indicates variable magnitude

AGN	active galactic nuclei	LMXB	low mass X−ray binary
B	X−ray burster	P	pulsar
BHC	black hole candidate	Q	quasar
C	cluster of galaxies	SNR	supernova remnant
HMXB	high mass X−ray binary	T	transient (nova−like optically)

Name	Right Ascension	Declination	V	z	Flux 6 cm	Flux 20 cm	B−V	M(abs)
	h m s	o ′ ″			mJy	mJy		
SDSS J00172−1000	00 17 49.8	−09 57 05	23.58	5.010			+4.46	−24.3
NPM1G−22.0017	00 42 06.3	−22 34 51	13.24	0.063				−24.7
M 31	00 43 22.2	+41 19 56	10.57	0.000	2460		+1.08	
I Zw 1	00 54 11.1	+12 45 20	14.03	0.061	3	8	+0.38	−23.4
TON S180	00 57 54.0	−22 19 13	14.41	0.062			+0.19	−23.3
F 9	01 24 12.1	−58 44 46	13.83	0.046			+0.43	−23.0
NGC 612	01 34 28.6	−36 26 05	13.20	0.030				−23.1
3C 48.0	01 38 20.8	+33 13 05	16.20	0.367	5370	15651	+0.42	−25.2
87GB 01540+4105	01 57 47.0	+41 23 51	13.80	0.081	30	45		−24.7
SDSS J02316−0728	02 32 11.7	−07 25 52	23.17	5.421			+3.18	−26.2
4U 0241+61	02 45 52.5	+62 30 59	12.19	0.045	376	356	−0.04	−25.0
Q 0302−0019	03 05 25.2	−00 05 34	17.83	3.290			+0.42	−29.8
NGC 1266	03 16 35.6	−02 23 07		0.007		113		
SDSSp J03384+0021	03 39 04.7	+00 24 09	23.26	5.010			+2.82	−26.3
IRAS 03575−6132	03 58 29.8	−61 22 10	14.20	0.047				−23.1
PKS 0438−43	04 40 38.8	−43 31 51	19.50	2.852	7580			−27.2
RXS J05345−6016	05 34 39.6	−60 15 50	14.46	0.057				−23.2
RXS J05373−4443	05 37 38.9	−44 42 42	14.19	0.099				−24.7
3C 147.0	05 43 29.8	+49 51 24	17.80	0.545	8180	22511	+0.65	−24.2
IRAS 06115−3240	06 13 46.3	−32 42 08	14.10	0.050		5		−23.3
HS 0624+6907	06 31 17.8	+69 04 32	14.16	0.370			+0.48	−27.2
PKS 0637−75	06 35 24.1	−75 16 53	15.75	0.651	6190		+0.33	−27.0
SDSSp J07563+4104	07 57 05.1	+41 02 16	23.32	5.090		0	+3.02	−26.1
B3 0754+394	07 58 46.4	+39 18 35	14.36	0.096	3	12	+0.38	−24.1
SDSS J08464+0800	08 47 04.8	+07 58 18	23.03	5.030			+2.97	−26.4
SDSS J09027+0851	09 03 22.7	+08 48 30	23.43	5.226			+2.58	−26.5
Q J0906+6930	09 07 34.2	+69 27 43		5.470	106	91		
SDSSp J09132+5919	09 14 09.0	+59 16 29	23.32	5.110	8	18	+2.51	−26.6
IRAS 09149−6206	09 16 25.6	−62 22 23	13.55	0.057	16		+0.52	−23.6
SDSS J09157+4924	09 16 30.8	+49 21 23	22.88	5.196			+3.67	−25.9
B2 0923+39	09 27 46.1	+38 59 20	17.03	0.698	7570	2959	+0.24	−26.0
NGC 3031	09 56 29.2	+69 00 37	11.63	0.000	93	624	+1.12	
SDSS J09571+0610	09 57 43.9	+06 07 42	23.08	5.157			+4.76	−24.6
Q J10107−0131	10 11 21.5	−01 34 29	19.89	5.090				−32.5
SDSS J10136+4240	10 14 18.0	+42 37 00	23.09	5.038			+3.50	−25.8
RXS J10279−0647	10 28 33.3	−06 51 28	14.35	0.116		13		−24.9
RXS J10292+2729	10 29 51.4	+27 26 24		0.038				
HE 1029−1401	10 32 28.3	−14 20 26	13.86	0.086		13	+0.22	−24.5
7C 1029+2813	10 32 52.5	+27 52 26	14.30	0.085	37			−24.3
RXS J10374−1111	10 37 58.6	−11 15 32	14.42	0.053				−23.1
SDSS J10506+5804	10 51 19.2	+58 00 44	22.90	5.132			+2.69	−26.8
SDSS J10533+5804	10 54 05.4	+58 00 30	23.62	5.215			+4.11	−24.7
NGC 3607	11 17 31.1	+17 59 18	12.76	0.000		7	+1.08	
CG 825	11 21 45.6	+34 51 34	13.19	0.040		3		−23.7
PKS 1127−14	11 30 41.8	−14 53 16	16.90	1.187	7310	5295	+0.27	−27.5
SDSS J11327+1209	11 33 22.2	+12 05 12	23.94	5.167			+4.65	−23.9
SDSS J11502+0520	11 50 48.6	+05 16 22	24.36	5.855			+0.32	−28.2
4C 29.45	12 00 07.3	+29 10 55	14.41	0.729	1461	1953	+0.39	−28.6
SDSSp J12046−0021	12 05 17.2	−00 25 39	22.93	5.030			+3.78	−25.7
PG 1211+143	12 14 52.8	+13 59 23	14.19	0.082	1	2	+0.27	−24.0

Name	Right Ascension	Declination	V	z	Flux 6 cm	Flux 20 cm	B−V	M(abs)
	h m s	° ′ ″			mJy	mJy		
SDSS J12217+4445	12 22 20.3	+44 41 38	23.26	5.206			+2.73	−26.5
3C 273.0	12 29 42.0	+01 59 19	12.85	0.158	43410	36983	+0.20	−26.9
RX J12308+0115	12 31 25.3	+01 11 33	14.42	0.117			+0.02	−24.8
SDSS J12427+5213	12 43 19.6	+52 09 21	22.90	5.017			+2.14	−27.3
NPM1G+78.0053	12 55 25.0	+78 33 31	12.90	0.043				−24.2
3C 279	12 56 46.8	−05 51 05	17.75	0.538	15340	10708	+0.26	−24.6
3C 286.0	13 31 40.1	+30 27 00	17.25	0.846	7480	15024	+0.26	−26.4
SDSS J13374+4155	13 37 58.5	+41 52 10	23.37	5.015			+3.89	−25.1
PG 1351+64	13 53 36.3	+63 42 23	14.28	0.087	32	27	+0.26	−24.1
PG 1411+442	14 14 15.5	+43 57 02	14.01	0.089	1	2		−24.7
RXS J14183−2111	14 18 58.2	−21 14 22	14.13	0.108				−25.0
SBS 1425+606	14 27 15.3	+60 22 45	16.57	3.164			+0.41	−30.9
SDSS J14438+3623	14 44 18.6	+36 20 21	24.02	5.273			+2.75	−25.7
CSO 1061	14 45 23.4	+29 16 12	16.20	2.669				−30.8
SDSS J15105+5148	15 10 56.2	+51 46 06	24.16	5.031			+3.86	−24.3
MCG +11.19.005	15 19 31.1	+65 32 11	13.90	0.044				−23.2
TEX 1601+160	16 04 09.5	+15 52 11	13.97	0.109	251	94		−25.1
HS 1603+3820	16 05 20.2	+38 10 10	15.90	2.510				−30.8
SDSS J16144+4640	16 14 45.9	+46 38 47	23.41	5.313		2	+2.97	−26.2
SDSS J16170+4435	16 17 27.4	+44 33 42	18.98	5.490			+0.38	−33.3
HS 1626+6433	16 26 51.5	+64 25 24	15.80	2.320				−30.7
SDSS J16264+2751	16 26 54.4	+27 50 01	23.37	5.275			+3.12	−26.0
SDSS J16264+2858	16 26 56.7	+28 57 27	23.35	5.022			+3.22	−25.8
3C 345.0	16 43 22.1	+39 47 21	16.62	0.594	5650	6599	+0.32	−25.9
TEX 1653+198	16 56 13.6	+19 47 43	16.60	3.260	187	151		−31.4
HS 1700+6416	17 01 05.2	+64 11 09	16.20	2.736			+0.32	−30.6
PDS 456	17 28 59.1	−14 16 27	14.03	0.184	8	22	+0.66	−25.6
RXS J17366+7205	17 36 25.4	+72 05 08	14.30	0.094				−24.5
KUV 18217+6419	18 22 00.7	+64 20 58	14.24	0.297	70		−0.01	−27.1
3C 380.0	18 29 49.8	+48 45 16	16.81	0.692	5519	13451	+0.24	−26.2
MC 1830−211	18 34 21.1	−21 03 06	18.70	2.507	7920	10698		−28.0
OV−236	19 25 34.5	−29 13 07	18.21	0.352	14332	13180	+0.42	−23.1
MARK 509	20 44 47.2	−10 40 52	13.12	0.035	5	16	+0.23	−23.3
SDSS J20567−0059	20 57 20.0	−00 56 23	21.72	5.989			+1.97	−29.2
ESO 235−IG26	21 00 02.5	−51 57 37	13.60	0.051				−23.8
RXS J20593−3147	21 00 02.9	−31 44 52	14.20	0.074		9		−24.1
RXS J21015−4059	21 02 20.7	−40 57 07	14.35	0.084				−24.2
RXS J21079−3754	21 08 43.3	−37 51 20	14.26	0.049				−23.1
PKS 2134+004	21 37 13.9	+00 45 02	17.11	1.932	11490	3712	+0.33	−28.4
FIRST J21398−0804	21 40 27.6	−08 01 45	13.39	0.051		11		−24.1
PHL 1811	21 55 38.1	−09 19 07	13.90	0.192		1		−26.5
PHL 5200	22 29 06.3	−05 15 24	17.70	1.980			+0.75	−27.4
SDSS J22287−0757	22 29 21.3	−07 54 22	23.85	5.142			+3.62	−25.0
3C 454.3	22 54 31.8	+16 12 34	16.10	0.859	10030	12634	+0.47	−27.3
MR 2251−178	22 54 42.6	−17 31 14	14.36	0.064	3	15	+0.63	−23.0
RXS J22593−5035	23 00 02.9	−50 31 48	14.17	0.096				−24.7
3C 465.0	23 39 04.0	+27 05 41	13.30	0.030	2800	7460		−23.0
RXS J23529+0320	23 53 33.3	+03 24 06	14.30	0.086				−24.3

SELECTED PULSARS, J2000.0

Name	Right Ascension	Declination	Period	$\dot{P}$	Epoch	DM	S_{400}	Type
	h m s	° ′ ″	s	10^{-15}ss^{-1}	MJD	cm^{-3}pc	mJy	
B0021−72C	00 23 50.4	−72 04 31.5	0.005 756 780	0.0000	51600	24.6	1.5	
J0030+0451	00 30 27.4	+04 51 39.7	0.004 865 453	0.0001	52035	4.3	7.9	gx
J0034−0534	00 34 21.8	−05 34 36.6	0.001 877 182	0.0000	50690	13.8	17	b
J0045−7319	00 45 35.2	−73 19 03.0	0.926 275 905	4.4632	49144	105.4	1	b
J0218+4232	02 18 06.4	+42 32 17.4	0.002 323 090	0.0001	50864	61.3	35	bxg
B0329+54	03 32 59.4	+54 34 43.6	0.714 519 700	2.0483	46473	26.8	1500	
J0437−4715	04 37 15.8	−47 15 08.5	0.005 757 452	0.0001	53019	2.6	550	bx
B0450−18	04 52 34.1	−17 59 23.4	0.548 939 223	5.7531	49289	39.9	82	
B0531+21	05 34 31.9	+22 00 52.1	0.033 403 347	420.95	48743	56.8	646	oxg
B0540−69	05 40 11.2	−69 19 55.0	0.050 567 546	478.91	52858	146.5		ox
J0613−0200	06 13 44.0	−02 00 47.2	0.003 061 844	0.0000	53012	38.8	21	gb
B0628−28	06 30 49.5	−28 34 43.1	1.244 418 596	7.123	46603	34.5	206	x
B0656+14	06 59 48.1	+14 14 21.5	0.384 891 195	55.0031	49721	14.0	6.5	ox
B0655+64	07 00 37.8	+64 18 11.2	0.195 670 945	0.0007	48806	8.8	5	b
J0737−3039A	07 37 51.2	−30 39 40.7	0.022 699 378	0.0017	53016	48.9		bx
J0737−3039B	07 37 51.2	−30 39 40.7	2.773 460 770	0.892	53016	48.9		b
B0736−40	07 38 32.3	−40 42 40.9	0.374 919 985	1.6161	51700	160.8	190	
B0740−28	07 42 49.1	−28 22 43.8	0.166 762 292	16.821	49326	73.8	296	
J0751+1807	07 51 09.2	+18 07 38.6	0.003 478 771	0.0000	51800	30.2	10	b
B0818−13	08 20 26.4	−13 50 55.5	1.238 129 544	2.1052	48904	40.9	102	
B0820+02	08 23 09.8	+01 59 12.4	0.864 872 805	0.1046	49281	23.7	30	b
B0833−45	08 35 20.6	−45 10 34.9	0.089 328 385	125.01	51559	68.0	5000	oxg
B0834+06	08 37 05.6	+06 10 14.6	1.273 768 292	6.7992	48721	12.9	89	
B0835−41	08 37 21.3	−41 35 15.0	0.751 623 618	3.5393	51700	147.3	197	
B0950+08	09 53 09.3	+07 55 35.8	0.253 065 165	0.2298	46375	3.0	400	x
B0959−54	10 01 38.0	−55 07 06.7	1.436 582 629	51.396	46800	130.3	80	
J1012+5307	10 12 33.4	+53 07 02.6	0.005 255 749	0.0000	50700	9.0	30	b
J1022+1001	10 22 58.0	+10 01 52.5	0.016 452 930	0.0000	53100	10.2	20	b
J1024−0719	10 24 38.7	−07 19 19.2	0.005 162 204	0.0002	53000	6.5	4.6	x
J1028−5819	10 28 28.0	−58 19 05.2	0.091 403 231	16.1	54562	96.5		g
J1045−4509	10 45 50.2	−45 09 54.1	0.007 474 224	0.0000	53050	58.2	15	b
B1055−52	10 57 58.8	−52 26 56.3	0.197 107 608	5.8335	43556	30.1	80	xg
B1133+16	11 36 03.2	+15 51 04.5	1.187 913 066	3.7338	46407	4.9	257	
J1141−6545	11 41 07.0	−65 45 19.1	0.393 897 834	4.2946	51370	116.0		b
J1157−5112	11 57 08.2	−51 12 56.1	0.043 589 227	0.0001	51400	39.7		b
B1154−62	11 57 15.2	−62 24 50.9	0.400 522 048	3.9313	46800	325.2	145	
B1237+25	12 39 40.5	+24 53 49.3	1.382 449 103	0.9600	46531	9.2	110	
B1240−64	12 43 17.2	−64 23 23.8	0.388 480 921	4.5006	46800	297.2	110	
B1257+12	13 00 03.0	+12 40 56.7	0.006 218 532	0.0001	48700	10.2	20	b
B1259−63	13 02 47.7	−63 50 08.7	0.047 762 507	2.2765	50357	146.7		b
B1323−58	13 26 58.3	−58 59 29.1	0.477 990 867	3.238	47782	287.3	120	
B1323−62	13 27 17.4	−62 22 44.6	0.529 913 192	18.8787	47781	318.8	135	
B1356−60	13 59 58.2	−60 38 08.0	0.127 500 777	6.3385	43556	293.7	105	
B1426−66	14 30 40.9	−66 23 05.0	0.785 440 757	2.7695	46800	65.3	130	
B1449−64	14 53 32.7	−64 13 15.6	0.179 484 754	2.7461	46800	71.1	230	

Name	Right Ascension	Declination	Period	$\dot{P}$	Epoch	DM	S_{400}	Type
	h m s	° ′ ″	s	$10^{-15}ss^{-1}$	MJD	$cm^{-3}pc$	mJy	
J1453+1902	14 53 45.7	+19 02 12.2	0.005 792 303	0.0001	53337	14.0	2.2	
J1455−3330	14 55 48.0	−33 30 46.4	0.007 987 205	0.0000	50598	13.6	9	b
B1451−68	14 56 00.2	−68 43 39.2	0.263 376 815	0.0983	46800	8.6	350	
B1508+55	15 09 25.6	+55 31 32.3	0.739 681 923	4.9982	49904	19.6	114	
B1509−58	15 13 55.6	−59 08 09.0	0.150 657 551	1536.5	48355	252.5	1.5	xg
J1518+4904	15 18 16.8	+49 04 34.3	0.040 934 988	0.0000	51203	11.6	8	b
B1534+12	15 37 10.0	+11 55 55.6	0.037 904 441	0.0024	50300	11.6	36	b
B1556−44	15 59 41.5	−44 38 46.1	0.257 056 098	1.0192	46800	56.1	110	
B1620−26	16 23 38.2	−26 31 53.8	0.011 075 751	0.0007	48725	62.9	15	b
J1643−1224	16 43 38.2	−12 24 58.7	0.004 621 641	0.0000	50288	62.4	75	b
B1641−45	16 44 49.3	−45 59 09.5	0.455 059 775	20.090	46800	478.8	375	
B1642−03	16 45 02.0	−03 17 58.3	0.387 689 698	1.7804	46515	35.7	393	
B1648−42	16 51 48.8	−42 46 11	0.844 080 666	4.812	46800	482	100	
B1706−44	17 09 42.7	−44 29 08.2	0.102 459 246	92.98	50042	75.7	25	xg
J1713+0747	17 13 49.5	+07 47 37.5	0.004 570 136	0.0000	52000	16.0	36	b
J1730−2304	17 30 21.6	−23 04 31.4	0.008 122 798	0.0000	50320	9.6	43	
B1727−47	17 31 42.1	−47 44 34.6	0.829 828 785	163.63	50939	123.3	190	
B1744−24A	17 48 02.2	−24 46 36.9	0.011 563 148	0.0000	48270	242.2		b
J1748−2446ad	17 48 04.9	−24 46 45	0.001 395 955	0.0000	53500	235.6		b
B1749−28	17 52 58.7	−28 06 37.3	0.562 557 636	8.1291	46483	50.4	1100	
B1800−27	18 03 31.7	−27 12 06	0.334 415 426	0.0171	50261	165.5	3.4	b
J1804−2717	18 04 21.1	−27 17 31.2	0.009 343 031	0.0000	51041	24.7	15	b
B1802−07	18 04 49.9	−07 35 24.7	0.023 100 855	0.0005	50337	186.3	3.1	b
B1818−04	18 20 52.6	−04 27 38.1	0.598 075 930	6.3314	46634	84.4	157	
B1820−11	18 23 40.3	−11 15 11	0.279 828 697	1.379	49465	428.6	11	b
B1820−30A	18 23 40.5	−30 21 39.9	0.005 440 003	0.0034	50319	86.8	16	
B1821−24	18 24 32.0	−24 52 11.1	0.003 054 315	0.0016	49858	119.8	40	x
B1830−08	18 33 40.3	−08 27 31.2	0.085 284 251	9.1707	50483	411		
B1831−03	18 33 41.9	−03 39 04.3	0.686 704 444	41.565	49698	234.5	89	
B1831−00	18 34 17.2	−00 10 53.3	0.520 954 311	0.0105	49123	88.6	5.1	b
B1855+09	18 57 36.4	+09 43 17.2	0.005 362 100	0.0000	53186	13.3	31	b
B1857−26	19 00 47.6	−26 00 43.8	0.612 209 204	0.2045	48891	38.0	131	
B1859+03	19 01 31.8	+03 31 05.9	0.655 450 239	7.459	50027	402.1	165	
J1906+0746	19 06 48.7	+07 46 28.6	0.144 071 930	20.280	53590	217.8	0.9	b
J1911−1114	19 11 49.3	−11 14 22.3	0.003 625 746	0.0000	50458	31.0	31	b
B1911−04	19 13 54.2	−04 40 47.7	0.825 935 803	4.0680	46634	89.4	118	
B1913+16	19 15 28.0	+16 06 27.4	0.059 029 998	0.0086	46444	168.8	4	b
B1929+10	19 32 13.9	+10 59 32.4	0.226 517 635	1.1574	46523	3.2	303	x
B1933+16	19 35 47.8	+16 16 40.2	0.358 738 411	6.0025	46434	158.5	242	
B1937+21	19 39 38.6	+21 34 59.1	0.001 557 806	0.0001	47900	71.0	240	x
B1946+35	19 48 25.0	+35 40 11.1	0.717 311 174	7.0612	49449	129.1	145	
B1951+32	19 52 58.2	+32 52 40.5	0.039 531 193	5.8448	49845	45.0	7	xg
B1953+29	19 55 27.9	+29 08 43.5	0.006 133 166	0.0000	49718	104.6	15	b
B1957+20	19 59 36.8	+20 48 15.1	0.001 607 402	0.0000	48196	29.1	20	bx
B2016+28	20 18 03.8	+28 39 54.2	0.557 953 480	0.1481	46384	14.2	314	

SELECTED PULSARS, J2000.0

Name	Right Ascension	Declination	Period	$\dot{P}$	Epoch	DM	S_{400}	Type
	h m s	° ′ ″	s	10^{-15}ss^{-1}	MJD	cm^{-3}pc	mJy	
J2019+2425	20 19 31.9	+24 25 15.3	0.003 934 524	0.0000	50000	17.2		b
J2021+3651	20 21 04.5	+36 51 27	0.103 722 225	95.6	52407	371		g
J2043+2740	20 43 43.5	+27 40 56	0.096 130 563	1.27	49773	21.0	15	
B2045−16	20 48 35.4	−16 16 43.0	1.961 572 304	10.958	46423	11.5	116	
J2051−0827	20 51 07.5	−08 27 37.8	0.004 508 642	0.0000	51000	20.7	22	b
B2111+46	21 13 24.3	+46 44 08.7	1.014 684 793	0.7146	46614	141.3	230	
J2124−3358	21 24 43.8	−33 58 44.7	0.004 931 115	0.0000	53174	4.6	17	gx
B2127+11B	21 29 58.6	+12 10 00.3	0.056 133 036	0.0095	50000	67.7	1.0	
J2145−0750	21 45 50.5	−07 50 18.4	0.016 052 424	0.0000	50800	9.0	100	b
B2154+40	21 57 01.8	+40 17 45.9	1.525 265 634	3.4326	49277	70.9	105	
B2217+47	22 19 48.1	+47 54 53.9	0.538 468 822	2.7652	46599	43.5	111	
J2229+2643	22 29 50.9	+26 43 57.8	0.002 977 819	0.0000	49718	23.0	13	b
J2235+1506	22 35 43.7	+15 06 49.1	0.059 767 358	0.0002	49250	18.1	3	
B2303+46	23 05 55.8	+47 07 45.3	1.066 371 072	0.5691	46107	62.1	1.9	b
B2310+42	23 13 08.6	+42 53 13.0	0.349 433 682	0.1124	48241	17.3	89	
J2317+1439	23 17 09.2	+14 39 31.2	0.003 445 251	0.0000	49300	21.9	19	b
J2322+2057	23 22 22.4	+20 57 02.9	0.004 808 428	0.0000	48900	13.4		

Notes to Table

b Pulsar is a member of a binary system.
g Pulsar has been observed in the gamma ray.
o Pulsar has been observed in the optical.
x Pulsar has been observed in the X-ray.

Name	Alternate Name	R.A.	Dec.	Flux[1]		E_{low}[2]	E_{high}	Type
		h m s	° ′ ″	photons cm^{-2}s^{-1}		MeV	MeV	
3EG J0010+7309	2EG J0008+7307	00 10 52	+73 14 02	$5.68 \times 10^{-7} \pm$	8.2×10^{-8}	>100		U
QSO 0208−512	3EG J0210−5055	02 11 10	−50 57 58	2.06×10^{-6}	9.00×10^{-8}	30	4000	Q
PKS 0235+164	3EG J0237+1635	02 39 16	+16 39 32	8.0×10^{-7}	1.2×10^{-7}	100	10000	Q
2CG 135+01	3EG J0241+6103	02 42 31	+61 07 07	1.06×10^{-6}	8.8×10^{-8}	>100		U
NGC 1275	Per A	03 20 34	+41 33 03	6.44×10^{-3}	1.43×10^{-3}	0.02	0.08	Q
EXO 0331+530		03 35 50	+53 12 22	$4.25 \times 10^{-3} \pm$	0.5×10^{-4}	0.040	0.10	T
CTA 26	3EG J0340−0201	03 40 44	−01 59 00	1.19×10^{-6}	2.20×10^{-7}	>100		Q
X Per	4U 0352+30	03 56 06	+31 04 44	8.72×10^{-3}	1.28×10^{-3}	0.04	0.1	T
3EG J0416+3650	QSO 0415+379	04 16 55	+36 52 05	1.28×10^{-7}	2.60×10^{-8}	>100		Q
3C 111	1H 0414+380	04 19 07	+38 03 27	2.81×10^{-4}	4.90×10^{-5}	0.05	0.15	Q
GRO J0422+32	Nova Per 1992	04 22 27	+32 56 10	$9.00 \times 10^{-4} \pm$	3.10×10^{-4}	0.75	2	P
QSO 0420−014	3EG J0422−0102	04 23 52	+01 21 58	5.0×10^{-7}	1.4×10^{-7}	50	2000	Q
3C 120	1H 0426+051	04 33 48	+05 22 24	2.64×10^{-4}	3.80×10^{-5}	0.05	0.15	Q
3EG J0433+2908	EF B0430+2859	04 34 19	+29 09 49	2.15×10^{-7}	3.3×10^{-8}	>100		Q
NRAO 190	3EG J0442−0033	04 43 13	+00 18 39	8.40×10^{-7}	1.2×10^{-7}	>100		Q
PKS 0446+112	3EG J0450+1105	04 49 45	+11 22 45	$2.28 \times 10^{-7} \pm$	3.5×10^{-8}	>100		Q
QSO 0458−020	3EG J0500−0159	05 01 46	−01 58 25	3.11×10^{-7}	9.3×10^{-8}	>100		Q
LMC	3EG J0533−6916	05 23 30	−69 44 24			>100		G
PKS 0528+134	3EG J0530+1323	05 31 34	+13 32 16	6.60×10^{-6}	4.80×10^{-7}	30	1000	Q
Crab	3EG J0534+2200	05 34 46	+22 11 50	6.91×10^{-6}	2.7×10^{-7}	50	10000	P
SN 1987A		05 35 23	−69 15 46	$6.50 \times 10^{-3} \pm$	1.40×10^{-3}	0.85	line[3]	R
QSO 0537−441	3EG J0540−4402	05 39 11	−44 05 03	2.90×10^{-7}	7×10^{-8}	100	1000	Q
3EG J0542−0655	QSO 0539−057	05 42 49	−06 55 29	6.65×10^{-7}	1.95×10^{-7}	>100		Q
Geminga	1E 0630+17.8	06 34 35	+17 45 37	6.14×10^{-6}	3.80×10^{-7}	30	2000	P
PSR B0656+14	PSR J0659+1414	06 59 00	+14 13 26	4.1×10^{-8}	1.4×10^{-8}	>100		P
QSO 0827+243	3EG J0829+2413	08 31 33	+24 08 26	$2.59 \times 10^{-7} \pm$	6.2×10^{-8}	>100		Q
Vela Pulsar	3EG J0834−4511	08 35 43	−45 13 02	1.86×10^{-5}	3.00×10^{-7}	30	2000	P
4U 0836−429		08 37 49	−42 56 56	6.21×10^{-3}	1.71×10^{-5}	0.04	0.1	T
HESS J0852−463	RX J0852.0−4622	08 52 24	−46 24 37	1.9×10^{-11}	0.6×10^{-11}	>1000000		N
Vela X−1	4U 0900−40	09 02 32	−40 36 01	8.23×10^{-3}	3.42×10^{-5}	0.04	0.1	T
2CG 284−00	3EG J1027−5817	10 28 02	−58 19 44	$8.77 \times 10^{-7} \pm$	8.6×10^{-8}	>100		U
2CG 288−00	3EG J1048−5840	10 49 01	−58 44 26	5.97×10^{-7}	8.7×10^{-8}	>100		U
PSR B1055−52	3EG J1058−5234	10 58 28	−52 30 38	6.95×10^{-7}	9.10×10^{-8}	100	4000	P
MRK 421	3EG J1104+3809	11 05 04	+38 08 52	1.70×10^{-7}		>100		Q
NGC 3783	1H 1135−372	11 39 36	−37 48 14	3.86×10^{-4}	1.38×10^{-4}	0.05	0.15	Q
QSO 1156+295	4C 29.45	12 00 06	+29 11 10	$2.29 \times 10^{-6} \pm$	5.48×10^{-7}	>100		Q
NGC 4151	H 1208+396	12 11 08	+39 20 45	2.33×10^{-6}	3.50×10^{-8}	0.07	0.3	Q
NGC 4388		12 26 22	+12 35 11	6.35×10^{-4}	5.80×10^{-5}	0.05	0.15	Q
3C 273	3EG J1229+0210	12 29 42	+01 59 10	3.0×10^{-7}	5×10^{-8}	>100		Q
J1238.9−2720	ESO 506−G027	12 39 31	−27 22 15	8.2×10^{-4}	2.0×10^{-4}	0.020	0.040	Q
3C 279	QSO 1253−055	12 56 48	−05 51 08	$2.8 \times 10^{-6} \pm$	4×10^{-7}	>100		Q
HESS J1303−631		13 03 44	−63 15 37	1.2×10^{-11}	0.2×10^{-11}	>380000		N
Cen A	3EG J1324−4314	13 26 08	−43 04 43			1.0	3.0	Q
IC 4329A	1H 1345−300	13 49 59	−30 22 00	5.98×10^{-4}	3.70×10^{-5}	0.05	0.15	Q
QSO 1406−076	3EG J1409−0745	14 09 34	−07 55 27	1.15×10^{-6}	1.20×10^{-7}	>30		Q

SELECTED GAMMA RAY SOURCES, J2011.5

Name	Alternate Name	R.A.	Dec.	Flux[1]		E_{low}[2]	E_{high}	Type
		h m s	° ′ ″	photons cm^{-2}s^{-1}		MeV	MeV	
2CG 311−01	3EG J1410−6147	14 11 46	−62 14 37	9.05×10^{-7}	$\pm$ 1.34×10^{-7}	>100		U
NGC 5548	H 1415+253	14 18 31	+25 04 37	3.78×10^{-4}	7.40×10^{-5}	0.05	0.15	Q
H 1426+428	RGB J1428+426	14 29 00	+42 37 21	2.04×10^{-11}	3.5×10^{-12}	>280000		Q
QSO 1424−418	3EG J1429−4217	14 30 00	−42 27 02	2.95×10^{-7}	7.4×10^{-8}	>100		Q
SN 1006	H 1506−42	15 03 06	−41 56 40	1.55×10^{-13}	0.17×10^{-13}	>1000000		R
PSR 1509−58		15 14 50	−59 10 56	9.41×10^{-4}	$\pm$ 4.80×10^{-5}	0.05	5	P
HESS J1514−591	MSH 15−5 2	15 15 02	−59 11 59	2.3×10^{-11}	0.6×10^{-11}	>280000		N
XTE J1550−564	V381 Nor	15 51 53	−56 30 39	3.02×10^{-2}	6.84×10^{-5}	0.04	0.1	T
QSO 1611+343	3EG J1614+3424	16 14 06	+34 10 53	4.06×10^{-7}	7.70×10^{-8}	100	10000	Q
HESS J1614−518		16 15 12	−51 50 54	5.78×10^{-11}	7.7×10^{-12}	>200000		U
HESS J1616−508		16 17 16	−50 55 40	4.33×10^{-11}	$\pm$ 2.0×10^{-12}	>200000		U
Sco X−1		16 20 34	−15 40 13	2.39×10^{-3}	0.3×10^{-4}	0.040	0.10	T
QSO 1622−253	3EG J1626−2519	16 26 29	−25 29 08	4.34×10^{-7}	6.7×10^{-8}	>100		Q
PKS 1622−297	3EG J1625−2955	16 26 50	−29 53 06	1.70×10^{-5}	3.0×10^{-6}	>100		Q
HESS J1632−478		16 33 01	−47 17 38	2.87×10^{-11}	5.3×10^{-12}	>200000		U
4U 1630−47		16 34 51	−47 25 03	7.68×10^{-3}	$\pm$ 5.13×10^{-5}	0.04	0.1	T
QSO 1633+382	3EG J1635+3813	16 35 38	+38 06 25	9.6×10^{-7}	8×10^{-8}	>100		Q
HESS J1640−465		16 41 34	−46 33 06	2.09×10^{-11}	2.2×10^{-12}	>200000		U
MRK 501	H 1652+398	16 54 15	+39 44 30	8.10×10^{-12}	1.40×10^{-12}	>300000		Q
Her X−1	4U 1656+35	16 58 15	+35 19 22			0.03	0.06	T
OAO 1657−415	H 1657−415	17 01 36	−41 41 21	7.83×10^{-3}	$\pm$ 5.13×10^{-5}	0.04	0.1	T
HESS J1702−420		17 03 35	−42 05 09	1.6×10^{-11}	0.2×10^{-11}	>200000		U
GX 339−4	1H 1659−487	17 03 42	−48 48 19	9.81×10^{-2}	8.20×10^{-3}	0.01	0.2	T
4U 1700−377	V884 Sco	17 04 43	−37 51 33	2.13×10^{-2}	5.13×10^{-5}	0.04	0.1	T
PSR B1706−44	3EG J1710−4439	17 10 50	−44 31 50	1.30×10^{-6}	1.20×10^{-7}	50	10000	P
G 347.3−0.5	RX J1713.7−3946	17 14 21	−39 46 30	5.3×10^{-12}	$\pm$ 9×10^{-13}	>1800000		R
GX 1+4	4U 1728−24	17 32 44	−24 45 12	5.31×10^{-3}	3.42×10^{-5}	0.04	0.1	T
QSO 1730−130	3EG J1733−1313	17 33 41	−13 05 15	2.72×10^{-7}	4.3×10^{-8}	>100		Q
1E 1740.7−2942	Great Annihilator	17 44 46	−29 43 42	1.73×10^{-2}	1.70×10^{-3}	0.04	0.2	T
Galactic Center	3EG J1746−2851	17 45 17	−28 44 34	1.20×10^{-5}	7×10^{-7}	>100		U
IGR J17464−3213	H 1743−32	17 45 47	−32 13 51	6.93×10^{-3}	$\pm$ 3.42×10^{-5}	0.04	0.1	T
3EG J1746−2851	2EG J1746−2852	17 46 46	−28 51 49	1.11×10^{-6}	9.4×10^{-8}	>100		U
2CG 359−00	2EG J1747−3039	17 48 31	−30 39 48	4.09×10^{-7}	8.1×10^{-8}	>100		U
GRO J1753+57		17 51 52	+57 10 39	5.80×10^{-4}	1.00×10^{-4}	0.75	8	U
3EG J1800−3955	PMN J1802−3940	18 01 40	−39 55 46	8.50×10^{-7}	2.02×10^{-7}	>100		Q
GRS 1758−258	INTEGRAL1 79	18 01 55	−25 44 34	8.23×10^{-3}	$\pm$ 6.84×10^{-5}	0.04	0.1	T
2CG 006−00	3EG J1800−2338	18 02 03	−23 12 34	7.00×10^{-7}	9×10^{-8}	>100		U
HESS J1804−216		18 05 12	−21 41 55	5.32×10^{-11}	2.0×10^{-12}	>200000		U
3EG J1806−5005	PMN J1808−5011	18 07 03	−50 05 53	6.21×10^{-7}	1.97×10^{-7}	>100		Q
HESS J1813−178	IGR J18135−1751	18 14 07	−17 50 42	1.4×10^{-11}	1.1×10^{-12}	>200000		U
M 1812−12	4U 1812−12	18 15 51	−12 04 44	4.36×10^{-3}	$\pm$ 5.13×10^{-5}	0.04	0.1	T
HESS J1825−137		18 26 41	−13 45 10	3.94×10^{-11}	2.2×10^{-12}	>200000		U
GS 1826−24		18 30 10	−24 47 30	1.00×10^{-2}	5.13×10^{-5}	0.04	0.1	T
3EG J1832−2110	PKS 1830−21	18 33 05	−21 10 14	2.10×10^{-7}	4.4×10^{-8}	>100		Q
HESS J1834−087		18 35 24	−08 45 01	1.87×10^{-11}	2.0×10^{-12}	>200000		U

Name	Alternate Name	R.A.	Dec.	Flux[1]	E_{low}[2]	E_{high}	Type
		h m s	° ′ ″	photons cm^{-2}s^{-1}	MeV	MeV	
HESS J1837−069		18 38 15	−06 56 22	$3.04 \times 10^{-11} \pm 1.6 \times 10^{-12}$	>200000		U
3C 390.3	1H 1858+797	18 41 26	+79 46 18	2.68×10^{-4} 3.90×10^{-5}	0.05	0.15	Q
HESS J1857+026		18 57 46	+02 40 57	8.9×10^{-12} 0.1×10^{-12}	>600000		U
GRS 1915+105	Nova Aql 1992	19 15 44	+10 58 00	8.00×10^{-2}	0.02	0.1	T
QSO 1933−400	3EG J1935−4022	19 38 03	−39 56 36	2.04×10^{-7} 4.9×10^{-8}	>100		Q
QSO 1936−155	3EG J1937−1529	19 38 31	−15 27 48	$5.50 \times 10^{-7} \pm 1.86 \times 10^{-7}$	>100		Q
NGC 6814	QSO 1939−104	19 43 18	−10 17 32	3.19×10^{-4} 8.30×10^{-5}	0.05	0.15	Q
PSR B1951+32	PSR J1952+3252	19 53 24	+32 54 37	1.60×10^{-7} 2×10^{-8}	>100		P
Cyg X−1	4U 1956+35	19 58 47	+35 13 54	6.64×10^{-4} 7.40×10^{-5}	0.75	2	T
1ES 1959+650	QSO B1959+650	20 00 07	+65 10 50	3.50×10^{-11} 4×10^{-12}	>1000000		Q
2CG 078+01	3EG J2020+4017	20 21 25	+40 20 12	$1.27 \times 10^{-6} \pm 8.3 \times 10^{-8}$	>100		U
2CG 075+00	3EG J2021+3716	20 21 38	+37 18 25	8.23×10^{-7} 7.9×10^{-8}	>100		U
QSO 2022−077	3EG J2025−0744	20 26 17	−07 33 06	2.34×10^{-7} 3.9×10^{-8}	>100		Q
TEV J2032+4130		20 32 25	+41 32 22	4.5×10^{-13} 1.3×10^{-13}	>1000000		U
TEV J2032+4130		20 32 32	+41 32 52	5.9×10^{-13} 3.1×10^{-13}	>1000000		U
Cyg X−3		20 32 51	+40 59 58	$8.2 \times 10^{-7} \pm 9 \times 10^{-8}$	>100		T
J2124.6+5057	IGR J21247+5058	21 25 03	+51 01 26	6.5×10^{-4} 2.9×10^{-5}	0.040	0.10	Q
HESS J2158−302	PKS 2155−304	21 59 33	−30 09 59	1.3×10^{-11} 0.1×10^{-11}	>300000		Q
3C 454.3	3EG J2254+1601	22 54 31	+16 11 28	1.40×10^{-7} 2×10^{-8}	100	10000	Q
Cas A	1H 2321+585	23 23 43	+58 52 24	2.80×10^{-4} 6.60×10^{-5}	0.04	0.25	R
1ES 2344+514	QSO B2344+514	23 47 39	+51 46 07	$6.6 \times 10^{-11} \pm 1.9 \times 10^{-11}$	>350000		Q

Notes to Table

[1] Integrated flux over the specified energy range if one is given; if only E_{low} is specified, the flux is the peak observed flux.

[2] > indicates a lower limit energy value; no upper energy limit has been recorded.

[3] For SN1987A, flux is only for single observed spectral line.

G   Galaxy
N   Nebula/diffuse
P   Pulsar
Q   Quasar
R   Supernova Remnant
T   Transient
U   Unknown

CONTENTS OF SECTION J

NOTES

Beginning with the 1997 edition of *The Astronomical Almanac*, observatories in the General List are alphabetical first by country and then by observatory name within the country. If the country in which an observatory is located is unknown, it may be found in the Index List. Taking Ebro Observatory as an example, the Index List refers the reader to Spain, under which Ebro is listed in the General List.

Observatories in England, Northern Ireland, Scotland and Wales will be found under United Kingdom. Observatories in the United States will be found under the appropriate state, under United States of America (USA). Thus, the W.M. Keck Observatory is under USA, Hawaii. In the Index List it is listed under Keck, W.M. and W.M. Keck, with referrals to Hawaii (USA) in the General List.

The "Location" column in the General List gives the city or town associated with the observatory, sometimes with the name of the mountain on which the observatory is actually located. Since some institutions have observatories located outside of their native countries, the "Location" column indicates the locale of the observatory, but not necessarily the ownership by that country. In the "Observatory Name" column of the General List, observatories with radio instruments, infrared instruments, or laser instruments are designated with an 'R', 'I', or 'L', respectively. The height of the observatory is given, in the final column, in meters (m) above mean sea level (m.s.l.); observatories for which the height is unknown at the time of publication have a "——" in the "Height" column.

Finally, readers interested in only a subset of the observatories—for example, those from a certain country (or few countries) or those with radio (or infrared or laser) instruments—may wish to use the new Observatory Search feature on *The Astronomical Almanac Online* (see below).

INDEX LIST

INDEX LIST

OBSERVATORIES, 2011

INDEX LIST

INDEX LIST

INDEX LIST

INDEX LIST

Observatory Name		Location	East Longitude	Latitude	Height (m.s.l.)
			° ′	° ′	m
Algeria					
Alger Obs.		Bouzaréa	+ 3 02.1	+ 36 48.1	345
Argentina					
Argentine Radio Ast. Inst.	R	Villa Elisa	− 58 08.2	− 34 52.1	11
Córdoba Ast. Obs.		Córdoba	− 64 11.8	− 31 25.3	434
Córdoba Obs. Astrophys. Sta.		Bosque Alegre	− 64 32.8	− 31 35.9	1250
Dr. Carlos U. Cesco Sta.		San Juan/El Leoncito	− 69 19.8	− 31 48.1	2348
El Leoncito Ast. Complex		San Juan/El Leoncito	− 69 18.0	− 31 48.0	2552
Félix Aguilar Obs.		San Juan	− 68 37.2	− 31 30.6	700
La Plata Ast. Obs.		La Plata	− 57 55.9	− 34 54.5	17
National Obs. of Cosmic Physics		San Miguel	− 58 43.9	− 34 33.4	37
Naval Obs.		Buenos Aires	− 58 21.3	− 34 37.3	6
Armenia					
Byurakan Astrophysical Obs.	R	Yerevan/Mt. Aragatz	+ 44 17.5	+ 40 20.1	1500
Australia					
Anglo–Australian Obs.	I	Coonabarabran/Siding Spring, N.S.W.	+ 149 04.0	− 31 16.6	1164
Australia Tel. Natl. Facility	R	Culgoora, New South Wales	+ 149 33.7	− 30 18.9	217
Australian Natl. Radio Ast. Obs.	R	Parkes, New South Wales	+ 148 15.7	− 33 00.0	392
Deep Space Sta.	R	Tidbinbilla, Austl. Cap. Ter.	+ 148 58.8	− 35 24.1	656
Fleurs Radio Obs.	R	Kemps Creek, New South Wales	+ 150 46.5	− 33 51.8	45
Molonglo Radio Obs.	R	Hoskinstown, New South Wales	+ 149 25.4	− 35 22.3	732
Mount Pleasant Radio Ast. Obs.	R	Hobart, Tasmania	+ 147 26.4	− 42 48.3	43
Mount Stromlo Obs.		Canberra/Mt. Stromlo, Austl. Cap. Ter.	+ 149 00.5	− 35 19.2	767
Perth Obs.		Bickley, Western Australia	+ 116 08.1	− 32 00.5	391
Riverview College Obs.		Lane Cove, New South Wales	+ 151 09.5	− 33 49.8	25
Siding Spring Obs.		Coonabarabran/Siding Spring, N.S.W.	+ 149 03.7	− 31 16.4	1149
Austria					
Kanzelhöhe Solar Obs.		Klagenfurt/Kanzelhöhe	+ 13 54.4	+ 46 40.7	1526
Kuffner Obs.		Vienna	+ 16 17.8	+ 48 12.8	302
L. Figl Astrophysical Obs.		St. Corona at Schöpfl	+ 15 55.4	+ 48 05.0	890
Lustbühel Obs.		Graz	+ 15 29.7	+ 47 03.9	480
Purgathofer Obs.		Klosterneuburg	+ 16 17.2	+ 48 17.8	399
Univ. of Graz Obs.		Graz	+ 15 27.1	+ 47 04.7	375
Urania Obs.		Vienna	+ 16 23.1	+ 48 12.7	193
Vienna Univ. Obs.		Vienna	+ 16 20.2	+ 48 13.9	241
Belgium					
Ast. and Astrophys. Inst.		Brussels	+ 4 23.0	+ 50 48.8	147
Cointe Obs.		Liège	+ 5 33.9	+ 50 37.1	127
Royal Obs. of Belgium	R	Uccle	+ 4 21.5	+ 50 47.9	105
Royal Obs. Radio Ast. Sta.	R	Humain	+ 5 15.3	+ 50 11.5	293
Brazil					
Abrahão de Moraes Obs.	R	Valinhos	− 46 58.0	− 23 00.1	850
Antares Ast. Obs.		Feira de Santana	− 38 57.9	− 12 15.4	256
Itapetinga Radio Obs.	R	Atibaia	− 46 33.5	− 23 11.1	806
Morro Santana Obs.		Porto Alegre	− 51 07.6	− 30 03.2	300
National Obs.		Rio de Janeiro	− 43 13.4	− 22 53.7	33
Pico dos Dias Obs.		Itajubá/Pico dos Dias	− 45 35.0	− 22 32.1	1870
Piedade Obs.		Belo Horizonte	− 43 30.7	− 19 49.3	1746
Valongo Obs.		Rio de Janeiro/Mt. Valongo	− 43 11.2	− 22 53.9	52

Observatory Name		Location	East Longitude	Latitude	Height (m.s.l.)
			° ′	° ′	m
Bulgaria					
Belogradchik Ast. Obs.		Belogradchik	+ 22 40.5	+ 43 37.4	650
Rozhen National Ast. Obs.		Rozhen	+ 24 44.6	+ 41 41.6	1759
Canada					
Algonquin Radio Obs.	R	Lake Traverse, Ontario	− 78 04.4	+ 45 57.3	260
Climenhaga Obs.		Victoria, British Columbia	− 123 18.5	+ 48 27.8	74
Devon Ast. Obs.		Devon, Alberta	− 113 45.5	+ 53 23.4	708
Dominion Astrophysical Obs.		Victoria, British Columbia	− 123 25.0	+ 48 31.2	238
Dominion Radio Astrophys. Obs.	R	Penticton, British Columbia	− 119 37.2	+ 49 19.2	545
Elginfield Obs.		London, Ontario	− 81 18.9	+ 43 11.5	323
Mont Mégantic Ast. Obs.		Mégantic/Mont Mégantic, Quebec	− 71 09.2	+ 45 27.3	1114
Ottawa River Solar Obs.		Ottawa, Ontario	− 75 53.6	+ 45 23.2	58
Rothney Astrophysical Obs.	I	Priddis, Alberta	− 114 17.3	+ 50 52.1	1272
Chile					
Cerro Calán National Ast. Obs.		Santiago/Cerro Calán	− 70 32.8	− 33 23.8	860
Cerro El Roble Ast. Obs.		Santiago/Cerro El Roble	− 71 01.2	− 32 58.9	2220
Cerro Tololo Inter–Amer. Obs.	R,I	La Serena/Cerro Tololo	− 70 48.9	− 30 09.9	2215
European Southern Obs.	R	La Serena/Cerro La Silla	− 70 43.8	− 29 15.4	2347
Gemini South Obs.		La Serena/Cerro Pachón	− 70 43.4	− 30 13.7	2725
Las Campanas Obs.		Vallenar/Cerro Las Campanas	− 70 42.0	− 29 00.5	2282
Maipu Radio Ast. Obs.	R	Maipu	− 70 51.5	− 33 30.1	446
Manuel Foster Astrophys. Obs.		Santiago/Cerro San Cristobal	− 70 37.8	− 33 25.1	840
Paranal Obs.		Antofagasta/Cerro Paranal	− 70 24.2	− 24 37.5	2635
China, People's Republic of					
Beijing Normal Univ. Obs.	R	Beijing	+ 116 21.6	+ 39 57.4	70
Beijing Obs. Sta.	R	Miyun	+ 116 45.9	+ 40 33.4	160
Beijing Obs. Sta.	R,L	Shahe	+ 116 19.7	+ 40 06.1	40
Beijing Obs. Sta.		Tianjing	+ 117 03.5	+ 39 08.0	5
Beijing Obs. Sta.	I	Xinglong	+ 117 34.5	+ 40 23.7	870
Purple Mountain Obs.	R	Nanjing/Purple Mtn.	+ 118 49.3	+ 32 04.0	267
Shaanxi Ast. Obs.	R	Lintong	+ 109 33.1	+ 34 56.7	468
Shanghai Obs. Sta.	R,L	Sheshan	+ 121 11.2	+ 31 05.8	100
Shanghai Obs. Sta.	R	Urumqui	+ 87 10.7	+ 43 28.3	2080
Shanghai Obs. Sta.	R	Xujiahui	+ 121 25.6	+ 31 11.4	5
Wuchang Time Obs.	L	Wuhan	+ 114 20.7	+ 30 32.5	28
Yunnan Obs.	R	Kunming	+ 102 47.3	+ 25 01.5	1940
Colombia					
National Ast. Obs.		Bogotá	− 74 04.9	+ 4 35.9	2640
Croatia, Republic of					
Geodetical Faculty Obs.		Zagreb	+ 16 01.3	+ 45 49.5	146
Hvar Obs.		Hvar	+ 16 26.9	+ 43 10.7	238
Czech Republic					
Charles Univ. Ast. Inst.		Prague	+ 14 23.7	+ 50 04.6	267
Nicholas Copernicus Obs.		Brno	+ 16 35.0	+ 49 12.2	304
Ondřejov Obs.	R	Ondřejov	+ 14 47.0	+ 49 54.6	533
Prostějov Obs.		Prostějov	+ 17 09.8	+ 49 29.2	225
Valašské Meziříčí Obs.		Valašské Meziříčí	+ 17 58.5	+ 49 27.8	338

Observatory Name		Location	East Longitude	Latitude	Height (m.s.l.)
			° ′	° ′	m
Denmark					
Copenhagen Univ. Obs.		Brorfelde	+ 11 40.0	+ 55 37.5	90
Copenhagen Univ. Obs.		Copenhagen	+ 12 34.6	+ 55 41.2	——
Ole Rømer Obs.		Aarhus	+ 10 11.8	+ 56 07.7	50
Ecuador					
Quito Ast. Obs.		Quito	− 78 29.9	− 0 13.0	2818
Egypt					
Helwân Obs.		Helwân	+ 31 22.8	+ 29 51.5	116
Kottamia Obs.		Kottamia	+ 31 49.5	+ 29 55.9	476
Estonia					
Wilhelm Struve Astrophys. Obs.		Tartu	+ 26 28.0	+ 58 16.0	——
Finland					
European Incoh. Scatter Facility	R	Sodankylä	+ 26 37.6	+ 67 21.8	197
Metsähovi Obs.		Kirkkonummi	+ 24 23.8	+ 60 13.2	60
Metsähovi Obs. Radio Rsch. Sta.	R	Kirkkonummi	+ 24 23.6	+ 60 13.1	61
Tuorla Obs.		Piikkiö	+ 22 26.8	+ 60 25.0	40
Univ. of Helsinki Obs.		Helsinki	+ 24 57.3	+ 60 09.7	33
France					
Besançon Obs.		Besançon	+ 5 59.2	+ 47 15.0	312
Bordeaux Univ. Obs.	R	Floirac	− 0 31.7	+ 44 50.1	73
Côte d'Azur Obs.		Nice/Mont Gros	+ 7 18.1	+ 43 43.4	372
Côte d'Azur Obs. Calern Sta.	I,L	St. Vallier–de–Thiey	+ 6 55.6	+ 43 44.9	1270
Grenoble Obs.	R	Gap/Plateau de Bure	+ 5 54.5	+ 44 38.0	2552
Lyon Univ. Obs.		St. Genis Laval	+ 4 47.1	+ 45 41.7	299
Meudon Obs.		Meudon	+ 2 13.9	+ 48 48.3	162
Millimeter Radio Ast. Inst.	R	Gap/Plateau de Bure	+ 5 54.4	+ 44 38.0	2552
Obs. of Haute–Provence		Forcalquier/St. Michel	+ 5 42.8	+ 43 55.9	665
Paris Obs.		Paris	+ 2 20.2	+ 48 50.2	67
Paris Obs. Radio Ast. Sta.	R	Nançay	+ 2 11.8	+ 47 22.8	150
Pic du Midi Obs.		Bagnères–de–Bigorre	+ 0 08.7	+ 42 56.2	2861
Strasbourg Obs.		Strasbourg	+ 7 46.2	+ 48 35.0	142
Toulouse Univ. Obs.		Toulouse	+ 1 27.8	+ 43 36.7	195
Georgia					
Abastumani Astrophysical Obs.	R	Abastumani/Mt. Kanobili	+ 42 49.3	+ 41 45.3	1583
Germany					
Archenhold Obs.		Berlin	+ 13 28.7	+ 52 29.2	41
Bochum Obs.		Bochum	+ 7 13.4	+ 51 27.9	132
Central Inst. for Earth Physics		Potsdam	+ 13 04.0	+ 52 22.9	91
Einstein Tower Solar Obs.	R	Potsdam	+ 13 03.9	+ 52 22.8	100
Friedrich Schiller Univ. Obs.		Jena	+ 11 29.2	+ 50 55.8	356
Göttingen Univ. Obs.		Göttingen	+ 9 56.6	+ 51 31.8	159
Hamburg Obs.		Bergedorf	+ 10 14.5	+ 53 28.9	45
Hoher List Obs.		Daun/Hoher List	+ 6 51.0	+ 50 09.8	533
Inst. of Geodesy Ast. Obs.		Hannover	+ 9 42.8	+ 52 23.3	71
Karl Schwarzschild Obs.		Tautenburg	+ 11 42.8	+ 50 58.9	331
Lohrmann Obs.		Dresden	+ 13 52.3	+ 51 03.0	324
Max Planck Inst. for Radio Ast.	R	Effelsberg	+ 6 53.1	+ 50 31.6	369
Munich Univ. Obs.		Munich	+ 11 36.5	+ 48 08.7	529
Potsdam Astrophysical Obs.		Potsdam	+ 13 04.0	+ 52 22.9	107

Observatory Name		Location	East Longitude	Latitude	Height (m.s.l.)
			° ′	° ′	m
Germany, cont.					
Remeis Obs.		Bamberg	+ 10 53.4	+ 49 53.1	288
Schauinsland Obs.		Freiburg/Schauinsland Mtn.	+ 7 54.4	+ 47 54.9	1240
Sonneberg Obs.		Sonneberg	+ 11 11.5	+ 50 22.7	640
State Obs.		Heidelberg/Königstuhl	+ 8 43.3	+ 49 23.9	570
Stockert Radio Obs.	R	Eschweiler	+ 6 43.4	+ 50 34.2	435
Stuttgart Obs.		Welzheim	+ 9 35.8	+ 48 52.5	547
Swabian Obs.		Stuttgart	+ 9 11.8	+ 48 47.0	354
Tremsdorf Radio Ast. Obs.	R	Tremsdorf	+ 13 08.2	+ 52 17.1	35
Tübingen Univ. Ast. Obs.		Tübingen	+ 9 03.5	+ 48 32.3	470
Wendelstein Solar Obs.		Brannenburg	+ 12 00.8	+ 47 42.5	1838
Wilhelm Foerster Obs.		Berlin	+ 13 21.2	+ 52 27.5	78
Greece					
Kryonerion Ast. Obs.		Kiáton/Mt. Killini	+ 22 37.3	+ 37 58.4	905
National Obs. of Athens		Athens	+ 23 43.2	+ 37 58.4	110
National Obs. Sta.	R	Pentele	+ 23 51.8	+ 38 02.9	509
Stephanion Obs.		Stephanion	+ 22 49.7	+ 37 45.3	800
Univ. of Thessaloníki Obs.		Thessaloníki	+ 22 57.5	+ 40 37.0	28
Greenland					
Incoherent Scatter Facility	R	Søndre Strømfjord	− 50 57.0	+ 66 59.2	180
Hungary					
Heliophysical Obs.		Debrecen	+ 21 37.4	+ 47 33.6	132
Heliophysical Obs. Sta.		Gyula	+ 21 16.2	+ 46 39.2	135
Konkoly Obs.		Budapest	+ 18 57.9	+ 47 30.0	474
Konkoly Obs. Sta.		Piszkéstetö	+ 19 53.7	+ 47 55.1	958
Urania Obs.		Budapest	+ 19 03.9	+ 47 29.1	166
India					
Aryabhatta Res. Inst. of Obs. Sci.		Naini Tal/Manora Peak	+ 79 27.4	+ 29 21.7	1927
Gauribidanur Radio Obs.	R	Gauribidanur	+ 77 26.1	+ 13 36.2	686
Gurushikhar Infrared Obs.	I	Abu	+ 72 46.8	+ 24 39.1	1700
Indian Ast. Obs.		Hanle/Mt. Saraswati	+ 78 57.9	+ 32 46.8	4467
Japal–Rangapur Obs.	R	Japal	+ 78 43.7	+ 17 05.9	695
Kodaikanal Solar Obs.		Kodaikanal	+ 77 28.1	+ 10 13.8	2343
National Centre for Radio Aph.		Khodad	+ 74 03.0	+ 19 06.0	650
Nizamiah Obs.		Hyderabad	+ 78 27.2	+ 17 25.9	554
Radio Ast. Center	R	Udhagamandalam (Ooty)	+ 76 40.0	+ 11 22.9	2150
Vainu Bappu Obs.		Kavalur	+ 78 49.6	+ 12 34.6	725
Indonesia					
Bosscha Obs.		Lembang (Java)	+ 107 37.0	− 6 49.5	1300
Ireland					
Dunsink Obs.		Castleknock	− 6 20.2	+ 53 23.3	85
Israel					
Florence and George Wise Obs.		Mitzpe Ramon/Mt. Zin	+ 34 45.8	+ 30 35.8	874
Italy					
Arcetri Astrophysical Obs.		Arcetri	+ 11 15.3	+ 43 45.2	184
Asiago Astrophysical Obs.		Asiago	+ 11 31.7	+ 45 51.7	1045
Bologna Univ. Obs.		Loiano	+ 11 20.2	+ 44 15.5	785
Brera–Milan Ast. Obs.		Merate	+ 9 25.7	+ 45 42.0	340

Observatory Name		Location	East Longitude	Latitude	Height (m.s.l.)
			° ′	° ′	m
Italy, cont.					
Brera–Milan Ast. Obs.		Milan	+ 9 11.5	+ 45 28.0	146
Cagliari Ast. Obs.	L	Capoterra	+ 8 58.6	+ 39 08.2	205
Capodimonte Ast. Obs.		Naples	+ 14 15.3	+ 40 51.8	150
Catania Astrophysical Obs.		Catania	+ 15 05.2	+ 37 30.2	47
Catania Obs. Stellar Sta.		Catania/Serra la Nave	+ 14 58.4	+ 37 41.5	1735
Chaonis Obs.		Chions	+ 12 42.7	+ 45 50.6	15
Collurania Ast. Obs.		Teramo	+ 13 44.0	+ 42 39.5	388
Damecuta Obs.		Anacapri	+ 14 11.8	+ 40 33.5	137
International Latitude Obs.		Carloforte	+ 8 18.7	+ 39 08.2	22
Medicina Radio Ast. Sta.	R	Medicina	+ 11 38.7	+ 44 31.2	44
Mount Ekar Obs.		Asiago/Mt. Ekar	+ 11 34.3	+ 45 50.6	1350
Padua Ast. Obs.		Padua	+ 11 52.3	+ 45 24.0	38
Palermo Univ. Ast. Obs.		Palermo	+ 13 21.5	+ 38 06.7	72
Rome Obs.		Rome/Monte Mario	+ 12 27.1	+ 41 55.3	152
San Vittore Obs.		Bologna	+ 11 20.5	+ 44 28.1	280
Trieste Ast. Obs.	R	Trieste	+ 13 52.5	+ 45 38.5	400
Turin Ast. Obs.		Pino Torinese	+ 7 46.5	+ 45 02.3	622
Japan					
Dodaira Obs.	L	Tokyo/Mt. Dodaira	+ 139 11.8	+ 36 00.2	879
Hida Obs.		Kamitakara	+ 137 18.5	+ 36 14.9	1276
Hiraiso Solar Terr. Rsch. Center	R	Nakaminato	+ 140 37.5	+ 36 22.0	27
Kagoshima Space Center	R	Uchinoura	+ 131 04.0	+ 31 13.7	228
Kashima Space Research Center	R	Kashima	+ 140 39.8	+ 35 57.3	32
Kiso Obs.		Kiso	+ 137 37.7	+ 35 47.6	1130
Kwasan Obs.		Kyoto	+ 135 47.6	+ 34 59.7	221
Kyoto Univ. Ast. Dept. Obs.		Kyoto	+ 135 47.2	+ 35 01.7	86
Kyoto Univ. Physics Dept. Obs.		Kyoto	+ 135 47.2	+ 35 01.7	80
Mizusawa Astrogeodynamics Obs.		Mizusawa	+ 141 07.9	+ 39 08.1	61
Nagoya Univ. Fujigane Sta.	R	Kamiku Isshiki	+ 138 36.7	+ 35 25.6	1015
Nagoya Univ. Radio Ast. Lab.	R	Nagoya	+ 136 58.4	+ 35 08.9	75
Nagoya Univ. Sugadaira Sta.	R	Toyokawa	+ 138 19.3	+ 36 31.2	1280
Nagoya Univ. Toyokawa Sta.	R	Toyokawa	+ 137 22.2	+ 34 50.1	25
National Ast. Obs.	R	Mitaka	+ 139 32.5	+ 35 40.3	58
Nobeyama Cosmic Radio Obs.	R	Nobeyama	+ 138 29.0	+ 35 56.0	1350
Nobeyama Solar Radio Obs.	R	Nobeyama	+ 138 28.8	+ 35 56.3	1350
Norikura Solar Obs.	I	Matsumoto/Mt. Norikura	+ 137 33.3	+ 36 06.8	2876
Okayama Astrophysical Obs.		Kurashiki/Mt. Chikurin	+ 133 35.8	+ 34 34.4	372
Sendai Ast. Obs.		Sendai	+ 140 51.9	+ 38 15.4	45
Simosato Hydrographic Obs.	R,L	Simosato	+ 135 56.4	+ 33 34.5	63
Sirahama Hydrographic Obs.		Sirahama	+ 138 59.3	+ 34 42.8	172
Tohoku Univ. Obs.		Sendai	+ 140 50.6	+ 38 15.4	153
Tokyo Hydrographic Obs.		Tokyo	+ 139 46.2	+ 35 39.7	41
Toyokawa Obs.	R	Toyokawa	+ 137 22.3	+ 34 50.2	18
Kazakhstan					
Mountain Obs.		Alma–Ata	+ 76 57.4	+ 43 11.3	1450
Korea, Republic of					
Bohyunsan Optical Ast. Obs.		Youngchun/Mt. Bohyun	+ 128 58.6	+ 36 10.0	1127
Daeduk Radio Ast. Obs.	R	Taejeon	+ 127 22.3	+ 36 23.9	120
Korea Ast. Obs.		Taejeon	+ 127 22.3	+ 36 23.9	120
Sobaeksan Ast. Obs.		Danyang	+ 128 27.4	+ 36 56.0	1390

Observatory Name		Location	East Longitude	Latitude	Height (m.s.l.)
			° ′	° ′	m
Latvia					
Latvian State Univ. Ast. Obs.	L	Riga	+ 24 07.0	+ 56 57.1	39
Riga Radio–Astrophysical Obs.	R	Riga	+ 24 24.0	+ 56 47.0	75
Lithuania					
Moletai Ast. Obs.		Moletai	+ 25 33.8	+ 55 19.0	220
Vilnius Ast. Obs.		Vilnius	+ 25 17.2	+ 54 41.0	122
Mexico					
Guillermo Haro Astrophys. Obs.		Cananea/La Mariquita Mtn.	− 110 23.0	+ 31 03.2	2480
Large Millimeter Telescope (LMT)	R	Sierra Negra	− 97 18.9	+ 18 59.1	4600
National Ast. Obs.		San Felipe (Baja California)	− 115 27.8	+ 31 02.6	2830
National Ast. Obs.	R	Tonantzintla	− 98 18.8	+ 19 02.0	2150
Univ. Guanajuato Obs.		Mineral de La Luz (Guanajuato)	− 101 19.5	+ 21 03.2	2420
Netherlands					
Catholic Univ. Ast. Inst.		Nijmegen	+ 5 52.1	+ 51 49.5	62
Dwingeloo Radio Obs.	R	Dwingeloo	+ 6 23.8	+ 52 48.8	25
Kapteyn Obs.		Roden	+ 6 26.6	+ 53 07.7	12
Leiden Obs.		Leiden	+ 4 29.1	+ 52 09.3	12
Simon Stevin Obs.	R	Hoeven	+ 4 33.8	+ 51 34.0	9
Sonnenborgh Obs.		Utrecht	+ 5 07.8	+ 52 05.2	14
Westerbork Radio Ast. Obs.	R	Westerbork	+ 6 36.3	+ 52 55.0	16
New Zealand					
Auckland Obs.		Auckland	+ 174 46.7	− 36 54.4	80
Carter Obs.		Wellington	+ 174 46.0	− 41 17.2	129
Carter Obs. Sta.		Blenheim/Black Birch	+ 173 48.2	− 41 44.9	1396
Mount John Univ. Obs.		Lake Tekapo/Mt. John	+ 170 27.9	− 43 59.2	1027
Norway					
European Incoh. Scatter Facility	R	Tromsø	+ 19 31.2	+ 69 35.2	85
Skibotn Ast. Obs.		Skibotn	+ 20 21.9	+ 69 20.9	157
Philippine Islands					
Manila Obs.	R	Quezon City	+ 121 04.6	+ 14 38.2	58
Pagasa Ast. Obs.		Quezon City	+ 121 04.3	+ 14 39.2	70
Poland					
Astronomical Latitude Obs.	L	Borowiec	+ 17 04.5	+ 52 16.6	80
Jagellonian Obs. Ft. Skala Sta.	R	Cracow	+ 19 49.6	+ 50 03.3	314
Jagellonian Univ. Ast. Obs.		Cracow	+ 19 57.6	+ 50 03.9	225
Mount Suhora Obs.		Koninki/Mt. Suhora	+ 20 04.0	+ 49 34.2	1000
Piwnice Ast. Obs.	R	Piwnice	+ 18 33.4	+ 53 05.7	100
Poznań Univ. Ast. Obs.	L	Poznań	+ 16 52.7	+ 52 23.8	85
Warsaw Univ. Ast. Obs.		Ostrowik	+ 21 25.2	+ 52 05.4	138
Wroclaw Univ. Ast. Obs.		Wroclaw	+ 17 05.3	+ 51 06.7	115
Wroclaw Univ. Bialkow Sta.		Wasosz	+ 16 39.6	+ 51 28.5	140
Portugal					
Coimbra Ast. Obs.		Coimbra	− 8 25.8	+ 40 12.4	99
Lisbon Ast. Obs.		Lisbon	− 9 11.2	+ 38 42.7	111
Prof. Manuel de Barros Obs.	R	Vila Nova de Gaia	− 8 35.3	+ 41 06.5	232

Observatory Name		Location	East Longitude	Latitude	Height (m.s.l.)
			° ′	° ′	m
Puerto Rico					
Arecibo Obs.	R	Arecibo	− 66 45.2	+ 18 20.6	496
Romania					
Bucharest Ast. Obs.		Bucharest	+ 26 05.8	+ 44 24.8	81
Cluj–Napoca Ast. Obs.		Cluj–Napoca	+ 23 35.9	+ 46 42.8	750
Russia					
Engelhardt Ast. Obs.		Kazan	+ 48 48.9	+ 55 50.3	98
Irkutsk Ast. Obs.		Irkutsk	+ 104 20.7	+ 52 16.7	468
Kaliningrad Univ. Obs.		Kaliningrad	+ 20 29.7	+ 54 42.8	24
Kazan Univ. Obs.		Kazan	+ 49 07.3	+ 55 47.4	79
Pulkovo Obs.	R	Pulkovo	+ 30 19.6	+ 59 46.4	75
Pulkovo Obs. Sta.		Kislovodsk/Shat Jat Mass Mtn.	+ 42 31.8	+ 43 44.0	2130
Sayan Mtns. Radiophys. Obs.		Sayan Mountains	+ 102 12.5	+ 51 45.5	832
Special Astrophysical Obs.	R	Zelenchukskaya/Pasterkhov Mtn.	+ 41 26.5	+ 43 39.2	2100
St. Petersburg Univ. Obs.		St. Petersburg	+ 30 17.7	+ 59 56.5	3
Sternberg State Ast. Inst.		Moscow	+ 37 32.7	+ 55 42.0	195
Tomsk Univ. Obs.		Tomsk	+ 84 56.8	+ 56 28.1	130
Serbia					
Belgrade Ast. Obs.		Belgrade	+ 20 30.8	+ 44 48.2	253
Slovakia					
Lomnický Štít Coronal Obs.		Poprad/Mt. Lomnický Štít	+ 20 13.2	+ 49 11.8	2632
Skalnaté Pleso Obs.		Poprad	+ 20 14.7	+ 49 11.3	1783
Slovak Technical Univ. Obs.		Bratislava	+ 17 07.2	+ 48 09.3	171
South Africa, Republic of					
Boyden Obs.		Mazelspoort	+ 26 24.3	− 29 02.3	1387
Hartebeeshoek Radio Ast. Obs.	R	Hartebeeshoek	+ 27 41.1	− 25 53.4	1391
Leiden Obs. Southern Sta.		Hartebeespoort	+ 27 52.6	− 25 46.4	1220
South African Ast. Obs.		Cape Town	+ 18 28.7	− 33 56.1	18
South African Ast. Obs. Sta.		Sutherland	+ 20 48.7	− 32 22.7	1771
Southern African Large Telescope		Sutherland	+ 20 48.6	− 32 22.8	1798
Spain					
Deep Space Sta.	R	Cebreros	− 4 22.0	+ 40 27.3	789
Deep Space Sta.	R	Robledo	− 4 14.9	+ 40 25.8	774
Ebro Obs.	R	Roquetas	+ 0 29.6	+ 40 49.2	50
German Spanish Ast. Center		Gérgal/Calar Alto Mtn.	− 2 32.2	+ 37 13.8	2168
Millimeter Radio Ast. Inst.	R	Granada/Pico Veleta	− 3 24.0	+ 37 04.1	2870
National Ast. Obs.		Madrid	− 3 41.1	+ 40 24.6	670
National Obs. Ast. Center	R	Yebes	− 3 06.0	+ 40 31.5	914
Naval Obs.	L	San Fernando	− 6 12.2	+ 36 28.0	27
Ramon Maria Aller Obs.		Santiago de Compostela	− 8 33.6	+ 42 52.5	240
Roque de los Muchachos Obs.		La Palma Island (Canaries)	− 17 52.9	+ 28 45.6	2326
Teide Obs.	R,I	Tenerife Island (Canaries)	− 16 29.8	+ 28 17.5	2395
Sweden					
European Incoh. Scatter Facility	R	Kiruna	+ 20 26.1	+ 67 51.6	418
Kvistaberg Obs.		Bro	+ 17 36.4	+ 59 30.1	33
Lund Obs.		Lund	+ 13 11.2	+ 55 41.9	34
Lund Obs. Jävan Sta.		Björnstorp	+ 13 26.0	+ 55 37.4	145
Onsala Space Obs.	R	Onsala	+ 11 55.1	+ 57 23.6	24
Stockholm Obs.		Saltsjöbaden	+ 18 18.5	+ 59 16.3	60

Observatory Name		Location	East Longitude		Latitude		Height (m.s.l.)
			°	′	°	′	m
tzerland							
sa Astrophysical Obs.		Arosa	+	9 40.1	+ 46	47.0	2050
e Univ. Ast. Inst.		Binningen	+	7 35.0	+ 47	32.5	318
onal Obs.		Neuchâtel	+	6 57.5	+ 46	59.9	488
eva Obs.		Sauverny	+	6 08.2	+ 46	18.4	465
ergrat North & South Obs.	R,I	Zermatt/Gornergrat	+	7 47.1	+ 45	59.1	3135
Alpine Research Obs.		Mürren/Jungfraujoch	+	7 59.1	+ 46	32.9	3576
of Solar Research (IRSOL)		Locarno	+	8 47.4	+ 46	10.7	500
ola Solar Obs.		Locarno	+	8 47.4	+ 46	10.4	365
s Federal Obs.		Zürich	+	8 33.1	+ 47	22.6	469
. of Lausanne Obs.		Chavannes–des–Bois	+	6 08.2	+ 46	18.4	465
merwald Obs.		Zimmerwald	+	7 27.9	+ 46	52.6	929
hikistan							
of Astrophysics		Dushanbe	+	68 46.9	+ 38	33.7	820
an (Republic of China)							
onal Central Univ. Obs.		Chung–li	+	121 11.2	+ 24	58.2	152
ei Obs.		Taipei	+	121 31.6	+ 25	04.7	31
ey							
kkale Univ. Obs. & Astrophysics Rsch. Cen.		Ulupinar/Çanakkale	+	26 28.5	+ 40	06.0	410
Univ. Obs.		Bornova	+	27 16.5	+ 38	23.9	795
bul Univ. Obs.		Istanbul	+	28 57.9	+ 41	00.7	65
illi Obs.		Istanbul	+	29 03.7	+ 41	03.8	120
tak National Obs.		Antalya/Mt. Bakirlitepe	+	30 20.1	+ 36	49.5	2515
. of Ankara Obs.	R	Ankara	+	32 46.8	+ 39	50.6	1266
ine							
ean Astrophysical Obs.		Partizanskoye	+	34 01.0	+ 44	43.7	550
ean Astrophysical Obs.	R	Simeis	+	34 01.0	+ 44	32.1	676
of Radio Ast.	R	Kharkov	+	36 56.0	+ 49	38.0	150
kov Univ. Ast. Obs.		Kharkov	+	36 13.9	+ 50	00.2	138
Univ. Obs.		Kiev	+	30 29.9	+ 50	27.2	184
Univ. Obs.		Lvov	+	24 01.8	+ 49	50.0	330
Ast. Obs.		Kiev	+	30 30.4	+ 50	21.9	188
laev Ast. Obs.		Nikolaev	+	31 58.5	+ 46	58.3	54
sa Obs.		Odessa	+	30 45.5	+ 46	28.6	60
ed Kingdom							
agh Obs.		Armagh, Northern Ireland	–	6 38.9	+ 54	21.2	64
bridge Univ. Obs.		Cambridge, England	+	0 05.7	+ 52	12.8	30
olton Obs.	R	Chilbolton, England	–	1 26.2	+ 51	08.7	92
Obs.		Edinburgh, Scotland	–	3 10.8	+ 55	57.4	107
ee Obs.		Manchester, England	–	2 14.0	+ 53	28.6	77
ll Bank Obs.	R	Macclesfield, England	–	2 18.4	+ 53	14.2	78
Obs.		Dundee, Scotland	–	3 00.7	+ 56	27.9	152
ard Radio Ast. Obs.	R	Cambridge, England	+	0 02.6	+ 52	10.2	17
l Obs. Edinburgh		Edinburgh, Scotland	–	3 11.0	+ 55	55.5	146
ite Laser Ranger Group	L	Herstmonceux, England	+	0 20.3	+ 50	52.0	31
of Glasgow Obs.		Glasgow, Scotland	–	4 18.3	+ 55	54.1	53
of London Obs.		Mill Hill, England	–	0 14.4	+ 51	36.8	81
of St. Andrews Obs.		St. Andrews, Scotland	–	2 48.9	+ 56	20.2	30

Observatory Name		Location	East Longitude	Latitude	Height (m.s.l.)
			° ′	° ′	m
United States of America					
Alabama					
Univ. of Alabama Obs.		Tuscaloosa	− 87 32.5	+ 33 12.6	87
Arizona					
Fred L. Whipple Obs.		Amado/Mt. Hopkins	− 110 52.6	+ 31 40.9	2344
Kitt Peak National Obs.		Tucson/Kitt Peak	− 111 36.0	+ 31 57.8	2120
Lowell Obs.		Flagstaff	− 111 39.9	+ 35 12.2	2219
Lowell Obs. Sta.		Flagstaff/Anderson Mesa	− 111 32.2	+ 35 05.8	2200
McGraw–Hill Obs.		Tucson/Kitt Peak	− 111 37.0	+ 31 57.0	1925
MMT Obs.		Amado/Mt. Hopkins	− 110 53.1	+ 31 41.3	2608
Mount Lemmon Infrared Obs.	I	Tucson/Mt. Lemmon	− 110 47.5	+ 32 26.5	2776
National Radio Ast. Obs.	R	Tucson/Kitt Peak	− 111 36.9	+ 31 57.2	1939
Northern Arizona Univ. Obs.		Flagstaff	− 111 39.2	+ 35 11.1	2110
Steward Obs.		Tucson	− 110 56.9	+ 32 14.0	757
Steward Obs. Catalina Sta.		Tucson/Mt. Bigelow	− 110 43.9	+ 32 25.0	2510
Steward Obs. Catalina Sta.		Tucson/Mt. Lemmon	− 110 47.3	+ 32 26.6	2790
Steward Obs. Catalina Sta.		Tucson/Tumamoc Hill	− 111 00.3	+ 32 12.8	950
Steward Obs. Sta.		Tucson/Kitt Peak	− 111 36.0	+ 31 57.8	2071
Submillimeter Telescope Obs.	R	Safford/Mt. Graham	− 109 53.5	+ 32 42.1	3190
U.S. Naval Obs. Sta.		Flagstaff	− 111 44.4	+ 35 11.0	2316
Vatican Obs. Research Group	I	Safford/Mt. Graham	− 109 53.5	+ 32 42.1	3181
Warner and Swasey Obs. Sta.		Tucson/Kitt Peak	− 111 35.9	+ 31 57.6	2084
California					
Big Bear Solar Obs.		Big Bear City	− 116 54.9	+ 34 15.2	2067
Chabot Space & Science Center		Oakland	− 122 10.9	+ 37 49.1	476
Goldstone Complex	R	Fort Irwin	− 116 50.9	+ 35 23.4	1036
Griffith Obs.		Los Angeles	− 118 17.9	+ 34 07.1	357
Hat Creek Radio Ast. Obs.	R	Cassel	− 121 28.4	+ 40 49.1	1043
Leuschner Obs.		Lafayette	− 122 09.4	+ 37 55.1	304
Lick Obs.		San Jose/Mt. Hamilton	− 121 38.2	+ 37 20.6	1290
MIRA Oliver Observing Sta.		Monterey/Chews Ridge	− 121 34.2	+ 36 18.3	1525
Mount Laguna Obs.	L	Mount Laguna	− 116 25.6	+ 32 50.4	1859
Mount Wilson Obs.	R	Pasadena/Mt. Wilson	− 118 03.6	+ 34 13.0	1742
Owens Valley Radio Obs.	R	Big Pine	− 118 16.9	+ 37 13.9	1236
Palomar Obs.		Palomar Mtn.	− 116 51.8	+ 33 21.4	1706
Radio Ast. Inst.	R	Stanford	− 122 11.3	+ 37 23.9	80
San Fernando Obs.	R	San Fernando	− 118 29.5	+ 34 18.5	371
SRI Radio Ast. Obs.	R	Stanford	− 122 10.6	+ 37 24.3	168
Stanford Center for Radar Ast.	R	Palo Alto	− 122 10.7	+ 37 27.5	172
Table Mountain Obs.		Wrightwood	− 117 40.9	+ 34 22.9	2285
Colorado					
Chamberlin Obs.		Denver	− 104 57.2	+ 39 40.6	1644
Chamberlin Obs. Sta.		Bailey/Dick Mtn.	− 105 26.2	+ 39 25.6	2675
Meyer–Womble Obs.		Georgetown/Mt. Evans	− 105 38.4	+ 39 35.2	4305
Sommers–Bausch Obs.		Boulder	− 105 15.8	+ 40 00.2	1653
Tiara Obs.		South Park	− 105 31.0	+ 38 58.2	2679
U.S. Air Force Academy Obs.		Colorado Springs	− 104 52.5	+ 39 00.4	2187
Connecticut					
John J. McCarthy Obs.		New Milford	− 73 25.6	+ 41 31.6	79
Van Vleck Obs.		Middletown	− 72 39.6	+ 41 33.3	65
Western Conn. State Univ. Obs.		Danbury	− 73 26.7	+ 41 24.0	128
Delaware					
Mount Cuba Ast. Obs.		Greenville	− 75 38.0	+ 39 47.1	92
District of Columbia					
Naval Rsch. Lab. Radio Ast. Obs.	R	Washington	− 77 01.6	+ 38 49.3	30
U.S. Naval Obs.		Washington	− 77 04.0	+ 38 55.3	92

Observatory Name		Location	East Longitude	Latitude	Height (m.s.l.)
			° ′	° ′	m
USA, cont.					
Florida					
Brevard Community College Obs.		Cocoa	− 80 45.7	+ 28 23.1	17
Rosemary Hill Obs.		Bronson	− 82 35.2	+ 29 24.0	44
Univ. of Florida Radio Obs.	R	Old Town	− 83 02.1	+ 29 31.7	8
Georgia					
Bradley Obs.		Decatur	− 84 17.6	+ 33 45.9	316
Emory Univ. Obs.		Atlanta	− 84 19.6	+ 33 47.4	310
Fernbank Obs.		Atlanta	− 84 19.1	+ 33 46.7	320
Hard Labor Creek Obs.		Rutledge	− 83 35.6	+ 33 40.2	223
Hawaii					
C.E.K. Mees Solar Obs.		Kahului/Haleakala, Maui	− 156 15.4	+ 20 42.4	3054
Caltech Submillimeter Obs.	R	Hilo/Mauna Kea, Hawaii	− 155 28.5	+ 19 49.3	4072
Canada–France–Hawaii Tel. Corp.	I	Hilo/Mauna Kea, Hawaii	− 155 28.1	+ 19 49.5	4204
Gemini North Obs.		Hilo/Mauna Kea, Hawaii	− 155 28.1	+ 19 49.4	4213
Joint Astronomy Centre	R,I	Hilo/Mauna Kea, Hawaii	− 155 28.2	+ 19 49.3	4198
LURE Obs.	L	Kahului/Haleakala, Maui	− 156 15.5	+ 20 42.6	3049
Mauna Kea Obs.	I	Hilo/Mauna Kea, Hawaii	− 155 28.2	+ 19 49.4	4214
Mauna Loa Solar Obs.		Hilo/Mauna Loa, Hawaii	− 155 34.6	+ 19 32.1	3440
Subaru Tel.		Hilo/Mauna Kea, Hawaii	− 155 28.6	+ 19 49.5	4163
Submillimeter Array (SMA)	R	Hilo/Mauna Kea, Hawaii	− 155 28.7	+ 19 49.5	4080
W.M. Keck Obs.		Hilo/Mauna Kea, Hawaii	− 155 28.5	+ 19 49.6	4160
Illinois					
Dearborn Obs.		Evanston	− 87 40.5	+ 42 03.4	195
Indiana					
Goethe Link Obs.		Brooklyn	− 86 23.7	+ 39 33.0	300
Iowa					
Erwin W. Fick Obs.		Boone	− 93 56.5	+ 42 00.3	332
Grant O. Gale Obs.		Grinnell	− 92 43.2	+ 41 45.4	318
North Liberty Radio Obs.	R	North Liberty	− 91 34.5	+ 41 46.3	241
Univ. of Iowa Obs.		Riverside	− 91 33.6	+ 41 30.9	221
Kansas					
Clyde W. Tombaugh Obs.		Lawrence	− 95 15.0	+ 38 57.6	323
Zenas Crane Obs.		Topeka	− 95 41.8	+ 39 02.2	306
Kentucky					
Moore Obs.		Brownsboro	− 85 31.8	+ 38 20.1	216
Maryland					
GSFC Optical Test Site		Greenbelt	− 76 49.6	+ 39 01.3	53
Maryland Point Obs.	R	Riverside	− 77 13.9	+ 38 22.4	20
Univ. of Maryland Obs.	R	College Park	− 76 57.4	+ 39 00.1	53
Massachusetts					
Clay Center		Brookline	− 71 08.0	+ 42 20.0	47
Five College Radio Ast. Obs.	R	New Salem	− 72 20.7	+ 42 23.5	314
George R. Wallace Jr. Aph. Obs.		Westford	− 71 29.1	+ 42 36.6	107
Harvard–Smithsonian Ctr. for Aph.	R	Cambridge	− 71 07.8	+ 42 22.8	24
Haystack Obs.	R	Westford	− 71 29.3	+ 42 37.4	146
Hopkins Obs.	R	Williamstown	− 73 12.1	+ 42 42.7	215
Judson B. Coit Obs.		Boston	− 71 06.3	+ 42 21.0	——
Maria Mitchell Obs.		Nantucket	− 70 06.3	+ 41 16.8	20
Millstone Hill Atm. Sci. Fac.	R	Westford	− 71 29.7	+ 42 36.6	146
Millstone Hill Radar Obs.	R	Westford	− 71 29.5	+ 42 37.0	156
Oak Ridge Obs.	R	Harvard	− 71 33.5	+ 42 30.3	185
Sagamore Hill Radio Obs.	R	Hamilton	− 70 49.3	+ 42 37.9	53
Westford Antenna Facility	R	Westford	− 71 29.7	+ 42 36.8	115
Whitin Obs.		Wellesley	− 71 18.2	+ 42 17.7	32

Observatory Name		Location	East Longitude	Latitude	Height (m.s.l.)
			° ′	° ′	m
USA, cont.					
Michigan					
Brooks Obs.		Mount Pleasant	− 84 46.5	+ 43 35.3	258
Michigan State Univ. Obs.		East Lansing	− 84 29.0	+ 42 42.4	274
Univ. of Mich. Radio Ast. Obs.	R	Dexter	− 83 56.2	+ 42 23.9	345
Minnesota					
O'Brien Obs.		Marine–on–St. Croix	− 92 46.6	+ 45 10.9	308
Missouri					
Morrison Obs.		Fayette	− 92 41.8	+ 39 09.1	228
Nebraska					
Behlen Obs.		Mead	− 96 26.8	+ 41 10.3	362
Nevada					
MacLean Obs.		Incline Village	− 119 55.7	+ 39 17.7	2546
New Hampshire					
Shattuck Obs.		Hanover	− 72 17.0	+ 43 42.3	183
New Jersey					
Crawford Hill Obs.	R	Holmdel	− 74 11.2	+ 40 23.5	114
FitzRandolph Obs.		Princeton	− 74 38.8	+ 40 20.7	43
New Mexico					
Apache Point Obs.		Sunspot	− 105 49.2	+ 32 46.8	2781
Capilla Peak Obs.		Albuquerque/Capilla Peak	− 106 24.3	+ 34 41.8	2842
Corralitos Obs.		Las Cruces	− 107 02.6	+ 32 22.8	1453
Joint Obs. for Cometary Research		Socorro/South Baldy Peak	− 107 11.3	+ 33 59.1	3235
National Radio Ast. Obs.	R	Socorro	− 107 37.1	+ 34 04.7	2124
National Solar Obs.		Sunspot	− 105 49.2	+ 32 47.2	2811
New Mexico State Univ. Obs. Sta.		Las Cruces/Blue Mesa	− 107 09.9	+ 32 29.5	2025
New Mexico State Univ. Obs. Sta.		Las Cruces/Tortugas Mtn.	− 106 41.8	+ 32 17.6	1505
New York					
C.E. Kenneth Mees Obs.		Bristol Springs	− 77 24.5	+ 42 42.0	701
Hartung–Boothroyd Obs.		Ithaca	− 76 23.1	+ 42 27.5	534
Reynolds Obs.		Potsdam	− 74 57.1	+ 44 40.7	140
Rutherfurd Obs.		New York	− 73 57.5	+ 40 48.6	25
Syracuse Univ. Obs.		Syracuse	− 76 08.3	+ 43 02.2	160
North Carolina					
Dark Sky Obs.		Boone	− 81 24.7	+ 36 15.1	926
Morehead Obs.		Chapel Hill	− 79 03.0	+ 35 54.8	161
Pisgah Ast. Rsch. Inst. (PARI)		Rosman	− 82 52.3	+ 35 12.0	892
Three College Obs.		Saxapahaw	− 79 24.4	+ 35 56.7	183
Ohio					
Cincinnati Obs.		Cincinnati	− 84 25.4	+ 39 08.3	247
Nassau Ast. Obs.		Montville	− 81 04.5	+ 41 35.5	390
Perkins Obs.		Delaware	− 83 03.3	+ 40 15.1	280
Ritter Obs.		Toledo	− 83 36.8	+ 41 39.7	201
Pennsylvania					
Allegheny Obs.		Pittsburgh	− 80 01.3	+ 40 29.0	380
Black Moshannon Obs.		State College/Rattlesnake Mtn.	− 78 00.3	+ 40 55.3	738
Bucknell Univ. Obs.		Lewisburg	− 76 52.9	+ 40 57.1	170
Kutztown Univ. Obs.		Kutztown	− 75 47.1	+ 40 30.9	158
Sproul Obs.		Swarthmore	− 75 21.4	+ 39 54.3	63
Strawbridge Obs.	R	Haverford	− 75 18.2	+ 40 00.7	116
The Franklin Inst. Obs.		Philadelphia	− 75 10.4	+ 39 57.5	30
Villanova Univ. Obs.	R	Villanova	− 75 20.5	+ 40 02.4	——
Rhode Island					
Ladd Obs.		Providence	− 71 24.0	+ 41 50.3	69

Observatory Name		Location	East Longitude	Latitude	Height (m.s.l.)
			° ′	° ′	m
USA, cont.					
South Carolina					
Melton Memorial Obs.		Columbia	− 81 01.6	+ 33 59.8	98
Univ. of S.C. Radio Obs.	R	Columbia	− 81 01.9	+ 33 59.8	127
Tennessee					
Arthur J. Dyer Obs.		Nashville	− 86 48.3	+ 36 03.1	345
Texas					
George R. Agassiz Sta.	R	Fort Davis	− 103 56.8	+ 30 38.1	1603
McDonald Obs.	L	Fort Davis/Mt. Locke	− 104 01.3	+ 30 40.3	2075
Millimeter Wave Obs.	R	Fort Davis/Mt. Locke	− 104 01.7	+ 30 40.3	2031
Virginia					
Leander McCormick Obs.		Charlottesville	− 78 31.4	+ 38 02.0	264
Leander McCormick Obs. Sta.		Charlottesville/Fan Mtn.	− 78 41.6	+ 37 52.7	566
Washington					
Manastash Ridge Obs.		Ellensburg/Manastash Ridge	− 120 43.4	+ 46 57.1	1198
West Virginia					
National Radio Ast. Obs.	R	Green Bank	− 79 50.5	+ 38 25.8	836
Naval Research Lab. Radio Sta.	R	Sugar Grove	− 79 16.4	+ 38 31.2	705
Wisconsin					
Pine Bluff Obs.		Pine Bluff	− 89 41.1	+ 43 04.7	366
Thompson Obs.		Beloit	− 89 01.9	+ 42 30.3	255
Washburn Obs.		Madison	− 89 24.5	+ 43 04.6	292
Yerkes Obs.		Williams Bay	− 88 33.4	+ 42 34.2	334
Wyoming					
Wyoming Infrared Obs.	I	Jelm/Jelm Mtn.	− 105 58.6	+ 41 05.9	2943
Uruguay					
Los Molinos Ast. Obs.		Montevideo	− 56 11.4	− 34 45.3	110
Montevideo Obs.		Montevideo	− 56 12.8	− 34 54.6	24
Uzbekistan					
Maidanak Ast. Obs.		Kitab/Mt. Maidanak	+ 66 54.0	+ 38 41.1	2500
Tashkent Obs.		Tashkent	+ 69 17.6	+ 41 19.5	477
Uluk–Bek Latitude Sta.		Kitab	+ 66 52.9	+ 39 08.0	658
Vatican City State					
Vatican Obs.		Castel Gandolfo	+ 12 39.1	+ 41 44.8	450
Venezuela					
Cagigal Obs.		Caracas	− 66 55.7	+ 10 30.4	1026
Llano del Hato Obs.		Mérida	− 70 52.0	+ 8 47.4	3610

CONTENTS OF SECTION K

> This symbol indicates that these data or auxiliary material may also be found on *The Astronomical Almanac Online* at **http://asa.usno.navy.mil** and **http://asa.hmnao.com**

CONVERSION FOR PRE–JANUARY AND POST–DECEMBER DATES

Tabulated Date	Equivalent Date in Previous Year	Tabulated Date	Equivalent Date in Previous Year	Tabulated Date	Equivalent Date in Subsequent Year	Tabulated Date	Equivalent Date in Subsequent Year
Jan. − 39	Nov. 22	Jan. − 19	Dec. 12	Dec. 32	Jan. 1	Dec. 52	Jan. 21
− 38	23	− 18	13	33	2	53	22
− 37	24	− 17	14	34	3	54	23
− 36	25	− 16	15	35	4	55	24
− 35	26	− 15	16	36	5	56	25
Jan. − 34	Nov. 27	Jan. − 14	Dec. 17	Dec. 37	Jan. 6	Dec. 57	Jan. 26
− 33	28	− 13	18	38	7	58	27
− 32	29	− 12	19	39	8	59	28
− 31	30	− 11	20	40	9	60	29
− 30	1	− 10	21	41	10	61	30
Jan. − 29	Dec. 2	Jan. − 9	Dec. 22	Dec. 42	Jan. 11	Dec. 62	Jan. 31
− 28	3	− 8	23	43	12	63	Feb. 1
− 27	4	− 7	24	44	13	64	2
− 26	5	− 6	25	45	14	65	3
− 25	6	− 5	26	46	15	66	4
Jan. − 24	Dec. 7	Jan. − 4	Dec. 27	Dec. 47	Jan. 16	Dec. 67	Feb. 5
− 23	8	− 3	28	48	17	68	6
− 22	9	− 2	29	49	18	69	7
− 21	10	− 1	30	50	19	70	8
− 20	11	Jan. 0	Dec. 31	51	20	71	9

JULIAN DAY NUMBER, 1950–2000

OF DAY COMMENCING AT GREENWICH NOON ON:

Year	Jan. 0	Feb. 0	Mar. 0	Apr. 0	May 0	June 0	July 0	Aug. 0	Sept. 0	Oct. 0	Nov. 0	Dec. 0
1950	243 3282	3313	3341	3372	3402	3433	3463	3494	3525	3555	3586	3616
1951	3647	3678	3706	3737	3767	3798	3828	3859	3890	3920	3951	3981
1952	4012	4043	4072	4103	4133	4164	4194	4225	4256	4286	4317	4347
1953	4378	4409	4437	4468	4498	4529	4559	4590	4621	4651	4682	4712
1954	4743	4774	4802	4833	4863	4894	4924	4955	4986	5016	5047	5077
1955	243 5108	5139	5167	5198	5228	5259	5289	5320	5351	5381	5412	5442
1956	5473	5504	5533	5564	5594	5625	5655	5686	5717	5747	5778	5808
1957	5839	5870	5898	5929	5959	5990	6020	6051	6082	6112	6143	6173
1958	6204	6235	6263	6294	6324	6355	6385	6416	6447	6477	6508	6538
1959	6569	6600	6628	6659	6689	6720	6750	6781	6812	6842	6873	6903
1960	243 6934	6965	6994	7025	7055	7086	7116	7147	7178	7208	7239	7269
1961	7300	7331	7359	7390	7420	7451	7481	7512	7543	7573	7604	7634
1962	7665	7696	7724	7755	7785	7816	7846	7877	7908	7938	7969	7999
1963	8030	8061	8089	8120	8150	8181	8211	8242	8273	8303	8334	8364
1964	8395	8426	8455	8486	8516	8547	8577	8608	8639	8669	8700	8730
1965	243 8761	8792	8820	8851	8881	8912	8942	8973	9004	9034	9065	9095
1966	9126	9157	9185	9216	9246	9277	9307	9338	9369	9399	9430	9460
1967	9491	9522	9550	9581	9611	9642	9672	9703	9734	9764	9795	9825
1968	243 9856	9887	9916	9947	9977	*0008	*0038	*0069	*0100	*0130	*0161	*0191
1969	244 0222	0253	0281	0312	0342	0373	0403	0434	0465	0495	0526	0556
1970	244 0587	0618	0646	0677	0707	0738	0768	0799	0830	0860	0891	0921
1971	0952	0983	1011	1042	1072	1103	1133	1164	1195	1225	1256	1286
1972	1317	1348	1377	1408	1438	1469	1499	1530	1561	1591	1622	1652
1973	1683	1714	1742	1773	1803	1834	1864	1895	1926	1956	1987	2017
1974	2048	2079	2107	2138	2168	2199	2229	2260	2291	2321	2352	2382
1975	244 2413	2444	2472	2503	2533	2564	2594	2625	2656	2686	2717	2747
1976	2778	2809	2838	2869	2899	2930	2960	2991	3022	3052	3083	3113
1977	3144	3175	3203	3234	3264	3295	3325	3356	3387	3417	3448	3478
1978	3509	3540	3568	3599	3629	3660	3690	3721	3752	3782	3813	3843
1979	3874	3905	3933	3964	3994	4025	4055	4086	4117	4147	4178	4208
1980	244 4239	4270	4299	4330	4360	4391	4421	4452	4483	4513	4544	4574
1981	4605	4636	4664	4695	4725	4756	4786	4817	4848	4878	4909	4939
1982	4970	5001	5029	5060	5090	5121	5151	5182	5213	5243	5274	5304
1983	5335	5366	5394	5425	5455	5486	5516	5547	5578	5608	5639	5669
1984	5700	5731	5760	5791	5821	5852	5882	5913	5944	5974	6005	6035
1985	244 6066	6097	6125	6156	6186	6217	6247	6278	6309	6339	6370	6400
1986	6431	6462	6490	6521	6551	6582	6612	6643	6674	6704	6735	6765
1987	6796	6827	6855	6886	6916	6947	6977	7008	7039	7069	7100	7130
1988	7161	7192	7221	7252	7282	7313	7343	7374	7405	7435	7466	7496
1989	7527	7558	7586	7617	7647	7678	7708	7739	7770	7800	7831	7861
1990	244 7892	7923	7951	7982	8012	8043	8073	8104	8135	8165	8196	8226
1991	8257	8288	8316	8347	8377	8408	8438	8469	8500	8530	8561	8591
1992	8622	8653	8682	8713	8743	8774	8804	8835	8866	8896	8927	8957
1993	8988	9019	9047	9078	9108	9139	9169	9200	9231	9261	9292	9322
1994	9353	9384	9412	9443	9473	9504	9534	9565	9596	9626	9657	9687
1995	244 9718	9749	9777	9808	9838	9869	9899	9930	9961	9991	*0022	*0052
1996	245 0083	0114	0143	0174	0204	0235	0265	0296	0327	0357	0388	0418
1997	0449	0480	0508	0539	0569	0600	0630	0661	0692	0722	0753	0783
1998	0814	0845	0873	0904	0934	0965	0995	1026	1057	1087	1118	1148
1999	1179	1210	1238	1269	1299	1330	1360	1391	1422	1452	1483	1513
2000	245 1544	1575	1604	1635	1665	1696	1726	1757	1788	1818	1849	1879

OF DAY COMMENCING AT GREENWICH NOON ON:

Year	Jan. 0	Feb. 0	Mar. 0	Apr. 0	May 0	June 0	July 0	Aug. 0	Sept. 0	Oct. 0	Nov. 0	Dec. 0
2000	245 1544	1575	1604	1635	1665	1696	1726	1757	1788	1818	1849	1879
2001	1910	1941	1969	2000	2030	2061	2091	2122	2153	2183	2214	2244
2002	2275	2306	2334	2365	2395	2426	2456	2487	2518	2548	2579	2609
2003	2640	2671	2699	2730	2760	2791	2821	2852	2883	2913	2944	2974
2004	3005	3036	3065	3096	3126	3157	3187	3218	3249	3279	3310	3340
2005	245 3371	3402	3430	3461	3491	3522	3552	3583	3614	3644	3675	3705
2006	3736	3767	3795	3826	3856	3887	3917	3948	3979	4009	4040	4070
2007	4101	4132	4160	4191	4221	4252	4282	4313	4344	4374	4405	4435
2008	4466	4497	4526	4557	4587	4618	4648	4679	4710	4740	4771	4801
2009	4832	4863	4891	4922	4952	4983	5013	5044	5075	5105	5136	5166
2010	245 5197	5228	5256	5287	5317	5348	5378	5409	5440	5470	5501	5531
2011	5562	5593	5621	5652	5682	5713	5743	5774	5805	5835	5866	5896
2012	5927	5958	5987	6018	6048	6079	6109	6140	6171	6201	6232	6262
2013	6293	6324	6352	6383	6413	6444	6474	6505	6536	6566	6597	6627
2014	6658	6689	6717	6748	6778	6809	6839	6870	6901	6931	6962	6992
2015	245 7023	7054	7082	7113	7143	7174	7204	7235	7266	7296	7327	7357
2016	7388	7419	7448	7479	7509	7540	7570	7601	7632	7662	7693	7723
2017	7754	7785	7813	7844	7874	7905	7935	7966	7997	8027	8058	8088
2018	8119	8150	8178	8209	8239	8270	8300	8331	8362	8392	8423	8453
2019	8484	8515	8543	8574	8604	8635	8665	8696	8727	8757	8788	8818
2020	245 8849	8880	8909	8940	8970	9001	9031	9062	9093	9123	9154	9184
2021	9215	9246	9274	9305	9335	9366	9396	9427	9458	9488	9519	9549
2022	9580	9611	9639	9670	9700	9731	9761	9792	9823	9853	9884	9914
2023	245 9945	9976	*0004	*0035	*0065	*0096	*0126	*0157	*0188	*0218	*0249	*0279
2024	246 0310	0341	0370	0401	0431	0462	0492	0523	0554	0584	0615	0645
2025	246 0676	0707	0735	0766	0796	0827	0857	0888	0919	0949	0980	1010
2026	1041	1072	1100	1131	1161	1192	1222	1253	1284	1314	1345	1375
2027	1406	1437	1465	1496	1526	1557	1587	1618	1649	1679	1710	1740
2028	1771	1802	1831	1862	1892	1923	1953	1984	2015	2045	2076	2106
2029	2137	2168	2196	2227	2257	2288	2318	2349	2380	2410	2441	2471
2030	246 2502	2533	2561	2592	2622	2653	2683	2714	2745	2775	2806	2836
2031	2867	2898	2926	2957	2987	3018	3048	3079	3110	3140	3171	3201
2032	3232	3263	3292	3323	3353	3384	3414	3445	3476	3506	3537	3567
2033	3598	3629	3657	3688	3718	3749	3779	3810	3841	3871	3902	3932
2034	3963	3994	4022	4053	4083	4114	4144	4175	4206	4236	4267	4297
2035	246 4328	4359	4387	4418	4448	4479	4509	4540	4571	4601	4632	4662
2036	4693	4724	4753	4784	4814	4845	4875	4906	4937	4967	4998	5028
2037	5059	5090	5118	5149	5179	5210	5240	5271	5302	5332	5363	5393
2038	5424	5455	5483	5514	5544	5575	5605	5636	5667	5697	5728	5758
2039	5789	5820	5848	5879	5909	5940	5970	6001	6032	6062	6093	6123
2040	246 6154	6185	6214	6245	6275	6306	6336	6367	6398	6428	6459	6489
2041	6520	6551	6579	6610	6640	6671	6701	6732	6763	6793	6824	6854
2042	6885	6916	6944	6975	7005	7036	7066	7097	7128	7158	7189	7219
2043	7250	7281	7309	7340	7370	7401	7431	7462	7493	7523	7554	7584
2044	7615	7646	7675	7706	7736	7767	7797	7828	7859	7889	7920	7950
2045	246 7981	8012	8040	8071	8101	8132	8162	8193	8224	8254	8285	8315
2046	8346	8377	8405	8436	8466	8497	8527	8558	8589	8619	8650	8680
2047	8711	8742	8770	8801	8831	8862	8892	8923	8954	8984	9015	9045
2048	9076	9107	9136	9167	9197	9228	9258	9289	9320	9350	9381	9411
2049	9442	9473	9501	9532	9562	9593	9623	9654	9685	9715	9746	9776
2050	246 9807	9838	9866	9897	9927	9958	9988	*0019	*0050	*0080	*0111	*0141

JULIAN DAY NUMBER, 2050–2100

OF DAY COMMENCING AT GREENWICH NOON ON:

Year	Jan. 0	Feb. 0	Mar. 0	Apr. 0	May 0	June 0	July 0	Aug. 0	Sept. 0	Oct. 0	Nov. 0	Dec. 0
2050	246 9807	9838	9866	9897	9927	9958	9988	*0019	*0050	*0080	*0111	*0141
2051	247 0172	0203	0231	0262	0292	0323	0353	0384	0415	0445	0476	0506
2052	0537	0568	0597	0628	0658	0689	0719	0750	0781	0811	0842	0872
2053	0903	0934	0962	0993	1023	1054	1084	1115	1146	1176	1207	1237
2054	1268	1299	1327	1358	1388	1419	1449	1480	1511	1541	1572	1602
2055	247 1633	1664	1692	1723	1753	1784	1814	1845	1876	1906	1937	1967
2056	1998	2029	2058	2089	2119	2150	2180	2211	2242	2272	2303	2333
2057	2364	2395	2423	2454	2484	2515	2545	2576	2607	2637	2668	2698
2058	2729	2760	2788	2819	2849	2880	2910	2941	2972	3002	3033	3063
2059	3094	3125	3153	3184	3214	3245	3275	3306	3337	3367	3398	3428
2060	247 3459	3490	3519	3550	3580	3611	3641	3672	3703	3733	3764	3794
2061	3825	3856	3884	3915	3945	3976	4006	4037	4068	4098	4129	4159
2062	4190	4221	4249	4280	4310	4341	4371	4402	4433	4463	4494	4524
2063	4555	4586	4614	4645	4675	4706	4736	4767	4798	4828	4859	4889
2064	4920	4951	4980	5011	5041	5072	5102	5133	5164	5194	5225	5255
2065	247 5286	5317	5345	5376	5406	5437	5467	5498	5529	5559	5590	5620
2066	5651	5682	5710	5741	5771	5802	5832	5863	5894	5924	5955	5985
2067	6016	6047	6075	6106	6136	6167	6197	6228	6259	6289	6320	6350
2068	6381	6412	6441	6472	6502	6533	6563	6594	6625	6655	6686	6716
2069	6747	6778	6806	6837	6867	6898	6928	6959	6990	7020	7051	7081
2070	247 7112	7143	7171	7202	7232	7263	7293	7324	7355	7385	7416	7446
2071	7477	7508	7536	7567	7597	7628	7658	7689	7720	7750	7781	7811
2072	7842	7873	7902	7933	7963	7994	8024	8055	8086	8116	8147	8177
2073	8208	8239	8267	8298	8328	8359	8389	8420	8451	8481	8512	8542
2074	8573	8604	8632	8663	8693	8724	8754	8785	8816	8846	8877	8907
2075	247 8938	8969	8997	9028	9058	9089	9119	9150	9181	9211	9242	9272
2076	9303	9334	9363	9394	9424	9455	9485	9516	9547	9577	9608	9638
2077	247 9669	9700	9728	9759	9789	9820	9850	9881	9912	9942	9973	*0003
2078	248 0034	0065	0093	0124	0154	0185	0215	0246	0277	0307	0338	0368
2079	0399	0430	0458	0489	0519	0550	0580	0611	0642	0672	0703	0733
2080	248 0764	0795	0824	0855	0885	0916	0946	0977	1008	1038	1069	1099
2081	1130	1161	1189	1220	1250	1281	1311	1342	1373	1403	1434	1464
2082	1495	1526	1554	1585	1615	1646	1676	1707	1738	1768	1799	1829
2083	1860	1891	1919	1950	1980	2011	2041	2072	2103	2133	2164	2194
2084	2225	2256	2285	2316	2346	2377	2407	2438	2469	2499	2530	2560
2085	248 2591	2622	2650	2681	2711	2742	2772	2803	2834	2864	2895	2925
2086	2956	2987	3015	3046	3076	3107	3137	3168	3199	3229	3260	3290
2087	3321	3352	3380	3411	3441	3472	3502	3533	3564	3594	3625	3655
2088	3686	3717	3746	3777	3807	3838	3868	3899	3930	3960	3991	4021
2089	4052	4083	4111	4142	4172	4203	4233	4264	4295	4325	4356	4386
2090	248 4417	4448	4476	4507	4537	4568	4598	4629	4660	4690	4721	4751
2091	4782	4813	4841	4872	4902	4933	4963	4994	5025	5055	5086	5116
2092	5147	5178	5207	5238	5268	5299	5329	5360	5391	5421	5452	5482
2093	5513	5544	5572	5603	5633	5664	5694	5725	5756	5786	5817	5847
2094	5878	5909	5937	5968	5998	6029	6059	6090	6121	6151	6182	6212
2095	248 6243	6274	6302	6333	6363	6394	6424	6455	6486	6516	6547	6577
2096	6608	6639	6668	6699	6729	6760	6790	6821	6852	6882	6913	6943
2097	6974	7005	7033	7064	7094	7125	7155	7186	7217	7247	7278	7308
2098	7339	7370	7398	7429	7459	7490	7520	7551	7582	7612	7643	7673
2099	7704	7735	7763	7794	7824	7855	7885	7916	7947	7977	8008	8038
2100	248 8069	8100	8128	8159	8189	8220	8250	8281	8312	8342	8373	8403

The Julian date (JD) corresponding to any instant is the interval in mean solar days elapsed since 4713 BC January 1 at Greenwich mean noon (12^h UT). To determine the JD at 0^h UT for a given Gregorian calendar date, sum the values from Table A for century, Table B for year and Table C for month; then add the day of the month. Julian dates for the current year are given on page B3.

A. Julian date at January 0^d 0^h UT of centurial year

Year	1600†	1700	1800	1900	2000†	2100
Julian date	230 5447·5	234 1971·5	237 8495·5	241 5019·5	245 1544·5	248 8068·5

† Centurial years that are exactly divisible by 400 are leap years in the Gregorian calendar. To determine the JD for any date in such a year, subtract 1 from the JD in Table A and use the leap year portion of Table C. (For 1600 and 2000 the JDs tabulated in Table A are actually for January 1^d 0^h.)

B. Addition to give Julian date for January 0^d 0^h UT of year

Year	Add	Year	Add	Year	Add	Year	Add
0	0	25	9131	50	18262	75	27393
1	365	26	9496	51	18627	76*	27758
2	730	27	9861	52*	18992	77	28124
3	1095	28*	10226	53	19358	78	28489
4*	1460	29	10592	54	19723	79	28854
5	1826	30	10957	55	20088	80*	29219
6	2191	31	11322	56*	20453	81	29585
7	2556	32*	11687	57	20819	82	29950
8*	2921	33	12053	58	21184	83	30315
9	3287	34	12418	59	21549	84*	30680
10	3652	35	12783	60*	21914	85	31046
11	4017	36*	13148	61	22280	86	31411
12*	4382	37	13514	62	22645	87	31776
13	4748	38	13879	63	23010	88*	32141
14	5113	39	14244	64*	23375	89	32507
15	5478	40*	14609	65	23741	90	32872
16*	5843	41	14975	66	24106	91	33237
17	6209	42	15340	67	24471	92*	33602
18	6574	43	15705	68*	24836	93	33968
19	6939	44*	16070	69	25202	94	34333
20*	7304	45	16436	70	25567	95	34698
21	7670	46	16801	71	25932	96*	35063
22	8035	47	17166	72*	26297	97	35429
23	8400	48*	17531	73	26663	98	35794
24*	8765	49	17897	74	27028	99	36159

* Leap years

Examples

a. 1981 November 14

Table A	
1900 Jan. 0	241 5019·5
+ Table B	+ 2 9585
1981 Jan. 0	244 4604·5
+ Table C (n.y.)	+ 304
1981 Nov. 0	244 4908·5
+ Day of Month	+ 14
1981 Nov. 14	244 4922·5

b. 2000 September 24

Table A	
2000 Jan. 1	245 1544·5
− 1 (for 2000)	− 1
2000 Jan. 0	245 1543·5
+ Table B	+ 0
2000 Jan. 0	245 1543·5
+ Table C (l.y.)	+ 244
2000 Sept. 0	245 1787·5
+ Day of Month	+ 24
2000 Sept. 24	245 1811·5

c. 2006 June 21

Table A	
2000 Jan. 1	245 1544·5
+ Table B	+ 2191
2006 Jan. 0	245 3735·5
+ Table C (n.y.)	+ 151
2006 June 0	245 3886·5
+ Day of Month	+ 21
2006 June 21	245 3907·5

C. Addition to give Julian date for beginning of month (0^d 0^h UT)

	Jan.	Feb.	Mar.	Apr.	May	June	July	Aug.	Sept.	Oct.	Nov.	Dec.
Normal year	0	31	59	90	120	151	181	212	243	273	304	334
Leap year	0	31	60	91	121	152	182	213	244	274	305	335

WARNING: prior to 1925 Greenwich mean noon (i.e. 12^h UT) was usually denoted by 0^h GMT in astronomical publications.

Conversions between Calendar dates and Julian dates may be performed using the USNO utility which is located under "Data Services" on their website (see page x).

Selected Astronomical Constants

The Defining Constants (1) and Current Best Estimates (2) were adopted by the IAU 2009 GA, while the planetary equatorial radii (3), are taken from the report of the IAU WG on Cartographic Coordinates and Rotational Elements. For each quantity the list tabulates its description, symbol and value, and to the right, as appropriate, its uncertainty in units that the quantity is given in. Further information is given at foot of the table on the next page.

1 Defining Constants

1.1 Natural Defining Constant:

Speed of light $\qquad c = 299\ 792\ 458\ \text{m s}^{-1}$

1.2 Auxiliary Defining Constants:

Gaussian gravitational constant $\qquad k = 0{\cdot}017\ 202\ 098\ 95$

$1 - d(TT)/d(TCG)$ $\qquad L_G = 6{\cdot}969\ 290\ 134 \times 10^{-10}$

$1 - d(TDB)/d(TCB)$ $\qquad L_B = 1{\cdot}550\ 519\ 768 \times 10^{-8}$

TDB $-$ TCB at $T_0 = 244\ 3144{\cdot}5003\ 725$ $\qquad TDB_0 = -6{\cdot}55 \times 10^{-5}\ \text{s}$

Earth rotation angle (ERA) at J2000·0 UT1 $\qquad \theta_0 = 0{\cdot}779\ 057\ 273\ 2640\ \text{revolutions}$

Rate of advance of ERA $\qquad \dot{\theta} = 1{\cdot}002\ 737\ 811\ 911\ 354\ 48\ \text{revolutions UT1-day}^{-1}$

2. Current Best Estimates (IAU 2009)

2.1 Natural Measurable Constant:

Constant of gravitation $\qquad G = 6{\cdot}674\ 28 \times 10^{-11}\ \text{m}^3\,\text{kg}^{-1}\,\text{s}^{-2}$ $\qquad \pm 6{\cdot}7 \times 10^{-15}$

2.2 Derived Constants:

Astronomical unit (unit distance)† $\qquad au = A = 149\ 597\ 870\ 700\ \text{m}$ $\qquad \pm 3$

Average value of $1 - d(TCG)/d(TCB)$ $\qquad L_C = 1{\cdot}480\ 826\ 867\ 41 \times 10^{-8}$ $\qquad \pm 2 \times 10^{-17}$

2.3 Body Constants:

Mass Ratio: Moon to Earth	$M_M/M_E = 1{\cdot}230\ 003\ 71 \times 10^{-2}$	$\pm 4 \times 10^{-10}$
Mass Ratio: Sun to Mercury	$M_S/M_{Me} = 6{\cdot}023\ 6 \times 10^6$	$\pm 3 \times 10^2$
Mass Ratio: Sun to Venus	$M_S/M_{Ve} = 4{\cdot}085\ 237\ 19 \times 10^5$	$\pm 8 \times 10^{-3}$
Mass Ratio: Sun to Mars	$M_S/M_{Ma} = 3{\cdot}098\ 703\ 59 \times 10^6$	$\pm 2 \times 10^{-2}$
Mass Ratio: Sun to Jupiter	$M_S/M_J = 1{\cdot}047\ 348\ 644 \times 10^3$	$\pm 1{\cdot}7 \times 10^{-5}$
Mass Ratio: Sun to Saturn	$M_S/M_{Sa} = 3{\cdot}497\ 9018 \times 10^3$	$\pm 1 \times 10^{-4}$
Mass Ratio: Sun to Uranus	$M_S/M_U = 2{\cdot}290\ 298 \times 10^4$	$\pm 3 \times 10^{-2}$
Mass Ratio: Sun to Neptune	$M_S/M_N = 1{\cdot}941\ 226 \times 10^4$	$\pm 3 \times 10^{-2}$
Mass Ratio: Sun to Pluto	$M_S/M_P = 1{\cdot}365\ 66 \times 10^8$	$\pm 2{\cdot}8 \times 10^4$
Mass Ratio: Sun to Eris	$M_S/M_{Eris} = 1{\cdot}191 \times 10^8$	$\pm 1{\cdot}4 \times 10^6$
Mass Ratio: Ceres to Sun	$M_{Ceres}/M_S = 4{\cdot}72 \times 10^{-10}$	$\pm 3 \times 10^{-12}$
Mass Ratio: Pallas to Sun	$M_{Pallas}/M_S = 1{\cdot}03 \times 10^{-10}$	$\pm 3 \times 10^{-12}$
Mass Ratio: Vesta to Sun	$M_{Vesta}/M_S = 1{\cdot}35 \times 10^{-10}$	$\pm 3 \times 10^{-12}$
Equatorial radius for Earth	$a_E = a_e = 6\ 378\ 136{\cdot}6\ \text{m}$	$\pm 0{\cdot}10$
Dynamical form-factor for the Earth	$J_2 = 0{\cdot}001\ 082\ 635\ 9$	$\pm 1 \times 10^{-10}$
Long-term variation in J_2	$\dot{J}_2 = -3{\cdot}001 \times 10^{-9}\ \text{cy}^{-1}$	$\pm 6 \times 10^{-10}$
Heliocentric gravitational constant	$GM_S = 1{\cdot}327\ 124\ 420\ 99 \times 10^{20}\ \text{m}^3\,\text{s}^{-2}$ (TCB)	$\pm 1 \times 10^{10}$
	$= 1{\cdot}327\ 124\ 400\ 41 \times 10^{20}\ \text{m}^3\,\text{s}^{-2}$ (TDB)	$\pm 1 \times 10^{10}$
Geocentric gravitational constant	$GM_E = 3{\cdot}986\ 004\ 418 \times 10^{14}\ \text{m}^3\,\text{s}^{-2}$ (TCB)	$\pm 8 \times 10^5$
	$= 3{\cdot}986\ 004\ 415 \times 10^{14}\ \text{m}^3\,\text{s}^{-2}$ (TT)	$\pm 8 \times 10^5$
	$= 3{\cdot}986\ 004\ 356 \times 10^{14}\ \text{m}^3\,\text{s}^{-2}$ (TDB)	$\pm 8 \times 10^5$
Potential of the geoid	$W_0 = 6{\cdot}263\ 685\ 60 \times 10^7\ \text{m}^2\,\text{s}^{-2}$	$\pm 0{\cdot}5$
Nominal mean angular velocity of Earth rotation	$\omega = 7{\cdot}292\ 115 \times 10^{-5}\ \text{rad s}^{-1}$	

2.4 Initial Values at J2000·0:

Mean obliquity of the ecliptic $\qquad \epsilon_{J2000{\cdot}0} = \epsilon_0 = 23° 26' 21{\cdot}''406 = 84\ 381{\cdot}''406$ $\qquad \pm 0{\cdot}''001$

Selected Astronomical Constants (continued)

3 Constants from IAU WG on Cartographic Coordinates and Rotational Elements (2007)

Equatorial radii in km:

Mercury	$2\,439 \cdot 7 \pm 1 \cdot 0$	Jupiter	$71\,492 \pm 4$	Pluto	$1\,195$	± 5
Venus	$6\,051 \cdot 8 \pm 1 \cdot 0$	Saturn	$60\,268 \pm 4$			
Earth	$6\,378 \cdot 14 \pm 0 \cdot 01$	Uranus	$25\,559 \pm 4$	Moon (mean)	$1\,737 \cdot 4 \pm 1$	
Mars	$3\,396 \cdot 19 \pm 0 \cdot 1$	Neptune	$24\,764 \pm 15$	Sun	$696\,000$	

4 Other Constants

Light-time for unit distance[†]	$\tau_A = A/c = 499\overset{s}{\cdot}004\,783\,84$	$\pm 1 \times 10^{-8}$
	$1/\tau_A = 173 \cdot 144\,632\,674$ au/d	$\pm 3 \times 10^{-9}$
Mass Ratio: Earth to Moon	$M_E/M_M = 1/\mu = 81 \cdot 300\,568$	$\pm 3 \times 10^{-6}$
Mass Ratio: Sun to Earth	$GM_S/GM_E = 332\,946 \cdot 0487$	$\pm 0 \cdot 0007$
Mass of the Sun	$M_S = S = GM_S/G = 1 \cdot 9884 \times 10^{30}$ kg	$\pm 2 \times 10^{26}$
Mass of the Earth	$M_E = E = GM_E/G = 5 \cdot 9722 \times 10^{24}$ kg	$\pm 6 \times 10^{20}$
Mass Ratio: Sun to Earth + Moon	$(S/E)/(1+\mu) = 328\,900 \cdot 5596$	$\pm 7 \times 10^{-4}$
Earth, reciprocal of flattening (IERS 2003)	$1/f = 298 \cdot 256\,42$	$\pm 1 \times 10^{-5}$

Rates of precession at J2000·0 (IAU 2006)

General precession in longitude	$p_A = 5028 \cdot ''796\,195$ per Julian century (TDB)
Rate of change in obliquity	$\dot{\epsilon} = -46 \cdot ''836\,769$ per Julian century (TDB)
Precession of the equator in longitude	$\dot{\psi} = 5038 \cdot ''481\,507$ per Julian century (TDB)
Precession of the equator in obliquity	$\dot{\omega} = -0 \cdot ''025\,754$ per Julian century (TDB)
Constant of nutation at epoch J2000·0	$N = 9 \cdot ''2052\,331$
Solar parallax	$\pi_\odot = \sin^{-1}(a_e/A) = 8 \cdot ''794\,143$
Constant of aberration at epoch J2000·0	$\kappa = 20 \cdot ''495\,51$

Masses of the larger natural satellites: mass satellite/mass of the planet (see pages F3, F5)

Jupiter	Io	$4 \cdot 704 \times 10^{-5}$	**Saturn**	Titan	$2 \cdot 366 \times 10^{-4}$
	Europa	$2 \cdot 528 \times 10^{-5}$	**Uranus**	Titania	$4 \cdot 06 \times 10^{-5}$
	Ganymede	$7 \cdot 805 \times 10^{-5}$		Oberon	$3 \cdot 47 \times 10^{-5}$
	Callisto	$5 \cdot 667 \times 10^{-5}$	**Neptune**	Triton	$2 \cdot 089 \times 10^{-4}$

Users are advised to check the website of the IAU WG on Numerical Standards for Fundamental Astronomy (NFSA) at http://maia.usno.navy.mil/NSFA.html for the latest list of 'Current Best Estimates'. The NFSA website also has detailed information about the constants, and all the relevant references.

This almanac, in certain circumstances, may not use constants from this list. The reasons and those constants used are given at the end of Section L *Notes and References*.

Units

The units meter (m), kilogram (kg), and SI second (s) are the units of length, mass and time in the International System of Units (SI).

The astronomical unit of time is a time interval of one day (D) of 86400 seconds. An interval of 36525 days is one Julian century. Some constants that involve time, either directly or indirectly need to be compatible with the underlying time-scales. In order to specify this (TDB) or (TCB) or (TT), as appropriate, is included after the unit to indicate that the value of the constant is compatible with the specified time-scale, for example, TDB-compatible.

The astronomical unit of mass is the mass of the Sun (M_S). The dimensions of k^2 are those of the constant of gravitation (G), which are $A^3 M_S^{-1} D^{-2}$, i.e. $m^3\,kg^{-1}\,s^{-2}$.

The astronomical unit[†] of length (the *au*) in metres is that length $A = \sqrt[3]{(GM_S D^2/k^2)}$, where k, the Gaussian gravitational constant and GM_S, the heliocentric gravitational constant (TDB-compatible value), are tabulated on the previous page. **Note** that at present (2009 September) the *au* is considered to be TDB-compatible and no TCB-compatible value has been agreed.

$$\Delta T = ET - UT$$

Year	ΔT	Year	ΔT	Year	ΔT	Year	ΔT	Year	ΔT	Year	ΔT
	s		s		s		s		s		s
1620·0	+124	1665·0	+32	1710·0	+10	1755·0	+14	1800·0	+13·7	1845·0	+6·3
1621	+119	1666	+31	1711	+10	1756	+14	1801	+13·4	1846	+6·5
1622	+115	1667	+30	1712	+10	1757	+14	1802	+13·1	1847	+6·6
1623	+110	1668	+28	1713	+10	1758	+15	1803	+12·9	1848	+6·8
1624	+106	1669	+27	1714	+10	1759	+15	1804	+12·7	1849	+6·9
1625·0	+102	1670·0	+26	1715·0	+10	1760·0	+15	1805·0	+12·6	1850·0	+7·1
1626	+ 98	1671	+25	1716	+10	1761	+15	1806	+12·5	1851	+7·2
1627	+ 95	1672	+24	1717	+11	1762	+15	1807	+12·5	1852	+7·3
1628	+ 91	1673	+23	1718	+11	1763	+15	1808	+12·5	1853	+7·4
1629	+ 88	1674	+22	1719	+11	1764	+15	1809	+12·5	1854	+7·5
1630·0	+ 85	1675·0	+21	1720·0	+11	1765·0	+16	1810·0	+12·5	1855·0	+7·6
1631	+ 82	1676	+20	1721	+11	1766	+16	1811	+12·5	1856	+7·7
1632	+ 79	1677	+19	1722	+11	1767	+16	1812	+12·5	1857	+7·7
1633	+ 77	1678	+18	1723	+11	1768	+16	1813	+12·5	1858	+7·8
1634	+ 74	1679	+17	1724	+11	1769	+16	1814	+12·5	1859	+7·8
1635·0	+ 72	1680·0	+16	1725·0	+11	1770·0	+16	1815·0	+12·5	1860·0	+7·88
1636	+ 70	1681	+15	1726	+11	1771	+16	1816	+12·5	1861	+7·82
1637	+ 67	1682	+14	1727	+11	1772	+16	1817	+12·4	1862	+7·54
1638	+ 65	1683	+14	1728	+11	1773	+16	1818	+12·3	1863	+6·97
1639	+ 63	1684	+13	1729	+11	1774	+16	1819	+12·2	1864	+6·40
1640·0	+ 62	1685·0	+12	1730·0	+11	1775·0	+17	1820·0	+12·0	1865·0	+6·02
1641	+ 60	1686	+12	1731	+11	1776	+17	1821	+11·7	1866	+5·41
1642	+ 58	1687	+11	1732	+11	1777	+17	1822	+11·4	1867	+4·10
1643	+ 57	1688	+11	1733	+11	1778	+17	1823	+11·1	1868	+2·92
1644	+ 55	1689	+10	1734	+12	1779	+17	1824	+10·6	1869	+1·82
1645·0	+ 54	1690·0	+10	1735·0	+12	1780·0	+17	1825·0	+10·2	1870·0	+1·61
1646	+ 53	1691	+10	1736	+12	1781	+17	1826	+ 9·6	1871	+0·10
1647	+ 51	1692	+ 9	1737	+12	1782	+17	1827	+ 9·1	1872	−1·02
1648	+ 50	1693	+ 9	1738	+12	1783	+17	1828	+ 8·6	1873	−1·28
1649	+ 49	1694	+ 9	1739	+12	1784	+17	1829	+ 8·0	1874	−2·69
1650·0	+ 48	1695·0	+ 9	1740·0	+12	1785·0	+17	1830·0	+ 7·5	1875·0	−3·24
1651	+ 47	1696	+ 9	1741	+12	1786	+17	1831	+ 7·0	1876	−3·64
1652	+ 46	1697	+ 9	1742	+12	1787	+17	1832	+ 6·6	1877	−4·54
1653	+ 45	1698	+ 9	1743	+12	1788	+17	1833	+ 6·3	1878	−4·71
1654	+ 44	1699	+ 9	1744	+13	1789	+17	1834	+ 6·0	1879	−5·11
1655·0	+ 43	1700·0	+ 9	1745·0	+13	1790·0	+17	1835·0	+ 5·8	1880·0	−5·40
1656	+ 42	1701	+ 9	1746	+13	1791	+17	1836	+ 5·7	1881	−5·42
1657	+ 41	1702	+ 9	1747	+13	1792	+16	1837	+ 5·6	1882	−5·20
1658	+ 40	1703	+ 9	1748	+13	1793	+16	1838	+ 5·6	1883	−5·46
1659	+ 38	1704	+ 9	1749	+13	1794	+16	1839	+ 5·6	1884	−5·46
1660·0	+ 37	1705·0	+ 9	1750·0	+13	1795·0	+16	1840·0	+ 5·7	1885·0	−5·79
1661	+ 36	1706	+ 9	1751	+14	1796	+15	1841	+ 5·8	1886	−5·63
1662	+ 35	1707	+ 9	1752	+14	1797	+15	1842	+ 5·9	1887	−5·64
1663	+ 34	1708	+10	1753	+14	1798	+14	1843	+ 6·1	1888	−5·80
1664·0	+ 33	1709·0	+10	1754·0	+14	1799·0	+14	1844·0	+ 6·2	1889·0	−5·66

For years 1620 to 1955 the table is based on an adopted value of $-26''/\text{cy}^2$ for the tidal term ($\dot{n}$) in the mean motion of the Moon from the results of analyses of observations of lunar occultations of stars, eclipses of the Sun, and transits of Mercury (see F. R. Stephenson and L. V. Morrison, *Phil. Trans. R. Soc. London*, 1984, A **313**, 47-70).

To calculate the values of ΔT for a different value of the tidal term ($\dot{n}'$), add

$$-0{\cdot}000\,091\,(\dot{n}' + 26)\,(\text{year} - 1955)^2 \text{ seconds}$$

to the tabulated value of ΔT

1890–1983, ΔT = ET – UT
1984–2000, ΔT = TDT – UT
From 2001, ΔT = TT – UT

Extrapolated Values   TAI – UTC

Year	ΔT s	Year	ΔT s	Year	ΔT s	Year	ΔT s	Date	ΔAT s
1890·0	− 5·87	1935·0	+23·93	1980·0	+50·54	2010	+66·1	1972 Jan. 1	+10·00
1891	− 6·01	1936	+23·73	1981	+51·38	2011	+66·4	1972 July 1	+10·00
1892	− 6·19	1937	+23·92	1982	+52·17	2012	+67	1973 Jan. 1	+11·00
1893	− 6·64	1938	+23·96	1983	+52·96	2013	+67	1974 Jan. 1	+12·00
1894	− 6·44	1939	+24·02	1984	+53·79	2014	+67	1975 Jan. 1	+13·00
								1976 Jan. 1	+14·00
1895·0	− 6·47	1940·0	+24·33	1985·0	+54·34			1977 Jan. 1	+15·00
1896	− 6·09	1941	+24·83	1986	+54·87			1978 Jan. 1	+16·00
1897	− 5·76	1942	+25·30	1987	+55·32			1979 Jan. 1	+17·00
1898	− 4·66	1943	+25·70	1988	+55·82			1980 Jan. 1	+18·00
1899	− 3·74	1944	+26·24	1989	+56·30			1981 July 1	+19·00
								1982 July 1	+20·00
1900·0	− 2·72	1945·0	+26·77	1990·0	+56·86			1983 July 1	+21·00
1901	− 1·54	1946	+27·28	1991	+57·57			1985 July 1	+22·00
1902	− 0·02	1947	+27·78	1992	+58·31			1988 Jan. 1	+23·00
1903	+ 1·24	1948	+28·25	1993	+59·12			1990 Jan. 1	+24·00
1904	+ 2·64	1949	+28·71	1994	+59·98			1991 Jan. 1	+25·00
								1992 July 1	+26·00
1905·0	+ 3·86	1950·0	+29·15	1995·0	+60·78			1993 July 1	+27·00
1906	+ 5·37	1951	+29·57	1996	+61·63			1994 July 1	+28·00
1907	+ 6·14	1952	+29·97	1997	+62·29			1996 Jan. 1	+29·00
1908	+ 7·75	1953	+30·36	1998	+62·97			1997 July 1	+30·00
1909	+ 9·13	1954	+30·72	1999	+63·47			1999 Jan. 1	+31·00
								2006 Jan. 1	+32·00
1910·0	+10·46	1955·0	+31·07	2000·0	+63·83			2009 Jan. 1	+33·00
1911	+11·53	1956	+31·35	2001	+64·09				+34·00
1912	+13·36	1957	+31·68	2002	+64·30				
1913	+14·65	1958	+32·18	2003	+64·47				
1914	+16·01	1959	+32·68	2004	+64·57				
1915·0	+17·20	1960·0	+33·15	2005·0	+64·69				
1916	+18·24	1961	+33·59	2006	+64·85				
1917	+19·06	1962	+34·00	2007	+65·15				
1918	+20·25	1963	+34·47	2008	+65·46				
1919	+20·95	1964	+35·03	2009	+65·78				
1920·0	+21·16	1965·0	+35·73						
1921	+22·25	1966	+36·54						
1922	+22·41	1967	+37·43						
1923	+23·03	1968	+38·29						
1924	+23·49	1969	+39·20						
1925·0	+23·62	1970·0	+40·18						
1926	+23·86	1971	+41·17						
1927	+24·49	1972	+42·23						
1928	+24·34	1973	+43·37						
1929	+24·08	1974	+44·49						
1930·0	+24·02	1975·0	+45·48						
1931	+24·00	1976	+46·46						
1932	+23·87	1977	+47·52						
1933	+23·95	1978	+48·53						
1934·0	+23·86	1979·0	+49·59						

In critical cases descend

$$\frac{\Delta\text{ET}}{\Delta\text{TT}} = \Delta\text{AT} + 32\overset{s}{\cdot}184$$

From 1990 onwards, ΔT is for January 1 0^h UTC.

Page B6 gives a summary of the notation for time-scales. See *The Astronomical Almanac Online* for plots showing "Delta T Past, Present and Future".

WITH RESPECT TO THE INTERNATIONAL TERRESTRIAL REFERENCE SYSTEM (ITRS)

Date	1970 x	1970 y	1980 x	1980 y	1990 x	1990 y	2000 x	2000 y
	"	"	"	"	"	"	"	"
Jan. 1	−0·140	+0·144	+0·129	+0·251	−0·132	+0·165	+0·043	+0·378
Apr. 1	−0·097	+0·397	+0·014	+0·189	−0·154	+0·469	+0·075	+0·346
July 1	+0·139	+0·405	−0·044	+0·280	+0·161	+0·542	+0·110	+0·280
Oct. 1	+0·174	+0·125	−0·006	+0·338	+0·297	+0·243	−0·006	+0·247

Date	1971 x	1971 y	1981 x	1981 y	1991 x	1991 y	2001 x	2001 y
Jan. 1	−0·081	+0·026	+0·056	+0·361	+0·023	+0·069	−0·073	+0·400
Apr. 1	−0·199	+0·313	+0·088	+0·285	−0·217	+0·281	+0·091	+0·490
July 1	+0·050	+0·523	+0·075	+0·209	−0·033	+0·560	+0·254	+0·308
Oct. 1	+0·249	+0·263	−0·045	+0·210	+0·250	+0·436	+0·065	+0·118

Date	1972 x	1972 y	1982 x	1982 y	1992 x	1992 y	2002 x	2002 y
Jan. 1	+0·045	+0·050	−0·091	+0·378	+0·182	+0·168	−0·177	+0·294
Apr. 1	−0·180	+0·174	+0·093	+0·431	−0·083	+0·162	−0·031	+0·541
July 1	−0·031	+0·409	+0·231	+0·239	−0·142	+0·378	+0·228	+0·462
Oct. 1	+0·142	+0·344	+0·036	+0·060	+0·055	+0·503	+0·199	+0·200

Date	1973 x	1973 y	1983 x	1983 y	1993 x	1993 y	2003 x	2003 y
Jan. 1	+0·129	+0·139	−0·211	+0·249	+0·208	+0·359	−0·088	+0·188
Apr. 1	−0·035	+0·129	−0·069	+0·538	+0·115	+0·170	−0·133	+0·436
July 1	−0·075	+0·286	+0·269	+0·436	−0·062	+0·209	+0·131	+0·539
Oct. 1	+0·035	+0·347	+0·235	+0·069	−0·095	+0·370	+0·259	+0·304

Date	1974 x	1974 y	1984 x	1984 y	1994 x	1994 y	2004 x	2004 y
Jan. 1	+0·115	+0·252	−0·125	+0·089	+0·010	+0·476	+0·031	+0·154
Apr. 1	+0·037	+0·185	−0·211	+0·410	+0·174	+0·391	−0·140	+0·321
July 1	+0·014	+0·216	+0·119	+0·543	+0·137	+0·212	−0·008	+0·510
Oct. 1	+0·002	+0·225	+0·313	+0·246	−0·066	+0·199	+0·199	+0·432

Date	1975 x	1975 y	1985 x	1985 y	1995 x	1995 y	2005 x	2005 y
Jan. 1	−0·055	+0·281	+0·051	+0·025	−0·154	+0·418	+0·149	+0·238
Apr. 1	+0·027	+0·344	−0·196	+0·220	+0·032	+0·558	−0·029	+0·243
July 1	+0·151	+0·249	−0·044	+0·482	+0·280	+0·384	−0·040	+0·397
Oct. 1	+0·063	+0·115	+0·214	+0·404	+0·138	+0·106	+0·059	+0·417

Date	1976 x	1976 y	1986 x	1986 y	1996 x	1996 y	2006 x	2006 y
Jan. 1	−0·145	+0·204	+0·187	+0·072	−0·176	+0·191	+0·053	+0·383
Apr. 1	−0·091	+0·399	−0·041	+0·139	−0·152	+0·506	+0·103	+0·374
July 1	+0·159	+0·390	−0·075	+0·324	+0·179	+0·546	+0·128	+0·300
Oct. 1	+0·227	+0·158	+0·062	+0·395	+0·267	+0·227	+0·033	+0·252

Date	1977 x	1977 y	1987 x	1987 y	1997 x	1997 y	2007 x	2007 y
Jan. 1	−0·065	+0·076	+0·146	+0·315	−0·023	+0·095	−0·049	+0·347
Apr. 1	−0·226	+0·362	+0·096	+0·212	−0·191	+0·329	+0·023	+0·479
July 1	+0·085	+0·500	−0·003	+0·208	+0·019	+0·536	+0·209	+0·412
Oct. 1	+0·281	+0·230	−0·053	+0·295	+0·221	+0·379	+0·134	+0·206

Date	1978 x	1978 y	1988 x	1988 y	1998 x	1998 y	2008 x	2008 y
Jan. 1	+0·007	+0·015	−0·023	+0·414	+0·103	+0·175	−0·081	+0·258
Apr. 1	−0·231	+0·240	+0·134	+0·407	−0·110	+0·252	−0·064	+0·490
July 1	−0·042	+0·483	+0·171	+0·253	−0·068	+0·439	+0·211	+0·498
Oct. 1	+0·236	+0·353	+0·011	+0·132	+0·125	+0·445	+0·265	+0·220

Date	1979 x	1979 y	1989 x	1989 y	1999 x	1999 y	2009 x	2009 y
Jan. 1	+0·140	+0·076	−0·159	+0·316	+0·139	+0·296	−0·017	+0·146
Apr. 1	−0·107	+0·133	+0·028	+0·482	+0·026	+0·241	−0·119	+0·406
July 1	−0·117	+0·351	+0·238	+0·369	−0·032	+0·310	+0·130	+0·534
Oct. 1	+0·092	+0·408	+0·167	+0·106	+0·006	+0·379		

The orientation of the ITRS is consistent with the former BIH system (and the previous IPMS and ILS systems). The angles, x y, are defined on page B84. From 1988 their values have been taken from the IERS Bulletin B, published by the IERS Central Bureau, Bundesamt für Kartographie und Geodäsie, Richard-Strauss-Allee 11, 60598 Frankfurt am Main, Germany. Further information about IERS products may be found via *The Astronomical Almanac Online*.

Introduction

In the reduction of astrometric observations of high precision it is necessary to distinguish between several different systems of terrestrial coordinates that are used to specify the positions of points on or near the surface of the Earth. The formulae on page B84 for the reduction for polar motion give the relationships between the representations of a geocentric vector referred to either the equinox-based celestial reference system of the true equator and equinox of date, or the Celestial Intermediate Reference System, and the current terrestrial reference system, which is realized by the International Terrestrial Reference Frame, ITRF2005 (Altamimi, Collilieux, Legrand, Garayt and Boucher (2007), *J. Geophys. Res.*, **112**, B09401). Realizations of the ITRF have been published at intervals since 1989 in the form of the geocentric rectangular coordinates and velocities of observing sites around the world. ITRF2005 is a rigorous combination of space geodesy solutions from the techniques of VLBI, SLR, LLR, GPS and DORIS from some 800 stations located at about 500 sites with better global distribution compared to previous ITRF versions. The ITRF2005 origin is defined by the Earth centre of mass sensed by SLR and its scale by VLBI solutions. The ITRF axes are consistent with the axes of the former BIH Terrestrial System (BTS) to within $\pm0\rlap{.}''005$, and the BTS was consistent with the earlier Conventional International Origin to within $\pm0\rlap{.}''03$ The use of rectangular coordinates is precise and unambiguous, but for some purposes it is more convenient to represent the position by its longitude, latitude and height referred to a reference spheroid (the term "spheroid" is used here in the sense of an ellipsoid whose equatorial section is a circle and for which each meridional section is an ellipse). The precise transformation between these coordinate systems is given below. The spheroid is defined by two parameters, its equatorial radius and flattening (usually the reciprocal of the flattening is given). The values used should always be stated with any tabulation of spheroidal positions, but in case they should be omitted a list of the parameters of some commonly used spheroids is given in the table on page K13. For work such as mapping gravity anomalies it is convenient that the reference spheroid should also be an equipotential surface of a reference body that is in hydrostatic equilibrium, and has the equatorial radius, gravitational constant, dynamical form factor and angular velocity of the Earth. This is referred to as a Geodetic Reference System (rather than just a reference spheroid). It provides a suitable approximation to mean sea level (i.e. to the geoid), but may differ from it by up to 100m in some regions.

Reduction from geodetic to geocentric coordinates

The position of a point relative to a terrestrial reference frame may be expressed in three ways:

  (i) geocentric equatorial rectangular coordinates, x, y, z;
  (ii) geocentric longitude, latitude and radius, λ, ϕ', ρ;
  (iii) geodetic longitude, latitude and height, λ, ϕ, h.

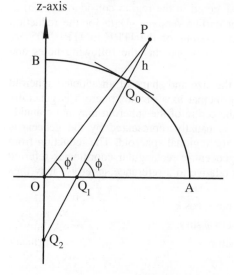

O is centre of Earth

OA = equatorial radius, a

OB = polar radius, b
   $= a(1 - f)$

OP = geocentric radius, $a\rho$

PQ_0 is normal to the reference spheroid

$Q_0Q_1 = aS$

$Q_0Q_2 = aC$

ϕ = geodetic latitude

ϕ' = geocentric latitude

The geodetic and geocentric longitudes of a point are the same, while the relationship between the geodetic and geocentric latitudes of a point is illustrated in the figure on page K11, which represents a meridional section through the reference spheroid. The geocentric radius ρ is usually expressed in units of the equatorial radius of the reference spheroid. The following relationships hold between the geocentric and geodetic coordinates:

$$x = a\rho \cos\phi' \cos\lambda = (aC + h) \cos\phi \cos\lambda$$
$$y = a\rho \cos\phi' \sin\lambda = (aC + h) \cos\phi \sin\lambda$$
$$z = a\rho \sin\phi' \qquad = (aS + h) \sin\phi$$

where a is the equatorial radius of the spheroid and C and S are auxiliary functions that depend on the geodetic latitude and on the flattening f of the reference spheroid. The polar radius b and the eccentricity e of the ellipse are given by:

$$b = a(1 - f) \qquad e^2 = 2f - f^2 \qquad \text{or} \qquad 1 - e^2 = (1 - f)^2$$

It follows from the geometrical properties of the ellipse that:

$$C = \{\cos^2\phi + (1 - f)^2 \sin^2\phi\}^{-1/2} \qquad S = (1 - f)^2 C$$

Geocentric coordinates may be calculated directly from geodetic coordinates. The reverse calculation of geodetic coordinates from geocentric coordinates can be done in closed form (see for example, Borkowski, *Bull. Geod.* **63**, 50-56, 1989), but it is usually done using an iterative procedure.

An iterative procedure for calculating λ, ϕ, h from x, y, z is as follows:

Calculate: $\lambda = \tan^{-1}(y/x)$ $r = (x^2 + y^2)^{1/2}$ $e^2 = 2f - f^2$

Calculate the first approximation to ϕ from: $\phi = \tan^{-1}(z/r)$

Then perform the following iteration until ϕ is unchanged to the required precision:

$$\phi_1 = \phi \qquad C = (1 - e^2 \sin^2\phi_1)^{-1/2} \qquad \phi = \tan^{-1}((z + aCe^2 \sin\phi_1)/r)$$

Then: $$h = r/\cos\phi - aC$$

Series expressions and tables are available for certain values of f for the calculation of C and S and also of ρ and $\phi - \phi'$ for points on the spheroid ($h = 0$). The quantity $\phi - \phi'$ is sometimes known as the "reduction of the latitude" or the "angle of the vertical", and it is of the order of 10' in mid-latitudes. To a first approximation when h is small the geocentric radius is increased by h/a and the angle of the vertical is unchanged. The height h refers to a height above the reference spheroid and differs from the height above mean sea level (i.e. above the geoid) by the "undulation of the geoid" at the point.

Other geodetic reference systems

In practice most geodetic positions are referred either (a) to a regional geodetic datum that is represented by a spheroid that approximates to the geoid in the region considered or (b) to a global reference system, ideally the ITRF2005 or earlier versions. Data for the reduction of regional geodetic coordinates or those in earlier versions of the ITRF to ITRF2005 are available in the relevant geodetic publications, but it is hoped that the following notes and formulae and data will be useful.

(a) Each regional geodetic datum is specified by the size and shape of an adopted spheroid and by the coordinates of an "origin point". The principal axis of the spheroid is generally close to the mean axis of rotation of the Earth, but the centre of the spheroid may not coincide with the centre of mass of the Earth, The offset is usually represented by the geocentric rectangular coordinates (x_0, y_0, z_0) of the centre of the regional spheroid. The reduction from the regional geodetic coordinates (λ, ϕ, h) to the geocentric rectangular coordinates referred to the ITRF (and hence to the geodetic coordinates relative to a reference spheroid) may then be made by using the expressions:

$$x = x_0 + (aC + h) \cos\phi \cos\lambda$$
$$y = y_0 + (aC + h) \cos\phi \sin\lambda$$
$$z = z_0 + (aS + h) \sin\phi$$

(b) The global reference systems defined by the various versions of ITRF differ slightly due to an evolution in the multi-technique combination and constraints philosophy as well as through observational and modelling improvements, although all versions give good approximations to the latest reference frame. The transformations from the latest to previous ITRF solutions involve coordinate and velocity translations, rotations and scaling (i.e. 14 parameters in all) and all of these are given for the ITRF2005 frame in online Conventions updates (at http://tai.bipm.org/iers/) to the IERS Conventions (2003), *IERS Technical Note 32*, International Earth Rotation and Reference Systems Service (http://www.iers.org), Central Bureau, Bundesamt fur Kartographie und Geodäsie, Frankfurt, Germany. For example, translation parameters T_1, T_2 and T_3 from ITRF2005 to ITRF2000 are $(+0\cdot1, -0\cdot8, -5\cdot8)$ millimetres, with scale difference $0\cdot40$ parts per billion.

The space technique GPS is now widely used for position determination. Since January 1987 the broadcast orbits of the GPS satellites have been referred to the WGS84 terrestrial frame, and so positions determined directly using these orbits will also be referred to this frame, which at the level of a few centimetres is close to the ITRF. The parameters of the spheroid used are listed below, and the frame is defined to agree with the BIH frame. However, with the ready availability of data from a large number of geodetic sites whose coordinates and velocities are rigorously defined within ITRF2005, and with GPS orbital solutions also being referred by the International Global Navigation Satellite Systems Service (IGS) analysis centres to the same frame, it is straightforward to determine directly new sites' coordinates within ITRF2005.

GEODETIC REFERENCE SPHEROIDS

Name and Date	Equatorial Radius, a m	Reciprocal of Flattening, $1/f$	Gravitational Constant, GM $10^{14}\mathrm{m}^3\mathrm{s}^{-2}$	Dynamical Form Factor, J_2	Ang. Velocity of earth, ω $10^{-5}\mathrm{rad\ s}^{-1}$
WGS 84	637 8137	298·257 223 563	3·986 005	0·001 082 63	7·292 115
MERIT 1983	8137	298·257	—	—	—
GRS 80 (IUGG, 1980)[†]	8137	298·257 222	3·986 005	0·001 082 63	7·292 115
IAU 1976	8140	298·257	3·986 005	0·001 082 63	—
South American 1969	8160	298·25	—	—	—
GRS 67 (IUGG, 1967)	8160	298·247 167	3·986 03	0·001 082 7	7·292 115 146 7
Australian National 1965	8160	298·25	—	—	—
IAU 1964	8160	298·25	3·986 03	0·001 082 7	7·292 1
Krassovski 1942	8245	298·3	—	—	—
International 1924 (Hayford)	8388	297	—	—	—
Clarke 1880 mod.	8249·145	293·466 3	—	—	—
Clarke 1866	8206·4	294·978 698	—	—	—
Bessel 1841	7397·155	299·152 813	—	—	—
Everest 1830	7276·345	300·801 7	—	—	—
Airy 1830	637 7563·396	299·324 964	—	—	—

[†]H. Moritz, Geodetic Reference System 1980, *Bull. Géodésique*, **58**(3), 388-398, 1984.

Astronomical coordinates

Many astrometric observations that historically were used in the determination of the terrestrial coordinates of the point of observation used the local vertical, which defines the zenith, as a principal reference axis; the coordinates so obtained are called "astronomical coordinates". The local vertical is in the direction of the vector sum of the acceleration due to the gravitational field of the Earth and of the apparent acceleration due to the rotation of the Earth on its axis. The vertical is normal to the equipotential (or level) surface at the point, but it is inclined to the normal to the geodetic reference spheroid; the angle of inclination is known as the "deflection of the vertical".

The astronomical coordinates of an observatory may differ significantly (e.g. by as much as 1′) from its geodetic coordinates, which are required for the determination of the geocentric coordinates of the observatory for use in computing, for example, parallax corrections for solar system observations. The size and direction of the deflection may be estimated by studying the gravity field in the region concerned. The deflection may affect both the latitude and longitude, and hence local time. Astronomical coordinates also vary with time because they are affected by polar motion (see page B84).

INTRODUCTION AND NOTATION

The interpolation methods described in this section, together with the accompanying tables, are usually sufficient to interpolate to full precision the ephemerides in this volume. Additional notes, formulae and tables are given in the booklets *Interpolation and Allied Tables* and *Subtabulation* and in many textbooks on numerical analysis. It is recommended that interpolated values of the Moon's right ascension, declination and horizontal parallax are derived from the daily polynomial coefficients that are provided for this purpose on *The Astronomical Almanac Online* (see page D1).

f_p denotes the value of the function $f(t)$ at the time $t = t_0 + ph$, where h is the interval of tabulation, t_0 is a tabular argument, and $p = (t - t_0)/h$ is known as the interpolating factor. The notation for the differences of the tabular values is shown in the following table; it is derived from the use of the central-difference operator δ, which is defined by:

$$\delta f_p = f_{p+1/2} - f_{p-1/2}$$

The symbol for the function is usually omitted in the notation for the differences. Tables are given for use with Bessel's interpolation formula for p in the range 0 to $+1$. The differences may be expressed in terms of function values for convenience in the use of programmable calculators or computers.

Arg.	Function	Differences				Differences in terms of Function Values
		1st	2nd	3rd	4th	
t_{-2}	f_{-2}		δ^2_{-2}			$\delta_{1/2} = f_1 - f_0$
		$\delta_{-3/2}$		$\delta^3_{-3/2}$		$\delta^2_0 = \delta_{1/2} - \delta_{-1/2}$
t_{-1}	f_{-1}		δ^2_{-1}		δ^4_{-1}	$= f_1 - 2f_0 + f_{-1}$
		$\delta_{-1/2}$		$\delta^3_{-1/2}$		$\delta^2_0 + \delta^2_1 = f_2 - f_1 - f_0 + f_{-1}$
t_0	f_0		δ^2_0		δ^4_0	$\delta^3_{1/2} = \delta^2_1 - \delta^2_0$
		$\delta_{1/2}$		$\delta^3_{1/2}$		$= f_2 - 3f_1 + 3f_0 - f_{-1}$
t_{+1}	f_{+1}		δ^2_1		δ^4_1	$\delta^4_0 = \delta^3_{1/2} - \delta^3_{-1/2}$
		$\delta_{3/2}$		$\delta^3_{3/2}$		$= f_2 - 4f_1 + 6f_0 - 4f_{-1} + f_{-2}$
t_{+2}	f_{+2}		δ^2_2			$\delta^4_0 + \delta^4_1 = f_3 - 3f_2 + 2f_1 + 2f_0 - 3f_{-1} + f_{-2}$

$$p \equiv \text{the interpolating factor} = (t - t_0)/(t_1 - t_0) = (t - t_0)/h$$

BESSEL'S INTERPOLATION FORMULA

In this notation Bessel's interpolation formula is:

$$f_p = f_0 + p\,\delta_{1/2} + B_2\,(\delta^2_0 + \delta^2_1) + B_3\,\delta^3_{1/2} + B_4\,(\delta^4_0 + \delta^4_1) + \cdots$$

where
$$B_2 = p\,(p - 1)/4 \qquad B_3 = p\,(p - 1)\,(p - \tfrac{1}{2})/6$$
$$B_4 = (p + 1)\,p\,(p - 1)\,(p - 2)/48$$

The maximum contribution to the truncation error of f_p, for $0 < p < 1$, from neglecting each order of difference is less than 0·5 in the unit of the end figure of the tabular function if

$$\delta^2 < 4 \qquad \delta^3 < 60 \qquad \delta^4 < 20 \qquad \delta^5 < 500.$$

The critical table of B_2 opposite provides a rapid means of interpolating when δ^2 is less than 500 and higher-order differences are negligible or when full precision is not required. The interpolating factor p should be rounded to 4 decimals, and the required value of B_2 is then the tabular value opposite the interval in which p lies, or it is the value above and to the right of p if p exactly equals a tabular argument. B_2 is always negative. The effects of the third and fourth differences can be estimated from the values of B_3 and B_4, given in the last column.

INVERSE INTERPOLATION

Inverse interpolation to derive the interpolating factor p, and hence the time, for which the function takes a specified value f_p is carried out by successive approximations. The first estimate p_1 is obtained from:

$$p_1 = (f_p - f_0)/\delta_{1/2}$$

This value of p is used to obtain an estimate of B_2, from the critical table or otherwise, and hence an improved estimate of p from:

$$p = p_1 - B_2\,(\delta_0^2 + \delta_1^2)/\delta_{1/2}$$

This last step is repeated until there is no further change in B_2 or p; the effects of higher-order differences may be taken into account in this step.

CRITICAL TABLE FOR B_2

p	B_2	p	B_2	p	B_2	p	B_2	p	B_2	p	B_3
0.0000	—	0.1101	—	0.2719	—	0.7280	—	0.8898	—	0.0	0.000
	.000		.025		.050		.049		.024		
0.0020		0.1152		0.2809		0.7366		0.8949		0.1	+0.006
	.001		.026		.051		.048		.023		
0.0060		0.1205		0.2902		0.7449		0.9000		0.2	+0.008
	.002		.027		.052		.047		.022		
0.0101		0.1258		0.3000		0.7529		0.9049		0.3	+0.007
	.003		.028		.053		.046		.021		
0.0142		0.1312		0.3102		0.7607		0.9098		0.4	+0.004
	.004		.029		.054		.045		.020		
0.0183		0.1366		0.3211		0.7683		0.9147			
	.005		.030		.055		.044		.019		
0.0225		0.1422		0.3326		0.7756		0.9195		0.5	0.000
	.006		.031		.056		.043		.018		
0.0267		0.1478		0.3450		0.7828		0.9242			
	.007		.032		.057		.042		.017		
0.0309		0.1535		0.3585		0.7898		0.9289		0.6	−0.004
	.008		.033		.058		.041		.016		
0.0352		0.1594		0.3735		0.7966		0.9335		0.7	−0.007
	.009		.034		.059		.040		.015		
0.0395		0.1653		0.3904		0.8033		0.9381		0.8	−0.008
	.010		.035		.060		.039		.014		
0.0439		0.1713		0.4105		0.8098		0.9427		0.9	−0.006
	.011		.036		.061		.038		.013		
0.0483		0.1775		0.4367		0.8162		0.9472		1.0	0.000
	.012		.037		.062		.037		.012		
0.0527		0.1837		0.5632		0.8224		0.9516		p	B_4
	.013		.038		.061		.036		.011		
0.0572		0.1901		0.5894		0.8286		0.9560		0.0	0.000
	.014		.039		.060		.035		.010		
0.0618		0.1966		0.6095		0.8346		0.9604		0.1	+0.004
	.015		.040		.059		.034		.009		
0.0664		0.2033		0.6264		0.8405		0.9647		0.2	+0.007
	.016		.041		.058		.033		.008		
0.0710		0.2101		0.6414		0.8464		0.9690		0.3	+0.010
	.017		.042		.057		.032		.007		
0.0757		0.2171		0.6549		0.8521		0.9732		0.4	+0.011
	.018		.043		.056		.031		.006		
0.0804		0.2243		0.6673		0.8577		0.9774			
	.019		.044		.055		.030		.005		
0.0852		0.2316		0.6788		0.8633		0.9816		0.5	+0.012
	.020		.045		.054		.029		.004		
0.0901		0.2392		0.6897		0.8687		0.9857			
	.021		.046		.053		.028		.003		
0.0950		0.2470		0.7000		0.8741		0.9898		0.6	+0.011
	.022		.047		.052		.027		.002		
0.1000		0.2550		0.7097		0.8794		0.9939		0.7	+0.010
	.023		.048		.051		.026		.001		
0.1050		0.2633		0.7190		0.8847		0.9979		0.8	+0.007
	.024		.049		.050		.025		.000		
0.1101		0.2719		0.7280		0.8898		1.0000		0.9	+0.004
										1.0	0.000

In critical cases ascend. B_2 is always negative.

POLYNOMIAL REPRESENTATIONS

It is sometimes convenient to construct a simple polynomial representation of the form

$$f_p = a_0 + a_1\,p + a_2\,p^2 + a_3\,p^3 + a_4\,p^4 + \cdots$$

which may be evaluated in the nested form

$$f_p = (((a_4\,p + a_3)\,p + a_2)\,p + a_1)\,p + a_0$$

Expressions for the coefficients a_0, a_1, ... may be obtained from Stirling's interpolation formula, neglecting fifth-order differences:

$$a_4 = \delta_0^4/24 \qquad a_2 = \delta_0^2/2 - a_4 \qquad a_0 = f_0$$

$$a_3 = (\delta_{1/2}^3 + \delta_{-1/2}^3)/12 \qquad a_1 = (\delta_{1/2} + \delta_{-1/2})/2 - a_3$$

This is suitable for use in the range $-\tfrac{1}{2} \le p \le +\tfrac{1}{2}$, and it may be adequate in the range $-2 \le p \le 2$, but it should not normally be used outside this range. Techniques are available in the literature for obtaining polynomial representations which give smaller errors over similar or larger intervals. The coefficients may be expressed in terms of function values rather than differences.

EXAMPLES

To find (a) the declination of the Sun at 16^h 23^m $14\overset{s}{.}8$ TT on 1984 January 19, (b) the right ascension of Mercury at 17^h 21^m $16\overset{s}{.}8$ TT on 1984 January 8, and (c) the time on 1984 January 8 when Mercury's right ascension is exactly 18^h 04^m.

Difference tables for the Sun and Mercury are constructed as shown below, where the differences are in units of the end figures of the function. Second-order differences are sufficient for the Sun, but fourth-order differences are required for Mercury.

1984 Jan.	Sun Dec.	δ	δ^2		1984 Jan.	Mercury R.A.	δ	δ^2	δ^3	δ^4
	° ′ ″					h m s				
18	−20 44 48·3				6	18 10 10·12				
		+7212					−18709			
19	−20 32 47·1		+233		7	18 07 03·03		+4299		
		+7445					−14410		−16	
20	−20 20 22·6		+230		8	18 04 38·93		+4283		−104
		+7675					−10127		−120	
21	−20 07 35·1				9	18 02 57·66		+4163		−76
							−5964		−196	
					10	18 01 58·02		+3967		
							−1997			
					11	18 01 38·05				

(a) *Use of Bessel's formula*
The tabular interval is one day, hence the interpolating factor is 0·68281. From the critical table, $B_2 = -0.054$, and

$$f_p = -20° \; 32' \; 47\overset{''}{.}1 + 0.68281 \, (+744\overset{''}{.}5) - 0.054 \, (+23\overset{''}{.}3 + 23\overset{''}{.}0)$$
$$= -20° \; 24' \; 21\overset{''}{.}2$$

(b) *Use of polynomial formula*
Using the polynomial method, the coefficients are:

$a_4 = -1\overset{s}{.}04/24 = -0\overset{s}{.}043$ $\qquad$ $a_1 = (-101\overset{s}{.}27 - 144\overset{s}{.}10)/2 + 0\overset{s}{.}113 = -122\overset{s}{.}572$
$a_3 = (-1\overset{s}{.}20 - 0\overset{s}{.}16)/12 = -0\overset{s}{.}113$ $\qquad$ $a_0 = 18^h + 278\overset{s}{.}93$
$a_2 = +42\overset{s}{.}83/2 + 0\overset{s}{.}043 = +21\overset{s}{.}458$

where an extra decimal place has been kept as a guarding figure. Then with interpolating factor $p = 0.72311$

$$f_p = 18^h + 278\overset{s}{.}93 - 122\overset{s}{.}572 \, p + 21\overset{s}{.}458 \, p^2 - 0\overset{s}{.}113 \, p^3 - 0\overset{s}{.}043 \, p^4$$
$$= 18^h \; 03^m \; 21\overset{s}{.}46$$

(c) *Inverse interpolation*
Since $f_p = 18^h \; 04^m$ the first estimate for p is:

$$p_1 = (18^h \; 04^m - 18^h \; 04^m \; 38\overset{s}{.}93)/(-101\overset{s}{.}27) = 0.38442$$

From the critical table, with $p = 0.3844$, $B_2 = -0.059$. Also

$$(\delta_0^2 + \delta_1^2)/\delta_{1/2} = (+42.83 + 41.63)/(-101.27) = -0.834$$

The second approximation to p is:

$$p = 0.38442 + 0.059 \, (-0.834) = 0.33521 \quad \text{which gives } t = 8^h \; 02^m \; 42^s;$$

as a check, using the polynomial found in (b) with $p = 0.33521$ gives

$$f_p = 18^h \; 04^m \; 00\overset{s}{.}25.$$

The next approximation is $B_2 = -0.056$ and $p = 0.38442 + 0.056(-0.834) = 0.33772$ which gives $t = 8^h \; 06^m \; 19^s$: using the polynomial in (b) with $p = 0.33772$ gives

$$f_p = 18^h \; 03^m \; 59\overset{s}{.}98.$$

SUBTABULATION

Coefficients for use in the systematic interpolation of an ephemeris to a smaller interval are given in the following table for certain values of the ratio of the two intervals. The table is entered for each of the appropriate multiples of this ratio to give the corresponding decimal value of the interpolating factor p and the Bessel coefficients. The values of p are exact or recurring decimal numbers. The values of the coefficients may be rounded to suit the maximum number of figures in the differences.

BESSEL COEFFICIENTS FOR SUBTABULATION

| Ratio of intervals | | | | | | | | | | | Bessel Coefficients | | | |
$\frac{1}{2}$	$\frac{1}{3}$	$\frac{1}{4}$	$\frac{1}{5}$	$\frac{1}{6}$	$\frac{1}{8}$	$\frac{1}{10}$	$\frac{1}{12}$	$\frac{1}{20}$	$\frac{1}{24}$	$\frac{1}{40}$	p	B_2	B_3	B_4
										1	0·025	−0·006094	0·00193	0·0010
									1		0·0416	−0·009983	0·00305	0·0017
								1		2	0·050	−0·011875	0·00356	0·0020
										3	0·075	−0·017344	0·00491	0·0030
							1		2		0·0833	−0·019097	0·00530	0·0033
						1		2		4	0·100	−0·022500	0·00600	0·0039
					1				3	5	0·125	−0·027344	0·00684	0·0048
								3		6	0·150	−0·031875	0·00744	0·0057
				1			2		4		0·1666	−0·034722	0·00772	0·0062
										7	0·175	−0·036094	0·00782	0·0064
			1			2		4		8	0·200	−0·040000	0·00800	0·0072
									5		0·2083	−0·041233	0·00802	0·0074
										9	0·225	−0·043594	0·00799	0·0079
		1			2			5	6	10	0·250	−0·046875	0·00781	0·0085
										11	0·275	−0·049844	0·00748	0·0091
									7		0·2916	−0·051649	0·00717	0·0095
						3		6		12	0·300	−0·052500	0·00700	0·0097
										13	0·325	−0·054844	0·00640	0·0101
	1			2			4		8		0·3333	−0·055556	0·00617	0·0103
								7		14	0·350	−0·056875	0·00569	0·0106
					3				9	15	0·375	−0·058594	0·00488	0·0109
			2			4		8		16	0·400	−0·060000	0·00400	0·0112
									10		0·4166	−0·060764	0·00338	0·0114
										17	0·425	−0·061094	0·00305	0·0114
								9		18	0·450	−0·061875	0·00206	0·0116
									11		0·4583	−0·062066	0·00172	0·0116
										19	0·475	−0·062344	0·00104	0·0117
1		2		3	4	5	6	10	12	20	0·500	−0·062500	0·00000	0·0117
										21	0·525	−0·062344	−0·00104	0·0117
									13		0·5416	−0·062066	−0·00172	0·0116
								11		22	0·550	−0·061875	−0·00206	0·0116
										23	0·575	−0·061094	−0·00305	0·0114
							7		14		0·5833	−0·060764	−0·00338	0·0114
			3			6		12		24	0·600	−0·060000	−0·00400	0·0112
					5				15	25	0·625	−0·058594	−0·00488	0·0109
								13		26	0·650	−0·056875	−0·00569	0·0106
	2			4			8		16		0·6666	−0·055556	−0·00617	0·0103
										27	0·675	−0·054844	−0·00640	0·0101
						7		14		28	0·700	−0·052500	−0·00700	0·0097
									17		0·7083	−0·051649	−0·00717	0·0095
										29	0·725	−0·049844	−0·00748	0·0091
		3			6			15	18	30	0·750	−0·046875	−0·00781	0·0085
										31	0·775	−0·043594	−0·00799	0·0079
									19		0·7916	−0·041233	−0·00802	0·0074
			4			8		16		32	0·800	−0·040000	−0·00800	0·0072
										33	0·825	−0·036094	−0·00782	0·0064
				5			10		20		0·8333	−0·034722	−0·00772	0·0062
								17		34	0·850	−0·031875	−0·00744	0·0057
					7				21	35	0·875	−0·027344	−0·00684	0·0048
						9		18		36	0·900	−0·022500	−0·00600	0·0039
							11		22		0·9166	−0·019097	−0·00530	0·0033
										37	0·925	−0·017344	−0·00491	0·0030
								19		38	0·950	−0·011875	−0·00356	0·0020
									23		0·9583	−0·009983	−0·00305	0·0017
										39	0·975	−0·006094	−0·00193	0·0010

The following are some useful formulae involving vectors and matrices.

Position vectors

Positions or directions on the sky can be represented as column vectors in a specific celestial coordinate system with components that are Cartesian (rectangular) coordinates. The relationship between a position vector $\mathbf{r}$ its three components r_x, r_y, r_z, and its right ascension (α), declination (δ) and distance (d) from the specified origin have the general form

$$\mathbf{r} = \begin{pmatrix} r_x \\ r_y \\ r_z \end{pmatrix} = \begin{pmatrix} d\,\cos\alpha\,\cos\delta \\ d\,\sin\alpha\,\cos\delta \\ d\,\sin\delta \end{pmatrix} \quad \text{and} \quad \begin{aligned} \alpha &= \tan^{-1}\left(r_y/r_x\right) \\ \delta &= \tan^{-1} r_z/\sqrt{(r_x^2 + r_y^2)} \\ d &= |\mathbf{r}| = \sqrt{(r_x^2 + r_y^2 + r_z^2)} \end{aligned}$$

where α is measured counterclockwise as viewed from the positive side of the z-axis. A two-argument arctangent function (e.g., atan2) will return the correct quadrant for α if r_y and r_x are provided separately. The above is written in terms of equatorial coordinates (α, δ), however they are also valid, for example, for ecliptic longitude and latitude (λ, β) and geocentric (not geodetic) longitude and latitude (λ, ϕ).

Unit vectors are often used; the unit vector $\hat{\mathbf{r}}$ is a vector with distance (magnitude) equal to one, and may be calculated thus;

$$\hat{\mathbf{r}} = \frac{\mathbf{r}}{|\mathbf{r}|}$$

For stars and other objects "at infinity" (beyond the solar system), d is often set to 1.

Vector dot and cross products

The dot or scalar product ($\mathbf{r}_1 \cdot \mathbf{r}_2$) of two vectors $\mathbf{r}_1$ and $\mathbf{r}_2$ is the sum of the products of their corresponding components in the same reference frame, thus

$$\mathbf{r}_1 \cdot \mathbf{r}_2 = x_1\,x_2 + y_1\,y_2 + z_1\,z_2$$

The angle (θ) between two unit vectors $\hat{\mathbf{r}}_1$ and $\hat{\mathbf{r}}_2$ is given by

$$\hat{\mathbf{r}}_1 \cdot \hat{\mathbf{r}}_2 = \cos\theta$$

Note, also, that the magnitude (d) of $\mathbf{r}$ is given by

$$d = |\mathbf{r}| = \sqrt{(\mathbf{r} \cdot \mathbf{r})} = \sqrt{r_x^2 + r_y^2 + r_z^2}$$

The cross or vector product ($\mathbf{r}_1 \times \mathbf{r}_2$) of two vectors $\mathbf{r}_1$ and $\mathbf{r}_2$ is a vector that is perpendicular to plane containing both $\mathbf{r}_1$ and $\mathbf{r}_2$ in the direction given by a right-handed screw, and

$$\mathbf{r}_1 \times \mathbf{r}_2 = \begin{bmatrix} y_1\,z_2 & - & y_2\,z_1 \\ x_2\,z_1 & - & x_1\,z_2 \\ x_1\,y_2 & - & x_2\,y_1 \end{bmatrix}$$

where $\mathbf{r}_1$ and $\mathbf{r}_2$ have column vectors (x_1, y_1, z_1) and (x_2, y_2, z_2), respectively. A cross product is not commutative since

$$\mathbf{r}_1 \times \mathbf{r}_2 = -\mathbf{r}_2 \times \mathbf{r}_1$$

The magnitude of the cross product of two unit vectors is the sine of the angle between them

$$|\hat{\mathbf{r}}_1 \times \hat{\mathbf{r}}_2| = \sin\theta$$

The vector triple product

$$(\mathbf{r}_1 \times \mathbf{r}_2) \times \mathbf{r}_3 = (\mathbf{r}_1 \cdot \mathbf{r}_3)\,\mathbf{r}_2 - (\mathbf{r}_2 \cdot \mathbf{r}_3)\,\mathbf{r}_1$$

is a vector in the same plane as $\mathbf{r}_1$ and $\mathbf{r}_2$. Note the position of the brackets. The latter is used on page B67 in step 3 where $\mathbf{r}_1 = \mathbf{q}$, $\mathbf{r}_2 = \mathbf{e}$ and $\mathbf{r}_3 = \mathbf{p}$.

Matrices and matrix multiplication

The general form of a 3×3 matrix $\mathbf{M}$ used with 3-vectors is usually specified

$$\mathbf{M} = \begin{bmatrix} m_{11} & m_{12} & m_{13} \\ m_{21} & m_{22} & m_{23} \\ m_{31} & m_{32} & m_{33} \end{bmatrix}$$

If each element of $\mathbf{M}$ (m_{ij}) is the result of multiplying matrices $\mathbf{A}$ and $\mathbf{B}$, i.e. $\mathbf{M} = \mathbf{A}\,\mathbf{B}$, then $\mathbf{M}$ is calculated from

$$m_{ij} = \sum_{k=1}^{3} a_{ik}\,b_{kj} \qquad \text{thus} \qquad \mathbf{M} = \begin{bmatrix} \sum a_{1k}\,b_{k1} & \sum a_{1k}\,b_{k2} & \sum a_{1k}\,b_{k3} \\ \sum a_{2k}\,b_{k1} & \sum a_{2k}\,b_{k2} & \sum a_{2k}\,b_{k3} \\ \sum a_{3k}\,b_{k1} & \sum a_{3k}\,b_{k2} & \sum a_{3k}\,b_{k3} \end{bmatrix}$$

where $i = 1, 2, 3$, $j = 1, 2, 3$ and k is summed from 1 to 3. Note that matrix multiplication is associative, i.e. $\mathbf{A}\,(\mathbf{B}\,\mathbf{C}) = (\mathbf{A}\,\mathbf{B})\,\mathbf{C}$, but it is **not** commutative i.e. $\mathbf{A}\,\mathbf{B} \neq \mathbf{B}\,\mathbf{A}$.

Rotation matrices

The rotation matrix $\mathbf{R}_n(\phi)$, for $n = 1, 2$ and 3 transforms column 3-vectors from one Cartesian coordinate system to another. The final system is formed by rotating the original system about its own n^{th}-axis (i.e. the x, y, or z-axis) by the angle ϕ, counterclockwise as viewed from the $+x$, $+y$ or $+z$ direction, respectively.

The two columns below give $\mathbf{R}_n(\phi)$ and its inverse $\mathbf{R}_n^{-1}(\phi)$ (see below), respectively,

$$\mathbf{R}_1(\phi) = \begin{bmatrix} 1 & 0 & 0 \\ 0 & \cos\phi & \sin\phi \\ 0 & -\sin\phi & \cos\phi \end{bmatrix} \qquad \mathbf{R}_1^{-1}(\phi) = \begin{bmatrix} 1 & 0 & 0 \\ 0 & \cos\phi & -\sin\phi \\ 0 & \sin\phi & \cos\phi \end{bmatrix}$$

$$\mathbf{R}_2(\phi) = \begin{bmatrix} \cos\phi & 0 & -\sin\phi \\ 0 & 1 & 0 \\ \sin\phi & 0 & \cos\phi \end{bmatrix} \qquad \mathbf{R}_2^{-1}(\phi) = \begin{bmatrix} \cos\phi & 0 & \sin\phi \\ 0 & 1 & 0 \\ -\sin\phi & 0 & \cos\phi \end{bmatrix}$$

$$\mathbf{R}_3(\phi) = \begin{bmatrix} \cos\phi & \sin\phi & 0 \\ -\sin\phi & \cos\phi & 0 \\ 0 & 0 & 1 \end{bmatrix} \qquad \mathbf{R}_3^{-1}(\phi) = \begin{bmatrix} \cos\phi & -\sin\phi & 0 \\ \sin\phi & \cos\phi & 0 \\ 0 & 0 & 1 \end{bmatrix}$$

Inverse rotation matrix: Matrices and any transformations such as precession, that are formed from products of rotational matricies are orthogonal; that is, the transpose $\mathbf{R}^{\mathrm{T}}$ (where rows are replaced by columns) equals the inverse, $\mathbf{R}^{-1}$. Therefore

$$\mathbf{R}^{\mathrm{T}}\,\mathbf{R} = \mathbf{R}^{-1}\,\mathbf{R} = \mathbf{I}$$

where $\mathbf{I}$ is the unit (identity) matrix. It is also worth noting the following relationships

$$\mathbf{R}_n^{-1}(\theta) = \mathbf{R}_n^{\mathrm{T}}(\theta) = \mathbf{R}_n(-\theta)$$

which is shown in the right-hand column above. Sometimes $\mathbf{R}^{\mathrm{T}}$ is denoted $\mathbf{R}'$.

Example: The transformation between a geocentric position with respect to the Geocentric Celestial Reference System $\mathbf{r}_{\text{GCRS}}$ and a position with respect to the true equator and equinox of date $\mathbf{r}_t$, and vice versa, is given by:

$$\mathbf{r}_t = \mathbf{N}\,\mathbf{P}\,\mathbf{B}\,\mathbf{r}_{\text{GCRS}}$$

$$\mathbf{B}^{-1}\mathbf{P}^{-1}\mathbf{N}^{-1}\mathbf{r}_t = \mathbf{B}^{-1}\,[\mathbf{P}^{-1}\,(\mathbf{N}^{-1}\mathbf{N})\,\mathbf{P}]\,\mathbf{B}\,\mathbf{r}_{\text{GCRS}}$$

Rearranging gives

$$\mathbf{r}_{\text{GCRS}} = \mathbf{B}^{-1}\,\mathbf{P}^{-1}\,\mathbf{N}^{-1}\,\mathbf{r}_t = \mathbf{B}^{\mathrm{T}}\,\mathbf{P}^{\mathrm{T}}\,\mathbf{N}^{\mathrm{T}}\,\mathbf{r}_t$$

where $\mathbf{B}$, $\mathbf{P}$ and $\mathbf{N}$ are the frame bias, precession and nutation matrices, respectively. Note that the order the transformations are applied is crucial.

This section specifies the sources for the theories and data used to construct the ephemerides in this volume, explains the basic concepts required to use the ephemerides, and where appropriate states the precise meaning of tabulated quantities. Definitions of individual terms appear in the Glossary (Section M). The *Explanatory Supplement to the Astronomical Almanac* (Seidelmann, 1992) contains additional information about the theories and data used.

The companion website *The Astronomical Almanac Online* provides, in machine-readable form, some of the information printed in this volume as well as closely related data. Two mirrored sites are maintained. The URL [1] for the website in the United States is http://asa.usno.navy.mil and in the United Kingdom is http://asa.hmnao.com. The symbol ^{WWW} is used throughout this edition to indicate that additional material can be found on *The Astronomical Almanac Online*.

To the greatest extent possible, *The Astronomical Almanac* is prepared using standard data sources and models recommended by the International Astronomical Union (IAU). The data prepared in the United States rely heavily on the US Naval Observatory's NOVAS software package [2]. Data prepared in the United Kingdom utilize the IAU Standards of Fundamental Astronomy (SOFA) library [3]. Although NOVAS and SOFA were written independently, the underlying scientific bases are the same. Resulting computations typically are in agreement at the microarcsecond level.

Fundamental Reference System

The fundamental reference system for astronomical applications is the International Celestial Reference System (ICRS), as adopted by the IAU General Assembly (GA) in 1997 (Resolution B2, IAU (1999)). At the same time, the IAU specified that the practical realization of the ICRS in the radio regime is the International Celestial Reference Frame (ICRF), a space-fixed frame based on high accuracy radio positions of extragalactic sources measured by Very Long Baseline Interferometry (VLBI); see Ma et al. (1998). Beginning in 2010, the ICRS is realized in the radio by the ICRF2 catalog (IERS, 2009); also available at [4]. The ICRS is realized in the optical regime by the Hipparcos Celestial Reference Frame (HCRF), consisting of the *Hipparcos Catalogue* (ESA, 1997) with certain exclusions (Resolution B1.2, IAU (2001)). Although the directions of the ICRS coordinate axes are not defined by the kinematics of the Earth, the ICRS axes (as implemented by the ICRF and HCRF) closely approximate the axes that would be defined by the mean Earth equator and equinox of J2000.0 (to within 0.1 arcsecond).

In 2000, the IAU defined a system of space-time coordinates for the solar system, and the Earth, within the framework of General Relativity, by specifying the form of the metric tensors for each and the 4-dimensional space-time transformation between them. The former is called the Barycentric Celestial Reference System (BCRS), and the latter, the Geocentric Celestial Reference System (GCRS) (Resolution B1.3, *op.cit.*). The ICRS can be considered a specific implementation of the BCRS; the ICRS defines the spatial axis directions of the BCRS. The GCRS axis directions are derived from those of the BCRS (ICRS); the GCRS can be considered to be the "geocentric ICRS," and the coordinates of stars and planets in the GCRS are obtained from basic ICRS reference data by applying the algorithms for proper place (*e.g.*, for stars, correcting the ICRS-based catalog position for proper motion, parallax, gravitational deflection of light, and aberration).

Precession and Nutation Models

The rotations from the GCRS to the "of date" system are described in Section B. For the 2006, 2007 and 2008 volumes, the expressions used for precession and nutation were based on the IAU 2000A Precession-Nutation Model, and are specifically those recommended by the IERS (IERS, 2004). The offsets of the ICRS axes from those of the dynamical system (mean equator and equinox of J2000.0) assumed by the precession-nutation model were also accounted for. Beginning with the

2009 volume, the precession theory is that recommended by the IAU in 2006, which is from Capitaine, Wallace, and Chapront (2003). No further change has been made in the nutation theory or in the values of the offsets of the ICRS axes. Practically, for current epochs, there is little difference between the precession used in the 2006–2008 volumes (which was an interim theory) and that introduced in the 2009 volume, except in the value of the obliquity.

The introduction of the new precession-nutation models in *The Astronomical Almanac* beginning in the 2006 edition represents the first change in these algorithms since 1984. The new rate of precession in longitude is approximately 3 milliarcseconds per year less than the IAU (1976) value, some of the larger nutation components differ in amplitude by several milliarcseconds from those in the 1980 IAU Theory of Nutation (Seidelmann, 1982) and—starting with the 2009 volume—the mean obliquity of the ecliptic at J2000.0 has decreased by 42 milliarcseconds. These changes in the basis of the calculations should be reflected in improvements to the tabulated apparent geocentric positions of celestial bodies, but mainly only in the end digits. For a more detailed discussion of the precession and nutation theories, see Hilton et al. (2006) and *USNO Circular 179* (Kaplan, 2005), the latter being available online at [5].

Time Scales

Two fundamentally different types of time scales are used in astronomy: those based on atomic clocks and coordinate time, and those based on the (variable) rotation of the Earth, Universal Time and sidereal time. The first group is further subdivided into time scales that are implemented in (or closely approximated by) actual clock systems and those that are theoretical. Such time scales are constructed or hypothesized on the surface of the Earth, on other celestial bodies, on spacecraft, or at theoretically interesting locations in space, such as the solar system barycenter.

The fundamental unit of time in a coordinate time scale is the SI second defined as 9 192 631 770 cycles of the radiation corresponding to the ground state hyperfine transition of Cesium 133. As a simple count of cycles of an observable phenomenon, the SI second can be implemented, at least in principle, by an observer anywhere. According to relativity theory, clocks advancing by SI seconds according to a co-moving observer (*i.e.*, an observer moving with the clock) may not, in general, appear to advance by SI seconds to an observer on a different space-time trajectory from that of the clock. Thus, a coordinate time scale defined for use in a particular reference system is related to the coordinate time scale defined for a second reference system by a rather complex formula that depends on the relative space-time trajectories of the two reference systems. Simply stated, different astronomical reference systems use different time scales. However, the universal use of SI units allows the values of fundamental physical constants determined in one reference system to be used in another reference system without scaling.

The IAU has recommended relativistic coordinate time scales based on the SI second for theoretical developments using the Barycentric Celestial Reference System or the Geocentric Celestial Reference System. These time scales are, respectively, Barycentric Coordinate Time (TCB) and Geocentric Coordinate Time (TCG). Neither TCB nor TCG appear explicitly in this volume (except here and in the Glossary), but may underlie the physical theories that contribute to the data, and are likely to be more widely used in the future.

International Atomic Time (TAI) is a commonly used time scale based on the SI second on the Earth's surface (the rotating geoid). TAI is the most precisely determined time scale that is now available for astronomical use. This scale results from analyses, by the Bureau International des Poids et Mesures in Sèvres, France, of data from atomic time standards of many countries. Although TAI was not officially introduced until 1972, atomic time scales have been available since 1956, and TAI may be extrapolated backwards to the period 1956–1971 (for a history of TAI, see Nelson et al. (2001)). TAI is readily available as an integral number of seconds offset from UTC, which is extensively disseminated. UTC is discussed at the end of this section.

The astronomical time scale called Terrestrial Time (TT), used widely in this volume, is an idealized form of TAI with an epoch offset. In practice it is TT = TAI + 32^{s}184. TT was so defined to preserve continuity with previously used (now obsolete) "dynamical" time scales, Terrestrial Dynamical Time (TDT) and Ephemeris Time (ET).

Barycentric Dynamical Time (TDB, defined by the IAU in 1976 and 1979 and modified in 2006 by Resolution B3) is defined such that it is linearly related to TCB and, at the geocenter, remains close to TT. Barycentric and heliocentric data are therefore often tabulated with TDB shown as the time argument. Values of parameters involving TDB (see pages K6–K7) or T_{eph} (see below), which are not based on the SI second, will, in general, require scaling to convert them to SI-based values (dimensionless quantities such as mass ratios are unaffected).

The coordinate time scale T_{eph} is the independent argument of the fundamental solar system ephemerides from the Jet Propulsion Laboratory. These ephemerides are the basis for many of the tabulations in this volume (see the Ephemerides Section on page L4). They were computed in the barycentric reference system. The linear drift between T_{eph} and TCB (by about 10^{-8}) is such that the rates of T_{eph} and TT are as close as possible for the time span covered by the particular ephemeris (Standish, 1998b). Each ephemeris defines its own version of T_{eph}; the T_{eph} of the JPL ephemeris DE405/LE405 used in this volume is for practical purposes the same as TDB.

The second group of time scales, which are also used in this volume, are based on the (variable) rotation of the Earth. In 2000, the IAU (Resolution B1.8, IAU (2001)) defined UT1 (Universal Time) to be linearly proportional to the Earth rotation angle (ERA) (see pages B21–B24) which is the geocentric angle between two directions in the equatorial plane called, respectively, the celestial intermediate origin (CIO) and the terrestrial intermediate origin (TIO). The TIO rotates with the Earth, while the motion of the CIO has no component of instantaneous motion along the celestial equator, thus ERA is a direct measure of the Earth's rotation.

Greenwich sidereal time is the hour angle of the equinox measured with respect to the Greenwich meridian. Local sidereal time is the local hour angle of the equinox, or the Greenwich sidereal time plus the longitude (east positive) of the observer, expressed in time units. Sidereal time appears in two forms, apparent and mean, the difference being the *equation of the equinoxes*; apparent sidereal time includes the effect of nutation on the location of the equinox. Greenwich (or local) sidereal time can be observationally obtained from the equinox-based right ascensions of celestial objects transiting the Greenwich (or local) meridian. The current form of the expression for Greenwich mean sidereal time (GMST) in terms of ERA (which is a function of UT1) and the accumulated precession in right ascension (which is a function of TDB or TT), was first adopted for the 2006 edition of the almanac. The current expression for GMST is given on page B8.

Universal Time (formerly Greenwich Mean Time) is widely used in astronomy, and in this volume always means UT1. Historically, prior to the 2006 edition of *The Astronomical Almanac*, which implemented the IAU resolutions adopted in 2000, UT1 as a function of GMST was specified by IAU Resolution C5 (IAU, 1983) adopted from Aoki et al. (1982). For the 2006–2008 editions of the almanac, consistent with IAU 2000A precession-nutation, the expression is given by Capitaine, Wallace, and McCarthy (2003). Beginning with the 2009 edition, which implemented the IAU resolutions from 2006, the expression for UT1 in terms of GMST (consistent with the IAU 2006 precession) is given in Capitaine et al. (2005). No discontinuities in any time scale resulted from any of the changes in the definition of UT1.

UT1 and sidereal time are affected by variations in the Earth's rate of rotation (length of day), which are unpredictable. The lengths of the sidereal and UT1 seconds are therefore not constant when expressed in a uniform time scale such as TT. The accumulated difference in time measured by a clock keeping SI seconds on the geoid from that measured by the rotation of the Earth is $\Delta T =$ TT $-$ UT1. In preparing this volume, an assumption had to be made about the value(s) of ΔT during the tabular year; a table of observed and extrapolated values of ΔT is given on page K9. Calculations of topocentric data, such as precise transit times and hour angles, are often referred to the *ephemeris meridian*, which is 1.002 738 ΔT east of the Greenwich meridian, and thus independent of the Earth's actual rotation. Only when ΔT is specified can such predictions be referred to the Greenwich meridian. Essentially, the ephemeris meridian rotates at a uniform rate corresponding to the SI second on the geoid, rather than at the variable (and generally slower) rate of the real Earth.

The worldwide system of civil time is based on Coordinated Universal Time (UTC), which is now ubiquitous and tightly synchronized. UTC is a hybrid time scale, using the SI second on the geoid as its fundamental unit, but subject to occasional 1-second adjustments to keep it within $0\overset{s}{.}9$ of UT1. Such adjustments, called "leap seconds," are normally introduced at the end of June or December, when necessary, by international agreement. Tables of the differences UT1–UTC, called ΔUT, for various dates are published by the International Earth Rotation and Reference System Service, at [6]. DUT, an approximation to UT1–UTC, is transmitted in code with some radio time signals, such as those from WWV. As previously noted, UTC and TAI differ by an integral number of seconds, which increases by 1 whenever a positive leap second is introduced into UTC. Only positive leap seconds have ever been introduced. The TAI–UTC difference is referred to as ΔAT, tabulated on page K9. Therefore TAI = UTC + ΔAT and TT= UTC + ΔAT + $32\overset{s}{.}184$.

In many astronomical applications multiple time scales must be used. In the astronomical system of units, the unit of time is the day of 86400 seconds. For long periods, however, the Julian century of 36525 days is used. With the increasing precision of various quantities it is now often necessary not only to specify the date but also the time scale. Thus the standard epoch for astrometric reference data designated J2000.0 is 2000 January 1, 12^{h}TT (JD 245 1545.0 TT). The use of time scales based on the tropical year and Besselian epochs was discontinued in 1984. Other information on time scales and the relationships between them may be found on pages B6–B12.

Ephemerides

The fundamental ephemerides of the Sun, Moon, and major planets were calculated by numerical integration at the Jet Propulsion Laboratory (JPL). These ephemerides, designated DE405/LE405, provide barycentric equatorial rectangular coordinates for the period 1600 to 2201 (Standish, 1998a). *The Astronomical Almanac* for 2003 was the first edition that used the DE405/LE405 ephemerides; the volumes for 1984 through 2002 used the ephemerides designated DE200/LE200. Optical, radar, laser, and spacecraft observations were analyzed to determine starting conditions for the numerical integration and values of fundamental constants such as the planetary masses and the length of the astronomical unit in meters. The reference frame for the basic ephemerides is the ICRF; the alignment onto this frame has an estimated accuracy of 1–2 milliarcseconds. As described above, the JPL DE405/LE405 ephemerides have been developed in a barycentric reference system using a barycentric coordinate time scale T_{eph}, which is considered to be a practical implementation of the IAU time scale TDB.

The geocentric ephemerides of the Sun, Moon, and planets tabulated in this volume have been computed from the basic JPL ephemerides in a manner consistent with the rigorous reduction methods presented in Section B. For each planet, the ephemerides represent the position of the center of mass, which includes any satellites, not the center of figure or center of light. The precession-nutation model used in the computation of geocentric positions follows the IAU resolutions adopted in 2000 and 2006; see the Precession and Nutation Models section above.

Section A: Summary of Principal Phenomena

The lunations given on page A1 are numbered in continuation of E.W. Brown's series, of which No. 1 commenced on 1923 January 16 (Brown, 1933).

The list of occultations of planets and bright stars by the Moon starting on page A2 gives the approximate times and areas of visibility for the planets, the minor planets Ceres, Pallas, Juno and Vesta, and the five bright stars *Aldebaran, Antares, Regulus, Pollux* and *Spica*. However, due primarily to precession, it is known that *Pollux* has not, nor will be, occulted by the Moon for hundreds of years. Maps of the area of visibility of these occultations and for those of the minor planets published in Section G are available on *The Astronomical Almanac Online*. IOTA, the International Occultation Timing Association [7], is responsible for the predictions and reductions of timings of lunar occultations of stars by the Moon.

Times tabulated on page A3 for the stationary points of the planets are the instants at which the planet is stationary in apparent geocentric right ascension; but for elongations of the planets from the Sun, the tabular times are for the geometric configurations. From inferior conjunction to superior conjunction for Mercury or Venus, or from conjunction to opposition for a superior planet, the elongation from the Sun is west; from superior to inferior conjunction, or from opposition to conjunction, the elongation is east. Because planetary orbits do not lie exactly in the ecliptic plane, elongation passages from west to east or from east to west do not in general coincide with oppositions and conjunctions. For the minor planets Ceres, Pallas, Juno and Vesta conjunctions, oppositions and stationary points are tabulated at the bottom of page A4 while their magnitudes, every 40 days are given on page A5.

Dates of heliocentric phenomena are given on page A3. Since they are determined from the actual perturbed motion, these dates generally differ from dates obtained by using the elements of the mean orbit. The date on which the radius vector is a minimum may differ considerably from the date on which the heliocentric longitude of a planet is equal to the longitude of perihelion of the mean orbit. Similarly, when the heliocentric latitude of a planet is zero, the heliocentric longitude may not equal the longitude of the mean node.

The magnitudes and elongations of the planets are tabulated on pages A4–A5. For Mercury and Venus (page A4) they are tabulated every 5 days and the expressions for the magnitudes are given by Hilton (2005b) with amendments from Hilton (2005a). Magnitudes are not tabulated for a few dates around inferior and superior conjunction. In terms of the phase angle (ϕ) magnitudes are given for Mercury when $2°\!.1 < \phi < 169°\!.5$, and for Venus when $2°\!.2 < \phi < 170°\!.2$. For the other planets and Pluto (page A5), the elongations are given every 10 days as are the magnitudes of Mars through to Saturn. For the others the magnitudes are given at opposition. These magnitude expressions are due to Harris (1961). Daily tabulations are given in Section E.

Configurations of the Sun, Moon and planets (pages A9–A11) are a chronological listing, with times to the nearest hour, of geocentric phenomena. Included are eclipses; lunar perigees, apogees and phases; phenomena in apparent geocentric longitude of the planets and of the minor planets Ceres, Pallas, Juno and Vesta; times when the planets and minor planets are stationary in right ascension and when the geocentric distance to Mars is a minimum; and geocentric conjunctions in apparent right ascension of the planets with the Moon, with each other, and with the five bright stars *Aldebaran, Regulus, Spica, Pollux* and *Antares*, provided these conjunctions are considered to occur sufficiently far from the Sun to permit observation. Thus conjunctions in right ascension are excluded if they occur within 15° of the Sun for the Moon, Mars and Saturn; within 10° for Venus and Jupiter; and within approximately 10° for Mercury, depending on Mercury's brightness. For Venus the occasion of its greatest illuminated extent is included. The occurrence of occultations of planets and bright stars is indicated by "Occn."; the areas of visibility are given in the list on page A2 while the maps are available on *The Astronomical Almanac Online*. Geocentric phenomena differ from the actually observed configurations by the effects of the geocentric parallax at the place of observation, which for configurations with the Moon may be quite large.

The explanation for the tables of sunrise and sunset, twilight, moonrise and moonset is given on page A12; examples are given on page A13.

Eclipses

The elements and circumstances are computed according to Bessel's method from apparent right ascensions and declinations of the Sun and Moon. Semidiameters of the Sun and Moon used in the calculation of eclipses do not include irradiation. The adopted semidiameter of the Sun at unit distance is $15'59''.64$ from the IAU (1976) Astronomical Constants. The apparent semidiameter of the Moon is equal to $\arcsin(k \sin \pi)$, where π is the Moon's horizontal parallax and k is an adopted constant. In 1982, the IAU adopted $k = 0.272\,5076$, corresponding to the mean radius of the Watts' datum (Watts, C. B., 1963) as determined by observations of occultations and to the adopted radius of the Earth. Corrections to the ephemerides, if any, are noted in the beginning of the eclipse section.

In calculating lunar eclipses the radius of the geocentric shadow of the Earth is increased by one-fiftieth part to allow for the effect of the atmosphere. Refraction is neglected in calculating solar and lunar eclipses. Because the circumstances of eclipses are calculated for the surface of the ellipsoid, refraction is not included in Besselian elements. For local predictions, corrections for refraction are unnecessary; they are required only in precise comparisons of theory with observation in which many other refinements are also necessary.

Descriptions of the maps and use of Besselian elements are given on pages A78–A83, while maps of the areas of visibility are available on *The Astronomical Almanac Online*.

Section B: Time Scales and Coordinate Systems

Calendar

Over extended intervals civil time is ordinarily reckoned according to conventional calendar years and adopted historical eras; in constructing and regulating civil calendars and fixing ecclesiastical calendars, a number of auxiliary cycles and periods are used. In particular the Islamic calendar printed is determined from an algorithm that approximates the lunar cycle and is independent of location. In practice the dates of Islamic fasts and festivals are determined by an actual sighting of the appropriate new crescent moon.

To facilitate chronological reckoning, the system of Julian day (JD) numbers maintains a continuous count of astronomical days, beginning with JD 0 on 1 January 4713 B.C., Julian proleptic calendar. Julian day numbers for the current year are given on page B3 and in the Universal and Sidereal Times pages, B13–B20, and the Universal Time and Earth rotation angle table on pages B21–B24. To determine JD numbers for other years on the Gregorian calendar, consult the Julian Day Number tables on pages K2–K5.

Note that the Julian day begins at noon, whereas the calendar day begins at the preceding midnight. Thus the Julian day system is consistent with astronomical practice before 1925, with the astronomical day being reckoned from noon. The Julian date should include a specification as to the time scale being used, *e.g.*, JD 245 1545.0 TT or JD 245 1545.5 UT1.

At the bottom of pages B4–B5 dates are given for various chronological cycles, eras, and religious calendars. Note that the beginning of a cycle or era is an instant in time; the date given is the Gregorian day on which the period begins. Religious holidays, unlike the beginning of eras, are not instants in time but typically run an entire day. The tabulated date of a religious festival is the Gregorian day on which it is celebrated. When converting to other calendars whose days begin at different times of day (*e.g.*, sunset rather than midnight), the convention utilized is to tabulate the day that contains noon in both calendars.

For a discussion on time scales see page L2 of this section.

IAU XXIV General Assembly, 2006

The resolutions of the IAU 2006 GA that impacted on this section were a result of the IAU Division I Working Groups on Nomenclature for Fundamental Astronomy (WGNFA) and the Working Group on Precession and the Ecliptic (WGPE).

The 2006 edition of this almanac introduced the recommendations of the WGNFA which were adopted at the 2006 GA (Resolution B2, IAU (1999)). This included replacing the terms Celestial Ephemeris Origin and Terrestrial Ephemeris Origin, the "non-rotating" origins of the Celestial and Terrestrial Intermediate Reference Systems of the IAU 2000 resolution B1.8 (IAU, 2001), with the terms Celestial Intermediate Origin (CIO), and the Terrestrial Intermediate Origin (TIO), respectively.

Beginning with the 2009 edition, resolution B1, which relates to the report of the WGPE (Hilton et al., 2006) has been implemented. Table 1 of this report gives a useful list of "The polynomial coefficients for the precession angles". The WGPE adopted the precession theory designated P03 (Capitaine, Wallace, and Chapront, 2003). The two papers of Capitaine and Wallace (2006) and Wallace and Capitaine (2006), have also been used. The updated chapter 5 of the IERS 2003 Conventions (IERS, 2004) is available from their website [6] describes the ITRS to GCRS conversion.

The fourth issue of the IAU SOFA library [3] has been used in the software that has generated these data.

Universal and Sidereal Times and Earth Rotation Angle

The tabulations of Greenwich mean sidereal time (GMST) at 0^h UT1 are calculated from the defining relation between the Earth rotation angle (ERA), which is a function of UT1, and the accumulated precession (P03, see reference above) in right ascension, which is a function of TDB or TT (see pages B8). Time scales are discussed in more detail on page L2.

The tabulations of Greenwich apparent sidereal time (GAST, or GST as it is designated in the papers above), is calculated from ERA and the equation of the origins. The latter is a function of the CIO locator s and precession and nutation (see Capitaine and Wallace (2006) and Wallace and Capitaine (2006)). This formulation ensures that whichever paradigm is used, equinox or CIO based, the resulting hour angles will be identical. Greenwich mean and apparent sidereal times and the equation of the equinoxes are tabulated on pages B13–B20, while ERA and the equation of the origins are tabulated on pages B21–B24.

Bias, Precession and Nutation

The WGPE stated that the choice of the precession parameters should be left to the user. It should be noted that the effect of the frame bias (see page B50), the offset of the ICRS from the J2000.0 system, is not related to precession. However, the Fukishma-Williams angles (see page B56), which are used by SOFA, and the series method (see page B46) of calculating the ICRS-to-date matrix, have the frame bias offset included.

Reduction of Astronomical Coordinates

Formulae and methods are given showing the various stages of the reduction from an International Celestial Reference System (ICRS) position to an "of date" position. This reduction may be achieved either by using the long-standing equinox approach or the CIO-based method, thus generating apparent or intermediate places, respectively. The examples also show the calculation of Greenwich hour angle using GAST or ERA as appropriate. The matrices for the transformation from the GCRS to the "of date" position for each method are tabulated on pages B30–B45. The Earth's position and velocity components (tabulated on pages B76–B83) are extracted from the JPL ephemeris DE405/LE405, which is described on page L4.

The determination of latitude using the position of Polaris or σ Octantis may be performed using the methods and tables on pages B87–B92.

Section C: The Sun

The formulas for the Sun's orbital elements found on page C1—specifically the geometric mean longitude (λ), the mean longitude of perigee (ϖ), the mean anomaly (l') and the eccentricity (e)— are computed using the values from Simon et al. (1994): λ, the expression $\lambda = F + \Omega - D$ is used where F and D are the Delaunay arguments found in § 3.5b and Ω is the longitude of the Moon's node found in § 3.4 3.b; the expression $\varpi = \lambda - l'$ is used, where l' is taken from § 3.5b; e is taken directly from § 5.8.3. Mean obliquity, ε, is from Capitaine, Wallace, and Chapront (2003), Eq. 39 with ε_0 from Eq. 37. Rates for all of the mean orbital elements are the time derivatives of the above expressions.

The lengths of the principle years are computed using the rates of the orbital elements. Tropical year is $360°/\dot{\lambda}$. Sidereal year is $360°/(\dot{\lambda} - \dot{P})$ where $\dot{P}$ is the precession rate found in Simon et al. (1994), Eq. 5. The anomalistic year is $360°/\dot{l'}$ and the eclipse year is $360°/(\dot{\lambda} - \dot{\Omega})$.

The coefficients for the equation of time formula are computed using Smart (1956), § 90; in that formula the value for L is the same as λ (explained above) but corrected for aberration and rounded for ease of computation.

The rotation elements listed on page C3 are due to Carrington (1863). The synodic rotation numbers tabulated on page C4 are in continuation of Carrington's Greenwich photoheliographic series of which Number 1 commenced on November 9, 1853.

The JPL DE405/LE405 ephemeris, which is described on page L4, is the basis of the various tabular data for the Sun on pages C6–C25.

Daily geocentric coordinates of the Sun are given on the even pages of C6–C20; the tabular argument is Terrestrial Time (TT). The ecliptic longitudes and latitudes are referred to the mean equinox and ecliptic of date. These values are geometric, that is they are not antedated for light-time, aberration, etc. The apparent equatorial coordinates, right ascension and declination, are referred to the true equator and equinox of date and are antedated for light-time and have aberration applied. The true geocentric distance is given in astronomical units and is the value at the tabular time; that is, the values are not antedated.

Daily physical ephemeris data are found on the odd pages of C7–C21 and are computed using the techniques outlined in *The Explanatory Supplement to the Astronomical Almanac* (Seidelmann, 1992); the tabular argument is TT. The solar rotation parameters are from *Report of the IAU/IAG Group on Cartographic Coordinates and Rotational Elements: 2006* (Seidelmann et al., 2007); the data are based on Carrington (1863). Prior to *The Astronomical Almanac* for 2009, neither light-time correction nor aberration were applied to the solar rotation because they were presumably already in Carrington's meridian. Since the Earth-Sun distance is relatively constant, this is possible only for the Sun. At the 2006 IAU General Assembly, the Working Group on Cartographic Coordinates and Rotational Elements decided to make the physical ephemeris computations for the Sun consistent with the other major solar system bodies. The W_0 value for the Sun was "foredated" by about 499s; using the new value, the computation must take into account the light travel time. To further unify the process with other solar system objects, aberration is now explicitly corrected. Differences between the pre-2009 technique and the current recommendation are negligible at the Earth; for *The Astronomical Almanac*, differences of one in the least significant digit are occasionally seen in P, B_0 and L_0 with no other values being affected. Further explanation is found on the *The Astronomical Almanac Online* in the Notes and References area.

The Sun's daily ephemeris transit times are given on the odd pages of C7–C21. An ephemeris transit is the passage of the Sun across the *ephemeris meridian*, defined as a fictitious meridian that rotates independently of the Earth at the uniform rate. The ephemeris meridian is $1.002738 \times \Delta T$ east of the Greenwich meridian.

Geocentric rectangular coordinates, in au, are given on pages C22–C25. These are referred to the ICRS axes, which are within a few tens of milliarcseconds of the mean equator and equinox of J2000.0. The time argument is TT and the coordinates are geometric, that is there is no correction for light-time, aberration, etc.

Section D: The Moon

The geocentric ephemerides of the Moon are based on the JPL DE405/LE405 numerical integration described on page L4, with the tabular argument being TT. Additional formulae and data pertaining to the Moon are given on pages D1–D5 and D22.

For high precision calculations a polynomial ephemeris (ASCII or PDF) is available at *The Astronomical Almanac Online* along with the necessary procedures for its evaluation. A daily geocentric ephemeris to lower precision is given on the even numbered pages D6–D20. Although the tabular apparent right ascension and declination are antedated for light-time, the horizontal parallax is the geometric value for the tabular time. It is derived from $\arcsin(1/r)$, where r is the true distance in units of the Earth's equatorial radius. The semidiameter s is computed from $s = \arcsin(k \sin \pi)$, where $k = 0.272\,399$ is the ratio of the equatorial radius of the Moon to the equatorial radius of the Earth and π is the horizontal parallax.

Beginning in 2011, the librations given in the physical ephemeris of the Moon (odd pages D7–D21) are based on the rotation ephemeris of the Moon included in the JPL ephemeris DE403/LE403. The values for the librations of the Moon are calculated using rigorous formulae. The optical librations are based on the mean lunar elements of Simon et al. (1994) while the total librations are computed from the LE403 rotation angles. The rotation angles have been transformed from the Principal Moment of Inertia system used in the JPL ephemeris to librations that are defined in the mean-Earth direction, mean pole of rotation system given in Section D, by means of specific rotations provided by J. G. Williams (private communication). The tabulated physical librations are the difference between the total and optical librations. The rotation ephemeris and hence the derived librations are more accurate than those of Eckhardt (1981) which have been used in the editions from 1985 to 2010, inclusive; see also Calame (1982). It should be noted that elements of this transformation are ephemeris specific; the latest ephemeris for which they are defined is DE403/LE403. The value of $1° \, 32' \, 32''.6$ for the inclination of the mean lunar equator to the ecliptic (also given on page D2) has been taken from Newhall and Williams (1996). Since apparent coordinates of the Sun and Moon are used in the calculations, aberration is fully included, except for the inappreciable difference between the light-time from the Sun to the Moon and from the Sun to the Earth. A detailed description of this process can be found in *NAO Technical Note*, No. 74 (in preparation).

The selenographic coordinates of the Earth and Sun specify the points on the lunar surface where the Earth and Sun, respectively, are in the selenographic zenith. The selenographic longitude and latitude of the Earth are the total geocentric, optical and physical librations with respect to the coordinate system in which the x-axis is the mean direction towards the geocentre and the z-axis is the mean pole of lunar rotation. When the longitude is positive, the mean central point is displaced eastward on the celestial sphere, exposing to view a region on the west limb. When the latitude is positive, the mean central point is displaced toward the south, exposing to view the north limb.

The tabulated selenographic colongitude of the Sun is the east selenographic longitude of the morning terminator. It is calculated by subtracting the selenographic longitude of the Sun from

90° or 450°. Colongitudes of 270°, 0°, 90° and 180° correspond to New Moon, First Quarter, Full
Moon and Last Quarter, respectively.

The position angles of the axis of rotation and the midpoint of the bright limb are measured
counterclockwise around the disk from the north point. The position angle of the terminator may be
obtained by adding 90° to the position angle of the bright limb before Full Moon and by subtracting
90° after Full Moon.

For precise reductions of observations, the tabular librations and position angle of the axis should
be reduced to topocentric values. Formulae for this purpose by Atkinson (1951) are given on page
D5.

Section E: Planets and Pluto

The heliocentric and geocentric ephemerides of the planets and Pluto are based on the numerical
integration DE405/LE405 described on page L4. The longitude of perihelion for both Venus and
Neptune is given to a lower degree of precision due to the fact that they have nearly circular orbits
and the point of perihelion is nearly undefined.

Although the apparent right ascension and declination are antedated for light-time, the true geo-
centric distance in astronomical units is the geometric distance for the tabular time. For Pluto the
astrometric ephemeris is comparable with observations referred to catalog places of comparison
stars (corrected for proper motion and annual parallax, if significant, to the epoch of observation),
provided the catalog is referred to the ICRS and the observations are corrected for geocentric paral-
lax.

The physical ephemerides of the planets and Pluto depend upon the fundamental solar system
ephemerides DE405/LE405 described on page L4. Physical data are based on the *Report of the
IAU/IAG Working Group on Cartographic Coordinates and Rotational Elements: 2006* (Seidelmann
et al. (2007), hereafter the WGCCRE Report). This report contains tables giving the dimensions,
directions of the north poles of rotation and the prime meridians of the planets, Pluto, some of the
satellites, and asteroids.

The orientation of the pole of a planet is specified by the right ascension α_0 and declination δ_0
of the north pole, with respect to the ICRS. According to the IAU definition, the north pole is the
pole that lies on the north side of the invariable plane of the solar system. Because of precession of a
planet's axis, α_0 and δ_0 may vary slowly with time; values for the current year are given on page E3.

For the four gas giant planets, the outer layers rotate at different rates, depending on latitude,
and differently than their interior layers. The rotation rate is therefore defined by the periodicity
of radio emissions, which are presumably modulated by the planet's internal magnetic field; this is
referred to as "System III" rotation. For Jupiter, "System I" and "System II" rotations have also been
defined, which correspond to the apparent rotations of the equatorial and mid-latitude cloud tops,
respectively, in the visual band. It should be noted that recent observations by the Cassini spacecraft
have cast doubt on the reliability of the current methods to predict Saturn's rotation parameters
(Gurnett et al., 2007) and that the influence of Saturn's moon Enceladus may be affecting the results.

All tabulated quantities in the physical ephemeris tables are corrected for light-time, so the given
values apply to the disk that is visible at the tabular time. Except for planetographic longitudes, all
tabulated quantities vary so slowly that they remain unchanged if the time argument is considered to
be UT rather than TT. Conversion from TT to UT affects the tabulated planetographic longitudes by
several tenths of a degree for all but Mercury, Venus, and Pluto.

Expressions for the visual magnitudes of the planets and Pluto are due to Harris (1961), with the
exception of those for Mercury and Venus which are given by Hilton (2005a,b). The apparent mag-
nitudes of the planets do not include variations from albedo markings or atmospheric disturbances.
For example, the albedo markings on Mars may cause variations of approximately 0.05 magnitudes.

If there is a major dust storm, the apparent magnitude can be highly variable and be as much as 0.2 magnitudes brighter than the predicted value.

The apparent disk of an oblate planet is always an ellipse, with an oblateness less than or equal to the oblateness of the planet itself, depending on the apparent tilt of the planet's axis. For planets with significant oblateness, the apparent equatorial and polar diameters are separately tabulated. The WGCCRE Report gives two values for the polar radii of Mars because there is a location difference between the center of figure and the center of mass for the planet. For the purposes of the physical ephemerides, the calculations use the mean value of the polar radii for Mars which produces the same result as using either radii at the precision of the printed table.

Useful data and formulae are given on pages E3, E4, E45 and E54–E55.

Section F: Satellites of the Planets and Pluto

The ephemerides of the satellites are intended only for search and identification, not for the exact comparison of theory with observation; they are calculated only to an accuracy sufficient for the purpose of facilitating observations. These ephemerides are based on the numerical integration DE405/LE405 described on page L4, and corrected for light-time. The value of ΔT used in preparing the ephemerides is given on page F1. Reference planes for the satellite orbits are defined by the individual theories, cited below, used to compute their ephemerides.

Beginning with the 2006 edition of *The Astronomical Almanac*, a set of selection criteria has been instituted to determine which satellites are included in the table; those criteria appear on page F5. As a result, many newer satellites of Jupiter, Saturn, and Uranus have been included. However, some satellites that were included in previous editions have now been excluded. A more complete table containing all of the data from this edition as well as many of the previously included satellites is available on *The Astronomical Almanac Online*. The following sources were used to update the data presented in this table: Jacobson et al. (1989); the The Giant Planet Satellite and Moon Page at [10]; the JPL Planetary Satellite Mean Orbital Parameters at [9], and references therein; Nicholson (2008); Jacobson (2000); Owen, Jr. et al. (1991).

Ephemerides and phenomena for planetary satellites are computed using data from a mixed function solution for twenty short-period planetary satellite orbits presented in Taylor (1995). Starting with the 2007 edition, the offset data generated are used to produce satellite diagrams for Mars, Jupiter, Uranus, and Neptune. Beginning with the 2010 edition the paths of the satellites are computed at six minute intervals for Mars, eighty minute intervals for Jupiter, eighty-one minute intervals for Uranus, and thirty-five minute intervals for Neptune. As a consequence of these choices, the paths of the satellites for these planets appear as dotted lines in the satellite diagrams. The new diagrams give a scale (in arcseconds) of the orbit of the satellites as seen from Earth. Approximate formulae for calculating differential coordinates of satellites are given with the relevant tables.

The tables of apparent distance and position angle have been discontinued in *The Astronomical Almanac* starting with the 2005 edition. These tables are available on *The Astronomical Almanac Online* along with the offsets of the satellites from the planets.

Satellites of Mars

The ephemerides of the satellites of Mars are computed from the orbital elements given in Sinclair (1989).

Satellites of Jupiter

The ephemerides of Satellites I–IV are based on the theory given in Lieske (1977), with constants from (Arlot, 1982).

Elongations of Satellite V are computed from circular orbital elements determined in Sudbury (1969). The differential coordinates of Satellites VI–XIII are computed from numerical integrations, using starting coordinates and velocities calculated at the U.S. Naval Observatory (Rohde and Sinclair, 1992).

The use of ".. .. .." for the Terrestrial Time of Superior Geocentric Conjunction data for satellites I–IV indicate times of the year when Jupiter is too close to the Sun for any conjunctions to be observed which occurs when the angular separation between Jupiter and the Sun is less than 20 degrees.

The actual geocentric phenomena of Satellites I–IV are not instantaneous. Since the tabulated times are for the middle of the phenomena, a satellite is usually observable after the tabulated time of eclipse disappearance (Ec D) and before the time of eclipse reappearance (Ec R). In the case of Satellite IV the difference is sometimes quite large. Light curves of eclipse phenomena are discussed in Harris (1961).

To facilitate identification, approximate configurations of Satellites I–IV are shown in graphical form on pages facing the tabular ephemerides of the geocentric phenomena. Time is shown by the vertical scale, with horizontal lines denoting 0^h UT. For any time the curves specify the relative positions of the satellites in the equatorial plane of Jupiter. The width of the central band, which represents the disk of Jupiter, is scaled to the planet's equatorial diameter.

For eclipses the points d of immersion into the shadow and points r of emersion from the shadow are shown pictorially at the foot of the right-hand pages for the superior conjunctions nearest the middle of each month. At the foot of the left-hand pages, rectangular coordinates of these points are given in units of the equatorial radius of Jupiter. The x-axis lies in Jupiter's equatorial plane, positive toward the east; the y-axis is positive toward the north pole of Jupiter. The subscript 1 refers to the beginning of an eclipse, subscript 2 to the end of an eclipse.

Satellites and Rings of Saturn

The apparent dimensions of the outer ring and factors for computing relative dimensions of the rings are from Esposito et al. (1984). The appearance of the rings depends upon the Saturnicentric positions of the Earth and Sun. The ephemeris of the rings is corrected for light-time.

The positions of Mimas, Enceladus, Tethys and Dione are based upon orbital theories presented in Kozai (1957), elements from Taylor and Shen (1988), with mean motions and secular rates from Kozai (1957) or Garcia (1972). The positions of Rhea and Titan are based upon orbital theories given in Sinclair (1977) with elements from Taylor and Shen (1988), mean motions and secular rates by Garcia (1972). The theory and elements for Hyperion are from Taylor (1984). The theory for Iapetus is from Sinclair (1974) with additional terms from Harper et al. (1988) and elements from Taylor and Shen (1988). The orbital elements used for Phoebe are from Zadunaisky (1954).

For Satellites I–V times of eastern elongation are tabulated; for Satellites VI–VIII times of all elongations and conjunctions are tabulated. On the diagram of the orbits of Satellites I–VII, points of eastern elongation are marked "0^d". From the tabular times of these elongations the apparent position of a satellite at any other time can be marked on the diagram by setting off on the orbit the elapsed interval since last eastern elongation. For Hyperion, Iapetus, and Phoebe, ephemerides of differential coordinates are also included.

Solar perturbations are not included in calculating the tables of elongations and conjunctions, distances and position angles for Satellites I–VIII. For Satellites I–IV, the orbital eccentricity e is neglected.

Satellites and Rings of Uranus

Data for the Uranian rings are from the analysis presented in Elliot et al. (1981). Ephemerides of the satellites are calculated from orbital elements determined in Laskar and Jacobson (1987).

Satellites and Rings of Neptune

The ephemerides of Triton and Nereid are calculated from elements given in Jacobson (1990). The differential coordinates of Nereid are apparent positions with respect to the true equator and equinox of date.

Satellite of Pluto

The ephemeris of Charon is calculated from the elements given in Tholen (1985).

Section G: Minor Planets and Comets

This section contains data on a selection of 93 minor planets. These minor planets are divided into two sets. The main set of the fifteen largest asteroids are 1 Ceres, 2 Pallas, 3 Juno, 4 Vesta, 6 Hebe, 7 Iris, 8 Flora, 9 Metis, 10 Hygiea, 15 Eunomia, 16 Psyche, 52 Europa, 65 Cybele, 511 Davida, and 704 Interamnia. Their ephemerides are based on the USNO/AE98 minor planets of Hilton (1999). These particular asteroids were chosen because they are large (> 300 km in diameter), have well observed histories, and/or are the largest member of their taxonomic class. The remaining 78 minor planets constitute the set with opposition magnitudes < 11, or < 12 if the diameter $\geq$ 200 km. Their positions are based on the USNO/AE2001 ephemerides of J.L. Hilton, which follows the methodologies of Hilton (1999). The absolute visual magnitude at zero phase angle (H) and the slope parameter (G), which depends on the albedo, are from the *Minor Planet Ephemerides* produced by the Institute of Applied Astronomy, St. Petersburg. The change in content of this section (starting with the 2003 edition) and the purpose of the selection of objects is to encourage observation of the most massive, largest and brightest of the minor planets.

Astrometric positions for the main set of minor planets are given daily at 0^h TT for sixty days on either side of an opposition occurring between January 1 of the current year and January 31 of the following year. Also given are the apparent visual magnitude and the time of ephemeris transit over the ephemeris meridian. The dates when the object is stationary in apparent right ascension are indicated by shading. It is occasionally possible for a stationary date to be outside the period tabulated. The astrometric ephemeris is comparable with observations referred to catalog places of comparison stars (corrected for proper motion and annual parallax, if significant, to the epoch of observation), provided the catalog is referred to the ICRS (or the mean equator and equinox of J2000.0) and the observations are corrected for geocentric parallax. Linear interpolation is sufficient for the magnitude and ephemeris transit, but for the astrometric right ascension and declination second differences are significant.

A chronological list of the opposition dates of all the objects is given together with their visual magnitude and apparent declination. Those oppositions printed in bold also have a sixty-day ephemeris around opposition. All phenomena (dates of opposition and dates of stationary points) are calculated to the nearest hour UT. It must be noted, as with phenomena for all objects, that opposition dates are determined from the apparent longitude of the Sun and the object, with respect to the mean ecliptic of date. Stationary points, on the other hand, are defined to occur when the rate of change of the apparent right ascension is zero.

Osculating orbital elements for all the minor planets are tabulated with respect to the ecliptic and equinox J2000.0 for, usually, a 400-day epoch. Also tabulated are the H and G parameters for magnitude and the diameters. The masses of most of the objects have been set to an arbitrary value of $1 \times 10^{-12} M_\odot$. The masses of 13 minor planets tabulated by Hilton (2002) have been used. However, the masses of Ceres, Pallas and Vesta have been updated with the IAU 2009 Best Estimates which are taken from Pitjeva and Standish (2009). The values for the diameters of the minor planets were taken from a number of sources which are referenced on *The Astronomical Almanac Online*.

B.G. Marsden, Smithsonian Astrophysical Observatory, supplied the osculating elements of the periodic comets returning to perihelion during the year. Up-to-date elements of the comets currently observable may be found at the website of the Minor Planet Center [11].

Section H: Stars and Stellar Systems

Except for the tables of ICRF2 radio sources, radio flux calibrators, and pulsars, positions tabulated in Section H are referred to the mean equator and equinox of J2011.5 = 2011 July 2.875 = JD 245 5745.375 The positions of the ICRF2 radio sources provide a practical realization of the ICRS. The positions of radio flux calibrators and pulsars are referred to the mean equator and equinox of J2000.0 = JD 245 1545.0.

Bright Stars

Included in the list of bright stars are 1469 stars chosen according to the following criteria:

a. all stars of visual magnitude 4.5 or brighter, as listed in the fifth revised edition of the *Yale Bright Star Catalogue* (BSC: Hoffleit and Warren, 1991);
b. all stars brighter than 5.5 listed in the *Basic Fifth Fundamental Catalogue* (FK5) (Fricke et al., 1988);
c. all MK atlas standards in the BSC (Morgan et al., 1978; Keenan and McNeil, 1976);
d. all stars selected according to the criteria in a, b, or c above and also listed in the *Hipparcos Catalogue* (ESA, 1997).

Flamsteed and Bayer designations are given with the constellation name and the BSC number.

Positions and proper motions are taken from the *Hipparcos Catalogue* and converted to epoch, equator, and equinox of the middle of the current year; radial velocities are included in the calculation where available. However, FK5 positions and proper motions are used for a few wide binary stars given the requirement for center of mass positions to generate their orbital positions. Orbital elements for these stars are taken from the *Sixth Catalog of Orbits of Visual Binary Stars* at [12]. See also the *Fifth Catalog of Orbits of Visual Binary Stars* (Hartkopf et al., 2001).

The V magnitudes and color indices $U-B$ and $B-V$ are homogenized magnitudes taken from the BSC. Spectral types were provided by W.P. Bidelman and updated by R.F. Garrison. Codes in the Notes column are explained at the end of the table (page H31). Stars marked as MK Standards are from either of the two spectral atlases listed above. Stars marked as anchor points to the MK System are a subset of standard stars that represent the most stable points in the system (Garrison, 1994). Further details about the stars marked as double stars may be found at [13].

Tables of bright star data for several years are available in both PDF and ASCII formats on *The Astronomical Almanac Online* as is a searchable database from current epochs.

Double Stars

The table of Selected Double Stars contains recent orbital data for 86 double star systems in the Bright Star table where the pair contains the primary star and the components have a separation > 3".0 and differential visual magnitude < 3 magnitudes. A few other systems of interest are present. Data given are the most recent measures except for 21 systems, where predicted positions are given based on orbit or rectilinear motion calculations. The list was provided by Brian Mason and taken from the *Washington Double Star Catalog* (WDS) (Mason et al., 2001); also available at [13].

The positions are for those of the primary stars and taken directly from the list of bright stars. The Discoverer Designation contains the reference for the measurement from the WDS and the Epoch column gives the year of the measurement. The column headed Δm_v gives the relative magnitude difference in the visual band between the two components.

The term "primary" used in this section is not necessarily the brighter object, but designates which object is the origin of measurements.

Tables of double star data for several years are available in both PDF and ASCII formats on *The Astronomical Almanac Online.*

Photometric Standards

The table of *UBVRI* Photometric Standards are selected from Table 2 in Landolt (1992). Finding charts for stars are given in the paper. This subset of 291 stars reviewed by A. Landolt represents those sources which are observed seven times or more and are non-variable. They provide internally consistent homogeneous broadband standards for the Johnson-Kron-Cousins photometric system for telescopes of intermediate and large size in both hemispheres. The filter bands have the following effective wavelengths: U, 3600Å; B, 4400Å; V, 5500Å; R, 6400Å; I, 7900Å.

The positions are taken from the Naval Observatory Merged Astronomical Database (NOMAD) which provides the optimum ICRS positions and proper motions for stars taken from the following catalogs in the order given: *Hipparcos, Tycho-2, UCAC2,* or *USNO-B.* Positions are convered to the epoch, equator, and equinox of the middle of the current year; radial velocities are included in the calculation where available.

The list of bright Johnson standards which appeared in editions prior to 2003 is given for J2000 on *The Astronomical Almanac Online.* Also available is a searchable database of Landolt Standards for current epochs.

The selection and photometric data for standards on the Strömgren four-color and Hβ systems are those of Perry et al. (1987). Only the 319 stars which have four-color data are included. The u band is centered at 3500Å; v at 4100Å; b at 4700Å; and y at 5500Å. Four indices are tabulated: $b-y$, $m_1 = (v-b) - (b-y)$, $c_1 = (u-v) - (v-b)$ and Hβ.

Star names and numbers are taken from the BSC. Positions and proper motions are taken from NOMAD as described above. Spectral types are taken from the list of bright stars (pages H2–H31) or from the original reference cited above. Visual magnitudes given in the column headed V are taken from the original reference and therefore may disagree with those given in the list of bright stars.

The spectrophotometric standard stars are suitable for the reduction of astronomical spectroscopic observations in the optical and ultraviolet wavelengths. As recommended by the IAU Standard Stars Working Group, data for the spectrophotometric standard stars listed here are taken from European Southern Observatory's (ESO) site at [14] except for the positions which are taken from the NOMAD database as described above. Finding charts for the sources and explanation are found on the website.

The standards on the ESO list are from four sources. The ultraviolet standards are from the Hubble Space Telescope (HST) ultraviolet spectrophotometric standards which are based on International Ultraviolet Explorer (IUE) and optical spectra and calibrated by the primary white dwarf standards (Turnshek et al., 1990; Bohlin et al., 1990). The optical standards are based on Hale 5m observations in the 7 to 16 magnitude range (Oke, 1990) and CTIO observations of southern hemisphere secondary and tertiary standard stars (Hamuy et al., 1992, 1994). Data for four white dwarf primary spectrophotometric standards in the 11–13 magnitude range based on model atmospheres and HST Faint Object Spectrograph (FOS) observations in 10Å to 3 microns are also included (Bohlin et al., 1995).

Radial Velocity Standards

The selection of radial velocity standard stars is based on a list of bright standards taken from the report of IAU Commission 30 Working Group on Radial Velocity Standard Stars (IAU, 1957) and a list of faint standards (IAU, 1973). The combined list represents the IAU radial velocity standard stars with late spectral types. Also included in the table at the recommendation of IAU Commission 30 are 14 faint stars with reliable radial velocity data useful for observers in the Southern Hemisphere (IAU, 1968). Variable stars (orbital and intrinsic) in the lists of standards have been removed; see Udry et al. (1999). The resulting table of stars is sufficient to serve as a group of moderate-precision radial velocity standards.

These stars have been extensively observed for more than a decade at the Center for Astrophysics, Geneva Observatory, and the Dominion Astrophysical Observatory. A discussion of velocity standards and the mean velocities from these three monitoring programs can be found in the report of IAU Commission 30, Reports on Astronomy (IAU, 1992).

Positions are taken from the *Hipparcos Catalogue* processed by the procedures used for the table of bright stars. *V* magnitudes are taken from the BSC, the *Hipparcos Catalogue* or SIMBAD. The spectral types are taken primarily from the list of bright stars. Otherwise, the spectral types originate from the BSC, the *Hipparcos Catalogue*, or the original IAU list.

Variable Stars

The list of variable stars was compiled by J.A. Mattei using as reference the fourth edition of the *General Catalogue of Variable Stars* (Kholopov et al., 1996), the *Sky Catalog 2000.0, Volume 2* (Hirshfeld and Sinnott, 1997), *A Catalog and Atlas of Cataclysmic Variables, 2nd Edition* (Downes et al., 1997), and the data files of the American Association of Variable Star Observers (AAVSO, at [15]). The brightest stars for each class with amplitude of 0.5 magnitude or more have been selected.

The following magnitude criteria at maximum brightness are used:

a. eclipsing variables brighter than magnitude 7.0;
b. pulsating variables:

    RR Lyrae stars brighter than magnitude 9.0;

    Cepheids brighter than 6.0;

    Mira variables brighter than 7.0;

    Semiregular variables brighter than 7.0;

    Irregular variables brighter than 8.0;

c. eruptive variables:

    U Geminorum, Z Camelopardalis, SS Cygni, SU Ursae Majoris,

    WZ Sagittae, recurrent novae, very slow novae, nova-like and

    DQ Herculis variables brighter than magnitude 11.0;

d. other types:

    RV Tauri variables brighter than magnitude 9.0;

    R Coronae Borealis variables brighter than 10.0;

    Symbiotic stars (Z Andromedae) brighter than 10.0;

    δ Scuti variables brighter than 9.0;

    S Doradus variables brighter than 6.0;

    SX Phoenicis variables brighter than 7.0.

The epoch for eclipsing variables is for time of minimum. The epoch for pulsating, eruptive, and other types of variables is for time of maximum.

Positions and proper motions are taken from NOMAD as described in the photometric standards section.

Several spectral types were too long to be listed in the table and are given here:

T Mon: F7Iab-K1Iab + A0V

R Leo: M6e–M8IIIe–M9.5e

TX CVn: B1–B9Veq + K0III–M4

AE Aqr: K2Ve + pec(e+CONT)

VV Cep: M2epIa–Iab + B8:eV

Exoplanets and Host Stars

The table of exoplanets and their host stars draws from the 2009 version of the *Catalog of Nearby Exoplanets* (Butler et al., 2006) available at [16] where a table of host star characteristics is also available. As suggested by P. Butler, useful properties of the exoplanets such as orbital period, eccentricity, and time of periastron are included in the table to calculate things such as time of transit for the transiting planets. Stellar properties such $B - V$, parallax, and metallicity are also included for those interested in the study of the host stars.

The data were assembled by S.G. Stewart and taken from the online catalog with the exception of the coordinates of the host stars. Positions, proper motions and parallax (where available) were taken independently from the *Hipparcos Catalogue* then processed by the same proceedure as used for the table of Bright Stars. Positional data for eight host stars were taken from *Tycho-2* as an alternative to *Hipparcos* where it was not available.

Bright Galaxies

This is a list of 198 galaxies brighter than $B_T^w = 11.50$ and larger than $D_{25} = 5'$, drawn primarily from *The Third Reference Catalogue of Bright Galaxies* (de Vaucouleurs et al., 1991), hereafter referred to as RC3. The data have been reviewed and corrected where necessary, or supplemented by H.G. Corwin, R.J. Buta, and G. de Vaucouleurs.

Two recently recognized dwarf spheroidal galaxies (in Sextans and Sagittarius) that are not in-cluded in RC3 are added to the list (Irwin and Hatzidimitriou, 1995; Ibata et al., 1997).

Catalog designations are from the *New General Catalog* (NGC) or from the *Index Catalog* (IC). A few galaxies with no NGC or IC number are identified by common names. The Small Magellanic Cloud is designated "SMC" rather than NGC 292. Cross-identifications for these common names are given in Appendix 8 of RC3 or at the end of the table.

In most cases, the RC3 position is replaced with a more accurate weighted mean position based on measurements from many different sources, some unpublished. Where positions for unresolved nuclear radio sources from high-resolution interferometry (usually at 6- or 20-cm) are known to coincide with the position of the optical nucleus, the radio positions are adopted. Similarly, positions have been adopted from the Two Micron All-Sky Survey (2MASS, Jarrett et al. (2000)) where these coincide with the optical nucleus. Positions for Magellanic irregular galaxies without nuclei (*i.e.*, LMC, NGC 6822, IC 1613) are for the centers of the bars in these galaxies. Positions for the dwarf spheroidal galaxies (*i.e.*, Fornax, Sculptor, Carina) refer to the peaks of the luminosity distributions. The precision with which the position is listed reflects the accuracy with which it is known. The mean errors in the listed positions are 2–3 digits in the last place given.

Morphological types are based on the revised Hubble system (see de Vaucouleurs (1959, 1963)).

The mean numerical van den Bergh luminosity classification, L, refers to the numerical scale adopted in RC3 corresponding to van den Bergh classes as follows:

L	1	2	3	4	5	6	7	8	9	(10)	(11)
class	I	I–II	II	II–III	III	III–IV	IV	IV–V	V	(V–VI)	(VI)

Classes V–VI and VI (10 and 11 in the numerical scale) are an extension of van den Bergh's original system, which stopped at class V.

The column headed Log (D_{25}) gives the logarithm to base 10 of the diameter in tenths of arcminute of the major axis at the 25.0 blue mag/arcsec^2 isophote. Diameters with larger than usual standard deviations are noted with brackets. With the exception of the Fornax and Sagittarius Systems, the diameters for the highly resolved Local Group dwarf spheroidal galaxies are core diameters from fitting of King models to radial profiles derived from star counts (Irwin and Hatzidimitriou, *op.cit.*). The relationship of these core diameters to the 25.0 blue mag/arcsec^2 isophote is unknown. The diameter for the Fornax System is a mean of measured values given by de Vaucouleurs and Ables (1968) and Hodge and Smith (1974), while that of Sagittarius is taken from Ibata *et al.* (*op.cit.*) and references therein.

The heading Log (R_{25}) gives the logarithm to base 10 of the ratio of the major to the minor axes (D/d) at the 25.0 blue mag/arcsec^2 isophote. For the dwarf spheroidal galaxies, the ratio is a mean value derived from isopleths.

The position angle of the major axis is for the equinox 1950.0, measured from north through east.

The heading B_T^w gives the total blue magnitude derived from surface or aperture photometry, or from photographic photometry reduced to the system of surface and aperture photometry, uncorrected for extinction or redshift. Because of very low surface brightnesses, the magnitudes for the dwarf spheroidal galaxies (see Irwin and Hatzidimitriou, *op.cit.*) are very uncertain. The total magnitude for NGC 6822 is from Hodge (1977). A colon indicates a larger than normal standard deviation associated with the magnitude.

The total colors, $B-V$ and $U-B$, are uncorrected for extinction or redshift. RC3 gives total colors only when there are aperture photometry data at apertures larger than the effective (half-light) aperture. However, a few of these galaxies have a considerable amount of data at smaller apertures, and also have small color gradients with aperture. Thus, total colors for these objects have been determined by further extrapolation along standard color curves. The colors for the Fornax System are taken from de Vaucouleurs and Ables (*op.cit.*), while those for the other dwarf spheroidal systems are from the recent literature, or from unpublished aperture photometry. The colors for NGC 6822 are from Hodge (*op.cit.*). A colon indicates a larger than normal standard deviation associated with the color.

Star Clusters

The list of open clusters comprises a selection of open clusters which have been studied in some detail so that a reasonable set of data is available for each. With the exception of the magnitude and Trumpler class data, all data are taken from the *New Catalog of Optically Visible Open Clusters and Candidates* (Dias et al., 2002) supplied by W. Dias and updated current to 2009 (version 2.10 of the catalog). The catalog is available at [17]. The "Trumpler Class" and "Mag. Mem." columns are taken from fifth (1987) edition of the Lund-Strasbourg catalog (original edition described by Lyngå (1981)), with updates and corrections to the data current to 1992.

For each cluster, two identifications are given. First is the designation adopted by the IAU, while the second is the traditional name. Alternate names for some clusters are given in the notes at the end of the table.

Positions are for the central coordinates of the clusters, referred to the mean equator and equinox of the middle of the Julian year. Cluster mean absolute proper motion and radial velocity are used in the calculation when available.

Apparent angular diameters of the clusters are given in arcminutes and distances between the clusters and the Sun are given in parsecs. The logarithm to the base 10 of the cluster age in years is determined from the turnoff point on the main sequence. Under the heading "Mag. Mem." is the visual magnitude of the brightest cluster member. $E_{(B-V)}$ is the color excess. Metallicity is mostly determined from photometric narrow band or intermediate band studies. Trumpler classification is defined by R.S. Trumpler (Trumpler, 1930).

The list of Milky Way globular clusters is compiled from the February 2003 revision of a *Catalog of Parameters for Milky Way Globular Clusters* supplied by W. E. Harris. The complete catalog containing basic parameters on distances, velocities, metallicities, luminosities, colors, and dynamical parameters, a list of source references, an explanation of the quantities, and calibration information are accessible at [18]. The catalog is also briefly described in Harris (1996).

The present catalog contains objects adopted as certain or highly probable Milky Way globular clusters. Objects with virtually no data entries in the catalog still have somewhat uncertain identities. The adoption of a final candidate list continues to be a matter of some arbitrary judgment for certain objects. The bibliographic references should be consulted for excellent discussions of these individually troublesome objects, as well as lists of other less likely candidates.

The adopted integrated V magnitudes of clusters, V_t, are the straight averages of the data from all sources. The integrated $B-V$ colors of clusters are on the standard Johnson system.

Measurements of the foreground reddening, $E_{(B-V)}$, are the averages of the given sources (up to 4 per cluster), with double weight given to the reddening from well calibrated (120 clusters) color-magnitude diagrams. The typical uncertainty in the reddening for any cluster is on the order of 10 percent, *i.e.*, $\Delta[E_{(B-V)}] = 0.1\ E_{(B-V)}$.

The primary distance indicator used in the calculation of the apparent visual distance modulus, $(m-M)_V$, is the mean V magnitude of the horizontal branch (or RR Lyrae stars), V_{HB}. The absolute calibration of V_{HB} adopted here uses a modest dependence of absolute V magnitude on metallicity, $M_V(HB) = 0.15\ [Fe/H] + 0.80$. The $V(HB)$ here denotes the mean magnitude of the HB stars, without further adjustments to any predicted zero age HB level. Wherever possible, it denotes the mean magnitude of the RR Lyrae stars directly. No adjustments are made to the mean V magnitude of the horizontal branch before using it to estimate the distance of the cluster. For a few clusters (mostly ones in the Galactic bulge region with very heavy reddening), no good [Fe/H] estimate is currently available; for these cases, a value $[Fe/H] = -1$ is assumed.

The heavy-element abundance scale, [Fe/H], adopted here is the one established by Zinn and West (1984). This scale has recently been reinvestigated as being nonlinear when calibrated against the best modern measurements of [Fe/H] from high-dispersion spectra (see Carretta and Gratton (1997) and Rutledge et al. (1997)). In particular, these authors suggest that the Zinn-West scale overestimates the metallicities of the most metal-rich clusters. However, the present catalog maintains the older (Zinn-West) scale until a new consensus is reached in the primary literature.

The adopted heliocentric radial velocity, v_r, for each cluster is the average of the available measurements, each one weighted inversely as the published uncertainty.

A 'c' following the value for the central concentration index denotes a core-collapsed cluster. The listed values of r_c and c should not be used to calculate a value of tidal radius r_t for core-collapsed clusters. Trager et al. (1993) arbitrarily adopt $c = 2.50$ for such clusters, and these have been carried over to the present catalog. The 'c:' symbol denotes an uncertain identification of the cluster as being core-collapsed.

The cluster core radii, r_c, and the central concentration $c = \log(r_t/r_c)$, where r_t is the tidal radius, are taken primarily from the comprehensive discussion of Trager et al. (1993). Updates for a few clusters (Pal 2, N6144, N6352, Ter 5, N6544, Pal 8, Pal 10, Pal 12, Pal 13) are taken from Trager et al. (1995).

Radio Sources

Beginning in 2010, the fundamental reference system in astronomy, ICRS, is actualized by the second realization of the International Celestial Reference Frame, ICRF2 (see Fundamental Reference System section on L1; IAU (2010), Res. B3; IERS (2009)). The ICRF2 contains precise positions of 3414 compact radio sources. Maintenance of ICRF2 will be made using a set of 295 new defining sources selected on the basis of positional stability, lack of extensive intrinsic source structure, and spatial distribution. These 295 defining sources are presented in the table. Positions of all ICRF2 sources are available at [4].

Information on the known physical characteristics of the ICRF2 radio sources includes, where known, the object type, 8.4 Ghz and 2.3 Ghz flux, spectral index, V magnitude, redshift, a classification of spectrum and comments for each ICRF2 defining sources.

This table is compiled by A.-M. Gontier and is derived by sequentially assembling the data from the following primary sources:

a. *Large Quasar Astrometric Catalog (LQAC)*, a compilation of 12 largest quasar catalogues contains 113666 quasars, providing information when available on photometry, redshift, and radio fluxes (Souchay et al. (2009), available at [19] as catalogue J/A+A/494/799). This source was used to provide information on flux at 8.4 GHz and 2.3 GHz and initial information for the redshift and the magnitude.

b. *Optical Characteristics of Astrometric Radio Sources* which includes 4261 radio sources with J2000.0 coordinates, redshift, V magnitude, object type and comments (Malkin and Titov (2008), [20]).

c. *Catalogue of Quasars and Active Galactic Nuclei, 12th Edition)* which includes 85221 quasars, 1122 BL Lac objects and 21737 active galaxies together with known lensed quasars and double quasars (Véron-Cetty and Véron (2006), available at [19] as catalogue VII/248).

d. *An all-sky survey of flat-spectrum radio sources* providing precise positions, subarcsecond structures, and spectral indices for some 11000 sources (Healey et al. (2007), available at [19] as catalogue J/ApJS/171/61).

e. *The Optical spectroscopy of 1Jy, S4 and S5 radio source identifications* which gives position, magnitude, type of the optical identification, flux at 5GHz and two-point spectral index between 2.7 GHz and 5 GHz (Stickel and Kuehr (1994); Stickel et al. (1989), available at at [19] as catalogue III/175).

Data for the list of radio flux standards are due to Baars et al. (1977), as updated by Kraus, Krichbaum, Pauliny-Toth, and Witzel (current to 2009). Flux densities S, measured in Janskys, are given for twelve frequencies ranging from 400 to 43200 MHz. Positions are referred to the mean equinox and equator of J2000.0. Positions of 3C 48, 3C 147, 3C 274 and 3C 286 are taken from the ICRF database [4]. Positions of the other sources are due to Baars *et al.* (*op.cit.*).

The codes listed under the column headed "Spec." describe the spectrum: "Th" indicates thermal; "S" indicates that a straight line has been fitted to the data; "C-" indicates that a concave parabola has been fitted to the data.

A table with polarization data for the most prominent sources is provided by A. Kraus, current to 2008. This table gives the polarization degree and angle for a number of frequencies.

X-Ray Sources

The primary criterion for the selection of X-ray sources is having an identified optical counterpart. However, well-studied sources lacking optical counterparts are also included. The most commonly known name of the X-ray source appears in the column headed Name. Positions are for those of the optical counterparts, except when none is listed in the column headed Identified Counterpart. Positions and proper motions are taken from NOMAD described on page L15. The X-ray flux in the 2–10 keV energy range is given in micro-Janskys (μJy) in the column headed Flux. In some cases, a range of flux values is presented, representing the variability of these sources. The identified optical counterpart (or companion in the case of an X-ray binary system) is listed in the column headed Identified Counterpart. The type of X-ray source is listed in the column headed Type. Neutron stars in binary systems that are known to exhibit many X-ray bursts are designated "B" for "Burster." X-ray sources that are suspected of being black holes have the "BHC" designation for "Black Hole Candidate." Supernova remnants have the "SNR" designation. Other neutron stars in binaries which do not burst and are not known as X-ray pulsars have been given the "NS" designation. All codes in the Type column are explained at the end of the table.

The data in this table are assembled by M. Stollberg. For the X-ray binary sources, the catalogs of van Paradijs (1995) and Liu et al. (2000) are used. Other sources are selected from the *Fourth Uhuru Catalog* (Forman et al., 1978), hereafter referred to as 4U. Fluxes in μJy in the 2–10 keV range for X-ray binary sources were readily given by the van Paradijs and Liu, van Paradijs, and van den Heuvel papers. Other fluxes were obtained by converting the 4U count rates. The conversion factor can be found in Bradt and McClintock (1983).

The tabulated magnitudes are the optical magnitude of the counterpart in the V filter, unless marked by an asterisk, in which case the B magnitude is given. Variable magnitude objects are denoted by "V"; for these objects the tabulated magnitude pertains to maximum brightness.

Tables of X-Ray source data for several years are available in both PDF and ASCII formats on *The Astronomical Almanac Online*.

Quasars

A set of quasars is selected from *A Catalogue of Quasars and Active Nuclei, 12th Edition* (Véron-Cetty and Véron, 2006). This edition of the catalog contains quasars with measured redshift known prior to January 1st, 2006 and was motivated by the release of the last three installments of the Sloan Digital Sky Survey. Gravitationally lensed quasars and quasar pairs are excluded from the catalog.

The data are compiled by S. Stewart based on the selection criteria suggested by W. Keel. The following selection criteria, that are not mutually exclusive, are used:

$V < 14.5$ (48 quasars);
$M(\mathrm{abs}) \leq -30.6$ (8 quasars);
z (redshift) ≥ 5.0 (28 quasars);
6 cm flux density ≥ 5.3 Janskys (15 quasars).

The sources PHL 5200, a bright quasar with with an interesting absorption system, and QSO 0302-003, a high-redshift quasar suitable for He II Gunn-Peterson observations, are also included. No objects classified as BL Lac or AGN (active galactic nuclei) are included.

Positions are either optical or radio and have accuracies better than 1 arcsecond; sources with approximate positions were excluded from the table. Apparent magnitudes are visual.

Pulsars

Data for the pulsars presented in this table are provided by Z. Arzoumanian. Tabulated information is derived from the pulsar catalog described by Manchester et al. (2005), available at [21]. Data for B0540-69 are derived from Johnston et al. (2004).

Pulsars chosen are either bright, with S_{400}, the mean flux density at 400 MHz, greater than 80 milli-Janskys; fast, with spin period less than 100 milli-seconds; or have binary companions. Pulsars without measured spin-down rates and very weak pulsars (with measured 400 MHz flux density below 0.9 milli-Jansky) are excluded. A few other interesting systems are also included.

Positions are referred to the equator and equinox of J2000.0. For each pulsar the period P in seconds and the time rate of change $\dot{P}$ in $10^{-15}\,\mathrm{s\,s^{-1}}$ are given for the specified epoch. The group velocity of radio waves is reduced from the speed of light in a vacuum by the dispersive effect of the interstellar medium. The dispersion measure DM is the integrated column density of free electrons along the line of sight to the pulsar; it is expressed in units $\mathrm{cm^{-3}}$ pc. The epoch of the period is in Modified Julian Date (MJD), where MJD = JD $-$ 2400000.5.

Gamma Ray Sources

The table of Gamma Ray Sources contains a selection of historically important sources, well known sources, and extremely bright sources. Bright, INTEGRAL detected transients and new unidentified TeV sources were added to the table in the 2008 edition. The table is a subset from a catalog of gamma ray sources (Macomb and Gehrels, 1999).

The table gives two designations for most sources: the most common source name in the column headed Name and an alternate name in the column headed Alternate Name. The Large Magellanic Cloud (LMC) is included in the table because it is an important gamma ray source for diffuse emission studies. The position given for the LMC is the centroid of detection for the EGRET instrument from the *Compton Gamma Ray Observatory* (CGRO). EGRET detected an integrated flux from the LMC thought to be due to cosmic ray interactions with the interstellar medium. The observed flux of the source is given with the upper and lower limits on the energy range (in MeV) over which it has been observed. The flux, in photons $\mathrm{cm^{-2}s^{-1}}$, is an integrated flux over this energy range. In many cases, no upper limit energy is given. For those cases, the flux is the peak observed flux. For SN1987A, the flux given is only for a single observed spectral line; hence the designation "line" is given. The column headed Type uses a single letter code to identify the type of source; codes are defined at the end of the table.

Tables of Gamma Ray source data for several years are available in both PDF and ASCII formats on *The Astronomical Almanac Online*.

Section J: Observatories

The list of observatories is intended to serve as a finder list for planning observations or other purposes not requiring precise coordinates. Members of the list are chosen on the basis of instrumentation, and being active in astronomical research, the results of which are published in the current scientific literature. Most of the observatories provided their own information, and the coordinates listed are for one of the instruments on their grounds. Thus the coordinates may be astronomical, geodetic, or other, and should not be used for rigorous reduction of observations. A searchable list of observatories is available on *The Astronomical Almanac Online*.

Section K: Tables and Data

Astronomical constants are a topic that is under the scrutiny of the IAU Working Group on Numerical Standards for Fundamental Astronomy (NSFA [23]). This includes working with IAU

Commission 52 on Relativity in Fundamental Astronomy (RIFA [22]) who are discussing issues related to the relativistic aspects of astronomical constants and their units, including the definition of the astronomical unit.

At the XXVII GA, Resolution B2 on "Current best estimates of astronomical constants", was adopted, and this list of constants is tabulated in items 1 and 2 of pages K6–K7. The NSFA will be keeping the list of 'Current Best Estimates' up-to-date, together with detailed notes and references.

Both ASCII and PDF versions of pages K6–K7 may be downloaded from *The Astronomical Almanac Online*; the IAU 1976 constants are also available.

A few of the IAU 2009 constants tabulated on pages K6–K7 are based on the JPL DE421 ephemeris. Those that are used in the production of this almanac that are dependent on the JPL DE405 ephemeris (Standish, 1998a) are listed below.

Light-time for unit distance	$\tau_A = 499\ 004\ 783\ 806\ 1$	$\pm 2 \times 10^{-8}$
	$1/\tau_A = 173.144\ 632\ 684\ 7$ au/d	
Unit distance, astronomical unit in metres	$A = c\tau_A = 149\ 597\ 870\ 691$ m	± 6
Geocentric gravitational constant	$GE = 3.986\ 004\ 329 \times 10^{14}$ m^{3}s^{-2}	$\pm 8 \times 10^5$
Heliocentric gravitational constant	$GS = A^3k^2/D^2 = 1.327\ 124\ 400\ 179\ 87 \times 10^{20}$m^{3}s^{-2}	$\pm 5 \times 10^{10}$

The constants above are compatible with the TDB time scale. A list of some other additional material concerning constants:

- *Report 10 of the IAU/IAG Working Group on Cartographic Coordinates & Rotational Elements: 2006*, (Seidelmann et al., 2007). The next report is in preparation and, tentatively, it appears that no changes will be made in the equatorial radii of the planets listed on page K7.
- The paper by Pitjeva and Standish (2009) on the masses of the three largest asteroids, the Moon-Earth mass ratio and the astronomical unit.
- IAU XXVI GA (2006) resolutions, including the *Report of the IAU Division I Working Group on Precession and the Ecliptic*, (Hilton et al., 2006).
- CODATA 2006 [24].
- IAG XXII GA 1999 *Report of Special Commission 3* (Fundamental Constants), (Groten, 2000).

The ΔT values provided on pages K8–K9 are not necessarily those used in the production of *The Astronomical Almanac* or its predecessors. They are tabulated primarily for those involved in historical research. Estimates of ΔT are derived from data published in Bulletins B and C of the International Earth Rotation and Reference Systems Service (IERS) [6]. Coordinates of the celestial pole (from 2003, the Celestial Intermediate Pole) on page K10 are also taken from section 2 of IERS Bulletin B.

Pages K11–K13, on "Reduction of Terrestrial Coordinates", which includes information on the International Terrestrial Reference Frame, has been updated by G. Appleby, Head of the UK Space Geodesy Facility at Herstmonceux.

Section M: Glossary

The definitions provided in the glossary have been composed by staff members of Her Majesty's Nautical Almanac Office and the US Naval Observatory's Astronomical Applications Department. Various astronomical dictionaries and encyclopedia are used to ensure correctness and to develop particular phrasing. E. M. Standish (Jet Propulsion Laboratory, California Institute of Technology) and S. Klioner (Technischen Universität Dresden) were also consulted in updating the content of the definitions in recent editions.

Definitions of some glossary entries contain terms that are defined elsewhere in the section. These are given in italics.

The glossary is not intended to be a complete astronomical reference, but instead clarify terms used within *The Astronomical Almanac* and *The Astronomical Almanac Online*. A PDF version and an HTML version are found on *The Astronomical Almanac Online*.

References

[1]. http://asa.usno.navy.mil or http://asa.hmnao.com.

[2]. http://www.usno.navy.mil/USNO/astronomical-applications/software-products/novas.

[3]. http://iau-sofa.hmnao.com.

[4]. http://hpiers.obspm.fr/icrs-pc/.

[5]. http://www.usno.navy.mil/USNO/astronomical-applications/publications.

[6]. http://www.iers.org/MainDisp.csl?pid=36-9.

[7]. http://lunar-occultations.com/iota.

[8]. http://www.imcce.fr/en/ephemerides/phenomenes/ephesat/phenomena.php.

[9]. http://ssd.jpl.nasa.gov/?sat_elem.

[10]. http://www.dtm.ciw.edu/users/sheppard/satellites.

[11]. http://cfa-www.harvard.edu/iau/Ephemerides/Comets/index.html.

[12]. http://www.usno.navy.mil/USNO/astrometry/optical-IR-prod/wds/orb6/.

[13]. http://www.usno.navy.mil/USNO/astrometry/optical-IR-prod/wds/WDS.

[14]. http://www.eso.org/sci/observing/tools/standards/spectra/.

[15]. http://www.aavso.org/.

[16]. http://exoplanets.org/planets.shtml.

[17]. http://www.astro.iag.usp.br/~wilton.

[18]. http://physwww.physics.mcmaster.ca/%7Eharris/mwgc.dat.

[19]. http://cdsweb.u-strasbg.fr/.

[20]. http://www.gao.spb.ru/english/as/ac_vlbi/sou_car.dat.

[21]. http://www.atnf.csiro.au/research/pulsar/psrcat.

[22]. http://astro.geo.tu-dresden.de/RIFA.

[23]. http://maia.usno.navy.mil/NSFA.html.

[24]. http://physics.nist.gov/constants.

Aoki, S., H. Kinoshita, B. Guinot, G. H. Kaplan, D. D. McCarthy, and P. K. Seidelmann (1982). The new definition of universal time. *Astronomy and Astrophysics 105*, 359–361.

Arlot, J.-E. (1982). New Constants for Sampson-Lieske Theory of the Galilean Satellites of Jupiter. *Astronomy and Astrophysics 107*, 305–310.

Atkinson, R. d. (1951). The computation of topocentric librations. *Monthly Notices of the Royal Astronomical Society 111*, 448.

Baars, J. W. M., R. Genzel, I. I. K. Pauliny-Toth, and A. Witzel (1977). The Absolute Spectrum of CAS A - an Accurate Flux Density Scale and a Set of Secondary Calibrators. *Astronomy and Astrophysics 61*, 99–106.

Bohlin, R. C., L. Colina, and D. S. Finley (1995). White Dwarf Standard Stars: G191-B2B, GD 71, GD 153, HZ 43. *Astronomical Journal 110*, 1316.

Bohlin, R. C., A. W. Harris, A. V. Holm, and C. Gry (1990). The Ultraviolet Calibration of the Hubble Space Telescope. IV - Absolute IUE Fluxes of Hubble Space Telescope Standard Stars. *Astrophysical Journal Supplement Series 73*, 413–439.

Bradt, H. V. D. and J. E. McClintock (1983). The Optical Counterparts of Compact Galactic X-ray Sources. *Annual Review of Astronomy and Astrophysics 21*, 13–66.

Brown, E. W. (1933). Theory and Tables of the Moon: The Motion of the Moon, 1923-31. *Monthly Notices of the Royal Astronomical Society 93*, 603–619.

Butler, R. P., J. T. Wright, G. W. Marcy, D. A. Fischer, S. S. Vogt, C. G. Tinney, H. R. A. Jones, B. D. Carter, J. A. Johnson, C. McCarthy, and A. J. Penny (2006). Catalog of Nearby Exoplanets. *Astrophysical Journal 646*, 505–522.

Calame, O. (Ed.) (1982). *Proceedings of the 63rd Colloquium of the International Astronomical Union*, Volume 94 of *IAU Colloquia*.

Capitaine, N. and P. T. Wallace (2006). High Precision Methods for Locating the Celestial Intermediate Pole and Origin. *Astronomy and Astrophysics 450*, 855–872.

Capitaine, N., P. T. Wallace, and J. Chapront (2003). Expressions for IAU 2000 Precession Quantities. *Astronomy and Astrophysics 412*, 567–586.

Capitaine, N., P. T. Wallace, and J. Chapront (2005). Improvement of the IAU 2000 Precession Model. *Astronomy and Astrophysics 432*, 355–367.

Capitaine, N., P. T. Wallace, and D. D. McCarthy (2003). Expressions to Implement the IAU 2000 Definition of UT1. *Astronomy and Astrophysics 406*, 1135–1149.

Carretta, E. and R. G. Gratton (1997). Abundances for Globular Cluster Giants. I. Homogeneous Metallicities for 24 Clusters. *Astronomy and Astrophysics Supplement Series 121*, 95–112.

Carrington, R. C. (1863). *Observations of the Spots on the Sun: From November 9, 1853, to March 24, 1861, Made at Redhill*. London: Williams and Norgate.

de Vaucouleurs, G. (1959). Classification and Morphology of External Galaxies. *Handbuch der Physik 53*, 275.

de Vaucouleurs, G. (1963). Revised Classification of 1500 Bright Galaxies. *Astrophysical Journal Supplement 8*, 31.

de Vaucouleurs, G. and H. D. Ables (1968). Integrated Magnitudes and Color Indices of the Fornax Dwarf Galaxy. *Astrophysical Journal 151*, 105.

de Vaucouleurs, G., A. de Vaucouleurs, H. Corwin, R. J. Buta, G. Paturel, and P. Fouque (1991). *Third Reference Catalogue of Bright Galaxies (RC3)*. New York: Springer-Verlag.

Dias, W. S., B. S. Alessi, A. Moitinho, and J. R. D. Lepine (2002). New Catalog of Optically Visible Open Clusters and Candidates. *Astronomy and Astrophysics 389*, 871–873.

Downes, R., R. F. Webbink, and M. M. Shara (1997). A Catalog and Atlas of Cataclysmic Variables-Second Edition. *Publications of the Astronomical Society of the Pacific 109*, 345–440.

Eckhardt, D. H. (1981). Theory of the Libration of the Moon. *Moon and Planets 25*, 3–49.

Elliot, J. L., R. G. French, J. A. Frogel, J. H. Elias, D. J. Mink, and W. Liller (1981). Orbits of Nine Uranian Rings. *Astronomical Journal 86*, 444–455.

ESA (1997). *The Hipparcos and Tycho Catalogues.* Noordwijk, Netherlands: European Space Agency. SP-1200 (17 volumes).

Esposito, L. W., J. N. Cuzzi, J. H. Holberg, E. A. Marouf, G. L. Tyler, and C. C. Porco (1984). Saturn's Rings: Structure, Dynamics, and Particle Properties. In T. Gerhels and M. S. Matthews (Eds.), *Saturn*, pp. 463–545. Tucson, AZ: University of Arizona Press.

Forman, W., C. Jones, L. Cominsky, P. Julien, S. Murray, G. Peters, H. Tananbaum, and R. Giacconi (1978). The Fourth Uhuru Catalog of X-ray Sources. *Astrophysical Journal Supplement Series 38*, 357–412.

Fricke, W. et al. (1988). *Fifth Fundamental Catalogue Part I.* Heidelberg: Veroeff. Astron. Rechen-Institut.

Garcia, H. A. (1972). The Mass and Figure of Saturn by Photographic Astrometry of Its Satellites. *Astronomical Journal 77*, 684–691.

Garrison, R. F. (1994). A Hierarchy of Standards for the MK Process. *Astronomical Society of the Pacific Conference Series 60*, 3–14.

Groten, E. (2000). Report of Special Commission 3 of IAG. In K. J. Johnston, D. D. McCarthy, B. J. Luzum, & G. H. Kaplan (Ed.), *IAU Colloq. 180: Towards Models and Constants for Sub-Microarcsecond Astrometry*, pp. 337.

Gurnett, D. A., A. M. Persoon, W. S. Kurth, J. B. Groene, T. F. Averkamp, M. K. Dougherty, and D. J. Southwood (2007). The Variable Rotation Period of the Inner Region of Saturn's Plasma Disk. *Science 316*, 442.

Hamuy, M., N. B. Suntzeff, S. R. Heathcote, A. R. Walker, P. Gigoux, and M. M. Phillips (1994). Southern Spectrophotometric Standards, 2. *Publications of the Astronomical Society of the Pacific 106*, 566–589.

Hamuy, M., A. R. Walker, N. B. Suntzeff, P. Gigoux, S. R. Heathcote, and M. M. Phillips (1992). Southern Spectrophotometric Standards. *Publications of the Astronomical Society of the Pacific 104*, 533–552.

Harper, D., D. B. Taylor, A. T. Sinclair, and K. X. Shen (1988). The Theory of the Motion of Iapetus. *Astronomy and Astrophysics 191*, 381–384.

Harris, D. L. (1961). *Photometry and Colorimetry of Planets and Satellites*, pp. 327–340. Chicago, IL.

Harris, W. E. (1996). A Catalog of Parameters for Globular Clusters in the Milky Way. *Astronomical Journal 112*, 1487.

Hartkopf, W., B. Mason, and C. Worley (2001). The 2001 US Naval Observatory Double Star CD-ROM. II. The Fifth Catalog of Orbits of Visual Binary Stars. *Astronomical Journal 122*, 3472–3479.

Healey, S. E., R. W. Romani, G. B. Taylor, E. M. Sadler, R. Ricci, T. Murphy, J. S. Ulvestad, and J. N. Winn (2007). CRATES: An All-Sky Survey of Flat-Spectrum Radio Sources. *The Astrophysical Journal Supplement Series 171*, 61–71.

Hilton, J. L. (1999). US Naval Observatory Ephemerides of the Largest Asteroids. *Astronomical Journal 117*, 1077–1086.

Hilton, J. L. (2002). Asteroid Masses and Densities. *Asteroids III*, 103–112.

Hilton, J. L. (2005a). Erratum: "Improving the Visual Magnitudes of the Planets in The Astronomical Almanac. I. Mercury and Venus". *Astronomical Journal 130*, 2928.

Hilton, J. L. (2005b). Improving the Visual Magnitudes of the Planets in The Astronomical Almanac. I. Mercury and Venus. *Astronomical Journal 129*, 2902–2906.

Hilton, J. L., N. Capitaine, J. Chapront, J. M. Ferrandiz, A. Fienga, T. Fukushima, J. Getino, P. Mathews, J.-L. Simon, M. Soffel, J. Vondrak, P. T. Wallace, and J. Williams (2006). Report of the International Astronomical Union Division I Working Group on Precession and the Ecliptic. *Celestial Mechanics and Dynamical Astronomy 94*, 351–367.

Hirshfeld, A. and R. W. Sinnott (1997). *Sky catalogue 2000.0. Volume 2: Double Stars, Variable Stars and Nonstellar Objects*.

Hodge, P. W. (1977). The Structure and Content of NGC 6822. *Astrophysical Journal Supplement 33*, 69–82.

Hodge, P. W. and D. W. Smith (1974). The Structure of the Fornax Dwarf Galaxy. *Astrophysical Journal 188*, 19–26.

Hoffleit, E. D. and W. Warren (1991). *The Bright Star Catalogue (5th edition)*. New Haven: Yale University Observatory.

IAU (1957). In P. T. Oosterhoff (Ed.), *Transactions of the International Astronomical Union*, Volume IX, Cambridge, pp. 442. Cambridge University Press. Proc. 9th General Assembly, Dublin, 1955.

IAU (1968). In L. Perek (Ed.), *Transactions of the International Astronomical Union*, Volume XIII B, Dordrecht, pp. 170. Reidel. Proc. 13th General Assembly, Prague, 1967.

IAU (1973). In C. de Jager (Ed.), *Transactions of the International Astronomical Union*, Volume XV A, Boston, pp. 409. Reidel. Reports on Astronomy.

IAU (1983). In R. M. West (Ed.), *Transactions of the International Astronomical Union*, Volume XVIII B, Dordrecht. Reidel. Proc. 18th General Assembly, Patras, 1982.

IAU (1992). In J. Bergeron (Ed.), *Transactions of the International Astronomical Union*, Volume XXI B, Dordrecht. Kluwer. Proc. 21st General Assembly, Beunos Aires, 1991.

IAU (1999). In J. Andersen (Ed.), *Transactions of the International Astronomical Union*, Volume XXIII B, Dordrecht. Kluwer. Proc. 23rd General Assembly, Kyoto, 1997.

IAU (2001). In H. Rickman (Ed.), *Transactions of the International Astronomical Union*, Volume XXIV B, San Francisco. Astronomical Society of the Pacific. Proc. 24th General Assembly, Manchester, 2000.

IAU (2010). In *Transactions of the International Astronomical Union*, Volume XXVII B. Proc. 27th General Assembly, Rio de Janeiro, 2009, in preparation.

Ibata, R. A., R. F. G. Wyse, G. Gilmore, M. J. Irwin, and N. B. Suntzeff (1997). The Kinematics, Orbit, and Survival of the Sagittarius Dwarf Spheroidal Galaxy. *Astrophysical Journal 113*, 634.

IERS (2004). Conventions (2003). Technical Note 32, International Earth Rotation Service, Frankfurt am Main. Verlag des Bundsesants für Kartographie und Geodäsie, D. D. McCarthy and G. Petit (Eds.).

IERS (2009). The second realization of the international celestial reference frame by very long baseline interferometry. Technical Note 35, International Earth Rotation Service. A. L. Fey, D. Gordon, and C. S. Jacobs (Eds.).

Irwin, M. and D. Hatzidimitriou (1995). Structural parameters for the Galactic dwarf spheroidals. *Monthly Notices of the Royal Astronomical Society 277*, 1354.

Jacobson, R. A. (1990). The Orbits of the Satellites of Neptune. *Astronomy and Astrophysics 231*, 241–250.

Jacobson, R. A. (2000). The Orbits of the Outer Jovian Satellites. *Astronomical Journal 120*, 2679–2686.

Jacobson, R. A., S. P. Synnott, and J. K. Campbell (1989). The Orbits of the Satellites of Mars from Spacecraft and Earthbased Observations. *Astronomy and Astrophysics 225*, 548–554.

Jarrett, T. H., T. Chester, R. Cutri, S. Schneider, M. Skrutskie, and J. P. Huchra (2000). 2MASS Extended Source Catalog: Overview and Algorithms. *Astronomical Journal 119*, 2498–2531.

Johnston, S., R. W. Romani, F. E. Marshall, and W. Zhang (2004). Radio and X-ray observations of PSR B0540-69. *Monthly Notices of the Royal Astronomical Society 355*, 31–36.

Kaplan, G. H. (2005). The IAU Resolutions on Astronomical Reference Systems, Time Scales, and Earth Rotation Models : Explanation and Implementation. *U.S. Naval Observatory Circulars 179*.

Keenan, P. C. and R. C. McNeil (1976). *Atlas of Spectra of the Cooler Stars: Types G, K, M, S, and C*. Ohio: Ohio State University Press.

Kholopov, P. N., N. N. Samus, M. S. Frolov, V. P. Goranskij, N. A. Gorynya, N. N. Kireeva, N. P. Kukarkina, N. E. Kurochkin, G. I. Medvedeva, and N. B. Perova (1996). *General Catalogue of Variable Stars, 4th edition*. Moscow: Nauka Publishing House.

Kozai, Y. (1957). On the Astronomical Constants of Saturnian Satellites System. *Annals of the Tokyo Observatory, Series 2 5*, 73–106.

Landolt, A. U. (1992). UBVRI Photometric Standard Stars in the Magnitude Range 11.5-16.0 Around the Celestial Equator. *Astronomical Journal 104*, 340–371.

Laskar, J. and R. A. Jacobson (1987). GUST 86. An Analytical Ephemeris of the Uranian Satellites. *Astronomy and Astrophysics 188*, 212–224.

Lieske, J. H. (1977). Theory of Motion of Jupiter's Galilean Satellites. *Astronomy and Astrophysics 56*, 333–352.

Liu, Q. Z., J. van Paradijs, and E. P. J. van den Heuvel (2000). A Catalogue of High-Mass X-ray Binaries. *Astronomy and Astrophysics Supplement 147*, 25–49.

Lyngå, G. (1981). Astronomical Data Center Bulletin. Circular 2, NASA/GSFC, Greenbelt, MD.

Ma, C., E. F. Arias, T. M. Eubanks, A. L. Fey, A. M. Gontier, C. S. Jacobs, O. J. Sovers, B. A. Archinal, and P. Charlot (1998). The International Celestial Reference Frame as Realized by Very Long Baseline Interferometry. *Astronomical Journal 116*, 516–546.

Macomb, D. and N. Gehrels (1999). A General Gamma-Ray Source Catalog. *Astrophysical Journal Supplement 120*, 335–397.

Malkin, Z. and O. Titov (2008). Optical Characteristics of Astrometric Radio Sources. In *Measuring the Future, Proc. Fifth IVS General Meeting, A. Finkelstein, D. Behrend (Eds.), 2008, p. 183-187*, pp. 183–187.

Manchester, R. N., G. B. Hobbs, A. Teoh, and M. Hobbs (2005). The Australia Telescope National Facility Pulsar Catalogue. *Astronomical Journal 129*, 1993–2006.

Mason, B. D., G. L. Wycoff, W. I. Hartkopf, G. Douglass, and C. E. Worley (2001). The Washington Double Star Catalog. *Astronomical Journal 122*, 3466–3471.

Morgan, W. W., H. A. Abt, and J. W. Tapschott (1978). *Revised MK Spectral Atlas for Stars Earlier than the Sun*. Williams Bay, WI and Tucson, AZ: Yerkes Obs. and Kitt Peak Nat. Obs.

Nelson, R. A., D. D. McCarthy, S. Malys, J. Levine, B. Guinot, H. F. Fliegel, R. L. Beard, and T. R. Bartholomew (2001). The Leap Second: its History and Possible Future. *Metrologia 38*, 509–529.

Newhall, X. X. and J. G. Williams (1996). Estimation of the Lunar Physical Librations. *Celestial Mechanics and Dynamical Astronomy 66*, 21–30.

Nicholson, P. D. (2008). Natural Satellites of the Planets. In P. Kelly (Ed.), *Observer's Handbook 2009*, pp. 21–26. Toronto, Ontario, Canada: University of Toronto Press.

Oke, J. B. (1990). Faint Spectrophotometric Standard Stars. *Astronomical Journal 99*, 1621–1631.

Owen, Jr., W. M., R. M. Vaughan, and S. P. Synnott (1991). Orbits of the Six New Satellites of Neptune. *Astronomical Journal 101*, 1511–1515.

Perry, C. L., E. H. Olsen, and D. L. Crawford (1987). A Catalog of Bright UVBY Beta Standard Stars. *Publications of the Astronomy Society of the Pacific 99*, 1184–1200.

Pitjeva, E. V. and E. M. Standish (2009). Proposals for the Masses of the Three Largest Asteroids, the Moon-Earth Mass Ratio and the Astronomical Unit. *Celestial Mechanics and Dynamical Astronomy 103*, 365–372.

Rohde, J. R. and A. T. Sinclair (1992). Orbital Ephemerides and Rings of Satellites. In P. K. Seidelmann (Ed.), *Explanatory Supplement to The Astronomical Almanac*, pp. 353. Mill Valley, CA: University Science Books.

Rutledge, G. A., J. E. Hesser, and P. B. Stetson (1997). Galactic Globular Cluster Metallicity Scale from the Ca II Triplet II. Rankings, Comparisons, and Puzzles. *Publications of the Astronomical Society of the Pacific 109*, 907–919.

Seidelmann, P. K. (1982). 1980 IAU Theory of Nutation - The Final Report of the IAU Working Group on Nutation. *Celestial Mechanics 27*, 79–106.

Seidelmann, P. K. (Ed.) (1992). *Explanatory Supplement to The Astronomical Almanac*. Mill Valley, CA: University Science Books.

Seidelmann, P. K., B. A. Archinal, M. F. A'hearn, A. Conrad, G. J. Consolmagno, D. Hestroffer, J. L. Hilton, G. A. Krasinsky, G. Neumann, J. Oberst, P. Stooke, E. F. Tedesco, D. J. Tholen, P. C. Thomas, and I. P. Williams (2007). Report of the IAU/IAG Working Group on Cartographic Coordinates and Rotational Elements: 2006. *Celestial Mechanics and Dynamical Astronomy 98*, 155–180.

Simon, J. L., P. Bretagnon, J. Chapront, M. Chapront-Touzé, G. Francou, and J. Laskar (1994). Numerical Expressions for Precession Formulae and Mean Elements for the Moon and the Planets. *Astronomy and Astrophysics 282*, 663–683.

Sinclair, A. T. (1974). A Theory of the Motion of Iapetus. *Monthly Notices of the Royal Astronomical Society 169*, 591–605.

Sinclair, A. T. (1977). The Orbits of Tethys, Dione, Rhea, Titan and Iapetus. *Monthly Notices of the Royal Astronomical Society 180*, 447–459.

Sinclair, A. T. (1989). The Orbits of the Satellites of Mars Determined from Earth-based and Space-craft Observations. *Astronomy and Astrophysics 220*, 321–328.

Smart, W. M. (1956). *Text-Book on Spherical Astronomy*. Cambridge: Cambridge University Press.

Souchay, J., A. H. Andrei, C. Barache, S. Bouquillon, A.-M. Gontier, S. B. Lambert, C. Le Poncin-Lafitte, F. Taris, E. F. Arias, D. Suchet, and M. Baudin (2009). Large Quasar Astrometric Catalog. *Astronomy and Astrophysics 494*, 799.

Standish, E. M. (1998a). JPL Planetary and Lunar Ephemerides, DE405/LE405. *JPL IOM 312.F-98-048*.

Standish, E. M. (1998b). Time Scales in the JPL and CfA Ephemerides. *Astronomy and Astrophysics 336*, 381–384.

Stickel, M., J. W. Fried, and H. Kuehr (1989). Optical Spectroscopy of 1 Jy BL Lacertae Objects and Flat Spectrum Radio Sources. *Astronomy and Astrophysics Supplement Series 80*, 103–114.

Stickel, M. and H. Kuehr (1994). An Update of the Optical Identification Status of the S4 Radio Source Catalogue. *Astronomy and Astrophysics Supplement Series 103*, 349–363.

Sudbury, P. V. (1969). The Motion of Jupiter's Fifth Satellite. *Icarus 10*, 116–143.

Taylor, D. B. (1984). A Comparison of the Theory of the Motion of Hyperion with Observations Made During 1967-1982. *Astronomy and Astrophysics 141*, 151–158.

Taylor, D. B. (1995). Compact ephemerides for differential tangent plane coordinates of planetary satellites. *NAO Technical Note No. 68*.

Taylor, D. B. and K. X. Shen (1988). Analysis of Astrometric Observations from 1967 to 1983 of the Major Satellites of Saturn. *Astronomy and Astrophysics 200*, 269–278.

Tholen, D. J. (1985). The Orbit of Pluto's Satellite. *Astronomical Journal 90*, 2353–2359.

Trager, S. C., S. Djorgovski, and I. R. King (1993). Structural Parameters of Galactic Globular Clusters. In S. G. Djorgovski & G. Meylan (Ed.), *Structure and Dynamics of Globular Clusters*, Volume 50 of *Astronomical Society of the Pacific Conference Series*, pp. 347.

Trager, S. C., I. R. King, and S. Djorgovski (1995). Catalogue of Galactic Globular-Cluster Surface-Brightness Profiles. *Astronomical Journal 109*, 218–241.

Trumpler, R. J. (1930). Preliminary Results on the Distances, Dimensions and Space Distribution of Open Star Clusters. *Lick Observatory Bulletin XIV*, 154.

Turnshek, D. A., R. C. Bohlin, R. L. Williamson, O. L. Lupie, J. Koornneef, and D. H. Morgan (1990). An Atlas of Hubble Space Telescope Photometric, Spectrophotometric, and Polarimetric Calibration Objects. *Astronomical Journal 99*, 1243–1261.

Udry, S. Mayor, M., E. Maurice, J. Andersen, M. Imbert, H. Lindgren, J. C. Mermilliod, B. Nordström, and L. Prévot (1999). 20 years of CORAVEL Monitoring of Radial-Velocity Standard Stars. In J. Hearnshaw and C. Scarfe (Eds.), *Precise Stellar Radial Velocities, Victoria, IAU Coll. 170*, pp. 383.

van Paradijs, J. (1995). A Catalogue of X-Ray Binaries. In W. H. G. Lewin, J. van Paradijis, and E. P. J. van den Heuvel (Eds.), *X-ray Binaries*, pp. 536. University of Chicago Press. Volume IX of Stars and Stellar Systems.

Véron-Cetty, M. P. and P. Véron (2006). A Catalogue of Quasars and Active Nuclei: 12th edition. *Astronomy and Astrophysics 455*, 773–777.

Wallace, P. T. and N. Capitaine (2006). Precession-Nutation Procedures Consistent with IAU 2006 Resolutions. *Astronomy and Astrophysics 459*, 981–985.

Watts, C. B. (1963). The Marginal Zone of the Moon. In *Astronomical Papers of the American Ephemeris and Nautical Almanac*, Volume 17. Washington, DC: U.S. Government Printing Office.

Zadunaisky, P. E. (1954). A Determination of New Elements of the Orbit of Phoebe, Ninth Satellite of Saturn. *Astronomical Journal 59*, 1–6.

Zinn, R. and M. J. West (1984). The Globular Cluster System of the Galaxy. III - Measurements of Radial Velocity and Metallicity for 60 Clusters and a Compilation of Metallicities for 121 Clusters. *Astrophysical Journal Supplement Series 55*, 45–66.

ΔT: the difference between *Terrestrial Time (TT)* and *Universal Time (UT)*: $\Delta T = TT - UT1$.

ΔUT1 (or ΔUT): the value of the difference between *Universal Time (UT)* and *Coordinated Universal Time (UTC)*: $\Delta UT1 = UT1 - UTC$.

aberration (of light): the relativistic apparent angular displacement of the observed position of a celestial object from its *geometric position*, caused by the motion of the observer in the reference system in which the trajectories of the observed object and the observer are described. (See *aberration, planetary.*)

aberration, annual: the component of *stellar aberration* resulting from the motion of the Earth about the Sun. (See *aberration, stellar.*)

aberration, diurnal: the component of *stellar aberration* resulting from the observer's *diurnal motion* about the center of the Earth due to Earth's rotation. (See *aberration, stellar.*)

aberration, E-terms of: the terms of *annual aberration* which depend on the *eccentricity* and longitude of *perihelion* of the Earth. (See *aberration, annual; perihelion.*)

aberration, elliptic: see *aberration, E-terms of.*

aberration, planetary: the apparent angular displacement of the observed position of a solar system body from its instantaneous geometric direction as would be seen by an observer at the geocenter. This displacement is produced by the combination of *aberration of light* and *light-time displacement.*

aberration, secular: the component of *stellar aberration* resulting from the essentially uniform and almost rectilinear motion of the entire solar system in space. Secular *aberration* is usually disregarded. (See *aberration, stellar.*)

aberration, stellar: the apparent angular displacement of the observed position of a celestial body resulting from the motion of the observer. Stellar *aberration* is divided into diurnal, annual, and secular components. (See *aberration, annual; aberration, diurnal; aberration, secular.*)

altitude: the angular distance of a celestial body above or below the *horizon*, measured along the great circle passing through the body and the *zenith*. Altitude is 90° minus the *zenith distance*.

annual parallax: see *parallax, heliocentric.*

anomaly: the angular separation of a body in its *orbit* from its *pericenter.*

anomaly, eccentric: in undisturbed elliptic motion, the angle measured at the center of the *orbit* ellipse from *pericenter* to the point on the circumscribing auxiliary circle from which a perpendicular to the major axis would intersect the orbiting body. (See *anomaly, mean; anomaly, true.*)

anomaly, mean: the product of the *mean motion* of an orbiting body and the interval of time since the body passed the *pericenter*. Thus, the mean *anomaly* is the angle from the pericenter of a hypothetical body moving with a constant angular speed that is equal to the mean motion. In realistic computations, with disturbances taken into account, the mean anomaly is equal to its initial value at an *epoch* plus an integral of the mean motion over the time elapsed since the epoch. (See *anomaly, eccentric; anomaly, mean at epoch; anomaly, true.*)

anomaly, mean at epoch: the value of the *mean anomaly* at a specific *epoch*, i.e., at some fiducial moment of time. It is one of the six *Keplerian elements* that specify an *orbit*. (See *Keplerian Elements; orbital elements.*)

anomaly, true: the angle, measured at the focus nearest the *pericenter* of an *elliptical orbit*, between the pericenter and the radius vector from the focus to the orbiting body; one of the standard *orbital elements*. (See *anomaly, eccentric; anomaly, mean; orbital elements.*)

aphelion: the point in an *orbit* that is the most distant from the Sun.

apocenter: the point in an *orbit* that is farthest from the origin of the reference system. (See *aphelion; apogee.*)

apogee: the point in an *orbit* that is the most distant from the Earth. Apogee is sometimes used with reference to the apparent orbit of the Sun around the Earth.

apparent place: coordinates of a celestial object, referred to the *true equator and equinox* at a specific date, obtained by removing from the directly observed position of the object the effects that depend on the *topocentric* location of the observer, i.e., *refraction, diurnal aberration,* and *geocentric (diurnal) parallax.* Thus, the position at which the object would actually be seen from the center of the Earth — if the Earth were transparent, nonrefracting, and massless — referred to the *true equator* and *equinox.* (See *aberration, diurnal.*)

apparent solar time: see *solar time, apparent.*

appulse: the least apparent distance between one celestial object and another, as viewed from a third body. For objects moving along the *ecliptic* and viewed from the Earth, the time of appulse is close to that of *conjunction* in *ecliptic longitude.*

Aries, First point of: another name for the *vernal equinox.*

aspect: the position of any of the planets or the Moon relative to the Sun, as seen from the Earth.

astrometric ephemeris: an *ephemeris* of a solar system body in which the tabulated positions are *astrometric places.* Values in an astrometric ephemeris are essentially comparable to catalog *mean places* of stars after the star positions have been updated for *proper motion* and *parallax.*

astrometric place: direction of a solar system body formed by applying the correction for *light-time displacement* to the *geometric position.* Such a position is directly comparable with the catalog positions of background stars in the same area of the sky, after the star positions have been updated for *proper motion* and *parallax.* There is no correction for *aberration* or *deflection of light* since it is assumed that these are almost identical for the solar system body and background stars. An astrometric place is expressed in the reference system of a star catalog; in *The Astronomical Almanac,* the reference system is the *International Celestial Reference System (ICRS).*

astronomical coordinates: the longitude and latitude of the point on Earth relative to the *geoid.* These coordinates are influenced by local gravity anomalies. (See *latitude, terrestrial; longitude, terrestrial; zenith.*)

astronomical refraction: see *refraction, astronomical.*

astronomical unit (au): the radius of a circular *orbit* in which a body of negligible mass, and free of *perturbations,* would revolve around the Sun in $2\pi/k$ *days,* k being the *Gaussian gravitational constant.* This is slightly less than the *semimajor axis* of the Earth's orbit.

astronomical zenith: see *zenith, astronomical.*

atomic second: see *second, Système International (SI).*

augmentation: the amount by which the apparent *semidiameter* of a celestial body, as observed from the surface of the Earth, is greater than the semidiameter that would be observed from the center of the Earth.

autumnal equinox: see *equinox, autumnal.*

azimuth: the angular distance measured eastward along the *horizon* from a specified reference point (usually north). Azimuth is measured to the point where the great circle determining the *altitude* of an object meets the horizon.

barycenter: the center of mass of a system of bodies; e.g., the center of mass of the solar system or the Earth-Moon system.

barycentric: with reference to, or pertaining to, the *barycenter* (usually of the solar system).

Barycentric Celestial Reference System (BCRS): a system of *barycentric* space-time coordinates for the solar system within the framework of General Relativity. The metric tensor to be used in the system is specified by the *IAU* 2000 resolution B1.3. For all practical applications, unless otherwise stated, the BCRS is assumed to be oriented according to the *ICRS* axes. (See *Barycentric Coordinate Time (TCB)*.)

Barycentric Coordinate Time (TCB): the coordinate time of the *Barycentric Celestial Reference System (BCRS)*, which advances by *SI seconds* within that system. TCB is related to *Geocentric Coordinate Time (TCG)* and *Terrestrial Time (TT)* by relativistic transformations that include a secular term. (See *second, Système International (SI)*.)

Barycentric Dynamical Time (TDB): A time scale defined by the *IAU* (originally in 1976; named in 1979; revised in 2006) for use as an independent argument of *barycentric ephemerides* and equations of motion. TDB is a linear function of *Barycentric Coordinate Time (TCB)* that on average tracks *TT* over long *periods* of time; differences between TDB and TT evaluated at the Earth's surface remain under 2 ms for several thousand *years* around the current *epoch*. TDB is functionally equivalent to T_eph, the independent argument of the JPL planetary and lunar ephemerides DE405/LE405. (See *second, Système International (SI)*.)

Besselian elements: quantities tabulated for the calculation of accurate predictions of an *eclipse* or *occultation* for any point on or above the surface of the Earth.

calendar: a system of reckoning time in units of solar *days*. The days are enumerated according to their position in cyclic patterns usually involving the motions of the Sun and/or the Moon.

> **calendar, Gregorian:** The *calendar* introduced by Pope Gregory XIII in 1582 to replace the *Julian calendar*. This calendar is now used as the civil calendar in most countries. In the Gregorian calendar, every *year* that is exactly divisible by four is a leap year, except for centurial years, which must be exactly divisible by 400 to be leap years. Thus 2000 was a leap year, but 1900 and 2100 are not leap years.

> **calendar, Julian:** the *calendar* introduced by Julius Caesar in 46 B.C. to replace the Roman calendar. In the Julian calendar a common *year* is defined to comprise 365 *days*, and every fourth year is a leap year comprising 366 days. The Julian calendar was superseded by the *Gregorian calendar*.

> **calendar, proleptic:** the extrapolation of a *calendar* prior to its date of introduction.

catalog equinox: see *equinox, catalog*.

Celestial Ephemeris Origin (CEO): the original name for the *Celestial Intermediate Origin (CIO)* given in the *IAU* 2000 resolutions. Obsolete.

celestial equator: the plane perpendicular to the *Celestial Intermediate Pole (CIP)*. Colloquially, the projection onto the *celestial sphere* of the Earth's *equator*. (See *mean equator and equinox; true equator and equinox*.)

Celestial Intermediate Origin (CIO): the non-rotating origin of the *Celestial Intermediate Reference System*. Formerly referred to as the *Celestial Ephemeris Origin (CEO)*.

Celestial Intermediate Origin Locator (CIO Locator): denoted by s, is the difference between the *Geocentric Celestial Reference System (GCRS) right ascension* and the intermediate right ascension of the intersection of the *GCRS* and intermediate *equators*.

Celestial Intermediate Pole (CIP): the reference pole of the *IAU* 2000A *precession nutation* model. The motions of the CIP are those of the Tisserand mean axis of the Earth with *periods* greater than two *days*. (See *nutation; precession*.)

Celestial Intermediate Reference System: a *geocentric* reference system related to the *Geocentric Celestial Reference System (GCRS)* by a time-dependent rotation taking into account *precession-nutation.* It is defined by the intermediate *equator* of the *Celestial Intermediate Pole (CIP)* and the *Celestial Intermediate Origin (CIO)* on a specific date.

celestial pole: see *pole, celestial.*

celestial sphere: an imaginary sphere of arbitrary radius upon which celestial bodies may be considered to be located. As circumstances require, the celestial sphere may be centered at the observer, at the Earth's center, or at any other location.

center of figure: that point so situated relative to the apparent figure of a body that any line drawn through it divides the figure into two parts having equal apparent areas. If the body is oddly shaped, the center of figure may lie outside the figure itself.

center of light: same as *center of figure* except referring only to the illuminated portion.

conjunction: the phenomenon in which two bodies have the same apparent *ecliptic longitude* or *right ascension* as viewed from a third body. Conjunctions are usually tabulated as *geocentric* phenomena. For Mercury and Venus, geocentric inferior conjunctions occur when the planet is between the Earth and Sun, and superior conjunctions occur when the Sun is between the planet and Earth. (See *longitude, ecliptic.*)

constellation: 1. A grouping of stars, usually with pictorial or mythical associations, that serves to identify an area of the *celestial sphere*. **2.** One of the precisely defined areas of the celestial sphere, associated with a grouping of stars, that the *International Astronomical Union (IAU)* has designated as a constellation.

Coordinated Universal Time (UTC): the time scale available from broadcast time signals. UTC differs from *International Atomic Time (TAI)* by an integral number of *seconds*; it is maintained within $\pm0^s9$ seconds of *UT1* by the introduction of *leap seconds*. (See *International Atomic Time (TAI); leap second; Universal Time (UT).*)

culmination: the passage of a celestial object across the observer's *meridian*; also called "meridian passage".

> **culmination, lower:** (also called "*culmination* below pole" for circumpolar stars and the Moon) is the crossing farther from the observer's *zenith*.

> **culmination, upper:** (also called "*culmination* above pole" for circumpolar stars and the Moon) or *transit* is the crossing closer to the observer's *zenith*.

day: an interval of 86 400 *SI seconds*, unless otherwise indicated. (See *second, Système International (SI).*)

declination: angular distance on the *celestial sphere* north or south of the *celestial equator*. It is measured along the *hour circle* passing through the celestial object. Declination is usually given in combination with *right ascension* or *hour angle*.

defect of illumination: (sometimes, greatest defect of illumination): the maximum angular width of the unilluminated portion of the apparent disk of a solar system body measured along a radius.

deflection of light: the angle by which the direction of a light ray is altered from a straight line by the gravitational field of the Sun or other massive object. As seen from the Earth, objects appear to be deflected radially away from the Sun by up to $1''.75$ at the Sun's *limb*. Correction for this effect, which is independent of wavelength, is included in the transformation from *mean place* to *apparent place*.

deflection of the vertical: the angle between the astronomical *vertical* and the geodetic vertical. (See *astronomical coordinates; geodetic coordinates; zenith.*)

delta T: see Δ**T**.

delta UT1: see Δ**UT1 (or** Δ**UT).**

direct motion: for orbital motion in the solar system, motion that is counterclockwise in the *orbit* as seen from the north pole of the *ecliptic*; for an object observed on the *celestial sphere*, motion that is from west to east, resulting from the relative motion of the object and the Earth.

diurnal motion: the apparent daily motion, caused by the Earth's rotation, of celestial bodies across the sky from east to west.

diurnal parallax: see *parallax, geocentric.*

dynamical equinox: the ascending *node* of the Earth's mean *orbit* on the Earth's *true equator*; i.e., the intersection of the *ecliptic* with the *celestial equator* at which the Sun's *declination* changes from south to north. (See *catalog equinox; equinox; true equator and equinox.*)

dynamical time: the family of time scales introduced in 1984 to replace *ephemeris time (ET)* as the independent argument of dynamical theories and *ephemerides*. (See *Barycentric Dynamical Time (TDB); Terrestrial Time (TT).*)

Earth Rotation Angle (ERA): the angle, θ, measured along the *equator* of the *Celestial Intermediate Pole (CIP)* between the direction of he *Celestial Intermediate Origin (CIO)* and the *Terrestrial Intermediate Origin (TIO)*. It is a linear function of *UT1*; its time derivative is the Earth's angular velocity.

eccentricity: 1. A parameter that specifies the shape of a conic secton. **2.** One of the standard *elements* used to describe an elliptic or *hyperbolic orbit*. For an *elliptical orbit*, the quantity $e = \sqrt{1 - (b^2/a^2)}$, where a and b are the lengths of the *semimajor* and semiminor axes, respectively. (See *orbital elements.*)

eclipse: the obscuration of a celestial body caused by its passage through the shadow cast by another body.

    eclipse, annular: a *solar eclipse* in which the solar disk is not completely covered but is seen as an annulus or ring at maximum *eclipse*. An annular eclipse occurs when the apparent disk of the Moon is smaller than that of the Sun. (See *eclipse, solar.*)

    eclipse, lunar: an *eclipse* in which the Moon passes through the shadow cast by the Earth. The eclipse may be total (the Moon passing completely through the Earth's *umbra*), partial (the Moon passing partially through the Earth's umbra at maximum eclipse), or penumbral (the Moon passing only through the Earth's *penumbra*).

    eclipse, solar: actually an *occultation* of the Sun by the Moon in which the Earth passes through the shadow cast by the Moon. It may be total (observer in the Moon's *umbra*), partial (observer in the Moon's *penumbra*), annular, or annular-total. (See *eclipse, annular.*)

ecliptic: 1. The mean plane of the *orbit* of the Earth-Moon *barycenter* around the solar system barycenter. **2.** The apparent path of the Sun around the *celestial sphere*.

ecliptic latitude: see *latitude, ecliptic.*

ecliptic longitude: see *longitude, ecliptic.*

elements: a set of parameters used to describe the position and/or motion of an astronomical object.

    elements, Besselian: see *Besselian elements.*

    elements, Keplerian: see *Keplerian Elements.*

    elements, mean: see *mean elements.*

    elements, orbital: see *orbital elements.*

    elements, osculating: see *osculating elements.*

elongation: the *geocentric* angle between two celestial objects.

    elongation, greatest: the maximum value of a *planetary elongation* for a solar system body that remains interior to the Earth's *orbit*, or the maximum value of a *satellite elongation*.

    elongation, planetary: the *geocentric* angle between a planet and the Sun. Planetary *elongations* are measured from 0° to 180°, east or west of the Sun.

elongation, satellite: the *geocentric* angle between a satellite and its primary. Satellite *elongations* are measured from 0° east or west of the planet.

epact: 1. The age of the Moon. **2.** The number of *days* since new moon, diminished by one day, on January 1 in the Gregorian ecclesiastical lunar cycle. (See *calendar, Gregorian; lunar phases.*)

ephemeris: a tabulation of the positions of a celestial object in an orderly sequence for a number of dates.

ephemeris hour angle: an *hour angle* referred to the *ephemeris meridian.*

ephemeris longitude: longitude measured eastward from the *ephemeris meridian.* (See *longitude, terrestrial.*)

ephemeris meridian: a fictitious *meridian* that rotates independently of the Earth at the uniform rate implicitly defined by *Terrestrial Time (TT)*. The *ephemeris* meridian is 1.002 738 ΔT east of the Greenwich meridian, where $\Delta T = TT - UT1$.

ephemeris time (ET): the time scale used prior to 1984 as the independent variable in gravitational theories of the solar system. In 1984, ET was replaced by *dynamical time.*

ephemeris transit: the passage of a celestial body or point across the *ephemeris meridian.*

epoch: an arbitrary fixed instant of time or date used as a chronological reference datum for *calendars*, celestial reference systems, star catalogs, or orbital motions. (See *calendar; orbit.*)

equation of the equinoxes: the difference apparent *sidereal time* minus mean sidereal time, due to the effect of *nutation* in longitude on the location of the *equinox*. Equivalently, the difference between the *right ascensions* of the *true* and *mean equinoxes*, expressed in time units. (See *sidereal time.*)

equation of the origins: the arc length, measured positively eastward, from the *Celestial Intermediate Origin (CIO)* to the *equinox* along the intermediate *equator*; alternatively the difference between the *Earth Rotation Angle (ERA)* and *Greenwich Apparent Sidereal Time (ERA − GAST)*.

equation of time: the difference *apparent solar time* minus *mean solar time.*

equator: the great circle on the surface of a body formed by the intersection of the surface with the plane passing through the center of the body perpendicular to the axis of rotation. (See *celestial equator.*)

equinox: 1. Either of the two points on the *celestial sphere* at which the *ecliptic* intersects the *celestial equator*. **2.** The time at which the Sun passes through either of these intersection points; i.e., when the apparent *ecliptic longitude* of the Sun is 0° or 180°. **3.** The *vernal equinox.* (See *mean equator and equinox; true equator and equinox.*)

  equinox, autumnal: 1. The decending *node* of the *ecliptic* on the *celestial sphere*. **2.** The time which the apparent *ecliptic longitude* of the Sun is 180°.

  equinox, catalog: the intersection of the *hour angle* of zero *right ascension* of a star catalog with the *celestial equator*. Obsolete.

  equinox, dynamical: the ascending *node* of the *ecliptic* on the Earth's *true equator.*

  equinox, vernal: 1. The ascending *node* of the *ecliptic* on the *celestial equator*. **2.** The time at which the apparent *ecliptic longitude* of the Sun is 0°.

era: a system of chronological notation reckoned from a specific event.

ERA: see *Earth Rotation Angle (ERA).*

flattening: a parameter that specifies the degree by which a planet's figure differs from that of a sphere; the ratio $f = (a - b)/a$, where a is the equatorial radius and b is the polar radius.

frame bias: the orientation of the *mean equator and equinox* of J2000.0 with respect to the *Geocentric Celestial Reference System (GCRS)*. It is defined by three small and constant angles, two of which describe the offset of the mean pole at J2000.0 and the other is the *GCRS right ascension* of the mean inertial *equinox* of J2000.0.

frequency: the number of *periods* of a regular, cyclic phenomenon in a given measure of time, such as a *second* or a *year*. (See *period; second, Système International (SI); year.*)

frequency standard: a generator whose output is used as a precise *frequency* reference; a primary frequency standard is one whose frequency corresponds to the adopted definition of the *second*, with its specified accuracy achieved without calibration of the device. (See *second, Système International (SI).*)

GAST: see *Greenwich Apparent Sidereal Time (GAST).*

Gaussian gravitational constant: k = 0.017 202 098 95: the constant defining the astronomical system of units of length (*astronomical unit (au)*), mass (solar mass) and time (*day*), by means of Kepler's third law. The dimensions of k^2 are those of Newton's constant of gravitation: $L^3 M^{-1} T^{-2}$.

geocentric: with reference to, or pertaining to, the center of the Earth.

Geocentric Celestial Reference System (GCRS): a system of *geocentric* space-time coordinates within the framework of General Relativity. The metric tensor used in the system is specified by the *IAU* 2000 resolutions. The GCRS is defined such that its spatial coordinates are kinematically non-rotating with respect to those of the *Barycentric Celestial Reference System (BCRS)*. (See *Geocentric Coordinate Time (TCG).*)

Geocentric Coordinate Time (TCG): the coordinate time of the *Geocentric Celestial Reference System (GCRS)*, which advances by *SI seconds* within that system. TCG is related to *Barycentric Coordinate Time (TCB)* and *Terrestrial Time (TT)*, by relativistic transformations that include a secular term. (See *second, Système International (SI).*)

geocentric coordinates: 1. The latitude and longitude of a point on the Earth's surface relative to the center of the Earth. **2.** Celestial coordinates given with respect to the center of the Earth. (See *latitude, terrestrial; longitude, terrestrial; zenith.*)

geocentric zenith: see *zenith, geocentric.*

geodetic coordinates: the latitude and longitude of a point on the Earth's surface determined from the geodetic *vertical* (normal to the reference ellipsoid). (See *latitude, terrestrial; longitude, terrestrial; zenith.*)

geodetic zenith: see *zenith, geodetic.*

geoid: an equipotential surface that coincides with mean sea level in the open ocean. On land it is the level surface that would be assumed by water in an imaginary network of frictionless channels connected to the ocean.

geometric position: the position of an object defined by a straight line (vector) between the center of the Earth (or the observer) and the object at a given time, without any corrections for *light-time, aberration,* etc.

GMST: see *Greenwich Mean Sidereal Time (GMST).*

greatest defect of illumination: see *defect of illumination.*

Greenwich Apparent Sidereal Time (GAST): the Greenwich *hour angle* of the *true equinox* of date.

Greenwich Mean Sidereal Time (GMST): the Greenwich *hour angle* of the *mean equinox* of date.

Greenwich sidereal date (GSD): the number of *sidereal days* elapsed at Greenwich since the beginning of the Greenwich sidereal *day* that was in progress at the *Julian date (JD)* 0.0.

Greenwich sidereal day number: the integral part of the *Greenwich sidereal date (GSD).*

Gregorian calendar: see *calendar, Gregorian.*

height: the distance above or below a reference surface such as mean sea level on the Earth or a planetographic reference surface on another solar system planet.

heliocentric: with reference to, or pertaining to, the center of the Sun.

heliocentric parallax: see *parallax, heliocentric.*

horizon: 1. A plane perpendicular to the line from an observer through the *zenith.* **2.** The observed border between Earth and the sky.

   horizon, astronomical: the plane perpendicular to the line from an observer to the *astronomical zenith* that passes through the point of observation.

   horizon, geocentric: the plane perpendicular to the line from an observer to the *geocentric zenith* that passes through the center of the Earth.

   horizon, natural: the border between the sky and the Earth as seen from an observation point.

horizontal parallax: see *parallax, horizontal.*

horizontal refraction: see *refraction, horizontal.*

hour angle: angular distance on the *celestial sphere* measured westward along the *celestial equator* from the *meridian* to the *hour circle* that passes through a celestial object.

hour circle: a great circle on the *celestial sphere* that passes through the *celestial poles* and is therefore perpendicular to the *celestial equator.*

IAU: see *International Astronomical Union (IAU).*

illuminated extent: the illuminated area of an apparent planetary disk, expressed as a solid angle.

inclination: 1. The angle between two planes or their poles. **2.** Usually, the angle between an orbital plane and a reference plane. **3.** One of the standard *orbital elements* that specifies the orientation of the *orbit.* (See *orbital elements.*)

instantaneous orbit: see *orbit, instantaneous.*

intercalate: to insert an interval of time (e.g., a *day* or a *month*) within a *calendar,* usually so that it is synchronized with some natural phenomenon such as the seasons or *lunar phases.*

International Astronomical Union (IAU): an international non-governmental organization that promotes the science of astronomy. The IAU is composed of both national and individual members. In the field of positional astronomy, the IAU, among other activities, recommends standards for data analysis and modeling, usually in the form of resolutions passed at General Assemblies held every three *years.*

International Atomic Time (TAI): the continuous time scale resulting from analysis by the Bureau International des Poids et Mesures of atomic time standards in many countries. The fundamental unit of TAI is the *SI second* on the *geoid,* and the *epoch* is 1958 January 1. (See *second, Système International (SI).*)

International Celestial Reference Frame (ICRF): 1. A set of extragalactic objects whose adopted positions and uncertainties realize the *International Celestial Reference System (ICRS)* axes and give the uncertainties of those axes. **2.** The name of the radio catalog whose 212 defining sources serve as fiducial points to fix the axes of the *ICRS,* recommended by the *International Astronomical Union (IAU)* in 1997.

International Celestial Reference System (ICRS): a time-independent, kinematically non-rotating *barycentric* reference system recommended by the *International Astronomical Union (IAU)* in 1997. Its axes are those of the *International Celestial Reference Frame (ICRF).*

International Terrestrial Reference Frame (ITRF): a set of reference points on the surface of the Earth whose adopted positions and velocities fix the rotating axes of the *International Terrestrial Reference System (ITRS).*

International Terrestrial Reference System (ITRS): a time-dependent, non-inertial reference system co-moving with the geocenter and rotating with the Earth. The ITRS is the recommended system in which to express positions on the Earth.

invariable plane: the plane through the center of mass of the solar system perpendicular to the angular momentum vector of the solar system.

irradiation: an optical effect of contrast that makes bright objects viewed against a dark background appear to be larger than they really are.

Julian calendar: see *calendar, Julian.*

Julian date (JD): the interval of time in *days* and fractions of a day, since 4713 B.C. January 1, Greenwich noon, Julian *proleptic calendar.* In precise work, the timescale, e.g., *Terrestrial Time (TT)* or *Universal Time (UT),* should be specified.

Julian date, modified (MJD): the *Julian date (JD)* minus 2400000.5.

Julian day number: the integral part of the *Julian date (JD).*

Julian year: see *year, Julian.*

Keplerian Elements: a certain set of six *orbital elements,* sometimes referred to as the Keplerian set. Historically, this set included the *mean anomaly* at the *epoch,* the *semimajor axis,* the *eccentricity* and three Euler angles: the *longitude of the ascending node,* the *inclination,* and the *argument of pericenter.* The time of *pericenter* passage is often used as part of the Keplerian set instead of the mean *anomaly* at the epoch. Sometimes the longitude of pericenter (which is the sum of the longitude of the ascending *node* and the argument of pericenter) is used instead of either the longitude of the ascending node or the argument of pericenter.

Laplacian plane: **1.** For planets see *invariable plane.* **2.** For a system of satellites, the fixed plane relative to which the vector sum of the disturbing forces has no orthogonal component.

latitude, celestial: see *latitude, ecliptic.*

latitude, ecliptic: angular distance on the *celestial sphere* measured north or south of the *ecliptic* along the great circle passing through the poles of the ecliptic and the celestial object. Also referred to as *celestial latitude.*

latitude, terrestrial: angular distance on the Earth measured north or south of the *equator* along the *meridian* of a geographic location.

leap second: a *second* inserted as the 61st second of a minute at announced times to keep *UTC* within 0^s9 of *UT1.* Generally, leap seconds are added at the end of June or December as necessary, but may be inserted at the end of any *month.* Although it has never been utilized, it is possible to have a negative leap second in which case the 60th second of a minute would be removed. (See *Coordinated Universal Time (UTC); second, Système International (SI); Universal Time (UT).*)

librations: the real or apparent oscillations of a body around a reference point. When referring to the Moon, librations are variations in the orientation of the Moon's surface with respect to an observer on the Earth. Physical librations are due to variations in the orientation of the Moon's rotational axis in inertial space. The much larger optical librations are due to variations in the rate of the Moon's orbital motion, the *obliquity* of the Moon's *equator* to its orbital plane, and the diurnal changes of geometric perspective of an observer on the Earth's surface.

light-time: the interval of time required for light to travel from a celestial body to the Earth.

light-time displacement: the difference between the geometric and *astrometric place* of a solar system body. It is caused by the motion of the body during the interval it takes light to travel from the body to Earth.

light-year: the distance that light traverses in a vacuum during one *year.* Since there are various ways to define a year, there is an ambiguity in the exact distance; the *IAU* recommends using the *Julian year* as the time basis. A light-year is approximately 9.46×10^{12} km, 5.88×10^{12}

statute miles, 6.32×10^4 *au*, and 3.07×10^{-1} *parsecs*. Often distances beyond the solar system are given in parsecs. (See *parsec*.)

light, deflection of: see *deflection of light*.

limb: the apparent edge of the Sun, Moon, or a planet or any other celestial body with a detectable disk.

limb correction: generally, a small angle (positive or negative) that is added to the tabulated apparent *semidiameter* of a body to compensate for local topography at a specific point along the *limb*. Specifically for the Moon, the angle taken from the Watts lunar limb data (Watts, C. B., APAE XVII, 1963) that is used to correct the semidiameter of the Watts mean limb. The correction is a function of position along the limb and the apparent *librations*. The Watts mean limb is a circle whose center is offset by about $0\rlap{.}''6$ from the direction of the Moon's center of mass and whose radius is about $0\rlap{.}''4$ greater than the semidiameter of the Moon that is computed based on its *IAU* adopted radius in kilometers.

local sidereal time: the *hour angle* of the *vernal equinox* with respect to the local *meridian*.

longitude of the ascending node: given an *orbit* and a reference plane through the primary body (or center of mass): the angle, Ω, at the primary, between a fiducial direction in the reference plane and the point at which the orbit crosses the reference plane from south to north. Equivalently, Ω is one of the angles in the reference plane between the fiducial direction and the line of *nodes*. It is one of the six *Keplerian elements* that specify an orbit. For planetary orbits, the primary is the Sun, the reference plane is usually the *ecliptic*, and the fiducial direction is usually toward the *equinox*. (See *node; orbital elements*.)

longitude, celestial: see *longitude, ecliptic*.

longitude, ecliptic: angular distance on the *celestial sphere* measured eastward along the *ecliptic* from the *dynamical equinox* to the great circle passing through the poles of the ecliptic and the celestial object. Also referred to as *celestial longitude*.

longitude, terrestrial: angular distance measured along the Earth's *equator* from the Greenwich *meridian* to the meridian of a geographic location.

luminosity class: distinctions in intrinsic brightness among stars of the same *spectral type*, typically given as a Roman numeral. It denotes if a star is a supergiant (Ia or Ib), giant (II or III), subgiant (IV), or main sequence — also called dwarf (V). Sometimes subdwarfs (VI) and white dwarfs (VII) are regarded as luminosity classes. (See *spectral types or classes*.)

lunar phases: cyclically recurring apparent forms of the Moon. New moon, first quarter, full moon and last quarter are defined as the times at which the excess of the apparent *ecliptic longitude* of the Moon over that of the Sun is $0°$, $90°$, $180°$ and $270°$, respectively. (See *longitude, ecliptic*.)

lunation: the *period* of time between two consecutive new moons.

magnitude of a lunar eclipse: the fraction of the lunar diameter obscured by the shadow of the Earth at the greatest *phase* of a *lunar eclipse*, measured along the common diameter. (See *eclipse, lunar*.)

magnitude of a solar eclipse: the fraction of the solar diameter obscured by the Moon at the greatest *phase* of a *solar eclipse*, measured along the common diameter. (See *eclipse, solar*.)

magnitude, stellar: a measure on a logarithmic scale of the brightness of a celestial object. Since brightness varies with wavelength, often a wavelength band is specified. A factor of 100 in brightness is equivalent to a change of 5 in stellar magnitude, and brighter sources have lower magnitudes. For example, the bright star Sirius has a visual-band magnitude of -1.46 whereas the faintest stars detectable with an unaided eye under ideal conditions have visual-band magnitudes of about 6.0.

mean distance: an average distance between the primary and the secondary gravitating body.

The meaning of the mean distance depends upon the chosen method of averaging (i.e., averaging over the time, or over the *true anomaly*, or the *mean anomaly*. It is also important what power of the distance is subject to averaging.) In this volume the mean distance is defined as the inverse of the time-averaged reciprocal distance: $(\int r^{-1}dt)^{-1}$. In the two body setting, when the disturbances are neglected and the *orbit* is elliptic, this formula yields the *semimajor axis*, a, which plays the role of mean distance.

mean elements: average values of the *orbital elements* over some section of the *orbit* or over some interval of time. They are interpreted as the *elements* of some reference (mean) orbit that approximates the actual one and, thus, may serve as the basis for calculating orbit *perturbations*. The values of mean elements depend upon the chosen method of averaging and upon the length of time over which the averaging is made.

mean equator and equinox: the celestial coordinate system defined by the orientation of the Earth's equatorial plane on some specified date together with the direction of the *dynamical equinox* on that date, neglecting *nutation*. Thus, the mean *equator* and *equinox* moves in response only to *precession*. Positions in a star catalog have traditionally been referred to a catalog *equator* and equinox that approximate the mean equator and equinox of a *standard epoch*. (See *catalog equinox; true equator and equinox*.)

mean motion: in undisturbed elliptic motion, the constant angular speed required for a body to complete one revolution in an *orbit* of a specified *semimajor axis*.

mean place: coordinates of a star or other celestial object (outside the solar system) at a specific date, in the *Barycentric Celestial Reference System (BCRS)*. Conceptually, the coordinates represent the direction of the object as it would hypothetically be observed from the solar system *barycenter* at the specified date, with respect to a fixed coordinate system (e.g., the axes of the *International Celestial Reference Frame (ICRF)*), if the masses of the Sun and other solar system bodies were negligible.

mean solar time: see *solar time, mean.*

meridian: a great circle passing through the *celestial poles* and through the *zenith* of any location on Earth. For planetary observations a meridian is half the great circle passing through the planet's poles and through any location on the planet.

month: a calendrical unit that approximates the *period* of revolution of the Moon. Also, the period of time between the same dates in successive *calendar* months.

    month, sidereal: the *period* of revolution of the Moon about the Earth (or Earth-Moon *barycenter*) in a fixed reference frame. It is the mean period of revolution with respect to the background stars. The mean length of the sidereal *month* is approximately 27.322 *days*.

    month, synodic: the *period* between successive new Moons (as seen from the geocenter). The mean length of the synodic *month* is approximately 29.531 *days*.

moonrise, moonset: the times at which the apparent upper *limb* of the Moon is on the *astronomical horizon*. In *The Astronomical Almanac*, they are computed as the times when the true *zenith distance*, referred to the center of the Earth, of the central point of the Moon's disk is $90°34' + s - \pi$, where s is the Moon's *semidiameter*, π is the *horizontal parallax*, and $34'$ is the adopted value of *horizontal refraction*.

nadir: the point on the *celestial sphere* diametrically opposite to the *zenith*.

node: either of the points on the *celestial sphere* at which the plane of an *orbit* intersects a reference plane. The position of one of the nodes (the *longitude of the ascending node*) is traditionally used as one of the standard *orbital elements*.

nutation: oscillations in the motion of the rotation pole of a freely rotating body that is undergoing torque from external gravitational forces. Nutation of the Earth's pole is specified in terms of components in *obliquity* and longitude.

obliquity: in general, the angle between the equatorial and orbital planes of a body or, equivalently, between the rotational and orbital poles. For the Earth the obliquity of the *ecliptic* is the angle between the planes of the *equator* and the ecliptic; its value is approximately 23°.44.

occultation: the obscuration of one celestial body by another of greater apparent diameter; especially the passage of the Moon in front of a star or planet, or the disappearance of a satellite behind the disk of its primary. If the primary source of illumination of a reflecting body is cut off by the occultation, the phenomenon is also called an *eclipse*. The occultation of the Sun by the Moon is a *solar eclipse*. (See *eclipse, solar.*)

opposition: the phenomenon whereby two bodies have apparent *ecliptic longitudes* or *right ascensions* that differ by 180° as viewed by a third body. Oppositions are usually tabulated as *geocentric* phenomena.

orbit: the path in space followed by a celestial body as a function of time. (See *orbital elements.*)

    orbit, elliptical: a closed *orbit* with an *eccentricity* less than 1.

    orbit, hyperbolic: an open *orbit* with an *eccentricity* greater than 1.

    orbit, instantaneous: the unperturbed two-body *orbit* that a body would follow if *perturbations* were to cease instantaneously. Each orbit in the solar system (and, more generally, in any perturbed two-body setting) can be represented as a sequence of instantaneous ellipses or hyperbolae whose parameters are called *orbital elements*. If these *elements* are chosen to be osculating, each instantaneous orbit is tangential to the physical orbit. (See *orbital elements; osculating elements.*)

    orbit, parabolic: an open *orbit* with an *eccentricity* of 1.

orbital elements: a set of six independent parameters that specifies an *instantaneous orbit*. Every real *orbit* can be represented as a sequence of instantaneous ellipses or hyperbolae sharing one of their foci. At each instant of time, the position and velocity of the body is characterised by its place on one such instantaneous curve. The evolution of this representation is mathematically described by evolution of the values of orbital *elements*. Different sets of geometric parameters may be chosen to play the role of orbital elements. The set of *Keplerian elements* is one of many such sets. When the Lagrange constraint (the requirement that the instantaneous orbit is tangential to the actual orbit) is imposed upon the orbital elements, they are called *osculating elements*.

osculating elements: a set of parameters that specifies the instantaneous position and velocity of a celestial body in its perturbed *orbit*. Osculating *elements* describe the unperturbed (two-body) orbit that the body would follow if *perturbations* were to cease instantaneously. (See *orbit, instantaneous; orbital elements.*)

parallax: the difference in apparent direction of an object as seen from two different locations; conversely, the angle at the object that is subtended by the line joining two designated points.

    parallax, annual: see *parallax, heliocentric.*

    parallax, diurnal: see *parallax, geocentric.*

    parallax, geocentric: the angular difference between the *topocentric* and *geocentric* directions toward an object.

    parallax, heliocentric: the angular difference between the *geocentric* and *heliocentric* directions toward an object; it is the angle subtended at the observed object.

    parallax, horizontal: the angular difference between the *topocentric* and a *geocentric* direction toward an object when the object is on the *astronomical horizon*.

    parallax, solar: the angular width subtended by the Earth's equatorial radius when the Earth is at a distance of 1 *astronomical unit (au)*. The value for the solar *parallax* is 8.794143 arcseconds.

parallax in altitude: the angular difference between the *topocentric* and *geocentric* direction toward an object when the object is at a given *altitude*.

parsec: the distance at which one *astronomical unit (au)* subtends an angle of one arcsecond; equivalently the distance to an object having an *annual parallax* of one arcsecond. One parsec is $1/\sin(1'') = 206264.806$ *au*, or about 3.26 *light-years*.

penumbra: **1.** The portion of a shadow in which light from an extended source is partially but not completely cut off by an intervening body. **2.** The area of partial shadow surrounding the *umbra*.

pericenter: the point in an *orbit* that is nearest to the origin of the reference system. (See *perigee; perihelion*.)

pericenter, argument of: one of the *Keplerian elements*. It is the angle measured in the *orbit* plane from the ascending *node* of a reference plane (usually the *ecliptic*) to the *pericenter*.

perigee: the point in an *orbit* that is nearest to the Earth. Perigee is sometimes used with reference to the apparent orbit of the Sun around the Earth.

perihelion: the point in an *orbit* that is nearest to the Sun.

period: the interval of time required to complete one revolution in an *orbit* or one cycle of a periodic phenomenon, such as a cycle of *phases*. (See *phase*.)

perturbations: **1.** Deviations between the actual *orbit* of a celestial body and an assumed reference orbit. **2.** The forces that cause deviations between the actual and reference orbits. Perturbations, according to the first meaning, are usually calculated as quantities to be added to the coordinates of the reference orbit to obtain the precise coordinates.

phase: **1.** The name applied to the apparent degree of illumination of the disk of the Moon or a planet as seen from Earth (cresent, gibbous, full, etc.). **2.** The ratio of the illuminated area of the apparent disk of a celestial body to the entire area of the apparent disk; i.e., the fraction illuminated. **3.** Used loosely to refer to one *aspect* of an *eclipse* (partial phase, annular phase, etc.). (See *lunar phases*.)

phase angle: the angle measured at the center of an illuminated body between the light source and the observer.

photometry: a measurement of the intensity of light, usually specified for a specific wavelength range.

planetocentric coordinates: coordinates for general use, where the z-axis is the mean axis of rotation, the x-axis is the intersection of the planetary *equator* (normal to the z-axis through the center of mass) and an arbitrary prime *meridian*, and the y-axis completes a right-hand coordinate system. Longitude of a point is measured positive to the prime meridian as defined by rotational *elements*. Latitude of a point is the angle between the planetary equator and a line to the center of mass. The radius is measured from the center of mass to the surface point.

planetographic coordinates: coordinates for cartographic purposes dependent on an equipotential surface as a reference surface. Longitude of a point is measured in the direction opposite to the rotation (positive to the west for direct rotation) from the cartographic position of the prime *meridian* defined by a clearly observable surface feature. Latitude of a point is the angle between the planetary *equator* (normal to the z-axis and through the center of mass) and normal to the reference surface at the point. The *height* of a point is specified as the distance above a point with the same longitude and latitude on the reference surface.

polar motion: the quasi-periodic motion of the Earth's pole of rotation with respect to the Earth's solid body. More precisely, the angular excursion of the *CIP* from the *ITRS* z-axis. (See *Celestial Intermediate Pole (CIP); International Terrestrial Reference System (ITRS).*)

polar wobble: see *wobble, polar*.

pole, celestial: either of the two points projected onto the *celestial sphere* by the Earth's axis. Usually, this is the axis of the *Celestial Intermediate Pole (CIP)*, but it may also refer to the instantaneous axis of rotation, or the angular momentum vector. All of these axes are within $0''.1$ of each other. If greater accuracy is desired, the specific axis should be designated.

pole, Tisserand mean: the angular momentum pole for the Earth about which the total internal angular momentum of the Earth is zero. The motions of the *Celestial Intermediate Pole (CIP)* (described by the conventional theories of *precession* and *nutation*) are those of the Tisserand mean pole with *periods* greater than two *days* in a celestial reference system (specifically, the *Geocentric Celestial Reference System (GCRS)*).

precession: the smoothly changing orientation (secular motion) of an orbital plane or the *equator* of a rotating body. Applied to rotational dynamics, precession may be excited by a singular event, such as a collision, a progenitor's disruption, or a tidal interaction at a close approach (free precession); or caused by continuous torques from other solar system bodies, or jetting, in the case of comets (forced precession). For the Earth's rotation, the main sources of forced precession are the torques caused by the attraction of the Sun and Moon on the Earth's equatorial bulge, called precession of the equator (formerly known as lunisolar precession). The slow change in the orientation of the Earth's orbital plane is called precession of the *ecliptic* (formerly known as planetary precession). The combination of both motions — that is, the motion of the equator with respect to the ecliptic — is called general precession.

proleptic calendar: see *calendar, proleptic.*

proper motion: the projection onto the *celestial sphere* of the space motion of a star relative to the solar system; thus the transverse component of the space motion of a star with respect to the solar system. Proper motion is usually tabulated in star catalogs as changes in *right ascension* and *declination* per *year* or century.

quadrature: a configuration in which two celestial bodies have apparent longitudes that differ by 90° as viewed from a third body. Quadratures are usually tabulated with respect to the Sun as viewed from the center of the Earth. (See *longitude, ecliptic.*)

radial velocity: the rate of change of the distance to an object, usually corrected for the Earth's motion with respect to the solar system *barycenter*.

refraction: the change in direction of travel (bending) of a light ray as it passes obliquely from a medium of lesser/greater density to a medium of greater/lesser density.

    refraction, astronomical: the change in direction of travel (bending) of a light ray as it passes obliquely through the atmosphere. As a result of *refraction* the observed *altitude* of a celestial object is greater than its geometric altitude. The amount of refraction depends on the altitude of the object and on atmospheric conditions.

    refraction, horizontal: the *astronomical refraction* at the *astronomical horizon*; often, an adopted value of $34'$ is used in computations for sea level observations.

retrograde motion: for orbital motion in the solar system, motion that is clockwise in the *orbit* as seen from the north pole of the *ecliptic*; for an object observed on the *celestial sphere*, motion that is from east to west, resulting from the relative motion of the object and the Earth. (See *direct motion.*)

right ascension: angular distance on the *celestial sphere* measured eastward along the *celestial equator* from the *equinox* to the *hour circle* passing through the celestial object. Right ascension is usually given in combination with *declination*.

second, Système International (SI): the duration of 9 192 631 770 cycles of radiation corresponding to the transition between two hyperfine levels of the ground state of cesium 133.

selenocentric: with reference to, or pertaining to, the center of the Moon.

semidiameter: the angle at the observer subtended by the equatorial radius of the Sun, Moon or a planet.

semimajor axis: 1. Half the length of the major axis of an ellipse. **2.** A standard element used to describe an *elliptical orbit*. (See *orbital elements*.)

SI second: see *second, Système International (SI)*.

sidereal day: the *period* between successive *transits* of the *equinox*. The mean sidereal *day* is approximately 23 hours, 56 minutes, 4 *seconds*. (See *sidereal time*.)

sidereal hour angle: angular distance on the *celestial sphere* measured westward along the *celestial equator* from the *equinox* to the *hour circle* passing through the celestial object. It is equal to 360° minus *right ascension* in degrees.

sidereal month: see *month, sidereal*.

sidereal time: the *hour angle* of the *equinox*. If the *mean equinox* is used, the result is mean sidereal time; if the *true equinox* is used, the result is apparent sidereal time. The hour angle can be measured with respect to the local *meridian* or the Greenwich meridian, yielding, respectively, local or Greenwich (mean or apparent) sidereal times.

solar time: the measure of time based on the *diurnal motion* of the Sun.

    solar time, apparent: the measure of time based on the *diurnal motion* of the true Sun. The rate of diurnal motion undergoes seasonal variation caused by the *obliquity* of the *ecliptic* and by the *eccentricity* of the Earth's *orbit*. Additional small variations result from irregularities in the rotation of the Earth on its axis.

    solar time, mean: a measure of time based conceptually on the *diurnal motion* of a fiducial point, called the fictitious mean Sun, with uniform motion along the *celestial equator*.

solstice: either of the two points on the *ecliptic* at which the apparent longitude of the Sun is 90° or 270°; also the time at which the Sun is at either point. (See *longitude, ecliptic*.)

spectral types or classes: categorization of stars according to their spectra, primarily due to differing temperatures of the stellar atmosphere. From hottest to coolest, the commonly used Morgan-Keenan spectral types are O, B, A, F, G, K and M. Some other extended spectral types include W, L, T, S, D and C.

standard epoch: a date and time that specifies the reference system to which celestial coordinates are referred. (See *mean equator and equinox*.)

stationary point: the time or position at which the rate of change of the apparent *right ascension* of a planet is momentarily zero. (See *apparent place*.)

sunrise, sunset: the times at which the apparent upper *limb* of the Sun is on the *astronomical horizon*. In *The Astronomical Almanac* they are computed as the times when the true *zenith distance*, referred to the center of the Earth, of the central point of the disk is 90°50′, based on adopted values of 34′ for *horizontal refraction* and 16′ for the Sun's *semidiameter*.

surface brightness: the visual *magnitude* of an average square arcsecond area of the illuminated portion of the apparent disk of the Moon or a planet.

synodic month: see *month, synodic*.

synodic period: the mean interval of time between successive *conjunctions* of a pair of planets, as observed from the Sun; or the mean interval between successive conjunctions of a satellite with the Sun, as observed from the satellite's primary.

synodic time: pertaining to successive *conjunctions*; successive returns of a planet to the same *aspect* as determined by Earth.

syzygy: 1. A configuration where three or more celestial bodies are positioned approximately in a straight line in space. Often the bodies involved are the Earth, Sun and either the Moon or a planet. **2.** The times of the New Moon and Full Moon.

T_{eph}: the independent argument of the JPL planetary and lunar *ephemerides* DE405/LE405; in the terminology of General Relativity, a *barycentric coordinate time* scale. T_{eph} is a linear function of *Barycentric Coordinate Time (TCB)* and has the same rate as *Terrestrial Time (TT)* over the time span of the *ephemeris*. T_{eph} is regarded as functionally equivalent to *Barycentric Dynamical Time (TDB)*. (See *Barycentric Coordinate Time (TCB); Barycentric Dynamical Time (TDB); Terrestrial Time (TT)*.)

TAI: see *International Atomic Time (TAI)*.

TCB: see *Barycentric Coordinate Time (TCB)*.

TCG: see *Geocentric Coordinate Time (TCG)*.

TDB: see *Barycentric Dynamical Time (TDB)*.

TDT: see *Terrestrial Dynamical Time (TDT)*.

terminator: the boundary between the illuminated and dark areas of a celestial body.

Terrestrial Dynamical Time (TDT): the time scale for apparent *geocentric ephemerides* defined by a 1979 *IAU* resolution. In 1991, it was replaced by *Terrestrial Time (TT)*. Obsolete.

Terrestrial Ephemeris Origin (TEO): the original name for the *Terrestrial Intermediate Origin (TIO)*. Obsolete.

Terrestrial Intermediate Origin (TIO): the non-rotating origin of the *Terrestrial Intermediate Reference System (TIRS)*, established by the *International Astronomical Union (IAU)* in 2000. The TIO was originally set at the *International Terrestrial Reference Frame (ITRF)* origin of longitude and throughout 1900-2100 stays within 0.1 mas of the *ITRF* zero-*meridian*. Formerly referred to as the *Terrestrial Ephemeris Origin (TEO)*.

Terrestrial Intermediate Reference System (TIRS): a *geocentric* reference system defined by the intermediate *equator* of the *Celestial Intermediate Pole (CIP)* and the *Terrestrial Intermediate Origin (TIO)* on a specific date. It is related to the *Celestial Intermediate Reference System* by a rotation of the *Earth Rotation Angle*, θ, around the *Celestial Intermediate Pole*.

Terrestrial Time (TT): an idealized form of *International Atomic Time (TAI)* with an *epoch* offset; in practice TT = TAI + $32^{s}.184$. TT thus advances by *SI seconds* on the *geoid*. Used as an independent argument for apparent *geocentric ephemerides*. (See *second, Système International (SI)*.)

topocentric: with reference to, or pertaining to, a point on the surface of the Earth.

transit: **1.** The passage of the apparent center of the disk of a celestial object across a *meridian*. **2.** The passage of one celestial body in front of another of greater apparent diameter (e.g., the passage of Mercury or Venus across the Sun or Jupiter's satellites across its disk); however, the passage of the Moon in front of the larger apparent Sun is called an *annular eclipse*. (See *eclipse, annular; eclipse, solar*.)

   transit, shadow: The passage of a body's shadow across another body; however, the passage of the Moon's shadow across the Earth is called a *solar eclipse*.

true equator and equinox: the celestial coordinate system defined by the orientation of the Earth's equatorial plane on some specified date together with the direction of the *dynamical equinox* on that date. The true *equator* and *equinox* are affected by both *precession* and *nutation*. (See *mean equator and equinox; nutation; precession*.)

TT: see *Terrestrial Time (TT)*.

twilight: the interval before *sunrise* and after *sunset* during which the scattering of sunlight by the Earth's atmosphere provides significant illumination. The qualitative descriptions of *astronomical*, *civil* and *nautical twilight* will match the computed beginning and ending times for an observer near sea level, with good weather conditions, and a level *horizon*. (See *sunrise, sunset*.)

twilight, astronomical: the illumination level at which scattered light from the Sun exceeds that from starlight and other natural sources before *sunrise* and after *sunset*. Astronomical *twilight* is defined to begin or end when the geometric *zenith distance* of the central point of the Sun, referred to the center of the Earth, is 108°.

twilight, civil: the illumination level sufficient that most ordinary outdoor activities can be done without artificial lighting before *sunrise* or after *sunset*. Civil *twilight* is defined to begin or end when the geometric *zenith distance* of the central point of the Sun, referred to the center of the Earth, is 96°.

twilight, nautical: the illumination level at which the *horizon* is still visible even on a Moonless night allowing mariners to take reliable star sights for navigational purposes before *sunrise* or after *sunset*. Nautical *twilight* is defined to begin or end when the geometric *zenith distance* of the central point of the Sun, referred to the center of the Earth, is 102°.

umbra: the portion of a shadow cone in which none of the light from an extended light source (ignoring *refraction*) can be observed.

Universal Time (UT): a generic reference to one of several time scales that approximate the mean *diurnal motion* of the Sun; loosely, *mean solar time* on the Greenwich *meridian* (previously referred to as Greenwich Mean Time). In current usage, UT refers either to a time scale called UT1 or to *Coordinated Universal Time (UTC)*; in this volume, UT always refers to UT1. UT1 is formally defined by a mathematical expression that relates it to *sidereal time*. Thus, UT1 is observationally determined by the apparent diurnal motions of celestial bodies, and is affected by irregularities in the Earth's rate of rotation. *UTC* is an atomic time scale but is maintained within 0^{s}9 of UT1 by the introduction of 1-*second* steps when necessary. (See *leap second*.)

UT1: see *Universal Time (UT)*.

UTC: see *Coordinated Universal Time (UTC)*.

vernal equinox: see *equinox, vernal*.

vertical: the apparent direction of gravity at the point of observation (normal to the plane of a free level surface).

week: an arbitrary *period* of *days*, usually seven days; approximately equal to the number of days counted between the four *phases of the Moon*. (See *lunar phases*.)

wobble, polar: 1. In current practice including the phraseology used in *The Astronomical Almanac*, it is identical to *polar motion*. **2.** In certain contexts it can refer to specific components of polar motion, *e.g.* Chandler wobble or annual wobble. (See *polar motion*.)

year: a *period* of time based on the revolution of the Earth around the Sun, or the period of the Sun's apparent motion around the *celestial sphere*. The length of a given year depends on the choice of the reference point used to measure this motion.

year, anomalistic: the *period* between successive passages of the Earth through *perihelion*. The anomalistic *year* is approximately 25 minutes longer than the *tropical year*.

year, Besselian: the *period* of one complete revolution in *right ascension* of the fictitious mean Sun, as defined by Newcomb. Its length is shorter than a *tropical year* by $0.148 \times T$ *seconds*, where T is centuries since 1900.0. The beginning of the Besselian *year* occurs when the fictitious mean Sun is at *ecliptic longitude* 280°. Now obsolete.

year, calendar: the *period* between two dates with the same name in a *calendar*, either 365 or 366 *days*. The *Gregorian calendar*, now universally used for civil purposes, is based on the *tropical year*.

year, eclipse: the *period* between successive passages of the Sun (as seen from the geocenter) through the same lunar *node* (one of two points where the Moon's *orbit* intersects the *ecliptic*). It is approximately 346.62 *days*.

year, Julian: a *period* of 365.25 *days*. It served as the basis for the *Julian calendar*.

year, sidereal: the *period* of revolution of the Earth around the Sun in a fixed reference frame. It is the mean period of the Earth's revolution with respect to the background stars. The sidereal *year* is approximately 20 minutes longer than the *tropical year*.

year, tropical: the *period* of time for the *ecliptic longitude* of the Sun to increase 360 degrees. Since the Sun's *ecliptic* longitude is measure with respect to the *equinox*, the tropical *year* comprises a complete cycle of seasons, and its length is approximated in the long term by the civil *(Gregorian) calendar*. The mean tropical year is approximately 365 *days*, 5 hours, 48 minutes, 45 *seconds*.

zenith: in general, the point directly overhead on the *celestial sphere*.

zenith, astronomical: the extension to infinity of a plumb line from an observer's location.

zenith, geocentric: The point projected onto the *celestial sphere* by a line that passes through the geocenter and an observer.

zenith, geodetic: the point projected onto the *celestial sphere* by the line normal to the Earth's geodetic ellipsoid at an observer's location.

zenith distance: angular distance on the *celestial sphere* measured along the great circle from the *zenith* to the celestial object. Zenith distance is 90° minus *altitude*.

Users may be interested to know that a hypertext linked version of the glossary is available on *The Astronomical Almanac Online* (see below).

WWW This symbol indicates that these data or auxiliary material may also be found on *The Astronomical Almanac Online* at **http://asa.usno.navy.mil** and **http://asa.hmnao.com**

Definitions of astronomical terms are provided in the Glossary, Section M. Entries in the Glossary are not cited in the Index.

Definitions of astronomical terms are provided in the Glossary, Section M. Entries in the Glossary are not cited in the Index.

Definitions of astronomical terms are provided in the Glossary, Section M. Entries in the Glossary are not cited in the Index.

Definitions of astronomical terms are provided in the Glossary, Section M. Entries in the Glossary are not cited in the Index.

Definitions of astronomical terms are provided in the Glossary, Section M. Entries in the Glossary are
not cited in the Index.

Definitions of astronomical terms are provided in the Glossary, Section M. Entries in the Glossary are
not cited in the Index.

Definitions of astronomical terms are provided in the Glossary, Section M. Entries in the Glossary are not cited in the Index.

Definitions of astronomical terms are provided in the Glossary, Section M. Entries in the Glossary are not cited in the Index.

Definitions of astronomical terms are provided in the Glossary, Section M. Entries in the Glossary are not cited in the Index.

Definitions of astronomical terms are provided in the Glossary, Section M. Entries in the Glossary are not cited in the Index.

Definitions of astronomical terms are provided in the Glossary, Section M. Entries in the Glossary are not cited in the Index.

Definitions of astronomical terms are provided in the Glossary, Section M. Entries in the Glossary are
not cited in the Index.

Definitions of astronomical terms are provided in the Glossary, Section M. Entries in the Glossary are not cited in the Index.

Definitions of astronomical terms are provided in the Glossary, Section M. Entries in the Glossary are not cited in the Index.

Definitions of astronomical terms are provided in the Glossary, Section M. Entries in the Glossary are not cited in the Index.

Definitions of astronomical terms are provided in the Glossary, Section M. Entries in the Glossary are not cited in the Index.

GPO U.S. GOVERNMENT PRINTING OFFICE: 2010— 358-762